2024 **SI** 10차개정판
단위적용

토목기사실기 초

Speed Master

토목기사실기
과년도 12개년 문제해설

김태선 · 이상도 · 한웅규 · 홍성협 · 김상욱 · 김지우 공저

❖ **토목기사실기 FINAL COURSE 교재**

- KCS 콘크리트표준시방서 규정적용
- 계산문제 해법은 SOLVE기법 이용
- 별책부록 Pick Remember 158선

SI단위 적용
2024 대비
KCS 적용

 학원 : www.inup.co.kr
출판 : www.bestbook.co.kr

한솔아카데미
H/A/N/S/O/L//A/C/A/D/E/M/Y

12개년 출제경향 분석표

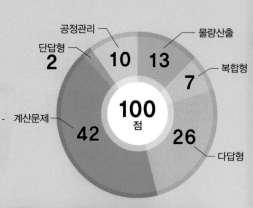

공정관리 10 / 물량산출 13 / 복합형 7 / 단답형 2 / 계산문제 42 / 다답형 26 / 100 점

- 물량산출, 공정관리는 완벽하게
- 계산문제, 다답형은 꼼꼼하게 준비

년 도	회 차	출제문항	계산 문제			다답형 문제			단답 (점수)	복합형		공정관리점수	물량종류 (점수)	12년 前 문제	
			문제	처음	점수	문제	처음	점수		문제	점수			문제	점수
23	1	23	9	1	27	7	1	22	2(4)	3	19	10	앞부벽(18)	5	37
	2	24	8		26	9	1	27	1	5	19	10	선반식(18)	3	16
	3	24	10		30	9	–	27	–	4	18	10	뒤부벽(18)	1	3
22	1	23	7		29	12	–	36	1	1	4	10	반중력(18)	2	6
	2	24	13	1	47	5	–	(15)	1	2	7	10	뒤부벽(18)	4	11
	3	23	11	1	45	7	–	(21)	–	1	3	10	암거(18)	2	6
21	1	24	9	1	(41)	9	1	(30)	1	2	9	10	역T형(8)	5	21
	2	24	12	1	(42)	6		(19)	1	2	9	10	역T형(18)	3	8
	3	23	8		(28)	6	2	(24)	1	4	20	10	암거(18)	4	15
20	1	23	9		(39)	7	1	(27)	1	3	13	10	2연암거(8)	1	2
	2	25	10		(39)	9	1	(30)		3	13	10	교대(8)	4	13
	3	23	11		(37)	4	2	(19)	2	2	12	10	선반식(18)	4	13
	4	24	8	1	(30)	5	1	(20)	2	2	10	10	뒤부벽(18)	4	13
19	1	23	8		(32)	5	1	(20)	3	4	14	10	암거(18)	6	17
	2	25	13		(54)	5		(15)	3	2	7	10	역T교대(8)	9	28
	3	24	9		(32)	7		(21)	3	3	13	10	뒤부벽(18)	5	20
18	1	25	11		(34)	9	1	(30)	1	1	6	10	선반식(18)	2	6
	2	25	12		(42)	9	1	(30)	1	–		10	역T형(18)	2	7
	3	26	12		(44)	8	1	(27)	1	2	9	10	2연암거(8)	4	13
17	1	25	10		(41)	11		(33)	1	1	6	10	2연암거(8)	2	7
	2	27	12	1	(44)	7	3	(30)	1	1	6	10	교대(8)	5	12
	4	24	11		(50)	9		(27)		2	7	18	교대(8)	1	4
16	1	26	11	2	(50)	8		(24)	1	2	6	10	역T형(8)	2	9
	2	25	12		(39)	7	1	(24)	1	2	6	10	암거(18)	2	5
	3	27	12		(42)	8	2	(30)	2	1	6	10	역T형(8)	2	5
15	1	24	11		(40)	3	4	(24)	1	2	6	10	선반식(18)	4	12
	2	21	9		(40)	5	2	(21)	1	2	9	10	뒤부벽(18)	3	8
	3	25	12		(47)	8	1	(27)	1	1	3	3	슬래브(18)	1	2
14	1	25	13		(50)	7		(21)	1	2	9	10	교대(8)	0	0
	2	27	13		(47)	7	1	(24)	1	3	9	10	역T형(8)	4	13
	3	25	12	1	(50)	6	2	(24)		2	8	10	교대(8)	3	9
13	1	25	12		(40)	7	3	(30)	1			10	역T형(18)	2	7
	2	24	10		(40)	7	3	(30)	2			8	뒤부벽(18)	5	13
	3	26	11		(43)	9	2	(33)	1	1	4	10	역교대(8)	2	7
12	1	27	11	2	(48)	4	4	(24)	2	2	6	10	역T형(8)	7	19
	2	25	10	1	(38)	5	4	(27)	2	1	3	10	선반식(18)	6	17
	4	24	11		(36)	9		(27)		2	9	10	암거(18)	1	4
합계		907	393	13	1,483	265	46	940	44	73	308	369	486	122	408
평균		24	11		40	7	2	25	1	2	9	10	13	3	11

년도별 합격률

합격 51.3% 2023 불합격 48.7%

- 합격과 불합격 차이는 시간투자
- 시간은 투자한만큼 합격으로 보답

년 도	회 차	응시자(명)	합격자(명)	합격률(%)
2012	전회차	6,238	2,579	41.3
2013	전회차	6,066	3,271	53.9
2014	전회차	5,325	2,292	43.0
2015	전회차	5,741	2,437	42.4
2016	전회차	5,593	2,943	52.6
2017	1	2,369	1,328	56.1
	2	1,691	624	36.9
	4	1,593	611	38.4
	계	5,653	2,563	45.3
2018	1	2,464	1,741	70.7
	2	1,422	598	42.1
	3	1,397	602	43.1
	계	5,283	2,941	55.7
2019	1	2,356	856	36.3
	2	2,320	473	20.3
	3	2,345	1,508	64.3
	계	7,021	2,837	40.4
2020	1	834	497	59.6
	2	2,342	1,472	62.9
	3	1,569	664	42.3
	4	530	135	25.5
	5	688	238	34.6
	계	5,963	3,006	50.4
2021	1	2,500	1,082	43.3
	2	1,932	1,009	52.2
	3	1,741	855	49.1
	계	6,173	2,946	47.7
2022	1	2,339	1,283	54.9
	2	1,731	669	38.6
	3	1,608	562	35.0
	계	5,678	2,514	44.3
2023	1	2,633	1,272	48.3
	2	2,167	955	44.1
	3	1,755	1,136	64.7
	계	6,555	3,363	51.3
합계	총계	113,615명	53,862명	47%

토목기사 실기 자격증 **무조건 취득하기**

❶ **신분증** 지참은 반드시 필수입니다.

❷ **계산기**(SOLVE기능) 지참은 필수입니다.

❸ **[년도별 · 회별]**로 출제빈도를 알고계시면 유리합니다.

0단계 · 학습하면서 확인하는 습성

- 문제의 핵심을 파악하는 습성을 기릅니다.
- 문제의 단위를 꼭 기재하는 습성을 기릅니다.
- 계산과정을 정확히 알고 있는지 항상 확인합니다.

1단계 · Pick Remember 158선

- 158선은 기본적이고 핵심적인 필수 문제입니다.
- Pick Remember 158선 문제를 완벽히 마스터합니다.
- Pick Remember 158선은 반복할수록 유리합니다.

2단계 · Pick Remember 핵심요약정리

- 2단계는 핵심이론과 핵심문제로 구성되어 있습니다.
- 핵심요약정리는 파트별 중요도를 파악할 수 있습니다.
- Pick Remember 158선 문제를 연상하며 마스터합니다.

3단계 · 12개년 과년도 실전테스트

- 2012년부터 2023년까지 기출문제로 구성되어 있습니다.
- 실전처럼 테스트하면서 부족한 부분을 대비해야 합니다.
- 3단계는 반복하면 할수록 고득점의 지름길입니다.

서울과학기술대학교 건설시스템공학과 이 * 주

■ 첫 번째 시험(2회차)에서 탈락을 했습니다.

필기시험 합격자 발표가 대략 6월 중순에 있었는데, 저는 그 당시 학교를 다니면서 준비했기 때문에 6월 말까지 고시원 방정리 및 짐을 빼야 했습니다. 이 때문에 실기 준비를 제대로 하지 못하였습니다. 실기시험은 2회차에 있었는데, 준비기간이 2주 정도밖에 되지 않았습니다. 결과는 58점으로 아쉽게 불합격하고 말았습니다.

■ 두 번째 시험(4회차)에서 합격했습니다.

첫 번째 실기 준비와 다른 점은 추가적으로 한솔아카데미의 '토목기사 실기 12개년과년도문제 speed master' 교재를 준비하였습니다. 그다음 실기시험이 있는 4회차 전까지는 실기시험 준비에 저의 대부분의 시간을 쏟아부었습니다. 학기 중에 병행하려 하니 정말이지 너무 힘들더군요. 중간고사 기간에는 학교 시험공부도 하면서 기사실기 공부도 하느라 4~5시간 정도 잤던 것 같습니다. 대략 2달 정도 집중적으로 준비한 결과, 4회차 실기시험에서 78점으로 합격이었습니다. 기출문제는 10개년치 2번 정도 돌렸습니다.

■ 지금 생각해 보니......

• 교재는 한 권보다는 두 권이 시간 낭비를 줄일 수 있습니다.
• 일반교재 한 권으로 공부했던 것이 결국은 더 많은 시간을 낭비하게 되었던 것 같습니다.
• 추가적인 교재(토목기사 실기 12개년과년도문제 speed master)를 잘 준비했던 것이 시간 낭비를 줄이고 합격할 수 있었던 지름길이었다고 생각합니다.
• 간략하고 명확한 요점 노트, 실전과 같은 책 구성(과년도 문제를 풀다 보면 반복적인 모범답이 자동적으로 암기됨), 그리고 추가적인 보충설명 덕분에 중요한 내용들을 쉽게 이해하고 암기할 수 있었습니다. 즉, 토목기사 실기 전체를 한눈에 감을 잡을 수 있게 하였습니다.

■ 토목기사실기를 준비하는 분들께 드리고 싶은 말씀은......

• 적당히는 안 됩니다. 완벽하고 철저하게 준비하라. 책 선택을 잘하고 책값을 아끼지 마라. 조급해하거나 어렵게 생각하지 마시라는 것입니다.

합격했다고 전해라!

- 공부를 할 때, 계산문제 70%, 이론문제(말따먹기 포함) 30% 정도, 그리고 물량산출 및 공정관리는 배점이 상당히 높기 때문에(합쳐서 대략 30점 정도) 감을 잃지 않도록 매일 한 문제라도 꾸준히 보시는 것이 중요합니다. 저의 경우에도 물량산출 2문제, 공정관리 1문제 정도는 매일 풀었던 것 같습니다.
- 매일매일 꾸준히 차근차근 준비하다 보면 지식과 감이 쌓여 반드시 합격하실 수 있을 것입니다.
- 도움이 되었으면 합니다. 그리고 힘내시고, 다들 좋은 결과 있었으면 좋겠습니다!

경북대학교 토목공학과 조 * 진

▣ 기본서를 바탕으로 동영상을 들으며……

- 필기에 이어 실기도 한번에 합격하였습니다.
- 기본서를 바탕으로 동영상을 들으며 시작했고 공정관리와 물량산출 부분은 많은 도움이 되었습니다. 방대한 문제들을 해결하기엔 시간이 충분치 않아 단기완성으로 구성된 Speed Master를 구입하여 핵심요약노트를 1차적으로 마스터하니 한눈에 정리가 되었습니다.
- 시간과의 싸움에서 얼마나 효율적으로 60점을 넘길 점수를 획득할 수 있느냐가 관건일 것입니다. 한 번 정확하게 보는 것보다 여러 번 반복하여 눈에 익히고 습득하는 게 좋다고 말하고 싶습니다.
- 조기에 과년도 문제에 실전 투입하여 자주 보고 여러 번 익히다 보니 자연스럽게 외워질 수 있었습니다. 그 결과 1회차에 실기시험에서 합격(81점)하였습니다.

동아대학교 토목공학과 신 * 섭

▣ 서브 노트를 만들어 가며 집중적으로 교재 마스터

- 여러 가지 미미한 점으로 인하여 1회차 실기시험(32점)은 불합격하였습니다
- 저는 한솔아카데미에서 나온 문제집을 통해서 공부를 하였는데 2주 동안 이론은 읽지 않고 14시간 동안 무조건 기출문제를 푸는 데 중점을 두며 문제 자체를 외우는 데 초점을 두었습니다. 이는 해설 자체가 자세히 나와 있기 때문에 공부하는 데 어렵지는 않았습니다.

- 1회차 때의 교훈으로 너무 길지 않게 한 달 정도의 기간을 잡고, 하루에 2회 분의 문제를 풀어 보고 궁금한 사항이나 문제는 한솔 게시판을 이용하여 해결했고, 틀렸던 문제와 주관식(말따먹기형)문제 위주로 서브 노트를 만들어 가며 집중적으로 한 권의 교재를 마스터할 수 있었습니다. 그 결과 2회차 실기시험에서는 합격(78점)하였습니다.

 강원대학교 지역건설공학과 지 ＊ 린

☑ 자주 틀리는 문제는 비슷한 유형의 문제를 풀어 이해

- 인터넷 강의를 통하여 학습하였으나 1회차에서는 아쉽게도 불합격(58점)하였습니다. 원인을 분석해 보니 계산문제만 완벽하게 한다고 해서 합격할 수 없으며 또한 일명 말따먹기형 문제를 벼락치기로 암기하려 했던 것이 원인이었던 것 같습니다.
- 처음 풀었을 때에는 틀린 문제를 체크해 놓았고, 두 번째 다시 볼 때는 틀린 문제 위주로 학습하였습니다. 세 번째 학습할 때에는 전체적으로 훑어보되 자주 틀리는 문제는 비슷한 유형의 문제를 풀어 이해하도록 했습니다.
- 2회차 실기를 준비하면서는 1회차 실기를 거울 삼아 10개년치 과년도 문제를 거의 암기하다시피 풀었습니다. 그 결과 합격(68점)하였습니다.

 영남대학교 건설시스템공학과 박 ＊ 수

☑ 점수 배점이 높은 부분을 중심으로 3회독 이상

- 토목기사 실기(76점)를 한솔 책으로 공부를 하면서 한 번에 토목기사 자격증을 취득하게 된 학생입니다. 필기 다음 날 한솔 실기 책을 사서 바로 공부하기로 했었습니다.
- 한 달 반 정도의 기간 동안 15~22년도 5회독 이상, 13~14년도는 점수 배점이 높은 물량산출과 공정관리, 그리고 많이 볼수록 좋다고 생각되는 말따먹기 부분만 3회독 정도 공부했습니다.
- 이해가 잘 안 되고, 애매한 부분, 오타 등은 한솔 홈페이지의 질문 게시판에 질문을 올리면서 도움을 받았습니다. 일단 1회차 풀고 실력을 파악하시고, 지속적으로 반복하여 익히서서 꼭 합격하시길 바랍니다.

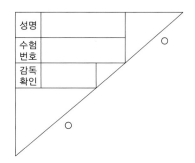

성명	
수험 번호	
감독 확인	

과년도 문제를 풀기 전 숙지 사항

연습도 실전처럼!!!

* 수험자 유의사항

1. 시험장 입실시 반드시 **신분증**(주민등록증, 운전면허증, 모바일 신분증, 여권, 한국산업인력공단 발행 자격증 등)을 지참하여야 한다.
2. 계산기는 **『공학용 계산기 기종 허용군』** 내에서 준비하여 사용한다.
3. 시험 중에는 핸드폰 및 스마트워치 등을 지참하거나 사용할 수 없다.
4. 시험문제 내용과 관련된 메모지 사용 등은 부정행위자로 처리된다.
   - 당해시험을 중지하거나 무효처리된다.
   - 3년간 국가 기술자격 검정에 응시자격이 정지된다.

** 채점사항

1. 수험자 인적사항 및 계산식을 포함한 답안 작성은 **검은색** 필기구만 사용해야 하며, 그 외 연필류, 빨간색, 청색 등 필기구로 작성한 답항은 0점 처리 됩니다.
2. 답안과 관련 없는 특수한 표시를 하거나 특정임을 암시하는 경우 답안지 전체를 0점 처리된다.
3. 계산문제는 반드시 **『계산과정과 답란』** 에 기재하여야 한다.
   - 계산과정이 틀리거나 없는 경우 0점 처리된다.
   - 정답도 반드시 답란에 기재하여야 한다.
4. 답에 단위가 없으면 오답으로 처리된다.
   - 문제에서 단위가 주어진 경우는 제외
5. 계산문제의 소수점처리는 최종결과값에서 요구사항을 따르면 된다.
   - 소수점 처리에 따라 최종답에서 오차범위 내에서 상이할 수 있다.
6. 문제에서 요구하는 가지 수(항수)는 요구하는 대로, 3가지를 요구하면 3가지만, 4가지를 요구하면 4가지만 기재하면 된다.
7. 단답형은 여러 가지를 기재해도 한 가지로 보며, 오답과 정답이 함께 기재되어 있으면 오답으로 처리된다.
8. 답안 정정 시에는 두 줄(═)로 그어 표시하거나, 수정테이프(수정액은 제외)로 답안을 정정하여야 합니다.
9. 수험자 유의사항 미준수로 인해 발생되는 채점상의 불이익은 본인에게 책임이 있다.
10. 답안지 및 채점기준표는 절대로 공개하지 않는다.

머리말

봄에 밭을 갈지 않으면
가을에 바랄 것이 없다.

토목기사 자격증을 취득하기 위한 방법은 여러 가지가 있을 수 있습니다. 또한 수험서도 여러 종류가 서점에 준비되어 있습니다. 여러분이 자격증의 필요성을 느끼고 계실 때 그 필요성에 충실히 임할 수 있는 방법을 저자는 제시해야 된다고 생각합니다.

그래서 토목기사 필기에 이어 "토목기사실기 12개년 과년도 문제해설"은 단시간에 최종 스피드 마스터와 체크업을 위해 실전테스트로 편집하였습니다.

이 수험서를 통하여 여러분의 목표가 반드시 이룩할 수 있기를 소망합니다.

가장 바쁜 시간 중에 시간을 지배할 줄 아는 사람이 인생도 지배할 줄 안다고 생각됩니다. 앞으로도 꾸준히 라이선스(license)에 도전하십시오. 그리고 한솔아카데미와 함께하십시오. 반드시 계획했던 모든 꿈을 이루실겁니다.

모든 것을 실현하고 달성하는
열쇠는 목표설정이다.
목표를 명확하게 설정하면
그 목표는 신비한 힘을 발휘한다.

이 책은 현행 시행되는 한국산업인력공단 국가기술자격검정에 의한 토목기사 분야의 최근 12개년 동안 출제되었던 기출문제를 현재의 SI 국제단위와 2022년 개정된 KCS 콘크리트표준시방서, KDS 국가건설기준 규정에 맞게 정리하였습니다. 집필과정이나 문제복원하는 과정에서 오류가 있다면 신속히 보완하여 더욱 좋은 책으로 거듭날 수 있도록 항상 조언을 부탁드립니다.

이 책의 특징은
첫째, 출제경향에 따라 국제단위인 SI단위로 표기하였습니다.
둘째, 계산은 SOLVE 사용법을 이용할 수 있도록 하였습니다.
셋째, 기출문제를 년도별, 회별로 표시하여 중요도를 알 수 있도록 하였습니다.
넷째, 별책부록 Pick Remember 158선을 단시간에 숙지할 수 있도록 하였습니다.
다섯째, 🎯 중요 해답에서는 상세한 해설로 해답을 기억하도록 보충 하였습니다.

한 권의 책이 나올 수 있도록 최선을 다해 도와주신 여러 교수님, 대학교 동문, 후배, 독자들께도 진심으로 감사드립니다.

이 책이 나올 수 있도록 많은 협조와 배려해주신 한솔아카데미 편집부 여러분, 이 책의 얼굴을 예쁘게 디자인 해주신 강수정 실장님, 까다로운 주문도 이해하고 편집해 주신 안주현 부장님, 언제나 가교 역할을 해 주시는 최상식 이사님, 항상 큰 그림을 그려 주시는 이종권 사장님, 사랑받는 수험서로 출판될 수 있도록 아낌없이 지원해 주신 한병천 대표이사님께 감사드립니다.

저자 드림

CONTENTS

중직무분야	토목	자격종목	토목기사	적용기간	2022.1.1 ~ 2025.12.31

○직무내용 : 도로, 공항, 철도, 하천, 교량, 댐, 터널, 상하수도, 사면, 항만 및 해양시설물 등 다양한
건설사업을 계획, 설계, 시공, 관리 등을 수행하는 직무
○수행준거 : 1. 토목시설물에 대한 타당성 조사, 기본설계, 실시설계 등의 각 설계단계에 따른 설계를
할 수 있다.
2. 설계도면 이해에 대한 지식을 가지고 시공 및 건설사업관리 직무를 수행할 수 있다.

실기검정방법	필답형	시험시간	3시간

실기과목명	주요항목	세부항목
토목설계 및 시공실무	1. 토목설계 및 시공에 관한 사항	1. 토공 및 건설기계 이해하기 2. 기초 및 연약지반 개량 이해하기 3. 콘크리트 이해하기 4. 교량 이해하기 5. 터널 이해하기 6. 배수구조물 이해하기 7. 도로 및 포장 이해하기 8. 옹벽, 사면, 흙막이 이해하기 9. 하천, 댐 및 항만 이해하기
	2. 토목시공에 따른 공사·공정 및 품질관리	1. 공사 및 공정관리하기 2. 품질관리하기
	3. 도면 검토 및 물량산출	1. 도면기본 검토하기 2. 옹벽, 슬래브, 암거, 기초, 교각, 교대 및 도로 부대시설물 물량산출 하기

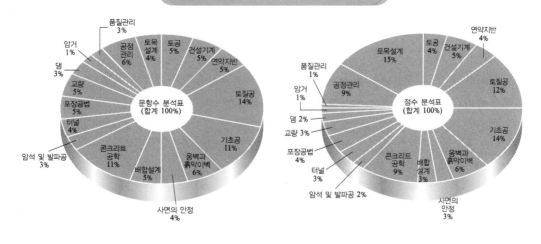

문항수 분석표 (합계 100%)
품질관리 3%, 공정관리 6%, 토목설계 4%, 토공 5%, 건설기계 5%, 연약지반 5%, 암거 1%, 댐 3%, 교량 5%, 포장공법 5%, 터널 4%, 암석 및 발파공 3%, 콘크리트공학 11%, 배합설계 5%, 옹벽과 흙막이벽 6%, 기초공 11%, 토질공 14%, 사면의 안정 4%

점수 분석표 (합계 100%)
연약지반 4%, 토공 4%, 건설기계 5%, 토목설계 15%, 품질관리 1%, 공정관리 9%, 암거 1%, 댐 2%, 교량 3%, 포장공법 4%, 터널 3%, 암석 및 발파공 2%, 콘크리트공학 9%, 배합설계 3%, 옹벽과 흙막이벽 6%, 사면의 안정 3%, 기초공 14%, 토질공 12%

✪ 답안 작성 (필기구)

① 문제순서가 아닌 정확히 아는 문제부터 풀어간다.

② 수험자 인적사항 및 계산식을 포함한 답안 작성은 검은색 필기구만 사용해야 하며, 그 외 연필류, 빨간색, 청색 등 필기구로 작성한 답항은 0점 처리된다.

③ 저장용량이 큰 전자계산기 및 유사 전자제품 사용 시에는 반드시 저장된 메모리를 초기화한 후 사용한다.(공단에서 지정된 공학용 계산기만 사용가능)

✪ 계산과정과 답란

① 답란에는 문제와 관련이 없는 불필요한 낙서나 특이한 기록사항 등을 기재하여서는 안된다.

② 부정의 목적으로 특이한 표식을 하였다고 판단될 경우에는 모든 문항이 0점 처리된다.

③ 답안을 정정할 때에는 반드시 정정부분을 두 줄(=)로 그어 표시하거나, 수정테이프 (수정액은 제외)로 답안을 정정하여야 한다.

> **예** $h = \dfrac{5,248.03 - 4,000}{78.54} = \cancel{15.98\mathrm{m}},\ 15.89\mathrm{m}$

④ 계산문제는 반드시 「계산과정」, 「답」란에 계산과정과 답을 정확히 기재하여야 한다. 계산과정이 틀리거나 없는 경우 0점 처리된다.

 • 계산과정에서 연필류를 사용한 경우 0점 처리되므로 반드시 흑색으로 덧씌우고 연필자욱은 반드시 없앤다.

⑤ 계산문제는 최종 결과 값(답)에서 소수 셋째자리에서 반올림하여 둘째자리까지 구한다.

 • 이런 경우 중간계산은 소수 둘째자리까지 계산하거나, 더 정확을 위해서 셋째자리까지 구하여 최종값에서만 둘째자리까지 구하면 된다.

> **예** $V = \dfrac{2.7 - 1.2}{1.65} = 0.909\mathrm{m}^3,\quad W_s = \dfrac{18}{1 + 0.125} = 16\mathrm{kN}$
>
> $\therefore\ \gamma_d = \dfrac{W_s}{V} = \dfrac{16}{0.909} = 17.60\mathrm{kN/m}^3$

⑥ 개별문제에서 소수 처리에 대한 요구사항이 있을 경우 그 요구사항에 따라야 한다.
 • 소수 셋째자리까지 최종결과 값(답)을 요구하는 경우 소수 넷째자리에서 반올림
  하여 소수 셋째자리까지 구하면 더 정확한 값을 얻는다.(주로 물량산출인 경우)

⑦ 답에 단위가 없거나 단위가 틀려도 오답으로 처리된다.

> **예** • 계산과정) $u = (h_w + z)\rho_w = (3+4)\times 1 = 7$　　　　답 : 7 (오답)
> 　　• 계산과정) $u = (h_w + z)\rho_w = (3+4)\times 1 = 7\text{g/cm}^3$　　답 : 7g/cm^3 (오답)
> 　　• 계산과정) $u = (h_w + z)\rho_w = (3+4)\times 1 = 7\text{g/cm}^2$　　답 : 7g/cm^2 (정답)

🌀 가지 수(항수) 기재

① 요구한 가지수 만큼만 기재순으로 기재한다.
 • 3가지를 요구하면 3가지만 기재한다.

> **예** ① _____　② _____　③ _____

 • 4가지를 요구하면 4가지만 기재한다.

> **예** ① _____　② _____　③ _____　④ _____

② 단일 답을 요구하는 경우는 한 가지 답만 기재하며, 정답과 오답이 함께 기재되어
 있을 경우 오답으로 처리된다.

> **예** 감세공, 수제

③ 한 문제에서 소문제로 파생되는 문제나, 가지수를 요구하는 문제는 대부분의 경우
 부분 배점을 적용한다.
 • 3가지를 요구한 경우 한 가지 또는 두 가지라도 답을 알면 반드시 기재하여 부분
  배점을 받아야 한다.

> **예** ① _롱벤치컷_　② _쇼트벤치컷_　③ _미니벤치컷_　④ _____

· 신분증(주민등록증, 운전면허증, 여권, 모바일 신분증 등)을 반드시 소지해야만 시험에 응시할 수 있다.

· 기사, 산업기사 등급은 허용된 기종의 공학용계산기만 사용가능합니다.

공학용계산기 기종 허용군

연번	제조사	허용기종군	[예] FX-570 ES PLUS
1	카시오(CASIO)	FX-901~999	
2	카시오(CASIO)	FX-501~599	
3	카시오(CASIO)	FX-301~399	
4	카시오(CASIO)	FX-80~120	
5	샤프(SHARP)	FL-501~599	
6	샤프(SHARP)	EL-5100, EL-5230, EL-5250, EL-5500	
7	유니원(UNIONE)	UC-600E, UC-400M, UC-800X	
8	캐논(Canon)	F-715SG, F-788SG, F-792SGA	
9	모닝글로리(MORNING GLORY)	ECS-101	

※ 상기 기종은 변경될 수 있음을 알려드립니다.

1 $14.4B^3 + 62.1B^2 - 600 = 0$

먼저 $14.4 \times ALPHA\,X^3 + 62.1 \times ALPHA\,X^2 - 600$

☞ ALPHA ☞ SOLVE ☞

$14.4 \times ALPHA\,X^3 + 62.1 \times ALPHA\,X^2 - 600 = 0$

SHIFT ☞ SOLVE ☞ = ☞ 잠시 기다리면

$X = 2.47724$　∴ $B = 2.48$m

2 $F_S = \dfrac{(6+2d)(1.7-1)}{6 \times 1} = 2$

먼저 $\dfrac{(6+2\,ALPHA\,X)(1.7-1)}{6 \times 1}$

☞ ALPHA ☞ SOLVE ☞

$\dfrac{(6+2\,ALPHA\,X)(1.7-1)}{6 \times 1} = 2$

SHIFT ☞ SOLVE ☞ = ☞ 잠시 기다리면

$X = 5.571$　∴ $d = 5.57$m

3 $13.68B^3 + 39.6B^2 - 150 = 0$

먼저 $13.68 \times ALPHA\,X^3 + 39.6 \times ALPHA\,X^2 - 150$

☞ ALPHA ☞ SOLVE ☞

$13.68 \times ALPHA\,X^3 + 39.6 \times ALPHA\,X^2 - 150 = 0$

SHIFT ☞ SOLVE ☞ = ☞ 잠시 기다리면

$X = 1.5676 \quad \therefore B = 1.57\,\mathrm{m}$

4 $Q = \pi r^2 q_u + 2\pi r f_s l$

$20 = \pi \times 0.15^2 \times 28 + 2\pi \times 0.15 \times 2.5l$

먼저 20 ☞ ALPHA ☞ SOLVE ☞

$20 = \pi \times 0.15^2 \times 28 + 2 \times \pi \times 0.15 \times 2.5 \times ALPHA\,X$

SHIFT ☞ SOLVE ☞ = ☞ 잠시 기다리면

$X = 7.648 \quad \therefore l = 7.65\,\mathrm{m}$

5 $35.40D^2 + 31.80D - 150 = 0$

먼저 $35.40\,ALPHA\,X^2 + 31.80ALPHAX - 150$

☞ ALPHA ☞ SOLVE ☞

$35.40\,ALPHA\,X^2 + 31.80ALPHAX - 150 = 0$

SHIFT ☞ SOLVE ☞ = ☞ 잠시 기다리면

$X = 1.6577 \quad \therefore D = 1.66\,\mathrm{m}$

6 $V = 20\sqrt{\dfrac{D \cdot h}{L}} \quad \Rightarrow \quad 0.8 = 20\sqrt{\dfrac{0.20 \times h}{300}}$

먼저 0.8

☞ ALPHA ☞ SOLVE ☞

$0.8 = 20\sqrt{\dfrac{0.20 \times ALPHA\,X}{300}}$

SHIFT ☞ SOLVE ☞ = ☞ 잠시 기다리면

$X = 2.4 \quad \therefore h = 2.4\,\mathrm{m}$

1 단위에 대해서

N : newton 읽습니다.

MPa : megapascal 읽습니다.

kN는 힘의 단위이며, MPa는 강도의 단위입니다.

$1kN = 10^3N$

$1MPa = N/mm^2$

$1cc = 1mL$

$1mL = 1000mg = 1g$

$1m^3 = 1000l$

$g/cm^3 = 1t/m^3$

$g/mm^3 = 0.001g/cm^3$

$1kg(f) = 9.8N$

$1kg(f)/cm^2 = 9.8N/cm^2 = 98kPa$

$1kN/mm^2 = 1GPa = 1000N/mm^2$

$1PPM = 1mg/L = 1g/m^3 = 10^{-3}kg/m^3$

$1m^3/day = 10^3L/day$

$1km^2 = 100ha$

$\dfrac{90°}{\pi} = 1718.87''$

$1radian = \dfrac{\pi}{180°} = 0.01745$

$\sec\dfrac{I}{2} = \dfrac{1}{\cos\dfrac{I}{2}}$

$\sin(180° - \theta) = \sin\theta$

2 문제를 학습하는 방법

☑☐☐ 틀린문제를 확인한다.

☑☑☐ 마킹된 문제를 검토한다.

☑☑☑ 마킹된 문제를 최종확인한다.

2 단계

Pick Remember
핵심요약정리

01 토 공

1 토취장의 선정 조건

① 토질이 양호할 것
② 토량이 충분할 것
③ 싣기가 편리한 지형일 것
④ 성토 장소를 향해서 하향구배 $\dfrac{1}{50} \sim \dfrac{1}{100}$ 정도를 유지할 것
⑤ 운반 도로가 양호하며 장해물이 적고 유지가 용이할 것
⑥ 용수, 붕괴의 우려가 없고 배수에 양호한 지형일 것
⑦ 기계의 사용이 용이할 것

2 시공기면을 가장 경제적으로 결정하려 할 때 고려 사항

① 토공량이 최소가 되도록 절·성토량이 같게 배분할 것
② 가까운 곳에 토취장과 토사장을 둘 경우 운반 거리를 짧게 할 것
③ 연약 지반, 낙석의 위험이 있는 지역은 가능한 한 피할 것
④ 암석 굴착은 상당한 비용을 요하므로 가능한 한 적게 할 것
⑤ 비탈면은 흙의 안정을 고려할 것

3 성토시공방법

① 전방층 쌓기법
② 비계쌓기법
③ 물다짐공법
④ 수평층 쌓기법

4 토량환산계수

구하는 토량 Q 기준이 되는 토량 q	본바닥 토량	느슨한 토량	다짐 후의 토량
본바닥 토량	1	L	C
느슨한 토량	C	1	C/L

5 토량변화율 C

① 본바닥 흙의 건조단위중량 $\gamma_d = \dfrac{\gamma_t}{1+w}$
② 다짐후의 건조단위중량 $\gamma_d = \dfrac{\gamma_t}{1+w}$

∴ 토량 변화율

$$C = \dfrac{\text{본바닥 흙의 건조단위중량}}{\text{다짐 후의 건조단위중량}}$$

6 유토곡선(mass curve)을 작성하는 목적

① 토량 배분
② 토량의 평균 운반거리 산출
③ 토공 기계 결정
④ 시공방법 결정
⑤ 토취장 및 토사장 선정

7 물다짐 공법(hydraulic fill method)

호소에서 펌프로 송니관 내에 물을 압입하여 큰 수두를 가진 물을 노즐로 분출시켜 절취토사를 물에 섞어서 이것을 송니관으로 흙댐까지 운송하는 성토 공법

8 흙의 안식각

흙이 자연 상태에 있어서 급경사면이 점차 붕괴하여 안정된 사면을 형성할 때의 바닥면과 이루는 각

9 성토재료에 요구되는 흙의 성질

① 투수성이 낮은 흙
② 다져진 흙의 전단강도가 클 것
③ 시공장비의 트래피커빌리티가 확보될 수 있을 것
④ 노면에 나쁜 영향을 미치지 않도록 압축성이 작을 것
⑤ 완성 후의 교통 하중에 대하여 지지력을 가지고 있을 것

10 도로 토공에 있어서 현장에서의 다짐도를 측정하는 방법

① 건조밀도로 측정 방법
② 포화도와 공극률로 측정하는 방법
③ 강도 특성으로 측정하는 방법
④ 다짐기계, 다짐 횟수로 측정하는 방법
⑤ 변형 특성으로 측정하는 방법

11 소일 네일링(soil nailing)공법

절취사면 및 굴착면에 대한 유연한 지보 등을 목적으로 네일을 프리스트레싱 없이 비교적 촘촘하게 원지반에 삽입하여, 원지반 자체의 전단강도를 증대시키고 지반 변위를 억제시키는 공법

12 경량성토공법(EPS : Expanded Ploy styrene)

발포폴리스틸렌 합성수지에 발포제를 첨가한 후 가열, 연화시켜 만든 재료를 사용하는 초경량서 발포폴리스틸렌으로 단위체적중량이 일반 흙의 1/100 정도 밖에 되지 않는 초경량성, 인력시공과 급속시공이 가능하고 내구성, 자립성 등이 뛰어나 연약지반이나 급경사지 확폭으로 적용할 수 있는 성토공법

13 억지말뚝공법

사면의 활동토체를 관통하여 부동지반까지 말뚝을 일렬로 시공함으로써 사면의 활동하중을 말뚝의 수평저항으로 받아 부동지반에 전달시키는 공법

14 유토곡선의 성질

아래 토적도(mass curve)에서 다음의 빈칸을 채우시오.

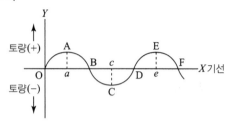

① 토적곡선의 상승부분 OA, CE 부분은 절토부분이다. 토적곡선의 하향부분 AC, EF 부분은 성토부분이다.
② 토적곡선의 loop가 산모양일 때는 절취 굴착토가 왼쪽에서 오른쪽으로 이동한다.
③ 기선 OX상의 점 B, D, F에서는 토량의 이동이 없다.
④ OB에서는 절성토량이 같다.
⑤ 토적곡선이 기선 OX보다 아래에서 끝날 때는 토량이 부족하다.

15 연대수와 도로길이

① 연대수 $N = \dfrac{\text{자연상태토량}(\text{m}^3)}{\text{적재량}(t)} \times \gamma_t$

② 도로길이 $L = \dfrac{\text{완성 토량}}{\text{도로 단면적}}$

16 각주공식

① 양단면 평균법 : $V = \dfrac{A_1 + A_2}{2} \times l$

② 각주 공식 : $V = \dfrac{l}{6}(A_1 + 4A_m + A_2)$

17 매층마다 1m²당 물의 살수량

자연함수비 10% 흙으로 성토하고자 한다. 시방서에는 다짐흙의 함수비를 16%로 관리하도록 규정하였을 때 매층마다 1m²당 몇 l 물을 살수해야 하는가? (단, 1층의 두께는 30cm이고, 토량변화율 $C = 0.9$, 원지반 흙의 단위중량 $\gamma_t = 18\text{kN/m}^3$)

• 1m³당 흙의 중량

$$W = Ah\gamma_t = 1 \times 1 \times 0.30 \times 18 \times \frac{1}{0.90} = 6\text{kN} = 6{,}000\text{N}$$

• 흙입자 중량 : $W_s = \dfrac{W}{1+w} = \dfrac{6{,}000}{1+0.1} = 5{,}454.55\text{N}$

• 함수비 10%일 때 물 중량

$$W_w = \frac{W \cdot w}{100+w} = \frac{6{,}000 \times 10}{100+10} = 545.45\text{N}$$

• 함수비 16%일 때 물의 중량

$$W_w = W_s w = 5{,}454.55 \times 0.16 = 872.73\text{N}$$

• 살수량 = 872.73 − 545.45 = 327.28N

$$\therefore \ 살수량 = \frac{327.27}{9.80 \times 10^3} = 0.0334\text{m}^3 = 33.4l$$

18 지거법

① 심프슨 제1법칙

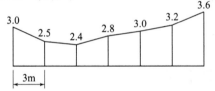

$$A = \frac{d}{3}(y_o + y_n + 4\sum y\,짝수 + 2\sum 나머지\,홀수)$$
$$= \frac{3}{3}\{3.0 + 3.6 + 4 \times (2.5 + 2.8 + 3.2) + 2 \times (2.4 + 3.0)\}$$
$$= 51.40\text{m}^2$$

② 심프슨 제2법칙

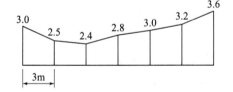

$$A = \frac{3d}{8}\{y_o + 2(y_3) + 3(y_1 + y_2 + y_4 + y_5) + y_6\}$$
$$= \frac{3 \times 3}{8}\{3.0 + 2 \times 2.8 + 3(2.5 + 2.4 + 3.0 + 3.2) + 3.6\}$$
$$= 51.19\text{m}^2$$

19 점고법

① 사분법

$$V = \frac{a \cdot b}{4}(\sum h_1 + 2\sum h_2 + 3\sum h_3 + 4\sum h_4)$$

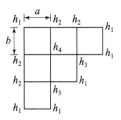 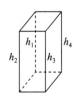

$$\therefore \ 지반고 \ \ H = \frac{V}{A \times n}$$

② 삼분법

$$V = \frac{a \cdot b}{6}(\sum h_1 + 2\sum h_2 + 3\sum h_3 + 4\sum h_4 + 5\sum h_5$$
$$+ 6\sum h_6 + 7\sum h_7 + 8\sum h_8)$$

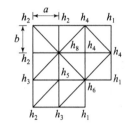 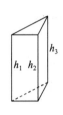

20 점고법에서 지반고

그림과 같은 지형에서 절·성토량이 균형을 이루는 지반고를 구하시오. (단, 토량변화율은 무시하고, 격자점의 숫자는 지반고를 나타내며 단위는 m이다.)

10m			
2.8	3.5	3.1	3.3
3.0	4.2	3.7	3.5
3.8	4.4	4.0	4.3
3.6	3.9	4.1	

(5m 표시: 왼쪽 세로 간격)

$$H = \frac{V}{A \times n}$$

• $V = \dfrac{a \cdot b}{4}(\sum h_1 + 2\sum h_2 + 3\sum h_3 + 4\sum h_4)$

• $\sum h_1 = 2.8 + 3.3 + 4.3 + 4.1 + 3.6 = 18.1\text{m}$

• $\sum h_2 = 3.5 + 3.1 + 3.5 + 3.9 + 3.8 + 3.0 = 20.8\text{m}$

• $\sum h_3 = 4.0\text{m}$

• $\sum h_4 = 4.2 + 3.7 + 4.4 = 12.3\text{m}$

$$\therefore \ V = \frac{5 \times 10}{4} \times (18.1 + 2 \times 20.8 + 3 \times 4.0 + 4 \times 12.3)$$
$$= 1{,}511.25\text{m}^3$$

$$\therefore \ H = \frac{1{,}511.25}{(5 \times 10) \times 8} = 3.78\text{m}$$

02 건설기계

1 건설기계의 손료(사용료)를 계산할 때의 3가지 비용

① 삼각비
② 정비비
③ 관리비
④ 기계 경비(기계손료 + 운전 경비 + 수송비)

2 가동율

$$가동율 = \left[\frac{실작업 시간}{총 작업 시간} - \left(\frac{기계 고장 시간 + 인원 초과 대기시간}{총 작업 시간}\right)\right] \times 100$$

3 거리에 따른 운반장비

운반거리	80m 이하	80 ~ 500m	500m 이상
최적 장비	Bulldozer Scraper Tracter – shovel	Scraper Moter scraper Dumptruck	Moter scraper Dumptruck

4 병렬 압토법(竝列押土法, parallel공법)

불도저 토공에서 2대 이상이 토공판을 수평으로 줄을 맞춰 같은 속도로 전진하여 흙이 토공판에서 흩어지지 않게 밀어나가는 공법

5 소운반

① 1일 운반 횟수 : $N = \dfrac{T \cdot E}{\dfrac{60 \cdot L}{V} \times 2 + t}$

② 1일 운반량 : $Q = \dfrac{N \cdot q}{\gamma_t}$

6 Rimpull

① 구동륜 하중×견인계수(μ)
② 총중량×회전저항 − 총중량×경사저항×경사(%)

7 불도저의 단위 시간당 작업량

① 작업량 : $Q = \dfrac{60 \cdot q \cdot f \cdot E}{C_m} = \dfrac{60 \cdot (q_o \cdot \rho) \cdot f \cdot E}{C_m}$

② 사이클 타임 : $C_m = \dfrac{l}{V_1} + \dfrac{l}{V_2} + t$

$$C_m = 0.037\,l + 0.25분$$

8 시간당 Ripper의 작업량

① 작업량 : $Q = \dfrac{60 A_n \cdot l \cdot f \cdot E}{C_m}$

② 사이클 타임 : $C_m = 0.05\,l + 0.33$

9 조합작업량

$$Q = \frac{Q_D \times Q_R}{Q_D + Q_R}$$

10 셔벨계

■ 셔벨계 굴착기 종류
① 파워 쇼벨(power shovel)
② 백호우(back hoe)
③ 크램셸(clam shell)
④ 드래그라인(drag line)
⑤ 크레인(crane)
⑥ 항타기(pile driver)

■ 셔벨계의 작업량

$$Q = \frac{3,600 \times q \times K \times f \times E}{C_m}$$

단, 트랙터 셔블 경우의 사이클 타임
$C_m = ml + t_1 + t_2$

■ 소요 공기 계산

$$소요 공기 = \frac{총 작업량}{시간당 작업량 \times 소요 대수 \times 1일 운전 시간}$$

11 모터 그레이더

① 통과횟수 $N = \dfrac{\text{작업폭}}{\text{유효길이}}$

② 작업시간 $H = \dfrac{\text{통과횟수} \times \text{작업거리}}{\text{작업속도} \times \text{작업효율}}$

■ **덤프트럭(dump truck)**

① 덤프트럭의 작업능력

$$Q = \dfrac{60 \times q_t \times f \times E}{C_m}, \quad q_t = \dfrac{T}{\gamma_t} \times L$$

② 사이클 타임

$$C_m = \dfrac{C_{ms} \cdot n}{60 \cdot E_s} + (t_w + t_3 + t_4)$$

여기서, C_{ms} : 적재 기계의 1회 사이클 타임(sec)

n : 덤프 트럭 만재시 적재 기계의 적
재 횟수

③ 1일 운반 횟수

$$N = \dfrac{\text{1일 작업 시간}}{\text{1회 왕복 소요 시간}} = \dfrac{T \cdot E}{\dfrac{60L}{V} \times 2 + t}$$

③ 여유 대수

$$M = \dfrac{\text{왕복과 사토에 필요한 시간}(T_1)}{\text{신기 완료 후 출발할 때까지의 시간}(T_2)} + 1$$

또는

$$M = \dfrac{E_s}{E_t} \times \left\{ \dfrac{60(T_1 + T_2 + t_1 + t_2 + t_3)}{C_{ms} \cdot n} \right\} + \dfrac{1}{E_t}$$

■ **롤러(Roller)**

① 롤러의 분류

전압식	로드 롤러 (road roller)	• macadam roller • tandem roller
	타이어 롤러(tire roller)	
	탬핑 롤러 (tamping roller)	• turn foot roller • sheeps foot roller • grid roller • tapper foot roller
충격식	프로그래머(frog-rammer) 래머(rammer) 탬퍼(tamper)	
진동식	진동(vibration) 롤러 진동 콤팩터(compactor) 소일 콤팩터(soil compactor)	

② 롤러의 작업 능력

$$Q = \dfrac{1{,}000 \cdot V \cdot W \cdot H \cdot f \cdot E}{N}$$

$$A = \dfrac{1{,}000 \cdot V \cdot W \cdot f \cdot E}{N}$$

③ 충격식 래머의 작업 능력

$$Q(\mathrm{m^3/hr}) = \dfrac{A \cdot N \cdot H \cdot f \cdot E}{P}$$

12 준설선의 종류

① 펌프 준선설

② 디퍼 준설선

③ 그래브 준설선

④ 버킷 준설선

13 도우저의 작업시간

어떤 도우저(dozer)가 폭 3.58m의 철제 브레이드(Blade)를 달고 속도 5.9km/hr의 3단기어로 작업하고 있다. 이 때 브레이드의 효율이 72%라면 폭 30m, 길이 100m의 면적에서 제거 작업을 할 경우 필요한 작업 시간은 몇 분인가? (단, 후속속도는 7km/hr이다.)

• 작업시간 =1회 왕복 시간 × 왕복회수

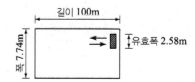

• Blade의 유효폭 $= 3.58 \times 0.72 = 2.58\,\mathrm{m}$
• 통과 회수

$$= \dfrac{\text{작업지역 폭}}{\text{블레이드의 유효폭}} = \dfrac{30}{2.58} = 11.63 \quad \therefore\ 12\,\text{회}$$

• 1회 왕복 통과시간

$$= \dfrac{\text{작업 거리}}{\text{속도}} = \left(\dfrac{100}{5{,}900} + \dfrac{100}{7{,}000} \right) \times 60(\text{분})$$

$$= 1.87\,\text{분}$$

$\therefore$ 작업시간 =1회 통과시간 × 통과회수

$$= 1.87 \times 12 = 22.44\,\text{분}$$

14 모터 그레이더의 정지 시간

모터 그레이더로서 폭 $W=600$m, 거리 $l=200$m 의 성토를 1회 정지하는데 필요한 시간(h)는 얼마인가? (단, 블레이더(blade)의 유효길이 $B=3$m, 전진 속도 $V_1=5$Km/h, 후진속도 $V_2=6.5$Km/h, 작업효율 $E=0.8$)

- 통과회수 $N=\dfrac{\text{작업폭}}{\text{유효길이}}=\dfrac{600}{3}=200$회
- $H=\dfrac{\text{통과회수}\times\text{작업거리}}{\text{작업속도}\times\text{작업효율}}$

$$=\frac{200\times200}{5,000\times0.8}+\frac{200\times200}{6,500\times0.8}=17.67\ \text{시간}$$

15 스크레이퍼의 소요 구동력(Rimpull)

자중 12ton인 스크레이퍼가 15ton의 흙을 싣고 경사 4%인 비포장 언덕길을 내려간다. 이 스크레이퍼의 소요 구동력(Rimpull)을 구하시오. (단, 이 도로의 회전 저항(Rolling Resistance)은 45kg/ton이고, 경사 저항은(경사 %) 10kg/ton이다.)

총중량 $=12+15=27$t
$\therefore$ Rimpull$=$총중량$\times$회전저항$-$총중량
$\qquad\qquad\times$경사저항$\times$경사(%)
$\qquad=27\times45-27\times10\times4$
$\qquad=135$kg($\because$ 하향 $-$)

16 백호의 작업량과 소요일수

작업량 $Q=\dfrac{3,600\cdot q\cdot K\cdot f\cdot E}{C_m}$

소요일수$=\dfrac{\text{터파기량}}{\text{작업량}\times\text{작업일수}}$

17 굴착에 소요되는 기간

표고가 20m씩 차이나는 등고선으로 둘러싸인 지역의 흙을 굴착하여 택지 조성을 계획할 때 1.0m^3 용적의 굴삭기 2대를 동원하면 굴착에 소요되는 기간은 며칠인가?

(단, 굴삭기 사이클 타임$=20$초, 효율$=0.8$, 디퍼계수$=0.8$, $L=1.2$, 1일 작업시간$=9$시간, 등고선 면적 $A_1=100$m^2, $A_2=80$m^2, $A_3=50$m^2 이다.)

- 굴착 토량
$$V=\frac{h}{3}(A_1+4A_2+A_3)$$
$$=\frac{20}{3}(100+4\times80+50)=3,133.33\,\text{m}^3$$

- 굴삭기 1대 작업량
$$Q=\frac{3,600\cdot q\cdot K\cdot f\cdot E}{C_m}$$
$$=\frac{3,600\times1.0\times0.8\times\dfrac{1}{1.2}\times0.8}{20}=96\,\text{m}^3/\text{hr}$$

- 백호 2대의 작업량$=96\times8\text{시간}\times2\text{대}$
$$=1,536\,\text{m}^3/\text{day}$$

$\therefore$ 소요공기$=\dfrac{\text{총 굴착 토량}}{\text{백호 2대의 작업량}}$

$$=\frac{3,133.33}{1,536}=2.04\ \therefore\ 3\text{일}$$

18 트럭의 소요대수

토사 굴착량 900m^{3}를 용적이 5m^{3}인 트럭으로 운반하려고 한다. 트럭의 평균 속도는 8km/hr이고, 상하차 시간이 각각 5분일 때 하루에 전량을 운반하려면 몇 대의 트럭이 소요되는가? (단, 1일의 실가동은 8시간이며, 토사장까지의 거리는 2km이다.)

- $N=\dfrac{\text{1일 작업 시간}}{\text{1회 왕복 소요 시간}}=\dfrac{T}{\dfrac{60\cdot L}{V}\times2+t}$

$$=\frac{8\times60}{\dfrac{60\times2}{8}\times2+5\times2}=12\text{회}(\because\ \text{상하차 각각 5분})$$

- 1일 소요 대수
$M=\dfrac{\text{총 운반량}}{\text{트럭의 용적}(q_t)\times\text{트럭의 1일 운반회수}(N)\times\text{일수}}$

$$=\frac{900}{5\times12\times1}=15\text{대}$$

19 덤프트럭의 적재시간

15ton 덤프트럭에 버킷용량이 1.0m³ 의 백호우 1대로 토사를 적재하는 경우 트럭 1대에 적재하는데 필요한 시간은 얼마인가? (단, 굴착시 효율=1.0, 버킷계수는=0.9, 자연상태의 $\gamma_t = 1.9$t/m³, $L = 1.2$, 적재장비 사이클 타임 20초)

$$q_t = \frac{T}{\gamma_t} \cdot L = \frac{15}{1.9} \times 1.2 = 9.47 \text{m}^3$$

$$n = \frac{q_t}{q \cdot k} = \frac{9.47}{1.0 \times 0.9} = 10.52 = 11 \text{회}$$

$$\therefore \text{적재시간 } C_{mt} = \frac{C_{ms} \cdot n}{60 \cdot E_s} = \frac{20 \times 11}{60 \times 1.0} = 3.67 \text{분}$$

20 백호와 덤프트럭의 조합

아래와 같이 백호로 굴착을 하고 통로박스 시공후, 되메우기를 한다. 이 때 15ton 덤프트럭을 2대 사용하며 1일 작업시간을 6시간으로 하고, 덤프트럭의 $E = 0.9$, $C_m = 300$분일 경우 아래 물음에 답하시오. (단, 암거길이는 10m, $C = 0.8$, $L = 1.25$, $\gamma_t = 1.8$t/m³)

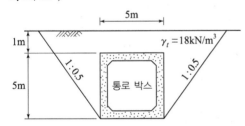

가. 사토량(捨土量)을 본바닥 토량으로 구하시오.
나. 덤프트럭 1대의 시간당 작업량을 구하시오.
다. 덤프트럭 2대를 사용할 경우 사토에 필요한 소요일수는 몇 일인가?

가.

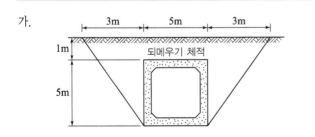

• 굴착토량

$$= \frac{\text{윗변길이} + \text{밑변길이}}{2} \times \text{높이} \times \text{암거길이}$$

$$= \frac{(3+5+3)+5}{2} \times 6 \times 10 = 480 \text{m}^3$$

• 통로박스체적 $= 5 \times 5 \times 10 = 250 \text{m}^3$
• 뒤메우기량 $= (480 - 250) \times \frac{1}{0.8} = 287.5 \text{m}^3$

$$\therefore \text{사토량} = 480 - 287.5 = 192.5 \text{m}^3$$

나. 덤프트럭의 적재량 $Q = \dfrac{60 q_t f E}{C_m}$

$$q_t = \frac{T}{\gamma_t} L = \frac{15}{1.8} \times 1.25 = 10.42 \text{m}^3$$

$$f = \frac{1}{L} = \frac{1}{1.25} = 0.8$$

$$\therefore Q = \frac{60 \times 10.42 \times 0.8 \times 0.9}{300} = 1.50 \text{m}^3/\text{h}$$

다. 소요일수 $= \dfrac{192.5}{1.5 \times 6 \times 2} = 10.69$ $\therefore$ 11일

21 백호와 덤프트럭의 조합

0.7m³ 용량의 백호와 15t 덤프트럭의 조합 토공현장에서 현장의 조건이 아래와 같을 경우 다음 물음에 답하시오.

■ **시공 조건**
• 백호의 버킷 계수(K) : 1.1
• 토량 환산계수(f) : 0.8
• 백호의 사이클 타임 : 19초
• 백호의 작업 효율(E) : 0.9
• 자연상태 흙의 단위 중량 : 1.7t/m³
• 토량 변화율(L) : 1.25
• 덤프의 운반거리 : 20km
• 덤프트럭의 사이클 타임 : 60분
• 덤프트럭의 토량환산계수(f) : 1.0
• 덤프트럭의 작업 효율 : 0.9

가. 백호의 시간당 작업량을 구하시오.
나. 덤프트럭의 시간당 작업량을 구하시오.
다. 백호 1대당 덤프트럭의 소요대수는 몇 대인가?

가. 백호의 작업량

$$Q_B = \frac{3,600 \cdot q \cdot K \cdot f \cdot E}{C_m}$$

$$= \frac{3,600 \times 0.7 \times 1.1 \times 0.8 \times 0.9}{19} = 105.04 \text{m}^3/\text{hr}$$

나. $Q_t = \dfrac{60 \cdot q_t \cdot f \cdot E}{C_m}$

• $q_t = \dfrac{T}{\gamma_t} \cdot L = \dfrac{15}{1.7} \times 1.25 = 11.03\,\mathrm{m}^3$

$\therefore Q_t = \dfrac{60 \times 11.03 \times \dfrac{1}{1.25} \times 0.9}{60} = 7.94\,\mathrm{m}^3/\mathrm{hr}$

다. $N = \dfrac{Q_s}{Q_t} = \dfrac{105.04}{7.94} = 13.23 \quad \therefore 14$대

22 램머의 시간당 작업능력 Q

도로 구조물 뒤채움 작업을 80kg의 램머를 사용하여 다짐작업시의 작업량 $Q(\mathrm{m}^3/\mathrm{hr})$을 계산하시오. (단, 깔기두께$(D)$=0.15m, 토량변화계수$(f)$= 0.7, 중복다짐횟수 P=7회, 작업효율 E=0.6, 1회당 유효다짐면적(A)=0.0924m^3, 시간당 타격회수 (N)=3,600회/h이다.)

$Q = \dfrac{A \cdot N \cdot H \cdot f \cdot E}{P}$

$= \dfrac{0.0924 \times 3,600 \times 0.15 \times 0.7 \times 0.6}{7}$

$= 2.99\,\mathrm{m}^3/\mathrm{hr}$

23 쇼벨과 덤프트럭의 조합

버킷 용량 3.0m^3의 쇼벨과 15ton 덤프트럭을 사용하여 토공사를 하고 있다. 다음 물음에 답하시오.

■조건
• 흙의 단위 중량 : 1.8t/m^3
• 토량 변화율(L) : 1.2
• 쇼벨의 버킷 계수 : 1.1
• 사이클 타임 : 30초
• 쇼벨의 작업 효율 : 0.5
• 덤프트럭의 사이클 타임 : 30분
• 덤프트럭의 작업 효율 : 0.8
• 30분 중 상차 시간 : 2분
• 덤프트럭 1대를 적재하는 데 필요한 쇼벨의 사이클 횟수 : 3

가. 쇼벨의 시간당 작업량은 얼마인가?
나. 덤프 트럭의 시간당 작업량은 얼마인가?
다. 쇼벨 1대당 덤프 트럭의 소요 대수는 얼마인가?

가. $Q_S = \dfrac{3,600 \cdot q \cdot K \cdot f \cdot E}{C_m}$

$= \dfrac{3,600 \times 3.0 \times 1.1 \times \dfrac{1}{1.2} \times 0.5}{30} = 165\,\mathrm{m}^3/\mathrm{hr}$

나. $Q_t = \dfrac{60 \cdot q_t \cdot f \cdot E}{C_m}$

$q_t = \dfrac{T}{\gamma_t} \cdot L = \dfrac{15}{1.8} \times 1.2 = 10\,\mathrm{m}^3$

$\therefore Q_s = \dfrac{60 \times 10 \times \dfrac{1}{1.2} \times 0.8}{30} = 13.33\,\mathrm{m}^3/\mathrm{hr}$

다. $N = \dfrac{Q_S}{Q_t} = \dfrac{165}{13.33} = 12.38$대$= 13$대

24 펌프의 동력

펌프준설선으로 준설을 하고자 한다. 압송유량은 초당 1.5m^3/sec, 수면으로부터 배출구까지의 수두차는 5m, 손실수두의 총합은 44m, 토사를 함유한 물의 단위중량은 1.2t/m^3, 펌프의 효율은 0.6이라 할 때 필요한 펌프의 동력은 몇 마력(HP)인가?

$\gamma = 1.2\mathrm{t/m}^3, \quad Q = 1.5\,\mathrm{m}^3/\mathrm{sec}$
$H_e = H + \sum h = 5 + 44 = 49\,\mathrm{m}$

$\therefore E = \dfrac{1,000\gamma QH}{75\eta} = \dfrac{1,000 \times 1.2 \times 1.5 \times 49}{75 \times 0.6}$
$= 1,960\,\mathrm{HP}$

25 건설기계의 주행저항

① 회전저항
② 경사저항
③ 가속저항
④ 공기저항

03 연약지반

1 sand drain 공법에서 sand pile의 타입 방법

① 압축 공기식 케이싱 방법
② Water jet식 케이싱 방법
③ 회전식보링(Rotary boring)에 의한 방법
④ 어스 오거(Earth auger)에 의한 방법

2 샌드 드레인(sand drain)공법에서 sand pile의 간격

① 정사각형 배치 $d_e = 1.13d$
② 정삼각형 배치 $d_e = 1.05d$

3 Paper Drain공법이 Sand Drain공법과 비교하여 유리한 점

① 공사비가 저렴하다.
② 시공속도가 빠르다.
③ 배수 효과가 양호하다.
④ Drain 단면이 깊이 방향에 대해서 일정하다.
⑤ 타설에 의해서 주변 지반을 교란하지 않는다.

4 paper drain공법에 있어서 drain paper의 구비조건

① 주위의 지반보다 큰 투수성을 가질 것
② drain paper에 세립자가 통과하지 않을 것
③ 시공 시 손상을 받지 않도록 충분한 강도를 가질 것
④ 지반중에서 높은 횡압에 견딜 수 있는 충분한 강성이 있을 것
⑤ 배수되는 동안 물리적, 화학적, 생물학적 손상을 받지 않을 것

5 동다짐공법(dynamic compaction 또는 heavy tamping)의 심도

$$D = \alpha \sqrt{WH}$$

6 장래의 압밀침하량을 예측하여 이용되는 분석법

① 쌍곡선법
② 평방근법(Hoshino법)
③ Asaoka법

7 Sand drain공법에 비해 Pack drain 공법의 장·단점

[장점]

① 샌드 드레인 보다 공기 단축이 가능하다.
② 직경이 작은 sand pile 시공이므로 모래의 사용량이 적다.
③ 설계 직경을 작게 해도 설계대로의 시공이 가능하다.
④ Pack으로 인한 sand pile이 절단되지 않는다.

[단점]

① 시공 중 팩망의 꼬임이 발생할 수 있다.
② 장기적인 측면에서 배수효과가 우려된다.
③ 장비의 선정 및 적용성에 어려움이 있다.
④ 심도가 불규칙한 곳에서는 타설심도의 조절이 어렵다.

8 사질지반 개량을 위해서 진동을 이용한 공법

① Vibroflotation공법
② 다짐 모래 말뚝 공법(Sand compaction pile method)(=바이브로 콤포져공법)
③ 동다짐공법(=동압밀공법)
④ 폭파다짐공법

9 생석회 말뚝공법의 주요 효과

① 탈수 효과
② 압밀 효과
③ 건조 효과

10 동압밀 공법

10~40t의 강재블록이나 콘크리트 블록과 같은 중추를 10~30m의 높은 곳에서 여러 차례 낙하시켜 충격과 진동으로 지반을 개량하는 방법으로, 사질토지반이나 매립지반을 개량하는데 효과적이며, 포화된 점성토에서도 사용가능한 공법

11 동압밀 공법의 장점

① 상당히 넓은 면적을 개량할 수 있다
② 깊은 심도까지 개량이 가능하다.
③ 확실한 개량효과를 기대할 수 있다.
④ 지반 내에 암괴 등의 장애물이 있어도 가능하다.
⑤ 특별한 약품이나 자재가 불필요

12 Sand drain 공법에서 Sand Mat의 역할

① 연약층 압밀을 위한 상부 배수층을 형성
② 시공 기계의 주행성을 확보
③ 지하 배수층이 되어 지하수위를 저하
④ 지하수위 상승 시 횡방향 배수로 성토지반의 연약화 방지

13 연약지반 개량 공법 중 치환공법의 종류

① 굴착치환공법
② 폭파치환공법
③ 강제치환공법(압출치환공법)

14 강제치환공법의 장단점

장점	단점
① 시공이 단순하고 공기가 빠르다.	① 잔류침하가 예상된다.
② 공사비가 저렴하다.	② 개량효과의 확실성이 없다.
③ 국내 실적이 많다.	③ 이론적이며 정량적인 설계가 어렵다.

15 공기 유입 방지

웰 포인트(well point)공법에서 웰 포인트의 스크린(screen)의 상단을 항상 계획 굴착면보다 1.0m 정도 깊게 설치하며 전체 스크린을 동일 레벨(level)상에 있도록 설계하는 가장 큰 이유

16 그라우팅공법의 주입재(藥液)의 종류

① 비약액계(현탁액형) : 시멘트계, 점토계, 아스팔트계

② 약액계 ┬ 물유리계
          └ 고분자계 ┬ 크롬리그닌계
                     ├ 아크릴아미드계
                     ├ 아크릴레이트계
                     ├ 요소계
                     └ 우레탄계

17 지반보강이나 차수를 위한 주입공법의 종류

① 침투주입공법(LW, SGR 공법) : 차수
② 고압분사공법(JSP공법 등) : 지반보강
③ 교반혼합공법(SCW공법 등) : 차수
④ 컴팩션주입공법(CGS공법 등) : 지반보강

18 지하배수공법의 종류

가. 강제배수공법
　① Well point공법
　② 전기침투공법
　③ 진공압밀공법
나. 중력배수공법
　① 집수공법
　② Deep well 공법
　③ 암거, 명거공법

19 Deep well 공법이 가장 효과적인 경우

① 지표면에서 10m 이상의 지하수위 저하가 필요한 경우
② 투수성이 큰 지반으로 다량의 양수가 필요한 경우
③ Boiling 방지를 위한 대수층의 수압 감소가 필요한 경우

20 진공압밀공법의 장점

① 진공압밀과정에서 전응력을 일정하게 유지할 수 있다.
② 배수 속도가 탈수공법에 비해 2배 이상 빠르다.
③ 단기간내에 깊은 심도까지 압밀 촉진
④ 공사기간이 단축

21 토목섬유(geotextile)의 기능

① 배수 기능
② 여과 기능
③ 분리 기능
④ 보강 기능
⑤ 차수 기능

22 토목섬유(Geosynthetics)의 종류

① 지오텍스타일(Geotextile) : 투수성(직포, 부직포)
② 지오그리드(Geogrid) : 보강토 용으로 사용
③ 지오콤포지트(Geocomposite) : 2개 이상의 토목섬유를 결합
④ 지오멤브레인(Geomembranec) : 쓰레기 매립장, 터널 등의 차수와 방수
⑤ 지오매트(geomat) : 배수 필터, 사면 보호용

23 침투압공법(MAIS공법)

수분이 많은 점토층에 반투막 중공원통을 넣고 그 안에 농도가 큰 용액을 넣어서 점토 속의 수분을 빨아내는 방법으로 상재하중 없이 압밀을 촉진시킬 수 있는 지반개량 공법

24 표층 혼합처리공법

지표면에서 깊이 약 3m 이내의 연약토를 석회, 시멘트, 플라이애시 등의 안정재와 혼합하여 지반강도를 증진시키는 공법으로 주로 해안매립지와 같이 초연약지반의 지표면을 고화시키기 위해 사용하는 공법

25 평균압밀도

Sand drain 공법에서 U_v(연직방향 압밀도)$=0.95$, U_h(수평향 압밀도)$=0.20$인 경우, 수직·수평방향을 고려한 압밀도(U)는 얼마인가?

$$U_{vr} = \{1 - (1 - U_h)(1 - U_v)\} \times 100$$
$$= \{1 - (1 - 0.20)(1 - 0.95)\} \times 100 = 96\%$$

26 등가환산원의 직경

폭이 10cm, 두께 0.3cm인 Paper drain(Card Board)을 이용하여 점토지반에 0.6cm간격으로 정 3각형 배치로 설치하였다면, Sand drain이론의 등가환산원(등가원)의 직경(d_w)과 영향원의 직경(d_e)를 각각 구하시오.

가. 등가환산원의 직경(d_w) :

나. 영향원의 직경(d_w) :

가. $d_w = \alpha \dfrac{2(A+B)}{\pi} = 0.75 \times \dfrac{2(10+0.3)}{\pi} = 4.92\,\text{cm}$

나. $d_e = 1.05\,d = 1.05 \times 0.6 = 0.63\text{m} = 63\text{cm}$

27 개량된 지반의 강도

Sand drain공법과 단위중량 20kN/m^{3}인 성토재료를 5m성토하여 연약지반을 개량하였다. 연직방향 압밀도$=0.9$, 수평방향 압밀도$=0.2$인 경우 개량된 지반의 강도는 얼마인가? (단, 개량전 원지반강도는 $c=50\text{kN/m}^2$이며, 강도증가비 $c/P=0.18$ 이다.)

개량후 지반 강도 $C = C_o + \Delta C = C_o + \dfrac{c}{P} \cdot \Delta p \cdot U$

• 성토하중 $\Delta p = \gamma H = 20 \times 5 = 100\text{kN/m}^2$
• 압밀도 $U = 1 - (1 - U_v)(1 - U_h)$
  $= 1 - (1 - 0.9)(1 - 0.2) = 0.92$
• 강도증가량 $\Delta C = \dfrac{c}{P} \cdot \Delta p \cdot U = 0.18 \times 100 \times 0.92$
  $= 16.56\text{kN/m}^2$
  ∴ 개량 후 지반강도 $C = 50 + 16.56 = 66.56\text{kN/m}^2$

28 연약지반에서 발생할 수 있는 공학적 문제점

① 침하의 문제
② 지반의 안정문제(지반의 파괴문제)
③ 투수성 문제(지하수위의 영향문제)
④ 액상화 문제

04 토질공

1 유기질토의 특징

① 압축성이 크다.
② 자연 함수비는 200~300%이다.
③ 2차 압밀에 의한 압밀 침하량이 크다.

2 팽창성 점토 지반의 개량을 위한 시공법

① 다짐공법
② 살수공법(침수법 : prewetting)
③ 차수벽 설치(수분 흡수방지벽 공법)
④ 흙의 안정처리(지반의 안정처리)

3 물리 탐사법

① 탄성파굴절 탐사법(지진굴절 탐사법, seismic refraction survey)
② 크로스 홀 탐사법(cross hole seismic survey)
③ 전기 비저항 탐사법(resistivity survey)

4 탐사법의 종류명

① 자기 탐사법
② 탄성파 탐사법
③ 방사능 탐사법
④ 전기 탐사법
⑤ 중력 탐사법

5 시료 채취방법

① 오거 보링에 의한 방법
② 얇은 관에 의한 시료 채취방법
③ 스플릿 배럴 샘플러에 의한 방법

6 수압파쇄법(Hydraulic fracturing method)

암반 중에 천공한 보어 홀에 액체를 주입하여 압력을 상승시키고 공벽에 균열을 유도하여 현지지압을 계산하는 방법

7 암반의 사면 파괴형태

① 원호파괴 : 일정한 지질구조 형태를 보이지 않는 표토, 폐석, 심한 파쇄암반에서 발생되는 파괴
② 평면파괴 : 점판암과 같이 질서정연한 지질구조를 가지는 암반에서 발생되는 파괴
③ 쐐기파괴 : 교차하는 두 불연속면 위에서 발생되는 파괴
④ 전도파괴 : 급경사 불연속면에 의해 분리된 주상구조를 형성하고 있는 경암암반에서 발생되는 파괴

8 RQD와 암질의 관계

암질지수(%)	암질
0~25	매우 불량
25~50	불량
50~75	보통
75~90	양호
90~100	우수

9 RMR(Rock Mass Rating)에 의한 암반분류시 적용되는 평가요소

① 암석의 일축압축 강도
② RQD(암질지수)
③ 절리(불연속면)의 간격
④ 절리(불연속면)의 상태
⑤ 지하수 상태
⑥ 불연속면의 방향

10 단층

암반에서 발견되는 불연속면 중 어느 면을 경계로 하여 양면의 암반이 상대적으로 이동한 경우 이 불연속면을 가리키는 용어

11 Q–system

Q분류법은 노르웨이의 지반공학연구소의 Barton, Lien & Lunde(1974)에 의해 개발되었으며, 6개의 변수를 3개의 그룹으로 나누어서 종합적인 암반의 암질 Q를 다음과 같이 계산할 수 있다.

$$Q = \frac{RQD}{J_n} \cdot \frac{J_r}{J_a} \cdot \frac{J_w}{SRF}$$

$$= (암괴크기점수) + (암괴전단강도점수)$$
$$+ (작용응력점수)$$

■6개의 평가 요소
① RQD : 암질지수
② J_n : 절리군의 수
③ J_r : 절리면의 거칠기 계수
④ J_a : 절리면의 변질계수
⑤ J_w : 지하수 보정계수
⑥ SRF : 응력저감계수

■3개의 그룹
① $\dfrac{RQD}{J_n}$(암괴크기 점수) : 암반의 전체적인 구조를 나타낸다.
② $\dfrac{J_r}{J_a}$(암괴 전단강도점수) : 면의 거칠기, 절리면 간 또는 충전물의 마찰특성을 나타낸다.
③ $\dfrac{J_w}{SRF}$(작용응력점수) : 활동성 응력을 표현하는 복잡하고 경험적인 항이다.

12 암반의 공학적 분류 방법

① 절리의 간격에 의한 분류법
② 풍화도에 의한 분류법
③ Muller의 분류법
④ RQD에 의한 분류법
⑤ 균열계수에 의한 분류법
⑥ 암반평점에 의한 분류법
⑦ 리핑가능성에 의한 분류법

13 암반의 불연속면 종류

① 절리   ② 층리   ③ 편리
④ 벽개   ⑤ 단층   ⑥ 파쇄대

14 불연속면의 공학적 평가를 위한 조사항목

① 불연속면의 방향성
② 불연속면의 간격
③ 불연속면의 충전물
④ 불연속면의 연장성
⑤ 불연속면의 간극
⑥ 분리면의 거칠기

15 암반내 초기응력 측정방법

① 응력해방법
② 응력회복법
③ 응력방출(AE)법
④ 수압파쇄법

16 사운딩(Sounding)

로드(rod)의 끝에 설치한 저항체를 땅속에 삽입하여 관입, 회전, 인발 등의 저항으로 토층의 성질과 상태를 탐사하는 것

17 Sounding의 종류

구분	종류	적용 토질
정적 사운딩	베인시험 (Vane tester)	연약한 점토, 예민한 점토
	이스키 미터 시험 (Iskymeter)	연약한 점토
	스웨덴식 관입 시험(Swedish Penetrometer)	큰자갈, 조밀한 모래, 자갈 이외의 흙
	휴대용 원추관입시험	연약한 점토
	화란식 원추관입시험	큰 자갈 이외의 일반적 흙
동적 사운딩	동적 원추관시험	큰 자갈, 조밀한 모래, 자갈 이외의 흙에 사용
	표준관입시험	사질토에 적합하고 점성토시험도 가능

18 N치로부터 추정되는 정수

모래 지반	점토 지반
• 상대밀도	• 컨시스턴시(연경도)
• 내부 마찰각	• 일축압축강도
• 침하에 의한 허용지지력	• 점착력
• 지지력 계수	• 파괴에 대한 허용 지지력
• 탄성계수	• 파괴에 대한 극한 지지력

19 표준관입시험(SPT)에서 N치를 수정하는 이유

① 로드 길이에 대해 수정한다.
② 토질의 상태에 대해 수정한다.
③ 모래 지반에서 상재압에 대해 수정한다.

20 1차 압밀침하량 산정방법

① 초기간극(e_o)법
② 압축지수(C_c)법
③ 체적변화계수(m_v)법

21 횡방향 지반반력계수(K_h)를 구하는 현장시험

① 프레셔미터시험(PMT)
② 딜러토미터시험(DMT)
③ 수평재하시험(LLT)

22 암반 굴착 현장에서 직접 탄성 계수를 결정하는 방법

① 암반평판재하 시험
② 공내 변형시험
③ 압력수실시험
④ 동적반복재하시험

23 항복하중을 결정하는 곡선법

① logP-logs 곡선법
② P-ds/s(logt) 곡선법
③ P-s 곡선법
④ s-logt 곡선법

24 평판재하시험을 행하여 그 결과를 이용시 유의사항

① 시험한 지반의 토질 종단을 알아야 한다.
② 지하수위의 변동 사항을 알아야 한다.
③ scale effect을 고려하여야 한다.
④ 부등침하를 고려해야 한다.
⑤ 예민비를 고려하여야 한다.
⑥ 실험상의 문제점을 검토하여야 한다.

25 모래의 내부마찰각과 N의 관계(Dunham공식)

• 토립자가 둥글고 입도 분포가 균등(불량)한 모래	$\phi = \sqrt{12N} + 15$
• 토립자가 둥글고 입도 분포가 양호한 모래 • 토립자가 모나고 입도분포가 균등(불량)한 모래	$\phi = \sqrt{12N} + 20$
• 토립자가 모나고 입도 분포가 양호한 모래	$\phi = \sqrt{12N} + 25$

26 말뚝의 정적재하시험의 재하방법

① 사하중 재하방법
② 반력말뚝 재하방법
③ 어스앵커 재하방법

27 piezocone으로 측정할 수 있는 값

① 선단 cone저항(q_c)
② 마찰저항(f_s)
③ 간극수압(u)

28 군지수를 구하기 위해 필요로 하는 지배요소

① No.200체(0.075mm)통과량
② 액성한계
③ 소성지수

29 현장 관리시험에서 다짐시공 후 흙의 단위중량을 구하는 방법

① 모래치환법 　② 코어 절삭법
③ 고무막법 　④ RI밀도시험

30 투수계수에 영향을 미치는 요소

① 토립자의 크기
② 포화도
③ 공극비
④ 공극수의 점성
⑤ 흙의 구조

31 침하의 종류

① 즉시침하 : 외부 하중이 지반에 작용하자마자 즉시 발생되는 침하로 모든 흙에서 발생하며, 함수비의 변화 없이 탄성변형으로 생긴 침하라고 하여 탄성침하라고도 한다.
② 1차 압밀침하(압밀침하) : 흙 속에 있는 간극수가 천천히 빠지면서 발생되는 침하이므로 침하량은 시간에 의존한다.
③ 2차 압밀침하(크리프 침하) : 과잉간극수압이 소멸된 후에도 장기간에 걸쳐 발생되는 침하이다.

32 유선망의 특징

① 각 유로의 침투 유량은 같다.
② 인접한 등수두선 간의 수두차는 모두 같다.
③ 유선과 등수두선을 서로 직교한다.
④ 유선망을 이루는 사각형은 이론상 정사각형이다.
⑤ 침투속도 및 동수구배는 유선망의 폭에 반비례한다.

33 액상화 현상(Liquefaction)

간극수압의 상승으로 인하여 유효응력이 감소되고 그 결과 사질토가 외력에 대한 전단저항을 잃게 되는 현상

34 액상화 현상에 대한 대책으로 응력-변형 조건을 변경시키는 방법

① Gravel drain으로 배수
② Dewatering으로 수위저하

35 배압(백 프레셔 : back pressure)

지하수위아래 흙을 채취하면 물속에 용해되어 있던 산소는 그 수압이 없어져 체적이 커지고 기포를 형성하므로 포화도는 100% 보다 떨어진다. 이러한 시료는 불포화된 시료를 형성하여 올바른 값이 되지 않게 된다. 그러므로 이 기포가 다시 용해되도록 원 상태의 압력을 받게 가하는 압력

36 과압밀비

흙이 현재 받고 있는 유효연직하중에 대한 선행압밀하중과의 비

즉, 과압밀비(OCR)$= \dfrac{선행압밀하중}{현재의 유효연직하중}$

37 수정 N값

물로 포화된 실트질 세사의 표준관입시험결과 $N=40$이 되었다면 수정 N값은? (단, 측정까지의 rod의 길이는 50m임)

• rod 길이에 대한 수정
$$N_1 = N\left(1 - \frac{x}{200}\right) = 40 \times \left(1 - \frac{50}{200}\right) = 30$$

• 토질에 의한 수정
$$N_2 = 15 + \frac{1}{2}(N_1 - 15) = 15 + \frac{1}{2}(30 - 15)$$
$$= 22.5 = 23$$

38 면적비

표준 관입 시험(SPT)기의 split-spoon sampler의 외경이 50.8mm, 내경이 34.93mm이다. 면적비를 구하고, 왜 이 SPT 시료를 교란된 시료로 간주하는지 설명하시오.

• 면적비 $A_r = \dfrac{D_w^2 - D_e^2}{D_e^2} \times 100\%$

$$= \frac{50.8^2 - 34.93^2}{34.93^2} \times 100 = 111.51\%$$

• 판단 : 111.51% > 10%
∴ 교란된 시료

39 암질지수와 회수율

기반암반을 조사하기 위해 길이 1m의 암석 core 를 채취하여 추출한 암편의 길이를 측정하였더니 다음 그림과 같았다. 기초 암반의 RQD와 회수율을 산정하고 RQD로부터 암질을 판정하시오. (단, 암질은 '우수', '양호', '보통', '불량', '매우 불량'으로 표시)

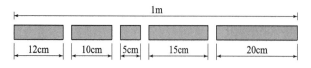

1m

| 12cm | 10cm | 5cm | 15cm | 20cm |

• 암질지수

$$RQD = \frac{\sum 10cm \text{ 길이 이상 회수된 코아 길이}}{\text{굴착된 암석의 이론적 길이}} \times 100$$

$$= \frac{12+10+15+20}{100} \times 100 = 57\%$$

• 회수율 $= \dfrac{\text{회수된 코아의 길이}}{\text{굴착된 암석의 이론적 길이}} \times 100$

$$= \frac{12+10+5+15+20}{100} \times 100 = 62\%$$

∴ 보통(RQD = 57%, 보통 : 50~57%)

40 Q값의 계산

어느 암반지대에서 RQD의 평균값은 60%, 절리군의 수(J_n)는 6, 절리면 변질계수(J_a)는 2, 지하수 보정계수(J_W)는 1, 절리면 거칠기 계수(J_r)는 2, 응력저감계수(SRF)는 1일 경우 Q값을 계산하시오.

$$Q = \frac{RQD\text{의 평균값}}{\text{절리군의 수}(J_n)} \times \frac{\text{절리면 거칠기계수}(J_r)}{\text{절리면 변질계수}(J_a)}$$
$$\times \frac{\text{지하수보정계수}(J_w)}{\text{응력 저감계수}(SRF)} = \frac{60}{6} \times \frac{2}{2} \times \frac{1}{1} = 10$$

41 장기허용지지력

아래 그림과 같은 기초지반에 평판재하시험을 실시하여 $\log P - \log S$ 곡선을 그려 항복하중을 구했더니 210kN, 극한하중은 300kN이었다. 이때 기초지반의 장기허용지지력은 얼마인가? (단, 기초하중면보다 아래에 있는 지반의 토질에 따른 계수(N_q)는 3이다.)

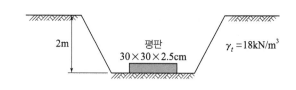

2m

평판
30×30×2.5cm

$\gamma_t = 18kN/m^3$

$$q_a = q_t + \frac{1}{3}\gamma \cdot D_f \cdot N_q$$

• 항복강도 $q_y = \dfrac{P_y}{A} = \dfrac{210}{0.3 \times 0.3} = 2,333.33 kN/m^2$

• 극한강도 $q_u = \dfrac{P_u}{A} = \dfrac{300}{0.3 \times 0.3} = 3,333.33 kN/m^2$

• 허용지지력(q_t) 결정

$$q_t = \frac{q_y}{2} = \frac{2,333.33}{2} = 1,166.67 kN/m^2$$

$$q_t = \frac{q_u}{3} = \frac{3,333.33}{3} = 1,111.11 kN/m^2$$

∴ 허용지지력 $q_t = 1,111.11 kN/m^2$(∵ 두 값 중 작은 값)

• 장기허용지지력

$$q_a = q_t + \frac{1}{3}\gamma \cdot D_f \cdot N_q = 1,111.11 + \frac{1}{3} \times 18 \times 2 \times 3$$
$$= 1,147.11 kN/m^2$$

42 다짐시 두께의 감소량

다짐되지 않은 두께 1.5m, 상대밀도 45%의 느슨한 사질토 지반이 있다. 실내시험결과 최대 및 최소 간극비가 0.70, 0.35로 각각 산출되었다. 이 사질토를 상대 밀도 80%까지 다짐할 때 두께의 감소량을 구하시오.

■ 상대밀도 $D_r = \dfrac{e_{max} - e}{e_{max} - e_{min}} \times 100$

■ 두께의 감소량 $S = \dfrac{e_1 - e_2}{1 + e_1} H$

• 상대밀도 45%에 공극비

$$D_r = \frac{0.70 - e_1}{0.70 - 0.35} \times 100 = 45\% \quad \therefore e_1 = 0.54$$

• 상대밀도 80%일 때의 공극비

$$D_r = \frac{0.70 - e_2}{0.70 - 0.35} \times 100 = 80\% \quad \therefore e_2 = 0.42$$

• 두께의 감소량(최종 압밀 침하량)

$$\therefore S = \frac{0.54 - 0.42}{1 + 0.54} \times 1.5 = 0.1169m = 11.69cm$$

참고 SOLVE 사용

43 재하판의 크기에 따른 지지력과 침하량

분류	점토 지반	모래 지반
지지력	재하판에 무관 $q_{u(F)} = q_{u(P)}$	재하판 폭에 비례 $q_F = q_u \times \dfrac{B_F}{B_P}$
침하량	재하판 폭에 비례 $S_F = S_P \times \dfrac{B_F}{B_P}$	재하판에 무관 $S_F = S_P \left(\dfrac{2B_F}{B_F + B_P} \right)^2$

여기서, $q_{u(F)}$: 놓일기초의 극한 지지력

$q_{u(P)}$: 시험평판의 극한 지지력

B_F : 기초의 폭

B_P : 시험평판의 폭

S_P : 재하판의 침하량

S_F : 기초의 침하량

44 사질토 지반의 극한 지지력과 침하량

사질토 지반에서 30cm×30cm 크기의 재하판을 이용하여 평판 재하 시험을 실시하였다. 재하 시험 결과 극한 지지력이 250kPa, 침하량이 10mm 이었다. 실제 3m×3m의 기초를 설치할 때 예상되는 극한 지지력과 침하량을 구하시오.

- 극한 지지력 $q_{u(F)} = q_{u(P)} \times \dfrac{B_F}{B_P} = 250 \times \dfrac{3}{0.3}$

$= 2500 \text{kPa}$

- 침하량 $S_F = S_P \times \left(\dfrac{2B_F}{B_F + B_P} \right)^2 = 10 \times \left(\dfrac{2 \times 3}{3 + 0.3} \right)^2$

$= 33.06 \text{mm} (\because \text{사질지반})$

45 점질토 지반의 침하량

직경 30cm 평판재하시험에서 작용압력이 300kPa 일 때 침하량이 20mm라면, 직경 1.5m의 실제기초에 300kPa 의 압력이 작용할 때 점토지반에서의 침하량의 크기는 얼마인가?

침하량 $S_F = S_P \times \dfrac{B_F}{B_P} = 20 \times \dfrac{1.5}{0.30} = 100 \text{mm}$

($\because$ 점토지반)

46 평판재하시험

두 번의 평판재하시험 결과가 다음과 같을 때 허용침하량이 25mm인 정사각형 기초가 1,500kN의 하중을 지지하기 위한 실제 기초의 크기는 얼마인가?

원형평판직경 B(m)	0.3	0.6
작용하중 Q(kN)	100	250
침하량(mm)	25	25

- $Q = Am + Pn$
- $100 = \left(\dfrac{\pi \times 0.3^2}{4} \right) m + (0.3\pi) n$ .... (1)
- $250 = \left(\dfrac{\pi \times 0.6^2}{4} \right) m + (0.6\pi) n$ .... (2)

$(1) \times 2 - (2)$

- $200 = \left(\dfrac{2\pi \times 0.3^2}{4} \right) m + (0.6\pi) n$ .... (1)′

$-50 = -0.18 \left(\dfrac{\pi}{4} \right) m \ \therefore \ m = 353.678, \ n = 79.577$

- $1,500 = D^2 \times 353.678 + 4D \times 79.577 \ (\because \ 정사각형 \ 기초)$

$\therefore \ D = 1.66 \text{m}$

참고 SOLVE 사용

47 침하량

점토층의 두께 5m, 간극비 1.4, 액성 한계 50%, 점토층 위에 유효 상재 압력이 100kN/m^{2}에서 140kN/m^{2}로 증가할 때의 침하량은 얼마인가?

침하량 $S = \dfrac{C_c H}{1 + e} \log \dfrac{P + \Delta P}{P}$

- 압축지수 $C_C = 0.009 (W_L - 10) = 0.009 (50 - 10) = 0.36$

$\therefore \ S = \dfrac{0.36 \times 5}{1 + 1.4} \log \dfrac{140}{100} = 0.1096 \text{m} = 10.96 \text{cm}$

48 흙의 분류

어떤 흙의 입도 분석 시험 결과가 다음과 같을 때 통일 분류법에 따라 이 흙을 분류하시오.

> **■ 시험 결과**
> $D_{10} = 0.077\,\text{mm}$, $D_{30} = 0.54\,\text{mm}$,
> $D_{60} = 2.27\,\text{mm}$
> No.4(4.76mm)체 통과율=58.1%
> No.200(0.075mm)체 통과율=4.34%

- **1단계** : G나 S 조건(No.200 < 50%)
- **2단계** : G(No.4체 통과량 < 50%),
  S(No.4체 통과량 > 50%) 조건
  No.4(4.76mm)체 통과량이 50% < 58.1% ∴ S(모래)
- **3단계** : SW($C_u > 6$, $1 < C_g < 3$)와
  SP($C_u < 6$, $C_g > 3$) 조건
- No.200이 5% > 4.34% : 양호(W)
- 균등계수 $C_u = \dfrac{D_{60}}{D_{10}} = \dfrac{2.27}{0.077} = 29.48 > 6$: 입도 양호(W)
- 곡률계수 $C_g = \dfrac{D_{30}^2}{D_{10} \times D_{60}} = \dfrac{0.54^2}{0.077 \times 2.27} = 1.67$
  : $1 < C_g < 3$: 입도 양호(W)
  ∴ SW(∵ SW에 해당되는 두 조건을 만족)

49 상대 다짐도

현장 흙에 대하여 모래치환법에 의한 밀도 시험을 한 결과 파낸 구멍의 체적이 $V = 1{,}960\,\text{cm}^3$, 흙 무게가 32.50N이고, 이 흙의 함수비는 10%이었다. 최대 건조단위무게 $\gamma_{d\max} = 16.5\,\text{kN/m}^3$일 때 상대 다짐도를 구하시오.

- **상대 다짐도** $R = \dfrac{\gamma_d}{\gamma_{d\max}} \times 100$
- $\gamma_t = \dfrac{W}{V} = \dfrac{32.50 \times 10^{-3}}{1{,}960 \times 100^{-3}} = 16.58\,\text{kN/m}^3$
- $\gamma_d = \dfrac{\gamma_t}{1+\omega} = \dfrac{16.58}{1+0.10} = 15.07\,\text{kN/m}^3$
  ∴ $R = \dfrac{15.07}{16.5} \times 100 = 91.33\%$

50 흙의 다짐도

현장 흙을 다진 후 모래치환법으로 아래 표와 같은 결과를 얻었다. 실내다짐시험에서 구한 최대 건조단위중량은 $18.7\,\text{kN/m}^3$일 때 상대다짐도를 구하시오.

> - 시험 구덩이에서 파낸 흙의 무게 : 18N
> - 시험 구덩이에서 파낸 흙의 함수비 : 12.5%
> - 샌드콘 내 전체 모래 무게 : 27N
> - 시험구덩이를 채우고 남는 모래의 무게 : 12N
> - 모래의 건조단위중량 : $16.5\,\text{kN/m}^3$

- **상대 다짐도** $R = \dfrac{\gamma_d}{\gamma_{d\max}} \times 100$
- 구멍의 체적 $V = \dfrac{W_s}{\gamma_d} = \dfrac{27 \times 10^{-3} - 12 \times 10^{-3}}{16.5}$
  $= 9.09 \times 10^{-4}\,\text{m}^3$
- 건조흙 질량 $W_s = \dfrac{W}{1+w} = \dfrac{18 \times 10^{-3}}{1+0.125} = 0.016\,\text{kN}$
- 건조밀도 $\gamma_d = \dfrac{W_s}{V} = \dfrac{0.016}{9.09 \times 10^{-4}} = 17.60\,\text{kN/m}^3$
  ∴ $R = \dfrac{17.60}{18.7} \times 100 = 94.12\%$

51 OCR의 한계

그림과 같은 과압밀 점토지반 위에 넓은 지역에 걸쳐 $\gamma_t = 19.5\,\text{kN/m}^3$ 흙을 3.0m 높이로 성토계획을 세우고 있다. 이 점토지반의 중앙 단면에서의 압밀침하량 계산에 압축지수(C_c) 대신에 팽창지수(C_e)만을 사용할수 있는 OCR의 한계값을 구하시오.

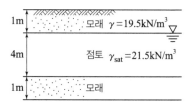

- $\text{OCR} \geq \dfrac{P_o + \Delta P}{P_o}$

  - $P_o = \gamma_t H_1 + \gamma_{sub}\dfrac{H}{2}$

    $= 19.5 \times 1 + (21.5 - 9.81) \times \dfrac{4}{2} = 42.88\,\text{kN/m}^2$

  - $\Delta P = \gamma_t H = 19.5 \times 3 = 58.5\,\text{kN/m}^2$

  $\therefore\ \text{OCR} \geq \dfrac{P_o + \Delta P}{P_o} = \dfrac{42.88 + 58.5}{42.88} = 2.36$

52 1차 압밀 침하량

그림과 같은 지반조건에서 유효증가하중이 200kN/m^2 일 때, 점토층의 1차 압밀침하량을 계산하시오. (단, 정규압밀점토로 가정하며, 압축지수는 경험식을 사용하며, LL은 액성한계임.)

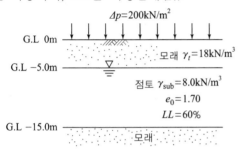

- 압밀 침하량 $S = \dfrac{C_c H}{1+e_0}\log\dfrac{P_2}{P_1} = \dfrac{C_c H}{1+e_0}\log\dfrac{P_1 + \Delta P}{P_1}$

  - $P_1 = \gamma_t H_1 + \gamma_{sub}\dfrac{H_2}{2} = 18.0 \times 5 + 8.0 \times \dfrac{(15-5)}{2}$

    $= 130\,\text{kN/m}^2$

  - $C_c = 0.009(LL - 10) = 0.009(60 - 10) = 0.45$

  $\therefore\ S = \dfrac{0.45 \times (15-5)}{1 + 1.70}\log\dfrac{130 + 200}{130} = 0.6743\,\text{m}$

  $= 67.43\,\text{cm}$

53 점토층의 압밀침하량

아래 같은 지층 위에 성토로 인한 등분포하중 $q = 50\text{kN/m}^2$이 작용할 때 다음 물음에 답하시오. (단, 점토층은 정규압밀점토이며, W_L은 액성한계이다.)

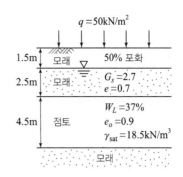

가. 점토층 중앙의 초기 유효연직압력(P_o)을 구하시오.

나. 점토층의 압밀침하량을 구하시오.

가. 초기 유효연직압력 $P_o = \gamma_t H_1 + \gamma_{sat}H_2 + \gamma_{sub}\dfrac{H_3}{2}$

- 지하수위 이상인 모래층 단위중량 $\gamma_t = \dfrac{G_s + Se}{1+e}\gamma_w$

  $= \dfrac{2.7 + 0.5 \times 0.7}{1 + 0.7} \times 9.81 = 17.60\,\text{kN/m}^3$

- 지하수위 이하 모래층 수중단위중량 $\gamma_{sat} = \dfrac{G_s - 1}{1+e}\gamma_w$

  $= \dfrac{2.7 - 1}{1 + 0.7} \times 9.81 = 9.81\,\text{kN/m}^3$

- 점토층 수중단위중량 $\gamma_{sub} = \gamma_{sat} - \gamma_w = 18.5 - 9.81$

  $= 8.69\,\text{kN/m}^3$

$\therefore\ P_o = 17.60 \times 1.5 + 9.81 \times 2.5 + 8.69 \times \dfrac{4.5}{2}$

$= 70.48\,\text{kN/m}^2$

나. 압밀침하량 $S = \dfrac{C_c H}{1+e_o}\log\left(\dfrac{P_o + \Delta P}{P_o}\right)$

- $C_c = 0.009(W_L - 10) = 0.009(37 - 10) = 0.243$

$\therefore\ S = \dfrac{0.243 \times 4.5}{1 + 0.9}\log\left(\dfrac{70.48 + 50}{70.48}\right) = 0.1340\,\text{m}$

$= 13.40\,\text{cm}$

54 침하량 및 압밀도

불투수층 위에 놓인 8m 두께의 연약점토지반에 직경 40cm의 샌드 드레인(sand drain)을 정사각형으로 배치하고 그 위에 상재유효압력 100kN/m^2인 제방을 축조하였다. 축조 6개월 후 제방의 허용압밀침하량을 25mm로 하려고 한다. 다음 물음에 답하시오. (단, 연약점토지반의 체적변화계수 $m_v = 2.5 \times 10^{-4}\,\text{m}^2/\text{kN}$이다.)

가. 축조 6개월 후 압밀도는 몇 %까지 해야 하는가?

나. 축조 6개월 후 연직방향 압밀도가 20%이었다면 이때의 수평방향 압밀도는?

다. 배수 영향반경이 샌드 드레인 반경의 10배라면 샌드 드레인 간의 중심간격은?

가. 압밀도 $U = \dfrac{\Delta H_i}{\Delta H} \times 100$

침하량 $\Delta H = m_v \cdot \Delta P \cdot H$
$$= 2.5 \times 10^{-4} \times 100 \times 8 = 0.2\,\text{m} = 20\,\text{cm}$$

$\therefore U = \dfrac{20 - 2.5}{20} \times 100 = 87.5\%$

나. $U = \{1 - (1 - U_h)(1 - U_v)\}$

$0.875 = 1 - (1 - U_h)(1 - 0.20)$

$\therefore U_h = 0.84375 = 84.38\%$

참고 SOLVE 사용

다. 영향의 반경 = 샌드드레인 반경의 10배

$\dfrac{1.13d}{2} = \dfrac{d_e}{2} \times 10(\text{배}) = \dfrac{40}{2} \times 10 \quad \therefore d = 353.98\,\text{cm}$

55 압밀도에서 걸리는 시간

두께가 3m이 정규압밀 점토층에서 시료를 채취하여 압밀시험을 실시하였다. 시험결과가 다음과 같을 때 이 점토층이 압밀도 60%에 이르는데 걸리는 시간(일)을 구하시오. (단, 배수조건은 일면배수이다.)

- 초기상태의 유효응력(σ_0') : 20kN/m²
- 초기간극비(e_o) : 1.2
- 실험 후 유효응력(σ_1) : 40kN/m²
- 실험후 간극비(e_1) : 0.97
- 시험점토의 투수계수(k) : 3.0×10^{-7}cm/sec
- 60% 압밀시 시간계수(T_v) : 0.287

■ $t_{60} = \dfrac{T_v \cdot H^2}{C_v}$

- 압축 계수 $a_v = \dfrac{e_o - e_1}{\sigma_1 - \sigma_0'} = \dfrac{1.2 - 0.97}{40 - 20}$
$$= 0.0115\,\text{m}^2/\text{kN}$$

- 체적 변화 계수 $m_v = \dfrac{a_v}{1 + e_o} = \dfrac{0.0115}{1 + 1.2}$
$$= 5.227 \times 10^{-3}\,\text{m}^2/\text{kN}$$

- 압밀 계수 $C_v = \dfrac{k}{m_v \gamma_w} = \dfrac{3.0 \times 10^{-7} \times 10^2}{5.227 \times 10^{-3} \times 9.81}$
$$= 5.851 \times 10^{-4}\,\text{cm}^2/\text{sec}$$

$\therefore t_{60} = \dfrac{0.287 \times 300^2}{5.851 \times 10^{-4}} = 44,146,299.78\,\text{sec}$
$$= 12,262.86\,\text{hr} = 510.95\,\text{일}$$

$\therefore 511$일

56 압밀도

그림과 같이 지하 5m 되는 곳에 피에조미터를 설치하고 연약지반에서 공사를 진행한다. 구조물 축조 직후에 수주가 지표면으로부터 8m였다. 8개월 후 수주가 3m가 되었다면 지하 5m되는 곳의 압밀도를 구하시오.

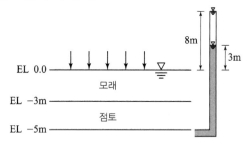

압밀도 $U = 1 - \dfrac{\text{과잉공극수압}}{\text{정압력}} = 1 - \dfrac{u}{P}$

- $u = \gamma_w h = 9.81 \times 3 = 29.43\,\text{kN/m}^2$
- $P = \gamma_w H = 9.81 \times 8 = 78.48\,\text{kN/m}^2$

$\therefore U = 1 - \dfrac{29.43}{78.48} = 0.625 = 62.5\%$

57 계측기

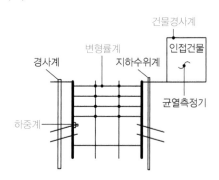

58 탄성계수

- 탄성계수 : $E = V^2 \cdot \dfrac{\gamma}{g} \cdot \dfrac{(1-2\mu)(1+\mu)}{(1-\mu)}$

  μ : 포아송비

- 전탄성계수 : $G = \dfrac{E}{2(1+\mu)}$

59 탄성침하량

$S = q \cdot B \dfrac{1-\mu^2}{E} I_w$

I_w : 침하에 의한 영향치

60 암반의 탄성계수 계산

어느 암반 지층에서 core를 채취하여 탄성파 시험을 한 결과, 압축파(P파)의 속도가 3,500m/sec로 측정되었다. 암반의 단위중량이 23kN/m³이라 할 때 암반의 탄성계수(E)를 구하시오.

탄성파 속도 $V = \sqrt{\dfrac{E}{\dfrac{\gamma}{g}}}$ 에서 $3,500 = \sqrt{\dfrac{E}{\dfrac{23}{9.8}}}$

∴ 탄성계수 $E = 28,750,000 \text{kN/m}^2$

참고 SOLVE 사용

61 흙의 애터버그 한계의 종류

① 액성한계
② 소성한계
③ 수축한계

62 예민비

$S_t = \dfrac{\text{불교란 시료의 일축압축강도}}{\text{교란 시료의 일축압축강도}}$

63 군지수

군지수 $GI = 0.2a + 0.005ac + 0.01bd$

여기서, a : 0.075mm(No.200)체 통과율에서 35를 뺀 값(0~40의 정수)

　단, 0.075mm(No.200)체 통과율에서 75%를 넘으면 75로 본다.

　b : 0.075mm(No.200)체 통과율에서 15를 뺀 값(0~40의 정수)

　단, 0.075mm(No.200)체 통과율에서 55%를 넘으면 55로 본다.

　c : 액성 한계(W_L)에서 40을 뺀 값(0~20의 정수)

　단, $W_L > 60\%$이면 $W_L = 60\%$로 본다.

　d : 소성 지수(I_P)에서 10을 뺀 값(0~20의 정수)

　단, $I_P > 30\%$이면 $I_P = 30\%$로 본다.

64 군지수의 지배요소

① No.200체 통과율
② 액성한계
③ 소성지수

65 크로스홀 탐사법

수평길이 L의 간격으로 땅속에 굴착된 두 개의 홀에 어느 하나의 시추공의 바닥에서 충격막대에 의해 연직 충격을 발생시켜 연직으로 민감한 트랜스듀서(transducer)에 의해 전단파를 기록할 수 있는 지구물리학적인 지반조사 방법은?

크로스홀 탐사법(cross hole seismic survey)

05 기초공

1 기초가 구비하여야 할 구조상의 요구조건

① 최소의 근입깊이를 가질 것
② 안전하게 하중을 지지할 수 있을 것
③ 침하가 허용치를 넘지 않을 것
④ 경제적인 시공이 가능할 것

2 얕은 기초의 근입(根入)깊이 결정시 고려사항

① 세굴 및 지반면의 저하
② 지지력 및 침하
③ 동결 및 융해의 영향
④ 시공에 의한 지반 이완 및 연약화

3 양압력 처리 방법

① 사하중재하방법
② 영구 앵커 방법
③ 영구배수공법(permanent drainage system)

4 직접기초의 터파기 시공법

① Open cut 공법
② Island공법
③ Trench cut공법
④ 역권공법
⑤ 역타공법

5 구조물의 내진 설계방법

① 진도법
② 동적 내진 설계법
③ 모드 해석법

6 언더피닝공법(under pinning method)

기존 구조물이 얕은 기초에 인접하고 있어 새로이 깊은 별도의 기초를 축조할 때 구 기초를 보강하는 공법

7 언더피닝(Under pinning) 공법이 적용되는 경우

① 지상 구조물을 이동시키는 경우
② 현재 기초로는 지지력이 부족한 경우
③ 현재 구조물 인접한 곳에 심층 굴착할 경우
④ 현재 구조물 직하에 새로운 구조물을 신설할 경우

8 Meyerhof 공식

$$q_u = 3NB\left(1 + \frac{D_f}{B}\right)$$

9 말뚝기초의 축방향 허용지지력 감소요인

① 말뚝 이음에 의한 감소
② 세장비에 의한 감소
③ 무리말뚝에 의한 감소
④ 말뚝의 침하량

10 얕은 기초(직접기초)의 파괴형태

① 국부전단파괴
② 전반전단파괴
③ 관입전단파괴

11 Cast-in-place concrete pile(현장 타설 콘크리트 말뚝)의 종류

① 프랭키말뚝
② 페디스털말뚝
③ 레이몬드말뚝

12 슬라임의 제거 방법

① 샌드펌프방법
② 에어리프트방법
③ 석션펌프방법

13 원심력 철근콘크리트 말뚝의 장·단점

[장점]

① 재료이 균등하여 신뢰성이 높다.
② 강도가 크므로 지지 말뚝에 적합하다.
③ 말뚝 길이 15m 이하에서 경제적이다.
④ 말뚝재료의 구입이 용이하다.

[단점]

① 말뚝 이음의 신뢰성이 적다.
② 굳은 토층에 관통하기가 곤란하다.
③ 무게가 무거워서 운반 및 취급이 어렵다.
④ 타입시 균열이 생기기 쉽다.

14 수동말뚝을 해석하는 방법

① 간편법
② 탄성법
③ 지반반력법
④ 유한요소법

15 현장에서 시험항타의 목적

① 말뚝의 길이 결정
② 말뚝길이에 따른 이음공법 결정
③ 항타장비의 성능 및 적합성 판정(타입공법 선정)
④ 적절한 시공성 검토
⑤ 말뚝의 지지층 확인

16 유압해머(hydraulic hammer)

시공 조건에 따라 낙하높이를 결정하여 말뚝지름에 따라 해머의 타격력을 조정할 수 있다. 또한 폭발음이 없고, 완전밀폐형의 방음커버를 장착하여 소음을 저감할 수 있다. 연약지반에서도 연속 타입이 가능하고 타격력 조정에 의해 연약지반에 긴 말뚝 시공이 발생하는 과도한 인장력을 억제하는 특징이 있다. 최근 그 사용이 늘고 있다.

17 연속기초의 지지력(q_u)

그림과 같은 연속기초의 지지력(q_u)을 Terzaghi(테르자기)식으로 구하시오.
(단, 점착력 $c=10kN/m^2$, 내부마찰각 $\phi=15°$, $N_c=6.5$, $N_r=1.2$, $N_q=2.7$이다.)

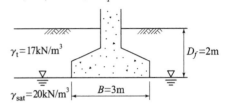

$$q_u = \alpha c N_c + \beta \gamma_t B N_r + \gamma_2 D_f N_q$$
$$= 1 \times 10 \times 6.5 + 0.5 \times (20-9.81) \times 3 \times 1.2 + 17 \times 2 \times 2.7$$
$$= 175.14 kN/m^2$$

18 기초의 허용하중

3m×3m크기인 정사각형 기초를 마찰각 $\phi=20°$, $c=30kN/m^2$ 인 지반에 설치하였다. 흙의 단위중량 $\gamma=19kN/m^3$ 이고 안전율(F_s)이 3일 때 기초의 허용하중을 구하시오.
(단, 기초의 깊이는 1m이고, 전반전단파괴가 일어난다고 가정하고, Terzaghi공식을 사용하고, $\phi=20°$ 일 때 $N_c=18$, $N_r=5$, $N_q=7.5$)

- $q_a = \dfrac{Q_a}{A} = \dfrac{q_u}{F_s}$, $q_u = \alpha c N_c + \beta \gamma_1 B N_r + \gamma_2 D_f N_q$
- $\alpha=1.3$, $\beta=0.4$
- $q_u = 1.3 \times 30 \times 18 + 0.4 \times 19 \times 3 \times 5 + 19 \times 1 \times 7.5$
  $= 958.5 kN/m^2$
- $q_a = \dfrac{958.5}{3} = 319.5 kN/m^2$

 ∴ 허용하중 $Q_a = q_a \cdot A = 319.5 \times 3 \times 3 = 2,875.5 kN$

19 Hilley식을 이용하여 허용지지력을 산정

$$Q_u = \dfrac{W_h \cdot h_e}{S + \dfrac{1}{2}(C_1 + C_2 + C_3)} \times \dfrac{W_h + n^2 W_p}{W_h + W_p}$$

20 물의 높이

아래와 같이 점토지반에 직경이 10m, 자중이 40,000kN인 물탱크가 설치되어 있다. 극한지지력에 대한 안전율(F_s)이 3일 때 최대로 채울 수 있는 물의 높이는 얼마인가? (단, $N_c = 5.14$)

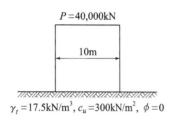

$P = 40,000kN$

10m

$\gamma_t = 17.5kN/m^3$, $c_u = 300kN/m^2$, $\phi = 0$

■ 허용하중 $Q_a = Q + \left(\dfrac{\pi D^2}{4} h\right)\gamma_w$ (물탱크의 허용하중=물탱크중량+물의 중량)

- 극한지지력 $q_u = \alpha c N_c + \beta \gamma_1 B N_\gamma + \gamma_2 D_f N_q$
  ($\phi = 0$이면 $N_r = 0$, $D_f = 0$)
  $= 1.3 \times 300 \times 5.14 + 0 + 0$
  $= 2,004.6 kN/m^2$

- 허용지지력 $q_a = \dfrac{q_u}{F_s} = \dfrac{2,004.6}{3}$
  $= 668.2 kN/m^2$

- $668.2 \times \dfrac{\pi \times 10^2}{4} = 40,000 + \left(\dfrac{\pi \times 10^2}{4} h\right) \times 9.81$

  ∴ 물의 높이 $h = 16.20m$

참고 SOLVE 사용

21 기초의 폭 B

$c = 0$, $\phi = 30°$, $\gamma_t = 18kN/m^3$인 사질토지반 위에 근입깊이 1.5m의 정방형 기초가 놓여 있다. 이때 기초의 도심에 1,500kN의 하중이 작용하고 지하수위의 영향은 없다고 본다. 이 기초의 폭 B는? (단, Terzaghi의 지지력 공식을 이용하고 안전율은 $F_s = 3$ 형상계수 $\alpha = 1.3$, $\beta = 0.4$ $\phi = 30°$ 일 때, 지지력계수는 $N_c = 37$, $N_q = 23$, $N_r = 20$이다.)

- $q_u = \alpha c N_c + \beta \gamma_1 B N_r + \gamma_2 D_f N_q$
  $= 1.3 \times 0 \times 37 + 0.4 \times B \times 18 \times 20 + 18 \times 1.5 \times 23$
  $= 0 + 144B + 621$

- $q_a = \dfrac{q_u}{F_s} = \dfrac{P}{A} = \dfrac{144B + 621}{3} = \dfrac{1,500}{B^2}$

  ∴ $B = 2.19m$

참고 SOLVE 사용

22 전허용하중(Q_{all})과 순허용 하중($Q_{all(net)}$)

2m×2m 정방향 기초가 1.5m 깊이에 있다. 이 흙의 단위중량 $\gamma = 17kN/m^3$, 점착력 $c = 0$이며, $N_r = 19$, $N_q = 22$이다. Terzaghi 공식을 이용하여 전허용하중(Q_{all})과 순허용하중($Q_{all(net)}$)을 각각 구하시오. (단, 안전율 $F_s = 3$으로 한다.)

- $q_u = \alpha c N_c + \beta \gamma_1 B N_r + \gamma_2 D_f N_q$
  $= 0 + 0.4 \times 17 \times 2 \times 19 + 17 \times 1.5 \times 22 = 819.4 kN/m^2$

- $q_a = \dfrac{q_u}{F_s} = \dfrac{819.4}{3} = 273.13 kN/m^2$

- $q_a = \dfrac{Q_{all}}{A}$ 에서

  ∴ $Q_{all} = q_a A = 273.13 \times 2 \times 2 = 1,092.52 kN/m^2$

- $q = \gamma D_f = 17 \times 1.5 = 25.5 kN/m^2$

- $q_{all(net)} = \dfrac{q_u - q}{F_s} = \dfrac{819.4 - 25.5}{3} = 264.63 kN/m^2$

  ∴ $Q_{all(net)} = q_{all(net)} \times B^2 = 264.63 \times 2 \times 2$
  $= 1,058.52 kN/m^2$

23 지지력 파괴에 대한 안전율(Meyerhof 방법)

다음 그림과 같은 구형 얕은 기초에 편심이 작용하는 경우의 극한지지력이 $q_u' = 500kN/m^2$이었다. 지지력 파괴에 대한 안전율을 Meyerhof 방법으로 구하시오.

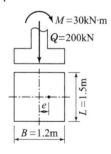

$M = 30kN \cdot m$
$Q = 200kN$
$L = 1.5m$
e
$B = 1.2m$

- 편심거리 $e = \dfrac{M}{Q} = \dfrac{30}{200} = 0.15m$

- 유효폭 $B' = B - 2e = 1.2 - 2 \times 0.15$
  $= 0.9m$

- 유효길이 $L' = L = 1.5m$

- 전극한하중 $Q_{ult} = q_u' \times B' \times L'$
  $= 500 \times 0.9 \times 1.5 = 675kN$

  ∴ $F_s = \dfrac{675}{200} = 3.38$

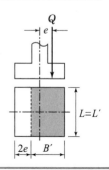

Q
e
$L = L'$
$2e$ B'

24 침하각도

모래지반에 기초폭 $B=1.2$m인 얕은 기초에서 편심 $e=0.15$m로 연직 하중이 작용하고 있다. 하중 작용점 아래의 탄성 침하가 12mm, 하중 작용점 기초 모서리에서의 탄성 침하가 16mm이었다. 이 기초의 침하 각도를 구하시오.

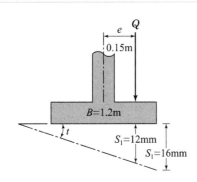

침하각도 $t = \sin^{-1}\left(\dfrac{S_1 - S_2}{\dfrac{B}{2} - e}\right)$

$= \sin^{-1}\left(\dfrac{1.6 - 1.2}{\dfrac{120}{2} - 15}\right) = 0.509°$

25 구형 기초의 극한 하중과 안전율

그림과 같이 연직하중과 모멘트를 받는 구형기초의 극한하중과 안전율을 Terzaghi 공식을 이용하여 구하시오. (단, $N_c = 37.2$, $N_q = 22.5$, $N_r = 19.7$ 이다.)

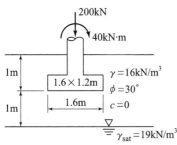

■ 안전율 $F_s = \dfrac{Q_u}{Q_a}$

• 편심거리 $e = \dfrac{M}{Q} = \dfrac{40}{200} = 0.2$m

• 유효폭 $B' = B - 2e = 1.6 - 2 \times 0.2 = 1.2$m

• $d < B$ (1m < 1.2m)인 경우

$\gamma_1 = \gamma_{sub} + \dfrac{d}{B}(\gamma_t - \gamma_{sub})$

$= (19 - 9.81) + \dfrac{1}{1.2}\{16 - (19 - 9.81)\} = 14.87\,\text{kN/m}^3$

• $q_u = \alpha c N_c + \beta \gamma_1 B N_r + \gamma_2 D_f N_q$

$= 0 + 0.4 \times 14.87 \times 1.2 \times 19.7 + 16 \times 1 \times 22.5$

$= 500.61\,\text{kN/m}^2$

• 극한하중 $Q_u = q_u A = q_u \cdot B' \cdot L$

$= 500.61 \times (1.2 \times 1.2) = 720.23\,\text{kN}$

$\therefore F_s = \dfrac{720.23}{200} = 3.60$

26 극한 지지력

3m×3m 크기의 정사각형 기초를 마찰각 $\phi = 30°$, 점착력 $c = 50\,\text{kN/m}^2$인 지반에 설치하였다. 흙의 단위중량 $\gamma = 17\,\text{kN/m}^3$이며, 기초의 근입깊이는 2m이다. 지하수위가 지표면에서 1m, 3m, 5m 깊이에 있을 때의 극한지지력을 각각 구하시오. (단, 지하수위 아래의 흙의 포화단위중량은 19kN/m³이고, Terzaghi 공식을 사용하고, $\phi = 30°$일 때, $N_c = 36$, $N_r = 19$, $N_q = 22$)

가. 지하수위가 1m 깊이에 있는 경우 :

나. 지하수위가 3m 깊이에 있는 경우 :

다. 지하수위가 5m 깊이에 있는 경우 :

가. $D_1 \leq D_f$인 경우(1m < 2m)

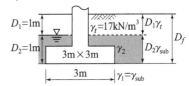

$q_u = \alpha c N_c + \beta \gamma_1 B N_r + \gamma_2 D_f N_q$

$= \alpha c N_c + \beta \gamma_{sub} B N_r + (D_1 \gamma_1 + D_2 \gamma_{sub}) N_q$

$= 1.3 \times 50 \times 36 + 0.4 \times (19 - 9.81) \times 3 \times 19$

$\quad + \{1 \times 17 + 1 \times (19 - 9.81)\} \times 22$

$= 2,340 + 209.53 + 576.18 = 3,125.71\,\text{kN/m}^2$

나.

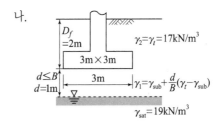

$d < B$인 경우($1m < 3m$)

$$q_u = \alpha c N_c + \beta\left\{\gamma_{sub} + \frac{d}{B}(\gamma_t - \gamma_{sub})\right\}B N_r + \gamma_t D_f N_q$$

- $\gamma_{sub} = \gamma_t - \gamma_w = 19 - 9.81 = 9.19 \text{kN/m}^3$
- $\gamma_1 = \gamma_{sub} + \frac{d}{B}(\gamma_t - \gamma_{sub})$

$$= 9.19 + \frac{1}{3}(17 - 9.19) = 11.79 \text{kN/m}^3$$

$\therefore\ q_u = 1.3 \times 50 \times 36 + 0.4 \times 11.79 \times 3 \times 19 + 17 \times 2 \times 22$

$$= 2,340 + 268.81 + 748 = 3,356.81 \text{kN/m}^2$$

다.

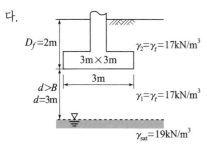

$d \geq B$인 경우($3m \geq 3m$)

$q_u = \alpha c N_c + \beta B \gamma_1 N_r + \gamma_2 D_f N_q$

$\quad = 1.3 \times 50 \times 36 + 0.4 \times 17 \times 3 \times 19 + 17 \times 2 \times 22$

$\quad = 2,340 + 387.6 + 748 = 3,475.6 \text{kN/m}^2$

$(\because\ \gamma_1 = \gamma_2 = \gamma_t)$

27 사다리꼴 복합 확대 기초

다음과 같은 조건일 때 사다리꼴 복합 확대기초의 크기 B_1, B_2를 구하시오. (단, 지반의 허용지지력 $q_a = 100 \text{kN/m}^2$)

> ■ 조건
> - 기둥 1 : $0.5m \times 0.5m$, $Q_1 = 1,000 \text{kN}$
> - 기둥 2 : $0.5m \times 0.5m$, $Q_2 = 800 \text{kN}$

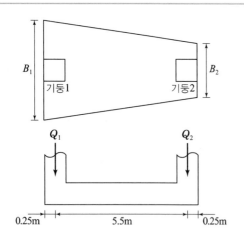

- $\dfrac{Q_1 \cdot S}{Q_1 + Q_2} = \dfrac{L}{3} \cdot \dfrac{2B_1 + B_2}{B_1 + B_2} - a$

$$\frac{1,000 \times 5.5}{1,000 + 800} = \frac{6}{3} \times \frac{2B_1 + B_2}{B_1 + B_2} - 0.25$$

$$\frac{2B_1 + B_2}{B_1 + B_2} = 1.653 \quad \cdots\cdots\cdots\cdots\cdots ①$$

- $\dfrac{B_1 + B_2}{2} \cdot L = \dfrac{Q_1 + Q_2}{q_a}$

$$\frac{B_1 + B_2}{2} \times 6 = \frac{1,000 + 800}{100} = 18$$

$B_1 + B_2 = 6,\ B_2 = 6 - B_1 \quad \cdots\cdots\cdots\cdots ②$

①과 ②에서 $B_1 = 3.92m$, $B_2 = 2.08m$

28 부분보상기초

다음 그림과 같은 $20m \times 30m$ 전면기초인 부분보상기초(partially compensated foundation)의 지지력파괴에 대한 안전율을 구하시오.

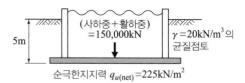

$$F_s = \frac{q_{u(net)}}{\dfrac{Q}{A} - \gamma \cdot D_f} = \frac{225}{\dfrac{150,000}{20 \times 30} - 20 \times 5} = 1.5$$

29 말뚝기초의 허용지지력

지름 30cm인 나무말뚝 36본이 기초슬래브를 지지하고 있다. 이 말뚝의 배치는 6열 각열 6본이다. 말뚝의 중심간격은 1.3m이고, 말뚝 1본의 허용지지력이 150kN일 때 converse–Labarre 공식을 사용하여 말뚝기초의 허용지지력을 구하시오.

- $Q_{ag} = E \cdot N \cdot R_a$
- $\phi = \tan^{-1}\left(\dfrac{d}{S}\right) = \tan^{-1}\left(\dfrac{30}{130}\right) = 13°$
- $E = 1 - \phi\left\{\dfrac{(n-1)m + (m-1)n}{90 \cdot m \cdot n}\right\}$

$$= 1 - 13°\left\{\frac{(6-1) \times 6 + (6-1) \times 6}{90 \times 6 \times 6}\right\} = 0.759$$

$\therefore\ Q_{ag} = 0.759 \times 36 \times 150 = 4,098.6 \text{kN}$

30 무리말뚝의 허용지지력

직경 300mm RC 말뚝을 평균 비배수 일축압축강도가 20kN/m²인 포화점토지반에 1m 간격으로 가로방향 3개, 세로방향 4개씩 15m 깊이까지 타입하였다. 아래의 물음에 답하시오.

(단, 점토지반의 지지력계수 $N_c' = 9$이며, 점착계수 $\alpha = 1.25$이다. 또한 말뚝 자체의 중량은 무시하고 안전율은 3으로 하며, 무리 말뚝의 효율은 Converse-Labbarre식에 의한다.)

가. 말뚝 한 개의 극한지지력을 구하시오.
나. 무리말뚝의 효율을 구하시오.
다. 무리말뚝의 허용지지력을 구하시오.

가. 극한지지력 $Q_u = Q_P + Q_s$

- $Q_P = N_c' \cdot c_u \cdot A_P = 9 \times \left(\frac{1}{2} \times 20\right) \times \frac{\pi \times 0.3^2}{4} = 6.36 \text{kN}$

  $\left(\because \text{점착력 } c_u = \frac{q_u}{2}\right)$

- $Q_s = \pi \cdot D \cdot L \cdot \alpha \cdot c_u = \pi \times 0.3 \times 15 \times 1.25 \times \frac{1}{2} \times 20$

  $= 176.71 \text{kN}$

  $\therefore Q_u = 6.36 + 176.71 = 183.07 \text{kN}$

나. $E = 1 - \tan^{-1}\left(\frac{D}{S}\right)\left\{\frac{(n-1)m + (m-1)n}{90 \cdot m \cdot n}\right\}$

$= 1 - \tan^{-1}\left(\frac{0.3}{1}\right)\left\{\frac{(4-1) \times 3 + (3-1) \times 4}{90 \times 3 \times 4}\right\}$

$= 0.737$

다. $Q_{ag} = ENR_a = 0.737 \times 3 \times 4 \times \frac{183.07}{3} = 539.69 \text{kN}$

$\left(\because R_a = \frac{Q_u}{3}\right)$

31 군항

다음 그림과 같은 9개의 말뚝이 군항을 이루고 있다. A점에 600kN의 하중이 가해질 때 1번 말뚝에 가해지는 하중은?

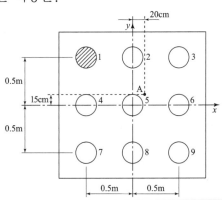

$P_m = \frac{Q}{n} \pm \frac{M_y \cdot x}{\sum x^2} \pm \frac{M_x \cdot y}{\sum y^2}$

$\therefore P_1 = \frac{600}{9} + \frac{(600 \times 0.2) \times (-0.5)}{0.5^2 \times 6}$

$+ \frac{(600 \times 0.15) \times (+0.5)}{0.5^2 \times 6} = 56.67 \text{kN}$

32 말뚝의 선단지지력과 마찰지지력

균질한 사질토($c = 0$)에 타입된 콘크리트 말뚝의 길이가 12m이고, 말뚝은 한변이 30cm인 정사각형 단면이다. 사질토의 표준관입시험치 N이 20으로 균일할 때 말뚝의 선단지지력과 마찰지지력을 구하시오.

■ 말뚝의 극한 지지력(Q_u)

$=$ 선단지지력(Q_p) $+$ 마찰지지력(Q_f)

- $Q_p = 40NA_p = 40 \times 20 \times (0.3 \times 0.30) = 72 \text{t}$

- $Q_f = \frac{1}{5} \overline{N} A_f = \frac{1}{5} \times 20 \times (0.3 \times 4) \times 12 = 57.6 \text{t}$

33 하중 점토(계산)

다음과 같이 배치된 말뚝 A, 말뚝 B에 작용하는 하중을 계산하시오.

(단, 말뚝의 부마찰력, 군항의 효과, 기초와 흙 사이에 작용하는 토압은 무시한다.)

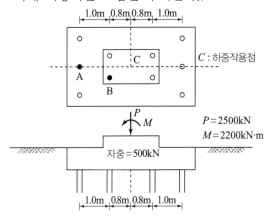

■ 방법 1

$$P_m = \frac{Q}{n} \pm \frac{M_y \cdot x}{\sum x^2} \pm \frac{M_x \cdot y}{\sum y^2}$$

- $Q = 2,500 + 500 = 3,000\,\text{kN}$

$$\therefore P_A = \frac{3,000}{10} - \frac{2,200 \times (-1.8)}{1.8^2 \times 6 + 0.8^2 \times 4} + 0$$
$$= 300 + 180 = 480\,\text{kN}$$

$$\therefore P_B = \frac{3,000}{10} - \frac{2,200 \times (-0.8)}{1.8^2 \times 6 + 0.8^2 \times 4} + 0$$
$$= 300 + 80 = 380\,\text{kN}$$

■ 방법 2

$$P_m = \frac{Q}{n} + \frac{M_y \cdot x}{\sum x^2} + \frac{M_x \cdot y}{\sum y^2}$$

- $Q = 2,500 + 500 = 3,000\,\text{kN},\ n = 10$
- $x^2 = 1.8^2 \times 6 = 19.44\,\text{m}^2$
- $x^2 = 0.8^2 \times 4 = 2.56\,\text{m}^2$

$$\therefore P_A = \frac{3,000}{10} + \frac{2,200 \times 1.8}{19.44 + 2.56} + 0$$
$$= 300 + 180 = 480\,\text{kN}$$

$$\therefore P_B = \frac{3,000}{10} + \frac{2,200 \times 0.8}{19.44 + 2.56} + 0$$
$$= 300 + 80 = 380\,\text{kN}$$

34 부마찰력

가. 부마찰력의 정의를 쓰시오.

나. 부마찰력이 일어나는 원인을 3가지만 쓰시오.

다. 말뚝기초 시공에서 부마찰력을 줄이는 방법을 3가지만 쓰시오.

라. 연약 지반을 관통하여 철근 콘크리트 말뚝을 박았을 때 부마찰력(R_{nf})를 계산하시오.
(단, 지반의 일축압축강도 $q_u = 20\,\text{kN/m}^2$, 말뚝의 직경 $d = 50\,\text{cm}$, 말뚝의 관입깊이 $l = 10\,\text{m}$이다.)

가. 하향의 마찰력에 의해 말뚝을 아래쪽으로 끌어내리는 힘

나. ① 말뚝의 타입 지반이 압밀 진행중인 경우
② 상재 하중이 말뚝과 지표에 작용하는 경우
③ 지하수위의 저하로 체적이 감소하는 경우
④ 점착력 있는 압축성 지반일 경우

다. ① 표면적이 작은 말뚝을 사용하는 방법
② 말뚝 직경보다 약간 큰 케이싱(casing)을 박는 방법
③ 말뚝 표면에 역청 재료를 피복하는 방법
④ 말뚝지름보다 크게 preboring을 하는 방법
⑤ 지하수위를 미리 저하시키는 방법

라. $R_{nf} = U \cdot l_c \cdot f_c = \pi d \cdot l_c \cdot \dfrac{q_u}{2}$
$$= \pi \times 0.5 \times 10 \times \frac{20}{2} = 157.08\,\text{kN}$$

35 말뚝의 허용 지지력(Meyerhof 공식)

Meyerhof 공식을 이용하여 콘크리트 말뚝 지름 30cm, 길이 14m인 말뚝을 표준 관입치가 다른 3종의 지층으로 되어 있는 기초 지반에 박을 경우 말뚝의 허용 지지력을 구하시오. (단, 안전율은 3을 적용한다.)

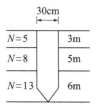

■ 극한지지력 $Q_u = 40NA_p + \dfrac{1}{5}\overline{N}A_s$

- $N = 13$
- $A_p = \dfrac{\pi d^2}{4} = \dfrac{\pi \times 0.30^2}{4} = 0.071\,\text{m}^2$
- $\overline{N} = \dfrac{N_1 h_1 + N_2 h_2 + N_3 h_3}{h_1 + h_2 + h_3}$
$$= \frac{5 \times 3 + 8 \times 5 + 13 \times 6}{3 + 5 + 6} = 9.5$$
- $A_s = \pi d l = \pi \times 0.30 \times (3 + 5 + 6) = 13.195\,\text{m}^2$

$$\therefore Q_u = 40 \times 13 \times 13.195 + \frac{1}{5} \times 9.5 \times 13.195$$
$$= 61.991\,\text{t}$$

$$\therefore \text{허용지지력}\ Q_a = \frac{Q_u}{F_s} = \frac{61.991}{3} = 20.66\,\text{t}$$

36 RC pile의 최소 지중깊이

극한지지력 $Q_u = 200\,\text{kN}$이고, RC pile의 직경이 30cm, 주면마찰력이 25kN/m², 말뚝선단의 지지력 $q_u = 280\,\text{kN/m}^2$이라 할 때 RC pile의 최소지중깊이를 구하시오.(단, 정역학적 지지력 공식개념에 의함.)

$Q_u = Q_p + Q_f = q_u \cdot A_p + f_s \cdot A_s = \pi r^2 q_u + 2\pi r f_s l$ 에서
$200 = \pi \times 0.15^2 \times 280 + 2\pi \times 0.15 \times 25 \times l$
$\therefore$ 지중깊이 $l = 7.65\,\text{m}$

참고 SOLVE 사용

37 최대 상부하중

직경 40cm, 깊이 10m의 말뚝 기초시공 시에 말뚝이 지탱할 수 있는 최대상부하중을 구하시오. (단, 지반의 극한지지력$=800\mathrm{kN/m^2}$, 주면마찰력 $=0.04\mathrm{MPa}$, 정역학적 지지력 공식의 개념으로 구함)

$Q_u = Q_p + Q_f = q_u \cdot A_p + \Sigma f_s \cdot A_s$

- $f_s = 0.04\mathrm{MPa} = 0.04\mathrm{N/mm^2} = 40\mathrm{kN/m^2}$
- $A_s = \pi dl = \pi \times 0.40 \times 10 = 12.57\mathrm{m^2}$

$$\therefore Q_u = 800 \times \frac{\pi \times 0.4^2}{4} + 40 \times 12.57 = 603.33\mathrm{kN}$$

38 전주면마찰력(α방법)

그림과 같이 길이 10m, 직경 40cm의 원형말뚝이 점토지반에 설치되었다. 전주면마찰력을 α방법으로 구하시오.

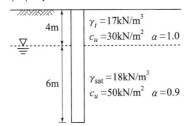

4m $\quad \gamma_t = 17\mathrm{kN/m^3}$
$\quad c_u = 30\mathrm{kN/m^2} \quad \alpha = 1.0$

6m $\quad \gamma_{sat} = 18\mathrm{kN/m^3}$
$\quad c_u = 50\mathrm{kN/m^2} \quad \alpha = 0.9$

$Q_s = \Sigma \alpha \cdot c_u \cdot P_s \cdot \Delta L \cdot A_s = f_{s1}A_{s1} + f_{s2}A_{s2}$
$\quad = \alpha_1 c_u A_{s1} + \alpha_2 c_u A_{s2}$
$\quad = (1 \times 30) \times \pi \times 0.4 \times 4 + (0.9 \times 50) \times \pi \times 0.4 \times 6$
$\quad = 490.09\mathrm{kN}$

39 케이슨기초의 시공방법에 따른 종류

① 오픈 케이슨
② 공기 케이슨
③ 박스 케이슨

40 말뚝머리의 수평변위

다음 그림과 같이 수평방향으로 100kN의 하중이 작용할 때, 말뚝머리의 수평변위는 얼마나 발생하는가? (단, 말뚝머리는 자유)

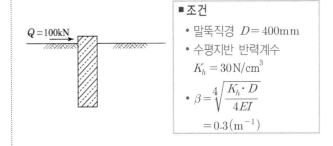

$Q=100\mathrm{kN}$

■ 조건
- 말뚝직경 $D = 400\mathrm{mm}$
- 수평지반 반력계수
  $K_h = 30\mathrm{N/cm^3}$
- $\beta = \sqrt[4]{\dfrac{K_h \cdot D}{4EI}}$
  $= 0.3(\mathrm{m^{-1}})$

■ 수평변위 $\delta = \dfrac{2\beta H}{K_h \cdot D}$

- $\beta = 0.3(\mathrm{m^{-1}}) = 0.003\mathrm{cm^{-1}},\ K_h = 30\mathrm{N/cm^3}$
- $D = 400\mathrm{mm} = 40\mathrm{cm}$

$$\therefore \text{수평변위 } \delta = \frac{2 \times 0.003 \times 100 \times 1{,}000}{30 \times 40} = 0.5\mathrm{cm}$$

$(\because Q=100\mathrm{kN}$은 수평력 H 이다.$)$

41 기초파일공법의 명칭

A. 굴착소요깊이까지 케이싱 관입 후 및 내부굴착 후, 케이싱 인발, 철근망 투입, 콘크리트 타설, 완성
B. 표층 케이싱 설치, 굴착공 내에 압력수를 순환시킴, 드릴 파이프 내의 굴착토사 배출
C. 얇은 철판의 내외관 동시 관입, 내관 인발, 외관 내부에 콘크리트 타설

A : 베노트공법(Benoto)
B : RCD(역순환)공법
C : 레이몬드(Raymond)말뚝 공법

42 Engineering News Record의 공식

① Drop hammer : $Q_a = \dfrac{W_h \cdot H}{F_s(S + 2.54)}$

② 단동식 해머 : $Q_a = \dfrac{W_h \cdot H}{F_s(S + 0.254)}$

③ 복동식 해머 : $Q_a = \dfrac{(W_h + A_p \cdot P)H}{F_s(S + 0.254)}$

- F_s : 안전율($F_s = 6$)

43 케이슨 기초 시공 공법 중 오픈케이슨 공법의 장점

① 침하 깊이에 제한이 없다.
② 기계설비가 비교적 간단하다.
③ 공사비가 일반적으로 싸다.
④ 무진동으로 시공할 수 있어 시가지 공사에도 적합하다.

44 오픈케이스 공법의 시공상 단점

① 선단의 연약토 제거 및 토질상태 파악이 어렵다.
② 큰 전석이나 장애물이 있는 경우 침하작업이 지연된다.
③ 굴착시 히빙이나 보일링 현상의 우려가 있다.
④ 경사가 있을 경우는 케이슨이 경사질 염려가 있다.
⑤ 저부 콘크리트가 수중 시공이 되어 불충분하게 되기 쉽다.

45 공기 케이슨(Pneumatic Caisson)공법의 단점

① 케이슨병이 발생하기 쉽다.
② 굴착 깊이에 제한이 있다.
③ 소음과 진동이 커서 도심지에서는 부적당하다.
④ 주야로 작업하므로 노무관리비가 많이 필요하다.
⑤ 기계설비가 비싸므로 소규모 공사에는 비경제적이다.
⑥ 노무자의 모집이 어려워 노무비가 비싸다.

46 우물통의 재자리놓기(거치) 방법

① 축도법
② 비계식(발판식)
③ 부동식(예항식)

47 케이슨기초의 침하를 촉진시키기 위한 공법

① 분기식공법   ② 재하중식공법
③ 물하중식 공법   ④ 발파식공법
⑤ 감압식공법   ⑥ 진동식공법

48 케이슨 침하시 편위의 원인

① 유수에 의해서 이동하는 경우
② 지층의 경사
③ 편토압
④ 우물통의 비대칭

49 공기 케이슨이 사용되는 경우

① 인접 구조물의 안전을 위해 기존 지반의 교란을 최소화해야 할 경우
② 기존 구조물에 인접하여 깊이가 더 깊은 구조물의 기초를 시공해야 할 경우
③ 전석층이나 호박돌 층 또는 깊게 깔린 풍화암층을 관통해야 할 경우
④ 기초 암반이 경사졌거나 불규칙 할 경우

50 침하조건

오픈 케이스(우물통) 공법과 공기케이슨 공법에서의 침하조건은 다르다. 각각의 공식을 제시하여 그 차이점을 설명하시오.

가. 공식 :

나. 차이점 :

가. 오픈 케이스 공법 : $W > F + Q + B$
    공기 케이스 공법 : $W > U + F + Q + B$
    여기서, W : 케이슨의 수직 하중(자중+재하중)
           F : 총 주면 마찰력
           Q : 우물통 선단부의 지지력
           B : 부력
           U : 작업기압에 의한 양압력
나. 공기 케이스 공법에서는 작업기압에 의한 양압력(U)를 고려해야 한다.

06 옹벽과 흙막이벽

1 주동토압을 최소화시키는 방법

① 내부마찰각이 큰 재료를 사용한다.
② 배수대책을 철저히 한다.
③ 뒤채움재는 EPS 경량재료를 이용한다.
④ 지하수위를 저하시키는 공법을 적용한다.

2 옹벽에 시공되는 배수공의 종류

① 간이 배수공
② 연속 배면 배수공
③ 경사 배수공
④ 저면 배수공

3 옹벽의 안정성 검토항목

① 전도에 대한 안정
② 활동에 대한 안정
③ 지반 지지력에 대한 안정

4 보강토 옹벽의 기본요소

① 전면판(skin plate)
② 보강재(strip bar)
③ 뒤채움 흙(back fill)

5 횡토압에 저항하는 타이의 설계방법으로 기본 3가지 방법

① Rankine의 법
② Coulomb 응력법
③ Coulomb 모멘트법

6 횡방향 토압의 종류 3가지

① 정지토압
② 주동토압
③ 수동토압

7 역타공법(Top-Down method)

굴착공사와 병행하여 지하 영구 구조물 자체를 지표면에서 가까운 부분부터 역순으로 시공하여 강성이 큰 지하층의 slab와 beam을 흙막이 지보공으로 이용하면서 지상층과의 작업을 병행할 수 있는 흙막이 지보공법

8 역타(역권) 공법의 장점

① 바닥 슬래브 자체가 버팀이 되어 영구적이다.
② 지하 주벽을 먼저 시공하므로 지하수 차단이 쉽다.
③ 지하층 슬래브를 치기 위한 거푸집이 필요하지 않다.
④ 지하와 지상층을 동시에 시공하므로 공기가 단축된다.
⑤ 강성이 높은 흙막이가 되어 동바리공이 필요하지 않다.

9 지하연속벽(Slurry wal)

벤토나이트 안정액을 사용하여 벽면을 보호하면서 지반을 굴착하고 공내에 철근 콘크리트 벽을 구축하여 토압과 수압에 모두 견딜 수 있는 흙막이 벽

10 지하연속벽의 장점

① 암반을 포함한 대부분의 지반에서 시공가능하다.
② 벽체의 강성이 높고, 지수성이 좋다.
③ 영구구조물로 이용된다.
④ 소음진동이 적어 도심지공사에 적합하다.
⑤ 토지경계선까지 시공이 가능하다.
⑥ 최대 100m 이상 깊이 까지 시공 가능하다.

11 강널말뚝의 타입 방법

① Auger 압입 공법
② 유압식 압입 인발 공법
③ 바이브로 햄머에 의한 항타 공법
④ Water jet 병용 공법

12 Earth Anchor의 주요 구성 요소

① 앵커체
② 인장부
③ 앵커 두부

13 어스 앵커(earth anchor)의 지지 방법

① 마찰형지지 방법
② 지압형지지 방법
③ 혼합형(복합형)지지 방법

14 널 말뚝에 사용되는 일반적인 Anchor종류

① 앵커 판(anchor plate)와 앵커보(deadman)
② 타이 백(tie back)
③ 수직 앵커 말뚝
④ 경사 말뚝으로 지지되는 앵커 보

15 Heaving이 발생할 우려가 있는 지반의 대책

① 흙막이공의 계획을 변경한다.
② 굴착저면에 하중을 가한다.
③ 흙막이벽의 관입 깊이를 깊게 한다.
④ 표토를 제거하여 하중을 적게 한다.
⑤ 양질의 재료로 기반개량 한다.

16 보일링 현상을 방지하기 위한 대책

① 지하수위 저하시킨다.
② 흙막이의 근입깊이를 깊게 한다.
③ 차수성 높은 흙막이를 설치한다.
④ 굴착 저면을 고결시킨다.

17 Anchor식 널말뚝의 Anchor 효과가 캔틸레버식 널말뚝에 비해 널말뚝 자체에 어떠한 경제적 효과

① 널말뚝의 소요 근입 깊이를 최소화 한다.
② 널말뚝의 중량과 단면적을 감소시킨다.

18 주동토압

아래 그림과 같은 옹벽에서 인장균열이 발생한 후의 옹벽에 작용하는 전체 주동토압을 구하시오. (단, 인장균열 위의 토압은 무시하고 상재하중으로 고려하여 계산하시오.)

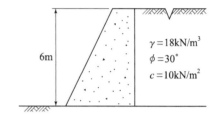

$$\gamma = 18kN/m^3$$
$$\phi = 30°$$
$$c = 10kN/m^2$$

- $P_A = \dfrac{1}{2}\gamma(H-z_o)^2 K_A + \gamma z_o(H-z_o)K_A$

  • 인장균열 깊이
  $$z_o = \frac{2c}{\gamma_t}\tan\left(45° + \frac{\phi}{2}\right) = \frac{2 \times 10}{18} \times \tan\left(45° + \frac{30°}{2}\right)$$
  $$= 1.925\,m$$

  • $K_A = \tan^2\left(45° - \dfrac{\phi}{2}\right) = \tan^2\left(45° - \dfrac{30°}{2}\right) = \dfrac{1}{3}$

  $$\therefore P_A = \frac{1}{2} \times 18 \times (6 - 1.925)^2 \times \frac{1}{3} + 18 \times 1.925$$
  $$\times (6 - 1.925) \times \frac{1}{3}$$
  $$= 49.82 + 47.07 = 96.89\,kN/m$$

19 주동토압

높이 6m의 옹벽이 흙의 단위중량이 $18kN/m^3$, 내부마찰각이 $30°$, 점착력이 $10kN/m^2$인 점성토를 지지할 때 지반의 인장균열이 발생하기 전과 발생한 후의 옹벽에 작용하는 주동토압을 구하시오.

- $K_A = \tan^2\left(45° - \dfrac{\phi}{2}\right) = \tan^2\left(45° - \dfrac{30°}{2}\right) = \dfrac{1}{3}$

- 인장균열이 발생하기 전

$$P_A = \frac{1}{2}\gamma H^2 K_A - 2cH\sqrt{K_A}$$
$$= \frac{1}{2}\times 18 \times 6^2 \times \frac{1}{3} - 2 \times 10 \times 6 \times \sqrt{\frac{1}{3}} = 108 - 69.28$$
$$= 38.72\,\text{kN/m}$$

- 인장균열이 발생한 후

$$P_A = \frac{1}{2}\gamma H^2 K_A - 2cH\sqrt{K_A} + \frac{2c^2}{\gamma_t}$$
$$= \frac{1}{2}\times 18 \times 6^2 \times \frac{1}{3} - 2 \times 10 \times 6 \times \sqrt{\frac{1}{3}} + \frac{2 \times 10^2}{18}$$
$$= 108 - 69.28 + 11.11 = 49.83\,\text{kN/m}$$

20 토압의 작용위치

뒤채움 지표면에 재하중이 없는 높이 6m의 옹벽에 작용하는 전체 지진토압이 Mononobe-Okabe 이론에 의해 $P_{AC} = 160\,\text{kN/m}$, 정적인 상태의 전 토압이 $P_A = 100\,\text{kN/m}$일 때 이 전체 지진 토압의 작용위치는 옹벽 저면으로부터 몇 m로 보는가?

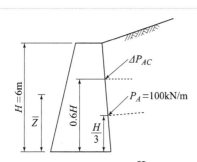

- 합력위치 $\overline{Z} = \dfrac{(0.6H)(\triangle P_{AC}) + \dfrac{H}{3}(P_A)}{P_{AC}}$

  - 지진토압 $P_{AC} = 160\,\text{kN/m}$
  - 전 토압 $P_A = 100\,\text{kN/m}$
  - 토압증가량 $\triangle P_{AC} = 160 - 100 = 60\,\text{kN/m}$

$$\therefore \overline{Z} = \frac{(0.6 \times 6) \times 60 + \dfrac{6}{3} \times 100}{160} = 2.6\,\text{m}$$

21 연직 굴착 깊이

흙의 단위 중량이 18kN/m³, 내부 마찰각이 10°, 점착력이 45kN/m² 인 지반의 인장 균열을 고려한 경우 이론적으로 연직 굴착이 가능한 깊이는?

- 한계고 Z_c

$$Z_c = \frac{4c}{\gamma}\tan\left(45° + \frac{\phi}{2}\right) = \frac{4 \times 45}{18}\tan\left(45° + \frac{10°}{2}\right)$$
$$= 11.92\,\text{m}$$

$$H_c = \frac{2}{3}Z_c = \frac{2}{3} \times 11.92 = 7.95\,\text{mm}$$

22 수평활동에 대한 안정도 검토

그림과 같이 중력식 옹벽을 설치할 때 수평활동에 대한 안정도를 검토하시오.
(단, Rankine식 사용)

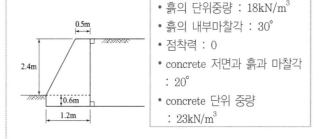

- 흙의 단위중량 : 18kN/m³
- 흙의 내부마찰각 : 30°
- 점착력 : 0
- concrete 저면과 흙과 마찰각 : 20°
- concrete 단위 중량 : 23kN/m³

- $F_s = \dfrac{R_V \cdot \tan\delta + P_P}{P_A} \geq 1.5$일 경우, 안정

  - R_V = 옹벽의 자중(W)

$$= \frac{0.5 + 1.2}{2} \times 2.4 \times 23 + 0.6 \times 1.2 \times 23 = 63.48\,\text{kN/m}$$

  - $P_A = \dfrac{1}{2}\gamma H^2 \tan^2\left(45° - \dfrac{\phi}{2}\right)$

$$= \frac{1}{2} \times 18 \times 3^2 \tan^2\left(45° - \frac{30°}{2}\right) = 27\,\text{kN/m}$$

  - $P_P = \dfrac{1}{2}\gamma H^2 \tan^2\left(45° + \dfrac{\phi}{2}\right)$

$$= \frac{1}{2} \times 18 \times 0.6^2 \tan^2\left(45° + \frac{30°}{2}\right) = 9.72\,\text{kN/m}$$

  - $F_s = \dfrac{63.48\tan 20° + 9.72}{27} = 1.22 \leq 1.5 \quad \therefore$ 불안정

23 모래층의 earth anchor(=tie backs)의 극한 저항

$$P_u = \pi\,dl\,\overline{\sigma}_v K_o \tan\phi = \pi\,dl\,\overline{\sigma}_v(1 - \sin\phi)\tan\phi$$

24 점토층의 earth anchor(=tie backs)의 극한 저항

$$P_u = \pi\,dl\,C_a$$

25 매입형 복합말뚝

말뚝상부에는 모멘트를 받는 강관말뚝을 사용하며, 하부는 압축력을 받는 고강도 콘크리트 말뚝으로 된 말뚝

26 정지토압을 받는 구조물의 종류

① 지하구조물
② 교대구조물
③ 박스 암거

27 옹벽의 전도에 대한 안전율

그림과 같은 중력식 옹벽의 전도(overturning)에 대한 안전율을 계산하시오.
(단, 콘크리트의 단위중량은 23kN/m³이고, 옹벽 전면에 작용하는 수동토압은 무시한다.)

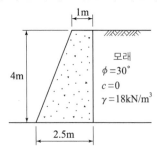

$$\blacksquare F_s = \frac{W \cdot b + P_v \cdot E}{P_A \cdot y}$$
$$= \frac{W \cdot b + 0}{P_A \cdot y}$$

(∵ 수동토압 P_v는 무시)

- $P_A = \frac{1}{2}\gamma H^2 \tan^2\left(45° - \frac{\phi}{2}\right)$
  $= \frac{1}{2} \times 18 \times 4^2 \tan^2\left(45° - \frac{30°}{2}\right)$
  $= 48\,kN/m$

- $W = W_1 + W_2$
- $W_1 = 1 \times 4 \times 23 = 92\,kN/m$
- $W_2 = \frac{1}{2} \times (2.5-1) \times 4 \times 23 = 69\,kN/m$
- $W \cdot b = W_1 b_1 + W_2 b_2$
  $= 92 \times (1.5+0.5) + 69 \times \left(1.5 \times \frac{2}{3}\right) = 253\,kN$
- $y = 4 \times \frac{1}{3} = \frac{4}{3}\,m$

$$\therefore F_s = \frac{253}{48 \times \frac{4}{3}} = 3.95$$

28 전 주동토압

아래 그림과 같이 6.0m의 연직옹벽에 연속적인 강우로 뒤채움흙이 완전 포화되어 있다. 뒤채움흙은 포화밀도 $\gamma_{sat} = 19.8\,kN/m^3$, 내부마찰각 $\phi = 38°$ 인 사질토이며, 벽면마찰각 $\delta = 15°$ 이다. 이때 Coulomb의 주동토압계수는 0.219이고 파괴면이 수평면과 55° 라고 가정할 경우 아래의 물음에 답하시오. (단, 물의 단위중량 $\gamma_w = 9.81\,kN/m^3$)

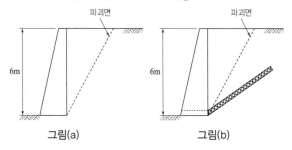

그림(a)   그림(b)

가. 그림 (a)와 같이 옹벽면에 배수구가 없을 경우 옹벽에 작용하는 전 주동토압을 구하시오.

나. 그림 (b)와 같이 파괴면 아래쪽에 배수구를 경사지게 설치했을 경우 옹벽에 작용하는 전 주동토압을 구하시오.

가. $P_A = \frac{1}{2}\gamma_{sub}H^2 C_a + \frac{1}{2}\gamma_w H^2$
  $= \frac{1}{2} \times (19.8 - 9.81) \times 6^2 \times 0.219 + \frac{1}{2} \times 9.81 \times 6^2$
  $= 39.38 + 176.58 = 215.96\,kN/m$

나. $P_A = \frac{1}{2}\gamma_{sat}H^2 C_a = \frac{1}{2} \times 19.8 \times 6^2 \times 0.219$
  $= 78.05\,kN/m$

29 지반 앵커의 정착장

다음 지반조건으로 지반굴착을 할 경우 이에 설치한 지반앵커(Ground Anchor)의 정착장(L)을 구하시오. (안전율은 1.5 적용)

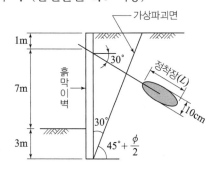

- **조건** • 앵커반력 : 250kN
  • 정착부의 주면마찰저항 : 0.2MPa
  • 천공직경 : 10cm
  • 설치각도 : 수평과 30°
  • H-Pile설치간격(앵커설치간격) : 2.0m

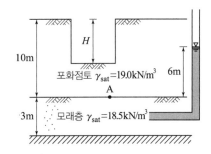

- 정착장 $L = \dfrac{T \cdot F_s}{\pi D \tau}$

- 앵커축력 $T = \dfrac{P \cdot a}{\cos \alpha} = \dfrac{250 \times 2}{\cos 30°} = 577.35\,\text{kN}$

- 주면마찰저항 $\tau = 0.2\text{MPa} = 0.2\text{N/mm}^2 = 200\text{kN/m}^2$

- 천공직경 $D = 10\text{cm} = 0.1\text{m}$

  $\therefore L = \dfrac{577.35 \times 1.5}{\pi \times 0.1 \times 200} = 13.78\,\text{m}$

- $H = \dfrac{H_1 \gamma_{\text{sat}} - \Delta h \gamma_w}{\gamma_{\text{sat}}}$

  • $H_1 = 10\,\text{m}$

  • $\Delta h = 6\,\text{m}$

  $\therefore H = \dfrac{10 \times 19.0 - 6 \times 9.81}{19.0} = 6.90\,\text{m}$

30 히빙현상에 대한 안전율

그림과 같은 말뚝 하단의 활동면에 대한 히빙 (heaving)현상에 대한 안전율을 구하시오.

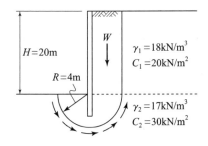

32 파이핑(piping)에 대한 안전율

그림에서와 같이 강널말뚝(steel sheet pile)으로 지지된 모래지반의 굴착에서 지하수의 분출로 인하여 예상되는 파이핑(piping)에 대한 안전율을 계산하시오.

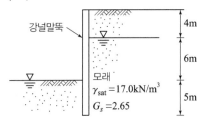

$$F_s = \dfrac{(\Delta h + 2d)\gamma_{\text{sub}}}{\Delta h \cdot \gamma_w} = \dfrac{(6 + 2 \times 5)(17.0 - 9.81)}{6 \times 9.81} = 9.5$$

- 안전율 $F_s = \dfrac{M_r}{M_d} = \dfrac{C_1 \cdot H \cdot R + C_2 \cdot \pi \cdot R^2}{\dfrac{R^2}{2}(\gamma_1 \cdot H + q)}$

- $M_d = \dfrac{4^2}{2}(18 \times 20 + 0) = 2{,}880\,\text{kN·m}$

  (Heaving을 일으키려는 Moment)

- $M_r = 20 \times 20 \times 4 + 30 \times \pi \times 4^2 = 3{,}107.96\,\text{kN·m}$

  (Heaving에 저항하는 Moment)

  $\therefore F_s = \dfrac{3{,}107.96}{2{,}880} = 1.08$

33 H 말뚝-흙막이판식

31 히빙현상이 일어나지 않을 최대 깊이

3m의 모래층 위에 10m 두께의 단단한 포화점토가 있고 모래는 피압상태에 있다. A점에서 히빙 (heaving)현상이 일어나지 않은 최대깊이 H를 구하시오. (단, 물의 단위중량 $\gamma_w = 9.80\text{kN/m}^3$)

07 사면의 안정

1 반무한 사면에서 침투류가 지표면과 일치하는 경우

$G_s = 2.65$, $n = 35\%$인 사질토($c = 0$, $\phi = 38°$)의 반무한사면에서 침투류가 지표면과 일치되는 경우, 안전율을 구하시오.
(단, 사면의 경사각은 20°이다.)

■ 안전율 $F_s = \dfrac{\gamma_{\text{sub}}}{\gamma_{\text{sat}}} \cdot \dfrac{\tan\phi}{\tan i}$

• $e = \dfrac{n}{100-n} = \dfrac{35}{100-35} = 0.538$

• $\gamma_{\text{sat}} = \dfrac{G_s + e}{1+e}\gamma_w = \dfrac{2.65 + 0.538}{1+0.538} \times 9.81 = 20.33\,\text{kN/m}^3$

• $\gamma_{\text{sub}} = \gamma_{\text{sat}} - \gamma_w = 20.33 - 9.81 = 10.52\,\text{kN/m}^3$

$\therefore F_s = \dfrac{10.52}{20.33} \times \dfrac{\tan 38°}{\tan 20°} = 1.11$

2 침투류가 없는 경우와 있는 경우의 비

$G_s = 2.65$, $n = 30\%$인 사질토($c = 0$)의 반무한사면에서 침투류가 전혀 없는 경우는 침투류가 지표면과 일치되는 경우에 비해 몇 배만큼 안전율이 큰가?

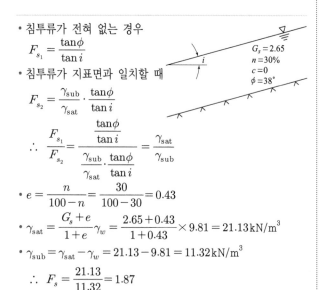

• 침투류가 전혀 없는 경우

$F_{s_1} = \dfrac{\tan\phi}{\tan i}$

• 침투류가 지표면과 일치할 때

$F_{s_2} = \dfrac{\gamma_{\text{sub}}}{\gamma_{\text{sat}}} \cdot \dfrac{\tan\phi}{\tan i}$

$\therefore \dfrac{F_{s_1}}{F_{s_2}} = \dfrac{\dfrac{\tan\phi}{\tan i}}{\dfrac{\gamma_{\text{sub}}}{\gamma_{\text{sat}}} \cdot \dfrac{\tan\phi}{\tan i}} = \dfrac{\gamma_{\text{sat}}}{\gamma_{\text{sub}}}$

$G_s = 2.65$
$n = 30\%$
$c = 0$
$\phi = 38°$

• $e = \dfrac{n}{100-n} = \dfrac{30}{100-30} = 0.43$

• $\gamma_{\text{sat}} = \dfrac{G_s + e}{1+e}\gamma_w = \dfrac{2.65 + 0.43}{1+0.43} \times 9.81 = 21.13\,\text{kN/m}^3$

• $\gamma_{\text{sub}} = \gamma_{\text{sat}} - \gamma_w = 21.13 - 9.81 = 11.32\,\text{kN/m}^3$

$\therefore F_s = \dfrac{21.13}{11.32} = 1.87$

3 사면의 안전율

내부마찰각 $\phi_u = 0$, 점착력 $c_u = 45\,\text{kN/m}^2$, 단위중량이 $19\,\text{kN/m}^3$ 되는 포화된 점토층에 경사각 45°로 높이 8m인 사면을 만들었다. 그림과 같은 하나의 파괴면을 가정했을 때 안전율은?
(단, 총 폭당 중량(W)은 1,333kN/m, 호의 길이(L_a)는 20m이다.)

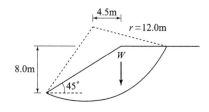

$F_s = \dfrac{c_u \cdot L_a \cdot r}{W \cdot d} = \dfrac{45 \times 20 \times 12}{1,333 \times 4.5} = 1.80$

4 무한 사면의 안전율

한 무한사면의 경사가 12°로 측정되었다. 지하수위면은 지표면과 일치하고 지표면에서 5m에 암반층이 있다. 이 비탈의 흙을 채취하여 토질시험을 한 결과는 다음과 같다. 이 비탈의 안전율은 얼마인가?

$$c' = 10\,\text{kN/m}^2, \; \phi' = 28°, \; \gamma_{\text{sat}} = 19\,\text{kN/m}^3$$

■ 방법 1

$F_s = \dfrac{c'}{\gamma_{\text{sat}} Z \cos i \cdot \sin i} + \dfrac{\gamma_{\text{sub}}\tan\phi}{\gamma_{\text{sat}} \tan i}$

$= \dfrac{10}{19 \times 5 \cos 12° \sin 12°} + \dfrac{(19-9.81)\tan 28°}{19 \tan 12°} = 1.73$

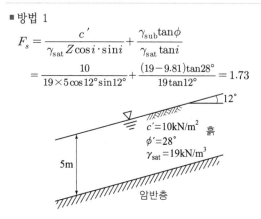

■ 방법 2

• $\sigma = \gamma_{sat} \cdot Z \cos^2 i = 19 \times 5 \cos^2 12° = 90.89 \, \text{kN/m}^2$

• $U = \gamma_w \cdot Z \cos^2 i = 9.81 \times 5 \cos^2 12° = 46.93 \, \text{kN/m}^2$

• $\tau = \gamma_{sat} \cdot Z \sin i \cos i = 19 \times 5 \sin 12° \cos 12°$

   $= 19.32 \, \text{kN/m}^2$

$\therefore F_s = \dfrac{c' + (\sigma - u) \tan\phi}{\tau}$

$= \dfrac{10 + (90.89 - 46.93) \tan 28°}{19.32} = 1.73$

5 사면에 인장균열이 발생할 때의 안전율

그림과 같은 사면에 인장균열이 발생하여 수압이 작용한다면 $F_s = \dfrac{M_r}{M_o}$ 의 개념으로 F_s를 구하시오.

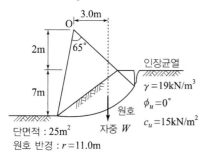

단면적 : 25m²
원호 반경 : r = 11.0m

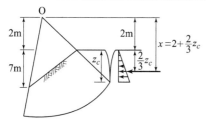

■ 안전율 $F_s = \dfrac{c_u \cdot L_a \cdot r}{P_a + P_w \cdot x}$

• 인장균열 깊이 $z_c = \dfrac{2c_u}{\gamma_t} = \dfrac{2 \times 15}{19} = 1.58 \, \text{m} \, (\because \phi_u = 0)$

• 사면부분 무게 $W = A \cdot \gamma_t = 25 \times 19 = 475 \, \text{kN/m}$

• $P_a = W \cdot d = 475 \times 3 = 1425 \, \text{kN}$

• 호의 길이 $L_a = 2\pi r \cdot \theta = (2\pi \times 11) \times \dfrac{65°}{360°} = 12.48 \, \text{m}$

• 수압 $P_w = \dfrac{1}{2} \gamma_w \cdot z_c^2 = \dfrac{1}{2} \times 9.81 \times 1.58^2 = 12.24 \, \text{kN/m}$

• $x = 2 + \dfrac{2}{3} z_c = 2 + \dfrac{2}{3} \times 1.58 = 3.05 \, \text{m}$

$\therefore F_s = \dfrac{15 \times 12.48 \times 11}{1425 + 12.24 \times 3.05} = 1.41$

6 사면에 인장균열이 발생할 때의 안전율

아래 그림과 같이 연약토층 위에 있는 사면의 복합활동파괴면에 대한 안전율을 구하시오.

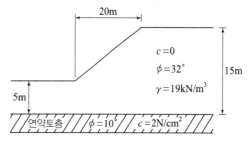

■ 안전율 $F_s = \dfrac{c \cdot L + W \tan\phi + P_p}{P_a}$

• $P_a = \dfrac{\gamma H^2}{2} \tan^2\left(45° - \dfrac{\phi}{2}\right) = \dfrac{19 \times 15^2}{2} \tan^2\left(45° - \dfrac{32°}{2}\right)$

   $= 656.77 \, \text{kN/m}$

• $P_p = \dfrac{\gamma H^2}{2} \tan^2\left(45° + \dfrac{\phi}{2}\right) = \dfrac{19 \times 5^2}{2} \tan^2\left(45° + \dfrac{32°}{2}\right)$

   $= 772.96 \, \text{kN/m}$

• $c = 2 \, \text{N/cm}^2 = 20 \, \text{kN/m}^2 = 0.020 \, \text{MPa}$

• $c \cdot L = 20 \times 20 = 400 \, \text{kN/m}^2$

• $W \tan\phi = \dfrac{15 + 5}{2} \times 20 \times 19 \tan 10° = 670.04 \, \text{kN/m}$

$\therefore F_s = \dfrac{400 + 670.04 + 772.96}{656.77} = 2.81$

7 유한 사면

그림과 같은 유한사면에서 사면파괴가 한 평면을 따라 발생한다면(Culmann의 가정) 사면의 임계높이, 활동에 대한 안전율이 2가 되도록 사면높이 H를 구하시오.

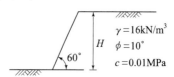

가. 사면의 임계높이를 구하시오.

나. 활동에 대한 안전율이 2가 되도록 사면 높이 H를 구하시오.

가. $H_c = \dfrac{4c}{\gamma_t}\left[\dfrac{\sin\beta\cos\phi}{1-\cos(\beta-\phi)}\right]$

　• $c = 0.01\,\text{MPa} = 0.01\,\text{N/mm}^2 = 1\,\text{N/cm}^2 = 10\,\text{kN/m}^2$

$$H_c = \dfrac{4\times10}{16}\left[\dfrac{\sin60°\cos10°}{1-\cos(60°-10°)}\right] = 5.97\,\text{m}$$

나. $F_s = F_c = F_\phi = 2$에서　$F_c = \dfrac{C}{C_d} = 2$

$$C_d = \dfrac{C}{F_c} = \dfrac{C}{F_s} = \dfrac{10}{2} = 5\,\text{kN/m}^2$$

$$F_\phi = \dfrac{\tan\phi}{\tan\phi_d} = 2 \text{에서}\ \ \phi_d = \tan^{-1}\left(\dfrac{\tan10°}{2}\right) = 5.038°$$

$\therefore\ H = \dfrac{4C_d}{\gamma}\left[\dfrac{\sin\beta\cos\phi_d}{1-\cos(\beta-\phi_d)}\right]$

$\qquad = \dfrac{4\times5}{16}\left[\dfrac{\sin60°\cos5.038°}{1-\cos(60°-5.038°)}\right] = 2.53\,\text{m}$

8 집중하중

아래 그림과 같이 지표면에 10t의 집중하중이 작용할 때 다음 물음에 답하시오. (단, 소수점 이하 4째 자리에서 반올림 하시오.)

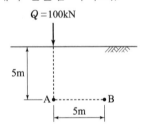

가. A점에서의 연직응력의 증가량을 구하시오.

나. B점에서의 연직응력의 증가량을 구하시오.

가. $\Delta\sigma_\text{A} = \dfrac{3}{2\pi}\dfrac{Q}{Z^2} = \dfrac{3\times100}{2\pi\times5^2} = 1.910\,\text{kN/m}^2$

나. $\Delta\sigma_\text{B} = \dfrac{3Q}{2\pi}\cdot\dfrac{Z^3}{R^5}$

　• $R = \sqrt{x^2+z^2} = \sqrt{5^2+5^2} = 5\sqrt{2}$

$\qquad \Delta\sigma_\text{B} = \dfrac{3\times100}{2\pi}\times\dfrac{5^3}{(5\sqrt{2})^5} = 0.338\,\text{kN/m}^2$

9 사면의 안전율

다음 그림과 같은 사면에서 AC는 가상파괴면을 나타낸다. 쐐기 ABC의 활동에 대한 안전율은 얼마인가?

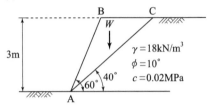

안전율 $F = \dfrac{c\cdot L + W\cos\theta\cdot\tan\phi}{W\sin\theta}$

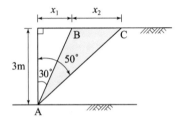

① $\overline{\text{BC}}$거리 계산

$\qquad x_1 = 3\tan30° = 1.732\,\text{m}$

$\qquad x_1 + x_2 = 3\tan50° = 3.575\,\text{m}$

$\qquad \therefore\ \overline{\text{BC}} = x_2 = 3.575 - 1.732 = 1.843\,\text{m}$

② $\overline{\text{AC}}$ 거리 계산

$\qquad \overline{\text{AC}} = L = \dfrac{3}{\cos50°} = 4.667\,\text{m}$

$\qquad \left(\because\ \cos50° = \dfrac{3}{\text{AC}}\right)$

③ 파괴토사면 $\triangle\text{ABC}$의 중량 W

$\qquad W = \dfrac{3\times1.843}{2}\times18 = 49.76\,\text{kN/m}$

$\qquad c = 0.02\,\text{MPa} = 2\,\text{N/cm}^2$

$\qquad\quad = 20\,\text{kN/m}^2$

$\qquad \therefore\ F = \dfrac{20\times4.667 + 49.76\cos40°\times\tan10°}{49.76\sin40°}$

$\qquad\qquad = 3.13$

08 배합설계

1 표준편차의 설정

콘크리트 압축강도의 표준편차는 실제 사용한 콘크리트의 30회 이상의 시험실적으로부터 결정하는 것을 원칙으로 한다.

$$s = \sqrt{\frac{\sum (X_i - \bar{x})^2}{(n-1)}}$$

여기서, s : 표준편차(MPa)

X_i : 개개의 평균 시험값

$\bar{x}$: n개의 강도시험결과 시험값

n : 연속강도 시험횟수

2 수정표준편차의 결정

압축강도의 시험횟수가 29회 이하이고 15회 이상인 경우는 그것으로 계산한 표준편차에 보정계수를 곱한 값을 표준편차로 사용할 수 있다.

시험횟수가 29회 이하일 때 표준편차의 보정계수

시험횟수	표준편차의 보정계수
15	1.16
20	1.08
25	1.03
30 이상	1.00

* 위 표에 명시되지 않은 시험횟수는 직선 보간한다.

3 압축강도의 시험횟수가 14회 이하이거나 기록이 없는 경우의 배합강도

호칭강도(MPa)	배합강도(MPa)
21 미만	$f_{cn} + 7$
21 이상 35 이하	$f_{cn} + 8.5$
35 초과	$1.1 f_{cn} + 5.0$

* 현장 배치플랜트인 경우는 호칭강도(f_{cn})대신해 품질기준강도(f_{cq})를 사용할 수 있다.

4 배합 강도의 결정

- 배합강도(f_{cr})는 호칭강도(f_{cn})를 변동의 크기에 따라 증가시켰을 때 35MPa기준으로 분류한다.
- 현장 배치플랜트인 경우는 호칭강도(f_{cn})대신에 기온보정강도(T_n)를 고려한 품질기준강도(f_{cq})를 사용할 수 있다.

① $f_{cn} \leq 35$MPa인 경우

$f_{cr} = f_{cn} + 1.34s \,(\mathrm{MPa})$

$f_{cr} = (f_{cn} - 3.5) + 2.33s \,(\mathrm{MPa})$

둘 중 큰 값 사용

② $f_{cn} > 35$MPa 인 경우

$f_{cr} = f_{cn} + 1.34s \,(\mathrm{MPa})$

$f_{cr} = 0.9 f_{cn} + 2.33s \,(\mathrm{MPa})$

둘 중 큰 값 사용

여기서, s : 표준편차(MPa)

5 시방배합의 재료량 결정

- 단위 시멘트량 $= \dfrac{\text{단위 수량}}{\text{물} - \text{시멘트비}(W/C)}$

- 단위 골재량의 절대 부피

$= 1 - \left(\dfrac{\text{단위 수량}}{1,000} + \dfrac{\text{단위 시멘트량}}{\text{시멘트 비중} \times 1,000} \right.$

$\left. + \dfrac{\text{단위 혼화재량}}{\text{혼화재의 비중} \times 1,000} + \dfrac{\text{공기량}}{100} \right)$

- 단위 잔 골재량의 절대 부피)=단위 골재량의 절대 부피×잔 골재율(S/a)

- 단위 잔 골재량=단위 잔골재량의 절대 부피-단위 잔 골재량의 절대 부피

- 단위 굵은 골재량의 절대부피=단위 골재량의 절대부피-단위 잔골재량의 절대 부피

- 단위 굵은 골재량=단위 굵은 골재의 절대 부피×굵은 골재의 밀도×1,000

6 공식에 의한 입도에 대한 보정

$$X = \frac{100S - b(S+G)}{100 - (a+b)}$$

$$Y = \frac{100G - a(S+G)}{100 - (a+b)}$$

여기서, S : 시방 배합의 단위 잔골재량(kg)

G : 시방 배합의 단위 굵은 골재량(kg)

a : 잔골재에서 5mm(No.4)에 남는 굵은 골재량(%)

b : 굵은 골재에서 5mm(No.4)체를 통과하는 잔골재량(%)

7 배합강도 계산

(1) 품질기준압축강도가 40MPa이고, 22회의 콘크리트 압축강도시험으로부터 구한 표준편차가 4.5MPa이었다. 이 콘크리트의 배합강도를 구하시오. (단, 압축강도시험 횟수가 20회일 때 표준편차의 보정계수는 1.08, 25회일 때 보정계수는 1.03이다.)

$f_{cq} = 40\text{MPa} > 35\text{MPa}$일 때

• 22회의 보정계수 $= 1.08 - \dfrac{1.08 - 1.03}{25 - 20} \times (22 - 20) = 1.06$

• 수정 표준편차 $s = 4.5 \times 1.06 = 4.77\text{MPa}$

• $f_{cr} = f_{cq} + 1.34s = 40 + 1.34 \times 4.77 = 46.39\text{MPa}$

• $f_{cr} = 0.9f_{cq} + 2.33s = 0.9 \times 40 + 2.33 \times 4.77 = 47.11\text{MPa}$

∴ 배합강도 $f_{cr} = 47.11\text{MPa}$ (∵ 두 값 중 큰 값)

(2) 30회 이상의 콘크리트 압축강도 시험실적으로부터 압축강도의 표준편차가 2.4MPa이고 호칭강도가 28MPa일 때 배합강도를 구하시오.

$f_{cn} = 28\text{MPa} \leq 35\text{MPa}$인 경우 배합강도 f_{cr}

• $f_{cr} = f_{cn} + 1.34s = 28 + 1.34 \times 2.4 = 31.22\text{MPa}$

• $f_{cr} = (f_{cn} - 3.5) + 2.33s = (28 - 3.5) + 2.33 \times 2.4$
$= 30.09\text{MPa}$

∴ $f_{cr} = 31.22\text{MPa}$ (∵ 두 값 중 큰 값)

8 현장배합량 계산

다음 콘크리트의 시방 배합을 현장 배합으로 환산하시오.

- 단위 수량 : 200kg/m³
- 단위시멘트량 : 400kg/m³
- 모래 : 800kg/m³
- 자갈 : 1,500kg/m³
- 모래의 표면수 : 5%
- 자갈의 표면수 : 1%
- 모래의 No 4(5mm)체 잔류량 : 4%
- 자갈의 No 4(5mm)체 통과량 : 5%

단위 수량 :

단위모래량 :

단위자갈량 :

① 입도에 의한 조정

• $S = 800\text{kg}$, $G = 1,500\text{kg}$, $a = 4\%$, $b = 5\%$

• 모래 $x = \dfrac{100S - b(S+G)}{100 - (a+b)}$

$= \dfrac{100 \times 800 - 5 \times (800 + 1,500)}{100 - (4+5)} = 752.75\text{kg}$

• 자갈 $y = \dfrac{100G - a(S+G)}{100 - (a+b)}$

$= \dfrac{100 \times 1,500 - 4 \times (800 + 1,500)}{100 - (4+5)} = 1,547.25\text{kg}$

② 표면수에 의한 조정

• 모래의 표면 수량 $= 752.75 \times \dfrac{5}{100} = 37.64\text{kg}$

• 자갈의 표면수량 $= 1,547.25 \times \dfrac{1}{100} = 15.47\text{kg}$

③ 현장 배합량

• 단위수량 $= 200 - (37.64 + 15.47) = 146.89\text{kg/m}^3$

• 단위 모래량 $= 752.75 + 37.64 = 790.39\text{kg/m}^3$

• 단위 자갈량 $= 1,547.25 + 15.47 = 1,562.72\text{kg/m}^3$

09 콘크리트 공학

1 시멘트가 풍화되었을 때 나타나는 현상

① 비중 저하
② 응결 지연
③ 강열 감량 증가
④ 강도 발현 저하

2 KS에 규정되어 있는 포틀랜드 시멘트의 종류

① 조강 포틀랜드 시멘트
② 내황산염 포틀랜드 시멘트
③ 백색 포틀랜드 시멘트
④ 저열 포틀랜드 시멘트

3 혼합시멘트의 종류

① 고로슬래그 시멘트(고로 시멘트)
② 플라이 애시 시멘트
③ 포졸란 시멘트(실리카 시멘트)

4 에코 시멘트(Eco cement)

폐기물 쓰레기에서 나온 오니를 혼합해서 재활용하는 시멘트

5 혼화재의 종류

① 플라이 애쉬
② 팽창재
③ 고로 슬래그 미분말
④ 실리카 품

6 Fly ash를 사용한 concrete의 성질 중 장점

① 유동성의 향상
② 장기강도의 향상
③ 콘크리트의 수밀성 향상
④ 알칼리 골재반응의 억제
⑤ 수화열의 감소

7 콘크리트 혼화제인 AE제에 의해 콘크리트 내부에 연행된 공기가 콘크리트의 성질에 미치는 영향

① 워커 빌리티가 좋아진다.
② 블리딩 등의 재료 분리를 작게 한다.
③ 사용수량은 15%정도 감소시킬 수 있다.
④ 발열 증발이 적고 수축균열이 적게 일어난다.
⑤ 골재의 알카리 반응이 감소한다.
⑥ 동결 융해에 대한 저항성이 크다.

8 염화칼슘($CaCl_2$)

콘크리트의 보호 기간을 단축하여 거푸집의 제거 시간을 앞당기는 장점이 있으나 내구성이 떨어지고 철근을 부식시키는 단점이 있는 촉진제

9 골재의 함수상태

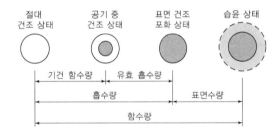

10 혼합 골재의 조립률

$$f_a = \frac{m}{m+n}f_s + \frac{n}{m+n}f_g$$

여기서, $m : n$: 잔골재와 굵은 골재의 중량비
f_s : 잔골재 조립률
f_g : 굵은 골재 조립률

11 Concrete의 분리와 Bleeding의 방지방법

① 적당한 AE제를 사용한다.
② 분말도가 높은 시멘트 사용한다.
③ 단위 시멘트량을 크게 한다.
④ 가능한 단위수량을 적게 한다.
⑤ 잔골재율을 크게 한다.

12 굳지 않은 콘크리트의 워커빌리티(Workability) 측정 방법

① 슬럼프 시험(slump test)
② 흐름 시험(flow test)
③ 구관입 시험(ball penetration tesst)
④ 리몰딩 시험(Remolding test)
⑤ 비비시험(Vee-Bee test)
⑥ 다짐계수시험(compacting factor test)

13 Bleeding현상이 심한 경우 콘크리트에 미치는 영향

① 콘크리트 수밀성 저하
② 콘크리트 표면에 침하균열 발생
③ 철근과 콘크리트의 부착강도저하
④ 콘크리트의 강도 저하

14 초기균열의 종류

① 침하수축균열(침하균열)
② 플라스틱수축균열(초기건조균열)
③ 거푸집변형에 의한 균열
④ 진동 및 경미한 재하에 의한 균열

15 콘크리트 균열에 대한 보수 기법의 종류

① 에폭시 주입법
② 봉합법
③ 짜집기법
④ 보강철근 이용방법
⑤ 그라우팅
⑥ 드라이 패킹

16 염화물 함유량 측정하는 시험방법

① 전위차 측정법
② 질산은 적정법
③ 흡광 광도법
④ 이온 전극법

17 중성화 현상에 대해 구조물 신축시의 대책

① 물-시멘트비를 낮게 한다.
② 분말도를 낮게 한다.
③ 혼화제(AE제, AE감수제)를 사용한다.
④ 충분한 다짐 및 양생을 실시한다.
⑤ 충분한 피복두께를 확보한다.

18 콘크리트 각 재료의 1회 계량 허용오차

재료의 종류	측정단위	허용오차(%)
시멘트	질량	-1%, +2%
물	질량	-2%, +1%
혼화재	질량	±2
골재	질량	±3
혼화제	질량 또는 부피	±3

19 콘크리트의 비비기

① 미리 정해둔 비비기 시간의 몇 배 이상 계속하지 않는다. : 3배
② 가경식 믹서를 사용할 때 : 1분 30초 이상
③ 강제식 믹서를 사용할 때 : 1분 이상

20 허용 이어치기 시간간격의 표준

외기온도	허용이어치기 시간 간격
25℃ 초과	2.0시간
25℃ 이하	2.5시간

21 비비기로부터 타설이 끝날때까지의 시간

외기 온도	비비기부터 타설 완료 시간
25℃ 이상	1.5시간
25℃ 미만	2.0시간

22 cold joint

먼저 타설된 콘크리트와 나중에 타설되는 콘크리트 사이에 완전히 일체화가 되어 있지 않은 이음부위

23 일반적으로 많이 쓰이는 양생 방법의 종류명을 4가지만 쓰시오

① 습윤양생　　　　② 증기양생
③ 막 양생　　　　　④ 전기 양생

24 습윤양생 기간의 표준

일평균 기온	보통 포틀랜드 시멘트	고로슬래그 시멘트 2종, 플라이 애시 시멘트 2종	조강 포틀랜드 시멘트
15℃ 이상	5일	7일	3일
10℃ 이상	7일	9일	4일
5℃ 이상	9일	12일	5일

25 촉진양생법의 종류

① 증기양생　　　　② 오토크레이브 양생
③ 전기양생　　　　④ 온수양생
⑤ 전기양생　　　　⑥ 적외선 양생
⑦ 고주파 양생

26 거푸집 측압에 영향을 미치는 인자

① 콘크리트 배합
② 콘크리트의 타설 속도
③ 콘크리트의 타설 높이
④ 콘크리트의 온도
⑤ 다짐과다
⑥ 콘크리트의 반죽질기

27 거푸집널의 해체시기

부재	콘크리트 압축강도(f_{cu})
기초, 보, 기둥, 벽 등의 측면	5 MPa
슬래브 및 보의 밑면, 아치 내면 (단층구조인 경우)	설계기준 압축강도의 $\frac{2}{3}$ 배 이상 (단, 최소 14 MPa 이상)

28 응력방출법(AE : Accoustic Emission)

최근 들어 토목 구조물의 안전 진단 문제가 날로 심각해지고 있다, 따라서, 이를 위한 검사 장비로서 구조물이 변형될 때 발생하는 자체의 음을 이용한 안전도를 추정하는 계측 장비

29 철근의 정착방법

① 매입 길이에 의한 방법
② 갈고리에 의한 방법
③ 기계적 정착에 의한 방법
④ 특별한 정착장치를 사용하는 방법

30 콘크리트 온도

$$T = \frac{C_S(T_a W_a + T_c W_c) + T_m W_m}{C_S(W_a + W_c) + W_m}$$

W_a 및 T_a : 골재의 중량(kg) 및 온도(℃)
W_c 및 T_c : 시멘트의 중량(kg) 및 온도(℃)
W_m 및 T_m : 비비기에 사용한 물의 중량(kg) 및 온도(℃)
C_S : 시멘트 및 골재의 비열이며 평균 비열 0.2로 가정해도 좋다.

31 서중 콘크리트 치기에 있어 지켜야 할 점

① 콘크리트로부터 물을 흡수할 우려가 있는 부분을 습윤상태로 유지해야 한다.
② 콘크리트는 비빈 후 1.5시간 이내에 타설하여야 한다.
③ 콘크리트를 타설 할 때의 온도는 35℃ 이하이어야 한다.
④ 콜드조인트가 생기지 않도록 적절한 계획에 따라 실시해야 한다.

32 수중 콘크리트의 시공방법

① 트레미
② 콘크리트 펌프
③ 밑열림 상자
④ 밑열림 포대

33 일반 수중(水中) 콘크리트 타설의 원칙

① 콘크리트는 수중에 낙하시켜서는 안된다.
② 콘크리트가 경화될 때까지 물의 유동을 방지하여야 한다.
③ 수평을 유지하면서 소정의 높이에서 연속해서 쳐야 한다.
④ 레이턴스를 모두 제거하고 다시 타설하여야 한다.
⑤ 시멘트가 물에 씻겨서 흘러나오지 않도록 타설하여야 한다.

34 레디믹스트 콘크리트(ready mixed concrete)제조 방법

① 센트럴 믹스트 콘크리트(central mixed concrete)
② 슈링크 믹스트 콘크리트(shrink mixed concrete)
③ 트랜싯 믹스트 콘크리트(transit mixed concrete)

35 레디믹스트 콘크리트의 현장 품질관리 시험의 종류

① 슬럼프 시험 ② 슬럼프 플로시험
③ 공기량시험 ④ 강도시험
⑤ 염화물 함유량 시험

36 경량콘크리트를 제조하는 방법에 따라 크게 3가지로 구분

① 경량 골재 콘크리트
② 경량 기포 콘크리트
③ 무세골재 콘크리트

37 프리스트레스의 손실 원인

도입시 손실 = 즉시 손실	도입후 손실 = 시간적 손실
• 정착 장치의 활동 • 포스트텐션 긴장재와 덕트 사이의 마찰 • 콘크리트의 탄성 수축	• 콘크리트의 크리프 • 콘크리트의 건조 수축 • PC 강재의 릴랙세이션 (relaxation)

38 강섬유 보강 콘크리트가 일반 콘크리트 보다 유리한 점

① 인성(靭性)이 크다.
② 균열에 대한 저항성이 크다.
③ 인장강도, 휨강도, 전단강도가 크다.
④ 동결 융해 작용에 대한 저항성이 크다.
⑤ 내충격성이 크다.

39 콘크리트-폴리머 복합체로 이루어진 콘크리트의 종류

① 폴리머 콘크리트(polymer concrete : PC)
② 폴리머 시멘트 콘크리트(polymer cement concrete : PCC)
③ 폴리머 함침 콘크리트(polymer impregnated concrete : PIC)

40 선행 냉각(Pre-cooling)방법의 종류

① 혼합전 재료를 냉각
② 혼합중 콘크리트를 냉각
③ 타설전 콘크리트를 냉각

41 주위의 온도

$$T_2 = T_1 - 0.15(T_1 - T_0)t$$

42 온도 균열지수

$$I_{cr} = \frac{10}{R \cdot \Delta T_o}$$

43 매스 콘크리트의 온도균열 억제 방법

① 냉수나 얼음을 사용하는 방법
② 냉각한 골재를 사용하는 방법
③ 액체질소를 사용하는 방법

10 암석 및 발파공

1 장약량 : $L = CW^3$

2 Hauser의 식

$$f(w) = \left(\sqrt{1 + \frac{1}{w}} - 0.41 \right)^3$$

3 Dambrun공식

$$f(n) = \left(\sqrt{1 + n^2} - 0.41 \right)^3$$

4 총 천공 시간

$$t = \frac{천공장\ L}{천공\ 속도\ V_T}, \quad V_T = \alpha(C_1 \times C_2) \times V$$

5 심빼기 발파공법의 종류

① V컷   ② 번컷
③ 노컷   ④ 스윙컷
⑤ 피라미드 컷

6 2차 폭파 또는 조각발파 방법

① 천공법(block boring)
② 복토법(mud boring)
③ 사혈법(snake boring)

7 복토법의 장약량 : $L = CD^2$

8 사혈법(snake boring) 또는 스네이크 보링법

천공시간이 충분하지 못할 경우나, 바위덩어리 등이 대부분 지하에 묻혀 있고, 바위 덩어리 아래측에 따라 장약을 설치한다.

9 조절발파 공법(controlled blasting)의 종류

① 라인 드릴링 공법(line drilling)
② 쿠션 블라스팅 공법(cushion blasting)
③ 스무스 블라스팅 공법(smooth blasting)
④ 프리 스플리팅 공법(pre-splitting)

10 라인 드리링공법(line drilling)

적하는 파단선을 따라 조밀한 간격으로 천공하고 이 공(孔)은 장전하지 않은채 무장약공으로 발파하여, 인접공에 대한 발파 에너지의 영향으로 공열에 의해 형성된 마감면까지 파괴시키는 제어발파(Control Blasting)공법

11 프리 스플리팅 공법(pre-splitting)

후면에 약발파로 암반의 균열을 이루어 놓고 전면의 주발파로 면이 깨끗이 이루어지도록 하는 암발파 방법

12 쿠션 블라스팅 공법

굴착 계획선에 따라 일렬로 천공하여 분산장약하고 주 굴착이 완료된 후에 폭파 한다.

13 진동치를 기준치 이하로 제어하는 방법

① 장약량의 조정 및 분할 발파
② 화약류 선택에 의한 경감방법
③ 인공 자유면을 이용한 심빼기 발파
④ MSD에 의한 감소 효과
⑤ 방진공 천공으로 인한 감쇄 방법

14 진동속도의 크기에 영향을 미치 인자

① 장약량(L)   ② 진원에서 부터의 거리(r)
③ 파쇄할 암질 계수(C)

15 벤치컷 공법의 종류

① 롱벤치컷(long bench cut)
② 쇼트벤치컷(shot bench cut)
③ 미니벤치컷(mini bench cut)
④ 다단벤치컷(multi bench cut)

16 비산이 발생되는 원인

① 과대한 장약량   ② 지발시간의 지연
③ 전색의 부족

11 터널

1 터널의 단면 형상에 의한 분류

① 원형 터널   ② 타원형 터널
③ 사각형 터널   ④ 계란형 터널
⑤ 마제형 터널

2 배수 터널의 장점과 단점

[장점]

① 대단면의 시공이 가능하다.
② 누수시 보수가 용이하다.
③ 초기 시공비가 적어 경제성이 양호하다.

[단점]

① 유지비가 많이 소요된다.
② 주변 지반침하에 문제발생 가능하다.
③ 지하수 이용에 문제 발생가능하다.

3 3차원적 거동을 2차원으로 해석하는 방법

① 응력 분배법
② 강성 변화법
③ 점탄성 해석법

4 터널 굴착시 여굴(over break)량을 감소시키는 방안

① 천공의 위치, 각도를 정확하게 해 준다.
② 지발뇌관을 사용
③ 조절폭파공법을 적용
④ 발파 후에 조속한 초기보강을 실시
⑤ 연약지반이 예상되는 경우에는 선진그라우팅을 실시

5 지보공(tunnel support)

터널의 굴착으로 인하여 발생하는 새로운 응력상태에 대하여 터널 주변지반과 일체가 되어 안정된 상태에 도달하도록 하는 역할을 수행하는 것

6 철도 등의 하부를 통과하는 터널공법

① 프론트 재킹 공법(front jacking method)
② 프론트 실드 공법(front shield method)
③ 프론트 세미실드공법(front semi shield method)
④ 관추진공법(pipe pushing method)

7 숏크리트와 록볼트 공법을 제외한 보조공법의 종류

① 주입공법
② 훠폴링(Fore Poling)공법
③ 파이프 루프(Pipe Roof)공법
④ 강관 다단 그라우팅공법
⑤ 지하수위 저하공법
⑥ 동결공법

8 터널의 천단 안정공법

① 훠폴링(Fore poling)공법
② 미니 파이프 루프(Mini Pipe Roof)공법
③ 스틸 시트파일(steel Sheet Pile)공법
④ 강관다단그라우팅 공법

9 훠폴링(fore poling)

막장에서 전방 원지반 내에 볼트, 단관파이프 등의 보조재를 삽입하여 막장 천단의 지지와 원지반의 이완방지를 위하여 설치하는 것

10 TBM공법의 장점

① 갱내 작업이 안전하다.
② 노무비가 절약된다.
③ 버럭 반출이 용이하다.
④ 여굴이 적다
⑤ 진동이나 소음이 적다.
⑥ 동바리공, 복공, 환기의 처치가 경감된다.

11 1차 지보재의 종류

① 와이어메쉬(Wire Mesh) ② 강지보공(Steel rib)
③ 숏크리트(Shotcrete) ④ 록 볼트(Rock bolt)

12 TBM공법의 단점

① 본바닥 변화에 대하여 적응이 곤란하다.
② 굴착 단면의 형상에 제약을 받는다.
③ 기계 제작에 전문 인력이 필요하다.
④ 기계 중량이 크므로 현장에서의 반입 반출이 어렵다.
⑤ 설비 투자액이 고가이므로 초기 투자비가 많이 든다.

13 용수대책공법

① 물빼기 갱도   ② 물빼기공
③ Well point공법   ④ Deep well 공법

14 차수 및 지수 보조공법

① 약액주입공법   ② 동결공법
③ 압기공법

15 터널 공사 시 일상적인 계측(A계측) 항목

① 갱내 관찰 조사   ② 내공 변위 측정
③ 천단 침하 측정   ④ 록볼트 인발시험

16 내공변위 측정

NATM의 계측항목 중 터널 벽면간 거리 변위, 변위의 최대치 변위 속도 등을 측정할 수 있어 주변 지반의 안정, 설계 형태(pattern)의 적정 등의 판단 자료로 할 수 있는 것

17 터널의 보강공법 중 숏크리트의 기능

① 원지반의 이완방지
② 요철부를 채워 응력집중을 방지
③ 콘크리트 arch로써 하중분담
④ 암괴의 붕락방지
⑤ 굴착면의 풍화방지

18 숏크리트의 작용효과

① 암반과의 부착력, 전단력에 대한 저항력
② 내압효과
③ 약층보강효과
④ 암반하중의 배분효과
⑤ 피복효과

19 Shotcrete의 Rebound량을 감소시키는 방법

① 벽면과 직각으로 분사시킨다.
② 분사 압력을 일정하게 한다.
③ 조골재를 13mm 이하로 한다.
④ 단위 시멘트량을 증가시킨다.
⑤ 분사 부착면을 거칠게 처리한다.

20 숏크리트(shotcrete)의 종류와 특징

습식법	건식법
분진발생이 적다.	분진발생이 많다.
반발량이 적다	반발량이 많다.
전재재료가 믹서에서 혼합되므로 품질관리가 양호하다.	노즐에서 재료가 혼합되므로 품질 관리가 어렵다.
압송거리가 짧다.	장거리 수송이 가능하다.
재료의 공급에 제한을 적게 받는다.	재료의 공급에 제한을 받는다.

21 숏크리트의 작업

① 건식 숏크리트는 배치 후 45분 이내 뿜어 붙이기 실시
② 습식 숏크리트는 배치 후 60분 이내 뿜어 붙이기 실시
③ 숏크리트는 타설되는 장소의 대기 온도가 38℃ 이상이 되면 건식 및 습식 숏크리트 실시 할 수 없다.
④ 숏크리트 대기온도가 10℃ 이상 일 때 뿜어 붙이기를 실시

22 터널굴착 시 여굴이 발생하는 원인

① 천공 및 발파의 잘못
② 착암기 사용 잘못
③ 전단력이 약한 토질 굴착 시 발생

23 터널의 방재설비 종류

① 소화설비
② 경보설비
③ 피난설비
④ 소화활동설비

24 록볼트의 역할

① 봉합 효과
② 보형성 효과
③ 내압 효과
④ 아치형성 효과
⑤ 지반보강 효과

25 록볼트의 인발시험 목적

① 지반과 록볼트의 정착력을 알기 위해서
② 볼트의 파괴강도를 알기 위해서
③ 볼트와 충전재의 부착강도를 알기 위해서

26 록볼트의 정착형식 3가지

① 선단정착형
② 전면접착형
③ 혼합형

27 터널보강재의 하나인 강지보재의 종류

① H형강 지보재
② 격자 지보재
③ U형 지보재

28 터널 막장의 안정을 위해 터널 보조 공법

① 막장면 숏크리트(shotcrete)공법
② 막장면 록 볼트(rock bolr) 공법
③ 약액주입공법
④ 훠폴링(forepoling) 공법
⑤ 미니 파이프 루프(Mini Pipe Roof) 공법

29 터널공사 시 일상적인 계측(계측 A) 항목

① 갱내 관찰조사
② 내공 변위측정
③ 천단 침하측정
④ 록볼트 인발시험

NOTE

12 포장공법

1 곡선부에 최소곡선반경

$$R = \frac{V^2}{127(f+i)}$$

여기서, R : 최소 곡선반경(m)

V : 주행속도(km/hr)

f : 횡방향 미끄럼 마찰계수

i : 편구배(%)

2 배수시설 종류

① 표면배수 : 측구, 집수정

② 지하배수 : 맹암거, 유공관

③ 횡단배수 : 배수관, 암거

3 측구(roadside drain)의 종류와 형식

측구 종류	측구 형식
① 막파기 측구	① L형 측구
② 콘크리트 측구	② U형 측구
③ 떼붙임 측구	③ V형 측구
④ 돌쌓기 측구	④ 산마루형 측구

4 동상이 발생하기 쉬운 3가지 중요한 조건

① 동상을 받기 쉬운 흙이 존재할 것

② 0℃이하의 온도가 오래 지속될 것

③ 물의 공급이 충분할 것

5 동결 깊이와 동결 지수

① 동결 깊이 $Z = C\sqrt{F}$

② 동결지수 $F =$ 영하 온도(θ)×지속 일수(t)

6 도로에서 동상방지층 설계방법

① 완전 방지법(complete protection method)

② 감소 노상 강도법(reduced subgrade strength method)

③ 노상 동결 관입 허용법(limited subgrade frost penetration method)

7 아스팔트 포장 공법의 장점

① 주행성이 좋다.

② 평탄성이 좋다.

③ 시공성이 좋다.

8 시멘트 콘크리트 포장공법에 대한 단점

① 평탄성이 낮다.

② 양생기간이 길다.

③ 부분적인 보수 작업이 어렵다.

9 연성포장과 강성포장에서 표층의 역할

① 연성포장 : 교통하중을 일부 지지하며 하부층에 전달

② 강성포장 : 교통하중에 의해 발생되는 응력을 휨저항으로 저지

10 강성포장 구조체에 설치된 보조기층의 주요 기능

① 콘크리트 슬래브를 지지

② pumping현상 방지

③ 배수

④ 동상현상방지

11 스폴링(spalling)

무근 콘크리트 포장에서 줄눈이나 균열부에 단단한 입자가 침입하면 슬래브 팽창을 방해하게 된다. 이로 인해 국부적인 압축파괴를 일으켜 발생하는 균열

12 동탄성 계수

최근 포장 설계시 노상지지력 계수, CBR 대신에 사용되는 포장 재료 물성으로서 동적시험에 의해 결정되는 탄성물성

13 블로우업(blow up)

콘크리트 포장에서 기온의 상승 등에 따라 콘크리트 슬래브가 팽창할 때 줄눈의 부적정 등으로 더 이상 팽창력을 지탱할 수 없을 때 생기는 좌굴현상으로 인하여 슬래브가 솟아오르는 것

14 차량의 충격위험을 방지하는 충격흡수시설의 종류

① 철제 드럼
② 모래 채우기 플라스틱 통
③ 하이드로 셀 샌드위치(Hi-dro cell sandwich)
④ 하이드로 셀 클러스터(Hi-dro cell cluster)

15 기층 및 보조기층의 안정 처리 공법

① 입도 조정공법
② 시멘트 안정처리공법
③ 아스팔트안정처리공법
④ 석회 안정처리공법

16 포장공사에서 노반의 안정처리공법

① 입도 조정공법
② 역청 안정처리 공법
③ 시멘트 안정처리공법
④ 석회 안정처리 공법
⑤ 물다짐 머캐덤공법
⑥ 역청 침투식 공법

17 기층 및 보조기층의 안정처리 공법

① 물리적인 방법 : 치환, 입도조정, 함수비 조절, 다짐
② 첨가제에 의한 방법 : Cement, 석회, 역청재, 화학재료

18 머캐덤(macadam)공법

비교적 입자가 큰 쇄석을 깔아 치합(interlocking)이 잘 될 때까지 채움골재로 공극을 채우면서 다짐을 하여 기층처리를 하는 공법

19 아스팔트 포장두께 결정요소

① 교통량(ESAL)
② 노상지지력계수(SSV)
③ 상대강도계수
④ 지역계수(R)

20 평탄성 평가 및 측정방법

구분	측정방법	평탄성 평가
노상	• Proof Rolling실시	처짐량
기층	• 3m 직선자 • 3m Profile Meter로 측정	표준편차로 규정
표층	• 3m 직선자 • 3m Profile Meter로 측정	표준편차로 규정
	• 7.6m Profile Meter 사용	평탄성지수로 규정

21 도로 노상의 지지력을 평가할 수 있는 현장시험 평가방법

① CBR(CBR시험)
② K값(평판재하시험 ; PBT)
③ Cone값(콘관입시험 ; CPT)
④ N치(표준관입시험 ; SPT)

22 컷백 아스팔트(cut back asphalt)

스트레이트 아스팔트에 용제(Flux)를 섞어 연하게 만들어 사용하는 것으로 용재의 종류에 따라 급속 경화형(RC), 중속 경화형(MC), 완속 경화형(SC) 3가지로 분류하는 아스팔트

23 택코트(tack coat)

아스팔트 포장 시 기준의 포장면 또는 아스팔트 안정처리기층에 역청재료를 살포하여 그위에 포설할 아스팔트 혼합물층과 부착성을 높이는 것

24 프라임코트(Prime coat)

입도 조정 공법이나 머캐덤 공법 등으로 시공된 기층의 방수성을 높이고, 그 위에 포설하는 아스팔트 혼합물 층과의 부착이 잘 되게 하기 위하여 기층위에 역청 재료를 살포하는 것

25 실코트(seal coat)의 중요 목적

① 포장 표면의 내구성 증대
② 표층 혼합물의 노화 방지
③ 미끄럼 방지효과를 증대
④ 포장 표면의 내수성 증대

26 Asphalt 혼합물의 Marshall 안정도시험결과로 부터 얻을 수 있는 것

① 안정도　　　　　② 흐름값
③ 공시체의 밀도　　④ 공극률
⑤ 포화도

27 Asphalt 혼합물의 Marshall 안정도시험결과

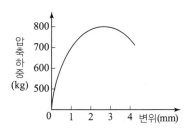

① 안정도 : 800kg
② 흐름치 : 25
③ 압축변위 속도 : 50.8mm/min

28 줄눈(joint)

콘크리트 포장시 온도 변화나 함수량의 변화에 따른 콘크리트 슬래브에 생기는 응력을 경감시키기 위하여 설치하는 것

29 콘크리트의 슬래브 포장에서 줄눈의 종류

① 가로수축 줄눈　　② 가로팽창줄눈
③ 시공줄눈　　　　④ 세로줄눈

30 아스팔트 포장에 생긴 균열 보수 방법

① 오버레이(over lay)　　② 절삭 오버레이
③ 표면처리　　　　　　④ 패칭(patching)

31 White Base와 Black Base

① White Base : 파손된 구콘크리트에 사용하는 시멘트 콘크리트 기층
② Black Base : 파손된 구아스팔트 포장에 사용하는 아스팔트 안정처리 기층

32 표준트럭하중(DB하중)

교량등급	하중 등급	한계상태 설계법
1등교	DB-24	차량 활하중 KL-50
2등교	DB-18	1등교 활하중 효과의 75%를 적용
3등교	DB-13.5	2등교 활하중 효과의 75%를 적용

33 배수성 포장의 효과

① 우천시 물튀김 방지　　② 수막현상 방지
③ 야간의 시인성 향상　　④ 주행성 소음 저감

34 SMA(stone mastic asphalt)포장공법

아스팔트 포장의 단점인 소성변형(Rutting)에 대한 저항성이 우수한 포장공법으로 아스팔트 바인다(Asphalt Binder)자체의 물성에 따른 혼합물 개념보다 골재의 맞물림 효과를 최대로 하여 기존 밀입도 아스팔트 혼합물의 단점을 개선한 공법

35 SMA(Stone Mastic Asphalt)포장의 장점

① 소성변형을 최소화 한다.
② 균열발생을 최소화 한다.
③ 유지보수 비용을 절감한다.
④ 미끄럼 저항성이 우수하다.

36 연속철근 콘크리트 포장(CRCP)

연속된 종방향의 철근을 사용하여 콘크리트 포장의 횡방향 눈줄을 생략시켜 주행성을 좋게 하는 포장공법

37 전압 콘크리트 포장 공법(roller compacted concrete pavement : RCCP)

시멘트 콘크리트 포장공법 중, 낮은 슬럼프(slump)의 된비빔 콘크리트를 토공에서와 같이 다져서 시공하는 공법으로서, 건조수축이 작고 줄눈간격을 줄일 수 있으며 공기 단축이 가능한 반면에 포장 표면의 평탄성이 결여되는 단점이 있는 포장 공법

38 에코팔트(Ecophalt)

공극률이 높은 다공질의 아스팔트 혼합물을 표층 또는 기층에 사용함으로써 강우 시 시인성과 미끄럼저항성 개선으로 통행차량의 안전을 확보하고 교통소음의 저감에도 효과가 있는 포장으로 비가 내리게 되면 빗물은 공극으로 침투한다. 이때 물로 채워지게 되면 빗물이 밑면의 수평방향, 즉 길어깨 방향으로 흘러 투수가 시작되는 개립도(開粒度)아스팔트 포장

39 최근들어 사용이 늘고 있는 고무 아스팔트의 장점

① 감온성이 작다.
② 응집력 및 부착력이 크다.
③ 탄성 및 충격에 대한 저항성이 크다.
④ 내마모성 및 내노화성이 증대된다.

40 펌핑(pumping)

시멘트 콘크리트 포장에서 보조기층이나 노상의 흙이 우수의 침입과 교통하중의 반복에 의해 이토화(泥土化)되어 균열 틈이나 줄눈부로 뿜어오르는 현상으로 이와 같은 현상이 반복됨에 따라 Slab 하부에 공극과 공동이 생겨 단차가 발생하고 콘크리트 슬래브가 파괴에 이르게 되는 현상

41 콘크리트 포장의 줄눈 및 철근의 유무에 따른 종류

① 무근콘크리트포장(JCP)
② 철근 콘크리트포장(JRCP)
③ 연속철근콘크리트포장(CRCP)
④ 프리스트레스 콘크리트포장(PCP)

42 설계 CBR

도로 포장을 설계하기 위해 다음과 같이 CBR을 구하였다. 포장 설계를 위한 설계 CBR을 구하시오. (단, CBR 계수에 상관되는 계수(d_2)는 2.83을 적용한다.)

| 4.6 | 3.9 | 5.9 | 4.8 | 7.0 | 3.3 | 4.8 |

평균 $CBR = \dfrac{\sum CBR값}{n}$

$= \dfrac{4.6+3.9+5.9+4.8+7.0+3.3+4.8}{7}$

$= 4.9$

$\therefore$ 설계 $CBR =$ 평균$CBR - \dfrac{CBR_{max} - CBR_{min}}{d_2}$

$= 4.9 - \dfrac{7.0-3.3}{2.83} = 3.59 = 3$

($\because$ 설계 CBR은 소수점 이하는 절삭한다.)

43 포장을 표층, 기층 및 보조기층의 두께

가용성포장(Flexible Pavement)의 구조설계시, AASHTO(1972)설계법에 의한 소요포장 두께지수(SN)가 4.3으로 계산되었다. 포장을 표층, 기층 및 보조기층의 3개층으로 구성하고, 각 층 재료별 상대강도계수와 표층, 기층의 두께를 다음과 같이 배분할 경우의 보조기층 두께를 구하시오.

포장층	재료	상대강도 계수	두께 (cm)
표층	높은 안정도의 아스팔트 콘크리트	0.176	5
기층	쇄 석	0.055	25
보조 기층	모래섞인 자갈	0.043	

■ 포장두께지수 $SN = a_1 D_1 + a_2 D_2 + a_3 D_3$

$4.3 = 0.176 \times 5 + 0.055 \times 25 + 0.043 \times D_3$

$\therefore$ 보조기층두께 $D_3 = 47.56cm$

참고 SOLVE 사용

13 교량

1 측방 유동을 최소화시킬 수 있는 방안

① 뒤채움재 편재하중 경감
② 배면 토압 경감
③ 압밀촉진에 의한 지반강도 증대
④ 화학반응에 의한 지반강도 증대
⑤ 치환에 의한 지반개량

2 교대설치시 측방유동에 영향을 주는 요인

① 교대 배면의 뒤채움 편재 하중
② 교대 배면의 성토 높이
③ 교대하부 연약층의 두께
④ 교대하부 연약층의 전단강도

3 측방유동을 줄이는 공법 중 뒤채움 성토부의 편재하중을 경감하는 공법

① 연속 Culvert Box공법
② 파이프 매설 공법
③ Box매설 공법
④ EPS 공법
⑤ 슬래그 성토공법
⑥ 성토지지 말뚝공법

4 교량의 교대에 많이 사용되는 구조형식

① 중력식   ② 반중력식
③ 역T형식   ④ 뒷부벽식
⑤ 라멘식

5 교각(Pier)의 세굴(Scouring)방지공법

① 수제공
② 사석보호공
③ 시트파일공
④ 돌망태보호공
⑤ 콘크리트 밑다짐공
⑥ 프리플레이스트 콘크리트공

6 상판의 위치에 의하여 분류한 교량의 형식

① 상로교   ② 중로교
③ 하로교   ④ 2층교

7 강 트러스교 가설공법

① 캔틸레버식 공법
② 케이블식 공법
③ 이동 벤트식 공법
④ 부선식 공법

8 트러스교의 골조 형태

① 와렌 트러스(warren truss)
② 프레트 트러스(pratt truss)
③ 하우 트러스(howe truss)
④ K-트러스(K-truss)
⑤ 곡현 트러스(curved chord truss)

9 사장교의 주부재인 케이블의 교축방향 배치방식

① 부채형(fan type)
② 방사형(radiating type)
③ 스타형(star type)
④ 하프형(harp type)

10 라멘형식

FCM구조 형식 중 상하부가 일체여서 교각에 별도의 교좌 장치가 필요 없고 상부 시공중에 발생하는 불균형 모멘트에 대비한 별도의 가설물 공사가 필요 없는 형식

11 압출공법(Incremental Launching Method : ILM)에 적용되는 압출방법

① Pulling 방법
② Pushing 방법
③ Lift & pushing 방법

12 F.C.M(Free Cantilever Methid : 외달보공법)

교량공사시 동바리를 설치하지 않고 교각 위의 주두부(柱頭部)로부터 좌우로 평형을 유지하면서 이동식 작업차(FORM TRAVELLER)를 이용하여 3~5m 길이의 segment를 순차적으로 시공한 후 경간 중앙부에서 캔틸레버 구조물을 힌지나 강결로 연결하는 공법

13 장대교 시공방법 중 동바리를 사용하지 않는 공법

① FCM(캔틸레버 공법)
② MSS(이동식 비계공법)
③ ILM(연속압출공법)
④ PSM(프리캐스트 세그먼트공법)

14 PS강재의 정착방법 중 정착장치의 형식

① 쐐기식
② 지압식
③ 루프식

15 교량가설 공법 중 압출공법(ILM)의 단점

① 교량의 선형에 제한성
② 콘크리트 타설시 엄격한 품질관리가 필요
③ 상부 구조물의 횡단면이 일정해야 한다.
④ 교장이 짧은 경우는 비경제적
⑤ 넓은 제작장이 필요

16 가속도 계수(acceleration coefficient)

교량의 내진 설계시 설계 지진력을 산정키 위하여 교량의 중량에 곱해주는 계수로 지역에 따라 다르게 사용하는 계수

17 교량의 내진설계시 사용하는 내진해석방법

① 등가정적 해석법
② 스펙트럼 해석법
③ 시간이력 해석법

18 강상자형교의 단면구성형태에 따른 분류

① 단실박스(single-cell box)
② 다실박스(multi-cell box)
③ 다중박스(multiple single-cell box)

19 고장력 볼트의 일반적인 파괴형태

① 지압파괴
② 인장파괴
③ 전단파괴

20 전단 연결제(shear connector)

합성형교에서 강재 거더와 바닥판 콘크리트 사이에서 각종 하중의 조합에 의해서 발생하는 전단력에 저항하기 위해서 설치하는 장치

21 용접이음의 검사에 적용되는 비파괴 검사 방법

① 방사선 투과법(Radiographic test : RT)
② 초음파 탐상법(Ultrasonic test : UT)
③ 자기 분말 탐상법(Magnatic test : MT)
④ 침투 탐상법(Penetratoin test : PT)

22 도로교 신축이음장치의 종류

① Monocell 조인트(맞댐조인트)
② NB 조인트(고무조인트)
③ 강핑거 조인트(강재조인트)
④ 레일 조인트(강재조인트)

23 탄성지진응답계수

교량의 내진설계에 사용하는 모드 스펙트럼 해석법에서 등가 정적 지진하중을 구하기 위한 무차원량

24 지진발생시 교량의 지진보호장치

① 받침보호장치
② 점성 댐퍼
③ 낙교방지장치

14 댐

1 필댐(Fill Dam)의 분류

① 흙댐(earth fill) : 균일형 댐, 코어형댐, 죤형댐
② 록필댐(rock fill) : 표면차수벽형, 내부 차수벽형, 중앙 차수벽형
③ 토석댐(earth rock fill) : 댐체하류부는 석괴, 상류면은 불투수성 흙으로 구성

2 댐의 위치결정 조건 중에서 지형 및 지질조건

① 댐을 건설할 계곡 폭이 가장 협소하고 양안이 높고 마주고보 있는 곳
② 댐 기초 바닥부는 양질의 암으로 상당히 두껍고 주위 단층이 없는 곳
③ 댐 상류는 넓고 다량의 저수가 가능하고 홍수시 조절지로서의 역할이 가능한 곳
④ 댐 상류는 계곡의 양안이 구릉 및 산릉에 둘러싸여 집수분지를 이루고 있는 곳

3 표면 차수벽형

현재 시공하고 있는 진주 남강 다목적 Dam과 같이 상류층에 콘크리트로 지수벽을 만들고 중앙 및 하류층은 석괴로 쌓아 올리는 Dam의 형식

4 Filter재료의 입도 설계 조건에 적용되는 가적 통과율의 입경 3가지

① D_{15}
② D_{50}
③ D_{85}

5 프린스(Plinth)

표면차수벽형 석괴댐에서 댐의 상류바닥면의 차수를 도모하며, 차수벽과 댐기초를 연결시켜 준다. 그라우팅 주입시 압력 누출을 방지하는 캡역할을 한다.

6 록필댐(Rock Fill Dam)의 필터재의 기능

① 물만 통과시키고 토립자의 유출방지
② 역학적 완충역할
③ 코어(core)재의 자기 치유작용을 지원

7 댐 성토 시험시에 시험해야 할 항목

① 다짐 시험   ② 투수 시험
③ 일축압축강도 시험   ④ 전단 시험
⑤ 입도 시험   ⑥ 함수비 측정

8 댐의 유수전환방식

① 반하천 체절공
② 가배수 터널공
③ 가배수로 개거공

9 가물막이 방법의 종류

① 전면식 가물막이
② 부분식 가물막이
③ 가배수거식 가물막이

10 가체절공(가물막이 : coffer dam)

댐 구조물이 물 속 또는 물 옆에 축조되는 경우 건조 상태의 작업(dry work)을 하기 위하여 물을 배재하는 구조물을 설치 것

11 커튼 그라우팅(Curtain grouting)

댐의 기초암반을 침투하는 물을 방지하기 위하여 지수의 목적으로 댐의 축방향 기초 상류부에 병풍모양으로 시멘트 용액 또는 벤토나이트와 점토의 혼합용액을 주입하는 공법

12 방파제의 구조형식에 따른 종류

① 직립제   ② 경사제
③ 혼성제

13 가물막이 공사

sheet pile식 공법	① 간이식 ② Ring Beam식 ③ 한겹 sheet pile식 ④ 두겹 sheet pile식 ⑤ Cell식
중력식 공법	① 흙댐식 ② 박스(Box)식 ③ 케이슨(Caisson)식 ④ Cellar Block식 ⑤ Corrugate식

14 가체절공(coffer dam)의 종류

① 간이식 가체절공   ② 흙댐식 가체절공
③ 한겹식 가물막이공   ④ 두겹식 가체절공
⑤ 셀식 가체절공

15 커튼 그라우팅(Curtain grouting)의 목적

① 기초암반의 누수를 방지하여 차수성 증진
② 침투압에 의한 파이핑 방지
③ 댐하류측 양압력 완화

16 파쇄대(fractured zone)

구조선의 일종, 단열, 압쇄 등 작용에 의해 각력-점토상으로 파쇄된 암반중의 불규칙한 균열의 집합이 어떤 방향으로 달려 거의 일정한 폭을 갖고 있으며 댐 건설에 장애가 되는 zone

17 댐 기초암반의 그라우팅 종류

① 컨솔리데이션 그라우팅(consolidation grouting)
② 커튼 그라우팅(curtain grouting)
③ 팩커 그라우팅(packer grouting)
④ 림그라우팅(rim grouting)
⑤ 콘택트 그라우팅(contact grouting)
⑥ 블랭킷 그라우팅(blanket grouting)

18 댐 내부에 설치하는 검사랑의 시공 목적

① 콘크리트 내부의 균열검사
② 콘크리트 온도 측정
③ 콘크리트 수축량 검사
④ 그라우팅공 이용
⑤ 간극수압 측정
⑥ 양압력 상태 검사

19 필댐의 여수로(Spill Way) 종류

① 슈트식 여수로(chute spill way)
② 측수로 여수로(side channel way)
③ 나팔관식 여수로(grolley hole spill way)
④ 사이펀 여수로(siphon spill way)
⑤ 댐마루 월류식 여수로

20 롤러 다짐 콘크리트댐
(RCCD, Roller Compacted Concrete Dam)

콘크리트 댐은 높은 수화열 발생으로 인해 온도균열을 유발하여 시공관리가 복잡하다. 이러한 문제점을 개선하기 위해 슬럼프(Slump)가 낮은 빈배합 콘크리트를 덤프트럭으로 운반, 불도저로 포설하고 진동 롤러로 다져 콘크리트댐을 축조하는 형식

21 수제(水制 : spur, dike groin)

유수(流水)의 흐름방향과 유속을 제어하여 하안, 제방의 침식현상을 방지하기 위해 호안이나 하안 전면부에 설치하는 구조물

22 보(洑, barrae, weir)

하천공사에서 각종 용수의 취수, 주운(舟運)등을 위하여 수위를 높이고 조수의 역류를 방지하기 위하여 횡단방향으로 설치하는 댐 이외의 구조물

23 감세공(Energy Dissipator)

급경사수로를 유하한 고속류의 운동에너지를 감세시켜 하류하천에 안전하게 유하시키기 위한 시설로 댐 하류단의 세굴이나 침식 등 인근 구조물에 피해를 주지 않도록 설치하는 시설물

24 감세공의 종류

① 플립 버킷형(Flip Bucket)
② 정수지형(Stilling Basin)
③ 잠수 버킷형(Submerged Bucket)

25 방파제의 활동에 대한 안전율

그림과 같은 방파제의 활동에 대한 안전율을 계산하시오. (단, 파고$(H)=3.0$m, 케이슨 단위중량(w) $=20$kN/m³, 해수 단위중량$(w')=10$kN/m³, 마찰계수$(f)=0.6$, 파압공식$(P)=1.5w'H$(kN/m²))

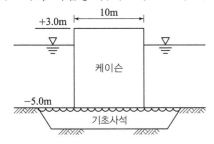

- 안전율 $F_s = \dfrac{f \cdot W}{P_h}$

- 파압 $P = 1.5w'H = 1.5 \times 10 \times 3.0 = 45$kN/m²

- 수평력 P_h =파압×케이슨 높이
  $$= 45 \times (5+3) = 360\text{kN/m}$$

- 연직력 W =케이슨의 자중−케이슨의 부력
  $$= (3+5) \times 10 \times 20 - (3+5) \times 10 \times 10 = 800\text{kN/m}$$

  $\therefore$ 안전율 $F_s = \dfrac{f \cdot W}{P_h} = \dfrac{0.6 \times 800}{360} = 1.33$

26 댐의 piping에 대한 안정성을 검토

다음과 같은 모래 지반에 위치한 댐의 piping에 대한 안정성을 검토하시오.

(단, safe weighted creep ratio는 6.0)

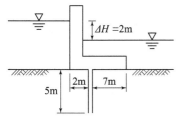

- 크리프비 $CR = \dfrac{L_w}{h_1 - h_2} = \dfrac{2D + \dfrac{L}{3}}{\Delta H}$

- $L_w = 2 \times 5 + \dfrac{2+7}{3} = 13$

- $\Delta H = 2$m

- $CR = \dfrac{13}{2} = 6.5 > 6$ $\therefore$ 안정

27 유선망

다음 그림과 같은 유선망에서 단위폭(1m)당 1일 침투유량을 구하고, 점 A에서 간극수압을 계산하시오. (단, 수평방향 투수계수 $k_h = 5.0 \times 10^{-4}$cm/sec, 수직방향 투수계수 $k_v = 8.0 \times 10^{-5}$cm/sec)

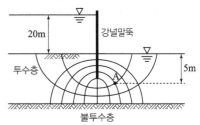

가. 단위 폭(1m)당 1일 침투수량을 구하시오.
나. A점의 간극수압을 구하시오.

가. $Q = kH\dfrac{N_f}{N_d}$

- $k = \sqrt{k_h \cdot k_v} = \sqrt{(5.0 \times 10^{-4}) \times (8.0 \times 10^{-5})}$
  $$= 2 \times 10^{-4}\text{cm/sec} = 2 \times 10^{-6}\text{m/sec}$$
  $\therefore Q = 2.0 \times 10^{-6} \times 20 \times \dfrac{3}{10} \times 1$
  $$= 12 \times 10^{-6}\text{m}^3/\text{sec}$$
  $$= 12 \times 10^{-6} \times 60 \times 60 \times 24$$
  $$= 1.04\text{m}^3/\text{day}$$

나. - 전수두 $h_t = \dfrac{N_d'}{N_d}h = \dfrac{3}{10} \times 20 = 6$m
  - 위치수두 $h_e = -5$m
  - 압력수두 $h_p = h_t - h_e = 6 - (-5) = 11$m
    $\therefore$ 간극수압 $u_p = \gamma_w h_p = 9.81 \times 11 = 107.91$kN/m²

15 암거

1 암거의 배열방식

① 자연식
② 차단식
③ 빗식
④ 어골식

2 프런트 잭킹 공법(frout jacking method)

암거매설공법을 고속도로 및 철도하부로 횡단하여 암거구조물을 설치할 경우 개착공법에 의하지 않고 양측에 발진기지를 설치하여 함체를 직접 견인시켜 구조물 안으로 들어오는 토사를 굴착하여 소정의 구조물을 설치함으로써 상부 교통에 지장을 주지 않고 시공하는 공법

3 철도 등의 하부를 통과하는 터널공사의 터널공법

① 프런트 재킹 공법(front jacking method)
② 프론트 실트 공법(front shield method)
③ 프런트 세미실드공법(front semi shield method)
④ 관추진공법(pipe pushing method)

4 암거낙차(Giesler공식)

관암거의 직경이 20cm, 유속이 0.8m/sec, 암거 길이가 300m일 때 원활한 배수를 위한 암거낙차를 Giesler공식을 이용하여 구하시오.

유속 $V = 20\sqrt{\dfrac{D \cdot h}{L}}$

$0.8 = 20\sqrt{\dfrac{0.20 \times h}{300}}$

$\therefore h = 2.40\text{m}$

참고 SOLVE 사용

5 암거를 통한 단위길이당 배수량

지하수 침강 최소깊이 200cm, 암거매립간격 800cm, 투수계수 10^{-5}cm/sec일 때 불투수층에 놓인 암거를 통한 단위길이당 배수량을 구하시오.
(단, 소수 넷째 자리까지 구하시오.)

$Q = \dfrac{4kH_0^2}{D}$

$= \dfrac{4 \times 10^{-5} \times 200^2}{800} = 2 \times 10^{-3}\text{cm}^3/\text{cm/sec}$

6 매설관에 작용하는 단위폭당의 하중

외경 70cm, 두께 7cm의 강성관을 개착식으로 매설하고자 한다. 매설깊이는 관의 상단에서 2m이며, 터파기 폭은 관의 상단에서 1.5m이다. 매설관에 작용하는 단위폭당의 하중은 몇 kN/m인가?
(단, 하중계수는 2.2, 흙의 단위중량은 18kN/m³이고, Marston의 공식사용)

$W = C\gamma B^2 = 2.2 \times 18 \times 1.5^2 = 89.1\text{kN/m}$

16 품질관리

1 관리도의 종류

종류	관리도
계량값 관리도	$\overline{x} - R$ 관리도
	$\overline{x} - \sigma$ 관리도
	x 관리도
계수값 관리도	P 관리도
	P_n 관리도
	C 관리도
	U 관리도

2 품질관리도의 Data분석

① 평균치($\overline{x}$) : 데이터의 평균 산술값

$$\overline{x} = \frac{\sum \overline{X_i}}{n}$$

② 범위(R) : 데시터의 최대값과 최소값의 차

$$R = x_{max} - x_{min}$$

③ 편차의 제곱합(S) : 각 데이터와 평균치와의 차를 제곱한 합

$$S = \sum (X_i - \overline{x})^2$$

④ 분산(σ^2) : 편차의 제곱합을 데이터수로 나눈 값

$$\sigma^2 = \frac{S}{n}$$

⑤ 불편분산(V) : 편차 제곱합을 $(n-1)$로 나눈 값

$$V = \frac{S}{n-1}$$

⑥ 표준편차(s) : 불편분산의 제곱근

$$\sigma = \sqrt{\frac{S}{n-1}} \text{ (불편분산의 개념)}$$

⑦ 변동계수(C_v) : 표준편차를 평균치로 나눈 값

$$C_v = \frac{\sigma}{\overline{x}} \times 100$$

변동 계수	품질관리
10% 이하	매우 우수
10 ~ 15%	우 수
15 ~ 20%	보 통
20% 이상	관리 불량

3 $\overline{x} - R$관리도

가. $\overline{x}$관리도

① 중심선 $CL = \overline{x}$

② 상한 관리 한계 $UCL = \overline{x} + A_2 R$

③ 하한 관리 한계 $LCL = \overline{x} - A_2 R$

나. R관리도

① 중심선 $CL = \overline{R}$

② 상한 관리 한계 $UCL = D_4 \cdot \overline{R}$

③ 하한 관리 한계 $LCL = D_3 \cdot \overline{R}$

4 변동계수

어느 sample 값에서 측정한 다음 데이터의 변동계수를 구하시오.

【데이터】 4, 7, 3, 10, 6

■ 변동계수 $C_v = \frac{\sigma}{\overline{x}} \times 100$

• 평균치 $\overline{x} = \frac{4 + 7 + 3 + 10 + 6}{5} = 6$

• 편차의 제곱합

$S = (4-6)^2 + (7-6)^2 + (3-6)^2 + (10-6)^2 + (6-6)^2$
$= 30$

• 표준편차 $\sigma = \sqrt{\frac{S}{n-1}} = \sqrt{\frac{30}{5-1}} = 2.74$

∴ 변동계수 $C_v = \frac{2.74}{6} \times 100 = 45.67\%$

5 공정능력지수 C_p

① 양측규격의 경우 $C_p = \frac{SU - SL}{6\delta}$

(여유 판정시 $\frac{SU - SL}{\sigma} \geq 6$)

② 편측규격의 경우 $C_p = \frac{SU - SL}{3\sigma}$

(여유 판정시 $\frac{|SU - \overline{X}|}{\sigma} \geq 3$)

6 x̄관리도의 상한과 하한 관리선을 결정

다음 표는 어떤 공사의 콘크리트 슬럼프 시험 결과의 평균값($\overline{x}$), 범위(R)를 발췌한 것이다. 이들 데이터를 사용하여 x̄관리도의 상한과 하한 관리선을 결정하시오. (단, $n=3$, $A_3 = 1.023$임)

조번호	1	2	3	4	5
$\overline{x}$	90	80	70	75	85
R	15	5	15	5	10

■ x̄관리선$= \overline{x} \pm A_2 \overline{R}$

- 총 평균 $\overline{\overline{x}} = \dfrac{\sum \overline{x}}{n} = \dfrac{90+80+70+75+85}{5} = 80$

- 범위의 평균 $\overline{R} = \dfrac{\sum R}{n} = \dfrac{15+5+15+5+10}{5} = 10$

- 상한 관리선
  $$UCL = \overline{\overline{x}} + A_2 \overline{R} = 80 + 1.025 \times 10 = 90.25$$

- 하한 관리선
  $$LCL = \overline{\overline{x}} - A_2 \overline{R} = 80 - 1.023 \times 10 = 69.75$$

- 중심선 $CL = \overline{\overline{x}} = 80$

7 타점이 상한선(UCL)과 하한선(LCL)의 한계 내에 있어도 관리에 이상이 있는 경우

① 점들이 연속하여 중심선 한쪽에 나타나는 경우
② 점들이 주기적으로 상승 또는 하강하는 경우
③ 점들이 중심선 부근에 집중되어 있는 경우
④ 점들이 한계선에 접하여 자주 나타나는 경우

8 입찰방식

```
┌ 특명 입찰 : 수의 계약
│              ┌ 일반 경쟁 입찰(공개 경쟁 입찰)
└ 경쟁 입찰 ─┼ 지명 경쟁 입찰
              └ 제한 경쟁 입찰
```

9 TQC의 7도구

① 히스토그램 : 데이터가 어떤 분포를 하고 있는가를 알아보기 위해 작성하는 그림
② 파레토도 : 불량 등의 발생건수를 분류 항목별로 나누어 한눈에 알아볼 수 있도록 작성한 그림
③ 특성 요인도 : 결과에 원인이 어떻게 관계하고 있는가를 한눈에 알 수 있도록 작성한 그림
④ 체크 시트 : 계수치의 데이터가 분류 항목의 어디에 집중되어 있는가를 알아보기 쉽게 나타낸 그림이나 표
⑤ 각종 그래프 : 한눈에 파악되도록 한 각종 그래프
⑥ 산점도 : 대응되는 두 개의 짝으로 된 데이터를 그래프 용지 위에 점으로 나타낸 그림
⑦ 층별 : 집단을 구성하고 있는 데이터를 특징에 따라 몇 개의 부분집단으로 나누는 것

10 통계적 품질 관리(SQC)

① 계획 단계 : plan-P
② 실시 단계 : Do-D
③ 검토 단계 : Check-C
④ 처리 단계 : Action-A

17 공정관리

1 공정관리법 중 막대 공정표의 장점

① 각 공종별 공사의 착수 및 완료일이 명시되어 판단이 용이하다.
② 각 공종별 공사와 전체의 공정시기 등이 일목 요연하다.
③ 공정표가 단순하여 경험이 적은 사람도 이해하기 쉽다.

2 공정관리기법 중 기성고 공정곡선의 장점

① 예정과 실적의 차이를 파악하기 쉽다.
② 전체 공정과 시공 속도를 파악하기 쉽다.
③ 작성이 쉽다.

3 기대 시간값과 분산

PERT기법에 의한 공정관리에서 낙관시간이 3, 정상시간이 5, 비관시간이 7일일 때 기대 시간값과 분산을 구하시오.

- 기대 시간치 $t_e = \dfrac{t_0 + 4t_m + t_p}{6}$

  $= \dfrac{3 + 4 \times 5 + 7}{6} = 5$일

- 분산 $\sigma^2 = \left(\dfrac{t_p - t_0}{6}\right)^2 = \left(\dfrac{7-3}{6}\right)^2 = 0.44$

4 다음 데이터를 네트워크 공정표로 작성하시오.

작업명	작업일수	선행 작업	비고
A	1일	없음	단, 화살형 네트워크로 주공 정선은 굵은 선으로 표시하고, 각결합점에서의 계산은 다음과 같다.
B	2일	없음	
C	2일	없음	
D	6일	A, B, C	
E	4일	B, C	
F	2일	C	

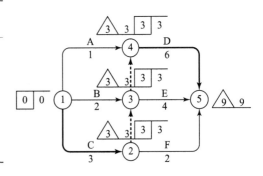

5 최소의 추가공사비를 산출

다음 데이터를 이용하여 Normal time 네트워크 공정표를 작성하고 공기를 3일 단축할 때 최소의 추가공사비를 산출하시오.

단, ① Net Work 공정표 작성은 화살표 Net Work로 한다.
　② 주공정선(Critical path)는 굵은선 또는 이중선으로 한다.
　③ 각 결합점에는 다음과 같이 표시한다.

| 작업명 | 정상비용 | | 특급비용 | |
(activity)	공기(일)	공비(원)	공기(일)	공비(원)
A(0 → 1)	3	20,000	2	26,000
B(0 → 2)	7	40,000	5	50,000
C(1 → 2)	5	45,000	3	59,000
D(1 → 4)	8	50,000	7	60,000
E(2 → 3)	5	35,000	4	44,000
F(2 → 4)	4	15,000	3	20,000
G(3 → 5)	3	15,000	3	15,000
H(4 → 5)	7	60,000	7	60,000
계		280,000		334,000

가. Normal time 네트워크 공정표를 작성하시오.

나. 공기를 3일간 단축할 때 최소의 추가공사비를 구하시오.

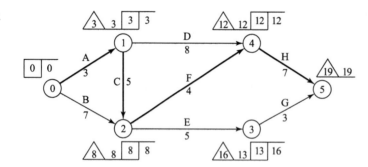

나. 최소추가비용

작업명	단축 가능일수	비용구배 = $\dfrac{특급비용-표준비용}{표준공기-특급공기}$	19 (정상)	18 (−1)	17 (−2)	16 (−3)
A	1	$\dfrac{26,000-20,000}{3-2}=6,000$			1	
B	2	$\dfrac{50,000-40,000}{7-5}=5,000$				1
C	2	$\dfrac{59,000-45,000}{5-3}=7,000$				1
D	1	$\dfrac{60,000-50,000}{8-7}=10,000$				1
E	1	$\dfrac{44,000-35,000}{5-4}=9,000$				
F	1	$\dfrac{20,000-15,000}{4-3}=5,000$	1			
G	–	–				
H	–	–				
추가비용			5,000	6,000	22,000	
추가비용 합계			5,000	11,000	33,000	

∴ 최소 추가비용 : 33,000원

6 공정표 작성과 여유시간 계산

다음 작업리스트에서 네트워크공정표를 작성하고, 각 작업의 여유시간을 구하시오.

작업명	선행작업	작업일수	비고
A	없음	4	
B	A	6	
C	A	5	① C.P는 굵은 선으로 표시하시오.
D	A	4	② 각 결합점에는 아래와 같이 표시하시오. 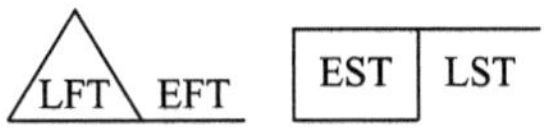
E	B	3	
F	B, C, D	7	
G	D	8	③ 각 작업은 다음과 같다.
H	E	6	
I	E, F	5	
J	E, F, G	8	
K	H, I, J	6	

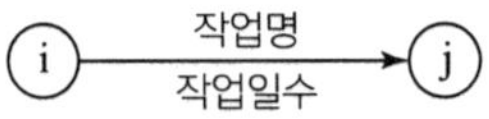

가. 공정표를 작성하시오.

나. 여유시간을 구하시오.

가.

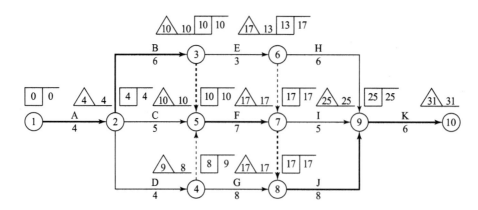

나.

작업명	TF	FF	DF
A	0	0	0
B	0	0	0
C	1	1	0
D	1	0	1
E	4	0	4
F	0	0	0
G	1	1	0
H	6	6	0
I	3	3	0
J	0	0	0
K	0	0	0

7 작업 List

다음과 같은 작업 List가 있다. 아래 물음에 답하시오.

작업명	선행 작업	후속작업	표 준		특 급	
			일수	공비(만원)	일수	공비(만원)
A	–	B,C	6	210	5	240
B	A	D,E	4	450	2	630
C	A	F,G	4	160	3	200
D	B	G	3	300	2	370
E	B	H	2	600	2	600
F	C	I	7	240	5	340
G	C,D	I	5	100	3	120
H	E	I	4	130	2	170
I	F,G,H	–	2	250	1	350

가. Net Work(화살선도)를 작도하고, 표준일수에 대한 Critical Path를 나타내시오.

나. 작업 List의 빈칸을 채우시오.

다. 총공기에 대한 간접비가 2천만원인데 표준일수를 단축하는 경우 1일당 80만원씩 감소한다고 할 때 최적공비와 그 때의 총공사비를 구하시오.

가.

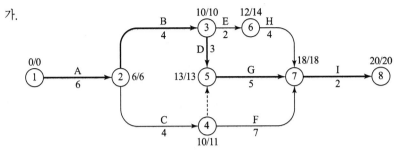

C.P : A → B → D → G → I

나.

작업명	비용구배 (만원/일)	개시		완료		여유시간		
		EST	LST	EFT	LFT	TF	FF	DF
A	$\dfrac{240-210}{6-5}=30$	0	0	6	6	0	0	0
B	$\dfrac{630-450}{4-2}=90$	6	6	10	10	0	0	0
C	$\dfrac{200-160}{4-3}=40$	6	7	10	11	1	0	1
D	$\dfrac{370-300}{3-2}=70$	10	10	13	13	0	0	0
E	불가	10	12	12	14	2	0	2
F	$\dfrac{340-240}{7-5}=50$	10	11	17	18	1	1	0
G	$\dfrac{120-100}{5-3}=10$	13	13	18	18	0	0	0
H	$\dfrac{170-130}{4-2}=20$	12	14	16	18	2	2	0
I	$\dfrac{350-250}{2-1}=100$	18	18	20	20	0	0	0

다.

작업명	단축 일수	비용구배	20 (정상)	19 (−1)	18 (−2)	17 (−3)	16 (−4)
A	1	$\dfrac{240-210}{6-5}=30$			1		
B	2	$\dfrac{630-450}{4-2}=90$					
C	1	$\dfrac{200-160}{4-3}=40$				1	
D	1	$\dfrac{370-300}{3-2}=70$					
E	불가	−					
F	2	$\dfrac{340-240}{7-5}=50$					
G	2	$\dfrac{120-100}{5-3}=10$		1		1	
H	2	$\dfrac{170-130}{4-2}=20$					
I	1	$\dfrac{350-250}{2-1}=100$					1
직접비(만원)			2,440	2,450	2,480	2,530	2,630
간접비(만원)			2,000	1,920	1,840	1,760	1,680
총공사비(만원)			4,440	4,370	4,320	4,290	4,310

∴ 최적공기 : 17일, 총공사비 : 4,290만원

8 인력관리도

다음 네트워크(Net work)를 보고 아래 물음에 답하시오. (단, ( )속의 숫자는 1일당 소요인원)

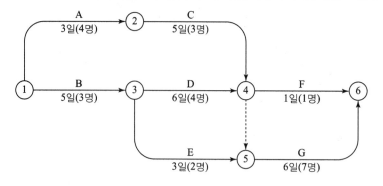

가. 최초 개시 때의 산적표를 작성하시오.

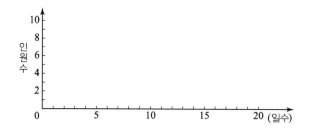

나. 최지 개시 때의 산적표를 작성하시오.

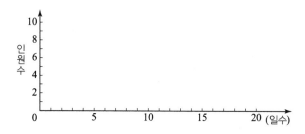

다. 인력평준화표를 작성하시오. (단, 제한인원은 7명으로 한다.)

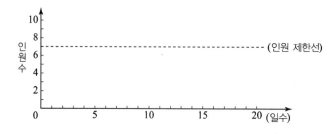

라. 1일 인원을 7명으로 제한한 경우 수정네트워크를 작성하시오.

최조시간과 최지시간 계산

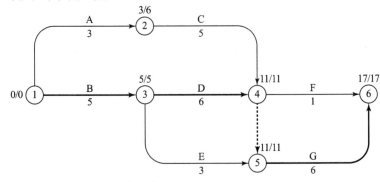

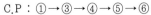

C.P : ① → ③ → ④ → ⑤ → ⑥

가.
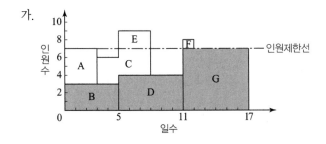

나.
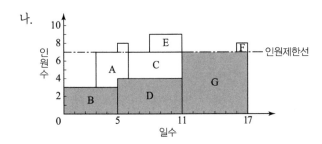

다.
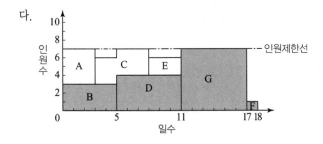

라.
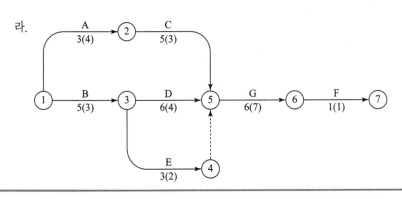

9 진도관리

아래 그림의 네트워크에서 공사 시작 후 15일째에 진도관리를 행한 결과 각 작업별 잔여 공기가 표와 같이 판단되었다면 당초의 공기와 비교하여 전체 공기에는 어떠한 영향이 미치는가? (단, 괄호 내는 각 작업 공기이다.)

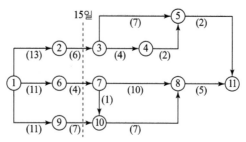

작업	잔여 공기	작업	잔여 공기
1-2	0	3-5	7
1-6	0	4-5	2
1-9	0	7-8	10
2-3	3		
6-7	2	10-8	7
9-10	3	5-11	2
3-4	4	8-11	5

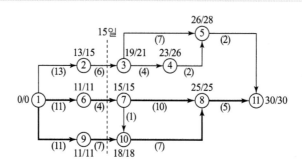

- C.P 계산 : ① → ⑥ → ⑦ → ⑧ → ⑪

  ① → ⑨ → ⑩ → ⑧ → ⑪

- 진도관리 15일을 기준으로 여유일과 잔여일 계산

작업	여유일	잔여공기	비고
② → ③	21-15=6일	3일	정상(3일 빠름)
⑥ → ⑦	15-15=0일	2일	2일 초과
⑨ → ⑩	18-15=3일	3일	정상

∴ C.P은 ⑥ → ⑦에서 2일 지연되므로 전체공기에서 2일 지연

18 토목설계

1 역T형보

주어진 도면 및 조건에 따라 다음 물량을 산출하시오. (단, 주어진 도면의 치수는 축척에 맞지 않을 수 있으며, 주어진 치수로만 물량을 산출할 것)

단 면 도(N.S)   (단위 : mm)

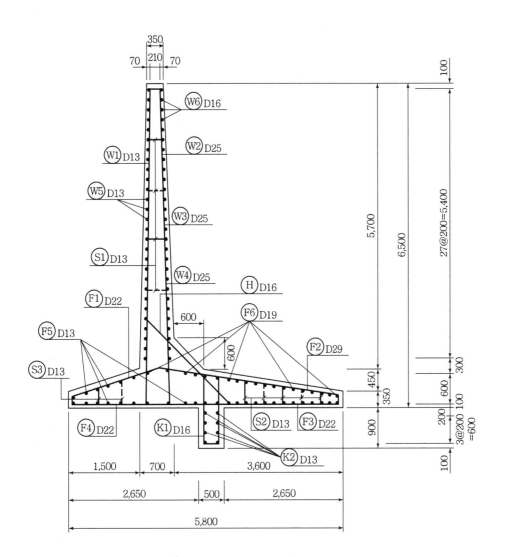

일 반 도

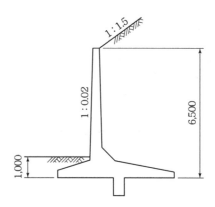

철 근 상 세 도

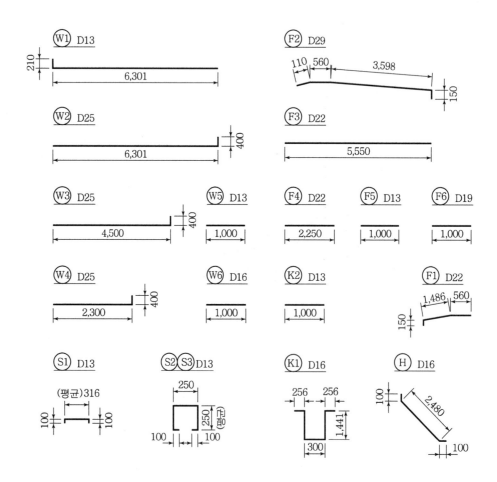

■ 조건

- W1, W2, W3, W4, W5, W6, F1, F3, F4, K2 철근은 각각 200mm 간격으로 배근한다.
- F2, K1, H 철근은 각각 100mm 간격으로 배근한다.
- S1, S2, S3 철근은 지그재그로 배근한다.
- 옹벽의 돌출부(전단 Key)에는 거푸집을 사용하는 경우로 계산한다.
- 물량산출에서 활증율 및 마구리는 없는 것으로 하고 상세도에 표시되어 있지 않은 이음길이는 계산하지 않는다.

가. 길이 1m에 대한 콘크리트량을 구하시오. (단, 소수 넷째자리에서 반올림)

나. 길이 1m에 대한 거푸집량을 구하시오. (단, 소수 넷째자리에서 반올림)

다. 길이 1m에 대한 철근물량표를 완성하시오.

가. 콘크리트량

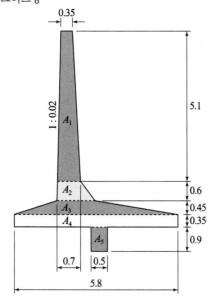
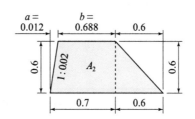

$b = 0.70 - 0.02 \times 0.60 = 0.688\text{m}$

$a = 0.02 \times 0.60 = 0.012\text{m}$

$A_1 = \dfrac{0.35 + (0.7 - 0.6 \times 0.02)}{2} \times 5.1 = 2.647$

$A_2 = \dfrac{(0.7 - 0.6 \times 0.02) + (0.7 + 0.6)}{2} \times 0.6 = 0.596$

$A_3 = \dfrac{(0.7 + 0.6) + 5.8}{2} \times 0.45 = 1.598$

$A_4 = 0.35 \times 5.8 = 2.03$

$A_5 = 0.9 \times 0.5 = 0.45$

$\therefore\ V = (\sum A_i) \times 1$

$\qquad = (2.647 + 0.596 + 1.598 + 2.03 + 0.45) \times 1$

$\qquad = 7.321\,\text{m}^3$

$$A_1 = \frac{0.35 + (0.7 - 0.6 \times 0.02)}{2} \times 5.1 = 2.6469$$

$$A_2 = \frac{(0.7 - 0.6 \times 0.02) + (0.7 + 0.6)}{2} \times 0.6$$
$$= 0.5964$$

$$A_3 = \frac{(0.7 + 0.6) + 5.8}{2} \times 0.45 = 1.5975$$

$$A_4 = 0.35 \times 5.8 = 2.03$$

$$A_5 = 0.9 \times 0.5 = 0.45$$

$$\therefore \ V = (\sum A_i) \times 1$$
$$= (2.6469 + 0.5964 + 1.5975 + 2.03 + 0.45) \times 1$$
$$= 7.321 \, \text{m}^3$$

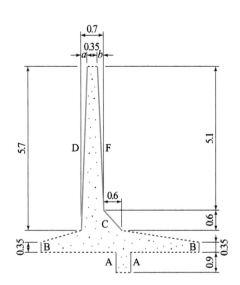

나. $a = 0.02 \times 5.7 = 0.114 \text{m}$

$b = 0.70 - (0.114 + 0.35) = 0.236 \text{m}$

$A = 0.9 \times 2 = 1.8 \text{m}$

$B = 0.35 \times 2 = 0.70 \, \text{m}$

$C = \sqrt{0.6^2 + 0.6^2} = 0.8485 \, \text{m}$

$D = \sqrt{5.7^2 + 0.114^2} = 5.7011 \, \text{m}$

$F = \sqrt{5.1^2 + 0.236^2} = 5.1055 \, \text{m}$

$\sum l = (1.8 + 0.70 + 0.8485 + 5.7011 + 5.055)$

$\therefore$ 면적 $= \sum l \times 1 (\text{m}) = 14.155 \times 1 = 14.155 \text{m}^2$

다. 철근물량표
① W철근

기호	직경	길이(mm)	수량	총길이(mm)	수량 산출
W1	D13	$210 + 6,301 = 6,511$	5	32,555	$\dfrac{1}{0.200} = 5$
W4	D25	$400 + 2,300 = 2,700$	5	13,500	$\dfrac{1}{0.200} = 5$
W6	D16	1,000	28	28,000	$27 + 1 = 28$ $(\because 27@200 = 5,400)$

② F철근

기호	직경	길이(mm)	수량	총길이(mm)	수량 산출
F1	D22	$150 + 1,486 + 560 = 2,196$	5	10,980	$\dfrac{1}{0.200} = 5$
F2	D29	$110 + 560 + 3,598 + 150$ $= 4,418$	10	44,180	$\dfrac{1}{0.100} = 10$
F5	D13	1,000	31	31,000	31(단면도에서 수작업)
F6	D19	1,000	19	19,000	19(단면도에서 수작업)

③ H, K₂, S₂ 철근

기호	직경	길이(mm)	수량	총길이 (mm)	수량 산출
H	D16	$100 \times 2 + 2,480 = 2,680$	10	26,800	$\dfrac{1}{0.100} = 10$
K2	D13	1,000	8	8,000	8(단면도에 수작업 (key부분))
S2	D13	$(100 + 250) \times 2 + 250 = 950$	12.5	11,875	$\dfrac{5}{0.200 \times 2} \times 1 = 12.5$ 또는 $400 : 5 = 1,000 : x$ $\therefore \ x = 12.5$

④ 길이 1m에 대한 철 근물량표

기호	직경	길이(mm)	수량	총길이(mm)
W1	D13	6,511	5	32,555
W4	D25	2,700	5	13,500
W6	D16	1,000	28	28,000
F1	D22	2,196	5	10,980
F2	D29	4,418	10	44,180
F5	D13	1,000	31	31,000
F6	D19	1,000	19	19,000
H	D16	2,680	10	26,800
K2	D13	1,000	8	8,000
S2	D13	950	12.5	11,875

2 선반식옹벽

주어진 도면 및 조건에 따라 다음 물량을 산출하시오.
(단, 주어진 도면의 치수는 축척에 맞지 않을 수 있으며, 주어진 치수로만 물량을 산출할 것)

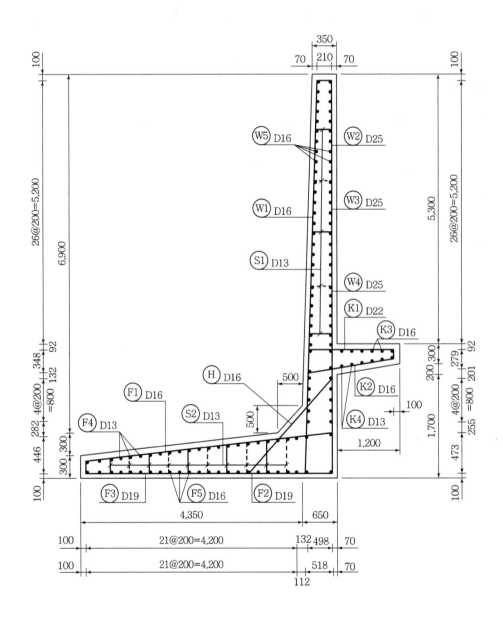

단 면 도 (단위 : mm)

철근상세도

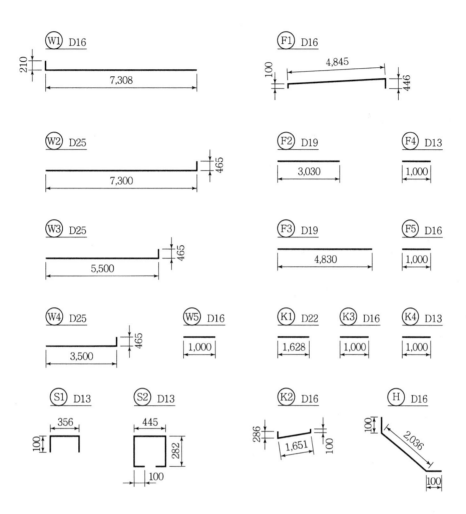

일반도

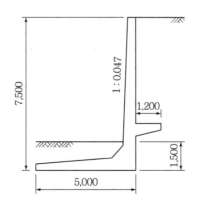

■조건

- W1, W4, H, K1, K2, K3, K4, F1, F2, F3 철근은 각각 200mm 간격으로 배근한다.
- W1, W3 철근은 각각 400mm 간격으로 배근한다.
- S1, S2 철근은 도면의 표시와 같이 지그재그로 배근한다.
- 물량산출에서 활증율은 무시하여 철근길이 계산에서 이음길이는 계산하지 않는다.

가. 길이 1m에 대한 콘크리트량을 구하시오. (단, 소수 이하 넷째자리에서 반올림)

나. 길이 1m에 대한 거푸집량을 구하시오.

　(단, 양측 마구리면은계산하지 않으며, 소수이하 넷째자리에서 반올림)

다. 길이 1m에 대한 철근량 산출을 위한 철근량표를 완성하시오.

가.

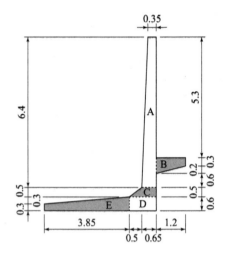

- A면 $= \left(\dfrac{0.35 + 0.65}{2} \times 6.4 \right) \times 1 = 3.200 \, \text{m}^3$

- B면 $= \left(\dfrac{0.30 + 0.50}{2} \times 1.2 \right) \times 1 = 0.480 \, \text{m}^3$

- C면 $= \left(\dfrac{0.65 + 1.150}{2} \times 0.50 \right) \times 1 = 0.450 \, \text{m}^3$

- D면 $= (1.150 \times 0.60) \times 1 = 0.690 \, \text{m}^3$

- E면 $= \left(\dfrac{0.30 + 0.60}{2} \times 3.850 \right) \times 1 = 1.733 \, \text{m}^3$

　　$\sum V = 3.200 + 0.480 + 0.450 + 0.690 + 1.733$
　　　$= 6.553 \, \text{m}^3$

나.

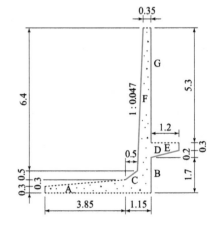

- 저판 A면 $= 0.30 \times 1 = 0.300 \, \text{m}^2$
- 저판 B면 $= 1.700 \times 1 = 1.70 \, \text{m}^2$
- 헌치 C면 $= \sqrt{0.50^2 + 0.50^2} \times 1 = 0.707 \, \text{m}^2$
- 선반 D면 $= \sqrt{1.20^2 + 0.20^2} \times 1 = 1.217 \, \text{m}^2$
- 선반 E면 $= 0.30 \times 1 = 0.30 \, \text{m}^2$
- 벽체 F면 $= \sqrt{6.4^2 + 0.3008^2} \times 1 = 6.407 \, \text{m}^2 \; (\because \; x = 0.047 \times 6.4 = 0.3008 \, \text{m})$
- 벽체 G면 $= 5.30 \times 1 = 5.30 \, \text{m}^2$

　　$\sum A = 0.300 + 1.700 + 0.707 + 1.217 + 0.300 + 6.407 + 5.300 = 15.931 \, \text{m}^2$

다. 철근 물량표

- W1 $= \dfrac{\text{총길이}}{\text{철근간격}} = \dfrac{1,000}{200} = 5$

- W2 $= \dfrac{\text{총 길이}}{\text{철근 간격}} = \dfrac{1,000}{400} = 2.5$

- W5 $=$ (철근 간격 $+1) \times 2$(벽체 전후면) $= (26 + 1 + 1 + 1 + 4 + 1) \times 2 = 68$

- $H = \dfrac{\text{총 길이}}{\text{철근 간격}} = \dfrac{1,000}{200} = 5$

- $F1 = \dfrac{\text{총 길이}}{\text{철근 간격}} = \dfrac{1,000}{200} = 5$

- $F4 = \text{철근 간격} + 1 = (21+1+1)+1 = 24$

- $F5 = \text{철근 간격} + 1 = (21+1+1)+1 = 24$

- $K2 = \dfrac{\text{총 길이}}{\text{철근 간격}} = \dfrac{1,000}{200} = 5$

- $K3 = 5+1 = 6$

- $S1 = \dfrac{\text{단면도의 S1 개수}}{(\text{W1의 간격}) \times 2} = \dfrac{5}{200 \times 2} \times 1,000 = 12.5$

- $S2 = \dfrac{\text{단면도의 S2 개수}}{(\text{F1의 간격}) \times 2} \times \text{옹벽 길이} = \dfrac{10}{400 \times 2} \times 1,000 = 12.5$

(∵ 한 칸 건너 지그재그 배근)

기호	직경	길이(mm)	수량	총길이(mm)
W_1	D16	7,518	5	37,590
W_2	D25	7,765	2.5	19,413
W_5	D16	1,000	68	68,000
H	D16	2,236	5	11,180
F_1	D16	5,391	5	26,955
F_4	D13	1,000	24	24,000
F_5	D16	1000	24	24,000
K_2	D16	2,037	5	10,185
K_3	D16	1,000	6	6,000
S_1	D13	556	12.5	6,950
S_2	D13	1,209	12.5	15,113

3 암거

주어진 도면 및 조건에 따라 다음 물량을 산출하시오.
(단, 주어진 도면의 치수는 축척에 맞지 않을 수 있으며, 주어진 치수로만 물량을 산출할 것)

■**조건**
- S1~S8 철근은 300mm 간격으로 배치되어 있다.
- F1, F2, F3 철근은 300mm 간격으로 지그재그로 배치되어 있다.
- 철근의 이음과 할증은 무시한다.
- 지형상태는 일반도와 같으며 터파기는 기초콘크리트 양끝에서 100cm 여유폭을 두고 비탈기울기는 1 : 0.5로 한다.
- 거푸집량의 계산에서 마구리면은 무시한다.

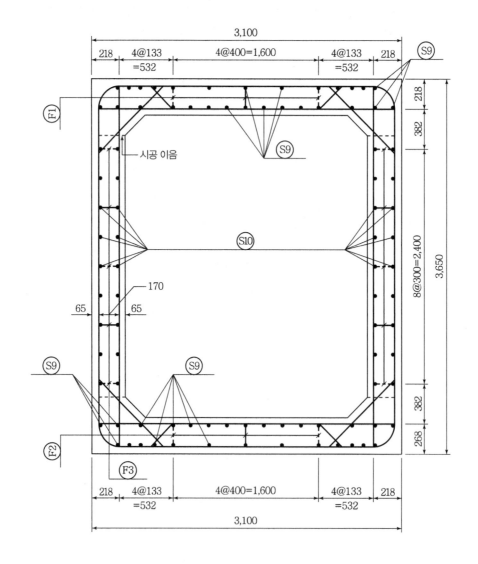

단 면 도 (단위 : mm)

일반도

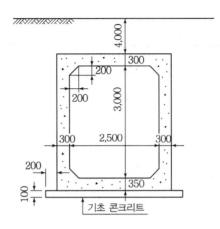

기초 콘크리트

철근 상세도

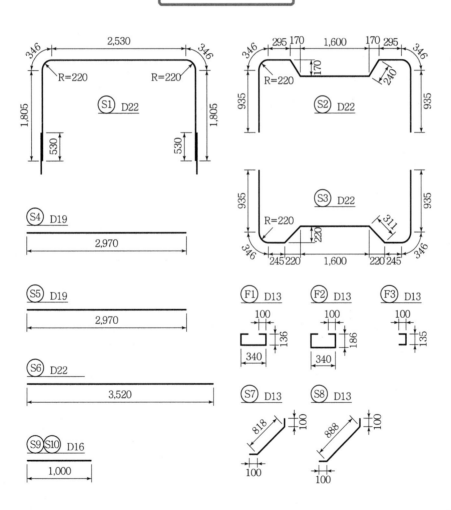

주철근 조립도

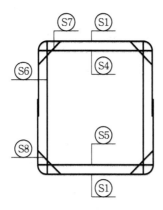 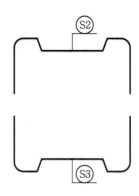

가. 길이 1m에 대한 기초와 구체의 콘크리트량을 구하시오.

　① 기초 콘크리트량 : _____

　② 구체 콘크리트량 : _____

나. 길이 1m에 대한 거푸집량을 구하시오.

다. 길이 1m에 대한 터파기량을 구하시오.

라. 길이 1m에 대한 철근량을 산출하기 위한 다음 철근 물량표를 완성하시오.

가. ① $V_1 = A_1 = 3.5 \times 0.1 \times 1 = 0.350\,\text{m}^3$

　② $\left\{(3.100 \times 3.65) - (2.5 \times 3.0) + \dfrac{1}{2} \times 0.200 \times 0.200 \times 4\right\} \times 1 = 3.895\,\text{m}^3$

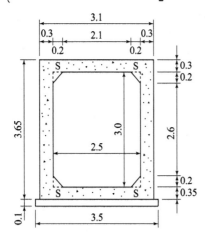 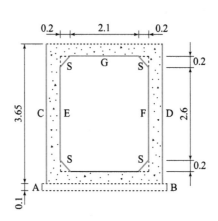

나. A면=0.1m   B면=0.1m   C면=3.65m   D면=3.65m

E면=2.60m   F면=2.60m   G면=2.10m

$S = \sqrt{0.20^2 + 0.20^2} \times 4 = 1.1314m$

∴ 총 거푸집 길이

$= 0.1 \times 2 + 3.65 \times 2 + 2.60 \times 2 + 2.10 + 1.1314$

$= 15.9314m$

∴ 총 거푸집량=총 거푸집 길이×단위 길이

$= 15.9314 \times 1 = 15.931m^2$

다.

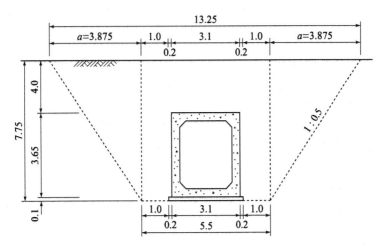

$a = 7.750 \times 0.5 = 3.875m$

$b = 1,000 + 0.200 + 3.100 + 0.200 + 1.000 = 5.500m$

∴ 터파기량 $= \left(\dfrac{13.25 + 5.50}{2} \times 7.75 \right) \times 1 = 72.656m^3$

라. 철근량 산출

기호	직경	길이(mm)	수량	총길이(mm)	수량산출
S1	D22	$(1,805 \times 2) + (346 \times 2) + 2,530 = 6,832$	6.67	45,569	$\dfrac{1}{0.300} \times 2 = 6.67$
S4	D19	2,970	3.33	9,890	$\dfrac{1}{0.300} \times 1 = 3.33$
S7	D13	$100 \times 2 + 818 = 1.018$	6.67	6,790	$\dfrac{1}{0.300} \times 2 = 6.67$
S9	D16	1,000	56	56,000	$(13+15) \times 2 = 56$ (∵ 길이 1m에 대한 철근량)
S10	D16	1,000	36	36,000	$(8+1) \times 2 \times 2 = 36$
F1	D13	812	5	4,060	$\dfrac{3}{0.300 \times 2} \times 1 = 5$ $600 : 3 = 1,000 : x$ ∴ $x = 5$
F3	D13	$100 \times 2 + 135 = 335$	16.67	5,584	$600 : 5 = 1,000 : x$ ∴ $x = 8.33$ 양측벽 : $8.33 \times 2 = 16.67$ 또는 $\dfrac{5}{0.300 \times 2} \times 1 \times 2 = 16.67$

4 2연 암거

아래 그림과 같은 2연암거의 일반도를 보고 다음 물량을 산출하시오. (단, 도면 치수의 단위는 mm이다.)

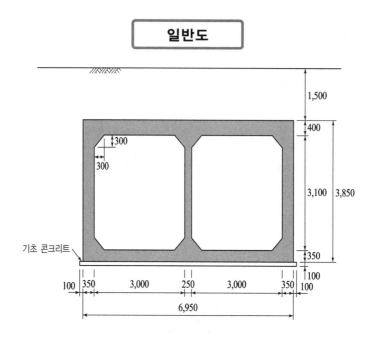

일반도

가. 암거길이 1m에 대한 콘크리트량을 산출하시오.

 (단, 기초 콘크리트량도 포함하며, 소수점 이하 4째자리에서 반올림하시오.)

나. 암거길이 1m에 대한 거푸집량을 산출하시오.

 (단, 양쪽 마구리면은 무시하며, 기초 거푸집량도 포함하며, 소수점 이하 4째자리에서 반올림하시오.)

다. 암거길이 1m에 대한 터파기량을 산출하시오.

 (단, 지형상태는 일반도와 같으며 터파기는 기초 콘크리트 양끝에서 0.6m 여유폭을 두고 비탈기울기는 1:0.5로 하며, 소수점 이하 4째자리에서 반올림하시오.)

가.

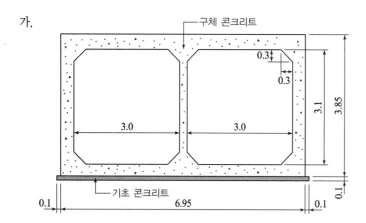

기초콘크리트량 $=(6.95+0.1\times2)\times0.1\times1(\mathrm{m})=0.715\,\mathrm{m}^3$

암거 콘크리트 $=[6.95\times3.85-3.100\times3.000\times2+\dfrac{1}{2}\times0.3\times0.3\times8]\times1\,\mathrm{m}=8.518\,\mathrm{m}^3$

총 콘크리트량 $=0.715+8.518=9,233\,\mathrm{m}^3$

나.

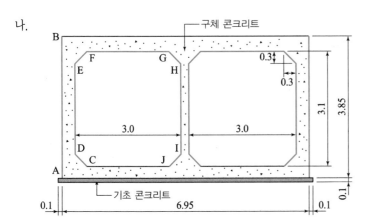

기초 거푸집량 $=0.100\times2\times1(\mathrm{m})=0.200\,\mathrm{m}^2$

암거 거푸집량 $=3.85\times2+(3.100-0.300\times2)\times4+(3.000-0.300\times2)\times2+\sqrt{0.3^2+0.3^2}\times8=25.894\,\mathrm{m}$

∴ 총거푸집량 $=0.200+25.894=26.094\,\mathrm{m}^2$

다.

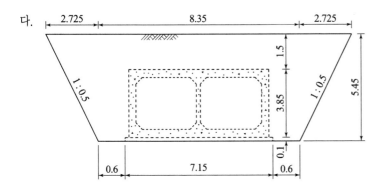

기초 터파기량 밑면 : $0.6+0.100+6.95+0.100+0.6=8.35\,\mathrm{m}$

기초 터파기량 위면 : $8.35+(1.5+3.85+0.1)\times0.5\times2=13.8\,\mathrm{m}$

암거 더파기량 : $\dfrac{(8.35+13.8)}{2}\times(1.5+3.85+0.1)\times1(\mathrm{m})=60.359\,\mathrm{m}^3$

5 반중력형 교대

주어진 반중력식 교대도면을 보고 다음 물량을 산출하시오. (단, 교대 전체 길이는 10m 이며, 도면의 치수단위는 mm이다.)

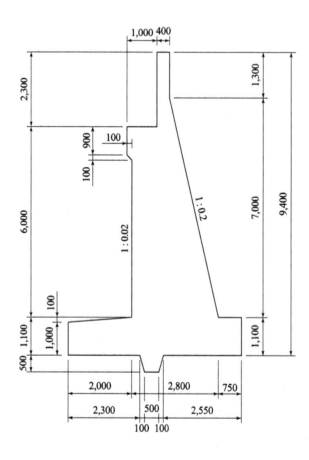

일 반 도

가. 교대의 전체 콘크리트량을 구하시오. (단, 소수 넷째자리에서 반올림하시오.)

계산 과정)

답) _____

나. 교대의 전체 거푸집량을 구하시오.

(단, 돌출부(전단 Key)에 거푸집을 사용하며, 소수 넷째자리에서 반올림하시오.)

계산 과정)

답) _____

가. $A_1 = 0.4 \times 1.3 = 0.52\,\mathrm{m}^2$

$A_2 = \dfrac{0.4 + (0.4 + 7 \times 0.2)}{2} \times 7 = 7.70\,\mathrm{m}^2$

$A_3 = 1.0 \times 0.9 = 0.90\,\mathrm{m}^2$

$A_4 = \dfrac{1.0 + 0.9}{2} \times 0.1 = 0.095\,\mathrm{m}^2$

$A_5 = \dfrac{0.9 + (0.9 + 5 \times 0.02)}{2} \times 5 = 4.75\,\mathrm{m}^2$

$A_6 = \dfrac{(5.55 - 2.0) + 5.55}{2} \times 0.1 = 0.455\,\mathrm{m}^2$

$A_7 = 5.55 \times 1.0 = 5.550\,\mathrm{m}^2$

$A_8 = \dfrac{0.5 + 0.7}{2} \times 0.5 = 0.30\,\mathrm{m}^2$

$\sum A = 0.52 + 7.70 + 0.90 + 0.095 + 4.75 + 0.455 + 5.55 + 0.30$
$\qquad = 20.270\,\mathrm{m}^2$

$\therefore$ 총콘크리트량 $= 20.270 \times 10 = 202.700\,\mathrm{m}^3$

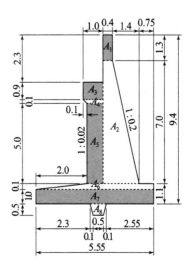

나. A $= 2.300\,\mathrm{m}$

B $= 0.9\,\mathrm{m}$

C $= \sqrt{0.1^2 + 0.1^2} = 0.1414\,\mathrm{m}$

D $= \sqrt{(5 \times 0.02)^2 + 5^2} = 5.001\,\mathrm{m}$

E $= 1.0\,\mathrm{m}$

F $= \sqrt{0.1^2 + 0.5^2} \times 2 = 1.0198\,\mathrm{m}$

G $= 1.1\,\mathrm{m}$

H $= \sqrt{(7 \times 0.2)^2 + 7^2} = 7.1386\,\mathrm{m}$

I $= 1.3\,\mathrm{m}$

• 총거푸집길이

$\sum L = 2.3 + 0.9 + 0.1414 + 5.001 + 1.0$
$\qquad\quad + 1.0198 + 1.1 + 7.1386 + 1.3 = 19.9008\,\mathrm{m}$

• 측면도의 거푸집량 $= 19.9008 \times 10 = 199.008\,\mathrm{m}^2$

• 양 마구리면의 거푸집량 $= 20.270 \times 2(\text{양단}) = 40.540\,\mathrm{m}^2$

$\therefore$ 총거푸집량 $= 199.008 + 40.540 = 239.548\,\mathrm{m}^2$

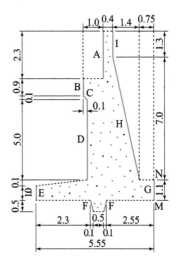

6 역T형교대

주어진 역T형 교대 도면을 보고 다음 물량을 산출하시오.
(단, 교대 전체길이는 10.3m이며, 도면의 치수단위는 mm이며, 소수점 이하 4째자리에서 반올림하시오.)

측 면 도

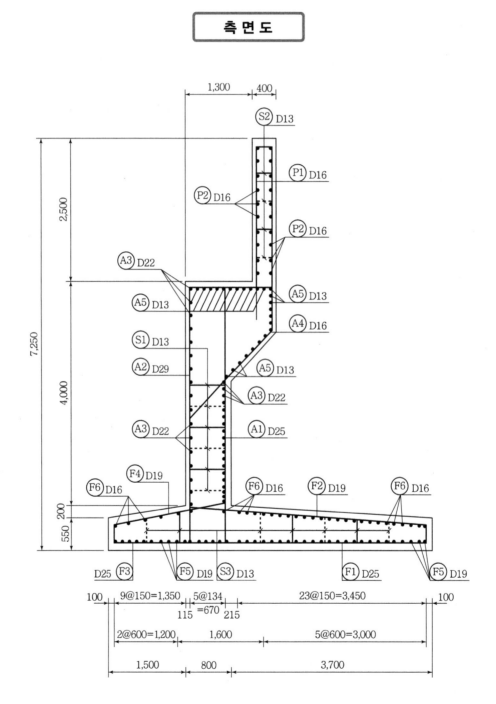

일 반 도

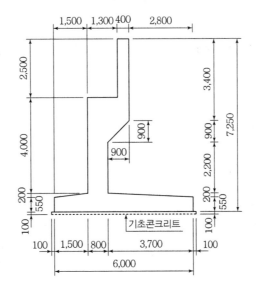

가. 교대의 전체 콘크리트량을 구하시오. (단, 기초 콘크리트량은 무시한다.)

나. 교대의 전체 거푸집량을 구하시오. (단, 기초 콘크리트에 사용되는 거푸집량은 무시한다.)

가. • $A_1 = 0.4 \times 2.5 = 1.0 \, \text{m}^2$

   • $A_2 = (1.3 + 0.4) \times 0.9 = 1.53 \, \text{m}^2$

   • $A_3 = \dfrac{(1.30 + 0.4) + 0.8}{2} \times 0.9 = 1.125 \, \text{m}^2$

   • $A_4 = 2.2 \times 0.8 = 1.76 \, \text{m}^2$

   • $A_5 = \dfrac{0.80 + 6.0}{2} \times 0.2 = 0.68 \, \text{m}^2$

   • $A_6 = 6.0 \times 0.55 = 3.30 \, \text{m}^2$

   총단면적 $\sum A = 1.0 + 1.53 + 1.125 + 1.76 + 0.68 + 3.30$
                $= 9.395 \, \text{m}^2$

   ∴ 총콘크리트량 $V = 9.395 \times 10.3 = 96.769 \, \text{m}^3$

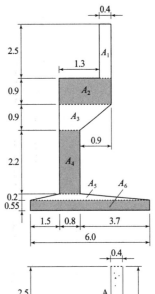

나. • A = 2.5 m

   • B = 3.4 m

   • C = 4.0 m

   • D = $\sqrt{0.9^2 + 0.9^2} = 1.2728 \, \text{m}$

   • E = 2.2 m

   • F = $0.55 \times 2 = 1.10 \, \text{m}$

   총거푸집길이 $\sum L = 2.5 + 3.4 + 4.0 + 1.2728 + 2.2 + 1.10$
                $= 14.4728 \, \text{m}$

   마구리면 $= 9.395 \times 2 = 18.79 \, \text{m}^2$

   ∴ 총거푸집량 $\sum A = 14.4728 \times 10.3 + 18.79$
                $= 167.860 \, \text{m}^2$

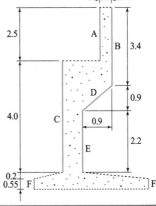

7 슬래브 교

주어진 슬래브의 도면 및 조건에 따라 다음 물량을 산출하시오. (단위 : mm)

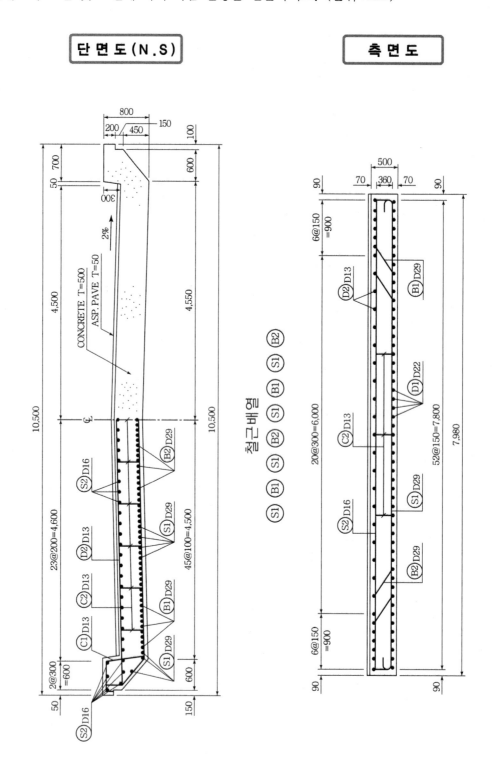

철근상세도

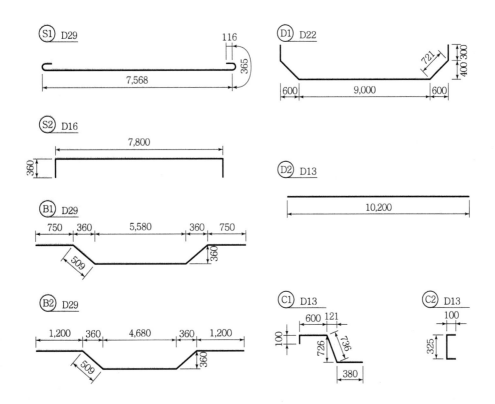

■ **조건**
- B1과 B2 철근은 400mm 간격으로 200mm 간격의 S1 철근 사이에 교대로 배치되어 있다.
- D2와 C1 철근은 동일한 위치에 동일한 간격으로 배치된 것으로 측면도와 같이 중앙부에서는 300mm, 양쪽 단부에 서는 150mm 간격으로 배근되어 있다.
- 물량산출에서의 할증률은 무시한다.
- 철근길이 계산에서 이음길이는 계산하지 않는다.
- 슬래브 기울기 2%는 시공시에만 고려할 사항으로 물량산출에서는 무시한다.

가. 한 경간(1 span)에 대한 콘크리트량을 구하시오. (단, 소수 4째자리에서 반올림하시오.)

나. 한 경간(1 span)에 대한 아스팔트량을 구하시오. (단, 소수 4째자리에서 반올림하시오.)

다. 한 경간(1 span)에 대한 거푸집량을 구하시오. (단, 소수 4째자리에서 반올림하시오.)

라. 한 경간(1 span)에 대한 다음 철근물량표를 완성하시오.

기호	직경	길이(mm)	수량	총길이(mm)	기호	직경	길이(mm)	수량	총길이(mm)
B1					D1				
B2					S1				
C1					S2				

가. • $A_1 = 0.10 \times 0.2 = 0.02\,\mathrm{m}^2$

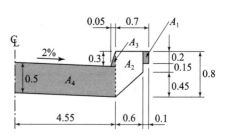

• $A_2 = \dfrac{0.35 + 0.8}{2} \times 0.6 = 0.345\,\mathrm{m}^2$

• $A_3 = \dfrac{0.05 \times 0.3}{2} = 0.0075\,\mathrm{m}^2$

• $A_4 = 4.55 \times 0.5 = 2.275\,\mathrm{m}^2$

• 총단면적 $= \sum A \times 2\,(좌우)$

$\qquad = (0.02 + 0.345 + 0.0075 + 2.275) \times 2$

$\qquad = 2.6475 \times 2 = 5.295\,\mathrm{m}^2$

∴ 콘크리트량 $=$ 총단면적 $\times$ 측면도 길이 $= 5.295 \times 7.980 = 42.254\,\mathrm{m}^3$

나. $A = 4.50 \times 0.05 = 0.225\,\mathrm{m}^2$

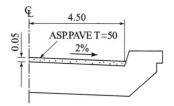

∴ 아스팔트량 $=$ 총단면적 $\times$ 측면도 길이

$\qquad = 0.225 \times 2\,(좌우) \times 7.980$

$\qquad = 3.591\,\mathrm{m}^3$

다. • $\overline{AB} = 4.55\,\mathrm{m}$

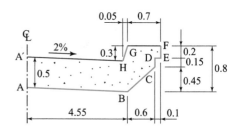

• $\overline{BC} = \sqrt{0.6^2 + 0.45^2} = 0.750\,\mathrm{m}$

• $\overline{CD} = 0.15\,\mathrm{m}$

• $\overline{DE} = 0.10\,\mathrm{m}$

• $\overline{EF} = 0.20\,\mathrm{m}$

• $\overline{GH} = \sqrt{0.30^2 + 0.05^2} = 0.304\,\mathrm{m}$

• 거푸집면 길이 $= 4.55 + 0.75 + 0.15 + 0.1 + 0.2 + 0.304 = 6.054\,\mathrm{m}$

∴ 거푸집량 $= 6.054 \times 7.980 \times 2 = 96.622\,\mathrm{m}^2$

• span 마구리면 $= 5.295 \times 2 = 10.590\,\mathrm{m}^2$

∴ 총거푸집량 $= 96.622 + 10.590 = 107.212\,\mathrm{m}^2$

라. 한 경간에 대한 철근물량표

기호	직경	길이(mm)	수량	총길이(mm)	기호	직경	길이(mm)	수량	총길이(mm)
B1	D29	8,098	22	178,156	D1	D22	11,042	53	585,226
B2	D29	8,098	22	178,156	S1	S29	8,530	49	417,970
C1	D13	1,816	66	119,856	S2	S29	8,520	57	485,640

🎯 **철근물량 산출근거**

$B1 = \left\{ \dfrac{4{,}500 - (200 + 300)}{400} + 1 \right\} \times 2 = 22본$

$B2 = \left\{ \dfrac{4{,}500 - (400 + 100)}{400} + 1 \right\} \times 2 = 22본$

$C1 = D2 \times 2 = (6@ + 20@ + 6@ + 1) = 32 + 1 = 33본$

$D1 = 52@ + 1 = 53본$

$S1 = \left\{ \dfrac{4{,}500 - (100 + 200)}{200} + 1 \right\} \times 2 + 1 + 2 \times 2 = 49본$

$S2 = \{(간격수 + 1) + 끝단\ 철근\} \times 2 - 1 = \{(23 + 1) + 5\} \times 2 - 1 = 57본$

8 뒤부벽 옹벽(경사있음)

주어진 도면 및 조건에 따라 다음 물량을 산출하시오. (단, 주어진 도면의 치수는 축척에 맞지 않을 수 있으며, 주어진 치수로만 물량을 산출하며, 도면의 치수 단위는 mm이다.)

단 면 도

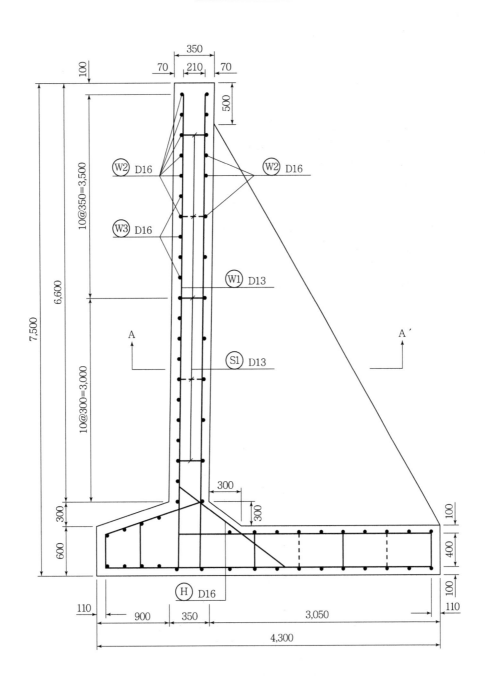

측 면 도

일 반 도

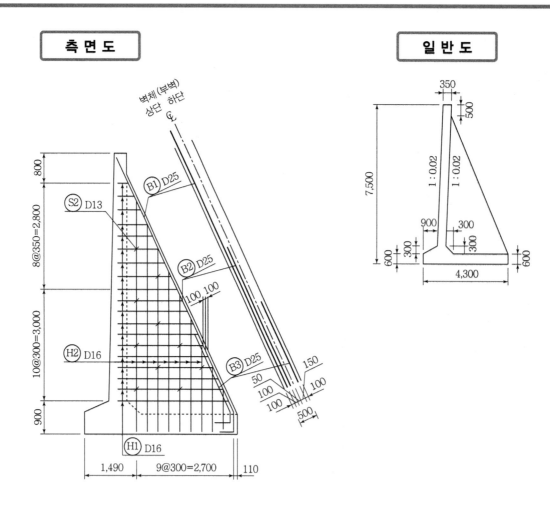

A-A' 단면도

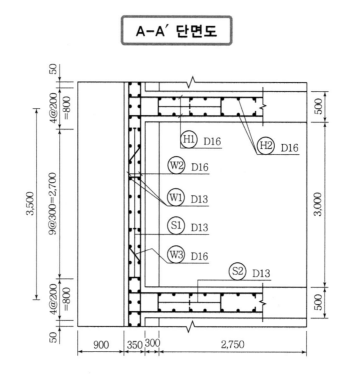

철근상세도

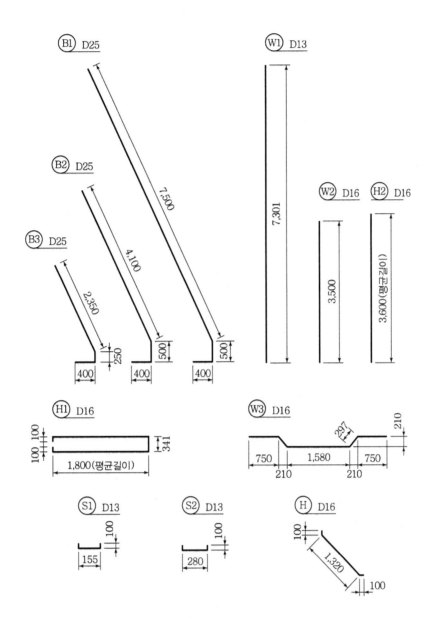

■ 조건
- S_1 철근은 지그재그로(Zgzag)로 배치되어 있다.
- H 철근의 간격은 W_1철근과 같다.
- 물량산출에서의 할증률 및 마구리는 없는 것으로 한다.
- 물량산출에서 전면벽의 경사를 반드시 고려하여야 한다.(일반도 참조)
- 철근길이 계산에서 이음길이는 계산하지 않는다.
- 저판의 철근량은 계산하지 않는다.

가. 부벽을 포함하는 옹벽길이 3.5m에 대한 콘크리트량을 구하시오. (단, 소수 넷째자리에서 반올림하시오.)

나. 부벽을 포함하는 옹벽길이 3.5m에 대한 전체 거푸집량을 구하시오. (단, 소수 넷째자리에서 반올림하시오.)

다. 부벽을 포함하는 옹벽길이 3.5m에 대한 철근 물량표를 완성하시오.

가.

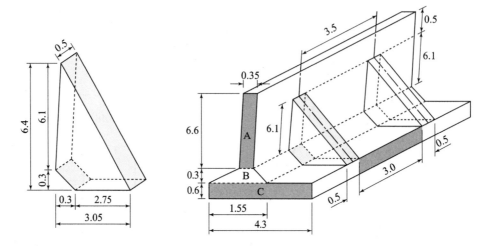

■1개의 부벽에 대한 콘크리트량

$$\left(\frac{3.05+0.122}{2}\times6.4-\frac{0.122\times6.1}{2}-\frac{0.3\times0.3}{2}\right)\times0.50=4.8667\,\text{m}^3$$

■옹벽에 대한 콘크리트량

• $A=0.35\times6.6=2.310\,\text{m}^2$

• $B=\dfrac{0.35+1.55}{2}\times0.30=0.285\,\text{m}^2$

• $C=4.30\times0.6=2.58\,\text{m}^2$

∴ $(2.310+0.285+2.58)\times3.5=18.1125\,\text{m}^3$

∴ 총 콘크리트량 $=4.8667+18.1125=22.979\,\text{m}^3$

나.

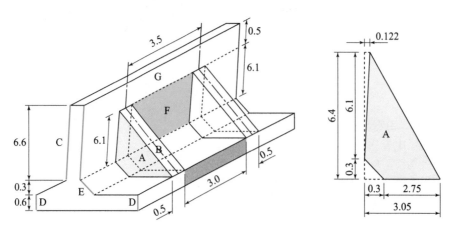

■1개의 부벽에 대한 거푸집량

• A면

$$= \left\{ \left(\frac{3.05+0.122}{2} \right) \times 6.4 - \left(\frac{0.3 \times 0.3}{2} \right) - \left(\frac{6.1 \times 0.122}{2} \right) \right\} \times 2 = 19.4666 \, \text{m}^2$$

• B면 $= \sqrt{6.4^2 + (3.05-0.122)^2} \times 0.5 = 3.5190 \, \text{m}^2$

• C면 $= \sqrt{6.6^2 + (6.6 \times 0.02)^2} \times 3.5 = 23.1046 \, \text{m}^2$

• D면 $= 6.6 \times 2 \times 3.5 = 4.2000 \, \text{m}^2$

• E면 $= \sqrt{0.3^2 + 0.3^2} \times 3 = 1.2728 \, \text{m}^2$

• F면 $= \sqrt{6.1^2 + 0.122^2} \times 3.0 = 18.3037 \, \text{m}^2$

• G면$\text{m}^2 = \sqrt{0.5^2 + 0.01^2} \times 3.5 = 1.7503$

∴ 총 거푸집량

$\sum A = 19.4666 + 3.5190 + 23.1046 + 4.2000 + 1.2728 + 18.3037 + 1.7503$

$= 71.617 \, \text{m}^2$

다. 철근 물량 산출

기호	직경	길이	수량	총길이	수량산출
W_1	D13	7,301	26	189,826	• A-A'단면에서 • 철근 간격수×2(전후면) 　$= [(9+1)+(2+1)] \times 2(\text{전후면}) = 26$
W_2	D16	3,500	26	91,000	• 철근 간격수×2(전후면) 　$= [(4+3+5)+1)] \times 2(\text{전후면}) = 26$
W_3	D16	3,674	8	29,392	• 단면도 벽체에서 후면에는 배근 없고 전면 　벽체에만 배근되어 있는 철근(단면도에서 　수계산)

기호	직경	길이	수량	총길이	수량산출
H	D16	1,520	13	19,760	• H철근과 W_1철근 간격이 같다. 　A-A'단면도 후면에서 계산
H_1	D16	4,141	19	78,679	• 측면도 8@+10@ • 칸수$+1 = (8+10)+1 = 19$
H_2	D16	3,600	18	64,800	• 측면도에서 9@-1@=8@ • 철근 간격수×2(복배근) $= [(9-1)+1)] \times 2 = 18$

기호	직경	길이	수량	총길이	수량산출
B_1	D25	8,400	2	16,800	• 측면도 벽체(부벽)상단 좌우
B_2	D25	5,000	2	10,000	• 측면도 벽체(부벽)상단 좌우
B_3	D25	3,000	3	9,000	• 측면도 벽체(부벽)하단 좌우 • 2+1=3

기호	직경	길이	수량	총길이	수량산출
S_1	D13	355	10	3,550	• 단면도 실선 3, 점선 2 • A–A'단면도(실선 2, 점선 2) 　∴ $3 \times 2 + 2 \times 2 = 10$
S_2	D13	480	10	4,800	• 전면벽에서부터 $4 + 3 + 2 + 1 = 10$

기호	직경	길이(mm)	수량	총길이(mm)
W_1	D13	7,301	26	189,826
W_2	D16	3,500	26	91,000
W_3	D16	3,674	8	29,392
B_1	D25	8,400	2	16,800
B_2	D25	5,000	2	10,000
B_3	D25	3,000	3	9,000
H	D16	1,520	13	19,760
H_1	D16	4,141	19	78,679
H_2	D16	3,600	18	64,800
S_1	D13	355	10	3,550
S_2	D13	480	10	4,800

9 뒤부벽 옹벽(경사없음)

주어진 도면 및 조건에 따라 다음 물량을 산출하시오. (단, 주어진 도면의 치수는 축척에 맞지 않을 수 있으며, 주어진 치수로만 물량을 산출하며 도면의 단위는 mm이다.)

단 면 도

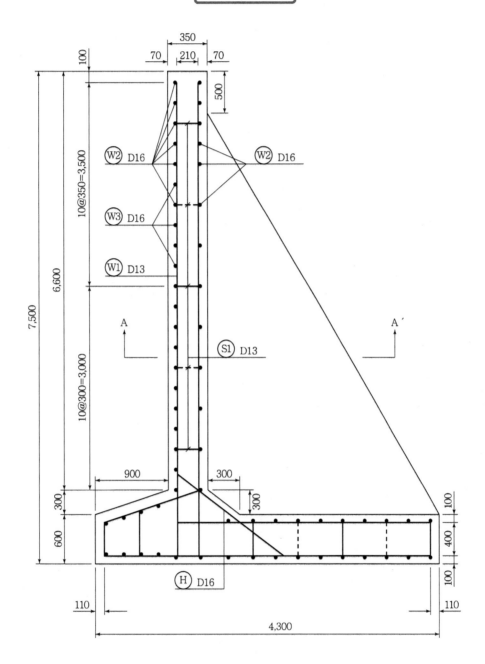

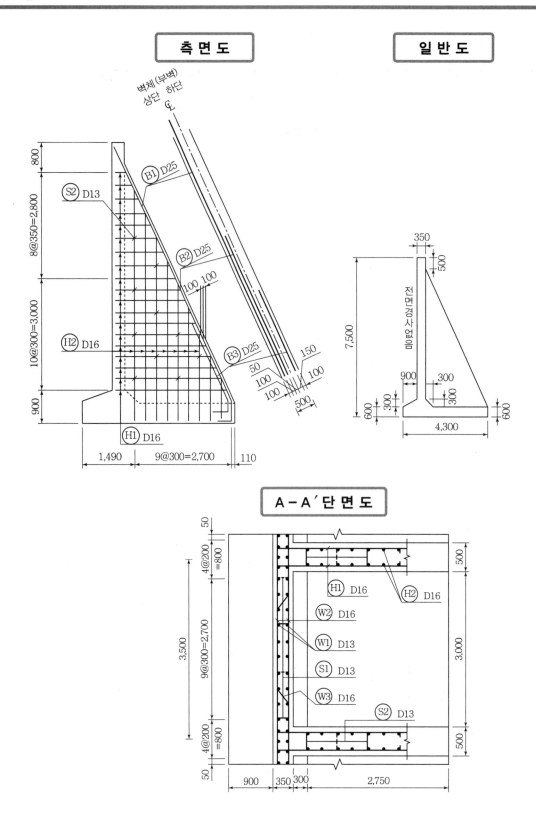

측면도

일반도

A-A′단면도

철근상세도

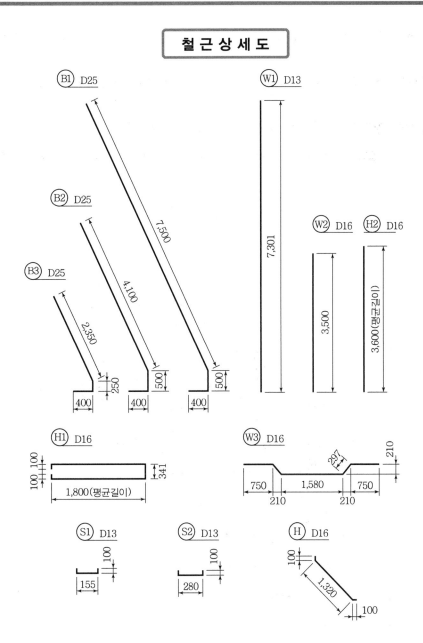

■ 조건
- S1 철근은 지그재그(Zigzag)로 배치되어 있다.
- H 철근의 간격은 W1 철근과 같다.
- 물량산출에서의 할증률 및 마구리는 없는 것으로 한다.
- 철근길이 계산에서 이음길이는 계산하지 않는다.
- 저판의 철근량은 계산하지 않는다.

가. 부벽을 포함하는 옹벽길이 3.5m에 대한 콘크리트량을 구하시오. (단, 소수점 이하 넷째자리에서 반올림하시오.)

나. 부벽을 포함하는 옹벽길이 3.5m에 대한 거푸집량을 구하시오. (단, 소수점 이하 넷째자리에서 반올림하시오.)

다. 부벽을 포함하는 옹벽길이 3.5m에 대한 철근물량표를 완성하시오.

기호	직경	길이	수량	총길이	기호	직경	길이	수량	총길이
W1					H1				
W2					B1				
W3					S1				

가.

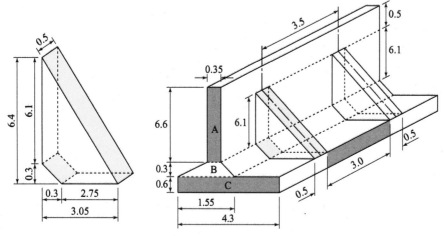

- 단면적×부벽두께 $= \left(\dfrac{6.4 \times 3.05}{2} - \dfrac{0.3 \times 0.3}{2} \right) \times 0.5 = 4.8575 \, \mathrm{m}^3$

- 벽체 A = 단면적×옹벽길이 $= (0.35 \times 6.6) \times 3.5 = 8.085 \, \mathrm{m}^3$

- 헌치부분 B $= \dfrac{0.35 + 1.55}{2} \times 0.3 \times 3.5 = 0.9975 \, \mathrm{m}^3$

- 저판 C $= (0.6 \times 4.30) \times 3.5 = 9.03 \, \mathrm{m}^3$

  ∴ 총콘크리트량 $= 4.8575 + 8.085 + 0.9975 + 9.03 = 22.970 \, \mathrm{m}^3$

나.

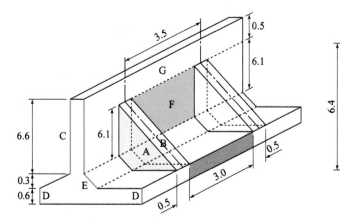

- A면 $=\left(\dfrac{6.4\times3.05}{2}-\dfrac{0.3\times0.3}{2}\right)\times2(양면)=19.43\mathrm{m}^2$

- B면 $=\sqrt{6.4^2+3.05^2}\times0.5=3.545\mathrm{m}^2$

- C면 $=6.6\times3.5=23.10\mathrm{m}^2$

- D면 $=(0.6\times3.5)\times2(양면)=4.20\mathrm{m}^2$

- E면 $=\sqrt{0.3^2+0.3^2}\times3.0=1.273\mathrm{m}^2$

- F면 $=6.1\times3.0=18.30\mathrm{m}^2$

- G면 $=0.5\times3.5=1.75\mathrm{m}^2$

∴ 총거푸집량 $=19.43+3.545+23.10+4.20+1.273+18.30+1.75=71.598\mathrm{m}^2$

다.

기호	직경	길이(mm)	수량	총길이(mm)	기호	직경	길이(mm)	수량	총길이(mm)
W1	D13	7,301	26	189,826	H1	D16	4,141	19	78,679
W2	D16	3,500	26	91,000	B1	D25	8,400	2	16,800
W3	D16	3,674	8	29,392	S1	D13	355	10	3,550

3 단계

토목기사 과년도 문제

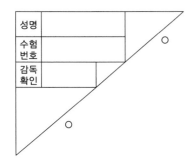

성명	
수험번호	
감독확인	

과년도 문제를 풀기 전 숙지 사항

연습도 실전처럼!!!

---

* 수험자 유의사항

1. 시험장 입실시 반드시 신분증(주민등록증, 운전면허증, 모바일 신분증, 여권, 한국산업인력공단 발행 자격증 등)을 지참하여야 한다.
2. 계산기는 「공학용 계산기 기종 허용군」 내에서 준비하여 사용한다.
3. 시험 중에는 핸드폰 및 스마트워치 등을 지참하거나 사용할 수 없다.
4. 시험문제 내용과 관련된 메모지 사용 등은 부정행위자로 처리된다.
   - 당해시험을 중지하거나 무효처리된다.
   - 3년간 국가 기술자격 검정에 응시자격이 정지된다.

** 채점사항

1. 수험자 인적사항 및 계산식을 포함한 답안 작성은 검은색 필기구만 사용해야 하며, 그 외 연필류, 빨간색, 청색 등 필기구로 작성한 답항은 0점 처리 됩니다.
2. 답안과 관련 없는 특수한 표시를 하거나 특정임을 암시하는 경우 답안지 전체를 0점 처리된다.
3. 계산문제는 반드시 「계산과정과 답란」에 기재하여야 한다.
   - 계산과정이 틀리거나 없는 경우 0점 처리된다.
   - 정답도 반드시 답란에 기재하여야 한다.
4. 답에 단위가 없으면 오답으로 처리된다.
   - 문제에서 단위가 주어진 경우는 제외
5. 계산문제의 소수점처리는 최종결과값에서 요구사항을 따르면 된다.
   - 소수점 처리에 따라 최종답에서 오차범위 내에서 상이할 수 있다.
6. 문제에서 요구하는 가지 수(항수)는 요구하는 대로, 3가지를 요구하면 3가지만, 4가지를 요구하면 4가지만 기재하면 된다.
7. 단답형은 여러 가지를 기재해도 한 가지로 보며, 오답과 정답이 함께 기재되어 있으면 오답으로 처리된다.
8. 답안 정정 시에는 두 줄(=)로 그어 표시하거나, 수정테이프(수정액은 제외)로 답안을 정정하여야 합니다.
9. 수험자 유의사항 미준수로 인해 발생되는 채점상의 불이익은 본인에게 책임이 있다.
10. 답안지 및 채점기준표는 절대로 공개하지 않는다.

국가기술자격 실기시험문제

2012년도 기사 제1회 필답형 실기시험(기사)

종 목	시험시간	형 별	성 명	수험번호
토목기사	**3시간**	B		

※ 수험자 인적사항 및 계산식을 포함한 답안 작성은 검은색 필기구만 사용해야 하며, 그 외 연필류, 빨간색, 청색 등 필기구로 작성한 답항은 0점 처리 됩니다.

□□□ 88③, 93④, 12①

01 다음 표는 어떤 공사의 콘크리트 슬럼프 시험 결과의 평균값($\bar{x}$), 범위(R)를 발췌한 것이다. 이들 데이터를 사용하여 $\bar{x}$관리도의 상한과 하한 관리선을 결정하시오.
(단, $n=3$, $A_2=1.023$임.)

득점 / 배점 3

조번호	1	2	3	4	5
$\bar{x}$	90	80	70	75	85
R	15	5	15	5	10

계산 과정)

[답] 상한관리선 : _____, 하한관리선 : _____

해답 $\bar{x}$관리선 $= \bar{x} \pm A_2\bar{R}$

• 총평균 $\bar{x} = \dfrac{\sum \bar{x}_i}{n} = \dfrac{90+80+70+75+85}{5} = 80$

• 범위의 평균 $\bar{R} = \dfrac{\sum R}{n} = \dfrac{15+5+15+5+10}{5} = 10$

$\therefore$ 상한관리선 $UCL = \bar{x} + A_2\bar{R} = 80 + 1.023 \times 10 = 90.23$

$\therefore$ 하한관리선 $LCL = \bar{x} - A_2\bar{R} = 80 - 1.023 \times 10 = 69.77$

□□□ 07④, 12①, 22③

02 과압밀비(Overconsolidation Ration, OCR)를 간단히 설명하시오.

득점 / 배점 3

○

해답 흙이 현재 받고 있는 유효연직하중에 대한 선행압밀하중과의 비

즉, 과압밀비(OCR) $= \dfrac{\text{선행압밀하중}}{\text{현재의 유효연직하중}}$

• OCR < 1: 압밀이 진행 중인 점토
• OCR = 1: 정규압밀 점토
• OCR > 1: 과압밀 점토

□□□ 02②, 03④, 06②, 12①, 15①

03 불투수층 위에 놓인 8m 두께의 연약점토지반에 직경 40cm의 샌드 드레인(sand drain)을 정사각형으로 배치하고 그 위에 상재유효압력 100kN/m²인 제방을 축조하였다. 축조 6개월 후 제방의 허용압밀침하량을 25mm로 하려고 한다. 다음 물음에 답하시오.
(단, 연약점토지반의 체적변화계수 $m_v = 2.5 \times 10^{-4} \text{m}^2/\text{kN}$이다.)

가. 축조 6개월 후 압밀도는 몇 %까지 해야 하는가?

계산 과정)

답 : _____

나. 축조 6개월 후 연직방향 압밀도가 20%이었다면 이때의 수평방향 압밀도는?

계산 과정)

답 : _____

다. 배수 영향 반경이 샌드 드레인 반경의 10배라면 샌드 드레인 간의 중심간격은?

계산 과정)

답 : _____

해답 가. 압밀도 $U = \dfrac{\Delta H_i}{\Delta H} \times 100$

• 침하량 $\Delta H = m_v \cdot \Delta P \cdot H = 2.5 \times 10^{-4} \times 100 \times 8 = 0.2\text{m} = 20\text{cm}$
• 허용압밀침하량 = 25mm = 2.5cm

$\therefore U = \dfrac{20 - 2.5}{20} \times 100 = 87.5\%$

나. $U = \{1 - (1 - U_h)(1 - U_v)\}$

$0.875 = 1 - (1 - U_h)(1 - 0.20)$ $\therefore U_h = 0.84375 = 84.38\%$

참고 SOLVE 사용

다. 영향의 반경 = 샌드 드레인 반경의 10배

$\dfrac{1.13d}{2} = \dfrac{\text{샌드 드레인의 직경}}{2} \times 10(\text{배}) = \dfrac{40}{2} \times 10$ $\therefore d = 353.98\text{cm}$

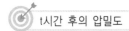 t시간 후의 압밀도

$U = \dfrac{\Delta H_i}{\Delta H} \times 100$

여기서, U : 압밀도

ΔH_i : t시간의 압밀침하량

ΔH : 최종침하량

□□□ 88③, 89②, 94②, 97①, 01②, 03①, 04②④, 07①, 12①, 13①②

04 $0.6m^3$ 용량의 백호와 15t 덤프트럭의 조합토공현장에서 현장의 조건이 아래와 같을 경우 다음 물음에 답하시오. (단, 현장 흙의 단위중량(γ_t)은 $1.7t/m^3$이며, 덤프트럭의 운반거리는 5km이다.)

득점	배점
	6

【조 건】
- 트럭의 운반속도 30km/hr
- 트럭의 귀환속도 25km/hr
- 흙부리기 시간 1.0분
- 실기대기시간 0.5분
- 토량변화율 $L = 1.25$, $C = 0.85$
- 백호 버킷계수 1.10
- 백호 사이클타임 30초
- 트럭의 작업효율 $E_t = 0.9$
- 백호의 작업효율 $E_s = 0.7$

가. 백호의 시간당 작업량을 구하시오.

계산 과정)

답 : _____

나. 덤프트럭의 시간당 작업량을 구하시오.

계산 과정)

답 : _____

다. 조합토공에 있어서 백호 1대당 덤프트럭의 소요대수는 몇 대인가?

계산 과정)

답 : _____

해답 가. 백호의 작업량

$$Q_B = \frac{3,600 \cdot q \cdot K \cdot f \cdot E}{C_m} = \frac{3,600 \times 0.6 \times 1.10 \times \frac{1}{1.25} \times 0.70}{30} = 44.35\,m^3/hr$$

나. $Q_t = \frac{60 \cdot q_t \cdot f \cdot E}{C_m} = \frac{60 \cdot q \cdot \frac{1}{L} \cdot E}{C_m}$

- $q_t = \frac{T}{\gamma_t} \cdot L = \frac{15}{1.7} \times 1.25 = 11.03\,m^3$

- $n = \frac{q_t}{q \times k} = \frac{11.03}{0.6 \times 1.10} = 16.71 = 17$ 회

- $C_{mt} = \frac{C_{ms} \times n}{60 \times E_s} + \left(\frac{l}{V_1} + \frac{l}{V_2}\right) \times 60 + t_3 + t_4$

  $= \frac{30 \times 17}{60 \times 0.7} + \left(\frac{5}{30} + \frac{5}{25}\right) \times 60 + 1 + 0.5 = 35.64$분

$\therefore Q_t = \frac{60 \times 11.03 \times \frac{1}{1.25} \times 0.9}{35.64} = 13.37\,m^3/hr$

다. $N = \frac{Q_s}{Q_t} = \frac{44.35}{13.37} = 3.32 = 4$ 대

□□□ 02②, 05④, 12①, 15①, 19③, 22③

05 댐 건설을 위해 댐 지점의 하천수류를 전환시키는 댐의 유수전환방식을 3가지 쓰시오.

득점	배점
	3

① _____ ② _____ ③ _____

해답 ① 반하천 체절공 ② 가배수 터널공 ③ 가배수로 개거공

🎯 유수전환 방식

(1) 유수전환시설의 분류
   ① 가물막이 방법 : 전면식, 부분식, 가배수거식
   ② 가배수로 방법 : 터널식, 암거식(개수로식), 제내식(체체월류식)

(2) 유수전환방식
   ① 반하천 체절공 ② 가배수 터널공 ③ 가배수로 개거공

□□□ 94①④, 00⑤, 08②, 12①

06 직경 30cm, 길이 10m인 철근 콘크리트 말뚝을 무게 20kN인 증기해머로 낙하높이 2m에서 말뚝 타입을 할 때 1회 타격당 말뚝의 관입량이 1.0cm이었다. 이 말뚝의 허용지지력을 구하시오. (단, 단동식이며 Engineering News 공식 적용)

득점	배점
	3

계산 과정)

답 : _____

해답 $Q_a = \dfrac{W_h \cdot H}{6(S+0.254)} = \dfrac{20 \times 200}{6(1+0.254)} = 531.63 \text{kN}$

🎯 Engineering News Record의 공식

① Drop hammer : $Q_a = \dfrac{W_h \cdot H}{6(S+2.54)}$ ② 단동식 해머 : $Q_a = \dfrac{W_h \cdot H}{6(S+0.254)}$

③ 복동식 해머 : $Q_a = \dfrac{(W_h + A_p \cdot P)H}{6(S+0.254)}$

□□□ 12①, 22①

07 Concrete 배합에 사용되는 혼화재료는 혼화제와 혼화재로 구분된다. 혼화재의 종류를 3가지만 쓰시오.

득점	배점
	3

① _____ ② _____ ③ _____

해답 ① 플라이 애시 ② 팽창재 ③ 고로 슬래그 미분말 ④ 실리카 퓸

□□□ 12①

08 막장에서 전방 원지반 내에 볼트, 단관파이프 등의 보조재를 삽입하여 막장 천단의 지지와 원지반의 이완방지를 위하여 설치하는 것을 무엇이라 하는가?

득점	배점
	2

ㅇ

해답 휘폴링(fore poling)

 휘폴링

① 일시적 지보재로서 굴착전 터널 천단부에 종방향으로 설치하여 굴착 천단부의 안정을 도모하여 막장 전반의 지반보호 및 느슨함을 방지함
② 막장 위쪽의 암반을 안정시켜 막장근방 천단의 느슨함을 억제하기 위해서 시공함
③ 암반이 매우 나쁘고 막장 자립이 불가능한 경우에 타설되는 것이며, 터널 굴진 방향에 구속력을 주어 막장을 안정시키는 효과가 있음

□□□ 12①

09 지하수 대책에 따른 터널의 형식에는 배수형 터널과 비배수형 터널이 있다. 비배수형 터널의 단점을 3가지만 쓰시오.

득점	배점
	3

① ② ③

해답 ① 초기 공사비가 고가이다.
② 완전 방수시공이 어렵다.
③ 대단면에서 적용이 곤란하다.
④ 누수발생 시 보수비가 많이 들고 완전 보수가 어렵다.
⑤ 막대한 콘크리트 라이닝 보강이 필요하다.

배수터널에 따른 터널의 비교

구분	배수형 터널	비배수형 터널
장점	• 구조적으로 얇은 무근 콘크리트 라이닝도 가능 • 대단면의 시공이 가능 • 누수 시 보수가 용이 • 초기 공사비가 적어 경제성 양호	• 지하수 처리비용 감소로 유지비가 적음 • 터널 내부가 청결하며 관리가 용이 • 지하수위의 변화가 없으므로 주변환경에 영향을 미치지 않음 • 터널구조체 및 내부시설물의 내구연한을 증가
단점	• 자연배수가 불가능할 경우에 배수비용 증가로 유지비가 많이 소요 • 자연수위의 저하로 인해 주변지반 침하와 지하수 이용에 문제 발생	• 초기 시공비가 고가이고 완전 방수시공이 어려움 • 대단면에서는 적용이 곤란 • 누수발생 시 보수비가 많이 들고 완전 보수가 어려움 • 막대한 콘크리트 라이닝이 필요

96②, 98④, 09①, 12①

10 평판재하시험을 통해 지반의 항복하중을 결정하여 그 결과를 기초지반에 이용하고자 할 때 가장 중요한 고려사항 3가지를 쓰시오.

득점	배점
	3

① _____ ② _____ ③ _____

해답 ① 시험한 지점의 토질 종단을 알아야 한다. ② 지하수위의 변동상황을 알아야 한다.
③ Scale effect를 고려해야 한다. ④ 부등침하를 고려하여야 한다.
⑤ 예민비를 고려하여야 한다. ⑥ 실험상의 문제점을 검토하여야 한다.

87③ ,94①, 96④, 99①, 00⑤, 02①, 03④, 04①, 09④, 12①, 14②

11 직경 300mm RC 말뚝을 평균 비배수 일축압축강도가 20kN/m²인 포화점토 지반에 1m 간격으로 가로방향 3개, 세로방향 4개씩 15m 깊이까지 타입하였다. 아래의 물음에 답하시오. (단, 점토지반의 지지력계수 $N_c' = 9$이며, 점착계수 $\alpha = 1.25$이다. 또한 말뚝 자체의 중량은 무시하고 안전율은 3으로 하며, 무리말뚝의 효율은 Converse-Labbarre식에 의한다.)

득점	배점
	6

가. 말뚝 한 개의 극한지지력을 구하시오.

계산 과정)

답 : _____

나. 무리말뚝의 효율을 구하시오.

계산 과정)

답 : _____

다. 무리말뚝의 허용지지력을 구하시오.

계산 과정)

답 : _____

해답 가. 극한지지력 $Q_u = Q_P + Q_s$

- $Q_P = N_c' \cdot c_u \cdot A_P = 9 \times \left(\frac{1}{2} \times 20\right) \times \frac{\pi \times 0.3^2}{4} = 6.36\text{kN}$ $\left(\because \text{점착력 } c_u = \frac{q_u}{2}\right)$

- $Q_s = \pi \cdot D \cdot L \cdot \alpha \cdot c_u = \pi \times 0.3 \times 15 \times 1.25 \times \frac{1}{2} \times 20 = 176.71\text{kN}$

∴ $Q_u = 6.36 + 176.71 = 183.07\text{kN}$

나. $E = 1 - \tan^{-1}\left(\frac{D}{S}\right)\left\{\frac{(n-1)m + (m-1)n}{90 \cdot m \cdot n}\right\}$

$= 1 - \tan^{-1}\left(\frac{0.3}{1}\right)\left\{\frac{(4-1) \times 3 + (3-1) \times 4}{90 \times 3 \times 4}\right\} = 0.737$

다. $Q_{ag} = ENR_a = 0.737 \times 3 \times 4 \times \frac{183.07}{3} = 539.69\text{kN}$ $\left(\because R_a = \frac{Q_u}{3}\right)$

□□□ 93③, 97③, 12①
12 교량의 내진설계 시 사용하는 내진해석방법을 3가지만 쓰시오.

① _____   ② _____   ③ _____

해답 ① 등가정적 해석법   ② 스펙트럼 해석법   ③ 시간이력 해석법

◎ 내진설계 해석방법

교량의 내진설계는 지진에 의해 교량이 입는 피해 정도를 최소화시킬 수 있는 내진성을 확보하기 위해 실시한다.
① 등가정적 해석법(Equivalent Load Analysis) : 지진의 영향을 등가의 정적하중으로 환산하여 적용하는 방법으로서 구조물의 동적 특성을 고려하기가 곤란하므로 단순하고 정형화된 구조물에 적용한다.
② 스펙트럼 해석법(Spectrum Analysis) : 구조물의 주기를 산정하고 지역 특성에 맞게 기작성된 응답스펙트럼을 이용하여 구조물의 탄성지지력을 예측하는 해석법이며, 하나의 진동모드만을 사용하는 단일모드 스펙트럼법과 여러 개의 진동모드를 사용하는 다중모드트펙트럼 해석법이 있다.
③ 시간이력 해석법(Time History Analysis) : 해석모델에 지역의 지반운동을 외력으로 직접 적용하는 해석법이고 구조물의 형상이 복잡하거나 높은 안정성이 요구되는 교량에 적용한다. 재료의 선형거동만을 고려하여 필요한 모드의 수만큼 응답지진력을 중첩하는 모드중첩법과 재료의 비선형 거동까지 고려하여 모드의 수만큼 응답지진력을 적분하는 직접적분법이 있다.

□□□ 07①, 09④, 10④, 12①, 16①, 23②
13 아래 그림과 같은 지반에서 지하수위가 지표면에 위치하다가 지표하부 2m까지 저하하였다. 점토지반의 압밀침하량을 산정하시오. (단, 정규압밀 점토임.)

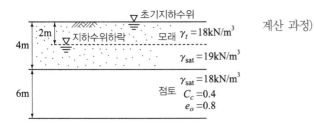

계산 과정)

답 : _____

해답 침하량 $\triangle H = \dfrac{C_c H}{1+e_0} \log \dfrac{P_2}{P_1}$

• $P_1 = \gamma_{sub} H_1 + \gamma_{sub} \dfrac{H_3}{2} = (19-9.81) \times 4 + (18-9.81) \times \dfrac{6}{2} = 61.33 \, \text{kN/m}^2$

• $P_2 = \gamma_t H_1 + \gamma_{sub1} H_2 + \gamma_{sub2} \dfrac{H_3}{2} = 18 \times 2 + (19-9.81) \times (4-2) + (18-9.81) \times \dfrac{6}{2}$

  $= 78.95 \, \text{kN/m}^2$

∴ $\triangle H = \dfrac{0.4 \times 6}{1+0.8} \times \log \dfrac{78.95}{61.33} = 0.1462 \, \text{m} = 14.62 \, \text{cm}$

□□□ 94①, 97①, 04①, 12①, 20③

14 하천토공을 위한 횡단측량 결과 다음 그림과 같은 결과를 얻었다. Simpson 제1법칙에 의한 횡단면적을 구하시오. (단, 그림의 수치단위는 m이다.)

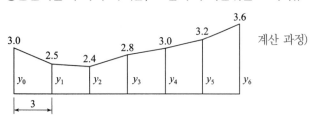

계산 과정)

답 :

해답 $A = \dfrac{d}{3}(y_o + y_6 + 4\sum y \text{홀수} + 2\sum \text{나머지 짝수})$ (∵ 홀수 : y_1, y_3, y_5, 짝수 : y_2, y_4)

$= \dfrac{3}{3}\{3.0 + 3.6 + 4 \times (2.5 + 2.8 + 3.2) + 2 \times (2.4 + 3.0)\} = 51.40\,\mathrm{m}^2$

🎯 다른 방법

- $A_1 = \dfrac{d}{3}(y_o + 4y_1 + y_2) = \dfrac{3}{3} \times (3.0 + 4 \times 2.5 + 2.4) = 15.4\,\mathrm{m}^2$
- $A_2 = \dfrac{d}{3}(y_2 + 4y_3 + y_4) = \dfrac{3}{3} \times (2.4 + 4 \times 2.8 + 3.0) = 16.6\,\mathrm{m}^2$
- $A_3 = \dfrac{d}{3}(y_4 + 4y_5 + y_6) = \dfrac{3}{3} \times (3.0 + 4 \times 3.2 + 3.6) = 19.4\,\mathrm{m}^2$
- $\therefore A = A_1 + A_2 + A_3 = 15.4 + 16.6 + 19.4 = 51.40\,\mathrm{m}^2$

□□□ 94①, 09①, 12①

15 아스팔트 포장은 일반적으로 표층, 기층 및 보조기층, 노상, 노체로 대별한다. 기층 및 보조기층의 안정처리공법을 4가지만 쓰시오.

① _____ ② _____ ③ _____ ④ _____

해답 ① 입도조정공법 ② 시멘트 안정처리공법
③ 아스팔트 안정처리공법 ④ 석회 안정처리공법

🎯 기층 및 보조기층의 안정처리 공법

구분		아스팔트 포장	콘크리트 포장
기층	입도조정공법	수정 CBR ≥ 80, PI ≤ 4	수정 CBR ≥ 45, PI ≤ 6
	시멘트 안정처리공법	수정 CBR ≥ 20, PI ≤ 9	PI ≤ 9
	석회 안정처리공법	수정 CBR ≥ 20, PI ≤ 6~18	PI ≤ 6~18
	아스팔트 안정처리공법	PI ≤ 9	PI ≤ 9
보조 기층	시멘트 안정처리공법	수정 CBR ≥ 10, PI ≤ 6	—
	석회 안정처리공법	수정 CBR ≥ 10, PI ≤ 6~18	—

□□□ 01①, 12①

16 댐의 기초암반 처리공법 중 커튼 그라우팅(Curtain grouting)의 목적 3가지를 쓰시오.

득점	배점
	3

① _____ ② _____ ③ _____

해답 ① 기초암반의 누수를 방지하여 차수성 증진(누수차단)
② 침투수 제어
③ 댐 하류측 양압력 완화

 Curtain grouting

> 커튼 그라우팅은 차수벽의 연장으로서 기초지반 내의 균열, 간극 등에 시멘트 점토, 약액 등의
> 주입에 의한 지수막(止水膜)을 형성하여 댐 기초에서 누수되는 물을 최대한 차단하여 양압력을
> 줄이고 파이핑 발생을 방지하기 위해 기초암반의 깊은 심도까지 시행하며 개량 목표치는 3루전
> 이하를 표준으로 한다.
> ① 누수차단 : 깊은 암반 내의 균열, 절리, 파쇄대 등에 주입하여 기초하부에서의 지하수 및 하
> 천수의 침투와 누수를 막는다.
> ② 침투수 제어 : 암반의 균열, 절리에 주입제가 침투하게 되어 침투효과는 물론 보강효과를
> 얻을 수 있다.
> ③ 양압력 완화 : 지수막을 형성하여 댐 기초에서 누수되는 물을 최대한 차단하여 양압력을 완
> 화하고 파이핑 발생을 방지한다.

□□□ 05②, 08①, 12①, 21②

17 30회 이상의 콘크리트 압축강도시험 실적으로부터 결정한 압축강도의 표준편차가 2.4MPa
이고 호칭강도가 28MPa일 때 배합강도를 구하시오.

득점	배점
	3

계산 과정)

답 : _____

해답 $f_{cn} \leq 35\text{MPa}$인 경우 배합강도 f_{cr}
• $f_{cr} = f_{cn} + 1.34s = 28 + 1.34 \times 2.4 = 31.22\,\text{MPa}$
• $f_{cr} = (f_{cn} - 3.5) + 2.33s = (28 - 3.5) + 2.33 \times 2.4 = 30.09\,\text{MPa}$
∴ $f_{cr} = 31.22\,\text{MPa}$(∵ 두 값 중 큰 값)

 $f_{cn} > 35\text{MPa}$인 경우(두 값 중 큰 값을 배합강도로 정함)

> • $f_{cr} = f_{cn} + 1.34s$
> • $f_{cr} = 0.9f_{cn} + 2.33s$

□□□ 94②, 96⑤, 97④, 98②, 99⑤, 00①, 04②, 06①, 10④, 11④, 12①, 14①, 17④, 21②, 22③

18 도로연장 3km 건설구간에서 7지점의 시료를 채취하여 다음과 같은 CBR을 구하였다. 이때의 설계 CBR 얼마인가?

득점 | 배점
| 3

• 7지점의 CBR : 5.3, 5.7, 7.6, 8.7, 7.4, 8.6, 7.2

• 설계 CBR 계산용 계수

개수(n)	2	3	4	5	6	7	8	9	10 이상
d_2	1.41	1.91	2.24	2.48	2.67	2.83	2.96	3.08	3.18

계산 과정)

답 : _____

해답 설계 CBR = 평균 CBR $- \dfrac{\mathrm{CBR_{max}} - \mathrm{CBR_{min}}}{d_2}$

• 평균 CBR $= \dfrac{\sum \mathrm{CBR값}}{n} = \dfrac{5.3 + 5.7 + 7.6 + 8.7 + 7.4 + 8.6 + 7.2}{7} = 7.21$

∴ 설계 CBR $= 7.21 - \dfrac{8.7 - 5.3}{2.83} = 6.01$ ∴ 6

(∵ 설계 CBR은 소수점 이하는 절삭한다.)

□□□ 93③, 97③, 12①

19 모래지반에 기초폭 $B = 1.2$m인 얕은 기초에서 편심 $e = 0.15$m로 연직하중이 작용하고 있다. 하중작용점 아래의 탄성침하가 12mm, 하중작용점 기초 모서리에서의 탄성침하가 16mm이었다. 이 기초의 침하각도를 구하시오. (단, prakash의 방법 이용)

득점 | 배점
| 3

계산 과정)

답 : _____

해답 침하각도 $t = \sin^{-1}\left(\dfrac{S_1 - S_2}{\dfrac{B}{2} - e}\right)$

$= \sin^{-1}\left(\dfrac{1.6 - 1.2}{\dfrac{120}{2} - 15}\right) = 0.51°$

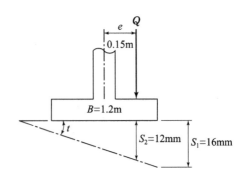

□□□ 06②, 12①, 14②, 22①

20 가요성포장(Flexible Pavement)의 구조설계 시, AASHTO(1972) 설계법에 의한 소요포장 두께 지수(SN)가 4.3으로 계산되었다. 포장은 표층, 기층 및 보조기층의 3개층으로 구성하고, 각 층 재료를 상대강도계수와 표층, 기층의 두께를 다음과 같이 배분할 경우의 보조기층 두께를 구하시오.

득점	배점
	3

포장층	재료	상대강도계수	두께(cm)
표층	높은 안정도의 아스팔트 콘크리트	0.176	5
기층	쇄 석	0.055	25
보조기층	모래 섞인 자갈	0.043	

계산 과정)

답 : _____

 포장 두께지수 $SN = a_1 D_1 + a_2 D_2 + a_3 D_3$

$\qquad 4.3 = 0.176 \times 5 + 0.055 \times 25 + 0.043 \times D_3$

∴ 보조기층 두께 $D_3 = 47.56\,\text{cm}$

참고 SOLVE 사용

72년 AASHTO 설계법

$SN = \alpha_1 D_1 + \alpha_2 D_2 + \alpha_3 D_3$

여기서, SN : 포장두께지수(Structural Number)

$\qquad \alpha_1,\ \alpha_2,\ \alpha_3$: 표층, 기층, 보조기층 각각의 상대강도계수

$\qquad D_1,\ D_2,\ D_3$: 표층, 기층, 보조기층 각각의 설계두께(cm)

□□□ 12①

21 일반 콘크리트의 시공에 관한 아래의 각 경우에 대한 답을 쓰시오.

득점	배점
	3

콘크리트는 신속하게 운반하여 즉시 타설하고, 충분히 다져야 한다. 비비기로부터 타설이 끝날 때까지의 시간은 원칙적으로 외기온도가 25℃ 이상일 때는 (①)시간, 25℃ 미만일 때에는 (②)시간을 넘어서는 안 된다.

① _____ ② _____

 ① 1.5시간 ② 2시간

 비비기로부터 타설이 끝날 때까지의 시간

외기온도	비비기부터 타설완료 시간
25℃ 이상	1.5시간
25℃ 미만	2.0시간

□□□ 05①, 09①, 12①, 14④, 17②

22 다음의 작업리스트를 보고 아래 물음에 답하시오.

득점 | 배점
10

작업명	선행작업	후속작업	표준 상태		특급 상태	
			작업일수	비용	작업일수	비용
A	–	B, C	3	30만원	2	33만원
B	A	D	2	40만원	1	50만원
C	A	E	7	60만원	5	80만원
D	B	F	7	100만원	5	130만원
E	C	G, H	7	80만원	5	90만원
F	D	G, H	5	50만원	3	74만원
G	E, F	I	5	70만원	5	70만원
H	E, F	I	1	15만원	1	15만원
I	G, H	–	3	20만원	3	20만원

가. Network(화살선도)를 작도하고, 표준상태에 대한 C.P를 표시하시오.

나. 공기를 3일 단축했을 때 추가로 소요되는 비용을 구하시오.

계산 과정)

답 : ⋯⋯⋯⋯⋯⋯⋯⋯⋯⋯

해답 가.

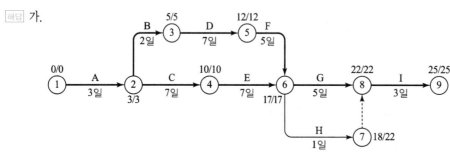

C.P : A→B→D→F→G→I
　　　 A→C→E→G→I

나. 비용구배(만원/일)

$$A = \frac{33-30}{3-2} = 3만원, \qquad B = \frac{50-40}{2-1} = 10만원, \qquad C = \frac{80-60}{7-5} = 10만원$$

$$D = \frac{130-100}{7-5} = 15만원, \qquad E = \frac{90-80}{7-5} = 5만원, \qquad F = \frac{74-50}{5-3} = 12만원$$

단축단계	단축작업	단축일	비용경사(만원/일)	단축비용(만원)	추가비용 누계(만원)
1	A	1	3	3	3
2	B+E	1	10+5 = 15	15	18
3	E+F	1	5+12	17	35

∴ 추가 소요되는 비용 35만원

단축방법

작업명	단축가능일수	비용경사(만원)	1	2	3
A	1	$\frac{33-30}{3-2}=3$	1		
B	1	$\frac{50-40}{2-1}=10$		1	
C	2	$\frac{80-60}{7-5}=10$			
D	2	$\frac{130-100}{7-5}=15$			
E	2	$\frac{90-80}{7-5}=5$		1	1
F	2	$\frac{74-50}{5-3}=12$			1
G	–	–			
H	–	–			
I	–	–			
추가비용			3만원	15만원	17만원
추가비용 합계			3만원	18만원	35만원

□□□ 89②, 05②, 08④, 12①, 13④, 17④, 21②, 23②

23 조절발파공법(controlled blasting)의 종류를 4가지만 쓰시오.

득점	배점
	3

① _____ ② _____ ③ _____ ④ _____

해답 ① 라인 드릴링(line drilling)공법　　② 쿠션 블라스팅(cushion blasting)공법
　　③ 스무스 블라스팅(smooth blasting)공법　　④ 프리 스플리팅(pre-spliting)공법

□□□ 12①

24 하천공사에서 각종 용수의 취수, 주운(舟運) 등을 위하여 수위를 높이고 조수의 역류를 방지하기 위하여 횡단방향으로 설치하는 댐 이외의 구조물을 무엇이라 하는가?

득점	배점
	2

○

해답 보(洑, barrae)

보(洑, barrae)

　각종 용수의 취수, 배수 및 주운 등을 위하여 일정 수심을 유지하거나 조수의 역류를 방지하기 위하여 하천을 횡단하여 설치하는 시설물로서 목적에 따라 취수보, 분류보, 방조보로 구분된다.

□□□ 06②, 12①, 14②, 16④, 21①

25 주어진 도면에 따라 다음 물량을 산출하시오. (단, 도면의 치수단위는 mm이다.)

득점	배점
	8

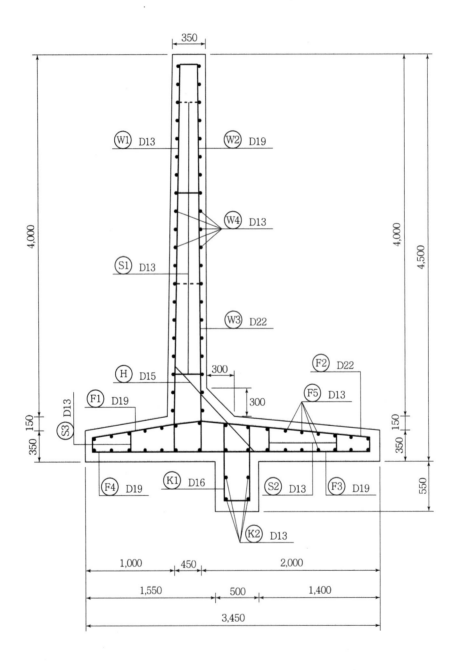

단 면 도

일 반 도

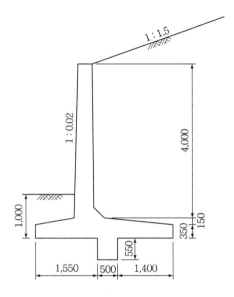

가. 옹벽길이 1m에 대한 콘크리트량을 구하시오.
  (단, 소수 넷째자리에서 반올림하시오.)

계산 과정)   답 : _____

나. 옹벽길이 1m에 대한 거푸집량을 구하시오.
  (단, 돌출부(전단 Key)에 거푸집을 사용하며, 마구리면의 거푸집을 무시하며, 소수 넷째자리
  에서 반올림하시오.)

계산 과정)   답 : _____

해답 가.

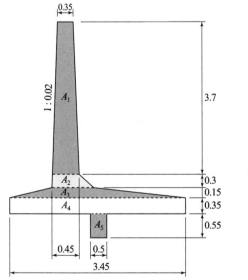

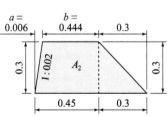

$a = 0.02 \times 0.3 = 0.006\mathrm{m}$

$b = 0.45 - 0.02 \times 0.3 = 0.444\mathrm{m}$

$A_1 = \dfrac{0.35 + 0.444}{2} \times 3.7 = 1.469\,\mathrm{m}^2$

$A_2 = \dfrac{0.444 + (0.45 + 0.3)}{2} \times 0.3 = 0.179\,\mathrm{m}^2$

$A_3 = \dfrac{(0.45 + 0.3) + 3.45}{2} \times 0.15 = 0.315\,\mathrm{m}^2$

$A_4 = 0.35 \times 3.45 = 1.208\,\mathrm{m}^2$

$A_5 = 0.55 \times 0.5 = 0.275\,\mathrm{m}^2$

$\therefore V = (\sum A_i) \times 1 = (1.469 + 0.179 + 0.315 + 1.208 + 0.275) \times 1 = 3.446\,\mathrm{m}^3$

나. $a = 0.02 \times 4.0 = 0.08\mathrm{m}$

$b = 0.45 - (0.08 + 0.35) = 0.02\mathrm{m}$

$\mathrm{A} = 0.55 \times 2 = 1.1\mathrm{m}$

$\mathrm{B} = 0.35 \times 2 = 0.70\mathrm{m}$

$\mathrm{C} = \sqrt{0.3^2 + 0.3^2} = 0.4243\,\mathrm{m}$

$\mathrm{D} = \sqrt{4.0^2 + 0.08^2} = 4.001\,\mathrm{m}$

$\mathrm{F} = \sqrt{3.7^2 + 0.02^2} = 3.7001\,\mathrm{m}$

$\sum l = (1.1 + 0.70 + 0.4243 + 4.001 + 3.7001)$
$\qquad = 9.9254\mathrm{m}$

$\therefore$ 면적 $= \sum l \times 1(\mathrm{m}) = 9.9254 \times 1 = 9.925\,\mathrm{m}^2$

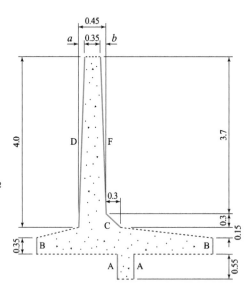

□□□ 03①, 12①, 12②, 20③

26 다음 그림에서 (A)의 흙(모래 및 점토)을 굴착하여 (B), (C)에 성토하고 난 후의 남은 흙의 양은 얼마인가? (단, 토량변화율은 모래에서 $C = 0.8$, 점토에서 $C = 0.9$이고, 모래 굴착 후 점토를 굴착한다.)

계산 과정)

답 : _____

─────────────────────────

해답 • 자연상태의 성토량 $= 30,000 + 36,000 = 66,000\mathrm{m}^3$

• 모래의 완성토량 $= 60,000 \times 0.8 = 48,000\mathrm{m}^3$

• 성토 부족량 $= 66,000 - 48,000 = 18,000\,\mathrm{m}^3$

$\therefore$ 남은 토량 $= 65,000 - 18,000 \times \dfrac{1}{0.9} = 45,000\,\mathrm{m}^3$(본바닥 토량을 기준)

□□□ 95⑤, 97②, 00③, 06①, 12①

27 그림과 같이 중력식 옹벽을 설치할 때 수평활동에 대한 안정도를 검토하시오. (단, Rankine식 사용)

득점	배점
	3

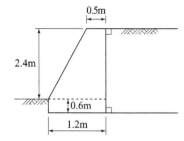

- 흙의 단위중량 : 18kN/m³
- 흙의 내부마찰각 : 30°
- 점착력 : 0
- concrete 저면과 흙과의 마찰각 : 20°
- concrete 단위 중량 : 23kN/m³

계산 과정)

답 : ─────────

해답 $F_s = \dfrac{R_V \cdot \tan\delta + P_P}{P_A} \geq 1.5$ 일 경우, 안정

- R_V = 옹벽의 자중(W) = $\dfrac{0.5+1.2}{2} \times 2.4 \times 23 + 0.6 \times 1.2 \times 23 = 63.48 \, \text{kN/m}$

- $P_A = \dfrac{1}{2}\gamma H^2 \tan^2\left(45° - \dfrac{\phi}{2}\right)$

  $= \dfrac{1}{2} \times 18 \times 3^2 \tan^2\left(45° - \dfrac{30°}{2}\right) = 27 \, \text{kN/m}$

- $P_P = \dfrac{1}{2}\gamma H^2 \tan^2\left(45° + \dfrac{\phi}{2}\right)$

  $= \dfrac{1}{2} \times 18 \times 0.6^2 \tan^2\left(45° + \dfrac{30°}{2}\right) = 9.72 \, \text{kN/m}$

- $F_s = \dfrac{63.48 \tan 20° + 9.72}{27} = 1.22 \leq 1.5$ ∴ 불안정

2012년도 기사 제2회 필답형 실기시험 (기사)

종 목	시험시간	형 별	성 명	수험번호
토목기사	3시간	B		

※ 수험자 인적사항 및 계산식을 포함한 답안 작성은 검은색 필기구만 사용해야 하며, 그 외 연필류, 빨간색, 청색 등 필기구로 작성한 답항은 0점 처리 됩니다.

☐☐☐ 99①, 01①, 12②, 15②, 18①, 23②

01 다음 그림과 같은 사면에서 AC는 가상 파괴면을 나타낸다. 쐐기 ABC의 활동에 대한 안전율은 얼마인가?

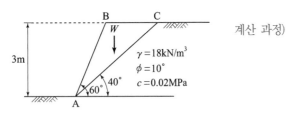

득점	배점
	3

계산 과정)

답 :

해답 안전율 $F = \dfrac{c \cdot L + W\cos\theta \cdot \tan\phi}{W\sin\theta}$

① $\overline{BC}$ 거리계산

$x_1 = 3\tan30° = 1.732\,\text{m}$

$x_1 + x_2 = 3\tan50° = 3.575\,\text{m}$

$\therefore \overline{BC} = x_2 = 3.575 - 1.732 = 1.843\,\text{m}$

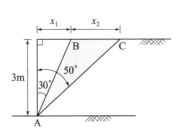

② $\overline{AC}$ 거리계산

$\overline{AC} = L = \dfrac{3}{\cos50°} = 4.667\,\text{m} \left(\because \cos50° = \dfrac{3}{\text{AC}}\right)$

③ 파괴토사면 $\triangle ABC$ 의 중량 W

$W = \dfrac{3 \times 1.843}{2} \times 18 = 49.76\,\text{kN/m}$

$c = 0.02\,\text{MPa} = 0.02\,\text{N/mm}^2 = 20\,\text{kN/m}^2$

$\therefore F = \dfrac{20 \times 4.667 + 49.76\cos40° \times \tan10°}{49.76\sin40°} = 3.13$

참고 $c = 0.02\,\text{MPa} = 0.02\,\text{N/mm}^2 = 2\,\text{N/cm}^2 = 20\,\text{kN/m}^2$

SI단위
$1\text{MPa} = 1,000\,\text{kN/m}^2$

☐☐☐ 12②

02 암반의 안정성은 암반 내에 발달하고 있는 불연속면(절리면)에 따라서 크게 좌우된다. 이러한 불연속면의 공학적 평가를 위한 조사항목을 3가지만 쓰시오.

득점	배점
	3

① _____ ② _____ ③ _____

해답 ① 불연속면의 방향성   ② 불연속면의 간격   ③ 불연속면의 충전물
④ 불연속면의 연장성   ⑤ 불면속면의 간극   ⑥ 분리면의 거칠기

□□□ 04②, 06①, 12②, 16②, 22①

03 다음과 같은 공정표(CPM Table)를 보고 아래 물음에 답하시오.

득점 | 배점
10

NODE		공정명	정상기간	정상비용	특급기간	특급비용
1	2	A	3일	30만원	3일	30만원
1	3	B	4일	24만원	3일	30만원
1	4	C	4일	40만원	3일	60만원
2	3	DUMMY	0	0만원	0일	0만원
2	5	E	7일	35만원	5일	49만원
3	5	F	4일	32만원	4일	32만원
3	6	H	6일	48만원	5일	60만원
3	7	G	9일	45만원	6일	69만원
4	6	I	7일	56만원	6일	66만원
5	7	J	10일	40만원	7일	55만원
6	7	K	8일	64만원	8일	64만원
7	8	M	5일	60만원	3일	96만원

가. Net Work(화살선도)를 작도하고 표준일수에 대한 Critical Path를 표시하시오.

나. 정상공사시간 4일을 줄일 때 발생하는 추가비용의 최소치를 구하시오.

계산 과정)

답 : _____

───

해답 가.

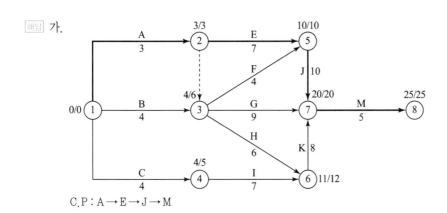

C.P : A → E → J → M

나. 비용경사

$I = \dfrac{66-56}{7-6} = 10$만원, $J = \dfrac{55-40}{10-7} = 5$만원, $M = \dfrac{96-60}{5-3} = 18$만원

단축단계	단축작업	단축일	비용경사 (만원/일)	단축비용 (만원)	추가비용 누계 (만원)
1	J	1	5	5	5
2	J+I	1	5+10	15	20
3	M	2	18	36	56

∴ 추가비용 56만원

4일 단축방법

작업명	단축 가능일수	비용경사	25	24 (-1)	23 (-2)	22 (-3)	21 (-4)
B	1	$\dfrac{30-24}{4-3}=6$만원					
C	1	$\dfrac{60-40}{4-3}=20$만원					
E	2	$\dfrac{49-35}{7-5}=7$만원					
H	1	$\dfrac{60-48}{6-5}=12$만원					
G	3	$\dfrac{69-45}{9-6}=8$만원					
I	1	$\dfrac{66-56}{7-6}=10$만원			1		
J	3	$\dfrac{55-40}{10-7}=5$만원		1	1		
M	2	$\dfrac{96-60}{5-3}=18$만원				1	1
추가비용			0	5만원	15만원	18만원	18만원
추가비용 합계			0	5만원	20만원	38만원	56만원

□□□ 09①, 12②

04 다음과 같은 조건의 지층에 직경 350mm의 강관말뚝(관입깊이 22m)을 타입시공하였다. 허용지지력을 Meyerhof식을 이용하여 구하시오. (단, 말뚝선단은 완전히 폐색된 것으로 가정하며, 안전율은 3을 적용한다.)

득점	배점
	3

【조 건】

지표로부터 0 ~ 5m	느슨한 모래 $N_1 = 5$
5 ~ 18m	실트질 모래 $N_2 = 8$
18 ~ 22m	촘촘한 모래 $N_3 = 45$

계산 과정)

답 : _____

해답 허용지지력 $Q_a = \dfrac{Q_u}{3}$, 극한지지력 $Q_u = 40 \cdot N \cdot A_p + \dfrac{\overline{N} \cdot A_s}{5}$

• $A_p = \dfrac{\pi \cdot d^2}{4} = \dfrac{\pi \times 0.35^2}{4} = 0.096\,\mathrm{m}^2$

• $\overline{N} = \dfrac{N_1 h_1 + N_2 h_2 + N_3 h_3}{h_1 + h_2 + h_3} = \dfrac{5 \times 5 + 8(18-5) + 45 \times (22-18)}{5+13+4} = 14.045$

• $A_f = \pi D l = \pi \times 0.35 \times 22 = 24.190\,\mathrm{m}^2$

• $Q_u = 40 \times 45 \times 0.096 + \dfrac{14.045 \times 24.190}{5} = 240.75\,\mathrm{t}$ $\therefore\ Q_a = \dfrac{240.75}{3} = 80.25\,\mathrm{t}$

□□□ 12②, 15④, 17②, 19③

05 22회의 시험실적으로부터 구한 압축강도의 표준편차가 4.5MPa이었고, 콘크리트의 품질기준강도(f_{cq})가 40MPa일 때 배합강도는? (단, 표준편차의 보정계수는 시험횟수가 20회인 경우 1.08이고, 25회인 경우 1.03이다.)

득점	배점
	3

계산 과정)

답 :

해답 $f_{cq} = 40\,\mathrm{MPa} > 35\,\mathrm{MPa}$인 경우

· 22회의 보정계수 $= 1.08 - \dfrac{1.08 - 1.03}{25 - 20} \times (22 - 20) = 1.06$

· 수정표준편차 $s = 4.5 \times 1.06 = 4.77\,\mathrm{MPa}$

· $f_{cr} = f_{cq} + 1.34\,s = 40 + 1.34 \times 4.77 = 46.39\,\mathrm{MPa}$

· $f_{cr} = 0.9 f_{cq} + 2.33\,s = 0.9 \times 40 + 2.33 \times 4.77 = 47.11\,\mathrm{MPa}$

∴ 배합강도 $f_{cr} = 47.11\,\mathrm{MPa}$(∵ 두 값 중 큰 값)

□□□ 12②, 17②

06 댐 여수로의 급경사 수로를 유하한 고속류의 운동에너지를 감세시켜 하류 하천에 안전하게 유하시키기 위한 시설을 감세공이라 한다. 이러한 감세공의 종류 3가지를 쓰시오.

득점	배점
	3

① _____ ② _____ ③ _____

해답 ① 플립 버킷형(Flip Bucket) ② 정수지형(Stilling Basin) ③ 잠수 버킷형(Submerged Bucket)

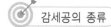 감세공의 종류

댐 여수로의 급경사 수로를 유하한 고속류의 운동에너지를 감세시켜 하류 하천에 안전하게 유하시키기 위한 시설

① 플립 버킷형(Flip Bucket) : 급경사수로의 말단에 버킷모양의 수로를 설치하여 수류가 공중으로 사출되도록 하며, 사출된 수류를 암반이나 플런지 풀(plunge pool)에 돌입시켜 감세시키는 형식

② 정수지형(Stilling Basin) : 도수에 의하여 급경사수로에서의 사류흐름을 상류로 변환시켜 안전하게 하류 하천에 유하하여 감세시키는 형식

③ 잠수 버킷형(Submerged Bucket) : 하류 하천의 수심이 클 경우에 수류를 수중에서 회전시켜 전동류를 발생시킴으로서 감세시키는 형식

□□□ 12②, 17①, 20①

07 아래 그림과 같은 지반에서 다음 물음에 답하시오.

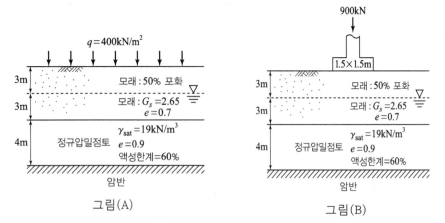

그림(A)   그림(B)

가. 그림(A)와 같이 지표면에 400kN/m²의 무한히 넓은 등분포하중이 작용하는 경우 압밀침하량을 구하시오.

계산 과정)

답 : _____

나. 그림(B)와 같이 지표면에 설치한 정사각형 기초에 900kN의 하중이 작용하는 경우 압밀침하량을 구하시오. (단, 응력증가량 계산은 2 : 1 분포법을 사용하고, 평균유효응력 증가량($\Delta\sigma$)은 $(\Delta\sigma_t + 4\Delta\sigma_m + \Delta\sigma_b)/6$으로 구한다. 여기서, $\Delta\sigma_t$, $\Delta\sigma_m$, $\Delta\sigma_b$는 점토층의 상단부, 중간층, 하단부의 응력증가량이다.)

계산 과정)

답 : _____

해답 **가.** 압밀침하량 $\triangle H = \dfrac{C_c H}{1+e} \log \dfrac{P_2}{P_1}$

• $C_c = 0.009(W_L - 10) = 0.009(60 - 10) = 0.45$

• 모래 $\gamma_t = \dfrac{G_s + \dfrac{S \cdot e}{100}}{1+e} \cdot \gamma_w = \dfrac{2.65 + \dfrac{50 \times 0.7}{100}}{1+0.7} \times 9.81 = 17.31\,\mathrm{kN/m^3}$

• 모래 $\gamma_{sub} = \dfrac{G_s - 1}{1+e}\gamma_w = \dfrac{2.65 - 1}{1+0.7} \times 9.81 = 9.52\,\mathrm{kN/m^3}$

• 정규압밀점토 $\gamma_{sub} = \gamma_{sat} - \gamma_w = 19 - 9.81 = 9.19\mathrm{kN/m^3}$

• $P_1 = \gamma_t \cdot h_1 + \gamma_{sub} \cdot h_2 + \gamma_{sub} \cdot \dfrac{h_3}{2}$

   $= 17.31 \times 3 + 9.52 \times 3 + 9.19 \times \dfrac{4}{2} = 98.87\,\mathrm{kN/m^2}$

• $P_2 = P_1 + q = 98.87 + 400 = 498.87\,\mathrm{kN/m^2}$

   $\therefore \ \triangle H = \dfrac{0.45 \times 4}{1+0.9} \log \dfrac{498.87}{98.87} = 0.6659\mathrm{m} = 66.59\mathrm{cm}$

나. 압밀침하량 $\triangle H = \dfrac{C_c H}{1+e} \log \dfrac{P_1 + \Delta\sigma}{P_1}$

- $\Delta\sigma_t = \dfrac{Q}{(B+z)^2} = \dfrac{900}{(1.5+6)^2} = 16 \, \text{kN/m}^2$

- $\Delta\sigma_m = \dfrac{Q}{(B+z)^2} = \dfrac{900}{(1.5+8)^2} = 9.97 \, \text{kN/m}^2$

- $\Delta\sigma_b = \dfrac{Q}{(B+z)^2} = \dfrac{900}{(1.5+10)^2} = 6.81 \, \text{kN/m}^2$

- $\Delta\sigma = \dfrac{\Delta\sigma_t + \Delta\sigma_m + \Delta\sigma_b}{6} = \dfrac{16.0 + 4 \times 9.97 + 6.81}{6} = 10.44 \, \text{kN/m}^2$

∴ $\triangle H = \dfrac{0.45 \times 4}{1+0.9} \log \dfrac{98.87 + 10.44}{98.87} = 0.0413 \text{m} = 4.13 \text{cm}$

□□□ 12②

08 성토시공방법을 아래 표의 예시와 같이 3가지만 쓰시오.

득점	배점
	3

수평층 쌓기법

① _____   ② _____   ③ _____

해답 ① 전방층 쌓기법   ② 비계층 쌓기법   ③ 물다짐공법

□□□ 94④, 98④, 12②, 20②

09 콘크리트 압축강도를 시험하여 거푸집널의 해체시기를 결정하는 경우 그 기준을 나타내는 아래 표의 빈칸을 채우시오.

득점	배점
	3

부재	콘크리트 압축강도(f_{cu})
기초, 보, 기둥, 벽 등의 측면	①
슬래브 및 보의 밑면, 아치 내면 (단층구조인 경우)	②

해답 ① 5MPa

② 설계기준 압축강도의 $\dfrac{2}{3}$배 이상(단, 최소 14MPa 이상)

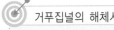 거푸집널의 해체시기

부재	콘크리트 압축강도(f_{cu})
기초, 보, 기둥, 벽 등의 측면	5MPa
슬래브 및 보의 밑면, 아치 내면 (단층구조인 경우)	설계기준 압축강도의 $\dfrac{2}{3}$배 이상(단, 최소 14MPa 이상)

□□□ 12②

10 시멘트 콘크리트 포장에서 보조기층이나 노상의 흙이 우수의 침입과 교통하중의 반복에 의해 이토화(泥土化)되어 균열 틈이나 줄눈부로 뿜어 오르는 현상으로 이와 같은 현상이 반복됨에 따라 Slab 하부에 공극과 공동이 생겨 단차가 발생하고 콘크리트 슬래브가 파괴에 이르게 된다. 이러한 현상을 무엇이라 하는가?

득점	배점
	2

○

해답 펌핑(pumping)

 펌핑(Pumping)

콘크리트 포장 Slab의 보조기층이나 노상의 흙이 우수의 침입과 교통하중의 반복에 의해 이토화(泥土化)하여 줄눈 또는 균열을 통해 노면으로 뿜어 나오는 현상

① 발생위치
- 콘크리트 Slab 줄눈 부위
- 콘크리트 Slab 균열 발생 부위

② 발생으로 인한 피해
- 포장 Slab 하부 공극과 공동 발생
- 콘크리트 Slab 파괴
- 단차 발생
- 보조기층 지지력 저하
- 표층오염

□□□ 85③, 92③, 93③, 95④, 00⑤, 06①②, 07①, 09④, 12②, 19③, 20①

11 토목시공에서 사용하고 있는 토목섬유의 주요 기능을 4가지만 쓰시오.

득점	배점
	3

① _____ ② _____ ③ _____ ④ _____

해답 ① 배수기능 ② 여과기능 ③ 분리기능 ④ 보강기능 ⑤ 차수기능

□□□ 85②, 99①, 12②

12 웰 포인트(well point) 공법에서 웰 포인트의 스크린(screen)의 상단을 항상 계획 굴착면 보다 1.0m 정도 깊게 설치하며 전체 스크린을 동일 레벨(level)상에 있도록 설계하는 가장 큰 이유는 무엇인가?

득점	배점
	2

○

해답 공기유입 방지

□□□ 05①, 08④, 12②, 16①, 22①

13 연약지반에 설치한 교대에 발생하기 쉬운 측방유동에 영향을 미치는 주요 요인을 3가지만 쓰시오.

득점	배점
	3

① _____ ② _____ ③ _____

해답 ① 교대배면의 뒤채움 편재하중 ② 교대배면의 성토높이
③ 교대하부 연약층의 두께 ④ 교대하부 연약층의 전단강도

🎯 교대의 측방유동

① 연약지반에 설치하는 교대기초는 대부분 말뚝기초로 계획하는데 이 말뚝기초는 상부구조물의 하중과 토압뿐만 아니라 편재하중으로 인한 측방유동에 대하여도 안정하여야 한다.
② 교대의 측방유동 발생원인으로는 지지력 부족, 과도한 침하, 사면 불안정, 과도한 지반의 경사
③ 교대의 측방유동에 미치는 영향 : 교대배면의 성토고, 교대배면의 뒤채움 편재하중, 연약층의 전단강도, 교대하부 연약층의 두께, 교대치수, 기초형식, 기초강성 등의 영향을 받는다.

□□□ 92①②, 99④, 03①, 12②, 20①

14 널말뚝에 사용되는 일반적인 Anchor 종류를 3가지만 쓰시오.

득점	배점
	3

① _____ ② _____ ③ _____

해답 ① 앵커판(anchor plate)과 앵커보(deadman)
② 타이백(tie back)
③ 수직앵커말뚝
④ 경사말뚝으로 지지되는 앵커보

□□□ 00③, 05①, 12②

15 연약점토지반 개량공법 중 생석회 말뚝공법의 주요효과를 3가지만 쓰시오.

득점	배점
	3

① _____ ② _____ ③ _____

해답 ① 탈수효과 ② 압밀효과 ③ 건조효과

🎯 생석회 말뚝공법의 효과

① 생석회가 물과 혼합된 경우는 화학반응으로 체적이 2배로 증가하면서 생석회의 소화, 흡수에 의한 탈수효과, 말뚝의 팽창에 의한 압밀효과가 있다.
② 발열반응에 의한 고온(300∼400℃) 발생으로 건조효과를 가져온다.
③ 점토광물과 화학반응으로 탄산분과 탄산칼슘을 형성하여 강도증가 현상을 가져온다.

12②

16 교각(Pier)의 세굴(Scouring) 방지공법을 3가지만 쓰시오.

① _____ ② _____ ③ _____

해답 ① 사석 보호공   ② 돌망태 보호공   ③ 시트 파일공
④ 콘크리트 밑다짐공   ⑤ 수제공   ⑥ 프리플레이스트 콘크리트공

◎ 유수의 집중에 의한 세굴에 대한 인정

흐름의 소류력에 의한 최대 세굴 깊이를 수리학적 이론에 의하여 검토하여 이에 대한 대책으로 사석 보호공, 돌망태 보호공, 시트 파일공, 콘크리트 밑다짐공, 수제공, 프리플레이스트 콘크리트공 등의 세굴 방지공법으로 교각의 전면, 측면에 보호공을 설치한다.

□□□ 03①, 12①②, 19③

17 다음 그림에서 (A)의 흙을 굴착하여 (B), (C)에 성토하고 난 후의 남은 흙의 양은 얼마인가? (단, 점토의 토량 변화율 $C=0.92$, 모래의 토량변화율 $C=0.9$)

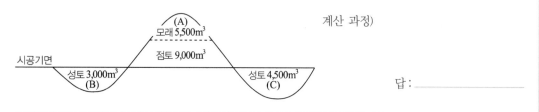

계산 과정)

답 : _____

해답 • 자연상태의 성토량 $= 3,000+4,500 = 7,500\,\mathrm{m}^3$
• 모래의 완성토량 $= 5,500 \times 0.9 = 4,950\,\mathrm{m}^3$
• 성토부족량 $= 7,500 - 4,950 = 2,550\,\mathrm{m}^3$
∴ 남은 토량 $= 9,000 - 2,550 \times \dfrac{1}{0.92} = 6,228.26\,\mathrm{m}^3$ (본바닥 토량을 기준)

□□□ 12②

18 아래 그림과 같이 지하수위가 지표면과 일치하는 지반에 하중을 가했더니 A지점에서 수위가 3m 증가하였다. A지점에서의 간극수압을 구하시오.

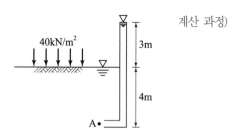

계산 과정)

답 : _____

해답 $u = (h_w + z)\gamma_w = (3+4) \times 9.81 = 68.67\,\mathrm{kN/m}^2$

□□□ 12②, 14①, 18③, 21②, 22②

19 아래 그림과 같은 옹벽에서 인장균열이 발생한 후의 옹벽에 작용하는 전체 주동토압을 구하시오. (단, 인장균열 위의 토압은 무시하고 상재하중으로 고려하여 계산하시오.)

득점	배점
	3

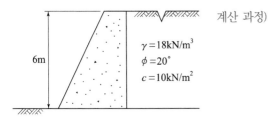

$\gamma = 18 kN/m^3$
$\phi = 20°$
$c = 10 kN/m^2$

계산 과정)

답 : _____

해답 $P_A = \dfrac{1}{2}\gamma(H-z_o)^2 K_A + \gamma z_o(H-z_o)K_A$

• 인장균열 깊이

$z_o = \dfrac{2c}{\gamma_t}\tan\left(45° + \dfrac{\phi}{2}\right) = \dfrac{2\times 10}{18}\times\tan\left(45° + \dfrac{20°}{2}\right) = 1.587\,\text{m}$

• $K_A = \tan^2\left(45° - \dfrac{\phi}{2}\right) = \tan^2\left(45° - \dfrac{20°}{2}\right) = 0.490$

∴ $P_A = \dfrac{1}{2}\times 18\times(6-1.587)^2\times 0.490 + 18\times 1.587\times(6-1.587)\times 0.490$
$= 85.88 + 61.77 = 147.65\,\text{kN/m}$

또는

$P_A = \dfrac{1}{2}\gamma_t H^2 K_A - 2cH\sqrt{K_A} + \dfrac{2c^2}{\gamma_t} + q_s K_A(H-Z_x)$
$= \dfrac{1}{2}\times 18\times 6^2\times 0.490 - 2\times 10\times 6\sqrt{0.490} + \dfrac{2\times 10^2}{18} + (18\times 1.59)\times 0.490\times(6-1.59)$
$= 158.76 - 84 + 11.111 + 61.845 = 147.72\,\text{kN/m}$

□□□ 12②

20 토사지반에 터널굴착 시 터널 천단의 침하로 지표면의 침하 및 붕괴와 같은 대규모 사고가 발생할 수 있다. 이러한 토사지반에서 터널의 천단 안정공법을 3가지만 쓰시오.

득점	배점
	3

① _____ ② _____ ③ _____

해답 ① 훠폴링(Forepoling) 공법   ② 미니파이프 루프(Mini Pipe Roof) 공법
③ 스틸 시트파일(Steel Sheet Pile) 공법   ④ 강관다단 그라우팅 공법

 천단부 안정공법

① 훠폴링(Forepoling) 공법 : 굴착 전 터널 천단부에 종방향으로 설치하여 굴착 천단부의 안정을 도모하여 막장 전반의 지반보호 및 느슨함을 방지하는 공법
② 미니파이프 루프(Mini Pipe Roof) 공법 : 점착력이 작은 토사지반의 터널을 대상으로 천공구경보다 약간 굵은 파이프를 굴착면 바깥둘레를 따라 타설하여 굴착에 의한 지반의 느슨함과 천단의 spalling을 방지하는 공법
③ 스틸 시트파일(Steel Sheet Pile) 공법 : 암반 조건이 나쁜 토사지반에는 막장방호를 위하여 sheet pile을 굴착면 바깥둘레를 따라 직접 타설하여 천단안정을 도모하는 공법
④ 강관다단 그라우팅 공법 : 불량한 지반의 터널을 굴착하는 경우에 막장 천단부의 붕괴와 과대한 지표 침하가 예상되므로 pre-support, pre-grouting 목적의 보조공법

□□□ 84②, 93③, 96①, 98①, 02④, 03②, 06①②, 10④, 12②, 17②, 22②

21 15t 덤프트럭에 흙을 적재하여 운반하고자 할 때 버킷용량이 0.6m^3이며 버킷계수가 0.9인 백호를 사용하여 덤프트럭 1대를 적재하려면 필요한 시간은 얼마인가? (단, 흙의 단위중량 1.8t/m^3, $L = 1.2$, 백호의 cycle time : 30초, 백호의 작업효율 : 0.8)

득점	배점
	3

계산 과정)

답 : _____

─────────────────────────────

해답 적재시간 $C_{mt} = \dfrac{C_{ms} \cdot n}{60 \cdot E_s}$

- $q_t = \dfrac{T}{\gamma_t} \cdot L = \dfrac{15}{1.8} \times 1.2 = 10\text{m}^3$

- $n = \dfrac{q_t}{q \cdot k} = \dfrac{10}{0.6 \times 0.9} = 18.52 = 19$회

   ∴ 적재시간 $C_{mt} = \dfrac{30 \times 19}{60 \times 0.8} = 11.88$분

─────────────────────────────

□□□ 93③, 95③, 12②, 15①

22 아래 그림과 같은 기초지반에 평판재하시험을 실시하여 $\log P - \log S$ 곡선을 그려 항복하중을 구했더니 210kN, 극한하중은 300kN이었다. 이때 기초지반의 장기허용지지력은 얼마인가? (단, 기초하중면보다 아래에 있는 지반의 토질에 따른 계수(N_q)는 3이다.)

득점	배점
	3

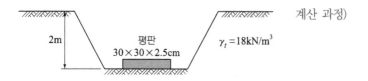

계산 과정)

답 :

─────────────────────────────

해답 $q_a = q_t + \dfrac{1}{3}\gamma \cdot D_f \cdot N_q$

- 항복강도 $q_y = \dfrac{P_y}{A} = \dfrac{210}{0.3 \times 0.3} = 2{,}333.33\text{kN/m}^2$

- 극한강도 $q_u = \dfrac{P_u}{A} = \dfrac{300}{0.3 \times 0.3} = 3{,}333.33\text{kN/m}^2$

- 허용지지력(q_t) 결정

   $q_t = \dfrac{q_y}{2} = \dfrac{2{,}333.33}{2} = 1{,}166.67\,\text{kN/m}^2$

   $q_t = \dfrac{q_u}{3} = \dfrac{3{,}333.33}{3} = 1{,}111.11\,\text{kN/m}^2$

   ∴ 허용지지력 $q_t = 1{,}111.11\,\text{kN/m}^2$(∵ 두 값 중 작은 값)

- 장기허용지지력

   $q_a = q_t + \dfrac{1}{3}\gamma \cdot D_f \cdot N_q = 1{,}111.11 + \dfrac{1}{3} \times 18 \times 2 \times 3 = 1{,}147.11\,\text{kN/m}^2$

□□□ 04①, 05④, 07②, 08③, 12②

23 Sand drain 공법을 사용하고, 단위중량 20kN/m³인 성토재료를 5m 성토하여 연약지반을 개량하였다. 연직방향 압밀도 = 0.9, 수평방향 압밀도 = 0.2인 경우 개량된 지반의 강도를 구하시오. (단, 개량 전 원지반강도 $C_o = 50$kN/m²이며, 강도증가비 $c/P = 0.18$이다.)

득점	배점
	3

계산 과정)

답 : _____

해답 개량 후 지반강도 $C = C_o + \Delta C = C_o + \dfrac{c}{P} \cdot \Delta p \cdot U$

· 성토하중 $\Delta p = \gamma H = 20 \times 5 = 100 \, \text{kN/m}^2$

· 압밀도 $U = 1 - (1 - U_v)(1 - U_h) = 1 - (1 - 0.9)(1 - 0.2) = 0.92$

· 강도증가량 $\Delta C = \dfrac{c}{P} \cdot \Delta p \cdot U = 0.18 \times 100 \times 0.92 = 16.56 \, \text{kN/m}^2$

∴ $C = 50 + 16.56 = 66.56 \, \text{kN/m}^2$

□□□ 04④, 09④, 12②

24 그림의 토적곡선에서 c−e 구간의 굴착작업을 2일 내에 완료하기 위해 1.0m³ 백호 몇 대를 동원해야 하는지 계산하시오. (단, 백호의 버킷계수 = 1.0, 사이클타임 = 30초, 효율 = 0.65, L = 1.2, C = 0.9, 1일 = 8시간 작업)

득점	배점
	3

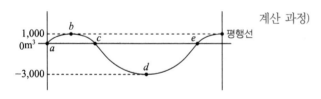

계산 과정)

답 : _____

해답 · c−e 구간에서 굴착토량은 3,000m³

· 백호의 작업량

· $Q_S = \dfrac{3,600 \cdot q \cdot K \cdot f \cdot E}{C_m} = \dfrac{3,600 \times 1.0 \times 1.0 \times \dfrac{1}{1.2} \times 0.65}{30} = 65 \, \text{m}^3/\text{hr}$

· 백호 1대의 2일 작업량 = 65 × 8(시간) × 2(일) = 1,040 m³

∴ 백호 소요대수 = $\dfrac{3,000}{1,040} = 2.88 = 3$ 대

□□□ 03①, 08①, 12②, 15①, 18①, 20③

25 주어진 도면 및 조건에 따라 다음 물량을 산출하시오.

(단, 주어진 도면의 치수는 축척에 맞지 않을 수 있으며, 주어진 치수로만 물량을 산출할 것)

득점	배점
	18

단 면 도 (단위 : mm)

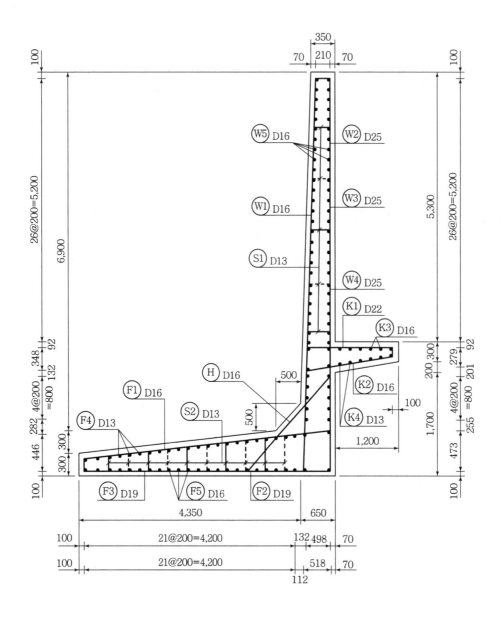

일 반 도

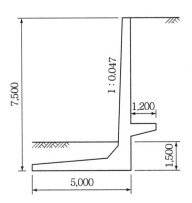

철 근 상 세 도

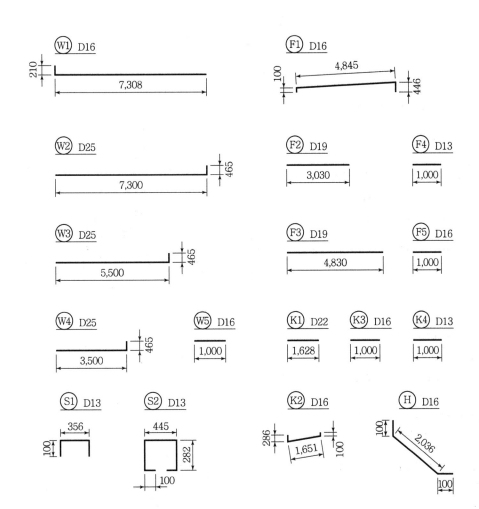

【조 건】
- W1, W4, H, K1, K2, K3, K4, F1, F2, F3 철근은 각각 200mm 간격으로 배근한다.
- W2, W3 철근은 각각 400mm 간격으로 배근한다.
- S1, S2 철근은 도면의 표시와 같이 지그재그로 배근한다.
- 물량산출에서 할증률은 무시하며 철근길이 계산에서 이음길이는 계산하지 않는다.

가. 길이 1m에 대한 콘크리트량을 구하시오. (단, 소수점 이하 넷째자리에서 반올림)

계산 과정)   답 : _____

나. 길이 1m에 대한 거푸집량을 구하시오.
　　(단, 양측 마구리면은 계산하지 않으며, 소수점 이하 넷째자리에서 반올림)

계산 과정)   답 : _____

다. 길이 1m에 대한 철근량 산출을 위한 철근량표를 완성하시오.

기호	직경	길이(mm)	수량	총길이(mm)	기호	직경	길이(mm)	수량	총길이(mm)
W2					F4				
W5					S1				
H									

해답 가. • A면 $= \left(\dfrac{0.35+0.65}{2} \times 6.4\right) \times 1 = 3.2\,\mathrm{m}^3$

- B면 $= \left(\dfrac{0.3+0.5}{2} \times 1.2\right) \times 1 = 0.48\,\mathrm{m}^3$

- C면 $= \left(\dfrac{0.65+(0.5+0.65)}{2} \times 0.5\right) \times 1 = 0.45\,\mathrm{m}^3$

- D면 $= ((0.5+0.65) \times 0.6) \times 1 = 0.69\,\mathrm{m}^3$

- E면 $= \left(\dfrac{0.3+0.6}{2} \times 3.85\right) \times 1 = 1.733\,\mathrm{m}^3$

$\quad \sum V = 3.2 + 0.48 + 0.45 + 0.69 + 1.733 = 6.553\,\mathrm{m}^3$

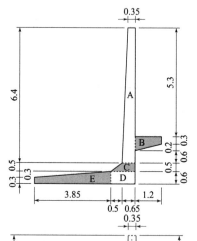

나.
- 저판 A면 $= 0.3 \times 1 = 0.3\,\mathrm{m}^2$
- 저판 B면 $= 1.7 \times 1 = 1.7\,\mathrm{m}^2$
- 헌치 C면 $= \sqrt{0.5^2 + 0.5^2} \times 1 = 0.707\,\mathrm{m}^2$
- 선반 D면 $= \sqrt{1.2^2 + 0.2^2} \times 1 = 1.217\,\mathrm{m}^2$
- 선반 E면 $= 0.3 \times 1 = 0.3\,\mathrm{m}^2$
- 벽체 F면 $= \sqrt{6.4^2 + 0.3008^2} \times 1 = 6.407\,\mathrm{m}^2$
　　$(\because x = 0.047 \times 6.4 = 0.3008\,\mathrm{m})$
- 벽체 G면 $= 5.3 \times 1 = 5.3\,\mathrm{m}^2$
　　$\sum A = 0.3 + 1.7 + 0.707 + 1.217 + 0.3 + 6.407 + 5.3$
　　　$= 15.931\,\mathrm{m}^2$

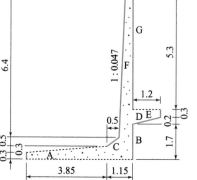

다.

기호	직경	길이(mm)	수량	총길이(mm)	기호	직경	길이(mm)	수량	총길이(mm)
W2	D25	7,765	2.5	19,413	F4	D13	1,000	24	24,000
W5	D16	1,000	68	68,000	S1	D13	556	12.5	6,950
H	D16	2,236	5	11,180					

철근 물량표

- W1 $= \dfrac{\text{총길이}}{\text{철근간격}} = \dfrac{1,000}{200} = 5$

- W2 $= \dfrac{\text{총길이}}{\text{철근 간격}} = \dfrac{1,000}{400} = 2.5$

- W5 $=$ (철근 간격 $+1$) $\times 2$(벽체 전후면) $= (26+1+1+1+4+1) \times 2 = 68$

- H $= \dfrac{\text{총길이}}{\text{철근 간격}} = \dfrac{1,000}{200} = 5$

- F1 $= \dfrac{\text{총길이}}{\text{철근 간격}} = \dfrac{1,000}{200} = 5$

- F4 $=$ 철근간격 $+1 = (21+1+1)+1 = 24$

- F5 $=$ 철근간격 $+1 = (21+1+1)+1 = 24$

- K2 $= \dfrac{\text{총길이}}{\text{철근 간격}} = \dfrac{1,000}{200} = 5$

- K3 $= 5+1 = 6$

- S1 $= \dfrac{\text{단면도의 S1 개수}}{(\text{W1의 간격}) \times 2} = \dfrac{5}{200 \times 2} \times 1,000 = 12.5$

- S2 $= \dfrac{\text{단면도의 S2 개수}}{(\text{F1의 간격}) \times 2} \times \text{옹벽 길이} = \dfrac{10}{400 \times 2} \times 1,000 = 12.5$

기호	직경	길이(mm)	수량	총길이(mm)	기호	직경	길이(mm)	수량	총길이(mm)
W1	D16	7,518	5	37,590	F5	D16	1,000	24	24,000
W2	D25	7,765	2.5	19,413	K2	D16	2,037	5	10,185
W5	D16	1,000	68	68,000	K3	D16	1,000	6	6,000
H	D16	2,236	5	11,180	S1	D13	556	12.5	6,950
F1	D16	5,391	5	26,955	S2	D13	1,209	12.5	15,113
F4	D13	1,000	24	24,000					

종 목	시험시간	형 별	성 명	수험번호
토목기사	3시간	A		

※ 수험자 인적사항 및 계산식을 포함한 답안 작성은 검은색 필기구만 사용해야 하며, 그 외 연필류, 빨간색, 청색 등 필기구로 작성한 답항은 0점 처리 됩니다.

□□□ 88③, 00④, 02②, 05①, 08④, 09②, 12④, 17④

01 콘크리트 강도측정 자료에서 히스토그램의 하한규격값이 24MPa이고, 평균이 25.5MPa, 표준편차가 0.5MPa이라면 공정능력지수(C_p)를 구하시오. (단, 이 규격은 편측 규격이라 한다.)

득점	배점
	3

계산 과정)

답 : _____

해답 $C_p = \dfrac{\bar{\mathrm{x}} - SL}{3\delta} = \dfrac{25.5 - 24}{3 \times 0.5} = 1$

□□□ 92①, 94④, 99⑤, 10①④, 12④

02 토사굴착량 900m³를 용적이 5m³인 트럭으로 운반하려고 한다. 트럭의 평균속도는 8km/hr 이고, 상하차 시간이 각각 5분일 때 하루에 전량을 운반하려면 몇 대의 트럭이 소요되는가? (단, 1일의 실가동은 8시간이며, 토사장까지의 거리는 2km이다.)

득점	배점
	3

계산 과정)

답 : _____

해답 1일 소요대수 $M = \dfrac{\text{총운반량}}{\text{트럭의 용적}(q_t) \times \text{트럭의 1일 운반횟수}(N) \times \text{일수}}$

• $N = \dfrac{\text{1일 작업시간}}{\text{1회 왕복소요시간}} = \dfrac{T}{\dfrac{60 \cdot l}{V} \times 2 + t}$

$= \dfrac{8 \times 60}{\dfrac{60 \times 2}{8} \times 2 + 5 \times 2} = 12$회($\because$ 상하차 각각 5분)

$\therefore M = \dfrac{900}{5 \times 12 \times 1} = 15$대

□□□ 04①, 06②, 08④, 12④, 16①, 18③
03 다음의 작업리스트를 이용하여 아래 물음에 답하시오.
(단, 표준일수에 대한 간접비가 60만원이고 1일 단축 시 5만원씩 감소하며, 표준일수에 대한 직접비는 60만원이다.)

득점	배점
	10

작업명	선행작업	후속작업	표준일수	특급일수	1일 단축하는 데 필요한 직접비용 증가액(만원/일)
A	–	B, C	5	2	6
B	A	E	4	2	4
C	A	F	6	4	7
D	–	G	5	4	5
E	B	H	6	3	8
F	C	–	4	3	5
G	D	H	7	5	8
H	E, G	–	5	3	9

가. Network(화살선도)를 작도하고 표준일수에 대한 C.P를 구하시오.

나. 최적공기와 그때의 총공사비를 구하시오.

계산 과정)

[답] 최적공기 : _____, 총공사비 : _____

해답 **가.**

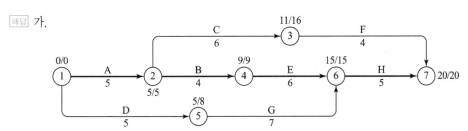

CP : A→B→E→H

나.

작업명	단축일수	비용경사	20	19	18	17	16
A	3	6만원				1	
B	2	4만원		1	1		
C	2	7만원					
D	1	5만원					
E	3	8만원					
F	1	5만원					
G	2	8만원					
H	2	9만원					1
직 접 비(만원)			60	64	68	74	83
간 접 비(만원)			60	55	50	45	40
총공사비(만원)			120	119	118	119	123

∴ 최적공기 : 18일, 총공사비 : 118만원

□□□ 98③, 08①④, 10②, 12④, 13①, 14④, 16②, 17①, 22①

04 아래 그림과 같이 10m 두께의 비교적 단단한 포화점토층 밑에 모래층이 있다. 모래층은 피압상태(artesian pressure)에 있을 때, 점토층에서 바닥의 융기(heaving)현상이 없이 굴착할 수 있는 최대깊이 H를 구하시오.

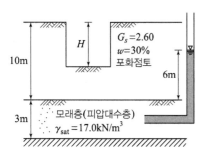

계산 과정)

답 : _____

해답 $H = \dfrac{H_1\gamma_{sat} - \Delta h \gamma_w}{\gamma_{sat}}$

• $H_1 = 10\,\mathrm{m}$

• $e = \dfrac{G_s w}{S} = \dfrac{2.60 \times 30}{100} = 0.78$

• $\gamma_{sat} = \dfrac{G_s + e}{1 + e}\gamma_w = \dfrac{2.60 + 0.78}{1 + 0.78} \times 9.81 = 18.63\,\mathrm{kN/m^3}$

• $\Delta h = 6\,\mathrm{m}$

$\therefore\ H = \dfrac{10 \times 18.63 - 6 \times 9.81}{18.63} = 6.84\,\mathrm{m}$

 최대굴착깊이(H)

$\overline{\sigma_A} = 0$일 때 절취할 수 있는 최대깊이 H

• 유효응력 $\overline{\sigma_A} = \sigma_A - U_A = (H_1 - H)\gamma_{sat} - \Delta h \cdot \gamma_w = 0$

$\therefore\ H = \dfrac{H_1\gamma_{sat} - \Delta h \gamma_w}{\gamma_{sat}}$

□□□ 96②, 12④, 16④

05 폭파에서 생긴 암덩어리가 쇼벨 등으로 처리할 수 없을 정도로 크다면 이것을 조각낼 필요가 있다. 이와 같이 조각을 내기 위한 폭파를 2차 폭파 또는 조각발파라고 한다. 이러한 2차 폭파방법을 3가지만 쓰시오.

① _____ ② _____ ③ _____

해답 ① 천공법(block boring) ② 복토법(mud boring) ③ 사혈법(snake boring)

□□□ 88③, 92③, 12④, 20①

06 벤토나이트 안정액을 사용하여 벽면을 보호하면서 지반을 굴착하고 공내에 철근 콘크리트 벽을 구축하여 토압과 수압에 모두 견딜 수 있는 흙막이벽의 명칭을 쓰고, 이 흙막이벽의 장점을 3가지만 쓰시오.

득점	배점
	5

가. 이 흙막이벽의 명칭을 쓰시오.

  ○

나. 이 흙막이벽의 장점 3가지를 쓰시오.

① ＿＿＿＿＿＿＿＿＿ ② ＿＿＿＿＿＿＿＿＿ ③ ＿＿＿＿＿＿＿＿＿

 가. 지하연속벽식 흙막이벽(Slurry wall)

    나. ① 암반을 포함한 대부분의 지반에서 시공가능하다. ② 벽체의 강성이 높고, 지수성이 좋다.
       ③ 영구 구조물로 이용된다. ④ 소음진동이 적어 도심지 공사에 적합하다.
       ⑤ 토지경계선까지 시공이 가능하다. ⑥ 최대 100m 이상 깊이까지 시공 가능하다.

> 🎯 지중연속벽식 흙막이벽의 단점
>
> ① 공사기간이나 공사비가 많이 소요된다.
> ② 고도의 기술과 경험을 필요하다.
> ③ Bentonite 이수처리가 곤란하다.

□□□ 93③, 94②, 97④, 99①, 00②, 01③, 03③, 07④, 10①②, 12④, 13①, 15②, 21②

07 그림과 같이 N치가 다른 3층의 사질토층으로 이루어져 있는 지반에 길이 20m의 강관말뚝을 박았다. 말뚝직경이 40cm일 경우 극한지지력을 구하시오. (단, Meyerhof의 공식 이용)

득점	배점
	3

계산 과정)

답 : ＿＿＿＿＿＿＿＿＿

해답 $Q_u = 40 \cdot N \cdot A_p + \dfrac{1}{5}\overline{N} \cdot A_f$

- $A_p = \dfrac{\pi d^2}{4} = \dfrac{\pi \times 0.40^2}{4} = 0.126\,\mathrm{m}^2$

- $\overline{N} = \dfrac{N_1 h_1 + N_2 h_2 + N_3 h_3}{h_1 + h_2 + h_3} = \dfrac{4 \times 4 + 7 \times 8 + 15 \times 8}{4 + 8 + 8} = 9.60$

- $A_f = \pi d l = \pi \times 0.40 \times 20 = 25.133\,\mathrm{m}^2$

  $\therefore\ Q_u = 40 \times 15 \times 0.126 + \dfrac{1}{5}(9.60 \times 25.133) = 123.86\,\mathrm{t}$

□□□ 12④, 21②

08 교량 가설공법 중 압출공법(ILM)의 단점을 3가지만 쓰시오.

득점	배점
	3

① _____ ② _____ ③ _____

해답 ① 교량의 선형에 제한을 받는다.
② 콘크리트 타설 시 엄격한 품질관리가 필요하다.
③ 상부구조물의 횡단면이 일정해야 한다.
④ 교장이 짧은 경우는 비경제적이다.
⑤ 넓은 제작장이 필요하다.

□□□ 91③, 97④, 98⑤, 06④, 12④, 15①, 22①

09 유토곡선(mass curve)을 작성하는 목적을 3가지만 쓰시오.

득점	배점
	3

① _____ ② _____ ③ _____

해답 ① 토량 배분   ② 토량의 평균운반거리 산출   ③ 토공기계 결정
④ 시공방법 결정   ⑤ 토취장 및 토사장 선정

□□□ 09④, 12④

10 겨울철 0℃ 이하의 기온이 계속되면 흙 속의 물이 동결하여 얼음층(Ice Lens)이 발생한다. 이로 인해 지표면이 융기하는 현상을 동상(凍上)현상이라 한다. 도로에서 동상방지층 설계방법 3가지를 쓰시오.

득점	배점
	3

① _____ ② _____ ③ _____

해답 ① 완전 방지법(complete protection method)
② 감소 노상 강도법(reduced subgrade strength method)
③ 노상 동결 관입허용법(limited subgrade frost penetration method)

동결에 대한 동상방지층 설계 방법

구분	내용	비고
완전 방지법	동결깊이까지 비동결성 재료층을 설치	비경제적인 설계 우려
감소 노상 강도법	노상으로 동결이 관입되어 발생하는 융기를 어느 정도 범위에서 허용	노상이 균일한 경우 적용
노상 동결 관입허용법	동결로 인한 융기량이 포장파괴를 일으킬 만한 양이 아닐 경우에 적용되는 방법	동결심도에 무관한 설계

□□□ 06④, 09④, 10④, 12④, 15②, 16②, 18③, 20①

11 배합강도 결정을 위한 콘크리트의 압축강도 측정결과가 다음과 같을 때 배합설계에 적용할 표준편차를 구하고 호칭강도(f_{cn})가 45MPa일 때 콘크리트의 배합강도를 구하시오. (단, 소수점 이하 넷째자리에서 반올림하시오.)

득점	배점
	6

【압축강도 측정결과(MPa)】

48.5	40	45	50	48	42.5	54	51.5
52	40	42.5	47.5	46.5	50.5	46.5	47

가. 배합강도 결정에 적용할 표준편차를 구하시오.

　(단, 시험횟수가 15회일 때 표준편차의 보정계수는 1.16이고, 20회일 때는 1.08이다.)

　계산 과정)

　　　　　　　　　　　　　　　　　　　　　답 : _____

나. 배합강도를 구하시오.

　계산 과정)

　　　　　　　　　　　　　　　　　　　　　답 : _____

해답 가. • 평균값 $\overline{x} = \dfrac{\sum X_i}{n} = \dfrac{752}{16} = 47$MPa

　　　• 편차 제곱합 $S = \sum (X_i - \overline{x})^2$

　　　$S = (48.5-47)^2 + (40-47)^2 + (45-47)^2 + (50-47)^2 + (48-47)^2 + (42.5-47)^2$
　　　　$+ (54-47)^2 + (51.5-47)^2 + (52-47)^2 + (40-47)^2 + (42.5-47)^2 + (47.5-47)^2$
　　　　$+ (46.5-47)^2 + (50.5-47)^2 + (46.5-47)^2 + (47-47)^2 = 262$

　　　• 표준편차 $s = \sqrt{\dfrac{S}{n-1}} = \sqrt{\dfrac{262}{16-1}} = 4.18$MPa

　　　• 16회의 보정계수 $= 1.16 - \dfrac{1.16-1.08}{20-15} \times (16-15) = 1.144$

　　　∴ 수정 표준편차 $s = 4.18 \times 1.144 = 4.78$MPa

　나. $f_{cn} = 45$MPa > 35MPa일 때

　　　$f_{cr} = f_{cn} + 1.34s = 45 + 1.34 \times 4.78 = 51.4$MPa

　　　$f_{cr} = 0.9f_{cn} + 2.33s = 0.9 \times 45 + 2.33 \times 4.78 = 51.64$MPa

　　　∴ $f_{cr} = 51.64$MPa(두 값 중 큰 값)

□□□ 12④, 16④

12 록필댐(Rock fill Dam)의 종류를 3가지만 쓰시오.

득점	배점
	3

① _____　② _____　③ _____

해답 ① 표면 차수벽형댐　② 내부 차수벽형댐　③ 중앙 차수벽형댐

① 흙댐(earth fill) : 균일형 댐, 코어형댐, 존형댐
② 록필댐(rock fill) : 표면 차수벽형, 내부 차수벽형, 중앙 차수벽형
③ 토석댐(earth rock fill) : 댐체 하류부는 석괴, 상류면은 불투수성 흙으로 구성

□□□ 03④, 12④, 18③

13 연약지반상에 교대를 설치하면 측방으로 이동하여 성토체가 침하함은 물론 수평변위가 생겨 포장파손 등 문제점을 유발한다. 이 같은 측방유동을 최소화시킬 수 있는 방안을 3가지만 기술하시오.

① _____ ② _____ ③ _____

해답 ① 뒤채움재 편재하중 경감   ② 배면토압 경감   ③ 압밀촉진에 의한 지반강도 증대
④ 화학반응에 의한 지반강도 증대   ⑤ 치환에 의한 지반개량

□□□ 03④, 06④, 11①, 12④, 16④, 20③

14 굵은 골재 최대치수 25mm, 단위수량 157kg, 물–시멘트비 50%, 슬럼프 80mm, 잔골재율 40%, 잔골재 표건밀도 $2.60g/cm^3$, 굵은 골재 표건밀도 $2.65g/cm^3$, 시멘트밀도 $3.14g/cm^3$, 공기량 4.5%일 때 콘크리트 $1m^3$에 소요되는 굵은 골재량을 구하시오.

계산 과정)

답 : _____

해답 • $\dfrac{W}{C} = 50\%$에서

∴ 단위시멘트량 $C = \dfrac{157}{0.50} = 314kg$

• 단위골재의 절대체적

$V_a = 1 - \left(\dfrac{\text{단위수량}}{1,000} + \dfrac{\text{단위시멘트량}}{\text{시멘트 밀도} \times 1,000} + \dfrac{\text{공기량}}{100} \right)$

$= 1 - \left(\dfrac{157}{1,000} + \dfrac{314}{3.14 \times 1,000} + \dfrac{4.5}{100} \right) = 0.698m^3$

• 단위 굵은 골재의 절대부피 = 단위골재의 절대체적 $\times \left(1 - \dfrac{S}{a} \right)$

$= 0.698 \times (1 - 0.40) = 0.4188m^3$

∴ 굵은 골재량 G = 단위 굵은 골재의 절대부피 $\times$ 굵은 골재 밀도 $\times 1,000$

$= 0.4188 \times 2.65 \times 1,000 = 1,109.82kg/m^3$

□□□ 84①②③, 87③, 88②, 91③, 93②, 97②, 98⑤, 03④, 04①, 06①, 08②, 09④, 12④, 20③

15 불도저를 이용한 작업에서 운반거리(l)가 60m, 전진속도(V_1) 2.4km/hr, 후진속도(V_2) 3.0km/hr, 기어 변속시간 18초, 굴착압토량(q)은 3.0m³, 토량변화율(L)은 1.25, 작업효율(E)은 0.8일 때 1시간당 작업량(Q)은 자연상태로 얼마인가?

득점	배점
	3

계산 과정)

답 : _____

해답 $Q = \dfrac{60 \cdot q \cdot f \cdot E}{C_m} = \dfrac{60 \cdot q \cdot \dfrac{1}{L} \cdot E}{C_m}$

- $C_m = \dfrac{l}{V_1} + \dfrac{l}{V_2} + t = \left(\dfrac{60}{2,400} + \dfrac{60}{3,000} \right) \times 60 + \dfrac{18}{60} = 3분$

$\therefore Q = \dfrac{60 \times 3.0 \times \dfrac{1}{1.25} \times 0.8}{3.0} = 38.4\,\text{m}^3/\text{h}$

□□□ 10①, 12④

16 옹벽이라 함은 흙의 붕괴를 방지하기 위하여 흙을 지지할 목적으로 절취, 성토비탈면에 축조하는 구조물이다. 이때의 옹벽의 안정성 검토항목 중 3가지만 쓰시오.

득점	배점
	3

① _____   ② _____   ③ _____

해답 ① 전도에 대한 안정   ② 활동에 대한 안정   ③ 지반지지력에 대한 안정

 옹벽의 안정조건

① 전도에 대한 안정 : 전도에 대한 저항모멘트는 횡토압에 의한 전도모멘트의 2.0배 이상이어야 한다.
② 활동에 대한 안정 : 활동에 대한 저항력은 옹벽에 작용하는 수평력의 1.5배 이상이어야 한다.
③ 지반지지력에 대한 안정 : 지반에 유발되는 최대지반반력은 지반의 허용지지력을 초과할 수 없다.

□□□ 96①, 98③, 08④, 11②, 12④, 16①

17 직경 30cm 평판재하시험에서 작용압력이 200kPa일 때 침하량이 15mm라면, 직경 1.5m의 실제 기초에 200kPa의 압력이 작용할 때 사질토지반에서의 침하량의 크기는 얼마인가?

득점	배점
	3

계산 과정)

답 : _____

해답 침하량 $S_F = S_P \left(\dfrac{2B_F}{B_F + B_P} \right)^2 = 15 \times \left(\dfrac{2 \times 1.5}{1.5 + 0.3} \right)^2 = 41.67\,\text{mm}$ (∵ 사질토지반)

참고 $200\text{kPa} = 200\text{kN/m}^2 = 0.2\text{MPa} = 0.2\text{N/mm}^2$

⚑ F
Foundation 약자

⚑ P
Plane 약자

□□□ 89①, 94④, 05①, 09②, 12④, 17①, 20①②

18 아래 그림과 같이 연약토층 위에 있는 사면의 복합활동 파괴면에 대한 안전율을 구하시오.

득점	배점
	3

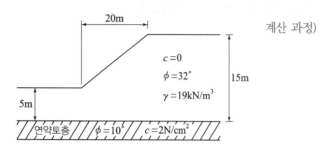

계산 과정)

답 : _____

해답 안전율 $F_s = \dfrac{c \cdot L + W\tan\phi + P_p}{P_a}$

• $P_a = \dfrac{\gamma H^2}{2}\tan^2\left(45° - \dfrac{\phi}{2}\right) = \dfrac{19 \times 15^2}{2}\tan^2\left(45° - \dfrac{32°}{2}\right) = 656.77\text{kN/m}$

• $P_p = \dfrac{\gamma H^2}{2}\tan^2\left(45° + \dfrac{\phi}{2}\right) = \dfrac{19 \times 5^2}{2}\tan^2\left(45° + \dfrac{32°}{2}\right) = 772.96\text{kN/m}$

• $c = 2\text{N/cm}^2 = 20\text{kN/m}^2 = 0.02\text{MPa} = 0.02\text{N/mm}^2$

• $c \cdot L = 20 \times 20 = 400\text{kN/m}$

• $W\tan\phi = \dfrac{15 + 5}{2} \times 20 \times 19\tan10° = 670.04\text{kN/m}$

∴ $F_s = \dfrac{400 + 670.04 + 772.96}{656.77} = 2.81$

□□□ 99①, 04①, 09④, 12④

19 NATM 터널의 설계는 지반조건에 상관없이 대부분 1차 지보재를 영구 구조물로 인정하고 있다. 따라서, 터널은 어떤 형태로든지 1차 지보재에 의해 안정되고 내부 라이닝은 구조적 기능보다는 부수적 기능 유지를 목적으로 하기 때문에 1차 지보재가 지반에 밀착시공되어 지반이 주지보재가 되도록 합리적으로 보조해 주는 역할을 담당한다. 여기에서 1차 지보재의 종류를 3가지만 쓰시오.

득점	배점
	3

① _____ ② _____ ③ _____

해답 ① 와이어 메쉬(Wire Mesh)　② 강지보공(Steel rib)
　　③ 숏크리트(Shotcrete)　④ 록볼트(Rock bolt)

 1차 지보재(primary support)의 종류와 역할

① 와이어 메쉬(Wire Mesh) : Shotcrete 전단보강
② 강지보공(Steel rib) : 지반이완 방지, 본바닥 지지, Shotcrete 경화 전 지보
③ 숏크리트(Shotcrete) : 지반이완 방지, 암반의 탈락방지, 클랙 발달방지, 암반표면의 풍화방지
④ 록볼트(Rock bolt) : 봉합효과, 보의 형성효과, 보강효과

□□□ 12④, 21①

20 특수 아스팔트 포장의 시공에서 최근 배수성 포장이 널리 적용되고 있다. 배수성 포장의 효과를 3가지만 쓰시오.

득점	배점
	3

① _____ ② _____ ③ _____

해답 ① 우천 시 물튀김 방지
② 수막현상 방지
③ 야간의 시인성 향상
④ 주행시 소음 저감

 배수성 포장

① 배수성 포장은 노면에서 빗물을 신속히 포장체 밖으로 배수하는 것을 목적으로 한 포장이다.
② 배수성 포장은 우천 시 물튀김 방지, 수막현상 방지, 야간 우천 시 시인성 향상, 주행 시 소음 저감 등의 부가적인 효과도 있다.

□□□ 12④

21 콘크리트 시공에서 시공이음면의 거푸집 철거는 콘크리트가 굳은 후 되도록 빠른 시기에 하여야 한다. 일반적인 연직시공이음부의 거푸집 제거시기에 대한 아래의 물음에 답하시오.

득점	배점
	4

가. 여름의 경우 콘크리트를 타설하고 난 후 몇 시간 정도에 연직시공이음부의 거푸집을 제거하여야 하는지 그 범위를 쓰시오.

○

나. 겨울의 경우 콘크리트를 타설하고 난 후 몇 시간 정도에 연직시공이음부의 거푸집을 제거하여야하는지 그 범위를 쓰시오.

○

해답 가. 4~6시간
나. 10~15시간

연직시공이음의 거푸집 철거

① 연직시공이음면의 거푸집 철거는 콘크리트가 굳은 후 되도록 빠른 시기에 한다.
② 거푸집의 제거시기를 너무 빨리하면 콘크리트에 유해한 영향을 주기 때문에 주의하여야 한다.
③ 일반적으로 연직시공이음부의 거푸집 제거시기는 콘크리트를 타설하고 난 후 여름에는 4~6시간 정도, 겨울에는 10~15시간 정도로 한다.

□□□ 00③, 01②, 04①, 07①, 09②, 12④, 16②, 19①, 21③

22 주어진 도면 및 조건에 따라 다음 물량을 산출하시오. (단, 주어진 도면의 치수는 축척에 맞지 않을 수 있으며, 주어진 치수로만 물량을 산출할 것)

득점	배점
	18

단 면 도 (단위 : mm)

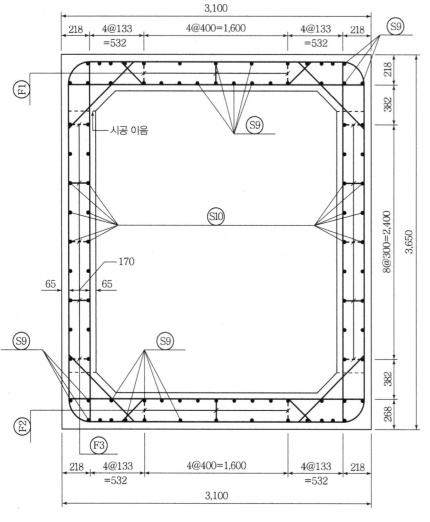

일 반 도

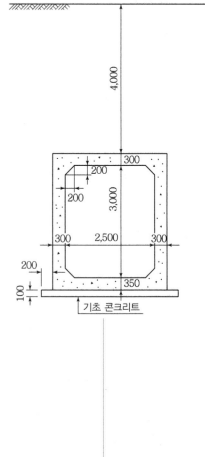

주 철 근 조 립 도

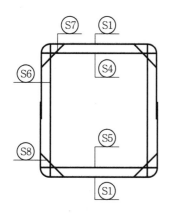

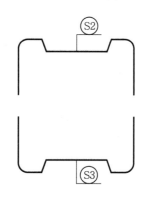

철 근 상 세 도

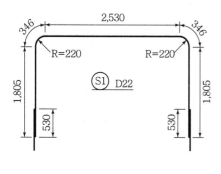

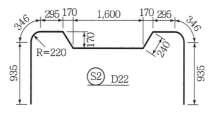

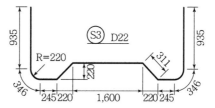

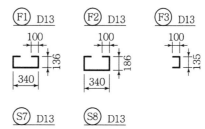

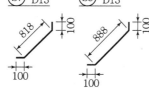

【조 건】

- S1~S8 철근은 300mm 간격으로 배치되어 있다.
- F1, F2, F3 철근은 300mm 간격으로 지그재그로 배치되어 있다.
- 철근의 이음과 할증은 무시한다.
- 지형상태는 일반도와 같으며 터파기는 기초 콘크리트 양끝에서 100cm 여유폭을 두고 비탈기울기는 1 : 0.5로 한다.
- 거푸집량의 계산에서 마구리면은 무시한다.

가. 길이 1m에 대한 기초와 구체의 콘크리트량을 구하시오. (단, 소수 넷째자리에서 반올림하시오.)

① 기초 콘크리트량 :

② 구체 콘크리트량 :

나. 길이 1m에 대한 거푸집량을 구하시오. (단, 소수 넷째자리에서 반올림하시오.)

계산 과정)

답 :

다. 길이 1m에 대한 터파기량을 구하시오. (단, 소수 넷째자리에서 반올림하시오.)

계산 과정)

답 :

라. 길이 1m에 대한 철근량을 산출하기 위한 다음 철근물량표를 완성하시오.
(단, 소수 셋째자리에서 반올림하시오.)

기호	직경	길이(mm)	수량	총길이(mm)	기호	직경	길이(mm)	수량	총길이(mm)
S1					S9				
S7					F1				

정답 가. ① $V_1 = 3.5 \times 0.1 \times 1 = 0.350 \, \text{m}^3$

② $\left\{ (3.1 \times 3.65) - (2.5 \times 3.0) + \dfrac{1}{2} \times 0.2 \times 0.2 \times 4 \right\} \times 1 = 3.895 \, \text{m}^3$

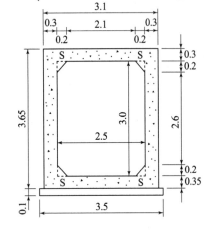

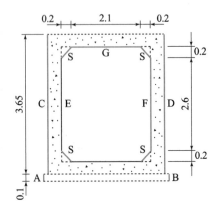

나. A면 = 0.1m   B면 = 0.1m   C면 = 3.65m   D면 = 3.65m

    E면 = 2.60m   F면 = 2.60m   G면 = 2.10m

    $S = \sqrt{0.20^2 + 0.20^2} \times 4 = 1.1314m$

    ∴ 총거푸집길이 $= 0.1 \times 2 + 3.65 \times 2 + 2.60 \times 2 + 2.10 + 1.1314 = 15.9314m$

    ∴ 총거푸집량 = 총거푸집길이×단위길이 $= 15.9314 \times 1 = 15.931m^2$

다.

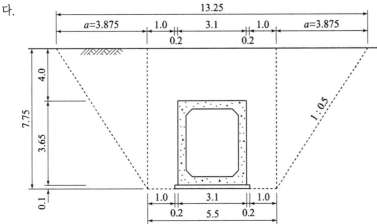

    $a = 7.75 \times 0.5 = 3.875m$

    $b = 1.0 + 0.2 + 3.1 + 0.2 + 1.0 = 5.5m$

    ∴ 터파기량 $= \left(\dfrac{13.25 + 5.50}{2} \times 7.75 \right) \times 1 = 72.656m^3$

라.

기호	직경	길이(mm)	수량	총길이(mm)	기호	직경	길이(mm)	수량	총길이(mm)
S1	D22	6,832	6.67	45,569.44	S9	D16	1,000	56	56,000
S7	D13	1,018	6.67	6,790.06	F1	D13	812	5	4,060

🎯 **철근량 산출**

기호	직경	길이(mm)	수량	총길이(mm)	수량산출
S1	D22	$(1,805 \times 2) + (346 \times 2)$ $+ 2,530 = 6,832$	6.67	45,569	$\dfrac{1}{0.300} \times 2 = 6.67$
S4	D19	2,970	3.33	9,890	$\dfrac{1}{0.300} \times 1 = 3.33$
S7	D13	$100 \times 2 + 818 = 1,018$	6.67	6,790	$\dfrac{1}{0.300} \times 2 = 6.67$
S9	D16	1,000	56	56,000	$(13+15) \times 2 = 56$ (∵ 길이 1m에 대한 철근량)
S10	D16	1,000	36	36,000	$(8+1) \times 2 \times 2 = 36$
F1	D13	812	5	4,060	$\dfrac{3}{0.300 \times 2} \times 1 = 5$ $600 : 3 = 1,000 : x \ \therefore \ x = 5$
F3	D13	$100 \times 2 + 135 = 335$	16.67	5,584	$600 : 5 = 1,000 : x$ $\therefore \ x = 8.33$ 양측벽 : $8.33 \times 2 = 16.67$ 또는 $\dfrac{5}{0.300 \times 2} \times 1 \times 2 = 16.67$

□□□ 92②, 03①, 12④, 13④

23 폭이 10cm, 두께 0.3cm인 Paper Drain(Card board)을 이용하여 점토지반에 0.6m 간격으로 정사각형 배치로 설치하였다면, Sand drain이론의 등가환산원(등가원)의 직경(d_w)과 영향원의 직경(d_e)을 각각 구하시오.

계산 과정)

[답] 등가환산원의 직경 : ＿＿＿＿＿＿, 영향원의 직경 : ＿＿＿＿＿＿

해답 $d_w = \alpha \dfrac{2(A+B)}{\pi} = 0.75 \times \dfrac{2(10+0.3)}{\pi} = 4.92 \text{cm}$

$d_e = 1.13\,d = 1.13 \times 0.6 = 0.678\text{m} = 67.8\text{cm}$

□□□ 92④, 99③, 01①, 08①, 09①, 12④, 16①

24 다음과 같은 조건일 때, 직사각형 복합확대기초의 크기(B, L)를 구하시오.

─【 조 건 】─

지반의 허용지지력 $q_a = 150\text{kN/m}^2$, 기둥 1 : $0.4\text{m} \times 0.4\text{m}$, $Q_1 = 600\text{kN}$

기둥 2 : $0.5\text{m} \times 0.5\text{m}$, $Q_2 = 900\text{kN}$

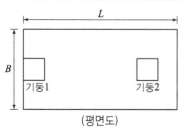

(평면도)

계산 과정)

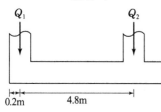

답 : ＿＿＿＿＿＿＿＿

해답 ■ 공식에 의한 방법

$L = 2a + \dfrac{2Q_2 \cdot S}{Q_1 + Q_2} = 2 \times 0.2 + \dfrac{2 \times 900 \times 4.8}{600+900}$

$\quad = 6.16\text{m}$

$B = \dfrac{Q_1 + Q_2}{q_a \cdot L} = \dfrac{600+900}{150 \times 6.16} = 1.62\text{m}$

■ 평형 방정식 조건식에 의한 방법

$\sum F_v = 0 : Q_1 + Q_2 = q_a \cdot (B \cdot L)$

$B \cdot L = \dfrac{Q_1 + Q_2}{q_a} = \dfrac{600+900}{150} = 10$ ············ (1)

$\sum M_0 = 0 :$

$600 \times 0.2 + 900 \times 5.0 = q_a \cdot (B \cdot L) \cdot \dfrac{L}{2}$

$B \cdot L^2 = \dfrac{600 \times 0.2 + 900 \times 5.0}{150 \times \frac{1}{2}} = 61.6$ ········ (2)

(1)과 (2)에서 $10L = 61.6\text{m}$

$\therefore L = 6.16\text{m}, \ B = 1.62\text{m}$

국가기술자격 실기시험문제

2013년도 기사 제1회 필답형 실기시험(기사)

종 목	시험시간	형 별	성 명	수험번호
토목기사	**3시간**	A		

※ 수험자 인적사항 및 계산식을 포함한 답안 작성은 검은색 필기구만 사용해야 하며, 그 외 연필류, 빨간색, 청색 등 필기구로 작성한
   답항은 0점 처리 됩니다.

□□□ 04②, 06②, 09④, 10①, 13①, 18③, 21③

01 그림과 같은 지형에서 절·성토량이 균형을 이루는 지반고를 구하시오. (단, 토량변화율은
무시하고, 격자점의 숫자는 지반고를 나타내며 단위는 m이다.)

득점	배점
3

계산 과정)

```
      10m
    |←──→|
5m  2.8    3.5    3.1    3.3
    3.0    4.2    3.7    3.5
    3.8    4.4    4.0    4.3
    3.6    3.9    4.1
```

답 : _____

해답 $H = \dfrac{V}{A \times n}$

• $V = \dfrac{a \cdot b}{4}(\sum h_1 + 2\sum h_2 + 3\sum h_3 + 4\sum h_4)$

• $\sum h_1 = 2.8 + 3.3 + 4.3 + 4.1 + 3.6 = 18.1\,\text{m}$
• $\sum h_2 = 3.5 + 3.1 + 3.5 + 3.9 + 3.8 + 3.0 = 20.8\,\text{m}$
• $\sum h_3 = 4.0\,\text{m}$
• $\sum h_4 = 4.2 + 3.7 + 4.4 = 12.3\,\text{m}$

$\therefore V = \dfrac{5 \times 10}{4} \times (18.1 + 2 \times 20.8 + 3 \times 4.0 + 4 \times 12.3) = 1,511.25\,\text{m}^3$

$\therefore H = \dfrac{1,511.25}{(5 \times 10) \times 8} = 3.78\,\text{m}$

□□□ 97①, 13①, 17①

02 공정관리법 중 막대공정표의 장점을 3가지만 쓰시오.

득점	배점
3

① _____   ② _____ ③ _____

해답 ① 각 공종별 공사의 착수 및 완료일이 명시되어 판단이 용이하다.
② 각 공종별 공사와 전체의 공정시기 등이 일목요연하다.
③ 공정표가 단순하여 경험이 적은 사람도 이해하기 쉽다.

□□□ 95①, 00④, 05①, 07④, 13①, 17②, 18①

03 concrete를 거푸집에 타설한 후부터 응결이 종결될 때까지에 발생하는 균열을 일반적으로 초기균열이라고 한다. 초기균열은 그 원인에 의하여 크게 나눌 수 있는데 3가지만 쓰시오.

득점 | 배점
3

① _____ ② _____ ③ _____

해답 ① 침하수축균열(침하균열)　② 플라스틱 수축균열(초기건조균열)
　　③ 거푸집 변형에 의한 균열　④ 진동 및 경미한 재하에 의한 균열

🎯 콘크리트의 초기균열의 종류

concrete를 거푸집에 타설한 후부터 응결이 종결될 때까지 그동안 발생하는 균열을 일반적으로 초기균열이라고 한다. 이러한 초기균열의 종류 4가지는 다음과 같다.
① 침하수축균열 : 콘크리트 타설 후 콘크리트의 표면 가까이에 있는 철근, 매설물 또는 입자가 큰 골재 등이 콘크리트의 침하를 국부적으로 방해하기 때문에 일어난다.
② 플라스틱 수축균열 : 콘크리트를 칠 때 또는 친 직후 표면에서의 급속한 수분의 증발로 인하여 수분이 증발되는 속도가 콘크리트 표면의 블리딩 속도보다 빨라질 때, 콘크리트 표면에 미세한 균열이 발생한다.
③ 거푸집 변형에 의한 균열 : 콘크리트의 응결, 경화과정 중에 콘크리트의 측압에 따른 거푸집의 변형 등에 의해서 발생한다.
④ 진동 및 경미한 재하에 따른 균열 : 콘크리트 타설을 완료할 즈음에 인근에서 말뚝을 박거나 기계류 등의 진동이 원인이 되어 발생한다.

□□□ 13①

04 연약지반상에 교대가 위치하는 경우 측방유동으로 문제점이 발생한다. 측방유동을 줄이는 공법 중 뒤채움 성토부의 편재하중을 경감하는 공법을 3가지만 쓰시오.

득점 | 배점
3

① _____ ② _____ ③ _____

해답 ① 연속 Culvert Box 공법　② 파이프 매설공법　③ Box 매설공법
　　④ EPS 공법　　　　　　　⑤ 슬래그 성토 공법

🎯 뒤채움 성토부의 측방유동 대책공법

편재하중 경감	① 연속 Culvert Box 공법 ② EPS 공법 ③ 파이프 매설공법 ④ Box 매설공법 ⑤ 슬래그 성토 공법
배면토압 경감	① 소형교대 공법 ② 압성토 공법 ③ approach cushion 공법

□□□ 13①, 16②, 17②

05 콘크리트의 경화나 강도발현을 촉진하기 위해 실시하는 양생을 촉진양생이라고 한다. 이러한 촉진양생법의 종류를 3가지만 쓰시오.

①ㅤ　　　　　　　　　② 　　　　　　　　　③

득점	배점
	3

해답 ① 증기양생　　　② 오토클레이브 양생　　　③ 전기양생　　　④ 온수양생
　　⑤ 적외선 양생　　　⑥ 고주파 양생선

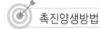 **촉진양생방법**

① 촉진양생이란 보다 빠른 콘크리트의 경화나 강도발현을 촉진하기 위해 실시하는 양생방법이다.
② 증기양생(저압증기양생, 고압증기양생, 고온증기양생), 오토클레이브 양생, 전기양생, 온수양생, 적외선 양생, 고주파 양생 등이 있으며 일반적으로 증기양생이 널리 사용되고 있다.

□□□ 92②, 02②, 07②, 09④, 13①④, 17①

06 말뚝의 부마찰력이 발생하는 원인을 3가지만 쓰시오.

①ㅤ　　　　　　　　　② 　　　　　　　　　③

득점	배점
	3

해답 ① 말뚝의 타입 지반이 압밀 진행 중인 경우
　　② 상재하중이 말뚝과 지표에 작용하는 경우
　　③ 지하수위의 저하로 체적이 감소하는 경우
　　④ 점착력 있는 압축성 지반일 경우

□□□ 86①, 92②, 96①, 98②, 07①, 13①

07 모터그레이더 1대로 폭 $W = 600m$, 거리 $l = 200m$의 성토를 1회 정지하는 데 필요한 시간 (H)을 구하시오. (단, 블레이더(blade)의 유효길이 $B = 3m$, 전진속도 $V_1 = 5km/h$, 후진속도 $V_2 = 6.5km/h$, 작업효율 $E = 0.8$)

계산 과정)

답 :

득점	배점
	3

해답 시간 $H = \dfrac{통과횟수 \times 작업거리}{작업속도 \times 작업효율}$

· 통과횟수 $N = \dfrac{작업폭}{유효길이} = \dfrac{600}{3} = 200회$

∴ $H = \dfrac{200 \times 200}{5,000 \times 0.8} + \dfrac{200 \times 200}{6,500 \times 0.8} = 17.69시간$

□□□ 01①, 06②, 09②, 11①, 13①

08 지반의 기초보강공법 중 그라우팅 공법에 사용되는 주입재(약액)는 크게 현탁액형의 비약액계와 약액계로 나눌 수 있다. 여기서 비약액계 주입재 종류를 3가지만 쓰시오.

득점	배점
	3

① _____ ② _____ ③ _____

[해답] ① 시멘트계 ② 점토계 ③ 아스팔트계

□□□ 96①, 98④, 99③, 10④, 13①, 16④

09 두 번의 평판재하시험 결과가 다음과 같을 때 허용침하량이 25mm인 정사각형 기초가 1,500kN의 하중을 지지하기 위한 실제 기초의 크기를 구하시오.

득점	배점
	3

원형평판직경 B(m)	0.3	0.6
작용하중 Q(kN)	100	250
침하량(mm)	25	25

계산 과정)

답 : _____

[해답] $Q = Am + Pn$

- $100 = \left(\dfrac{\pi \times 0.3^2}{4}\right)m + (0.3\pi)n$ ·· (1)

- $250 = \left(\dfrac{\pi \times 0.6^2}{4}\right)m + (0.6\pi)n$ ·· (2)

  (1) × 2 − (2)

- $200 = \left(\dfrac{2\pi \times 0.3^2}{4}\right)m + (0.6\pi)n$ ··· (1)′

  $-50 = -0.18\left(\dfrac{\pi}{4}\right)m$: $m = 353.678$, $n = 79.577$

- $1,500 = D^2 \times 353.678 + 4D \times 79.577$ (∵ 정사각형) ∴ $D = 1.66$m

[참고] [계산기 $f_x 570ES$] SOLVE 사용

  $1,500 = D^2 \times 353.678 + 4D \times 79.577$

  먼저 1,500 ☞ ALPHA ☞ SOLVE = ☞

  ALPHA X^2 × 353.678 + 4ALPHAX × 79.577

  SHIFT ☞ SOLVE ☞ = ☞ 잠시 기다리면

  $X = 1.65799$ ∴ $D = 1.66$m

▌ 정사각형기초
- 면적 $A = D^2$
- 둘레길이 $P = 4D$

□□□ 93③, 94②, 97④, 99①, 00②, 01③, 03④, 07④, 10①②, 12④, 13①, 14②, 15②, 19③, 21②

10 그림과 같이 표준관입값이 다른 3종의 모래지름층으로 되어 있는 기초지반에 지름 30cm, 길이 12m의 콘크리트말뚝을 박았을 때 말뚝의 허용지지력을 안전율 3으로 하여 Meyerhof의 공식으로 구하시오.

득점	배점
	3

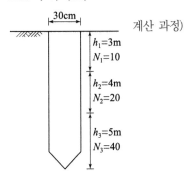

계산 과정)

답 : _____

 극한지지력 $Q_u = 40 \cdot N_3 \cdot A_p + \frac{1}{5} \overline{N} \cdot A_f$

- $A_p = \frac{\pi d^2}{4} = \frac{\pi \times 0.3^2}{4} = 0.071 \, \text{m}^2$

- $\overline{N} = \frac{N_1 h_1 + N_2 h_2 + N_3 h_3}{h_1 + h_2 + h_3} = \frac{10 \times 3 + 20 \times 4 + 40 \times 5}{3 + 4 + 5} = 25.833$

- $A_f = \pi dl = \pi \times 0.3 \times 12 = 11.310 \, \text{m}^2$

  ∴ $Q_u = 40 \times 40 \times 0.071 + \frac{1}{5}(25.833 \times 11.310) = 172.034 \, \text{t}$

  ∴ 허용 지지력 $Q_a = \frac{Q_u}{3} = \frac{172.034}{3} = 57.34 \, \text{t}$

  ※ 주의 : 중간 계산은 소수 셋째자리까지, 결과값은 소수 둘째자리까지 계산하면 가장 정확한 정답을 얻을 수 있다.

□□□ 10②, 13①, 14①, 16④, 17④, 21②

11 도로 노상의 지지력을 평가할 수 있는 현장시험 평가방법을 3가지만 쓰시오.

득점	배점
	3

① _____   ② _____   ③ _____

 ① CBR(CBR시험)   ② K값(평판재하시험 ; PBT)
　　③ Cone값(콘관입시험 ; CPT)   ④ N치(표준관입시험 ; SPT)

 도로 노상토 평가방법

① CBR시험 : 설계 CBR은 포장두께 설계시 노상지지력계수(SSV)를 산정하는 값으로 균일한 포장두께로 시공할 구간을 결정하는 값이다.
② 평판재하시험(PBT) : 도로현장에서 시공된 노상이나 보조기층의 지지력을 평가하여 지지력계수(K값)를 구하는 시험이다.
③ 콘관입시험(CPT ; cone penetration test) : 원뿔형 콘이 땅속을 뚫고 들어갈 때 생기는 저항력(Cone값)으로 지반의 단단함과 다짐 정도를 조사하는 시험
④ 표준관입시험(SPT) : 표준관입시험에서 얻은 N값으로 지반의 지지력을 직접측정할 수 있다.

□□□ 02③, 07④, 13①, 14①, 21②

12 시멘트의 밀도가 3.15g/cm³, 잔골재의 밀도가 2.62g/cm³, 굵은 골재의 밀도가 2.67g/cm³인 재료를 사용하여 물-시멘트비 55%, 단위수량 165kg, 단위 잔골재량 780kg인 배합을 실시하였다. 이 콘크리트 1m³의 질량을 측정한 결과가 2,290kg일 경우 이 콘크리트의 잔골재율을 구하시오.

득점	배점
	3

계산 과정)

답 : _____

해답 잔골재율 $S/a = \dfrac{V_s}{V_s + V_g} \times 100$

- $\dfrac{W}{C} = 55\%$ 에서 $C = \dfrac{165}{0.55} = 300 \text{kg/m}^3$
- 단위 굵은 골재량 G = 콘크리트의 단위중량 $-$ (단위 수량 $+$ 단위시멘트량 $+$ 단위 잔골재량)
$$= 2,290 - (165 + 300 + 780) = 1,045 \text{kg/m}^3$$
- 단위 굵은 골재량의 절대부피
$$V_g = \frac{\text{단위 굵은 골재량}}{\text{굵은 골재의 밀도} \times 1,000} = \frac{1,045}{2.67 \times 1,000} = 0.391 \text{m}^3$$
- 단위 잔골재량의 절대부피
$$V_s = \frac{\text{단위 잔골재량}}{\text{잔골재의 밀도} \times 1,000} = \frac{780}{2.62 \times 1,000} = 0.298 \text{m}^3$$
$$\therefore S/a = \frac{0.298}{0.298 + 0.391} \times 100 = 43.25\%$$

□□□ 02①, 13①, 19③

13 급경사 수로를 유하한 고속류의 운동에너지를 감세시켜 하류하천에 안전하게 유하시키기 위한 시설로 댐 하류단의 세굴이나 침식 등 인근 구조물에 피해를 주지 않도록 설치하는 시설물의 명칭을 쓰시오.

득점	배점
	2

계산 과정)

답 : _____

해답 감세공(Energy Dissipator)

 감세공

댐 여수로의 급경사 수로를 유하한 고속류의 운동에너지를 감세시켜 하류 하천에 안전하게 유하시키기 위한 시설
① 플립 버킷형(Flip Bucket) : 급경사수로의 말단에 버킷모양의 수로를 설치하여 수류가 공중으로 사출되도록 하며, 사출된 수류를 암반이나 플런지 풀(plunge pool)에 돌입시켜 감세시키는 형식
② 정수지형(Stilling Basin) : 도수에 의하여 급경사 수로에서의 사류 흐름을 상류로 변환시켜 안전하게 하류 하천에 유하하여 감세시키는 형식
③ 잠수 버킷형(Submerged Bucket) : 하류 하천의 수심이 클 경우에 수류를 수중에서 회전시켜 전동류를 발생시킴으로서 감세시키는 형식

□□□ 98③, 08①④, 10②, 12④, 13①, 14④, 16②, 17①, 20②, 22①, 23①

14 3m의 모래층 위에 10m 두께의 단단한 포화점토가 있고 모래는 피압상태에 있다. A점에서 히빙(heaving)현상이 일어나지 않은 최대깊이 H를 구하시오.

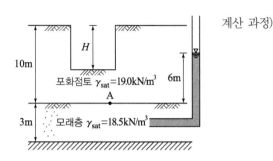

계산 과정)

답 : _____

해답 $H = \dfrac{H_1\gamma_{sat} - \Delta h \gamma_w}{\gamma_{sat}}$

• $H_1 = 10\,\mathrm{m}$

• $\Delta h = 6\,\mathrm{m}$

∴ $H = \dfrac{10 \times 19.0 - 6 \times 9.81}{19.0} = 6.90\,\mathrm{m}$

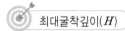 최대굴착깊이(H)

• $\overline{\sigma_A} = 0$일 때 절취할 수 있는 최대깊이 H

• 유효응력 $\overline{\sigma_A} = \sigma_A - U_A = (H_1 - H)\gamma_{sat} - \Delta h \cdot \gamma_w = 0$

∴ $H = \dfrac{H_1\gamma_{sat} - \Delta h \gamma_w}{\gamma_{sat}}$

□□□ 88③, 89②, 93②, 96④, 98①, 99①②, 03②, 07④, 09②, 11④, 13①

15 60kg의 래머를 이용하여 하층노반의 다짐작업을 할 때 시간당 작업능력 Q를 구하시오. (단, 1층의 흙깔기 두께 = 0.3m, 토량환산계수 $f = 0.8$, 작업효율 = 0.5, 다지기 횟수 = 6회, 1회의 유효 다지기 면적 = 0.029m², 작업속도 = 3,900회/시간)

계산 과정)

답 : _____

해답 $Q = \dfrac{A \cdot N \cdot H \cdot f \cdot E}{P}$

$= \dfrac{0.029 \times 3,900 \times 0.3 \times 0.8 \times 0.5}{6} = 2.26\,\mathrm{m^3/hr}$

□□□ 01①, 10①, 11④, 13①, 17②

16 아래 그림과 같은 지층의 지표면에 40kN/m²의 압력이 작용할 때 이로 인한 점토층의 압밀침하량을 구하시오. (단, 이 점토층은 정규압밀점토이다.)

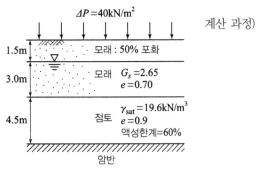

계산 과정)

답 : _____

득점 | 배점
| 3

SI단위
40kN/m²＝40kPa

해답 압밀침하량 $S = \dfrac{C_c H}{1+e_o} \log\left(\dfrac{P_o + \Delta P}{P_o}\right)$

- $C_c = 0.009(W_L - 10) = 0.009(60 - 10) = 0.45$

- 지하수위 이상의 모래의 단위중량 $\gamma_t = \dfrac{G_s + S \cdot e}{1+e}\gamma_w = \dfrac{2.65 + 0.5 \times 0.7}{1 + 0.7} \times 9.81 = 17.31\,\text{kN/m}^3$

- 지하수위 이하 모래층 수중단위중량 $\gamma_{\text{sub}} = \dfrac{G_s - 1}{1+e}\gamma_w = \dfrac{2.65 - 1}{1 + 0.7} \times 9.81 = 9.52\,\text{kN/m}^3$

- 점토의 수중단위중량 $\gamma_{\text{sub}} = \gamma_{\text{sat}} - \gamma_w = 19.6 - 9.81 = 9.79\,\text{kN/m}^3$

- 초기 유효연직압력 $P_o = \gamma_1 H_1 + \gamma' H_2 + \gamma' \dfrac{H_3}{2}$

$$= 17.31 \times 1.5 + 9.52 \times 3 + 9.79 \times \dfrac{4.5}{2} = 76.55\,\text{kN/m}^2$$

$\therefore S = \dfrac{0.45 \times 4.5}{1 + 0.9} \log\left(\dfrac{76.55 + 40}{76.55}\right) = 0.1946\text{m} = 19.46\text{cm}$

□□□ 99①, 00④, 04②, 07②④, 09②, 13①, 17①, 20②, 23②

17 관암거의 직경이 20cm, 유속이 0.8m/sec, 암거길이가 300m일 때 원활한 배수를 위한 암거낙차를 Giesler 공식을 이용하여 구하시오.

계산 과정)

답 : _____

득점 | 배점
| 3

해답 유속 $V = 20\sqrt{\dfrac{D \cdot h}{L}}$ 에서 $0.8 = 20\sqrt{\dfrac{0.20 \times h}{300}}$

$\therefore h = 2.40\text{m}$

참고 SOLVE 사용

□□□ 92①, 98②, 99①, 00②, 02②, 13①, 23①

18 사질토 지반에서 표준관입시험(S.P.T)의 결과로 측정된 N치로 추정되는 사항을 4가지만 쓰시오.

득점 배점
3

① _____ ② _____ ③ _____ ④ _____

해답 ① 상대밀도 ② 내부마찰각 ③ 지지력 계수 ④ 탄성계수

◎ N치로부터 추정되는 정수

모래지반	점토지반
• 상대밀도	• 컨시스턴시(연경도)
• 내부마찰각	• 일축압축강도
• 침하에 의한 허용지지력	• 점착력
• 지지력 계수	• 파괴에 대한 허용지지력
• 탄성계수	• 파괴에 대한 극한지지력

□□□ 95③, 96④, 97④, 03①, 07②, 13①

19 불도저로 압토와 리핑 작업을 동시에 실시하고 있다. 시간당 작업량 $Q(\text{m}^3/\text{hr})$를 구하시오. (단, 압토작업만 할 때의 작업량(Q_1)은 40(m^3/hr)이고, 리핑작업만 할 때의 작업량(Q_2)은 60m^3/hr이다.)

득점 배점
3

계산 과정)

답 : _____

해답 $Q = \dfrac{Q_1 \times Q_2}{Q_1 + Q_2} = \dfrac{40 \times 60}{40 + 60} = 24 \text{ m}^3/\text{h}$

□□□ 05②, 13①

20 성토작업 후 다짐도를 판정하는 방법을 4가지만 쓰시오.

득점 배점
3

① _____ ② _____ ③ _____ ④ _____

해답 ① 건조밀도로 규정하는 방법
② 포화도와 공극률로 규정하는 방법
③ 강도 특성으로 규정하는 방법
④ 다짐기계, 다짐횟수로 규정하는 방법
⑤ 변형 특성으로 규정하는 방법

□□□ 88③, 89②, 94②, 97①, 01②, 03①, 04②④, 07①, 09①, 12①, 13①②, 18③

21 버킷 용량 3.0m³의 쇼벨과 15ton 덤프트럭을 사용하여 토공사를 하고 있다. 아래 조건에 따라 다음 물음에 답하시오.

득점	배점
	6

【조 건】

- 흙의 단위중량 : 1.8t/m³
- 쇼벨의 버킷계수 : 1.1
- 쇼벨의 작업효율 : 0.5
- 덤프트럭의 작업효율 : 0.8
- 덤프트럭 1대를 적재하는 데 필요한 쇼벨의 사이클 횟수 : 3
- 토량변화율(L) : 1.2
- 사이클타임 : 30초
- 덤프트럭의 사이클타임 : 30분
- 덤프트럭의 사이클타임 중 상차시간 : 2분

가. 쇼벨의 시간당 작업량은 얼마인가?

계산 과정)

답 : _____

나. 덤프트럭의 시간당 작업량은 얼마인가?

계산 과정)

답 : _____

다. 쇼벨 1대당 덤프트럭의 소요대수는 얼마인가?

계산 과정)

답 : _____

해답 **가.** $Q_S = \dfrac{3,600 \cdot q \cdot K \cdot f \cdot E}{C_m} = \dfrac{3,600 \times 3.0 \times 1.1 \times \dfrac{1}{1.2} \times 0.5}{30} = 165\,\mathrm{m^3/hr}$

나. $Q_t = \dfrac{60 \cdot q_t \cdot f \cdot E}{C_m} = \dfrac{60 \cdot q_t \cdot \dfrac{1}{L} \cdot E}{C_m}$

· $q_t = \dfrac{T}{\gamma_t} \cdot L = \dfrac{15}{1.8} \times 1.2 = 10\,\mathrm{m^3}$

∴ $Q_s = \dfrac{60 \times 10 \times \dfrac{1}{1.2} \times 0.8}{30} = 13.33\,\mathrm{m^3/hr}$

다. $N = \dfrac{Q_S}{Q_t} = \dfrac{165}{13.33} = 12.38\,대 = 13\,대$

□□□ 13①, 23①
22 하천 제방의 누수방지에 대한 방법을 3가지만 쓰시오.

득점	배점
	3

① _____ ② _____ ③ _____

해답 ① 제체 또는 기초지반에 불투수성의 차수벽을 두는 방법
② 침윤선이 충분히 낮아지도록 제방폭을 넓히는 방법
③ 제방 내외의 수위차를 경감하는 방법
④ 누수를 빨리 배제하여 제체의 연약화를 방지하는 방법

□□□ 95④, 97④, 99②, 00③, 06①, 10④, 13①, 18②
23 다음과 같이 배치된 말뚝 A, 말뚝 B에 작용하는 하중을 계산하시오.
(단, 말뚝의 부마찰력, 군항의 효과, 기초와 흙 사이에 작용하는 토압은 무시한다.)

득점	배점
	4

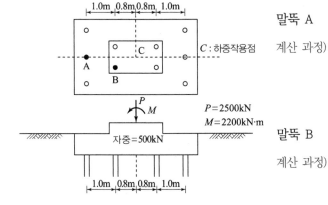

말뚝 A
계산 과정)

답 : _____

$P=2500kN$
$M=2200kN \cdot m$
자중$=500kN$

말뚝 B
계산 과정)

답 : _____

해답 ■ 방법 1

$$P_m = \frac{Q}{n} \pm \frac{M_y \cdot x}{\sum x^2} \pm \frac{M_x \cdot y}{\sum y^2}$$

• $Q = 2,500 + 500 = 3,000\,kN$

$$\therefore P_A = \frac{3,000}{10} - \frac{2,200 \times (-1.8)}{1.8^2 \times 6 + 0.8^2 \times 4} + 0$$
$$= 300 + 180 = 480\,kN$$

$$\therefore P_B = \frac{3,000}{10} - \frac{2,200 \times (-0.8)}{1.8^2 \times 6 + 0.8^2 \times 4} + 0$$
$$= 300 + 80 = 380\,kN$$

■ 방법 2

$$P_m = \frac{Q}{n} + \frac{M_y \cdot x}{\sum x^2} + \frac{M_x \cdot y}{\sum y^2}$$

• $Q = 2,500 + 500 = 3,000\,kN, \ n = 10$
• $x^2 = 1.8^2 \times 6 = 19.44\,m^2$
• $x^2 = 0.8^2 \times 4 = 2.56\,m^2$

$$\therefore P_A = \frac{3,000}{10} + \frac{2,200 \times 1.8}{19.44 + 2.56} + 0$$
$$= 300 + 180 = 480\,kN$$

$$\therefore P_B = \frac{3,000}{10} + \frac{2,200 \times 0.8}{19.44 + 2.56} + 0$$
$$= 300 + 80 = 380\,kN$$

🎯 말뚝 거리계산

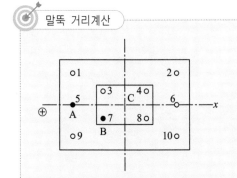

말뚝	x	x^2
1, 5, 9	−1.8	$(-1.8)^2$
3, 7	−0.8	$(-0.8)^2$
4, 8	+0.8	$(+0.8)^2$
2, 6, 10	+1.8	$(+1.8)^2$

24 다음 데이터를 이용하여 Normal time 네트워크 공정표를 작성하고 공기를 3일 단축할 때 최소의 추가공사비를 산출하시오.

득점	배점
	10

(단, ① Net Work 공정표 작성은 화살표 Net Work로 한다.
② 주공정선(Critical path)은 굵은 선 또는 이중 선으로 한다.
③ 각 결합점에는 다음과 같이 표시한다.)

작업명	정상비용		특급비용	
(activity)	공기(일)	공비(원)	공기(일)	공비(원)
A(0→1)	3	20,000	2	26,000
B(0→2)	7	40,000	5	50,000
C(1→2)	5	45,000	3	59,000
D(1→4)	8	50,000	7	60,000
E(2→3)	5	35,000	4	44,000
F(2→4)	4	15,000	3	20,000
G(3→5)	3	15,000	3	15,000
H(4→5)	7	60,000	7	60,000
계		280,000		334,000

가. Normal time 네트워크 공정표를 작성하시오.

나. 공기를 3일간 단축할 때 최소의 추가공사비를 구하시오.

계산 과정)

답 : _____

해답 가.

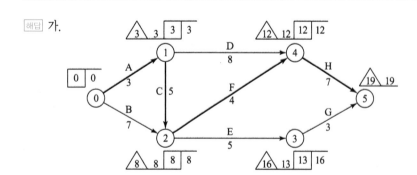

나. • 각 작업의 비용구배

$$A = \frac{26,000-20,000}{3-2} = 6,000원, \quad B = \frac{50,000-40,000}{7-5} = 5,000원$$

$$C = \frac{59,000-45,000}{5-3} = 7,000원, \quad D = \frac{60,000-50,000}{8-7} = 10,000원$$

$$F = \frac{20,000-15,000}{4-3} = 5,000원$$

• 공기 1일 단축(18일) : F작업에서 1일 단축

　직접비 : +5,000원 증가, 총 추가비용 : +5,000원

• 공기 1일 단축 (17일) : A작업에서 1일 단축

　직접비 : +6,000원 증가, 총 추가비용 : +11,000원

• 공기 1일 단축 (16일) : (B+C+D)작업에서 각각 1일 단축

　직접비 : (5,000+7,000+10,000)22,000원, 총 추가비용 : 33,000원

　∴ 최소추가비용 : 33,000원

최소추가비용

작업명	단축 가능일수	비용구배= $\frac{특급비용-표준비용}{표준공기-특급공기}$	19	18 (-1)	17 (-2)	16 (-3)
A	1	$\frac{26,000-20,000}{3-2}=6,000$			1	
B	2	$\frac{50,000-40,000}{7-5}=5,000$				1
C	2	$\frac{59,000-45,000}{5-3}=7,000$				1
D	1	$\frac{60,000-50,000}{8-7}=10,000$				1
E	1	$\frac{44,000-35,000}{5-4}=9,000$				
F	1	$\frac{20,000-15,000}{4-3}=5,000$	1			
G	-	-				
H	-	-				
추가비용				5,000	6,000	22,000
추가비용 합계				5,000	11,000	33,000

∴ 최소추가비용 : 33,000원

□□□ 99①, 02③, 05①, 07②, 09④, 13①, 21②

25 주어진 도면 및 조건에 따라 다음 물량을 산출하시오. (단, 주어진 도면의 치수는 축척에 맞지 않을 수 있으며, 주어진 치수로만 물량을 산출할 것)

득점	배점
	18

【조 건】

• W1, W2, W3, W4, W6, W6, F1, F3, F4, K2 철근은 각각 200mm 간격으로 배근한다.
• F2, K1, H 철근은 각각 100mm 간격으로 배근한다.
• S1, S2, S3 철근은 지그재그로 배근한다.
• 옹벽의 돌출부(전단 Key)에는 거푸집을 사용하는 경우로 계산한다.
• 물량산출에서 할증률 및 마구리는 없는 것으로 하고 상세도에 표시되어 있지 않은 이음길이는 계산하지 않는다.

단 면 도 (N.S) (단위 : mm)

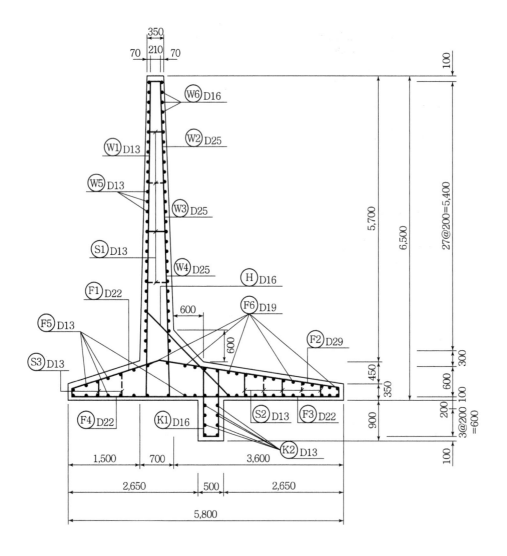

일반도

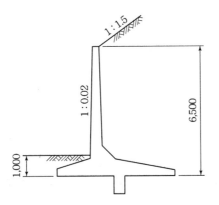

철근상세도

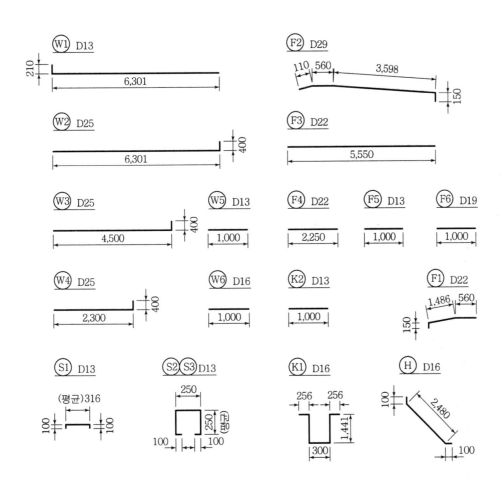

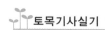토목기사실기

가. 길이 1m에 대한 콘크리트량을 구하시오. (단, 소수 넷째자리에서 반올림)

계산 과정)

답 : _____

나. 길이 1m에 대한 거푸집량을 구하시오. (단, 소수 넷째자리에서 반올림)

계산 과정)

답 : _____

다. 길이 1m에 대한 철근물량표를 완성하시오.

기호	직경	길이(mm)	수량	총길이(mm)	기호	직경	길이(mm)	수량	총길이(mm)
W1					K1				
F1					S2				

해답 가. 콘크리트량

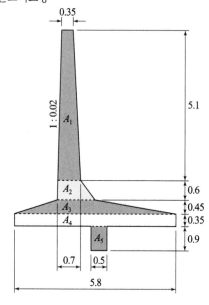

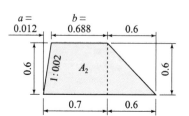

$a = 0.02 \times 0.6 = 0.012\text{m}$

$b = 0.7 - 0.02 \times 0.60 = 0.688\text{m}$

$A_1 = \dfrac{0.35 + (0.7 - 0.6 \times 0.02)}{2} \times 5.1 = 2.647\,\text{m}^2$

$A_2 = \dfrac{(0.7 - 0.6 \times 0.02) + (0.7 + 0.6)}{2} \times 0.6 = 0.596\,\text{m}^2$

$A_3 = \dfrac{(0.7 + 0.6) + 5.8}{2} \times 0.45 = 1.598\,\text{m}^2$

$A_4 = 0.35 \times 5.8 = 2.03\,\text{m}^2$

$A_5 = 0.9 \times 0.5 = 0.45\,\text{m}^2$

$$\therefore V = (\sum A_i) \times 1$$
$$= (2.647 + 0.596 + 1.598 + 2.03 + 0.45) \times 1$$
$$= 7.321 \text{m}^3$$

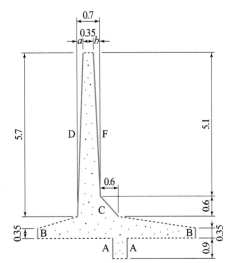

나. $a = 0.02 \times 5.7 = 0.114 \text{m}$
    $b = 0.7 - (0.114 + 0.35) = 0.236 \text{m}$
    $A = 0.9 \times 2 = 1.8 \text{m}$
    $B = 0.35 \times 2 = 0.70 \text{m}$
    $C = \sqrt{0.6^2 + 0.6^2} = 0.8485 \text{m}$
    $D = \sqrt{5.7^2 + 0.114^2} = 5.7011 \text{m}$
    $F = \sqrt{5.1^2 + 0.236^2} = 5.1055 \text{m}$
    $\sum l = (1.8 + 0.70 + 0.8485 + 5.7011 + 5.1055)$
       $= 14.155$
    $\therefore$ 면적 $= \sum l \times 1 (m) = 14.155 \times 1$
         $= 14.155 \text{m}^2$

다. 철근물량표

기호	직경	길이(mm)	수량	총길이(mm)	기호	직경	길이(mm)	수량	총길이(mm)
W1	D13	6,511	5	32,555	K1	D16	3,694	10	36,940
F1	D22	2,196	5	10,980	S2	D13	950	12.5	11,875

철근물량 산출근거

기호	직경	길이(mm)	수량	총길이(mm)	수량 산출
W1	D13	$210 + 6,301 = 6,511$	5	32,555	$\dfrac{1}{0.200} = 5$
F1	D22	$150 + 1,486 + 560 = 2,196$	5	10,980	$\dfrac{1}{0.200} = 5$
F5	D13	1,000	31	31,000	31(단면도에 수작업)
K1	D16	$256 \times 2 + 300 + 1,441 \times 2 = 3,694$	10	36,940	$\dfrac{1}{0.100} = 10$
K2	D13	1,000	8	8,000	단면도에서 수작업 (Key 부분)
S2	D13	$(100 + 250) \times 2 + 250 = 950$	12.5	11,875	$\dfrac{5}{0.200 \times 2} \times 1 = 12.5$ 또는 $400 : 5 = 1,000 : x$ $\therefore x = 12.5$

국가기술자격 실기시험문제

2013년도 기사 제2회 필답형 실기시험(기사)

종 목	시험시간	형 별	성 명	수험번호
토목기사	3시간	A		

※ 수험자 인적사항 및 계산식을 포함한 답안 작성은 검은색 필기구만 사용해야 하며, 그 외 연필류, 빨간색, 청색 등 필기구로 작성한 답항은 0점 처리 됩니다.

□□□ 13②

01 지하수위가 높은 지역에 강널말뚝(Steel Sheet Pile)을 설치하여 토류벽을 설치하고자 한다. 강널말뚝의 타입방법을 4가지만 쓰시오.

득점 / 배점 3

① _____ ② _____ ③ _____ ④ _____

해답 ① Auger 압입공법   ② 유압식 압입인발공법
③ 바이브로 해머에 의한 항타공법   ④ Water jet 병용공법

🎯 **강널말뚝의 타입방법**

① Auger 압입공법 : 특수 제작된 장비에 오가케이싱, 유압실린더를 효율적으로 조합하여 기존의 진동식 해머로 타입이 곤란한 지층에 강널말뚝을 근입하는 공법이다.
② 유압식 압입인발공법 : 유압장비의 유압 압입력과 강널말뚝의 자중으로 강널말뚝을 지중에 근입하는 공법이다.
③ 바이브로 해머에 의한 항타공법 : 해머의 진동으로 지반의 마찰저항력을 줄여 가며 강널말뚝의 자중과 해머의 항타력으로 강널말뚝을 지중에 근입하는 공법이다.
④ Water jet 병용공법 : Water jet Pump에서 토출되는 고압수와 바이브로 해머의 진동타격에너지를 조합하여 암반 등의 경질지반을 급속히 침식시켜 반복항타에 의해 강널말뚝을 직접타입하는 공법이다.

□□□ 96⑤, 99③, 03④, 05④, 13②, 22①

02 연약지반층에 설치한 말뚝(pile)에 발생하는 부마찰력(Negative friction)을 줄이는 방법 3가지를 쓰시오.

득점 / 배점 3

① _____ ② _____ ③ _____

해답 ① 표면적이 작은 말뚝을 사용하는 방법   ② 말뚝직경보다 약간 큰 케이싱(casing)을 박는 방법
③ 말뚝 표면에 역청재료를 피복하는 방법   ④ 말뚝지름보다 크게 preboring을 하는 방법
⑤ 지하수위를 미리 저하시키는 방법

□□□ 98②, 03①, 13②

03 연약지반상에 성토한 경우 성토구조물의 변화를 관측·측정할 수 있는 계측기를 5가지만 쓰시오.

득점 | 배점
3

① _____ ② _____ ③ _____

④ _____ ⑤ _____

해답 ① 지중경사계 ② 지표침하계 ③ 지하수위계 ④ 공극수압계 ⑤ 층별침하계

◎ 연약지반 계측기 배치도

지중경사계 및 층별침하계는 견고한 지반까지 천공하며 설치하여 간극수압계는 연약층심도 10m 이하 시 중간 위치에 설치한다.
또한 지표침하계는 sand mat층에 설치하여 level 측정을 하며 성토완료 후 압밀도 분석을 실시한다.

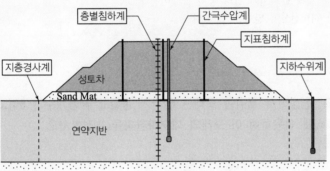

① 경사계(Inclino meter)　　　　② 지하수위계(Water level meter)
③ 기울기 측정계(Tilt meter)　　④ 토압계(earth pressure cell)
⑤ 지중침하측정계(Extensometer)　⑥ 변형률계(Strain Gauge)
⑦ 하중계(Load cell)　　　　　　⑧ 공극수압계(Piezo meter)
⑨ 토압계(Earth pressure cell)　⑩ 지표침하계(Measuring settlement of surface)

□□□ 84②, 86①, 04①, 10④, 13②

04 수중 콘크리트의 타설장비를 3가지만 쓰시오.

득점 | 배점
3

① _____ ② _____ ③ _____

해답 ① 트레미
　　② 콘크리트 펌프
　　③ 밑열림 상자
　　④ 밑열림 포대

□□□ 94③, 96①, 98④, 13②

05 케이슨 기초 시공공법 중 오픈케이슨 공법의 장점을 3가지만 쓰시오.

득점	배점
	3

① ──────────── ② ──────────── ③ ────────────

해답 ① 침하깊이에 제한이 없다.
② 기계설비가 비교적 간단하다.
③ 공사비가 일반적으로 싸다.
④ 무진동으로 시공할 수 있어 시가지 공사에도 적합하다.

 오픈케이슨 기초의 단점

우물통 기초(well foundation) 공법을 오픈케이슨(open caisson) 공법이라고 한다.
① 기초지반 토질의 확인이 곤란하고 지지력 측정이 곤란하다.
② 저부 콘크리트가 수중 시공이 되어 불충분하게 되기 쉽다.
③ 케이슨이 경사질 염려가 있다.
④ 굴착 중 장애물이 있을 경우 굴착에 시일이 걸려 공기가 길어진다.
⑤ 기초지반에 보일링현상이나 히빙현상이 일어날 수 있다.

□□□ 01①, 03②, 13②, 16①, 21②

06 표준관입시험의 N치가 35이고, 현장에서 채취한 모래는 입자가 둥글고 균등계수가 5이고 곡률계수가 5이었다. Dunham의 식을 이용하여 이 모래의 내부마찰각을 추정하시오.

득점	배점
	3

계산 과정)

답 : ────────────

해답 ■ 모래의 입도판정
• 균등계수 $C_u \geq 6$, 곡률계수 : $1 \leq C_g \leq 3$일 때 양입도
∴ 둥글고 입도분포가 균등(불량)한 모래($\because C_u = 5$, $C_g = 5$)

■ 입자가 둥글고 입도분포가 균등(불량)한 입도
• 내부마찰각 $\phi = \sqrt{12N} + 15 = \sqrt{12 \times 35} + 15 = 35.49°$

 모래의 내부마찰각과 N의 관계(Dunham 공식)

• 토립자가 둥글고 입도분포가 균등(불량)한 모래	$\phi = \sqrt{12N} + 15$
• 토립자가 둥글고 입도분포가 양호한 모래 • 토립자가 모나고 입도분포가 균등(불량)한 모래	$\phi = \sqrt{12N} + 20$
• 토립자가 모나고 입도분포가 양호한 모래	$\phi = \sqrt{12N} + 25$

□□□ 04②, 09②, 13②, 18②

07 PSC 교량에 사용되는 PS 강재의 정착방법 중에서 가장 보편적으로 쓰이는 정착방식들은 정착장치의 형식에 따라 3가지로 분류될 수 있다. 그 3가지를 쓰시오.

득점 / 배점 3

① _____ ② _____ ③ _____

해답 ① 쐐기식 ② 지압식 ③ 루프식

 PS 강재의 정착방법

분 류	적용 공법
쐐기식	• 마찰저항을 이용한 쐐기로 정착하는 방법 • Freyssinet 공법, VSL 공법, CCL 공법
지압식	• 너트와 지압판에 의해 정착하는 방법 • BBRV 공법, Dywidag 공법
루프식	• 루프형 강재의 부착이나 지압에 의해 정착하는 방법 • Leoba 공법, Baur-Leonhardt 공법

□□□ 13②

08 암반 중에 천공한 보어 홀에 액체를 주입하여 압력을 상승시키고 공벽에 균열을 유도하여 현지 지압을 계산하는 방법을 무엇이라 하는가?

득점 / 배점 2

○

해답 수압파쇄법(Hydraulic fracturing method)

 수압파쇄법의 장·단점

■장점
① 하수면 이하에서도 측정 가능하다.
② 암반 깊은 곳에서도 측정 가능하다.
③ 암반의 탄성계수를 구할 필요가 없다.
④ 경비가 비교적 싸고 광범위하게 적용 가능하다.

■단점
① 고온하의 암반에 부적당하다.
② 균열이 많은 암반이나 투수성 암반에는 부적합하다.
③ 지압작용방향이 연직과 수평 방향으로 되지 않는 경우에는 곤란하다.

09 다음 표와 같은 설계조건 및 재료, 참고표를 이용하여 콘크리트를 배합설계 하여 아래 배합표를 완성 하시오.

득점	배점
	10

【설계조건 및 재료】

- 물-시멘트비는 50%로 한다.
- 굵은 골재는 최대치수 25mm의 부순돌을 사용한다.
- 양질의 공기연행제(AE제)를 사용하며 그 사용량은 시멘트 질량의 0.03%로 한다.
- 목표로 하는 슬럼프는 120mm, 공기량은 5%로 한다.
- 사용하는 시멘트는 보통 포틀랜드 시멘트로서 밀도는 $0.00315g/mm^3$ 이다.
- 잔골재의 표건밀도는 $0.0026g/mm^3$ 이고, 조립률은 2.85이다.
- 굵은 골재의 표건밀도는 $0.0027g/mm^3$ 이다.

【배합설계 참고표】

굵은 골재 최대 치수 (mm)	단위 굵은 골재 용적 (%)	공기연행제를 사용하지 않은 콘크리트			공기연행 콘크리트				
		갇힌 공기 (%)	잔골재율 S/a(%)	단위 수량 (kg/m³)	공기량 (%)	양질의 공기연행제를 사용한 경우		양질의 공기연행 감수제를 사용한 경우	
						잔골재율 S/a(%)	단위수량 W(kg/m³)	잔골재율 S/a(%)	단위수량 W(kg/m³)
15	58	2.5	53	202	7.0	47	180	48	170
20	62	2.0	49	197	6.0	44	175	45	165
25	67	1.5	45	187	5.0	42	170	43	160
40	72	1.2	40	177	4.5	39	165	40	155

주 1) 이 표의 값은 보통의 입도를 가진 잔골재(조립률 2.8 정도)와 부순돌을 사용한 물-시멘트비 55% 정도, 슬럼프 80mm 정도의 콘크리트에 대한 것이다.

2) 사용재료 또는 콘크리트의 품질이 주 1)의 조건과 다를 경우에는 위의 표의 값을 아래 표에 따라 보정한다.

【S/a 및 W의 보정표】

구 분	S/a의 보정(%)	W의 보정(kg)
잔골재의 조립률이 0.1 만큼 클(작을) 때마다	0.5 만큼 크게(작게) 한다.	보정하지 않는다.
슬럼프값이 10mm 만큼 클(작을) 때마다	보정하지 않는다.	1.2% 만큼 크게(작게) 한다.
공기량이 1% 만큼 클(작을) 때마다	0.5~1.0 만큼 작게(크게) 한다.	3% 만큼 작게(크게) 한다.
물-시멘트비가 0.05 클(작을) 때마다	1 만큼 크게(작게) 한다.	보정하지 않는다.
S/a가 1% 클(작을) 때마다	보정하지 않는다.	1.5kg 만큼 크게(작게) 한다.

비고 : 단위 굵은 골재용적에 의하는 경우에는 모래의 조립률이 0.1만큼 커질(작아질) 때마다 단위 굵은 골재용적을 1만큼 작게(크게) 한다.

【답】 배합표

굵은 골재 최대치수 (mm)	슬럼프 (mm)	공기량 (%)	W/C (%)	잔골재율 S/a(%)	단위량(kg/m³)				혼화제 단위량 (g/m³)
					물 (W)	시멘트 (C)	잔골재 (S)	굵은골재 (G)	
25	120	5	50						

해답 • 잔골재율과 단위수량의 보정

보정항목	배합 참고표	설계조건	잔골재율(S/a) 보정	단위수량(W)의 보정
굵은 골재의 치수 25mm 일 때			$S/a = 42\%$	$W = 170\,\text{kg}$
모래의 조립률	2.80	2.85(↑)	$\dfrac{2.85-2.80}{0.10}\times 0.5 = +0.25(↑)$	보정하지 않는다.
슬럼프값	80mm	120mm(↑)	보정하지 않는다.	$\dfrac{120-80}{10}\times 1.2 = 4.8\%(↑)$
공기량	5	5	$\dfrac{5-5}{1}\times 0.75 = 0\%$	$\dfrac{5-5}{1}\times 3 = 0\%$
W/C	55%	50%(↓)	$\dfrac{0.55-0.50}{0.05}\times(-1)$ $=-1.0\%(↓)$	보정하지 않는다.
S/a	42%	41.25%(↓)	보정하지 않는다.	$\dfrac{42-41.25}{1}\times(-1.5)$ $=-1.125\,\text{kg}(↓)$
보정값			$S/a = 42+0.25+0-1.0$ $= 41.25\%$	$170\left(1+\dfrac{4.8}{100}\right)-1.125$ $= 177.04\,\text{kg}$

• 단위수량 $W = 177.04\,\text{kg}$

• 단위시멘트량 C : $\dfrac{W}{C} = 0.50,\ \dfrac{177.04}{0.5} = C$ ∴ $C = 354.08\,\text{kg/m}^3$

• 공기연행(AE)제 : $354.08\times\dfrac{0.03}{100} = 0.106224\,\text{kg} = 106.90\,\text{g/m}^3$

• 단위골재량의 절대체적

$$V_a = 1 - \left(\frac{\text{단위수량}}{1,000} + \frac{\text{단위시멘트}}{\text{시멘트 비중}\times 1,000} + \frac{\text{공기량}}{100}\right)$$

$$= 1 - \left(\frac{177.04}{1,000} + \frac{354.08}{3.15\times 1,000} + \frac{5}{100}\right) = 0.661\,\text{m}^3$$

• 단위 잔골재량

$S = V_a \times S/a \times$ 잔골재 밀도 $\times 1,000$

$= 0.661\times 0.4125\times 2.6\times 1,000 = 708.92\,\text{kg/m}^3$

• 단위 굵은 골재량

$G = V_g \times (1-S/a) \times$ 굵은 골재 밀도 $\times 1,000$

$= 0.661\times(1-0.4125)\times 2.7\times 1,000 = 1,048.51\,\text{kg/m}^3$

∴ 배합표

굵은 골재 최대치수 (mm)	슬럼프 (mm)	W/C (%)	잔골재율 S/a(%)	단위량(kg/m³)				혼화제 g/m³
				물	시멘트	잔골재	굵은 골재	
25	120	50	41.25	177.04	354.08	708.92	1,048.51	106.22

🎯 배합설계 참고표에서 찾는 법

■「설계조건 및 재료」에서 확인할 사항
• 양질의 공기연행제 사용여부
• 굵은골재의 최대치수 확인

굵은골재 최대치수(mm)	공기량(%)	양질의 공기연행제를 사용한 경우	
		잔골재율 S/a(%)	단위수량 W(kg/m³)
25	5.0	42	170

□□□ 96⑤, 99③, 00⑤, 03②, 05②, 08②, 10①, 11①, 13②, 16④, 18③

10 그림에서와 같이 강널말뚝(steel sheet pile)으로 지지된 모래지반의 굴착에서 지하수의 분출로 인하여 예상되는 파이핑(piping)에 대한 안전율을 계산하시오.

득점	배점
	3

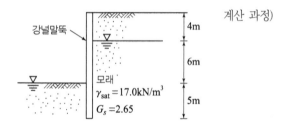

계산 과정)

답 : _____

해답 $F_s = \dfrac{(\Delta h + 2d)\gamma_{\text{sub}}}{\Delta h \cdot \gamma_w} = \dfrac{(6 + 2 \times 5)(17.0 - 9.81)}{6 \times 9.81} = 1.95$

🎯 파이핑에 대한 안전율

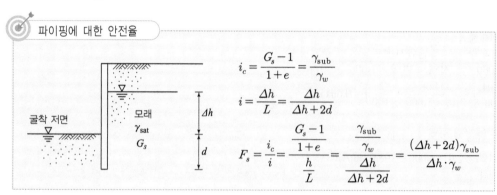

$i_c = \dfrac{G_s - 1}{1 + e} = \dfrac{\gamma_{\text{sub}}}{\gamma_w}$

$i = \dfrac{\Delta h}{L} = \dfrac{\Delta h}{\Delta h + 2d}$

$F_s = \dfrac{i_c}{i} = \dfrac{\dfrac{G_s - 1}{1 + e}}{\dfrac{h}{L}} = \dfrac{\dfrac{\gamma_{\text{sub}}}{\gamma_w}}{\dfrac{\Delta h}{\Delta h + 2d}} = \dfrac{(\Delta h + 2d)\gamma_{\text{sub}}}{\Delta h \cdot \gamma_w}$

□□□ 86①②, 13②④

11 TBM 공법의 단점을 아래의 보기와 같이 3가지만 쓰시오.

득점 | 배점
3

설비투자액이 고가이므로 초기투자비가 많이 든다.
---

① _____ ② _____ ③ _____

해답 ① 본바닥 변화에 대하여 적응이 곤란하다.
② 굴착형상의 단면에 제약을 받는다.
③ 기계제작에 전문인력이 필요하다.
④ 기계중량이 크므로 현장에서의 반입반출이 어렵다.

◎ TBM 공법의 장점

① 갱내 작업이 안전하다.
② 노무비가 절약된다.
③ 버력 반축이 용이하다.
④ 여굴이 적다.
⑤ 진동이나 소음이 적다.
⑥ 동바리공, 복공, 환기의 처치가 경감된다.

□□□ 13②

12 숏크리트 작업에서 뿜어붙일 면에 용수가 있을 경우에 대한 대책을 3가지만 쓰시오.

득점 | 배점
3

① _____ ② _____ ③ _____

해답 ① 배수파이프나 배수필터를 설치하여 배수처리
② 시멘트량이나 급결제 사용량의 증대로 배합변경
③ 건식 숏크리트 공법으로 용수지반에 뿜질하여 용수를 흡수
④ 부분적으로 용수가 있을 때는 염화비닐파이프, 비닐호스 등으로 용수를 처리하면서 뿜어붙인다.

◎ 숏크리트 굴착면의 용수처리방법

① 배수파이프나 배수필터를 설치하여 배수처리 : 용수되는 장소에 PVC 배수파이프를 설치한 후 숏크리트를 타설하고 용수는 배수파이프를 통하여 배수처리함
② 시멘트량이나 급결재 사용량의 증대로 배합변경 : 부배합 및 급결재 사용 등 배합의 변경으로 콘크리트 강도를 증가시키고 콘크리트를 급결시킴
③ 건식 숏크리트 공법으로 용수지반에 뿜질하여 용수를 흡수 : 먼저 건식 숏크리트를 용수지반에 뿜칠하여 용수를 흡수시킴
④ 부분적으로 용수가 있을 때는 염화비닐파이프, 비닐호스 등으로 용수처리하면서 뿜어붙임 : 일정한 위치에 따라 염화비닐파이프, 비닐호스 등을 설치한 후 숏크리트를 타설하고 용수는 이 파이프 등을 통하여 유도 배수함

□□□ 13②

13 기초지반면상에 작용하는 구조물 하중에 의해 생기는 응력증가는 반드시 변형을 동반하게 되고 지반의 압축에 의한 구조물의 침하가 발생하게 되는데 이러한 침하의 종류 3가지를 쓰시오.

득점	배점
	3

① _____ ② _____ ③ _____

해답 ① 즉시침하(탄성침하)   ② 1차압밀침하(압밀침하)   ③ 2차압밀침하(크리프 침하)

 침하의 종류

① 즉시침하 : 외부하중이 지반에 작용하자마자 즉시 발생되는 침하로 모든 흙에서 발생하며, 함수비의 변화 없이 탄성변형으로 생긴 침하라고 하여 탄성침하라도고 한다.
② 1차압밀침하(압밀침하) : 흙 속에 있는 간극수가 천천히 빠지면서 발생되는 침하이므로 침하량은 시간에 의존한다.
③ 2차압밀침하(크리프 침하) : 과잉간극수압이 소멸된 후에도 장기간에 걸쳐 발생되는 침하이다.

□□□ 93②, 94③, 99②, 04①, 06①, 08②, 10①, 13②, 18①, 20②

14 단위시멘트량이 310kg/m^3, 단위수량이 160kg/m^3, 단위 잔골재량이 690kg/m^3, 단위 굵은 골재량이 $1,360\text{kg/m}^3$인 콘크리트의 시방배합을 아래 표의 현장 골재상태에 맞게 현장배합으로 환산하여 이때의 단위수량을 구하시오.

득점	배점
	3

【현장 골재상태】

• 잔골재가 5mm체에 남는 양 : 3.5%   • 잔골재의 표면수 : 4.6%
• 굵은 골재가 5mm체를 통과하는 양 : 4.5%   • 굵은 골재의 표면수 : 0.7%

계산 과정)

답 : _____

해답 ■ 입도에 의한 조정

• 잔골재량 $X = \dfrac{100S-b(S+G)}{100-(a+b)}$

$= \dfrac{100\times690-4.5(690+1,360)}{100-(3.5+4.5)} = 649.73\,\text{kg/m}^3$

• 굵은 골재량 $Y = \dfrac{100G-a(S+G)}{100-(a+b)} = \dfrac{100\times1,360-3.5(690+1,360)}{100-(3.5+4.5)} = 1,400.27\,\text{kg/m}^3$

■ 표면수에 의한 조정

• 잔골재의 표면수량 $= 649.73\times\dfrac{4.6}{100} = 29.89\text{kg/m}^3$

• 굵은 골재의 표면수량 $= 1,400.27\times\dfrac{0.7}{100} = 9.80\text{kg/m}^3$

∴ 단위수량 $= 160 - (29.89+9.80) = 120.31\text{kg/m}^3$

□□□ 93②, 97②, 02②, 05④, 10④, 13②, 15④

15 극한지지력 $Q_u = 200\text{kN}$이고, RC pile의 직경이 30cm, 주면마찰력이 25kN/m^2, 말뚝 선단의 지지력 $q_u = 280\text{kN/m}^2$이라 할 때 RC pile의 최소지중깊이는? (단, 정역학적 지지력 공식개념에 의함)

계산 과정)

답 : _____

해답 $Q_u = Q_p + Q_f = q_u \cdot A_p + f_s \cdot A_s = \pi r^2 q_u + 2\pi r f_s l$ 에서

∴ 지중깊이 $l = \dfrac{Q_u - \pi r^2 q_u}{2\pi r f_s} = \dfrac{200 - \pi \times 0.15^2 \times 280}{2 \times \pi \times 0.15 \times 25} = 7.65\,\text{m}$

참고 [계산기 $f_x 570ES$] SOLVE 사용

$200 = \pi \times 0.15^2 \times 280 + 2\pi \times 0.15 \times 25\,l$

먼저 200 ☞ ALPHA ☞ SOLVE ☞

$200 = \pi \times 0.15^2 \times 280 + 2 \times \pi \times 0.15 \times 25 \times \text{ALPHA}\,X$

SHIFT ☞ SOLVE ☞ = ☞ 잠시 기다리면

$X = 7.648$ ∴ $l = 7.65\,\text{m}$

득점	배점
	3

□□□ 89②, 99②, 03②, 07④, 09②, 11④, 13②, 17④

16 도로구조물 뒤채움작업을 80kg의 래머를 사용하여 다짐작업 시의 작업량 $Q(\text{m}^3/\text{hr})$를 계산하시오. (단, 깔기두께$(D) = 0.15\text{m}$, 토량변화계수$(f) = 0.7$, 중복다짐횟수 $P = 7$회, 작업효율 $E = 0.6$, 1회당 유효다짐면적$(A) = 0.0924\text{m}^3$, 시간당 타격횟수$(N) = 3,600$회/h이다.)

계산 과정)

답 : _____

해답 $Q = \dfrac{A \cdot N \cdot H \cdot f \cdot E}{P}$

$= \dfrac{0.0924 \times 3,600 \times 0.15 \times 0.7 \times 0.6}{7} = 2.99\,\text{m}^3/\text{hr}$

득점	배점
	3

□□□ 95③, 96②, 97②, 98⑤, 08②, 11①, 13②, 16④

17 제방, 터널, 배수로, 사면 안정 및 보호 등에 사용되는 토목섬유의 종류를 4가지만 쓰시오.

① _____ ② _____ ③ _____ ④ _____

해답 ① 지오텍스타일(Geotextile) ② 지오그리드(Geogrid)
③ 지오콤포지트(Geocomposite) ④ 지오멤브레인(Geomembranec)
⑤ 지오매트(Geomat)

득점	배점
	3

□□□ 03②, 05④, 08①, 13②, 18①, 21③

18 아래 작업 List를 가지고 화살선도를 그리고 표준일수에 대한 Critical Path를 구하고, 총공사비(직접비+간접비)가 가장 적게 들기 위한 최적공기를 구하시오.
(단, 간접비는 1일당 60만원이 소요)

득점	배점
	8

작업명	선행작업	후속작업	표준		특급	
			일수	직접비(만원)	일수	간접비(만원)
A	–	C, D	4	210	3	280
B	–	E, F	8	400	6	560
C	A	E, F	6	500	4	600
D	A	H	9	540	7	600
E	B, C	G	4	500	1	1,100
F	B, C	H	5	150	4	240
G	E	–	3	150	3	150
H	D, F	–	7	600	6	750

가. 표준일수에 대한 화살선도를 그리고, Critical Path를 구하시오.

나. 총공사비가 가장 적게 들기 위한 최적공기를 구하시오.

계산 과정)

답 : _____

해답 가.

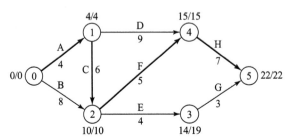

C.P : A→C→F→H

나.

작업명	단축 가능일수	비용구배 = $\dfrac{특급비용-표준비용}{표준공기-특급공기}$	22	21	20	19	18
A	1	$\dfrac{280-210}{4-3}=70$					
B	2	$\dfrac{560-400}{8-6}=80$					
C	2	$\dfrac{600-500}{6-4}=50$		1	1		
D	3	$\dfrac{600-540}{9-7}=30$				1	
E	3	$\dfrac{1,100-500}{4-1}=200$					

작업명	단축 가능일수	비용구배 $= \dfrac{특급비용-표준비용}{표준공기-특급공기}$	22	21	20	19	18
F	1	$\dfrac{240-150}{5-4}=90$				1	
G	–	–					
H	1	$\dfrac{750-600}{7-6}=150$					1
직접비			3,050	3,050	3,100	3,150	3,270
추가비용				50	50	120	150
간접비(22일×60 = 1,320만원)			1,320	1,260	1,200	1,140	1,080
총공사비			4,370	4,360	4,350	4,410	4,500

∴ 최적공기 : 20일

🎯 최적공기 찾기

- 비용구배 : A(70만원), C(50만원), D(30만원), F(90만원)
- 공기 1일 단축(21일) : C작업에서 1일 단축
  직접비 : +50만원 증가, 간접비 : −60만원 감소, 총공사비 : 4,360만원
- 공기 1일 단축(20일) : C작업에서 1일 단축
  직접비 : +50만원 증가, 간접비 : −60만원 감소, 총공사비 : 4,350만원
- 공기 1일 단축(19일) : D작업과 F작업에서 1일씩 즉 각각 1일 단축
  직접비 : +120만원 증가, 간접비 : −60만원 감소, 총공사비 : 4,410만원
  ∴ 최적공기 : 20일

□□□ 02②, 13②

19 다음은 연약지반 개량공법 중 어떤 공법에 관한 설명인가?

득점	배점
	2

> 10~40t의 강재블록이나 콘크리트 블록과 같은 중추를 10~30m의 높은 곳에서 여러 차례 낙하시켜 충격과 진동으로 지반을 개량하는 방법으로, 사질토 지반이나 매립지반을 개량하는 데 효과적이다. 포화된 점성토에서도 사용 가능하다.

○

 동압밀 공법(Dynamic consolidation)

🎯 동압밀 공법의 장·단점

장 점	단 점
① 상당히 넓은 면적을 개량	① 주변구조물에 피해가 발생
② 깊은 심도까지 개량이 가능	② 소음, 진동, 분진 등으로 인한 환경문제 발생
③ 확실한 개량효과를 기대	③ 포화점토지반에서는 과잉간극수압이 발생
④ 지반 내에 장애물이 있어도 가능	④ 정치기간이 길어 공기가 지연
⑤ 특별한 약품이나 자재가 불필요	

□□□ 88③, 89②, 94②, 97①, 01②, 03①, 04②④, 07①, 12①, 13①②, 18③, 23③

20 $0.7m^3$ 용량의 백호와 15t 덤프트럭의 조합토공현장에서 현장의 조건이 아래와 같을 경우 다음 물음에 답하시오.

득점	배점
	6

【시공 조건】

- 백호의 버킷계수(K) : 1.1
- 백호의 사이클타임 : 19초
- 자연상태 흙의 단위중량 : $1.7t/m^3$
- 덤프의 운반거리 : 20km
- 토량환산계수(f) : 0.8
- 백호의 작업효율(E) : 0.9
- 토량변화율(L) : 1.25
- 덤프트럭의 사이클타임 : 60분
- 덤프트럭의 작업효율 : 0.9

가. 백호의 시간당 작업량을 구하시오.

계산 과정)

답 : _____

나. 덤프트럭의 시간당 작업량을 구하시오.

계산 과정)

답 : _____

다. 백호 1대당 덤프트럭의 소요대수는 몇 대인가?

계산 과정)

답 : _____

해답 **가.** 백호의 작업량

$$Q_B = \frac{3,600 \cdot q \cdot K \cdot f \cdot E}{C_m}$$

$$= \frac{3,600 \times 0.7 \times 1.1 \times 0.8 \times 0.9}{19} = 105.04\,m^3/hr$$

나. $Q_t = \dfrac{60 \cdot q_t \cdot f \cdot E}{C_m} = \dfrac{60 \cdot q_t \cdot \dfrac{1}{L} \cdot E}{C_m}$

$q_t = \dfrac{T}{\gamma_t} \cdot L = \dfrac{15}{1.7} \times 1.25 = 11.03\,m^3$

$\therefore\ Q_t = \dfrac{60 \times 11.03 \times \dfrac{1}{1.25} \times 0.9}{60} = 7.94\,m^3/hr$

다. $N = \dfrac{Q_s}{Q_t} = \dfrac{105.04}{7.94} = 13.23 = 14$ 대

□□□ 84②, 89②, 04①, 06②, 07②, 10②, 13②, 14②, 18②, 20①

21 어느 토목공사의 공정에 있어서 낙관치 27일, 정상치 28일, 비관치 35일일 때 기대치를 계산하시오.

득점	배점
	3

계산 과정)

답 : _____

 $t_e = \dfrac{t_0 + 4t_m + t_p}{6} = \dfrac{27 + 4 \times 28 + 35}{6} = 29$일

□□□ 91③, 96⑤, 99③, 00②, 01②, 02②, 05④, 07④, 09①, 13②, 18①②, 22②

22 자연함수비 12%인 흙으로 성토하고자 한다. 시방서에는 다짐한 흙의 함수비를 16%로 관리하도록 규정하였을 때 매 층마다 1m²당 몇 l의 물을 살수해야 하는가?
(단, 1층의 다짐 두께는 20cm이고 토량변화율은 $C = 0.9$이며, 원지반 상태에서 흙의 단위중량은 18kN/m³임.)

득점	배점
	3

계산 과정)

답 : _____

해답 ■ 방법 1

• 1m²당 흙의 중량

$$W = Ah\gamma_t = 1 \times 1 \times 0.20 \times 18 \times \dfrac{1}{0.9}$$

$$= 4\,\text{kN} = 4{,}000\,\text{N}$$

• 흙입자 중량

$$W_s = \dfrac{W}{1+w} = \dfrac{4{,}000}{1+0.12} = 3{,}571.43\,\text{N}$$

• 함수비 12%일 때 물의 중량

$$W_w = \dfrac{wW}{100+w} = \dfrac{12 \times 4{,}000}{100+12} = 428.57\,\text{N}$$

• 함수비 16%일 때 물의 중량

$$W_w = W_s w = 3{,}571.4 \times 0.16 = 571.43\,\text{N}$$

$$\therefore \text{살수량} = 571.43 - 428.57 = 142.86\,\text{N}$$

$$= \dfrac{142.86 \times 10^{-3}}{9.81} = 0.01456\,\text{m}^3 = 14.56\,l$$

■ 방법 2

• 1층의 원지반 상태의 단위체적

$$V = 1 \times 1 \times 0.20 \times \dfrac{1}{0.90} = \dfrac{0.20}{0.90} = 0.222\,\text{m}^3$$

• 0.222m³당 흙의 중량

$$W = \gamma_t V = 18 \times \dfrac{0.20}{0.90} = 4\,\text{kN} = 4{,}000\,\text{N}$$

• 12%에 대한 물의 중량

$$W_w = \dfrac{W \cdot w}{100+w} = \dfrac{4{,}000 \times 12}{100+12} = 428.57\,\text{N}$$

• 16%에 대한 살수량

$$428.57 \times \dfrac{16-12}{12} = 142.86\,\text{N}$$

$$\therefore \dfrac{142.86 \times 10^{-3}}{9.81} = 0.01456\,\text{m}^3 = 14.56\,l$$

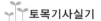

□□□ 01①, 02②, 04②, 06④, 09①, 10④, 13②, 15②, 20④

23 주어진 도면 및 조건에 따라 다음 물량을 산출하시오. (단, 주어진 도면의 치수는 축척에 맞지 않을 수 있으며, 주어진 치수로만 물량을 산출하며, 도면의 치수 단위는 mm이다.)

득점	배점
	18

단 면 도

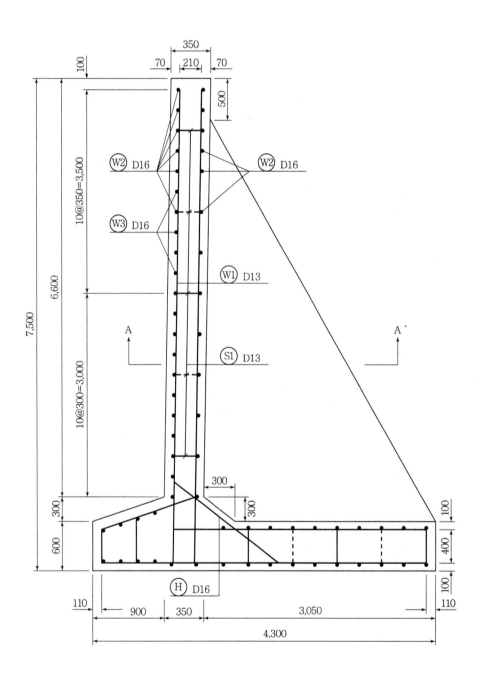

측 면 도

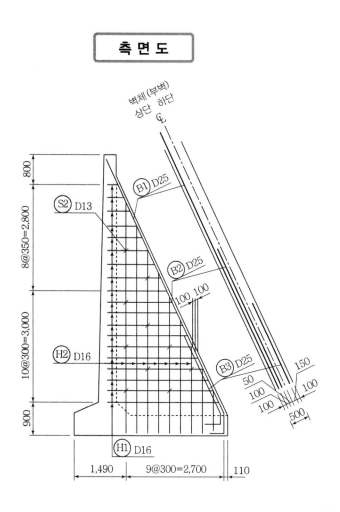

일 반 도

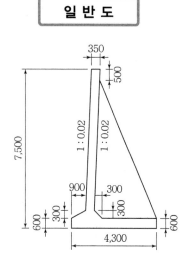

A-A′ 단면도

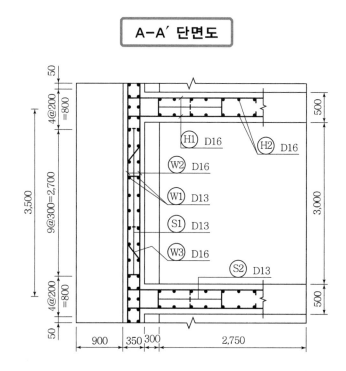

철근상세도

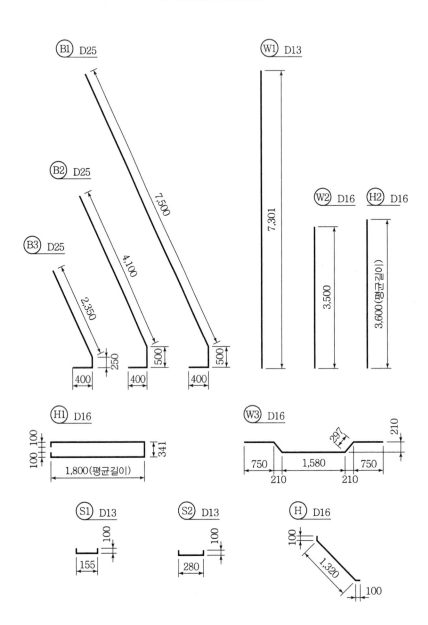

【조 건】
- S1 철근은 지그재그(Zigzag)로 배치되어 있다.
- H철근의 간격은 W1철근과 같다.
- 물량산출에서의 할증률 및 마구리는 없는 것으로 한다.
- 물량산출에서 전면벽의 경사를 반드시 고려하여야 한다. (일반도 참조)
- 철근길이 계산에서 이음길이는 계산하지 않는다.
- 저판의 철근량은 계산하지 않는다.

가. 부벽을 포함하는 옹벽길이 3.5m에 대한 콘크리트량을 구하시오.
　(단, 전면벽의 경사를 고려하여야 하며, 소수 넷째자리에서 반올림하시오.)

계산 과정)

답 : _____

나. 부벽을 포함하는 옹벽길이 3.5m에 대한 전체 거푸집량을 구하시오.
　(단, 전면벽의 경사를 고려하여야 하며, 소수 넷째자리에서 반올림하시오.)

계산 과정)

답 : _____

다. 부벽을 포함하는 옹벽길이 3.5m에 대한 철근물량표를 완성하시오.

기호	직경	길이(mm)	수량	총길이(mm)	기호	직경	길이(mm)	수량	총길이(mm)
W1					B1				
W3					S1				
H1									

해답 가.

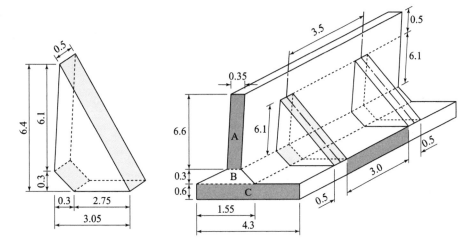

■ 1개의 부벽에 대한 콘크리트량

$$\left(\frac{3.05+0.122}{2}\times 6.4 - \frac{0.122\times 6.1}{2} - \frac{0.3\times 0.3}{2}\right)\times 0.50 = 4.867\,\text{m}^3$$

$(\because 6.1\times 0.02 = 0.122\,\text{m})$

■ 옹벽에 대한 콘크리트량

· $A = 0.35\times 6.6 = 2.310\,\text{m}^2$

· $B = \dfrac{0.35+1.55}{2}\times 0.3 = 0.285\,\text{m}^2$

· $C = 4.3\times 0.6 = 2.58\,\text{m}^2$

　$\therefore (2.310+0.285+2.58)\times 3.5 = 18.113\,\text{m}^3$

　$\therefore$ 총콘크리트량$= 4.867+18.113 = 22.980\,\text{m}^3$

나.

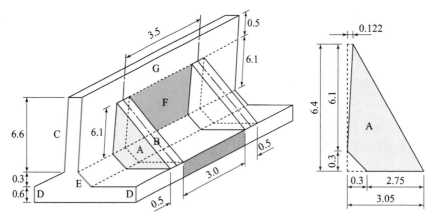

■ 1개의 부벽에 대한 거푸집량

- A면 $= \left\{ \left(\dfrac{0.122 + 3.05}{2} \right) \times 6.4 - \left(\dfrac{0.3 \times 0.3}{2} \right) - \left(\dfrac{6.1 \times 0.122}{2} \right) \right\} \times 2 = 19.467\,\text{m}^2$

- B면 $= \sqrt{6.4^2 + (3.05 - 0.122)^2} \times 0.5 = 3.519\,\text{m}^2$

- C면 $= \sqrt{6.6^2 + (6.6 \times 0.02)^2} \times 3.5 = 23.105\,\text{m}^2$

- D면 $= 0.6 \times 2 \times 3.5 = 4.2\,\text{m}^2$

- E면 $= \sqrt{0.3^2 + 0.3^2} \times 3 = 1.273\,\text{m}^2$

- F면 $= \sqrt{6.1^2 + 0.122^2} \times 3.0 = 18.304\,\text{m}^2$

- G면 $= \sqrt{0.5^2 + 0.01^2} \times 3.5 = 1.750\,\text{m}^2$ $(\because\ 0.5 \times 0.02 = 0.01\,\text{m})$

∴ 총거푸집량

$\sum A = 19.467 + 3.519 + 23.105 + 4.2 + 1.273 + 18.304 + 1.750 = 71.618\,\text{m}^2$

다.

기호	직경	길이(mm)	수량	총길이(mm)	기호	직경	길이(mm)	수량	총길이(mm)
W1	D13	7,301	26	189,826	B1	D25	8,400	2	16,800
W3	D16	3,674	8	29,392	S1	D13	355	10	3,550
H1	D16	4,141	19	78,679					

철근수량계산

기호	직경	길이	수량	총길이	수량산출
H	D16	1,520	13	19,760	• H철근과 W철근의 간격이 같다. 　A–A′단면도 후면에서 계산
H1	D16	4,141	19	78,679	• 측면도 8@+10@ • 칸수 +1 = (8+10)+1 = 19
H2	D16	3,600	18	64,800	• 측면도에서 9@−1@ = 8@ • 철근간격수×2(복배근) 　= {((9−1)+1)}×2 = 18

기호	직경	길이	수량	총길이	수량산출
B1	D25	8,400	2	16,800	• 측면도 벽체(부벽)상단 좌우
B2	D25	5,000	2	10,000	• 측면도 벽체(부벽)상단 좌우
B3	D25	3,000	3	9,000	• 측면도 벽체(부벽)하단 좌우 • 2+1 = 3

기호	직경	길이	수량	총길이	수량산출
S1	D13	355	10	3,550	• 단면도 실선 3, 점선 2 • A–A' 단면도(실선 2, 점선 2) ∴ $3 \times 2 + 2 \times 2 = 10$
S2	D13	480	10	4,800	• 전면벽에서부터 $4 + 3 + 2 + 1 = 10$

기호	직경	길이	수량	총길이	수량산출
W1	D13	7,301	26	189,826	• A–A' 단면에서 • 철근간격수×2(전후면) $= \{(9+1)+(2+1)\} \times 2(전후면) = 26$
W2	D16	3,500	26	91,000	• 철근간격수×2(전후면) $= \{((4+3+5)+1)\} \times 2(전후면) = 26$
W3	D16	3,674	8	29,392	• 단면도 벽체에서 후면에는 배근 없고, 전면 벽체 에만 배근되어 있는 철근 (단면도에서 수계산)

기호	직경	길이(mm)	수량	총길이(mm)	기호	직경	길이(mm)	수량	총길이(mm)
W1	D13	7,301	26	189,826	H	D16	1,520	13	19,760
W2	D16	3,500	26	91,000	H1	D16	4,141	19	78,679
W3	D16	3,674	8	29,392	H2	D16	3,600	18	64,800
B1	D25	8,400	2	16,800	S1	D13	355	10	3,550
B2	D25	5,000	2	10,000	S2	D13	480	10	4,800
B3	D25	3,000	3	9,000					

□□□ 85②③, 98⑤, 99③, 01④, 13②, 17①

24 지반의 일축압축강도가 18kN/m^{2}인 연약점성토층을 직경 40cm의 철근 콘크리트 파일로 관입길이 12m를 관통하도록 박았을 때 부마찰력(Negative friction)을 구하시오.

득점	배점
	3

계산 과정)

답 : _____

해답 $R_{nf} = U \cdot l_c \cdot f_c = \pi d \cdot l_c \cdot \dfrac{q_u}{2}$

$= \pi \times 0.40 \times 12 \times \dfrac{1}{2} \times 18 = 135.72 \, \text{kN}$

국가기술자격 실기시험문제

2013년도 기사 제4회 필답형 실기시험(기사)

종 목	시험시간	형 별	성 명	수험번호
토목기사	3시간	B		

※ 수험자 인적사항 및 계산식을 포함한 답안 작성은 검은색 필기구만 사용해야 하며, 그 외 연필류, 빨간색, 청색 등 필기구로 작성한 답항은 0점 처리 됩니다.

□□□ 92④, 05④, 13④

01 평균운반거리 50m, 배토량 17,000m³의 굴착, 성토작업을 11t급 불도저 3대로 실시할 때 소요공기를 구하시오. (단, 시공조건은 $C_m = 2.1$분, 1회 굴착압토량 $q = 1.89m^3$, 작업효율 $E = 0.75$, 토량변화계수 $f = 0.8$, 1일 평균작업시간 6시간, 실제가동수율 50%)

계산 과정)

답 : _____

해답 • $Q = \dfrac{60 \cdot q \cdot f \cdot E}{C_m} = \dfrac{60 \times 1.89 \times 0.8 \times 0.75}{2.1} = 32.40\,\mathrm{m^3/h}$

• 3대의 시간당 작업량

$Q = $ 1대 작업량(m³/hr)×대수×실제 가동률 $= 32.40 \times 3 \times 0.5 = 48.60\,\mathrm{m^3/h}$

∴ 소요공기 $= \dfrac{17,000}{48.60 \times 6} = 58.30 = 59$일

□□□ 86①②, 13②④

02 암반굴착에 이용되는 TBM 공법의 장점을 3가지만 쓰시오.

① _____ ② _____ ③ _____

해답 ① 갱내 작업이 안전하다. ② 노무비가 절약된다. ③ 버력 반출이 용이하다.
④ 여굴이 적다. ⑤ 진동이나 소음이 적다. ⑥ 동바리공, 복공, 환기의 처치가 경감된다.
⑦ 설비투자액이 고가이므로 초기 투자비가 많이 든다.

TBM 공법의 단점

① 본바닥 변화에 대하여 적용이 곤란하다.
② 굴착단면의 형상에 제약을 받는다.
③ 기계제작에 전문 인력이 필요하다.
④ 기계중량이 크므로 현장에서의 반입반출이 어렵다.

□□□ 84②, 85②, 10④, 13④, 15②, 20②, 21②

03 토취장의 선정조건을 3가지만 쓰시오.

득점 | 배점
3

① _____ ② _____ ③ _____

해답 ① 토질이 양호할 것
② 토량이 충분할 것
③ 신기가 편리한 지형일 것
④ 성토장소를 향해서 하향구배 $\frac{1}{50} \sim \frac{1}{100}$ 정도를 유지할 것
⑤ 운반도로가 양호하며 장애물이 적고 유지가 용이할 것
⑥ 용수, 붕괴의 우려가 없고 배수에 양호한 지형일 것
⑦ 기계의 사용이 용이할 것

□□□ 00④, 04④, 13④, 20①

04 지반조사 시추현장에서 다음과 같은 크기의 암석시료를 코어채취기로부터 채취하였다. 회수율과 암질지수(RQD)의 값을 구하시오. (단, 굴착된 암석의 코어 배럴 진행길이는 2.0m이다.)

득점 | 배점
4

코어 번호	1	2	3	4	5	6	7	8	9
코어 크기(cm)	10.5	16.5	6.0	8.5	3.9	18.0	20.5	3.0	5.5
개 수	1	2	1	1	1	1	2	1	2

가. 회수율을 구하시오.

계산 과정)

답 : _____

나. 암질지수(RQD)를 구하시오.

계산 과정)

답 : _____

해답 가. 회수율 $= \dfrac{\text{회수된 코어의 길이}}{\text{굴착된 암석의 이론적 길이}} \times 100$

$= \dfrac{10.5 + 16.5 \times 2 + 6.0 + 8.5 + 3.9 + 18.0 + 20.5 \times 2 + 3.0 + 5.5 \times 2}{200} \times 100$

$= 67.45\%$

나. RQD $= \dfrac{\sum 10\text{cm 길이 이상 회수된 코어 길이}}{\text{굴착된 암석의 이론적 길이}} \times 100$

$= \dfrac{10.5 + 16.5 \times 2 + 18 + 20.5 \times 2}{200} \times 100 = 51.25\%$

□□□ 04④, 13④

05 그림과 같은 널말뚝을 모래지반에 타입하고 지하수위 이하를 굴착할 때의 Boiling 여부를 검토하시오.

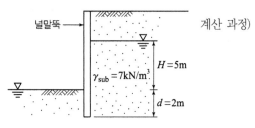

계산 과정)

답 : _____

해답 Boiling이 발생하는 조건

$$\frac{H}{H+2d} \geq \frac{G_s-1}{1+e} = \frac{\gamma_{sub}}{\gamma_w}$$

$$\frac{5}{5+2\times2} = 0.56 < \frac{\gamma_{sub}}{\gamma_w} = \frac{7}{9.81} = 0.71$$

∴ Boiling의 우려가 없다.

 안전율 계산

$$F_s = \frac{(\Delta h + 2d)\gamma_{sub}}{\Delta h \cdot \gamma_w} = \frac{(5+2\times2)\times7}{5\times9.81} = 1.28 > 1.2 \quad \therefore \text{안정}$$

□□□ 92②, 03①, 07①, 13④

06 폭이 10cm, 두께 0.3cm인 Paper drain(Card Board)을 이용하여 점토지반에 0.6m 간격으로 정삼각형 배치로 설치하였다면, Sand drain 이론의 등가환산원(등가원)의 직경(d_w)과 영향원의 직경(d_e)을 각각 구하시오.

가. 등가환산원의 직경(d_w)을 구하시오.

계산 과정)

답 : _____

나. 영향원의 직경(d_e)을 구하시오.

계산 과정)

답 : _____

해답 가. $d_w = \alpha \frac{2(A+B)}{\pi} = 0.75 \times \frac{2(10+0.3)}{\pi} = 4.92\text{cm}$

나. $d_e = 1.05\,d = 1.05 \times 0.6 = 0.63\text{m} = 63\text{cm}$

□□□ 89②, 08④, 12①, 13④, 17④, 21②, 22③, 23②

07 여굴을 적게 하고 파단선을 매끈하게 하기 위한 조절폭파 공법의 종류를 3가지만 쓰시오.

득점 | 배점
3

① _____ ② _____ ③ _____

해답 ① 라인 드리링(line drilling)공법
② 쿠션 블라스팅(cushion blasting)공법
③ 스무스 블라스팅(smooth blasting)공법
④ 프리스플리팅(pre-spliting)공법

□□□ 92④,94②, 96①④, 98②, 00⑤, 04④, 05④, 07④, 10②, 13④, 18①, 20④

08 어느 작업의 정상소요일수는 15일이며, 가장 빨리 끝낼 경우 12일이 소요되고 아무리 늦어도 20일 이내에는 끝낼 수 있다. 이 작업이 기대되는 소요일수를 구하고, 이때의 분산을 구하시오.

득점 | 배점
4

가. 기대소요일수를 구하시오.

계산 과정)

답 : _____

나. 분산을 구하시오.

계산 과정)

답 : _____

해답 가. $t_e = \dfrac{t_0 + 4t_m + t_p}{6} = \dfrac{12 + 4 \times 15 + 20}{6} = 15.33$일

나. $\sigma^2 = \left(\dfrac{b-a}{6}\right)^2 = \left(\dfrac{20-12}{6}\right)^2 = 1.78$

 PERT 기법(3점 시간)

• 낙관시간치(t_o : optimistic time) : 최소시간
• 최적시간치(t_m : mostlikely time) : 정상시간
• 비관시간치(t_p : pessimistic time) : 최대시간
① 기대시간치(t_e : expected time)
$$t_e = \frac{t_0 + 4t_m + t_p}{6}$$
② 분산(variance)
$$\sigma^2 = \left(\frac{t_p - t_0}{6}\right)^2$$

□□□ 98④, 01②, 03②, 06②, 13④, 20②

09 동상현상이 발생하면 지면이 융기하게 되고 겨울철 토목공사에 많은 문제가 발생할 수 있다. 이러한 동상이 발생하기 쉬운 3가지 중요한 조건을 쓰시오.

득점	배점
	3

① _____ ② _____ ③ _____

_____

해답 ① 동상을 받기 쉬운 흙이 존재할 것
② 0℃ 이하의 온도가 오래 지속될 것
③ 물의 공급이 충분할 것

□□□ 93①, 96④, 08②, 13④

10 다음 그림과 같은 20m×30m 전면기초인 부분보상기초(partially compensated foundation)의 지지력파괴에 대한 안전율을 구하시오.

득점	배점
	3

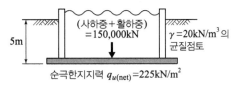

계산 과정)

답 : _____

해답 $F_s = \dfrac{q_{u(\text{net})}}{\dfrac{Q}{A} - \gamma \cdot D_f} = \dfrac{225}{\dfrac{150{,}000}{20 \times 30} - 20 \times 5} = 1.5$

□□□ 04①, 13④, 20①, 21③, 23②

11 히빙의 정의와 방지대책을 2가지만 쓰시오.

득점	배점
	4

가. 히빙의 정의를 간단하게 쓰시오.

  ○

나. 히빙의 방지대책을 2가지만 쓰시오.

① _____ ② _____

_____

해답 가. 연약한 점토질 지반을 굴착할 때 흙막이벽 전후의 흙의 중량 차이 때문에 굴착저면이 부풀어 오르는 현상
나. ① 흙막이공의 계획을 변경한다.
② 굴착저면에 하중을 가한다.
③ 흙막이벽의 관입깊이를 깊게 한다.
④ 표토를 제거하여 하중을 적게 한다.
⑤ 양질의 재료로 지반개량 한다.

□□□ 91②, 94④, 02④, 05②, 07②, 11②, 13④, 18①, 20③

12 Sand drain을 연약지반에 타설하는 방법을 3가지만 쓰시오.

득점	배점
	3

① _____ ② _____ ③ _____

해답 ① 압축공기식 케이싱 방법　② Water jet식 케이싱 방법
　　③ Rotary boring에 의한 방법　④ Earth auger에 의한 방법

□□□ 13①

13 연약지반 개선을 위한 약액주입공법에서 주입약액으로서 구비해야 할 조건을 3가지만 쓰시오.

득점	배점
	3

① _____ ② _____ ③ _____

해답 ① 혼합과정 및 주입과정에서 안정되어야 한다.
　　② 주입재의 입자는 토립자의 크기보다 작아야 한다.
　　③ 고결 후 화학적 반응이나 지하수류의 침식에 저항할 수 있어야 한다.
　　④ 점성이 작아야 한다.
　　⑤ 충분한 경제성이 있어야 한다.

□□□ 96①②, 98③, 00③, 03②, 06②, 09④, 13④

14 그림과 같은 지층에 직경 400mm의 말뚝이 항타되어 박혀 있을 때의 극한지지력을 구하시오. (단, Meyerhof식을 적용)

득점	배점
	3

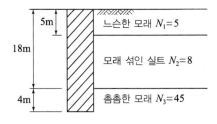

계산 과정)

답 : _____

해답 극한지지력 $Q_u = 40 \cdot N \cdot A_p + \dfrac{\overline{N} \cdot A_f}{5}$ (Meyerhof식)

• $A_p = \dfrac{\pi \cdot d^2}{4} = \dfrac{\pi \times 0.4^2}{4} = 0.126 \, \text{m}^2$

• $\overline{N} = \dfrac{N_1 h_1 + N_2 h_2 + N_3 h_3}{h_1 + h_2 + h_3} = \dfrac{5 \times 5 + 8(18-5) + 45 \times 4}{5 + 13 + 4} = 14.045$

• $A_f = \pi D l = \pi \times 0.4 \times 22 = 27.646 \, \text{m}^2$

∴ $Q_u = 40 \times 45 \times 0.126 + \dfrac{14.045 \times 27.646}{5} = 304.46 \, \text{t}$

SI단위일 때
304.46t = 3,044.6kN

※ 주의 : 중간 계산을 소수점 둘째자리보다는 소수점 셋째자리까지 계산하고 결과만 소수점 둘째자리까지 계산하면 더 근사값이 산출된다.

□□□ 98③, 00③, 13④, 19①, 23③

15 다음의 작업리스트에서 Net Work(화살선도)를 작도하고, 공사기간을 6일 단축했을 때 추가로 소요되는 최소비용을 구하시오.

득점	배점
	10

작업명	작업일수	선행작업	단축가능일수(일)	비용경사(원/일)
A	5일	없음	1	60,000
B	7일	A	1	40,000
C	10일	A	1	70,000
D	9일	B	2	60,000
E	12일	C	2	50,000
F	6일	D	2	80,000
G	4일	E, F	2	100,000

가. Net Work(화살선도)를 작도하시오.

나. 공사기간을 6일 단축했을 때 추가로 소요되는 최소비용을 구하시오.

계산 과정)

답 : _____

[해답] 가.

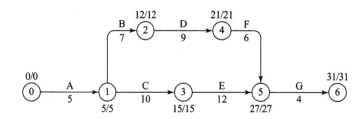

나.

작업명	단축가능 일수(일)	비용경사 (원/일)	31	30	29	28	27	26	25
A	1	60,000		1					
B	1	40,000			1				
C	1	70,000							1
D	2	60,000						1	1
E	2	50,000			1			1	
F	2	80,000							
G	2	100,000				1	1		
추가비용(만원)				6	9	10	10	11	13
추가비용 합계(만원)				6	15	25	35	46	59

∴ 최소비용 : 59만원

6일 단축방법

단축 단계	단축작업	단축일	비용경사 (만원/일)	단축비용 (만원)	추가비용 누계 (만원)
1	A	1	6	6	6
2	B+E	1	4+5 = 9	9	15
3	G	2	10	20	35
4	D+E	1	11	11	46
5	C+D	1	13	13	59

□□□ 93④, 13④, 20③

16 댐의 기초암반을 침투하는 물을 방지하기 위하여 지수의 목적으로 댐의 축방향 기초 상류부에 병풍모양으로 시멘트 용액 또는 벤토나이트와 점토의 혼합용액을 주입하는 공법을 쓰시오.

득점	배점
	2

○

해답 커튼 그라우팅(Curtain grouting)

커튼 그라우팅(Curtain grouting)

기초암반을 침투하는 물을 방지하기 위한 지수 목적으로 실시하는 그라우팅으로 댐의 축방향 기초 상류쪽에 병풍모양으로 콘솔리데이션 그라우팅보다 깊게 그라우팅하는 공법이다.

□□□ 87③, 13④

17 굳지 않은 콘크리트의 워커빌리티(Workability) 측정방법을 3가지 쓰시오.

득점	배점
	3

① _____ ② _____ ③ _____

해답 ① 슬럼프 시험(slump test) ② 흐름시험(flow test)
③ 구관입 시험(ball penetration test) ④ 리몰딩 시험(remolding test)
⑤ 비비시험(Vee-Bee test) ⑥ 다짐계수시험(compacting factor test)

□□□ 08①, 13④

18 암석발파 시 비산이 발생되는 원인을 3가지만 쓰시오.

득점	배점
	3

① _____ ② _____ ③ _____

해답 ① 과대한 장약량 ② 지발시간의 지연 ③ 전색의 부족

□□□ 92②, 02②, 07②, 09④, 13①④, 20①

19 부마찰력이란 하향의 마찰력에 의해 말뚝을 아래쪽으로 끌어내리는 힘을 말한다. 이 같은 부마찰력의 발생원인을 4가지만 쓰시오.

득점	배점
	3

① _____ ② _____ ③ _____ ④ _____

해답 ① 말뚝의 타입 지반이 압밀 진행 중인 경우
② 상재하중이 말뚝과 지표에 작용하는 경우
③ 지하수위의 저하로 체적이 감소하는 경우
④ 점착력 있는 압축성 지반일 경우

□□□ 89②, 13④, 18①, 20④

20 공기케이슨 공법과 비교하였을 때 오픈케이스 공법의 시공상 단점을 3가지만 쓰시오.

득점	배점
	3

① _____ ② _____ ③ _____

해답 ① 선단의 연약토 제거 및 토질상태 파악이 어렵다.
② 큰 전석이나 장애물이 있는 경우 침하작업이 지연된다.
③ 굴착 시 히빙이나 보일링 현상의 우려가 있다.
④ 경사가 있을 경우는 케이슨이 경사질 염려가 있다.
⑤ 저부 콘크리트가 수중 시공이 되어 불충분하게 되기 쉽다.

□□□ 84①, 85②, 10①, 13④, 22①

21 수중 콘크리트(水中 concrete) 작업 시 주의사항을 3가지만 쓰시오.

득점	배점
	3

① _____ ② _____ ③ _____

해답 ① 물을 정지시킨 정수 중에서 타설하여야 한다.
② 콘크리트는 수중에 낙하시켜서는 안 된다.
③ 콘크리트가 경화될 때까지 물의 유동을 방지하여야 한다.
④ 수평을 유지하면서 소정의 높이에서 연속해서 쳐야 한다.
⑤ 레이턴스를 모두 제거하고 다시 타설하여야 한다.
⑥ 시멘트가 물에 씻겨서 흘러나오지 않도록 타설하여야 한다.

□□□ 07②, 10②, 13④, 16①, 19②, 22①, 23②

22 아래 그림과 같이 6.0m의 연직옹벽에 연속적인 강우로 뒤채움흙이 완전 포화되어 있다. 뒤채움흙은 포화밀도 $\gamma_{sat} = 19.8kN/m^3$, 내부마찰각 $\phi = 38°$인 사질토이며, 벽면마찰각 $\delta = 15°$이다. 이때 Coulomb의 주동토압계수는 0.219이고 파괴면이 수평면과 55°라고 가정할 경우 아래의 물음에 답하시오. (단, 물의 단위중량 $\gamma_w = 9.81kN/m^3$)

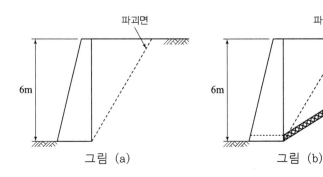

그림 (a)   그림 (b)

가. 그림 (a)와 같이 옹벽면에 배수구가 없을 경우 옹벽에 작용하는 전 주동토압을 구하시오.

계산 과정)

답 : _____

나. 그림 (b)와 같이 파괴면 아래쪽에 배수구를 경사지게 설치했을 경우 옹벽에 작용하는 전 주동토압을 구하시오.

계산 과정)

답 : _____

해답 가. $P_A = \dfrac{1}{2}\gamma_{sub}H^2C_a + \dfrac{1}{2}\gamma_w H^2$

$\quad\quad = \dfrac{1}{2} \times (19.8 - 9.81) \times 6^2 \times 0.219 + \dfrac{1}{2} \times 9.81 \times 6^2$

$\quad\quad = 39.38 + 176.58 = 215.96 \, kN/m$

나. $P_A = \dfrac{1}{2}\gamma_{sat}H^2C_a$

$\quad\quad = \dfrac{1}{2} \times 19.8 \times 6^2 \times 0.219$

$\quad\quad = 78.05 \, kN/m$

□□□ 98④, 05①, 10④, 11④, 13④, 16④, 21③

23 3m×3m 크기의 정사각형 기초를 마찰각 $\phi = 30°$, 점착력 $c = 50kN/m^2$인 지반에 설치하였다. 흙의 단위중량 $\gamma = 17kN/m^3$이며, 기초의 근입깊이는 2m이다. 지하수위가 지표면에서 1m, 3m, 5m 깊이에 있을 때의 극한지지력을 각각 구하시오. (단, 지하수위 아래의 흙의 포화단위중량은 $19kN/m^3$이고, Terzaghi 공식을 사용하고, $\phi = 30°$ 일 때, $N_c = 36$, $N_r = 19$, $N_q = 22$)

득점	배점
	6

가. 지하수위가 1m 깊이에 있는 경우

계산 과정)

답 : _____

나. 지하수위가 3m 깊이에 있는 경우

계산 과정)

답 : _____

다. 지하수위가 5m 깊이에 있는 경우

계산 과정)

답 : _____

해답 **가.** $D_1 \leq D_f$인 경우($1m < 2m$)

$q_u = \alpha c N_c + \beta \gamma_1 B N_r + \gamma_2 D_f N_q$

$= \alpha c N_c + \beta \gamma_{sub} B N_r + (D_1 \gamma_1 + D_2 \gamma_{sub}) N_q$

• $\gamma_1 = \gamma_{sub} = 19 - 9.81 = 9.19 kN/m^3$

• $\gamma_2 D_f = D_1 \gamma_t + D_2 \gamma_{sub}$

$= 1 \times 17 + 1 \times 9.19 = 26.19 kN/m^2$

∴ $q_u = 1.3 \times 50 \times 36 + 0.4 \times 9.19 \times 3 \times 19 + 26.19 \times 22$

$= 2,340 + 209.53 + 576.18 = 3,125.71 kN/m^2$

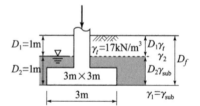

나. $d < B$인 경우($1m < 3m$)

$q_u = \alpha c N_c + \beta \left\{ \gamma_{sub} + \dfrac{d}{B}(\gamma_t - \gamma_{sub}) \right\} B N_r + \gamma_t D_f N_q$

• $\gamma_{sub} = \gamma_t - \gamma_w = 19 - 9.81 = 9.19 kN/m^3$

• $\gamma_1 = \gamma_{sub} + \dfrac{d}{B}(\gamma_t - \gamma_{sub})$

$= 9.19 + \dfrac{1}{3}(17 - 9.19) = 11.79 kN/m^3$

∴ $q_u = 1.3 \times 50 \times 36 + 0.4 \times 11.79 \times 3 \times 19 + 17 \times 2 \times 22$

$= 2,340 + 268.81 + 748 = 3,356.81 kN/m^2$

다. $d \geq B$인 경우($3m \geq 3m$)

$q_u = \alpha c N_c + \beta B \gamma_1 N_r + \gamma_2 D_f N_q$

• $\gamma_1 = \gamma_2 = \gamma_t = 17 kN/m^3$

∴ $q_u = 1.3 \times 50 \times 36 + 0.4 \times 17 \times 3 \times 19 + 17 \times 2 \times 22$

$= 2,340 + 387.6 + 748 = 3,475.60 kN/m^2$

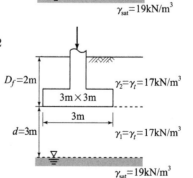

□□□ 11②, 13④, 17④

24 다음과 같은 지형에서 시공기준면을 15m로 성토하고자 할 때 다음 물음에 답하시오. (단, 격자점 숫자는 표고, 단위는 m)

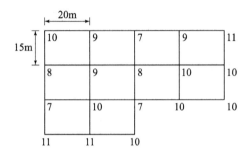

가. 성토에 필요한 운반토량을 구하시오. (단, $L = 1.25$, $C = 0.9$)

계산 과정)

답 : _____

나. 적재용량 8t의 덤프트럭으로 운반할 때 연대수를 구하시오.
(단, 굴착 흙의 단위중량 1.8t/m³)

계산 과정)

답 : _____

해답 **가. 성토량** $V = \dfrac{a \cdot b}{4}(\sum h_1 + 2\sum h_2 + 3\sum h_3 + 4\sum h_4)$

- $\sum h_1 = \sum(15 - h_1) = 5 + 4 + 5 + 5 + 4 = 23\,\text{m}$
- $\sum h_2 = \sum(15 - h_2) = 6 + 8 + 6 + 5 + 5 + 4 + 8 + 7$
  $= 49\,\text{m}$
- $\sum h_3 = \sum(15 - h_3) = 8\,\text{m}$
- $\sum h_4 = \sum(15 - h_4) = 6 + 7 + 5 + 5 = 23\,\text{m}$
- 성토량 $V = \dfrac{20 \times 15}{4}(23 + 2 \times 49 + 3 \times 8 + 4 \times 23)$
  $= 17,775\,\text{m}^3$

∴ 성토에 필요한 운반토량 = 완성 토량 $\times \dfrac{L}{C}$

$$= 17,775 \times \dfrac{1.25}{0.9} = 24,687.5\,\text{m}^3$$

나. 연대수 $N = \dfrac{\text{운반토량}}{\text{트럭 적재량}}$ (대)

- 덤프트럭 적재량 $= \dfrac{T}{\gamma_t} \times L = \dfrac{8}{1.8} \times 1.25 = 5.56\,\text{m}^3$

∴ $N = \dfrac{24,687.5}{5.56} = 4,440.2 = 4,441$ 대

□□□ 11①, 13④, 16①

25 주어진 역T형 교대 도면을 보고 다음 물량을 산출하시오. (단, 교대 전체 길이는 10.3m 이며, 도면의 치수단위는 mm이며, 소수점 이하 넷째 자리에서 반올림하시오.)

득점	배점
	8

측면도

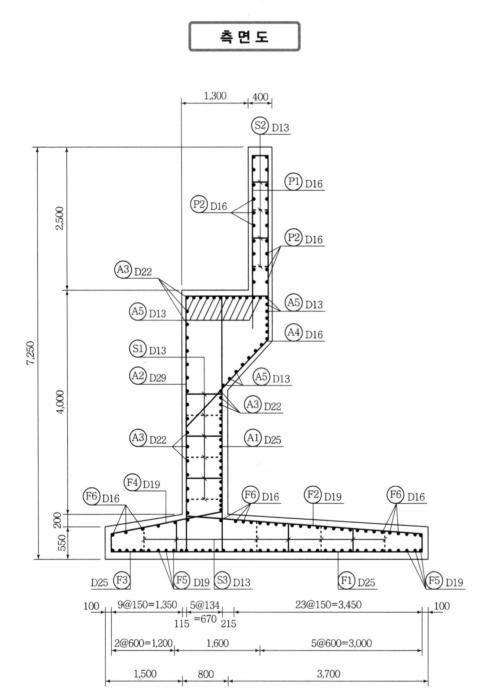

일 반 도

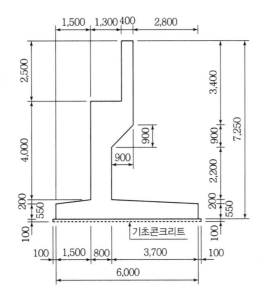

가. 교대의 전체 콘크리트량을 구하시오. (단, 기초 콘크리트량은 무시한다.)

계산 과정)

답 : _____

나. 교대의 전체 거푸집량을 구하시오. (단, 기초 콘크리트에 사용되는 거푸집량은 무시한다.)

계산 과정)

답 : _____

해답 **가.** $A_1 = 0.4 \times 2.5 = 1.0 \text{m}^2$

$A_2 = (1.3 + 0.4) \times 0.9 = 1.53 \text{m}^2$

$A_3 = \dfrac{(1.30 + 0.4) + 0.8}{2} \times 0.9 = 1.125 \text{m}^2$

$A_4 = 2.2 \times 0.8 = 1.76 \text{m}^2$

$A_5 = \dfrac{0.80 + 6.0}{2} \times 0.2 = 0.68 \text{m}^2$

$A_6 = 6.0 \times 0.55 = 3.30 \text{m}^2$

총단면적 $\sum A = 9.395 \text{m}^2$

$\therefore$ 총콘크리트량 $V = 9.395 \times 10.3 = 96.769 \text{m}^3$

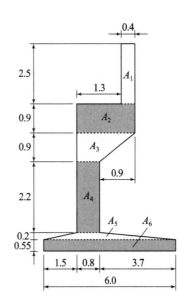

나.
A = 2.5m
B = 3.4m
C = 4.0m
D = $\sqrt{0.9^2 + 0.9^2} = 1.2728$m
E = 2.2m
F = 0.55×2 = 1.10m
총거푸집길이 $\sum L = 14.4728$m
마구리면 = 9.395×2 = 18.79m^2
∴ 총거푸집량 $\sum A = 14.4728 \times 10.3 + 18.79$
$= 167.86$m^2

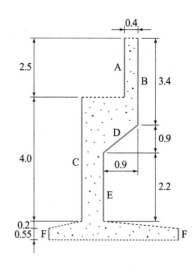

□□□ 13④

26 3.5m×3.5m인 정사각형 기초의 저면에 1.0m 간격으로 말뚝직경(D) = 30cm, 말뚝의 관입길이(L) = 12m인 말뚝을 9개 배치하였다. 외말뚝(Single Pile)과 무리말뚝(Group Pile) 여부를 판단하고 무리말뚝인 경우 말뚝기초 전체의 허용지지력을 구하시오. (단, 군항의 효율은 0.7이고 외말뚝 본당 허용지지력은 300kN임.)

득점	배점
	4

가. 외말뚝 또는 무리말뚝 여부

계산 과정)

답 : _____

나. 말뚝기초 전체 허용지지력

계산 과정)

답 : _____

해답 가. $D_o > S$: 군항, $D_o < S$: 단항
  • 최대 간격 $D_o = 1.5\sqrt{r \cdot L} = 1.5\sqrt{0.15 \times 12} = 2.01$m
  • $D_o > S = 2.01 > 1.0$ ∴ 무리말뚝
나. $Q_{ag} = E \cdot N \cdot R_a$
  $= 0.7 \times 9 \times 300 = 1,890$kN

국가기술자격 실기시험문제

2014년도 기사 제1회 필답형 실기시험(기사)

종 목	시험시간	형 별	성 명	수험번호
토목기사	**3시간**	B		

※ 수험자 인적사항 및 계산식을 포함한 답안 작성은 검은색 필기구만 사용해야 하며, 그 외 연필류, 빨간색, 청색 등 필기구로 작성한 답항은 0점 처리 됩니다.

□□□ 98②, 03①, 05②, 11②, 14①, 18②

01 다음과 같이 점토지반에 직경이 10m, 자중이 40,000kN인 물탱크가 설치되어 있다. 극한지지력에 대한 안전율(F_s)이 3일 때 최대로 채울 수 있는 물의 높이는 얼마인가? (단, $N_c = 5.14$)

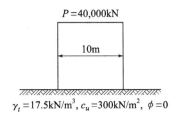

$\gamma_t = 17.5\text{kN/m}^3$, $c_u = 300\text{kN/m}^2$, $\phi = 0$

답 : _____

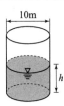

해답 허용하중 $Q_a = Q + \left(\dfrac{\pi D^2}{4}h\right)\gamma_w$ (물탱크의 허용하중＝물탱크중량＋물의 중량)

• 극한지지력 $q_u = \alpha c N_c + \beta \gamma_1 B N_\gamma + \gamma_2 D_f N_q$ ($\phi = 0$이면 $N_r = 0$, $D_f = 0$)

$$= 1.3 \times 300 \times 5.14 + 0 + 0 = 2,004.6\,\text{kN/m}^2$$

• 허용지지력 $q_a = \dfrac{q_u}{F_s} = \dfrac{2,004.6}{3} = 668.2\,\text{kN/m}^2$

• $668.2 \times \dfrac{\pi \times 10^2}{4} = 40,000 + \left(\dfrac{\pi \times 10^2}{4}h\right) \times 9.81$

∴ 물의 높이 $h = 16.20\text{m}$

참고 SOLVE 사용

□□□ 87②, 91③, 93①, 02①, 03④, 08①, 11②, 14①

02 연약지반상에 성토할 때 성토재료가 굵은 모래, 자갈, 암석과 같이 투수성이고, 기초지반 지지력이 크지 않은 경우 먼저 sand mat(부사)를 깔고 성토하는데 이때에 sand mat의 중요한 역할 3가지를 쓰시오.

① _____ ② _____ ③ _____

해답 ① 연약층 압밀을 위한 상부배수층을 형성
② 시공기계의 주행성을 확보
③ 지하배수층이 되어 지하수위를 저하
④ 지하수위 상승 시 횡방향 배수로 성토지반의 연약화 방지

□□□ 03②, 06②, 08④, 14①, 17④, 18①

03 방파제(防波堤, break water)란 외곽시설(外郭施設)로 항내정온을 유지하고 선박의 항행을 원활히 하기 위해 축조된 항만구조물이다. 방파제의 구조형식에 따른 종류를 3가지만 쓰시오.

① _____ ② _____ ③ _____

해답 ① 직립제   ② 경사제   ③ 혼성제

□□□ 01②, 03②, 07①, 10②, 11②, 14①, 18③

04 한 사질토 사면의 경사가 26°로 측정되었다. 지표면으로부터 5m 깊이에 암반층이 존재하며 사면흙을 채취하여 토질시험을 한 결과 $c' = 0$, $\phi' = 42°$, $\gamma_{sat} = 19\text{kN/m}^3$였다. 갑자기 폭우가 쏟아져 지하수위가 지표면과 일치한 상태에서 침투가 발생한다면 이때 사면의 안전율은 얼마인가?

계산 과정)

답 : _____

해답 지하수위가 지표면과 일치할 때 : $F_s = \dfrac{\gamma_{sub}}{\gamma_{sat}} \cdot \dfrac{\tan\phi}{\tan i}$

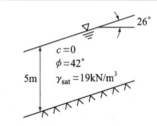

- $\gamma_{sub} = \gamma_{sat} - \gamma_w = 19 - 9.81 = 9.19 \text{kN/m}^3$
- $\phi = 42°$, $i = 26°$

∴ $F_s = \dfrac{9.19}{19} \times \dfrac{\tan 42°}{\tan 26°} = 0.89$

□□□ 04③, 06①, 10④, 14①, 17①, 21③

05 심발공(심빼기 발파공)의 종류 중 4가지만 쓰시오.

① _____ ② _____ ③ _____ ④ _____

해답 ① V컷   ② 번컷   ③ 노컷   ④ 스윙컷   ⑤ 피라미드 컷

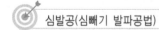 심발공(심빼기 발파공법)

① V컷(wedge cut) : 횡·종방향 쐐기모양으로 천공하는 방법
② 번컷(Burn cut) : 빈 구멍을 자유면으로 하여 평행폭파를 하는 것으로 버럭의 비산거리가 짧고 좁은 도갱에서의 긴 구멍의 발파에 편리한 방법으로 약량이 절약되는 공법
③ 노컷(no cut) : 심빼기 부분에 수직한 평행공을 다수 천공하여 장약량을 집중시키고 순발 뇌관으로 폭파시켜 폭파 Shock에 의하여 심빼기하는 방법
④ 스윙컷(swing cut) : 용수가 많을 경우에 유리한 공법
⑤ 피라미드 컷(pyramid cut) : 심빼기 구멍이 한 점에 마주치도록 배치하는 방법

□□□ 94②, 96⑤, 97④, 98②, 99⑤, 00①, 04②, 06①, 10④, 11④, 12①, 14①, 17②, 21②, 22③

06 도로를 설계하기 위하여 5개 지점의 시료를 채취하여 각 지점에 있어서의 평균 CBR을 구하였다. 이때의 설계 CBR을 계산하시오.

득점 / 배점 3

• 각 지점의 평균 CBR : 6.8, 8.5, 4.8, 6.3, 7.2

• 설계 CBR 계산용 계수

개수(n)	2	3	4	5	6	7	8	9	10 이상
d_2	1.41	1.91	2.24	2.48	2.67	2.83	2.96	3.08	3.18

계산 과정)

답 : _____

해답 설계 CBR = 평균 CBR − $\dfrac{CBR_{max} - CBR_{min}}{d_2}$

• 평균 CBR = $\dfrac{\sum CBR값}{n} = \dfrac{6.8 + 8.5 + 4.8 + 6.3 + 7.2}{5} = 6.72$

∴ 설계 CBR = $6.72 - \dfrac{8.5 - 4.8}{2.48} = 5.23 = 5$ (∵ 설계 CBR은 소수점 이하는 절삭한다.)

□□□ 84①, 08①, 10①, 14①

07 콘크리트는 타설한 후 습윤상태로 노출면이 마르지 않도록 하여야 하며, 수분의 증발에 따라 살수를 하여 습윤상태로 보호하여야 한다. 일평균기온이 15℃ 이상일 때 사용 시멘트에 따른 습윤상태 보호기간의 표준일수를 쓰시오.

득점 / 배점 3

① 보통 포틀랜드 시멘트 :

② 고로 슬래그 시멘트 :

③ 조강 포틀랜드 시멘트 :

해답 ① 5일 ② 7일 ③ 3일

 습윤양생 기간의 표준

일평균 기온	보통 포틀랜드 시멘트	고로슬래그 시멘트 2종, 플라이 애시 시멘트 2종	조강 포틀랜드 시멘트
15℃ 이상	5일	7일	3일
10℃ 이상	7일	9일	4일
5℃ 이상	9일	12일	5일

08 아래와 같이 백호로 굴착을 하고 통로박스 시공 후, 되메우기를 한다. 이때 15ton 덤프트럭을 2대 사용하며 1일 작업시간을 6시간으로 하고, 덤프트럭의 $E=0.9$, $C_m=300$분일 경우 아래 물음에 답하시오. (단, 암거길이는 10m, $C=0.8$, $L=1.25$, $\gamma_t=1.8t/m^3$)

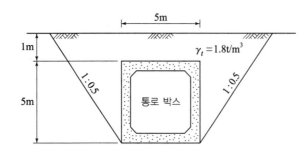

가. 사토량(捨土量)을 본바닥 토량으로 구하시오.

계산 과정)

답 : _____

나. 덤프트럭 1대의 시간당 작업량을 구하시오.

계산 과정)

답 : _____

다. 덤프트럭 2대를 사용할 경우 사토에 필요한 소요일수는 몇 일인가?

계산 과정)

답 : _____

해답 가. • 굴착토량 $=\dfrac{윗변길이+밑변길이}{2}\times높이\times암거길이$

$=\dfrac{(3+5+3)+5}{2}\times6\times10=480\,m^3$

• 통로박스체적 $=5\times5\times10=250\,m^3$

• 뒤메우기량 $=(480-250)\times\dfrac{1}{0.8}=287.5\,m^3$

∴ 사토량 $=480-287.5=192.5\,m^3$

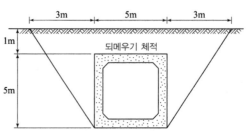

나. 덤프트럭의 적재량 $Q=\dfrac{60\cdot q_t\cdot f\cdot E}{C_m}$

• $q_t=\dfrac{T}{\gamma_t}\cdot L=\dfrac{15}{1.8}\times1.25=10.42\,m^3$

∴ $Q=\dfrac{60\times10.42\times\dfrac{1}{1.25}\times0.9}{300}=1.50\,m^3/h$

다. 소요일수 $=\dfrac{192.5}{1.50\times6\times2}=10.69=11$일

□□□ 97①, 01③, 05①, 14①, 15②, 23③

09 마샬안정도시험(Marshall Stability Test)은 포장용 아스팔트 혼합물의 소성유동에 대한 저항성을 측정하여 설계 아스팔트량 결정에 적용되는데, 이 시험 결과로부터 얻을 수 있는 3가지의 설계기준은?

득점	배점
	3

① _____ ② _____ ③ _____

해답 ① 안정도 ② 흐름값 ③ 공시체의 밀도 ④ 공극률 ⑤ 포화도

🎯 마샬안정도시험

- 아스팔트 혼합물의 배합설계시험의 하나로 안정도, 흐름값, 공극률, 포화도, 밀도 등을 시험하여 최종적으로 설계 아스팔트량을 결정하기 위한 시험이다.
- 공시체의 밀도, 안정도 및 흐름값을 측정하고 공극률과 포화도를 산출한다.
- 아스팔트 안정처리 기층의 마샬안정도 시험기준치

구분	기준치
안정도(kg)	350 이상
흐름값(1/100cm)	10 ~ 40
공극률(%)	3 ~ 5

□□□ 10②, 14①

10 터널 보강재의 하나인 강지보재의 종류를 3가지만 쓰시오.

득점	배점
	3

① _____ ② _____ ③ _____

해답 ① H형강 지보재 ② 격자 지보재 ③ U형 지보재

🎯 강지보재의 종류와 형상

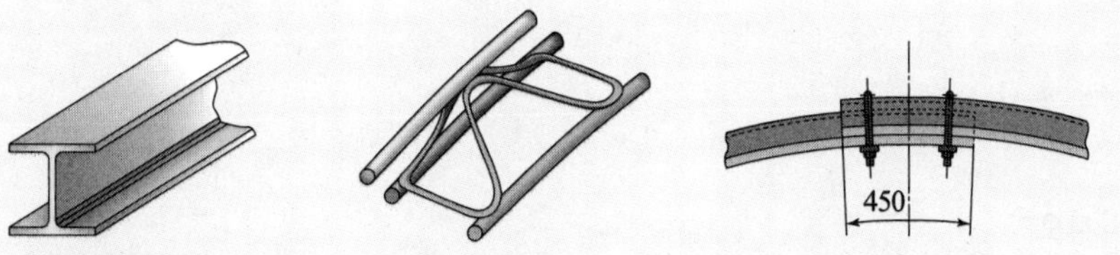

① H형강 지보재   ② 격자 지보재   ③ U형 지보재

□□□ 10②, 13①, 14①, 16④, 17④, 21②

11 도로 노상의 지지력을 평가할 수 있는 현장시험 평가방법을 3가지만 쓰시오.

득점	배점
	3

① _____ ② _____ ③ _____

해답 ① CBR(CBR시험) ② K값(평판재하시험 ; PBT)
③ Cone값(콘관입시험 ; CPT) ④ N치(표준관입시험 ; SPT)

도로 노상토 평가방법

① CBR시험 : 설계 CBR은 포장두께 설계시 노상지지력계수(SSV)를 산정하는 값으로 균일한 포장두께로 시공할 구간을 결정하는 값이다.
② 평판재하시험(PBT) : 도로현장에서 시공된 노상이나 보조기층의 지지력을 평가하여 지지력계수(K값)를 구하는 시험이다.
③ 콘관입시험(CPT ; cone penetration test) : 원뿔형 콘이 땅속을 뚫고 들어갈 때 생기는 저항력(Cone값)으로 지반의 단단함과 다짐 정도를 조사하는 시험
④ 표준관입시험(SPT) : 표준관입시험에서 얻은 N값으로 지반의 지지력을 직접측정할 수 있다.

□□□ 99④, 04④, 07②, 14①

12 어떤 골재를 이용하여 시방배합을 수행한 결과 단위시멘트 320kg/m³, 단위수량 165kg/m³, 단위 잔골재 650kg/m³, 단위 굵은 골재 1,200kg/m³이 얻어졌다. 이 골재의 현장 야적상태가 다음 표와 같을 때 이를 이용하여 현장배합설계를 수행하여 단위수량, 현장 잔골재량, 현장 굵은 골재량을 구하시오.

득점	배점
	6

잔골재		굵은 골재	
체	잔류량(g)	체	잔류량(g)
5mm	20	40mm	10
2.5mm	55	30mm	120
1.2mm	120	25mm	150
0.6mm	145	20mm	160
0.3mm	110	15mm	180
0.15mm	35	10mm	220
0.07mm	15	5mm	140
팬	0	팬	20
표면수 = 3%		표면수 = −1%	

가. 단위수량을 구하시오.

계산 과정)

답 :

나. 단위 잔골재량을 구하시오.

계산 과정)

답 :

다. 단위 굵은 골재량을 구하시오.

계산 과정)

답 :

해답 가. • 5mm체 가적 잔골재율= $\dfrac{\text{잔류량}}{\sum\text{잔골재량}} = \dfrac{20}{500} \times 100 = 4\%$

• 5mm체 굵은 골재 가적잔유률= $\dfrac{\text{잔류량}}{\sum\text{굵은 골재량}} \times 100 = \dfrac{980}{1,000} \times 100 = 98\%$

• 5mm체 통과 굵은 골재량= $100 - \text{가적잔류율} = 100 - 98 = 2\%$

• $a = 4\%$, $b = 2\%$

∴ 단위수량= $165 - (19.56 - 11.98) = 157.42\,\text{kg/m}^3$

나. • 잔골재량 $X = \dfrac{100S - b(S+G)}{100 - (a+b)}$

$= \dfrac{100 \times 650 - 2(650 + 1,200)}{100 - (4+2)} = 652.13\,\text{kg/m}^3$

• 잔골재 표면수량= $652.13 \times \dfrac{3}{100} = 19.56\,\text{kg/m}^3$

∴ 단위 잔골재량= $652.13 + 19.56 = 671.69\,\text{kg/m}^3$

다. • 굵은 골재량 $Y = \dfrac{100G - a(S+G)}{100 - (a+b)}$

$= \dfrac{100 \times 1,200 - 4(650 + 1,200)}{100 - (4+2)} = 1,197.87\,\text{kg/m}^3$

• 굵은 골재의 표면수량= $1,197.87 \times \dfrac{-1}{100} = -11.98\,\text{kg/m}^3$

∴ 단위 굵은 골재량= $1,197.87 - 11.98 = 1,185.89\,\text{kg/m}^3$

잔류율 및 가적잔류율 계산

잔골재				굵은 골재			
체	잔류량	잔류율	가적잔류율	체	잔류량	잔류율	가적 잔류율
5mm	20	4	4	40mm	10	1	1
2.5mm	55	11	15	30mm	120	12	13
1.2mm	120	24	39	25mm	150	15	28
0.6mm	145	29	68	20mm	160	16	44
0.3mm	110	22	90	15mm	180	18	62
0.15mm	35	7	97	10mm	220	22	84
0.07mm	15	3	100	5mm	140	14	98
팬	0	0	100	팬	20	2	100
계	500	100			1,000	100	

∴ 현장 잔골재 : 야적상태에서 포함된 굵은 골재=4%

현장 굵은 골재 : 야적상태에서 포함된 잔골재=2%

구 분	단위수량	잔골재	굵은 골재
시방배합	165kg	650kg	1,200kg
입도조정	−	652.13	1,197.87
표면수 조정	−(19.56−11.98)	+19.56	+(−11.98)
현장배합	157.42	671.69	1,185.89

• 굵은 골재의 표면수 −1%는 표면건조 포화상태에서 기건상태의 골재를 말한다.

• 표면건조 포화상태의 굵은 골재를 만들기 위해서는 굵은 골재량을 줄이고(11.98kg), 단위수량을 늘려야(11.98kg) 한다.

□□□ 92②, 99③, 11④, 14①

13 수분이 많은 점토층에 반투막 중공원통을 넣고 그 안에 농도가 큰 용액을 넣어서 점토 속의 수분을 빨아내는 방법으로 상재하중 없이 압밀을 촉진시킬 수 있는 지반개량 공법은?

○ _____

득점	배점
	2

해답 침투압공법(MAIS 공법)

□□□ 00③, 08①, 14①

14 일반적으로 차량의 충격위험을 방지하는 충격흡수시설의 종류를 3가지만 쓰시오.

① _____ ② _____ ③ _____

득점	배점
	3

해답 ① 철제드럼
② 모래 채우기 플라스틱 통
③ 하이드로 셀 샌드위치(Hi-dro cell sandwich)
④ 하이드로 셀 클러스터(Hi-dro cell cluster)

□□□ 08④, 14①, 18①, 19①, 21①, 23③

15 측량성과가 아래와 같고 시공기준면을 12m로 할 경우 총 토공량을 구하시오.
(단, 격자점의 숫자는 표고이며, m 단위이다.)

득점	배점
	3

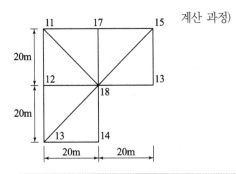

계산 과정)

답 : _____

해답 • 시공 기준면과 각 점 표고와의 차를 구하여 총 토공량을 계산

$$V = \frac{a \cdot b}{6}(\sum h_1 + 2\sum h_2 + 6\sum h_6)$$

• $\sum h_1 = \sum (h_1 - 12) = 1 + 2 = 3\text{m}$

• $\sum h_2 = \sum (h_2 - 12) = -1 + 5 + 3 + 1 + 0 = 8\text{m}$

• $\sum h_6 = 6\text{m}$

$$\therefore V = \frac{20 \times 20}{6} \times (3 + 2 \times 8 + 6 \times 6) = 3,666.67\,\text{m}^3$$

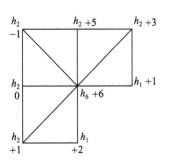

□□□ 96②, 98②, 00④, 09②, 11①, 14①, 18②, 22②
16 다음과 같은 작업 List가 있다. 아래 물음에 답하시오.

득점	배점
	10

작업명	선행작업	후속작업	표 준		특 급	
			일수	공비(만원)	일수	공비(만원)
A	–	B, C	6	210	5	240
B	A	D, E	4	450	2	630
C	A	F, G	4	160	3	200
D	B	G	3	300	2	370
E	B	H	2	600	2	600
F	C	I	7	240	5	340
G	C, D	I	5	100	3	120
H	E	I	4	130	2	170
I	F, G, H	–	2	250	1	350

가. Net Work(화살선도)를 작도하고, 표준일수에 대한 Critical Path를 나타내시오.

나. 작업 List의 빈칸을 채우시오.

작업명	공비증가율 (만원/일)	개 시		완 료		여유시간		
		EST	LST	EFT	LFT	TF	FF	DF
A								
B								
C								
D								
E								
F								
G								
H								
I								

다. 총공기에 대한 간접비가 2천만원인데 표준일수를 단축하는 경우 1일당 80만원씩 감소한다고 할 때 최적공비와 그 때의 총공사비를 구하시오.

계산 과정)

[답] 최적공비 : _____ , 총공사비 : _____

─────────────────────────────

해답 가.

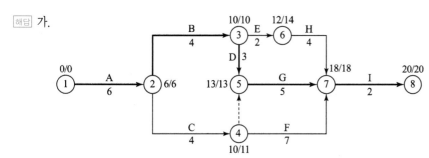

C.P : A → B → D → G → I

나.

작업명	비용구배(만원/일)= $\dfrac{특급비용-표준비용}{표준공기-특급공기}$	개시		완료		여유시간		
		EST	LST	EFT	LFT	TF	FF	DF
A	$\dfrac{240-210}{6-5}=30$	0	0	6	6	0	0	0
B	$\dfrac{630-450}{4-2}=90$	6	6	10	10	0	0	0
C	$\dfrac{200-160}{4-3}=40$	6	7	10	11	1	0	1
D	$\dfrac{370-300}{3-2}=70$	10	10	13	13	0	0	0
E	불가	10	12	12	14	2	0	2
F	$\dfrac{340-240}{7-5}=50$	10	11	17	18	1	1	0
G	$\dfrac{120-100}{5-3}=10$	13	13	18	18	0	0	0
H	$\dfrac{170-130}{4-2}=20$	12	14	16	18	2	2	0
I	$\dfrac{350-250}{2-1}=100$	18	18	20	20	0	0	0

다.

작업명	단축일수	공비증가율	20	19	18	17	16
A	1	$\dfrac{240-210}{6-5}=30$			1		
B	2	$\dfrac{630-450}{4-2}=90$					
C	1	$\dfrac{200-160}{4-3}=40$				1	
D	1	$\dfrac{370-300}{3-2}=70$					
E	불가	–					
F	2	$\dfrac{340-240}{7-5}=50$					
G	2	$\dfrac{120-100}{5-3}=10$		1		1	
H	2	$\dfrac{170-130}{4-2}=20$					
I	1	$\dfrac{350-250}{2-1}=100$					1
직접비(만원)			2,440	2,450	2,480	2,530	2,630
간접비(만원)			2,000	1,920	1,840	1,760	1,680
총공사비(만원)			4,440	4,370	4,320	4,290	4,310

∴ 최적공기 : 17일, 총공사비 : 4,290만원

 간략법

작업일수	단축 작업명	직접비	간접비	총공사비
20일		2,440	2,000	4,440만원
19일	G(1일)	2,450	1,920	4,370만원
18일	A(1일)	2,480	1,840	4,320만원
17일	C+G(1일)	2,530	1,760	4,290만원
16일	I(1일)	2,630	1,680	4,340만원

□□□ 10④, 14①, 20②

17 콘크리트의 품질기준강도(f_{cq})는 40MPa이고, 27회의 압축강도 시험으로부터 구한 표준편차는 5.0MPa이다. 아래 표를 참고하여 이 콘크리트의 배합강도를 구하시오.

득점 / 배점 : 3

【시험횟수가 29회 이하일 때 표준편차의 보정계수】

시험횟수	표준편차의 보정계수	비고
15	1.16	
20	1.08	이 표에 명시되지 않은 시험횟수에 대해서는 직선보간한다.
25	1.03	
30 또는 그 이상	1.00	

계산 과정)

답 : _____

해답 • 시험회수 27회 일 때의 표준편차의 보정계수

$$1.03 - \frac{1.03 - 1.00}{30 - 25} \times (27 - 25) = 1.018$$

• 표준편차 : $s = 5 \times 1.018 = 5.09 \text{MPa}$

• $f_{cq} = 45 \text{MPa} > 35 \text{MPa}$인 경우

$$f_{cr} = f_{cq} + 1.34 s = 40 + 1.34 \times 5.09 = 46.82 \text{MPa}$$

$$f_{cr} = 0.9 f_{cq} + 2.33 s = 0.9 \times 40 + 2.33 \times 5.09 = 47.86 \text{MPa}$$

$$\therefore f_{cr} = 47.86 \text{MPa}(두\ 값\ 중\ 큰\ 값)$$

□□□ 93②, 97①, 03④, 05②, 11④, 14①

18 그림과 같은 과압밀 점토지반 위에 넓은 지역에 걸쳐 $\gamma_t = 19.5 \text{kN/m}^3$ 흙을 3.0m 높이로 성토계획을 세우고 있다. 이 점토지반의 중앙 단면에서의 압밀침하량 계산에 압축지수(C_c) 대신에 팽창지수(C_s)만을 사용할 수 있는 OCR의 한계값을 구하시오.

득점 / 배점 : 3

계산 과정)

답 : _____

해답 과압밀 점토 : $\text{OCR} \geq \dfrac{P_o + \triangle P}{P_o}$

• $P_o = \gamma_t H_1 + \gamma_{sub} \dfrac{H}{2} = 19.5 \times 1 + (21.5 - 9.81) \times \dfrac{4}{2} = 42.88 \text{kN/m}^2$

• $\triangle P = \gamma_t H = 19.5 \times 3 = 58.5 \text{kN/m}^2$

$$\therefore \text{OCR} \geq \frac{P_o + \triangle P}{P_o} = \frac{42.88 + 58.5}{42.88} = 2.36$$

□□ 88①②, 98⑤, 99⑤, 00④, 04②, 09①, 11①, 14①, 18①

19 그림과 같은 말뚝 하단의 활동면에 대한 히빙(heaving)현상에 대한 안전율을 구하시오.

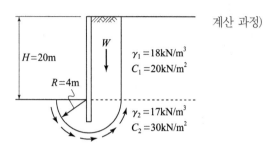

계산 과정)

답 : _____

해답 안전율 $F_s = \dfrac{M_r}{M_d} = \dfrac{C_1 \cdot H \cdot R + C_2 \cdot \pi \cdot R^2}{\dfrac{R^2}{2}(\gamma_1 \cdot H + q)}$

- $M_d = \dfrac{4^2}{2}(18 \times 20 + 0) = 2,880\,\text{kN} \cdot \text{m}$ (Heaving을 일으키려는 Moment)

- $M_r = 20 \times 20 \times 4 + 30 \times \pi \times 4^2 = 3,107.96\,\text{kN} \cdot \text{m}$ (Heaving에 저항하는 Moment)

$\therefore F_s = \dfrac{3,107.96}{2,880} = 1.08$

C_1단위
$C_1 = 20\text{kN/m}^2$
$= 2\text{N/cm}^2$
$= 0.020\text{MPa}$
$= 0.020\text{N/mm}^2$

□□□ 00③, 08①, 14①

20 다음 그림과 같은 항타기록을 보고 Hiley식을 이용하여 허용지지력을 산정하시오.
(단, 안전율은 3, 타격에너지 6,000kN·cm, 해머중량 20kN, 반발계수 0.5, 말뚝무게 40kN, 해머효율은 50%, $C_1 + C_2 + C_3 = $ 리바운드량으로 가정한다.)

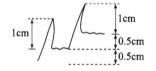

$$\text{Hiley식} \quad Q_u = \frac{W_h h e}{S + \dfrac{1}{2}(C_1 + C_2 + C_3)} \cdot \left(\frac{W_h + n^2 W_P}{W_h + W_P}\right)$$

계산 과정)

답 : _____

해답 $Q_u = \dfrac{W_h h_e}{S + \dfrac{1}{2}(C_1 + C_2 + C_3)} \times \dfrac{W_h + n^2 W_p}{W_h + W_p}$

$= \dfrac{6,000 \times 0.5}{0.5 + \dfrac{1}{2} \times 1} \times \dfrac{20 + 0.5^2 \times 40}{20 + 40} = 1,500\,\text{kN}$

$\therefore Q_a = \dfrac{Q_u}{F_s} = \dfrac{1,500}{3} = 500\,\text{kN}$

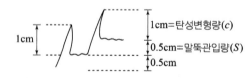

참고 6,000kN·cm = 60kN·m

□□□ 84①②③, 87③, 88②, 91③, 93②, 97②, 98⑤, 03④, 06①, 08②, 12④, 14①, 23①

21 다음과 같은 작업조건에서, 불도저의 단위시간당 작업량을 산출하시오.

(조건 : 흙 운반거리＝80m, 전진속도＝40m/min, 후진속도＝48m/min, 삽날의 용량＝2.3m³,
변속시간＝0.26min, 토량변화율(L)＝1.20, 작업효율＝85%)

계산 과정)

답 :

득점	배점
	3

해답 $Q = \dfrac{60 \cdot q \cdot f \cdot E}{C_m} = \dfrac{60 \cdot q \cdot \dfrac{1}{L} \cdot E}{C_m}$

• $C_m = \dfrac{l}{V_1} + \dfrac{l}{V_2} + t = \dfrac{80}{40} + \dfrac{80}{48} + 0.26 = 3.93$분

$\therefore Q = \dfrac{60 \times 2.3 \times \dfrac{1}{1.2} \times 0.85}{3.93} = 24.87\,\mathrm{m^3/hr}$

□□□ 14①, 18③

22 연약지반 개량공법 중 강제치환공법에 대해 아래 물음에 답하시오.

가. 강제치환공법를 간단히 설명하시오.

○

나. 강제치환공법의 단점 3가지를 쓰시오.

① _____ ② _____ ③ _____

득점	배점
	6

해답 가. 직접 양질토를 연약지반 위에 투하하여 그 자중으로 기초지반에 파괴를 일으켜 연약토를 주위로
    배제시킴으로써 지반을 개량하는 공법

나. ① 잔류침하가 예상된다.   ② 개량효과의 확실성이 없다.
    ③ 이론적이며 정량적인 설계가 어렵다.   ④ 균일하게 치환하기가 어렵다.
    ⑤ 압출에 의한 사면선단의 팽창이 일어난다.

🎯 강제치환공법

■ 강제치환공법

장점	단점
① 시공이 단순하고 공기가 빠르다.	① 잔류침하가 예상된다.
② 공사비가 저렴하다.	② 개량효과의 확실성이 없다.
③ 국내 실적이 많다.	③ 이론적이며 정량적인 설계가 어렵다.

■ 강제치환공법의 종류
  ① 성토자중치환공법
  ② 폭파 치환공법

□□□ 98⑤, 14①, 20②, 21③

23 직경 30cm의 평판재하시험을 한 결과 침하량 25mm일 때 극한지지력이 300kPa이고, 침하량이 10mm이었다. 허용 침하량이 25mm인 직경 1.2m의 실제 기초의 극한지지력과 침하량을 구하시오. (단, 점토지반과 사질토지반인 경우에 대하여 각각 구하시오.)

득점	배점
	8

가. 점토 지반인 경우에 대해서 구하시오.

① 극한지지력 :

② 침하량 :

나. 사질토 지반인 경우에 대해서 구하시오.

① 극한지지력 :

② 침하량 :

[해답] 가. ① 극한지지력 $q_u = 300\,\text{kPa}$ (∵ 재하판에 무관)

② 침하량 $S_F = S_P \times \dfrac{B_F}{B_P} = 10 \times \dfrac{1.2}{0.30} = 40\,\text{mm}$ (∵ 재하판 폭에 비례)

나. ① 극한지지력 $q_{u(F)} = q_{u(P)} \times \dfrac{B_F}{B_P}$ (∵ 재하판 폭에 비례)

$= 300 \times \dfrac{1.2}{0.30} = 1,200\,\text{kPa}\,(1,200\,\text{kN/m}^2)$

② 침하량 $S_F = S_P \left(\dfrac{2B_F}{B_F + B_P} \right)^2$

$= 10 \times \left(\dfrac{2 \times 1.2}{1.2 + 0.3} \right)^2 = 25.6\,\text{mm}$ (∵ 재하판에 무관)

재하판의 크기에 따른 지지력과 침하량

분류	점토지반	모래지반
지지력	• 재하판에 무관 $q_{u(F)} = q_{u(P)}$	• 재하판 폭에 비례 $q_F = q_u \times \dfrac{B_F}{B_P}$
침하량	• 재하판 폭에 비례 $S_F = S_P \times \dfrac{B_F}{B_P}$	• 재하판에 무관 $S_F = S_P \left(\dfrac{2B_F}{B_F + B_P} \right)^2$

여기서, $q_{u(F)}$: 놓일 기초의 극한지지력 $q_{u(P)}$: 시험평판의 극한지지력

B_F : 기초의 폭 B_P : 시험평판의 폭

S_P : 재하판의 침하량 S_F : 기초의 침하량

□□□ 12②, 14①, 18③, 21②, 22②

24 아래 그림과 같은 옹벽에서 인장균열이 발생한 후의 옹벽에 작용하는 전체 주동토압을 구하시오. (단, 인장균열 위의 토압은 무시하고 상재하중으로 고려하여 계산하시오.)

득점	배점
	3

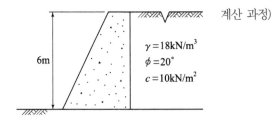

$\gamma = 18\text{kN/m}^3$
$\phi = 20°$
$c = 10\text{kN/m}^2$

계산 과정)

답 : _____

해답 $P_A = \dfrac{1}{2}\gamma(H-z_o)^2 K_A + \gamma z_o(H-z_o)K_A$

- 인장균열 깊이

$$z_o = \frac{2c}{\gamma_t}\tan\left(45° + \frac{\phi}{2}\right) = \frac{2 \times 10}{18} \times \tan\left(45° + \frac{20°}{2}\right) = 1.587\text{m}$$

- $K_A = \tan^2\left(45° - \dfrac{\phi}{2}\right) = \tan^2\left(45° - \dfrac{20°}{2}\right) = 0.490$

$$\therefore P_A = \frac{1}{2} \times 18 \times (6-1.587)^2 \times 0.490 + 18 \times 1.587 \times (6-1.587) \times 0.490$$

$$= 85.88 + 61.77 = 147.65\text{kN/m}$$

또는

$$P_A = \frac{1}{2}\gamma_t H^2 K_A - 2cH\sqrt{K_A} + \frac{2c^2}{\gamma_t} + q_s K_A(H-Z_c)$$

$$= \frac{1}{2} \times 18 \times 6^2 \times 0.490 - 2 \times 10 \times 6\sqrt{0.490} + \frac{2 \times 10^2}{18} + (18 \times 1.587) \times 0.490 \times (6-1.587)$$

$$= 158.76 - 84 + 11.111 + 61.770 = 147.64\text{kN/m}$$

□□□ 10①, 11②, 14①④, 17④, 20②

25 주어진 반중력식 교대도면을 보고 다음 물량을 산출하시오. (단, 교대 전체 길이는 10m 이며, 도면의 치수단위는 mm이다.)

득점	배점
	8

일 반 도

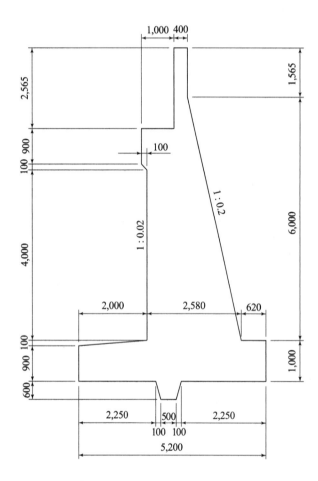

가. 교대의 전체 콘크리트량을 구하시오. (단, 소수 넷째자리에서 반올림하시오.)

계산 과정)

답 : _____

나. 교대의 전체 거푸집량을 구하시오.
 (단, 돌출부(전단 Key)에 거푸집을 사용하며, 소수 넷째자리에서 반올림하시오.)

계산 과정)

답 : _____

해답 가. $A_1 = 0.4 \times 1.565 = 0.626 \, \text{m}^2$

$A_2 = \dfrac{0.4 + (0.4 + 6.0 \times 0.2)}{2} \times 6.0 = 6.0 \, \text{m}^2$

$A_3 = 1.0 \times 0.9 = 0.9 \, \text{m}^2$

$A_4 = \dfrac{1.0 + 0.9}{2} \times 0.1 = 0.095 \, \text{m}^2$

$A_5 = \dfrac{0.9 + (0.9 + 4 \times 0.02)}{2} \times 4 = 3.76 \, \text{m}^2$

$A_6 = \dfrac{(5.2 - 2.0) + 5.2}{2} \times 0.1 = 0.42 \, \text{m}^2$

$A_7 = 5.2 \times 0.9 = 4.68 \, \text{m}^2$

$A_8 = \dfrac{0.5 + (0.5 + 0.1 \times 2)}{2} \times 0.6 = 0.36 \, \text{m}^2$

$\sum A = 0.626 + 6.0 + 0.9 + 0.095 + 3.76 + 0.420 + 4.68 + 0.36$
$\qquad = 16.841$

∴ 총콘크리트량 $= 16.841 \times 10 = 168.41 \, \text{m}^3$

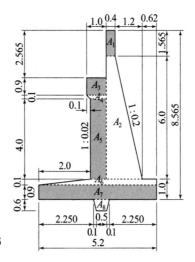

나. $A = 2.565 \, \text{m}$

$B = 0.9 \, \text{m}$

$C = \sqrt{0.1^2 + 0.1^2} = 0.1414 \, \text{m}$

$D = \sqrt{(4 \times 0.02)^2 + 4^2} = 4.0008 \, \text{m}$

$E = 0.9 \, \text{m}$

$F = \sqrt{0.1^2 + 0.6^2} \times 2 = 1.2166 \, \text{m}$

$G = 1.0 \, \text{m}$

$H = \sqrt{(6 \times 0.2)^2 + 6^2} = 6.1188 \, \text{m}$

$I = 1.565 \, \text{m}$

• 총 거푸집 길이
$\sum L = 2.565 + 0.9 + 0.1414 + 4.0008 + 0.9$
$\qquad + 1.2166 + 1.0 + 6.1188 + 1.565$
$\qquad = 18.4076 \, \text{m}$

• 측면도의 거푸집량 $= 18.4076 \times 10 = 184.076 \, \text{m}^2$

• 양 마구리면의 거푸집량 $= 16.841 \times 2 (\text{양단}) = 33.682 \, \text{m}^2$

∴ 총 거푸집량 $= 184.076 + 33.682 = 217.758 \, \text{m}^2$

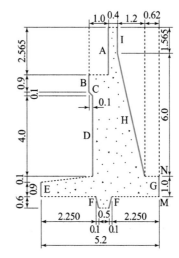

2014년도 기사 제2회 필답형 실기시험(기사)

종 목	시험시간	형 별	성 명	수험번호
토목기사	**3시간**	B		

※ 수험자 인적사항 및 계산식을 포함한 답안 작성은 검은색 필기구만 사용해야 하며, 그 외 연필류, 빨간색, 청색 등 필기구로 작성한 답항은 0점 처리 됩니다.

□□□ 88③, 89②, 93②, 96④, 98①, 99①②, 03②, 07④, 09②, 11④, 13①, 14②

01 80kg의 래머를 사용하여 보조기층의 다짐작업을 할 경우 시간당 작업량을 구하시오.

(조건 : 1회의 유효찍기 다짐면적(A)=0.033m², 1시간당의 찍기 다짐횟수=3,600회, 1층의 끝손질 두께=0.3m, 토량환산계수(f)=0.7, 작업효율=0.5, 되풀이찍기 다짐 짐수=6)

계산 과정)

답 : _____

[해답] $Q = \dfrac{A \cdot N \cdot H \cdot f \cdot E}{P}$

$= \dfrac{0.033 \times 3,600 \times 0.3 \times 0.7 \times 0.5}{6} = 2.08 \, \text{m}^3/\text{hr}$

□□□ 94①, 97①, 03①, 05④, 11④, 14②, 17①, 20④

02 도로토공을 위한 횡단측량 결과 다음 그림과 같은 결과를 얻었다. Simpson 제2법칙에 의한 횡단면적은? (단위 : m)

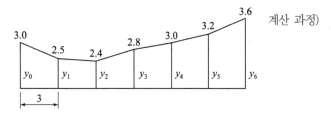

계산 과정)

답 : _____

[해답] $A = \dfrac{3d}{8} \{y_o + 2(y_3) + 3(y_1 + y_2 + y_4 + y_5) + y_6\}$

$= \dfrac{3 \times 3}{8} \{3.0 + 2 \times 2.8 + 3(2.5 + 2.4 + 3.0 + 3.2) + 3.6\} = 51.19 \text{m}^2$

또는

$$\cdot\ A_1 = \frac{3d}{8}(y_o + 3y_1 + 3y_2 + y_3)$$

$$= \frac{3 \times 3}{8}(3.0 + 3 \times 2.5 + 3 \times 2.4 + 2.8) = 23.06\,\mathrm{m}^2$$

$$\cdot\ A_2 = \frac{3d}{8}(y_3 + 3y_4 + 3y_5 + y_6)$$

$$= \frac{3 \times 3}{8}(2.8 + 3 \times 3.0 + 3 \times 3.2 + 3.6) = 28.13\,\mathrm{m}^2$$

$$\therefore\ A = A_1 + A_2 = 23.06 + 28.13 = 51.19\,\mathrm{m}^2$$

□□□ 93③, 94②, 97④, 99①, 00②, 01③, 03③, 07④, 10①②, 12④, 13①, 14②, 15②, 19②, 21②, 23①

03 Meyerhof 공식을 이용하여 콘크리트 말뚝 지름 30cm, 길이 14m인 말뚝을 표준관입치가 다른 3종의 지층으로 되어 있는 기초지반에 박을 경우 말뚝의 허용지지력을 구하시오. (단, 안전율은 3을 적용한다.)

득점	배점
	3

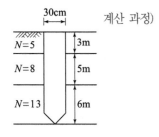

계산 과정)

답 : _____

해답 허용지지력 $Q_a = \dfrac{Q_u}{F_s}$, $\quad Q_u = 40NA_p + \dfrac{1}{5}\overline{N}A_s$

$\cdot\ N = 13$

$\cdot\ A_p = \dfrac{\pi d^2}{4} = \dfrac{\pi \times 0.30^2}{4} = 0.071\,\mathrm{m}^2$

$\cdot\ \overline{N} = \dfrac{N_1 h_1 + N_2 h_2 + N_3 h_3}{h_1 + h_2 + h_3} = \dfrac{5 \times 3 + 8 \times 5 + 13 \times 6}{3 + 5 + 6} = 9.50$

$\cdot\ A_s = \pi d l = \pi \times 0.30 \times (3 + 5 + 6) = 13.195\,\mathrm{m}^2$

$\cdot\ Q_u = 40 \times 13 \times 0.071 + \dfrac{1}{5} \times 9.50 \times 13.195 = 61.991\,\mathrm{t}$

$\therefore\ Q_a = \dfrac{61.991}{3} = 20.66\,\mathrm{t}$

□□□ 04②, 06④, 14②

04 콘크리트포장은 콘크리트 균열을 조절하기 위해 설치하는 줄눈 및 철근의 유무에 따라 그 종류가 구분되는데 그 종류를 3가지만 기술하시오.

득점	배점
	3

① _____ ② _____ ③ _____

해답 ① 무근 콘크리트포장(JCP)   ② 철근 콘크리트포장(JRCP)
③ 연속철근 콘크리트포장(CRCP)   ④ 프리스트레스 콘크리트포장(PCP)

□□□ 05①, 07④, 11①, 14②, 22②

05 그림과 같은 유토곡선(Mass Curve)에서 다음 물음에 답하시오.

득점 배점
3

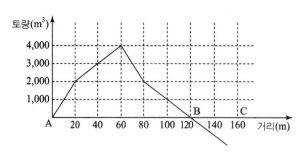

가. AB 구간에서 절토량 및 평균운반거리를 구하시오.

계산 과정)

　　　　　　　　　　[답] 절토량 : ＿＿＿＿＿＿＿, 평균운반거리 : ＿＿＿＿＿＿＿

나. AB 구간에서 불도저(Bull Dozer) 1대로 흙을 운반하는 데 필요한 소요일수를 구하시오.
(단, 1일 작업시간은 8시간, 불도저의 $q = 3.2\text{m}^3$, $L = 1.25$, $E = 0.6$, 전진 속도 : 40m/분,
후진속도 : 46m/분, 기어변속시간 : 0.25분)

계산 과정)

　　　　　　　　　　　　　　　　　　답 : ＿＿＿＿＿＿＿

─────────────────────────────────

해답 가. 절토량 : $4,000\text{m}^3$, 평균운반거리 : $80 - 20 = 60\text{m}$

나. $Q = \dfrac{60q \cdot f \cdot E}{C_m}$

• $C_m = \dfrac{l}{V_1} + \dfrac{l}{V_2} + t = \dfrac{60}{40} + \dfrac{60}{46} + 0.25 = 3.05$분

• $Q = \dfrac{60 \times 3.2 \times \dfrac{1}{1.25} \times 0.6}{3.05} = 30.22\,\text{m}^3/\text{h}$

∴ 소요일수 $D = \dfrac{4,000}{30.22 \times 8} = 16.55 = 17$일

□□□ 09①, 10②, 14②, 17②

06 압출공법(Incremental Launching Method : ILM)에 적용되는 압출방법 3가지를 쓰시오.

득점 배점
3

① ＿＿＿＿＿＿＿　　② ＿＿＿＿＿＿＿　　③ ＿＿＿＿＿＿＿

─────────────────────────────────

해답 ① Pulling 방법　② Pushing 방법　③ Lift & pushing 방법

□□□ 96③, 01③, 06④, 10②, 14②, 16④

07 그림과 같은 중력식 옹벽의 전도(overturning)에 대한 안전율을 계산하시오.
(단, 콘크리트의 단위중량은 23kN/m³이고, 옹벽전면에 작용하는 수동토압은 무시한다.)

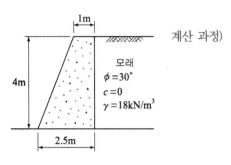

계산 과정)

답 : _____

해답 $F_s = \dfrac{W \cdot b + P_v \cdot E}{P_A \cdot y} = \dfrac{W \cdot b + 0}{P_A \cdot y}$ (∵ 수동토압 P_v는 무시)

- $P_A = \dfrac{1}{2}\gamma H^2 \tan^2\left(45° - \dfrac{\phi}{2}\right) = \dfrac{1}{2}\times 18 \times 4^2 \tan^2\left(45° - \dfrac{30°}{2}\right) = 48\,\text{kN/m}$

- $W = W_1 + W_2$

- $W_1 = 1 \times 4 \times 23 = 92\,\text{kN/m}$

- $W_2 = \dfrac{1}{2}\times(2.5-1)\times 4 \times 23 = 69\,\text{kN/m}$

- $W \cdot b = W_1 b_1 + W_2 b_2 = 92 \times (1.5+0.5) + 69 \times \left(1.5 \times \dfrac{2}{3}\right) = 253\,\text{kN}$

- $y = 4 \times \dfrac{1}{3} = \dfrac{4}{3}\,\text{m}$

∴ $F_s = \dfrac{253}{48 \times \dfrac{4}{3}} = 3.95$

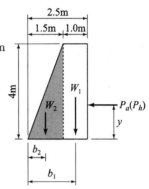

□□□ 01①, 10①, 11④, 13①, 14②, 18②, 22②

08 아래 같은 지층 위에 성토로 인한 등분포하중 $q = 50\text{kN/m}^2$이 작용할 때 다음 물음에 답하시오. (단, 점토층은 정규압밀점토이며, W_L은 액성한계이다.)

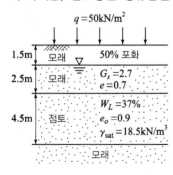

가. 점토층 중앙의 초기 유효연직압력(P_o)을 구하시오.

계산 과정)

답 : _____

나. 점토층의 압밀침하량을 구하시오.

계산 과정)

답 : _____

해답 가. 초기 유효연직압력 $P_o = \gamma_t H_1 + \gamma_{sub} H_2 + \gamma_{sub} \dfrac{H_3}{2}$

• 지하수위 이상인 모래층 밀도 $\gamma_t = \dfrac{G_s + S \cdot e}{1+e} \gamma_w = \dfrac{2.7 + 0.5 \times 0.7}{1 + 0.7} \times 9.81 = 17.60 \, \text{kN/m}^3$

• 지하수위 이하 모래층 수중밀도 $\gamma_{sub} = \dfrac{G_s - 1}{1+e} \gamma_w = \dfrac{2.7 - 1}{1 + 0.7} \times 9.81 = 9.81 \, \text{kN/m}^3$

• 점토층 수중밀도 $\gamma_{sub} = \gamma_{sat} - \gamma_w = 18.5 - 9.81 = 8.69 \, \text{kN/m}^3$

$\therefore \ P_o = 17.60 \times 1.5 + 9.81 \times 2.5 + 8.69 \times \dfrac{4.5}{2} = 70.48 \, \text{kN/m}^2$

나. 압밀침하량 $S = \dfrac{C_c H}{1 + e_o} \log\left(\dfrac{P_o + \Delta P}{P_o} \right)$

• $C_c = 0.009(W_L - 10) = 0.009(37 - 10) = 0.243$

$\therefore \ S = \dfrac{0.243 \times 4.5}{1 + 0.9} \log\left(\dfrac{70.48 + 50}{70.48} \right) = 0.1340 \text{m} = 13.40 \text{cm}$

□□□ 05②, 13①, 14②

09 도로 토공현장에서 다짐도를 판정하는 방법을 5가지만 쓰시오.

득점 | 배점
3

① _____ ② _____ ③ _____

④ _____ ⑤ _____

해답 ① 건조밀도로 규정하는 방법 ② 포화도와 공극률로 규정하는 방법
③ 강도 특성으로 규정하는 방법 ④ 다짐기계, 다짐횟수로 규정하는 방법
⑤ 변형 특성으로 규정하는 방법

□□□ 96②, 07①, 11②, 14②

10 뒤채움 지표면에 재하중이 없는 높이 6m의 옹벽에 작용하는 전체 지진토압이 Mononobe-Okabe 이론에 의해 $P_{AC} = 160$kN/m, 정적인 상태의 전 토압이 $P_A = 100$kN/m일 때 이 전체 지진 토압의 작용위치는 옹벽 저면으로부터 몇 m로 보는가?

득점 | 배점
3

계산 과정)

답 : _____

해답 합력위치 $\bar{Z} = \dfrac{(0.6H)(\triangle P_{AC}) + \dfrac{H}{3}(P_A)}{P_{AC}}$

• 지진토압 $P_{AC} = 160$kN/m

• 전 토압 $P_A = 100$kN/m

• 토압증가량 $\triangle P_{AC} = 160 - 100 = 60$kN/m

$\therefore \ \bar{Z} = \dfrac{(0.6 \times 6) \times 60 + \dfrac{6}{3} \times 100}{160} = 2.6 \text{m}$

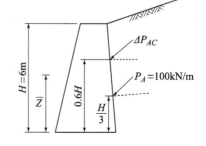

□□□ 00②, 11②, 14②, 17①, 20②

11 다음 작업리스트에서 네트워크 공정표를 작성하고, 각 작업의 여유시간을 구하시오.

득점	배점
	10

작업명	선행작업	작업일수	비고
A	없음	4	① C.P는 굵은 선으로 표시하시오. ② 각 결합점에는 아래와 같이 표시하시오. ③ 각 작업은 다음과 같다.
B	A	6	
C	A	5	
D	A	4	
E	B	3	
F	B, C, D	7	
G	D	8	
H	E	6	
I	E, F	5	
J	E, F, G	8	
K	H, I, J	6	

가. 공정표를 작성하시오.

나. 여유시간을 구하시오.

작업명	TF	FF	DF
A			
B			
C			
D			
E			
F			
G			
H			
I			
J			
K			

해답 가.

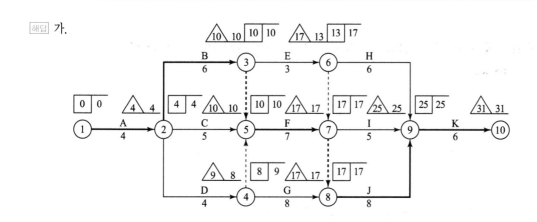

나.

작업명	TF	FF	DF	C.P
A	4−0−4=0	4−0−4=0	0−0=0	*
B	10−4−6=0	10−4−6=0	0−0=0	*
C	10−4−5=1	10−4−5=1	1−1=0	
D	9−4−4=1	8−4−4=0	1−0=1	
E	17−10−3=4	13−10−3=0	4−0=4	
F	17−10−7=0	17−10−7=0	0−0=0	*
G	17−8−8=1	17−8−8=1	1−1=0	
H	25−13−6=6	25−13−6=6	6−6=0	
I	25−17−5=3	25−17−5=3	3−3=0	
J	25−17−8=0	25−17−8=0	0−0=0	*
K	31−25−6=0	31−25−6=0	0−0=0	*

□□□ 92②, 94③, 00②, 03④, 04④, 07②, 10④, 11①, 14②, 17①, 18③, 19③, 21①, 22③, 23①

득점 | 배점
3

12 PS 콘크리트 교량 건설공법 중 동바리를 사용하지 않는 현장타설공법의 종류 3가지를 쓰시오.

① _____ ② _____ ③ _____

해답 ① FCM(캔틸레버 공법) ② MSS(이동식 지보공법)
③ ILM(연속압출공법)

🎯 PS 콘크리트 교량 건설공법의 분류

동바리를 사용하지 않는 방법		동바리를 사용한 공법
현장타설공법	프리캐스트 공법	현장타설공법
① FCM(캔틸레버 공법)	① 프리캐스트 세그먼트 공법 (PSM)	① 전체 지주식
② MSS(이동식 지보공법)		② 지주 지지식
③ ILM(연속압출공법)	② 프리캐스트 거더 공법	③ 거더 지지식

□□□ 86①, 89②, 98①, 99⑤, 04②, 11④, 14②, 23①

득점 | 배점
3

13 구조물 안전을 위한 기초의 형식을 선정하고자 할 때, 기초가 구비해야 할 조건을 아래의 예시와 같이 3가지만 쓰시오.

경제적인 시공이 가능할 것

① _____ ② _____ ③ _____

해답 ① 최소의 근입깊이를 가질 것 ② 안전하게 하중을 지지할 수 있을 것
③ 침하가 허용치를 넘지 않을 것 ④ 기초공의 시공이 가능할 것

□□□ 87③ ,94①, 96④, 99①, 00⑤, 02①, 03④, 04①, 09④, 12①, 14②

14 직경 300mm RC 말뚝을 평균 비배수 일축압축강도가 20kN/m²인 포화점토 지반에 1m 간격으로 가로방향 3개, 세로방향 4개씩 15m 깊이까지 타입하였다. 아래의 물음에 답하시오.
(단, 점토지반의 지지력 계수 $N_c{'}=9$이며, 점착계수 $\alpha=1.25$이다. 또한 말뚝 자체의 중량은 무시하고 안전율은 3으로 하며, 무리 말뚝의 효율은 Converse-Labbarre식에 의한다.)

득점 배점
  6

가. 말뚝 한 개의 극한지지력을 구하시오.

계산 과정)

답 : _____

나. 무리말뚝의 효율을 구하시오.

계산 과정)

답 : _____

다. 무리말뚝의 허용지지력을 구하시오.

계산 과정)

답 : _____

해답 가. 극한지지력 $Q_u=Q_P+Q_s$

• $Q_P=N_c{'}\cdot c_u\cdot A_P=9\times\left(\dfrac{1}{2}\times20\right)\times\dfrac{\pi\times0.3^2}{4}=6.36\text{kN}\left(\because\ \text{점착력}\ c_u=\dfrac{q_u}{2}\right)$

• $Q_s=\pi\cdot D\cdot L\cdot\alpha\cdot c_u=\pi\times0.3\times15\times1.25\times\dfrac{1}{2}\times20=176.71\text{kN}$

∴ $Q_u=6.36+176.71=183.07\text{kN}$

나. $E=1-\tan^{-1}\left(\dfrac{D}{S}\right)\left\{\dfrac{(n-1)m+(m-1)n}{90\cdot m\cdot n}\right\}$

$=1-\tan^{-1}\left(\dfrac{0.3}{1}\right)\left\{\dfrac{(4-1)\times3+(3-1)\times4}{90\times3\times4}\right\}=0.737$

다. $Q_{ag}=ENR_a=0.737\times3\times4\times\dfrac{183.07}{3}=539.69\text{kN}\left(\because\ R_a=\dfrac{Q_u}{3}\right)$

□□□ 94②, 00②, 05①, 08②, 09②, 14②, 16①, 20①

15 Sand drain 공법에서 U_v(연직방향 압밀도)$=0.95$, U_h(수평향 압밀도)$=0.20$인 경우, 수직·수평방향을 고려한 압밀도(U)는 얼마인가?

득점 배점
  3

계산 과정)

답 : _____

해답 $U=\left\{1-(1-U_h)(1-U_v)\right\}\times100$
$=\left\{1-(1-0.20)(1-0.95)\right\}\times100=96\%$

□□□ 84①, 08①, 10①, 14①

16 콘크리트는 타설한 후 습윤상태로 노출면이 마르지 않도록 하여야 하며, 수분의 증발에 따라 살수를 하여 습윤상태로 보호하여야 한다. 일평균기온이 15℃ 이상일 때 사용 시멘트에 따른 습윤상태 보호기간의 표준일수를 쓰시오.

득점	배점
	3

① 보통 포틀랜드 시멘트 :

② 고로 슬래그 시멘트 :

③ 조강 포틀랜드 시멘트 :

해답 ① 5일   ② 7일   ③ 3일

 습윤양생 기간의 표준

일평균 기온	보통 포틀랜드 시멘트	고로슬래그 시멘트 2종, 플라이 애시 시멘트 2종	조강 포틀랜드 시멘트
15℃ 이상	5일	7일	3일
10℃ 이상	7일	9일	4일
5℃ 이상	9일	12일	5일

□□□ 14②

17 말뚝을 항타하여 설치하는 기초파일공에서 시험항타의 목적 5가지를 쓰시오.

득점	배점
	3

① _____   ② _____   ③ _____

④ _____   ⑤ _____

해답 ① 말뚝의 길이 결정
② 말뚝길에 따른 이음공법 결정
③ 항타장비의 성능 및 적합성 판정(타입공법 선정)
④ 적절한 시공성 검토
⑤ 말뚝의 지지층 확인

시험항타의 목적

① 항타장비의 성능 및 적합성 판정
② 지지층 깊이에 따른 말뚝의 길이 결정
③ 말뚝의 길이에 따른 따른 이음공법의 결정
④ 시간경과 효과를 고려한 말뚝의 지지력 추정
⑤ 본 항타시 말뚝의 길이, 최종 관입량, 낙하높이, 타격횟수, 지내력 확인으로 적절한 시공관리

□□□ 06②, 12①, 14②, 22①

18 가요성포장(Flexible Pavement)의 구조설계 시, AASHTO(1972) 설계법에 의한 소요포장 두께지수(SN)가 4.3으로 계산되었다. 포장은 표층, 기층 및 보조기층의 3개층으로 구성하고, 각 층 재료를 상대강도계수와 표층, 기층의 두께를 다음과 같이 배분할 경우의 보조기층 두께를 구하시오.

득점	배점
	3

포장층	재료	상대강도계수	두께(cm)
표층	높은 안정도의 아스팔트 콘크리트	0.176	5
기층	쇄 석	0.055	25
보조기층	모래 섞인 자갈	0.043	

계산 과정)

답 : _____

 포장 두께지수 $SN = a_1 D_1 + a_2 D_2 + a_3 D_3$

$$4.3 = 0.176 \times 5 + 0.055 \times 25 + 0.043 \times D_3$$

∴ 보조기층 두께 $D_3 = 47.56 \, cm$

참고 SOLVE 사용

> 72년 AASHTO 설계법
>
> $SN = \alpha_1 D_1 + \alpha_2 D_2 + \alpha_3 D_3$
> 여기서, SN : 포장두께지수(Structural Number)
> $\alpha_1, \alpha_2, \alpha_3$: 표층, 기층, 보조기층 각각의 상대강도계수
> D_1, D_2, D_3 : 표층, 기층, 보조기층 각각의 설계두께(cm)

□□□ 14②

19 터널에 대한 적합한 용어를 ( )안에 쓰시오.

득점	배점
	3

터널 단면에서 최대폭을 형성하는 점중 최상부의 점을 종방향으로 연결하는 선을 (①)이라고 하며, 터널굴착과정에서 발생하는 토사, 암석 조각, 암석 덩어리 등을 총칭해서 (②)이라고 한다.

① _____ ② _____

 ① Spring line ② 버럭(muck)

> 시험항타의 목적
>
> • 터널 내부 내공단면 작도시 원의 수평중심이 위치하는 선으로 상하부 분할굴착시 분할선이 되기도 한다.
> • 상부 아치가 시작되는 선으로 터널 내부에서 가장 폭이 넓은 구역이다.

□□□ 96①, 98③, 05①, 08④, 11②, 12④, 14②

20 사질토 지반에서 30cm×30cm 크기의 재하판을 이용하여 평판재하시험을 실시하였다. 재하시험 결과 극한지지력이 250kPa, 침하량이 10mm이었다. 실제 3m×3m의 기초를 설치할 때 예상되는 극한지지력과 침하량을 구하시오.

득점	배점
	4

가. 극한지지력

계산 과정)

답 : _____

나. 침하량

계산 과정)

답 : _____

해답 가. $q_{u(F)} = q_{u(P)} \times \dfrac{B_F}{B_P} = 250 \times \dfrac{3}{0.3} = 2,500\,\text{kPa}$

나. $S_F = S_P \times \left(\dfrac{2B_F}{B_F+B_P}\right)^2 = 10 \times \left(\dfrac{2\times3}{3+0.3}\right)^2 = 33.1\,\text{mm}$

 재하판의 크기에 따른 지지력과 침하량

분류	점토지반	모래지반
지지력	• 재하판에 무관 $q_{u(F)} = q_{u(P)}$	• 재하판 폭에 비례 $q_F = q_u \times \dfrac{B_F}{B_P}$
침하량	• 재하판 폭에 비례 $S_F = S_P \times \dfrac{B_F}{B_P}$	• 재하판에 무관 $S_F = S_P\left(\dfrac{2B_F}{B_F+B_P}\right)^2$

여기서, $q_{u(F)}$: 놓일 기초의 극한지지력 $q_{u(P)}$: 시험평판의 극한지지력
       B_F : 기초의 폭 B_P : 시험평판의 폭
       S_P : 재하판의 침하량 S_F : 기초의 침하량

□□□ 92④, 94②, 96①④, 98②, 00⑤, 04④, 05④, 10②, 13②, 14②, 18②, 20①

21 퍼트(PERT) 기법에 의한 공정관리방법에서 낙관적인 시간이 5일 정상적인 시간이 8일, 비관적 시간이 11일 때 공정상의 기대시간(Expected time)은 얼마인가?

득점	배점
	4

계산 과정)

답 : _____

해답 $t_e = \dfrac{t_o + 4t_m + t_p}{6} = \dfrac{5 + 4\times8 + 11}{6} = 8$일

□□□ 14②, 23②

22 암반의 사면 파괴형태 4가지를 쓰시오.

득점 배점
3

① ─────── ② ─────── ③ ─────── ④ ───────

해답 ① 평면파괴 ② 쐐기파괴 ③ 전도파괴 ④ 원호파괴

> 암반의 사면 파괴형태
>
> ① 원호파괴 : 일정한 지질구조 형태를 보이지 않는 표토, 폐석, 심한 파쇄암반에서 발생되는 파괴
> ② 평면파괴 : 점판암과 같이 질서정연한 지질구조를 가지는 암반에서 발생되는 파괴
> ③ 쐐기파괴 : 교차하는 두 불연속면 위에서 발생되는 파괴
> ④ 전도파괴 : 급경사 불연속면에 의해 분리된 주상구조를 형성하고 있는 경암암반에서 발생되는 파괴

□□□ 14①, 23②

23 콘크리트의 배합설계에서 품질기준강도 $f_{cq} = 28$MPa이고, 30회 이상의 압축강도 시험으로부터 구한 표준편차 $s = 5$MPa이다. 시험을 통해 시멘트-물(C/W)비와 재령 28일 압축강도 f_{28}과의 관계식 $f_{28} = -14.7 + 20.7 C/W$로 얻었을 때 콘크리트의 물-시멘트($W/C$)비를 결정하시오.

득점 배점
3

계산 과정)

[답] ───────────────

해답 ■ $f_{cq} \leq 35$MPa인 경우
  • $f_{cr} = f_{cq} + 1.34s = 28 + 1.34 \times 5 = 34.7$MPa
  • $f_{cr} = (f_{cq} - 3.5) + 2.33s = (28 - 3.5) + 2.33 \times 5 = 36.15$MPa
  ∴ 배합강도 $f_{cr} = 36.15$MPa(두 값 중 큰 값)
 ■ $f_{28} = -14.7 + 20.7 C/W$ 에서
  $36.15 = -14.7 + 20.7 \dfrac{C}{W} \rightarrow \dfrac{C}{W} = \dfrac{36.15 + 14.7}{20.7} = \dfrac{50.85}{20.7}$
  ∴ $\dfrac{W}{C} = \dfrac{20.7}{50.85} = 0.4071 = 40.71\%$

□□□ 14②

24 직접기초 시공시 굴착 시공법을 3가지 쓰시오.

득점 배점
3

① ─────── ② ─────── ③ ───────

해답 ① Open cut 공법 ② Island공법 ③ Trench cut공법
  ④ 역권공법 ⑤ 역타공법

25 주어진 도면에 따라 다음 물량을 산출하시오. (단, 도면의 치수단위는 mm이다.)

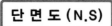

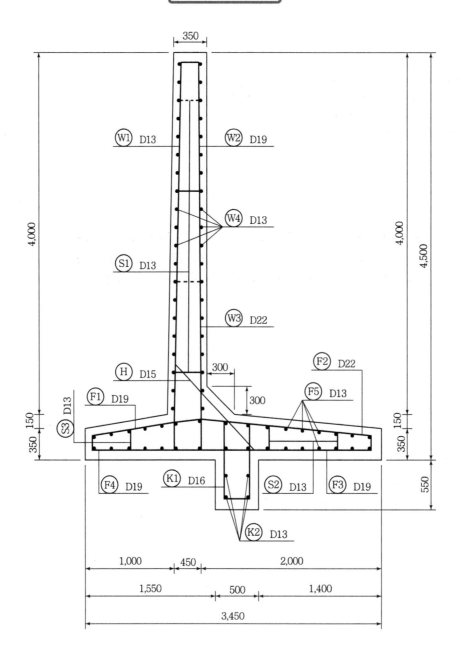

일 반 도

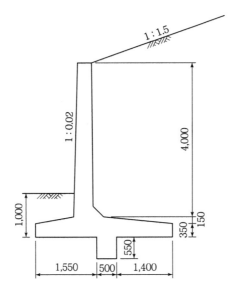

가. 옹벽길이 1m에 대한 콘크리트량을 구하시오.
 (단, 소수 넷째자리에서 반올림하시오.)

 계산 과정)   답 : _____

나. 옹벽길이 1m에 대한 거푸집량을 구하시오.
 (단, 돌출부(전단 Key)에 거푸집을 사용하며, 마구리면의 거푸집을 무시하며, 소수 넷째자리
 에서 반올림하시오.)

 계산 과정)   답 : _____

해답 가.

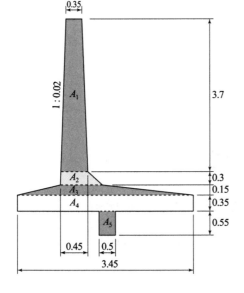

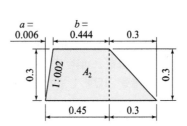

$a = 0.02 \times 0.3 = 0.006\text{m}$

$b = 0.45 - 0.02 \times 0.3 = 0.444\text{m}$

$A_1 = \dfrac{0.35 + 0.444}{2} \times 3.7 = 1.469\,\text{m}^2$

$A_2 = \dfrac{0.444 + (0.45 + 0.3)}{2} \times 0.3 = 0.179\,\text{m}^2$

$A_3 = \dfrac{(0.45 + 0.3) + 3.45}{2} \times 0.15 = 0.315\,\text{m}^2$

$A_4 = 0.35 \times 3.45 = 1.208\,\text{m}^2$

$A_5 = 0.55 \times 0.5 = 0.275\,\text{m}^2$

$\therefore V = (\sum A_i) \times 1 = (1.469 + 0.179 + 0.315 + 1.208 + 0.275) \times 1 = 3.446\,\text{m}^3$

나. $a = 0.02 \times 4.0 = 0.08\text{m}$

$b = 0.45 - (0.08 + 0.35) = 0.02\text{m}$

$A = 0.55 \times 2 = 1.1\text{m}$

$B = 0.35 \times 2 = 0.70\text{m}$

$C = \sqrt{0.3^2 + 0.3^2} = 0.4243\text{m}$

$D = \sqrt{4.0^2 + 0.08^2} = 4.001\text{m}$

$F = \sqrt{3.7^2 + 0.02^2} = 3.7001\text{m}$

$\sum l = (1.1 + 0.70 + 0.4243 + 4.001 + 3.7001)$
$= 9.9254\text{m}$

$\therefore$ 면적 $= \sum l \times 1(m) = 9.9254 \times 1 = 9.925\,\text{m}^2$

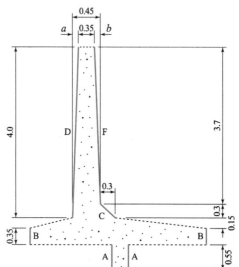

□□□ 14②, 20②

26 도로의 배수처리는 본체 및 도로 구조의 기능 보존, 침투나 지하수 유입에 중요한 작용을 한다. 다음 배수시설 종류 별 대표적인 것을 1가지씩만 쓰시오.

득점	배점
	3

① 표면배수 :

② 지하배수 :

③ 횡단배수 :

해답 ① 측구, 집수정　② 맹암거, 유공관　③ 배수관, 암거

 배수시설의 종류

① 표면배수 : 노면 비탈면 및 도로에 인접하는 지역에 내린비 또는 눈에 의하여 생긴 지표수를 배제하는 것으로 주로 측구에 의해 배제시키는 것을 말한다.
② 지하배수 : 땅위에서 땅속으로 스며든 물이나 땅속에서 흐르고 있는 지하수를 저하시킨 다든지 비탈면에 침투한 물을 차단하기 위하여 맹암거 등을 설치하여 물을 배제시키는 것을 말한다.
③ 횡단배수 : 도로의 중앙에서 좌우로 내리막 구배를 만들어 두는 것으로 땅 표면의 물을 좌우에 만들어 둔 배수관거, 암거에 의해 배제시키는 것을 말한다.

□□□ 14②
27 초연약지반의 주행성 확보를 목적으로 지표면에서 깊이 약 3m 이내의 연약토를 석회계, 시멘트계, 플라이애시계 등의 안정재를 혼합하여 지반강도를 증진시키는 공법으로 해안매립지 같은 초연약지반의 지표면을 고화시키기 위해 사용하는 공법의 명칭을 쓰시오.

득점	배점
	3

○

해답 표층 혼합처리공법

 표층혼합처리공법

초연약지반의 주행성 확보를 목적으로 일반적으로 2~3m 지반의 표층 부분을 석화계, 시멘트계, 플라이애시계 등의 고화재를 이용하여 슬러리 상태로 연약지반에 혼합한 후 고화재의 화학적 고결작용에 따라 지반강도를 개선하는 공법

국가기술자격 실기시험문제

2014년도 기사 제4회 필답형 실기시험(기사)

종 목	시험시간	형 별	성 명	수험번호
토목기사	3시간	B		

※ 수험자 인적사항 및 계산식을 포함한 답안 작성은 검은색 필기구만 사용해야 하며, 그 외 연필류, 빨간색, 청색 등 필기구로 작성한 답항은 0점 처리 됩니다.

□□□ 85①, 94①, 03②, 14④

01 공기케이슨(Pneumatic Caisson) 공법의 단점을 4가지만 쓰시오.

득점	배점
	3

① _____ ② _____ ③ _____ ④ _____

해답 ① 케이슨병이 발생하기 쉽다.
② 굴착깊이에 제한이 있다.
③ 소음과 진동이 커서 도심지에서는 부적당하다.
④ 주야로 작업하므로 노무관리비가 많이 필요하다.
⑤ 기계설비가 비싸므로 소규모 공사에는 비경제적이다.
⑥ 노무자의 모집이 어려워 노무비가 비싸다.

□□□ 04④, 06②, 10①, 14④, 16④, 20①④

02 장대교량에 사용되는 사장교는 주부재인 케이블의 교축방향 배치방식에 따라 크게 4가지로 분류되는데 이를 쓰시오.

득점	배점
	3

① _____ ② _____ ③ _____ ④ _____

해답 ① 부채형(fan type) ② 하프형(harp type) ③ 스타형(star type) ④ 방사형(radiating type)

사장교의 분류
① fan형 ② harp형 ③ star형 ④ radiating형

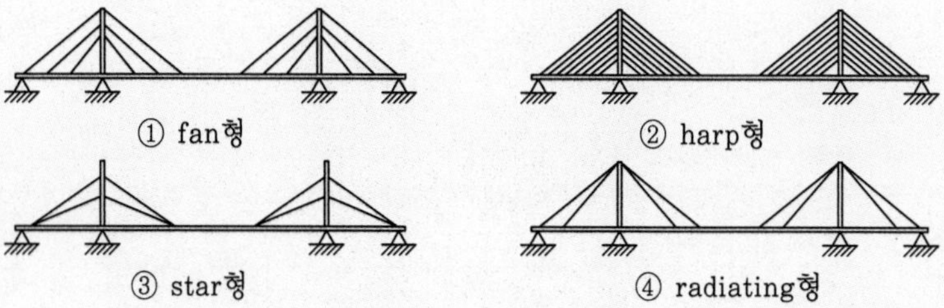

□□□ 14④
03 콘크리트 타설온도를 낮추는 방법으로 물, 골재 등의 재료를 미리 냉각시키는 방법인 선행 냉각 방법(Pre-cooling)의 종류를 3가지 쓰시오.

득점	배점
	3

① _____ ② _____ ③ _____

해답 ① 혼합전 재료를 냉각
② 혼합중 콘크리트를 냉각
③ 타설전 콘크리트를 냉각

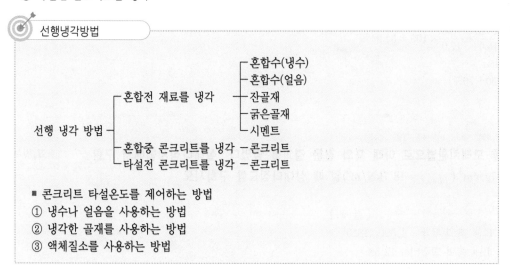

■ 콘크리트 타설온도를 제어하는 방법
① 냉수나 얼음을 사용하는 방법
② 냉각한 골재를 사용하는 방법
③ 액체질소를 사용하는 방법

□□□ 01①, 07④, 14④, 17④, 23③
04 그림과 같은 지반조건에서 유효증가하중이 200kN/m²일 때 점토층의 1차 압밀침하량을 계산하시오. (단, 정규압밀 점토로 가정하며, 압축지수는 경험식을 사용하며, LL은 액성한계임)

득점	배점
	3

계산 과정)

$\Delta p = 200 \text{kN/m}^2$

G.L 0m — 모래 $\gamma_t = 18\text{kN/m}^3$
G.L −5.0m — 점토 $\gamma_{sub} = 8.0\text{kN/m}^3$, $e_0 = 1.70$, $LL = 60\%$
G.L −15.0m — 모래

답 : _____

해답 압밀침하량 $S = \dfrac{C_c H}{1+e_0} \log \dfrac{P_2}{P_1} = \dfrac{C_c H}{1+e_0} \log \dfrac{P_1 + \Delta P}{P_1}$

• $P_1 = \gamma_t H_1 + \gamma_{sub} \dfrac{H_2}{2} = 18.0 \times 5 + 8.0 \times \dfrac{(15-5)}{2} = 130 \text{kN/m}^2$

• $C_c = 0.009(W_L - 10) = 0.009(60-10) = 0.45$

∴ $S = \dfrac{0.45 \times 10}{1+1.70} \log \dfrac{130+200}{130} = 0.6743\text{m} = 67.43\text{cm}$

□□□ 14④

05 어떤 모래의 건조단위중량이 17.0kN/m^3이고, 이 모래 지반의 최대 건조단위중량이 $\gamma_{d\max}=18.0 \text{kN/m}^3$, 최소 건조단위중량이 $\gamma_{d\min}=16.0 \text{kN/m}^3$ 일 때 상대밀도를 구하고 판정하시오.

득점	배점
	3

계산 과정)

[답] 상대밀도 : _____ , 판정 : _____

해답 상대밀도 $D_r = \dfrac{\gamma_d - \gamma_{d\min}}{\gamma_{d\max} - \gamma_{d\min}} \cdot \dfrac{\gamma_{d\max}}{\gamma_d} \times 100$

$\therefore D_r = \dfrac{17.0 - 16.0}{18.0 - 16.0} \times \dfrac{18.0}{17.0} \times 100 = 52.94\%$

상대밀도 : 52.94%

판정 : 중간 ($\because$ 50~70%)

□□□ 01①, 04①②, 07④, 08③, 09②, 10④, 11①, 14④, 17④

06 현장흙을 다진 후 모래치환법으로 아래 표와 같은 결과를 얻었다. 실내다짐시험에서 구한 최대건조밀도는 1.87g/cm^3 ($\gamma_{d\max}=18.7 \text{kN/m}^3$)일 때 상대다짐도를 구하시오.

득점	배점
	3

【결 과】

- 시험 구덩이에서 파낸 흙의 무게 : 1,800g(18N)
- 시험 구덩이에서 파낸 흙의 함수비 : 12.5%
- 샌드 콘 내 전체 모래 무게 : 2,700g(27N)
- 시험구덩이를 채우고 남는 모래의 무게 : 1,200g(12N)
- 모래의 건조밀도 : 1.65g/cm^3($\gamma_s=16.5 \text{kN/m}^3$)

계산 과정)

답 : _____

해답 ■[MKS] 단위

상대다짐도 $R = \dfrac{\rho_d}{\rho_{d\max}} \times 100$

• 구멍의 체적 $V = \dfrac{W_s}{\rho_d} = \dfrac{2,700 - 1,200}{1.65}$

$= 909.09\text{cm}^3$

• 건조흙 무게

$W_s = \dfrac{W}{1+w} = \dfrac{1,800}{1+0.125} = 1,600\text{g}$

• 건조밀도

$\rho_d = \dfrac{W_s}{V} = \dfrac{1,600}{909.09} = 1.76\text{g/cm}^3$

$\therefore R = \dfrac{1.76}{1.87} \times 100 = 94.12\%$

■[SI] 단위

상대다짐도 $R = \dfrac{\gamma_d}{\gamma_{d\max}} \times 100$

• 구멍의 체적 $V = \dfrac{W_s}{\gamma_d}$

$= \dfrac{27 \times 10^{-3} - 12 \times 10^{-3}}{16.5} = 9.09 \times 10^{-4}\text{m}^3$

• 건조흙 무게

$W_S = \dfrac{W}{1+w} = \dfrac{18 \times 10^{-3}}{1+0.125} = 0.016\text{kN}$

• 건조단위중량

$\gamma_d = \dfrac{W_s}{V} = \dfrac{0.016}{9.09 \times 10^{-4}} = 17.60\,\text{kN/m}^3$

$\therefore R = \dfrac{17.60}{18.7} \times 100 = 94.12\%$

□□□ 04④, 07④, 09④, 14④, 16④, 18③, 22②

07 지하수 침강 최소깊이가 2m, 암거 매립간격 8m, 투수계수 10^{-5}cm/sec일 때 불투수층에 놓인 암거를 통한 단위 길이당 배수량을 구하시오. (단, 소수점 이하 넷째자리까지 구하시오.)

득점	배점
	3

계산 과정)

답 : _____

해답 단위길이당 배수량 $Q = \dfrac{4\,kH_0{}^2}{D}$

• $H_o = 200\,\text{cm}$, $D = 800\,\text{cm}$

$\therefore Q = \dfrac{4 \times 10^{-5} \times 200^2}{800} = 0.002\,\text{cm}^3/\text{cm}/\text{sec}$

※ 주의 단위길이당 배수량의 단위 : $\text{cm}^3/\text{cm}/\text{sec}$

□□□ 05①, 06②, 09②, 14④, 18③, 21②

08 다음 지반조건으로 지반굴착을 할 경우 이에 설치한 지반앵커(Ground Anchor)의 정착장(L)을 구하시오. (안전율은 1.5 적용)

득점	배점
	3

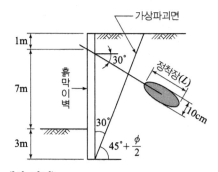

【조 건】
• 앵커반력 : 250kN
• 정착부의 주면마찰저항 : 0.2MPa
• 천공직경 : 10cm
• 설치각도 : 수평과 30°
• H-Pile 설치간격(앵커 설치간격) : 1.5m

계산 과정)

답 : _____

해답 정착장 $L = \dfrac{T \cdot F_s}{\pi D \tau}$

• 앵커축력 $T = \dfrac{P \cdot a}{\cos \alpha} = \dfrac{250 \times 1.5}{\cos 30°} = 433.01\,\text{kN}$

• 주면마찰저항 $\tau = 0.2\text{MPa} = 0.2\text{N/mm}^2 = 20\text{N/cm}^2 = 200\text{kN/m}^2$

• 천공직경 $D = 10\text{cm} = 0.1\text{m}$

$\therefore L = \dfrac{433.01 \times 1.5}{\pi \times 0.1 \times 200} = 10.34\,\text{m}$

 정착장

정착장 $L = \dfrac{T \cdot F_8}{\pi D \tau}$

여기서,

T : 소요인장력 $T = \dfrac{P \cdot a}{\cos \alpha}$ P : 작용하중(m 당)

F_8 : 안전율 D : 천공직경

τ : 정착부의 주면마찰저항 a : 앵커수평간격

α : 앵커타설 경사각

□□□ 03①, 04④, 06④, 11①, 14④, 18①

09 현장타설말뚝은 일반적으로 지지말뚝으로 사용되기 때문에 콘크리트를 타설할 때 공저에 슬라임(Slime)이 퇴적되어 있으면 침하 원인이 되고 말뚝으로서 기능이 현저하게 저하한다. 이 같은 슬라임을 제거하기 위한 방법을 3가지만 쓰시오.

득점 / 배점 3

① _____ ② _____ ③ _____

해답 ① 샌드펌프 방법 ② 에어리프트 방법 ③ 석션펌프 방법 ④ 수중 pump 방법

🎯 Slime 처리방법

슬라임의 제거는 보통 굴착완료 직후로부터 철근의 건입까지의 사이에 행하는 1차 처리와 콘크리트 타설 직전에 하는 2차 처리로 2회를 한다.

■ 2차 처리
① 샌드펌프(sand pump) 방법 : 수중 pump를 굴착 바닥까지 내려서 pump로 직접 퍼올리는 방법
② 에어리프트(air lift) 방법 : trench 내에 tremie pipe를 설치한 노즐을 부착한 에어분출구를 관내에 투입하고 compressor로 공기를 보내 그 반발력으로 돌아온 공기와 함께 안정액이 흡입되어 나오는 방식
③ 석션펌프(Suction pump) 방법 : 양수관(또는 트레미관)에 섹션펌프를 연결해 물과 함께 배출하는 방법
④ 수중 Pump 방법 : 공내에 수중펌프를 설치하여 slime이 쌓이지 않게 여과지를 통해서 안정액을 순환시키는 방법
⑤ Water jet 방법 : 고압의 압력수를 이용하여 트레미관으로 콘크리트를 배출하기 전에 공배 하부에 쌓인 선단부의 slime을 교란시켜 콘크리트가 최하단부에 위치하도록 하는 방식
⑥ 모르타르 바닥처리방법 : 공저에 모르타르를 투입하여 슬라임과 혼합하여 콘크리트의 타설 시에 밀어냄

□□□ 98④, 01①, 05①, 07②, 14④

10 다음과 같은 모래지반에 위치한 댐의 piping에 대한 안정성을 검토하시오.
(단, safe weighted creep ratio는 6.0)

득점 / 배점 3

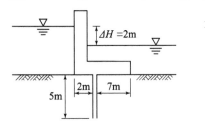

계산 과정)

답 : _____

해답 크리프비 $CR = \dfrac{L_w}{h_1 - h_2} = \dfrac{2D + \dfrac{L}{3}}{\Delta H}$

• 가중 크리프 거리 $L_w = 2 \times 5 + \dfrac{2+7}{3} = 13$

• 유효수두 $\Delta H = 2\text{m}$

• 크리프비 $CR = \dfrac{13}{2} = 6.5 > 6$ ∴ 안정

□□□ 05①, 09①, 12①, 14④, 15①, 16④, 17②

11 다음의 작업리스트를 보고 아래 물음에 답하시오.

득점 배점
    10

작업명	선행작업	후속작업	표준 상태		특급 상태	
			작업일수	비용	작업일수	비용
A	–	B, C	3	30만원	2	33만원
B	A	D	2	40만원	1	50만원
C	A	E	7	60만원	5	80만원
D	B	F	7	100만원	5	130만원
E	C	G, H	7	80만원	5	90만원
F	D	G, H	5	50만원	3	74만원
G	E, F	I	5	70만원	5	70만원
H	E, F	I	1	15만원	1	15만원
I	G, H	–	3	20만원	3	20만원

가. Network(화살선도)를 작도하고, 표준상태에 대한 C.P를 표시하시오.

나. 공기를 3일 단축했을 때 추가로 소요되는 비용을 구하시오.

계산 과정)

답 : _____

해답 가.

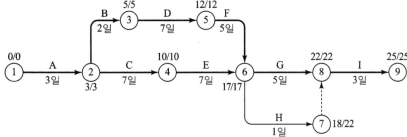

C.P : A→B→D→F→G→I
       A→C→E→G→I

나. 비용구배(만원/일)

$A = \dfrac{33-30}{3-2} = 3$만원, $B = \dfrac{50-40}{2-1} = 10$만원, $C = \dfrac{80-60}{7-5} = 10$만원

$D = \dfrac{130-100}{7-5} = 15$만원, $E = \dfrac{90-80}{7-5} = 5$만원, $F = \dfrac{74-50}{5-3} = 12$만원

단축단계	단축작업	단축일	비용경사(만원/일)	단축비용(만원)	추가비용 누계(만원)
1	A	1	3	3	3
2	B+E	1	10+5 = 15	15	18
3	E+F	1	5+12	17	35

∴ 추가 소요되는 비용 35만원

작업명	단축가능일수	비용경사(만원)	1	2	3
A	1	$\dfrac{33-30}{3-2}=3$	1		
B	1	$\dfrac{50-40}{2-1}=10$		1	
C	2	$\dfrac{80-60}{7-5}=10$			
D	2	$\dfrac{130-100}{7-5}=15$			
E	2	$\dfrac{90-80}{7-5}=5$		1	1
F	2	$\dfrac{74-50}{5-3}=12$			1
G	–	–			
H	–	–			
I	–	–			
추가비용			3만원	15만원	17만원
추가비용 합계			3만원	18만원	35만원

□□□ 95③, 98③, 99⑤, 04③, 10①, 14④, 21③

12 횡방향 지반반력계수(K_h)를 구하는 현장시험을 3가지만 쓰시오.

① _____ ② _____ ③ _____

해답 ① 프레셔미터시험(PMT)
② 딜러토미터시험(DMT)
③ 수평재하시험(LLT)

① 프레셔미터시험(PMT : Pressure meter test) : 시추공에 원추형의 팽창성 측정장비를 삽입하고 가압하여 방사방향으로 지반에 압력을 가하고 연약점토부터 경암지반까지의 변형특성(K_h, E)을 파악하는 시험이다.
② 딜라토미터 시험(DMT : Dilatometer tset) : 납작한 판형 시험기구를 지중에 삽입하고 시험기 구속으로 압력을 가하여 강막(steel membrance)을 팽창시켜 지반의 공학적특성을 측정하는 시험을 말하며 지반의 전단강도와 변형 특성을 결정하는 인자인 수평지지력 계수(K_h), 간극수압계수를 얻는 시험이다.
③ 수평재하시험(LLT : Lateral Load Test) : 수평재하시험의 결과로부터 K_h를 구하며, 횡방향 외력을 받는 말뚝의 거동을 추정하기 위한 가장 적절한 방법이다.

□□□ 14④, 23①

13 여굴을 적게 하고 파단선을 매끈하게 하기 위한 조절발파 공법(controlled blasting)에 대한 다음 물음에 답하시오.

득점 배점
5

가. 조절발파공법의 목적 2가지를 쓰시오.

① _____ ② _____

나. 조절발파 공법의 종류를 4가지만 쓰시오.

① _____ ② _____ ③ _____ ④ _____

해답 가. ① 여굴감소
② 발파예정선에 일치하는 발파면을 얻을 수 있다.
③ 발파면이 고르며 뜬돌 떼기 작업이 감소한다.
④ 암반의 손상이 적어 낙석의 위험성이 적고, 균열발생이 감소한다.
⑤ 암반표면이 강해져 균열발생이 적어 보강의 필요성이 감소한다.

나. ① 라인 드릴링 공법(line drilling)
② 쿠션 블라스팅 공법(cushion blasting)
③ 스무스 블라스팅 공법(smooth blasting)
④ 프리 스플리팅 공법(pre-splitting)

□□□ 09①, 11②, 14④

14 암반의 공학적 분류방법을 4가지만 쓰시오.

득점 배점
3

① _____ ② _____ ③ _____ ④ _____

해답 ① 절리의 간격에 의한 분류법 ② 풍화도에 의한 분류법
③ Muller의 분류법 ④ RQD에 의한 분류법
⑤ 균열계수에 의한 분류법 ⑥ 암반평점에 의한 분류법
⑦ 리핑가능성에 의한 분류법

🎯 암반의 일반적 분류법

분류법	제안자	적용범위
RQD 분류법	Deere(1964)	코어주상도, 터널
RMR 분류법	Bieniawski(1973)	터널, 광산, 기초
Q 분류법	Barton 등(1974)	터널, 대규모 공동
Lauffer의 분류법	Lauffer(1958)	터널
암반하중 분류법	Terzaghi(1946)	절개지보터널
RSR 분류법	Wickham 등(1972)	터널

□□□ 94②, 96⑤, 97④, 98②, 99⑤, 00①, 04②, 06①, 10④, 11④, 12①, 14④, 17②, 19③, 23③

15 도로 예정노선에서 일곱지점의 CBR을 측정하여 아래 표와 같은 결과를 얻었다. 설계 CBR은 얼마인가? (단, 설계계산용 계수 d_2는 2.83)

지점	1	2	3	4	5	6	7
CBR	4.2	3.6	6.8	5.2	4.3	3.4	4.9

계산 과정)

답 : _____

특점 배점
　3

해답 설계 CBR =평균 CBR$-\dfrac{\text{CBR}_{\max}-\text{CBR}_{\min}}{d_2}$

・평균 CBR $=\dfrac{\sum\text{CBR값}}{n}=\dfrac{4.2+3.6+6.8+5.2+4.3+3.4+4.9}{7}=4.63$

∴ 설계 CBR $=4.63-\dfrac{6.8-3.4}{2.83}=3.43$　∴ 3

(∵ 설계 CBR은 소수점 이하는 절삭한다.)

□□□ 00③, 02①, 06②, 14④

16 그림과 같은 유한사면에서 사면파괴가 한 평면을 따라 발생한다면(Culmann의 가정) 사면의 임계높이, 활동에 대한 안전율이 2가 되도록 사면높이 H를 구하시오.

특점 배점
　6

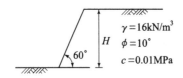

$\gamma = 16\text{kN/m}^3$
$\phi = 10°$
$c = 0.01\text{MPa}$

가. 사면의 임계높이를 구하시오.

계산 과정)

답 : _____

나. 활동에 대한 안전율이 2가 되도록 사면높이 H를 구하시오.

계산 과정)

답 : _____

해답 가. $H_c=\dfrac{4c}{\gamma_t}\left[\dfrac{\sin\beta\cos\phi}{1-\cos(\beta-\phi)}\right]$

・$c=0.01\text{MPa}=0.01\text{N/mm}^2=10\text{kN/m}^2$

$H_c=\dfrac{4\times10}{16}\times\left[\dfrac{\sin60°\cos10°}{1-\cos(60°-10°)}\right]=5.97\text{m}$

나. $F_s=F_c=F_\phi=2$에서 $F_c=\dfrac{C}{C_d}=2$

$C_d=\dfrac{C}{F_c}=\dfrac{C}{F_s}=\dfrac{10}{2}=5\text{kN/m}^2$

$F_\phi=\dfrac{\tan\phi}{\tan\phi_d}=2$에서 $\phi_d=\tan^{-1}\left(\dfrac{\tan10°}{2}\right)=5.038°$

∴ $H=\dfrac{4C_d}{\gamma}\left[\dfrac{\sin\beta\cos\phi_d}{1-\cos(\beta-\phi_d)}\right]=\dfrac{4\times5}{16}\left[\dfrac{\sin60°\cos5.038°}{1-\cos(60°-5.038°)}\right]=2.53\text{m}$

□□□ 87③, 03④, 09④, 12①, 14④, 23③

17 지름 30cm인 나무말뚝 36본이 기초슬래브를 지지하고 있다. 이 말뚝의 배치는 6열 각열 6본이다. 말뚝의 중심간격은 1.3m이고, 말뚝 1본의 허용지지력이 150kN일 때 converse−Labarre 공식을 사용하여 말뚝기초의 허용지지력을 구하시오.

득점	배점
	3

계산 과정)

답 : _____

해답 $Q_{ag} = E \cdot N \cdot R_a$

- $\phi = \tan^{-1}\left(\dfrac{d}{S}\right) = \tan^{-1}\left(\dfrac{30}{130}\right) = 13°$

- $E = 1 - \phi\left\{\dfrac{(n-1)m + (m-1)n}{90 \cdot m \cdot n}\right\} = 1 - 13°\left\{\dfrac{(6-1)\times 6 + (6-1)\times 6}{90 \times 6 \times 6}\right\} = 0.759$

  $\therefore Q_{ag} = 0.759 \times 36 \times 150 = 4,098.6\,\text{kN}$

□□□ 98③, 08①④, 10②, 12④, 13①, 14④, 16②, 17①, 20②, 22①

18 3m의 모래층 위에 10m 두께의 단단한 포화점토가 있고 모래는 피압상태에 있다. A점에서 히빙(heaving)현상이 일어나지 않은 최대깊이 H를 구하시오.

득점	배점
	3

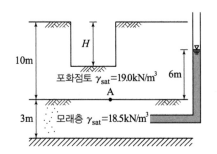

계산 과정)

답 : _____

해답 $H = \dfrac{H_1 \gamma_{sat} - \Delta h \gamma_w}{\gamma_{sat}}$

- $H_1 = 10\,\text{m}$
- $\Delta h = 6\,\text{m}$

  $\therefore H = \dfrac{10 \times 19 - 6 \times 9.81}{19} = 6.90\,\text{m}$

$\overline{\sigma} = 0$일 때 히빙이 일어나지 않음

$\sigma = \gamma_{sat} \times (10 - H)$

$u = \gamma_w \times 6$

$\overline{\sigma} = 19.0 \times (10 - H) - 9.81 \times 6 = 0$

$\therefore H = 6.90\,\text{m}$

참고 SOLVE 사용

🎯 최대굴착깊이(H)

- $\overline{\sigma_A} = 0$일 때 절취할 수 있는 최대깊이 H
- 유효응력 $\overline{\sigma_A} = \sigma_A - U_A = (H_1 - H)\gamma_{sat} - \Delta h \cdot \gamma_w = 0$

  $\therefore H = \dfrac{H_1 \gamma_{sat} - \Delta h \gamma_w}{\gamma_{sat}}$

□□□ 14④, 16④, 19②

19 이미 경화한 매시브한 콘크리트 위에 슬래브를 타설할 때 부재평균 최고온도와 외기온도와의 균형시의 온도차가 12.8℃발생하였을 때 아래의 표를 이용하여 온도균열 발생확률을 구하면? (단, 간이법 적용)

득점	배점
	3

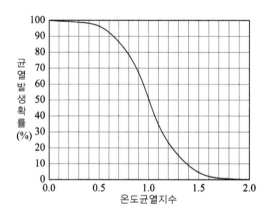

해답 온도균열 지수 $I_{cr} = \dfrac{10}{R \cdot \Delta T_o}$

- 이미 경화된 콘크리트 위에 콘크리트를 타설할 때 : $R = 0.60$
- 부재의 최고 평균온도와 외기온도와의 온도차 : $\Delta T_o = 12.8$ ℃
- $I_{cr} = \dfrac{10}{0.60 \times 12.8} = 1.30$

∴ 온도균열 지수 1.30에 대응되는 균열발생확률은 약 15%이다.

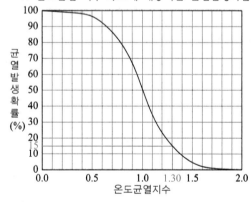

🎯 외부구속의 정도를 표시하는 계수 R

외부 구속의 정도	R
비교적 연한 암반 위에 콘크리트를 타설할 때	0.50
중간 정도의 단단한 암반 위에 콘크리트를 타설할 때	0.65
경암 위에 콘크리트를 타설할 때	0.65
이미 경화된 콘크리트 위에 타설 할 때	0.60

□□□ 91③, 97④, 99②, 08④, 14④, 17②

20 그림과 같은 등고선을 가진 지형으로 굴착하여 오른편 그림과 같은 도로성토를 하려고 한
다. 물음에 답하시오. (단, $L=1.20$, $C=0.90$, 토량은 각주공식을 사용)

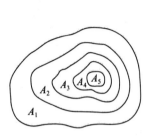

면적(m^2)
$A_1 = 1,400$
$A_2 = 950$
$A_3 = 600$
$A_4 = 250$
$A_5 = 100$
한 등고선
높이 : 20m

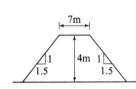

shovel의 C_m : 20sec
dipper 계수 : 0.95
작업 효율 : 0.80, $f=1$
1일 운전 시간 : 6hrs
유류 소모량 : $4l/\text{hr}$

가. 도로 몇 m를 만들 수 있는가?

계산 과정)

답 : _____

나. 위의 그림과 같은 조건에서 1m^3 Power Shovel 5대가 굴착할 때 작업일수는 몇 일인가?

계산 과정)

답 : _____

다. Power shovel의 총유류소모량은 얼마나 되겠는가?

계산 과정)

답 : _____

─────────────────────────────────────

해답 **가.** 토량계산

• $Q_1 = \dfrac{h}{3}(A_1 + 4A_2 + A_3) = \dfrac{20}{3}(1,400 + 4 \times 950 + 600) = 38,666.67\,\text{m}^3$

• $Q_2 = \dfrac{h}{3}(A_3 + 4A_4 + A_5) = \dfrac{20}{3}(600 + 4 \times 250 + 100) = 11,333.33\,\text{m}^3$

∴ $Q = Q_1 + Q_2 = 38,666.67 + 11,333.33 = 50,000\,\text{m}^3$

• 도로의 단면적 $A = \dfrac{7 + (1.5 \times 4 + 7 + 1.5 \times 4)}{2} \times 4 = 52\,\text{m}^2$

• 도로의 길이 $= \dfrac{완성토량 \times C}{도로 단면적} = \dfrac{50,000 \times 0.90}{52} = 865.38\,\text{m}$

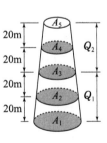

나. • $Q = \dfrac{3,600 \cdot q \cdot K \cdot f \cdot E}{C_m} = \dfrac{3,600 \times 1 \times 0.95 \times \dfrac{1}{1.20} \times 0.80}{20} = 114\,\text{m}^3/\text{h}$

$\left(\because 자연상태 : f = \dfrac{1}{L} = \dfrac{1}{1.20} \right)$

• 1일 작업일량 $= 114(\text{m}^3/\text{hr}) \times 6(\text{hr}) \times 5(대) = 3,420\,\text{m}^3/\text{day}$

∴ 작업일수 $= \dfrac{50,000}{3,420} = 14.62 = 15$일

다. 총유류소모량 $= 4 \times 6 \times 14.62 \times 5 = 1,754.4\,l$

☐☐☐ 06④, 08④, 09④, 10①, 11②, 12②④, 14④, 16①, 18③

21 콘크리트의 배합강도를 구하기 위해 전체 시험횟수 17회의 콘크리트 압축강도 측정결과가 아래 표와 같고 호칭강도가 24MPa일 때 다음 물음에 답하시오.

득점 | 배점
8

【압축강도 측정결과(단위 : MPa)】

26.8	22.1	26.5	26.2	26.4	22.8	23.1
25.7	27.8	27.7	22.3	22.7	26.1	27.1
22.2	22.9	26.6				

가. 위의 표를 보고 압축강도의 평균값을 구하시오.

계산 과정)

답 : _____

나. 압축강도 측정결과 및 아래의 표를 이용하여 배합강도를 구하기 위한 표준편차를 구하시오.

【시험횟수가 29회 이하일 때 표준편차의 보정계수】

시험횟수	표준편차의 보정계수	비고
15	1.16	
20	1.08	이 표에 명시되지 않은 시험횟수
25	1.03	에 대해서는 직선보간한다.
30 또는 그 이상	1.00	

계산 과정)

답 : _____

다. 배합강도를 구하시오.

계산 과정)

답 : _____

해답 가. 평균값 $\bar{x} = \dfrac{\sum X_i}{n} = \dfrac{425}{17} = 25\text{MPa}$

나. • 표준편제곱합 $S = \sum(X_i - \bar{x})^2$

$S = (26.8-25)^2 + (22.1-25)^2 + (26.5-25)^2 + (26.2-25)^2 + (26.4-25)^2$
$\quad + (22.8-25)^2 + (23.1-25)^2 + (25.7-25)^2 + (27.8-25)^2 + (27.7-25)^2$
$\quad + (22.3-25)^2 + (22.7-25)^2 + (26.1-25)^2 + (27.1-25)^2 + (22.2-25)^2$
$\quad + (22.9-25)^2 + (26.6-25)^2 = 74.38$

• 표준편차 $s = \sqrt{\dfrac{S}{n-1}} = \sqrt{\dfrac{74.38}{17-1}} = 2.16\,\text{MPa}$

• 17회의 보정계수 $= 1.16 - \dfrac{1.16-1.08}{20-15} \times (17-15) = 1.128$

∴ 수정표준편차 $S = 2.16 \times 1.128 = 2.44\,\text{MPa}$

다. $f_{cn} = 24\,\text{MPa} \leq 35\text{MPa}$인 경우

• $f_{cr} = f_{cn} + 1.34s = 24 + 1.34 \times 2.44 = 27.27\,\text{MPa}$

• $f_{cr} = (f_{cn} - 3.5) + 2.33s = (24-3.5) + 2.33 \times 2.44 = 26.19\,\text{MPa}$

∴ 배합강도 $f_{cr} = 27.27\,\text{MPa}$ (∵ 두 값 중 큰 값)

□□□ 14④
22 터널의 단면은 그 속을 지나가는 대상에 의하여 정해지는 것이나 시공상의 난이, 라이닝에 미치는 외력 등에 의하여 변한다. 터널의 단면 형상에 의한 분류를 3가지 쓰시오.

득점	배점
	3

① _____ ② _____ ③ _____

_____

해답 ① 원형터널 ② 타원형터널 ③ 사각형터널 ④ 계란형터널 ⑤ 마제형터널

□□□ 95⑤, 97④, 04①, 14④, 18①③
23 중력식 댐의 시공 후 관리상 댐 내부에 설치하는 검사랑의 시공목적을 3가지만 쓰시오.

득점	배점
	3

① _____ ② _____ ③ _____

_____

해답 ① 콘크리트 내부의 균열검사 ② 콘크리트 온도 측정 ③ 콘크리트 수축량 검사
④ 그라우팅공 이용 ⑤ 간극수압 측정 ⑥ 양압력 상태 검사

□□□ 05①, 06④, 14④, 23③
24 다음의 기초파일공법의 명칭을 각각 기입하시오.

득점	배점
	3

A. 굴착 소요깊이까지 케이싱 관입 후 및 내부굴착 후, 케이싱 인발, 철근망 투입, 콘크리트 타설, 완성
B. 표층 케이싱 설치, 굴착공 내에 압력수를 순환시킴, 드릴 파이프 내의 굴착토사 배출
C. 얇은 철판의 내외관 동시 관입, 내관 인발, 외관 내부에 콘크리트 타설

[답] A : _____, B : _____, C : _____

_____

해답 A : 베노토(Benoto) 공법, B : RCD(역순환) 공법, C : 레이몬드(Raymond) 말뚝공법

□□□ 10①, 11②, 14①④, 17②, 20②

25 주어진 반중력식 교대도면을 보고 다음 물량을 산출하시오. (단, 교대 전체 길이는 10m 이며, 도면의 치수단위는 mm이다.)

득점	배점
	8

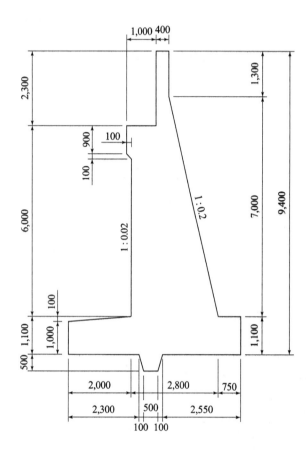

일 반 도

가. 교대의 전체 콘크리트량을 구하시오. (단, 소수 넷째자리에서 반올림하시오.)

계산 과정)

답 : _____

나. 교대의 전체 거푸집량을 구하시오.
(단, 돌출부(전단 Key)에 거푸집을 사용하며, 소수 넷째자리에서 반올림하시오.)

계산 과정)

답 : _____

해답 가. $A_1 = 0.4 \times 1.3 = 0.52\,\mathrm{m}^2$

$A_2 = \dfrac{0.4 + (0.4 + 7 \times 0.2)}{2} \times 7 = 7.70\,\mathrm{m}^2$

$A_3 = 1.0 \times 0.9 = 0.900\,\mathrm{m}^2$

$A_4 = \dfrac{1.0 + 0.9}{2} \times 0.1 = 0.095\,\mathrm{m}^2$

$A_5 = \dfrac{0.9 + (0.9 + 5 \times 0.02)}{2} \times 5 = 4.75\,\mathrm{m}^2$

$A_6 = \dfrac{(5.55 - 2.0) + 5.55}{2} \times 0.1 = 0.455\,\mathrm{m}^2$

$A_7 = 5.55 \times 1.0 = 5.550\,\mathrm{m}^2$

$A_8 = \dfrac{0.5 + 0.7}{2} \times 0.5 = 0.30\,\mathrm{m}^2$

$\sum A = 0.52 + 7.70 + 0.90 + 0.095 + 4.75 + 0.455$
$\qquad + 5.550 + 0.30$
$\qquad = 20.270\,\mathrm{m}^2$

$\therefore$ 총콘크리트량 $= 20.270 \times 10 = 202.700\,\mathrm{m}^3$

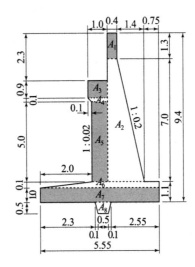

나. $A = 2.3\,\mathrm{m}$

$B = 0.9\,\mathrm{m}$

$C = \sqrt{0.1^2 + 0.1^2} = 0.1414\,\mathrm{m}$

$D = \sqrt{(5 \times 0.02)^2 + 5^2} = 5.001\,\mathrm{m}$

$E = 1.000\,\mathrm{m}$

$F = \sqrt{0.1^2 + 0.5^2} \times 2 = 1.0198\,\mathrm{m}$

$G = 1.1\,\mathrm{m}$

$H = \sqrt{(7 \times 0.2)^2 + 7^2} = 7.1386\,\mathrm{m}$

$I = 1.3\,\mathrm{m}$

• 총거푸집길이
$\sum L = 2.3 + 0.9 + 0.1414 + 5.001 + 1.0$
$\qquad + 1.0198 + 1.1 + 7.1386 + 1.3 = 19.9008\,\mathrm{m}$

• 측면도의 거푸집량 $= 19.9008 \times 10 = 199.008\,\mathrm{m}^2$

• 양 마구리면의 거푸집량 $= 20.270 \times 2$(양단) $= 40.540\,\mathrm{m}^2$

$\therefore$ 총거푸집량 $= 199.008 + 40.540 = 239.548\,\mathrm{m}^2$

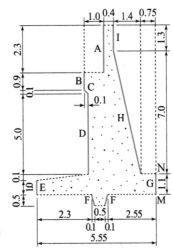

국가기술자격 실기시험문제

2015년도 기사 제1회 필답형 실기시험(기사)

종 목	시험시간	형 별	성 명	수험번호
토목기사	3시간	B		

※ 수험자 인적사항 및 계산식을 포함한 답안 작성은 검은색 필기구만 사용해야 하며, 그 외 연필류, 빨간색, 청색 등 필기구로 작성한 답항은 0점 처리 됩니다.

□□□ 00⑤, 04①, 05②, 11①, 15①, 17②, 20②, 23③

01 어느 암반지대에서 RQD의 평균값은 60%, 절리군의 수는 6, 절리 거칠기 계수는 2, 절리면의 변질계수는 2, 지하수 보정계수 J_w는 1, 응력저감계수 SRF는 1일 경우 Q값을 계산하시오.

득점	배점
	3

계산 과정)

답 : _____

해답 $Q = \dfrac{RQD}{J_n} \cdot \dfrac{J_r}{J_a} \cdot \dfrac{J_w}{SRF}$

$= \dfrac{60}{6} \times \dfrac{2}{2} \times \dfrac{1}{1} = 10$

  Q-system

Q분류법은 노르웨이의 지반공학연구소의 Barton, Lien & Lunde(1974)에 의해 개발되었으며, 6개의 변수를 3개의 그룹으로 나누어서 종합적인 암반의 암질 Q를 다음과 같이 계산할 수 있다.

$Q = \dfrac{RQD}{J_n} \cdot \dfrac{J_r}{J_a} \cdot \dfrac{J_w}{SRF}$ = (암괴크기 점수)+(암괴전단강도 점수)+(작용응력 점수)

■6개의 평가요소
① RQD : 암질지수 ② J_n : 절리군의 수
③ J_r : 절리면의 거칠기 계수 ④ J_a : 절리면의 변질계수
⑤ J_w : 지하수 보정계수 ⑥ SRF : 응력저감계수

■3개의 그룹
① $\dfrac{RQD}{J_n}$ (암괴크기 점수) : 암반의 전체적인 구조를 나타낸다.

② $\dfrac{J_r}{J_a}$ (암괴전단강도 점수) : 면의 거칠기, 절리면 간 또는 충전물의 마찰 특성을 나타낸다.

③ $\dfrac{J_w}{SRF}$ (작용응력 점수) : 활동성 응력을 표현하는 복잡하고 경험적인 항이다.

□□□ 05④, 07②, 09④, 11④, 15①, 18①

02 한중 콘크리트 시공에서 비볐을 때의 콘크리트의 온도는 기상조건, 운반시간 등을 고려하여 타설할 때 소요의 콘크리트 온도가 얻어지도록 해야 한다. 비볐을 때의 콘크리트 온도 및 주위 기온이 아래 표와 같을 때 타설이 끝났을 때의 콘크리트 온도를 계산하시오.

득점	배점
	3

- 비볐을 때의 콘크리트 온도 : 25℃
- 주위 온도 : 3℃
- 비빈 후부터 타설이 끝났을 때까지의 시간 : 1시간 30분

계산 과정)

답 : _____

해답 $T_2 = T_1 - 0.15(T_1 - T_0) \times t = 25 - 0.15(25 - 3) \times 1.5 = 20.05℃$

□□□ 10②, 15①, 17②, 20③

03 아래 그림과 같이 지표면에 100kN의 집중하중이 작용할 때 다음 물음에 답하시오.
(단, 소수점 이하 넷째자리에서 반올림하시오.)

득점	배점
	4

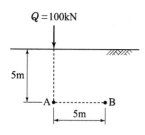

가. A점에서의 연직응력의 증가량을 구하시오.

계산 과정)

답 : _____

나. B점에서의 연직응력의 증가량을 구하시오.

계산 과정)

답 : _____

해답 가. $\Delta\sigma_A = \dfrac{3Q}{2\pi Z^2} = \dfrac{3 \times 100}{2\pi \times 5^2} = 1.91\,\text{kN/m}^2$

나. $\Delta\sigma_B = \dfrac{3Q}{2\pi} \cdot \dfrac{Z^3}{R^5}$

- $R = \sqrt{x^2 + z^2} = \sqrt{5^2 + 5^2} = 7.071$

$\Delta\sigma_B = \dfrac{3 \times 100}{2\pi} \times \dfrac{5^3}{7.071^5} = 0.338\,\text{kN/m}^2$

□□□ 10①, 15①

04 그림과 같이 지표면과 지하수위가 같은 옹벽에 작용하는 전체 주동토압을 구하시오.

(단, 흙의 내부마찰각 $\phi = 30°$, 점착력 $c = 0$, 흙의 단위중량 $\gamma_{sat} = 18\text{kN/m}^3$, 마찰각은 무시함.)

득점	배점
	3

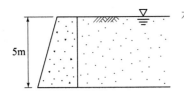

계산 과정)

답 :

해답 전 주동토압 $P_A = P_a + P_w = \dfrac{1}{2}\gamma_{sub}H^2K_A + \dfrac{1}{2}\gamma_w H^2$

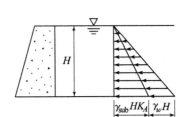

- $K_A = \tan^2\left(45 - \dfrac{\phi}{2}\right) = \tan^2\left(45° - \dfrac{30°}{2}\right) = \dfrac{1}{3}$

- $\gamma_{sub} = \gamma_{sat} - \gamma_w = 18 - 9.81 = 8.19\,\text{kN/m}^3$

- $P_a = \dfrac{1}{2}\times 8.19 \times 5^2 \times \dfrac{1}{3} = 34.13\,\text{kN/m}$

- $P_w = \dfrac{1}{2}\gamma_w H^2 = \dfrac{1}{2}\times 9.81 \times 5^2 = 122.63\,\text{kN/m}$

  $\therefore P_A = P_a + P_w = 34.13 + 122.63 = 156.76\,\text{kN/m}$

□□□ 93③, 95③, 12②, 15①

05 아래 그림과 같은 기초지반에 평판재하시험을 실시하여 logP-logS 곡선을 그려 항복하중을 구했더니 210kN, 극한하중은 300kN이었다. 이때 기초지반의 장기허용지지력은 얼마인가?

(단, 기초하중면보다 아래에 있는 지반의 토질에 따른 계수(N_q)는 3이다.)

득점	배점
	3

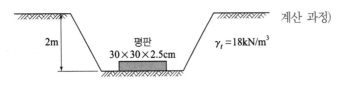

계산 과정)

답 :

해답 $q_a = q_t + \dfrac{1}{3}\gamma \cdot D_f \cdot N_q$

- 항복강도 $q_y = \dfrac{P_y}{A} = \dfrac{210}{0.3 \times 0.3} = 2{,}333.33\text{kN/m}^2$

- 극한강도 $q_u = \dfrac{P_u}{A} = \dfrac{300}{0.3 \times 0.3} = 3{,}333.33\text{kN/m}^2$

- 허용지지력(q_t) 결정

  $q_t = \dfrac{q_y}{2} = \dfrac{2{,}333.33}{2} = 1{,}166.67\,\text{kN/m}^2$

  $q_t = \dfrac{q_u}{3} = \dfrac{3{,}333.33}{3} = 1{,}111.11\,\text{kN/m}^2$

  $\therefore$ 허용지지력 $q_t = 1{,}111.11\,\text{kN/m}^2(\because$ 두 값 중 작은 값$)$

- 장기허용지지력

  $q_a = q_t + \dfrac{1}{3}\gamma \cdot D_f \cdot N_q = 1{,}111.11 + \dfrac{1}{3}\times 18 \times 2 \times 3 = 1{,}147.11\,\text{kN/m}^2$

□□□ 02②, 03④, 06②, 12①, 15①

06 불투수층 위에 놓인 8m 두께의 연약점토지반에 직경 40cm의 샌드 드레인(sand drain)을 정사각형으로 배치하고 그 위에 상재유효압력 100kN/m²인 제방을 축조하였다. 축조 6개월 후 제방의 허용압밀침하량을 25mm로 하려고 한다. 다음 물음에 답하시오. (단, 연약점토지반의 체적변화계수 $m_v = 2.5 \times 10^{-4} \text{m}^2/\text{kN}$이다.)

득점	배점
	6

가. 축조 6개월 후 압밀도는 몇 %까지 해야 하는가?

계산 과정)

답 : _____

나. 축조 6개월 후 연직방향 압밀도가 20%이었다면 이때의 수평방향 압밀도는?

계산 과정)

답 : _____

다. 배수 영향반경이 샌드 드레인 반경의 10배라면 샌드 드레인 간의 중심간격은?

계산 과정)

답 : _____

해답 가. 압밀도 $U = \dfrac{\Delta H_i}{\Delta H} \times 100$

침하량 $\Delta H = m_v \cdot \Delta P \cdot H = 2.5 \times 10^{-4} \times 100 \times 8 = 0.2\text{m} = 20\text{cm}$

$\therefore U = \dfrac{20 - 2.5}{20} \times 100 = 87.5\%$

나. $U = \{1 - (1 - U_h)(1 - U_v)\}$

$0.875 = 1 - (1 - U_h)(1 - 0.20)$ $\therefore U_h = 0.84375 = 84.38\%$

참고 SOLVE 사용

다. 영향의 반경 = 샌드드레인 반경의 10배

$\dfrac{1.13d}{2} = \dfrac{\text{샌드 드레인의 직경}}{2} \times 10(\text{배}) = \dfrac{40}{2} \times 10$ $\therefore d = 353.98\text{cm}$

 t시간 후의 압밀도

$$U = \dfrac{\Delta H_i}{\Delta H} \times 100$$

여기서, U : 압밀도

ΔH_i : t시간의 압밀침하량

ΔH : 최종침하량

□□□ 85①, 99④, 15①

07 공사관리의 3대 요소를 쓰시오.

득점	배점
	3

① _____ ② _____ ③ _____

해답 ① 품질 관리 ② 공정 관리 ③ 원가관리

88②, 93④, 09②, 11④, 15①

08 토취장(土取場)에서 원지반 토량 2,000m³를 굴착한 후 8t 덤프트럭으로 다음과 같은 단면의 도로를 축조하고자 한다. 이 토취장 흙의 40%는 점성토이고, 60%는 사질토일 때 아래의 물음에 답하시오.

득점	배점
	6

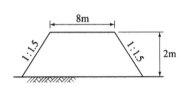

【굴착한 흙】

구분 \ 종류	토량환산계수 L	토량환산계수 C	자연상태의 단위중량
점성토	1.3	0.9	1.75t/m³
사질토	1.25	0.87	1.80t/m³

가. 운반에 필요한 8t 덤프트럭의 연대수를 구하시오.
   (단, 덤프트럭은 적재중량만큼 싣는 것으로 한다.)

   계산 과정)

                                        답 : _____

나. 시공 가능한 도로의 길이(m)를 산출하시오.
   (단, 도로의 시점 및 종점의 끝단은 수직으로 가정한다.)

   계산 과정)

                                        답 : _____

다. 전체 토량을 상차하는 데 소요되는 장비의 가동시간을 계산하시오.
   (사용 장비 : 버킷용량 0.9m³의 back hoe, 버킷계수 0.9, 효율 0.7, 사이클타임 21초)

   계산 과정)

                                        답 : _____

해답 **가.** ■토질상태

토질	원지반 상태의 토질	다져진 상태의 토량
점성토	$2,000 \times 0.40 = 800\,\text{m}^3$	$800 \times 0.9 = 720\,\text{m}^3$
사질토	$2,000 \times 0.60 = 1,200\,\text{m}^3$	$1,200 \times 0.87 = 1,044\,\text{m}^3$
총토량	$800 + 1,200 = 2,000\,\text{m}^3$	$720 + 1,044 = 1,764\,\text{m}^3$

■ $N = \dfrac{\text{자연상태 토량}(\text{m}^3)}{\text{적재량}(t)} \times \gamma_t$

• 점성토 $N_1 = \dfrac{800}{8} \times 1.75 = 175$ 대

• 사질토 $N_2 = \dfrac{1,200}{8} \times 1.80 = 270$ 대

∴ 연대수 $N = 175 + 270 = 445$ 대

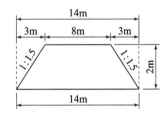

나. 도로단면적$=\dfrac{8+14}{2}\times2=22\,\mathrm{m}^2\,(\because\ 2\times1.5+8+2\times1.5=14\,\mathrm{m})$

$\therefore$ 도로길이$=\dfrac{\text{다져진 상태의 토량}}{\text{도로단면적}}=\dfrac{1{,}764}{22}=80.18\,\mathrm{m}$

다. $Q=\dfrac{3{,}600\cdot q\cdot K\cdot f\cdot E}{C_m}$

$=\dfrac{3{,}600\times0.9\times0.9\times\left(\dfrac{1}{1.3\times0.4+1.25\times0.6}\right)\times0.7}{21}=76.54\,\mathrm{m}^3/\mathrm{hr}$

$\therefore$ 장비의 가동시간$=\dfrac{2{,}000}{76.54}=26.13$시간

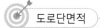
도로단면적

$\dfrac{8+(1.5\times2+8+1.5\times2)}{2}\times2=22\,\mathrm{m}^2$

$\therefore$ 도로길이$=\dfrac{\text{완성토량}}{\text{도로단면적}}=\dfrac{1.764}{22}=80.18\,\mathrm{m}$

□□□ 02②, 05④, 12①, 15①, 19③, 22③

09 댐 건설을 위해 댐 지점의 하천수류를 전환시키는 댐의 유수전환방식을 3가지 쓰시오.

득점	배점
	3

① _____ ② _____ ③ _____

해답 ① 반하천 체절공 ② 가배수 터널공 ③ 가배수로 개거공

유수전환 방식

(1) 유수전환시설의 분류
  ① 가물막이 방법 : 전면식, 부분식, 가배수거식
  ② 가배수로 방법 : 터널식, 암거식(개수로식), 제내식(체체월류식)
(2) 유수전환방식
  ① 반하천 체절공 ② 가배수 터널공 ③ 가배수로 개거공

□□□ 91③, 97④, 98⑤, 06④, 12④, 15①, 22①, 23③

10 토적곡선(mass curve)을 작성하는 목적을 4가지만 쓰시오.

득점	배점
	3

① _____ ② _____ ③ _____ ④ _____

해답 ① 토량 배분 ② 토량의 평균 운반거리 산출 ③ 토공 기계 결정
④ 시공방법 결정 ⑤ 토취장 및 토사장 선정

□□□ 95⑤, 98①, 02①, 15①, 22①

11 함수비가 20%인 토취장의 습윤밀도(γ_t)가 19.2kN/m³이었다. 이 흙으로 도로를 축조할 때 함수비는 15%이고 습윤단위중량은 19.8kN/m³이었다. 이 경우 흙의 토량변화율(C)는 대략 얼마인가?

득점 배점
3

계산 과정)

답 :

해답 토량변화율 $C = \dfrac{\text{본바닥흙의 건조단위중량}}{\text{다짐 후의 건조단위중량}}$

- 본바닥흙의 건조단위중량 $\gamma_d = \dfrac{\gamma_t}{1+w} = \dfrac{19.2}{1+0.20} = 16.0\text{kN/m}^3$

- 다짐 후의 건조단위중량 $\gamma_d = \dfrac{\gamma_t}{1+w} = \dfrac{19.8}{1+0.15} = 17.22\text{kN/m}^3$

∴ $C = \dfrac{16.0}{17.22} = 0.93$

□□□ 15①, 20④

12 균일한 모래층 위에 설치한 폭(B) 1m, 길이(L) 2m 크기의 직사각형 강성기초에 150kN/m²의 등분포하중이 작용할 경우 기초의 탄성침하량을 구하시오. (단, 흙의 푸아송비(μ)=0.4, 지반의 탄성계수(E_s)=15,000kN/m², 폭과 길이(L/B)에 따라 변하는 계수(α_r)=1.2)

득점 배점
3

계산 과정)

답 :

해답 $S_i = qB\dfrac{1-\mu^2}{E} \cdot \alpha_r$

$= 150 \times 1 \times \dfrac{1-0.4^2}{15,000} \times 1.2 = 0.01\text{m} = 1\text{cm}$

□□□ 11①, 15①

13 교통량이 많은 기존 도로 또는 철도 등의 하부를 통과하는 터널공사가 일반화되고 있다. 이 같은 경우 적용되는 터널공법 3가지만 쓰시오.

득점 배점
3

① _____ ② _____ ③ _____

해답 ① 프론트 재킹 공법(front jacking method)
② 프론트 실드 공법(front shield method)
③ 프론트 세미실드 공법(front semi shield method)
④ 관추진공법(pipe pushing method)

□□□ 05①, 09①, 12①, 14④, 15①, 17②

14 다음의 작업리스트를 보고 아래 물음에 답하시오.

득점	배점
	10

작업명	선행작업	후속작업	표준 상태		특급 상태	
			작업일수	비용	작업일수	비용
A	–	B, C	3	30만원	2	33만원
B	A	D	2	40만원	1	50만원
C	A	E	7	60만원	5	80만원
D	B	F	7	100만원	5	130만원
E	C	G, H	7	80만원	5	90만원
F	D	G, H	5	50만원	3	74만원
G	E, F	I	5	70만원	5	70만원
H	E, F	I	1	15만원	1	15만원
I	G, H	–	3	20만원	3	20만원

가. Network(화살선도)를 작도하고, 표준상태에 대한 C.P를 표시하시오.

나. 공기를 3일 단축했을 때 추가로 소요되는 비용을 구하시오.

계산 과정)

답 : _____

해답 가.

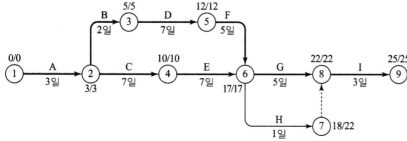

C.P : A→B→D→F→G→I
    A→C→E→G→I

나. 비용구배(만원/일)

$A = \dfrac{33-30}{3-2} = 3$만원, $B = \dfrac{50-40}{2-1} = 10$만원, $C = \dfrac{80-60}{7-5} = 10$만원

$D = \dfrac{130-100}{7-5} = 15$만원, $E = \dfrac{90-80}{7-5} = 5$만원, $F = \dfrac{74-50}{5-3} = 12$만원

단축단계	단축작업	단축일	비용경사(만원/일)	단축비용(만원)	추가비용 누계(만원)
1	A	1	3	3	3
2	B+E	1	10+5 = 15	15	18
3	E+F	1	5+12	17	35

∴ 추가 소요되는 비용 35만원

□□□ 94④, 99④, 00⑤, 06④, 15①④, 18③, 22①

15 다음 그림과 같이 연직하중과 모멘트를 받는 구형 기초의 극한하중과 안전율을 Terzaghi 공식을 이용하여 구하시오. (단, $N_c = 37.2$, $N_q = 22.5$, $N_r = 19.7$이다.)

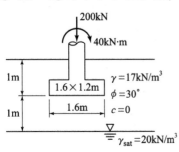

득점	배점
	3

계산 과정)

[답] 극한하중 : _____, 안전율 : _____

해답 안전율 $F_s = \dfrac{Q_u}{Q_a}$

- 편심거리 $e = \dfrac{M}{Q} = \dfrac{40}{200} = 0.2\,\mathrm{m}$
- 유효폭 $B' = B - 2e = 1.6 - 2 \times 0.2 = 1.2\,\mathrm{m}$
- $d < B$ (1m < 1.2m)인 경우

$$\gamma_1 = \gamma_{\mathrm{sub}} + \dfrac{d}{B'}(\gamma_t - \gamma_{\mathrm{sub}})$$

$$= (20 - 9.81) + \dfrac{1}{1.2}\{17 - (20 - 9.81)\} = 15.87\,\mathrm{kN/m^3}$$

- $q_u = \alpha c N_c + \beta \gamma_1 B N_r + \gamma_2 D_f N_q$

$$= 0 + 0.4 \times 15.87 \times 1.2 \times 19.7 + 17 \times 1 \times 22.5$$

$$= 532.57\,\mathrm{kN/m^2}$$

- 극한하중 $Q_u = q_u A = q_u \cdot B' \cdot L$

$$= 532.57 \times (1.2 \times 1.2) = 766.90\,\mathrm{kN}$$

$$\therefore F_s = \dfrac{766.90}{200} = 3.83$$

주의

$B = 1.6\,\mathrm{m}$

$L = 1.2\,\mathrm{m}$

□□□ 11④, 15①, 20③④

16 유수(流水)의 흐름방향과 유속을 제어하여 하안, 제방의 침식현상을 방지하기 위해 호안이나 하안 전면부에 설치하는 구조물을 무엇이라 하는가?

득점	배점
	2

○

해답 수제(水制 : spur, dike groin)

 수제(水制 : spur, dike groin)

① 하천수의 흐름을 조절하여 휴로의 폭과 수심을 유지하고 제방과 하상을 보호하며, 하천수를 제어하기 위해 물의 흐름에 직각 또는 평행으로 설치하는 하천구조물
② 하천에서 수제 설치는 하천수의 흐름을 제어, 제방, 세굴 방지, 생태계 보전 등의 목적으로 설치된다.

□□□ 92②, 94③, 97③, 00③, 04①, 10①, 11②, 15①

17 탄성파 속도 1,200m/sec 중질사암으로 된 수평한 지반을 운반거리 40m, 트랙터 규격 30톤급의 불도저로 리퍼날 2본 사용, 리핑하면서 도저작업을 할 때의 1시간당의 작업량을 본바닥 토량을 구하시오. (단, 토공판 용량 $q_o = 4.8 \text{m}^3$, 운반거리계수 $\rho = 0.88$, 1회 리핑 단면적 $A_n = 0.4 \text{m}^2$(2개날 사용), 토량환산계수 $f = 1$(리핑작업시), $f = \dfrac{1}{1.7}$(도저작업시), $E = 0.5$, $C_m = 0.05l + 0.33$(리핑작업시), $C_m = 0.037l + 0.250$(도저작업시))

계산 과정)

답 : _____

해답 조합작업량 $Q = \dfrac{Q_D \times Q_R}{Q_D + Q_R}$

■ 리핑작업량

$$Q = \frac{60 \cdot A_n \cdot l \cdot f \cdot E}{C_m}$$

• $C_m = 0.05l + 0.33 = 0.05 \times 40 + 0.33 = 2.33$분

$\therefore Q = \dfrac{60 \times 0.4 \times 40 \times 1 \times 0.5}{2.33} = 206.01 \, \text{m}^3/\text{hr}$

(∵ 리퍼의 작업량은 본바닥 토량이므로 $f = 1$이다.)

■ 불도저작업량

$$Q = \frac{60 \cdot (q_o \cdot \rho) \cdot f \cdot E}{C_m}$$

• $C_m = 0.037l + 0.25 = 0.037 \times 40 + 0.25 = 1.73$분

$\therefore Q = \dfrac{60 \times (4.8 \times 0.88) \times \dfrac{1}{1.7} \times 0.5}{1.73} = 43.09 \, \text{m}^3/\text{hr}$

(∵ 불도저의 작업량은 흐트러진 토량에서 본바닥 토량으로 환산하므로 $f = \dfrac{1}{L}$이다.)

$\therefore$ 조합 작업량 $Q = \dfrac{43.09 \times 206.01}{43.09 + 206.01} = 35.64 \text{m}^3/\text{hr}$

득점 배점
    3

□□□ 15①

18 약액주입 공법에서 그라우팅의 효과를 확인하기 위한 시험 방법을 3가지만 쓰시오.

① _____   ② _____   ③ _____

해답 ① 현장투수시험
② 색소에 의한 판별법
③ 원위치 시험

득점 배점
    3

□□□ 15①
19 연약지반에서 발생할 수 있는 공학적 문제점을 3가지 쓰시오.

득점	배점
3

① _____ ② _____ ③ _____

해답 ① 침하의 문제   ② 지반의 안정문제(지반의 파괴문제)
③ 투수성문제(지하수위의 영향문제)   ④ 액상화 문제

◎ 연약지반에서 발생하는 공학적 문제점

① 침하의 문제 : 압밀 침하, 말뚝에 작용하는 부마찰력 등 흙의 압축성이 커서 생기는 침하문제
가 발생한다.
② 지반의 안정(파괴)문제 : 연약지반 상에 성토를 할 때 원호활동, 기초의 지지력, 토압 등 흙의
전단저항이 약하여 생기는 안정문제가 생긴다.
③ 투수성(지하수위의 영향)문제 : 차수, 분사현상, 파이핑과 같은 투수성 문제로 지반침하와
침투력에 의한 지반파괴 문제가 발생한다.
④ 액상화 문제 : 물로 포화된 사질토지반은 진동과 같은 동적하중으로 액상화 발생 가능성이
크다.

□□□ 15①
20 숏크리트의 작업에 대한 아래의 물음에 답하시오.

득점	배점
3

가. 건식 숏크리트는 배치 후 몇 분 이내에 뿜어 붙이기를 실시하는가?

○

나. 습식 숏크리트는 배치 후 몇 분 이내에 뿜어 붙이기를 실시하는가?

○

다. 숏크리트는 대기 온도가 몇 ℃ 이상일 때 뿜어 붙이기를 실시하는가?

○

해답 가. 45분   나. 60분   다. 10℃

 숏크리트의 작업

① 건식 숏크리트는 배치 후 45분 이내에 뿜어붙이기를 실시하여야 하며, 습식 숏크리트는 배치
후 60분 이내에 뿜어붙이기를 실시하여야 한다.
② 숏크리트는 타설되는 장소의 대기 온도가 38℃ 이상이 되면 건식 및 습식 숏크리트 모두 뿜어
붙이기를 할 수 없다.
③ 숏크리트는 대기 온도가 10℃ 이상일 때 뿜어붙이기를 실시한다.

□□□ 15①

21 점성토 연약지반상에서 1차 압밀침하량 산정방법 3가지를 쓰시오.

득점 | 배점
3

① _____ ② _____ ③ _____

해답 ① 초기간극(e_o)법 ② 압축지수(C_c)법 ③ 체적변화계수(m_v)법

 압밀침하량 산정

- 점성토의 1차 압밀침하량 산정방법

① 초기간극(e_o)법 : $\Delta H = \dfrac{e_o - e}{1 + e_o} H = \dfrac{\Delta e}{1 + e_o} H$

② 압축지수(C_c)법 : $\Delta H = \dfrac{C_c H}{1 + e_o} log \dfrac{p_o + \Delta p}{p_o}$

③ 체적변화계수(m_v)법 : $\Delta H = m_v \Delta p H$

- 사질토의 시험에 의한 산정방법
① 표준관입시험을 이용하는 방법
② CPT(cone penetration test)를 이용하는 방법
③ 평판재하시험에 의한 방법

□□□ 15①

22 지반개량공법의 기본 원리에는 어떤 것들이 있는지 5가지를 쓰시오.

득점 | 배점
3

① _____ ② _____ ③ _____

④ _____ ⑤ _____

해답 ① 탈수방법 ② 치환방법 ③ 다짐방법 ④ 충격방법 ⑤ 고결방법 ⑥ 배수방법

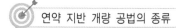 연약 지반 개량 공법의 종류

분류	개량 원리	종류		
점성토 개량 공법	탈수	• sand drain • 침투압 공법	• paper drain • 생석회 말뚝 공법	• preloading
	치환	• 굴착 치환 공법	• 폭파 치환 공법	• 강제 치환 공법
사질토 개량 공법	다짐	• 다짐 말뚝 공법	• Compozer 공법	• Virbro-flotation 공법
	충격	• 전기 충격 공법	• 폭파 다짐 공법	• 진동 물다짐 공법
	고결	• 약액 주입 공법		
지하수위 저하 공법	중력 배수 공법	• 집수 공법	• 암거 공법	• 심정호(deep well) 공법
	강제 배수 공법	• 웰 포인트 공법	• 전기 삼투 공법	• 진공 배수 공법
일시적인 개량 공법		• well point 공법 • 대기압 공법	• deep well 공법 • 전기 침투 공법	• 동결 공법

□□□ 03①, 08①, 12②, 15①, 18①, 20③, 23②

23 주어진 도면 및 조건에 따라 다음 물량을 산출하시오.

(단, 주어진 도면의 치수는 축척에 맞지 않을 수 있으며, 주어진 치수로만 물량을 산출할 것)

득점	배점
	18

단 면 도 (단위 : mm)

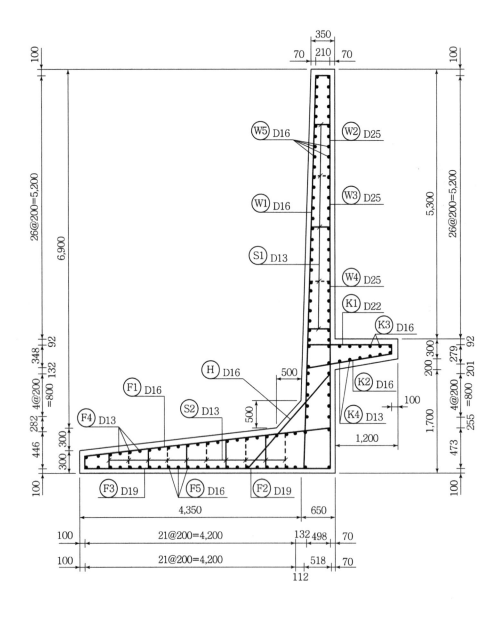

일 반 도

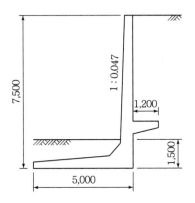

철 근 상 세 도

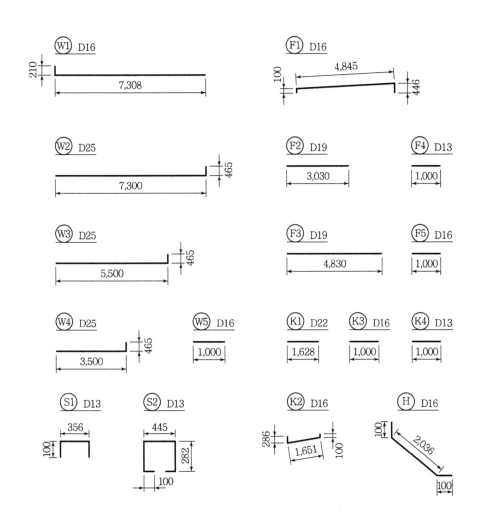

【조 건】

- W1, W4, H, K1, K2, K3, K4, F1, F2, F3 철근은 각각 200mm 간격으로 배근한다.
- W2, W3 철근은 각각 400mm 간격으로 배근한다.
- S1, S2 철근은 도면의 표시와 같이 지그재그로 배근한다.
- 물량산출에서 할증률은 무시하며 철근길이 계산에서 이음길이는 계산하지 않는다.

가. 길이 1m에 대한 콘크리트량을 구하시오. (단, 소수점 이하 넷째자리에서 반올림)

계산 과정)   답 :

나. 길이 1m에 대한 거푸집량을 구하시오.
(단, 양측 마구리면은 계산하지 않으며, 소수점 이하 넷째자리에서 반올림)

계산 과정)   답 :

다. 길이 1m에 대한 철근량 산출을 위한 철근량표를 완성하시오.

기호	직경	길이(mm)	수량	총길이(mm)	기호	직경	길이(mm)	수량	총길이(mm)
W2					F4				
W5					S1				
H									

해답 가. • A면 $= \left(\dfrac{0.35 + 0.65}{2} \times 6.4 \right) \times 1 = 3.2 \,\text{m}^3$

• B면 $= \left(\dfrac{0.3 + 0.5}{2} \times 1.2 \right) \times 1 = 0.48 \,\text{m}^3$

• C면 $= \left(\dfrac{0.65 + (0.5 + 0.65)}{2} \times 0.5 \right) \times 1 = 0.45 \,\text{m}^3$

• D면 $= ((0.5 + 0.65) \times 0.6) \times 1 = 0.69 \,\text{m}^3$

• E면 $= \left(\dfrac{0.3 + 0.6}{2} \times 3.85 \right) \times 1 = 1.733 \,\text{m}^3$

$\sum V = 3.2 + 0.48 + 0.45 + 0.69 + 1.733 = 6.553 \,\text{m}^3$

나.

• 저판 A면 $= 0.3 \times 1 = 0.3 \,\text{m}^2$

• 저판 B면 $= 1.7 \times 1 = 1.7 \,\text{m}^2$

• 헌치 C면 $= \sqrt{0.5^2 + 0.5^2} \times 1 = 0.707 \,\text{m}^2$

• 선반 D면 $= \sqrt{1.2^2 + 0.2^2} \times 1 = 1.217 \,\text{m}^2$

• 선반 E면 $= 0.3 \times 1 = 0.3 \,\text{m}^2$

• 벽체 F면 $= \sqrt{6.4^2 + 0.3008^2} \times 1 = 6.407 \,\text{m}^2$
($\because x = 0.047 \times 6.4 = 0.3008 \,\text{m}$)

• 벽체 G면 $= 5.3 \times 1 = 5.3 \,\text{m}^2$

$\sum A = 0.3 + 1.7 + 0.707 + 1.217 + 0.3 + 6.407 + 5.3$
$= 15.931 \,\text{m}^2$

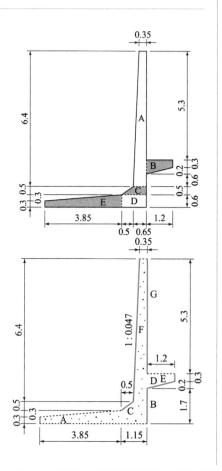

다.

기호	직경	길이(mm)	수량	총길이(mm)	기호	직경	길이(mm)	수량	총길이(mm)
W2	D25	7,765	2.5	19,413	F4	D13	1,000	24	24,000
W5	D16	1,000	68	68,000	S1	D13	556	12.5	6,950
H	D16	2,236	5	11,180					

🎯 철근 물량표

- W1 = $\dfrac{총길이}{철근간격}$ = $\dfrac{1,000}{200}$ = 5

- W2 = $\dfrac{총길이}{철근 간격}$ = $\dfrac{1,000}{400}$ = 2.5

- W5 = (철근 간격 + 1) × 2(벽체 전후면) = (26 + 1 + 1 + 1 + 4 + 1) × 2 = 68

- H = $\dfrac{총길이}{철근 간격}$ = $\dfrac{1,000}{200}$ = 5

- F1 = $\dfrac{총길이}{철근 간격}$ = $\dfrac{1,000}{200}$ = 5

- F4 = 철근간격 + 1 = (21 + 1 + 1) + 1 = 24

- F5 = 철근간격 + 1 = (21 + 1 + 1) + 1 = 24

- K2 = $\dfrac{총길이}{철근 간격}$ = $\dfrac{1,000}{200}$ = 5

- K3 = 5 + 1 = 6

- S1 = $\dfrac{단면도의 S1 개수}{(W1의 간격) × 2}$ = $\dfrac{5}{200 × 2}$ × 1,000 = 12.5

- S2 = $\dfrac{단면도의 S2 개수}{(F1의 간격) × 2}$ × 옹벽 길이 = $\dfrac{10}{400 × 2}$ × 1,000 = 12.5

기호	직경	길이(mm)	수량	총길이(mm)	기호	직경	길이(mm)	수량	총길이(mm)
W1	D16	7,518	5	37,590	F5	D16	1,000	24	24,000
W2	D25	7,765	2.5	19,413	K2	D16	2,037	5	10,185
W5	D16	1,000	68	68,000	K3	D16	1,000	6	6,000
H	D16	2,236	5	11,180	S1	D13	556	12.5	6,950
F1	D16	5,391	5	26,955	S2	D13	1,209	12.5	15,113
F4	D13	1,000	24	24,000					

□□□ 15①, 22③

24 포장 파손의 현상에 대한 아래 표의 설명에서 ( )에 적합한 용어를 쓰시오.

득점 / 배점 : 3

일종의 좌굴현상으로 줄눈 또는 균열부에 이물질이 침투하여 슬래브(Slab)가 솟아오르는 현상을 (①)현상이라 하며 연속철근 콘크리트 포장(CRCP)에서 균열간격이 좁은 경우, 지지력 부족 및 피로하중에 의해 (②)이 발생한다. 또한 보조기층 또는 노상에 우수가 침투하여 반복하중에 의한 지지력 저하 및 단차원인이 되는 (③)현상이 발생한다.

① _____   ② _____   ③ _____

해답 ① 블로업(blow up)   ② 스폴링(spalling)   ③ 펌핑(pumping)

 포장 파손의 현상

■ 블로우업 blow up
콘크리트 포장에서 기온의 상승 등에 따라 콘크리트 slab가 팽창할 때 줄눈의 부적정 등으로 더 이상 팽창력을 지탱할 수 없을 때 생기는 좌굴현상으로 인하여 슬래브가 솟아오르는 현상

■ 펀치아웃 punch out
펀치아웃은 포장체에서 작은 부분이 탈락하는 연속 철근 콘크리트 포장에서 가장 중대한 손상이며 교통하중이 반복되면 골재의 접합력이 소멸되고 철근 응력이 증가하여 파단이 발생한다.

■ 펌핑 Pumping
콘크리트 포장 slab의 보조기층이나 노상의 흙이 우수의 침입과 교통하중의 반복에 의해 이토화(泥土化)하여 줄눈 또는 균열을 통해 노면으로 뿜어나오는 현상

국가기술자격 실기시험문제

2015년도 기사 제2회 필답형 실기시험(기사)

종 목	시험시간	형 별	성 명	수험번호
토목기사	3시간	A		

※ 수험자 인적사항 및 계산식을 포함한 답안 작성은 검은색 필기구만 사용해야 하며, 그 외 연필류, 빨간색, 청색 등 필기구로 작성한
답항은 0점 처리 됩니다.

□□□ 93③, 99②, 01②, 02④, 04④, 05②, 08①, 11②, 15②

01 양면배수인 점토층의 두께 5m, 간극률 60%, 액성한계 50%인 점토층 위의 유효상재 압력이
$100kN/m^2$에서 $140kN/m^2$로 증가할 때 침하량은?

계산 과정)   답 : _____

해답 침하량 $S = \dfrac{C_c H}{1+e} \log \dfrac{P+\Delta P}{P} = \dfrac{C_c H}{1+e} \log \dfrac{P_2}{P_1}$

- 압축지수 $C_C = 0.009(W_L - 10) = 0.009(50 - 10) = 0.36$
- 간극비 $e = \dfrac{n}{1-n} = \dfrac{0.60}{1-0.60} = 1.5$

$\therefore S = \dfrac{0.36 \times 5}{1+1.5} \log \dfrac{140}{100} = 0.1052\,m = 10.52\,cm$

□□□ 84②, 85②, 10④, 13④, 15②, 20②, 21②

02 토취장 선정조건을 4가지만 쓰시오.

① _____ ② _____ ③ _____ ④ _____

해답 ① 토질이 양호할 것
② 토량이 충분할 것
③ 신기가 편리한 지형일 것
④ 성토장소를 향해서 하향구배 $\dfrac{1}{50} \sim \dfrac{1}{100}$ 정도를 유지할 것
⑤ 운반도로가 양호하며 장해물이 적고 유지가 용이할 것
⑥ 용수, 붕괴의 우려가 없고 배수에 양호한 지형일 것
⑦ 기계의 사용이 용이할 것

□□□ 99①, 01①, 12②, 15②, 18①, 23②

03 다음 그림과 같은 사면에서 AC는 가상파괴면을 나타낸다. 쐐기 ABC가 활동에 대한 안전율은 얼마인가?

득점	배점
	3

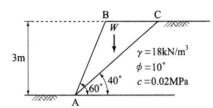

계산 과정)

답 :

해답 ■ 방법 1

안전율 $F = \dfrac{c \cdot L + W\cos\theta \cdot \tan\phi}{W\sin\theta}$

① $\overline{BC}$ 거리 계산

$x_1 = 3\tan30° = 1.732\text{m}$

$x_1 + x_2 = 3\tan50° = 3.575\text{m}$

$\therefore \overline{BC} = x_2 = 3.575 - 1.732 = 1.843\text{m}$

② $\overline{AC}$ 거리 계산

$\overline{AC} = L = \dfrac{3}{\cos50°} = 4.667\text{m}$

$\left(\because \cos50° = \dfrac{3}{\overline{AC}}\right)$

③ 파괴토사면 $\triangle ABC$의 중량 W

$W = \dfrac{3 \times 1.843}{2} \times 18 = 49.76\text{kN/m}$

$c = 0.02\text{MPa} = 0.02\text{N/mm}^2 = 20\text{kN/m}^2$

$\therefore F = \dfrac{20 \times 4.667 + 49.76\cos40° \times \tan10°}{49.76\sin40°}$

$= 3.13$

■ 방법 2

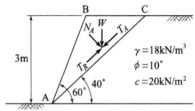

① $W = \dfrac{1}{2}\gamma H^2 \dfrac{\sin(\beta - \theta)}{\sin\beta\sin\theta}$

$= \dfrac{1}{2} \times 18 \times 3^2 \times \dfrac{\sin(60° - 40°)}{\sin60°\sin40°}$

$= 49.77\text{kN/m}$

② $\overline{AC}$면의 법선과 접선 성분(전단저항력)

$N_A = W\cos\theta = 49.77\cos40° = 38.13\text{kN/m}$

$T_A = W\sin\theta = 49.77\sin40° = 31.99\text{kN/m}$

$T_R = \overline{AC} \cdot c + N_A\tan\phi$

$= \dfrac{H}{\sin\theta} \cdot c + N_A\tan\phi$

$= \dfrac{3}{\sin40°} \times 20 + 38.13\tan10°$

$= 100.07\text{kN/m}$

③ 안전율 $F_s = \dfrac{T_R}{T_A} = \dfrac{100.07}{31.99} = 3.13$

□□□ 98③, 00③, 01①, 15②, 20③

04 NATM 공법을 이용한 터널시공시 보조공법에 대해 물음에 답하시오.

득점	배점
	6

가. 터널의 막장 안정을 위한 공법을 3가지만 쓰시오.

① _____ ② _____ ③ _____

나. 지하수 처리를 위한 대책공법 3가지만 쓰시오.

① _____ ② _____ ③ _____

해답 가. ① 막장면 숏크리트(shotcrete) 공법
　　　 ② 막장면 록볼트(rock bolt) 공법
　　　 ③ 약액주입공법
　　　 ④ 훠폴링(fore poling) 공법
　　　 ⑤ 미니 파이프 루프(Mini Pipe Roof) 공법

　　 나. ① 물빼기공　　　　　② Well point 공법
　　　 ③ 약액주입공법　　　④ 압기공법

 보조공법

(1) 용수처리(배수처리) 보조공법
① 물빼기 갱도 : 터널 굴진시 고압의 용수가 분출할 때 본갱을 우회하는 우회갱을 굴진한다.
② 물빼기공(물빼기 시추) : 갱 내에서 깊은 속에 위치한 대수층에 물빼기공을 천공하여 지하수위를 낮춘다.
③ Well point공법 : 선단부에 웰포인트를 부착한 Riser Pipe를 지중에 설치하여 진공펌프로 지하수를 배수하는 것이다.
④ Deep well 공법 : 터널 굴진에 앞서 지하수위가 높은 위치에 깊은 우물을 설치하여 갱 내 수위를 저하시킨다.
(2) 차수 및 지수 보조공법
① 약액주입공법 : 터널 굴착시 용수가 많게 되며 아스팔트 Bentonite, Cement, 고분자계 등을 지반에 주입하여 용수를 차단한다.
② 동결공법 : 지반에 인위적으로 동결관을 삽입하여 지반을 동결시켜 버리는 공법
③ 압기공법 : 굴착 갱 내를 폐쇄시켜 고압공기를 갱 내로 보내어 용수를 차단시키는 공법

□□□ 91③, 94④, 99⑤, 03③, 08②, 15②, 20②

05 그림과 같은 연속기초의 지지력(q_u)을 Terzaghi(테르자기)식으로 구하시오.
(단, 점착력 $c = 10 \text{kN/m}^2$, 내부마찰각 $\phi = 15°$, $N_c = 6.5$, $N_r = 1.2$, $N_q = 2.7$이다.)

득점	배점
	3

계산 과정)

$\gamma_t = 17 \text{kN/m}^3$　　　　　$D_f = 2\text{m}$

$\gamma_{sat} = 20 \text{kN/m}^3$　　$B = 3\text{m}$

답 : _____

해답 $q_u = \alpha c N_c + \beta \gamma_t B N_r + \gamma_2 D_f N_q$

$= 1 \times 10 \times 6.5 + 0.5 \times (20 - 9.81) \times 3 \times 1.2 + 17 \times 2 \times 2.7$

$= 175.14 \, kN/m^2$

🎯 허용지지력

- 연속기초의 형상계수 : $\alpha = 1$, $\beta = 0.5$
- $\gamma_1 = \gamma_{sub} = \gamma_{sat} - \gamma_w$
- 안전율 $F_s = 3$
- 허용 지지력 $q_a = \dfrac{q_u}{F_s} = \dfrac{175.14}{3} = 58.38 \, kN/m^2$

□□□ 00⑤, 08②, 10①, 15②, 21③

06 터널 보강재인 록볼트(Rock Bolt)를 정착방법에 따라 분류할 때 그 종류를 3가지만 쓰시오.

득점	배점
	3

① _____ ② _____ ③ _____

해답 ① 선단정착형 ② 전면접착형 ③ 혼합형

🎯 록 볼트의 정착형식

① 선단 정착형 : 쐐기형, 신축형, 접착형
② 전면 접착형 : 충전형, 주입형
③ 혼합형 : 확장형+시멘트 밀크형, 수지형+시멘트 밀크형
④ 마찰형 : swellex형, split set형

□□□ 98⑤, 01②, 11①, 15②

07 다음과 같은 조건일 때 사다리꼴 복합 확대기초의 크기 B_1, B_2를 구하시오.
(단, 지반의 허용지지력 $q_a = 100kN/m^2$)

득점	배점
	4

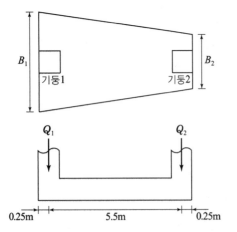

【조 건】
- 기둥 1 : 0.5m×0.5m, $Q_1 = 1,000kN$
- 기둥 2 : 0.5m×0.5m, $Q_2 = 800kN$

계산 과정)

[답] B_1 : _____ , B_2 : _____

해답 ·
$$\frac{Q_1 \cdot S}{Q_1 + Q_2} = \frac{L}{3} \cdot \frac{2B_1 + B_2}{B_1 + B_2} - a$$

$$\frac{1,000 \times 5.5}{1,000 + 800} = \frac{6}{3} \times \frac{2B_1 + B_2}{B_1 + B_2} - 0.25$$

$$\frac{2B_1 + B_2}{B_1 + B_2} = 1.653 \quad \cdots\cdots\cdots\cdots\cdots\cdots ①$$

·
$$\frac{B_1 + B_2}{2} \cdot L = \frac{Q_1 + Q_2}{q_a}$$

$$\frac{B_1 + B_2}{2} \times 6 = \frac{1,000 + 800}{100} = 18$$

$$B_1 + B_2 = 6, \quad B_2 = 6 - B_1 \quad \cdots\cdots\cdots\cdots ②$$

①과 ②에서 $B_1 = 3.92\text{m}, \ B_2 = 2.08\text{m}$

□□□ 15②

08 수평력을 받는 말뚝은 말뚝과 지반 중 어느 것이 움직이는가에 따라 2종류로 대별할 수 있는 말뚝을 2가지 쓰시오.

득점	배점
	3

① _____   ② _____

해답 ① 주동말뚝(active pile)　② 수동말뚝(passive pile)

 깊은 말뚝의 수평거동

수평력을 받는 말뚝은 말뚝과 지반 중 어느 것이 움직이는 주체인가에 따라 주동말뚝(active pile) 및 수동말뚝(passive pile)의 2종류로 대별할 수 있다.
① 주동말뚝 : 수평력이 작용하는 상부 구조물에 의해 말뚝 두부가 먼저 변형되어 주변 지반이 저항하는 말뚝
② 수동말뚝 : 말뚝 인접지반의 성토나 압밀 침하 등으로 말뚝 주변 지반이 먼저 변형되어 말뚝에 측방 토압이 작용하는 말뚝

□□□ 15②

09 아래의 표에서 시멘트 콘크리트 포장의 양생을 무엇이라고 하는가?

득점	배점
	2

초기양생에 연이어 콘크리트 슬래브의 수화작용(水和作用)이 충분히 이루어져 소요의 강도를 얻는 동시에 충분한 강도가 얻어지기 전에 과대한 온도응력이 슬래브에 일어나지 않도록 온도변화를 될 수 있는 대로 줄이기 위한 양생

○

해답 후기양생(後期養生)

🎯 시멘트 콘크리트 포장의 양생

① 초기양생(初期養生) : 표면 마무리 종료에 이어 콘크리트 슬래브의 표면을 거칠게하지 않고 양생작업이 될 정도로 콘크리트가 경화까지의 사이에 행하는 양생
② 후기양생(後期養生) : 초기 양생에 연이어 콘크리트의 경화를 충분히 하기 위하여 수분의 증발을 막고 과대한 온도응력이 콘크리트 슬래브에 일어나지 않도록 하기 위한 양생

□□□ 15②

10 현장타설 말뚝공법 중 굴착식 공법의 종류 3가지를 쓰시오.

득점	배점
	3

① _____ ② _____ ③ _____

해답 ① 베노토(benoto) 공법 ② 어스드릴(earth drill) 공법
③ 리버스 서큘레이션(RCD) 공법 ④ HW(Hochstrasser Weise) 공법

🎯 현장 타설 말뚝공법

■관타입식공법
① 프랭키말뚝(Franky pile)공법 ② 페디스털말뚝(Pedstal pile)공법
③ 레이몬드말뚝(Raymond pile)공법
■굴착식공법 :
① 베노토(benoto)공법 ② 어스드릴(earth drill)공법
③ 리버스써굴레이션(RCD)공법 ④ HW(Hochstrasser Weise)공법

□□□ 15②

11 다음 준설기계에 대한 설명에 적합한 준설선의 명칭을 쓰시오.

득점	배점

가. 준설과 매립을 동시에 신속하게 시공할 수 있고 해저 토사를 회전형 Cutter로 깎아 펌프로 흡입하여 매립지로 배송(排送)하는 준설선

○

나. 해저의 암반이나 암초를 쇄암추나 쇄암기의 끝에 특수한 강철로 된 날끝을 달아 암석을 파쇄하는 준설선

○

다. 파워셔블(power shovel)을 대선에 설치해 사암이나 혈암 등의 수중에 적합한 준설선

○

해답 가. 펌프준설선(pump dredger)
나. 쇄암준설선(rock cutter dredger)
다. 디퍼준설선(dipper dredger)

□□□ 92②, 00③,04①, 10①, 11②, 15①②, 17①

12 탄성파 속도가 1,100m/s인 사암으로 된 수평한 지반을 1개의 리퍼날이 부착된 21ton급의 불도저($q_0 = 3.3m^3$)로 리핑하면서 작업을 할 때 1시간당 작업량을 본바닥토량으로 구하시오. (단, 소수 셋째자리에서 반올림하시오.)

┌─────────────────────【조 건】─────────────────────┐
│ • 1개 날의 1회 리핑 단면적 : $0.14m^2$ • 리핑의 작업효율 : 0.9   │
│ • 작업거리 : 40m   • 리핑의 사이클 타임 : $C_m = 0.05l + 0.33$ │
│ • 불도저의 작업효율 : 0.4   • 불도저의 구배계수 : 0.90   │
│ • 불도저의 사이클 타임 : $C_m = 0.037l + 0.25$ • 토량변화율 : $L = 1.6$, $C = 1.1$ │
└───┘

계산 과정)   답 :

해답 조합 작업량 $Q = \dfrac{Q_D \times Q_R}{Q_D + Q_R}$

■ 리핑 작업량

$Q = \dfrac{60 \cdot A_n \cdot l \cdot f \cdot E}{C_m}$

• $C_m = 0.05l + 0.33 = 0.05 \times 40 + 0.33 = 2.33$분

∴ $Q = \dfrac{60 \times 0.14 \times 40 \times 1 \times 0.9}{2.33} = 129.785 m^3/hr$

(∵ 리퍼의 작업량은 본바닥토량이므로 $f = 1$이다.)

■ 불도저 작업량

$Q = \dfrac{60 \cdot (q_o \cdot \rho) \cdot f \cdot E}{C_m}$

• $C_m = 0.037l + 0.25 = 0.037 \times 40 + 0.25 = 1.73$분

∴ $Q = \dfrac{60 \times 3.3 \times 0.90 \times \dfrac{1}{1.6} \times 0.4}{1.73} = 25.751 m^3/hr$

$\left(\because \text{불도저의 작업량은 흐트러진 토량에서 본바닥토량으로 환산하므로 } f = \dfrac{1}{L} \text{이다.}\right)$

∴ 조합 작업량 $Q = \dfrac{25.751 \times 129.785}{25.751 + 129.785} = 21.49 m^3/hr$

□□□ 04②, 08④, 15②

13 필댐(fill dam)의 필터재(filter)의 역할을 3가지 쓰시오.

① _____   ② _____   ③ _____

해답 ① 물만 통과시키고 토립자의 유출방지   ② 역학적 완충역할   ③ 코어재의 자기치유작용을 지원

□□□ 09④, 10④, 12②④, 15②, 16②, 18③, 20①

14 배합강도 결정을 위한 콘크리트의 압축강도 측정결과가 다음과 같을 때 물음에 답하시오. (단, 소수점 이하 셋째자리에서 반올림하시오.)

【압축강도 측정결과(MPa)】

48.5	40	45	50	48	42.5	54	51.5
52	40	42.5	47.5	46.5	50.5	46.5	47

가. 배합강도 결정에 적용할 표준편차를 구하시오.
  (단, 시험횟수가 15회일 때 표준편차의 보정계수는 1.16이고, 20회일 때는 1.08이다.)

계산 과정)   답 : _____

나. 호칭강도가 45MPa일 때 콘크리트의 배합강도를 구하시오.

계산 과정)   답 : _____

해답 가. • 평균값$(\overline{X}) = \dfrac{\sum X_i}{n} = \dfrac{752}{16} = 47.0\,\text{MPa}$

　　• 편차의 제곱합 $S = \sum(X_i - \overline{X})^2$

$$S = (48.5-47)^2 + (40-47)^2 + (45-47)^2 + (50-47)^2 + (48-47)^2$$
$$+ (42.5-47)^2 + (54-47)^2 + (51.5-47)^2 + (52-47)^2 + (40-47)^2$$
$$+ (42.5-47)^2 + (47.5-47)^2 + (46.5-47)^2 + (50.5-47)^2$$
$$+ (46.5-47)^2 + (47-47)^2 = 262$$

　　• 표준편차 $s = \sqrt{\dfrac{S}{n-1}} = \sqrt{\dfrac{262}{16-1}} = 4.18\,\text{MPa}$

　　• 16회의 보정계수 $= 1.16 - \dfrac{1.16-1.08}{20-15} \times (16-15) = 1.144$

　　∴ 수정 표준편차 $s = 4.18 \times 1.144 = 4.78\,\text{MPa}$

　나. $f_{cn} = 45\,\text{MPa} > 35\,\text{MPa}$일 때
　　$f_{cr} = f_{cn} + 1.34s = 45 + 1.34 \times 4.78 = 51.4\,\text{MPa}$
　　$f_{cr} = 0.9f_{cn} + 2.33s = 0.9 \times 45 + 2.33 \times 4.78 = 51.64\,\text{MPa}$
　　∴ $f_{cr} = 51.64\,\text{MPa}$(∵ 두 값 중 큰 값)

🔧 f_{ck}
설계기준강도

🔧 f_{cq}
품질기준강도

🔧 f_{ckn}
호칭강도

□□□ 03④, 15②

15 콘크리트 구조물에 발생하는 균열을 보수하기 위한 보수공법을 3가지 쓰시오.

①_____　　②_____　　③_____

해답 ① 표면처리공법　　② 충전공법　　③ 주입공법
　　④ 강재 앵커공법　　⑤ 강판부착공법　　⑥ Prestress 공법

균열의 보수·보강공법

① 표면처리공법(patching) : 0.2mm 이하의 미세한 균열 위에 도막을 형성하여 방수성, 내구성을 향상시키는 방법
② 충전공법(filling) : 균열폭이 0.5mm 이상의 비교적 큰 경우의 보수에 적합한 공법
③ 주입공법(injection) : 중간정도의 폭을 갖는 균열에 주입하여 방수성과 내구성을 향상시킬 목적으로 사용하는 공법
④ 강재앵커공법(접합용 U형 철근 삽입공법) : 비교적 큰 균열의 보수에 적용하여 균열의 추가를 억제하는 공법
⑤ 강판부착공법 : 구조물의 인장측 표면에 강판을 접착하여 일체화시킴으로 내력을 향상시키는 공법
⑥ Prestress공법 : 균열 부분에 prsstress를 부여함으로써 부재에 발생하고 있는 인장응력을 감소시켜 균열을 복귀시키는 공법

□□□ 96③, 99③, 00⑤, 11④, 15②, 20③

16 다음과 같은 공정표에서 임계공정선(CP)을 구하고, 정상공사기간과 공사비용, 정상공사기간을 4일 줄일 때 발생하는 추가비용의 최소치를 계산하시오.
(단, 기간의 단위는 '일'이며 비용의 단위는 '만원'이다.)

득점	배점
	10

node	공정명	정상기간	정상비용	특급기간	특급비용
0-2	A	3	15	3	15
0-4	B	5	20	4	25
2-6	D	6	36	5	43
2-8	F	8	40	6	50
4-6	E	7	49	5	65
4-10	G	9	27	7	33
6-8	H	2	10	1	15
6-10	C	2	16	1	25
10-12	K	4	28	3	38
8-12	J	3	24	3	24

가. 네트워크 공정표를 작성하고 임계공정선(CP)를 구하시오.

나. 정상공사기간과 공사비용을 구하시오.

계산 과정)　　　　　　　　　　　[답] 정상공사기간 : _____ , 공사비용 : _____

다. 정상공사기간을 4일 줄일 때 발생하는 추가비용의 최소치를 구하시오.

계산 과정)　　　　　　　　　　　　　　　　　　　　답 : _____

해답 가.

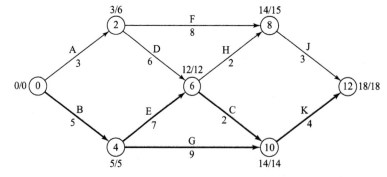

C.P : B→E→C→K, B→G→K

나. 정상공사기간 : 18일

공사비용 : 15＋20＋36＋40＋49＋27＋10＋16＋28＋24＝265만원

다.

작업명	단축가능 일수	비용경사(일/만원)＝ $\dfrac{특급비용-표준비용}{표준공기-특급공기}$	18	17	16	15	14
A	0	0					
B	1	$\dfrac{25-20}{5-4}=5$		1			
D	1	$\dfrac{43-36}{6-5}=7$					
F	2	$\dfrac{50-40}{8-6}=5$					
E	2	$\dfrac{65-49}{7-5}=8$				1	1
G	2	$\dfrac{33-27}{9-7}=3$				1	1
H	1	$\dfrac{15-10}{2-1}=5$					
C	1	$\dfrac{25-16}{2-1}=9$					
k	1	$\dfrac{38-28}{4-3}=10$			1		
J	0	0					
		추가비용		5	10	11	11
		단축시 추가비용 합계		5	15	26	37

∴ 추가비용의 최소치 : 37만원

17 아래 그림과 같은 옹벽의 안전율을 구하시오.

득점	배점
	9

(단, 지반의 허용지지력은 $200kN/m^2$, 뒤채움흙과 저판 아래의 흙의 단위중량은 $18.0kN/m^3$, 내부마찰각은 37°, 점착력은 0이고, 콘크리트의 단위중량은 $24kN/m^3$이다.)

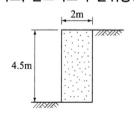

가. 전도에 대한 안전율은 구하시오.

계산 과정)　　　　　　　　　　　　　　　답 :

나. 활동에 대한 안전율 구하시오.

계산 과정)　　　　　　　　　　　　　　　답 :

다. 지지력에 대한 안전율을 구하시오.

계산 과정)　　　　　　　　　　　　　　　답 :

해답 ■ 방법 1

가. • 주동토압 $P_A = \dfrac{1}{2} K_a z^2 \gamma_t$

$= \dfrac{1}{2} \times \tan^2\left(45° - \dfrac{37°}{2}\right) \times 4.5^2 \times 18$

$= 45.3\,\text{kN/m}$

• 콘크리트의 총중량

$W = BH\gamma_c = 2 \times 4.5 \times 24 = 216\,\text{kN/m}$

• $y = \dfrac{1}{3} \times 4.5 = 1.5\,\text{m}$

$F_s = \dfrac{M_r}{M_d} = \dfrac{W \cdot \dfrac{B}{2}}{P_A \cdot \dfrac{H}{3}}$

$= \dfrac{216 \times \dfrac{2}{2}}{45.3 \times \dfrac{4.5}{3}} = 3.18$

나. $F_s = \dfrac{W\tan\phi}{P_A} = \dfrac{216\tan 37°}{45.3} = 3.59$

다. $e = \dfrac{B}{2} - \dfrac{W \cdot \dfrac{B}{2} - P_A \cdot \dfrac{H}{3}}{W}$

$= \dfrac{2}{2} - \dfrac{216 \times \dfrac{2}{2} - 453 \times \dfrac{4.5}{3}}{216}$

$= 0.315\,\text{m}$

• $e = 0.315 < \dfrac{B}{6} = \dfrac{2}{6} = 0.333$

$\sigma_{\max} = \dfrac{W}{B}\left(1 + \dfrac{6e}{B}\right)$

$= \dfrac{216}{2}\left(1 + \dfrac{6 \times 0.315}{2}\right)$

$= 210.06\,\text{kN/m}^2$

$F_s = \dfrac{\sigma_a}{\sigma_{\max}} = \dfrac{200}{210.06} = 0.95$

■ 방법 2

가. $F_s = \dfrac{W \cdot a}{P_H \cdot y}$

• 주동토압 : $P_A = \dfrac{1}{2} K_a z^2 \gamma_t$

$= \dfrac{1}{2} \times \tan^2\left(45° - \dfrac{37°}{2}\right) \times 4.5^2 \times 18$

$= 45.3\,\text{kN/m}$

• 콘크리트의 총중량

$W = 2 \times 4.5 \times 24 = 216\,\text{kN/m}$

• $a = 1\,\text{m},\ y = \dfrac{1}{3} \times 4.5 = 1.5\,\text{m}$

$\therefore\ F_s = \dfrac{216 \times 1}{45.3 \times 1.5} = 3.18$

나. $F_s = \dfrac{W\tan\phi}{P_H} = \dfrac{216\tan 37°}{45.3} = 3.59$

다. $F_s = \dfrac{\sigma_a}{\sigma_{\max}}$

• 편심거리

$e = \dfrac{B}{2} - \dfrac{W \cdot a - P_H \cdot y}{W}$

$= \dfrac{2}{2} - \dfrac{216 \times 1 - 45.3 \times 1.5}{216} = 0.315\,\text{m}$

• 편심거리 $e = 0.315 < \dfrac{B}{6} = \dfrac{2}{6} = 0.333$이므로

• 최대지지력

$\sigma_{\max} = \dfrac{\sum V}{B}\left(1 + \dfrac{6e}{B}\right)$

$= \dfrac{216}{2}\left(1 + \dfrac{6 \times 0.315}{2}\right) = 210.06\,\text{kN/m}^2$

$\therefore\ F_s = \dfrac{200}{210.06} = 0.95$

□□□ 88①②, 98⑤, 99⑤, 00④, 04②, 09①, 11①, 14①, 15②

18 다음 히빙(heaving)현상에 대한 물음에 답하시오.

득점 / 배점
6

가. 그림과 같은 말뚝 하단의 활동면에 대한 히빙현상에 대한 안전율을 구하시오.

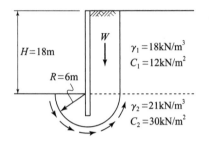

계산 과정)

$H = 18\text{m}$, W, $\gamma_1 = 18\text{kN/m}^3$, $C_1 = 12\text{kN/m}^2$

$R = 6\text{m}$

$\gamma_2 = 21\text{kN/m}^3$, $C_2 = 30\text{kN/m}^2$

답 : _____

나. 히빙(heaving)이 발생할 우려가 있는 지반의 방지대책을 3가지만 쓰시오.

① _____ ② _____ ③ _____

해답 가. 안전율 $F_s = \dfrac{M_r}{M_d} = \dfrac{C_1 \cdot H \cdot R + C_2 \cdot \pi \cdot R^2}{\dfrac{R^2}{2}(\gamma_1 \cdot H + q)}$

• $M_d = \dfrac{6^2}{2}(18 \times 18 + 0) = 5{,}832\,\text{kN} \cdot \text{m}$ (Heaving을 일으키려는 Moment)

• $M_r = 12 \times 18 \times 6 + 30 \times \pi \times 6^2 = 4{,}688.92\,\text{kN} \cdot \text{m}$ (Heaving에 저항하는 Moment)

∴ $F_s = \dfrac{4{,}688.9}{5{,}832} = 0.80$

나. ① 흙막이공의 계획을 변경한다.　② 굴착저면에 하중을 가한다.
　③ 흙막이벽의 관입 깊이를 깊게 한다.　④ 표토를 제거하여 하중을 적게 한다.

□□□ 97①, 01③, 05①, 14①, 15②, 23③

19 마샬안정도시험(Marshall Stability Test)은 포장용 아스팔트 혼합물의 소성유동에 대한 저항성을 측정하여 설계아스팔트량 결정에 적용된다. 이 시험결과로부터 얻을 수 있는 3가지의 설계기준을 쓰시오.

득점 / 배점
3

① _____ ② _____ ③ _____

해답 ① 안정도　② 흐름값　③ 공시체의 밀도　④ 공극률　⑤ 포화도

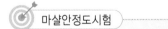 마샬안정도시험

• 아스팔트 혼합물의 배합설계시험의 하나로 안정도, 흐름값, 공극률, 포화도 밀도 등을 시험하여 최종적으로 설계 아스팔트량을 결정하기 위한 시험이다.
• 공시체의 밀도, 안정도 및 흐름값을 측정하고 공극률과 포화도를 산출한다.
• 아스팔트 안정처리 기층의 마샬안정도 시험기준치

구분	기준치
안정도(kg)	350 이상
흐름값(1/100cm)	10~40
공극률(%)	3~5

□□□ 01①, 02②, 04②, 06④, 09①, 10④, 13②, 15②, 20④, 23③

20 주어진 도면 및 조건에 따라 다음 물량을 산출하시오. (단, 주어진 도면의 치수는 축척에 맞지 않을 수 있으며, 주어진 치수로만 물량을 산출하며 도면의 단위는 mm이다.)

득점	배점
	18

단 면 도

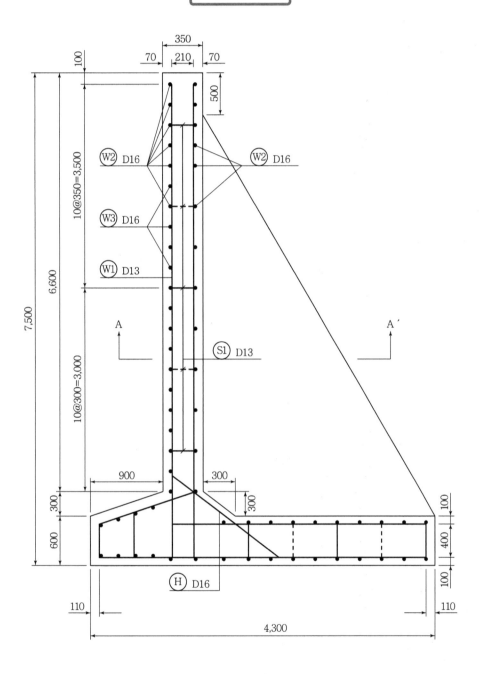

측 면 도

일 반 도

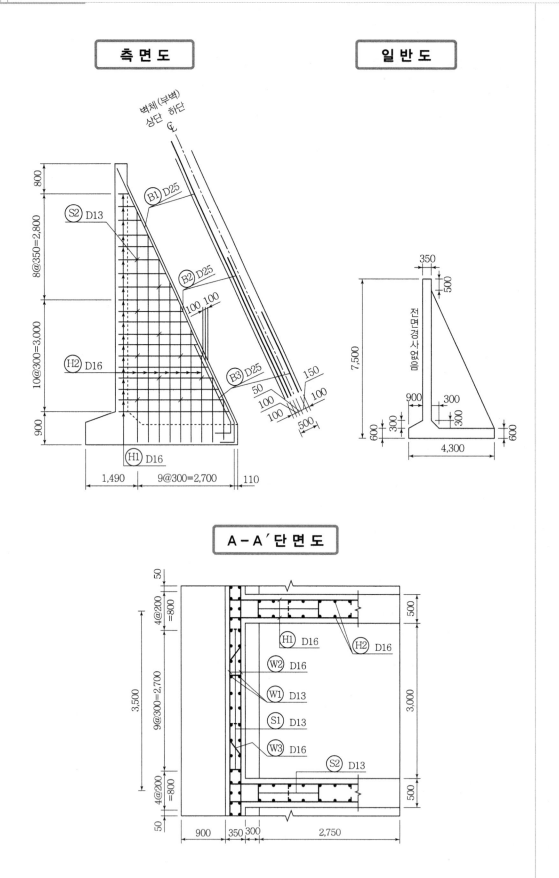

A－A′단 면 도

철 근 상 세 도

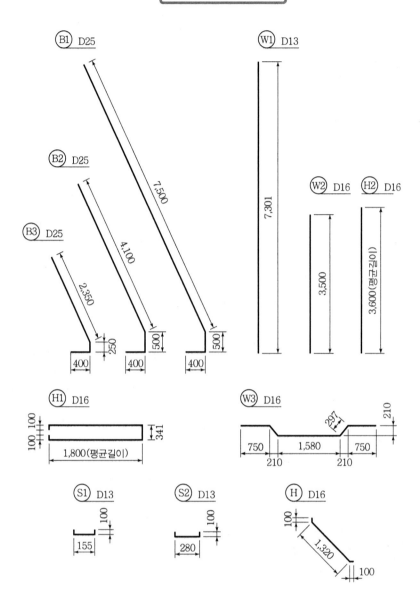

【조 건】
• S1 철근은 지그재그(Zigzag)로 배치되어 있다.
• H 철근의 간격은 W1 철근과 같다.
• 물량산출에서의 할증률 및 마구리는 없는 것으로 한다.
• 철근길이 계산에서 이음길이는 계산하지 않는다.
• 저판의 철근량은 계산하지 않는다.

가. 부벽을 포함하는 옹벽길이 3.5m에 대한 콘크리트량을 구하시오.

　(단, 소수점 이하 넷째자리에서 반올림하시오.)

　계산 과정)

답 : _____

나. 부벽을 포함하는 옹벽길이 3.5m에 대한 거푸집량을 구하시오.

　(단, 소수점 이하 넷째자리에서 반올림하시오.)

　계산 과정)

답 : _____

다. 부벽을 포함하는 옹벽길이 3.5m에 대한 철근물량표를 완성하시오.

기호	직경	길이	수량	총길이	기호	직경	길이	수량	총길이
W1					H1				
W2					B1				
W3					S1				

해답 가.

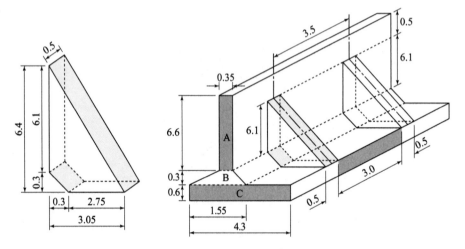

- 단면적×부벽두께 $= \left(\dfrac{6.4 \times 3.05}{2} - \dfrac{0.3 \times 0.3}{2} \right) \times 0.5 = 4.8575\,\mathrm{m}^3$
- 벽체 A=단면적×옹벽길이 $= (0.35 \times 6.6) \times 3.5 = 8.085\,\mathrm{m}^3$
- 헌치부분 B $= \dfrac{0.35 + 1.55}{2} \times 0.3 \times 3.5 = 0.9975\,\mathrm{m}^3$
- 저판 C $= (0.6 \times 4.30) \times 3.5 = 9.03\,\mathrm{m}^3$
  ∴ 총콘크리트량 $= 4.8575 + 8.085 + 0.9975 + 9.03 = 22.970\,\mathrm{m}^3$

나.

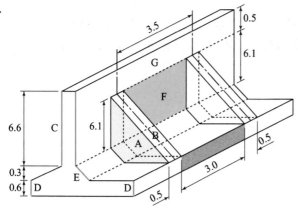

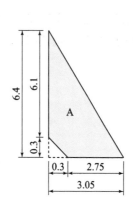

- A면 = $\left(\dfrac{6.4 \times 3.05}{2} - \dfrac{0.3 \times 0.3}{2} \right) \times 2(양면) = 19.43m^2$
- B면 = $\sqrt{6.4^2 + 3.05^2} \times 0.5 = 3.545m^2$
- C면 = $6.6 \times 3.5 = 23.10m^2$
- D면 = $(0.6 \times 3.5) \times 2(양면) = 4.20m^2$
- E면 = $\sqrt{0.3^2 + 0.3^2} \times 3.0 = 1.273m^2$
- F면 = $6.1 \times 3.0 = 18.30m^2$
- G면 = $0.5 \times 3.5 = 1.75m^2$

∴ 총거푸집량 = $19.43 + 3.545 + 23.10 + 4.20 + 1.273 + 18.30 + 1.75 = 71.598m^2$

다.

기호	직경	길이(mm)	수량	총길이(mm)	기호	직경	길이(mm)	수량	총길이(mm)
W1	D13	7,301	26	189,826	H1	D16	4,141	19	78,679
W2	D16	3,500	26	91,000	B1	D25	8,400	2	16,800
W3	D16	3,674	8	29,392	S1	D13	355	10	3,550

철근물량 산출근거

기호	직경	길이	수량	총길이	수량산출
W1	D13	7,301	26	189,826	• A-A'단면에서 • 철근 간격수×2(전후면) = {(9+1) + (2+1)}×2(전·후면) = 26본
W2	D16	3,500	26	91,000	• 철근 간격수×2(전후면) = {((4+3+5)+1)}×2(전·후면) = 26본
W3	D16	3,674	8	29,392	• 단면도에서 수계산
H1	D16	4,141	19	78,679	• 측면도 8@+10@ • 칸수+1 = (8+10)+1 = 19본
B1	D25	8,400	2	16,800	• 측면도 벽체(부벽)상단 좌우
S1	D13	355	10	3,550	• 단면도 실선 3, 점선 2 • A-A'단면도(실선 2, 점선 2) ∴ 3×2+2×2 = 10본

□□□ 93③, 94②, 97④, 99①, 00②, 01③, 03③, 07④, 10①②, 12④, 13①, 15②

21 그림과 같이 표준관입값이 다른 3종의 모래지름층으로 되어 있는 기초 지반에 지름 30cm, 길이 12m의 콘크리트말뚝을 박았을 때 말뚝의 허용지지력을 안전율 3으로 하여 Meyerhof의 공식으로 구하시오.

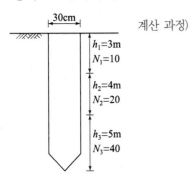

계산 과정)

답 : _____

해답 극한지지력 $Q_u = 40 \cdot N_3 \cdot A_p + \dfrac{\overline{N} \cdot A_f}{5}$

• $A_p = \dfrac{\pi d^2}{4} = \dfrac{\pi \times 0.3^2}{4} = 0.071 \, \mathrm{m}^2$

• $\overline{N} = \dfrac{N_1 h_1 + N_2 h_2 + N_3 h_3}{h_1 + h_2 + h_3} = \dfrac{10 \times 3 + 20 \times 4 + 40 \times 5}{3 + 4 + 5} = 25.833$

• $A_f = \pi d l = \pi \times 0.3 \times 12 = 11.310 \, \mathrm{m}^2$

∴ $Q_u = 40 \times 40 \times 0.071 + \dfrac{25.833 \times 11.310}{5} = 172.027 \, \mathrm{t}$

∴ 허용지지력 $Q_a = \dfrac{Q_u}{3} = \dfrac{172.034}{3} = 57.34 \, \mathrm{t}$

※ 주의 : 중간 계산은 소수 3자리까지, 결과값은 소수 2자리까지 계산하면 가장 정확한 정답을 얻을 수 있다.

국가기술자격 실기시험문제

2015년도 기사 제4회 필답형 실기시험(기사)

종 목	시험시간	형 별	성 명	수험번호
토목기사	**3시간**	B		

※ 수험자 인적사항 및 계산식을 포함한 답안 작성은 검은색 필기구만 사용해야 하며, 그 외 연필류, 빨간색, 청색 등 필기구로 작성한 답항은 0점 처리 됩니다.

□□□ 84①, 15④

01 어떤 콘크리트 공사현장에서 압축강도 시험결과 및 관리한계 계수표는 아래와 같다. 이 시험결과를 이용하여 빈칸을 채우고, 다음 물음에 답하시오.

득점	배점
	8

【압축강도시험의 결과】

조번호	측정값(MPa)			계 $\sum x$	각조의 평균치 ($\overline{X}$)	범위 R
	x_1	x_2	x_3			
1	2.1	1.6	2.4			
2	2.5	1.6	2.8			
3	2.1	2.6	1.8			
4	2.5	1.6	2.7			
5	2.6	1.8	2.5			

【관리한계 계수표】

n	A_2	D_3	D_4
2	1.880	–	3.267
3	1.023	–	2.575
4	0.729	–	2.282
5	0.577	–	2.115
6	0.483	–	2.004
7	0.419	0.076	1.924

가. 전체평균($\overline{X}$)과 범위(R)의 평균값을 구하시오.

계산 과정)

[답] 전체평균($\overline{X}$) : _____,   범위(R)의 평균값 : _____

나. $\overline{X}$ 관리도의 상한관리한계(UCL)와 하한관리한계(LCL)를 구하시오.

계산 과정)

[답] 상부관리한계(UCL) : _____,   하부관리한계(LCL) : _____

다. R관리도의 상한관리한계(UCL)와 하한관리한계(LCL)를 구하시오.

계산 과정)

[답] 상부관리한계(UCL) : _____, 하부관리한계(LCL) : _____

해답 가.

조번호	측정값(MPa)			계 $\sum x$	각조의 평균치 ($\overline{X}$)	범위 R
	x_1	x_2	x_3			
1	2.1	1.6	2.4	$2.1+1.6+2.4=6.10$	2.033	$2.4-1.6=0.8$
2	2.5	1.6	2.8	$2.5+1.6+2.8=6.90$	2.300	$2.8-1.6=1.2$
3	2.1	2.6	1.8	$2.1+2.6+1.8=6.50$	2.167	$2.6-1.8=0.8$
4	2.5	1.6	2.7	$2.5+1.6+2.7=6.80$	2.267	$2.7-1.6=1.1$
5	2.6	1.8	2.5	$2.6+1.8+2.5=6.90$	2.300	$2.6-1.8=0.8$
계					11.067	4.7

$\overline{X}=\dfrac{\sum\overline{x}}{n}=\dfrac{11.067}{5}=2.213\,\mathrm{MPa}$

$\overline{R}=\dfrac{\sum R}{n}=\dfrac{4.7}{5}=0.940\,\mathrm{MPa}$

나. • 상한관리한계(UCL)$=\overline{X}+A_2\cdot\overline{R}=2.213+1.023\times0.940=3.175\,\mathrm{MPa}$

　• 하한관리한계(LCL)$=\overline{X}-A_2\cdot\overline{R}=2.213-1.023\times0.940=1.251\,\mathrm{MPa}$

다. • 상한관리한계(UCL)$=D_4\cdot\overline{R}=2.575\times0.940=2.421\,\mathrm{MPa}$

　• 하한관리한계(LCL)$=D_3\cdot\overline{R}=0$

□□□ 93②, 97②, 02②, 05④, 10④, 13②, 15④

02 극한지지력 $Q_u=200\mathrm{kN}$이고, RC pile의 직경이 30cm, 주면마찰력이 $25\mathrm{kN/m^2}$, 말뚝선단의 지지력 $q_u=280\mathrm{kN/m^2}$이라 할 때 RC pile의 최소지중깊이를 구하시오. (단, 정역학적 지지력 공식개념에 의함.)

득점 / 배점 3

계산 과정) 답 : _____

해답 $Q_u=Q_p+Q_f=q_u\cdot A_p+f_s\cdot A_s=\pi r^2 q_u+2\pi r f_s l$ 에서

∴ 지중깊이 $l=\dfrac{Q_u-\pi r^2 q_u}{2\pi r f_s}=\dfrac{200-\pi\times0.15^2\times280}{2\times\pi\times0.15\times25}=7.65\,\mathrm{m}$

참고 [계산기 f_x570ES] SOLVE 사용

$200=\pi\times0.15^2\times280+2\pi\times0.15\times2.5l$

먼저 200 ☞ ALPHA ☞ SOLVE ☞

$200=\pi\times0.15^2\times280+2\times\pi\times0.15\times25\times ALPHA\,X$

SHIFT ☞ SOLVE ☞ = ☞ 잠시 기다리면

$X=7.648$ ∴ $l=7.65\,\mathrm{m}$

□□□ 07④, 10②, 15④

03 다짐되지 않은 두께 1.5m, 상대밀도 45%의 느슨한 사질토지반이 있다. 실내시험결과 최대 및 최소 간극비가 0.70, 0.35로 각각 산출되었다. 이 사질토를 상대밀도 80%까지 다짐할 때 두께의 감소량을 구하시오.

계산 과정)   답 : _____

해답 ■ 상대밀도 $D_r = \dfrac{e_{max} - e}{e_{max} - e_{min}} \times 100$

■ 두께의 감소량 $S = \dfrac{e_1 - e_2}{1 + e_1} H$

• 상대밀도 45%에 공극비
$$D_r = \frac{0.70 - e_1}{0.70 - 0.35} \times 100 = 45\% \qquad \therefore\ e_1 = 0.54$$

• 상대밀도 80%일 때의 공극비
$$D_r = \frac{0.70 - e_2}{0.70 - 0.35} \times 100 = 80\% \qquad \therefore\ e_2 = 0.42$$

• 두께의 감소량(최종압밀침하량)
$$\therefore\ S = \frac{0.54 - 0.42}{1 + 0.54} \times 1.5 = 0.1169\text{m} = 11.69\text{cm}$$

참고 SOLVE 사용

□□□ 09①, 11②, 15④, 20②

04 구조물 공사는 지하수가 배제된 상태에서 시공하거나 또는 원지반에 구조물 축조 후 주변을 성토하여 구조물을 완성하게 되면 지하수의 상승 등에 의해 양압력에 의한 피해가 발생한다. 이러한 구조물의 기초바닥에 작용하는 양압력(부력)에 저항하는 방법을 3가지 쓰시오.

① _____   ② _____   ③ _____

해답 ① 사하중에 의한 방법   ② 부력 앵커시스템 방법
③ 영구배수처리방법

 양압력

■ 양압력 : 중력방향의 반대방향으로 작용하는 연직성분의 수압으로 구조물 전후의 수위차 또는 파랑에 의한 구조물 위치에서의 일시적인 수위 상승에 의해 생기는 상향의 수압 및 댐의 저부에 작용하는 상향의 수압을 말한다.
■ 양압력(부력) 대책공법
① 사하중 방법 : 구조물 외벽과 되메움재와의 마찰을 이용하여 구조물 자중이 부력보다 크도록 하는 방법
② 부력 앵커 시스템(영구 앵커) 방법 : 부력방지용 록 앵커를 설치하거나 마이크로파일을 설치하여 저항하는 방법
③ 영구 배수 공법(Permanent drainage system) : 지하수위가 높아도 내부로의 지하수 유입량이 적을 때 적합한 방법

□□□ 00②, 04②, 06④, 11④, 15④, 22①③

05 해안, 준설, 매립 공사시 사용되는 준설선의 종류를 4가지만 쓰시오.

① _____ ② _____ ③ _____ ④ _____

해답 ① 펌프준설선 ② 디퍼준설선 ③ 그래브준설선 ④ 버킷준설선

□□□ 07②, 11④, 15④

06 말뚝의 정적재하시험의 재하방법 3가지를 쓰시오.

① _____ ② _____ ③ _____

해답 ① 사하중 재하방법 ② 반력말뚝 재하방법 ③ 어스앵커 재하방법

🎯 재하말뚝시험의 종류

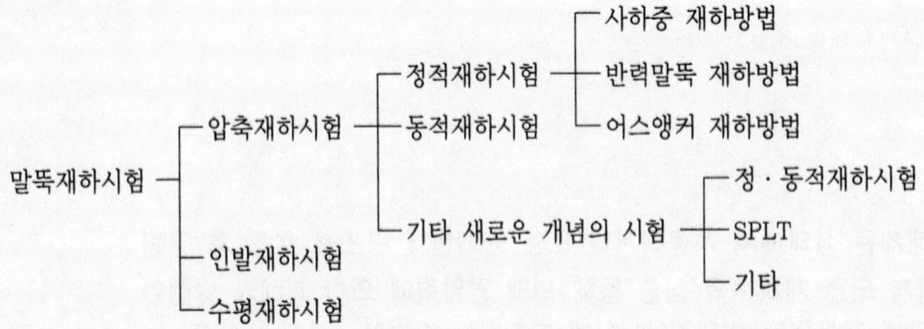

```
                                                ┌─ 사하중 재하방법
                              ┌─ 정적재하시험 ──┼─ 반력말뚝 재하방법
            ┌─ 압축재하시험 ──┼─ 동적재하시험   └─ 어스앵커 재하방법
            │                 │                  ┌─ 정·동적재하시험
말뚝재하시험 ┤                 └─ 기타 새로운 개념의 시험 ─┼─ SPLT
            │                                    └─ 기타
            ├─ 인발재하시험
            └─ 수평재하시험
```

□□□ 05④, 08②, 11④, 15④, 20①, 22②

07 다음 그림과 같은 유선망에서 단위폭(1m)당 1일 침투유량을 구하고, 점 A에서 간극수압을 계산하시오. (단, 수평방향 투수계수 $k_h = 5.0 \times 10^{-4}$cm/sec, 수직방향 투수계수 $k_v = 8.0 \times 10^{-5}$cm/sec)

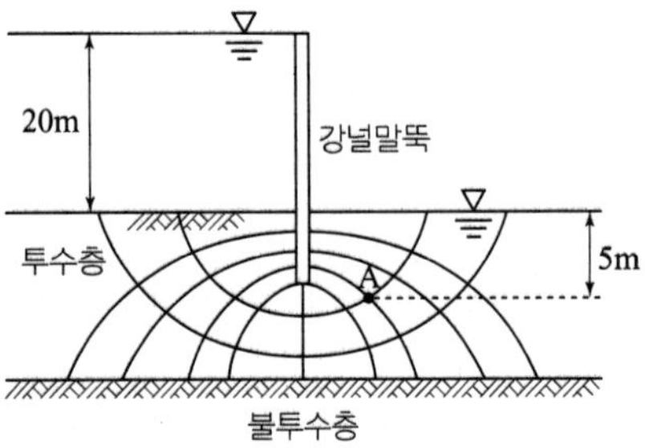

가. 단위폭(1m)당 1일 침투수량을 구하시오.

계산 과정)   답 : _____

나. A점의 간극수압을 구하시오.

계산 과정)　　　　　　　　　　　　　　　　　답 : _____

해답 가. $Q = kH \dfrac{N_f}{N_d}$

　　　• $k = \sqrt{k_h \cdot k_v} = \sqrt{(5.0 \times 10^{-4}) \times (8.0 \times 10^{-5})} = 2 \times 10^{-4} \text{cm/sec} = 2 \times 10^{-6} \text{m/sec}$

　　　　∴ $Q = 2.0 \times 10^{-6} \times 20 \times \dfrac{3}{10} \times 1 = 12 \times 10^{-6} \text{ m}^3/\text{sec}$

　　　　　$= 12 \times 10^{-6} \times 60 \times 60 \times 24 = 1.04 \text{ m}^3/\text{day}$

나. • 전수두 $h_t = \dfrac{N_d{'}}{N_d} h = \dfrac{3}{10} \times 20 = 6 \text{ m}$

　　• 위치수두 $h_e = -5 \text{ m}$

　　• 압력수두 $h_p = h_t - h_e = 6 - (-5) = 11 \text{ m}$

　　∴ 공극수압 $u_p = \gamma_w h_p = 9.81 \times 11 = 107.91 \text{ kN/m}^2$

□□□ 92①, 94④, 00④, 11④, 15④, 16④

08 케이슨 기초의 침하공법을 아래의 표와 같이 4가지만 쓰시오.

<table><tr><td>득점</td><td>배점</td></tr><tr><td></td><td>3</td></tr></table>

재하중에 의한 공법

① _____　　② _____　　③ _____　　④ _____

해답 ① 분기식 공법　　② 물하중식 공법　　③ 발파식 공법　　④ 감압식 공법　　⑤ 진동식 공법

□□□ 12②, 15④, 17②

09 품질기준강도가 40MPa이고, 22회의 콘크리트 압축강도시험으로부터 구한 표준편차가 4.5MPa이었다. 이 콘크리트의 배합강도를 구하시오.
(단, 압축강도 시험횟수가 20회일 때 표준편차의 보정계수는 1.08, 25회일 때 보정계수는 1.03이다.)

<table><tr><td>득점</td><td>배점</td></tr><tr><td></td><td>3</td></tr></table>

계산 과정)　　　　　　　　　　　　　　　　　답 : _____

해답 $f_{cq} = 40 \text{ MPa} > 35 \text{MPa}$일 때

　　• 22회의 보정계수 $= 1.08 - \dfrac{1.08 - 1.03}{25 - 20} \times (22 - 20) = 1.06$ (∵ 직선보간)

　　• 수정 표준편차 $s = 4.5 \times 1.06 = 4.77 \text{MPa}$

　　• $f_{cr} = f_{cq} + 1.34 s = 40 + 1.34 \times 4.77 = 46.39 \text{MPa}$

　　• $f_{cr} = 0.9 f_{cq} + 2.33 s = 0.9 \times 40 + 2.33 \times 4.77 = 47.11 \text{MPa}$

　　∴ 배합강도 $f_{cr} = 47.11 \text{MPa}$(∵ 두 값 중 큰 값)

🔱 f_{ck}
설계기준강도

🔱 f_{cq}
품질기준강도

□□□ 11①, 15④, 21②

10 댐의 기초암반에 보링공을 천공한 후, 시멘트 풀, 점토 및 약액 등을 압력으로 주입하여 지반개량 및 차수를 목적으로 시행하는 것을 그라우팅이라고 한다. 이러한 그라우팅의 종류를 4가지만 쓰시오.

득점	배점
	3

① _____ ② _____

③ _____ ④ _____

해답 ① 콘솔리데이션 그라우팅(consolidation grouting) ② 커튼 그라우팅(curtain grouting)
　　③ 림 그라우팅(rim grouting) ④ 콘택트 그라우팅(contact grouting)
　　⑤ 블랭킷 그라우팅(blanket grouting)

□□□ 85③, 92③, 93③, 95④, 00⑤, 06①②, 07①, 09④, 12②, 15④

11 토목시공에서 사용하고 있는 토목섬유의 주요기능을 4가지만 쓰시오.

득점	배점
	3

① _____ ② _____ ③ _____ ④ _____

해답 ① 배수기능 ② 여과기능 ③ 분리기능 ④ 보강기능 ⑤ 차수기능

□□□ 15①④

12 연약지반 개량공법 중 일시적인 지반개량공법을 4가지 쓰시오.

득점	배점
	3

① _____ ② _____ ③ _____ ④ _____

해답 ① well point 공법 ② Deep well 공법 ③ 동결공법 ④ 침투압공법 ⑤ 전기침투공법

🎯 연약 지반 개량 공법의 종류

분류	개량 원리	종류		
점성토 개량 공법	탈수	• sand drain • 침투압 공법	• paper drain • 생석회 말뚝 공법	• preloading
	치환	• 굴착 치환 공법	• 폭파 치환 공법	• 강제 치환 공법
사질토 개량 공법	다짐	• 다짐 말뚝 공법	• Compozer 공법	• Virbro-flotation 공법
	충격	• 전기 충격 공법	• 폭파 다짐 공법	• 진동 물다짐 공법
	고결	• 약액 주입 공법		
지하수위 저하 공법	중력 배수 공법	• 집수 공법	• 암거 공법	• 심정호(deep well) 공법
	강제 배수 공법	• 웰 포인트 공법	• 전기 삼투 공법	• 진공 배수 공법
일시적인 개량 공법		• well point 공법 • 대기압 공법	• deep well 공법 • 전기 침투 공법	• 동결 공법

□□□ 84①②③, 87③, 88②, 91③, 93②, 94②, 97②, 98⑤, 03④, 12④, 15④, 20③

13 다음과 같은 조건으로 불도저를 사용하여 흙을 굴착할 때 불도저의 시간당 작업량을 본바닥 토량으로 구하시오.

득점 / 배점
/ 3

─────【조 건】─────

- 흙의 운반거리 : 30m
- 후진속도 : 70m/min
- 토량변화율(L) : 1.25
- 작업효율(E) : 0.8
- 전진속도 : 37.5m/min
- 기어변속시간 : 20sec
- 1회의 압토량 : 2.2m³

계산 과정)   답 : _____

[해답] $Q = \dfrac{60 \cdot q_0 \cdot \dfrac{1}{L} \cdot E}{C_m}$

- $C_m = \dfrac{l}{V_1} + \dfrac{l}{V_2} + t = \left(\dfrac{30}{37.5} + \dfrac{30}{70}\right) + \dfrac{20}{60} = 1.56$분

∴ $Q = \dfrac{60 \times 2.2 \times \dfrac{1}{1.25} \times 0.80}{1.56} = 54.15\,\text{m}^3/\text{hr}$

□□□ 04①, 05④, 08①, 15④, 19①

14 도심지 굴착공사 중 계측관리시 아래 그림에서 빈칸에 해당하는 계측기기를 쓰시오.

득점 / 배점
/ 3

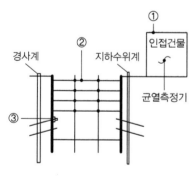

① _____

② _____

③ _____

[해답] ① 건물경사계
② 변형률계
③ 하중계

□□□ 01②, 03②, 07①, 10②, 11②, 15④, 21③

15 아래 그림과 같은 무한사면에서 지하수위면과 지표면이 일치한 경우 사면의 안전율을 구하시오. (단, 지반의 $c=0$, $\phi=30°$, $\gamma_{sat}=18.0kN/m^3$이다.)

득점	배점
	3

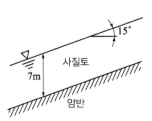

계산 과정)

답 : _____

해답 $F_s = \dfrac{\gamma_{sub}}{\gamma_{sat}} \cdot \dfrac{\tan\phi}{\tan i} = \dfrac{18.0-9.81}{18.0} \times \dfrac{\tan 30°}{\tan 15°} = 0.98$

(점착력 $c=0$이고, 지하수위가 지표면과 일치할 때 반무한사면의 안전율)

□□□ 92③④, 94②, 96①④, 98②, 00⑤, 04③, 05④, 10①, 13④, 15④, 18①, 20④

16 PERT 기법에 의한 공정관리기법에서 낙관시간치 2일, 정상시간치 5일, 비관시간치 8일일 때 기대시간과 분산을 구하시오.

득점	배점
	3

계산 과정)

[답] 기대시간 : _____, 분산 : _____

해답 • 기대시간 $t_e = \dfrac{t_0 + 4t_m + t_p}{6} = \dfrac{2+4\times 5+8}{6} = 5$

• 분산 $\sigma^2 = \left(\dfrac{t_p - t_0}{6}\right)^2 = \left(\dfrac{8-2}{6}\right)^2 = 1$

🎯 PERT 기법(3점 시간)

• 낙관 시간(t_o : optimistic time) : 최소 시간
• 최적 시간(t_m : mostlikely time) : 정상 시간
• 비관 시간(t_p : pessimistic time) : 최대 시간

① 기대 시간(t_e : expected time)

$t_e = \dfrac{t_0 + 4t_m + t_p}{6}$

② 분산(variance)

$\sigma^2 = \left(\dfrac{t_p - t_0}{6}\right)^2$

□□□ 12②, 14①, 15④

17 아래 그림과 같은 옹벽에서 다음 물음에 답하시오.

득점 배점
6

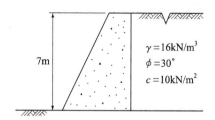

가. 인장균열의 깊이를 구하시오.

　계산 과정)　　　　　　　　　　　　　　　　답 : _____

나. 인장균열이 발생하기 전의 전체 주동토압을 구하시오.

　계산 과정)　　　　　　　　　　　　　　　　답 : _____

다. 인장균열이 발생한 후의 전체 주동토압을 구하시오.

　계산 과정)　　　　　　　　　　　　　　　　답 : _____

해답 가. $z_o = \dfrac{2c}{\gamma_t}\tan\left(45° + \dfrac{\phi}{2}\right) = \dfrac{2\times 10}{16}\times\tan\left(45° + \dfrac{30°}{2}\right) = 2.165\,\mathrm{m}$

　나. $P_A = \dfrac{1}{2}\gamma H^2 K_A - 2cH\sqrt{K_A}$

　　• $K_A = \tan^2\left(45° - \dfrac{\phi}{2}\right) = \tan^2\left(45° - \dfrac{30°}{2}\right) = \dfrac{1}{3}$

　　∴ $P_A = \dfrac{1}{2}\times 16\times 7^2\times\dfrac{1}{3} - 2\times 10\times 7\times\sqrt{\dfrac{1}{3}}$

　　　　$= 130.07 - 80.83 = 49.84\,\mathrm{kN/m}$

　다. $P_A = \dfrac{1}{2}\gamma H^2 K_A - 2cH\sqrt{K_A} + \dfrac{2c^2}{\gamma_t}$

　　　$= \dfrac{1}{2}\times 16\times 7^2\times\dfrac{1}{3} - 2\times 10\times 7\times\sqrt{\dfrac{1}{3}} + \dfrac{2\times 10^2}{16}$

　　　$= 130.67 - 80.38 + 12.5 = 62.34\,\mathrm{kN/m}$

□□□ 15④, 22①

18 교량의 상부구조와 하부구조의 접점에 위치하여 상부구조에서 전달되는 하중을 하부구조에 전달하고, 상하부 간의 상대변위 및 상부구조의 회전변형을 흡수하는 구조를 무엇이라 하는가?

득점 배점
2

　○

해답 교좌장치(교량받침, shoe)

□□□ 88③, 15④, 20④

19 어떤 사질 기초지반의 평판 재하실험 결과 항복강도가 600kN/m², 극한강도 1,000kN/m² 이었다. 그리고 그 기초는 지표에서 1.5m 깊이에 설치된 것이고 그 기초지반의 단위중량이 18kN/m³일 때, 이때의 지지력계수 $N_q = 5$이었다. 이 기초의 장기 허용지지력을 구하시오.

득점 배점
3

계산 과정)   답 : _____

[해답] ■ 허용지지력(q_t) 결정

$$q_t = \frac{q_u}{3} = \frac{1,000}{3} = 333.33 \, kN/m^2$$

$$q_t = \frac{q_y}{2} = \frac{600}{2} = 300 \, kN/m^2$$

∴ $q_t = 300 \, kN/m^2$ (∵ 두 값 중 작은 값)

∴ 장기 허용지지력

$$q_a = q_t + \frac{1}{3}\gamma_t \cdot D_f \cdot N_q$$

$$= 300 + \frac{1}{3} \times 18 \times 1.5 \times 5 = 345 \, kN/m^2$$

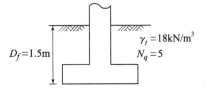

$D_f = 1.5m$ $\gamma_t = 18kN/m^3$ $N_q = 5$

□□□ 05④, 15④, 20②

20 숏크리트 및 록볼트 공법을 제외한 터널보조공법의 종류를 4가지만 쓰시오.

득점 배점
3

① _____ ② _____ ③ _____ ④ _____

[해답] ① 주입공법
② 훠폴링(Fore Poling) 공법
③ 파이프 루프(Pipe Roof) 공법
④ 강관 다단 그라우팅공법
⑤ 지하수위 저하공법
⑥ 동결공법

□□□ 89①, 92③, 96①, 15④

21 흙의 동결을 방지하기 위한 동상대책을 3가지만 쓰시오.

득점 배점
3

① _____ ② _____ ③ _____

[해답] ① 치환공법으로 동결되지 않는 흙으로 바꾸는 방법
② 지하수위 상층에 조립토층을 설치하는 방법
③ 배수구 설치로 지하수위를 저하시키는 방법
④ 흙 속에 단열재료를 매입하는 방법
⑤ 화학약액으로 처리하는 방법

□□□ 00①, 15④

22 그림과 같은 Network에서 Critical Path상의 표준공기를 구하시오. (단, 화살선상의 숫자는 공사 소요일수이다.)

득점 | 배점
3

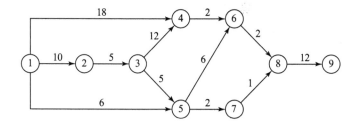

답 : _____

해답

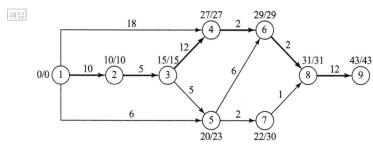

- C.P : ① → ② → ③ → ④ → ⑥ → ⑧ → ⑨
- 공기 : 43일

□□□ 93③, 99②, 01②, 02④, 04④, 05②, 11②, 15④, 18③

23 연약점토층의 두께가 10m인 현장 지반에서 시료를 채취하여 압밀시험을 실시하였다. 이 때 압밀 시험한 결과 하중강도가 $240kN/m^2$에서 $360kN/m^2$으로 증가할 때, 간극비는 1.8에서 1.2로 감소하였다. 이 지반 위에 단위중량 $20kN/m^3$인 성토재를 5m 성토할 때 최종침하량을 구하시오. (단, 원지반의 간극비(e_o)는 2.2이다.)

득점 | 배점
3

계산 과정)

답 : _____

해답 $S = m_v \Delta P H = \dfrac{a_v}{1+e_o} \cdot \Delta P \cdot H$

- $a_v = \dfrac{e_1 - e_2}{P_2 - P_1} = \dfrac{1.8 - 1.2}{360 - 240} = 5 \times 10^{-3} m^2/kN$

- $\Delta P = 20 \times 5 = 100 kN/m^2$

- $H = 10m$

- $m_v = \dfrac{a_v}{1+e_o} = \dfrac{5 \times 10^{-3}}{1+2.2}$

  $= 1.56 \times 10^{-3} m^2/kN$

∴ $S = 1.56 \times 10^{-3} \times 100 \times 10 = 1.56m$

□□□ 03④, 05④, 08②, 15④

24 주어진 슬래브의 도면 및 조건에 따라 다음 물량을 산출하시오. (단위 : mm)

득점	배점
	18

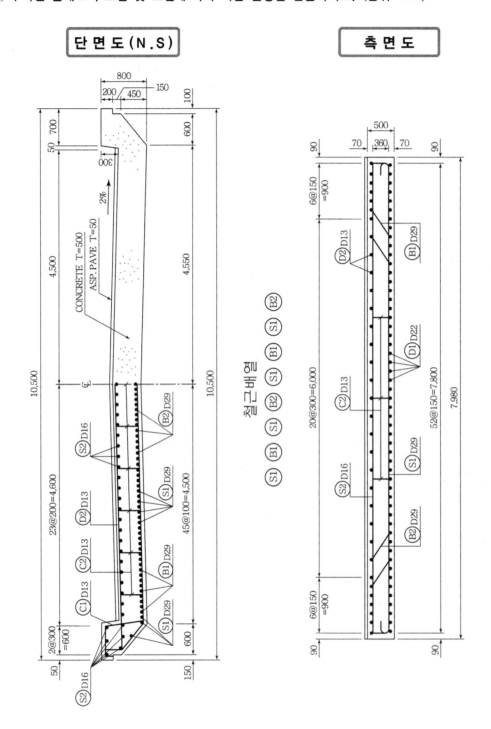

단 면 도 (N . S)

측 면 도

철근배열

① ① ① ② ① ① ① ②

① ① ① ② ① ① ① ②

철근상세도

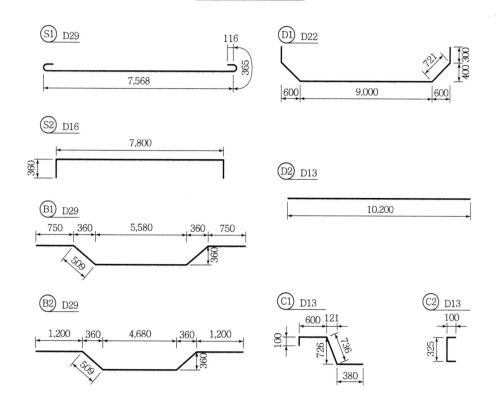

【조 건】
- B1과 B2 철근은 400mm 간격으로 200mm 간격의 S1 철근 사이에 교대로 배치되어 있다.
- D2와 C1 철근은 동일한 위치에 동일한 간격으로 배치된 것으로 측면도와 같이 중앙부에서는 300mm, 양쪽 단부에서는 150mm 간격으로 배근되어 있다.
- 물량산출에서의 할증률은 무시한다.
- 철근길이 계산에서 이음길이는 계산하지 않는다.
- 슬래브 기울기 2%는 시공시에만 고려할 사항으로 물량산출에서는 무시한다.

가. 한 경간(1 span)에 대한 콘크리트량을 구하시오. (단, 소수 넷째자리에서 반올림하시오.)

계산 과정)

답 : _____

나. 한 경간(1 span)에 대한 아스팔트량을 구하시오. (단, 소수 넷째자리에서 반올림하시오.)

계산 과정)

답 : _____

다. 한 경간(1 span)에 대한 거푸집량을 구하시오. (단, 소수 넷째자리에서 반올림하시오.)

계산 과정)

답 : _____

라. 한 경간(1 span)에 대한 다음 철근물량표를 완성하시오.

기호	직경	길이(mm)	수량	총길이(mm)	기호	직경	길이(mm)	수량	총길이(mm)
B1					D1				
B2					S1				
C1					S2				

해답 가.

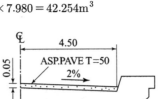

- $A_1 = 0.10 \times 0.2 = 0.02\,\text{m}^2$
- $A_2 = \dfrac{0.35 + 0.8}{2} \times 0.6 = 0.345\,\text{m}^2$
- $A_3 = \dfrac{0.05 \times 0.3}{2} = 0.0075\,\text{m}^2$
- $A_4 = 4.55 \times 0.5 = 2.275\,\text{m}^2$
- 총단면적 $= \sum A \times 2(\text{좌우})$
  $= (0.02 + 0.345 + 0.0075 + 2.275) \times 2$
  $= 2.6475 \times 2 = 5.295\,\text{m}^2$
- $\therefore$ 콘크리트량 $=$ 총단면적 $\times$ 측면도 길이 $= 5.295 \times 7.980 = 42.254\,\text{m}^3$

나. $A = 4.50 \times 0.05 = 0.225\,\text{m}^2$

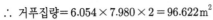

$\therefore$ 아스팔트량 $=$ 총단면적 $\times$ 측면도 길이
$= 0.225 \times 2(\text{좌우}) \times 7.980$
$= 3.591\,\text{m}^3$

다.

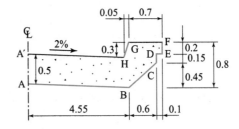

- $\overline{AB} = 4.55\,\text{m}$
- $\overline{BC} = \sqrt{0.6^2 + 0.45^2} = 0.750\,\text{m}$
- $\overline{CD} = 0.15\,\text{m}$
- $\overline{DE} = 0.10\,\text{m}$
- $\overline{EF} = 0.20\,\text{m}$
- $\overline{GH} = \sqrt{0.30^2 + 0.05^2} = 0.304\,\text{m}$
- 거푸집면 길이 $= 4.55 + 0.75 + 0.15$
  $\quad\quad + 0.1 + 0.2 + 0.304$
  $\quad = 6.054\,\text{m}$
  $\therefore$ 거푸집량 $= 6.054 \times 7.980 \times 2 = 96.622\,\text{m}^2$
- span 마구리면 $= 5.295 \times 2 = 10.590\,\text{m}^2$
  $\therefore$ 총거푸집량 $= 96.622 + 10.590 = 107.212\,\text{m}^2$

라. 한 경간에 대한 철근물량표

기호	직경	길이(mm)	수량	총길이(mm)	기호	직경	길이(mm)	수량	총길이(mm)
B1	D29	8,098	22	178,156	D1	D22	11,042	53	585,226
B2	D29	8,098	22	178,156	S1	S29	8,530	49	417,970
C1	D13	1,816	66	119,856	S2	S29	8,520	57	485,640

🎯 철근물량 산출근거

$$B1 = \left\{ \frac{4,500 - (200 + 300)}{400} + 1 \right\} \times 2 = 22본$$

$$B2 = \left\{ \frac{4,500 - (400 + 100)}{400} + 1 \right\} \times 2 = 22본$$

$$C1 = D2 \times 2 = (6@ + 20@ + 6@ + 1) = 32 + 1 = 33본$$

$$D1 = 52@ + 1 = 53본$$

$$S1 = \left\{ \frac{4,500 - (100 + 200)}{200} + 1 \right\} \times 2 + 1 + 2 \times 2 = 49본$$

$$S2 = \{(간격수 + 1) + 끝단\ 철근\} \times 2 - 1$$
$$\quad = \{(23 + 1) + 5\} \times 2 - 1 = 57본$$

□□□ 94④, 99④, 00⑤, 06④, 15①④, 18③, 22③

25 그림과 같이 연직하중과 모멘트를 받는 구형기초의 극한하중과 안전율을 Terzaghi 공식을 이용하여 구하시오. (단, $N_c = 37.2$, $N_q = 22.5$, $N_r = 19.7$이다.)

득점	배점
	3

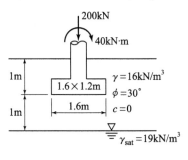

계산 과정)

[답] 극한하중 : _____ , 안전율 : _____

해답 안전율 $F_s = \dfrac{Q_u}{Q_a}$

• 편심거리 $e = \dfrac{M}{Q} = \dfrac{40}{200} = 0.2\,\mathrm{m}$

• 유효폭 $B' = B - 2e = 1.6 - 2 \times 0.2 = 1.2\,\mathrm{m}$

• $d < B$ (1m < 1.2m)인 경우

$$\gamma_1 = \gamma_{\mathrm{sub}} + \frac{d}{B}(\gamma_t - \gamma_{\mathrm{sub}})$$

$$= (19 - 9.81) + \frac{1}{1.2}\{16 - (19 - 9.81)\} = 14.87\,\mathrm{kN/m^3}$$

• $q_u = \alpha c N_c + \beta \gamma_1 B N_r + \gamma_2 D_f N_q$

• 정사각형 기초 : $\alpha = 1.3$, $\beta = 0.4$

$\therefore q_u = 0 + 0.4 \times 14.87 \times 1.2 \times 19.7 + 16 \times 1 \times 22.5$

$\quad = 500.61\,\mathrm{kN/m^2}$

• 극한하중 $Q_u = q_u A = q_u \cdot B' \cdot L$

$\qquad\qquad = 500.61 \times (1.2 \times 1.2) = 720.88\,\mathrm{kN}$

$\therefore F_s = \dfrac{720.88}{200} = 3.60$

국가기술자격 실기시험문제

2016년도 기사 제1회 필답형 실기시험 (기사)

종 목	시험시간	형 별	성 명	수험번호
토목기사	3시간	A		

※ 수험자 인적사항 및 계산식을 포함한 답안 작성은 검은색 필기구만 사용해야 하며, 그 외 연필류, 빨간색, 청색 등 필기구로 작성한 답항은 0점 처리 됩니다.

□□□ 09①, 11②, 15④, 16①

01 지하수가 높은 경우 지하구조물 설계시 양압력에 대해 검토하고 그에 따른 처리방안을 강구해야 한다. 양압력 처리방법을 3가지만 쓰시오.

득점	배점
	3

① _____ ② _____ ③ _____

해답 ① 사하중에 의한 방법
② 부력앵커시스템 방법
③ 영구배수처리방법

□□□ 97④, 00⑤, 04①, 10①, 16①

02 기존 아스팔트 포장에 생긴 균열에 대한 일반적인 보수방법을 3가지만 쓰시오.

득점	배점
	3

① _____ ② _____ ③ _____

해답 ① 오버레이(over lay)   ② 절삭 오버레이
③ 표면처리   ④ 패칭(patching)

□□□ 09②, 11②, 16①

03 도로에서 기층은 표층에 가해지는 하중을 분산시켜 보조기층에 전달하며, 교통하중에 의한 전단에 저항하는 역할을 한다. 이러한 역할을 하는 기층을 만들기 위해 사용되는 공법을 3가지만 쓰시오.

득점	배점
	3

① _____ ② _____ ③ _____

해답 ① 입도조정공법   ② 시멘트 안정처리공법
③ 아스팔트 안정처리공법 ④ 석회 안정처리공법

□□□ 88③, 89②, 94②, 97①, 01②, 03①, 04②④, 07①, 09①, 12①, 13①②, 16①, 18③

04 버킷 용량 3.0m³의 셔블과 15ton 덤프트럭을 사용하여 토공사를 하고 있다. 아래 조건에 따라 다음 물음에 답하시오.

득점	배점
	6

- 흙의 단위중량 : 1.8t/m³
- 토량변화율(L) : 1.2
- 셔블의 버킷계수 : 1.1
- 사이클타임 : 30초
- 셔블의 작업효율 : 0.5
- 덤프트럭의 사이클타임 : 30분
- 덤프트럭의 작업효율 : 0.8
- 덤프트럭의 사이클타임 중 상차시간 : 2분
- 덤프트럭 1대를 적재하는 데 필요한 셔블의 사이클 횟수 : 3

가. 셔블의 시간당 작업량은 얼마인가?

계산 과정)　　　　　　　　　　　　　　　　　답 : _____

나. 덤프트럭의 시간당 작업량은 얼마인가?

계산 과정)　　　　　　　　　　　　　　　　　답 : _____

다. 셔블 1대당 덤프트럭의 소요대수는 얼마인가?

계산 과정)　　　　　　　　　　　　　　　　　답 : _____

해답 가. $Q_S = \dfrac{3{,}600 \cdot q \cdot K \cdot f \cdot E}{C_m} = \dfrac{3{,}600 \times 3.0 \times 1.1 \times \dfrac{1}{1.2} \times 0.5}{30} = 165 \, \text{m}^3/\text{hr}$

나. $Q_t = \dfrac{60 \cdot q_t \cdot f \cdot E}{C_m} = \dfrac{60 \cdot q_t \cdot \dfrac{1}{L} \cdot E}{C_m}$

　$q_t = \dfrac{T}{\gamma_t} \cdot L = \dfrac{15}{1.8} \times 1.2 = 10 \, \text{m}^3$

$\therefore Q_s = \dfrac{60 \times 10 \times \dfrac{1}{1.2} \times 0.8}{30} = 13.33 \, \text{m}^3/\text{hr}$

다. $N = \dfrac{Q_S}{Q_t} = \dfrac{165}{13.33} = 12.38$대　　$\therefore 13$대

□□□ 96①, 98③, 08④, 11②, 12④, 16①

05 직경 30cm 평판재하시험에서 작용압력이 200kPa일 때 침하량이 15mm라면, 직경 1.5m의 실제 기초에 200kPa의 압력이 작용할 때 사질토지반에서의 침하량의 크기는 얼마인가?

득점	배점
	3

계산 과정)　　　　　　　　　　　　　　　　　답 : _____

해답 침하량 $S_F = S_P \left(\dfrac{2B_F}{B_F + B_P} \right)^2 = 15 \times \left(\dfrac{2 \times 1.5}{1.5 + 0.3} \right)^2 = 41.67 \, \text{mm} \, (\because$ 사질토지반)

F
Foundation 약자

P
Plane 약자

□□□ 00②, 10②, 13②, 16①

06 다음 표와 같은 설계조건 및 재료, 참고표를 이용하여 콘크리트를 배합설계하여 아래 배합표를 완성하시오.

득점	배점
	10

───────【설계조건 및 재료】───────

- 물–시멘트비는 50%로 한다.
- 굵은골재는 최대치수 20mm의 부순돌을 사용한다.
- 양질의 공기연행제(AE제)를 사용하며 그 사용량은 시멘트 질량의 0.03%로 한다.
- 목표로 하는 슬럼프는 100mm, 공기량은 5%로 한다.
- 사용하는 시멘트는 보통포틀랜드시멘트로서 밀도는 $3.15g/cm^3$ 이다.
- 잔골재의 표건밀도는 $2.6g/cm^3$ 이고, 조립률은 2.85이다.
- 굵은골재의 표건밀도는 $2.7g/cm^3$ 이다.

【배합설계 참고표】

굵은골재 최대치수 (mm)	단위 굵은골재 용적 (%)	공기연행제를 사용하지 않은 콘크리트			공기연행 콘크리트				
		갇힌 공기 (%)	잔골재율 S/a(%)	단위 수량 (kg/m^3)	공기량 (%)	양질의 공기연행제를 사용한 경우		양질의 공기연행 감수제를 사용한 경우	
						잔골재율 S/a(%)	단위수량 $W(kg/m^3)$	잔골재율 S/a(%)	단위수량 $W(kg/m^3)$
15	58	2.5	53	202	7.0	47	180	48	170
20	62	2.0	49	197	6.0	44	175	45	165
25	67	1.5	45	187	5.0	42	170	43	160
40	72	1.2	40	177	4.5	39	165	40	155

주 1) 이 표의 값은 보통의 입도를 가진 잔골재(조립률 2.8 정도)와 부순돌을 사용한 물–시멘트비 55% 정도, 슬럼프 80mm 정도의 콘크리트에 대한 것이다.

　2) 사용재료 또는 콘크리트의 품질이 주 1)의 조건과 다를 경우에는 위의 표의 값을 아래 표에 따라 보정한다.

구 분	S/a의 보정(%)	W의 보정(kg)
잔골재의 조립률이 0.1 만큼 클(작을) 때마다	0.5 만큼 크게(작게) 한다.	보정하지 않는다.
슬럼프값이 10mm 만큼 클(작을) 때마다	보정하지 않는다.	1.2% 만큼 크게(작게) 한다.
공기량이 1% 만큼 클(작을) 때마다	0.5~1.0 만큼 작게(크게) 한다.	3% 만큼 작게(크게) 한다.
물–시멘트비가 0.05 클(작을) 때마다	1만큼 크게(작게) 한다.	보정하지 않는다.
S/a가 1% 클(작을) 때마다	보정하지 않는다.	1.5kg 만큼 크게(작게) 한다.

비고 : 단위 굵은 골재용적에 의하는 경우에는 모래의 조립률이 0.1만큼 커질(작아질) 때마다 단위 굵은 골재용적을 1만큼 작게(크게) 한다.

【답】 배합표

굵은 골재 최대치수 (mm)	슬럼프 (mm)	공기량 (%)	W/C (%)	잔골재율 S/a(%)	단위량(kg/m³)				혼화제 단위량 (g/m³)
					물 (W)	시멘트 (C)	잔골재 (S)	굵은 골재 (G)	
20	100	5	50						

해답 ■ [방법 1]
· 잔골재율과 단위수량의 보정

보정항목	배합 참고표	문제조건	잔골재율(S/a)의 보정	단위수량(W)의 보정
굵은 골재의 치수 20mm 일 때			$S/a = 44\%$	$W = 175\text{kg}$
모래의 조립률	2.80	2.85(↑)	$\dfrac{2.85-2.80}{0.10} \times (0.5)$ $= +0.25(↑)$	보정하지 않는다.
슬럼프값	80mm	100mm(↑)	보정하지 않는다.	$\dfrac{100-80}{10} \times 1.2 = 2.4\%(↑)$
공기량	6	5(↓)	$\dfrac{6-5}{1} \times (+0.75)$ $= +0.75\%(↑)$	$\dfrac{6-5}{1} \times (+3) = +3\%(↑)$
W/C	55%	50%(↓)	$\dfrac{0.55-0.50}{0.05} \times (-1)$ $= -1.0\%(↓)$	보정하지 않는다.
S/a	44%	44.00%	보정하지 않는다.	$\dfrac{44-44}{1} \times (+1.5) = 0$
보정값			$S/a = 44+0.25+0.75-1.0$ $= 44.00\%$	$175\left(1 + \dfrac{2.4}{100} + \dfrac{3}{100}\right) + 0$ $= 184.45\,\text{kg}$

· 단위수량 $W = 184.45\text{kg/m}^3$
· 단위시멘트량 C : $\dfrac{W}{C} = 0.50$, $C = \dfrac{184.45}{0.50} = 368.90$ ∴ $C = 368.90\text{kg/m}^3$
· 공기연행(AE)제 : $368.90 \times \dfrac{0.03}{100} = 0.11067\text{kg/m}^3 = 110.67\text{g/m}^3$
· 단위골재량의 절대체적

$$V_a = 1 - \left(\frac{\text{단위수량}}{1,000} + \frac{\text{단위시멘트}}{\text{시멘트 밀도} \times 1,000} + \frac{\text{공기량}}{100}\right)$$
$$= 1 - \left(\frac{184.45}{1,000} + \frac{368.90}{3.15 \times 1,000} + \frac{5}{100}\right) = 0.648\,\text{m}^3$$

· 단위잔골재량
$S = V_a \times S/a \times$ 잔골재 밀도 $\times 1,000$
　$= 0.648 \times 0.44 \times 2.6 \times 1,000 = 741.31\,\text{kg/m}^3$
· 단위굵은골재량
$G = V_g \times (1 - S/a) \times$ 굵은골재 밀도 $\times 1,000$
　$= 0.648 \times (1-0.44) \times 2.7 \times 1,000 = 979.78\,\text{kg/m}^3$
· 배합표

굵은골재 최대치수 (mm)	슬럼프 (mm)	W/C (%)	잔골재율 S/a(%)	단위량(kg/m³)				혼화제 단위량 (g/m³)
				물 (W)	시멘트 (C)	잔골재 (S)	굵은골재 (G)	
20	100	50	44	184.45	368.90	741.31	979.78	110.67

■ [방법 2]

- 단위수량 $W = 184.45 \, \text{kg/m}^3$

- 단위시멘트량 C : $\dfrac{W}{C} = 0.50$, $C = \dfrac{184.45}{0.50}$ ∴ $C = 368.90 \, \text{kg/m}^3$

- 시멘트의 절대용적 : $V_c = \dfrac{368.90}{0.00315 \times 1,000} = 117.11 \, l$ (∵ 시멘트의 밀도 0.00315g/mm^3)

- 공기량 : $1,000 \times 0.05 = 50 \, l$

- 골재의 절대용적 : $1,000 - (117.11 + 184.45 + 50) = 648.44 \, l$

- 잔골재의 절대용적 : $648.44 \times 0.44 = 285.31 \, l$

- 단위잔골재량 : $285.31 \times 0.0026 \times 1,000 = 741.81 \, \text{kg/m}^3$ (∵ 잔골재의 표건밀도 0.0026g/mm^3)

- 굵은골재의 절대용적 : $648.44 - 285.31 = 363.13$

- 단위굵은골재량 : $363.13 \times 0.0027 \times 1,000 = 980.45 \, \text{kg/m}^3$ (∵ 굵은골재의 표건밀도 0.0027g/mm^3)

- 공기연행제량 : $368.90 \times 0.0003 = 0.11067 \, \text{kg/m}^3 = 110.67 \, \text{g/m}^3$

 배합설계 참고표에서 찾는 법

■ 「설계조건 및 재료」에서 확인할 사항
- 양질의 공기연행제 사용여부
- 굵은골재의 최대치수 확인

굵은골재 최대치수(mm)	공기량(%)	양질의 공기연행제를 사용한 경우	
		잔골재율 S/a(%)	단위수량 W(kg/m³)
20	6.0	44	175

□□□ 16①

07 10m 깊이의 쓰레기층을 동다짐(dynamic compaction 또는 heavy tamping)을 이용하여 개량하려고 한다. 사용할 해머 중량이 20t, 하부 면적 반경 2m의 원형블록을 이용한다면 해머의 낙하고를 구하시오. (단, 보정계수 α : 0.5이다.)

득점	배점
	3

계산 과정)   답 : _____

해답 심도 $D = \alpha\sqrt{WH}$ 에서
$$10 = 0.5\sqrt{20 \times H}$$
∴ $H = 20 \text{m}$

참고 SOLVE 사용

□□□ 05①, 08④, 12②, 16①, 22①

08 연약지반에 설치한 교대에 발생하기 쉬운 측방유동에 영향을 미치는 주요 요인을 3가지만 쓰시오.

득점	배점
	3

① _____   ② _____   ③ _____

해답 ① 교대배면의 뒤채움 편재하중   ② 교대배면의 성토높이
　　③ 교대하부 연약층의 두께   ④ 교대하부 연약층의 전단강도

□□□ 04①, 06②, 08④, 12④, 16①, 18③

09 다음의 작업리스트를 이용하여 아래 물음에 답하시오.
(단, 표준일수에 대한 간접비가 60만원이고 1일 단축시 5만원씩 감소하며, 표준일수에 대한 직접비는 60만원이다.)

득점 / 배점 : 10

작업명	선행작업	후속작업	표준일수	특급일수	1일 단축하는 데 필요한 직접비용 증가액(만원/일)
A	–	B, C	5	2	6
B	A	E	4	2	4
C	A	F	6	4	7
D	–	G	5	4	5
E	B	H	6	3	8
F	C	–	4	3	5
G	D	H	7	5	8
H	E, G	–	5	3	9

가. Network(화살선도)를 작도하고 표준일수에 대한 C.P를 구하시오.

나. 최적공기와 그때의 총공사비를 구하시오.

계산 과정)   [답] 최적공기 : _____, 총공사비 : _____

해답 가.

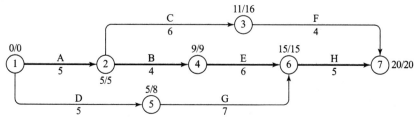

CP : A→B→E→H

나.

작업명	단축일수	비용경사	20	19	18	17	16
A	3	6만원				1	
B	2	4만원		1	1		
C	2	7만원					
D	1	5만원					
E	3	8만원					
F	1	5만원					
G	2	8만원					
H	2	9만원					1
직 접 비(만원)			60	64	68	74	83
간 접 비(만원)			60	55	50	45	40
총공사비(만원)			120	119	118	119	123

∴ 최적공기 : 18일, 총공사비 : 118만원

□□□ 92④, 99③, 01①, 08①, 09①, 12④, 16①

10 다음과 같은 조건일 때, 직사각형 복합확대기초의 크기(B, L)를 구하시오.

득점	배점
	3

──────── 【조 건】 ────────

지반의 허용지지력 $q_a = 150\text{kN}$, 기둥 1 : 0.4m×0.4m, $Q_1 = 600\text{kN}$

기둥 2 : 0.5m×0.5m, $Q_2 = 900\text{kN}$

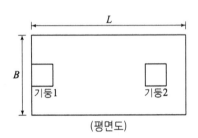

(평면도)

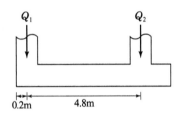

계산 과정)

답 : _____

해답 ■ 공식에 의한 방법

$$L = 2a + \frac{2Q_2 \cdot S}{Q_1 + Q_2}$$

$$= 2 \times 0.2 + \frac{2 \times 900 \times 4.8}{600 + 900}$$

$$= 6.16\text{m}$$

$$B = \frac{Q_1 + Q_2}{q_a \cdot L} = \frac{600 + 900}{150 \times 6.16} = 1.62\text{m}$$

■ 평형방정식 조건식에 의한 방법

$$\sum F_v = 0 \ : \ Q_1 + Q_2 = q_a \cdot (B \cdot L)$$

$$B \cdot L = \frac{Q_1 + Q_2}{q_a} = \frac{600 + 900}{150} = 10 \quad \cdots\cdots\cdots (1)$$

$$\sum M_0 = 0 : 600 \times 0.2 + 900 \times 5.0 = q_a \cdot (B \cdot L) \cdot \frac{L}{2}$$

$$B \cdot L^2 = \frac{600 \times 0.2 + 900 \times 5.0}{150 \times \frac{1}{2}} = 61.6 \quad \cdots\cdots (2)$$

(1)과 (2)에서 $10L = 61.6\text{m}$

$$\therefore \ L = 6.16\text{m}, \ B = 1.62\text{m}$$

□□□ 94②, 00②, 05①, 08②, 09②, 14②, 16①, 20①

11 Sand Drain 공법으로 연약지반을 개량할 때 U_v(연직방향 압밀도)=0.9, U_h(수평방향 압밀도)=0.4인 경우 전체 압밀도(U)는 얼마인가?

득점	배점
	3

○

해답 $U = \{1 - (1 - U_h)(1 - U_v)\} \times 100$

$$= \{1 - (1 - 0.4)(1 - 0.9)\} \times 100 = 94\%$$

□□□ 16①

12 현장투수시험은 보링에 의하여 형성된 공내의 수위를 양수 혹은 주수에 의해 변화시켜 놓고 이의 회복상황과 시간과의 관계를 관측하여 투수계수를 산출하여 지반의 투수성을 판단하는 시험으로 양수시험과 주수시험으로 구분한다.

득점	배점
	3

가. 양수시험의 종류 2가지를 쓰시오.

① _____ ② _____

나. 주수시험의 종류 2가지를 쓰시오.

① _____ ② _____

해답 가. ① 단계양수 시험법 ② 대수층 시험법
나. ① 정수위법 ② 변수위법

□□□ 07②④, 09②, 10①④, 16①

13 어떤 토공현장에서 흙시료를 채취하여 실내 다짐시험하여 최대건조단위중량 19.4kN/m^3, 최적함수비 10.3%를 얻었다. 이 현장에서 다짐을 실시하여 상대다짐도 95% 이상을 얻으려고 한다. 다짐을 실시한 후 들밀도시험을 실시하였더니 $V=1.63\times10^{-3}\text{m}^3$, $W=29.34\text{N}$이었다. 흙의 비중이 2.62, 현장 흙의 함수비가 9.8%일 때 합격 여부를 판정하시오.

득점	배점
	3

계산 과정)   답 : _____

해답 다짐도 $R=\dfrac{\gamma_d}{\gamma_{d\max}}\times100$, 합격($R>95\%$), 불합격($R<95\%$)

• $\gamma_t=\dfrac{W}{V}=\dfrac{29.34\times10^{-3}}{1.63\times10^{-3}}=18.0\,\text{kN/cm}^3$

• $\gamma_d=\dfrac{\gamma_t}{1+w}=\dfrac{18.0}{1+0.098}=16.39\,\text{kN/m}^3$

∴ $R=\dfrac{16.39}{19.4}\times100=84.48\%<95\%$ ∴ 불합격

□□□ 16①

14 모터그레이더로 작업거리 50m인 노상을 정지작업할 때 1시간당 작업량을 구하시오.
(단, 블레이드의 유효길이 $l=2.9\text{m}$, 흙 고르기 두께 $D=0.3\text{m}$, 사이클 타임 $C_m=0.96\text{min}$, 부설횟수 $N=3$회, 토량환산계수 $f=1.0$, 작업효율 $E=0.6$)

득점	배점
	3

계산 과정)   답 : _____

해답 $Q=\dfrac{60\cdot l\cdot L\cdot D\cdot f\cdot E}{C_m\cdot N}=\dfrac{60\times2.9\times50\times0.3\times1.0\times0.6}{0.96\times3}$

$=543.75\,\text{m}^3/\text{hr}$

□□□ 07①, 09④, 10④, 12①, 16①, 23②

15 아래 그림과 같은 지반에서 지하수위가 지표면에 위치하다가 지표하부 2m까지 저하하였다. 점토지반의 압밀침하량을 산정하시오. (단, 정규압밀 점토임.)

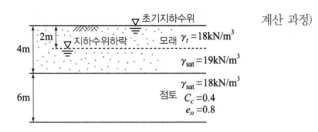

계산 과정)

답 :

[해답] 침하량 $\triangle H = \dfrac{C_c H}{1+e_0} \log \dfrac{P_2}{P_1}$

- $P_1 = \gamma_{sub} H_1 + \gamma_{sub} \dfrac{H_3}{2} = (19-9.81) \times 4 + (18-9.81) \times \dfrac{6}{2} = 61.33\,\text{kN/m}^2$

- $P_2 = \gamma_t H_1 + \gamma_{sub1} H_2 + \gamma_{sub2} \dfrac{H_3}{2} = 18 \times 2 + (19-9.81) \times (4-2) + (18-9.81) \times \dfrac{6}{2}$

$= 78.95\,\text{kN/m}^2$

$\therefore \triangle H = \dfrac{0.4 \times 6}{1+0.8} \times \log \dfrac{78.95}{61.33} = 0.1462\,\text{m} = 14.62\,\text{cm}$

□□□ 87③, 16①

16 $\phi = 0°$이고, $c = 0.04\,\text{MPa}$, $\gamma_t = 18\,\text{kN/m}^3$인 단단한 점토지반 위에 근입깊이 1.5m의 정방형 기초가 놓여 있다. 이때, 이 기초의 도심에 1,500kN의 하중이 작용하고 지하수위의 영향은 없다고 한다. 이 기초의 기초폭 B는?
(단, Terzaghi의 지지력공식을 이용하고, 안전율 $F_s = 3$, 형상계수 $\alpha = 1.3$, $\beta = 0.4$, $\phi = 0°$일 때 지지력계수는 $N_c = 5.14$, $N_r = 0$, $N_q = 1.0$이다.)

계산 과정)

답 :

[해답] • $q_u = \alpha c N_c + \beta \gamma_1 B N_r + \gamma_2 D_f N_q$

$= 1.3 \times 40 \times 5.14 + 0.4 \times 18 \times B \times 0 + 18 \times 1.5 \times 1.0$

$= 294.28\,\text{kN/m}^2$

$(\because c = 0.04\,\text{MPa} = 0.04\,\text{N/mm}^2 = 4\,\text{N/cm}^2 = 40\,\text{kN/m}^2)$

• 허용지지력 $q_a = \dfrac{q_u}{F_s} = \dfrac{294.28}{3} = 98.09\,\text{kN/m}^2$

• $q_a = \dfrac{P}{B^2}$ 에서 $B^2 = \dfrac{P}{q_a} = \dfrac{1,500}{98.09}$

$\therefore B = \sqrt{\dfrac{1,500}{98.09}} = 3.91\,\text{m}$

□□□ 16①

17 다음은 피어공법인 대구경 현장타설말뚝의 기계굴착공법의 특징을 정리한 표이다. (a), (b), (c)에 들어갈 공법 명칭을 쓰시오.

득점 배점 / 3

공법명칭	(a)	(b)	(c)
공법유지	정수압	casing tube	bentonite
적용토질	사력토, 암반	암반을 제외한 전 토질	점성토
굴착장비	drill bit	hammer grab	회전 bucket
최대구경	6m	2m	2m
최대심도	100~200m	40~50m	40~50m

(a) : _____ (b) : _____ (c) : _____

해답 (a) : RCD공법(역순환공법, reverse circulation drill)
　　(b) : 베노토공법(benoto method)
　　(c) : 어스드릴공법(earth drill method)

□□□ 94②, 96⑤, 97④, 98②, 99⑤, 00①, 04②, 06①, 10④, 11④, 12①, 14④, 16①, 22③

18 도로 예정노선에서 일곱지점의 CBR을 측정하여 아래 표와 같은 결과를 얻었다. 설계 CBR은 얼마인가? (단, 설계계산용 계수 d_2는 2.83)

득점 배점 / 3

지점	1	2	3	4	5	6	7
CBR	4.2	3.6	6.8	5.2	4.3	3.4	4.9

계산 과정)　　　　　　　　　　　　　　　　답 : _____

해답 설계 CBR = 평균 CBR $-\dfrac{CBR_{max}-CBR_{min}}{d_2}$

• 평균 CBR $=\dfrac{\sum CBR값}{n}=\dfrac{4.2+3.6+6.8+5.2+4.3+3.4+4.9}{7}=4.63$

∴ 설계 CBR $=4.63-\dfrac{6.8-3.4}{2.83}=3.43$

∴ 3(∵ 설계 CBR은 소수점 이하는 절삭한다.)

□□□ 01①, 07④, 09④, 16①

19 교량을 상판의 위치에 따라 분류할 때 그 종류를 4가지만 쓰시오.

득점 배점 / 3

① _____ ② _____ ③ _____ ④ _____

해답 ① 상로교(上路橋)　② 중로교(中路橋)　③ 하로교(下路橋)　④ 2층교(二層橋)

□□□ 07②, 10②, 13④, 16①, 19②, 22①, 23②

득점	배점
	4

20 아래 그림과 같이 6.0m의 연직옹벽에 연속적인 강우로 뒤채움 흙이 완전 포화되어 있다. 뒤채움 흙은 포화밀도 $\gamma_{sat} = 19.8kN/m^3$, 내부마찰각 $\phi = 38°$인 사질토이며, 벽면마찰각 $\delta = 15°$이다. 이때 Coulomb의 주동토압계수는 0.219이고 파괴면이 수평면과 55°라고 가정할 경우 아래의 물음에 답하시오. (단, 물의 단위중량 $\gamma_w = 9.81kN/m^3$)

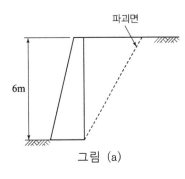

그림 (a)

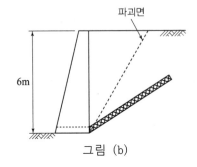

그림 (b)

가. 그림 (a)와 같이 옹벽면에 배수구가 없을 경우 옹벽에 작용하는 전 주동토압을 구하시오.

계산 과정)   답 : _____

나. 그림 (b)와 같이 파괴면 아래쪽에 배수구를 경사지게 설치했을 경우 옹벽에 작용하는 전 주동토압을 구하시오.

계산 과정)   답 : _____

해답 가. $P_A = \dfrac{1}{2}\gamma_{sub}H^2 C_a + \dfrac{1}{2}\gamma_w H^2$

$\quad = \dfrac{1}{2} \times (19.8 - 9.81) \times 6^2 \times 0.219 + \dfrac{1}{2} \times 9.81 \times 6^2$

$\quad = 39.38 + 176.58 = 215.96 \, kN/m$

나. $P_A = \dfrac{1}{2}\gamma_{sat}H^2 C_a$

$\quad = \dfrac{1}{2} \times 19.8 \times 6^2 \times 0.219 = 78.05 \, kN/m$

□□□ 07②, 11④, 16①

득점	배점
	3

21 얕은 기초(직접기초)지반에 하중을 가하면 그에 따라서 침하가 발생되면서 기초지반은 점진적인 파괴가 발생한다. 이에 대표적인 파괴형태 3가지를 쓰시오.

① _____   ② _____   ③ _____

해답 ① 국부전단파괴   ② 전반전단파괴   ③ 관입전단파괴

□□□ 01①, 03②, 13②, 16①, 21②

22 표준관입시험의 N치가 35이고, 현장에서 채취한 모래는 입자가 둥글고 입도시험결과가 다음과 같다. Dunham의 식을 이용하여 이 모래의 내부마찰각을 추정하시오.

득점	배점
	3

입도시험 결과값 : $D_{10} = 0.08\text{mm}$, $D_{30} = 0.12\text{mm}$, $D_{60} = 0.14\text{mm}$

계산 과정)　　　　　　　　　　　　　　　답 : _____

해답 ■ 모래의 입도판정
 • 균등계수 : $C_u \geq 6$, 곡률계수 : $1 \leq C_g \leq 3$일 때 양입도
 • C_u, C_g 조건 중 어느 한 가지라도 만족하지 못하면 입도분포가 불량(빈입도)이다.
 ■ 모래의 입도판정
 • 균등계수 $C_u = \dfrac{D_{60}}{D_{10}} = \dfrac{0.14}{0.08} = 1.75 \leq 6$: 빈입도

 • 곡률계수 $C_g = \dfrac{D_{30}^2}{D_{10} \times D_{60}} = \dfrac{0.12^2}{0.08 \times 0.14} = 1.29$: $1 \leq C_g \leq 3$일 때 양입도

 ∴ 모래의 입자는 둥글고 입도분포 불량($\because C_u = 1.75$, $C_g = 1.29$)
 ■ 입자가 둥글고 입도분포가 균등(불량)한 모래
 • 내부마찰각 $\phi = \sqrt{12N} + 15 = \sqrt{12 \times 35} + 15 = 35.49°$

◎ 모래의 내부마찰각과 N의 관계(Dunham 공식)

• 입자가 둥글고 입도분포가 균등(불량)한 모래	$\phi = \sqrt{12N} + 15$
• 입자가 둥글고 입도분포가 양호한 모래 • 입자가 모나고 입도분포가 균등(불량)한 모래	$\phi = \sqrt{12N} + 20$
• 입자가 모나고 입도분포가 양호한 모래	$\phi = \sqrt{12N} + 25$

□□□ 96②③, 08②, 16①

23 절취사면 및 굴착면에 대한 유연한 지보 등을 목적으로 네일을 프리스트레싱 없이 비교적 촘촘하게 원지반에 삽입하여, 원지반 자체의 전단강도를 증대시키고 지반변위를 억제시키는 공법은?

득점	배점
	3

○

해답 소일네일링(soil nailing) 공법

□□□ 11①, 13④, 16①

24 주어진 역T형 교대 도면을 보고 다음 물량을 산출하시오. (단, 교대 전체길이는 10.3m이며, 도면의 치수단위는 mm이며, 소수점 이하 넷째자리에서 반올림하시오.)

득점	배점
	8

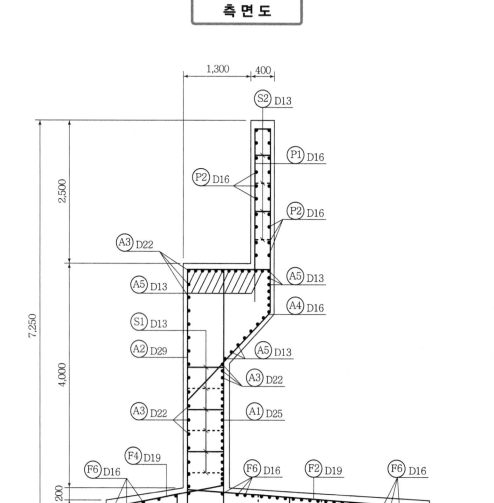

측 면 도

일 반 도

가. 교대의 전체 콘크리트량을 구하시오. (단, 기초 콘크리트량은 무시한다.)

계산 과정)　　　　　　　　　　　　　　　　　　　답 : _____

나. 교대의 전체 거푸집량을 구하시오. (단, 기초 콘크리트에 사용되는 거푸집량은 무시한다.)

계산 과정)　　　　　　　　　　　　　　　　　　　답 : _____

해답 **가.**

- $A_1 = 0.4 \times 2.5 = 1.0 \text{m}^2$
- $A_2 = (1.3 + 0.4) \times 0.9 = 1.53 \text{m}^2$
- $A_3 = \dfrac{(1.30 + 0.4) + 0.8}{2} \times 0.9 = 1.125 \text{m}^2$
- $A_4 = 2.2 \times 0.8 = 1.76 \text{m}^2$
- $A_5 = \dfrac{0.80 + 6.0}{2} \times 0.2 = 0.68 \text{m}^2$
- $A_6 = 6.0 \times 0.55 = 3.30 \text{m}^2$

　총단면적 $\sum A = 1.0 + 1.53 + 1.125 + 1.76 + 0.68 + 3.30$
　　　　　　　　$= 9.395 \text{m}^2$

∴ 총콘크리트량 $V = 9.395 \times 10.3 = 96.769 \text{m}^3$

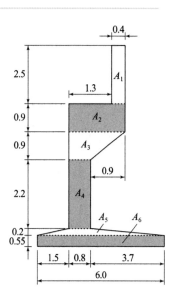

나.

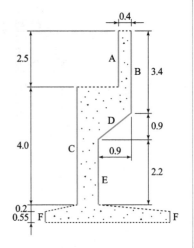

- A = 2.5m
- B = 3.4m
- C = 4.0m
- $D = \sqrt{0.9^2 + 0.9^2} = 1.2728\,m$
- E = 2.2m
- F = 0.55×2 = 1.10m

총거푸집길이 $\sum L = 2.5 + 3.4 + 4.0 + 1.2728 + 2.2 + 1.10$
　　　　　　　$= 14.4728m$

마구리면 = 9.395×2 = 18.79m²

∴ 총거푸집량 $\sum A = 14.4728 \times 10.3 + 18.79$
　　　　　　　$= 167.860m^2$

□□□ 94②, 99①, 09①, 10②, 16①

25 유기질토는 대개 지하수가 지면 위나 가까이에 있는 넓은 지역에서 발견된다. 지하수면이 높으면 수생식물이 썩어 유기질토가 형성된다. 이 유기질토의 특징을 3가지만 쓰시오.

득점	배점
	3

① _____　② _____　③ _____

해답 ① 압축성이 크다.
　　② 자연함수비는 200 ~ 300%이다.
　　③ 2차 압밀에 의한 압밀침하량이 크다.

□□□ 87②, 16①, 20②

26 록볼트(rock bolt)의 역할을 3가지만 쓰시오.

득점	배점
	3

① _____　② _____　③ _____

해답 ① 봉합효과　② 보형성효과　③ 내압효과　④ 아치형성효과　⑤ 지반보강효과

국가기술자격 실기시험문제

2016년도 기사 제2회 필답형 실기시험(기사)

종 목	시험시간	형 별	성 명	수험번호
토목기사	3시간	A		

※ 수험자 인적사항 및 계산식을 포함한 답안 작성은 검은색 필기구만 사용해야 하며, 그 외 연필류, 빨간색, 청색 등 필기구로 작성한 답항은 0점 처리 됩니다.

□□□ 7②, 09①, 10④, 16②, 23①

01 그림과 같이 지하 5m 되는 곳에 피에조미터를 설치하고 연약지반에서 공사를 진행한다. 구조물 축조 직후에 수주가 지표면으로부터 8m였다. 8개월 후 수주가 3m가 되었다면 지하 5m되는 곳의 압밀도를 구하시오.

득점 / 배점 3

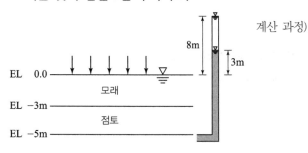

계산 과정)

답 :

해답 압밀도 $U = 1 - \dfrac{\text{과잉공극수압}}{\text{정압력}} = 1 - \dfrac{u}{P}$

- $u = \gamma_w h = 9.81 \times 3 = 29.43 \, \text{kN/m}^2$
- $P = \gamma_w H = 9.81 \times 8 = 78.48 \, \text{kN/m}^2$

∴ $U = 1 - \dfrac{29.4}{78.48} = 0.625 = 62.5\%$

□□□ 98②, 00②, 16②, 20④

02 아스팔트 콘크리트 포장의 장점을 3가지만 쓰시오.

득점 / 배점 3

① _____ ② _____ ③ _____

해답 ① 주행성이 좋다.
② 평탄성이 좋다.
③ 시공성이 좋다.
④ 양생기간이 짧다.
⑤ 유지 보수 작업이 용이하다.

□□□ 01②, 02①, 05②, 16②, 21①

03 어느 현장의 콘크리트 일축압축강도의 하한규격치는 18MPa이고 상한 규격치는 24MPa로 정해져 있다. 측정결과 평균치($\bar{x}$)는 19.5MPa이고, 표준편차의 추정치(δ)는 0.8MPa이라 할 때, 공정능력지수와 규격치에 대한 여유치를 구하시오.

득점	배점
	3

계산 과정)   답 : 공정능력지수(C_p) : _____ , 여유치 : _____

해답 • 공정능력 지수

$$C_p = \frac{SU - SL}{6\delta} = \frac{24 - 18}{6 \times 0.8} = 1.25$$

• 여유치

$$\frac{SU - SL}{\delta} = \frac{24 - 18}{0.8} = 7.5 \geq 6$$

$$\therefore 여유치 = (7.5 - 6) \times 0.8 = 1.2\,\text{MPa}$$

□□□ 07①, 09④, 10④, 12①, 16②

04 아래 그림과 같이 지하수위가 지표면에 위치하다가 완전 갈수기에 지하수위가 넓은 범위에 걸쳐 3m 하락하였다. 이 경우 점토지반에서의 압밀침하량을 구하시오.

득점	배점
	3

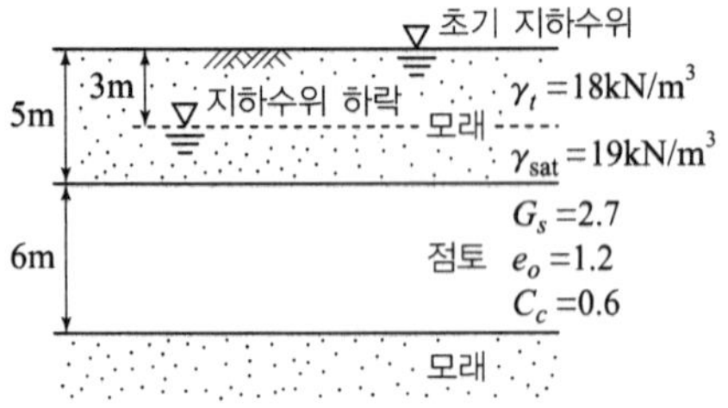

계산 과정)

답 : _____

해답 압밀 침하량 $S = \dfrac{C_c H}{1 + e_0} \log \dfrac{P_2}{P_1}$

• $\gamma_{sub} = \dfrac{G_s - 1}{1 + e} \gamma_w = \dfrac{2.7 - 1}{1 + 1.2} \times 9.81 = 7.58\,\text{kN/m}^3$

• $P_1 = \gamma_{sub1} H_1 + \gamma_{sub2} \dfrac{H_3}{2} = (19 - 9.81) \times 5 + 7.58 \times \dfrac{6}{2} = 68.69\,\text{kN/m}^2$

• $P_2 = \gamma_t H_1 + \gamma_{sub2} H_2 + \gamma_{sub3} \dfrac{H_3}{2} = 18 \times 3 + (19 - 9.81) \times (5 - 3) + 7.58 \times \dfrac{6}{2} = 95.12\,\text{kN/m}^2$

$\therefore S = \dfrac{0.6 \times 6}{1 + 1.2} \log \dfrac{95.12}{68.69} = 0.2313\,\text{m} = 23.13\,\text{cm}$

□□□ 16②, 20④

05 지하수위가 지표면과 일치하는 포화된 연약 점토층의 깊이 2m지점에 폭 1.2m의 연속기초를 설치하였다. 연약점토층의 포화단위중량은 $18.5kN/m^3$이며, 강도정수 $c_u = 25kN/m^2$, $\phi_u = 0$일 때 극한 지지력을 구하시오. (단, $\phi_u = 0$일 때 $N_c = 5.14$, $N_r = 0$, $N_q = 1.0$이며, 전반전단파괴로 가정하며, Terzaghi공식을 사용하시오.)

득점	배점
	3

계산 과정)   답 : _____

해답 $\phi_u = 0$인 점토인 경우($\because$ 연속기초 : $\alpha = 1.0$, $\beta = 0.5$)

$q_u = \alpha c N_c + \gamma_2 D_f N_q$

$\quad = 1.0 \times 25 \times 5.14 + (18.5 - 9.81) \times 2 \times 1.0$

$\quad = 145.88 \, kN/m^2$

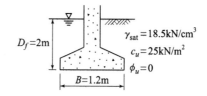

🔸 c_u 단위

$c_u = 25kN/m^2$

$\quad = 2.5N/cm^2$

$\quad = 0.025N/mm^2$

$\quad = 0.025MPa$

□□□ 08④, 09①, 11①, 16②

06 어떤 흙의 입도분석시험 결과가 다음과 같을 때 통일분류법에 따라 이 흙을 분류하시오.

득점	배점
	3

━━━━━━【시험결과】━━━━━━

$D_{10} = 0.077mm$, $D_{30} = 0.54mm$, $D_{60} = 2.27mm$

No.4(4.76mm)체 통과율 = 58.1%, No.200(0.075mm)체 통과율 = 4.34%

계산 과정)   답 : _____

해답 통일 분류법에 의한 흙의 분류 방법
- 1단계 : G나 S 조건(No.200 < 50%)
- 2단계 : G(No.4체 통과량 < 50%), S(No.4체 통과량 > 50%) 조건
  No.4(4.76mm)체 통과량이 50% < 58.1% $\therefore$ S(모래)
- 3단계 : SW($C_u > 6$, $1 < C_g < 3$)와 SP($C_u < 6$, $C_g > 3$) 조건
- No.200이 5% > 4.34% : 양호(W)

- 균등계수 $C_u = \dfrac{D_{60}}{D_{10}} = \dfrac{2.27}{0.077} = 29.48 > 6$: 입도 양호(W)

- 곡률계수 $C_g = \dfrac{D_{30}^2}{D_{10} \times D_{60}} = \dfrac{0.54^2}{0.077 \times 2.27} = 1.67$: $1 < C_g < 3$: 입도 양호(W)

$\therefore$ SW($\because$ SW에 해당되는 두 조건을 만족)

🎯 통일분류법에 의한 흙의 분류방법

- 1단계 : G나 S 조건(No.200 < 50%)
- 2단계 : G(No.4체 통과량 < 50%), S(No.4체 통과량 > 50%)조건
- 3단계 : W나 P 조건(No.200 < 5%)과 GW, GP, SW, SP 조건
  - GW($C_u > 4$, $1 < C_g < 3$)와 GP($C_u < 4$, $C_g > 3$) 조건
    GW조건에 맞지 않으면 GP
  - SW($C_u > 6$, $1 < C_g < 3$)와 SP($C_u < 6$, $C_g > 3$) 조건
    SW조건에 맞지 않으면 SP

□□□ 04②, 06②, 09④, 10①, 13①, 16②, 18③, 21③

07 농공단지 조성을 위하여 다음 그림과 같이 기준면으로부터 고저측량을 하였다. 이 용지를 수평으로 정지하고자 할 때 절토량과 성토량을 같게 하려고 하면 기준면으로부터 몇 m의 높이로 하면 되는가?

득점	배점
	3

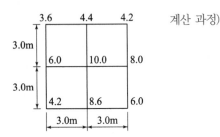

계산 과정)

답 : _____

해답 $H = \dfrac{V}{A \times n}$

$\cdot\ V = \dfrac{a \cdot b}{4}(\sum h_1 + 2\sum h_2 + 4\sum h_4)$

$\cdot\ \sum h_1 = 3.6 + 4.2 + 6.0 + 4.2 = 18\,\text{m}$

$\cdot\ \sum h_2 = 4.4 + 8.0 + 8.6 + 6.0 = 27\,\text{m}$

$\cdot\ \sum h_4 = 10\,\text{m}$

$\therefore\ V = \dfrac{3 \times 3}{4} \times (18 + 2 \times 27 + 4 \times 10) = 252\,\text{m}^3$

$\therefore\ H = \dfrac{252}{(3 \times 3) \times 4} = 7\,\text{m}$

□□□ 03②, 12②, 16②, 17②, 22②

08 15t 덤프 트럭으로 보통토사를 운반하고자 한다. 적재장비는 버킷용량 2.4m³인 백호를 사용하는 경우 덤프트럭 1대를 적재하는데 소요되는 소요시간을 구하시오. (단, 흙의 단위중량은 1.6t/m³, 토량변화율 $L = 1.2$, 버킷 계수 $K = 0.8$, 적재기계의 싸이클 시간 $C_{ms} = 30\,\text{sec}$, 적재기계의 작업효율 $E_s = 0.75$)

득점	배점
	3

계산 과정)

답 : _____

해답 적재시간 $C_{mt} = \dfrac{C_{ms} \cdot n}{60 \cdot E_s}$

$\cdot\ q_t = \dfrac{T}{\gamma_t} \cdot L = \dfrac{15}{1.6} \times 1.2 = 11.25\,\text{m}^3$

$\cdot\ n = \dfrac{q_t}{q \cdot k} = \dfrac{11.25}{2.4 \times 0.8} = 5.86 \quad \therefore\ 6회$

$\therefore\ 적재시간\ C_{mt} = \dfrac{30 \times 5.86}{60 \times 0.75} = 3.91분 \quad \therefore\ 4분$

□□□ 02①, 08①, 09④, 11②, 16②, 20③, 23③

09 다음과 같은 모양의 중력식 옹벽을 설치하려고 한다. 흙의 단위중량 $\gamma_t = 17.5 \text{kN/m}^3$, 내부마찰각 $\phi = 31°$, 점착력 $c = 0$, 콘크리트의 단위중량 $\gamma_c = 24\text{kN/m}^3$일 때 옹벽의 전도(over turning)에 대한 안전율을 Rankine의 식을 이용하여 계산하시오. (단, 옹벽 전면에 작용하는 수동토압은 무시한다.)

득점	배점
	3

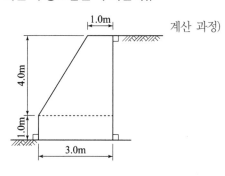

계산 과정)

답 : _____

해답 $F_s = \dfrac{M_r}{M_o} = \dfrac{W \cdot b + P_v \cdot B}{P_A \cdot y} = \dfrac{W \cdot b + 0}{P_A \cdot y}$ (∵ 수동토압 P_v는 무시)

- $P_A = \dfrac{1}{2}\gamma_t H^2 \tan^2\left(45 - \dfrac{\phi}{2}\right)$

  $= \dfrac{1}{2}\times 17.5 \times 5^2 \tan^2\left(45 - \dfrac{31°}{2}\right) = 70.02\,\text{kN/m}$

  $\therefore M_o = P_A \cdot y = (70.02 \times 1) \times \dfrac{5}{3} = 116.7\,\text{kN}\cdot\text{m}$

- $M_r = W \times b = W_1 \cdot y_1 + W_2 \cdot y_2 + W_3 \cdot y_3$

  $W_1 = \left(\dfrac{1}{2}\times 2 \times 4\right)\times 24 = 96\,\text{kN/m}$

  $W_2 = 1 \times 4 \times 24 = 96\,\text{kN/m}$

  $W_3 = (3 \times 1)\times 24 = 72\,\text{kN/m}$

  $\therefore M_r = \left[96 \times 2 \times \dfrac{2}{3} + 96 \times (2 + 0.5) + 72 \times 1.5\right]\times 1$

  $= 476\,\text{kN}\cdot\text{m}$

  $\therefore$ 안전율 $F_s = \dfrac{M_r}{M_o} = \dfrac{476}{116.7} = 4.08$

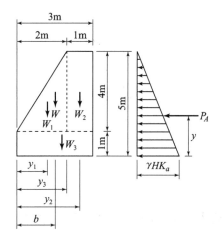

□□□ 16②, 21①

10 항만구조물 설계시 기초지반의 액상화 평가시 실시되는 현장시험을 3가지만 쓰시오.

득점	배점
	3

① ② ③

해답 ① 표준관입시험 ② 콘관입시험 ③ 탄성파탐사 ④ 지하수위 조사

□□□ 11②, 12④, 15②, 16②, 18③, 20①, 23③

11 콘크리트 배합강도를 구하기 위한 시험횟수 15회의 콘크리트 압축강도 측정결과가 아래 표와 같고 품질기준강도(f_{cq})가 40MPa일 때 아래 물음에 답하시오. (단, 압축강도의 시험회수가 15회일 때 표준편차의 보정계수는 1.16이다.)

득점	배점
	6

【압축강도 측정결과(MPa)】

36	40	42	36	44	43	36	38
44	42	44	46	42	40	42	

가. 배합설계에 적용할 압축강도의 표준편차를 구하시오.

계산 과정)   답 : _____

나. 배합강도를 구하시오

계산 과정)   답 : _____

해답 가. • 평균값($\overline{x}$) $= \dfrac{\sum X_i}{n} = \dfrac{615}{15} = 41$MPa

• 편차의 제곱합 $S = \sum(X_i - \overline{x})^2$

$S = (41-36)^2 + (41-40)^2 + (41-42)^2 + (41-36)^2 + (41-44)^2 + (41-43)^2 + (41-36)^2$
$\quad + (41-38)^2 + (41-44)^2 + (41-42)^2 + (41-44)^2 + (41-46)^2 + (41-42)^2 + (41-40)^2$
$\quad + (41-42)^2$
$\quad = 146$

• 표준편차 $s = \sqrt{\dfrac{S}{n-1}} = \sqrt{\dfrac{146}{15-1}} = 3.23$MPa

∴ 수정 표준편차 $s = 3.23 \times 1.16 = 3.75$MPa

나. $f_{cq} = 40$MPa > 35MPa일 때

$f_{cr} = f_{cq} + 1.34\,s = 40 + 1.34 \times 3.75 = 45.03$MPa

$f_{cr} = 0.9 f_{cq} + 2.33\,s = 0.9 \times 40 + 2.33 \times 3.75 = 44.74$MPa

∴ $f_{cr} = 45.03$MPa (두 값 중 큰 값)

↳ f_{ck}
설계기준강도

↳ f_{cq}
품질기준강도

↳ f_{ckn}
호칭강도

□□□ 16②, 21③

12 콘크리트 구조물에서 시공이음을 설치하고자 할 때 그 위치 또는 방향에 대해 아래의 각 물음에 답하시오.

득점	배점
	3

가. 바닥틀과 일체로 된 기둥 또는 벽의 시공이음 위치로 적합한 곳은?

나. 바닥틀의 시공이음 위치로 적합한 곳은?

다. 아치에 시공이음을 설치하고자 할 때 적합한 방향은?

해답 가. 바닥틀과 경계 부근에 설치
　　나. 슬래브 또는 보의 경간 중앙부 부근에 설치
　　다. 아치축에 직각방향이 되도록 설치

□□□ 16②

13 수평길이 L의 간격으로 땅속에 굴착된 두 개의 홀에 어느 하나의 시추공의 바닥에서 충격 막대에 의해 연직 충격을 발생시켜 연직으로 민감한 트랜스 듀서에 의해 전단파를 기록할 수 있는 지구물리학적인 지반조사 방법?

○

득점 / 배점 2

해답 크로스홀 탐사법(cross hole seismic survey)

□□□ 16②, 20①③, 21①

14 매스콘크리트에서는 구조물에 필요한 기능 및 품질을 손상시키지 않도록 온도균열을 제어하기 위한 적절한 조치를 강구해야 한다. 온도 균열을 억제하기 위한 방법을 3가지만 쓰시오.

① _____ ② _____ ③ _____

득점 / 배점

해답 ① 냉수나 얼음을 사용하는 방법
② 냉각한 골재를 사용하는 방법
③ 액체질소를 사용하는 방법

□□□ 09④, 11④, 16②, 22③

15 어느 지역에 지표경사가 30°인 자연사면이 있다. 지표면에서 6m 깊이에 암반층이 있고, 지하수위면은 암반층 아래 존재할 때 이 사면의 활동파괴에 대한 안전율을 구하시오.
(단, 사면 흙을 채취하여 토질시험을 실시한 결과 $c = 25kN/m^2$, $\phi = 35°$, $\gamma_t = 18kN/m^3$이다.)

계산 과정)   답 : _____

득점 / 배점 3

해답 지하수위가 파괴면 아래에 있는 경우(사면 내 침투류가 없는 경우)

$$F_s = \frac{c'}{\gamma_t \, Z\cos i \cdot \sin i} + \frac{\tan\phi}{\tan i} = \frac{25}{18 \times 6\cos 30° \times \sin 30°} + \frac{\tan 35°}{\tan 30°} = 1.75$$

□□□ 85①, 16②, 18②, 19③, 22②

16 말뚝의 지지력을 산정하는 방법 3가지를 쓰시오.

① _____ ② _____ ③ _____

득점 / 배점 3

해답 ① 재하시험에 의한 방법
② 동역학적 공식에 의한 방법
③ 정역학적 공식에 의한 방법

□□□ 13①, 16②, 17②, 18②

17 콘크리트의 경화나 강도발현을 촉진하기 위해 실시하는 양생을 촉진양생이라고 한다. 이러한 촉진양생법의 종류를 3가지만 쓰시오.

득점	배점
	3

① _____ ② _____ ③ _____

해답 ① 증기양생 ② 오토클레이브 양생 ③ 전기양생 ④ 온수양생
⑤ 적외선 양생 ⑥ 고주파 양생선

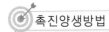 촉진양생방법

① 촉진양생이란 보다 빠른 콘크리트의 경화나 강도발현을 촉진하기 위해 실시하는 양생방법이다.
② 증기양생(저압증기양생, 고압증기양생, 고온증기양생), 오토클레이브 양생, 전기양생, 온수양생, 적외선 양생, 고주파 양생 등이 있으며 일반적으로 증기양생이 널리 사용되고 있다.

□□□ 96①, 98③, 08④, 11②, 12④, 16②, 23③

18 직경 30cm 평판재하시험에서 작용압력이 300kPa일 때 침하량이 20mm라면, 직경 1.5m의 실제 기초에 300kPa의 압력이 작용할 때 사질토 지반에서의 침하량의 크기는 얼마인가?

득점	배점
	3

계산 과정)

답 : _____

해답 침하량 $S_F = S_P \left(\dfrac{2B_F}{B_F + B_P} \right)^2 = 20 \times \left(\dfrac{2 \times 1.5}{1.5 + 0.3} \right)^2 = 55.56\,\mathrm{mm}$ (∵ 사질토 지반)

재하판의 크기에 따른 지지력과 침하량

분류	점토지반	모래지반
지지력	• 재하판에 무관 $q_{u(F)} = q_{u(P)}$	• 재하판 폭에 비례 $q_F = q_u \times \dfrac{B_F}{B_P}$
침하량	• 재하판 폭에 비례 $S_F = S_P \times \dfrac{B_F}{B_P}$	• 재하판에 무관 $S_F = S_P \left(\dfrac{2B_F}{B_F + B_P} \right)^2$

여기서, $q_{u(F)}$: 놓일 기초의 극한지지력 $q_{u(P)}$: 시험평판의 극한지지력
B_F : 기초의 폭 B_P : 시험평판의 폭
S_P : 재하판의 침하량 S_F : 기초의 침하량

□□□ 07①, 11①, 16②

19 토류벽 공법은 지하수 처리에 의해 개수성 토류벽 공법과 차수성 토류벽 공법으로 대별한다. 아래 그림과 같은 개수성 토류벽 공법에서 H-pile 흙막이 공법의 부재 명칭을 쓰시오.

<table>
<tr><td>득점</td><td>배점</td></tr>
<tr><td></td><td>3</td></tr>
</table>

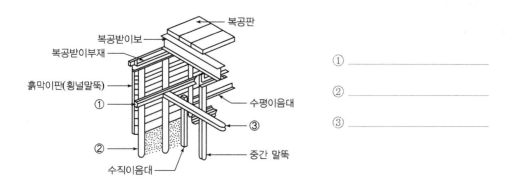

① _____

② _____

③ _____

해답 ① 띠장(wale) ② 엄지말뚝 ③ 버팀대

◎ H-pile 흙막이 공법

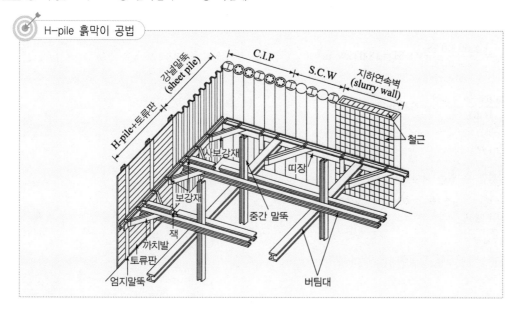

□□□ 16②

20 연약지반개량공법 중 압밀효과와 보강효과를 동시에 노리는 공법을 3가지만 쓰시오.

<table>
<tr><td>득점</td><td>배점</td></tr>
<tr><td></td><td>3</td></tr>
</table>

① _____ ② _____ ③ _____

해답 ① 모래다짐말뚝공법(sand compaction pile method)
　　② 샌드드레인공법(sand drain method)
　　③ 선행재하공법(preloading method)
　　④ 쇄석다짐말뚝공법(gravel compaction pile method)

□□□ 98③, 08①④, 10②, 12④, 13①, 14④, 16②, 17①, 22①, 23①

21 아래 그림과 같이 10m 두께의 비교적 단단한 포화점토층 밑에 모래층이 있다. 모래층은 피압상태(artesian pressure)에 있을 때, 점토층에서 바닥의 융기(heaving)현상이 없이 굴착할 수 있는 최대깊이 H를 구하시오.

득점 | 배점
3

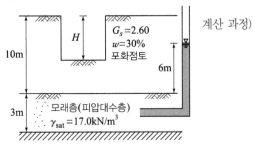

계산 과정)

답 : _____

해답 $H = \dfrac{H_1 \gamma_{sat} - \Delta h \gamma_w}{\gamma_{sat}}$

• $H_1 = 10\,\mathrm{m}$

• $e = \dfrac{G_s w}{S} = \dfrac{2.60 \times 30}{100} = 0.78$

• $\gamma_{sat} = \dfrac{G_s + e}{1 + e} \gamma_w = \dfrac{2.60 + 0.78}{1 + 0.78} \times 9.81 = 18.63\,\mathrm{kN/m^3}$

• $\Delta h = 6\,\mathrm{m}$

$\therefore H = \dfrac{10 \times 18.63 - 6 \times 9.81}{18.63} = 6.84\,\mathrm{m}$

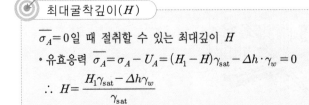 최대굴착깊이(H)

$\overline{\sigma_A} = 0$일 때 절취할 수 있는 최대깊이 H

• 유효응력 $\overline{\sigma_A} = \sigma_A - U_A = (H_1 - H)\gamma_{sat} - \Delta h \cdot \gamma_w = 0$

$\therefore H = \dfrac{H_1 \gamma_{sat} - \Delta h \gamma_w}{\gamma_{sat}}$

□□□ 98③, 97③, 12①, 16②, 19①

22 교량의 내진설계는 지진에 의해 교량이 입는 피해정도를 최소화 시킬 수 있는 내진성을 확보하기 위해 실시한다. 이러한 내진설계시 사용하는 내진해석방법을 3가지만 쓰시오.

득점 | 배점
3

① _____   ② _____   ③ _____

해답 ① 등가정적 해석법(equivalent load analysis)
② 스펙트럼 해석법(spectrum analysis)
③ 시간이력 해석법(time history analysis)

□□□ 00③, 01②, 04①, 07①, 09②, 12④, 16②, 19①, 21③

23 주어진 도면 및 조건에 따라 다음 물량을 산출하시오. (단, 주어진 도면의 치수는 축척에 맞지 않을 수 있으며, 주어진 치수로만 물량을 산출할 것)

득점	배점
	18

단 면 도 (단위 : mm)

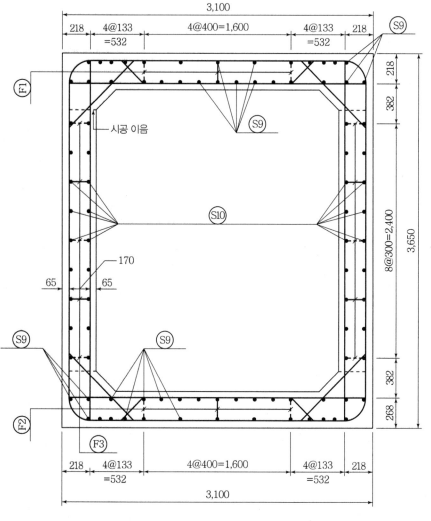

일 반 도

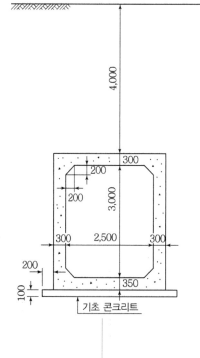

주 철 근 조 립 도

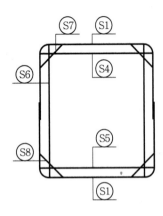
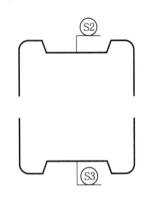

철 근 상 세 도

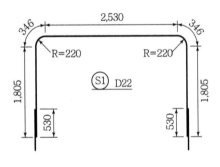
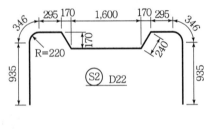

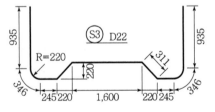

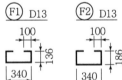
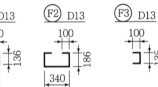

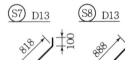

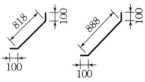

【조 건】

• S1~S8 철근은 300mm 간격으로 배치되어 있다.

• F1, F2, F3 철근은 300mm 간격으로 지그재그로 배치되어 있다.

• 철근의 이음과 할증은 무시한다.

• 지형상태는 일반도와 같으며 터파기는 기초 콘크리트 양끝에서 100cm 여유폭을 두고 비탈기울기는 1 : 0.5로 한다.

• 거푸집량의 계산에서 마구리면은 무시한다.

가. 길이 1m에 대한 기초와 구체의 콘크리트량을 구하시오. (단, 소수 넷째자리에서 반올림하시오.)

① 기초 콘크리트량 :

② 구체 콘크리트량 :

나. 길이 1m에 대한 거푸집량을 구하시오. (단, 소수 넷째자리에서 반올림하시오.)

계산 과정)

답 : _____

다. 길이 1m에 대한 터파기량을 구하시오. (단, 소수 넷째자리에서 반올림하시오.)

계산 과정)

답 : _____

라. 길이 1m에 대한 철근량을 산출하기 위한 다음 철근물량표를 완성하시오.
(단, 소수 셋째자리에서 반올림하시오.)

기호	직경	길이(mm)	수량	총길이(mm)	기호	직경	길이(mm)	수량	총길이(mm)
S1					S9				
S7					F1				

정답 가. ① $V_1 = 3.5 \times 0.1 \times 1 = 0.350 \, \text{m}^3$

② $\left\{ (3.1 \times 3.65) - (2.5 \times 3.0) + \dfrac{1}{2} \times 0.2 \times 0.2 \times 4 \right\} \times 1 = 3.895 \, \text{m}^3$

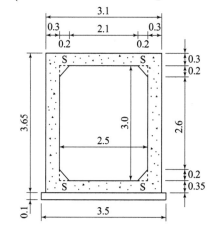

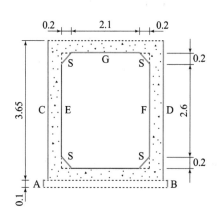

나. A면 = 0.1m   B면 = 0.1m   C면 = 3.65m   D면 = 3.65m

     E면 = 2.60m   F면 = 2.60m   G면 = 2.10m

$S = \sqrt{0.20^2 + 0.20^2} \times 4 = 1.1314m$

∴ 총거푸집길이 $= 0.1 \times 2 + 3.65 \times 2 + 2.60 \times 2 + 2.10 + 1.1314 = 15.9314m$

∴ 총거푸집량 $=$ 총거푸집길이 $\times$ 단위길이 $= 15.9314 \times 1 = 15.931m^2$

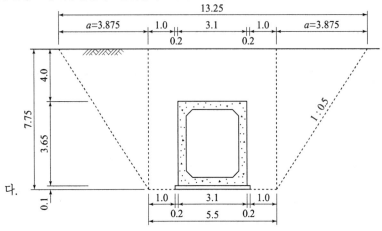

$a = 7.75 \times 0.5 = 3.875m$

$b = 1.0 + 0.2 + 3.1 + 0.2 + 1.0 = 5.5m$

∴ 터파기량 $= \left(\dfrac{13.25 + 5.50}{2} \times 7.75 \right) \times 1 = 72.656m^3$

라.

기호	직경	길이(mm)	수량	총길이(mm)	기호	직경	길이(mm)	수량	총길이(mm)
S1	D22	6,832	6.67	45,569.44	S9	D16	1,000	56	56,000
S7	D13	1,018	6.67	6,790.06	F1	D13	812	5	4,060

🎯 철근량 산출

기호	직경	길이(mm)	수량	총길이(mm)	수량산출
S1	D22	$(1{,}805 \times 2) + (346 \times 2)$ $+ 2{,}530 = 6{,}832$	6.67	45,569	$\dfrac{1}{0.300} \times 2 = 6.67$
S4	D19	2,970	3.33	9,890	$\dfrac{1}{0.300} \times 1 = 3.33$
S7	D13	$100 \times 2 + 818 = 1{,}018$	6.67	6,790	$\dfrac{1}{0.300} \times 2 = 6.67$
S9	D16	1,000	56	56,000	$(13 + 15) \times 2 = 56$ (∵ 길이 1m에 대한 철근량)
S10	D16	1,000	36	36,000	$(8 + 1) \times 2 \times 2 = 36$
F1	D13	812	5	4,060	$\dfrac{3}{0.300 \times 2} \times 1 = 5$ $600 : 3 = 1{,}000 : x \;\; \therefore \; x = 5$
F3	D13	$100 \times 2 + 135 = 335$	16.67	5,584	$600 : 5 = 1{,}000 : x$ $\therefore \; x = 8.33$ 양측벽 : $8.33 \times 2 = 16.67$ 또는 $\dfrac{5}{0.300 \times 2} \times 1 \times 2 = 16.67$

□□□ 93②, 99⑤, 03①, 08①, 12②, 16②, 22①

24 계획된 저수량 이상으로 댐에 유입하는 홍수량을 조절하여 자연하천으로 방류하는 중요한 구조물인 여수로(Spill Way)의 종류를 4가지만 쓰시오.

득점	배점
	3

① _____ ② _____ ③ _____ ④ _____

해답 ① 슈트식 여수로   ② 측수로 여수로
　　　③ 그롤리 홀 여수로   ④ 사이펀 여수로
　　　⑤ 댐마루 월류식 여수로

□□□ 04②, 06①, 12②, 16②

25 다음과 같은 공정표(CPM Table)를 보고 아래 물음에 답하시오.

득점	배점
	10

NODE		공정명	정상기간	정상비용	특급기간	특급비용
1	2	A	3일	30만원	3일	30만원
1	3	B	4일	24만원	3일	30만원
1	4	C	4일	40만원	3일	60만원
2	3	DUMMY	0	0만원	0일	0만원
2	5	E	7일	35만원	5일	49만원
3	5	F	4일	32만원	4일	32만원
3	6	H	6일	48만원	5일	60만원
3	7	G	9일	45만원	6일	69만원
4	6	I	7일	56만원	6일	66만원
5	7	J	10일	40만원	7일	55만원
6	7	K	8일	64만원	8일	64만원
7	8	M	5일	60만원	3일	96만원

가. Net Work(화살선도)를 작도하고 표준일수에 대한 Critical Path를 표시하시오.

나. 정상공사시간 4일을 줄일 때 발생하는 추가비용의 최소치를 구하시오.

계산 과정)　　　　　　　　　　　　　　　　　　　답 : _____

해답 가.

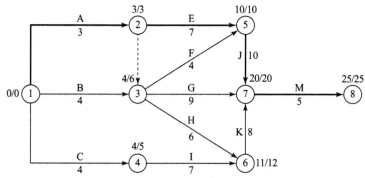

나.

작업명	단축 가능일수	비용경사	25	24 (-1)	23 (-2)	22 (-3)	21 (-4)
B	1	$\dfrac{30-24}{4-3}=6$만원					
C	1	$\dfrac{60-40}{4-3}=20$만원					
E	2	$\dfrac{49-35}{7-5}=7$만원					
H	1	$\dfrac{60-48}{6-5}=12$만원					
G	3	$\dfrac{69-45}{9-6}=8$만원					
I	1	$\dfrac{66-56}{7-6}=10$만원			1		
J	3	$\dfrac{55-40}{10-7}=5$만원		1	1		
M	2	$\dfrac{96-60}{5-3}=18$만원				1	1
추가비용			0	5만원	15만원	18만원	18만원
추가비용 합계			0	5만원	20만원	38만원	56만원

∴ 추가 비용의 최소치 : 56만원

국가기술자격 실기시험문제

2016년도 기사 제4회 필답형 실기시험 (기사)

종 목	시험시간	형 별	성 명	수험번호
토목기사	**3시간**	**A**		

※ 수험자 인적사항 및 계산식을 포함한 답안 작성은 검은색 필기구만 사용해야 하며, 그 외 연필류, 빨간색, 청색 등 필기구로 작성한 답항은 0점 처리 됩니다.

□□□ 95⑤, 98①, 02①, 16④, 22①

01 함수비가 20%인 토취장의 습윤단위중량이 $\gamma_t = 19\text{kN/m}^3$이었다. 이 흙으로 도로를 축조할 때 함수비는 15%이고 습윤단위중량은 $\gamma_t = 19.8\text{kN/m}^3$이었다. 이 경우 흙의 토량 변화율($C$)는 대략 얼마인가?

득점	배점
	3

계산 과정)

답 : _____

해답 토량 변화율 $C = \dfrac{\text{본바닥 흙의 건조밀도}}{\text{다짐 후의 건조밀도}}$

• 본다박 흙의 건조단위중량 $\gamma_d = \dfrac{\gamma_t}{1+w} = \dfrac{19}{1+0.20} = 15.83\text{kN/m}^3 \,(\gamma_d = 1.58\text{g/cm}^3 = 15.8\text{kN/m}^3)$

• 다짐후의 건조단위중량 $\gamma_d = \dfrac{\gamma_t}{1+w} = \dfrac{19.8}{1+0.15} = 17.22\text{kN/m}^3 \,(\gamma_d = 1.72\text{g/cm}^3 = 17.2\text{kN/m}^3)$

∴ $C = \dfrac{15.83}{17.22} = 0.92$

□□□ 06④, 16④

02 점성토 지반에서 표준관입시험 결과 N치로 판정·추정할 수 있는 사항 4가지를 쓰시오.

득점	배점
	3

① _____ ② _____ ③ _____ ④ _____

해답 ① 컨시스턴시   ② 일축압축강도   ③ 점착력   ④ 파괴에 대한 극한지력

 N치로부터 추정되는 정수

모래지반	점토지반
• 상대밀도	• 컨시스턴시(연경도)
• 내부마찰각	• 일축압축강도
• 침하에 의한 허용지지력	• 점착력
• 지지력 계수	• 파괴에 대한 허용지지력
• 탄성계수	• 파괴에 대한 극한지지력

득점	배점
	3

□□□ 14④, 16④

03 이미 경화한 매시브한 콘크리트 위에 슬래브를 타설할 때 부재평균 최고온도와 외기온도와의 균형시의 온도차가 12.8℃발생하였을 때 아래의 표를 이용하여 온도균열 발생확률을 구하면? (단, 간이법 적용)

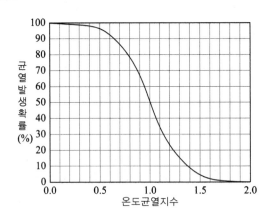

해답 온도균열 지수 $I_{cr} = \dfrac{10}{R \cdot \Delta T_o}$

- 이미 경화된 콘크리트 위에 콘크리트를 타설할 때 : $R = 0.60$
- 부재의 최고 평균온도와 외기온도와의 온도차 : $\Delta T_o = 12.8℃$
- $I_{cr} = \dfrac{10}{0.60 \times 12.8} = 1.30$

  ∴ 온도균열 지수 1.30에 대응되는 균열발생확률은 약 15%이다.

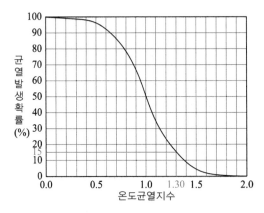

🎯 외부구속의 정도를 표시하는 계수 R

외부 구속의 정도	R
비교적 연한 암반 위에 콘크리트를 타설할 때	0.50
중간 정도의 단단한 암반 위에 콘크리트를 타설할 때	0.65
경암 위에 콘크리트를 타설할 때	0.65
이미 경화된 콘크리트 위에 타설 할 때	0.60

□□□ 03④, 06④, 11①, 12④, 16④, 20③

04 굵은 골재 최대치수 25mm, 단위수량 157kg, 물-시멘트비 50% 슬럼프 80mm, 잔골재율 40%, 잔골재 표건밀도 $2.60g/cm^3$, 굵은 골재 표건밀도 $2.65g/cm^3$, 시멘트 밀도 $3.14g/cm^3$, 공기량 4.5%일 때 콘크리트 $1m^3$에 소요되는 굵은 골재량을 구하시오.

득점	배점
	3

계산 과정)

답 : _____

해답 · $\dfrac{W}{C} = 50\%$에서

∴ 단위시멘트량 $C = \dfrac{157}{0.50} = 314kg$

· 단위골재의 절대체적

$$V_a = 1 - \left(\dfrac{단위수량}{1,000} + \dfrac{단위시멘트량}{시멘트\ 밀도 \times 1,000} + \dfrac{공기량}{100} \right)$$

$$= 1 - \left(\dfrac{157}{1,000} + \dfrac{314}{3.14 \times 1,000} + \dfrac{4.5}{100} \right) = 0.698m^3$$

· 단위 굵은 골재의 절대부피 = 단위골재의 절대체적 $\times \left(1 - \dfrac{S}{a} \right)$

$$= 0.698 \times (1 - 0.40) = 0.4188m^3$$

∴ 굵은 골재량 G = 단위 굵은 골재의 절대부피×굵은 골재 밀도×1,000

$$= 0.4188 \times 2.65 \times 1,000 = 1,109.82kg/m^3$$

□□□ 92①, 94④, 00④, 11④, 15④, 16④

05 케이슨 기초의 침하공법을 아래의 표와 같이 4가지만 쓰시오.

득점	배점
	3

재하중에 의한 공법

① _____ ② _____ ③ _____ ④ _____

해답 ① 분기식 공법 ② 물하중식 공법 ③ 발파식 공법 ④ 감압식 공법 ⑤ 진동식 공법

□□□ 12④, 16④, 22②

06 록필댐(Rock fill Dam)의 종류를 3가지만 쓰시오.

득점	배점
	3

① _____ ② _____ ③ _____

해답 ① 표면 차수벽형댐 ② 내부 차수벽형댐 ③ 중앙 차수벽형댐

 필댐(Fill Dam)의 분류

① 흙댐(earth fill) : 균일형 댐, 코어형댐, 존형댐
② 록필댐(rock fill) : 표면 차수벽형, 내부 차수벽형, 중앙 차수벽형
③ 토석댐(earth rock fill) : 댐체 하류부는 석괴, 상류면은 불투수성 흙으로 구성

07 아래와 같이 백호로 굴착을 하고 통로박스 시공 후, 되메우기를 한다. 이때 15ton 덤프트 럭을 2대 사용하며 1일 작업시간을 6시간으로 하고, 덤프트럭의 $E=0.9$, $C_m=300$분일 경 우 아래 물음에 답하시오. (단, 암거길이는 10m, $C=0.8$, $L=1.25$, $\gamma_t=1.8t/m^3$)

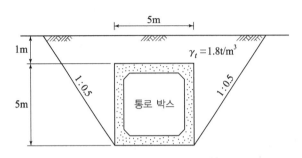

가. 사토량(捨土量)을 본바닥 토량으로 구하시오.

계산 과정)

답 : _____

나. 덤프트럭 1대의 시간당 작업량을 구하시오.

계산 과정)

답 : _____

다. 덤프트럭 2대를 사용할 경우 사토에 필요한 소요일수는 몇 일인가?

계산 과정)

답 : _____

해답 **가.** • 굴착토량 $=\dfrac{윗변길이+밑변길이}{2}\times 높이\times 암거길이$

$$=\dfrac{(3+5+3)+5}{2}\times 6\times 10=480\,m^3$$

• 통로박스체적 $=5\times 5\times 10=250\,m^3$

• 뒤메우기량 $=(480-250)\times\dfrac{1}{0.8}=287.5\,m^3$

∴ 사토량 $=480-287.5=192.5\,m^3$

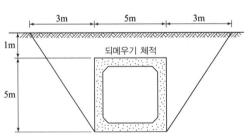

나. 덤프트럭의 적재량 $Q=\dfrac{60\cdot q_t\cdot f\cdot E}{C_m}$

• $q_t=\dfrac{T}{\gamma_t}\cdot L=\dfrac{15}{1.8}\times 1.25=10.42\,m^3$

∴ $Q=\dfrac{60\times 10.42\times\dfrac{1}{1.25}\times 0.9}{300}=1.50\,m^3/h$

다. 소요일수 $=\dfrac{192.5}{1.50\times 6\times 2}=10.69$ ∴ 11일

□□□ 16④

08 교량의 내진설계에 사용하는 모드 스펙트럼 해석법에서 등가 정적 지진하중을 구하기 위한 무차원량을 무엇이라 하는가?

○ _____

해답 탄성지진응답계수(elastic seismic response coefficient)

□□□ 02①, 16④

09 보통 콘크리트보다 단위중량이 작은 2t/m^3 이하인 콘크리트를 경량 콘크리트라 하며, 이러한 경량 콘크리트를 제조하는 방법에 따라 크게 3가지로 구분하시오.

① _____ ② _____ ③ _____

해답 ① 경량 골재 콘크리트   ② 경량 기포 콘크리트   ③ 무세골재 콘크리트

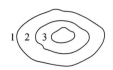 경량 콘크리트는 제조방법에 따라 분류

① 경량 골재 콘크리트 : 일반적으로 비중이 낮은 다공질의 경량골재를 사용한 콘크리트
② 경량 기포 콘크리트(autoclaved lightweight concrete) : 약칭해서 A.L.C라 하고 고온 고압으로 양생시킨 것으로 단열과 방음 효과가 크고 경화후 변형이 적은 장점이 있으나 흡수율이 큰 단점이 있는 콘크리트
③ 무세골재 콘크리트 : 골재사이에 공극을 형성시키기 위하여 잔골재의 사용을 배제한 콘크리트

□□□ 96②, 02①, 08④, 16④

10 그림과 같이 표고가 20m씩 차이나는 등고선으로 둘러싸인 지역의 흙을 굴착하여 택지조성을 계획할 때 1.0m^3 용적의 굴삭기 2대를 동원하면 굴착에 소요되는 기간은 며칠인가?
(단, 굴삭기 사이클타임 = 20초, 효율 = 0.8, 디퍼계수 = 0.8, $L = 1.2$, 1일 작업시간 = 8시간, 등고선 면적 $A_1 = 100\text{m}^2$, $A_2 = 80\text{m}^2$, $A_3 = 50\text{m}^2$이다.)

계산 과정)

답 : _____

해답 • 굴착토량 $V = \dfrac{h}{3}(A_1 + 4A_2 + A_3) = \dfrac{20}{3}(100 + 4 \times 80 + 50) = 3,133.33\,\text{m}^3$

• 굴삭기 1대 작업량

$$Q = \frac{3,600 \cdot q \cdot K \cdot f \cdot E}{C_m} = \frac{3,600 \times 1.0 \times 0.8 \times \dfrac{1}{1.2} \times 0.8}{20} = 96\,\text{m}^3/\text{hr}$$

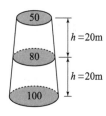

• 백호 2대의 작업량 = 96×8시간 $\times 2$대 = $1,536\,\text{m}^3/\text{day}$

∴ 소요공기 = $\dfrac{총굴착토량}{백호\,2대의\,작업량} = \dfrac{3,133.33}{1,536} = 204$ ∴ 3일

□□□ 96③, 01③, 06④, 10②, 14②, 16④

11 그림과 같은 중력식 옹벽의 전도(overturning)에 대한 안전율을 계산하시오.
(단, 콘크리트의 단위중량은 23kN/m³이고, 옹벽전면에 작용하는 수동토압은 무시한다.)

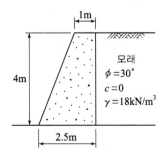

득점 | 배점
3

계산 과정)

답 : _____

해답 $F_s = \dfrac{W \cdot b + P_v \cdot E}{P_A \cdot y} = \dfrac{W \cdot b + 0}{P_A \cdot y}$ (∵ 수동토압 P_v는 무시)

• $P_A = \dfrac{1}{2}\gamma H^2\left(45° - \dfrac{\phi}{2}\right) = \dfrac{1}{2} \times 18 \times 4^2 \tan^2\left(45° - \dfrac{30°}{2}\right) = 48\,\text{kN/m}$

• $W = W_1 + W_2$

• $W_1 = 1 \times 4 \times 23 = 92\,\text{kN/m}$

• $W_2 = \dfrac{1}{2} \times (2.5 - 1) \times 4 \times 23 = 69\,\text{kN/m}$

• $W \cdot b = W_1 b_1 + W_2 b_2 = 92 \times (1.5 + 0.5) + 69 \times \left(1.5 \times \dfrac{2}{3}\right) = 253\,\text{kN}$

• $y = 4 \times \dfrac{1}{3} = \dfrac{4}{3}\,\text{m}$

∴ $F_s = \dfrac{253}{48 \times \dfrac{4}{3}} = 3.95$

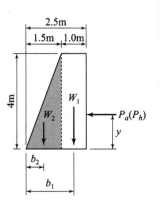

□□□ 01①, 03②, 13②, 16④, 21②

12 표준관입시험의 N치가 35이고, 현장에서 채취한 모래는 입자가 둥글고 균등계수가 5이고 곡률계수가 5이었다. Dunham의 식을 이용하여 이 모래의 내부마찰각을 추정하시오.

득점 | 배점
3

계산 과정)

답 : _____

해답 ■ 모래의 입도판정

• 균등계수 $C_u \geq 6$, 곡률계수 : $1 \leq C_g \leq 3$일 때 양입도

∴ 입자가 둥글고 입도분포가 균등(불량)한 모래(∵ $C_u = 5$, $C_g = 5$)

■ 입자가 둥글고 입도분포가 균등(불량)입도

• 내부마찰각 $\phi = \sqrt{12N} + 15 = \sqrt{12 \times 35} + 15 = 35.49°$

🎯 모래의 내부마찰각과 N의 관계(Dunham 공식)

• 토립자가 둥글고 입도분포가 균등(불량)한 모래	$\phi = \sqrt{12N} + 15$
• 토립자가 둥글고 입도분포가 양호한 모래 • 토립자가 모나고 입도분포가 균등(불량)한 모래	$\phi = \sqrt{12N} + 20$
• 토립자가 모나고 입도분포가 양호한 모래	$\phi = \sqrt{12N} + 25$

□□□ 96⑤, 99③, 00⑤, 03②, 05②, 08②, 10①, 11①, 13②, 16④, 18③

13 그림에서와 같이 강널말뚝(steel sheet pile)으로 지지된 모래지반의 굴착에서 지하수의 분 출로 인하여 예상되는 파이핑(piping)에 대한 안전율을 계산하시오.

득점	배점
	3

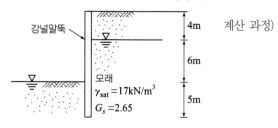

계산 과정)

답 : _____

해답 $F_s = \dfrac{(\Delta h + 2d)\gamma_{sub}}{\Delta h \cdot \gamma_w} = \dfrac{(6 + 2 \times 5)(17 - 9.81)}{6 \times 9.81} = 1.95$

◎ 파이핑에 대한 안전율

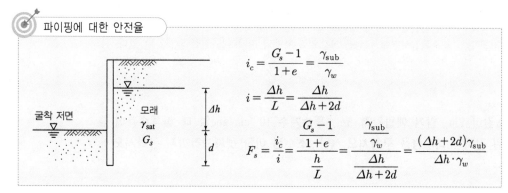

$$i_c = \frac{G_s - 1}{1 + e} = \frac{\gamma_{sub}}{\gamma_w}$$

$$i = \frac{\Delta h}{L} = \frac{\Delta h}{\Delta h + 2d}$$

$$F_s = \frac{i_c}{i} = \frac{\dfrac{G_s - 1}{1 + e}}{\dfrac{h}{L}} = \frac{\dfrac{\gamma_{sub}}{\gamma_w}}{\dfrac{\Delta h}{\Delta h + 2d}} = \frac{(\Delta h + 2d)\gamma_{sub}}{\Delta h \cdot \gamma_w}$$

□□□ 89①, 91③, 93①, 95③, 99⑤, 02④, 09①, 16④

14 품질관리를 위해 콘크리트 압축강도시험을 실시하여 다음과 같은 자료를 얻었다. 콘크리트 압축강도의 변동계수를 구하시오.

득점	배점
	3

21, 19, 20, 22, 23(MPa)

계산 과정)

답 : _____

해답 변동계수 $C_v = \dfrac{표준편차}{평균값} \times 100 = \dfrac{\sigma}{\overline{x}} \times 100$

• 평균값 $\overline{x} = \dfrac{21 + 19 + 20 + 22 + 23}{5} = 21\,\text{MPa}$

• 표준편차 $\sigma = \sqrt{\dfrac{S}{n - 1}}$

• $S = \sum (X_i - \overline{x})^2 = (21 - 21)^2 + (19 - 21)^2 + (20 - 21)^2 + (22 - 21)^2 + (23 - 21)^2 = 10$

• $\sigma = \sqrt{\dfrac{10}{5 - 1}} = 1.58$

∴ $C_v = \dfrac{1.58}{21} \times 100 = 7.52\%$

□□□ 10②, 13①, 14①, 16④, 17④

15 도로 노상의 지지력을 평가할 수 있는 현장시험 평가방법을 3가지만 쓰시오.

득점 배점
3

① _____　② _____　③ _____

해답 ① CBR(CBR시험)　② K값(평판재하시험 ; PBT)
③ Cone값(콘관입시험 ; CPT)　④ N치(표준관입시험 ; SPT)

🎯 도로 노상토 평가방법

① CBR시험 : 설계 CBR은 포장두께 설계시 노상지지력계수(SSV)를 산정하는 값으로 균일한 포장두께로 시공할 구간을 결정하는 값이다.
② 평판재하시험(PBT) : 도로현장에서 시공된 노상이나 보조기층의 지지력을 평가하여 지지력계수(K값)를 구하는 시험이다.
③ 콘관입시험(CPT ; cone penetration test) : 원뿔형 콘이 땅속을 뚫고 들어갈 때 생기는 저항력(Cone값)으로 지반의 단단함과 다짐 정도를 조사하는 시험
④ 표준관입시험(SPT) : 표준관입시험에서 얻은 N값으로 지반의 지지력을 직접측정할 수 있다.

□□□ 04④, 07④, 09④, 14④, 16④, 22②

16 지하수 침강 최소깊이 2m, 암거 매립간격 8m, 투수계수 10^{-5}cm/sec일 때 불투수층에 놓인 암거를 통한 단위 길이당 배수량을 구하시오. (단, 소수점 이하 셋째자리까지 구하시오.)

득점 배점
3

계산 과정)

답 : _____

해답 단위길이당 배수량 $Q = \dfrac{4kH_0^2}{D}$

• $H_o = 200\,cm$, $D = 800\,cm$

∴ $Q = \dfrac{4 \times 10^{-5} \times 200^2}{800} = 0.002\,cm^3/cm/sec$

※ 주의 단위길이당 배수량의 단위 : $cm^3/cm/sec$

□□□ 97①, 10①, 16④, 17④

17 지하수위 저하공법은 크게 중력배수공법과 강제배수공법으로 나눌 수 있다. 여기서 강제배수공법의 종류를 3가지만 쓰시오.

득점 배점
3

① _____　② _____　③ _____

해답 ① 웰포인트 공법　② 전기침투공법　③ 진공압밀공법

🎯 지하배수공법

■중력배수공법 : ① 집수공법　② Deep well 공법　③ 암거·명거공법
■강제배수공법 : ① Well point 공법　② 전기침투공법　③ 진공압밀공법

□□□ 95③, 96②, 97②, 98⑤, 08②, 11①, 13②, 16④

18 제방, 터널, 배수로, 사면 안정 및 보호 등에 사용되는 토목섬유의 종류를 4가지만 쓰시오.

득점	배점
	3

① _____ ② _____ ③ _____ ④ _____

해답 ① 지오텍스타일(Geotextile) ② 지오그리드(Geogrid) ③ 지오콤포지트(Geocomposite)
　　 ④ 지오멤브레인(Geomembrane) ⑤ 지오매트(Geomat)

 토목섬유(Geosynthetics)의 종류

① 지오텍스타일(Geotextile) : 투수성(직포, 부직포)
② 지오그리드(Geogrid) : 보강토 용도로 사용
③ 지오콤포지트(Geocomposite) : 2개 이상의 토목섬유를 결합
④ 지오멤브레인(Geomembrane) : 쓰레기 매립장, 터널 등의 차수와 방수
⑤ 지오매트(Geomat) : 배수필터, 사면보호용

□□□ 96①, 98④, 99③, 10④, 13①, 16④

19 두 번의 평판재하시험 결과가 다음과 같을 때 허용침하량이 25mm인 정사각형 기초가 1,500kN의 하중을 지지하기 위한 실제 기초의 크기를 구하시오.

득점	배점
	3

원형평판직경 B(m)	0.3	0.6
작용하중 Q(kN)	100	250
침하량(mm)	25	25

계산 과정)
　　　　　　　　　　　　　　　　　　답 : _____

해답 $Q = Am + Pn$

• $100 = \left(\dfrac{\pi \times 0.3^2}{4}\right)m + (0.3\pi)n$ ················ (1)

• $250 = \left(\dfrac{\pi \times 0.6^2}{4}\right)m + (0.6\pi)n$ ·············· (2)

　(1)×2−(2)

• $200 = \left(\dfrac{2\pi \times 0.3^2}{4}\right)m + (0.6\pi)n$ ············ (1)′

　$-50 = -0.18\left(\dfrac{\pi}{4}\right)m$: $m = 353.678$, $n = 79.577$

• $1,500 = D^2 \times 353.678 + 4D \times 79.577$ (∵ 정사각형) ∴ $D = 1.66$m

참고 [계산기 f_x570ES] SOLVE 사용법

$1,500 = D^2 \times 353.678 + 4D \times 79.577$

먼저 1,500 ☞ ALPHA ☞ SOLVE ☞ 1,500 =
ALPHA X^2 × 353.678 + 4 × ALPH X × 79.577
SHIFT ☞ SOLVE ☞ = ☞ 잠시 기다리면
$X = 1.6577$ ∴ $D = 1.66$ m

 정사각형 기초

• 면적 $A = D^2$
• 둘레길이
　$P = 4D$

□□□ 98④, 05①, 10④, 11④, 13④, 16④, 21③

20 3m×3m 크기의 정사각형 기초를 마찰각 $\phi = 30°$, 점착력 $c = 50\text{kN/m}^2$인 지반에 설치하였다. 흙의 단위중량 $\gamma = 17\text{kN/m}^3$이며, 기초의 근입깊이는 2m이다. 지하수위가 지표면에서 1m, 3m, 5m 깊이에 있을 때의 극한지지력을 각각 구하시오. (단, 지하수위 아래의 흙의 포화단위중량은 19kN/m³이고, Terzaghi 공식을 사용하고, $\phi = 30°$일 때, $N_c = 36$, $N_r = 19$, $N_q = 22$)

득점	배점
	6

가. 지하수위가 1m 깊이에 있는 경우

계산 과정)

답 : _____

나. 지하수위가 3m 깊이에 있는 경우

계산 과정)

답 : _____

다. 지하수위가 5m 깊이에 있는 경우

계산 과정)

답 : _____

해답 가. $D_1 \leq D_f$인 경우(1m < 2m)

$q_u = \alpha c N_c + \beta \gamma_1 B N_r + \gamma_2 D_f N_q$

$= \alpha c N_c + \beta \gamma_{sub} B N_r + (D_1 \gamma_1 + D_2 \gamma_{sub}) N_q$

$= 1.3 \times 50 \times 36 + 0.4 \times (19 - 9.81) \times 3 \times 19$

$\quad + \{1 \times 17 + 1 \times (19 - 9.81)\} \times 22$

$= 2,340 + 209.53 + 576.18 = 3,125.71 \text{kN/m}^2$

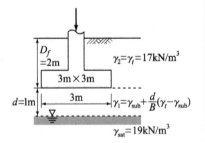

나. $d < B$인 경우(1m < 3m)

$q_u = \alpha c N_c + \beta \left\{ \gamma_{sub} + \dfrac{d}{B}(\gamma_t - \gamma_{sub}) \right\} B N_r + \gamma_t D_f N_q$

$\gamma_{sub} = \gamma_t - \gamma_w = 19 - 9.81 = 9.19 \text{kN/m}^3$

$\gamma_1 = \gamma_{sub} + \dfrac{d}{B}(\gamma_t - \gamma_{sub})$

$\quad = 9.19 + \dfrac{1}{3}(17 - 9.19) = 11.79 \text{kN/m}^3$

$q_u = 1.3 \times 50 \times 36 + 0.4 \times 11.79 \times 3 \times 19 + 17 \times 2 \times 22$

$\quad = 2,340 + 268.81 + 748 = 3,356.81 \text{kN/m}^2$

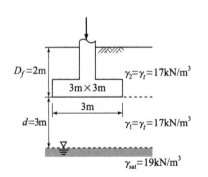

다. $d \geq B$인 경우(3m ≥ 3m)

$q_u = \alpha c N_c + \beta B \gamma_1 N_r + \gamma_2 D_f N_q$

$\quad = 1.3 \times 50 \times 36 + 0.4 \times 17 \times 3 \times 19 + 17 \times 2 \times 22$

$\quad = 2,340 + 387.6 + 748 = 3,475.6 \text{kN/m}^2$

$\quad (\therefore \ \gamma_1 = \gamma_2 = \gamma_t)$

□□□ 05①, 09①, 12①, 14④, 15①, 16④

21 다음의 작업리스트를 보고 아래 물음에 답하시오.

득점 배점
10

작업명	선행작업	후속작업	표준 상태		특급 상태	
			작업일수	비용	작업일수	비용
A	–	B, C	3	30만원	2	33만원
B	A	D	2	40만원	1	50만원
C	A	E	7	60만원	5	80만원
D	B	F	7	100만원	5	130만원
E	C	G, H	7	80만원	5	90만원
F	D	G, H	5	50만원	3	74만원
G	E, F	I	5	70만원	5	70만원
H	E, F	I	1	15만원	1	15만원
I	G, H	–	3	20만원	3	20만원

가. Network(화살선도)를 작도하고, 표준상태에 대한 C.P를 표시하시오.

나. 공기를 3일 단축했을 때 추가로 소요되는 비용을 구하시오.

계산 과정)

답 : _____

해답 가.

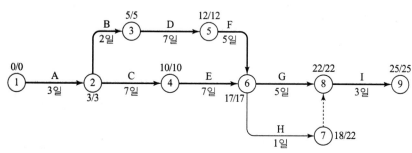

$$C.P : A \rightarrow B \rightarrow D \rightarrow F \rightarrow G \rightarrow I$$
$$A \rightarrow C \rightarrow E \rightarrow G \rightarrow I$$

나. 비용구배(만원/일)

$A = \dfrac{33-30}{3-2} = 3$만원, $\qquad B = \dfrac{50-40}{2-1} = 10$만원, $\qquad C = \dfrac{80-60}{7-5} = 10$만원

$D = \dfrac{130-100}{7-5} = 15$만원, $\quad E = \dfrac{90-80}{7-5} = 5$만원, $\qquad F = \dfrac{74-50}{5-3} = 12$만원

단축단계	단축작업	단축일	비용경사(만원/일)	단축비용(만원)	추가비용 누계(만원)
1	A	1	3	3	3
2	B+E	1	10+5 = 15	15	18
3	E+F	1	5+12	17	35

∴ 추가 소요되는 비용 35만원

작업명	단축가능일수	비용경사(만원)	1	2	3
A	1	$\dfrac{33-30}{3-2}=3$	1		
B	1	$\dfrac{50-40}{2-1}=10$		1	
C	2	$\dfrac{80-60}{7-5}=10$			
D	2	$\dfrac{130-100}{7-5}=15$			
E	2	$\dfrac{90-80}{7-5}=5$		1	1
F	2	$\dfrac{74-50}{5-3}=12$			1
G	–	–			
H	–	–			
I	–	–			
추가비용			3만원	15만원	17만원
추가비용 합계			3만원	18만원	35만원

□□□ 16④

22 건설기계에서 주행저항의 종류 3가지를 쓰시오.

득점	배점
	3

① _____ ② _____ ③ _____

해답 ① 회전저항(rolling resistance)   ② 경사저항(grade resistance)
③ 가속저항(accelerate resistance)   ④ 공기저항(air resistance)

 주행저항

① 회전저항 : 장비가 노면에서 저항할 때 노면의 상태, 타이어의 변형 등에 의해 발생되는 저항으로 장비의 중량에 비례한다.
② 경사저항 : 장비가 경사지를 올라갈 때에는 견인력(rim pull)이 경사도에 비례하여 감소되므로 소요의 견인력을 산정할 때에 경사저항 만큼 가산해야 한다.
③ 가속저항 : 장비의 주행시 가속 또는 감속에 따른 관성저항으로서 감속시에는 (–)값으로 표시된다.
④ 공기저항 : 공기저항은 일반적으로 저속(10km/hr)에서는 무시할 수 있다.

□□□ 04④, 06②, 10①, 14④, 16④, 20①④

23 장대교량에 사용되는 사장교는 주부재인 케이블의 교축방향 배치방식에 따라 3가지를 쓰고 예와 같이 그림을 그리시오.

득점 배점
　　 6

구 분	형 상
[예] 방사형	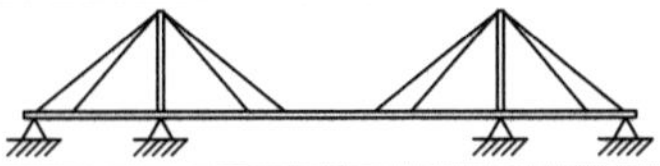
①	
②	
③	

해답

구 분	형 상
[예] 방사형	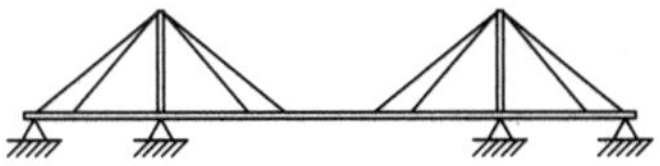
① 부채형(fan type)	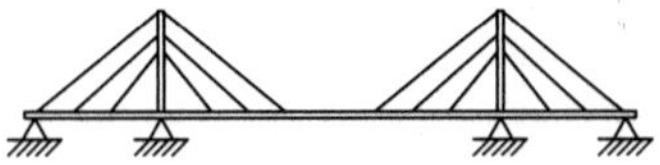
② 스타형(star type)	
③ 하프형(harp type)	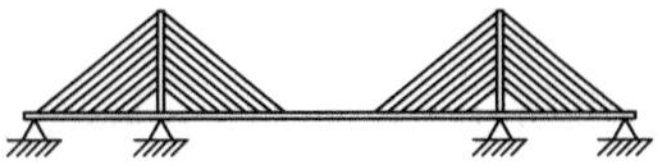

□□□ 96②, 12④, 16④

24 폭파에서 생긴 암덩어리가 쇼벨 등으로 처리할 수 없을 정도로 크다면 이것을 조각낼 필요가 있다. 이와 같이 조각을 내기 위한 폭파를 2차 폭파 또는 조각발파라고 한다. 이러한 2차 폭파 방법을 3가지만 쓰시오.

득점 배점
　　 3

①   ②   ③

해답 ① 천공법(block boring)　② 복토법(mud boring)　③ 사혈법(snake boring)

25 주어진 도면에 따라 다음 물량을 산출하시오. (단, 도면의 치수단위는 mm이다.)

득점	배점
	8

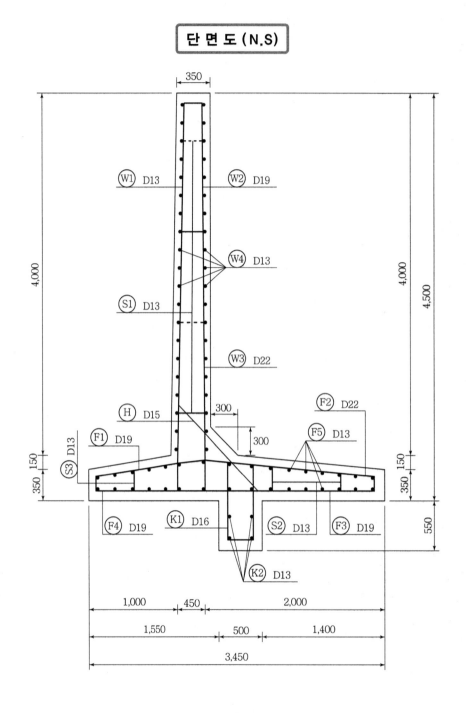

단 면 도 (N.S)

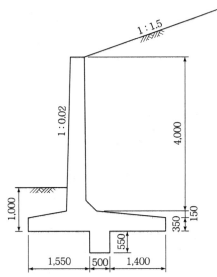

일반도

가. 옹벽길이 1m에 대한 콘크리트량을 구하시오.
(단, 소수 넷째자리에서 반올림하시오.)

계산 과정) 답 : _____

나. 옹벽길이 1m에 대한 거푸집량을 구하시오.
(단, 돌출부(전단 Key)에 거푸집을 사용하며, 마구리면의 거푸집을 무시하며, 소수 넷째자리에서 반올림하시오.)

계산 과정) 답 : _____

해답 가.

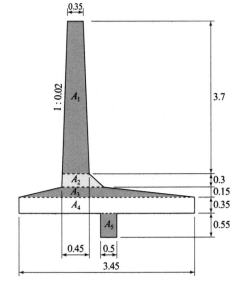

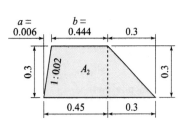

$a = 0.02 \times 0.3 = 0.006 \text{m}$

$b = 0.45 - 0.02 \times 0.3 = 0.444 \text{m}$

$A_1 = \dfrac{0.35 + 0.444}{2} \times 3.7 = 1.469 \text{m}^2$

$A_2 = \dfrac{0.444 + (0.45 + 0.3)}{2} \times 0.3 = 0.179 \text{m}^2$

$A_3 = \dfrac{(0.45 + 0.3) + 3.45}{2} \times 0.15 = 0.315 \text{m}^2$

$A_4 = 0.35 \times 3.45 = 1.208 \text{m}^2$

$A_5 = 0.55 \times 0.5 = 0.275 \text{m}^2$

$\therefore V = (\sum A_i) \times 1 = (1.469 + 0.179 + 0.315 + 1.208 + 0.275) \times 1 = 3.446 \text{m}^3$

나. $a = 0.02 \times 4.0 = 0.08 \text{m}$

$b = 0.45 - (0.08 + 0.35) = 0.02 \text{m}$

$A = 0.55 \times 2 = 1.1 \text{m}$

$B = 0.35 \times 2 = 0.70 \text{m}$

$C = \sqrt{0.3^2 + 0.3^2} = 0.4243 \text{m}$

$D = \sqrt{4.0^2 + 0.08^2} = 4.001 \text{m}$

$F = \sqrt{3.7^2 + 0.02^2} = 3.7001 \text{m}$

$\sum l = (1.1 + 0.70 + 0.4243 + 4.001 + 3.7001)$

$\quad = 9.9254 \text{m}$

$\therefore$ 면적 $= \sum l \times 1(m) = 9.9254 \times 1 = 9.925 \text{m}^2$

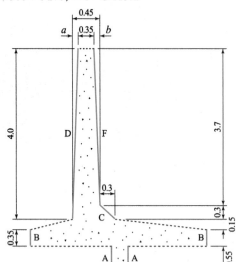

□□□ 16④

26 터널 공사시 암반보강공법을 3가지만 쓰시오.

득점	배점
	3

① _____ ② _____ ③ _____

해답 ① 숏크리트공법(shotcrete)   ② 록 볼트(rock bolt)   ③ 록 앵커공법(rock anchor)

□□□ 87②, 88①, 16④

27 연약지반 개량공법 중에 진동 또는 충격하중을 사용하여 모래를 압입하고, 직경이 큰 압축된 모래기둥을 조성하여 지반을 안정시키는 공법으로, 느슨한 사질토 지반에 널리 활용되고, 점성토에도 적용이 가능한 공법은?

득점	배점
	2

○ _____

해답 다짐 모래 말뚝 공법(Sand compaction pile method)

국가기술자격 실기시험문제

2017년도 기사 제1회 필답형 실기시험(기사)

종 목	시험시간	형 별	성 명	수험번호
토목기사	3시간	B		

※ 수험자 인적사항 및 계산식을 포함한 답안 작성은 검은색 필기구만 사용해야 하며, 그 외 연필류, 빨간색, 청색 등 필기구로 작성한 답항은 0점 처리 됩니다.

□□□ 04③, 06①, 10④, 14①, 17①, 21③

01 심발공(심빼기 발파공)의 종류 중 4가지만 쓰시오.

득점	배점
	3

① _____ ② _____ ③ _____ ④ _____

해답 ① V컷 ② 번컷 ③ 노컷 ④ 스윙컷 ⑤ 피라미드 컷

> 🎯 **심발공(심빼기 발파공법)**
>
> ① V컷(wedge cut) : 횡·종방향 쐐기모양으로 천공하는 방법
> ② 번컷(Burn cut) : 빈 구멍을 자유면으로 하여 평행폭파를 하는 것으로 버럭의 비산거리가 짧고 좁은 도갱에서의 긴 구멍의 발파에 편리한 방법으로 약량이 절약되는 공법
> ③ 노컷(no cut) : 심빼기 부분에 수직한 평행공을 다수 천공하여 장약량을 집중시키고 순발 뇌관으로 폭파시켜 폭파 Shock에 의하여 심빼기하는 방법
> ④ 스윙컷(swing cut) : 용수가 많을 경우에 유리한 공법
> ⑤ 피라미드 컷(pyramid cut) : 심빼기 구멍이 한 점에 마주치도록 배치하는 방법

□□□ 99①, 00④, 04②, 07②④, 09②, 13①, 17①, 20②, 23②

02 관암거의 직경이 20cm, 유속이 0.8m/sec, 암거길이가 300m일 때 원활한 배수를 위한 암거 낙차를 Giesler 공식을 이용하여 구하시오.

득점	배점
	3

계산 과정)

답 : _____

해답 유속 $V = 20\sqrt{\dfrac{D \cdot h}{L}}$ 에서 $0.8 = 20\sqrt{\dfrac{0.20 \times h}{300}}$

∴ $h = 2.40\text{m}$

참고 SOLVE 사용

□□□ 99③, 02①, 17①

03 어느 암반 지층에서 core를 채취하여 탄성파 시험을 한 결과, 압축파(P파)의 속도가 3,500m/sec로 측정되었다. 암반의 단위중량이 23kN/m³이라 할 때 암반의 탄성계수(E)를 구하시오.

계산 과정)　　　　　　　　　　　　　　　　　　답 : ＿＿＿＿＿＿＿＿＿

[해답] 탄성파 속도 $V = \sqrt{\dfrac{E}{\dfrac{\gamma}{g}}}$ 에서 $3,500 = \sqrt{\dfrac{E}{\dfrac{23}{9.8}}}$

　　∴ 탄성계수 $E = 28,750,000 \text{kN/m}^2$

[참고] SOLVE 사용

□□□ 97①, 13①, 17①

04 공정관리법 중 막대공정표의 장점을 3가지만 쓰시오.

①＿＿＿＿＿＿＿　　②＿＿＿＿＿＿＿　　③＿＿＿＿＿＿＿

[해답] ① 각 공종별 공사의 착수 및 완료일이 명시되어 판단이 용이하다.
　　② 각 공종별 공사와 전체의 공정시기 등이 일목요연하다.
　　③ 공정표가 단순하여 경험이 적은 사람도 이해하기 쉽다.

□□□ 17①, 22①, 23②

05 댐 콘크리트에서 사용되는 용어의 정의를 간단히 쓰시오.

가. 롤러다짐용 콘크리트(roller compacted dam concrete)의 정의

　○

나. 관로식 냉각(pipe cooling)의 정의

　○

다. 선행 냉각(pre cooling)의 정의

　○

[해답] 가. 슬럼프가 0인 매우된 반죽 콘크리트를 얇게 층으로 깔고, 진동 롤러로 다지기를 한 콘크리트
　　나. 댐 콘크리트를 친 후에 미리 묻어둔 파이프 내부에 냉각수를 순환시켜 댐콘크리트를 냉각하는 방법
　　다. 댐 콘크리트에서 콘크리트를 타설하기 전에 콘크리트의 온도를 제어하기 위해 얼음이나 액체질소 등으로 콘크리트 원재료를 냉각하는 방법

□□□ 98③, 08①④, 10②, 12④, 13①, 14④, 16②, 17①, 20②, 22①, 23①

06 3m의 모래층 위에 10m 두께의 단단한 포화점토가 있고 모래는 피압상태에 있다. A점에서 히빙(heaving)현상이 일어나지 않은 최대깊이 H를 구하시오.

득점	배점
	3

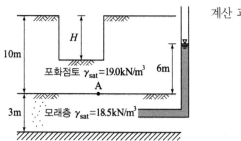

계산 과정)

답 : _____

해답 $H = \dfrac{H_1 \gamma_{sat} - \Delta h \gamma_w}{\gamma_{sat}}$

- $H_1 = 10\,m$
- $\Delta h = 6\,m$

$\therefore H = \dfrac{10 \times 19 - 6 \times 9.81}{19} = 6.90\,m$

$\bar{\sigma} = 0$일 때 히빙이 일어나지 않음

$\sigma = \gamma_{sat} \times (10 - H)$

$u = \gamma_w \times 6$

$\bar{\sigma} = 19.0 \times (10 - H) - 9.81 \times 6 = 0$

$\therefore H = 6.90\,m$

참고 SOLVE 사용

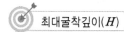 최대굴착깊이(H)

- $\overline{\sigma_A} = 0$일 때 절취할 수 있는 최대깊이 H
- 유효응력 $\overline{\sigma_A} = \sigma_A - U_A = (H_1 - H)\gamma_{sat} - \Delta h \cdot \gamma_w = 0$

$\therefore H = \dfrac{H_1 \gamma_{sat} - \Delta h \gamma_w}{\gamma_{sat}}$

□□□ 01①, 04①, 10②, 17①, 18②

07 가체절공(coffer dam)의 종류를 3가지만 쓰시오.

득점	배점
	3

① _____ ② _____ ③ _____

해답 ① 간이식 가체절공 ② 흙댐식 가체절공 ③ 한겹식 가체절공
④ 두겹식 가체절공 ⑤ 셀식 가체절공

 가체절공(가물막이 : coffer dam)

가체절공	① 간이식 ② 흙댐식 ③ 한겹식 ④ 두겹식 ⑤ Cell식
sheet pile식 공법	① 간이식 ② Ring Beam식 ③ 한겹 sheet pile식 ④ 두겹 sheet pile식 ⑤ Cell식
중력식공법	① 흙댐식 ② 박스(Box)식 ③ 케이슨(Caisson)식 ④ Celler Block식 ⑤ Corrugate식

□□□ 87②, 11①, 17①

08 콘크리트의 슬래브 포장에서 팽창, 수축 등을 어느 정도 자유롭게 일어나도록 하여 온도 응력을 경감하고 피할 수 없는 균열을 규칙적으로 일정한 장소로 제어할 목적으로 줄눈을 설치한다. 이 같은 줄눈의 종류를 3가지만 쓰시오.

① _____ ② _____ ③ _____

득점	배점
	3

해답 ① 가로수축줄눈   ② 가로팽창줄눈   ③ 시공줄눈   ④ 세로줄눈

 줄눈의 설계

콘크리트 슬래브에는 팽창, 수축, 굽음 등을 어느 정도 자유롭게 일어나도록 하여 온도응력을 경감하고 피할 수 없는 균열을 규칙적으로 일정한 장소에서 제어할 목적으로 설치한다. 줄눈은 기능에 따라 수축줄눈, 팽창줄눈 및 시공줄눈으로 분류되어 설치 위치에 따라 가로방향 줄눈과 세로방향 줄눈이 있다.
① 가로수축줄눈 : 수분, 온도, 마찰에 의해 발생하는 수축응력을 경감하고 표층에 발생할 불규칙한 균열을 줄눈으로 제어하기 위해 설치한다.
② 가로팽창줄눈(expansion joint) : 온도변화에 의한 슬래브의 팽창을 해방시킬 수 있는 공간을 둠으로써 포장의 좌굴파괴를 방지하기 위해 설치한다.
③ 세로줄눈 : 일반적으로 차선에 설치한다.
④ 시공줄눈 : 포장의 차선 사이 또는 작업일의 끝과 다른 시간대의 시공 슬래브가 맞닿는 곳에 설치하는 줄눈이다.

□□□ 92②, 94③, 00②, 03④, 04④, 07②, 10④, 11①, 14②, 17①, 18③, 19③, 21①, 22③, 23①

09 PS 콘크리트 교량 건설공법 중 동바리를 사용하지 않는 현장타설공법의 종류 3가지를 쓰시오.

① _____ ② _____ ③ _____

득점	배점
	3

해답 ① FCM(캔틸레버 공법)   ② MSS(이동식 지보공법)
③ ILM(연속압출공법)

PS 콘크리트 교량 건설공법의 분류

동바리를 사용하지 않는 방법		동바리를 사용한 공법
현장타설공법	프리캐스트 공법	현장타설공법
① FCM(캔틸레버 공법)	① 프리캐스트 세그먼트 공법(PSM)	① 전체 지주식
② MSS(이동식 지보공법)	② 프리캐스트 거더 공법	② 지주 지지식
③ ILM(연속압출공법)		③ 거더 지지식

□□□ 94①, 97①, 03①, 05④, 11④, 14②, 17①, 20④, 22②

10 도로토공을 위한 횡단측량 결과 다음 그림과 같은 결과를 얻었다. Simpson 제2법칙에 의한 횡단면적은?

득점 배점
3

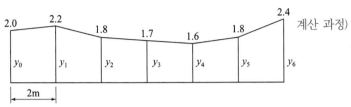

계산 과정)

답 : _____

 $A = \dfrac{3d}{8}\{y_o + 2(y_3) + 3(y_1 + y_2 + y_4 + y_5) + y_6\}$

$= \dfrac{3 \times 2}{8}\{2.0 + 2 \times 1.7 + 3(2.2 + 1.8 + 1.6 + 1.8) + 2.4\} = 22.50\,\text{m}^2$

또는

🎯 **다른 방법**

- $A_1 = \dfrac{3d}{8}(y_o + 3y_1 + 3y_2 + y_3) = \dfrac{3 \times 2}{8}(2.0 + 3 \times 2.2 + 3 \times 1.8 + 1.7) = 11.78\,\text{m}^2$

- $A_2 = \dfrac{3d}{8}(y_3 + 3y_4 + 3y_5 + y_6) = \dfrac{3 \times 2}{8}(1.7 + 3 \times 1.6 + 3 \times 1.8 + 2.4) = 10.73\,\text{m}^2$

- $\therefore A = A_1 + A_2 = 11.78 + 10.73 = 22.51\,\text{m}^2$

□□□ 89①, 94④, 05①, 09②, 12④, 17①, 20①②

11 아래 그림과 같이 연약토층 위에 있는 사면의 복합활동 파괴면에 대한 안전율을 구하시오.

득점 배점
3

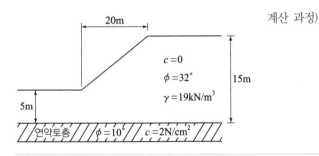

계산 과정)

답 : _____

 안전율 $F_s = \dfrac{c \cdot L + W\tan\phi + P_p}{P_a}$

- $P_a = \dfrac{\gamma H^2}{2}\tan^2\left(45° - \dfrac{\phi}{2}\right) = \dfrac{19 \times 15^2}{2}\tan^2\left(45° - \dfrac{32°}{2}\right) = 656.77\,\text{kN/m}$

- $P_p = \dfrac{\gamma H^2}{2}\tan^2\left(45° + \dfrac{\phi}{2}\right) = \dfrac{19 \times 5^2}{2}\tan^2\left(45° + \dfrac{32°}{2}\right) = 772.96\,\text{kN/m}$

- $c = 2.0\,\text{N/cm}^2 = 0.02\,\text{MPa} = 0.02\,\text{N/mm}^2 = 20\,\text{kN/m}^2$

- $c \cdot L = 20 \times 20 = 400\,\text{kN/m}^2$

- $W\tan\phi = \dfrac{15+5}{2} \times 20 \times 19\tan10° = 670.04\,\text{kN/m}$

- $\therefore F_s = \dfrac{400 + 670.04 + 772.96}{656.77} = 2.81$

⚠ 주의점
$W\tan\phi$
$\phi = 10°$ 대입

□□□ 92②, 00③, 04①, 10①, 11②, 15①②, 17①, 18①

12 탄성파 속도가 1,100m/s인 사암으로 된 수평한 지반을 1개의 리퍼날이 부착된 21ton급의 불도저($q_0 = 3.3\text{m}^3$)로 리핑하면서 작업을 할 때 1시간당 작업량을 본바닥토량으로 구하시오. (단, 소수 셋째자리에서 반올림하시오.)

득점	배점
	3

─────【조 건】─────
- 1개 날의 1회 리핑 단면적 : 0.14m^2
- 작업거리 : 40m
- 불도저의 작업효율 : 0.4
- 불도저의 사이클 타임 : $C_m = 0.037l + 0.25$
- 리핑의 작업효율 : 0.9
- 리핑의 사이클 타임 : $C_m = 0.05l + 0.33$
- 불도저의 구배계수 : 0.90
- 토량변화율 : $L = 1.6$, $C = 1.1$

계산 과정)   답 : _____

해답 조합 작업량 $Q = \dfrac{Q_D \times Q_R}{Q_D + Q_R}$

■ 리핑 작업량

$Q = \dfrac{60 \cdot A_n \cdot l \cdot f \cdot E}{C_m}$

- $C_m = 0.05l + 0.33 = 0.05 \times 40 + 0.33 = 2.33$분

$\therefore Q = \dfrac{60 \times 0.14 \times 40 \times 1 \times 0.9}{2.33} = 129.785\text{m}^3/\text{hr}$

($\because$ 리퍼의 작업량은 본바닥토량이므로 $f = 1$이다.)

■ 불도저 작업량

$Q = \dfrac{60 \cdot (q_o \cdot \rho) \cdot f \cdot E}{C_m}$

- $C_m = 0.037l + 0.25 = 0.037 \times 40 + 0.25 = 1.73$분

$\therefore Q = \dfrac{60 \times 3.3 \times 0.90 \times \dfrac{1}{1.6} \times 0.4}{1.73} = 25.751\text{m}^3/\text{hr}$

$\left(\because \text{불도저의 작업량은 흐트러진 토량에서 본바닥토량으로 환산하므로 } f = \dfrac{1}{L} \text{이다.} \right)$

$\therefore$ 조합 작업량 $Q = \dfrac{25.751 \times 129.785}{25.751 + 129.785} = 21.49\text{m}^3/\text{hr}$

□□□ 98①, 00③, 03④, 07①, 17①

13 CPT(원추형 콘관입 시험)의 일종인 piezocone으로 측정할 수 있는 값을 3가지 쓰시오.

득점	배점
	3

① _____ ② _____ ③ _____

해답 ① 선단 cone 저항(q_c) ② 마찰저항(f_s) ③ 간극수압(u)

□□□ 10②, 11④, 17①, 18③, 20①

14 아래 그림과 같은 2연암거의 일반도를 보고 다음 물량을 산출하시오.
(단, 도면 치수의 단위는 mm이다.)

득점	배점
	8

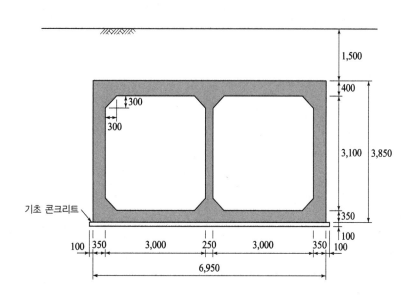

가. 암거길이 1m에 대한 콘크리트량을 산출하시오.
(단, 기초 콘크리트량도 포함하며, 소수점 이하 넷째자리에서 반올림하시오.)

계산 과정)

답 : _____

나. 암거길이 1m에 대한 거푸집량을 산출하시오.
(단, 양쪽 마구리면은 무시하며, 기초 거푸집량도 포함하며, 소수점 이하 넷째자리에서 반올림하시오.)

계산 과정)

답 : _____

다. 암거길이 1m에 대한 터파기량을 산출하시오.
(단, 지형상태는 일반도와 같으며 터파기는 기초 콘크리트 양끝에서 0.6m 여유폭을 두고 비탈기울기는 1 : 0.5로 하며, 소수점 이하 넷째자리에서 반올림하시오.)

계산 과정)

답 : _____

해답 가.

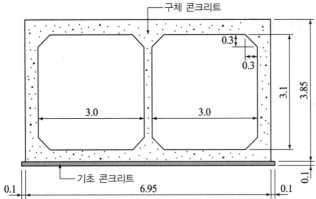

기초 콘크리트량 $= (6.95 + 0.1 \times 2) \times 0.1 \times 1\,(\mathrm{m}) = 0.715\,\mathrm{m}^3$

암거 콘크리트 $= \left(6.95 \times 3.85 - 3.1 \times 3.0 \times 2 + \dfrac{1}{2} \times 0.3 \times 0.3 \times 8\right) \times 1\,\mathrm{m}$

$\qquad = 8.518\,\mathrm{m}^3$

$\therefore$ 총콘크리트량 $= 0.715 + 8.518 = 9.233\,\mathrm{m}^3$

나.

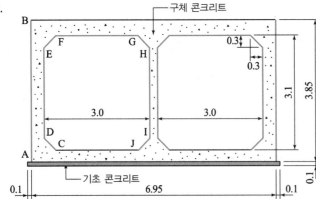

기초 거푸집량 $= 0.100 \times 2 \times 1\,(\mathrm{m}) = 0.200\,\mathrm{m}^2$

암거 거푸집량 $= 3.85 \times 2 + (3.100 - 0.300 \times 2) \times 4 + (3.000 - 0.300 \times 2) \times 2$

$\qquad + \sqrt{0.3^2 + 0.3^2} \times 8 = 25.894\,\mathrm{m}^2$

$\therefore$ 총거푸집량 $= 0.200 + 25.894 = 26.094\,\mathrm{m}^2$

다.

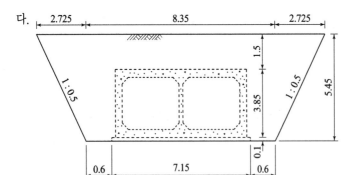

기초 터파기량 밑면 : $0.6 + 7.15 + 0.6 = 8.35\,\mathrm{m}$

기초 터파기량 윗면 : $8.35 + 5.45 \times 0.5 \times 2 = 13.8\,\mathrm{m}$

$\therefore$ 암거 터파기량 : $\dfrac{(8.35 + 13.8)}{2} \times 5.45 \times 1\,(\mathrm{m}) = 60.359\,\mathrm{m}^3$

□□□ 06④, 08④, 09④, 10①, 11②, 17①, 18③, 22②, 23①

15 콘크리트의 배합강도를 구하기 위한 시험횟수 16회의 콘크리트 압축강도 측정결과가 아래 표와 같고 품질기준강도가 28MPa일 때 아래 물음에 답하시오.

득점	배점
	8

🖐 f_{ck}
설계기준강도

🖐 f_{cq}
품질기준강도

🖐 f_{ckn}
호칭강도

【압축강도 측정결과 (단위 MPa)】

26.0	29.5	25.0	34.0	25.5	34.0	29.0
24.5	27.5	33.0	33.5	27.5	25.5	28.5
26.0	35.0					

가. 위 표를 보고 압축강도의 평균값을 구하시오.

계산 과정)

답 : _____

나. 압축강도 측정결과 및 아래의 표를 이용하여 배합강도를 구하기 위한 표준편차를 구하시오.

【시험횟수가 29회 이하일 때 표준편차의 보정계수】

시험횟수	표준편차의 보정계수	비고
15	1.16	이 표에 명시되지 않은 시험횟수에 대해서는 직선보간한다.
20	1.08	
25	1.03	
30 또는 그 이상	1.00	

계산 과정)

답 : _____

다. 배합강도를 구하시오.

계산 과정)

답 : _____

해답 가. 평균값 $\overline{x} = \dfrac{\sum X_i}{n} = \dfrac{464}{16} = 29\,\text{MPa}$

나. 편차제곱합 $S = \sum(X_i - \overline{x})^2$

$S = (26-29)^2 + (29.5-29)^2 + (25.0-29)^2 + (34-29)^2 + (25.5-29)^2$
$\quad + (34-29)^2 + (29-29)^2 + (24.5-29)^2 + (27.5-29)^2 + (33-29)^2$
$\quad + (33.5-29) + (27.5-29)^2 + (25.5-29)^2 + (28.5-29)^2 + (26-29)^2$
$\quad + (35-29)^2 = 206\,\text{MPa}$

• 표준편차$(s) = \sqrt{\dfrac{S}{n-1}} = \sqrt{\dfrac{206}{16-1}} = 3.71\,\text{MPa}$

• 16회의 보정계수 $= 1.16 - \dfrac{1.16 - 1.08}{20-15} \times (16-15) = 1.144$

∴ 수정표준 편차 $s = 3.71 \times 1.144 = 4.24\,\text{MPa}$

다. $f_{cq} = 28\,\text{MPa} \leq 35\,\text{MPa}$인 경우
- $f_{cr} = f_{cq} + 1.34s = 28 + 1.34 \times 4.24 = 33.68\,\text{MPa}$
- $f_{cr} = (f_{cq} - 3.5) + 2.33s = (28 - 3.5) + 2.33 \times 4.24 = 34.38\,\text{MPa}$
∴ 배합강도 $f_{cr} = 34.38\,\text{MPa}$(두 값 중 큰 값)

□□□ 17①

16 말뚝 상부에는 모멘트를 받는 강관말뚝을 사용하며, 하부는 압축력을 받는 고강도 콘크리트 말뚝(PHC)으로 된 말뚝의 명칭을 쓰시오.

득점	배점
	2

○

해답 매입형 복합말뚝(Hybrid Composite Pile)

 매입형 복합말뚝(HCP : Hybrid Composite Pile)

수평력과 모멘트가 작용하는 말뚝상부는 전단 및 휨저항능력이 우수한 강관말뚝을
압축력이 주로 작용하는 말뚝하부는 고강도콘크리트말뚝(PHC)을 결합구로 용접시킨 말뚝

□□□ 85②③, 98⑤, 99③, 01④, 13②, 17①

17 지반의 일축압축강도가 18kN/m²인 연약점성토층을 직경 40cm의 철근 콘크리트 파일로 관입길이 12m를 관통하도록 박았을 때 부마찰력(Negative friction)을 구하시오.

득점	배점
	3

계산 과정)

답 : _____

해답 $R_{nf} = U \cdot l_c \cdot f_c = \pi d \cdot l_c \cdot \dfrac{q_u}{2}$

$= \pi \times 0.40 \times 12 \times \dfrac{1}{2} \times 18 = 135.7\,\text{kN}$

□□□ 92②, 02②, 07②, 09④, 13①④, 17①

18 말뚝 기초에 발생하는 부마찰력(Negative Friction)의 발생원인 4가지만 쓰시오.

득점	배점
	3

① _____ ② _____ ③ _____ ④ _____

해답 ① 말뚝의 타입지반이 압밀 진행 중인 경우 ② 상재하중이 말뚝과 지표에 작용하는 경우
③ 지하수위의 저하로 체적이 감소하는 경우 ④ 점착력 있는 압축성 지반일 때

□□□ 00②, 11②, 14②, 17①, 20②

19 다음 작업리스트에서 네트워크 공정표를 작성하고, 각 작업의 여유시간을 구하시오.

득점	배점
	10

작업명	선행작업	작업일수	비고
A	없음	4	① C.P는 굵은 선으로 표시하시오.
B	A	6	② 각 결합점에는 아래와 같이 표시하시오.
C	A	5	
D	A	4	
E	B	3	
F	B, C, D	7	
G	D	8	③ 각 작업은 다음과 같다.
H	E	6	
I	E, F	5	
J	E, F, G	8	
K	H, I, J	6	

가. 공정표를 작성하시오.

나. 여유시간을 구하시오.

작업명	TF	FF	DF
A			
B			
C			
D			
E			
F			
G			
H			
I			
J			
K			

해답 가.

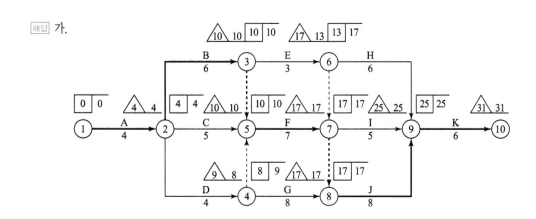

나.

작업명	TF	FF	DF	C.P
A	4-0-4=0	4-0-4=0	0-0=0	*
B	10-4-6=0	10-4-6=0	0-0=0	*
C	10-4-5=1	10-4-5=1	1-1=0	
D	9-4-4=1	8-4-4=0	1-0=1	
E	17-10-3=4	13-10-3=0	4-0=4	
F	17-10-7=0	17-10-7=0	0-0=0	*
G	17-8-8=1	17-8-8=1	1-1=0	
H	25-13-6=6	25-13-6=6	6-6=0	
I	25-17-5=3	25-17-5=3	3-3=0	
J	25-17-8=0	25-17-8=0	0-0=0	*
K	31-25-6=0	31-25-6=0	0-0=0	*

□□□ 17①, 18②

20 터널 굴착시 여굴(over break)이 발생하는 원인을 3가지만 쓰시오.

득점	배점
	3

① _____ ② _____ ③ _____

해답 ① 천공 및 발파의 잘못
② 착암기 사용 잘못
③ 전단력이 약한 토질 굴착시 발생

□□□ 88③, 93④, 01①, 03②, 12①, 17①

21 어느 공사에서 콘크리트 슬럼프시험을 하여 다음 표와 같은 Data를 얻었을 때 $\bar{x}$관리도의 상한과 하한관리선을 구하시오.

득점	배점
	4

조번호	1	2	3	4	5	비고
$\bar{x}$	8.5	9.0	7.5	7.0	8.0	$n = 4$
R	1.0	1.5	1.5	1.0	1.0	$A_2 = 0.729$

상한 관리선 : _____ , 하한 관리선 : _____

해답 $\bar{x}$ 관리선 $= \bar{x} \pm A_2 \cdot \bar{R}$

• 총 평균 $\bar{x} = \dfrac{\sum \bar{x}}{n} = \dfrac{8.5+9.0+7.5+7.0+8.0}{5} = 8.0$

• 범위의 평균 $\bar{R} = \dfrac{\sum R}{n} = \dfrac{1.0+1.5+1.5+1.0+1.0}{5} = 1.2$

∴ 상한 관리선 $UCL = 8.0 + 0.729 \times 1.2 = 8.87$

∴ 하한 관리선 $LCL = 8.0 - 0.729 \times 1.2 = 7.13$

□□□ 12②, 17①, 20①

22 아래 그림과 같은 지반에서 다음 물음에 답하시오.

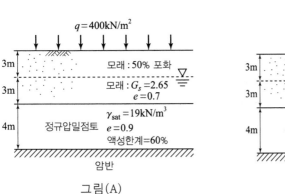

그림(A)

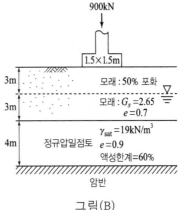

그림(B)

가. 그림(A)와 같이 지표면에 400kN/m²의 무한히 넓은 등분포하중이 작용하는 경우 압밀침하량을 구하시오.

계산 과정)

답 : _____

나. 그림(B)와 같이 지표면에 설치한 정사각형 기초에 900kN의 하중이 작용하는 경우 압밀침하량을 구하시오. (단, 응력증가량 계산은 2:1 분포법을 사용하고, 평균유효응력 증가량 $(\Delta\sigma)$ 은 $(\Delta\sigma_t + 4\Delta\sigma_m + \Delta\sigma_b)/6$으로 구한다. 여기서, $\Delta\sigma_t$, $\Delta\sigma_m$, $\Delta\sigma_b$는 점토층의 상단부, 중간층, 하단부의 응력증가량이다.)

계산 과정)

답 : _____

해답 가. 압밀침하량 $\triangle H = \dfrac{C_c H}{1+e} \log \dfrac{P_2}{P_1}$

• $C_c = 0.009(W_L - 10) = 0.009(60 - 10) = 0.45$

• 모래 $\gamma_t = \dfrac{G_s + \dfrac{S \cdot e}{100}}{1+e} \cdot \gamma_w = \dfrac{2.65 + \dfrac{50 \times 0.7}{100}}{1+0.7} \times 9.81 = 17.31 \, \text{kN/m}^3$

• 모래 $\gamma_{sub} = \dfrac{G_s - 1}{1+e} \gamma_w = \dfrac{2.65 - 1}{1+0.7} \times 9.81 = 9.52 \, \text{kN/m}^3$

• 정규압밀점토 $\gamma_{sub} = \gamma_{sat} - \gamma_w = 19 - 9.81 = 9.19 \, \text{kN/m}^3$

• $P_1 = \gamma_t \cdot h_1 + \gamma_{sub} \cdot h_2 + \gamma_{sub} \cdot \dfrac{h_3}{2}$

 $= 17.31 \times 3 + 9.52 \times 3 + 9.19 \times \dfrac{4}{2} = 98.87 \, \text{kN/m}^2$

• $P_2 = P_1 + q = 98.87 + 400 = 498.87 \, \text{kN/m}^2$

 $\therefore \triangle H = \dfrac{0.45 \times 4}{1+0.9} \log \dfrac{498.87}{98.87} = 0.6659 \text{m} = 66.59 \text{cm}$

나. 압밀침하량 $\triangle H = \dfrac{C_c H}{1+e} \log \dfrac{P_1 + \Delta \sigma}{P_1}$

- $\Delta \sigma_t = \dfrac{Q}{(B+z)^2} = \dfrac{900}{(1.5+6)^2} = 16 \, \text{kN/m}^2$

- $\Delta \sigma_m = \dfrac{Q}{(B+z)^2} = \dfrac{900}{(1.5+8)^2} = 9.97 \, \text{kN/m}^2$

- $\Delta \sigma_b = \dfrac{Q}{(B+z)^2} = \dfrac{900}{(1.5+10)^2} = 6.81 \, \text{kN/m}^2$

- $\Delta \sigma = \dfrac{\Delta \sigma_t + \Delta \sigma_m + \Delta \sigma_b}{6} = \dfrac{16.0 + 4 \times 9.97 + 6.81}{6} = 10.44 \, \text{kN/m}^2$

$\therefore \triangle H = \dfrac{0.45 \times 4}{1+0.9} \log \dfrac{98.87 + 10.44}{98.87} = 0.0413 \text{m} = 4.13 \text{cm}$

□□□ 17①, 19③, 23③

23 흙의 애터버그 한계(atterberg limit)의 종류를 3가지를 쓰시오.

① _____ ② _____ ③ _____

해답 ① 액성한계 ② 소성한계 ③ 수축한계

□□□ 96⑤, 99③, 00②, 01②, 03②, 05④, 10④, 17①

24 RMR(Rock Mass Rating)에 의한 암반분류 시 적용되는 평가요소를 4가지만 쓰시오.

① _____ ② _____ ③ _____ ④ _____

해답 ① 암석의 일축압축강도 ② RQD(암질지수) ③ 불연속면 간격
④ 절리(불연속면)의 상태 ⑤ 지하수 상태 ⑥ 불연속면 방향

□□□ 93③, 94①, 96②, 98①, 99①③, 03①, 04①, 07②, 17①, 18③, 20①, 22①②, 23②

25 아스팔트 포장 중 실코트(seal coat)의 중요 목적 3가지만 쓰시오.

① _____ ② _____ ③ _____

해답 ① 표층의 노화방지 ② 포장 표면의 방수성 ③ 포장 표면의 미끄럼 방지
④ 포장 표면의 내구성 증대 ⑤ 포장면의 수밀성 증대

국가기술자격 실기시험문제

2017년도 기사 제2회 필답형 실기시험(기사)

종 목	시험시간	형 별	성 명	수험번호
토목기사	**3시간**	**B**		

※ 수험자 인적사항 및 계산식을 포함한 답안 작성은 검은색 필기구만 사용해야 하며, 그 외 연필류, 빨간색, 청색 등 필기구로 작성한 답항은 0점 처리 됩니다.

□□□ 89①, 91③, 93①, 95③, 02④, 17②

01 어느 sample 값에서 측정한 다음 데이터의 변동계수를 구하시오.
(단, 소수 둘째자리에서 반올림하시오.)

득점	배점
	3

─────────── 【데이터】 ───────────
4, 7, 3, 10, 6

계산 과정)   답 : _____

─────────────────────────────────────

해답 변동계수 $C_v = \dfrac{\sigma}{\bar{x}} \times 100$

- 평균치 $\bar{x} = \dfrac{4+7+3+10+6}{5} = 6$

- 편차의 제곱합 $S = (4-6)^2 + (7-6)^2 + (3-6)^2 + (10-6)^2 + (6-6)^2 = 30$

- 표준편차 $\sigma = \sqrt{\dfrac{S}{n-1}} = \sqrt{\dfrac{30}{5-1}} = 2.74$

∴ 변동계수 $C_v = \dfrac{2.74}{6} \times 100 = 45.7\%$

□□□ 17②, 20③

02 다음에 답하시오.

득점	배점
	6

가. 사운딩의 정의에 대해 간단히 설명하시오.

　○

나. 정적사운딩의 종류 3가지를 쓰시오.

　① _____　② _____　③ _____

─────────────────────────────────────

해답 가. rod에 붙인 어떤 저항체를 지중에 넣어 타격 관입, 인발 및 회전할 때의 흙의 전단강도를 측정하는 원위치 시험

나. ① 베인(Vane) 시험기　　② 이스키 메터
　　③ 스웨덴식 관입 시험기　　④ 휴대용 원추 관입 시험기
　　⑤ 화란식 원추 관입 시험기

□□□ 89②, 98③, 07①, 11②, 17②, 20①, 23①

03 그림과 같은 방파제의 활동에 대한 안전율을 계산하시오.

(단, 파고(H)=3.0m, 케이슨단위중량(w)=20kN/m³, 해수단위중량(w')=10kN/m³, 마찰계수 (f)=0.6, 파압공식($P=1.5w'H(\text{kN/m}^2)$))

득점	배점
	3

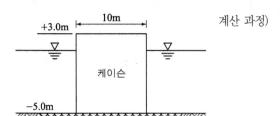

계산 과정)

답 : _____

해답 안전율 $F_s = \dfrac{f \cdot W}{P_h}$

- 파압 $P = 1.5w'H = 1.5 \times 10 \times 3.0 = 45 \text{kN/m}^2$
- 수평력 P_h =파압×케이슨 높이$= 45 \times (5+3) = 360 \text{kN/m}$
- 연직력 W=케이슨의 자중−케이슨의 부력
  $= (3+5) \times 10 \times 20 - (3+5) \times 10 \times 10 = 800 \text{kN/m}$

  ∴ 안전율 $F_s = \dfrac{f \cdot W}{P_h} = \dfrac{0.6 \times 800}{360} = 1.33$

🎯 **부력(buoyancy)**

부력이란 수중 부분의 체적만큼의 물의 질량이다. 파고가 3m이므로 케이슨이 물에 잠기므로, 케이슨의 수중부분의 체적은 $(3+5) \times 10$이다.

∴ 케이슨의 부력=케이슨의 수중부분 체적×해수의 단위중량
  $= [(3+5) \times 10] \times 10 = 800 \text{kN/m}$

□□□ 85①③, 04③, 08①, 17②, 21③

04 연약지반 개량공법 중 치환공법의 종류 3가지를 쓰시오.

득점	배점
	3

① _____ 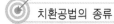 ② _____ ③ _____

해답 ① 굴착치환공법 ② 폭파치환공법 ③ 강제치환공법

🎯 **치환공법의 종류**

① 굴착치환공법 : 굴착기계로 연약층을 굴착한 후 여기에 양질의 모래를 메우는 공법
② 폭파치환공법 : 연약층의 범위가 넓을 때 폭약으로 연약층을 일시에 폭파시켜 모래를 치환하는 공법
③ 강제치환공법 : 연약지반상에 모래를 성토하여 그 중량으로 연약지반을 압출시켜 모래로 치환하는 공법

05 직경 30cm 길이 12m의 말뚝이 점토지반에 설치되었다. 극한 지지력을 구하시오.
(단, $N_C{'}=9$, 점착계수 $\alpha=1.2$, 점착력 $c_u=10\text{kN/m}^2$이다.)

계산 과정)

답 : _____

해답 $Q_u=Q_p+Q_s$

- $Q_p=A_p c_u N_c{'}=\dfrac{\pi\times0.3^2}{4}\times10\times9=6.36\text{kN}$
- $Q_s=\pi\cdot D\cdot L\cdot\alpha\cdot c_u=(\pi\times0.3\times12)\times1.2\times10=135.72\text{kN}$

  ∴ $Q_u=6.36+135.72=142.08\text{kN}$

06 표준관입시험의 N치가 35일 때, 현장에서 채취한 모래는 둥글며 균등계수가 7이고 곡률계수가 2이었다. Dunham의 식을 이용하여 이 모래의 내부마찰각을 추정하시오.

계산 과정)

답 : _____

해답 ■ 모래의 입도판정

- 균등계수 $C_u\geq6$, 곡률계수 : $1\leq C_g\leq3$일 때 양입도

  ∴ 둥글고 입도분포가 양호한 모래(∵ $C_u=7$, $C_g=2$)

■ 토립자가 둥글고 입도분포가 좋은 모래를 토립자가 둥글고 입도분포가 좋은 모래

  (∵ 문제에서 채취한 모래는 둥글며라고 제시함)

- 내부마찰각 $\phi=\sqrt{12N}+20=\sqrt{12\times35}+20=40.49°$

모래의 내부마찰각과 N의 관계(Dunham 공식)

• 토립자가 둥글고 입도분포가 균등(불량)한 모래	$\phi=\sqrt{12N}+15$
• 토립자가 둥글고 입도분포가 양호한 모래 • 토립자가 모나고 입도분포가 균등(불량)한 모래	$\phi=\sqrt{12N}+20$
• 토립자가 모나고 입도분포가 양호한 모래	$\phi=\sqrt{12N}+25$

07 옹벽, 지하벽체 및 널말뚝 같은 흙막이 구조물에 작용하는 횡방향토압은 구조물의 변위 상태에 따라 토압의 크기가 달라진다. 이 횡방향토압의 종류 3가지를 쓰시오.

① _____ ② _____ ③ _____

해답 ① 정지토압 ② 주동토압 ③ 수동토압

□□□ 01①, 17②

08 도로나 댐공사에서 흙을 다질 때 탬핑롤러를 사용하는 경우가 많다. 탬핑롤러의 종류 3가지를 쓰시오.

득점	배점
	3

① _____ ② _____ ③ _____

해답 ① 턴 풋 롤러(turn foot roller)
② 시프스 풋 롤러(sheeps foot roller)
③ 그리드 롤러(grid roller)
④ 태퍼 풋 롤러(tapper foot roller)

□□□ 96④, 17②, 20③

09 차량이 곡선부를 주행할 때 원심력으로 인하여 곡선부 바깥쪽으로 미끄러지거나 전도할 위험이 있으므로 최소곡선반경을 산정하여 차량이 안전하고 쾌적하게 주행할 수 있도록 하고 있다. 다음의 주어진 값을 적용하여 최소곡선반경(R)을 구하시오.
(조건 : 설계속도 : 100km/hr, 횡방향 미끄럼마찰계수(f)=0.11, 편구배(i) : 6%)

득점	배점
	3

계산 과정) 답 : _____

해답 $R = \dfrac{V^2}{127(f+i)} = \dfrac{100^2}{127(0.11+0.06)} = 463.18\,\text{m}$

□□□ 95①, 00④, 05①, 07④, 13①, 17②, 18①

10 concrete를 거푸집에 타설한 후부터 응결이 종결될 때까지에 발생하는 균열을 일반적으로 초기균열이라고 한다. 초기균열은 그 원인에 의하여 크게 나눌 수 있는데 3가지만 쓰시오.

득점	배점
	3

① _____ ② _____ ③ _____

해답 ① 침하수축균열(침하균열)
② 플라스틱 수축균열(초기건조균열)
③ 거푸집 변형에 의한 균열
④ 진동 및 경미한 재하에 의한 균열

🎯 콘크리트의 초기균열의 종류

concrete를 거푸집에 타설한 후부터 응결이 종결될 때까지 그동안 발생하는 균열을 일반적으로 초기균열이라고 한다. 이러한 초기균열의 종류 4가지는 다음과 같다.
① 침하수축균열 : 콘크리트 타설 후 콘크리트의 표면 가까이에 있는 철근, 매설물 또는 입자가 큰 골재 등이 콘크리트의 침하를 국부적으로 방해하기 때문에 일어난다.
② 플라스틱 수축균열 : 콘크리트를 칠 때 또는 친 직후 표면에서의 급속한 수분의 증발로 인하여 수분이 증발되는 속도가 콘크리트 표면의 블리딩 속도보다 빨라질 때, 콘크리트 표면에 미세한 균열이 발생한다.
③ 거푸집 변형에 의한 균열 : 콘크리트의 응결, 경화과정 중에 콘크리트의 측압에 따른 거푸집의 변형 등에 의해서 발생한다.
④ 진동 및 경미한 재하에 따른 균열 : 콘크리트 타설을 완료할 즈음에 인근에서 말뚝을 박거나 기계류 등의 진동이 원인이 되어 발생한다.

□□□ 04②, 17②, 21②

11 다음과 같은 연속기초의 극한지지력을 테르자기(Terzaghi)식을 이용하여 ①, ②의 경우에 대해 각각 구하시오. (단, 점착력 $c = 0.01\text{MPa}$, 내부마찰각 $\phi = 15°$, $N_c = 6.5$, $N_r = 1.2$, $N_q = 2.7$ 이며 전반전단파괴가 발생하며, 흙은 균질이다.)

득점	배점
	4

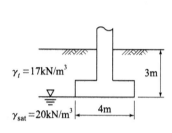

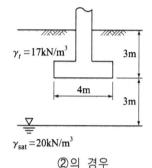

①의 경우 　　　　　　　　②의 경우

가. ①의 경우에 대하여 극한지지력을 구하시오.

계산 과정)　　　　　　　　　　　　　　　　　답 : _____

나. ②의 경우에 대한 극한지지력을 구하시오.

계산 과정)　　　　　　　　　　　　　　　　　답 : _____

─────────────────────────────

해답 가. $q_u = \alpha c N_c + \beta \gamma_1 B N_r + \gamma_2 D_f N_q$

　　　$c = 0.01\text{MPa} = 0.01\,\text{N/mm}^2 = 1\,\text{N/cm}^2 = 10\,\text{kN/m}^2$

　　　$\therefore q_u = 1.0 \times 10 \times 6.5 + 0.5 \times (20 - 9.81) \times 4 \times 1.2 + 17 \times 3 \times 2.7 = 227.16\,\text{kN/m}^2$

나. $d < B$인 경우

　　$q_u = \alpha c N_c + \beta \gamma_1 B N_r + \gamma_2 D_f N_q$(연속기초 : $\alpha = 1.0$, $\beta = 0.5$)

　　• $\gamma_1 = \gamma_{sub} + \dfrac{d}{B}(\gamma_t - \gamma_{sub}) = (20 - 9.81) + \dfrac{3}{4}(17 - (20 - 9.81)) = 15.30\,\text{kN/m}^3$

　　　$\therefore q_u = 1.0 \times 10 \times 6.5 + 0.5 \times 15.3 \times 4 \times 1.2 + 17 \times 3 \times 2.7$

　　　　　$= 239.42\,\text{kN/m}^2$

□□□ 09④, 17②

12 무근 콘크리트 포장에서 줄눈이나 균열부에 단단한 입자가 침입하면 슬래브 팽창을 방해하게 된다. 이로 인해 국부적인 압축파괴를 일으켜 발생하는 균열을 무엇이라 하는가?

득점	배점
	2

○

─────────────────────────────

해답 스폴링(spalling)

 스폴링(spalling)

비압축성의 단단한 입자가 줄눈 중심에 침투하여 콘크리트 슬래브가 가열팽창될 때 그것이 원인이 되어 국부적으로 압축파괴를 일으키며 발생한다.

□□□ 12②, 15④, 17②

13 품질기준강도가 40MPa이고, 22회의 콘크리트 압축강도시험으로부터 구한 표준편차가 4.5MPa이었다. 이 콘크리트의 배합강도를 구하시오.
(단, 압축강도 시험횟수가 20회일 때 표준편차의 보정계수는 1.08, 25회일 때 보정계수는 1.03이다.)

득점	배점
	3

계산 과정)   답 : _____

해답 $f_{cq} = 40\,\text{MPa} > 35\text{MPa}$일 때

- 22회의 보정계수 $= 1.08 - \dfrac{1.08 - 1.03}{25 - 20} \times (22 - 20) = 1.06$ (∵ 직선보간)

- 수정 표준편차 $s = 4.5 \times 1.06 = 4.77\text{MPa}$

- $f_{cr} = f_{cq} + 1.34\,s = 40 + 1.34 \times 4.77 = 46.39\text{MPa}$

- $f_{cr} = 0.9 f_{cq} + 2.33\,s = 0.9 \times 40 + 2.33 \times 4.77 = 47.11\text{MPa}$

  ∴ 배합강도 $f_{cr} = 47.11\text{MPa}$(∵ 두 값 중 큰 값)

□□□ 17②

14 성토 후 다짐을 하는 목적을 3가지만 쓰시오.

득점	배점
	3

① _____   ② _____   ③ _____

해답 ① 흙의 강도를 증가시켜 지지력 향상
② 간극비를 감소시켜 투수계수를 감소
③ 압축성을 감소시켜 침하를 방지

□□□ 84②, 93③, 96①, 98①, 02④, 03②, 06①, 10④, 12②, 17②, 22②

15 15ton 덤프트럭에 버킷용량이 1.0m³의 백호 1대로 토사를 적재하는 경우 트럭 1대에 적재하는 데 필요한 시간은 얼마인가? (단, 굴착 시 효율=1.0, 버킷계수=0.9, 자연상태의 γ_t = 1.9t/m³, L=1.2, 적재장비 사이클 타임 20초)

득점	배점
	3

계산 과정)   답 : _____

해답 적재시간 $C_{mt} = \dfrac{C_{ms} \cdot n}{60 \cdot E_s}$

- $q_t = \dfrac{T}{\gamma_t} \cdot L = \dfrac{15}{1.9} \times 1.2 = 9.47\text{m}^3$

- $n = \dfrac{q_t}{q \cdot k} = \dfrac{9.47}{1.0 \times 0.9} = 10.52 = 11$회   ∴ 적재시간 $C_{mt} = \dfrac{20 \times 11}{60 \times 1.0} = 3.67$분

□□□ 10①, 11②, 14①④, 17②, 20②

16 주어진 반중력식 교대도면을 보고 다음 물량을 산출하시오. (단, 교대 전체 길이는 10m 이며, 도면의 치수단위는 mm이다.)

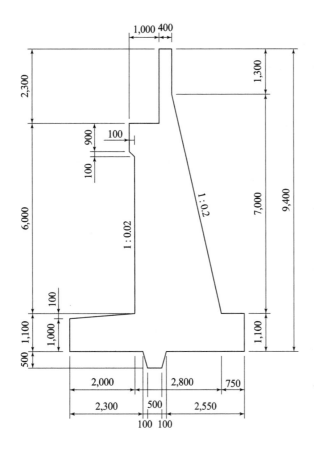

일 반 도

가. 교대의 전체 콘크리트량을 구하시오. (단, 소수 넷째자리에서 반올림하시오.)

계산 과정)

답 :

나. 교대의 전체 거푸집량을 구하시오.
　(단, 돌출부(전단 Key)에 거푸집을 사용하며, 소수 넷째자리에서 반올림하시오.)

계산 과정)

답 :

해답 가. $A_1 = 0.4 \times 1.3 = 0.52\,\text{m}^2$

$A_2 = \dfrac{0.4 + (0.4 + 7 \times 0.2)}{2} \times 7 = 7.70\,\text{m}^2$

$A_3 = 1.0 \times 0.9 = 0.900\,\text{m}^2$

$A_4 = \dfrac{1.0 + 0.9}{2} \times 0.1 = 0.095\,\text{m}^2$

$A_5 = \dfrac{0.9 + (0.9 + 5 \times 0.02)}{2} \times 5 = 4.75\,\text{m}^2$

$A_6 = \dfrac{(5.55 - 2.0) + 5.55}{2} \times 0.1 = 0.455\,\text{m}^2$

$A_7 = 5.55 \times 1.0 = 5.550\,\text{m}^2$

$A_8 = \dfrac{0.5 + 0.7}{2} \times 0.5 = 0.30\,\text{m}^2$

$\sum A = 0.52 + 7.70 + 0.90 + 0.095 + 4.75 + 0.455$
$\qquad + 5.550 + 0.30$
$\qquad = 20.270\,\text{m}^2$

∴ 총콘크리트량 $= 20.270 \times 10 = 202.700\,\text{m}^3$

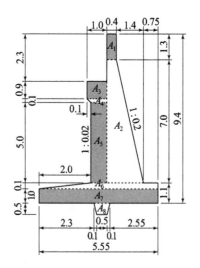

나. A = 2.3m

B = 0.9m

$C = \sqrt{0.1^2 + 0.1^2} = 0.1414\,\text{m}$

$D = \sqrt{(5 \times 0.02)^2 + 5^2} = 5.001\,\text{m}$

E = 1.000m

$F = \sqrt{0.1^2 + 0.5^2} \times 2 = 1.0198\,\text{m}$

G = 1.1m

$H = \sqrt{(7 \times 0.2)^2 + 7^2} = 7.1386\,\text{m}$

I = 1.3m

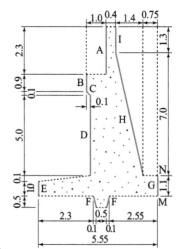

• 총거푸집길이
$\sum L = 2.3 + 0.9 + 0.1414 + 5.001 + 1.0$
$\qquad + 1.0198 + 1.1 + 7.1386 + 1.3 = 19.9008\,\text{m}$

• 측면도의 거푸집량 $= 19.9008 \times 10 = 199.008\,\text{m}^2$

• 양 마구리면의 거푸집량 $= 20.270 \times 2(양단) = 40.540\,\text{m}^2$

∴ 총거푸집량 $= 199.008 + 40.540 = 239.548\,\text{m}^2$

□□□ 17②

17 도로 터널의 방재설비 종류를 3가지만 쓰시오.

득점 배점
3

① _____ ② _____ ③ _____

해답 ① 소화설비
② 경보설비
③ 피난설비
④ 소화활동설비
⑤ 비상전원설비

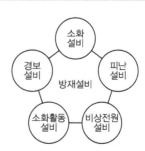

도로터널 방재시설의 설치방법

방재시설		설치위치와 설치방법		
관계기관		건설교통부	소방방재청	한국도로공사
소화설비	소화기구	주행차로 측벽/대면통행은 양측벽 50m 이내	편도2차로 이상 양방향, 4차로 이상 일방향:엇갈리게 50m 이내 2개 이상 설치	50m 간격으로 설치
소화설비	옥내소화전설비	주행차로 측벽설치 50m 이내	편도2차로 이상 양방향, 4차로 이상 일방향:엇갈리게 50m 이내 설치	50m 간격으로 설치
소화설비	물분무설비	측벽설치문분무 헤드 방수구역 50m 이내	설치기준 없음	일제방수구역 50m
경보설비	비상경보설비	소화기, 소화전함 병설	옥내소화전과 동일 (바닥 0.8~1.5m 이하)	소화기, 소화전함 병설
경보설비	화재탐지기	최적성능을 확보위치	경계구역 100m 이하	–
경보설비	비상방송설비	측벽설치, 50m 이내	설치기준 없음	50m 간격으로 설치
경보설비	비상전화	피난대피시설, 250m 이내	설치기준 없음	200m 간격 설치
경보설비	CCTV	측벽설치, 200~400m 간격	설치기준 없음	가시거리 확보되도록 설치
경보설비	라디오재방송설비	터널 전구간 청취 가능설치	설치기준 없음	–
경보설비	정보표시판	터널전방 500m 이내, 차로이용규제신호등 :400~500m 간격	설치기준 없음	터널전방 500m 이내
피난설비	비상조명등	야간 점등회로 이용설치	바닥면 조도 10Lx 이상, 비상전원으로 60분 이상 점등	야간 점등회로 이용설치
피난설비	유도표지판 A	피난대피시설 부근	설치기준 없음	200m 간격설치
피난설비	유도표지판 B	피난대피시설측벽설치, 최소 4개소 이상	설치기준 없음	200m 간격설치
피난설비	피난대피시설 피난연락갱	쌍굴터널(차단문 설치) 250~300m 이내	설치기준 없음	250m 간격설치
피난설비	피난대피시설 피난갱	본선터널과 평행설치	설치기준 없음	–
피난설비	피난대피시설 피난대피소	본선터널의 측벽 설치 250~300m 이내	설치기준 없음	–
피난설비	피난대피시설 비상주차대	주행차선 갓길, 대연동행 터널은 양측벽	설치기준 없음	750m 간격 설치
소화활동설비	제연설비	환기설비와 병용	예비제트팬 설치, 250℃에서 60분 이상 운전상태 유지	환기설비와 병용
소화활동설비	무선통신보조설비	라디오 재방송 설비병용	터널입출구, 피난연결통로에 설치	라디오 재방송 설비병용
소화활동설비	연결송수관설비	송수구:터널입출구부, 방수구:옥내소화전설비 병설, 50m 이내	50m 이내 옥내소화전 병설	–
소화활동설비	비상콘센트설비	소화전함 병설	주행차로 우측 50m 이내	100m 간격으로 소화전함 병설
비상전원설비	무정전전원설비	시설별 설치	설치기준 없음	수 배전반에 설치
비상전원설비	비상발전설비	구획된 실내에 설치	설치기준 없음	

□□□ 10②, 15①, 17②, 20③

18 아래 그림과 같이 지표면에 100kN의 집중하중이 작용할 때 다음 물음에 답하시오.
(단, 소수점 이하 넷째자리에서 반올림하시오.)

득점	배점
	4

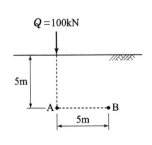

가. A점에서의 연직응력의 증가량을 구하시오.

계산 과정)

답 : _____

나. B점에서의 연직응력의 증가량을 구하시오.

계산 과정)

답 : _____

해답 가. $\Delta\sigma_A = \dfrac{3Q}{2\pi Z^2} = \dfrac{3 \times 100}{2\pi \times 5^2} = 1.910\,\text{kN/m}^2$

나. $\Delta\sigma_B = \dfrac{3Q}{2\pi} \cdot \dfrac{Z^3}{R^5}$

• $R = \sqrt{x^2 + z^2} = \sqrt{5^2 + 5^2} = 7.071$

$\Delta\sigma_B = \dfrac{3 \times 100}{2\pi} \times \dfrac{5^3}{7.071^5} = 0.338\,\text{kN/m}^2$

□□□ 94②, 96⑤, 97④, 98②, 99⑤, 00①, 04②, 06①, 10④, 11④, 12①, 14①, 17②, 21②, 22③

19 도로를 설계하기 위하여 5개 지점의 시료를 채취하여 각 지점에 있어서의 평균 CBR을 구하였다. 이때의 설계 CBR을 계산하시오.

득점	배점
	3

• 각 지점의 평균 CBR : 6.8, 8.5, 4.8, 6.3, 7.2

• 설계 CBR 계산용 계수

개수(n)	2	3	4	5	6	7	8	9	10 이상
d_2	1.41	1.91	2.24	2.48	2.67	2.83	2.96	3.08	3.18

계산 과정)

답 : _____

해답 설계 CBR = 평균 CBR $-\ \dfrac{\text{CBR}_{max} - \text{CBR}_{min}}{d_2}$

• 평균 CBR $= \dfrac{\sum \text{CBR값}}{n} = \dfrac{6.8 + 8.5 + 4.8 + 6.3 + 7.2}{5} = 6.72$

∴ 설계 CBR $= 6.72 - \dfrac{8.5 - 4.8}{2.48} = 5.23 = 5$

(∵ 설계 CBR은 소수점 이하는 절삭한다.)

□□□ 03①, 07①, 17②, 21①
20 강상자형교(steel box girder bridge)는 얇은 강판을 상자형 단면으로 결합하여 외력에 저항하는 구조이다. 이러한 강상자형교를 box단면의 구성형태에 따라 3가지로 분류하시오.

득점	배점
	3

① _____ ② _____ ③ _____

해답 ① 단실박스   ② 다실박스   ③ 다중박스

🎯 **강상자형교의 단면 구성형태에 따른 분류**

① 단실박스(single-cell box) : 교폭이 좁은 경우에 이용
② 다실박스(multi-cell box) : 교폭이 넓은 경우에 이용
③ 다중박스(multiple single-cell box) : 단실박스나 다실박스를 2개 이상 병렬로 연결해 사용

① 단실박스

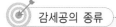
② 다실박스   ③ 다중박스

□□□ 12②, 17②
21 댐 여수로의 급경사 수로를 유하한 고속류의 운동에너지를 감세시켜 하류 하천에 안전하게 유하시키기 위한 시설을 감세공이라 한다. 이러한 감세공의 종류 3가지를 쓰시오.

득점	배점
	3

① _____ ② _____ ③ _____

해답 ① 플립 버킷형(Flip Bucket)   ② 정수지형(Stilling Basin)   ③ 잠수 버킷형(Submerged Bucket)

🎯 **감세공의 종류**

댐 여수로의 급경사 수로를 유하한 고속류의 운동에너지를 감세시켜 하류 하천에 안전하게 유하시키기 위한 시설
① 플립 버킷형(Flip Bucket) : 급경사수로의 말단에 버킷모양의 수로를 설치하여 수류가 공중으로 사출되도록 하며, 사출된 수류를 암반이나 플런지 풀(plunge pool)에 돌입시켜 감세시키는 형식
② 정수지형(Stilling Basin) : 도수에 의하여 급경사수로에서의 사류흐름을 상류로 변환시켜 안전하게 하류 하천에 유하하여 감세시키는 형식
③ 잠수 버킷형(Submerged Bucket) : 하류 하천의 수심이 클 경우에 수류를 수중에서 회전시켜 전동류를 발생시킴으로서 감세시키는 형식

□□□ 05①, 09①, 12①, 14④, 15①, 17②

22 다음의 작업리스트를 보고 아래 물음에 답하시오.

득점 | 배점
10

작업명	선행작업	후속작업	표준 상태		특급 상태	
			작업일수	비용	작업일수	비용
A	–	B, C	3	30만원	2	33만원
B	A	D	2	40만원	1	50만원
C	A	E	7	60만원	5	80만원
D	B	F	7	100만원	5	130만원
E	C	G, H	7	80만원	5	90만원
F	D	G, H	5	50만원	3	74만원
G	E, F	I	5	70만원	5	70만원
H	E, F	I	1	15만원	1	15만원
I	G, H	–	3	20만원	3	20만원

가. Network(화살선도)를 작도하고, 표준상태에 대한 C.P를 표시하시오.

나. 공기를 3일 단축했을 때 추가로 소요되는 비용을 구하시오.

계산 과정)

답 : _____

해답 가.

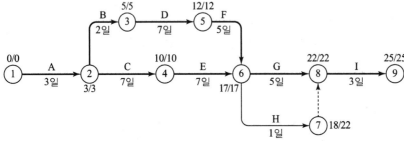

C.P : A→B→D→F→G→I
　　　 A→C→E→G→I

나. 비용구배(만원/일)

$A = \dfrac{33-30}{3-2} = 3만원$, 　　　 $B = \dfrac{50-40}{2-1} = 10만원$, 　　　 $C = \dfrac{80-60}{7-5} = 10만원$

$D = \dfrac{130-100}{7-5} = 15만원$, 　　 $E = \dfrac{90-80}{7-5} = 5만원$, 　　 $F = \dfrac{74-50}{5-3} = 12만원$

단축단계	단축작업	단축일	비용경사(만원/일)	단축비용(만원)	추가비용 누계(만원)
1	A	1	3	3	3
2	B+E	1	10+5 = 15	15	18
3	E+F	1	5+12	17	35

∴ 추가 소요되는 비용 35만원

□□□ 91③, 97④, 99②, 01②, 08④, 14④, 17②, 20②

23 그림과 같은 등고선을 가진 지형으로 굴착하여 오른편 그림과 같은 도로성토를 하려고 한다. 물음에 답하시오. (단, $L=1.20$, $C=0.90$, 토량은 각주공식을 사용)

득점	배점
	6

면적(m²)
$A_1 = 1,400$
$A_2 = 950$
$A_3 = 600$
$A_4 = 250$
$A_5 = 100$
한 등고선
높이 : 20m

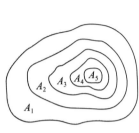

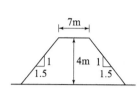

shovel의 C_m : 20sec
dipper 계수 : 0.95
작업 효율 : 0.80, $f=1$
1일 운전 시간 : 6hrs
유류 소모량 : $4l/hr$

가. 도로 몇 m를 만들 수 있는가?

계산 과정)

답 : _____

나. 위의 그림과 같은 조건에서 1m³ Power Shovel 5대가 굴착할 때 작업일수는 몇 일인가?

계산 과정)

답 : _____

다. Power shovel의 총유류소모량은 얼마나 되겠는가?

계산 과정)

답 : _____

해답 **가.** 토량계산

- $Q_1 = \dfrac{h}{3}(A_1 + 4A_2 + A_3) = \dfrac{20}{3}(1,400 + 4 \times 950 + 600) = 38,666.67\,\mathrm{m}^3$

- $Q_2 = \dfrac{h}{3}(A_3 + 4A_4 + A_5) = \dfrac{20}{3}(600 + 4 \times 250 + 100) = 11,333.33\,\mathrm{m}^3$

- $\therefore Q = Q_1 + Q_2 = 38,666.67 + 11,333.33 = 50,000\,\mathrm{m}^3$

- 도로의 단면적 $A = \dfrac{7 + (1.5 \times 4 + 7 + 1.5 \times 4)}{2} \times 4 = 52\,\mathrm{m}^2$

- 도로의 길이 $= \dfrac{\text{완성토량} \times C}{\text{도로 단면적}} = \dfrac{50,000 \times 0.90}{52} = 865.38\,\mathrm{m}$

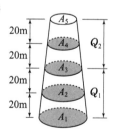

나.
- $Q = \dfrac{3,600 \cdot q \cdot K \cdot f \cdot E}{C_m} = \dfrac{3,600 \times 1 \times 0.95 \times \dfrac{1}{1.20} \times 0.80}{20} = 114\,\mathrm{m}^3/\mathrm{h}$

$\left(\because \text{자연상태} : f = \dfrac{1}{L} = \dfrac{1}{1.20} \right)$

- 1일 작업일량 $= 114(\mathrm{m}^3/\mathrm{hr}) \times 6(\mathrm{hr}) \times 5(\text{대}) = 3,420\,\mathrm{m}^3/\mathrm{h}$

- $\therefore$ 작업일수 $= \dfrac{50,000}{3,420} = 14.62 = 15$일

다. 총유류소모량 $= 4 \times 6 \times 14.62 \times 5 = 1,754.4\,l$

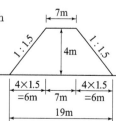

□□□ 00⑤, 04①, 05②, 11①, 15①, 17②, 20②, 23③

24 어느 암반지대에서 RQD의 평균값은 60%, 절리군의 수는 6, 절리 거칠기 계수는 2, 절리 면의 변질계수는 2, 지하수 보정계수 J_w는 1, 응력저감계수 SRF는 1일 경우 Q값을 계산하시오.

계산 과정)

답 : _____

해답 $Q = \dfrac{RQD}{J_n} \cdot \dfrac{J_r}{J_a} \cdot \dfrac{J_w}{SRF}$

$= \dfrac{60}{6} \times \dfrac{2}{2} \times \dfrac{1}{1} = 10$

 Q-system

Q분류법은 노르웨이의 지반공학연구소의 Barton, Lien & Lunde(1974)에 의해 개발되었으며, 6개의 변수를 3개의 그룹으로 나누어서 종합적인 암반의 암질 Q를 다음과 같이 계산할 수 있다.

$Q = \dfrac{RQD}{J_n} \cdot \dfrac{J_r}{J_a} \cdot \dfrac{J_w}{SRF}$ = (암괴크기 점수)+(암괴전단강도 점수)+(작용응력 점수)

■6개의 평가요소
① RQD : 암질지수   ② J_n : 절리군의 수
③ J_r : 절리면의 거칠기 계수   ④ J_a : 절리면의 변질계수
⑤ J_w : 지하수 보정계수   ⑥ SRF : 응력저감계수

■3개의 그룹
① $\dfrac{RQD}{J_n}$ (암괴크기 점수) : 암반의 전체적인 구조를 나타낸다.

② $\dfrac{J_r}{J_a}$ (암괴전단강도 점수) : 면의 거칠기, 절리면 간 또는 충전물의 마찰 특성을 나타낸다.

③ $\dfrac{J_w}{SRF}$ (작용응력 점수) : 활동성 응력을 표현하는 복잡하고 경험적인 항이다.

□□□ 09①, 10②, 14②, 17②

25 압출공법(Incremental Launching Method : ILM)에 적용되는 압출방법 3가지를 쓰시오.

① _____   ② _____   ③ _____

해답 ① Pulling 방법
② Pushing 방법
③ Lift & pushing 방법

□□□ 13①, 16②, 17②, 18②

26 콘크리트의 경화나 강도발현을 촉진하기 위해 실시하는 양생을 촉진양생이라고 한다. 이러한 촉진양생법의 종류를 3가지만 쓰시오.

득점	배점
	3

① _____ ② _____ ③ _____

 ① 증기양생 　② 오토클레이브 양생 　③ 전기양생 　④ 온수양생
　⑤ 적외선 양생 　⑥ 고주파 양생선

🎯 촉진양생방법

　① 촉진양생이란 보다 빠른 콘크리트의 경화나 강도발현을 촉진하기 위해 실시하는 양생방법이다.
　② 증기양생(저압증기양생, 고압증기양생, 고온증기양생), 오토클레이브 양생, 전기양생, 온수양생, 적외선 양생, 고주파 양생 등이 있으며 일반적으로 증기양생이 널리 사용되고 있다.

□□□ 01①, 10①, 11④, 13①, 17②, 18②, 22②

27 아래 그림과 같은 지층의 지표면에 40kN/m²의 압력이 작용할 때 이로 인한 점토층의 압밀 침하량을 구하시오. (단, 이 점토층은 정규압밀점토이다.)

득점	배점
	3

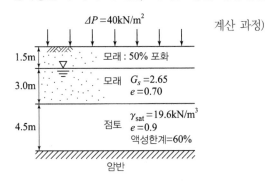

계산 과정)

답 : _____

 압밀침하량 $S = \dfrac{C_c H}{1+e_o} \log\left(\dfrac{P_o + \Delta P}{P_o}\right)$

- $C_c = 0.009(W_L - 10) = 0.009(60 - 10) = 0.45$

- 지하수위 이상의 모래의 단위중량 $\gamma_t = \dfrac{G_s + S \cdot e}{1+e} \gamma_w = \dfrac{2.65 + 0.5 \times 0.7}{1 + 0.7} \times 9.81 = 17.31\,\mathrm{kN/m^3}$

- 지하수위 이하 모래층 수중단위중량 $\gamma_{sub} = \dfrac{G_s - 1}{1+e} \gamma_w = \dfrac{2.65 - 1}{1 + 0.7} \times 9.81 = 9.52\,\mathrm{kN/m^3}$

- 점토의 수중단위중량 $\gamma_{sub} = \gamma_{sat} - \gamma_w = 19.6 - 9.81 = 9.79\,\mathrm{kN/m^3}$

- 초기 유효연직압력 $P_o = \gamma_t H_1 + \gamma' H_2 + \gamma' \dfrac{H_3}{2}$
$$= 17.31 \times 1.5 + 9.52 \times 3 + 9.79 \times \dfrac{4.5}{2} = 76.55\,\mathrm{kN/m^2}$$

$\therefore S = \dfrac{0.45 \times 4.5}{1 + 0.9} \log\left(\dfrac{76.55 + 40}{76.55}\right) = 0.1946\,\mathrm{m} = 19.46\,\mathrm{cm}$

국가기술자격 실기시험문제

2017년도 기사 제4회 필답형 실기시험(기사)

종 목	시험시간	형 별	성 명	수험번호
토목기사	3시간	B		

※ 수험자 인적사항 및 계산식을 포함한 답안 작성은 검은색 필기구만 사용해야 하며, 그 외 연필류, 빨간색, 청색 등 필기구로 작성한 답항은 0점 처리 됩니다.

□□□ 00④, 03①, 17④

01 그림과 같이 길이 10m, 직경 40cm의 원형말뚝이 점토지반에 설치되었다. 전주면마찰력을 α방법으로 구하시오.

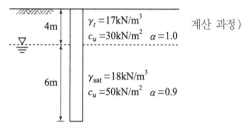

계산 과정)

답 : ＿＿＿＿＿＿

해답 $Q_s = \sum \alpha \cdot c_u \cdot P_s \cdot \triangle L \cdot A_s = f_{s1} A_{s1} + f_{s2} A_{s2}$

$= \alpha_1 c_u A_{s1} + \alpha_2 c_u A_{s2}$

$= (1 \times 30) \times \pi \times 0.4 \times 4 + (0.9 \times 50) \times \pi \times 0.4 \times 6 = 490.09 \text{kN}$

□□□ 98⑤, 10②, 17④

02 3m×3m 크기인 정사각형 기초를 마찰각 $\phi = 20°$, $c = 30 \text{kN/m}^2$인 지반에 설치하였다. 흙의 단위중량 $\gamma = 19 \text{kN/m}^3$이고 안전율($F_s$)이 3일 때, 기초의 허용하중을 구하시오. (단, 기초의 깊이는 1m이고, 전반전단파괴가 일어난다고 가정하고, Terzaghi 공식을 사용하고, $\phi = 20°$일 때 $N_c = 18$, $N_r = 5$, $N_q = 7.5$)

계산 과정)

답 : ＿＿＿＿＿＿

해답 $q_a = \dfrac{Q_a}{A} = \dfrac{q_u}{F_s}$, $q_u = \alpha c N_c + \beta \gamma_1 B N_r + \gamma_2 D_f N_q$

• $\alpha = 1.3$, $\beta = 0.4$

• $q_u = 1.3 \times 30 \times 18 + 0.4 \times 19 \times 3 \times 5 + 19 \times 1 \times 7.5$

$= 958.5 \text{kN/m}^2$

• $q_a = \dfrac{958.5}{3} = 319.5 \text{kN/m}^2$

∴ 허용하중 $Q_a = q_a \cdot A = 319.5 \times 3 \times 3 = 2,875.5 \text{kN}$

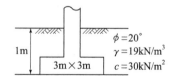

💡 c의 단위
$c = 30 \text{kN/m}^2$
$= 3 \text{N/cm}^2$
$= 0.030 \text{N/mm}^2$
$= 0.030 \text{MPa}$

□□□ 11②, 13④, 17④

03 다음과 같은 지형에서 시공기준면을 15m로 성토하고자 할 때 다음 물음에 답하시오. (단, 격자점 숫자는 표고, 단위는 m)

득점	배점
	6

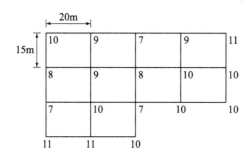

가. 성토에 필요한 운반토량을 구하시오. (단, $L = 1.25$, $C = 0.9$)

계산 과정)

답 : _____

나. 적재용량 8t의 덤프트럭으로 운반할 때 연대수를 구하시오.
(단, 굴착 흙의 단위중량 $1.8t/m^3$)

계산 과정)

답 : _____

해답 **가.** 성토량 $V = \dfrac{a \cdot b}{4}(\sum h_1 + 2\sum h_2 + 3\sum h_3 + 4\sum h_4)$

- $\sum h_1 = \sum(15 - h_1) = 5 + 4 + 5 + 5 + 4 = 23\text{m}$
- $\sum h_2 = \sum(15 - h_2) = 6 + 8 + 6 + 5 + 5 + 4 + 8 + 7$
  $= 49\text{m}$
- $\sum h_3 = \sum(15 - h_3) = 8\text{m}$
- $\sum h_4 = \sum(15 - h_4) = 6 + 7 + 5 + 5 = 23\text{m}$
- 성토량 $V = \dfrac{20 \times 15}{4}(23 + 2 \times 49 + 3 \times 8 + 4 \times 23)$
  $= 17,775\text{m}^3$

∴ 성토에 필요한 운반토량 = 완성 토량 $\times \dfrac{L}{C}$
$= 17,775 \times \dfrac{1.25}{0.9} = 24,687.5\text{m}^3$

(그림)

나. 연대수 $N = \dfrac{\text{운반토량}}{\text{트럭 적재량}}$ (대)

- 덤프트럭 적재량 $= \dfrac{T}{\gamma_t} \times L = \dfrac{8}{1.8} \times 1.25 = 5.56\text{m}^3$

∴ $N = \dfrac{24,687.5}{5.56} = 4,440.2 = 4,441$ 대

□□□ 06③, 11①, 17④

04 콘크리트를 2층 이상으로 나누어 타설할 경우 상층의 콘크리트 타설은 원칙적으로 하층의 콘크리트가 굳기 시작하기 전에 해야 하며, 상층과 하층이 일체가 되도록 시공하여야 한다. 이러한 시공을 위하여 아래의 각 경우에 대한 답을 쓰시오.

득점	배점
	5

가. 허용 이어치기 시간 간격을 두는 이유를 간단히 쓰시오.

  ○

나. 허용 이어치기 시간간격의 표준을 쓰시오.

 ① 외기온도가 25℃를 초과하는 경우 :

 ② 외기온도가 25℃ 이하인 경우 :

해답 가. 콜드 조인트(cold joint)의 예방을 위해서
　　나. ① 2시간
　　　　② 2.5시간

□□□ 08③, 10④, 11①, 14④, 17④

05 현장토공에서 모래치환법에 의해 들밀도시험 결과가 다음 표와 같을 때 현장 흙의 다짐도를 구하시오.

득점	배점
	3

【결 과】
• 시험구덩이에서 파낸 흙의 무게 : 1,600g(16N)
• 시험구덩이에서 파낸 흙의 함수비 : 20%
• 실험구멍에 채워진 표준모래의 무게 : 1,380g(13.80N)
• 실험구멍에 채워진 표준모래의 밀도 : 1.65g/cm^3($\gamma_s = 16.5$kN/m^3)
• 실험실에서 얻은 최대건조밀도 : 1.87g/cm^3($\gamma_{d\max} = 18.7$kN/m^3)

계산 과정)　　　　　　　　　　　　　　　　답 : _____

해답 다짐도 $R = \dfrac{\rho_d}{\rho_{d\max}} \times 100$

　• 구멍의 체적 $V = \dfrac{W_s}{\rho_s} = \dfrac{1,380}{1.65}$
　　　　　　　　　　$= 836.36 \, \text{cm}^3$

　• 건조흙 무게 $W_s = \dfrac{W}{1+w} = \dfrac{1,600}{1+0.20}$
　　　　　　　　　　$= 1,333.33 \, \text{g}$

　• 건조밀도 $\gamma_d = \dfrac{W_s}{V} = \dfrac{1,333.33}{836.36}$
　　　　　　　　　$= 1.59 \, \text{g/cm}^3$

　∴ $R = \dfrac{1.59}{1.87} \times 100 = 85.03\%$

다짐도 $D_r = \dfrac{\gamma_d}{\gamma_{d\max}} \times 100$

　• 구멍의 체적 $V = \dfrac{W_s}{\gamma_s} = \dfrac{13.80 \times 10^{-3}}{16.5}$
　　　　　　　　　　$= 8.36 \times 10^{-4} \text{m}^3$

　• 건조흙 무게 $W_s = \dfrac{W}{1+w} = \dfrac{16 \times 10^{-3}}{1+0.20}$
　　　　　　　　　　$= 0.01333 \, \text{kN}$

　• 건조단위중량 $\gamma_d = \dfrac{W_s}{V} = \dfrac{0.01333}{8.36 \times 10^{-4}}$
　　　　　　　　　　　$= 15.94 \, \text{kN/m}^3$

　∴ $R = \dfrac{15.94}{18.7} \times 100 = 85.24\%$

□□□ 17④, 22②

06 도로교 신축이음장치의 종류를 3가지만 쓰시오.

득점	배점
	3

① _____ ② _____ ③ _____

해답 ① Monocell 조인트(맞댐포인트) ② NB 조인트(고무조인트)
③ 강핑거 조인트(강재조인트) ④ 레일 조인트(강재조인트)

🎯 신축이음의 종류

신축이음을 구조적인 측면으로 분류하면, 신축이음 자체가 차량하중을 지지하지 않는 맞댐식과 신축이음 자체가 차량하중을 지지하는 지지식으로 분류할 수 있다. 현재 가장 일반적으로 적용되는 신축이음장치는 모노셀, NB, 강핑거, 레일 조인트 등이다.

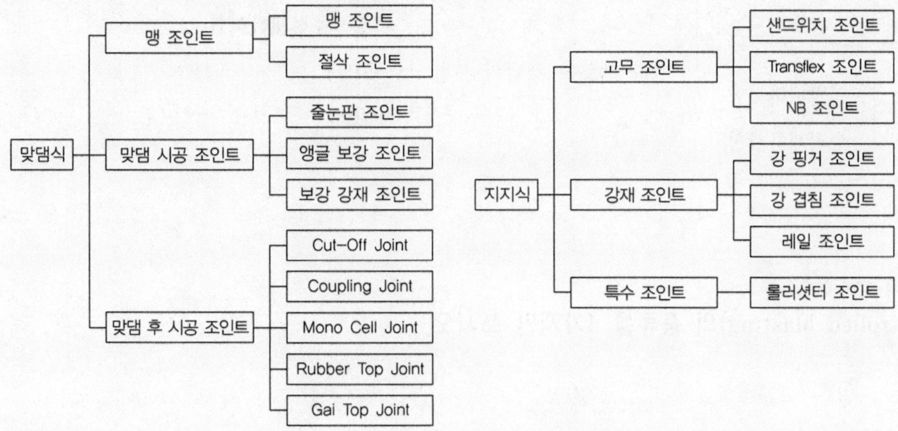

□□□ 96③, 97①, 01③, 09④, 17④, 22①

07 가물막이(Coffer Dam) 공사에서 Sheet pile식 공법의 종류 3가지를 쓰시오.

득점	배점
	3

① _____ ② _____ ③ _____

해답 ① 간이식 ② Ring Beam식 ③ 한겹 sheet pile식
④ 두겹 sheet pile식 ⑤ Cell식

🎯 가물막이 공법

Sheet pile식 공법	① 간이식 ② Ring Beam식 ③ 한겹 sheet pile식 ④ 두겹 sheet pile식 ⑤ Cell식
중력식 공법	① 흙댐식 ② Box식 ③ Caisson식 ④ Cellar Block식 ⑤ Corrugate식

□□□ 07②, 11④, 15④, 17④

08 말뚝의 압축재하시험의 재하방법 3가지를 쓰시오.

득점	배점
	3

① _____ ② _____ ③ _____

해답 ① 정적재하시험　② 동적재하시험　③ SPLT(Simple Pile Loading Test)

🎯 재하말뚝시험의 종류

```
                              ┌ 사하중 재하방법
                   ┌ 정적재하시험 ─┤ 반력말뚝 재하방법
          ┌ 압축재하시험 ─┤ 동적재하시험  └ 어스앵커 재하방법
말뚝재하시험 ─┤              │                 ┌ 정·동적재하시험
          │              └ 기타 새로운 개념의 시험 ─┤ SPLT
          ├ 인발재하시험                         └ 기타
          └ 수평재하시험
```

□□□ 89②, 05②, 08④, 12①, 13④, 17④, 21②, 22③, 23②

09 조절발파공법(controlled blasting)의 종류를 4가지만 쓰시오.

득점	배점
	3

① _____ ② _____ ③ _____ ④ _____

해답 ① 라인 드릴링(line drilling)공법　② 쿠션 블라스팅(cushion blasting)공법
　　③ 스무스 블라스팅(smooth blasting)공법　④ 프리 스플리팅(pre-spliting)공법

□□□ 97①, 10①, 16④, 17④

10 지하수위 저하공법은 크게 중력배수공법과 강제배수공법으로 나눌 수 있다. 여기서 강제배수공법의 종류를 3가지만 쓰시오.

득점	배점
	3

① _____ ② _____ ③ _____

해답 ① 웰포인트 공법　② 전기침투공법　③ 진공압밀공법

🎯 지하배수공법

- 중력배수공법 : ① 집수공법　② Deep well 공법　③ 암거·명거공법
- 강제배수공법 : ① Well point 공법　② 전기침투공법　③ 진공압밀공법

11 그림과 같은 지반조건에서 유효증가하중이 200kN/m²일 때, 점토층의 1차 압밀침하량을 계산하시오. (단, 정규압밀점토로 가정하며, 압축지수는 경험식을 사용하며, LL은 액성한계임.)

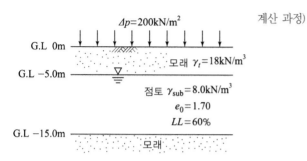

계산 과정)

답 : _____

해답 압밀 침하량 $S = \dfrac{C_c H}{1+e_0} \log \dfrac{P_2}{P_1} = \dfrac{C_c H}{1+e_0} \log \dfrac{P_1 + \Delta P}{P_1}$

- $P_1 = \gamma_t H_1 + \gamma_{\mathrm{sub}} \dfrac{H_2}{2} = 18.0 \times 5 + 8.0 \times \dfrac{(15-5)}{2} = 130 \mathrm{kN/m^2}$

- $C_c = 0.009(LL - 10) = 0.009(60 - 10) = 0.45$

$\therefore S = \dfrac{0.45 \times (15-5)}{1 + 1.70} \log \dfrac{130 + 200}{130} = 0.6743 \mathrm{m} = 67.43 \mathrm{cm}$

12 한 무한 자연사면의 경사가 20°이고 경사방향으로 흐르는 지하수면이 지표면과 일치하여 지표면에서 5m 깊이에 암반층이 있다고 할 때 이 사면의 안전율은 얼마인가?

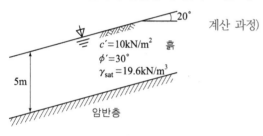

계산 과정)

답 : _____

해답 ■방법 1

$F_s = \dfrac{c'}{\gamma_{\mathrm{sat}} Z \cos\beta \cdot \sin\beta} + \dfrac{\gamma_{\mathrm{sub}} \tan\phi}{\gamma_{\mathrm{sat}} \tan\beta}$

$= \dfrac{10}{19.6 \times 5 \cos 20° \sin 20°} + \dfrac{(19.6 - 9.81) \times \tan 30°}{19.6 \times \tan 20°}$

$= 0.317 + 0.793 = 1.11$

■방법 2

$\sigma = \gamma_{\mathrm{sat}} \cdot Z \cos^2\beta = 19.6 \times 5 \cos^2 20°$

$\quad = 86.54 \mathrm{kN/m^2}$

$\tau = \gamma_{\mathrm{sat}} \cdot Z \sin\beta \cos\beta = 19.6 \times 5 \sin 20° \cos 20°$

$\quad = 31.50 \mathrm{kN/m^2}$

$\mu = \gamma_w \cdot Z \cos^2\beta = 9.81 \times 5 \cos^2 20°$

$\quad = 43.31 \mathrm{kN/m^2}$

$S = c' + (\sigma - \mu) \tan\phi$

$\quad = 10 + (86.54 - 43.31) \tan 30° = 34.96 \mathrm{kN/m^2}$

$F_s = \dfrac{S}{\tau} = \dfrac{34.96}{31.50} = 1.11$

득점	배점
	3

득점	배점
	3

□□□ 01①, 04④, 07①, 17④

13 다음과 같은 작업리스트가 있다. 아래 물음에 답하시오.

작업명	진행작업	후속작업	표준일수 (일)	단축가능 일수(일)	1일 단축의 소요비용(만원/일)
A	–	B, C	6	2	5
B	A	D	8	1	7
C	A	F	10	2	3
D	B	E	6	2	4
E	D	G	4	1	8
F	C	G	7	1	9
G	E, F	–	5	2	10

가. New Work(화살선도)를 작도하고, 표준일수에 대한 C.P를 찾으시오.

나. 공사기간을 4일 단축하고자 하는 경우 최소의 여분출비(Extra Cost)를 계산하시오.

계산 과정)

답 : _____

해답 가.

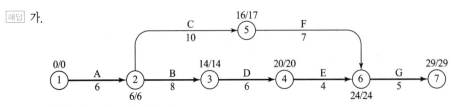

C.P : A→B→D→E→G

나.

단축단계	단축작업	단축일	비용경사(만원/일)	단축비용(만원)	추가비용 누계(만원)
1	D	1	4	4	4
2	A	2	5	10	14
3	C+D	1	3+4 = 7	7	21

∴ 여분출비 21만원

🎯 **4일 단축방법**

작업명	단축 가능일수	비용경사 (만원/일)	29	28 (−1)	27 (−2)	26 (−3)	25 (−4)
A	2	5			1	1	
B	1	7					
C	2	3					1
D	2	4		1			1
E	1	8					
F	1	9					
G	2	10					
추가비용(만원)			0	4	5	5	7
추가비용 합계(만원)			0	4	9	14	21

□□□ 10①, 17④, 18②

14 주동말뚝은 말뚝머리에 기지(旣知)의 하중(수평력 및 모멘트)이 작용하는 반면에 수동말뚝은 어떤 원인에 의해 지반이 먼저 변형하고 그 결과 말뚝에 측방토압이 작용한다. 이러한 수동말뚝을 해석하는 방법을 3가지만 쓰시오.

득점	배점
	3

① _____ ② _____ ③ _____

 ① 간편법 ② 탄성법 ③ 지반반력법 ④ 유한요소법

> **수동말뚝 해석방법**
>
> ① 간편법 : 지반의 측방변형으로 발생할 수 있는 최대측방토압을 고려한 상태에서 해석하는 방법
> ② 탄성법 : 지반을 이상적 탄성체 혹은 탄소성체로 가정하여 해석하는 방법
> ③ 지반반력법 : 주동말뚝에서와 같이 지반을 독립한 Winkler 모델로 이상화시켜 해석하는 방법
> ④ 유한요소법 : 지반의 응력변형률 관계를 Bilinear, Multilinear, Hyperbolic 등의 모델을 사용하여 해석하는 방법

□□□ 94②, 96⑤, 97④, 98②, 99⑤, 00①, 04②, 06①, 10④, 11④, 12①, 17④, 21②

15 도로연장 3km 건설구간에서 7지점의 시료를 채취하여 다음과 같은 CBR을 구하였다. 이때의 설계 CBR 얼마인가?

득점	배점
	3

• 7지점의 CBR : 5.3, 5.7, 7.6, 8.7, 7.4, 8.6, 7.2

• 설계 CBR 계산용 계수

개수(n)	2	3	4	5	6	7	8	9	10 이상
d_2	1.41	1.91	2.24	2.48	2.67	2.83	2.96	3.08	3.18

계산 과정)

답 : _____

 설계 $CBR = $ 평균 $CBR - \dfrac{CBR_{max} - CBR_{min}}{d_2}$

• 평균 $CBR = \dfrac{\sum CBR값}{n} = \dfrac{5.3+5.7+7.6+8.7+7.4+8.6+7.2}{7} = 7.21$

∴ 설계 $CBR = 7.21 - \dfrac{8.7-5.3}{2.83} = 6.01$ ∴ 6

(∵ 설계 CBR은 소수점 이하는 절삭한다.)

□□□ 10②, 13①, 14①, 16④, 17④, 21②

16 도로 노상의 지지력을 평가할 수 있는 현장시험 평가방법을 3가지만 쓰시오.

① _____ ② _____ ③ _____

해답 ① CBR값(CBR시험)   ② 평판재하시험(PBT : K값)
　　　③ 콘관입시험(CPT : Cone값) ④ 표준관입시험(SPT : N치)

도로 노상토 평가방법

① CBR시험 : 설계 CBR은 포장두께 설계시 노상지지력계수(SSV)를 산정하는 값으로 균일한 포장두께로 시공할 구간을 결정하는 값이다.
② 평판재하시험(PBT) : 도로현장에서 시공된 노상이나 보조기층의 지지력을 평가하여 지지력계수(K값)를 구하는 시험이다.
③ 콘관입시험(CPT ; cone penetration test) : 원뿔형 콘이 땅속을 뚫고 들어갈 때 생기는 저항력(Cone값)으로 지반의 단단함과 다짐 정도를 조사하는 시험
④ 표준관입시험(SPT) : 표준관입시험에서 얻은 N값으로 지반의 지지력을 직접측정할 수 있다.

□□□ 11①, 15②, 17④, 21②

17 아래 그림과 같은 옹벽의 안전율을 구하시오.
(단, 지반의 허용지지력은 200kN/m², 뒤채움흙과 저판 아래의 흙의 단위중량은 18kN/m³, 내부마찰각은 37°, 점착력은 0이고, 콘크리트의 단위중량은 24kN/m³이다.)

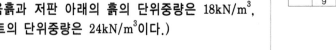

가. 전도에 대한 안전율은 구하시오.

계산 과정)　　　　　　　　　　　　　　　　　답 : _____

나. 활동에 대한 안전율 구하시오.

계산 과정)　　　　　　　　　　　　　　　　　답 : _____

다. 지지력에 대한 안전율을 구하시오.

계산 과정)　　　　　　　　　　　　　　　　　답 : _____

해답 ■ 방법 1

가. • 주동토압 $P_A = \dfrac{1}{2}K_a z^2 \gamma_t$

$= \dfrac{1}{2} \times \tan^2\left(45° - \dfrac{37°}{2}\right) \times 4.5^2 \times 18$

$= 45.3 \text{kN/m}$

• 콘크리트의 총중량

$W = BH\gamma_c = 2 \times 4.5 \times 24 = 216 \text{kN/m}$

• $y = \dfrac{1}{3} \times 4.5 = 1.5\text{m}$

$F_s = \dfrac{M_r}{M_d} = \dfrac{W \cdot \dfrac{B}{2}}{P_A \cdot \dfrac{H}{3}}$

$= \dfrac{216 \times \dfrac{2}{2}}{45.3 \times \dfrac{4.5}{3}} = 3.18$

나. $F_s = \dfrac{W\tan\phi}{P_A} = \dfrac{216\tan37°}{45.3} = 3.59$

다. $e = \dfrac{B}{2} - \dfrac{W \cdot \dfrac{B}{2} - P_A \cdot \dfrac{H}{3}}{W}$

$= \dfrac{2}{2} - \dfrac{216 \times \dfrac{2}{2} - 45.3 \times \dfrac{4.5}{3}}{216}$

$= 0.315\text{m}$

• $e = 0.315 < \dfrac{B}{6} = \dfrac{2}{6} = 0.333$

$\sigma_{\max} = \dfrac{W}{B}\left(1 + \dfrac{6e}{B}\right)$

$= \dfrac{216}{2}\left(1 + \dfrac{6 \times 0.315}{2}\right)$

$= 210.06 \text{kN/m}^2$

$F_s = \dfrac{\sigma_a}{\sigma_{\max}} = \dfrac{200}{210.06} = 0.95$

■ 방법 2

가. $F_s = \dfrac{W \cdot a}{P_H \cdot y}$

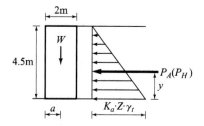

• 주동토압 : $P_A = \dfrac{1}{2}K_a z^2 \gamma_t$

$= \dfrac{1}{2} \times \tan^2\left(45° - \dfrac{37°}{2}\right) \times 4.5^2 \times 18$

$= 45.3 \text{kN/m}$

• 콘크리트의 총중량

$W = 2 \times 4.5 \times 24 = 216 \text{kN/m}$

• $a = 1\text{m}, \ y = \dfrac{1}{3} \times 4.5 = 1.5\text{m}$

$\therefore \ F_s = \dfrac{216 \times 1}{45.3 \times 1.5} = 3.18$

나. $F_s = \dfrac{W\tan\phi}{P_H} = \dfrac{216\tan37°}{45.3} = 3.59$

다. $F_s = \dfrac{\sigma_a}{\sigma_{\max}}$

• 편심거리

$e = \dfrac{B}{2} - \dfrac{W \cdot a - P_H \cdot y}{W}$

$= \dfrac{2}{2} - \dfrac{216 \times 1 - 45.3 \times 1.5}{216} = 0.315\text{m}$

• 편심거리 $e = 0.315 < \dfrac{B}{6} = \dfrac{2}{6} = 0.333$이므로

• 최대지지력

$\sigma_{\max} = \dfrac{\sum V}{B}\left(1 + \dfrac{6e}{B}\right)$

$= \dfrac{216}{2}\left(1 + \dfrac{6 \times 0.315}{2}\right) = 210.06 \text{kN/m}^2$

$\therefore \ F_s = \dfrac{200}{210.06} = 0.95$

□□□ 10①, 11②, 14①④, 17④

18 주어진 반중력식 교대도면을 보고 다음 물량을 산출하시오. (단, 교대 전체 길이는 10m이며, 도면의 치수단위는 mm이다.)

득점	배점
	8

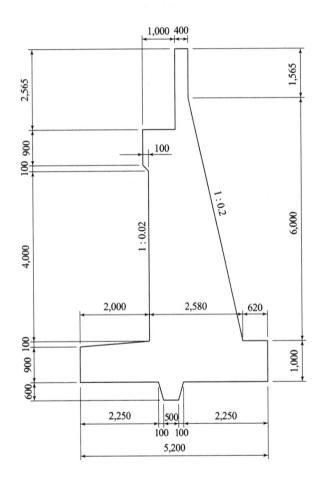

가. 교대의 전체 콘크리트량을 구하시오. (단, 소수 넷째자리에서 반올림하시오.)

계산 과정)

답 :

나. 교대의 전체 거푸집량을 구하시오.
　(단, 돌출부(전단 Key)에 거푸집을 사용하며, 소수 넷째자리에서 반올림하시오.)

계산 과정)

답 :

해답 가. $A_1 = 0.4 \times 1.565 = 0.626\,\mathrm{m}^2$

$A_2 = \dfrac{0.4 + (0.4 + 6.0 \times 0.2)}{2} \times 6.0 = 6.0\,\mathrm{m}^2$

$A_3 = 1.0 \times 0.9 = 0.9\,\mathrm{m}^2$

$A_4 = \dfrac{1.0 + 0.9}{2} \times 0.1 = 0.095\,\mathrm{m}^2$

$A_5 = \dfrac{0.9 + (0.9 + 4 \times 0.02)}{2} \times 4 = 3.76\,\mathrm{m}^2$

$A_6 = \dfrac{(5.2 - 2.0) + 5.2}{2} \times 0.1 = 0.42\,\mathrm{m}^2$

$A_7 = 5.2 \times 0.9 = 4.68\,\mathrm{m}^2$

$A_8 = \dfrac{0.5 + (0.5 + 0.1 \times 2)}{2} \times 0.6 = 0.36\,\mathrm{m}^2$

$\sum A = 0.626 + 6.0 + 0.9 + 0.095 + 3.76 + 0.420 + 4.68 + 0.36$
$\quad = 16.841$

∴ 총콘크리트량 $= 16.841 \times 10 = 168.41\,\mathrm{m}^3$

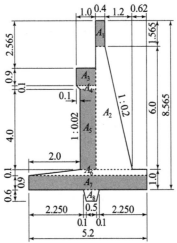

나. A $= 2.565\,\mathrm{m}$

B $= 0.9\,\mathrm{m}$

C $= \sqrt{0.1^2 + 0.1^2} = 0.1414\,\mathrm{m}$

D $= \sqrt{(4 \times 0.02)^2 + 4^2} = 4.0008\,\mathrm{m}$

E $= 0.9\,\mathrm{m}$

F $= \sqrt{0.1^2 + 0.6^2} \times 2 = 1.2166\,\mathrm{m}$

G $= 1.0\,\mathrm{m}$

H $= \sqrt{(6 \times 0.2)^2 + 6^2} = 6.1188\,\mathrm{m}$

I $= 1.565\,\mathrm{m}$

• 총 거푸집 길이
$\sum L = 2.565 + 0.9 + 0.1414 + 4.0008 + 0.9$
$\qquad + 1.2166 + 1.0 + 6.1188 + 1.565$
$\qquad = 18.4076\,\mathrm{m}$

• 측면도의 거푸집량 $= 18.4076 \times 10 = 184.076\,\mathrm{m}^2$

• 양 마구리면의 거푸집량 $= 16.841 \times 2(양단) = 33.682\,\mathrm{m}^2$

∴ 총 거푸집량 $= 184.076 + 33.682 = 217.758\,\mathrm{m}^2$

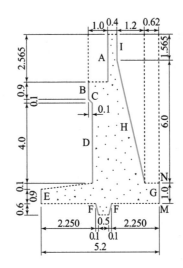

□□□ 03②, 06②, 08④, 14①, 17④, 18①

19 방파제(防波堤, break water)란 외곽시설(外郭施設)로 항내정온을 유지하고 선박의 항행을 원활히 하기 위해 축조된 항만구조물이다. 방파제의 구조형식에 따른 종류를 3가지만 쓰시오.

득점	배점
	3

① ＿＿＿＿＿＿＿＿＿＿   ② ＿＿＿＿＿＿＿＿＿＿   ③ ＿＿＿＿＿＿＿＿＿＿

해답 ① 직립제   ② 경사제   ③ 혼성제

□□□ 00②, 10②, 13②, 16①, 17④

20 다음 표와 같은 설계조건 및 재료, 참고표를 이용하여 콘크리트를 배합설계 하여 아래 배합표를 완성하시오.

득점	배점
	10

【설계조건 및 재료】

- 물−시멘트비는 45%로 한다.
- 굵은골재는 최대치수 40mm의 부순돌을 사용한다.
- 양질의 공기연행제(AE제)를 사용하며 그 사용량은 시멘트 질량의 0.03%로 한다.
- 목표로 하는 슬럼프는 120mm, 공기량은 5.5%로 한다.
- 사용하는 시멘트는 보통포틀랜드시멘트로서 밀도는 3.15g/cm^{3}이다.
- 잔골재의 표건밀도는 2.6g/cm^{3}이고, 조립률은 2.9이다.
- 굵은골재의 표건밀도는 2.7g/cm^{3}이다.

【배합설계 참고표】

굵은골재 최대치수 (mm)	단위 굵은골재 용적 (%)	공기연행제를 사용하지 않은 콘크리트				공기 연행 콘크리트			
		갇힌 공기 (%)	잔골재율 S/a(%)	단위수량 W (kg)	공기량 (%)	양질의 공기연행제를 사용한 경우		양질의 공기연행 감수제를 사용한 경우	
						잔골재율 S/a(%)	단위수량 W(kg/m^3)	잔골재율 S/a(%)	단위수량 W(kg/m^3)
15	58	2.5	53	202	7.0	47	180	48	170
20	62	2.0	49	197	6.0	44	175	45	165
25	67	1.5	45	187	5.0	42	170	43	160
40	72	1.2	40	177	4.5	39	165	40	155

주 1) 이 표의 값은 보통의 입도를 가진 잔골재(조립률 2.8 정도)와 부순돌을 사용한 물−시멘트비 55% 정도, 슬럼프 80mm 정도의 콘크리트에 대한 것이다.

2) 사용재료 또는 콘크리트의 품질이 주 1)의 조건과 다를 경우에는 위의 표의 값을 아래 표에 따라 보정한다.

구 분	S/a의 보정(%)	W의 보정(kg)
잔골재의 조립률이 0.1만큼 클(작을) 때마다	0.5 만큼 크게(작게) 한다.	보정하지 않는다.
슬럼프값이 10mm 만큼 클(작을) 때마다	보정하지 않는다.	1.2만큼 크게(작게) 한다.
공기량이 1% 만큼 클(작을) 때마다	0.75만큼 작게(크게) 한다.	3%만큼 작게(크게) 한다.
물−시멘트비가 0.05클(작을) 때마다	1 만큼 크게(작게) 한다.	보정하지 않는다.
S/a가 1% 클(작을)때마다	보정하지 않는다.	1.5kg만큼 크게(작게)한다.

비고 : 단위 굵은 골재용적에 의하는 경우에는 모래의 조립률이 0.1 만큼 커질(작아질)때마다 단위굵은 골재용적을 1만큼 작게(크게) 한다.

【답】배합표

굵은골재 최대치수 (mm)	슬럼프 (mm)	공기량 (%)	W/B (%)	잔골재율 (S/a) (%)	단위량(kg/m³)				혼화제 단위량 (g/m³)
					물 (W)	시멘트 (C)	잔골재 (S)	굵은골재 (G)	
40	120	5.5	45						

해답

보정항목	배합참고표	설계조건	잔골재율(S/a) 보정	단위수량(W)의 보정
굵은골재의 치수 40mm일 때			$S/a = 39\%$	$W = 165\text{kg}$
모래의 조립률	2.8	2.9(↑)	$\dfrac{2.9-2.80}{0.10} \times (+0.5)$ $= 0.5\%(↑)$	보정하지 않는다.
슬럼프값	80mm	120mm(↑)	보정하지 않는다.	$\dfrac{120-80}{10} \times 1.2$ $= 4.8\%(↑)$
공기량	4.5	5.5(↑)	$\dfrac{5.5-4.5}{1} \times (-0.75)$ $= -0.75\%(↓)$	$\dfrac{5.5-4.5}{1} \times (-3)$ $= -3\%(↓)$
W/C	55%	45%(↓)	$\dfrac{0.55-0.45}{0.05} \times (-1)$ $= -2.0\%(↓)$	보정하지 않는다.
S/a	39.00%	36.75%(↓)	보정하지 않는다.	$\dfrac{39-36.75}{1} \times (-1.5)$ $= -3.375\,\text{kg}(↓)$
보정값			$S/a = 39+0.5-0.75$ $-2.0 = 36.75\%$	$165\left(1 + \dfrac{4.8}{100} - \dfrac{3}{100}\right)$ $-3.375 = 164.60\,\text{kg}$

• 단위수량 $W = 167.27\text{kg}$

• 단위시멘트량 C : $\dfrac{W}{C} = 0.45 = \dfrac{164.60}{C}$ ∴ $C = 365.78\text{kg/m}^3$

• 공기연행(AE)제 : $365.78 \times \dfrac{0.03}{100} = 0.109734\text{kg} = 109.73\text{g/m}^3$

• 단위골재량의 절대체적

$$V_a = 1 - \left(\dfrac{\text{단위수량}}{1,000} + \dfrac{\text{단위 시멘트}}{\text{시멘트비중} \times 1,000} + \dfrac{\text{공기량}}{100} \right)$$

$$= 1 - \left(\dfrac{164.60}{1,000} + \dfrac{365.78}{3.15 \times 1,000} + \dfrac{5.5}{100} \right) = 0.664\,\text{m}^3$$

• 단위 잔골재량

$S = V_a \times S/a \times \text{잔골재밀도} \times 1,000$

$= 0.664 \times 0.3675 \times 2.6 \times 1,000 = 634.45\text{kg/m}^3$

• 단위 굵은골재량

$G = V_g \times (1 - S/a) \times \text{굵은골재 밀도} \times 1,000$

$= 0.664 \times (1 - 0.3675) \times 2.7 \times 1,000 = 1,133.95\text{kg/m}^3$

∴ 배합표

굵은골재의 최대치수(mm)	슬럼프 (mm)	W/C (%)	잔골재율 S/a(%)	단위량(kg/m³)				혼화제 g/m³
				물	시멘트	잔골재	굵은골재	
40	120	45	36.75	164.60	365.78	634.45	1133.95	109.73

🎯 배합설계 참고표에서 찾는 법

■「설계조건 및 재료」에서 확인할 사항
• 양질의 공기연행제 사용여부
• 굵은골재의 최대치수 확인

굵은골재 최대치수(mm)	공기량(%)	양질의 공기연행제를 사용한 경우	
		잔골재율 S/a(%)	단위수량 W(kg/m³)
40	4.5	39	165

□□□ 89②, 99②, 03②, 07④, 09②, 11④, 13②, 17④

21 도로구조물 뒤채움작업을 80kg의 래머를 사용하여 다짐작업 시의 작업량 Q(m³/hr)를 계산하시오. (단, 깔기두께(D) = 0.15m, 토량변화계수(f) = 0.7, 중복다짐횟수 P = 7회, 작업효율 E = 0.6, 1회당 유효다짐면적(A) = 0.0924m², 시간당 타격횟수(N) = 3,600회/h이다.)

계산 과정)

답 : _____

득점	배점
	3

해답 $Q = \dfrac{A \cdot N \cdot H \cdot f \cdot E}{P}$

$= \dfrac{0.0924 \times 3,600 \times 0.15 \times 0.7 \times 0.6}{7} = 2.99\,\mathrm{m^3/hr}$

□□□ 17④, 22②

22 예민비를 간단히 설명하시오.

○

득점	배점
	3

해답 교란되지 않은 공시체의 일축압축강도와 다시 반죽한 공시체의 일축압축 강도의 비

또는 예민비 = $\dfrac{\text{불교란 시료의 일축압축강도}}{\text{되이김한 시료의 일축압축강도}}$

□□□ 99⑤, 06②, 08④, 17④, 20②, 23③

23 암거의 배열방식을 3가지만 쓰시오.

① _____   ② _____   ③ _____

_____

[해답] ① 자연식   ② 차단식   ③ 빗식   ④ 어골식

□□□ 88③, 00④, 02②, 05①, 09②, 12④, 17④

24 어떤 데이터의 히스토그램에서 하한규격치가 25.6MPa라 할 때, 평균치 27.6MPa, 표준편차 0.5MPa라면 공정능력지수는 얼마인가? (단, 이 규격은 편측규격이라 한다.)

계산 과정)   답 : _____

_____

[해답] $C_p = \dfrac{\overline{x} - SL}{3\sigma} = \dfrac{27.6 - 25.6}{3 \times 0.5} = 1.33$

국가기술자격 실기시험문제

2018년도 기사 제1회 필답형 실기시험 (기사)

종 목	시험시간	형 별	성 명	수험번호
토목기사	3시간	B		

※ 수험자 인적사항 및 계산식을 포함한 답안 작성은 검은색 필기구만 사용해야 하며, 그 외 연필류, 빨간색, 청색 등 필기구로 작성한 답항은 0점 처리 됩니다.

□□□ 18①, 22①

01 터널에 사용하고 있는 록볼트(rock bolt)의 인발시험 목적 2가지를 쓰시오.

득점 / 배점 3

① _____   ② _____

해답 ① 지반과 록볼트의 정착력을 알기 위해서
② 볼트의 파단강도를 알기 위해서
③ 볼트와 충전재의 부착강도를 알기 위해서

□□□ 03②, 06②, 08④, 14①, 17④, 18①

02 방파제(防波堤, break water)란 외곽시설(外郭施設)로 항내정온을 유지하고 선박의 항행을 원활히 하기 위해 축조된 항만구조물이다. 방파제의 구조형식에 따른 종류를 3가지만 쓰시오.

득점 / 배점 3

① _____   ② _____   ③ _____

해답 ① 직립제   ② 경사제   ③ 혼성제

□□□ 05④, 07②, 09④, 11④, 15①, 18①

03 한중콘크리트 시공에서 비볐을 때의 콘크리트의 온도는 기상조건, 운반시간 등을 고려하여 타설할 때 소요의 콘크리트 온도가 얻어지도록 해야 한다. 비볐을 때의 콘크리트 온도 및 주위기온이 아래 표와 같을 때 타설이 끝났을 때의 콘크리트 온도를 계산하시오.

득점 / 배점 3

- 비볐을 때의 콘크리트 온도 : 25℃
- 주위온도 : 3℃
- 비빈 후부터 타설이 끝났을 때까지의 시간 : 1시간 30분

계산 과정)

답 : _____

해답 $T_2 = T_1 - 0.15(T_1 - T_0) \times t = 25 - 0.15(25 - 3) \times 1.5 = 20.05$ ℃

□□ 96①, 98②, 99⑤, 18①, 22①

04 높은 교각이나 사이로, 수조 등의 공사에 사용하는 특수 거푸집으로 시공속도가 빠르고 이음이 없는 수밀성의 콘크리트 구조물을 만들 수 있는 대표적 특수 거푸집 공법 3가지를 쓰시오.

<table><tr><td>득점</td><td>배점</td></tr><tr><td></td><td>3</td></tr></table>

① _____ ② _____ ③ _____

해답 ① Sliding form 공법 ② Slip form공법 ③ Travelling form 공법

□□□ 99①, 01①, 12②, 15②, 18①, 23②

05 다음 그림과 같은 사면에서 AC는 가상파괴면을 나타낸다. 쐐기 ABC가 활동에 대한 안전율은 얼마인가?

<table><tr><td>득점</td><td>배점</td></tr><tr><td></td><td>3</td></tr></table>

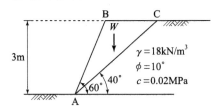

계산 과정)

답 : _____

해답 ■ 방법 1

안전율 $F = \dfrac{c \cdot L + W\cos\theta \cdot \tan\phi}{W\sin\theta}$

① $\overline{BC}$ 거리 계산
$x_1 = 3\tan 30° = 1.732\,\text{m}$
$x_1 + x_2 = 3\tan 50° = 3.575\,\text{m}$
$\therefore \overline{BC} = x_2 = 3.575 - 1.732 = 1.843\,\text{m}$

② $\overline{AC}$ 거리 계산
$\overline{AC} = L = \dfrac{3}{\cos 50°} = 4.667\,\text{m}$
$\left(\because \cos 50° = \dfrac{3}{\overline{AC}}\right)$

③ 파괴토사면 ΔABC의 중량 W
$W = \dfrac{3 \times 1.843}{2} \times 18 = 49.76\,\text{kN/m}$

$\therefore F = \dfrac{20 \times 4.667 + 49.76\cos 40° \times \tan 10°}{49.76\sin 40°}$
$\quad = 3.13$

■ 방법 2

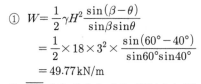

① $W = \dfrac{1}{2}\gamma H^2 \dfrac{\sin(\beta - \theta)}{\sin\beta\sin\theta}$
$\quad = \dfrac{1}{2} \times 18 \times 3^2 \times \dfrac{\sin(60° - 40°)}{\sin 60°\sin 40°}$
$\quad = 49.77\,\text{kN/m}$

② $\overline{AC}$ 면의 법선과 접선 성분(전단저항력)
$N_A = W\cos\theta = 49.77\cos 40° = 38.13\,\text{kN/m}$
$T_A = W\sin\theta = 49.77\sin 40° = 31.99\,\text{kN/m}$
$T_R = \overline{AC} \cdot c + N_A\tan\phi$
$\quad = \dfrac{H}{\sin\theta} \cdot c + N_A\tan\phi$
$\quad = \dfrac{3}{\sin 40°} \times 20 + 38.13\tan 10°$
$\quad = 100.07\,\text{kN/m}$

③ 안전율 $F_s = \dfrac{T_R}{T_A} = \dfrac{100.07}{31.99} = 3.13$

참고 $0.02\,\text{N/mm}^2 = 0.02\,\text{MPa} = 2\,\text{N/cm}^2$
$\quad = 20\,\text{kN/m}^2$

□□□ 00⑤, 06①, 08②, 11①, 18①

06 두께가 3m인 정규압밀 점토층에서 시료를 채취하여 압밀시험을 실시하였다. 시험결과가 다음과 같을 때 이 점토층이 압밀도 60%에 이르는 데 걸리는 시간(일)을 구하시오. (단, 배수조건은 일면배수이다.)

득점	배점
	3

- 초기상태의 유효응력($\sigma_0{}'$) : 20kN/m^2
- 실험 후 유효응력(σ_1) : 40kN/m^2
- 시험점토의 투수계수(K) : 3.0×10^{-7}cm/sec
- 초기간극비(e_o) : 1.2
- 실험 후 간극비(e_1) : 0.97
- 60% 압밀시 시간계수(T_v) : 0.287

계산 과정)　　　　　　　　　　　　　　　　　　　답 : _____

해답 $t_{60} = \dfrac{T_v \cdot H^2}{C_v}$

- $a_v = \dfrac{1.2 - 0.97}{40 - 20} = 0.0115 \text{m}^2/\text{kN}$

- $m_v = \dfrac{0.0115}{1 + 1.2} = 5.227 \times 10^{-3} \text{m}^2/\text{kN}$

- $C_v = \dfrac{3.0 \times 10^{-7} \times 10^2}{5.227 \times 10^{-3} \times 9.81} = 5.851 \times 10^{-4} \text{cm}^2/\text{sec}$

$\therefore t_{60} = \dfrac{0.287 \times 300^2}{5.851 \times 10^{-4}} = 44,146,299.78\text{sec} = 510.95\text{day}$

$\therefore$ 511일

□□□ 95①, 00④, 05①, 07④, 13①, 17①, 18①

07 concrete를 거푸집에 타설한 후부터 응결이 종결될 때까지에 발생하는 균열을 일반적으로 초기균열이라고 한다. 초기균열은 그 원인에 의하여 크게 나눌 수 있는데 3가지만 쓰시오.

득점	배점
	3

① _____　　② _____　　③ _____

해답 ① 침하수축균열(침하균열)　　② 플라스틱 수축균열(초기건조균열)
　　③ 거푸집 변형에 의한 균열　　④ 진동 및 경미한 재하에 의한 균열

 콘크리트의 초기 균열의 종류

concrete를 거푸집에 타설한 후부터 응결이 종결될 때까지에 발생하는 균열을 일반적으로 초기균열이라고 한다. 이러한 초기균열의 종류 4가지
① 침하수축균열 : 콘크리트 타설 후 콘크리트의 표면 가까이에 있는 철근, 매설물 또는 입자가 큰 골재 등이 콘크리트의 침하를 국부적으로 방해하기 때문에 일어난다.
② 플라스틱수축균열 : 콘크리트 칠 때 또는 친 직후 표면에서의 급속한 수분의 증발로 인하여 수분이 증발되는 속도가 콘크리트 표면의 블리딩 속도보다 빨라질 때, 콘크리트 표면에 미세한 균열
③ 거푸집 변형에 의한 균열 : 콘크리트의 응결, 경화 과정 중에 콘크리트의 측압에 따른 거푸집의 변형 등에 의해서 발생한다.
④ 진동 및 경미한 재하에 따른 균열 : 콘크리트 타설을 완료할 즈음에 인근에서 말뚝을 박거나 기계류 등의 진동이 원인이 되어 발생한다.

□□□ 98④, 05①, 10④, 11④, 18①, 23②

08 3m×3m 크기의 정사각형 기초를 마찰각 $\phi = 20°$, 점착력 $c = 12kN/m^2$인 지반에 설치하였다. 흙의 단위중량 $\gamma = 18kN/m^3$이며, 기초의 근입깊이는 5m이다. 지하수위가 지표면에서 7m 깊이에 있을 때의 극한지지력을 Terzaghi 공식으로 구하시오. (단, 지지력계수 $N_c = 17.7$, $N_q = 7.4$, $N_r = 5$이고, 흙의 포화단위중량은 $20kN/m^3$이다.)

득점	배점
	3

계산 과정)　　　　　　　　　　　　　　　　　　　　답 : _____

해답 ■ $d = (7-5)m < B = 3m$ 인 경우

$$q_u = \alpha c N_c + \beta B \gamma_1 N_r + \gamma_2 D_f N_q$$

• $\gamma_1 = \gamma_{sub} + \dfrac{d}{B}(\gamma_t - \gamma_{sub})$

$\gamma_{sub} = \gamma_{sat} - \gamma_w = 20 - 9.81 = 10.19 kN/m^3$

$\gamma_1 = 10.19 + \dfrac{2}{3} \times (18 - 10.19) = 15.4 kN/m^3$

∴ $q_u = 1.3 \times 12 \times 17.7 + 0.4 \times 3 \times 15.4 \times 5 + 18 \times 5 \times 7.4$
　　　$= 1,034.52 kN/m^2$

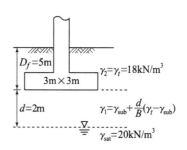

□□□ 92④, 94②, 96①④, 98②, 00⑤, 04④, 05④, 07④, 10②, 13④, 18①

09 어느 작업의 정상소요일수는 15일이며, 가장 빨리 끝낼 경우 12일이 소요되고 아무리 늦어도 20일 이내에는 끝낼 수 있다. 이 작업이 기대되는 소요일수를 구하고, 이때의 분산을 구하시오.

득점	배점
	4

가. 기대 소요일수를 구하시오.

계산 과정)　　　　　　　　　　　　　　　　　　　　답 : _____

나. 분산을 구하시오.

계산 과정)　　　　　　　　　　　　　　　　　　　　답 : _____

해답 가. $t_e = \dfrac{t_0 + 4t_m + t_p}{6} = \dfrac{12 + 4 \times 15 + 20}{6} = 15.33$ 일

　　나. $\sigma^2 = \left(\dfrac{b-a}{6}\right)^2 = \left(\dfrac{20-12}{6}\right)^2 = 1.78$

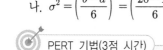 PERT 기법(3점 시간)

• 낙관 시간치(t_o : optimistic time) : 최소 시간
• 최적 시간치(t_m : mostlikely time) : 정상 시간
• 비관 시간치(t_p : pessimistic time) : 최대 시간

① 기대 시간치(t_e : expected time)

$$t_e = \dfrac{t_0 + 4t_m + t_p}{6}$$

② 분산(variance)

$$\sigma^2 = \left(\dfrac{t_p - t_0}{6}\right)^2$$

□□□ 08④, 14①, 18①, 19①, 21①, 23③

10 측량성과가 아래와 같고 시공기준면을 10m로 할 경우 총토공량을 구하시오.
(단, 격자점의 숫자는 표고이며, m 단위이다.)

득점	배점
	3

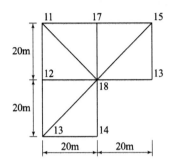

계산 과정)

답 : ....

해답 • 시공기준면과 각점 표고와의 차를 구하여 총토공량을 계산

$$V = \frac{a \cdot b}{6}(\sum h_1 + 2\sum h_2 + 6\sum h_6)$$

• $\sum h_1 = \sum(h_1 - 10) = 3 + 4 = 7\text{m}$

• $\sum h_2 = \sum(h_2 - 10) = 1 + 7 + 5 + 3 + 2 = 18\text{m}$

• $\sum h_6 = 8\text{m}$

$$\therefore V = \frac{20 \times 20}{6} \times (7 + 2 \times 18 + 6 \times 8) = 6,066.67\text{m}^3$$

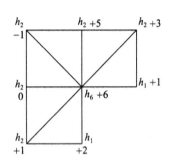

□□□ 88①②, 98⑤, 99⑤, 00④, 04②, 09①, 11①, 14①, 18①

11 그림과 같은 말뚝 하단의 활동면에 대한 히빙(heaving)현상에 대한 안전율을 구하시오.

득점	배점
	3

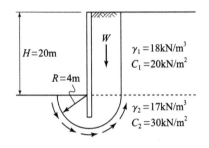

계산 과정)

답 : ....

해답 안전율 $F_s = \dfrac{M_r}{M_d} = \dfrac{C_1 \cdot H \cdot R + C_2 \cdot \pi \cdot R^2}{\dfrac{R^2}{2}(\gamma_1 \cdot H + q)}$

• $M_d = \dfrac{4^2}{2}(18 \times 20 + 0) = 2,880\text{kN} \cdot \text{m}$(Heaving을 일으키려는 Moment)

• $M_r = 20 \times 20 \times 4 + 30 \times \pi \times 4^2 = 3,107.96\text{kN} \cdot \text{m}$(Heaving에 저항하는 Moment)

$$\therefore F_s = \frac{3,107.96}{2,880} = 1.08$$

□□□ 18①, 20②

12 흙의 다짐에 관한 다음 물음에 답하시오.

득점 | 배점
6

가. 흙 다짐의 정의를 간단히 설명하시오.

ㅇ _____

나. 흙 다짐의 기대되는 효과 3가지를 쓰시오.

① _____ ② _____ ③ _____

해답 가. 입자간의 거리를 단축시켜 간극 내부의 공기를 제거하는 것
　　나. ① 흙의 전단강도 증가
　　　　② 침하량 감소
　　　　③ 투수성 저하
　　　　④ 지반의 지지력 증가

□□□ 91③, 96⑤, 99③, 00②, 01②, 02②, 05④, 07④, 09①, 13②, 18①, 22②

13 자연함수비 10%인 흙으로 성토하고자 한다. 시방서에는 다짐한 흙의 함수비를 15%로 관리하도록 규정하였을 때 매층마다 1m²당 몇 l의 물을 살수해야 하는가?
(단, 1층의 다짐두께는 20cm이고 토량변화율은 $C=0.9$이며, 원지반 상태에서 흙의 단위중량은 18kN/m³임.)

득점 | 배점
3

계산 과정)　　　　　　　　　　　　　　　　답 : _____

해답 ■ 방법 1
• 1m²당 완성토량(5회다짐)

$$W = Ah\gamma_t = 1 \times 1 \times 0.2 \times 18 \times \frac{1}{0.9}$$
$$= 4\text{kN} = 4,000\text{N}$$

• 흙입자 중량

$$W_s = \frac{W}{1+w} = \frac{4,000}{1+0.10} = 3,636.36\text{N}$$

• 함수비 10%일 때 물의 중량

$$W_w = \frac{wW}{100+w} = \frac{10 \times 4,000}{100+10} = 363.64\text{N}$$

• 함수비 15%일 때 물의 중량

$$W_w = W_s w = 3,636.36 \times 0.15 = 545.45\text{N}$$
$$\therefore 살수량 = 545.45 - 363.64 = 181.81\text{N}$$
$$= \frac{181.81 \times 10^{-3}}{9.81} = 0.01853\text{m}^3$$
$$= 18.53 l$$

■ 방법 2
• 1층의 원지반 상태의 단위체적

$$V = 1 \times 1 \times 0.20 \times \frac{1}{0.90} = \frac{0.20}{0.90} = 0.222\text{m}^3$$

• 0.222m³당 흙의 중량

$$W = \gamma_t V = 18 \times \frac{0.20}{0.90} = 4\text{kN}$$

• 10%에 대한 물의 중량

$$W_w = \frac{W \cdot w}{1+w} = \frac{4 \times 10}{100+10} = 0.3636\text{kN}$$

• 15%에 대한 살수량

$$0.3636 \times \frac{15-10}{10} = 0.1818\text{kN}$$
$$\therefore 살수량 = \frac{0.1818(\text{kN})}{9.81(\text{kN/m}^3)} = 0.01853\text{m}^3$$
$$= 18.53 l$$
$$(\because 1\text{m}^3 = 1,000 l)$$

□□□ 92②, 94③, 97③, 00③, 04①, 10①, 11②, 15①, 17①, 18①

14 탄성파 속도가 1,100m/s인 사암으로 된 수평한 지반을 1개의 리퍼날이 부착된 21ton급의 불도저($q_0 = 3.3m^3$)로 리핑하면서 작업을 할 때 1시간당 작업량을 본바닥토량으로 구하시오. (단, 소수 셋째자리에서 반올림하시오.)

┌─────────────── 【조 건】 ───────────────┐
- 1개 날의 1회 리핑 단면적 : $0.14m^2$
- 작업거리 : 40m
- 불도저의 작업효율 : 0.4
- 불도저의 사이클타임 : $C_m = 0.037l + 0.25$
- 리핑의 작업효율 : 0.9
- 리핑의 사이클타임 : $C_m = 0.05l + 0.33$
- 불도저의 구배계수 : 0.90
- 토량변화율 : $L = 1.6$, $C = 1.1$
└──┘

계산 과정)   답 : _____

해답 조합 작업량 $Q = \dfrac{Q_D \times Q_R}{Q_D + Q_R}$

■ 리핑 작업량 $Q_R = \dfrac{60 \cdot A_n \cdot l \cdot f \cdot E}{C_m}$

- $C_m = 0.05l + 0.33 = 0.05 \times 40 + 0.33 = 2.33$분

$\therefore Q_R = \dfrac{60 \times 0.14 \times 40 \times 1 \times 0.9}{2.33} = 129.785 \, m^3/hr$

(∵ 리퍼의 작업량은 본바닥토량이므로 $f = 1$이다.)

■ 불도저 작업량 $Q_D = \dfrac{60 \cdot (q_o \cdot \rho) \cdot f \cdot E}{C_m}$

- $C_m = 0.037l + 0.25 = 0.037 \times 40 + 0.25 = 1.73$분

$\therefore Q_D = \dfrac{60 \times 3.3 \times 0.90 \times \dfrac{1}{1.6} \times 0.4}{1.73} = 25.751 \, m^3/hr$

(∵ 불도저의 작업량은 흐트러진 토량에서 본바닥토량으로 환산하므로 $f = \dfrac{1}{L}$이다.)

$\therefore$ 조합 작업량 $Q = \dfrac{25.751 \times 129.785}{25.751 + 129.785} = 21.49 \, m^3/hr$

□□□ 89②, 13④, 18①, 20④

15 공기케이슨 공법과 비교하였을 때 오픈케이슨 공법의 시공상 단점을 3가지만 쓰시오.

① _____ ② _____ ③ _____

해답 ① 선단의 연약토 제거 및 토질상태 파악이 어렵다.
② 큰 전석이나 장애물이 있는 경우 침하작업이 지연된다.
③ 굴착시 히빙이나 보일링 현상의 우려가 있다.
④ 경사가 있을 경우는 케이슨이 경사질 염려가 있다.
⑤ 저부 콘크리트가 수중시공이 되어 불충분하게 되기 쉽다.

□□□ 03①, 04④, 06④, 11①, 14④, 18①

16 현장타설말뚝은 일반적으로 지지말뚝으로 사용되기 때문에 콘크리트를 타설할 때 공저에 슬라임(Slime)이 퇴적되어 있으면 침하 원인이 되고 말뚝으로서 기능이 현저하게 저하한다. 이 같은 슬라임을 제거하기 위한 방법을 3가지만 쓰시오.

득점	배점
	3

① _____ ② _____ ③ _____

해답 ① 샌드펌프 방법 ② 에어리프트 방법 ③ 석션펌프 방법 ④ 수중펌프 방법

 Slime 처리 방법

슬라임의 제거는 보통 굴착완료 지후로부터 철근의 건입까지의 사이에 행하는 1차 처리와 콘크리트타설의 직전에 하는 2차 처리로 2회를 한다.

■ 2차 처리
① 샌드펌프(sand pump)방법 : 수중 pump를 굴착 바닥까지 내려서 pump로 직접 퍼올리는 방법
② 에어리프트(air lift)방법 : trench 내에 tremie pipe를 설치한 노즐을 부착한 에어분출구를 관내에 투입하고 compressor로 공기를 보내 그 반발력으로 돌아온 공기와 함께 안정액이 흡입되어 나오는 방식
③ 석션펌프(Suction pump)방법 : 양수관(또는 트레미관)에 섹션펌프를 연결해 물과 함께 배출하는 방법
④ 수중 Pump 방법 : 공내에 수중펌프를 설치하여 slime이 쌓이지 않게 여과지를 통해서 안정액을 순화신시키는 방법 위치하도록 하는 방식
⑤ Water jet방법 : 고압의 압력수를 이용하여 tremie관으로 콘크리트를 배출하기 전에 공배 하부에 쌓인 선단부의 slime를 교란시켜 콘크리트가 최하단부에
⑥ 모르타르바닥처리방법 : 공저에 모르타를 투입하여 슬라임과 혼합하여 콘크리트의 타설시에 밀어냄

□□□ 07④, 09①, 10②, 18①

17 흙의 노상재료 분류법으로서 흙의 성질을 숫자로 나타낸 것을 군지수(group index)라고 한다. 이러한 군지수를 구할 때 필요로 하는 지배요소 3가지를 쓰시오.

득점	배점
	3

① _____ ② _____ ③ _____

해답 ① No.200(0.075mm)체 통과율 ② 액성한계 ③ 소성지수

 군지수

■ 군지수 GI=0.2a+0.005ac+0.01bd
 a : 0~40정수, b : 0~40정수, c : 0~20정수, d : 0~20정수
• a=No.200체(0.075mm)통과량 −35
• b=No.200체(0.075mm)통과량 −15
• c=액성 한계 −40
• d=소성 지수 −10

□□□ 03①, 08①, 12②, 15①, 18①, 20③, 23②

18 주어진 도면 및 조건에 따라 다음 물량을 산출하시오.
(단, 주어진 도면의 치수는 축척에 맞지 않을 수 있으며, 주어진 치수로만 물량을 산출할 것)

득점	배점
	18

단 면 도 (단위 : mm)

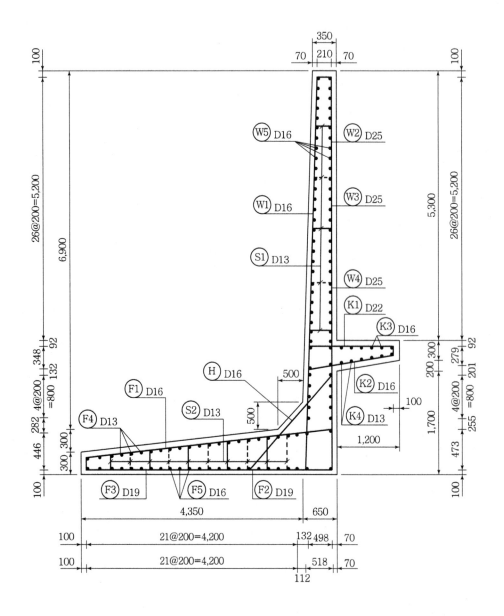

일 반 도

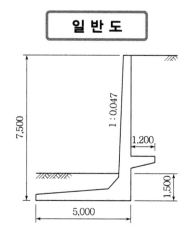

철 근 상 세 도

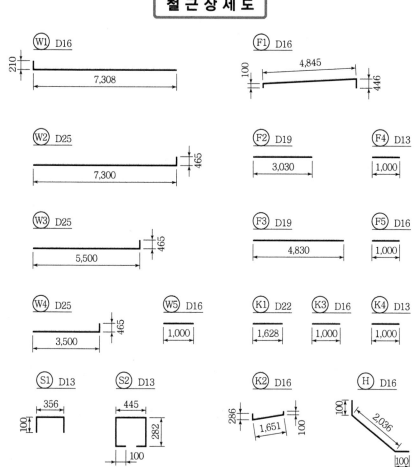

──【조 건】──

- W1, W4, H, K1, K2, K3, K4, F1, F2, F3 철근은 각각 200mm 간격으로 배근한다.
- W2, W3 철근은 각각 400mm 간격으로 배근한다.
- S1, S2 철근은 도면의 표시와 같이 지그재그로 배근한다.
- 물량산출에서 할증률은 무시하며 철근길이 계산에서 이음길이는 계산하지 않는다.

가. 길이 1m에 대한 콘크리트량을 구하시오. (단, 소수점 이하 4째자리에서 반올림)

계산 과정)　　　　　　　　　　　　　　　　답 :

나. 길이 1m에 대한 거푸집량을 구하시오.
　　(단, 양측 마구리면은 계산하지 않으며, 소수점 이하 4째자리에서 반올림)

계산 과정)　　　　　　　　　　　　　　　　답 :

다. 길이 1m에 대한 철근량 산출을 위한 철근물량표를 완성하시오.

기호	직경	길이(mm)	수량	총길이(mm)	기호	직경	길이(mm)	수량	총길이(mm)
W2					F4				
W5					S1				
H					S2				

해답 가.

- A면 $=\left(\dfrac{0.35+0.65}{2}\times 6.4\right)\times 1=3.2\,\mathrm{m}^3$
- B면 $=\left(\dfrac{0.3+0.5}{2}\times 1.2\right)\times 1=0.48\,\mathrm{m}^3$
- C면 $=\left(\dfrac{0.65+(0.5+0.65)}{2}\times 0.5\right)\times 1=0.45\,\mathrm{m}^3$
- D면 $=\{(0.5+0.65)\times 0.6\}\times 1=0.69\,\mathrm{m}^3$
- E면 $=\left(\dfrac{0.3+0.6}{2}\times 3.85\right)\times 1=1.733\,\mathrm{m}^3$

$\sum V=3.2+0.48+0.45+0.69+1.733=6.553\,\mathrm{m}^3$

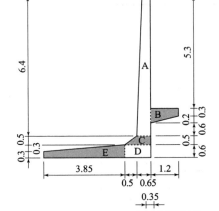

나.
- 저판 A면 $=0.3\times 1=0.3\,\mathrm{m}^2$
- 저판 B면 $=1.7\times 1=1.7\,\mathrm{m}^2$
- 헌치 C면 $=\sqrt{0.5^2+0.5^2}\times 1=0.707\,\mathrm{m}^2$
- 선반 D면 $=\sqrt{1.2^2+0.2^2}\times 1=1.217\,\mathrm{m}^2$
- 선반 E면 $=0.3\times 1=0.3\,\mathrm{m}^2$
- 벽체 F면 $=\sqrt{6.4^2+0.3008^2}\times 1=6.407\,\mathrm{m}^2$
  $(\because x=0.047\times 6.4=0.3008\,\mathrm{m})$
- 벽체 G면 $=5.3\times 1=5.3\,\mathrm{m}^2$

$\therefore$ 면적 $=0.3+1.7+0.707+1.217+0.3+6.407+5.3$
$=15.931\,\mathrm{m}^2$

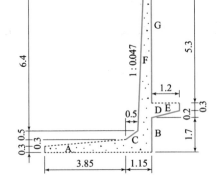

다.

기호	직경	길이(mm)	수량	총길이(mm)	기호	직경	길이(mm)	수량	총길이(mm)
W2	D25	7,765	2.5	19,413	F4	D13	1,000	24	24,000
W5	D16	1,000	68	68,000	S1	D13	556	12.5	6,950
H	D16	2,236	5	11,180	S2	D13	1,209	12.5	15,113

철근 물량표

- $W1 = \dfrac{총길이}{철근간격} = \dfrac{1,000}{200} = 5$

- $W2 = \dfrac{총 길이}{철근 간격} = \dfrac{1,000}{400} = 2.5$

- $W5 = (철근 간격 + 1) \times 2(벽체 전후면)$
  $= (26 + 1 + 1 + 1 + 4 + 1) \times 2 = 68$

- $H = \dfrac{총 길이}{철근 간격} = \dfrac{1,000}{200} = 5$

- $F1 = \dfrac{총 길이}{철근 간격} = \dfrac{1,000}{200} = 5$

- $F4 = 철근 간격 + 1 = (21 + 1 + 1) + 1 = 24$

- $F5 = 철근 간격 + 1 = (21 + 1 + 1) + 1 = 24$

- $K2 = \dfrac{총 길이}{철근 간격} = \dfrac{1,000}{200} = 5$

- $K3 = 5 + 1 = 6$

- $S1 = \dfrac{단면도의 \, S1 개수}{(W1의 간격) \times 2} = \dfrac{5}{200 \times 2} \times 1,000 = 12.5$

- $S2 = \dfrac{단면도의 \, S2 개수}{(F1의 간격) \times 2} \times 옹벽 길이 = \dfrac{10}{400 \times 2} \times 1,000 = 12.5$

기호	직경	길이(mm)	수량	총길이(mm)	기호	직경	길이(mm)	수량	총길이(mm)
W1	D16	7,518	5	37,590	F5	D16	1,000	24	24,000
W2	D25	7,765	2.5	19,413	K2	D16	2,037	5	10,185
W5	D16	1,000	68	68,000	K3	D16	1,000	6	6,000
H	D16	2,236	5	11,180	S1	D13	556	12.5	6,950
F1	D16	5,391	5	26,955	S2	D13	1,209	12.5	15,113
F4	D13	1,000	24	24,000					

□□□ 95⑤, 97④, 04①, 14④, 18①③

19 중력식 댐의 시공 후 관리상 댐 내부에 설치하는 검사량의 시공목적을 3가지만 쓰시오.

득점	배점
	3

① _____ ② _____ ③ _____

해답 ① 콘크리트 내부의 균열검사 ② 콘크리트 온도 측정 ③ 콘크리트 수축량 검사
④ 그라우팅공 이용 ⑤ 간극수압 측정 ⑥ 양압력 상태 검사

□□□ 03①, 10②, 13①, 18①, 21③

20 다음 데이터를 이용하여 Normal time 네트워크 공정표를 작성하고 공기를 3일 단축할 때 최소의 추가공사비를 산출하시오.

(단, ① Net Work 공정표 작성은 화살표 Net Work로 한다.
② 주공정선(Critical path)은 굵은 선 또는 이중선으로 한다.
③ 각 결합점에는 다음과 같이 표시한다.)

작업명	정상비용		특급비용	
(activity)	공기(일)	공비(원)	공기(일)	공비(원)
A(0→1)	3	20,000	2	26,000
B(0→2)	7	40,000	5	50,000
C(1→2)	5	45,000	3	59,000
D(1→4)	8	50,000	7	60,000
E(2→3)	5	35,000	4	44,000
F(2→4)	4	15,000	3	20,000
G(3→5)	3	15,000	3	15,000
H(4→5)	7	60,000	7	60,000
계		280,000		334,000

가. Normal time 네트워크 공정표를 작성하시오.

나. 공기를 3일간 단축할 때 최소의 추가공사비를 구하시오.

계산 과정)

답 : _____

해답 가.

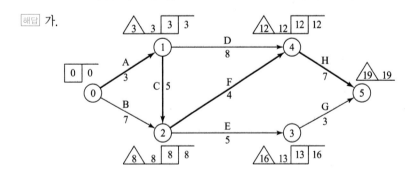

나. • 각 작업의 비용구배

$$A = \frac{26,000 - 20,000}{3 - 2} = 6,000\,원, \quad B = \frac{50,000 - 40,000}{7 - 5} = 5,000\,원$$

$$C = \frac{59,000 - 45,000}{5 - 3} = 7,000\,원, \quad D = \frac{60,000 - 50,000}{8 - 7} = 10,000\,원$$

$$F = \frac{20,000 - 15,000}{4 - 3} = 5,000\,원$$

• 공기 1일 단축(18일) : F작업에서 1일 단축
  직접비 : +5,000원 증가, 총추가비용 : +5,000원
• 공기 1일 단축 (17일) : A작업에서 1일 단축
  직접비 : +6,000원 증가, 총추가비용 : +11,000원
• 공기 1일 단축 (16일) : (B+C+D)작업에서 각각 1일 단축
  직접비 : (5,000+7,000+10,000)22,000원, 총추가비용 : 33,000원
  ∴ 최소 추가비용 : 33,000원

🎯 최소추가비용

작업명	단축가능 일수	비용구배 = $\dfrac{\text{특급비용} - \text{표준비용}}{\text{표준공기} - \text{특급공기}}$	19	18(-1)	17(-2)	16(-3)
A	1	$\dfrac{26,000 - 20,000}{3 - 2} = 6,000$			1	
B	2	$\dfrac{50,000 - 40,000}{7 - 5} = 5,000$				1
C	2	$\dfrac{59,000 - 45,000}{5 - 3} = 7,000$				1
D	1	$\dfrac{60,000 - 50,000}{8 - 7} = 10,000$				1
E	1	$\dfrac{44,000 - 35,000}{5 - 4} = 9,000$				
F	1	$\dfrac{20,000 - 15,000}{4 - 3} = 5,000$		1		
G	–	–				
H	–	–				
추가비용				5,000	6,000	22,000
추가비용 합계				5,000	11,000	33,000

∴ 최소 추가비용 : 33,000원

□□□ 91②, 94④, 02④, 05②, 07②, 11②, 13④, 18①, 20③

21 Sand drain을 연약지반에 타설하는 방법을 3가지만 쓰시오.

득점	배점
	3

① _____ ② _____ ③ _____

해답 ① 압축공기식 케이싱 방법   ② Water jet식 케이싱 방법
    ③ Rotary boring에 의한 방법   ④ Earth auger에 의한 방법

□□□ 01①, 04①, 06①, 08②, 10①, 13②, 18①, 20②

22 다음 콘크리트의 시방 배합을 현장 배합으로 환산하시오.

득점 배점
3

┌─────────────────── 【시방 배합】 ───────────────────┐
│ • 단위 수량 : 200kg/m³   • 단위시멘트량 : 400kg/m³ │
│ • 모래 : 800kg/m³   • 자갈 : 1,500kg/m³ │
│ • 모래의 표면수 : 5%   • 자갈의 표면수 : 1% │
│ • 모래의 No 4(5mm)체 잔류량 : 4%   • 자갈의 No 4(5mm)체 통과량 : 5% │
└───┘

단위 수량 : _____, 단위모래량 : _____, 단위자갈량 : _____

해답 ① 입도에 의한 조정
  • $S=800kg$, $G=1,500kg$, $a=4\%$, $b=5\%$
  • 모래 $x=\dfrac{100S-b(S+G)}{100-(a+b)}=\dfrac{100\times800-5\times(800+1,500)}{100-(4+5)}=752.75\,kg$
  • 자갈 $y=\dfrac{100G-a(S+G)}{100-(a+b)}=\dfrac{100\times1,500-4\times(800+1,500)}{100-(4+5)}=1,547.25\,kg$

② 표면수에 의한 조정
  • 모래의 표면 수량$=752.75\times\dfrac{5}{100}=37.64\,kg$
  • 자갈의 표면수량$=1,547.25\times\dfrac{1}{100}=15.47\,kg$

③ 현장 배합량
  • 단위수량$=200-(37.64+15.47)=146.89kg/m³$
  • 단위 모래량$=752.75+37.64=790.39kg/m³$
  • 단위 자갈량$=1,547.25+15.47=1,562.72kg/m³$

□□□ 18①, 21③

23 지진 발생시 교량의 안전에 대하여 지진보호장치 3가지를 쓰시오.

득점 배점
3

① _____ ② _____ ③ _____

해답 ① 받침보호장치   ② 점성댐퍼   ③ 낙교방지 장치   ④ 내진보강 탄성 받침장치

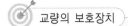 교량의 보호장치

┌───┐
│ • 받침보호장치 : 수평력 분담을 통해 지진력을 분산하는 장치다. │
│ • 점성댐퍼 : 유체의 점성을 이용해 지진발생시 교량에 전달되는 에너지를 감쇠하는 장치 │
│ • 낙교방지 장치 : 교량 받침 또는 신축이음의 파괴로 발생하는 교량의 낙교를 방지하는 이중보호 │
│   장치 │
│ • 내진보강 탄성 받침장치 : 지진에 저항하여 교량을 보호하는 장치, 지진하중을 효과적으로 전달 │
│   하는 장치 │
└───┘

□□□ 93③, 99②, 01②, 02④, 04④, 05②, 08①, 11②, 18①

24 점토층의 두께 5m, 간극비 1.4, 액성 한계 50%, 점토층 위에 유효 상재 압력이 100kN/m² 에서 140kN/m²로 증가할 때의 침하량은 얼마인가?

득점	배점
	3

계산 과정)   답 : _____

해답 침하량 $S = \dfrac{C_c H}{1+e} \log \dfrac{P + \Delta P}{P}$

• 압축지수 $C_C = 0.009(W_L - 10) = 0.009(50 - 10) = 0.36$

∴ $S = \dfrac{0.36 \times 5}{1 + 1.4} \log \dfrac{140}{100} = 0.1096\,\text{m} = 10.96\,\text{cm}$

□□□ 11②, 18①

25 아래의 표에서 설명하는 사면보호공법의 명칭을 쓰시오.

득점	배점
	2

> 사면의 활동토체를 관통하여 부동지반까지 말뚝을 일렬로 시공함으로써 사면의 활동하중을 말뚝의 수평저항으로 받아 부동지반에 전달시키는 공법이다.

○

해답 억지말뚝공법

 억지말뚝공법

> 지표면으로부터 활동토체를 관통하여 안정지반까지 말뚝을 설치함으로써 활동하중을 말뚝의 수평저항으로 받아 견고한 암반에 전달시킴으로써 활동을 억지시키는 공법이다.

국가기술자격 실기시험문제

2018년도 기사 제2회 필답형 실기시험 (기사)

종 목	시험시간	형 별	성 명	수험번호
토목기사	3시간	B		

※ 수험자 인적사항 및 계산식을 포함한 답안 작성은 검은색 필기구만 사용해야 하며, 그 외 연필류, 빨간색, 청색 등 필기구로 작성한 답항은 0점 처리 됩니다.

□□□ 17①, 18②

01 터널굴착시 여굴(over break)이 발생하는 원인을 3가지만 쓰시오.

① _____ ② _____ ③ _____

해답 ① 천공 및 발파의 잘못   ② 착암기 사용 잘못   ③ 전단력이 약한 토질 굴착시 발생

득점 배점
3

□□□ 87②, 91③, 93①, 02①, 03④, 08①, 11②, 14①, 18②

02 연약지반상에 성토할 때 성토재료가 굵은 모래, 자갈, 암석과 같이 투수성이고, 기초지반 지지력이 크지 않은 경우 먼저 sand mat(부사)를 깔고 성토하는데 이때에 sand mat의 중요한 역할 3가지를 쓰시오.

① _____ ② _____ ③ _____

해답 ① 연약층 압밀을 위한 상부배수층을 형성
② 시공기계의 주행성을 확보
③ 지하배수층이 되어 지하수위를 저하
④ 지하수위 상승시 횡방향 배수로 성토지반의 연약화 방지

득점 배점
3

□□□ 92③, 96④, 99④, 18②

03 팽창성 지반에 기초를 건설할 때 공사방법으로 흙을 치환하는 것과 팽창성 흙의 성질을 변화시키는 두 방법을 생각할 수 있다. 그 중 후자의 방법에 대해서 네 가지만 쓰시오.

① _____ ② _____
③ _____ ④ _____

해답 ① 다짐공법   ② 살수공법(침수법 : prewetting)
③ 차수벽 설치(수분 흡수방지벽 공법)   ④ 흙의 안정처리(지반의 안정처리)

득점 배점
3

□□□ 04②, 09②, 13②, 18②

04 PSC 교량에 사용되는 PS 강재의 정착방법 중에서 가장 보편적으로 쓰이는 정착방식들은 정착장치의 형식에 따라 3가지로 분류될 수 있다. 그 3가지를 쓰시오.

득점	배점
	3

① _____ ② _____ ③ _____

해답 ① 쐐기식 ② 지압식 ③ 루프식

 PS강재의 정착방법

분 류	적용 공법
쐐기식	• 마찰 저항을 이용한 쐐기로 정착하는 방법 • Freyssinet공법, VSL공법, CCL공법
지압식	• 너트와 지압판에 의해 정착하는 방법 • BBRV공법, Dywidag공법
루프식	• 루프형 강재의 부착이나 지압에 의해 정착하는 방법 • Leoba공법, Baur-Leonhardt공법

□□□ 91③, 96⑤, 99③, 00②, 01②, 02②, 05④, 07④, 09①, 13②, 18②, 22②

05 자연함수비 12%인 흙으로 성토하고자 한다. 시방서에는 다짐한 흙의 함수비를 16%로 관리하도록 규정하였을 때 매층마다 1m²당 몇 l의 물을 살수해야 하는가?
(단, 1층의 다짐두께는 20cm이고 토량변화율은 $C = 0.9$이며, 원지반 상태에서 흙의 단위중량은 18kN/m³임.)

득점	배점
	3

계산 과정) 답 : _____

해답 ■ 방법 1
• 1m²당 흙의 중량
$$W = Ah\gamma_t = 1 \times 1 \times 0.20 \times 18 \times \frac{1}{0.9}$$
$$= 4\text{kN} = 4,000\text{N}$$

• 흙입자 중량
$$W_s = \frac{W}{1+w} = \frac{4,000}{1+0.12} = 3,571.43\text{N}$$

• 함수비 12%일 때 물의 중량
$$W_w = \frac{wW}{100+w} = \frac{12 \times 4,000}{100+12} = 428.57\text{N}$$

• 함수비 16%일 때 물의 중량
$$W_w = W_s w = 3,571.43 \times 0.16 = 571.43\text{N}$$
∴ 살수량 $= 571.43 - 428.57 = 142.86\text{kN}$
$$= \frac{142.86 \times 10^{-3}}{9.81}l$$
$$= 0.01456\text{m}^3 = 14.56l$$

■ 방법 2
• 1층의 원지반 상태의 단위체적
$$V = 1 \times 1 \times 0.20 \times \frac{1}{0.90} = \frac{0.20}{0.90} = 0.222\text{m}^3$$

• 0.222m³당 흙의 중량
$$W = \gamma_t V = 18 \times \frac{0.20}{0.90} = 4\text{N} = 4,000\text{N}$$

• 12%에 대한 물의 중량
$$W_w = \frac{W \cdot w}{100+w} = \frac{4,000 \times 12}{100+12} = 428.57\text{N}$$

• 16%에 대한 살수량
$$428.57 \times \frac{16-12}{12} = 142.86\text{N}$$
$$\therefore \frac{142.86 \times 10^{-3}}{9.81} = 0.01456\text{m}^3 = 14.56l$$

□□□ 06④, 08④, 09④, 10①, 11②, 17①, 18②, 22②, 23①

06 콘크리트의 배합강도를 구하기 위한 시험횟수 16회의 콘크리트 압축강도 측정결과가 아래 표와 같고 품질기준강도가 28MPa일 때 아래 물음에 답하시오.

【압축강도 측정결과(단위 MPa)】

26.0	29.5	25.0	34.0	25.5	34.0	29.0
24.5	27.5	33.0	33.5	27.5	25.5	28.5
26.0	35.0					

가. 위 표를 보고 압축강도의 평균값을 구하시오.

계산 과정)   답 : _____

나. 압축강도 측정결과 및 아래의 표를 이용하여 배합강도를 구하기 위한 표준편차를 구하시오.

【시험횟수가 29회 이하일 때 표준편차의 보정계수】

시험횟수	표준편차의 보정계수	비고
15	1.16	이 표에 명시되지 않은
20	1.08	시험횟수에 대해서는 직선보간
25	1.03	한다.
30 또는 그 이상	1.00	

계산 과정)   답 : _____

다. 배합강도를 구하시오.

계산 과정)   답 : _____

해답 가. 평균값 $\bar{x} = \dfrac{\sum X_i}{n} = \dfrac{464}{16} = 29\text{MPa}$

나. 편차제곱합 $S = \sum (X_i - \bar{x})^2$

$S = (26-29)^2 + (29.5-29)^2 + (25.0-29)^2 + (34-29)^2 + (25.5-29)^2$
$\quad + (34-29)^2 + (29-29)^2 + (24.5-29)^2 + (27.5-29)^2 + (33-29)^2$
$\quad + (33.5-29) + (27.5-29)^2 + (25.5-29)^2 + (28.5-29)^2 + (26-29)^2$
$\quad + (35-29)^2 = 206$

• 표준편차 $s = \sqrt{\dfrac{S}{n-1}} = \sqrt{\dfrac{206}{16-1}} = 3.71\text{MPa}$

• 16회의 보정계수 $= 1.16 - \dfrac{1.16-1.08}{20-15} \times (16-15) = 1.144$

∴ 수정 표준편차 $s = 3.71 \times 1.144 = 4.24\text{MPa}$

다. $f_{cq} = 28\text{MPa} \leq 35\text{MPa}$인 경우

• $f_{cr} = f_{cq} + 1.34s = 28 + 1.34 \times 4.24 = 33.68\text{MPa}$

• $f_{cr} = (f_{cq} - 3.5) + 2.33s = (28-3.5) + 2.33 \times 4.24 = 34.38\text{MPa}$

∴ 배합강도 $f_{cr} = 34.38\text{MPa}$(∵ 두 값 중 큰 값)

□□□ 85①③, 87③, 02②, 10②, 18②

07 어떤 도저(Dozer)가 폭 3.58m의 철제 브레이드(Blade)를 달고 속도 5.9km/hr의 3단기어로 작업하고 있다. 이때 블레이드의 효율이 72%라면 폭 7.62m, 길이 100m의 면적에서 제거 작업을 할 경우 필요한 작업시간(분)을 구하시오.

득점	배점
	3

계산 과정)

답 : _____

해답 작업시간 = 1회 왕복시간 × 왕복횟수
- Blade의 유효폭 = $3.58 \times 0.72 = 2.58$m

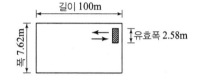

- 통과횟수(왕복) = $\dfrac{\text{작업지역폭}}{\text{블레이드의 유효폭}}$

  $= \dfrac{7.62}{2.58} = 2.95$ ∴ 3회

- 1회 왕복 통과시간 = $\dfrac{\text{작업거리}}{\text{속도}} \times 2(\text{왕복})$

  $= \dfrac{100}{5.9 \times 1,000} \times 2 \times 60(분) = 2.03$분

∴ 작업시간 = 1회 통과시간 × 통과횟수 = $2.03 \times 3 = 6.09$분

□□□ 07①, 09②, 11④, 18②, 20③, 22③

08 다음과 같은 높이 7m인 토류벽이 있다. 토류벽 배면지반은 포화된 점성토지반 위에 사질토지반을 형성하고 있다. 이때 표류벽에 가해지는 전 주동토압을 구하시오.
(단, 지하수위는 점성토지반 상부에 위치하며, 벽마찰각은 무시한다.)

득점	배점
	3

계산 과정)

3m　$\gamma_t = 17.5$kN/m³　$\phi = 35°$

4m　$\gamma_{sat} = 19.0$kN/m³　$\phi = 30°$　$c = 6$kN/m²

답 : _____

해답 주동토압 $P_A = \dfrac{1}{2}\gamma_1 H_1^2 K_{a1} + \gamma_1 H_1 H_2 K_{a2} + \dfrac{1}{2}\gamma_{sub}H_2^2 K_{a2} + \dfrac{1}{2}r_w H_2^2 - 2cH_2\sqrt{K_{a2}}$

- 사질토지반 $K_{a1} = \tan^2\left(45° - \dfrac{\phi}{2}\right) = \tan^2\left(45° - \dfrac{35°}{2}\right) = 0.271$

- 점성토지반 $K_{a2} = \tan^2\left(45° - \dfrac{\phi}{2}\right) = \tan^2\left(45° - \dfrac{30°}{2}\right) = 0.333$

- $\dfrac{1}{2}\gamma_1 H_1^2 K_{a1} = \dfrac{1}{2} \times 17.5 \times 3^2 \times 0.271 = 21.34$kN/m

- $\gamma_1 H_1 H_2 K_{a2} = 17.5 \times 3 \times 4 \times 0.333 = 69.93$kN/m

- $\dfrac{1}{2}\gamma_{sub}H_2^2 K_{a2} = \dfrac{1}{2} \times (19.0 - 9.81) \times 4^2 \times 0.333 = 24.48$kN/m

- $\dfrac{1}{2}r_w H_2^2 = \dfrac{1}{2} \times 9.81 \times 4^2 = 78.48$kN/m

- $2cH_2\sqrt{K_{a2}} = 2 \times 6 \times 4 \times \sqrt{0.333} = 27.70$kN/m

∴ $P_A = 21.34 + 69.93 + 24.48 + 78.48 - 27.70 = 166.53$kN/m

□□□ 13①, 16②, 17②, 18②

09 콘크리트의 경화나 강도발현을 촉진하기 위해 실시하는 양생을 촉진양생이라고 한다. 이러한 촉진양생법의 종류를 3가지만 쓰시오.

득점 | 배점
| 3

① _____ ② _____ ③ _____

해답 ① 증기양생   ② 오토클레이브 양생   ③ 전기양생
　　 ④ 온수양생   ⑤ 적외선 양생   ⑥ 고주파 양생

◎ 촉진양생방법

① 촉진양생이란 보다 빠른 콘크리트의 경화나 강도는 발현을 촉진하기 위해 실시하는 양생방법
② 증기양생(저압증기양생, 고압증기양생, 고온증기양생), 오토크레이브 양생, 전기양생, 온수양생, 전기양생, 적외선 양생, 고주파양생 등이 있으며 일반적으로 증기양생이 널리 사용되고 있다.

□□□ 85①, 16②, 18②, 19③, 22②

10 말뚝의 지지력을 산정하는 방법 3가지를 쓰시오.

득점 | 배점
| 3

① _____ ② _____ ③ _____

해답 ① 동역학적 공식에 의한 방법   ② 정역학적 공식에 의한 방법   ③ 정재하시험에 의한 방법

□□□ 95③, 96①, 01③, 02②, 09④, 18②, 23③

11 보강토 옹벽의 구성은 크게 3요소로 이루어진다. 그 3가지는 무엇인지 쓰시오.

득점 | 배점
| 3

① _____ ② _____ ③ _____

해답 ① 전면판(skin plate) ② 보강재(strip bar) ③ 뒤채움 흙(back fill)

□□□ 18②

12 점성토의 공학적 특성은 다짐시 높은 다짐에너지로 다지면 강도가 오히려 저하해 비경제적이며 건조단위중량도 증가하지 않은 상태로 되는 현상을 무엇이라 하는가?

득점 | 배점
| 2

○

해답 과도전압 또는 과다짐(over compaction)

□□□ 91③, 99②, 05②, 18②

13 흐트러진 상태의 $L = 1.15$, 단위중량이 $1.7t/m^3$인 토사를 싣기는 $1.34m^3$의 Payloader 1대를 사용하고 운반은 8t 덤프트럭을 사용하여 운반로 10km인 공사현장까지 운반하고자 한다. 이때, 조합토공에 있어서 덤프트럭의 소요대수를 구하시오.

(단, Payloader 사이클 타임$(C_m) = 44.4$초, 버킷계수$(K) = 1.15$, 작업효율$(E_s) = 0.7$이고, 덤프트럭의 적재시 주행속도 = 15km/hr, 공차시 주행속도 = 20km/hr, $t_1 = 0.5$분, $t_2 = 0.4$분, 작업효율$(E_t) = 0.9$이다.)

계산 과정)   답 : _____

해답 $M = \dfrac{E_s}{E_t} \times \dfrac{60(T_1 + t_1 + T_2 + t_2 + t_3)}{C_{ms} \cdot n} + \dfrac{1}{E_t}$

• $q_t = \dfrac{T}{\gamma_t} \cdot L = \dfrac{8}{1.7} \times 1.15 = 5.41 m^3$

• $n = \dfrac{q_t}{q \cdot k} = \dfrac{5.41}{1.34 \times 1.15} = 3.51 회 = 4 회$

• $T_1 = \dfrac{D}{V_1} \times 60 = \dfrac{10}{15} \times 60 = 40 분$

• $T_2 = \dfrac{D}{V_2} \times 60 = \dfrac{10}{20} \times 60 = 30 분$

∴ $M = \dfrac{0.7}{0.9} \times \dfrac{60(40 + 0.5 + 30 + 0.4)}{44.4 \times 4} + \dfrac{1}{0.9}$

$= 19.74$ ∴ 20대

🎯 다른 방법

■ Payloader작업량

$Q_P = \dfrac{3,600 \cdot q \cdot K \cdot f \cdot E}{C_m} = \dfrac{3,600 \times 1.34 \times 1.15 \times \dfrac{1}{1.15} \times 0.7}{44.4} = 76.05 m^3/hr$

■ Dumptruk의 작업량

$Q_t = \dfrac{60 \cdot q_t \cdot f \cdot E}{C_m}$

• $q_t = \dfrac{T}{\gamma_t} \cdot L = \dfrac{8}{1.7} \times 1.15 = 5.41 m^3$

• $n = \dfrac{q_t}{q \cdot k} = \dfrac{5.41}{1.34 \times 1.15} = 3.51 = 4 회$

• $C_{mt} = \dfrac{C_{ms} n}{C_{mt}} = T_1 + T_2 + t_1 + t_2 + 6_3$

$= \dfrac{44.4 \times 4}{60 \times 0.7} = \left(\dfrac{10}{15} \times 60\right) + \left(\dfrac{10}{50}\right) + 0.5 + 0.4 = 75.13 분$

• $Q_t = \dfrac{60 \times 5.41 \times \dfrac{1}{1.15} \times 0.9}{75.31} = 3.38 m^3/hr$

■ 덤프트럭의 소요대수

∴ $N = \dfrac{Q_p}{Q_t} = \dfrac{76.05}{3.38} = 22.5 = 23 대$

14 주어진 도면 및 조건에 따라 다음 물량을 산출하시오. (단, 주어진 도면의 치수는 축척에 맞지 않을 수 있으며, 주어진 치수로만 물량을 산출할 것)

득점 배점
18

【조 건】

• W1, W2, W3, W4, W5, W6, F1, F3, F4, K2 철근은 각각 200mm 간격으로 배근한다.
• F2, K1, H 철근은 각각 100mm 간격으로 배근한다.
• S1, S2, S3 철근은 지그재그로 배근한다.
• 옹벽의 돌출부(전단 Key)에는 거푸집을 사용하는 경우로 계산한다.
• 물량산출에서 할증률 및 마구리는 없는 것으로 하고 상세도에 표시되어 있지 않은 이음길이는 계산하지 않는다.

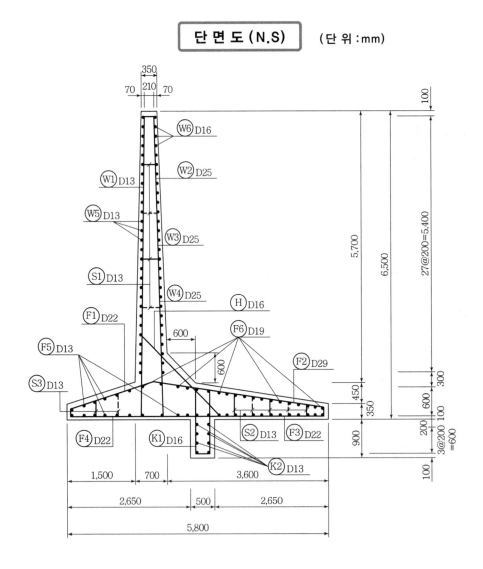

단 면 도 (N.S) (단 위 :mm)

일 반 도

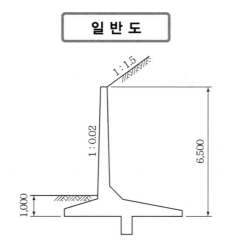

철 근 상 세 도

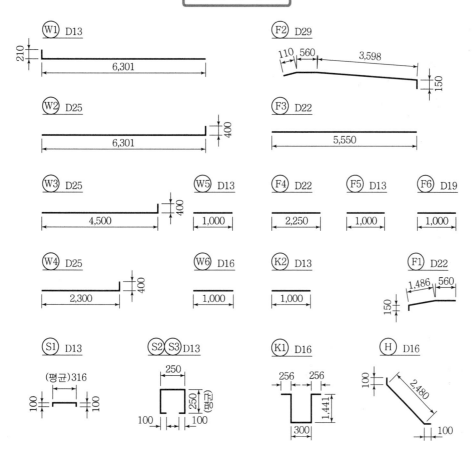

가. 길이 1m에 대한 콘크리트량을 구하시오. (단, 소수점 이하 4째자리에서 반올림 하시오.)

계산 과정)   답 : _____

나. 길이 1m에 대한 거푸집량을 구하시오. (단, 소수점 이하 4째자리에서 반올림 하시오.)

계산 과정)   답 : _____

다. 길이 1m에 대한 철근물량표를 완성하시오.

기호	직경	길이(mm)	수량	총길이(mm)	기호	직경	길이(mm)	수량	총길이(mm)
W1					K1				
F1					K2				
F5					S2				

해답 가. 콘크리트량

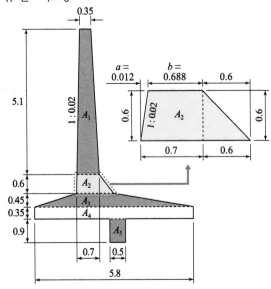

- $a = 0.02 \times 0.6 = 0.012\,\mathrm{m}$
- $b = 0.70 - 0.02 \times 0.6 = 0.688\,\mathrm{m}$
- $A_1 = \dfrac{0.35 + (0.7 - 0.6 \times 0.02)}{2} \times 5.1 = 2.6469\,\mathrm{m}^2$
- $A_2 = \dfrac{(0.7 - 0.6 \times 0.02) + (0.7 + 0.6)}{2} \times 0.6 = 0.5964\,\mathrm{m}^2$
- $A_3 = \dfrac{(0.7 + 0.6) + 5.8}{2} \times 0.45 = 1.5975\,\mathrm{m}^2$
- $A_4 = 0.35 \times 5.8 = 2.03\,\mathrm{m}^2$
- $A_5 = 0.9 \times 0.5 = 0.45\,\mathrm{m}^2$

  $\therefore\ V = \left(\sum A_i\right) \times 1 = (2.6469 + 0.5964 + 1.5975 + 2.03 + 0.45) \times 1 = 7.321\,\mathrm{m}^3$

나.

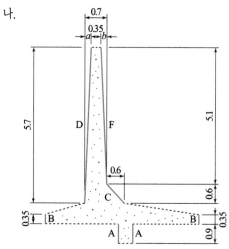

- $a = 0.02 \times 5.7 = 0.114\text{m}$
- $b = 0.7 - (0.114 + 0.35) = 0.236\text{m}$
- $A = 0.9 \times 2 = 1.8\text{m}$
- $B = 0.35 \times 2 = 0.70\text{m}$
- $C = \sqrt{0.6^2 + 0.6^2} = 0.8485\text{m}$
- $D = \sqrt{5.7^2 + 0.114^2} = 5.7011\text{m}$
- $F = \sqrt{5.1^2 + 0.236^2} = 5.1055\text{m}$

$\sum L = 1.8 + 0.70 + 0.8485 + 5.7011 + 5.1055 = 14.155\text{m}$

∴ 면적 $= \sum L \times 1(\text{m}) = 14.155 \times 1 = 14.155\text{m}^2$

다. 철근물량표

기호	직경	길이(mm)	수량	총길이(mm)	기호	직경	길이(mm)	수량	총길이(mm)
W1	D13	6,511	5	32,555	K1	D16	3,694	10	36,940
F1	D22	2,196	5	10,980	K2	D13	1,000	8	8,000
F5	D13	1,000	31	31,000	S2	D13	950	12.5	11,875

🎯 철근물량 산출근거

기호	직경	길이(mm)	수량	총길이(mm)	수량산출
W1	D13	$210 + 6,301 = 6,511$	5	32,555	$\dfrac{1}{0.200} = 5$본
F1	D22	$150 + 1,486 + 560 = 2,196$	5	10,980	$\dfrac{1}{0.200} = 5$본
F5	D13	1,000	31	31,000	31본(단면도에 수작업)
K1	D16	$256 \times 2 + 300 + 1,441 \times 2$ $= 3,694$	10	36,940	$\dfrac{1}{0.100} = 10$본
K2	D13	1,000	8	8,000	단면도에서 수작업(Key 부분)
S2	D13	$(100 + 250) \times 2 + 250 = 950$	12.5	11,875	$\dfrac{5}{0.200 \times 2} \times 1 = 12.5$본 또는 $400 : 5 = 1,000 : x$ ∴ $x = 12.5$

□□□ 96①, 98③, 08④, 11②, 12④, 16①, 18②

15 직경 30cm 평판재하시험에서 작용압력이 300kPa일 때 침하량이 20mm라면, 직경 1.5m의 실제 기초에 300kPa의 압력이 작용할 때 사질토지반에서의 침하량의 크기는 얼마인가?

득점 / 배점
3

계산 과정)
답 : _____

해답 침하량 $S_F = S_P \left(\dfrac{2B_F}{B_F + B_P} \right)^2 = 20 \times \left(\dfrac{2 \times 1.5}{1.5 + 0.3} \right)^2 = 55.56 \, mm (\because 사질토지반)$

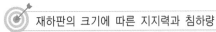
재하판의 크기에 따른 지지력과 침하량

분류	점토지반	모래지반
지지력	• 재하판에 무관 $q_{u(F)} = q_{u(P)}$	• 재하판 폭에 비례 $q_F = q_u \times \dfrac{B_F}{B_P}$
침하량	• 재하판 폭에 비례 $S_F = S_P \times \dfrac{B_F}{B_P}$	• 재하판에 무관 $S_F = S_P \left(\dfrac{2B_F}{B_F + B_P} \right)^2$

여기서, $q_{u(F)}$: 놓일기초의 극한 지지력

$q_{u(P)}$: 시험평판의 극한 지지력

B_F : 기초의 폭

B_P : 시험평판의 폭

S_P : 재하판의 침하량

S_F : 기초의 침하량

□□□ 10①, 18②

16 1.5m×1.5m의 정사각형 독립확대기초가 $c=10kN/m^2$, $\gamma=19kN/m^3$인 지반에 설치되어 있다. 기초의 깊이는 지표면 아래 1m에 있고 지하수위에 대한 영향이 없을 때 얕은 기초의 극한지지력을 Terzaghi의 방법으로 구하시오. (단, 국부전단파괴가 발생하는 지반이며, $N_c =$ 12, $N_q = 1.8$, $N_r = 8$이다.)

득점 / 배점
3

계산 과정)
답 : _____

해답 $q_u = \alpha c N_c + \beta \gamma_1 B N_r + \gamma_2 D_f N_q$

• 국부전단파괴의 점착력

$c' = \dfrac{2}{3} c = \dfrac{2}{3} \times 10 = \dfrac{20}{3} \, kN/m^2$

$\therefore q_u = 1.3 \times \dfrac{20}{3} \times 12 + 0.4 \times 19 \times 1.5 \times 8 + 19 \times 1 \times 1.8 = 229.4 \, kN/m^2$

※ 주의 : 국부전단파괴시 점착력(c')은 $\dfrac{2}{3} c$ 적용

□□□ 01①, 10①, 11④, 13①, 14②, 18②, 22②

17 아래 같은 지층 위에 성토로 인한 등분포하중 $q = 50\text{kN/m}^2$이 작용할 때 다음 물음에 답하시오. (단, 점토층은 정규압밀점토이며, W_L은 액성한계이다.)

득점	배점
	4

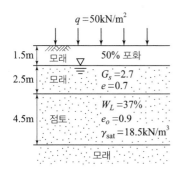

가. 점토층 중앙의 초기 유효연직압력(P_o)을 구하시오.

계산 과정)　　　　　　　　　　답 : _____

나. 점토층의 압밀침하량을 구하시오.

계산 과정)　　　　　　　　　　답 : _____

해답 가. 초기 유효연직압력 $p_o = \gamma_t H_1 + \gamma_{\text{sat}} H_2 + \gamma_{\text{sub}} \dfrac{H_3}{2}$

• 지하수위 이상인 모래층 단위중량 $\gamma_t = \dfrac{G_s + Se}{1+e}\gamma_w = \dfrac{2.7 + 0.5 \times 0.7}{1+0.7} \times 9.81 = 17.60\text{kN/m}^3$

• 지하수위 이하 모래층 수중단위중량 $\gamma_{\text{sat}} = \dfrac{G_s - 1}{1+e}\gamma_w = \dfrac{2.7 - 1}{1+0.7} \times 9.81 = 9.81\text{kN/m}^3$

• 점토층 수중단위중량 $\gamma_{\text{sub}} = \gamma_{\text{sat}} - \gamma_w = 18.5 - 9.81 = 8.69\text{kN/m}^3$

∴ $P_o = 17.60 \times 1.5 + 9.81 \times 2.5 + 8.69 \times \dfrac{4.5}{2} = 70.48\text{kN/m}^2$

나. 압밀침하량 $S = \dfrac{C_c H}{1 + e_o}\log\left(\dfrac{P_o + \Delta P}{P_o}\right)$

• $C_c = 0.009(W_L - 10) = 0.009(37 - 10) = 0.243$

∴ $S = \dfrac{0.243 \times 4.5}{1 + 0.9}\log\left(\dfrac{70.48 + 50}{70.48}\right) = 0.1340\text{m} = 13.40\text{cm}$

□□□ 05④, 18②

18 유수전환시설은 크게 가물막이 방법과 가배수로를 시공하는 방법으로 나눌 수 있다. 이 때 시공방법에 따른 가물막이 방법의 종류 3가지만 쓰시오.

득점	배점
	3

① _____　　② _____　　③ _____

해답 ① 전면식 가물막이　　② 부분식 가물막이　　③ 단계 가물막이

 유수전환

(1) 유수전환시설의 분류
① 가물막이 방법 : 전면식, 부분식, 단계식
② 가배수로 방법 : 터널식, 암거식(개수로식), 제내식(체체월류식)
(2) 댐의 유수 전환 방식
① 반하천 체절공
② 가배수 터널공
③ 가배수로 개거공

19 다음과 같은 작업 List가 있다. 아래 물음에 답하시오.

작업명	선행작업	후속작업	표 준		특 급	
			일수	공비(만원)	일수	공비(만원)
A	–	B, C	6	210	5	240
B	A	D, E	4	450	2	630
C	A	F, G	4	160	3	200
D	B	G	3	300	2	370
E	B	H	2	600	2	600
F	C	I	7	240	5	340
G	C, D	I	5	100	3	120
H	E	I	4	130	2	170
I	F, G, H	–	2	250	1	350

가. Net Work(화살선도)를 작도하고, 표준일수에 대한 Critical Path를 나타내시오.

나. 작업 List의 빈칸을 채우시오.

작업명	공비증가율 (만원/일)	개 시		완 료		여유시간		
		EST	LST	EFT	LFT	TF	FF	DF
A								
B								
C								
D								
E								
F								
G								
H								
I								

다. 총공기에 대한 간접비가 2천만원인데 표준일수를 단축하는 경우 1일당 80만원씩 감소한다고 할 때 최적공비와 그때의 총공사비를 구하시오.

계산 과정)　　　　　[답] 최적공비 : _____, 총공사비 : _____

해답 가.

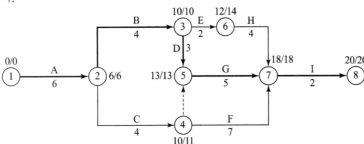

C.P : A → B → D → G → I

나.

작업명	비용구배= $\dfrac{특급비용-표준비용}{표준공기-특급공기}$	개시		완료		여유시간		
		EST	LST	EFT	LFT	TF	FF	DF
A	$\dfrac{240-210}{6-5}=30$만원/일	0	0	6	6	0	0	0
B	$\dfrac{630-450}{4-2}=90$만원/일	6	6	10	10	0	0	0
C	$\dfrac{200-160}{4-3}=40$만원/일	6	7	10	11	1	0	1
D	$\dfrac{370-300}{3-2}=70$만원/일	10	10	13	13	0	0	0
E	불가	10	12	12	14	2	0	2
F	$\dfrac{340-240}{7-5}=50$만원/일	10	11	17	18	1	1	0
G	$\dfrac{120-100}{5-3}=10$만원/일	13	13	18	18	0	0	0
H	$\dfrac{170-130}{4-2}=20$만원/일	12	14	16	18	2	2	0
I	$\dfrac{350-250}{2-1}=100$만원/일	18	18	20	20	0	0	0

다.

작업명	단축일수	비용구배	20	19	18	17	16
A	1	$\dfrac{240-210}{6-5}=30$만원/일			1		
B	2	$\dfrac{630-450}{4-2}=90$만원/일					
C	1	$\dfrac{200-160}{4-3}=40$만원/일				1	
D	1	$\dfrac{370-300}{3-2}=70$만원/일					
E	불가	–					
F	2	$\dfrac{340-240}{7-5}=50$만원/일					
G	2	$\dfrac{120-100}{5-3}=10$만원/일		1		1	
H	2	$\dfrac{170-130}{4-2}=20$만원/일					
I	1	$\dfrac{350-250}{2-1}=100$만원/일					1
직접비(만원)			2,440	2,450	2,480	2,530	2,630
간접비(만원)			2,000	1,920	1,840	1,760	1,680
총공사비(만원)			4,440	4,370	4,320	4,290	4,310

∴ 최적공기 : 17일, 총공사비 : 4,290만원

🎯 간략법

단축 작업명	단축일수	직접비	간접비	총공사비
20일		2,440	2,000	4,440만원
19일	G(1일)	2,450	1,920	4,370만원
18일	A(1일)	2,480	1,840	4,320만원
17일	C+G(1일)	2,530	1,760	4,290만원
16일	I(1일)	2,630	1,680	4,340만원

∴ 최적공기 : 17일, 총공사비 : 4,290만원

☐☐☐ 93③, 99⑤, 08④, 09①, 18②

20 구획정리를 위한 측량결과값이 그림과 같은 경우 계획고 10.00m로 하기 위한 토량은?
(단위 : m)

득점	배점
	3

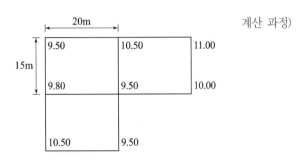

계산 과정)

답 : _____

해답 $V = \dfrac{a \cdot b}{4}(\sum h_1 + 2\sum h_2 + 3\sum h_3)$

- $\sum h_1 = \sum(10 - h_1) = 0.5 - 0.5 + 0.5 - 1 + 0 = -0.5\,\text{m}$
  (∵ 측점 ①, ③, ⑥, ⑦, ⑧)
- $\sum h_2 = \sum(10 - h_2) = 0.2 - 0.5 = -0.3\,\text{m}$
  (∵ 측점 ②, ④)
- $\sum h_3 = 0.5\,\text{m}$ (∵ 측점 ⑤)

  ∴ $V = \dfrac{20 \times 15}{4}(-0.5 - 0.3 \times 2 + 0.5 \times 3) = 30\,\text{m}^3$

☐☐☐ 94③, 98①, 04①, 07①, 09②, 18②

21 숏크리트의 shotting 방법은 건식방법과 습식방법이 있다. 그 중 건식방법의 단점을 3가지만 쓰시오.

득점	배점
	3

① _____ ② _____ ③ _____

해답 ① 분진발생이 많다. ② 반발(rebound)량이 많다. ③ 작업원의 숙련도에 품질이 좌우된다.

 숏크리트(shotcrete)의 종류와 특징

습식법	건식법
분진발생이 적다.	분진발생이 많다.
반발량이 적다	반발량이 많다.
전재재료가 믹서에서 혼합되므로 품질관리가 양호하다.	노즐에서 재료가 혼합되므로 숙련도에 따라 품질이 좌우된다.
압송거리가 짧다.	장거리 수송이 가능하다.
재료의 공급에 제한을 적게 받는다.	재료의 공급에 제한을 받는다.

98②, 03①, 05②, 11②, 14①, 18②

22 다음과 같이 점토지반에 직경이 10m, 자중이 40,000kN인 물탱크가 설치되어 있다. 극한 지지력에 대한 안전율(F_s)이 3일 때 최대로 채울 수 있는 물의 높이는 얼마인가?
(단, $N_c = 5.14$)

	득점	배점
		3

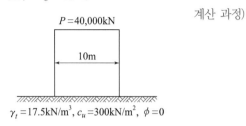

계산 과정)

답 : _____

해답 허용하중 $Q_a = Q + \left(\dfrac{\pi D^2}{4}h\right)\gamma_w$ (물탱크의 허용하중=물탱크중량+물의 중량)

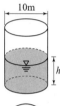

- 극한지지력 $q_u = \alpha c N_c + \beta\gamma_1 B N_\gamma + \gamma_2 D_f N_q$ ($\phi = 0$이면 $N_r = 0$, $D_f = 0$)
  $= 1.3 \times 300 \times 5.14 + 0 + 0 = 2,004.6\,\text{kN/m}^2$

- 허용지지력 $q_a = \dfrac{q_u}{F_s} = \dfrac{2,004.6}{3} = 668.2\,\text{kN/m}^2$

- $668.2 \times \dfrac{\pi \times 10^2}{4} = 40,000 + \left(\dfrac{\pi \times 10^2}{4}h\right) \times 9.81$

  ∴ 물의 높이 $h = 16.20\,\text{m}$

참고 SOLVE 사용

 03②, 08②, 18②

23 공정관리기법 중 기성고 공정곡선의 장점 3가지만 쓰시오.

	득점	배점
		3

① _____ ② _____ ③ _____

해답 ① 예정과 실적의 차이를 파악하기 쉽다.
　　② 전체 공정과 시공속도를 파악하기 쉽다.
　　③ 작성이 쉽다.

84②, 89②, 04①, 06②, 07②, 10②, 14②, 18②, 20①

24 퍼트(PERT) 기법에 의한 공정관리방법에서 낙관적인 시간이 7일 정상적인 시간이 9일, 비관적 시간이 23일 때 공정상의 기대시간(Expected time)은 얼마인가?

	득점	배점
		3

계산 과정)

답 : _____

해답 $t_e = \dfrac{t_o + 4t_m + t_p}{6} = \dfrac{7 + 4 \times 9 + 23}{6} = 11$ 일

□□□ 95④, 97④, 99②, 00③, 06①, 10④, 13①, 18②

25 다음과 같이 배치된 말뚝 A, 말뚝 B에 작용하는 하중을 계산하시오.

(단, 말뚝의 부마찰력, 군항의 효과, 기초와 흙 사이에 작용하는 토압은 무시한다.)

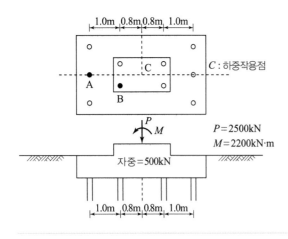

계산 과정)

$P = 2500\text{kN}$

$M = 2200\text{kN·m}$

[답] 말뚝 A : _____

말뚝 B : _____

해답 ■ 방법 1

$$P_m = \frac{Q}{n} \pm \frac{M_y \cdot x}{\sum x^2} \pm \frac{M_x \cdot y}{\sum y^2}$$

• $Q = 2,500 + 500 = 3,000\text{kN}$

$$\therefore P_A = \frac{3,000}{10} - \frac{2,200 \times (-1.8)}{1.8^2 \times 6 + 0.8^2 \times 4} + 0$$
$$= 300 + 180 = 480\text{kN}$$

$$\therefore P_B = \frac{3,000}{10} - \frac{2,200 \times (-0.8)}{1.8^2 \times 6 + 0.8^2 \times 4} + 0$$
$$= 300 + 80 = 380\text{kN}$$

■ 방법 2

$$P_m = \frac{Q}{n} + \frac{M_y \cdot x}{\sum x^2} + \frac{M_x \cdot y}{\sum y^2}$$

• $Q = 2,500 + 500 = 3,000\text{kN}, \ n = 10$

• $x^2 = 1.8^2 \times 6 = 19.44\text{m}^2$

• $x^2 = 0.8^2 \times 4 = 2.56\text{m}^2$

$$\therefore P_A = \frac{3,000}{10} + \frac{2,200 \times 1.8}{19.44 + 2.56} + 0$$
$$= 300 + 180 = 480\text{kN}$$

$$\therefore P_B = \frac{3,000}{10} + \frac{2,200 \times 0.8}{19.44 + 2.56} + 0$$
$$= 300 + 80 = 380\text{kN}$$

 말뚝 거리계산

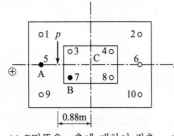

말뚝	x	x^2
1, 5, 9	−1.8	$(-1.8)^2$
3, 7	−0.8	$(-0.8)^2$
4, 8	+0.8	$(+0.8)^2$
2, 6, 10	+1.8	$(+1.8)^2$

∴ B말뚝은 y축에 대하여 좌측 −에 위치

$$-\frac{M_y \cdot x}{\sum x^2}$$

국가기술자격 실기시험문제

2018년도 기사 제3회 필답형 실기시험(기사)

종 목	시험시간	형 별	성 명	수험번호
토목기사	**3시간**	B		

※ 수험자 인적사항 및 계산식을 포함한 답안 작성은 검은색 필기구만 사용해야 하며, 그 외 연필류, 빨간색, 청색 등 필기구로 작성한 답항은 0점 처리 됩니다.

□□□ 05①, 06②, 09②, 14④, 18③, 21②

01 다음 지반조건으로 지반굴착을 할 경우 이에 설치한 지반앵커(Ground Anchor)의 정착장 (L)을 구하시오. (안전율은 1.5 적용)

득점	배점
	3

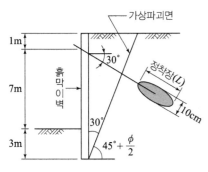

【조 건】
• 앵커반력 : 250kN
• 정착부의 주면마찰저항 : 0.2MPa
• 천공직경 : 10cm
• 설치각도 : 수평과 30°
• H-Pile 설치간격(앵커설치간격) : 2.0m

계산 과정)

답 : _____

해답 정착장 $L = \dfrac{T \cdot F_s}{\pi D \tau}$

• 앵커축력 $T = \dfrac{P \cdot a}{\cos \alpha} = \dfrac{250 \times 2}{\cos 30°} = 577.35\,\text{kN}$

• 주면마찰저항 $\tau = 0.2\text{MPa} = 0.2\text{N/mm}^2 = 20\text{N/cm}^2 = 200\text{kN/m}^2$

• 천공직경 $D = 10\text{cm} = 0.1\text{m}$ ∴ $L = \dfrac{577.35 \times 1.5}{\pi \times 0.1 \times 200} = 13.78\,\text{m}$

🎯 정착장

정착장 $L = \dfrac{T \cdot F_s}{\pi D \tau}$

여기서, T : 소요 인장력 $T = \dfrac{P \cdot a}{\cos \alpha}$ 　P : 작용하중(m당)

　　　　F_s : 안전율　　　　　　　　　　D : 천공직경

　　　　τ : 정착부의 주면마찰저항　　　a : 앵커수평간격

　　　　α : 앵커타설 경사각

□□ 94④, 99④, 00⑤, 06④, 15①④, 18③, 22①③

02 그림과 같이 연직하중과 모멘트를 받는 구형기초의 극한하중과 안전율을 Terzaghi 공식을 이용하여 구하시오. (단, $N_c = 37.2$, $N_q = 22.5$, $N_r = 19.7$이다.)

득점	배점
	3

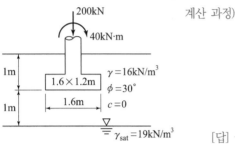

계산 과정)

[답] 극한하중 : _____ , 안전율 : _____

해답 안전율 $F_s = \dfrac{Q_u}{Q_a}$

- 편심거리 $e = \dfrac{M}{Q} = \dfrac{40}{200} = 0.2\,\mathrm{m}$
- 유효폭 $B' = B - 2e = 1.6 - 2 \times 0.2 = 1.2\,\mathrm{m}$
- $d < B$ (1m < 1.2m)인 경우

$$\gamma_1 = \gamma_{sub} + \dfrac{d}{B}(\gamma_t - \gamma_{sub})$$

$$= (19 - 9.81) + \dfrac{1}{1.2}\{16 - (19 - 9.81)\} = 14.87\,\mathrm{kN/m^2}$$

- $q_u = \alpha c N_c + \beta \gamma_1 B N_r + \gamma_2 D_f N_q$

$$= 0 + 0.4 \times 14.87 \times 1.2 \times 19.7 + 16 \times 1 \times 22.5$$

$$= 500.61\,\mathrm{kN/m^2}$$

- 극한하중 $Q_u = q_u A = q_u \cdot B' \cdot L$

$$= 500.61 \times (1.2 \times 1.2) = 720.88\,\mathrm{kN}$$

$$\therefore F_s = \dfrac{720.88}{200} = 3.60$$

□□□ 03②, 18③

03 모래지반에서 지하수위 이하를 굴착할 때 흙막이공의 기초깊이에 비해서 배면의 수위가 너무 높으면 굴착저면의 모래입자가 지하수와 더불어 분출하여 굴착저면이 마치 물이 끓는 상태와 같이 되는 현상을 보일링(boiling) 또는 퀵 샌드(quick sand)라고 하는데 이러한 보일링 현상을 방지하기 위한 대책 3가지를 쓰시오.

득점	배점
	3

① _____   ② _____   ③ _____

해답 ① 지하수위를 저하시킨다.
② 흙막이의 근입깊이를 깊게 한다.
③ 차수성 높은 흙막이를 설치한다.
④ 굴착 저면을 고결시킨다.

□□□ 11②, 15②, 16②, 18③, 20①

04 콘크리트의 압축강도 측정결과가 다음과 같을 때 배합설계에 적용할 표준편차를 구하고 품질기준강도가 40MPa일 때 콘크리트의 배합강도를 구하시오.

득점	배점
	8

【압축강도 측정결과(단위 MPa)】

44	40	45	48	37	36	45	40
35	47	42	40	46	36	35	40

가. 위표를 보고 압축강도의 평균값을 구하시오.

계산 과정)   답 : _____

나. 압축강도 측정결과 및 아래의 표를 이용하여 배합강도를 구하기 위한 표준편차를 구하시오.

【시험횟수가 29회 이하일 때 표준편차의 보정계수】

시험횟수	표준편차의 보정계수	비고
15	1.16	이표에 명시되지 않은 시험횟수에 대해서는 직선보간 한다.
20	1.08	
25	1.03	
30 이상	1.00	

계산 과정)   답 : _____

다. 배합강도를 구하시오.

계산 과정)   답 : _____

해답 가. 평균값 $\overline{x} = \dfrac{\sum x}{n} = \dfrac{656}{16} = 41 \, \text{MPa}$

나. • 표준편제곱합 $S = \sum (x_i - \overline{x})^2$

$= (44-41)^2 + (40-41)^2 + (45-41)^2 + (48-41)^2 + (37-41)^2$
$+ (36-41)^2 + (45-41)^2 + (40-41)^2 + (35-41)^2 + (47-41)^2$
$+ (42-41)^2 + (40-41)^2 + (46-41)^2 + (36-41)^2 + (35-41)^2$
$+ (40-41)^2 = 294 \, \text{MPa}$

• 표준편차 $s = \sqrt{\dfrac{\sum (x_i - \overline{x})^2}{n-1}} = \sqrt{\dfrac{294}{16-1}} = 4.43 \, \text{MPa}$

• 16회의 보정계수 $= 1.16 - \dfrac{1.16 - 1.08}{20 - 15} \times (16 - 15) = 1.144 \, \text{MPa}$

∴ 수정 표준편차 $= 4.43 \times 1.144 = 5.07 \, \text{MPa}$

다. $f_{cq} = 40 \, \text{MPa} > 35 \, \text{MPa}$인 경우(큰 값)

$f_{cr} = f_{cq} + 1.34s = 40 + 1.34 \times 5.07 = 46.79 \, \text{MPa}$

$f_{cr} = 0.9 f_{cq} + 2.33s = 0.9 \times 40 + 2.33 \times 5.07 = 47.81 \, \text{MPa}$

∴ 두 값 중 큰 값 $f_{cr} = 47.81 \, \text{MPa}$

□□□ 96⑤, 99③, 00⑤, 03②, 05②, 08②, 10①, 11①, 13②, 16④, 18③

05 그림에서와 같이 강널말뚝(steel sheet pile)으로 지지된 모래지반의 굴착에서 지하수의 분출로 인하여 예상되는 파이핑(piping)에 대한 안전율을 계산하시오.

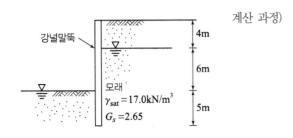

계산 과정)

답 : _____

해답 $F_s = \dfrac{(\Delta h + 2d)\gamma_{sub}}{\Delta h \cdot \gamma_w} = \dfrac{(6 + 2 \times 5)(17.0 - 9.81)}{6 \times 9.81} = 1.95$

🎯 파이핑에 대한 안전율

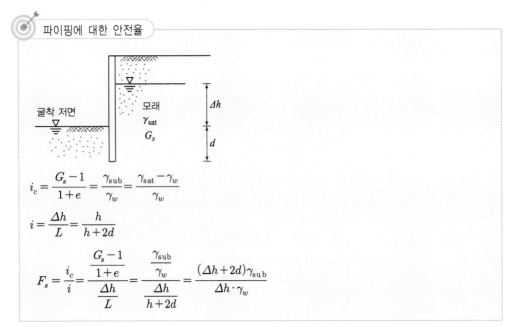

$$i_c = \frac{G_s - 1}{1 + e} = \frac{\gamma_{sub}}{\gamma_w} = \frac{\gamma_{sat} - \gamma_w}{\gamma_w}$$

$$i = \frac{\Delta h}{L} = \frac{h}{h + 2d}$$

$$F_s = \frac{i_c}{i} = \frac{\dfrac{G_s - 1}{1 + e}}{\dfrac{\Delta h}{L}} = \frac{\dfrac{\gamma_{sub}}{\gamma_w}}{\dfrac{\Delta h}{h + 2d}} = \frac{(\Delta h + 2d)\gamma_{sub}}{\Delta h \cdot \gamma_w}$$

□□□ 00③, 18③

06 다음 ( ) 안에 알맞는 말을 넣으시오.

> 댐 공사 시 기초암반의 비교적 얇은 부분의 절리를 충전시켜 댐 기초의 변형을 억제하고 지지력을 증가시키기 위해 기초 전반에 걸쳐 격자형으로 그라우팅을 하는데, 이것을 (①)이라고 하며, 기초암반의 지수성을 높여서 시공 중 침수에 의한 공사의 지연을 막기 위한 그라우팅을 (②)이라고 한다.

① _____ ② _____

해답 ① 압밀 그라우팅(consolidation grouting) ② 커튼 그라우팅(curtain grouting)

☐☐☐ 04①, 06②, 08④, 12④, 16①, 18③

07 다음의 작업리스트를 이용하여 아래 물음에 답하시오.
(단, 표준일수에 대한 간접비가 60만원이고 1일 단축 시 5만원씩 감소하며, 표준일수에 대한 직접비는 60만원이다.)

득점	배점
	10

작업명	선행작업	후속작업	표준일수	특급일수	1일 단축하는 데 필요한 직접비용 증가액(만원/일)
A	–	B, C	5	2	6
B	A	E	4	2	4
C	A	F	6	4	7
D	–	G	5	4	5
E	B	H	6	3	8
F	C	–	4	3	5
G	D	H	7	5	8
H	E, G	–	5	3	9

가. Network(화살선도)를 작도하고 표준일수에 대한 C.P를 구하시오.

나. 최적공기와 그때의 총공사비를 구하시오.

계산 과정)   [답] 최적공기 : _____ , 총공사비 : _____

해답 가.

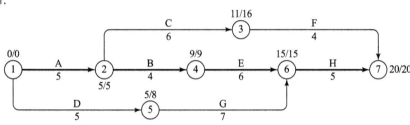

CP : A→B→E→H

나.

작업명	단축일수	비용경사	20	19	18	17	16
A	3	6만원				1	
B	2	4만원		1	1		
C	2	7만원					
D	1	5만원					
E	3	8만원					
F	1	5만원					
G	2	8만원					
H	2	9만원					1
직 접 비(만원)			60	64	68	74	83
간 접 비(만원)			60	55	50	45	40
총공사비(만원)			120	119	118	119	123

∴ 최적공기 : 18일, 총공사비 : 118만원

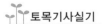

□□□ 88③, 89②, 94②, 97①, 01②, 03①, 04②④, 07①, 09①, 12①, 13①②, 16①, 18③

08 버킷 용량 3.0m³의 쇼벨과 15ton 덤프트럭을 사용하여 토공사를 하고 있다. 아래 조건에 따라 다음 물음에 답하시오.

득점	배점
	6

- 흙의 단위중량 : 1.8t/m³
- 토량변화율(L) : 1.2
- 쇼벨의 버킷계수 : 1.1
- 사이클타임 : 30초
- 쇼벨의 작업효율 : 0.5
- 덤프트럭의 사이클타임 : 30분
- 덤프트럭의 작업효율 : 0.8
- 덤프트럭의 사이클타임 중 상차시간 : 2분
- 덤프트럭 1대를 적재하는 데 필요한 셔블의 사이클 횟수 : 3

가. 쇼벨의 시간당 작업량은 얼마인가?

계산 과정)   답 : _____

나. 덤프트럭의 시간당 작업량은 얼마인가?

계산 과정)   답 : _____

다. 쇼벨 1대당 덤프트럭의 소요대수는 얼마인가?

계산 과정)   답 : _____

해답 가. $Q_S = \dfrac{3,600 \cdot q \cdot K \cdot f \cdot E}{C_m} = \dfrac{3,600 \times 3.0 \times 1.1 \times \dfrac{1}{1.2} \times 0.5}{30} = 165\,\mathrm{m^3/hr}$

나. $Q_t = \dfrac{60 \cdot q_t \cdot f \cdot E}{C_m} = \dfrac{60 \cdot q_t \cdot \dfrac{1}{L} \cdot E}{C_m}$

- $q_t = \dfrac{T}{\gamma_t} \cdot L = \dfrac{15}{1.8} \times 1.2 = 10\,\mathrm{m^3}$

$\therefore Q_s = \dfrac{60 \times 10 \times \dfrac{1}{1.2} \times 0.8}{30} = 13.33\,\mathrm{m^3/hr}$

다. $N = \dfrac{Q_S}{Q_t} = \dfrac{165}{13.33} = 12.38$대 $\therefore 13$대

□□□ 92②, 94③, 00②, 03④, 04④, 07②, 10④, 11①, 14②, 17①, 18③, 19③, 21① ,22③

09 PS 콘크리트 교량 건설공법 중 동바리를 사용하지 않는 현장타설공법의 종류 3가지를 쓰시오.

득점	배점
	3

① _____   ② _____   ③ _____

해답 ① FCM(캔틸레버공법)   ② MSS(이동식 지보공법)
③ ILM(연속압출공법)

□□□ 00②, 02②, 18③

10 어떤 도저(dozer)가 폭 3.58m의 철제 블레이드(blade)를 달고 속도 5.9km/hr의 3단기어로 작업하고 있다. 이때 블레이드의 효율이 72%라면, 폭 30m, 길이 100m의 면적에서 제거작업을 할 경우, 필요한 작업시간은 몇 분인가?
(단, 후진속도는 7km/hr이다.)

득점	배점
	3

계산 과정)   답 : _____

해답 • 작업시간=1회 왕복시간×왕복횟수
• Blade의 유효폭=3.58×0.72=2.58m
• 통과횟수 $= \dfrac{작업지역의 폭}{블레이드의 유효폭} = \dfrac{30}{2.58} = 11.63$

∴ 12회
• 1회 왕복통과시간 $= \dfrac{작업거리}{속도}$

$$= \left(\dfrac{100}{5,900} + \dfrac{100}{7,000} \right) \times 60(분) = 1.87분$$

∴ 작업시간=1회 통과시간×통과횟수=1.87×12
     =22.44분

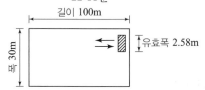

□□□ 93③, 99②, 01②, 02④, 04④, 05②, 11②, 15④, 18③

11 연약점토층의 두께가 10m인 현장 지반에서 시료를 채취하여 압밀시험을 실시하였다. 이때 압밀 시험한 결과 하중강도가 240kN/m²에서 360kN/m²으로 증가할 때, 간극비는 1.8에서 1.2로 감소하였다. 이 지반 위에 단위중량 20kN/m³인 성토재를 5m 성토할 때 최종침하량을 구하시오. (단, 원지반의 간극비(e_o)는 2.2이다.)

득점	배점
	3

계산 과정)   답 : _____

해답 $S = m_v \Delta P H = \dfrac{a_v}{1+e_o} \cdot \Delta P \cdot H$

• $a_v = \dfrac{e_1 - e_2}{P_2 - P_1} = \dfrac{1.8 - 1.2}{360 - 240}$

  $= 5 \times 10^{-3} \mathrm{m}^2/\mathrm{kN}$

• $\Delta P = 20 \times 5 = 100 \mathrm{kN/m}^2$ • $H = 10\mathrm{m}$

• $m_v = \dfrac{a_v}{1+e_o} = \dfrac{5 \times 10^{-3}}{1+2.2} = 1.56 \times 10^{-3} \mathrm{m}^2/\mathrm{kN}$

∴ $S = 1.56 \times 10^{-3} \times 100 \times 10 = 1.56\mathrm{m}$

□□□ 10②, 11④, 17①, 18③, 20①

12 아래 그림과 같은 2연암거의 일반도를 보고 다음 물량을 산출하시오.
(단, 도면 치수의 단위는 mm이다.)

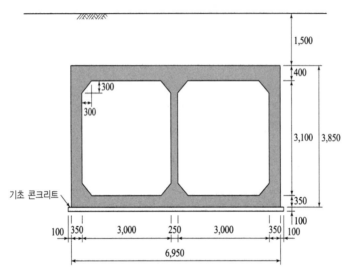

가. 암거길이 1m에 대한 콘크리트량을 산출하시오.
   (단, 기초 콘크리트량도 포함하며, 소수점 이하 4째자리에서 반올림하시오.)

계산 과정)   답 :

나. 암거길이 1m에 대한 거푸집량을 산출하시오.
   (단, 양쪽 마구리면은 무시하며, 기초 거푸집량도 포함하며, 소수점 이하 4째자리에서 반올림하시오.)

계산 과정)   답 :

다. 암거길이 1m에 대한 터파기량을 산출하시오.
   (단, 지형상태는 일반도와 같으며 터파기는 기초 콘크리트 양끝에서 0.6m 여유폭을 두고 비탈기울기는 1 : 0.5로 하며, 소수점 이하 4째자리에서 반올림하시오.)

계산 과정)   답 :

해답 가.

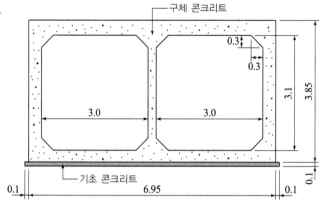

기초콘크리트량 $= (6.95 + 0.1 \times 2) \times 0.1 \times 1 (\mathrm{m}) = 0.715 \, \mathrm{m}^3$

암거 콘크리트 $= [6.95 \times 3.85 - 3.100 \times 3.000 \times 2 + \dfrac{1}{2} \times 0.3 \times 0.3 \times 8] \times 1\,\mathrm{m} = 8.518 \, \mathrm{m}^3$

총 콘크리트량 $= 0.715 + 8.518 = 9,233 \, \mathrm{m}^3$

나.

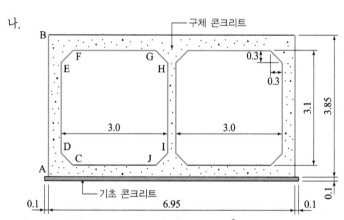

기초 거푸집량 $= 0.100 \times 2 \times 1 (\mathrm{m}) = 0.200 \, \mathrm{m}^2$

암거 거푸집량 $= 3.85 \times 2 + (3.100 - 0.300 \times 2) \times 4 + (3.000 - 0.300 \times 2) \times 2 + \sqrt{0.3^2 + 0.3^2} \times 8$
$= 25.894 \, \mathrm{m}$

∴ 총거푸집량 $= 0.200 + 25.894 = 26.094 \, \mathrm{m}^2$

다.

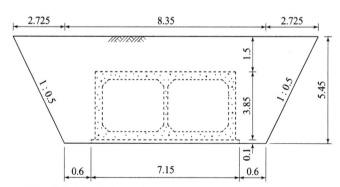

기초 터파기량 밑면 : $0.6 + 0.100 + 6.95 + 0.100 + 0.6 = 8.35 \, \mathrm{m}$

기초 터파기량 위면 : $8.35 + (1.5 + 3.85 + 0.1) \times 0.5 \times 2 = 13.8 \, \mathrm{m}$

암거 더파기량 : $\dfrac{(8.35 + 13.8)}{2} \times (1.5 + 3.85 + 0.1) \times 1 (\mathrm{m}) = 60.359 \, \mathrm{m}^3$

□□□ 01②, 18③

13 콘크리트 균열에 대한 보수기법의 종류를 4가지만 쓰시오.

득점	배점
	3

① _____ ② _____

③ _____ ④ _____

해답 ① 에폭시 주입법   ② 봉합법   ③ 짜집기법
④ 보강철근 이용방법   ⑤ 그라우팅   ⑥ 드라이패킹

 효과적인 균열의 보수기법

① 에폭시 주입법 : 0.05mm정도의 폭을 가진 균열에 에폭시를 주입함으로써 부착시키는 방법
② 봉합법 : 발생된 균열이 멈추어 있거나 구조적으로 중요하지 않은 경우 균열에 봉합재 (sealaut)를 넣어 보수하는 방법
③ 짜깁기법 : 균열의 양측에 어느 정도 간격을 두고 구멍을 뚫어 철쇠를 박아 넣는 방법
④ 보강철근 이용방법 : 교량 거더 등의 균열에 구멍을 뚫고 에폭시를 주입하며, 철근을 끼워 넣어 보강하는 방법
⑤ 그라우팅 : 콘크리트 댐이나 두꺼운 콘크리트 벽체 등에서 발생하는 폭이 넓은 균열들을 시멘트 그라우트를 주입함으로써 보수하는 방법
⑥ 드라이패킹 : 물시멘트비가 아주 작은 모르타르를 손으로 채워 넣는 방법으로 정지하고 있는 균열에 효과적인 기법

□□□ 01②, 03②, 07①, 10②, 11②, 14①, 18③

14 한 사질토 사면의 경사가 $23°$로 측정되었다. 지표면으로부터 5m깊이에 암반층이 존재하며 사면흙을 채취하여 토질시험을 한 결과 $c=0$, $\phi=35°$, $\gamma_{sat}=19kN/m^3$였다. 갑자기 폭우가 쏟아져 지하수위가 지표면과 일치한 상태에서 침투가 발생한다면 이 때 사면의 안전율은 얼마인가?

득점	배점
	3

계산 과정)   답 : _____

해답
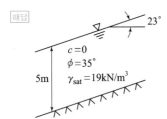

지하수위가 지표면과 일치할 때 : $F_s = \dfrac{\gamma_{sub}}{\gamma_{sat}} \cdot \dfrac{\tan\phi}{\tan i}$

• $\gamma_{sub} = \gamma_{sat} - \gamma_w = 19.0 - 9.81 = 9.19 kN/m^3$

∴ $F_s = \dfrac{9.19}{19.0} \times \dfrac{\tan 35°}{\tan 23°} = 0.80$

□□□ 18③

15 댐 콘크리트에서 사용되는 아래의 용어에 대한 정의를 간단히 쓰시오.

득점	배점
	6

가. 매스콘크리트(mass concrete)의 정의를 간단히 설명하시오.

○

나. 빈배합콘크리트(lean mixture concrete)의 정의를 간단히 설명하시오.

○

다. 프리캐스트콘크리트(precast concrete)의 정의를 간단히 설명하시오.

○

해답 ① 부재 또는 구조물의 치수가 커서 시멘트의 수화열에 의한 온도상승 및 강하를 고려하여 설계·시공
　　 해야 하는 콘크리트
② 콘크리트를 배합할 때 시멘트 양이 골재량에 비하여 상대적으로 적게 배합된 콘크리트
③ 콘크리트가 굳은 후에 제자리에 옮겨 놓거나 또는 조립하는 콘크리트 부재

□□□ 14①, 18③

16 연약지반 개량공법 중 강제치환공법의 단점 3가지만 쓰시오.

득점	배점
	3

① _____　② _____　③ _____

해답 ① 잔류침하가 예상된다.
② 개량효과의 확실성이 없다.
③ 이론적이며 정량적인 설계가 어렵다.
④ 균일하게 치환하기가 어렵다.
⑤ 압출에 의한 사면선단의 팽창이 일어난다.

　　◎ 강제치환공법의 장점

　　　① 시공이 단순하고 공기가 빠르다.
　　　② 공사비가 저렴하다.
　　　③ 국내 실적이 많다.

□□□ 93③, 94①, 96②, 98①, 99①③, 03①, 04①, 07②, 17①, 18③, 20①, 22①, 23②

17 아스팔트 포장 중 실코트(seal coat)의 중요한 목적 3가지만 쓰시오.

득점	배점
	3

① _____　② _____　③ _____

해답 ① 표층의 노화방지　　② 포장 표면의 방수성　　③ 포장 표면의 미끄럼 방지
④ 포장 표면의 내구성 증대　　⑤ 포장면의 수밀성 증대

□□□ 04②, 06②, 09④, 10①, 13①, 16②, 18③, 21③

18 그림과 같은 지형에서 절·성토량이 균형을 이루는 지반고를 구하시오. (단, 토량변화율은 무시하고, 격자점의 숫자는 지반고를 나타내며 단위는 m이다.)

득점	배점
	3

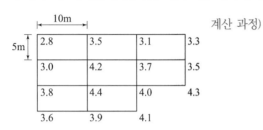

계산 과정)

답 : _____

해답 $H = \dfrac{V}{A \times n}$

* $V = \dfrac{a \cdot b}{4}(\sum h_1 + 2\sum h_2 + 3\sum h_3 + 4\sum h_4)$
* $\sum h_1 = 2.8 + 3.3 + 4.3 + 4.1 + 3.6 = 18.1\,\mathrm{m}$
* $\sum h_2 = 3.5 + 3.1 + 3.5 + 3.9 + 3.8 + 3.0 = 20.8\,\mathrm{m}$
* $\sum h_3 = 4.0\,\mathrm{m}$
* $\sum h_4 = 4.2 + 3.7 + 4.4 = 12.3\,\mathrm{m}$

$\therefore\ V = \dfrac{5 \times 10}{4} \times (18.1 + 2 \times 20.8 + 3 \times 4.0 + 4 \times 12.3) = 1,511.25\,\mathrm{m}^3$

$\therefore\ H = \dfrac{1,511.25}{(5 \times 10) \times 8} = 3.78\,\mathrm{m}$

h_1	h_2	h_2	h_1
h_2	h_4	h_4	h_2
h_2	h_4	h_3	h_1
h_1	h_2	h_1	

□□□ 10①, 17④, 18③

19 주동말뚝은 말뚝머리에 기지(旣知)의 하중(수평력 및 모멘트)이 작용하는 반면에 수동말뚝은 어떤 원인에 의해 지반이 먼저 변형하고 그 결과 말뚝에 측방토압이 작용한다. 이러한 수동말뚝을 해석하는 방법을 3가지만 쓰시오.

득점	배점
	3

① _____ ② _____ ③ _____

해답 ① 간편법   ② 탄성법   ③ 지반반력법   ④ 유한요소법

🎯 수동말뚝 해석방법

① 간편법 : 지반의 측방변형으로 발생할 수 있는 최대 측방토압을 고려한 상태에서 해석하는 방법
② 탄성법 : 지반을 이상적 탄성체 혹은 탄소성체로 가정하여 해석하는 방법
③ 지반반력법 : 주동말뚝에서와 같이 지반을 독립한 Winkler모델로 이상화시켜 해석하는 방법
④ 유한요소법 : 지반의 응력 변형률 관계를 Bilinear, Multilinear, Hyperbolic 등의 모델을 사용하여 해석하는 방법

□□□ 96③, 98②, 00③, 02④, 18③

20 깊이 20m이고 폭이 30cm인 정방형 철근콘크리트 말뚝이 두꺼운 균질한 점토층에 박혀있다. 이 점토의 전단강도는 $60kN/m^2$이고, 단위중량은 $18kN/m^3$이며, 부착력은 점착력의 0.9배이다. 지하수위는 지표면과 일치한다. 극한지지력을 구하시오.
(단, $N_c = 9$, $N_q = 1$)

계산 과정)   답 : _____

[해답] 극한지지력 $q_u = q_p \cdot A_p + A_s f_s = q_p \cdot A_p + 4B L f_s$

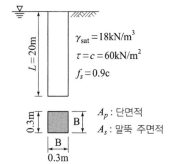

- 선단지지력 $q_p = c \cdot N_c + \gamma_{sub} \cdot D_f \cdot N_q$

  $\tau = c + \overline{\sigma} \tan\phi$에서 $\tau = c$, $c = 60kN/m^2$ (∵ 점토층 $\phi = 0$)

  ∴ $q_p = 60 \times 9 + (18 - 9.81) \times 20 \times 1 = 703.8kN/m^2$

- 주면마찰계수 $f_s = 0.9c = 0.9 \times 60 = 54kN/m^2$

  ∴ $q_u = 703.8 \times (0.3 \times 0.3) + 4 \times 0.30 \times 20 \times 54$

  $= 1,359.34kN$

□□□ 12②, 14①, 15④, 18③, 21②, 22②

21 아래 그림과 같은 옹벽에서 인장균열이 발생한 후의 옹벽에 작용하는 전체 주동토압을 구하시오. (단, 인장균열 위의 토압은 무시하고 상재하중으로 고려하여 계산하시오.)

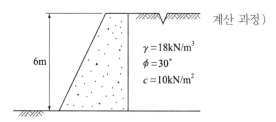

계산 과정)

답 : _____

[해답] $P_A = \frac{1}{2}\gamma(H-z_o)^2 K_A + \gamma z_o(H-z_o)K_A$

- 인장균열 깊이

  $z_o = \frac{2c}{\gamma_t}\tan\left(45° + \frac{\phi}{2}\right) = \frac{2 \times 10}{18} \times \tan\left(45° + \frac{30°}{2}\right) = 1.925m$

- $K_A = \tan^2\left(45° - \frac{\phi}{2}\right) = \tan^2\left(45° - \frac{30°}{2}\right) = \frac{1}{3}$

  ∴ $P_A = \frac{1}{2} \times 18 \times (6-1.925)^2 \times \frac{1}{3} + 18 \times 1.925 \times (6-1.925) \times \frac{1}{3}$

  $= 49.82 + 47.07 = 96.89kN/m$

또는

$P_A = \frac{1}{2}\gamma_t H^2 K_A - 2cH\sqrt{K_A} + \frac{2c^2}{\gamma_t} + q_s K_A(H-Z_c)$

$= \frac{1}{2} \times 18 \times 6^2 \times \frac{1}{3} - 2 \times 10 \times 6\sqrt{\frac{1}{3}} + \frac{2 \times 10^2}{18} + (18 \times 1.925) \times \frac{1}{3} \times (6-1.925)$

$= 108 - 69.282 + 11.111 + 47.066 = 96.90kN/m$

□□□ 95⑤, 97④, 04①, 14④, 18①③
22 중력식 댐의 시공 후 관리상 댐 내부에 설치하는 검사량의 시공목적을 3가지만 쓰시오.

득점 배점
3

① _____ ② _____ ③ _____

해답 ① 콘크리트 내부의 균열검사 ② 콘크리트 온도 측정 ③ 콘크리트 수축량 검사
④ 그라우팅공 이용 ⑤ 간극수압 측정 ⑥ 양압력 상태 검사

□□□ 18③
23 공정관리법 중 공정표의 종류 3가지만 쓰시오.

득점 배점
3

① _____ ② _____ ③ _____

해답 ① 막대 공정표 ② 기성고 공정표 ③ Net Work 공정표

□□□ 05①, 18③, 23①
24 아스팔트 포장의 단점인 소성변형(Rutting)에 대한 저항성이 우수한 포장공법으로 아스팔트 바인더(Asphalt Binder) 자체의 물성에 따른 혼합물 개념보다는 골재의 맞물림 효과를 최대로 하여 기존 밀입도 아스팔트 혼합물의 단점을 개선한 공법은?

득점 배점
2

○ _____

해답 SMA(stone mastic asphalt) 포장공법

□□□ 03④, 12④, 18③
25 연약지반상에 교대를 설치하면 측방으로 이동하여 성토체가 침하함은 물론 수평변위가 생겨 포장파손 등 문제점을 유발한다. 이 같은 측방유동을 최소화시킬 수 있는 방안을 3가지만 기술하시오.

득점 배점
3

① _____ ② _____ ③ _____

해답 ① 뒤채움재 편재하중 경감
② 배면토압 경감
③ 압밀촉진에 의한 지반강도 증대
④ 화학반응에 의한 지반강도 증대
⑤ 치환에 의한 지반개량

□□□ 00②, 05④, 08①, 18③, 21①

26 도로곡선부의 평면선형을 설계함에 있어서 곡선반경이 710m, 설계속도가 120km/hr일 때의 최소편구배를 계산하시오. (단, 타이어와 노면의 횡방향 미끄럼 마찰계수는 0.10임.)

<table><tr><td>득점</td><td>배점</td></tr><tr><td></td><td>3</td></tr></table>

○

해답 $R = \dfrac{V^2}{127(f+i)}$ 에서

$\therefore i = \dfrac{V^2}{127R} - f = \dfrac{120^2}{127 \times 710} - 0.10 = 0.06 = 6\%$

참고 [계산기 $f_x 570ES$] SOLVE 사용

$R = \dfrac{V^2}{127(f+i)} \Rightarrow 710 = \dfrac{120^2}{127(0.10+i)}$

먼저 710 ☞ ALPHA ☞ SOLVE ☞

$710 = \dfrac{120^2}{127(0.10 + ALPHA\,X)}$

SHIFT ☞ SOLVE ☞ = ☞ 잠시 기다리면

$X = 0.0596 \quad \therefore i = 6\%$

국가기술자격 실기시험문제

2019년도 기사 제1회 필답형 실기시험 (기사)

종 목	시험시간	형 별	성 명	수험번호
토목기사	3시간	B		

※ 수험자 인적사항 및 계산식을 포함한 답안 작성은 검은색 필기구만 사용해야 하며, 그 외 연필류, 빨간색, 청색 등 필기구로 작성한 답항은 0점 처리 됩니다.

□□□ 08④, 14①, 18①, 19①, 21①, 23③

01 측량성과가 아래와 같고 시공기준면을 10m로 할 경우 총 토공량을 구하시오.
(단, 격자점의 숫자는 표고이며, m 단위이다.)

득점 / 배점
3

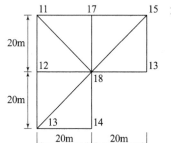

계산 과정)

답 :

해답 ・시공기준면과 각점 표고와의 차를 구하여 총토공량을 계산

$$V = \frac{a \cdot b}{6}(\sum h_1 + 2\sum h_2 + 6\sum h_6)$$

・ $\sum h_1 = \sum (h_1 - 10) = 3 + 4 = 7\text{m}$

・ $\sum h_2 = \sum (h_2 - 10) = 1 + 7 + 5 + 3 + 2 = 18\text{m}$

・ $\sum h_6 = \sum (h_6 - 10) = 8\text{m}$

$$\therefore V = \frac{20 \times 20}{6} \times (7 + 2 \times 18 + 6 \times 8) = 6,066.67\text{m}^3$$

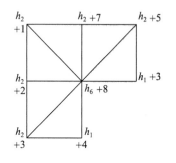

□□□ 99②, 19①

02 아스팔트 품질시험의 종류 4가지를 쓰시오.

득점 / 배점
4

① _____   ② _____

해답 ① 침입도 시험   ② 신도시험   ③ 점도시험
④ 비중시험   ⑤ 연화점 시험   ⑥ 마샬안정도시험

□□□ 00③, 02①, 06②, 14④, 19①

03 그림과 같은 유한사면에서 사면파괴가 한 평면을 따라 발생한다면(Culmann의 가정) 사면의 임계높이, 활동에 대한 안전율이 2가 되도록 사면높이 H를 구하시오.

득점	배점
	6

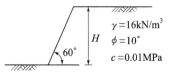

$\gamma = 16 \text{kN/m}^3$
$\phi = 10°$
$c = 0.01 \text{MPa}$

가. 사면의 임계높이를 구하시오.

계산 과정)   답 :

나. 활동에 대한 안전율이 2가 되도록 사면높이 H를 구하시오.

계산 과정)   답 :

해답 가. $H_c = \dfrac{4c}{\gamma_t}\left[\dfrac{\sin\beta\cos\phi}{1-\cos(\beta-\phi)}\right]$

・ $c = 0.01\text{MPa} = 0.01\text{N/mm}^2 = 10\text{kN/m}^2$

$H_c = \dfrac{4\times 10}{16}\left[\dfrac{\sin 60°\cos 10°}{1-\cos(60°-10°)}\right] = 5.97\text{m}$

나. $F_s = F_c = F_\phi = 2$에서 $F_c = \dfrac{C}{C_d} = 2$

$C_d = \dfrac{C}{F_c} = \dfrac{C}{F_s} = \dfrac{10}{2} = 5\text{kN/m}^2$

$F_\phi = \dfrac{\tan\phi}{\tan\phi_d} = 2$에서 $\phi_d = \tan^{-1}\left(\dfrac{\tan 10°}{2}\right) = 5.038°$

$\therefore H = \dfrac{4C_d}{\gamma}\left[\dfrac{\sin\beta\cos\phi_d}{1-\cos(\beta-\phi_d)}\right] = \dfrac{4\times 5}{16}\left[\dfrac{\sin 60°\cos 5.038°}{1-\cos(60°-5.038°)}\right] = 2.53\text{m}$

□□□ 04①, 05④, 08①, 15④, 19①

04 도심지 굴착공사 중 계측관리시 아래 그림에서 빈칸에 해당하는 계측기기를 쓰시오.

득점	배점
	3

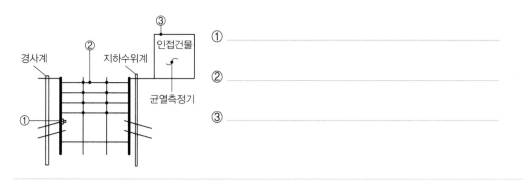

① _____

② _____

③ _____

해답 ① 하중계   ② 변형률계   ③ 건물경사계

□□□ 85②, 92③, 19①

05 그레이더를 사용하여 도로연장 20km의 정지작업을 한다. 2단 기어속도(6km/hr)로 1회, 3단 기어속도(10km/hr)를 2회, 4단 기어속도(15km/hr)로 2회 통과작업을 행할 때, 소요작업시간은? (단, 기계의 작업효율 0.7)

득점	배점
	3

계산 과정)　　　　　　　　　　　　　　　　　　　　답 : _____

해답 평균작업속도 $V_m = \dfrac{1 \times 6 + 2 \times 10 + 2 \times 15}{1 + 2 + 2} = 11.2 \text{km/h}$

$\therefore$ 소요작업시간 $H = \dfrac{\text{통과횟수} \times \text{작업거리}}{\text{작업속도} \times \text{작업효율}}$

$= \dfrac{5 \times 20}{11.2 \times 0.7} = 12.76$시간

□□□ 99④, 04④, 07②, 14①, 19①

06 어떤 골재를 이용하여 시방배합을 수행한 결과 단위시멘트 320kg/m^3, 단위수량 165kg/m^3, 단위 잔골재 650kg/m^3, 단위 굵은 골재 1,200kg/m^{3}가 얻어졌다. 이 골재의 현장 야적상태가 다음 표와 같을 때 이를 이용하여 현장배합설계를 수행하여 단위수량, 현장 잔골재량, 현장 굵은 골재량을 구하시오.

득점	배점
	6

잔골재		굵은골재	
체	잔류량(g)	체	잔류량(g)
5mm	20	40mm	10
2.5mm	55	30mm	120
1.2mm	120	25mm	150
0.6mm	145	20mm	160
0.3mm	110	15mm	180
0.15mm	35	10mm	220
0.07mm	15	5mm	140
팬	0	팬	20
표면수 = 3%		표면수 = −1%	

가. 단위수량을 구하시오.

계산 과정)　　　　　　　　　　　　　　　　　　　　답 : _____

나. 단위 잔골재량을 구하시오.

계산 과정)　　　　　　　　　　　　　　　　　　　　답 : _____

다. 단위 굵은골재량을 구하시오.

계산 과정)　　　　　　　　　　　　　　　　　　　　답 : _____

해답 가. • 5mm체 가적 잔골재율 $= \dfrac{잔류량}{\sum 잔골재량} = \dfrac{20}{500} \times 100 = 4\%$

　　　• 5mm체 굵은골재 가적잔류율 $= \dfrac{잔류량}{\sum 굵은\,골재량} \times 100 = \dfrac{980}{1,000} \times 100 = 98\%$

　　　• 5mm체 통과 굵은골재량 $= 100 -$ 가적잔류율 $= 100 - 98 = 2\%$

　　　• $a = 4\%,\ b = 2\%$

　　　　∴ 단위수량 $= 165 - (19.56 - 11.98) = 157.42 \text{kg/m}^3$

　나. • 잔골재량 $X = \dfrac{100S - b(S+G)}{100 - (a+b)}$

　　　　　　　　　$= \dfrac{100 \times 650 - 2(650 + 1,200)}{100 - (4+2)} = 652.13 \text{kg/m}^3$

　　　• 잔골재 표면수량 $= 652.13 \times \dfrac{3}{100} = 19.56 \text{kg/m}^3$

　　　　∴ 단위 잔골재량 $= 652.13 + 19.56 = 671.69 \text{kg/m}^3$

　다. • 굵은골재량 $Y = \dfrac{100G - a(S+G)}{100 - (a+b)}$

　　　　　　　　　$= \dfrac{100 \times 1,200 - 4(650 + 1,200)}{100 - (4+2)} = 1,197.87 \text{kg/m}^3$

　　　• 굵은골재의 표면수량 $= 1,197.87 \times \dfrac{-1}{100} = -11.98 \text{kg/m}^3$

　　　　∴ 단위 굵은골재량 $= 1,197.87 - 11.98 = 1,185.89 \text{kg/m}^3$

□□□ 92③, 95①, 97①, 19①

07 다음 그림은 토적곡선(mass curve)을 나타낸 것이다. 다음 물음에 답하시오.

득점	배점
	4

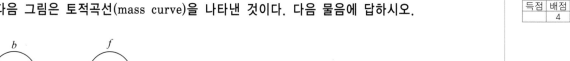

가. x축과 y축은 각각 무엇을 나타내는가?

　○ x축 :　　　　　　　　○ y축 :

나. 절토에서 성토로 옮기는 점은?

　○

다. 성토량과 절토량이 처음으로 균형을 이루는 점은?

　○

라. 선분 $\overline{mn}$이 x축과 평행을 이룰 때 구간 내의 성토량과 절토량은 어떠한가?

　○

해답 가. x축 : 거리, y축 : 누가토량
　나. b, f
　다. c
　라. 같다.

□□□ 98③, 00③, 13④, 19①, 23③

08 다음의 작업리스트에서 Net Work(화살선도)를 작도하고, 공사기간을 6일 단축했을 때 추가로 소요되는 최소비용을 구하시오.

득점	배점
	10

작업명	작업일수	선행작업	단축가능일수(일)	비용경사(원/일)
A	5일	없음	1	60,000
B	7일	A	1	40,000
C	10일	A	1	70,000
D	9일	B	2	60,000
E	12일	C	2	50,000
F	6일	D	2	80,000
G	4일	E, F	2	100,000

가. Net Work(화살선도)를 작도하시오.

나. 공사기간을 6일 단축했을 때 추가로 소요되는 최소비용을 구하시오.

계산 과정)   답 : _____

해답 가.

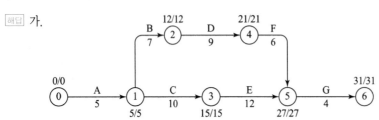

나.

작업명	단축가능 일수(일)	비용경사 (원/일)	31	30	29	28	27	26	25
A	1	60,000		1					
B	1	40,000			1				
C	1	70,000							1
D	2	60,000						1	1
E	2	50,000			1		1		
F	2	80,000							
G	2	100,000				1	1		
추가비용(만원)				6	9	10	10	11	13
추가비용 합계(만원)				6	15	25	35	46	59

∴ 최소비용 : 59만원

□□□ 19①, 21③

09 다음의 도로포장에 관련된 명칭을 각각 기입하시오.

득점	배점
	3

A. 콘크리트 포장 슬래브의 포설, 다짐, 표면 끝손질 등의 기능을 겸비하여 거푸집을 설치하지 않고 연속적으로 포설하는 장비는 무엇인가?

  ○

B. 입도조정공법이나 머캐덤공법 등으로 시공된 기층의 방수성을 높이고, 그 위에 포설하는 아스팔트 혼합물층과의 부착을 잘되게 하기위하여 기층위에 역청재료를 살포하는 것을 무엇이라 하는가?

  ○

C. 아스팔트 포장의 기층으로서 사용하는 시멘트 콘크리트 슬래브를 무엇이라 하는가?

  ○

해답 A. 슬립 폼 페이버(slip form paver)
   B. 프라임코트(Prime coat)
   C. 화이트베이스(white base)

□□□ 89②, 92②, 93③, 94③, 95①, 02①, 04②, 06③, 08②, 19①

10 풍화 파쇄작용을 받는 상태의 사암을 천공할 목적으로 굴착기로 표준암을 천공하니 55cm/min의 천공속도를 얻었다. 이 파쇄대의 사암을 같은 경으로 천공장 3.0m, 천공본수 15본을 1대의 착암기로 암반을 천공하는 데 소요되는 총천공시간을 구하시오.
(단, $\alpha = 0.65$, 저항력계수 $C_1 = 1.35$, 작업조건계수 $C_2 = 0.6$으로 함.)

득점	배점
	3

계산 과정)   답 :

해답 총천공시간 $t = \dfrac{천공장\ L}{천공속도\ V_T}$

• $V_T = \alpha(C_1 \times C_2) \times V = 0.65 \times (1.35 \times 0.60) \times 55 = 28.96\,\text{cm/min}$

∴ 총천공시간 $t = \dfrac{300 \times 15}{28.96} = 155.39분 = 2.59시간$

□□□ 10①, 12④, 19①

11 옹벽이라 함은 흙의 붕괴를 방지하기 위하여 흙을 지지할 목적으로 절취, 성토비탈면에 축조하는 구조물이다. 이때의 옹벽의 안정성 검토항목 중 3가지만 쓰시오.

득점	배점
	3

① _____   ② _____   ③ _____

해답 ① 전도에 대한 안정   ② 활동에 대한 안정   ③ 지반지지력에 대한 안정

□□□ 19①, 23①

12 점성토 지반의 개량공법 4가지를 쓰시오.

① _____ ② _____

③ _____ ④ _____

해답 ① 샌드드레인공법 ② 페이퍼드레인공법
③ 프리로딩공법 ④ 침투압공법
⑤ 생석회말뚝공법

□□□ 97②, 19①

13 강봉이나 강봉띠 또는 토목섬유 등으로 옹벽에서 흙의 마찰저항을 증가시킬 목적으로 사용되는 공법은?

○

해답 보강토 공법

□□□ 93③, 97③, 12①, 16②, 19①

14 교량의 내진설계는 지진에 의해 교량이 입는 피해정도를 최소화 시킬 수 있는 내진성을 확보하기 위해 실시한다. 이러한 내진설계시 사용하는 내진해석방법을 3가지만 쓰시오.

① _____ ② _____ ③ _____

해답 ① 등가정적 해석법(equivalent load analysis)
② 스펙트럼 해석법(spectrum analysis)
③ 시간이력 해석법(time history analysis)

내진설계 해석방법

교량의 내진설계는 지진에 의해 교량이 입는 피해 정도를 최소화시킬 수 있는 내진성을 확보하기 위해 실시한다.
① 등가정적 해석법(Equivalent Load Analysis) : 지진의 영향을 등가의 정적하중으로 환산하여 적용하는 방법으로서 구조물의 동적 특성을 고려하기가 곤란하므로 단순하고 정형화된 구조물에 적용한다.
② 스펙트럼 해석법(Spectrum Analysis) : 구조물의 주기를 산정하고 지역 특성에 맞게 기작성된 응답스펙트럼을 이용하여 구조물의 탄성지지력을 예측하는 해석법이며, 하나의 진동모드만을 사용하는 단일모드 스펙트럼법과 여러 개의 진동모드를 사용하는 다중모드스펙트럼 해석법이 있다.
③ 시간이력 해석법(Time History Analysis) : 해석모델에 지역의 지반운동을 외력으로 직접 적용하는 해석법이고 구조물의 형상이 복잡하거나 높은 안전성이 요구되는 교량에 적용한다. 재료의 선형거동만을 고려하여 필요한 모드의 수만큼 응답지진력을 중첩하는 모드중첩법과 재료의 비선형 거동까지 고려하여 모드의 수만큼 응답지진력을 적분하는 직접적분법이 있다.

□□□ 84①, 15④, 19①

15 어떤 콘크리트 공사현장에서 슬럼프시험결과 및 관리한계 계수표는 아래와 같다. 【슬럼프 시험의 결과】 표의 빈칸을 채우고 【관리한계 계수표】를 참고하여 다음 물음에 답하시오.

득점	배점
	4

【압축강도 시험의 결과】

조번호	측정값(cm)				계 $\sum x$	각 조의 평균치($\bar{x}$)	범위 R
	x_1	x_2	x_3	x_4			
1	6.1	5.5	6.4	6.0			
2	6.4	5.5	6.7	6.2			
3	6.0	6.6	5.7	6.1			
4	6.5	5.5	6.6	6.2			
5	6.4	5.6	6.3	6.1			

【관리한계 계수표】

n	A_2	D_3	D_4
2	1.880	—	3.267
3	1.023	—	2.575
4	0.729	—	2.282
5	0.577	—	2.115

가. $\bar{X}$ 관리도의 상한관리한계(UCL)과 하한관리한계(LCL)를 구하시오.

계산 과정)

[답] 상한관리한계(UCL) : _____ , 하한관리한계(LCL) : _____

나. R관리도의 상한관리한계(UCL)과 하한관리한계(LCL)를 구하시오.

계산 과정)

[답] 상한관리한계(UCL) : _____ , 하한관리한계(LCL) : _____

해답 **가.**

조번호	측정값(cm)				계 $\sum x$	각 조의 평균치 ($\bar{x}$)	범위 R
	x_1	x_2	x_3	x_4			
1	6.1	5.5	6.4	6.0	24.0	6.0	0.9
2	6.4	5.5	6.7	6.2	24.8	6.2	1.2
3	6.0	6.6	5.7	6.1	24.4	6.1	0.9
4	6.5	5.5	6.6	6.2	24.8	6.2	1.1
5	6.4	5.6	6.3	6.1	24.4	6.1	0.8

$$\bar{X} = \frac{\sum \bar{x}}{n} = \frac{30.6}{5} = 6.12 \, cm, \quad \bar{R} = \frac{\sum R}{n} = \frac{4.9}{5} = 0.98 \, cm$$

- 상한 관리 한계(UCL) = $\bar{X} + A_2\bar{R}$ = $6.12 + 0.729 \times 0.98 = 6.83 \, cm$
- 하한 관리 한계(LCL) = $\bar{X} - A_2\bar{R}$ = $6.12 - 0.729 \times 0.98 = 5.41 \, cm$

나.
- UCL = $D_4\bar{R} = 2.282 \times 0.98 = 2.24 \, cm$
- LCL = $D_3 = 0$

□□□ 94④, 99④, 00⑤, 06④, 15①④, 19①

16 다음 그림과 같이 연직하중과 모멘트를 받는 정사각형 기초의 극한 하중과 안전율을 Terzaghi 공식을 이용하여 구하시오.

(단, $N_c = 37.2$, $N_q = 22.5$, $N_r = 19.7$이다. 기초지반은 균일한 점토지반으로 $\phi = 30°$, $c = 0$, $\gamma_t = 16\text{kN/m}^3$, $\gamma_{sat} = 19\text{kN/m}^3$)

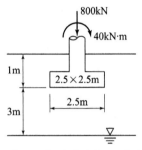

가. 극한 지지력을 구하시오.

계산 과정)　　　　　　　　　　　　답 : _____

나. 안전율을 구하시오.

계산 과정)　　　　　　　　　　　　답 : _____

해답 가. $q_u = \alpha c N_c + \beta \gamma_1 B N_r + \gamma_2 D_f N_q$

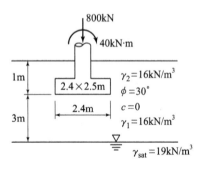

- 편심거리 $e = \dfrac{M}{Q} = \dfrac{40}{800} = 0.05\,\text{m}$

- 기초의 유효크기
 유효폭 $B' = B - 2e = 2.5 - 2 \times 0.05 = 2.4\,\text{m}$
 유효길이 $L' = L = 2.5\,\text{m}$
 ∴ 직사각형

 $\alpha = 1 + 0.3\dfrac{B}{L} = 1 + 0.3 \times \dfrac{2.4}{2.5} = 1.288$

 $\beta = 0.5 - 0.1\dfrac{B}{L} = 0.5 - 0.1 \times \dfrac{2.4}{2.5} = 0.404$

- $d \geq B$ (3m > 2.4m)인 경우 지하수위 무시
 $\gamma_1 = \gamma_t = 16\text{kN/m}^3$, $\gamma_2 = \gamma_t = 16\text{kN/m}^3$
 ∴ $q_u = 0 + 0.404 \times 16 \times 2.4 \times 19.7 + 16 \times 1 \times 22.5$
 $= 665.62\,\text{kN/m}^2$
 (∵ $c = 0$)

나. 안전율 $F_s = \dfrac{Q_u}{Q_a}$

- 극한하중 $Q_u = q_u A = q_u \cdot B' \cdot L$
 $= 665.62 \times (2.4 \times 2.5) = 3,993.72\,\text{kN}$
 ∴ $F_s = \dfrac{3,993.72}{800} = 4.99$

□□□ 96④, 19①

17 철도, 수도, 도로 등의 횡단, 기타 개착공법(open cut)이 곤란한 경우에 사용하는 것이며, 소구경의 강관을 입갱 사이에 삽입하거나 또는 당김으로써 토층에 관을 매설하는 이 공법은?

○

[배점] 2

[해답] 프론트잭킹공법(front jacking method)

□□□ 96①, 93④, 19①

18 교량의 상부 구조물을 교대 또는 제1교각의 후방에 설치한 주형 제작장에서 프리캐스트 세그먼트를 연속적으로 제작하여 직선 또는 일정 곡률반지름의 교량을 가설하는 공법을 무엇이라 하는가?

○

[배점] 2

[해답] 압출공법(ILM 공법 : Incremental Launching Method)

□□□ 04④, 10①, 19①

19 전체 심도 5m의 시추작업을 통해 획득한 6개 암석코어의 길이는 각각 145cm, 35cm, 120cm, 50cm, 45cm, 95cm이었고 풍화토 시료도 함께 산출되었다. 시추대상 암반에 대한 코어회수율을 계산하시오.

[배점] 3

계산 과정)   답 : _____

[해답] 회수율 $= \dfrac{\text{회수된 코어의 길이}}{\text{굴착된 암석의 이론적 길이}} \times 100$

$= \dfrac{145+35+120+50+45+95}{500} \times 100 = 98\%$

□□□ 04②, 08④, 15②, 19①

20 필댐(fill dam)의 필터재(filter)의 역할을 3가지 쓰시오.

[배점] 3

① _____   ② _____   ③ _____

[해답] ① 물만 통과시키고 토립자의 유출방지
② 역학적 완충역할
③ 코어재의 자기치유작용을 지원

□□□ 00③, 01②, 04①, 07①, 09②, 12④, 16②, 19①, 21③

23 주어진 도면 및 조건에 따라 다음 물량을 산출하시오. (단, 주어진 도면의 치수는 축척에 맞지 않을 수 있으며, 주어진 치수로만 물량을 산출할 것)

득점	배점
	18

단 면 도 (단위 : mm)

일 반 도

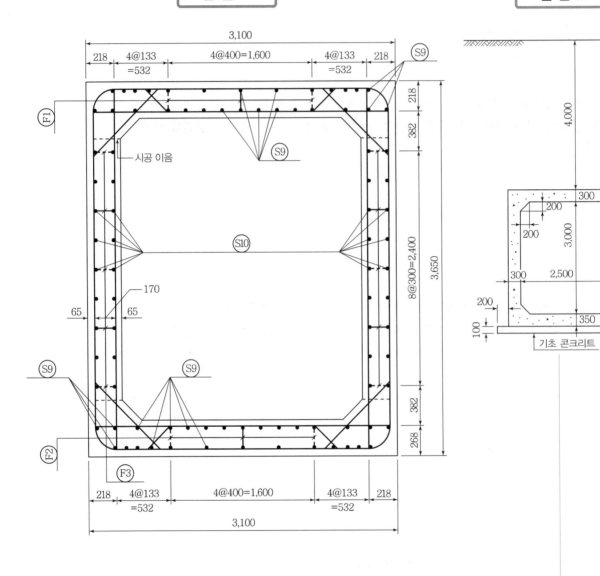

주 철 근 조 립 도

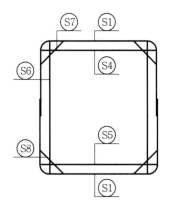
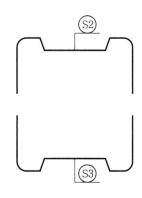

철 근 상 세 도

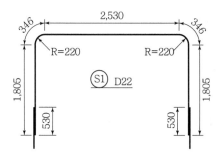
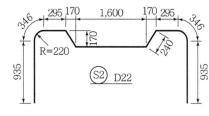

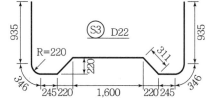

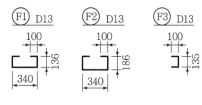

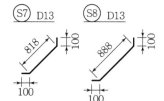

【조 건】

- S1~S8 철근은 300mm 간격으로 배치되어 있다.
- F1, F2, F3 철근은 300mm 간격으로 지그재그로 배치되어 있다.
- 철근의 이음과 할증은 무시한다.
- 지형상태는 일반도와 같으며 터파기는 기초 콘크리트 양끝에서 100cm 여유폭을 두고 비탈기울기는 1 : 0.5로 한다.
- 거푸집량의 계산에서 마구리면은 무시한다.

가. 길이 1m에 대한 기초와 구체의 콘크리트량을 구하시오. (단, 소수 넷째자리에서 반올림하시오.)

　① 기초 콘크리트량 :

　② 구체 콘크리트량 :

나. 길이 1m에 대한 거푸집량을 구하시오. (단, 소수 넷째자리에서 반올림하시오.)

　계산 과정)

　　　　　　　　　　　　　　　　　　　　　　답 :

다. 길이 1m에 대한 터파기량을 구하시오. (단, 소수 넷째자리에서 반올림하시오.)

　계산 과정)

　　　　　　　　　　　　　　　　　　　　　　답 :

라. 길이 1m에 대한 철근량을 산출하기 위한 다음 철근물량표를 완성하시오.
　　(단, 소수 셋째자리에서 반올림하시오.)

기호	직경	길이(mm)	수량	총길이(mm)	기호	직경	길이(mm)	수량	총길이(mm)
S1					S9				
S7					F1				

정답 가. ① $V_1 = 3.5 \times 0.1 \times 1 = 0.350 \, \text{m}^3$

　　② $\left\{ (3.1 \times 3.65) - (2.5 \times 3.0) + \frac{1}{2} \times 0.2 \times 0.2 \times 4 \right\} \times 1 = 3.895 \, \text{m}^3$

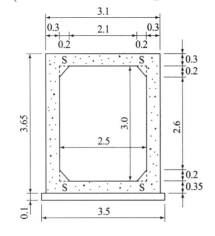
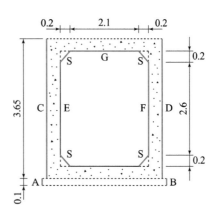

나. A면 = 0.1m   B면 = 0.1m   C면 = 3.65m   D면 = 3.65m

　　E면 = 2.60m   F면 = 2.60m   G면 = 2.10m

　　$S = \sqrt{0.20^2 + 0.20^2} \times 4 = 1.1314m$

　∴ 총거푸집길이 $= 0.1 \times 2 + 3.65 \times 2 + 2.60 \times 2 + 2.10 + 1.1314 = 15.9314m$

　∴ 총거푸집량 = 총거푸집길이 × 단위길이 $= 15.9314 \times 1 = 15.931m^2$

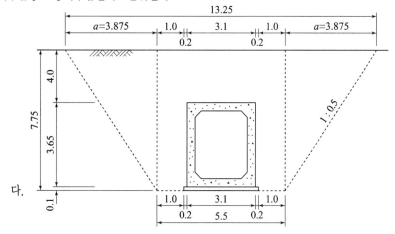

다.

$a = 7.75 \times 0.5 = 3.875m$

$b = 1.0 + 0.2 + 3.1 + 0.2 + 1.0 = 5.5m$

　∴ 터파기량 $= \left(\dfrac{13.25 + 5.50}{2} \times 7.75 \right) \times 1 = 72.656m^3$

라.

기호	직경	길이(mm)	수량	총길이(mm)	기호	직경	길이(mm)	수량	총길이(mm)
S1	D22	6,832	6.67	45,569.44	S9	D16	1,000	56	56,000
S7	D13	1,018	6.67	6,790.06	F1	D13	812	5	4,060

◎ 철근량 산출

기호	직경	길이(mm)	수량	총길이(mm)	수량산출
S1	D22	$(1{,}805 \times 2) + (346 \times 2)$ $+ 2{,}530 = 6{,}832$	6.67	45,569	$\dfrac{1}{0.300} \times 2 = 6.67$
S4	D19	2,970	3.33	9,890	$\dfrac{1}{0.300} \times 1 = 3.33$
S7	D13	$100 \times 2 + 818 = 1{,}018$	6.67	6,790	$\dfrac{1}{0.300} \times 2 = 6.67$
S9	D16	1,000	56	56,000	$(13 + 15) \times 2 = 56$ (∵ 길이 1m에 대한 철근량)
S10	D16	1,000	36	36,000	$(8 + 1) \times 2 \times 2 = 36$
F1	D13	812	5	4,060	$\dfrac{3}{0.300 \times 2} \times 1 = 5$ $600 : 3 = 1{,}000 : x$ ∴ $x = 5$
F3	D13	$100 \times 2 + 135 = 335$	16.67	5,584	$600 : 5 = 1{,}000 : x$ ∴ $x = 8.33$ 양측벽 : $8.33 \times 2 = 16.67$ 또는 $\dfrac{5}{0.300 \times 2} \times 1 \times 2 = 16.67$

□□□ 00①, 05②, 19①

22 다음 그림은 골재의 함수상태를 나타낸 그림이다. ( ) 안에 알맞은 말을 적어 넣으시오.

득점	배점
	4

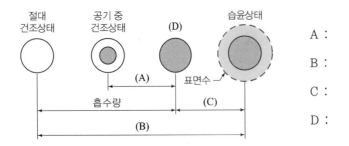

A :

B :

C :

D :

해답 A : 유효흡수량   B : 함수량

C : 표면수량   D : 표면건조 포화상태

□□□ 05②, 13①, 19①

23 도로 토공현장에서 다짐도를 판정하는 방법을 5가지만 쓰시오.

득점	배점
	3

① _____   ② _____   ③ _____

④ _____   ⑤ _____

해답 ① 건조밀도로 규정하는 방법   ② 포화도와 공극률로 규정하는 방법

③ 강도 특성으로 규정하는 방법   ④ 다짐기계, 다짐횟수로 규정하는 방법

⑤ 변형 특성으로 규정하는 방법

2019년도 기사 제2회 필답형 실기시험(기사)

종 목	시험시간	형 별	성 명	수험번호
토목기사	**3시간**	B		

※ 수험자 인적사항 및 계산식을 포함한 답안 작성은 검은색 필기구만 사용해야 하며, 그 외 연필류, 빨간색, 청색 등 필기구로 작성한 답항은 0점 처리 됩니다.

□□□ 98④, 01①, 05①, 07②, 19②, 23②

01 다음과 같은 모래 지반에 위치한 댐의 piping에 대한 안전율을 구하시오.

(단, safe weighted creep ratio는 6.0)

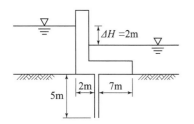

계산 과정)

답 :

득점	배점
	3

해답 ■ 크리프비 $CR = \dfrac{L_w}{h_1 - h_2} = \dfrac{2D + \dfrac{L}{3}}{\Delta H}$

• $L_w = 2 \times 5 + \dfrac{2+7}{3} = 13$

• $\Delta H = 2\,\mathrm{m}$

• 크리프비 $CR = \dfrac{13}{2} = 6.5$

∴ $F = \dfrac{6.5}{6.0} = 1.08$

□□□ 93④, 00①, 06①, 19②

02 표준관입시험(S.P.T)기의 split spoon sampler의 외경이 50.8mm, 내경이 34.93mm이다. 면적비를 구하고, 왜 이 S.P.T 시료를 교란된 시료로 간주하는지 설명하시오.

득점	배점
	3

가. 면적비 :

나. 판단 :

해답 가. $A_r = \dfrac{D_w^2 - D_e^2}{D_e^2} \times 100\% = \dfrac{50.8^2 - 34.93^2}{34.93^2} \times 100 = 111.51\%$

나. $111.51\% > 10\%$

∴ 교란된 시료

□□□ 19②

03 아스팔트 포장시 기존의 포장면 또는 아스팔트 안정처리기층에 역청재료를 살포하여 그 위에 포설할 아스팔트 혼합물층과 부착성을 높이는 것을 무엇이라고 하는가?

득점 / 배점
2

○

해답 택코트(tack coat)

□□□ 91③, 94②, 96③, 19②

04 연약지반 처리공법 중 Vertical Drain 공법으로서는 Paper Drain과 Sand Drain을 많이 사용하고 있으나, 근래에는 시공상과 공기 및 재료구득의 난이 등으로 인하여 Paper Drain 공법 채택이 증가하고 있다. Paper Drain 공법이 Sand Drain 공법과 비교하여 유리한 점 5가지를 쓰시오.

득점 / 배점
3

① _____ ② _____ ③ _____

④ _____ ⑤ _____

해답 ① 공사비가 저렴하다.
② 시공속도가 빠르다.
③ 배수효과가 양호하다.
④ Drain 단면이 깊이 방향에 대해서 일정하다.
⑤ 타설에 의해서 주변 지반을 교란하지 않는다.

□□□ 96②, 07①, 11②, 14②, 19②

05 뒤채움 지표면에 재하중이 없는 높이 6m의 옹벽에 작용하는 지진력에 의한 전체 주동토압이 Mononobe−Okabe 이론에 의해 $P_{AC}=160$kN/m, 정적인 상태의 전체주동토압이 $P_A=100$kN/m일 때, 지진력에 의한 전체 주동토압의 작용위치를 구하시오.

득점 / 배점
4

계산 과정)   답 : _____

해답 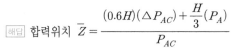 합력위치 $\overline{Z} = \dfrac{(0.6H)(\triangle P_{AC}) + \dfrac{H}{3}(P_A)}{P_{AC}}$

• 지진토압 $P_{AC}=160$kN/m
• 전 토압 $P_A=100$kN/m
• 토압증가량 $\triangle P_{AC}=160-100=60$kN/m

$\therefore \overline{Z} = \dfrac{(0.6\times 6)\times 60 + \dfrac{6}{3}\times 100}{160} = 2.6$m

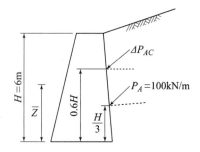

□□□ 93②, 19②

06 Asphalt 혼합물의 Marshall 안정도 시험에 대한 아래 내용 중 (　)에 들어갈 알맞은 수치를 쓰시오.

> • 공시체를 (①)분 동안 수조 속에 침수시켜, 가열 아스팔트 공시체 온도가 (②)℃로 유지하도록 한다.
> • 재하 잭은 분당 (③)mm의 비율로 움직이는 시험기 두부를 가진 시험기로 공시체에 일정한 비율로 하중을 가한다.

① ＿＿＿＿＿＿＿　　　② ＿＿＿＿＿＿＿　　　③ ＿＿＿＿＿＿＿

해답 ① 30　　② 60±1　　③ 50.8

득점	배점
	3

□□□ 87②③, 19②

07 사암(砂岩)을 착공(着工)하는데 착공속도 $V_T = 45\text{cm/min}$이다. 이때 표준암을 착공하는 순속도는 얼마인가? (단, $C_1 = 1.50$, $C_2 = 0.8$, $\alpha = 0.5$)

○

해답 $V_T = \alpha(C_1 \times C_2) \times V$에서

$$\therefore V = \frac{V_T}{\alpha(C_1 \times C_2)} = \frac{45}{0.5(1.50 \times 0.8)} = 75\,\text{cm/min}$$

득점	배점
	3

□□□ 03④, 19②

08 어느 불도저의 1회 굴착압토량이 3.6m³이며 토량변화율(L)은 1.25, 작업효율은 0.6, 평균 굴착압토거리 60m, 전진속도 30m/분, 후진속도는 60m/분, 기어변속시간 및 가속시간이 0.5분일 때, 이 불도저 운전 1시간당의 작업량은 본바닥토량으로 얼마인가?

계산 과정)　　　　　　　　　　　　　　　　답 : ＿＿＿＿＿＿＿

득점	배점
	3

해답 $Q = \dfrac{60 \cdot q \cdot f \cdot E}{C_m}$

$$C_m = \frac{l}{V_1} + \frac{l}{V_2} + t = \frac{60}{30} + \frac{60}{60} + 0.5 = 3.5\text{분}$$

$$\therefore Q = \frac{60 \times 3.6 \times \dfrac{1}{1.25} \times 0.6}{3.5} = 29.62\,\text{m}^3/\text{h}$$

□□□ 94③, 96①, 19②, 22③

09 다음 옹벽에서 전도 및 활동에 대한 안정을 검토하시오.
(단, 안전율은 모두 2.0 이상이어야 한다.)

득점	배점
	8

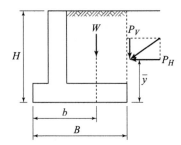

【조 건】

- $c = 0$
- $P_H = 200$kN/m
- $B = 4$m
- $H = 6$m
- μ(옹벽저판과 기초와의 마찰계수)$= 0.5$

- W(옹벽자중 + 저판위의 흙의 무게)$= 240$kN/m
- $P_V = 100$kN/m
- $b = 2.5$m
- $\overline{y} = 2$m

가. 전도에 대한 안정검토 :

계산 과정)   답 : _____

나. 활동에 대한 안정검토 :

계산 과정)   답 : _____

해답 가. 전도에 대한 안정검토

$$F_S = \frac{W \cdot b + P_V \cdot B}{P_H \cdot \overline{y}}$$

$$= \frac{240 \times 2.5 + 100 \times 4}{200 \times 2} = 2.5 > 2.0 \quad \therefore \text{안정}$$

나. 활동에 대한 안정검토

$$F_s = \frac{(W + P_V)\mu + c \cdot B}{P_H} = \frac{(240 + 100) \times 0.5 + 0 \times 4}{200} = 0.85 < 2.0 \quad \therefore \text{불안정}$$

□□□ 01②, 19②

10 댐의 기초처리 공사 시 Grouting 공사의 주입재료를 3가지만 쓰시오.

득점	배점
	3

① _____   ② _____   ③ _____

해답 ① 시멘트 용액   ② 벤토나이트와 점토 용액
③ 아스팔트 용액   ④ 약액

□□□ 14④, 16④, 19②

11 이미 경화한 매시브한 콘크리트 위에 슬래브를 타설할 때 부재 평균 최고온도와 외기온도와의 균형시의 온도차가 12.8℃ 발생하였을 때 아래의 표를 이용하여 온도균열 발생확률을 구하면? (단, 간이법 적용)

득점	배점
	3

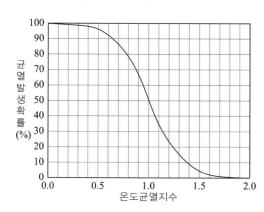

해답 온도균열지수 $I_{cr} = \dfrac{10}{R \cdot \Delta T_o}$

• 이미 경화된 콘크리트 위에 콘크리트를 타설할 때 : $R = 0.60$
• 부재의 최고 평균온도와 외기온도와의 온도차 : $\Delta T_o = 12.8℃$
• $I_{cr} = \dfrac{10}{0.60 \times 12.8} = 1.30$

∴ 온도균열지수 1.30에 대응되는 균열발생확률은 약 15%이다.

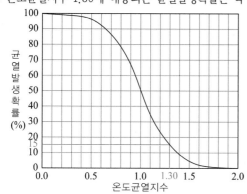

□□□ 96③④, 98②, 03③, 19②, 23①

12 암거 매설공법을 고속도로 및 철도하부로 횡단하여 암거구조물을 설치할 경우 개착공법에 의하지 않고 양측에 발진기지를 설치하여 함체를 직접 견인시켜 구조물 안으로 들어오는 토사를 굴착하여 소정의 구조물을 설치함으로써 상부교통에 지장을 주지 않고 시공하는 공법은?

득점	배점
	2

○

해답 프론트잭킹공법(frout jacking method)

□□□ 88②, 93④, 09②, 11④, 15①, 19②

13 토취장(土取場)에서 원지반토량 2,000m³를 굴착한 후 8ton 덤프트럭으로 다음과 같은 단면의 도로를 축조하고자 한다. 이 토취장 흙의 40%는 점성토이고, 60%는 사질토일 때 아래의 물음에 답하시오.

<table>
<tr><td>득점</td><td>배점</td></tr>
<tr><td></td><td>6</td></tr>
</table>

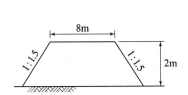

【굴착한 흙】

구분＼종류	토량환산계수 L	토량환산계수 C	자연상태의 단위중량
점성토	1.3	0.9	1.75t/m³
사질토	1.25	0.87	1.80t/m³

가. 운반에 필요한 8t 덤프트럭의 연대수를 구하시오.
 (단, 덤프트럭은 적재중량만큼 싣는 것으로 한다.)

계산 과정) 답 : _____

나. 시공가능한 도로의 길이(m)를 산출하시오.
 (단, 도로의 시점 및 종점의 끝단은 수직으로 가정한다.)

계산 과정) 답 : _____

다. 전체 토량을 상차하는 데 소요되는 장비의 가동시간을 계산하시오.
 (사용장비 : 버킷용량 0.9m³의 back hoe, 버킷계수 0.9, 효율 0.7, 사이클타임 21초)

계산 과정) 답 : _____

해답 가. ■토질상태

토질	원지반 상태의 토질	다져진 상태의 토량
점성토	$2,000 \times 0.40 = 800 \text{m}^3$	$800 \times 0.9 = 720 \text{m}^3$
사질토	$2,000 \times 0.60 = 1,200 \text{m}^3$	$1,200 \times 0.87 = 1,044 \text{m}^3$
총토량	$800 + 1,200 = 2,000 \text{m}^3$	$720 + 1,044 = 1,764 \text{m}^3$

■ $N = \dfrac{\text{자연상태 토량(m}^3\text{)}}{\text{적재량(kN)}} \times \gamma_t$

• 점성토 $N_1 = \dfrac{800}{8} \times 1.75 = 175$ 대

• 사질토 $N_2 = \dfrac{1,200}{8} \times 1.80 = 270$ 대

∴ 연대수 $N = 175 + 270 = 445$ 대

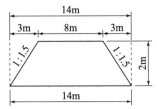

나. 도로단면적 $= \dfrac{8+14}{2} \times 2 = 22 \text{m}^2 (\because 2 \times 1.5 + 8 + 2 \times 1.5 = 14 \text{m})$

∴ 도로길이 $= \dfrac{\text{다져진 상태의 토량}}{\text{도로단면적}} = \dfrac{1,764}{22} = 80.18 \text{m}$

다. $Q = \dfrac{3{,}600 \cdot q \cdot K \cdot f \cdot E}{C_m}$

$= \dfrac{3{,}600 \times 0.9 \times 0.9 \times \left(\dfrac{1}{1.3 \times 0.4 + 1.25 \times 0.6} \right) \times 0.7}{21} = 76.54 \,\mathrm{m}^3/\mathrm{hr}$

∴ 장비의 가동시간 $= \dfrac{2{,}000}{76.54} = 26.13$ 시간

□□□ 89①, 95①, 19②

14 트럭과 굴착기를 조합하여 작업을 한다. 이런 경우에는 트럭의 적당한 대수를 준비해 두어야 한다. 이때 왕복과 사토(捨土)에 요하는 시간이 30분, 원위치에 도착하였을 때부터 싣기를 완료한 후 출발할 때까지의 시간이 5분이라면 굴착기가 쉬지 않고 작업할 수 있는 여유 대수는 얼마인가?

득점	배점
	3

계산 과정)   답 : _____

해답 트럭의 여유 대수 $N = \dfrac{T_1}{T_2} + 1 = \dfrac{30}{5} + 1 = 7$ 대

(∵ 6대 운반하는 동안 1대는 적재)

□□□ 87③, 13④, 19②

15 굳지 않은 콘크리트의 워커빌리티(Workability) 측정방법을 3가지 쓰시오.

득점	배점
	3

① _____   ② _____   ③ _____

해답 ① 슬럼프시험(slump test)   ② 흐름시험(flow test)
③ 구관입시험(ball penetration test)   ④ 리몰딩시험(remolding test)
⑤ 비비시험(Vee—Bee test)   ⑥ 다짐계수시험(compacting factor test)

□□□ 04②, 06④, 19②

16 콘크리트포장은 콘크리트 균열을 조절하기 위해 설치하는 줄눈 및 철근의 유무에 따라 그 종류가 구분되는데 그 종류를 3가지만 기술하시오.

득점	배점
	3

① _____   ② _____   ③ _____

해답 ① 무근 콘크리트포장(JCP)   ② 철근 콘크리트포장(JRCP)
③ 연속철근 콘크리트포장(CRCP)   ④ 프리스트레스 콘크리트포장(PCP)

□□□ 07②, 10②, 13④, 16①, 19②, 22①, 23②

17 아래 그림과 같이 6.0m의 연직옹벽에 연속적인 강우로 뒤채움 흙이 완전 포화되어 있다. 뒤채움 흙은 포화밀도 $\gamma_{sat}=19.8\text{kN/m}^3$, 내부마찰각 $\phi=38°$ 인 사질토이며, 벽면마찰각 $\delta=15°$ 이다. 이때 Coulomb의 주동토압계수는 0.219이고 파괴면이 수평면과 55° 라고 가정할 경우 아래의 물음에 답하시오. (단, 물의 단위중량 $\gamma_w=9.81\text{kN/m}^3$)

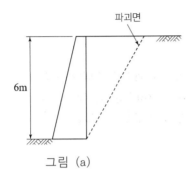

그림 (a)

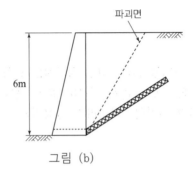

그림 (b)

가. 그림 (a)와 같이 옹벽면에 배수구가 없을 경우 옹벽에 작용하는 전 주동토압을 구하시오.

계산 과정) 답 : _____

나. 그림 (b)와 같이 파괴면 아래쪽에 배수구를 경사지게 설치했을 경우 옹벽에 작용하는 전 주동토압을 구하시오.

계산 과정) 답 : _____

해답 가. $P_A = \frac{1}{2}\gamma_{sub}H^2C_a + \frac{1}{2}\gamma_w H^2$

$= \frac{1}{2}\times(19.8-9.81)\times6^2\times0.219 + \frac{1}{2}\times9.81\times6^2$

$= 39.38 + 176.58 = 215.96\text{kN/m}$

나. $P_A = \frac{1}{2}\gamma_{sat}H^2C_a$

$= \frac{1}{2}\times19.8\times6^2\times0.219$

$= 78.05\text{kN/m}$

□□□ 19②

18 하류측의 하천이나 하수도시설의 유하능력이 부족하게 되는 경우 일단 유출우수를 저류하여 조정을 하기 위한 시설은?

○

해답 우수조정지

□□□ 04④, 19②

19 다음과 같은 작업리스트가 있다. 아래 물음에 답하시오.

득점	배점
	8

작업명	선행작업	후속작업	표준일수(일)	특급일수(일)	비용경사(만원/일)
A	—	B, C	4	3	5
B	A	D	8	7	3
C	A	F	10	9	7
D	B	E	10	8	6
E	D	G	5	3	8
F	C	G	13	11	10
G	E, F	—	6	4	10

가. New Work(화살선도)를 작도하시오.

나. 공사 완료기간을 27일로 지정했을 때, 추가 투입되는 직접비의 최소금액을 구하시오.

계산 과정)   답 : _____

해답 가.

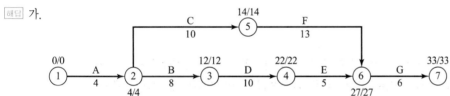

나.

작업명	단축 가능일수	비용경사 (만원/일)	33일 (정상)	32일 (-1)	31일 (-2)	30일 (-3)	29일 (-4)	28일 (-5)	27일 (-6)
A	1	5		1					
B	1	3			1				
C	1	7			1				
D	2	6						1	1
E	2	8							
F	2	10						1	1
G	2	10				1	1		
추가비용(만원)			0	5	10	10	10	16	16
추가비용누계(만원)			0	5	15	25	35	51	67

∴ 직접비의 최소금액 : 67만원

89①, 19②

20 도로공사의 성토작업시 노체시공의 현장 품질관리시험종목 중 가장 중요한 것을 3가지만 쓰시오.

득점	배점
	3

① _____ ② _____ ③ _____

해답 ① 흙의 함수량 시험　② 현장밀도시험
　　 ③ 평판재하시험　　　 ④ 다짐시험

🎯 도로공사 토공시험 관리시험종목

노체부	노상부	구조물의 접촉부
① 흙의 함수량시험	① 흙의 함수량시험	① 흙의 함수량시험
② 다짐시험	② 흙의 분류시험	② 흙의 분류시험
③ 현장밀도시험	③ 다짐시험	③ 현장밀도시험
④ 흙의 분류시험	④ 현장밀도시험	④ 다짐시험
⑤ CBR시험	⑤ 프루프 롤링	
⑥ 평판재하시험	⑥ CBR시험	
	⑦ 평판재하시험	

□□□ 99①, 19②

21 기초의 폭(B)이 6m 길이(L)가 12m인 직사각형 기초가 있다. 이 기초의 근입심도는 3.5m이고 지하수위는 1.5m 아래에 있다. 기초지반의 흙은 단위중량이 18.5kN/m³인 사질토로서 $c = 6\text{kN/m}^2$, $\phi = 22°$일 때 지반의 허용지지력(kN/m²)을 구하시오.
(단, 물의 단위중량 $\gamma_w = 9.81\text{kN/m}^3$, $\phi = 22°$일 때 $N_c = 21.1$, $N_r = 11.6$, $N_q = 13.5$)

득점	배점
	4

계산 과정)　　　　　　　　　　　　　　　　　　　답 : _____

해답 $0 \leq D_1 \leq D_f$인 경우(지하수위가 기초의 근입깊이 D_f 사이에 있을 때)

- $q_u = \alpha c N_c + \beta \gamma_1 B N_\gamma + \gamma_2 D_f N_q$
  $= \alpha c N_c + \beta \gamma_{sub} B N_r + \gamma_2 D_f N_q$

- $\alpha = 1 + 0.3\dfrac{B}{L} = 1 + 0.3 \times \dfrac{6}{12} = 1.15$

- $\beta = 0.5 - 0.1\dfrac{B}{L} = 0.5 - 0.1 \times \dfrac{6}{12} = 0.45$

- $\gamma_1 = \gamma_t - \gamma_w = \gamma_{sub} = 18.5 - 9.81 = 8.69\text{kN/m}^3$

- $\gamma_2 D_f = D_1 \gamma_t + D_2 \gamma_{sub} = 1.5 \times 18.5 + 2 \times 8.69 = 45.13\text{kN/m}^2$
  $q_u = 1.15 \times 6 \times 21.1 + 0.45 \times 8.69 \times 6 \times 11.6 + 45.13 \times 13.5$
  $= 1,027.02\text{kN/m}^2$

- $\therefore q_a = \dfrac{q_u}{F_s} = \dfrac{1,027.02}{3} = 342.34\text{kN/m}^2$

□□□ 11①, 13④, 16①, 19②

22 주어진 역T형 교대 도면을 보고 다음 물량을 산출하시오. (단, 교대 전체길이는 10.3m이며, 도면의 치수단위는 mm이며, 소수점 이하 4째자리에서 반올림하시오.)

득점 / 배점
8

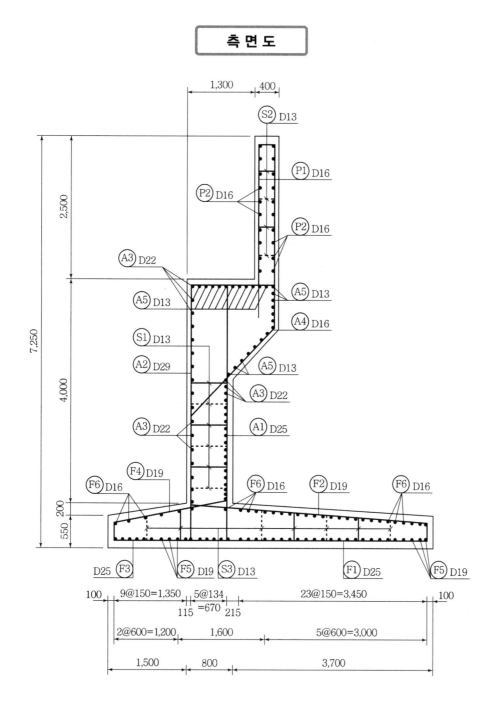

측 면 도

일 반 도

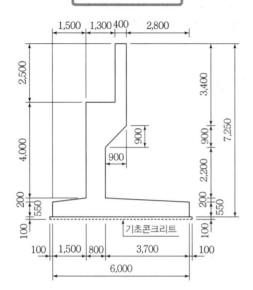

가. 교대의 전체 콘크리트량을 구하시오. (단, 기초 콘크리트량은 무시한다.)

계산 과정)   답 : _____

나. 교대의 전체 거푸집량을 구하시오. (단, 기초 콘크리트에 사용되는 거푸집량은 무시한다.)

계산 과정)   답 : _____

해답 가.

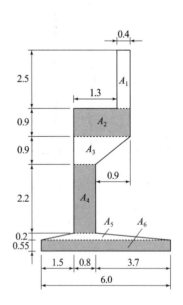

- $A_1 = 0.4 \times 2.5 = 1.0\,\mathrm{m}^2$
- $A_2 = (1.3 + 0.4) \times 0.9 = 1.53\,\mathrm{m}^2$
- $A_3 = \dfrac{(1.30 + 0.4) + 0.8}{2} \times 0.9 = 1.125\,\mathrm{m}^2$
- $A_4 = 2.2 \times 0.8 = 1.76\,\mathrm{m}^2$
- $A_5 = \dfrac{0.80 + 6.0}{2} \times 0.2 = 0.68\,\mathrm{m}^2$
- $A_6 = 6.0 \times 0.55 = 3.30\,\mathrm{m}^2$

  총단면적 $\sum A = 1.0 + 1.53 + 1.125 + 1.76 + 0.68 + 3.30$
  $= 9.395\,\mathrm{m}^2$

  $\therefore$ 총콘크리트량 $V = 9.395 \times 10.3 = 96.769\,\mathrm{m}^3$

나.
- A = 2.5m
- B = 3.4m
- C = 4.0m
- $D = \sqrt{0.9^2 + 0.9^2} = 1.2728$m
- E = 2.2m
- F = $0.55 \times 2 = 1.10$m

총거푸집길이 $\sum L = 2.5 + 3.4 + 4.0 + 1.2728 + 2.2 + 1.10$
$= 14.4728$m

마구리면 $= 9.395 \times 2 = 18.79$m^2

∴ 총거푸집량 $\sum A = 14.4728 \times 10.3 + 18.79$
$= 167.860$m^2

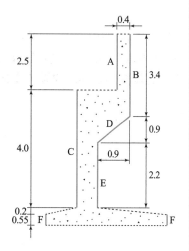

□□□ 06④, 19②

23 그림과 같은 모래지반에 지표면으로부터 2m지점에 지하수위가 있을 때 지표면으로 부터의 5m지점의 전단강도를 구하시오. (단, 내부마찰각 30°, 점착력=0, 물의 단위 중량 $\gamma_w = 9.81$kN/m^3)

득점	배점
	4

계산 과정)

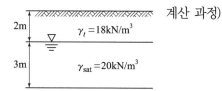

답 : _____

해답 전단강도 $\tau = c + \overline{\sigma} \tan\phi$
- 유효응력 $\overline{\sigma} = 2 \times 18 + 3 \times (20 - 9.81) = 66.57$kN/m^2

∴ $\tau = 0 + 66.57 \tan 30° = 38.43$kN/m^2

□□□ 19②, 22②

24 다음 용어에 관한 정의를 간단히 쓰시오.

득점	배점
	4

가. 최적심도(最適深度)

○

나. 누두지수(漏斗指數)

○

해답 가. 분화구가 최대 체적을 가질 때의 장약 깊이
나. 누두공의 형상을 나타내는 지수
$$n = \frac{R}{W}$$
여기서, W : 최소저항선(장약깊이), R : 누두공 반지름

□□□ 96①, 98③, 05①, 08④, 14②, 19②

25 사질토 지반에서 30cm×30cm 크기의 재하판을 이용하여 평판 재하 시험을 실시하였다. 재하시험결과 극한지지력이 240kPa, 침하량이 10mm이었다. 실제 3m×3m의 크기의 실제 기초를 설치할 때 예상되는 극한 지지력과 침하량을 구하시오.

득점 | 배점
4

가. 극한 지지력

계산 과정)   답 : _____

나. 침하량

계산 과정)   답 : _____

해답 **가.** $q_{u(F)} = q_{u(P)} \times \dfrac{B_F}{B_P} = 240 \times \dfrac{3}{0.3} = 2,400 \text{kPa}$

나. $S_F = S_P \times \left(\dfrac{2B_F}{B_F + B_P} \right)^2 = 10 \times \left(\dfrac{2 \times 3}{3 + 0.3} \right)^2 = 33.06 \text{mm}$

참고 $1 \text{t/m}^2 = 10 \text{kN/m}^2 = 10 \text{kPa}$

🎯 재하판의 크기에 따른 지지력과 침하량

분류	점토지반	모래지반
지지력	• 재하판에 무관 $q_{u(F)} = q_{u(P)}$	• 재하판 폭에 비례 $q_F = q_u \times \dfrac{B_F}{B_P}$
침하량	• 재하판 폭에 비례 $S_F = S_P \times \dfrac{B_F}{B_P}$	• 재하판에 무관 $S_F = S_P \left(\dfrac{2B_r}{B_F + B_P} \right)^2$

여기서 $q_{u(F)}$: 놓일 기초의 극한지지력 $q_{u(P)}$: 시험평판의 극한지지력

B_F : 기초의 폭 B_P : 시험평판의 폭

S_P : 재하판의 침하량 S_F : 기초의 침하량

국가기술자격 실기시험문제

2019년도 기사 제3회 필답형 실기시험 (기사)

종　목	시험시간	형별	성　명	수험번호
토목기사	**3시간**	B		

※ 수험자 인적사항 및 계산식을 포함한 답안 작성은 검은색 필기구만 사용해야 하며, 그 외 연필류, 빨간색, 청색 등 필기구로 작성한 답항은 0점 처리 됩니다.

□□□ 86②, 19③

01 현장 다짐시 최대 건조단위중량 $\gamma_{d\max} = 19.51 \text{kN/m}^3$이였다. 다짐도를 95%로 정했을때 흙의 건조단위중량을 구하고, 이 흙의 비중을 2.70, 함수비 13%라 할 때 포화도(S_r)를 구하시오. (단, 물의 단위중량 $\gamma_w = 9.81 \text{kN/m}^3$, 소수 3자리에서 반올림하시오.)

득점	배점
	4

가. 건조밀도를 구하시오.

　계산 과정)　　　　　　　　　　　　　　　　　　　답 : _____

나. 포화도를 구하시오.

　계산 과정)　　　　　　　　　　　　　　　　　　　답 : _____

해답 ■ 다짐도 $C_d = \dfrac{\gamma_d}{\gamma_{d\max}} \times 100$ 에서

・$\gamma_d = \dfrac{\text{다짐도}(\%)}{100} \times \gamma_{d\max} = \dfrac{95}{100} \times 19.51 = 18.53 \text{kN/m}^3$

・$e = \dfrac{\gamma_w\,G_s}{\gamma_d} - 1 = \dfrac{9.81 \times 2.7}{18.53} - 1 = 0.429$

■ $S_r \cdot e = G_s \cdot w$ 에서

∴ $S_r = \dfrac{G_s \cdot w}{e} = \dfrac{2.7 \times 13}{0.429} = 81.82\%$

□□□ 93③, 19③

02 터널 보링기 중에는 암석 굴착공법 중 디스크 커터(disk cutter)라고 부르는 주판알과 같은 커터를 다수 부착한 대원반을 막장면에 눌러 회전하면서 커터의 쐐기력으로 암면을 갈아서 전단파괴 하는 것이 있다. 압축강도가 100~150MPa 정도까지의 암석에 적합한 이 기계는?

득점	배점
	2

　○

해답 로빈스형(robins type) 터널 보링기

□□□ 96③, 02④, 19③

03 어느 지역의 월평균기온이 아래 표와 같다. 데라다(寺田)의 공식을 이용하여 동결깊이를 구하시오. (단, 정수 $C=4.0$으로 한다.)

월	월평균기온(℃)
11	3.5
12	−7.8
1	−9.6
2	−4.2
3	−1.1

계산 과정)   답 : _____

해답 동결깊이 $Z= C\sqrt{F}$

• 동결지수 $F=$(영하온도(θ)×지속일수(t))의 총합
$$=7.8\times31+9.6\times31+4.2\times28+1.1\times31=691.1℃\cdot days$$
$$\therefore\ Z=4.0\sqrt{691.1}=105.16\text{cm}$$

□□□ 01①, 06④, 09②, 14④, 19③, 20③, 23③

04 도로 포장을 설계하기 위해 다음과 같이 CBR을 구하였다. 포장설계를 위한 설계 CBR을 구하시오. (단, CBR계수에 상관되는 계수(d_2)는 2.83을 적용한다.)

4.6   3.9   5.9   4.8   7.0   3.3   4.8

계산 과정)   답 : _____

해답 설계 $\text{CBR} =$ 평균 $\text{CBR} - \dfrac{\text{CBR}_{max} - \text{CBR}_{min}}{d_2}$

• 평균 $\text{CBR} = \dfrac{\sum\text{CBR값}}{n} = \dfrac{4.6+3.9+5.9+4.8+7.0+3.3+4.8}{7} = 4.9$

$\therefore$ 설계 $\text{CBR} = 4.9 - \dfrac{7.0-3.3}{2.83} = 3.59$ $\therefore\ 3$

($\because$ 설계 CBR은 소수점 이하는 절삭한다.)

□□□ 85①, 16②, 18②, 19③, 22②

05 말뚝의 지지력을 산정하는 방법 3가지를 쓰시오.

① _____   ② _____   ③ _____

해답 ① 동역학적 공식에 의한 방법   ② 정역학적 공식에 의한 방법   ③ 정재하시험에 의한 방법

□□□ 96③, 01③, 06④, 10②, 14②, 16④, 19③

06 그림과 같은 중력식 옹벽의 전도(overturning)에 대한 안전율을 계산하시오.

(단, 콘크리트의 단위중량은 23kN/m³이고, 옹벽전면에 작용하는 수동토압은 무시한다.)

득점	배점
	3

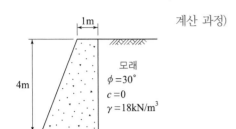

계산 과정)

답 :

해답 $F_s = \dfrac{W \cdot b + P_v \cdot E}{P_A \cdot y} = \dfrac{W \cdot b + 0}{P_A \cdot y}$ (∵ 수동토압 P_v는 무시)

- $P_A = \dfrac{1}{2}\gamma H^2 \tan^2\left(45° - \dfrac{\phi}{2}\right) = \dfrac{1}{2} \times 18 \times 4^2 \tan^2\left(45° - \dfrac{30°}{2}\right) = 48\,\text{kN/m}$

- $W = W_1 + W_2$

- $W_1 = 1 \times 4 \times 23 = 92\,\text{kN/m}$

- $W_2 = \dfrac{1}{2} \times (2.5 - 1) \times 4 \times 23 = 69\,\text{kN/m}$

- $W \cdot b = W_1 b_1 + W_2 b_2 = 92 \times (1.5 + 0.5) + 69 \times \left(1.5 \times \dfrac{2}{3}\right) = 253\,\text{kN}$

- $y = 4 \times \dfrac{1}{3} = \dfrac{4}{3}\,\text{m}$

  ∴ $F_s = \dfrac{253}{48 \times \dfrac{4}{3}} = 3.95$

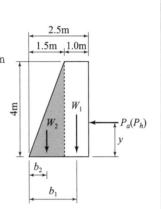

□□□ 92②, 03①, 12④, 13④, 19③

07 폭이 10cm, 두께 0.3cm인 Paper drain(Card Board)을 이용하여 점토지반에 0.60m간격으로 정사각형 배치로 설치하였다면, Sand drain이론의 등가환산원(등가원)의 직경(d_w)과 영향원의 직경(d_e)를 각각 구하시오.

득점	배점
	4

가. 등가환산원의 직경(d_w)

계산 과정)

답 :

나. 영향원의 직경(d_e)

계산 과정)

답 :

해답 가. $d_w = \alpha \dfrac{2(A+B)}{\pi} = 0.75 \times \dfrac{2(10+0.3)}{\pi} = 4.92\,\text{cm}$

나. $d_e = 1.13\,d = 1.13 \times 0.60 = 0.678\,\text{m} = 67.8\,\text{cm}$

□□□ 11④, 19③

08 필댐의 종류를 3가지만 쓰시오.

① _____ ② _____ ③ _____

해답 ① 흙댐(earth fill dam) ② 록필댐(rock fill dam) ③ 토석댐(earth rock fill dam)

□□□ 93③, 94②, 97④, 99①, 00②, 01③, 03④, 07④, 10①②, 12④, 13①, 14②, 15②, 19③, 21②

09 그림과 같이 표준관입값이 다른 3종의 모래지름층으로 되어 있는 기초지반에 지름 30cm, 길이 12m의 콘크리트말뚝을 박았을 때 말뚝의 허용지지력을 안전율 3으로 하여 Meyerhof의 공식으로 구하시오.

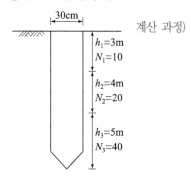

계산 과정)

답 : _____

해답 극한지지력 $Q_u = 40 \cdot N_3 \cdot A_p + \frac{1}{5} \overline{N} \cdot A_f$

- $A_p = \dfrac{\pi d^2}{4} = \dfrac{\pi \times 0.3^2}{4} = 0.071\,\mathrm{m}^2$

- $N = \dfrac{N_1 h_1 + N_2 h_2 + N_3 h_3}{h_1 + h_2 + h_3} = \dfrac{10 \times 3 + 20 \times 4 + 40 \times 5}{3 + 4 + 5} = 25.833$

- $A_f = \pi\,d\,l = \pi \times 0.3 \times 12 = 11.310\,\mathrm{m}^2$

$\therefore Q_u = 40 \times 40 \times 0.071 + \dfrac{1}{5}(25.833 \times 11.310) = 172.034\,\mathrm{t}$

$\therefore$ 허용지지력 $Q_a = \dfrac{Q_u}{3} = \dfrac{172.034}{3} = 57.34\,\mathrm{t}$

※ SI단위로 변경하면 57.34t = 573.4kN, 1t = 9.8kN ≒ 10kN

□□□ 10②, 19③

10 콘크리트댐은 높은 수화열 발생으로 인해 온도균열을 유발하여 시공관리가 복잡하다. 이러한 문제점을 개선하기 위해 슬럼프(Slump)가 낮은 빈배합 콘크리트를 덤프트럭으로 운반, 불도저로 포설하고 진동롤러로 다져 콘크리트댐을 축조하는 형식을 무엇이라 하는가?

○ _____

해답 롤러다짐 콘크리트댐(RCCD : Roller Compacted Concrete Dam)

□□□ 87②, 19③

11 오른쪽 토적도(mass curve)에서 다음의 빈칸을 채우시오.

득점 배점
5

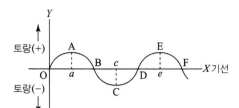

가. 토적곡선의 절토부분은 ( )이다.

　　토적곡선의 성토부분은 ( )이다.

나. 토적곡선에서 절토·성토의 경계를 표시하는 점은 ( )이다.

다. 기선 OX상에서 토량의 이동이 없는 부분은 ( )이다.

라. 토적곡선이 기선 OX보다 아래에서 끝날 때는 토량이 ( )하다.

해답 가. OA, CE/AC, EF
　　나. A, C, E
　　다. B, D, F
　　라. 부족

□□□ 95⑤, 97②, 19③, 22②

12 $c=20kN/m^2$, $\phi=15°$, $\gamma_t=17kN/m^3$인 지반에 $3.0 \times 3.0m$의 정사각형 기초가 근입깊이 2m에 놓여있고 지하수위 영향은 없다. 이 때 이 정사각형 기초의 극한 지지력과 총 허용하중을 구하시오. (단, Terzaghi의 지지력공식을 이용하고 안전율은 3이고, $N_c=6.5$, $N_r=1.1$, $N_q=4.7$)

득점 배점
6

가. 극한 지지력을 구하시오.

계산 과정)　　　　　　　　　　　　　　　답 :

나. 기초지반이 받을 수 있는 총 허용하중을 구하시오.

계산 과정)　　　　　　　　　　　　　　　답 :

해답 가. $q_u = \alpha c N_c + \beta \gamma_1 B N_r + \gamma_2 D_f N_q$
　　• 정사각형의 형상계수 $\alpha=1.3$, $\beta=0.4$
　　　$q_u = 1.3 \times 20 \times 6.5 + 0.4 \times 17 \times 3 \times 1.1 + 17 \times 2.0 \times 4.7$
　　　　$= 351.24 kN/m^2$
　　나. $q_a = \dfrac{q_u}{F_s} = \dfrac{351.24}{3} = 117.08 kN/m^2$
　　　$\therefore Q_{all} = q_a \times A = 117.08 \times 3 \times 3 = 1,053.72 kN$

□□□ 12②, 15④, 17②, 19③

13 22회의 시험실적으로부터 구한 압축강도의 표준편차가 4.5MPa이었고, 콘크리트의 품질기준강도(f_{cq})가 40MPa일 때 배합강도는?
(단, 표준편차의 보정계수는 시험횟수가 20회인 경우 1.08이고, 25회인 경우 1.03이다.)

계산 과정)   답 : _____

해답 $f_{cq} = 40\,\text{MPa} > 35\,\text{MPa}$인 경우

• 22회의 보정계수 $= 1.08 - \dfrac{1.08 - 1.03}{25 - 20} \times (22 - 20) = 1.06$

• 수정표준편차 $s = 4.5 \times 1.06 = 4.77\,\text{MPa}$

• $f_{cr} = f_{cq} + 1.34\,s = 40 + 1.34 \times 4.77 = 46.39\,\text{MPa}$

• $f_{cr} = 0.9 f_{cq} + 2.33\,s = 0.9 \times 40 + 2.33 \times 4.77 = 47.11\,\text{MPa}$

∴ 배합강도 $f_{cr} = 47.11\,\text{MPa}$ (∵ 두 값 중 큰 값)

□□□ 05①, 09①, 12①, 14④, 15①, 19③

14 다음 작업 List를 가지고 화살선도를 그리고, 표준일수에 대한 Critical Path를 구하고 총공사비(직접비+간접비)가 가장 적게 들기 위한 최적공기를 구하시오.
(단, 간접비는 1일당 20만원이 소요됨)

작업명	선행작업	후속작업	표준상태		특급상급	
			작업일수	비용(만원)	작업일수	비용(만원)
A	—	B, C	3	30	2	33
B	A	D	2	40	1	50
C	A	E	7	60	5	80
D	B	F	7	100	5	130
E	C	G, H	7	80	5	90
F	D	G, H	5	50	3	74
G	E, F	I	5	70	5	70
H	E, F	I	1	15	1	15
I	G, H	—	3	20	3	20
				465		562

가. 표준일수에 대한 화살선도를 그리고, Critical Path를 구하시오.

나. 총공사비가 가장 적게 들기 위한 최적공기를 구하시오.

계산 과정)   답 : _____

해답 가. 화살선도

C.P : A→B→D→F→G→I
　　　A→C→E→G→I

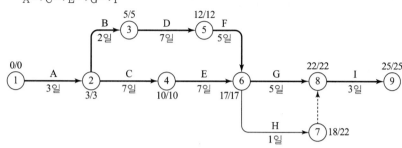

나.

작업명	단축 가능일수	비용구배= $\dfrac{특급비용-표준비용}{표준공기-특급공기}$	25	24	23	22	21
A	1	$\dfrac{33-30}{3-2}=3$만원/일		1			
B	1	$\dfrac{50-40}{2-1}=10$만원/일			1		
C	2	$\dfrac{80-60}{7-5}=10$만원/일					1
D	2	$\dfrac{130-100}{7-5}=15$만원/일					
E	2	$\dfrac{90-80}{7-5}=5$만원/일				1	1
F	2	$\dfrac{74-50}{5-3}=12$만원/일				1	1
G	–	–					
H	–	–					
I	–	–					
직접비(만원)			465	465	468	483	500
추가비용(만원)				3	15	17	22
간접비(25일×20만원 = 500만원)			500	480	460	440	420
총공사비(만원)			965	948	943	940	942

∴ 최적공기 : 22일

□□□ 92②, 94③, 00②, 03④, 04④, 07②, 10④, 11①, 14②, 17①, 18③, 19③, 21①, 22③

15 PS 콘크리트 교량 건설공법 중 동바리를 사용하지 않는 현장타설공법의 종류 3가지를 쓰시오.

득점	배점
	3

① _____　② _____　③ _____

해답 ① FCM(캔틸레버공법)
　　② MSS(이동식 지보공법)
　　③ ILM(연속압출공법)

□□□ 03①, 12①②, 19③

16 다음 그림에서 (A)의 흙을 굴착하여 (B), (C)에 성토하고 난 후의 남은 흙의 양은 얼마인가? (단, 점토의 토량변화율 $C=0.92$, 모래의 토량변화율 $C=0.9$)

득점	배점
	3

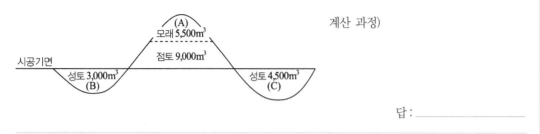

계산 과정)

답 : _____

해답
- 자연상태의 성토량 $= 3,000+4,500 = 7,500\,\text{m}^3$
- 모래의 완성토량 $= 5,500 \times 0.9 = 4,950\,\text{m}^3$
- 성토부족량 $= 7,500 - 4,950 = 2,550\,\text{m}^3$
- $\therefore$ 남은 토량 $= 9,000 - 2,550 \times \dfrac{1}{0.92} = 6,228.26\,\text{m}^3$(본바닥토량을 기준)

□□□ 02①, 13①, 19③

17 급경사 수로를 유하한 고속류의 운동에너지를 감세시켜 하류하천에 안전하게 유하시키기 위한 시설로 댐 하류단의 세굴이나 침식 등 인근 구조물에 피해를 주지 않도록 설치하는 시설물의 명칭을 쓰시오.

득점	배점
	2

계산 과정)

답 : _____

해답 감세공(Energy Dissipator)

□□□ 19③

18 다음은 암반층의 무엇을 말하는지 쓰시오.

득점	배점
	4

암반내에 규칙적으로 깨져있는 불연속면으로 현저하게 움직인 면이 없는 것을 (①)이라 하며, 불연속면을 따라 현하게 움직인 불연속면을 (②)이라 한다.

해답 절리(節理, joint), 단층(斷層, fault)

□□□ 02②, 05④, 12①, 15①, 19③, 22③

19 댐 건설을 위해 댐 지점의 하천수류를 전환시키는 댐의 유수전환방식을 3가지 쓰시오.

득점	배점
	3

① _____　② _____　③ _____

해답 ① 반하천 체절공　② 가배수 터널공　③ 가배수로 개거공

□□□ 96④, 19③

20 댐 콘크리트 배합설계시 물시멘트비를 결정할 때 반드시 고려해야 하는 기본항목을 3가지 쓰시오.

득점	배점
	3

① _____ ② _____ ③ _____

해답 ① 소요강도 ② 내구성 ③ 수밀성

□□□ 85③, 92③, 93③, 95④, 00⑤, 06①②, 07①, 09④, 12②, 19③, 20①

21 토목시공에서 사용하고 있는 토목섬유의 주요 기능을 4가지만 쓰시오.

득점	배점
	3

① _____ ② _____ ③ _____ ④ _____

해답 ① 배수기능 ② 여과기능 ③ 분리기능 ④ 보강기능

□□□ 15②, 19③

22 다음 준설기계에 대한 설명에 적합한 준설선의 명칭을 쓰시오.

득점	배점
	4

가. 준설과 매립을 동시에 신속하게 시공할 수 있고 해저 토사를 회전형 Cutter로 깎아 펌프로 흡입하여 매립지로 배송(排送)하는 준설선

  ○

나. 자항식 펌프 준설선에서 선체의 일부에 토창을 설치하여 제거한 토사를 적재하였다가 사토 장까지 항행하여 토사를 버리는 준설선

  ○

다. 해저의 암반이나 암초를 쇄암추나 쇄암기의 끝에 특수한 강철로 된 날끝을 달아 암석을 파 쇄하는 준설선

  ○

라. 파워 셔블(power shovel)을 대선에 설치해 사암이나 혈암 등의 수중에 적합한 준설선

  ○

해답 가. 펌프 준설선(pump dredger)　　나. 호퍼 준설선(hopper dredger)
　　　다. 쇄암 준설선(rock cutte dredger)　　라. 디퍼 준설선(dipper dredger)

□□□ 01①, 02②, 04②, 06②, 09①, 10④, 13②, 15②, 19③, 20④

23 주어진 도면 및 조건에 따라 다음 물량을 산출하시오. (단, 주어진 도면의 치수는 축척에 맞지 않을 수 있으며, 주어진 치수로만 물량을 산출하며, 도면의 치수단위는 mm이다.)

득점	배점
	18

단 면 도

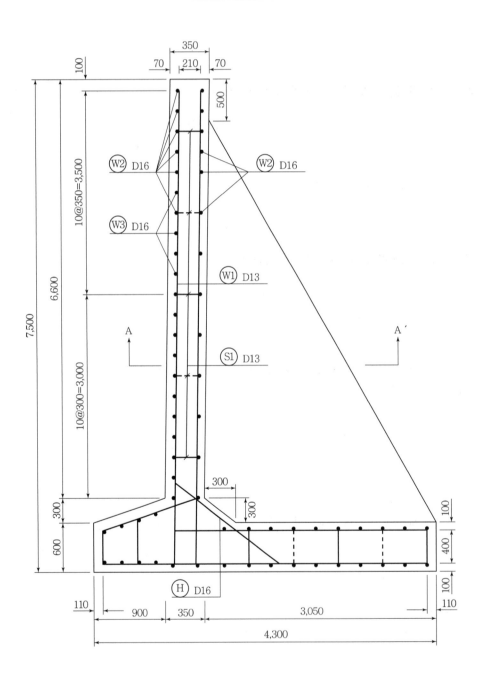

측 면 도

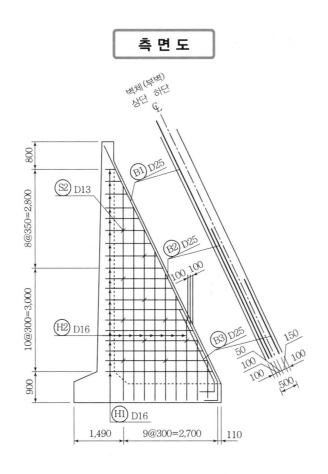

일 반 도

A – A '단 면 도

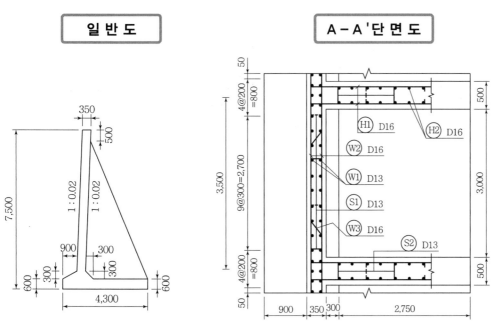

철 근 상 세 도

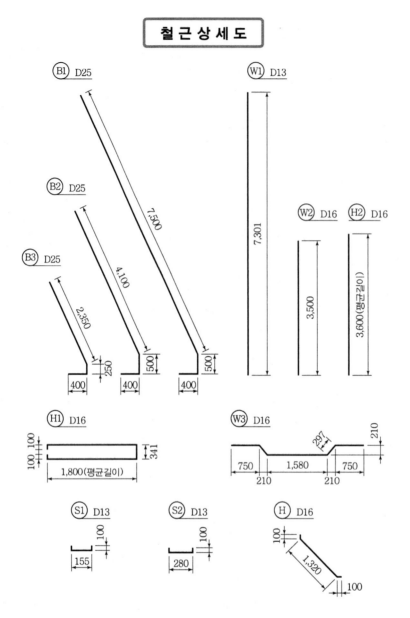

【조 건】

- S1 철근은 지그재그(Zigzag)로 배치되어 있다.
- H 철근의 간격은 W1 철근과 같다.
- 물량산출에서 할증률 및 마구리는 없는 것으로 한다.
- 물량산출에서 전면벽의 경사를 반드시 고려해야 한다. (일반도 참조)
- 철근길이 계산에서 이음길이는 계산하지 않는다.
- 저판의 철근량은 계산하지 않는다.

가. 부벽을 포함하는 옹벽길이 3.5m에 대한 콘크리트량을 구하시오.
　　(단, 전면벽의 경사를 고려하여야 하며, 소수점 이하 4째자리에서 반올림하시오.)

계산 과정)　　　　　　　　　　　　　　　　　　　　　　답 :

나. 부벽을 포함하는 옹벽길이 3.5m에 대한 전체 거푸집량을 구하시오.
　　(단, 전면벽의 경사를 고려하여야 하며, 소수점 이하 4째자리에서 반올림하시오.)

계산 과정)　　　　　　　　　　　　　　　　　　　　　　답 :

다. 부벽을 포함하는 옹벽 길이 3.5m에 대한 철근 물량표를 완성하시오.

기호	직경	길이(mm)	수량	총길이(mm)	기호	직경	길이(mm)	수량	총길이(mm)
W1					H1				
W3					B1				
H					S1				

해답 가.

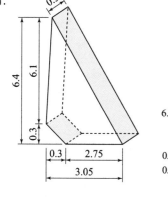

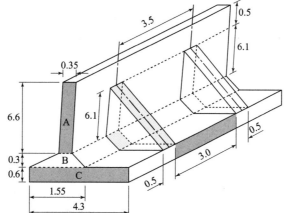

■ 1개의 부벽에 대한 콘크리트량

$$\left(\frac{3.05 + 0.122}{2} \times 6.4 - \frac{0.122 \times 6.1}{2} - \frac{0.3 \times 0.3}{2} \right) \times 0.50 = 4.8667 \, \text{m}^3$$

$(\because \; 6.1 \times 0.02 = 0.122 \text{m})$

■ 옹벽에 대한 콘크리트량

- $A = 0.35 \times 6.6 = 2.310 \, \text{m}^2$

- $B = \dfrac{0.35 + 1.55}{2} \times 0.30 = 0.285 \, \text{m}^2$

- $C = 4.30 \times 0.6 = 2.58\,\mathrm{m}^2$
  $\therefore (2.310 + 0.285 + 2.58) \times 3.5 = 18.1125\,\mathrm{m}^3$
  $\therefore$ 총콘크리트량 $= 4.8667 + 18.1125 = 22.979\,\mathrm{m}^3$

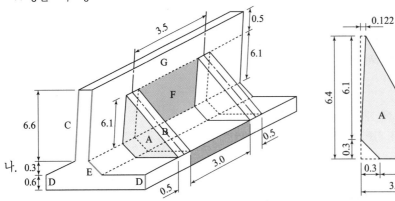

- 1개의 부벽에 대한 거푸집량

- A면 $= \left\{ \left(\dfrac{0.122 + 3.05}{2} \right) \times 6.4 - \left(\dfrac{0.3 \times 0.3}{2} \right) - \left(\dfrac{6.1 \times 0.122}{2} \right) \right\} \times 2 = 19.467\,\mathrm{m}^2$
- B면 $= \sqrt{6.4^2 + (3.05 - 0.122)^2} \times 0.5 = 3.519\,\mathrm{m}^2$
- C면 $= \sqrt{6.6^2 + (6.6 \times 0.02)^2} \times 3.5 = 23.105\,\mathrm{m}^2$
- D면 $= 0.6 \times 2 \times 3.5 = 4.2\,\mathrm{m}^2$
- E면 $= \sqrt{0.3^2 + 0.3^2} \times 3 = 1.273\,\mathrm{m}^2$
- F면 $= \sqrt{6.1^2 + 0.122^2} \times 3.0 = 18.304\,\mathrm{m}^2$
- G면 $= \sqrt{0.5^2 + 0.01^2} \times 3.5 = 1.750\,\mathrm{m}^2 (\because 0.5 \times 0.02 = 0.01\mathrm{m})$

  $\therefore$ 총거푸집량
  $\sum A = 19.467 + 3.519 + 23.105 + 4.2 + 1.273 + 18.304 + 1.750 = 71.618\,\mathrm{m}^2$

다.

기호	직경	길이(mm)	수량	총길이(mm)	기호	직경	길이(mm)	수량	총길이(mm)
W1	D13	7,301	26	189,826	H1	D16	4,141	19	78,679
W3	D16	3,674	8	29,392	B1	D25	8,400	2	16,800
H	D16	1,520	13	19,760	S1	D13	355	10	3,550

🎯 철근물량 산출근거

기호	직경	길이	수량	총길이	수량산출
W1	D13	7,301	26	189,826	• A-A'단면에서 • 철근 간격수 ×2(전후면) $= \{(9+1) + (2+1)\} \times 2$(전·후면) $= 26$본
W2	D16	3,500	26	91,000	• 철근 간격수 ×2(전후면) $= \{((4+3+5)+1)\} \times 2$(전·후면) $= 26$본
W3	D16	3,674	8	29,392	• 단면도에서 수계산
H1	D16	4,141	19	78,679	• 측면도 8@+10@ • 칸수 $+1 = (8+10) + 1 = 19$본
B1	D25	8,400	2	16,800	• 측면도 벽체(부벽)상단 좌우
S1	D13	355	10	3,550	• 단면도 실선 3, 점선 2 • A-A'단면도(실선 2, 점선 2) $\therefore 3 \times 2 + 2 \times 2 = 10$본

□□□ 17①, 19③, 23③

24 흙의 애터버그(Atterberg)한계의 종류 3가지를 쓰시오.

득점	배점
	3

① _____   ② _____   ③ _____

해답 ① 액성한계   ② 소성한계   ③ 수축한계

흙의 연경도(Atterberg)

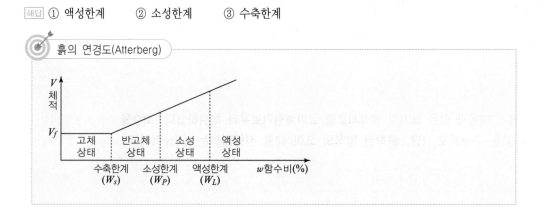

국가기술자격 실기시험문제

2020년도 기사 제1회 필답형 실기시험(기사)

종 목	시험시간	형 별	성 명	수험번호
토목기사	**3시간**	B		

※ 수험자 인적사항 및 계산식을 포함한 답안 작성은 검은색 필기구만 사용해야 하며, 그 외 연필류, 빨간색, 청색 등 필기구로 작성한 답항은 0점 처리 됩니다.

□□□ 00④, 04④, 13④, 20①

01 지반조사 시추현장에서 다음과 같은 크기의 암석시료를 코어채취기로부터 채취하였다. 회수율과 암질지수(RQD)의 값을 구하시오. (단, 굴착된 암석의 코어 배럴 진행길이는 2.0m이다.)

득점	배점
	4

코어 번호	1	2	3	4	5	6	7	8	9
코어 크기(cm)	10.5	16.5	6.0	8.5	3.9	18.0	20.5	3.0	5.5
개 수	1	2	1	1	1	1	2	1	2

가. 회수율을 구하시오.

계산 과정)

답 : _____

나. 암질지수(RQD)를 구하시오.

계산 과정)

답 : _____

해답 가. 회수율 $= \dfrac{\text{회수된 코어의 길이}}{\text{굴착된 암석의 이론적 길이}} \times 100$

$= \dfrac{10.5 + 16.5 \times 2 + 6.0 + 8.5 + 3.9 + 18.0 + 20.5 \times 2 + 3.0 + 5.5 \times 2}{200} \times 100$

$= 67.45\%$

나. $\text{RQD} = \dfrac{\sum 10\text{cm 길이 이상 회수된 코어 길이}}{\text{굴착된 암석의 이론적 길이}} \times 100$

$= \dfrac{10.5 + 16.5 \times 2 + 18 + 20.5 \times 2}{200} \times 100 = 51.25\%$

□□□ 05④, 08②, 11④, 15④, 20①, 22③

02 다음 그림과 같은 유선망에서 단위폭(1m)당 1일 침투유량을 구하고, 점 A에서 간극수압을 계산하시오. (단, 수평방향 투수계수 $k_h = 5.0 \times 10^{-4}$cm/sec, 수직방향 투수계수 $k_v = 8.0 \times 10^{-5}$cm/sec)

득점	배점
	6

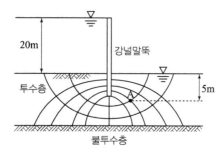

가. 단위폭(1m)당 1일 침투수량을 구하시오.

계산 과정)

답 : _____

나. A점의 간극수압을 구하시오.

계산 과정)

답 : _____

해답 가. $Q = kH\dfrac{N_f}{N_d}$

• $k = \sqrt{k_h \cdot k_v} = \sqrt{(5.0 \times 10^{-4}) \times (8.0 \times 10^{-5})}$

$\quad = 2 \times 10^{-4} \text{cm/sec} = 2 \times 10^{-6} \text{m/sec}$

∴ $Q = 2.0 \times 10^{-6} \times 20 \times \dfrac{3}{10} \times 1 = 1.2 \times 10^{-5} \text{ m}^3/\text{sec}$

$\quad = 1.2 \times 10^{-5} \times 60 \times 60 \times 24 = 1.04 \text{ m}^3/\text{day}$

나. • 전수두 $h_t = \dfrac{N_d{}'}{N_d}h = \dfrac{3}{10} \times 20 = 6 \text{ m}$

• 위치수두 $h_e = -5 \text{ m}$

• 압력수두 $h_p = h_t - h_e = 6 - (-5) = 11 \text{ m}$

∴ 간극수압 $u_p = \gamma_w h_p = 9.81 \times 11 = 107.91 \text{ kN/m}^2$

□□□ 85③, 92③, 93③, 95④, 00⑤, 06①②, 07①, 09④, 12②, 19③, 20①

03 토목시공에서 사용하고 있는 토목섬유의 주요 기능을 4가지만 쓰시오.

득점	배점
	3

① _____ ② _____ ③ _____ ④ _____

해답 ① 배수기능 ② 여과기능 ③ 분리기능 ④ 보강기능 ⑤ 차수기능

□□□ 89②, 98③, 07①, 11②, 17②, 20①, 23①

04 그림과 같은 방파제의 활동에 대한 안전율을 계산하시오.

(단, 파고(H)=3.0m, 케이슨단위중량(w)=20kN/m³, 해수단위중량(w')=10kN/m³, 마찰계수 (f)=0.6, 파압공식($P=1.5w'H$(kN/m²)))

특점 | 배점
3

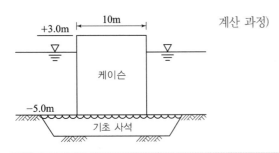

계산 과정)

답 :

해답 안전율 $F_s = \dfrac{f \cdot W}{P_h}$

• 파압 $P=1.5w'H=1.5 \times 10 \times 3.0 = 45\text{kN/m}^2$

• 수평력 P_h =파압×케이슨 높이$= 45 \times (5+3) = 360\text{kN/m}$

• 연직력 W=케이슨의 자중−케이슨의 부력
$$= (3+5) \times 10 \times 20 - (3+5) \times 10 \times 10 = 800\text{kN/m}$$

∴ 안전율 $F_s = \dfrac{f \cdot W}{P_h} = \dfrac{0.6 \times 800}{360} = 1.33$

 부력(buoyancy)

부력이란 수중 부분의 체적만큼의 물의 질량이다. 파고가 3m이므로 케이슨이 물에 잠기므로, 케이슨의 수중부분의 체적은 $(3+5) \times 10$이다.

∴ 케이슨의 부력=케이슨의 수중부분 체적×해수의 단위중량
$$= [(3+5) \times 10] \times 10 = 800\text{kN/m}$$

□□□ 04④, 06②, 10①, 14④, 16④, 20①④

05 장대교량에 사용되는 사장교는 주부재인 케이블의 교축방향 배치방식에 따라 크게 4가지로 분류되는데 이를 쓰시오.

① _____ ② _____ ③ _____ ④ _____

해답 ① 부채형(fan type)   ② 하프형(harp type)   ③ 스타형(star type)   ④ 방사형(radiating type)

 사장교의 분류

① fan형   ② harp형

③ star형   ④ radiating형

□□□ 88③, 92③, 12④, 20①

06 벤토나이트 안정액을 사용하여 벽면을 보호하면서 지반을 굴착하고 공내에 철근 콘크리트 벽을 구축하여 토압과 수압에 모두 견딜 수 있는 흙막이벽의 명칭을 쓰고, 이 흙막이벽의 장점을 3가지만 쓰시오.

득점	배점
	5

가. 이 흙막이벽의 명칭을 쓰시오.

  ○

나. 이 흙막이벽의 장점 3가지를 쓰시오.

① _____ ② _____ ③ _____

해답 가. 지하연속벽식 흙막이벽(Slurry wall)
  나. ① 암반을 포함한 대부분의 지반에서 시공가능하다. ② 벽체의 강성이 높고, 지수성이 좋다.
    ③ 영구 구조물로 이용된다. ④ 소음진동이 적어 도심지 공사에 적합하다.
    ⑤ 토지경계선까지 시공이 가능하다. ⑥ 최대 100m 이상 깊이까지 시공 가능하다.

 지중연속벽식 흙막이벽의 단점

① 공사기간이나 공사비가 많이 소요된다.
② 고도의 기술과 경험을 필요하다.
③ Bentonite 이수처리가 곤란하다.

□□□ 92①, 20①

07 토량의 변화율이 다음과 같을 경우, 답란에 빈칸을 채우시오.

득점	배점
	5

$$L = \frac{흐트러진\ 토량}{자연상태의\ 토량} , \quad C = \frac{다진\ 후의\ 토량}{자연상태의\ 토량}$$

구하는 토량(Q) / 기준이 되는 토량(q)	자연상태의 토량	흐트러진 토량	다진 후의 토량
자연상태의 토량			
흐트러진 토량			

해답

구하는 토량(Q) / 기준이 되는 토량(q)	자연상태의 토량	흐트러진 토량	다진 후의 토량
자연상태의 토량	1	L	C
흐트러진 토량	$\dfrac{1}{L}$	$\dfrac{L}{L}=1$	$\dfrac{C}{L}$

08 모래지반상에 그림과 같이 작은 Dam을 축조할 때 Piping 작용을 막기 위한 시판(矢板)의 최소깊이 D를 구하시오. (단, Creep는 12임.)

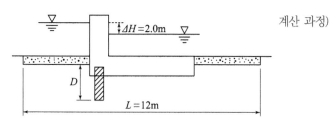

계산 과정)

득점	배점
	3

답 : _____

해답 크리프비 $C = \dfrac{2D + \dfrac{L}{3}}{\triangle H}$

• 가중 크리프 거리 $L_W = 2D + \dfrac{L}{3}$

• 유효 수두 $\triangle H = 2.0\text{m}$

• 크리프비 $12 = \dfrac{2D + \dfrac{12}{3}}{2}$ $\therefore D = 10\text{m}$

참고 SOLVE 사용

09 아래 그림과 같이 연약토층 위에 있는 사면의 복합활동 파괴면에 대한 안전율을 구하시오.

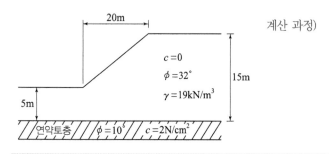

계산 과정)

득점	배점
	3

답 : _____

해답 안전율 $F_s = \dfrac{c \cdot L + W\tan\phi + P_p}{P_a}$

• $P_a = \dfrac{\gamma H^2}{2}\tan^2\left(45° - \dfrac{\phi}{2}\right) = \dfrac{19 \times 15^2}{2}\tan^2\left(45° - \dfrac{32°}{2}\right) = 656.77\text{kN/m}$

• $P_p = \dfrac{\gamma H^2}{2}\tan^2\left(45° + \dfrac{\phi}{2}\right) = \dfrac{19 \times 5^2}{2}\tan^2\left(45° + \dfrac{32°}{2}\right) = 772.96\text{kN/m}$

• $c = 2\text{N/cm}^2 = 20\text{kN/m}^2 = 0.02\text{MPa} = 0.02\text{N/mm}^2$

• $c \cdot L = 20 \times 20 = 400\text{kN/m}^2$

• $W\tan\phi = \dfrac{15 + 5}{2} \times 20 \times 19\tan10° = 670.04\text{kN/m}$

$\therefore F_s = \dfrac{400 + 670.04 + 772.96}{656.77} = 2.81$

10 아래 작업 List를 가지고 화살선도를 그리고 표준일수에 대한 Critical Path를 구하고, 이 작업의 공기를 3일 단축되었을 때 추가되는 최소비용을 구하시오.

득점	배점
	10

작업명	선행작업	후속작업	표준		특급	
			일수	직접비(만원)	일수	간접비(만원)
A	–	C, D	4	21	3	28
B	–	E, F	8	40	6	56
C	A	E, F	6	50	4	60
D	A	H	9	54	7	60
E	B, C	G	4	50	1	110
F	B, C	H	5	15	4	24
G	E	–	3	15	3	15
H	D, F	–	7	60	6	75

가. 표준일수에 대한 화살선도를 그리고, Critical Path를 구하시오.

나. 정상공사기간을 3일 단축시 발생되는 최소추가비용을 구하시오.

계산 과정)   답 : _____

해답 가.

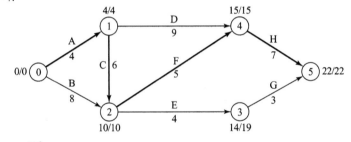

또는

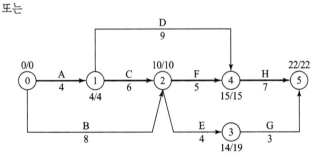

C.P : A → C → F → H

나.

작업명	단축 가능일수	비용구배= $\dfrac{\text{특급비용}-\text{표준비용}}{\text{표준공기}-\text{특급공기}}$	22 (정상)	21 (-1)	20 (-2)	19 (-3)	18 (-4)
A	1	$\dfrac{28-21}{4-3}=7$					
B	2	$\dfrac{56-40}{8-6}=8$					
C	2	$\dfrac{60-50}{6-4}=5$		1	1		
D	2	$\dfrac{60-54}{9-7}=3$				1	
E	3	$\dfrac{110-50}{4-1}=20$					
F	1	$\dfrac{24-15}{5-4}=9$				1	
G	–	–					
H	1	$\dfrac{75-60}{7-6}=15$					1
추가비용				5	5	12	15
총추가비용				5	10	22	37

∴ 최소추가비용 : 22만원

□□□ 11②, 20①, 23②

11 도로의 배수에서 노면에 흐르는 물 및 근접하는 지대로부터 도로면에 흘러 들어오는 물을 집수하고, 배수하기 위하여 도로의 종단방향에 따라 설치한 배수구를 측구(側溝)라 한다. 측구의 형식을 3가지만 쓰시오.

득점	배점
	3

① _____   ② _____   ③ _____

해답 ① L형 측구   ② U형 측구   ③ V형 측구   ④ 산마루형 측구

 측구(roadside drain)의 종류와 형식

■ 측구의 종류
① 막파기 측구 : 연도의 가옥이 없는 산지, 농경지를 지나는 도로 등에 사용되는 것으로 단면형은 V형 또는 사다리형으로 하고 측면의 구배는 되도록 완만하게 한다.
② 콘크리트 측구 : 우리나라에서 가장 많이 사용하는 노견측구로 L형과 U형의 무근 철근 콘크리트 또는 철근 콘크리트제로 프리캐스트형과 현장타설형이 있다.
③ 떼붙임 측구 : 측구 바닥면의 세굴을 막기 위하여 조약돌 등을 붙여서 보강한 것으로 배수량이 그다지 많지 않은 곳에 사용한다.
④ 돌쌓기 측구 : 측구의 측면을 돌쌓기 또는 블록쌓기로 한 것인데 바닥면은 필요에 따라서 돌붙이기 또는 콘크리트 붙이기를 하여 보호한다.

■ 측구의 형식 : L형 측구, U형 측구, V형 측구, 산마루형 측구

□□□ 09④, 10④, 12②④, 15②, 16②, 18③, 20①, 23③

12 배합강도 결정을 위한 콘크리트의 압축강도 측정결과가 다음과 같을 때 물음에 답하시오.
(단, 소수점 이하 셋째자리에서 반올림하시오.)

득점 배점
6

【압축강도 측정결과(MPa)】

48.5	40	45	50	48	42.5	54	51.5
52	40	42.5	47.5	46.5	50.5	46.5	47

가. 배합강도 결정에 적용할 표준편차를 구하시오.
　(단, 시험횟수가 15회일 때 표준편차의 보정계수는 1.16이고, 20회일 때는 1.08이다.)

계산 과정)　　　　　　　　　　　　　　　　답 : _____

나. 호칭강도(f_{cn})가 45MPa일 때 콘크리트의 배합강도를 구하시오.

계산 과정)　　　　　　　　　　　　　　　　답 : _____

해답 가. • 평균값($\overline{X}$) = $\dfrac{\sum X_i}{n}$ = $\dfrac{752}{16}$ = 47.0MPa

　• 편차의 제곱합 $S = \sum (X_i - \overline{X})^2$

　　$S = (48.5 - 47)^2 + (40 - 47)^2 + (45 - 47)^2 + (50 - 47)^2 + (48 - 47)^2$
　　　$+ (42.5 - 47)^2 + (54 - 47)^2 + (51.5 - 47)^2 + (52 - 47)^2 + (40 - 47)^2$
　　　$+ (42.5 - 47)^2 + (47.5 - 47)^2 + (46.5 - 47)^2 + (50.5 - 47)^2$
　　　$+ (46.5 - 47)^2 + (47 - 47)^2 = 262$

　• 표준편차 $s = \sqrt{\dfrac{S}{n-1}} = \sqrt{\dfrac{262}{16-1}} = 4.18$MPa

　• 16회의 보정계수 = $1.16 - \dfrac{1.16 - 1.08}{20 - 15} \times (16 - 15) = 1.144$

　∴ 수정 표준편차 $s = 4.18 \times 1.144 = 4.78$MPa

나. $f_{cn} = 45$MPa > 35MPa일 때

　$f_{cr} = f_{cn} + 1.34s = 45 + 1.34 \times 4.78 = 51.4$MPa

　$f_{cr} = 0.9 f_{cn} + 2.33s = 0.9 \times 45 + 2.33 \times 4.78 = 51.64$MPa

　∴ $f_{cr} = 51.64$MPa(∵ 두 값 중 큰 값)

□□□ 94②, 00②, 05①, 08②, 09②, 14②, 16①, 20①

13 Sand drain 공법에서 U_v(연직방향 압밀도) = 0.95, U_h(수평향 압밀도) = 0.20인 경우, 수직·수평방향을 고려한 압밀도(U)는 얼마인가?

득점 배점
3

계산 과정)　　　　　　　　　　　　　　　　답 : _____

해답 $U = \{1 - (1 - U_h)(1 - U_v)\} \times 100$
　　$= \{1 - (1 - 0.20)(1 - 0.95)\} \times 100 = 96\%$

14 아래 그림과 같은 2연암거의 일반도를 보고 다음 물량을 산출하시오.
(단, 도면의 치수단위는 mm이다.)

득점	배점
	8

일 반 도

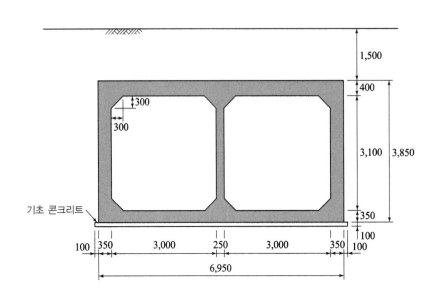

가. 암거길이 1m에 대한 콘크리트량을 산출하시오.
  (단, 기초 콘크리트량도 포함하며, 소수점 이하 넷째자리에서 반올림하시오.)

나. 암거길이 1m에 대한 거푸집량을 산출하시오.
  (단, 양쪽 마구리면은 무시하며, 기초 거푸집량도 포함하며, 소수점 이하 넷째자리에서 반올림하시오.)

계산 과정)

답 : _____

다. 암거길이 1m에 대한 터파기량을 산출하시오.
  (단, 지형상태는 일반도와 같으며 터파기는 기초 콘크리트 양끝에서 0.6m 여유폭을 두고 비탈기울기는 1 : 0.5로 하며, 소수점 이하 넷째자리에서 반올림하시오.)

계산 과정)

답 : _____

해답 가.

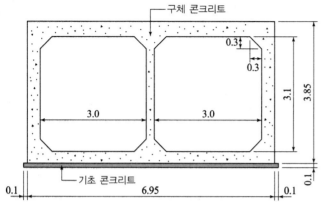

기초 콘크리트량 $= (6.95 + 0.1 \times 2) \times 0.1 \times 1\,(\mathrm{m}) = 0.715\,\mathrm{m}^3$

암거 콘크리트 $= \left(6.95 \times 3.85 - 3.1 \times 3.0 \times 2 + \dfrac{1}{2} \times 0.3 \times 0.3 \times 8\right) \times 1\,\mathrm{m}$
$\qquad = 8.518\,\mathrm{m}^3$

총콘크리트량 $= 0.715 + 8.518 = 9.233\,\mathrm{m}^3$

나.

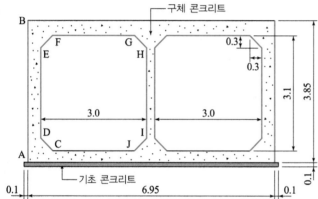

기초 거푸집량 $= 0.100 \times 2 \times 1\,(\mathrm{m}) = 0.200\,\mathrm{m}^2$

암거 거푸집량 $= 3.85 \times 2 + (3.1 - 0.3 \times 2) \times 4 + (3.0 - 0.3 \times 2) \times 2 + \sqrt{0.3^2 + 0.3^2} \times 8$
$\qquad = 25.894\,\mathrm{m}$

$\therefore$ 총거푸집량 $= 0.200 + 25.894 = 26.094\,\mathrm{m}^2$

다.

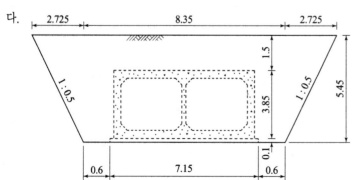

기초 터파기량 밑면 : $0.6 + 7.15 + 0.6 = 8.35\,\mathrm{m}$

기초 터파기량 윗면 : $8.35 + 5.45 \times 0.5 \times 2 = 13.8\,\mathrm{m}$

암거 터파기량 : $\dfrac{8.35 + 13.8}{2} \times 5.45 \times 1\,\mathrm{m} = 60.359\,\mathrm{m}^3$

□□□ 11④, 20①

15 터널굴착 시 여굴(over break)량을 감소시키는 방안을 3가지만 쓰시오.

득점	배점
	3

① _____ ② _____ ③ _____

해답 ① 천공의 위치, 각도를 정확하게 해 준다.
② 지발뇌관을 사용
③ 조절폭파공법을 적용
④ 발파 후에 조속한 초기보강을 실시
⑤ 연약지반이 예상되는 경우에는 선진그라우팅을 실시

□□□ 92②, 02②, 07②, 09④, 13①④, 20①

16 부마찰력이란 하향의 마찰력에 의해 말뚝을 아래쪽으로 끌어내리는 힘을 말한다. 이 같은 부마찰력의 발생원인을 4가지만 쓰시오.

득점	배점
	3

① _____ ② _____ ③ _____ ④ _____

해답 ① 말뚝의 타입 지반이 압밀 진행 중인 경우
② 상재하중이 말뚝과 지표에 작용하는 경우
③ 지하수위의 저하로 체적이 감소하는 경우
④ 점착력 있는 압축성 지반일 때

□□□ 20①

17 도로포장에서 노상위에 위치하여 표층에서 전달되는 교통하중을 노상에 고르게 나누어 주는 중간부분으로 배수와 동상방지역할을 하는 포장구조체의 명칭을 쓰시오.

득점	배점
	2

○

해답 보조기층(sub base course)

□□□ 93③, 94①, 96②, 98①, 99①③, 03①, 04①, 07②, 17①, 18③, 20①, 22①②, 23②

18 아스팔트 포장 중 실코트(seal coat)의 중요 목적 3가지만 쓰시오.

득점	배점
	3

① _____ ② _____ ③ _____

해답 ① 표층의 노화방지 ② 포장 표면의 방수성 ③ 포장 표면의 미끄럼 방지
④ 포장 표면의 내구성 증대 ⑤ 포장면의 수밀성 증대

□□□ 12②, 17①, 20①

19 아래 그림과 같은 지반에서 다음 물음에 답하시오.

득점	배점
	8

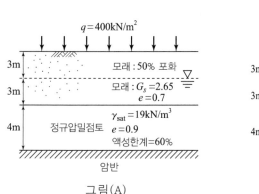

그림(A)

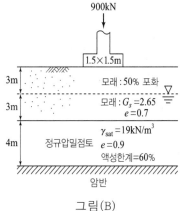

그림(B)

가. 그림(A)와 같이 지표면에 400kN/m²의 무한히 넓은 등분포하중이 작용하는 경우 압밀침하량을 구하시오.

계산 과정)

답 : _____

나. 그림(B)와 같이 지표면에 설치한 정사각형 기초에 900kN의 하중이 작용하는 경우 압밀침하량을 구하시오. (단, 응력증가량 계산은 2 : 1 분포법을 사용하고, 평균유효응력 증가량 ($\Delta\sigma$) 은 ($\Delta\sigma_t + 4\Delta\sigma_m + \Delta\sigma_b$)/6으로 구한다. 여기서, $\Delta\sigma_t$, $\Delta\sigma_m$, $\Delta\sigma_b$는 점토층의 상단부, 중간층, 하단부의 응력증가량이다.)

계산 과정)

답 : _____

해답 가. 압밀침하량 $\triangle H = \dfrac{C_c H}{1+e} \log \dfrac{P_2}{P_1}$

• $C_c = 0.009(W_L - 10) = 0.009(60-10) = 0.45$

• 모래 $\gamma_t = \dfrac{G_s + \dfrac{S \cdot e}{100}}{1+e} \cdot \gamma_w = \dfrac{2.65 + \dfrac{50 \times 0.7}{100}}{1+0.7} \times 9.81 = 17.31\,\mathrm{kN/m^3}$

• 모래 $\gamma_{sub} = \dfrac{G_s - 1}{1+e} \gamma_w = \dfrac{2.65-1}{1+0.7} \times 9.81 = 9.52\,\mathrm{kN/m^3}$

• 정규압밀점토 $\gamma_{sub} = \gamma_{sat} - \gamma_w = 19 - 9.81 = 9.19\mathrm{kN/m^3}$

• $P_1 = \gamma_t \cdot h_1 + \gamma_{sub} \cdot h_2 + \gamma_{sub} \cdot \dfrac{h_3}{2}$

$= 17.31 \times 3 + 9.52 \times 3 + 9.19 \times \dfrac{4}{2} = 98.87\mathrm{kN/m^2}$

• $P_2 = P_1 + q = 98.87 + 400 = 498.87\mathrm{kN/m^2}$

∴ $\triangle H = \dfrac{0.45 \times 4}{1+0.9} \log \dfrac{498.87}{98.87} = 0.6659\mathrm{m} = 66.59\mathrm{cm}$

나. 압밀침하량 $\triangle H = \dfrac{C_c H}{1+e} \log \dfrac{P_1 + \Delta\sigma}{P_1}$

- $\Delta\sigma_t = \dfrac{Q}{(B+z)^2} = \dfrac{900}{(1.5+6)^2} = 16\,\mathrm{kN/m^2}$

- $\Delta\sigma_m = \dfrac{Q}{(B+z)^2} = \dfrac{900}{(1.5+8)^2} = 9.97\,\mathrm{kN/m^2}$

- $\Delta\sigma_b = \dfrac{Q}{(B+z)^2} = \dfrac{900}{(1.5+10)^2} = 6.81\,\mathrm{kN/m^2}$

- $\Delta\sigma = \dfrac{\Delta\sigma_t + \Delta\sigma_m + \Delta\sigma_b}{6} = \dfrac{16.0 + 4\times 9.97 + 6.81}{6} = 10.44\,\mathrm{kN/m^2}$

$\therefore \triangle H = \dfrac{0.45\times 4}{1+0.9} \log \dfrac{98.87 + 10.44}{98.87} = 0.0413\mathrm{m} = 4.13\mathrm{cm}$

□□□ 92①②, 99④, 03①, 12②, 20①

20 널말뚝에 사용되는 일반적인 Anchor 종류를 3가지만 쓰시오.

득점	배점
	3

① _____ ② _____ ③ _____

해답 ① 앵커판(anchor plate)과 앵커보(deadman)
　　② 타이백(tie back)
　　③ 수직앵커말뚝
　　④ 경사말뚝으로 지지되는 앵커보

□□□ 87②, 03②, 20①

21 모래지반에서 지하수위 이하를 굴착할 때 흙막이공의 기초깊이에 비해서 배면의 수위가 너무 높으면 굴착저면의 모래 입자가 지하수와 더불어 분출하여 굴착저면이 마치 물이 끓는 상태와 같이 되는 현상을 무엇이라 하며, 이 현상의 방지대책 3가지를 쓰시오.

득점	배점
	5

가. 이 현상을 무엇이라 하는가?

　○

나. 이 현상의 방지대책 3가지를 쓰시오.

① _____ ② _____ ③ _____

해답 가. 보일링(boiling)현상
　　나. ① 지하수위를 저하시킨다.
　　　　② 흙막이의 근입깊이를 깊게 한다.
　　　　③ 차수성 높은 흙막이를 설치한다.
　　　　④ 굴착 저면을 고결시킨다.

□□□ 84②, 89②, 04①, 06②, 07②, 10②, 13②, 14②, 18②, 20①

22 PERT기법에 의한 공정관리 방법에서 낙관적인 시간이 7일 정상적인 시간이 9일, 비관적 시간이 23일 때 공정상의 기대시간(Expected time)은 얼마인가?

득점	배점
	3

계산 과정)   답 : _____

___

해답 $t_e = \dfrac{t_o + 4t_m + t_p}{6} = \dfrac{7 + 4 \times 9 + 23}{6} = 11$일

□□□ 16②, 20①③, 21①

23 매스콘크리트에서는 구조물에 필요한 기능 및 품질을 손상시키지 않도록 온도균열을 제어하기 위한 적절한 조치를 강구해야 한다. 온도 균열을 억제하기 위한 방법을 3가지만 쓰시오.

득점	배점

① _____   ② _____   ③ _____

___

해답 ① 냉수나 얼음을 사용하는 방법
② 냉각한 골재를 사용하는 방법
③ 액체질소를 사용하는 방법

2020년도 기사 제2회 필답형 실기시험(기사)

종 목	시험시간	형 별	성 명	수험번호
토목기사	**3시간**	**B**		

※ 수험자 인적사항 및 계산식을 포함한 답안 작성은 검은색 필기구만 사용해야 하며, 그 외 연필류, 빨간색, 청색 등 필기구로 작성한 답항은 0점 처리 됩니다.

□□□ 00⑤, 04①, 05②, 11①, 15①, 17②, 20②, 23③

01 어느 암반지대에서 RQD의 평균값은 60%, 절리군의 수는 6, 절리 거칠기 계수는 2, 절리면의 변질계수는 2, 지하수 보정계수 J_w는 1, 응력저감계수 SRF는 1일 경우 Q값을 계산하시오.

득점	배점
	3

계산 과정)

답 : _____

 해답 $Q = \dfrac{RQD}{J_n} \cdot \dfrac{J_r}{J_a} \cdot \dfrac{J_w}{SRF}$

$= \dfrac{60}{6} \times \dfrac{2}{2} \times \dfrac{1}{1} = 10$

🎯 Q-system

Q분류법은 노르웨이의 지반공학연구소의 Barton, Lien & Lunde(1974)에 의해 개발되었으며, 6개의 변수를 3개의 그룹으로 나누어서 종합적인 암반의 암질 Q를 다음과 같이 계산할 수 있다.

$$Q = \frac{RQD}{J_n} \cdot \frac{J_r}{J_a} \cdot \frac{J_w}{SRF} = (\text{암괴크기 점수}) + (\text{암괴전단강도 점수}) + (\text{작용응력 점수})$$

■6개의 평가요소
① RQD : 암질지수 ② J_n : 절리군의 수
③ J_r : 절리면의 거칠기 계수 ④ J_a : 절리면의 변질계수
⑤ J_w : 지하수 보정계수 ⑥ SRF : 응력저감계수

■3개의 그룹
① $\dfrac{RQD}{J_n}$(암괴크기 점수) : 암반의 전체적인 구조를 나타낸다.

② $\dfrac{J_r}{J_a}$(암괴전단강도 점수) : 면의 거칠기, 절리면 간 또는 충전물의 마찰 특성을 나타낸다.

③ $\dfrac{J_w}{SRF}$(작용응력 점수) : 활동성 응력을 표현하는 복잡하고 경험적인 항이다.

☐☐☐ 91③, 97④, 99②, 01②, 08④, 14④, 17②, 20②

02 그림과 같은 등고선을 가진 지형으로 굴착하여 오른편 그림과 같은 도로성토를 하려고 한다. 물음에 답하시오. (단, $L=1.20$, $C=0.90$, 토량은 각주공식을 사용)

득점	배점
	6

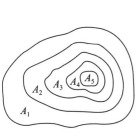

면적(m²)
$A_1 = 1,400$
$A_2 = 950$
$A_3 = 600$
$A_4 = 250$
$A_5 = 100$
한 등고선
높이 : 20m

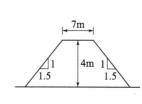

shovel의 C_m : 20sec
dipper 계수 : 0.95
작업 효율 : 0.80, $f = 1$
1일 운전 시간 : 6hrs
유류 소모량 : $4l/hr$

가. 도로 몇 m를 만들 수 있는가?

계산 과정)

답 : _____

나. 위의 그림과 같은 조건에서 1m³ Power Shovel 5대가 굴착할 때 작업일수는 몇 일인가?

계산 과정)

답 : _____

다. Power shovel의 총유류소모량은 얼마나 되겠는가?

계산 과정)

답 : _____

해답 가. 토량계산

- $Q_1 = \dfrac{h}{3}(A_1 + 4A_2 + A_3) = \dfrac{20}{3}(1,400 + 4 \times 950 + 600) = 38,666.67\,\mathrm{m^3}$

- $Q_2 = \dfrac{h}{3}(A_3 + 4A_4 + A_5) = \dfrac{20}{3}(600 + 4 \times 250 + 100) = 11,333.33\,\mathrm{m^3}$

- $\therefore Q = Q_1 + Q_2 = 38,666.67 + 11,333.33 = 50,000\,\mathrm{m^3}$

- 도로의 단면적 $A = \dfrac{7 + (1.5 \times 4 + 7 + 1.5 \times 4)}{2} \times 4 = 52\,\mathrm{m^2}$

- 도로의 길이 $= \dfrac{완성토량 \times C}{도로 단면적} = \dfrac{50,000 \times 0.90}{52} = 865.38\,\mathrm{m}$

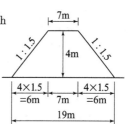

나. • $Q = \dfrac{3,600 \cdot q \cdot K \cdot f \cdot E}{C_m} = \dfrac{3,600 \times 1 \times 0.95 \times \dfrac{1}{1.20} \times 0.80}{20} = 114\,\mathrm{m^3/h}$

$\left(\because 자연상태 : f = \dfrac{1}{L} = \dfrac{1}{1.20} \right)$

- 1일 작업일량 $= 114(\mathrm{m^3/hr}) \times 6(\mathrm{hr}) \times 5(대) = 3,420\,\mathrm{m^3/h}$

- $\therefore 작업일수 = \dfrac{50,000}{3,420} = 14.62 = 15일$

다. 총유류소모량 $= 4 \times 6 \times 14.62 \times 5 = 1,754.4\,l$

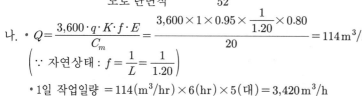
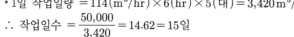

□□□ 91③, 94④, 99⑤, 03③, 08②, 15②, 20②

03 그림과 같은 연속기초의 지지력(q_u)을 Terzaghi(테르자기)식으로 구하시오.
(단, 점착력 $c=10kN/m^2$, 내부마찰각 $\phi=15°$, $N_c=6.5$, $N_r=1.2$, $N_q=2.7$이다.)

득점	배점
	3

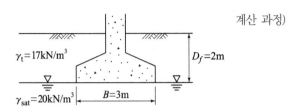

$\gamma_t=17kN/m^3$ $D_f=2m$

$\gamma_{sat}=20kN/m^3$ $B=3m$

계산 과정)

답 :

해답 $q_u = \alpha cN_c + \beta\gamma_t BN_r + \gamma_2 D_f N_q$
$= 1 \times 10 \times 6.5 + 0.5 \times (20-9.81) \times 3 \times 1.2 + 17 \times 2 \times 2.7$
$= 175.14 \, kN/m^2$

🎯 허용지지력

- 연속기초의 형상계수 : $\alpha=1$, $\beta=0.5$
- $\gamma_1 = \gamma_{sub} = \gamma_{sat} - \gamma_w$
- 안전율 $F_s=3$
- 허용 지지력 $q_a = \dfrac{q_u}{F_s} = \dfrac{175.14}{3} = 58.38 \, kN/m^2$

□□□ 14②, 20②

04 도로의 배수처리는 본체 및 도로 구조의 기능 보존, 침투나 지하수 유입에 중요한 작용을 한다. 다음 배수시설 종류 별 대표적인 것을 1가지씩만 쓰시오.

득점	배점
	3

① 표면배수 :

② 지하배수 :

③ 횡단배수 :

해답 ① 측구, 집수정   ② 맹암거, 유공관   ③ 배수관, 암거

🎯 배수시설의 종류

① 표면배수 : 노면 비탈면 및 도로에 인접하는 지역에 내린비 또는 눈에 의하여 생긴 지표수를 배제하는 것으로 주로 측구에 의해 배제시키는 것을 말한다.
② 지하배수 : 땅위에서 땅속으로 스며든 물이나 땅속에서 흐르고 있는 지하수를 저하시킨 다든지 비탈면에 침투한 물을 차단하기 위하여 맹암거 등을 설치하여 물을 배제시키는 것을 말한다.
③ 횡단배수 : 도로의 중앙에서 좌우로 내리막 구배를 만들어 두는 것으로 땅 표면의 물을 좌우에 만들어 둔 배수관거, 암거에 의해 배제시키는 것을 말한다.

□□□ 93②, 94③, 99②, 04①, 06①, 08②, 10①, 13②, 18①, 20②

05 단위 시멘트량이 310kg/m^3, 단위 수량이 160kg/m^3, 단위 잔골재량이 690kg/m^3, 단위 굵은 골재량이 $1,360\text{kg/m}^3$인 콘크리트의 시방배합을 아래 표의 현장 골재상태에 맞게 현상배합으로 환산하여 이때의 단위 수량을 구하시오.

득점	배점
	3

【현장 골재상태】

- 잔골재가 5mm체에 남는 양 : 3.5%
- 굵은골재가 5mm체를 통과하는 양 : 4.5%
- 잔골재의 표면수 : 4.6%
- 굵은골재의 표면수 : 0.7%

계산 과정)

답 : _____

해답 ■ 입도에 의한 조정

- 잔골재량 $X = \dfrac{100S - b(S+G)}{100 - (a+b)} = \dfrac{100 \times 690 - 4.5(690 + 1,360)}{100 - (3.5 + 4.5)} = 649.73\,\text{kg/m}^3$

- 굵은 골재량 $Y = \dfrac{100G - a(S+G)}{100 - (a+b)} = \dfrac{100 \times 1,360 - 3.5(690 + 1,360)}{100 - (3.5 + 4.5)}$
  $= 1,400.27\,\text{kg/m}^3$

■ 표면수에 의한 조정

- 모래의 표면수량 $= 649.73 \times \dfrac{4.6}{100} = 29.89\,\text{kg/m}^3$

- 굵은 골재의 표면수량 $= 1,400.27 \times \dfrac{0.7}{100} = 9.80\,\text{kg/m}^3$

  ∴ 단위수량 $= 160 - (29.89 + 9.80) = 120.31\,\text{kg/m}^3$

□□□ 18①, 20②

06 흙의 다짐에 관한 다음 물음에 답하시오.

득점	배점
	6

가. 흙 다짐의 정의를 간단히 설명하시오.

　○

나. 흙 다짐의 기대되는 효과 3가지를 쓰시오.

① _____　② _____　③ _____

해답 가. 입자간의 거리를 단축시켜 간극 내부의 공기를 제거하는 것
　　나. ① 흙의 전단강도 증가
　　　　② 침하량 감소
　　　　③ 투수성 저하
　　　　④ 지반의 지지력 증가

□□□ 93②, 99⑤, 03①, 08①, 11①, 16②, 20②

07 계획된 저수량 이상으로 댐에 유입하는 홍수량을 조절하여 자연하천으로 방류하는 중요한 구조물인 여수로(Spill Way)의 종류를 4가지만 쓰시오.

득점 | 배점
3

① _____ ② _____ ③ _____ ④ _____

해답 ① 슈트식 여수로   ② 측수로 여수로   ③ 그롤리 홀 여수로
　　 ④ 사이펀 여수로   ⑤ 댐마루 월류식 여수로

🎯 필댐의 여수로(Spill Way)의 종류

① 슈트식 여수로(chute spill way) : 댐의 본체에서 완전히 분리시켜 댐의 가장자리에 설치하여 월류부를 보통 수평으로 하는 여수로
② 측수로 여수로(side channel spill way) : 댐 정상부로 월류시킬 수 없을 때 댐의 한쪽 또는 양쪽에 설치
③ 그롤리 홀 여수로(grolley hole spill way) : 원형 나팔관형으로 되어 있고 유수의 유입으로 터널 내에 부압이 생기므로 설계상 주의가 필요
④ 사이펀 여수로(siphon spill way) : 사이펀의 이론을 그대로 이용한 것으로 상하류면의 수위차를 이용하여 동일 단면에서는 자유월류의 경우보다 다량의 물을 배출

□□□ 09①, 11②, 15④, 20②

08 구조물 공사는 지하수가 배제된 상태에서 시공하거나 또는 원지반에 구조물 축조 후 주변을 성토하여 구조물을 완성하게 되면 지하수의 상승 등에 의해 양압력에 의한 피해가 발생한다. 이러한 구조물의 기초바닥에 작용하는 양압력(부력)에 저항하는 방법을 3가지 쓰시오.

득점 | 배점
3

① _____ ② _____ ③ _____

해답 ① 사하중에 의한 방법
　　 ② 부력 앵커시스템 방법
　　 ③ 영구배수처리방법

🎯 양압력

■ 양압력 : 중력방향의 반대방향으로 작용하는 연직성분의 수압으로 구조물 전후의 수위차 또는 파랑에 의한 구조물 위치에서의 일시적인 수위 상승에 의해 생기는 상향의 수압 및 댐의 저부에 작용하는 상향의 수압을 말한다.
■ 양압력(부력) 대책공법
① 사하중 방법 : 구조물 외벽과 되메움재와의 마찰을 이용하여 구조물 자중이 부력보다 크도록 하는 방법
② 부력 앵커 시스템(영구 앵커) 방법 : 부력방지용 록 앵커를 설치하거나 마이크로파일을 설치하여 저항하는 방법
③ 영구 배수 공법(Permanent drainage system) : 지하수위가 높아도 내부로의 지하수 유입량이 적을 때 적합한 방법

□□□ 10①, 11②, 14①④, 17②, 20②

09 주어진 반중력식 교대 도면을 보고 다음 물량을 산출하시오.
(단, 교대 전체 길이는 10m이며, 도면의 치수 단위는 mm이다.)

일 반 도

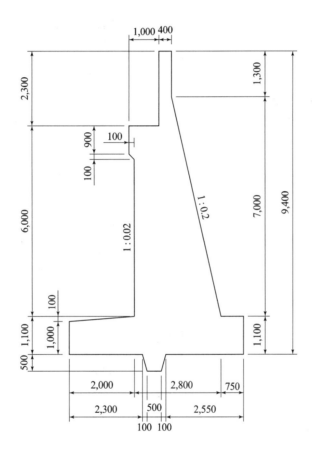

가. 교대의 전체 콘크리트량을 구하시오. (단, 소수 넷째자리에서 반올림하시오.)

계산 과정)

답 : _____

나. 교대의 전체 거푸집량을 구하시오.
(단, 돌출부(전단 Key)에 거푸집을 사용하며, 소수 넷째자리에서 반올림하시오.)

계산 과정)

답 : _____

해답 가. $A_1 = 0.4 \times 1.3 = 0.52\,\mathrm{m}^2$

$A_2 = \dfrac{0.4 + (0.4 + 7 \times 0.2)}{2} \times 7 = 7.70\,\mathrm{m}^2$

$A_3 = 1.0 \times 0.9 = 0.9\,\mathrm{m}^2$

$A_4 = \dfrac{1.0 + 0.9}{2} \times 0.1 = 0.095\,\mathrm{m}^2$

$A_5 = \dfrac{0.9 + (0.9 + 5 \times 0.02)}{2} \times 5 = 4.75\,\mathrm{m}^2$

$A_6 = \dfrac{(5.55 - 2.0) + 5.55}{2} \times 0.1 = 0.455\,\mathrm{m}^2$

$A_7 = 5.55 \times 1.0 = 5.550\,\mathrm{m}^2$

$A_8 = \dfrac{0.5 + 0.7}{2} \times 0.5 = 0.30\,\mathrm{m}^2$

$\sum A = 0.52 + 7.70 + 0.9 + 0.095 + 4.75$
$\qquad + 0.455 + 5.55 + 0.30 = 20.270\,\mathrm{m}^2$

$\therefore$ 총콘크리트량 $= 20.270 \times 10 = 202.700\,\mathrm{m}^3$

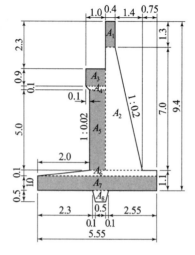

나. $A = 2.300\,\mathrm{m}$

$B = 0.9\,\mathrm{m}$

$C = \sqrt{0.1^2 + 0.1^2} = 0.1414\,\mathrm{m}$

$D = \sqrt{(5 \times 0.02)^2 + 5^2} = 5.001\,\mathrm{m}$

$E = 1.0\,\mathrm{m}$

$F = \sqrt{0.1^2 + 0.5^2} \times 2 = 1.0198\,\mathrm{m}$

$G = 1.1\,\mathrm{m}$

$H = \sqrt{(7 \times 0.2)^2 + 7^2} = 7.1386\,\mathrm{m}$

$I = 1.3\,\mathrm{m}$

- 총거푸집길이
 $\sum L = 2.3 + 0.9 + 0.1414 + 5.001 + 1.0 + 1.0198$
 $\qquad + 1.1 + 7.1386 + 1.3$
 $\qquad = 19.9008\,\mathrm{m}$
- 측면도의 거푸집량 $= 19.9008 \times 10 = 199.008\,\mathrm{m}^2$
- 양 마구리면의 거푸집량 $= 20.270 \times 2(\text{양단}) = 40.54\,\mathrm{m}^2$
 $\therefore$ 총거푸집량 $= 199.008 + 40.54 = 239.548\,\mathrm{m}^2$

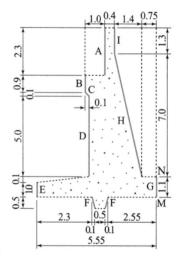

□□□ 84②, 85②, 10④, 13④, 15②, 20②, 21②

10 토취장의 선정조건을 3가지만 쓰시오.

득점	배점
	3

① _____ ② _____ ③ _____

해답 ① 토질이 양호할 것
② 토량이 충분할 것
③ 신기가 편리한 지형일 것
④ 성토장소를 향해서 하향구배 $\dfrac{1}{50} \sim \dfrac{1}{100}$ 정도를 유지할 것
⑤ 운반도로가 양호하며 장애물이 적고 유지가 용이할 것
⑥ 용수, 붕괴의 우려가 없고 배수에 양호한 지형일 것
⑦ 기계의 사용이 용이할 것

□□□ 00②, 11②, 14②, 17①, 20②

11 다음 작업리스트에서 네트워크 공정표를 작성하고, 각 작업의 여유시간을 구하시오.

득점 | 배점
10

작업명	선행작업	작업일수	비고
A	없음	4	
B	A	6	① C.P는 굵은 선으로 표시하시오.
C	A	5	② 각 결합점에는 아래와 같이 표시하시오.
D	A	4	
E	B	3	△ LFT\EFT □ EST│LST
F	B, C, D	7	③ 각 작업은 다음과 같다.
G	D	8	
H	E	6	ⓘ ─작업명→ ⓙ
I	E, F	5	─작업일수→
J	E, F, G	8	
K	H, I, J	6	

가. 공정표를 작성하시오.

나. 여유시간을 구하시오.

작업명	TF	FF	DF
A			
B			
C			
D			
E			
F			
G			
H			
I			
J			
K			

해답 가.

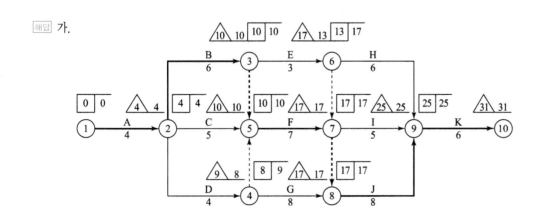

나.

작업명	TF	FF	DF	C.P
A	4−0−4=0	4−0−4=0	0−0=0	*
B	10−4−6=0	10−4−6=0	0−0=0	*
C	10−4−5=1	10−4−5=1	1−1=0	
D	9−4−4=1	8−4−4=0	1−0=1	
E	17−10−3=4	13−10−3=0	4−0=4	
F	17−10−7=0	17−10−7=0	0−0=0	*
G	17−8−8=1	17−8−8=1	1−1=0	
H	25−13−6=6	25−13−6=6	6−6=0	
I	25−17−5=3	25−17−5=3	3−3=0	
J	25−17−8=0	25−17−8=0	0−0=0	*
K	31−25−6=0	31−25−6=0	0−0=0	*

□□□ 98③, 08①④, 10②, 12④, 13①, 14④, 16②, 17①, 20②, 22①

12 3m의 모래층 위에 10m 두께의 단단한 포화점토가 있고 모래는 피압상태에 있다. A점에서 히빙(heaving)현상이 일어나지 않은 최대깊이 H 를 구하시오.

계산 과정)

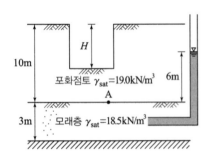

답 : _____

해답 $H = \dfrac{H_1 \gamma_{\mathrm{sat}} - \Delta h \gamma_w}{\gamma_{\mathrm{sat}}}$

• $H_1 = 10\,\mathrm{m}$

• $\Delta h = 6\,\mathrm{m}$

$\therefore\ H = \dfrac{10 \times 19 - 6 \times 9.81}{19} = 6.90\,\mathrm{m}$

$\overline{\sigma} = 0$일 때 히빙이 일어나지 않음

$\sigma = \gamma_{\mathrm{sat}} \times (10 - H)$

$u = \gamma_w \times 6$

$\overline{\sigma} = 19.0 \times (10 - H) - 9.81 \times 6 = 0$

$\therefore\ H = 6.90\,\mathrm{m}$

참고 SOLVE 사용

 최대굴착깊이(H)

• $\overline{\sigma_A} = 0$일 때 절취할 수 있는 최대깊이 H

• 유효응력 $\overline{\sigma_A} = \sigma_A - U_A = (H_1 - H)\gamma_{\mathrm{sat}} - \Delta h \cdot \gamma_w = 0$

$\therefore\ H = \dfrac{H_1 \gamma_{\mathrm{sat}} - \Delta h \gamma_w}{\gamma_{\mathrm{sat}}}$

□□□ 94①, 97②, 00⑤, 20②

13 그림과 같은 구형 유조탱크를 주유소에 묻고 나머지 흙은 660m²의 마당에 고루 펴고 다지려 한다. 마당은 최소한 얼마나 더 높아지겠는가?

(단, $L=1.2$, $C=0.9$, 1평$=3.33m^2$, 구의 체적$=\frac{4}{3}\pi r^3$이다.)

득점	배점
	4

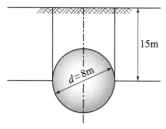

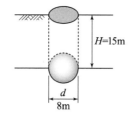

계산 과정)

답 :

해답 • 굴착토량 $=\frac{\pi d^2}{4}\cdot H+\frac{4}{3}\pi r^3\times\frac{1}{2}$

$\qquad = \frac{\pi 8^2}{4}\times 15+\frac{4}{3}\times\pi\times 4^3\times\frac{1}{2}=888.02\,m^3$

• 유조탱크의 체적 $=\frac{4}{3}\pi r^3=\frac{4}{3}\times\pi\times 4^3=268.08\,m^3$

• 메워야 할 흙 $=(888.02-268.08)\times\frac{1}{0.9}=688.82\,m^3$

• 나머지 흙 $=888.02-688.82=199.20\,m^3$(자연상태)

$\qquad\therefore$ 높아진 마당의 최소높이 $=\frac{199.20\times 0.9}{660}=0.27\,m$

□□□ 94④, 98④, 12②, 20②

14 콘크리트 압축강도를 시험하여 거푸집널의 해체시기를 결정하는 경우 그 기준을 나타내는 아래 표의 빈칸을 채우시오.

득점	배점
	3

부재	콘크리트 압축강도(f_{cu})
기초, 보, 기둥, 벽 등의 측면	①
슬래브 및 보의 밑면, 아치 내면 (단층구조의 경우)	②

해답 ① 5MPa

② 설계기준 압축강도의 $\frac{2}{3}$ 배 이상(단, 최소 14MPa 이상)

 거푸집널의 해체시기

부재	콘크리트 압축강도(f_{cu})
기초, 보, 기둥, 벽 등의 측면	5MPa
슬래브 및 보의 밑면, 아치 내면 (단층구조의 경우)	설계기준 압축강도의 $\frac{2}{3}$ 배 이상(단, 최소 14MPa 이상)

□□□ 10④, 14①, 20②

15 콘크리트의 품질기준강도가 40MPa이고, 27회의 압축강도 시험으로부터 구한 표준편차는 5.0MPa이다. 아래 표를 참고하여 이 콘크리트의 배합강도를 구하시오.

득점	배점
	3

【시험횟수가 29회 이하일 때 표준편차의 보정계수】

시험횟수	표준편차의 보정계수	비고
15	1.16	
20	1.08	이 표에 명시되지 않은 시험횟수에
25	1.03	대해서는 직선보간한다.
30 또는 그 이상	1.00	

계산 과정)

답 : _____

해답 • 시험회수 27회 일 때의 표준편차의 보정계수

$$1.03 - \frac{1.03 - 1.00}{30 - 25} \times (27 - 25) = 1.018$$

• 표준편차 : $s = 5 \times 1.018 = 5.09 \, \text{MPa}$
• $f_{cq} = 40 \, \text{MPa} > 35 \, \text{MPa}$인 경우

$$f_{cr} = f_{cq} + 1.34 \, s = 40 + 1.34 \times 5.09 = 46.82 \, \text{MPa}$$

$$f_{cr} = 0.9 f_{cq} + 2.33 \, s = 0.9 \times 40 + 2.33 \times 5.09 = 47.86 \, \text{MPa}$$

$$\therefore \ f_{cr} = 47.86 \, \text{MPa}(두 \ 값 \ 중 \ 큰 \ 값)$$

□□□ 87②, 16①, 20②

16 Rock bolt의 역할을 3가지만 쓰시오.

득점	배점
	3

① _____ ② _____ ③ _____

해답 ① 봉합효과   ② 보형성효과   ③ 내압효과
④ 아치형성효과   ⑤ 지반보강효과

□□□ 98②, 03①, 20②

17 도심지에서 행해지는 지하굴착공사에서 안전을 목적으로 하는 계측기의 종류를 5가지만 쓰시오.

득점	배점
	3

① _____ ② _____ ③ _____

④ _____ ⑤ _____

해답 ① 간극수압계   ② 토압계   ③ 지표침하계   ④ 건물경사계   ⑤ 변형률계

□□□ 99①, 00④, 04②, 07②④, 09②, 13①, 17①, 20②, 23②

18 관암거의 직경이 20cm, 유속이 0.8m/sec, 암거길이가 300m일 때 원활한 배수를 위한 암거 낙차를 Giesler 공식을 이용하여 구하시오.

득점	배점
	3

계산 과정)

답 : _____

[해답] 유속 $V = 20\sqrt{\dfrac{D \cdot h}{L}}$ 에서 $0.8 = 20\sqrt{\dfrac{0.20 \times h}{300}}$

∴ $h = 2.40$m

[참고] SOLVE 사용

□□□ 98⑤, 14①, 20②, 21③

19 직경 30cm의 평판재하시험을 한 결과 침하량 25mm일 때 극한지지력이 300kPa이고, 침하량이 10mm이었다. 허용 침하량이 25mm인 직경 1.2m의 실제 기초의 극한지지력과 침하량을 구하시오. (단, 점토지반과 사질토지반인 경우에 대하여 각각 구하시오.)

득점	배점
	8

가. 점토 지반인 경우에 대해서 구하시오.

① 극한지지력 :

② 침하량 :

나. 사질토 지반인 경우에 대해서 구하시오.

① 극한지지력 :

② 침하량 :

[해답] 가. ① 극한지지력 $q_u = 300$kPa(∵ 재하판에 무관)

② 침하량 $S_F = S_P \times \dfrac{B_F}{B_P} = 10 \times \dfrac{1.2}{0.30} = 40$mm(∵ 재하판 폭에 비례)

나. ① 극한지지력 $q_{u(F)} = q_{u(P)} \times \dfrac{B_F}{B_P}$(∵ 재하판 폭에 비례)

$= 300 \times \dfrac{1.2}{0.30} = 1,200kPa(1,200kN/m^2)$

② 침하량 $S_F = S_P\left(\dfrac{2B_F}{B_F + B_P}\right)^2$

$= 10 \times \left(\dfrac{2 \times 1.2}{1.2 + 0.3}\right)^2 = 25.6$mm(∵ 재하판에 무관)

재하판의 크기에 따른 지지력과 침하량

분류	점토지반	모래지반
지지력	• 재하판에 무관 $q_{u(F)} = q_{u(P)}$	• 재하판 폭에 비례 $q_F = q_u \times \dfrac{B_F}{B_P}$
침하량	• 재하판 폭에 비례 $S_F = S_P \times \dfrac{B_F}{B_P}$	• 재하판에 무관 $S_F = S_P \left(\dfrac{2B_F}{B_F + B_P} \right)^2$

여기서, $q_{u(F)}$: 놓일 기초의 극한지지력　　　$q_{u(P)}$: 시험평판의 극한지지력

$\quad\quad\quad$ B_F : 기초의 폭　　　　　　　　　　B_P : 시험평판의 폭

$\quad\quad\quad$ S_P : 재하판의 침하량　　　　　　　S_F : 기초의 침하량

□□□ 99⑤, 06②, 08④, 17④, 20②, 23③

20 암거의 배열방식을 3가지만 쓰시오.

<table><tr><td>득점</td><td>배점</td></tr><tr><td></td><td>3</td></tr></table>

① _____　② _____　③ _____

해답 ① 자연식　② 차단식　③ 빗식　④ 어골식

□□□ 89①, 94④, 05①, 09②, 12④, 17①, 20①②

21 아래 그림과 같이 연약토층 위에 있는 사면의 복합활동 파괴면에 대한 안전율을 구하시오.

<table><tr><td>득점</td><td>배점</td></tr><tr><td></td><td>3</td></tr></table>

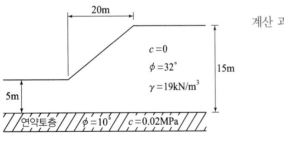

계산 과정)

답 : _____

해답 안전율 $F_s = \dfrac{c \cdot L + W\tan\phi + P_p}{P_a}$

• $P_a = \dfrac{\gamma H^2}{2} \tan^2\left(45° - \dfrac{\phi}{2}\right) = \dfrac{19 \times 15^2}{2}\tan^2\left(45° - \dfrac{32°}{2}\right) = 656.77\text{kN/m}$

• $P_p = \dfrac{\gamma H^2}{2} \tan^2\left(45° + \dfrac{\phi}{2}\right) = \dfrac{19 \times 5^2}{2}\tan^2\left(45° + \dfrac{32°}{2}\right) = 772.96\text{kN/m}$

• $c = 2\text{N/cm}^2 = 20\text{kN/m}^2 = 0.02\text{MPa} = 0.02\text{N/mm}^2$

• $c \cdot L = 20 \times 20 = 400\text{kN/m}^2$

• $W\tan\phi = \dfrac{15+5}{2} \times 20 \times 19\tan10° = 670.04\text{kN/m}$

∴ $F_s = \dfrac{400 + 670.04 + 772.96}{656.77} = 2.81$

□□□ 93②, 94②, 02②, 06①, 07②, 20②

22 흙막이공의 흙막이벽 근입깊이 계산 시 가장 중요한 것 3가지만 쓰시오.

득점 배점
3

① _____ ② _____ ③ _____

해답 ① 토압에 대한 안정성 검토
② 히빙(heaving)에 대한 안정성 검토
③ 파이핑(piping)에 대한 안정성 검토

□□□ 05④, 15④, 20②

23 숏크리트 및 록볼트 공법을 제외한 터널보조공법의 종류를 4가지만 쓰시오.

득점 배점
3

① _____ ② _____ ③ _____ ④ _____

해답 ① 주입공법
② 훠폴링(Fore Poling) 공법
③ 파이프 루프(Pipe Roof) 공법
④ 강관 다단 그라우팅공법
⑤ 지하수위 저하공법
⑥ 동결공법

□□□ 98④, 01②, 03②, 06②, 13④, 20②

24 동상현상이 발생하면 지면이 융기하게 되고 겨울철 토목공사에 많은 문제가 발생할 수 있다. 이러한 동상이 발생하기 쉬운 3가지 중요한 조건을 쓰시오.

득점 배점
3

① _____ ② _____ ③ _____

해답 ① 동상을 받기 쉬운 흙이 존재할 것　② 0℃ 이하의 온도가 오래 지속될 것
③ 물의 공급이 충분할 것

□□□ 20②

25 흙댐(Earth Dam)의 안정조건 3가지를 쓰시오.

득점 배점
3

① _____ ② _____ ③ _____

해답 ① 제체에 활동하지 않을 것
② 비탈면이 안정되어 있을 것
③ 기초지반이 압축에 대해서 안전할 것
④ 제체 및 기초지반이 투수에 안전할 것
⑤ 안정적 여유고를 확보하여 저수가 댐 마루를 월류하지 않을 것

국가기술자격 실기시험문제

2020년도 기사 제3회 필답형 실기시험(기사)

종 목	시험시간	형 별	성 명	수험번호
토목기사	3시간	B		

※ 수험자 인적사항 및 계산식을 포함한 답안 작성은 검은색 필기구만 사용해야 하며, 그 외 연필류, 빨간색, 청색 등 필기구로 작성한 답항은 0점 처리 됩니다.

□□□ 11④, 20③

01 콘크리트의 호칭강도가 24MPa이고, 이 현장에서 압축강도시험의 기록이 없는 경우 배합 강도를 구하시오.

득점	배점
	3

계산 과정)

답 : _____

해답 · 배합강도 $f_{cr} = f_{cn} + 8.5 = 24 + 8.5 = 32.5\text{MPa}$

🎯 압축강도의 시험횟수가 14회 이하이거나 기록이 없는 경우의 배합강도

호칭강도 $f_{cn}(\text{MPa})$	배합강도 $f_{cr}(\text{MPa})$
21 미만	$f_{cn} + 7$
21 이상 35 이하	$f_{cn} + 8.5$
35 초과	$1.1f_{cn} + 5.0$

💡 f_{ck}
설계기준강도

💡 f_{cq}
품질기준강도

💡 f_{ckn}
호칭강도

□□□ 11④, 15①, 20③④

02 유수(流水)의 흐름방향과 유속을 제어하여 하안, 제방의 침식현상을 방지하기 위해 호안이나 하안 전면부에 설치하는 구조물을 무엇이라 하는가?

득점	배점
	2

○

해답 수제(水制 : spur, dike groin)

 수제(水制 : spur, dike groin)

① 하천수의 흐름을 조절하여 휴로의 폭과 수심을 유지하고 제방과 하상을 보호하며, 하천수를 제어하기 위해 물의 흐름에 직각 또는 평행으로 설치하는 하천구조물

② 하천에서 수제 설치는 하천수의 흐름을 제어, 제방, 세굴 방지, 생태계 보전 등의 목적으로 설치된다.

□□□ 02①, 08①, 09④, 11②, 16②, 20③, 23③

03 다음과 같은 모양의 중력식 옹벽을 설치하려고 한다. 흙의 단위중량 $\gamma_t = 17.5 \text{kN/m}^3$, 내부마찰각 $\phi = 31°$, 점착력 $c = 0$, 콘크리트의 단위중량 $\gamma_c = 24 \text{kN/m}^3$일 때 옹벽의 전도 (over turning)에 대한 안전율을 Rankine의 식을 이용하여 계산하시오. (단, 옹벽 전면에 작용하는 수동토압은 무시한다.)

득점	배점
	3

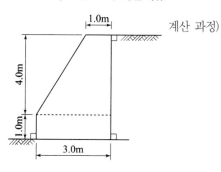

계산 과정)

답 :

해답 $F_s = \dfrac{M_r}{M_o} = \dfrac{W \cdot b + P_v \cdot B}{P_A \cdot y} = \dfrac{W \cdot b + 0}{P_A \cdot y}$ (∵ 수동토압 P_v는 무시)

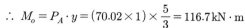

- $P_A = \dfrac{1}{2} \gamma_t H^2 \tan^2 \left(45 - \dfrac{\phi}{2} \right)$

  $= \dfrac{1}{2} \times 17.5 \times 5^2 \tan^2 \left(45 - \dfrac{31°}{2} \right) = 70.02 \text{kN/m}$

  ∴ $M_o = P_A \cdot y = (70.02 \times 1) \times \dfrac{5}{3} = 116.7 \text{kN} \cdot \text{m}$

- $M_r = W \times b = W_1 \cdot y_2 + W_2 \cdot y_2 + W_3 \cdot y_3$

  $W_1 = \left(\dfrac{1}{2} \times 2 \times 4 \right) \times 24 = 96 \text{kN/m}$

  $W_2 = 1 \times 4 \times 24 = 96 \text{kN/m}$

  $W_3 = (3 \times 1) \times 24 = 72 \text{kN/m}$

  ∴ $M_r = \left[96 \times 2 \times \dfrac{2}{3} + 96 \times (2+0.5) + 72 \times 1.5 \right] \times 1$

  $= 476 \text{kN} \cdot \text{m}$

  ∴ 안전율 $F_s = \dfrac{M_r}{M_o} = \dfrac{476}{116.7} = 4.08$

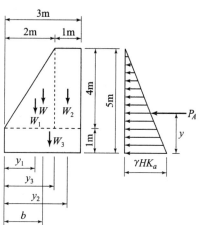

□□□ 16②, 20①③, 21①

04 매스콘크리트에서는 구조물에 필요한 기능 및 품질을 손상시키지 않도록 온도균열을 제어하기 위한 적절한 조치를 강구해야 한다. 온도 균열을 억제하기 위한 방법을 3가지만 쓰시오.

득점	배점

① _____ ② _____ ③ _____

해답 ① 냉수나 얼음을 사용하는 방법 ② 냉각한 골재를 사용하는 방법
③ 액체질소를 사용하는 방법

□□□ 98③, 00③, 01①, 15②, 20③

05 NATM 공법을 이용한 터널시공시 보조공법에 대해 물음에 답하시오.

득점 배점
6

가. 터널의 막장 안정을 위한 공법을 3가지만 쓰시오.

① _____ ② _____ ③ _____

나. 지하수 처리를 위한 대책공법 3가지만 쓰시오.

① _____ ② _____ ③ _____

해답 가. ① 막장면 숏크리트(shotcrete) 공법
② 막장면 록볼트(rock bolt) 공법
③ 약액주입공법
④ 훠폴링(fore poling) 공법
⑤ 미니 파이프 루프(Mini Pipe Roof) 공법

나. ① 물빼기공 ② Well point 공법
③ 약액주입공법 ④ 압기공법

🎯 보조공법

(1) 용수처리(배수처리) 보조공법
① 물빼기 갱도 : 터널 굴진시 고압의 용수가 분출할 때 본갱을 우회하는 우회갱을 굴진한다.
② 물빼기공(물빼기 시추) : 갱 내에서 깊은 속에 위치한 대수층에 물빼기공을 천공하여 지하수 위를 낮춘다.
③ Well point공법 : 선단부에 웰포인트를 부착한 Riser Pipe를 지중에 설치하여 진공펌프로 지하수를 배수하는 것이다.
④ Deep well 공법 : 터널 굴진에 앞서 지하수위가 높은 위치에 깊은 우물을 설치하여 갱 내 수위를 저하시킨다.
(2) 차수 및 지수 보조공법
① 약액주입공법 : 터널 굴착시 용수가 많게 되며 아스팔트 Bentonite, Cement, 고분자계 등 을 지반에 주입하여 용수를 차단한다.
② 동결공법 : 지반에 인위적으로 동결관을 삽입하여 지반을 동결시켜 버리는 공법
③ 압기공법 : 굴착 갱 내를 폐쇄시켜 고압공기를 갱 내로 보내어 용수를 차단시키는 공법

□□□ 96④, 17②, 20③

06 차량이 곡선부를 주행할 때 원심력으로 인하여 곡선부 바깥쪽으로 미끄러지거나 전도할 위험이 있으므로 최소곡선반경을 산정하여 차량이 안전하고 쾌적하게 주행할 수 있도록 하고 있다. 다음의 주어진 값을 적용하여 최소곡선반경(R)을 구하시오.
(조건 : 설계속도 : 100km/hr, 횡방향 미끄럼마찰계수(f)=0.11, 편구배(i) : 6%)

득점 배점
3

계산 과정) 답 : _____

해답 $R = \dfrac{V^2}{127(f+i)} = \dfrac{100^2}{127(0.11+0.06)} = 463.18 \text{m}$

□□□ 96③, 99③, 00⑤, 11④, 15②, 20③

07 다음과 같은 공정표에서 임계공정선(CP)을 구하고, 정상공사기간과 공사비용, 정상공사기간을 4일 줄일 때 발생하는 추가비용의 최소치를 계산하시오.
(단, 기간의 단위는 '일'이며 비용의 단위는 '만원'이다.)

득점	배점
	10

node	공정명	정상기간	정상비용	특급기간	특급비용
0-2	A	3	15	3	15
0-4	B	5	20	4	25
2-6	D	6	36	5	43
2-8	F	8	40	6	50
4-6	E	7	49	5	65
4-10	G	9	27	7	33
6-8	H	2	10	1	15
6-10	C	2	16	1	25
10-12	K	4	28	3	38
8-12	J	3	24	3	24

가. 네트워크 공정표를 작성하고 임계공정선(CP)를 구하시오.

나. 정상공사기간과 공사비용을 구하시오.

계산 과정)　　　　　　　　[답] 정상공사기간 : ＿＿＿＿＿, 공사비용 : ＿＿＿＿＿

다. 정상공사기간을 4일 줄일 때 발생하는 추가비용의 최소치를 구하시오.

계산 과정)　　　　　　　　　　　　　　　답 : ＿＿＿＿＿

해답 가.

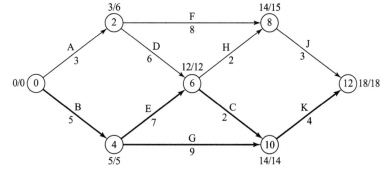

C.P : B→E→C→K, B→G→K

나. 정상공사기간 : 18일
　　공사비용 : 15＋20＋36＋40＋49＋27＋10＋16＋28＋24＝265만원

다.

작업명	단축가능일수	비용경사(일/만원)= $\dfrac{특급비용-표준비용}{표준공기-특급공기}$	18	17	16	15	14
A	0	0					
B	1	$\dfrac{25-20}{5-4}=5$		1			
D	1	$\dfrac{43-36}{6-5}=7$					
F	2	$\dfrac{50-40}{8-6}=5$					
E	2	$\dfrac{65-49}{7-5}=8$				1	1
G	2	$\dfrac{33-27}{9-7}=3$				1	1
H	1	$\dfrac{15-10}{2-1}=5$					
C	1	$\dfrac{25-16}{2-1}=9$					
k	1	$\dfrac{38-28}{4-3}=10$			1		
J	0	0					
		추가비용		5	10	11	11
		단축시 추가비용 합계		5	15	26	37

∴ 추가비용의 최소치 : 37만원

□□□ 03④, 06④, 11①, 12④, 16④, 20③

08 굵은 골재 최대치수 25mm, 단위수량 157kg, 물-시멘트비 50%, 슬럼프 80mm, 잔골재율 40%, 잔골재 표건밀도 2.60g/cm^3, 굵은 골재 표건밀도 2.65g/cm^3, 시멘트밀도 3.14g/cm^3, 공기량 4.5%일 때 콘크리트 1m^3에 소요되는 굵은 골재량을 구하시오.

득점	배점
	3

계산 과정)

답 :

해답 • $\dfrac{W}{C}=50\%$에서

∴ 단위시멘트량 $C=\dfrac{157}{0.50}=314\text{kg}$

• 단위골재의 절대체적

$V_a=1-\left(\dfrac{단위수량}{1,000}+\dfrac{단위시멘트량}{시멘트\ 밀도\times1,000}+\dfrac{공기량}{100}\right)$

$=1-\left(\dfrac{157}{1,000}+\dfrac{314}{3.14\times1,000}+\dfrac{4.5}{100}\right)=0.698\text{m}^3$

• 단위 굵은 골재의 절대부피 = 단위골재의 절대체적 $\times\left(1-\dfrac{S}{a}\right)$

$=0.698\times(1-0.40)=0.4188\text{m}^3$

∴ 굵은 골재량 G = 단위 굵은 골재의 절대부피 $\times$ 굵은 골재 밀도 $\times1,000$

$=0.4188\times2.65\times1,000=1,109.82\text{kg/m}^3$

☐☐☐ 88①②, 92④, 96③, 97③, 98⑤, 99⑤, 00④, 02③, 04②, 08④, 09①, 11①, 14①, 20③

09 다음 히빙(heaving)현상에 대한 물음에 답하시오.

득점	배점
	6

가. 그림과 같은 말뚝 하단의 활동면에 대한 히빙현상에 대한 안전을 검토하시오.

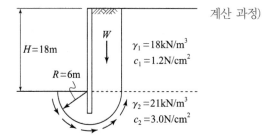

계산 과정)

답 : _____

나. 히빙(heaving)이 발생할 우려가 있는 지반의 방지대책을 3가지만 쓰시오.

① _____ ② _____ ③ _____

해답 가. 안전율 $F_s = \dfrac{M_r}{M_d} = \dfrac{C_1 \cdot H \cdot R + C_2 \cdot \pi \cdot R^2}{\dfrac{R^2}{2}(\gamma_1 \cdot H + q)}$

- $c_1 = 1.2\text{N/cm}^2 = 12\text{kN/m}^2$
- $c_2 = 3.0\text{N/cm}^2 = 30\text{kN/m}^2$
- $M_d = \dfrac{6^2}{2}(18 \times 18 + 0) = 5,832\text{kN} \cdot \text{m}$(Heaving을 일으키려는 Moment)
- $M_r = 12 \times 18 \times 6 + 30 \times \pi \times 6^2 = 4,688.92\text{kN} \cdot \text{m}$(Heaving에 저항하는 Moment)

$\therefore F_s = \dfrac{4,688.92}{5,832} = 0.804 < 1.2$(히빙의 우려가 있다.)

나. ① 흙막이공의 계획을 변경한다. ② 굴착저면에 하중을 가한다.
③ 흙막이벽의 관입 깊이를 깊게 한다. ④ 표토를 제거하여 하중을 적게 한다.

☐☐☐ 84①②③, 87③, 88②, 91③, 93②, 97②, 98⑤, 03④, 04①, 06①, 08②, 09④, 12④, 20③

10 불도저를 이용한 작업에서 운반거리(l)가 60m, 전진속도(V_1) 2.4km/hr, 후진속도(V_2) 3.0km/hr, 기어 변속시간 18초, 굴착압토량(q)은 3.0m³, 토량변화율(L)은 1.25, 작업효율(E)은 0.8일 때 1시간당 작업량(Q)은 자연상태로 얼마인가?

득점	배점
	3

계산 과정)

답 : _____

해답 $Q = \dfrac{60 \cdot q \cdot f \cdot E}{C_m} = \dfrac{60 \cdot q \cdot \dfrac{1}{L} \cdot E}{C_m}$

- $C_m = \dfrac{l}{V_1} + \dfrac{l}{V_2} + t = \left(\dfrac{60}{2,400} + \dfrac{60}{3,000}\right) \times 60 + \dfrac{18}{60} = 3$분

$\therefore Q = \dfrac{60 \times 3.0 \times \dfrac{1}{1.25} \times 0.8}{3.0} = 38.4\,\text{m}^3/\text{h}$

득점	배점
	4

□□□ 10②, 15①, 17②, 20③

11 아래 그림과 같이 지표면에 100kN의 집중하중이 작용할 때 다음 물음에 답하시오.
(단, 소수점 이하 넷째자리에서 반올림하시오.)

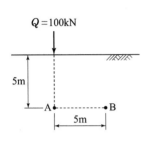

가. A점에서의 연직응력의 증가량을 구하시오.

계산 과정)

답 : _____

나. B점에서의 연직응력의 증가량을 구하시오.

계산 과정)

답 : _____

해답 가. $\Delta\sigma_A = \dfrac{3Q}{2\pi Z^2} = \dfrac{3 \times 100}{2\pi \times 5^2} = 1.910\,\text{kN/m}^2$

나. $\Delta\sigma_B = \dfrac{3Q}{2\pi} \cdot \dfrac{Z^3}{R^5}$

• $R = \sqrt{x^2 + z^2} = \sqrt{5^2 + 5^2} = 7.071$

$\Delta\sigma_B = \dfrac{3 \times 100}{2\pi} \times \dfrac{5^3}{7.071^5} = 0.338\,\text{kN/m}^2$

□□□ 96④, 02①, 20③

12 1.5m×1.5m의 크기인 정방형 기초가 마찰각 $\phi = 20°$, $c = 15.5\text{kN/m}^2$인 지반에 위치해 있다. 흙의 단위중량 $\gamma = 18.2\text{kN/m}^3$이고, 안전율이 3일 때, 기초상의 허용 전하중을 결정하시오. (단, 기초깊이는 1m이고, 전반전단파괴가 일어난다고 가정하고, $N_c = 17.7$, $N_q = 7.4$, $N_r = 5$이다.)

득점	배점
	3

계산 과정)   답 : _____

해답 허용 전하중 $Q_a = q_a \times A$

• 극한 지지력 $q_u = \alpha c N_c + \beta \gamma_1 B N_r + \gamma_2 D_f N_q$

$= 1.3 \times 15.5 \times 17.7 + 0.4 \times 18.2 \times 1.5 \times 5 + 18.2 \times 1 \times 7.4$

$= 545.94\,\text{kN/m}^2$

• 허용 지지력 $q_a = \dfrac{q_u}{F_s} = \dfrac{545.94}{3} = 181.98\,\text{kN/m}^2$

∴ $Q_a = 181.98 \times 1.5 \times 1.5 = 409.46\,\text{kN}$

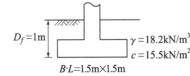

□□□ 17②, 20③

13 다음에 답하시오.

득점 | 배점
6

가. 사운딩의 정의에 대해 간단히 설명하시오.

　○

나. 정적사운딩의 종류 3가지를 쓰시오.

① _____　② _____　③ _____

해답 가. rod에 붙인 어떤 저항체를 지중에 넣어 타격 관입, 인발 및 회전할 때의 흙의 전단강도를 측정하는 원위치 시험

나. ① 베인(Vane) 시험기　② 이스키 메터
③ 스웨덴식 관입 시험기　④ 휴대용 원추 관입 시험기
⑤ 화란식 원추 관입 시험기

□□□ 07①, 09②, 11④, 18②, 20③, 22③

14 다음과 같은 높이 7m인 토류벽이 있다. 토류벽 배면지반은 포화된 점성토지반 위에 사질토지반을 형성하고 있다. 이때 토류벽에 가해지는 전 주동토압을 구하시오.
(단, 지하수위는 점성토지반 상부에 위치하며, 벽마찰각은 무시한다.)

득점 | 배점
3

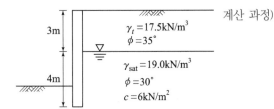

계산 과정)

답 : _____

해답 주동토압 $P_A = \dfrac{1}{2}\gamma_t H_1^2 K_{a1} + \gamma_t H_1 H_2 K_{a2} + \dfrac{1}{2}\gamma_{sub} H_2^2 K_{a2} + \dfrac{1}{2} r_w H_2^2 - 2cH_2\sqrt{K_{a2}}$

- 사질토지반 $K_{a1} = \tan^2\left(45° - \dfrac{\phi}{2}\right) = \tan^2\left(45° - \dfrac{35°}{2}\right) = 0.271$

- 점성토지반 $K_{a2} = \tan^2\left(45° - \dfrac{\phi}{2}\right) = \tan^2\left(45° - \dfrac{30°}{2}\right) = 0.333$

- $\dfrac{1}{2}\gamma_1 H_1^2 K_{a1} = \dfrac{1}{2} \times 17.5 \times 3^2 \times 0.271 = 21.34\,\text{kN/m}$

- $\gamma_1 H_1 H_2 K_{a2} = 17.5 \times 3 \times 4 \times 0.333 = 69.93\,\text{kN/m}$

- $\dfrac{1}{2}\gamma_{sub} H_2^2 K_{a2} = \dfrac{1}{2} \times (19.0 - 9.81) \times 4^2 \times 0.333 = 24.48\,\text{kN/m}$

- $\dfrac{1}{2} r_w H_2^2 = \dfrac{1}{2} \times 9.81 \times 4^2 = 78.48\,\text{kN/m}$

- $2cH_2\sqrt{K_{a2}} = 2 \times 6 \times 4 \times \sqrt{0.333} = 27.70\,\text{kN/m}$

∴ $P_A = 21.34 + 69.93 + 24.48 + 78.48 - 27.70$
$= 166.53\,\text{kN/m}$

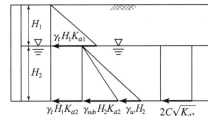

□□□ 94①, 97①, 04①, 12①, 20③

15 하천토공을 위한 횡단측량 결과 다음 그림과 같은 결과를 얻었다. Simpson 제1법칙에 의한 횡단면적을 구하시오. (단, 그림의 수치단위는 m이다.)

득점	배점
	3

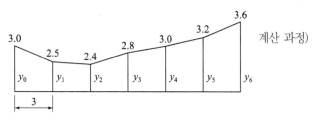

계산 과정)

답 : _____

해답 $A = \dfrac{d}{3}(y_o + y_6 + 4\sum y$홀수 $+ 2\sum$나머지 짝수$)$ (∵ 홀수 : y_1, y_3, y_5, 짝수 : y_2, y_4)

$= \dfrac{3}{3}\{3.0 + 3.6 + 4 \times (2.5 + 2.8 + 3.2) + 2 \times (2.4 + 3.0)\} = 51.40\,\text{m}^2$

🎯 다른 방법

- $A_1 = \dfrac{d}{3}(y_o + 4y_1 + y_2) = \dfrac{3}{3} \times (3.0 + 4 \times 2.5 + 2.4) = 15.4\,\text{m}^2$

- $A_2 = \dfrac{d}{3}(y_2 + 4y_3 + y_4) = \dfrac{3}{3} \times (2.4 + 4 \times 2.8 + 3.0) = 16.6\,\text{m}^2$

- $A_3 = \dfrac{d}{3}(y_4 + 4y_5 + y_6) = \dfrac{3}{3} \times (3.0 + 4 \times 3.2 + 3.6) = 19.4\,\text{m}^2$

∴ $A = A_1 + A_2 + A_3 = 15.4 + 16.6 + 19.4 = 51.40\,\text{m}^2$

□□□ 03①, 12①, 12②, 20③

16 다음 그림에서 (A)의 흙(모래 및 점토)을 굴착하여 (B), (C)에 성토하고 난 후의 남은 흙의 양은 얼마인가? (단, 토량변화율은 모래에서 $C=0.8$, 점토에서 $C=0.9$이고, 모래 굴착 후 점토를 굴착한다.)

득점	배점
	3

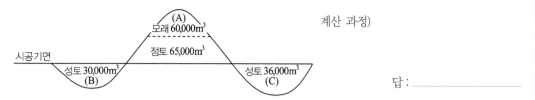

계산 과정)

답 : _____

해답
- 자연상태의 성토량 $= 30,000 + 36,000 = 66,000\,\text{m}^3$
- 모래의 완성토량 $= 60,000 \times 0.8 = 48,000\,\text{m}^3$
- 성토 부족량 $= 66,000 - 48,000 = 18,000\,\text{m}^3$

∴ 남은 토량 $= 65,000 - 18,000 \times \dfrac{1}{0.9} = 45,000\,\text{m}^3$(본바닥 토량을 기준)

□□□ 03①, 08①, 12②, 15①, 18①, 20③, 23②

17 주어진 도면 및 조건에 따라 다음 물량을 산출하시오.
(단, 주어진 도면의 치수는 축척에 맞지 않을 수 있으며, 주어진 치수로만 물량을 산출할 것)

득점 배점
18

단면도 (단위 : mm)

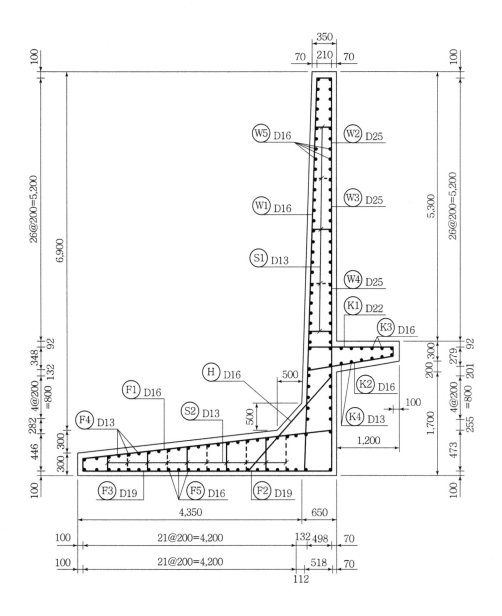

일 반 도

철 근 상 세 도

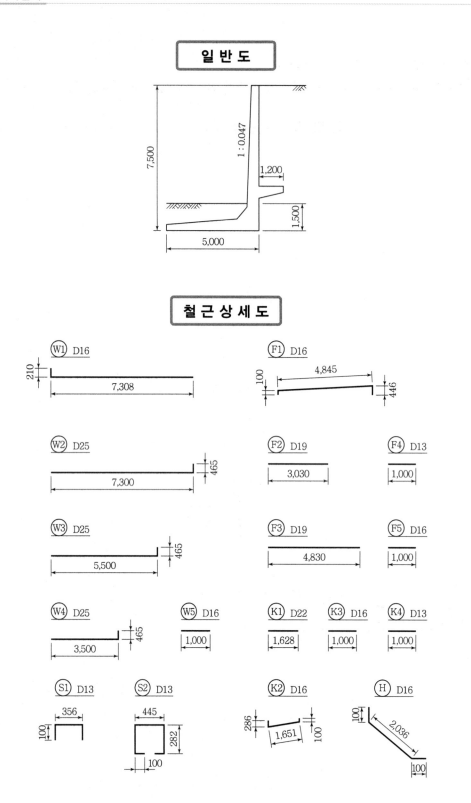

【조 건】

- W1, W4, H, K1, K2, K3, K4, F1, F2, F3 철근은 각각 200mm 간격으로 배근한다.
- W2, W3 철근은 각각 400mm 간격으로 배근한다.
- S1, S2 철근은 도면의 표시와 같이 지그재그로 배근한다.
- 물량산출에서 할증률은 무시하며 철근길이 계산에서 이음길이는 계산하지 않는다.

가. 길이 1m에 대한 콘크리트량을 구하시오. (단, 소수점 이하 4째자리에서 반올림)

계산 과정)   답 : _____

나. 길이 1m에 대한 거푸집량을 구하시오.
  (단, 양측 마구리면은 계산하지 않으며, 소수점 이하 4째자리에서 반올림)

계산 과정)   답 : _____

다. 길이 1m에 대한 철근량 산출을 위한 철근물량표를 완성하시오.

기호	직경	길이(mm)	수량	총길이(mm)	기호	직경	길이(mm)	수량	총길이(mm)
W2					F4				
W5					S1				
H					S2				

해답 **가.**

- A면 $= \left(\dfrac{0.35+0.65}{2}\times 6.4\right)\times 1 = 3.2\,\text{m}^3$
- B면 $= \left(\dfrac{0.3+0.5}{2}\times 1.2\right)\times 1 = 0.48\,\text{m}^3$
- C면 $= \left(\dfrac{0.65+(0.5+0.65)}{2}\times 0.5\right)\times 1 = 0.45\,\text{m}^3$
- D면 $= \{(0.5+0.65)\times 0.6\}\times 1 = 0.69\,\text{m}^3$
- E면 $= \left(\dfrac{0.3+0.6}{2}\times 3.85\right)\times 1 = 1.733\,\text{m}^3$

  $\sum V = 3.2+0.48+0.45+0.69+1.733 = 6.553\,\text{m}^3$

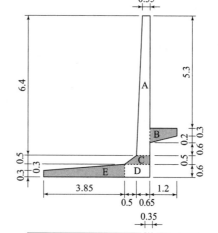

나.
- 저판 A면 $= 0.3\times 1 = 0.3\,\text{m}^2$
- 저판 B면 $= 1.7\times 1 = 1.7\,\text{m}^2$
- 헌치 C면 $= \sqrt{0.5^2+0.5^2}\times 1 = 0.707\,\text{m}^2$
- 선반 D면 $= \sqrt{1.2^2+0.2^2}\times 1 = 1.217\,\text{m}^2$
- 선반 E면 $= 0.3\times 1 = 0.3\,\text{m}^2$
- 벽체 F면 $= \sqrt{6.4^2+0.3008^2}\times 1 = 6.407\,\text{m}^2$
  ($\because x = 0.047\times 6.4 = 0.3008\,\text{m}$)
- 벽체 G면 $= 5.3\times 1 = 5.3\,\text{m}^2$
  $\therefore$ 면적 $= 0.3+1.7+0.707+1.217+0.3+6.407+5.3$
    $= 15.931\,\text{m}^2$

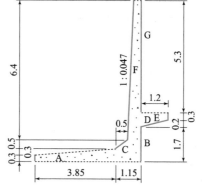

다.

기호	직경	길이(mm)	수량	총길이(mm)	기호	직경	길이(mm)	수량	총길이(mm)
W2	D25	7,765	2.5	19,413	F4	D13	1,000	24	24,000
W5	D16	1,000	68	68,000	S1	D13	556	12.5	6,950
H	D16	2,236	5	11,180	S2	D13	1,209	12.5	15,113

🎯 철근 물량표

- $W1 = \dfrac{\text{총길이}}{\text{철근간격}} = \dfrac{1,000}{200} = 5$

- $W2 = \dfrac{\text{총 길이}}{\text{철근 간격}} = \dfrac{1,000}{400} = 2.5$

- $W5 = (\text{철근 간격} + 1) \times 2 (\text{벽체 전후면})$
  $= (26 + 1 + 1 + 1 + 4 + 1) \times 2 = 68$

- $H = \dfrac{\text{총 길이}}{\text{철근 간격}} = \dfrac{1,000}{200} = 5$

- $F1 = \dfrac{\text{총 길이}}{\text{철근 간격}} = \dfrac{1,000}{200} = 5$

- $F4 = \text{철근 간격} + 1 = (21 + 1 + 1) + 1 = 24$

- $F5 = \text{철근 간격} + 1 = (21 + 1 + 1) + 1 = 24$

- $K2 = \dfrac{\text{총 길이}}{\text{철근 간격}} = \dfrac{1,000}{200} = 5$

- $K3 = 5 + 1 = 6$

- $S1 = \dfrac{\text{단면도의 } S1 \text{ 개수}}{(W1\text{의 간격}) \times 2} = \dfrac{5}{200 \times 2} \times 1,000 = 12.5$

- $S2 = \dfrac{\text{단면도의 } S2 \text{ 개수}}{(F1\text{의 간격}) \times 2} \times \text{옹벽 길이} = \dfrac{10}{400 \times 2} \times 1,000 = 12.5$

기호	직경	길이(mm)	수량	총길이(mm)	기호	직경	길이(mm)	수량	총길이(mm)
W1	D16	7,518	5	37,590	F5	D16	1,000	24	24,000
W2	D25	7,765	2.5	19,413	K2	D16	2,037	5	10,185
W5	D16	1,000	68	68,000	K3	D16	1,000	6	6,000
H	D16	2,236	5	11,180	S1	D13	556	12.5	6,950
F1	D16	5,391	5	26,955	S2	D13	1,209	12.5	15,113
F4	D13	1,000	24	24,000					

□□□ 89①, 92③, 96①, 20③

18 흙의 동결을 방지하는 방법을 3가지만 쓰시오.

득점	배점
	3

① _____ ② _____ ③ _____

해답 ① 치환공법으로 동결되지 않는 흙으로 바꾸는 방법
② 지하수위 상층에 조립토층을 설치하는 방법
③ 배수구 설치로 지하수위를 저하시키는 방법
④ 흙 속에 단열재료를 매입하는 방법
⑤ 지표부의 흙을 안정처리하는 방법

□□□ 11④, 20③, 23②

19 교량의 교대에 많이 사용되는 구조형식을 5가지만 쓰시오.

	득점	배점
		3

① _____   ② _____   ③ _____

④ _____   ⑤ _____

해답 ① 중력식   ② 반중력식   ③ 역T형식   ④ 뒷부벽식   ⑤ 라멘식

🎯 교대의 구조형식에 의한 분류

① 중력식 교대 : 높이 4～6m까지, 자중이 크기 때문에 지지지반이 양호한 곳에 사용
② 반중력식 : 높이 4m 이하로 배면에 철근을 배치하여 단면을 보강해서 중력식보다 자중을 경감시키도록 한 형식
③ 역T형식 : 구체자중이 작고 흙의 중량으로 안정을 유지하므로 경제적이며 뒤채움부 시공도 용이함
④ 뒷부벽식 : 높이 10m 이상일 때 역T형보다 많이 적용
⑤ 라멘식 : 교대 배면에 통로를 필요로 하는 경우 채택

□□□ 93④, 13④, 20③

20 댐의 기초암반을 침투하는 물을 방지하기 위하여 지수의 목적으로 댐의 축방향 기초 상류부에 병풍모양으로 시멘트 용액 또는 벤토나이트와 점토의 혼합용액을 주입하는 공법을 쓰시오.

	득점	배점
		2

○

해답 커튼 그라우팅(Curtain grouting)

🎯 커튼 그라우팅(Curtain grouting)

기초암반을 침투하는 물을 방지하기 위한 지수 목적으로 실시하는 그라우팅으로 댐의 축방향 기초 상류쪽에 병풍모양으로 콘솔리데이션 그라우팅보다 깊게 그라우팅하는 공법이다.

□□□ 20③

21 현장타설콘크리트 말뚝에서 기계적인 굴착방법 3가지를 쓰시오.

	득점	배점
		3

① _____   ② _____   ③ _____

해답 ① 베노트(Benoto)공법
② RCD(역순환)공법
③ 어스 드릴(Earth drill)공법

□□□ 20③

22 $\bar{x} - R$ 관리도는 표준값이 정해져 있는 관리용 관리도의 경우와 표준값이 정해져 있지 않은 해석용 관리도의 경우로 나누어 설명될 수 있다. 이 때 $\bar{x} - R$ 관리도를 작성하는 기준 2가지를 쓰시오.

득점	배점
	4

① _____ ② _____ ③ _____

해답 ① 중심선(CL)
② 관리한계선(UCL, LCL)

□□□ 91②, 94④, 02④, 05②, 07②, 11②, 13④, 18①, 20③

23 Sand drain을 연약지반에 타설하는 방법을 3가지만 쓰시오.

득점	배점
	3

① _____ ② _____ ③ _____

해답 ① 압축공기식 케이싱 방법   ② Water jet식 케이싱 방법
③ Rotary boring에 의한 방법   ④ Earth auger에 의한 방법

국가기술자격 실기시험문제

2020년도 기사 제4·5회 필답형 실기시험 (기사)

종 목	시험시간	형 별	성 명	수험번호
토목기사	**3시간**	**B**		

※ 수험자 인적사항 및 계산식을 포함한 답안 작성은 검은색 필기구만 사용해야 하며, 그 외 연필류, 빨간색, 청색 등 필기구로 작성한 답항은 0점 처리 됩니다.

□□□ 85③, 20④, 23①

01 다져진 상태의 토량 18,900m³을 성토하는 데 흐트러진 상태의 토량 15,000m³이 있다. 이 때 부족토량은 자연상태의 토량으로 얼마인가?
(단, 흙은 사질토이고 토량의 변화율은 $L = 1.25$, $C = 0.90$이다.)

득점	배점
	3

계산 과정)　　　　　　　　　　　　　　　　　　답 :

해답 • 다져진 상태의 토량을 자연상태의 토량으로 환산 :

$$18,900 \times \frac{1}{0.9} = 21,000 \, \text{m}^3$$

• 흐트러진 상태의 토량을 자연상태의 토량으로 환산 :

$$15,000 \times \frac{1}{1.25} = 12,000 \, \text{m}^3$$

$$\therefore \text{부족토량} = 21,000 - 12,000 = 9,000 \, \text{m}^3$$

□□□ 88③, 15④, 20④

02 어떤 사질 기초지반의 평판 재하실험 결과 항복강도가 600kN/m², 극한강도 1,000kN/m²이었다. 그리고 그 기초는 지표에서 1.5m 깊이에 설치된 것이고 그 기초지반의 단위중량이 18kN/m³일 때, 이때의 지지력계수 $N_q = 5$이었다. 이 기초의 장기 허용지지력을 구하시오.

득점	배점
	3

계산 과정)　　　　　　　　　　　　　　　　　　답 :

해답 ■ 허용지지력 (q_t) 결정

$$q_t = \frac{q_u}{3} = \frac{1,000}{3} = 333.33 \, \text{kN/m}^2$$

$$q_t = \frac{q_y}{2} = \frac{600}{2} = 300 \, \text{kN/m}^2$$

$$\therefore q_t = 300 \, \text{kN/m}^2 (\because \text{두 값 중 작은 값})$$

∴ 장기 허용지지력

$$q_a = q_t + \frac{1}{3} \gamma_t \cdot D_f \cdot N_q$$

$$= 300 + \frac{1}{3} \times 18 \times 1.5 \times 5 = 345 \, \text{kN/m}^2$$

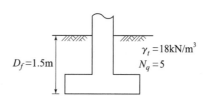

□□□ 04④, 06②, 10①, 14④, 16④, 20④

03 장대교량에 사용되는 사장교는 주부재인 케이블의 교축방향 배치방식에 따라 3가지를 쓰고 예와 같이 그림을 그리시오.

득점	배점
	6

구 분	형 상
[예] 방사형 :	
①	
②	
③	

해답

구 분	형 상
① 부채형(fan type)	
② 스타형(star type)	
③ 하프형(harp type)	

□□□ 16②, 20④

04 지하수위가 지표면과 일치하는 포화된 연약 점토층의 깊이 2m지점에 폭 1.2m의 연속기초를 설치하였다. 연약점토층의 포화단위중량은 18.5kN/m³이며, 강도정수 $c_u = 25$kN/m², $\phi_u = 0$ 일 때 극한 지지력을 구하시오. (단, $\phi_u = 0$일 때 $N_c = 5.14$, $N_r = 0$, $N_q = 1.0$이며, 전반전 단파괴로 가정하며, Terzaghi공식을 사용하시오.)

득점	배점
	3

계산 과정)   답 : _____

해답 $\phi_u = 0$인 점토인 경우($\because$ 연속기초 : $\alpha = 1.0$, $\beta = 0.5$)

$q_u = \alpha c N_c + \gamma_2 D_f N_q$
$= 1.0 \times 25 \times 5.14 + (18.5 - 9.81) \times 2 \times 1.0$
$= 145.88$kN/m²

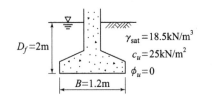

$D_f = 2$m

$\gamma_{sat} = 18.5$kN/m³
$c_u = 25$kN/m²
$\phi_u = 0$

$B = 1.2$m

▶ c_u 단위
$c_u = 25$kN/m²
$= 2.5$N/cm²
$= 0.025$N/mm²
$= 0.025$MPa

□□□ 85②, 20④

05 20km 구간의 도로보수작업에서 그레이더 작업을 하루(기준시간 8시간)에 완료하고자 한다. 첫 번째에는 1회 통과 2단기어(5.4km/hr), 두 번째 2회 통과 3단기어(9km/hr), 세 번째 2회 통과 4단기어(13.1km/hr)로 한다면 몇 대의 그레이더가 필요한가? (단, 효율은 0.7)

득점 | 배점
3

계산 과정)   답 : _____

해답 · 평균작업속도 $V_m = \dfrac{1 \times 5.4 + 2 \times 9 + 2 \times 13.1}{1+2+2} = 9.92 \text{km/h}$

· 소요작업시간 $H = \dfrac{\text{통과횟수} \times \text{작업거리}}{\text{작업속도} \times \text{작업효율}} = \dfrac{5 \times 20}{9.92 \times 0.7} = 14.40 \text{시간}$

∴ 소요대수 $N = \dfrac{14.40}{8} = 1.8$ ∴ 2대

□□□ 11④, 15①, 20③④

06 유수(流水)의 흐름방향과 유속을 제어하여 하안, 제방의 침식현상을 방지하기 위해 호안이나 하안 전면부에 설치하는 구조물을 무엇이라 하는가?

득점 | 배점
2

○

해답 수제(水制 : spur, dike groin)

 수제(水制 : spur, dike groin)

① 하천수의 흐름을 조절하여 휴로의 폭과 수심을 유지하고 제방과 하상을 보호하며, 하천수를 제어하기 위해 물의 흐름에 직각 또는 평행으로 설치하는 하천구조물
② 하천에서 수제 설치는 하천수의 흐름을 제어, 제방, 세굴 방지, 생태계 보전 등의 목적으로 설치된다.

□□□ 89②, 13④, 18①, 20④

07 공기케이슨 공법과 비교하였을 때 오픈케이슨 공법의 시공상 단점을 3가지만 쓰시오.

득점 | 배점
3

① _____   ② _____   ③ _____

해답 ① 선단의 연약토 제거 및 토질상태 파악이 어렵다.
② 큰 전석이나 장애물이 있는 경우 침하작업이 지연된다.
③ 굴착시 히빙이나 보일링 현상의 우려가 있다.
④ 경사가 있을 경우는 케이슨이 경사질 염려가 있다.
⑤ 저부 콘크리트가 수중시공이 되어 불충분하게 되기 쉽다.

□□□ 05②, 08②, 09④, 20④, 21①

08 다음과 같은 작업리스트가 있다. 아래 물음에 답하시오.

작업명	node	작업일수	TE		TL		TF
			EST	EFT	LST	LFT	
A	1→2	3					
B	2→3	3					
C	2→4	4					
D	2→5	5					
E	3→6	4					
F	4→6	6					
G	4→7	6					
H	5→8	7					
I	6→9	8					
J	7→9	4					
K	8→9	2					
L	9→10	2					

가. Network(화살선도)를 작성하고 임계공정선(C.P)을 구하시오.

나. 표의 빈 칸을 채우시오.

해답 가.

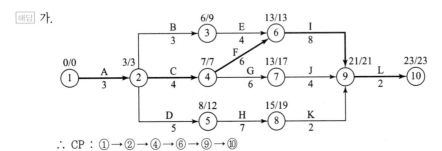

∴ CP : ①→②→④→⑥→⑨→⑩

나.

작업명	작업	작업일수	TE		TL		TF
			EST	EFT	LST	LFT	
A	1→2	3	0	3	0	3	0
B	2→3	3	3	6	6	9	3
C	2→4	4	3	7	3	7	0
D	2→5	5	3	8	7	12	4
E	3→6	4	6	10	9	13	3
F	4→6	6	7	13	7	13	0
G	4→7	6	7	13	11	17	4
H	5→8	7	8	15	12	19	4
I	6→9	8	13	21	13	21	0
J	7→9	4	13	17	17	21	4
K	8→9	2	15	17	19	21	4
L	9→10	2	21	23	21	23	0

□□□ 01①, 02②, 04②, 06④, 09①, 10④, 13②, 15②, 20④

09 주어진 도면 및 조건에 따라 다음 물량을 산출하시오. (단, 주어진 도면의 치수는 축척에 맞지 않을 수 있으며, 주어진 치수로만 물량을 산출하며, 도면의 치수 단위는 mm이다.)

득점	배점
	18

단 면 도

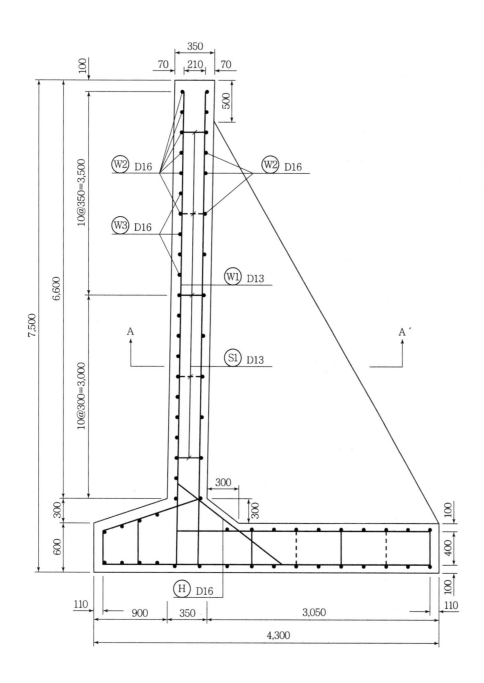

측 면 도

일 반 도

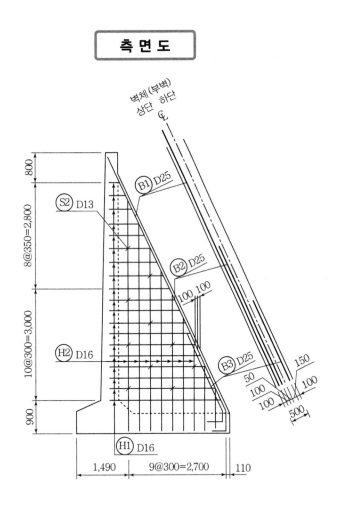

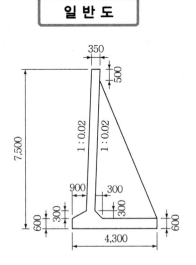

A-A′ 단면도

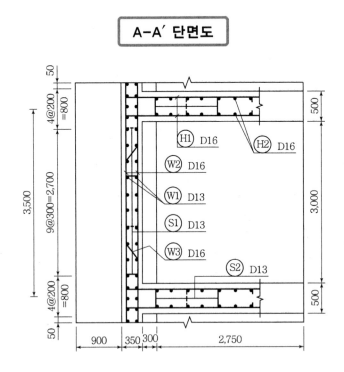

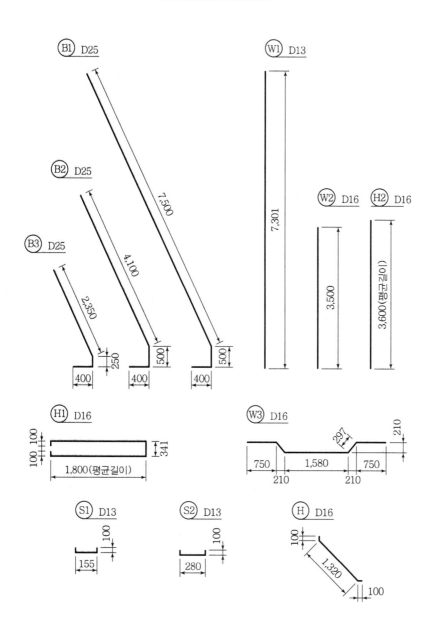

철근상세도

【조 건】
- S1 철근은 지그재그(Zigzag)로 배치되어 있다.
- H철근의 간격은 W1철근과 같다.
- 물량산출에서의 할증률 및 마구리는 없는 것으로 한다.
- 물량산출에서 전면벽의 경사를 반드시 고려하여야 한다. (일반도 참조)
- 철근길이 계산에서 이음길이는 계산하지 않는다.
- 저판의 철근량은 계산하지 않는다.

가. 부벽을 포함하는 옹벽길이 3.5m에 대한 콘크리트량을 구하시오.
   (단, 전면벽의 경사를 고려하여야 하며, 소수 넷째자리에서 반올림하시오.)

계산 과정)

답 : _____

나. 부벽을 포함하는 옹벽길이 3.5m에 대한 전체 거푸집량을 구하시오.
   (단, 전면벽의 경사를 고려하여야 하며, 소수 넷째자리에서 반올림하시오.)

계산 과정)

답 : _____

다. 부벽을 포함하는 옹벽길이 3.5m에 대한 철근물량표를 완성하시오.

기호	직경	길이(mm)	수량	총길이(mm)	기호	직경	길이(mm)	수량	총길이(mm)
W1					B1				
W3					S1				
H1									

해답 가.

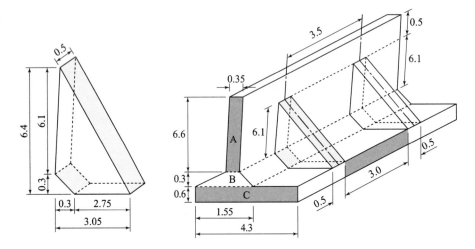

■ 1개의 부벽에 대한 콘크리트량

$$\left(\frac{3.05+0.122}{2}\times 6.4 - \frac{0.122\times 6.1}{2} - \frac{0.3\times 0.3}{2}\right)\times 0.50 = 4.867\,\mathrm{m}^3$$

$(\because 6.1\times 0.02 = 0.122\,\mathrm{m})$

■ 옹벽에 대한 콘크리트량

• $A = 0.35\times 6.6 = 2.310\,\mathrm{m}^2$

• $B = \dfrac{0.35+1.55}{2}\times 0.3 = 0.285\,\mathrm{m}^2$

• $C = 4.3\times 0.6 = 2.58\,\mathrm{m}^2$

  $\therefore\ (2.310+0.285+2.58)\times 3.5 = 18.113\,\mathrm{m}^3$

  $\therefore$ 총콘크리트량 $= 4.867+18.113 = 22.980\,\mathrm{m}^3$

나.

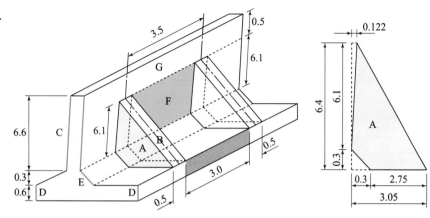

■ 1개의 부벽에 대한 거푸집량

• A면 = $\left\{\left(\dfrac{0.122+3.05}{2}\right) \times 6.4 - \left(\dfrac{0.3 \times 0.3}{2}\right) - \left(\dfrac{6.1 \times 0.122}{2}\right)\right\} \times 2 = 19.467 \, \text{m}^2$

• B면 = $\sqrt{6.4^2 + (3.05-0.122)^2} \times 0.5 = 3.519 \, \text{m}^2$

• C면 = $\sqrt{6.6^2 + (6.6 \times 0.02)^2} \times 3.5 = 23.105 \, \text{m}^2$

• D면 = $0.6 \times 2 \times 3.5 = 4.2 \, \text{m}^2$

• E면 = $\sqrt{0.3^2 + 0.3^2} \times 3 = 1.273 \, \text{m}^2$

• F면 = $\sqrt{6.1^2 + 0.122^2} \times 3.0 = 18.304 \, \text{m}^2$

• G면 = $\sqrt{0.5^2 + 0.01^2} \times 3.5 = 1.750 \, \text{m}^2$ $(\because \ 0.5 \times 0.02 = 0.01 \, \text{m})$

∴ 총거푸집량

$\sum A = 19.467 + 3.519 + 23.105 + 4.2 + 1.273 + 18.304 + 1.750 = 71.618 \, \text{m}^2$

다.

기호	직경	길이(mm)	수량	총길이(mm)	기호	직경	길이(mm)	수량	총길이(mm)
W1	D13	7,301	26	189,826	B1	D25	8,400	2	16,800
W3	D16	3,674	8	29,392	S1	D13	355	10	3,550
H1	D16	4,141	19	78,679					

🎯 철근수량계산

기호	직경	길이	수량	총길이	수량산출
H	D16	1,520	13	19,760	• H철근과 W철근의 간격이 같다. A-A'단면도 후면에서 계산
H1	D16	4,141	19	78,679	• 측면도 8@+10@ • 칸수+1 = (8+10)+1 = 19
H2	D16	3,600	18	64,800	• 측면도에서 9@-1@ = 8@ • 철근간격수×2(복배근) $= \{((9-1)+1)\} \times 2 = 18$

기호	직경	길이	수량	총길이	수량산출
B1	D25	8,400	2	16,800	• 측면도 벽체(부벽)상단 좌우
B2	D25	5,000	2	10,000	• 측면도 벽체(부벽)상단 좌우
B3	D25	3,000	3	9,000	• 측면도 벽체(부벽)하단 좌우 • 2+1 = 3

기호	직경	길이	수량	총길이	수량산출
S1	D13	355	10	3,550	• 단면도 실선 3, 점선 2 • A-A' 단면도(실선 2, 점선 2) 　∴ $3 \times 2 + 2 \times 2 = 10$
S2	D13	480	10	4,800	• 전면벽에서부터 　$4 + 3 + 2 + 1 = 10$

기호	직경	길이	수량	총길이	수량산출
W1	D13	7,301	26	189,826	• A-A' 단면에서 • 철근간격수×2(전후면) 　$= \{(9+1)+(2+1)\} \times 2$(전후면) $= 26$
W2	D16	3,500	26	91,000	• 철근간격수×2(전후면) 　$= \{((4+3+5)+1)\} \times 2$(전후면) $= 26$
W3	D16	3,674	8	29,392	• 단면도 벽체에서 후면에는 배근 없고, 전면 벽체에만 배근되어 있는 철근 　(단면도에서 수계산)

기호	직경	길이(mm)	수량	총길이(mm)	기호	직경	길이(mm)	수량	총길이(mm)
W1	D13	7,301	26	189,826	H	D16	1,520	13	19,760
W2	D16	3,500	26	91,000	H1	D16	4,141	19	78,679
W3	D16	3,674	8	29,392	H2	D16	3,600	18	64,800
B1	D25	8,400	2	16,800	S1	D13	355	10	3,550
B2	D25	5,000	2	10,000	S2	D13	480	10	4,800
B3	D25	3,000	3	9,000					

□□□ 96③, 02①, 20④

10 숏크리트 타설 시 뿜어붙일 면에 대한 사전처리작업을 3가지만 쓰시오.

득점 배점
　　6

① _____　② _____　③ _____

해답 ① 적당한 습윤상태를 유지한다.
　　② 벽면은 될수록 평면이 되도록 마무리한다.
　　③ 뿜어붙이기 전에 흙, 부석 등 청소를 한다.
　　④ 뿜기면의 용수는 배수처리 한다.

□□□ 20④

11 교대 뒷쪽에 설치하는 답괴판(approach slab)을 설치하는 목적을 쓰시오.

득점 배점
　　2

○

해답 부등 침하 방지

□□□ 94①, 97①, 03①, 05④, 11④, 14②, 17①, 20④, 22②

12 도로토공을 위한 횡단측량 결과 다음 그림과 같은 결과를 얻었다. Simpson 제2법칙에 의한 횡단면적은?

득점	배점
	3

계산 과정)

답 : _____

해답 $A = \dfrac{3d}{8}\{y_o + 2(y_3) + 3(y_1 + y_2 + y_4 + y_5) + y_6\}$

$= \dfrac{3 \times 2}{8}\{2.0 + 2 \times 1.7 + 3(2.2 + 1.8 + 1.6 + 1.8) + 2.4\} = 22.50\,\text{m}^2$

또는

🎯 다른 방법

• $A_1 = \dfrac{3d}{8}(y_o + 3y_1 + 3y_2 + y_3) = \dfrac{3 \times 2}{8}(2.0 + 3 \times 2.2 + 3 \times 1.8 + 1.7) = 11.78\,\text{m}^2$

• $A_2 = \dfrac{3d}{8}(y_3 + 3y_4 + 3y_5 + y_6) = \dfrac{3 \times 2}{8}(1.7 + 3 \times 1.6 + 3 \times 1.8 + 2.4) = 10.73\,\text{m}^2$

∴ $A = A_1 + A_2 = 11.78 + 10.73 = 22.51\,\text{m}^2$

□□□ 20④

13 프리스트레스트 콘크리트(PSC)말뚝의 장점 4가지를 쓰시오.

득점	배점
	4

① _____ ② _____

③ _____ ④ _____

해답 ① 신뢰성이 크다. ② 균열이 잘 생기지 않는다.
③ 휨량을 받았을 때 휨량이 적다. ④ 인장파괴의 발생 방지에 효력이 있다.
⑤ 길이의 조절이 비교적 쉽다.

□□□ 96①, 01②, 20④

14 시멘트 콘크리트 포장공법 중 단위수량이 적은 낮은 슬럼프(slump)의 된비빔 콘크리트를 토공에서와 같이 다져서 시공하는 공법으로 건조수축이 작고 줄눈간격을 줄일 수 있으며, 공기단축이 가능한 반면에 포장표면의 평탄성이 결여되는 단점이 있는 포장 공법은?

득점	배점
	2

○

해답 전압콘크리트 포장공법(RCCP : roller compacted concrete pavement)

□□□ 20④

15 골재를 각 상태에서 계량한 결과가 아래와 같을 때 이 골재의 유효흡수율과 표면수율을 구하시오.

득점	배점
	4

> 절대건조 상태 시료의 질량 : 767.5g
> 공기 중 건조 상태 시료의 질량 : 769.2g
> 표면건조포화 상태 시료의 질량 : 806g
> 습윤 상태 시료의 질량 : 830.3g

계산 과정)

【답】 유효흡수율 : _____, 표면수율 : _____

해답
• 유효 흡수율 $= \dfrac{표면건조포화상태 - 공기중 \ 건조상태}{절대 \ 건조상태} \times 100$

$= \dfrac{806 - 769.2}{767.5} \times 100 = 4.79\%$

• 표면 수율 $= \dfrac{습윤 \ 상태 - 표면 \ 건조 \ 포화 \ 상태}{표면 \ 건조 \ 포화 \ 상태} \times 100$

$= \dfrac{830.3 - 806}{806} \times 100 = 3.01\%$

참고 흡수율 $= \dfrac{표면건조포화상태 - 노건조상태}{노선조상태} \times 100$

$= \dfrac{806 - 767.5}{767.5} \times 100 = 5.02\%$

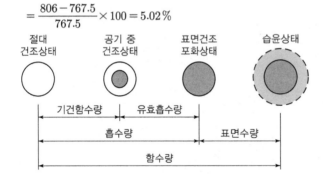

□□□ 98②, 00②, 16②, 20④

16 아스팔트 콘크리트 포장의 장점을 3가지만 쓰시오.

득점	배점
	3

① _____ ② _____ ③ _____

해답 ① 주행성이 좋다.
② 평탄성이 좋다.
③ 시공성이 좋다.
④ 양생기간이 짧다.
⑤ 유지 보수 작업이 용이하다.

□□□ 01②, 03④, 04②, 06④, 09②, 11①, 12④, 20④

17 굵은 골재 최대치수 20mm, 단위수량 140kg, 물-시멘트비 50%, 슬럼프 80mm, 잔골재율 42%, 잔골재 표건밀도 2.60g/cm³, 굵은 골재 표건밀도 2.65g/cm³, 시멘트 밀도 3.16g/cm³, 공기량 4.5%일 때 콘크리트 1m³에 소요되는 잔골재량, 굵은 골재량을 구하시오.

득점	배점
	4

계산 과정)

[답] 잔골재량 : _____, 굵은 골재량 : _____

해답 ■ $V_a = 1 - \left(\dfrac{단위수량}{1,000} + \dfrac{단위시멘트량}{시멘트의\ 밀도 \times 1,000} + \dfrac{공기량}{100} \right)$

· $\dfrac{W}{C} = 50\%$에서 ∴ 단위시멘트량 $C = \dfrac{140}{0.50} = 280\,kg$

· 단위골재의 절대체적

$$V_a = 1 - \left(\frac{140}{1,000} + \frac{280}{3.16 \times 1,000} + \frac{4.5}{100} \right) = 0.7264\,m^3$$

· 단위 잔골재량 = 단위 잔골재량의 절대부피×잔골재 밀도×1,000
 = $0.7264 \times 0.42 \times 2.60 \times 1,000 = 793.23\,kg/m^3$

· 단위 굵은 골재량 = 단위 골재의 절대부피×$\left(1 - \dfrac{S}{a}\right)$×굵은 골재 비중×1,000
 = $0.7264 \times (1 - 0.42) \times 2.65 \times 1,000 = 1,116.48\,kg/m^3$

다른 방법

· $\dfrac{W}{C} = 50\%$에서 ∴ 단위시멘트량 $C = \dfrac{140}{0.50} = 280\,kg/m^3$

· 시멘트의 절대용적 : $V_C = \dfrac{280}{3.16} = 88.61\,l$

· 공기량 : $1,000 \times \dfrac{4.5}{100} = 45\,l$

· 골재의 절대용적 $a = 1,000 - (88.61 + 140 + 45) = 726.39\,l$

· 잔골재의 절대용적 : $V_c = 726.39 \times \dfrac{42}{100} = 305.08\,l$

· 단위 잔골재량 : $S = 305.08 \times 2.60 = 793.21\,kg/m^3$

· 굵은 골재의 절대용적 : $V_g = 726.39 - 305.08 = 421.31\,l$

· 단위 굵은 골재량 : $G = 421.31 \times 2.65 = 1,116.47\,kg/m^3$

□□□ 88③, 00②, 20④

18 댐 구조물이 물 속 또는 물 옆에 축조되는 경우 건조 상태의 작업(dry work)을 하기 위하여 물을 배재하는 구조물을 설치하는데 이것을 무엇이라고 하는가?

득점	배점
	2

○

해답 가체절공(가물막이 ; coffer dam)

□□□ 92③④, 94②, 96①④, 98②, 00⑤, 04③, 05④, 10①, 13④, 15④, 18①, 20④

19 PERT 기법에 의한 공정관리기법에서 낙관시간치 2일, 정상시간치 5일, 비관시간치 8일일 때 기대시간과 분산을 구하시오.

득점	배점
	4

계산 과정)

[답] 기대시간 : _____, 분산 : _____

해답 • 기대시간 $t_e = \dfrac{t_0 + 4t_m + t_p}{6} = \dfrac{2 + 4 \times 5 + 8}{6} = 5$

• 분산 $\sigma^2 = \left(\dfrac{t_p - t_0}{6}\right)^2 = \left(\dfrac{8 - 2}{6}\right)^2 = 1$

 PERT 기법(3점 시간)

- 낙관 시간(t_o : optimistic time) : 최소 시간
- 최적 시간(t_m : mostlikely time) : 정상 시간
- 비관 시간(t_p : pessimistic time) : 최대 시간

① 기대 시간(t_e : expected time)

$$t_e = \frac{t_0 + 4t_m + t_p}{6}$$

② 분산(variance)

$$\sigma^2 = \left(\frac{t_p - t_0}{6}\right)^2$$

□□□ 15①, 20④

20 균일한 모래층 위에 설치한 폭(B) 1m, 길이(L) 2m 크기의 직사각형 강성기초에 150kN/m² 의 등분포하중이 작용할 경우 기초의 탄성침하량을 구하시오. (단, 흙의 푸아송비(μ)=0.4, 지반의 탄성계수(E_s)=15,000kN/m², 폭과 길이(L/B)에 따라 변하는 계수(α_r)=1.2)

득점	배점
	3

계산 과정)

답 : _____

해답 $S_i = qB\dfrac{1-\mu^2}{E} \cdot \alpha_r$

$\qquad = 150 \times 1 \times \dfrac{1 - 0.4^2}{15,000} \times 1.2 = 0.01\text{m} = 1\text{cm}$

□□□ 85③, 92③, 93③, 95④, 00⑤, 06①②, 07①, 09④, 12②, 19③, 20①④

21 토목시공에서 사용하고 있는 토목섬유의 주요 기능을 4가지만 쓰시오.

득점	배점
	4

① _____ ② _____

③ _____ ④ _____

해답 ① 배수기능   ② 여과기능   ③ 분리기능   ④ 보강기능   ⑤ 차수기능

□□□ 94①, 99④, 20④

22 최근 포장설계시 노상지지력 계수, CBR 대신에 사용되는 포장재료 물성으로서 동적시험에 의해 결정되는 탄성물성은 무엇인가?

득점	배점
	2

○

해답 동탄성계수(M_R : Resilient Modulus)

□□□ 92③, 97②, 20④

23 간극수압의 상승으로 인하여 유효응력이 감소되고 그 결과 사질토가 외력에 대한 전단저항을 잃게 되는 현상을 무엇이라고 하는가?

득점	배점
	2

○

해답 액상화 현상(Liquefaction)

□□□ 20④

24 다음 무엇에 대한 정의인가를 쓰시오.

득점	배점
	4

가. 지하수위 아래 물에 잠긴 구조물 부피 만큼의 정수압이 상향으로 작용하는 힘으로서 물체 표면에 상향으로 작용하고 있는 물의 압력이다.

○

나. 콘크리트 댐의 기저면 내부의 수평타설 이음에 작용하는 간극수압으로 댐 등 구조물을 들어 올리는 압력이다.

○

해답 가. 부력   나. 양압력

국가기술자격 실기시험문제

2021년도 기사 제1회 필답형 실기시험 (기사)

종 목	시험시간	형 별	성 명	수험번호
토목기사	**3시간**	B		

※ 수험자 인적사항 및 계산식을 포함한 답안 작성은 검은색 필기구만 사용해야 하며, 그 외 연필류, 빨간색, 청색 등 필기구로 작성한 답항은 0점 처리 됩니다.

□□□ 08④, 10①, 12④, 14①, 18①, 19①, 21①, 23③

01 측량성과가 아래와 같고 시공기준면을 10m로 할 경우 총 토공량을 구하시오.

(단, 격자점의 숫자는 표고이며, m 단위이다.)

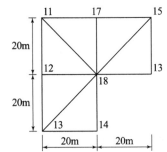

계산 과정)

답 : _____

해답 ▪ 시공기준면과 각점 표고와의 차를 구하여 총토공량을 계산

$$V = \frac{a \cdot b}{6}(\sum h_1 + 2\sum h_2 + 6\sum h_6)$$

▪ $\sum h_1 = \sum(h_1 - 10) = 3 + 4 = 7\text{m}$

▪ $\sum h_2 = \sum(h_2 - 10) = 1 + 7 + 5 + 3 + 2 = 18\text{m}$

▪ $\sum h_6 = \sum(h_6 - 10) = 8\text{m}$

$$\therefore V = \frac{20 \times 20}{6} \times (7 + 2 \times 18 + 6 \times 8) = 6,066.67\text{m}^3$$

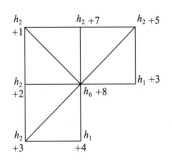

득점	배점
	3

□□□ 16②, 21①

02 항만구조물 설계시 기초지반의 액상화 평가시 실시되는 현장시험을 3가지만 쓰시오.

① _____ ② _____ ③ _____

득점	배점
	3

해답 ① 표준관입시험   ② 콘관입시험   ③ 탄성파탐사(탄성파시험)   ④ 지하수위 조사

□□□ 01①, 07④, 09④, 21①

03 교량은 상판의 위치, 구조형식, 사용재료 및 용도 등 여러 가지 관점에서 분류할 수 있다. 상판의 위치에 의하여 분류한 교량의 형식 3가지를 쓰시오.

득점	배점
	3

① _____ ② _____ ③ _____

해답 ① 상로교 ② 중로교 ③ 하로교 ④ 2층교

🎯 상판의 위치에 의한 분류

① 상로교(Deck bridge) : 교량의 상판이 거더나 트러스보다 위쪽에 위치해 있는 것
② 중로교(Half trough bridge) : 교량의 상판이 거더 높이의 중간 정도에 위치하는 것으로 주로 아치교에서 가끔 볼 수 있는 형식
③ 하로교(Trough bridge) : 상판이 거더 또는 트러스보다 아래쪽에 위치해 있는 것으로 이 형식은 수면이나 지표면으로부터 공간의 높이가 충분하지 못할 때 주로 사용하는 형식
④ 2층교(Double deck bridge) : 한 교량에 상판이 2개 있는 것으로 교량설계 때 예상 교통량을 초과하거나 교량의 면적점유율을 줄여서 시공하고자 할 때, 혹은 도로와 철도를 하나의 교량에 건설하고자 할때 사용하는 형식

□□□ 03①, 07①, 17②, 21①

04 강상자형교(steel box girder bridge)는 얇은 강판을 상자형 단면으로 결합하여 외력에 저항하는 구조이다. 이러한 강상자형교를 box 단면의 구성형태에 따라 3가지로 분류하시오.

득점	배점
	3

① _____ ② _____ ③ _____

해답 ① 단실박스(single-cell box)
② 다실박스(multi-cell box)
③ 다중박스(multiple single-cell box)

🎯 강상자형교의 단면 구성형태에 따른 분류

① 단실박스(single-cell box) : 교폭이 좁은 경우에 이용
② 다실박스(multi-cell box) : 교폭이 넓은 경우에 이용
③ 다중박스(multiple single-cell box) : 단실박스나 다실박스를 2개 이상 병렬로 연결해 사용

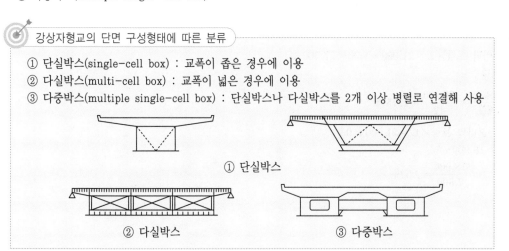

① 단실박스

② 다실박스　　　③ 다중박스

□□□ 84②, 92②, 93①, 97②, 21①

05 구조물 기초를 시공하기 위하여 평탄한 지반을 다음 그림과 같이 굴착하고자 한다. 토량의 변화율 $L=1.30$, $C=0.9$이다. 다음 물음에 답하시오.

득점	배점
6

(단, $L=\dfrac{\text{흐트러진 상태의 체적}}{\text{자연상태의 체적}}$, $C=\dfrac{\text{다져진 상태의 체적}}{\text{자연상태의 체적}}$)

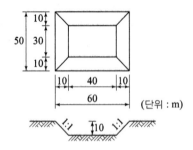

가. 터파기 결과 발생하는 굴착토의 총체적은 몇 m³인가?

　　계산 과정)　　　　　　　　　　　　　　　　　　　답 : _____

나. 굴착한 흙을 덤프트럭으로 운반하고자 한다. 1대에 12m³를 적재할 수 있는 덤프트럭을 사용한다면 총 몇 대분이 되는가?

　　계산 과정)　　　　　　　　　　　　　　　　　　　답 : _____

다. 굴착된 흙을 7,500m²의 면적을 가진 성토장에 고르게 성토하고 다질 경우, 성토높이는 얼마가 되겠는가? (단, 측면 비탈구배는 연직으로 가정함.)

　　계산 과정)　　　　　　　　　　　　　　　　　　　답 : _____

───────────────

해답 **가.** 총부피

$$V=\frac{A_1+A_2}{2}\times h=\frac{(30\times40)+(50\times60)}{2}\times10$$
$$=21,000\,\text{m}^3$$

나. 운반토량=본바닥 토량$\times L=21,000\times1.30=27,300\,\text{m}^3$

∴ 덤프트럭 대수

$$N=\frac{\text{완성토량}}{\text{트럭적재량}}=\frac{27,300}{12}=2275\,\text{대}$$

다. 다져진 토량=본바닥 토량$\times C=21,000\times0.9$
$$=18,900\,\text{m}^3$$

∴ 높아질 표고= $\dfrac{18,900}{7,500}=2.52\,\text{m}$

□□□ 92①, 96④, 01②, 02④, 07②, 21①

06 그림과 같은 사면에 인장균열이 발생하여 수압이 작용한다면 $F_s = \dfrac{M_r}{M_o}$의 개념으로 F_s를 구하시오. (단, 물의 단위중량 $\gamma_w = 9.81\text{kN/m}^3$)

득점	배점
	4

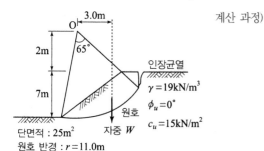

계산 과정)

답 : _____

해답 안전율 $F_s = \dfrac{c_u \cdot L_a \cdot r}{W \cdot d + P_w \cdot x}$

- 인장균열 깊이 $z_c = \dfrac{2c_u}{\gamma_t} = \dfrac{2 \times 15}{19} = 1.58\,\text{m}\,(\because \phi_u = 0)$

- 사면부분 무게 $W = A \cdot \gamma_t = 25 \times 19 = 475\,\text{kN/m}$

- $W \cdot d = 475 \times 3 = 1,425\,\text{kN}$

- 호의 길이 $L_a = 2\pi r \cdot \theta = (2\pi \times 11) \times \dfrac{65°}{360°} = 12.48\,\text{m}$

- 수압 $P_w = \dfrac{1}{2}\gamma_w \cdot z_c^2 = \dfrac{1}{2} \times 9.81 \times 1.58^2 = 12.24\,\text{kN/m}$

- $x = 2 + \dfrac{2}{3}z_c = 2 + \dfrac{2}{3} \times 1.58 = 3.05\,\text{m}$

- $\therefore F_s = \dfrac{15 \times 12.48 \times 11}{1,425 + 12.24 \times 3.05} = 1.41$

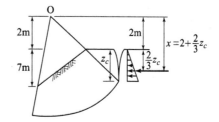

인장균열 깊이

$$z_c = \dfrac{2c\tan\left(45° + \dfrac{\phi}{2}\right)}{\gamma_t} = \dfrac{2 \times 15\tan\left(45° + \dfrac{0}{2}\right)}{19} = 1.58\,\text{m}$$

□□□ 95⑤, 21①

07 암반의 이완 부분부터 경암까지 볼트를 고정시켜 암반의 탈락을 방지하고 터널공사에서는 터널측면에 본바닥의 아치를 형성시켜 주는 공법은?

○

해답 록볼트 공법(rock bolt method)

□□□ 92②, 94③, 00②, 03④, 04④, 07②, 10④, 11①, 14②, 17①, 18③, 19③, 21①, 22③

08 PS 콘크리트 교량건설공법 중 동바리를 사용하지 않는 현장타설공법의 종류 3가지를 쓰시오.

득점	배점
	3

① _____   ② _____   ③ _____

해답 ① FCM(캔틸레버 공법)   ② MSS(이동식 지보 공법)   ③ ILM(연속압출공법)

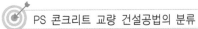 PS 콘크리트 교량 건설공법의 분류

동바리를 사용하지 않는 방법		동바리를 사용한 공법
현장타설공법	프리캐스트 공법	현장 타설공법
① FCM(캔틸레버 공법) ② MSS(이동식 지보공법) ③ ILM(압출공법)	① 프리캐스트 세그먼트 공법(PSM) ② 프리캐스트 거더 공법	① 전체 지주식 ② 지주 지지식 ③ 거더 지지식

□□□ 03④, 21①

09 어느 불도저의 1회 굴착압토량이 3.6m³이며 토량변화율(L)은 1.25, 작업효율은 0.6, 평균 굴착압토거리 70m, 전진속도 50m/분, 후진속도는 70m/분, 기어변속시간 및 가속시간이 30초 일 때, 이 불도저 운전 1시간당의 작업량은 본바닥토량으로 얼마인가?

득점	배점
	3

계산 과정)   답 : _____

해답 $Q = \dfrac{60 \cdot q \cdot f \cdot E}{C_m}$

$C_m = \dfrac{l}{V_1} + \dfrac{l}{V_2} + t = \dfrac{70}{50} + \dfrac{70}{70} + 0.5 = 2.9분$

$\therefore Q = \dfrac{60 \times 3.6 \times \dfrac{1}{1.25} \times 0.6}{2.9} = 35.75 \text{m}^3/\text{h}$

□□□ 11①, 15④, 21①

10 댐의 기초암반에 보링공을 천공한 후, 시멘트풀, 점토 및 약액 등을 압력으로 주입하여 지반 개량 및 차수를 목적으로 시행하는 것을 그라우팅이라고 한다. 이러한 그라우팅의 종류를 3가지만 쓰시오.

득점	배점
	3

① _____   ② _____   ③ _____

해답 ① 콘솔리데이션 그라우팅(consolidation grouting)   ② 커튼 그라우팅(curtain grouting)
③ 림 그라우팅(rim grouting)   ④ 콘택트 그라우팅(contact grouting)
⑤ 블랭킷 그라우팅(blanket grouting)

□□□ 01②, 02①, 05②, 16②, 21①

11 어느 현장의 콘크리트 일축압축강도의 하한규격치는 18MPa이고, 상한규격치는 24MPa으로 정해져 있다. 측정결과 평균치($\overline{x}$)는 19.5MPa이고, 표준편차의 추정치(δ)는 0.8MPa이라 할 때, 공정능력지수와 규격치에 대한 여유치를 구한 값은?

득점	배점
	4

가. 공정능력지수(C_P) :

나. 여유치 :

 가. 공정능력지수 $C_P = \dfrac{SU - SL}{6\delta}$

$\therefore C_P = \dfrac{24 - 18}{6 \times 0.8} = 1.25$

나. $\dfrac{SU - SL}{\delta} = \dfrac{24 - 18}{0.8} = 7.5 > 6$

$\therefore$ 여유치 $= (7.5 - 6) \times 0.8 = 1.2\text{MPa}$

□□□ 11①, 15②, 17④, 21①

12 아래 그림과 같은 옹벽의 안전율을 구하시오.

(단, 지반의 허용지력은 200kN/m², 뒤채움흙과 저판 아래의 흙의 단위중량은 18kN/m³, 내부마찰각은 37°, 점착력은 0이고, 콘크리트의 단위중량은 24kN/m³이다.)

득점	배점
	9

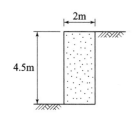

가. 전도에 대한 안전율은 구하시오.

계산 과정)   답 : _____

나. 활동에 대한 안전율 구하시오.

계산 과정)   답 : _____

다. 지지력에 대한 안전율을 구하시오.

계산 과정)   답 : _____

해답 ▪ 방법 1

가. • 주동토압 $P_A = \dfrac{1}{2} K_A H^2 \gamma_t$

$= \dfrac{1}{2} \times \tan^2 \left(45° - \dfrac{37°}{2}\right) \times 4.5^2 \times 18$

$= 45.30 \text{kN/m}$

• 콘크리트의 총중량 : $W = BH\gamma_c$

$= 2 \times 4.5 \times 24 = 216 \text{kN/m}$

• $y = \dfrac{1}{3} \times 4.5 = 1.5 \text{m}$

$F_s = \dfrac{M_r}{M_d} = \dfrac{W \cdot \dfrac{B}{2}}{P_A \cdot \dfrac{H}{3}} = \dfrac{216 \times \dfrac{2}{2}}{45.3 \times \dfrac{4.5}{3}}$

$= 3.18$

나. $F_s = \dfrac{W \tan\phi}{P_A} = \dfrac{216 \tan 37°}{45.3} = 3.59$

다. $e = \dfrac{B}{2} - \dfrac{W \cdot \dfrac{B}{2} - P_A \cdot \dfrac{H}{3}}{W}$

$= \dfrac{2}{2} - \dfrac{216 \times \dfrac{2}{2} - 45.3 \times \dfrac{4.5}{3}}{216}$

$= 0.315 \text{m}$

• $e = 0.315 < \dfrac{B}{6} = \dfrac{2}{6} = 0.333$

$\sigma_{\max} = \dfrac{W}{B}\left(1 + \dfrac{6e}{B}\right)$

$= \dfrac{216}{2}\left(1 + \dfrac{6 \times 0.315}{2}\right)$

$= 210.06 \text{kN/m}^2$

$F_s = \dfrac{\sigma_a}{\sigma_{\max}} = \dfrac{200}{210.06} = 0.95$

▪ 방법 2

가. $F_s = \dfrac{W \cdot a}{P_H \cdot y}$

• 주동토압 : $P_A = \dfrac{1}{2} K_A z^2 \gamma_t$

$= \dfrac{1}{2} \times \tan^2 \left(45° - \dfrac{37°}{2}\right) \times 4.5^2 \times 18$

$= 45.3 \text{kN/m}$

• 콘크리트의 총중량 :

$W = 2 \times 4.5 \times 24 = 216 \text{kN/m}$

• $a = 1 \text{m}, \ y = \dfrac{1}{3} \times 4.5 = 1.5 \text{m}$

$\therefore \ F_s = \dfrac{216 \times 1}{45.3 \times 1.5} = 3.18$

나. $F_s = \dfrac{W \tan\phi}{P_H} = \dfrac{216 \tan 37°}{45.3} = 3.59$

다. $F_s = \dfrac{\sigma_a}{\sigma_{\max}}$

• 편심거리 $e = \dfrac{B}{2} - \dfrac{W \cdot a - P_H \cdot y}{W}$

$= \dfrac{2}{2} - \dfrac{216 \times 1 - 45.3 \times 1.5}{216}$

$= 0.315 \text{m}$

• 편심거리 $e = 0.315 \le \dfrac{B}{6} = \dfrac{2}{6} = 0.33$ 이므로

• 최대 지지력 $\sigma_{\max} = \dfrac{\sum V}{B}\left(1 + \dfrac{6e}{B}\right)$

$= \dfrac{216}{2}\left(1 + \dfrac{6 \times 0.315}{2}\right)$

$= 210.06 \text{kN/m}^2$

$\therefore \ F_s = \dfrac{200}{210.06} = 0.95$

□□□ 00②, 05④, 08①, 18③, 21①

13 도로 곡선부의 평면선형을 설계함에 있어서 곡선반경이 710m, 설계속도가 120km/hr일 때의 최소편구배를 계산하시오.
(단, 타이어와 노면의 횡방향 미끄럼마찰계수는 0.10임.)

득점	배점
	3

계산 과정)　　　　　　　　　　　　　　　　　　　　　　답 : _____

[해답] $R = \dfrac{V^2}{127(f+i)}$ 에서 $710 = \dfrac{120^2}{127(0.10+i)}$

∴ $i = 0.06$　　∴ 6%

[참고] [계산기 $f_x 570ES$] SOLVE 사용

$R = \dfrac{V^2}{127(f+i)} \Rightarrow 710 = \dfrac{120^2}{127(0.10+i)}$

먼저 710 ☞ ALPHA ☞ SOLVE ☞

$710 = \dfrac{120^2}{127(0.10 + ALPHA\,X)}$

SHIFT ☞ SOLVE ☞ = ☞ 잠시 기다리면

$X = 0.0596$　　∴ $i = 6\%$

□□□ 21①

14 토공 중 운반로 선정시 고려할 사항 3가지를 쓰시오.

득점	배점
	3

① _____　② _____　③ _____

[해답] ① 운반장비의 주행성 확보
② 운반로의 구배가 완만할 것
③ 평탄성이 좋을 것

□□□ 00①, 21①

15 터널의 보강공법 중 숏크리트의 기능을 4가지만 쓰시오.

득점	배점
	3

① _____　② _____

③ _____　④ _____

[해답] ① 원지반의 이완방지
② 요철부를 채워 응력집중을 방지
③ 콘크리트 arch로서 하중분담
④ 암괴의 붕락방지

□□□ 06②, 12①, 14②, 16④, 21①

16 주어진 도면에 따라 다음 물량을 산출하시오. (단, 도면의 치수단위는 mm이다.)

득점	배점
	8

단 면 도

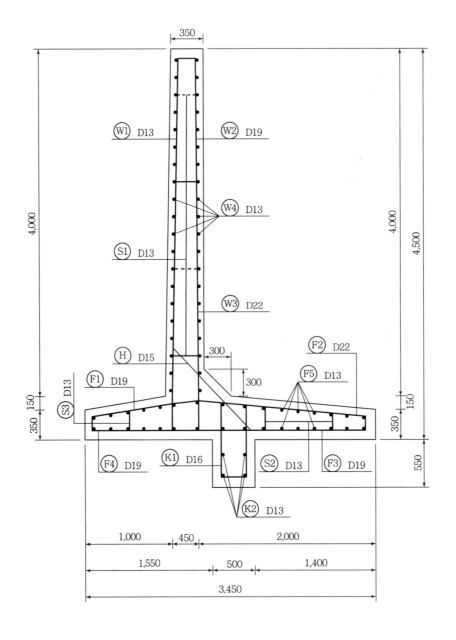

일 반 도

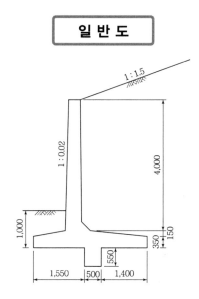

가. 옹벽길이 1m에 대한 콘크리트량을 구하시오. (단, 소수 넷째자리에서 반올림하시오.)

계산 과정)   답 : _____

나. 옹벽길이 1m에 대한 거푸집량을 구하시오.
   (단, 돌출부(전단 Key)에 거푸집을 사용하며, 마구리면의 거푸집을 무시하며, 소수 넷째자리
   에서 반올림하시오.)

계산 과정)   답 : _____

───

해답 가.

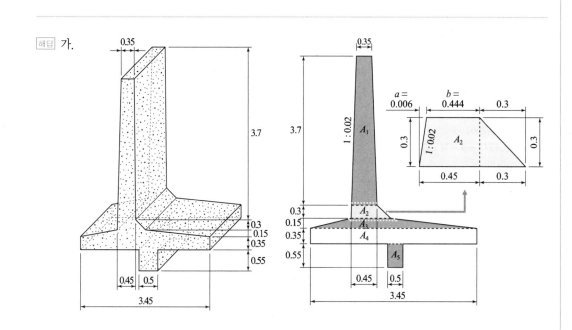

- $a = 0.02 \times 0.30 = 0.006\,\text{m}$
- $b = 0.45 - 0.02 \times 0.30 = 0.444\,\text{m}$
- $A_1 = \dfrac{0.35 + 0.444}{2} \times 3.7 = 1.469\,\text{m}^2$
- $A_2 = \dfrac{0.444 + (0.45 + 0.3)}{2} \times 0.3 = 0.179\,\text{m}^2$
- $A_3 = \dfrac{(0.45 + 0.3) + 3.45}{2} \times 0.15 = 0.315\,\text{m}^2$
- $A_4 = 0.35 \times 3.45 = 1.208\,\text{m}^2$
- $A_5 = 0.55 \times 0.5 = 0.275\,\text{m}^2$

$\therefore$ 콘크리트량 $= (\sum A_i) \times 1 = (1.469 + 0.179 + 0.315 + 1.208 + 0.275) \times 1 = 3.446\,\text{m}^3$

나.

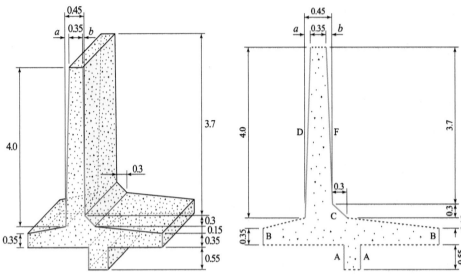

- $a = 0.02 \times 4.0 = 0.08\,\text{m}$
- $b = 0.45 - (0.08 + 0.35) = 0.02\,\text{m}$
- $A = 0.55 \times 2 = 1.1\,\text{m}$
- $B = 0.35 \times 2 = 0.70\,\text{m}$
- $C = \sqrt{0.3^2 + 0.3^2} = 0.4243\,\text{m}$
- $D = \sqrt{4.0^2 + 0.08^2} = 4.001\,\text{m}$
- $F = \sqrt{3.7^2 + 0.02^2} = 3.7001\,\text{m}$

$\sum L = 1.1 + 0.70 + 0.4243 + 4.001 + 3.7001$
$\qquad = 9.9254\,\text{m}$

$\therefore$ 거푸집량 $= \sum L \times 1(\text{m}) = 9.9254 \times 1 = 9.925\,\text{m}^2$

17 다음과 같은 작업리스트가 있다. 아래 물음에 답하시오.

작업명	A	B	C	D	E	F	G	H	I	J	K	L
작업일수	3	3	4	5	4	6	6	7	8	4	2	2
선행작업	없음	A	A	A	B	C	C	D	E,F	G	H	I,J,K
후속작업	B,C,D	E	F,G	H	I	I	J	K	L	L	L	없음

가. Network(화살선도)를 작성하고 임계공정선(C.P)을 구하시오.

나. 아래 표의 빈칸을 채우시오.

작업명	작업일수	TE		TL		TF
		EST	EFT	LST	LFT	

해답 가.

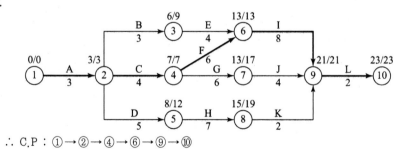

∴ C.P : ① → ② → ④ → ⑥ → ⑨ → ⑩

나.

작업명	작업일수	TE		TL		TF
		EST	EFT	LST	LFT	
A	3	0	3	0	3	0
B	3	3	6	6	9	3
C	4	3	7	3	7	0
D	5	3	8	7	12	4
E	4	6	10	9	13	3
F	6	7	13	7	13	0
G	6	7	13	11	17	4
H	7	8	15	12	19	4
I	8	13	21	13	21	0
J	4	13	17	17	21	4
K	2	15	17	19	21	4
L	2	21	23	21	23	0

□□□ 21①

18 워커빌리티(workability)의 정의와 유동성(fluidity)에 대하여 서술하시오.

득점	배점
	4

① 워커빌리티(workability) :

② 유동성(fluidity) :

해답 ① 워커빌러티(workability) : 반죽질기의 정도에 따르는 작업의 난이성 및 재료의 분리성 정도를 나타내는 굳지 않은 콘크리트의 성질
② 유동성(fluidity) : 중력이나 밀도에 따라 유동하는 정도를 나타내는 굳지 않은 콘크리트의 성질

□□□ 21①

19 토목공사의 토질조사 시 시행하는 표준관입시험의 "N치"의 정의를 간단히 설명하고, 이 결과로 얻어지는 "N치"로 추정되는 사항을 3가지 쓰시오.

득점	배점
	5

가. 정의 :

나. N치의 추정 :

① _____ ② _____ ③ _____

해답 가. 정의 : 2개의 쪼개진 샘플링 스푼을 붙인 보링로드 위에 760mm의 높이로부터 63.5kg의 해머를 낙하시켜 지중으로 300mm 관입하는 데 필요한 항타 횟수
나. ① 내부마찰각 ② 상대밀도 ③ 일축압축강도 ④ 탄성계수

□□□ 12④, 21①

20 특수 아스팔트 포장의 시공에서 최근 배수성 포장이 널리 적용되고 있다. 배수성 포장의 효과를 3가지만 쓰시오.

득점	배점
	3

① ────────── ② ────────── ③ ──────────

해답 ① 우천시 물튀김 방지   ② 수막현상 방지
　　 ③ 야간의 우천시 시인성 향상   ④ 차량의 주행 소음 저감

◎ 배수성 포장

① 배수성 포장은 노면에서 빗물을 신속히 포장체 밖으로 배수하는 것을 목적으로 한 포장이다.
② 배수성 포장은 우천 시 물튀김 방지, 수막현상 방지, 야간 우천 시 시인성 향상, 주행 시 소음 저감 등의 부가적인 효과도 있다.

□□□ 99③, 01①, 06④, 21①③

21 가설 흙막이의 지지, 옹벽의 전도 방지, 산사태 방지 등으로 사용되는 Anchor의 주요 구성 요소를 3가지 쓰시오.

득점	배점
	3

① ────────── ② ────────── ③ ──────────

해답 ① 앵커두부   ② 인장부   ③ 앵커체

◎ 앵커의 구조체

시멘트 페이스트의 주입에 의해서 지중에 매입된 인장재의 선단부에 앵커체가 만들어지고, 그것이 인장재와 앵커두부를 통하여 구조물과 역학적으로 연결된 것을 앵커라 하는데, 앵커의 인장재에 가해지는 힘은 주로 앵커체에서 지중에 전달된다. 앵커의 구조체는 앵커체, 인장부 및 앵커두부로 구성되어 있다.

□□□ 16②, 20①, 21①

22 매스콘크리트에서는 구조물에 필요한 기능 및 품질을 손상시키지 않도록 온도균열을 제어하기 위한 적절한 조치를 강구해야 한다. 온도 균열을 억제하기 위한 방법을 3가지만 쓰시오.

득점	배점
	3

① ────────── ② ────────── ③ ──────────

해답 ① 냉수나 얼음을 사용하는 방법
　　 ② 냉각한 골재를 사용하는 방법
　　 ③ 액체질소를 사용하는 방법

□□□ 98④, 05①, 10④, 11④, 18①, 21①

23 3m×3m 크기의 정사각형 기초를 마찰각 $\phi = 20°$, 점착력 $c = 12kN/m^2$인 지반에 설치하였다. 흙의 단위중량 $\gamma = 18kN/m^3$이며, 기초의 근입깊이는 5m이다. 지하수위가 지표면에서 7m 깊이에 있을 때의 극한지지력을 Terzaghi 공식으로 구하시오. (단, 지지력계수 $N_c = 17.7$, $N_q = 7.4$, $N_r = 5$이고, 흙의 포화단위중량은 $20kN/m^3$, 물의 단위중량 $9.81kN/m^3$이다.)

득점	배점
	2

계산 과정)

답 : _____

해답 $q_u = \alpha c N_c + \beta B \gamma_1 N_r + \gamma_2 D_f N_q$

$d = (7-5)m < B = 3m$인 경우

• $\gamma_1 = \gamma_{sub} + \dfrac{d}{B}(\gamma_t - \gamma_{sub})$

$\gamma_{sub} = \gamma_{sat} - \gamma_w = 20 - 9.81 = 10.19\,kN/m^3$

$\gamma_1 = 10.19 + \dfrac{2}{3} \times (18 - 10.19) = 15.4\,kN/m^3$

∴ $q_u = 1.3 \times 12 \times 17.7 + 0.4 \times 3 \times 15.4 \times 5 + 18 \times 5 \times 7.4$

$\quad = 1,034.52\,kN/m^2$

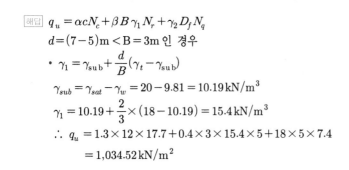
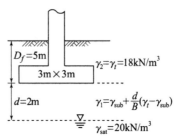

□□□ 21①, 23①

24 그림과 같은 박스암거(Box Culvert)를 땅속에 설치하였을 때 다음 물음에 답하시오. (단, 암거 상판두께는 0.30m이고 측벽의 두께는 0.35m, 저판의 두께는 0.40m, 흙의 단위중량은 17.0kN/m³, 콘크리트의 단위중량은 23.0kN/m³, 흙의 내부 마찰각은 30°이다.)

득점	배점
	6

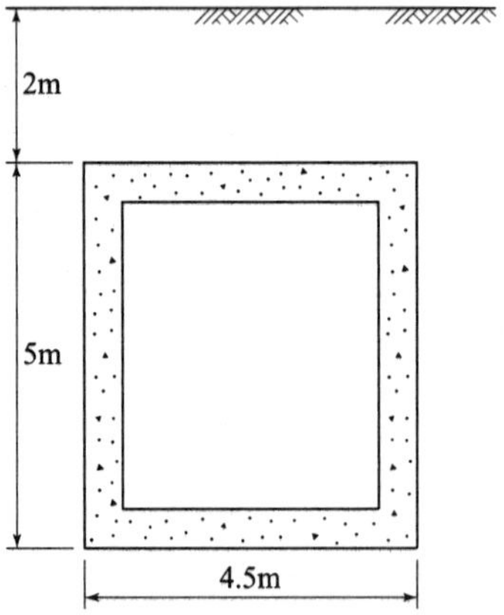

2m

5m

4.5m

가. 박스 암거 깊이 2m, 7m에 대한 수평응력(정지토압)을 구하시오.

① 깊이 2m에 대한 수평응력을 구하시오.

계산 과정)

답 : _____

② 깊이 7m에 대한 수평응력을 구하시오.

계산 과정)

답 : _____

나. 박스 암거(Box Culvert)에 작용하는 횡방향 정지토압 분포도를 완성하시오.

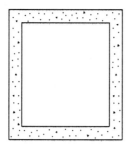

해답 가. ① 정지토압계수 $K_o = 1 - \sin\phi = 1 - \sin30° = 0.5$

• 암거 상부에 작용하는 토압

$$\sigma_{v(2m)} = 17 \times 2 = 34.0 \, \text{kN/m}^2$$

$$\therefore \; \sigma_{h(2m)} = \sigma_{v(2m)} K_o = 34 \times 0.5 = 17.0 \, \text{kN/m}^2$$

② 암거 제일 하단에 작용하는 토압

$$\sigma_{v(7m)} = \sigma_{v(2m)} + \gamma_t H$$
$$= 34 + 17 \times 5 = 119.0 \, \text{kN/m}^2$$

$$\therefore \; \sigma_{h(7m)} = \sigma_{v(7m)} K_o = 119 \times 0.5 = 59.5 \, \text{kN/m}^2$$

나. 정지토압 분포도

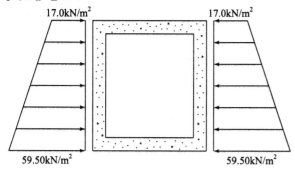

국가기술자격 실기시험문제

2021년도 기사 제2회 필답형 실기시험(기사)

종 목	시험시간	형 별	성 명	수험번호
토목기사	3시간	B		

※ 수험자 인적사항 및 계산식을 포함한 답안 작성은 검은색 필기구만 사용해야 하며, 그 외 연필류, 빨간색, 청색 등 필기구로 작성한 답항은 0점 처리 됩니다.

□□□ 01①, 03②, 13②, 16④, 21②

01 표준관입시험의 N치가 35이고, 현장에서 채취한 모래는 입자가 둥글고 균등계수가 5이고 곡률계수가 5이었다. Dunham의 식을 이용하여 이 모래의 내부마찰각을 추정하시오.

득점 / 배점 3

계산 과정)   답 : _____

해답 • 모래의 입도 판정
　　균등계수 $C_u \geq 6$, 곡률계수 : $1 \leq C_g \leq 3$일 때 양입도
　　∴ 둥글고 입도분포가 균등한 모래(∵ $C_u = 5$, $C_g = 5$)
• 입자가 둥글고 입도분포가 균등(불량)한 모래
　내부마찰각 $\phi = \sqrt{12N} + 15 = \sqrt{12 \times 35} + 15 = 35.49°$

🎯 모래의 내부마찰각과 N의 관계(Dunham 공식)

• 토립자가 둥글고 입도분포가 균등(불량)한 모래	$\phi = \sqrt{12N} + 15$
• 토립자가 둥글고 입도분포가 양호한 모래 • 토립자가 모나고 입도분포가 균등(불량)한 모래	$\phi = \sqrt{12N} + 20$
• 토립자가 모나고 입도분포가 양호한 모래	$\phi = \sqrt{12N} + 25$

□□□ 12④, 21②

02 교량 가설공법 중 압출공법(ILM)의 단점을 3가지만 쓰시오.

득점 / 배점 3

① _____　② _____　③ _____

해답 ① 교량의 선형에 제한을 받는다.
　② 콘크리트 타설시 엄격한 품질관리가 필요하다.
　③ 상부구조물의 횡단면이 일정해야 한다.
　④ 교장이 짧은 경우는 비경제적이다.
　⑤ 넓은 제작장이 필요하다.

□□□ 95⑤, 98②, 99⑤, 12①, 14①, 17④, 21②, 22③

03 도로연장 3km 건설구간에서 7지점의 시료를 채취하여 다음과 같은 CBR을 구하였다. 이때의 설계 CBR 얼마인가?

득점	배점
	3

- 7지점의 CBR : 5.3, 5.7, 7.6, 8.7, 7.4, 8.6, 7.2
- 설계 CBR 계산용 계수

개수(n)	2	3	4	5	6	7	8	9	10 이상
d_2	1.41	1.91	2.24	2.48	2.67	2.83	2.96	3.08	3.18

계산 과정)   답 : _____

해답 설계 CBR = 평균 CBR $- \dfrac{\mathrm{CBR_{max}} - \mathrm{CBR_{min}}}{d_2}$

- 평균 CBR $= \dfrac{\sum \mathrm{CBR}값}{n} = \dfrac{5.3 + 5.7 + 7.6 + 8.7 + 7.4 + 8.6 + 7.2}{7} = 7.21$

  ∴ 설계 CBR $= 7.21 - \dfrac{8.7 - 5.3}{2.83} = 6.01$

  ∴ 6 (∵ 설계 CBR은 소수점 이하는 절삭한다.)

□□□ 02③, 07④, 13①, 14①, 21②

04 시멘트의 밀도가 $3.15 \mathrm{g/cm^3}$, 잔골재의 밀도가 $2.62 \mathrm{g/cm^3}$, 굵은골재의 밀도가 $2.67 \mathrm{g/cm^3}$인 재료를 사용하여 물-시멘트비 55%, 단위수량 165kg, 단위 잔골재량 780kg인 배합을 실시하였다. 이 콘크리트 1m³의 질량을 측정한 결과가 2,290kg일 경우 이 콘크리트의 잔골재율을 구하시오.

득점	배점
	3

계산 과정)   답 : _____

해답 잔골재율 $S/a = \dfrac{V_s}{V_s + V_g} \times 100$

- $\dfrac{W}{C} = 55\%$에서 $C = \dfrac{165}{0.55} = 300 \mathrm{kg/m^3}$

- 단위 굵은골재량 G = 콘크리트의 단위중량 − (단위수량 + 단위시멘트량 + 단위 잔골재량)
  $= 2,290 - (165 + 300 + 780) = 1,045 \mathrm{kg/m^3}$

- 단위 굵은골재량의 절대부피
  $V_g = \dfrac{단위 굵은골재량}{굵은골재의 밀도 \times 1,000} = \dfrac{1,045}{2.67 \times 1,000} = 0.391 \mathrm{m^3}$

- 단위 잔골재량의 절대부피
  $V_s = \dfrac{단위 잔골재량}{잔골재의 밀도 \times 1,000} = \dfrac{780}{2.62 \times 1,000} = 0.298 \mathrm{m^3}$

  ∴ $S/a = \dfrac{0.298}{0.298 + 0.391} \times 100 = 43.25\%$

□□□ 06③, 09①, 21②

05 그림과 같은 포화점토층이 상재하중에 의하여 압밀도(U)=90%에 도달하는 데 소요되는 시간(년)을 각각의 경우에 대하여 구하시오. (단, 압밀계수(C_v)=3.6×10^{-4}cm²/sec, 시간계수(T_v)=0.848임.)

득점	배점
	4

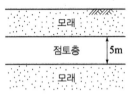

①의 경우 ②의 경우

가. ①의 경우에 대하여 구하시오.

계산 과정) 답 : _____

나. ②의 경우에 대하여 구하시오.

계산 과정) 답 : _____

[해답] 가. $t_{90} = \dfrac{0.848 H^2}{C_v} = \dfrac{0.848 \times \left(\dfrac{500}{2}\right)^2}{3.6 \times 10^{-4}} = 147{,}222{,}222.2\,\text{sec}$ (∵ 양면배수)

$= 147{,}222{,}222.2 \times \dfrac{1}{60 \times 60 \times 24 \times 365} = 4.67$년

나. $t_{90} = \dfrac{0.848 H^2}{C_v} = \dfrac{0.848 \times 500^2}{3.6 \times 10^{-4}} = 588{,}888{,}888.9\,\text{sec}$ (∵ 일면배수)

$= 588{,}888{,}888.9 \times \dfrac{1}{60 \times 60 \times 24 \times 365} = 18.67$년

□□□ 89②, 08④, 12①, 13④, 17④, 21②, 22③, 23①

06 여굴을 적게 하고 파단선을 매끈하게 하기 위한 조절발파(controlled blasting) 공법의 종류를 3가지만 쓰시오.

득점	배점
	3

① _____ ② _____

③ _____ ④ _____

[해답] ① 라인 드릴링(line drilling) 공법
② 쿠션 블라스팅(cushion blasting) 공법
③ 스무스 블라스팅(smooth blasting) 공법
④ 프리 스플리팅(pre−splitting) 공법

□□□ 10②, 13①, 14①, 16④, 17④, 21②
07 도로 노상의 지지력을 평가할 수 있는 현장시험 평가방법을 3가지만 쓰시오.

득점	배점
	3

① _____ ② _____ ③ _____

 ① CBR(CBR시험)　　　② K값(평판재하시험 ; PBT)
　　③ Cone값(콘관입시험 ; CPT)　　④ N치(표준관입시험 ; SPT)

🎯 도로 노상토 평가방법

① CBR시험 : 설계 CBR은 포장두께 설계시 노상지지력계수(SSV)를 산정하는 값으로 균일한 포장두께로 시공할 구간을 결정하는 값이다.
② 평판재하시험(PBT) : 도로현장에서 시공된 노상이나 보조기층의 지지력을 평가하여 지지력 계수(K값)를 구하는 시험이다.
③ 콘관입시험(CPT ; cone penetration test) : 원뿔형 콘이 땅속을 뚫고 들어갈 때 생기는 저항력(Cone값)으로 지반의 단단함과 다짐 정도를 조사하는 시험
④ 표준관입시험(SPT) : 표준관입시험에서 얻은 N값으로 지반의 지지력을 직접측정할 수 있다.

□□□ 93③, 94①②, 97④, 99①, 00②, 01③, 03③, 10①②, 12④, 13①, 14②, 15②, 19③, 21②, 23①
08 Meyerhof 공식을 이용하여 지름 30cm, 길이 14m인 콘크리트 말뚝을 표준관입치가 다른 3종의 지층으로 되어 있는 기초지반에 박을 경우 말뚝의 허용지지력을 구하시오. (단, 안전율은 3을 적용한다.)

득점	배점
	3

계산 과정)

```
  30cm
 |←→|
▭▭▭
N=5   | 3m
      |
N=8   | 5m
      |
N=13  | 6m
▽
```

답 : _____

해답 극한지지력 $Q_u = 40NA_p + \dfrac{1}{5}\overline{N}A_s$

・ $N = 13$

・ $A_p = \dfrac{\pi d^2}{4} = \dfrac{\pi \times 0.30^2}{4} = 0.071\,\text{m}^2$

・ $\overline{N} = \dfrac{N_1 h_1 + N_2 h_2 + N_3 h_3}{h_1 + h_2 + h_3} = \dfrac{5 \times 3 + 8 \times 5 + 13 \times 6}{3 + 5 + 6} = 9.5$

・ $A_s = \pi d l = \pi \times 0.30 \times (3 + 5 + 6) = 13.20\,\text{m}^2$

∴ $Q_u = 40 \times 13 \times 0.071 + \dfrac{1}{5} \times 9.5 \times 13.20 = 62.0\,\text{t}$

∴ 허용지지력 $Q_a = \dfrac{Q_u}{F_s} = \dfrac{62.0}{3} = 20.67\,\text{t}$

□□□ 04②, 21②, 23③

09 우물통 케이슨 기초의 수직하중이 W, 주면마찰력이 F, 선단부지지력이 Q, 부력이 B일 때, 침하조건식을 작성하고, 적절한 침하촉진방법을 2가지만 쓰시오.

득점	배점
	3

가. 침하조건식 :

나. 침하촉진방법

① _____ ② _____

해답 가. $W > F + Q + B$

　　나. ① 재하중에 의한 침하공법
　　　　② 분사식 침하공법
　　　　③ 물하중식 침하공법
　　　　④ 발파에 의한 침하공법
　　　　⑤ 감압에 의한 침하공법

□□□ 06②, 11②, 21②

10 말뚝의 부마찰력(負摩擦力)에 대하여 다음 물음에 답하시오.

득점	배점
	6

가. 부마찰력의 정의를 쓰시오.

　○

나. 부마찰력이 일어나는 원인을 3가지만 쓰시오.

① _____ ② _____ ③ _____

다. 연약지반을 관통하여 철근콘크리트 말뚝을 박았을 때 부마찰력(R_{nf})을 계산하시오.

　(단, 지반의 일축압축강도 $q_u = 20 \text{kN/m}^2$, 말뚝의 직경 $d = 50\text{cm}$, 말뚝의 관입깊이 $l = 10\text{m}$ 이다.)

계산 과정)　　　　　　　　　　　　　　　　　　답 : _____

해답 가. 하향의 마찰력에 의해 말뚝을 아래쪽으로 끌어 내리는 힘

　　나. ① 말뚝의 타입지반이 압밀진행 중인 경우
　　　　② 상재하중이 말뚝과 지표에 작용하는 경우
　　　　③ 지하수위의 저하로 체적이 감소하는 경우
　　　　④ 점착력 있는 압축성 지반일 경우(팽창성 점토지반일 경우)

　　다. $R_{nf} = U \cdot l_c \cdot f_c = \pi d \cdot l_c \cdot \dfrac{q_u}{2} = \pi \times 0.5 \times 10 \times \dfrac{20}{2} = 157.08 \text{kN}$

□□□ 12②, 14①, 18③, 21②, 22②

11 그림과 같은 옹벽이 점성토를 지지하고 있다. 인장균열이 발생한 후의 옹벽에 작용하는 전체 주동토압을 구하시오. (단, Rankine의 토압이론을 사용하며, 인장균열 위 토압은 무시하고 상재하중으로 고려하여 구하시오.)

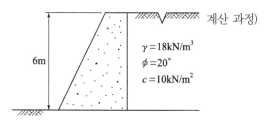

6m

$\gamma = 18kN/m^3$
$\phi = 20°$
$c = 10kN/m^2$

계산 과정)

답 : _____

해답 $P_A = \dfrac{1}{2}\gamma(H-z_o)^2 K_A + \gamma z_o(H-z_o)K_A$

• 인장균열 깊이

$z_o = \dfrac{2c}{\gamma_t}\tan\left(45° + \dfrac{\phi}{2}\right) = \dfrac{2\times10}{18}\times\tan\left(45° + \dfrac{20°}{2}\right) = 1.587\,\text{m}$

• $K_A = \tan^2\left(45° - \dfrac{\phi}{2}\right) = \tan^2\left(45° - \dfrac{20°}{2}\right) = 0.490$

∴ $P_A = \dfrac{1}{2}\times18\times(6-1.587)^2\times0.490 + 18\times1.587\times(6-1.587)\times0.490$

$= 85.88 + 61.77 = 147.65\,\text{kN/m}$

□□□ 94①, 97④, 21② 【3점】

12 본바닥토량 30,000m³를 굴착하여 평균운반거리 40m까지 11ton급 불도저 2대를 사용하여 성토작업을 하고자 한다. 아래의 시공조건을 이용하여 시간당 작업량과 전체의 공사를 끝내는 데 필요한 공기를 구하시오.

【조 건】

• 사이클 타임(C_m) : 2.1분
• 1회 굴착압토량(q) : 1.89m³
• 토량환산계수(f) : 0.85
• 작업효율(E) : 0.80
• 1일 평균작업시간(t_d) : 6hr
• 실제 가동일수율 : 50%

계산 과정)

답 : _____

해답 • $Q = \dfrac{60\cdot q\cdot f\cdot E}{C_m} = \dfrac{60\times1.89\times0.85\times0.8}{2.1} = 36.72\,\text{m}^3/\text{hr}$

• 2대의 시간당 작업량

$Q = 1$대 작업량 × 대수 × 실제가동률 $= 36.72\times2\times0.50 = 36.72\,\text{m}^3/\text{hr}$

∴ 소요공기 $= \dfrac{30,000}{36.72\times6} = 136.17$ ∴ 137일

□□□ 11①, 15②, 17④, 21②

13 아래 그림과 같은 옹벽의 전도에 대한 안전율을 구하시오. (단, 지반의 허용지지력은 200kN/m², 뒤채움흙과 저판 아래의 흙의 단위중량은 18kN/m³, 내부마찰각은 37°, 점착력은 0이고, 콘크리트의 단위중량은 24kN/m³이다.)

득점	배점
	3

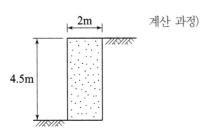

계산 과정)

답 : _____

해답 ■ 방법 1

가. • 주동토압 $P_A = \dfrac{1}{2} K_a z^2 \gamma_t$

$$= \dfrac{1}{2} \times \tan^2\left(45° - \dfrac{37°}{2}\right) \times 4.5^2 \times 18$$

$$= 45.3 \text{kN/m}$$

• 콘크리트의 총중량

$$W = BH\gamma_c = 2 \times 4.5 \times 24 = 216 \text{kN/m}$$

• $y = \dfrac{1}{3} \times 4.5 = 1.5 \text{m}$

$$F_s = \dfrac{M_r}{M_d} = \dfrac{W \cdot \dfrac{B}{2}}{P_A \cdot \dfrac{H}{3}}$$

$$= \dfrac{216 \times \dfrac{2}{2}}{45.3 \times \dfrac{4.5}{3}} = 3.18$$

■ 방법 2

가. $F_s = \dfrac{W \cdot a}{P_H \cdot y}$

• 주동토압 : $P_A = \dfrac{1}{2} K_a z^2 \gamma_t$

$$= \dfrac{1}{2} \times \tan^2\left(45° - \dfrac{37°}{2}\right) \times 4.5^2 \times 18$$

$$= 45.3 \text{kN/m}$$

• 콘크리트의 총중량

$$W = 2 \times 4.5 \times 24 = 216 \text{kN/m}$$

• $a = 1 \text{m}, \ y = \dfrac{1}{3} \times 4.5 = 1.5 \text{m}$

$$\therefore \ F_s = \dfrac{216 \times 1}{45.3 \times 1.5} = 3.18$$

□□□ 21②

14 항만 내의 선박과 하구의 보호 및 하구폐색 방지를 목적으로 설치한 항만 외곽시설을 무엇이라고 하는가?

득점	배점
	2

○

해답 방파제

□□□ 92④, 94②, 98②, 99②, 00③, 01④, 21②

15 다음과 같은 지형에서 시공기준면의 표고를 30m로 할 때, 총토공량은 얼마인가?
(단, 격자점의 숫자는 표고를 나타내며 단위는 m이다.)

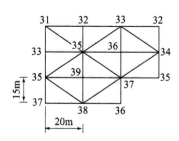

계산 과정)

답 : _____

해답 • 시공기준면과 각 점 표고와의 차를 구하여 총토공량을 계산

$$V = \frac{a \cdot b}{6}(\sum h_1 + 2\sum h_2 + 3\sum h_3 + \cdots + 8\sum h_8)$$

• $\sum h_1 = \sum(h_1 - 30) = (32-30)+(35-30)+(36-30)+(37-30) = 20\text{m}$

• $\sum h_2 = \sum(h_2 - 30) = (31-30)+(32-30)+(33-30) = 6\text{m}$

• $\sum h_4 = \sum(h_4 - 30) = (33-30)+(34-30)+(38-30)+(35-30)$
$\qquad\qquad + (36-30)+(39-30) = 35\text{m}$

• $\sum h_6 = (37-30) = 7\text{m}$

• $\sum h_8 = (35-30) = 5\text{m}$

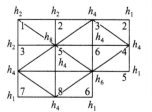

$$\therefore \ V = \frac{15 \times 20}{6}(20 + 2 \times 6 + 4 \times 35 + 6 \times 7 + 8 \times 5) = 12,700\text{m}^3$$

□□□ 84②, 85②, 10④, 13④, 15②, 20②, 21②

16 신설도로공사를 위해 토취장을 선정하고자 한다. 토취장 선정조건을 5가지만 쓰시오.

① _____   ② _____   ③ _____

④ _____   ⑤ _____

해답 ① 토질이 양호할 것
② 토량이 충분할 것
③ 싣기가 편리한 지형일 것
④ 성토장소를 향해서 하향구배 $\frac{1}{50} \sim \frac{1}{100}$ 정도를 유지할 것
⑤ 운반도로가 양호하며 장해물이 적고 유지가 용이할 것
⑥ 용수·붕괴의 우려가 없고 배수에 양호한 지형일 것
⑦ 기계의 사용이 용이할 것

□□□ 05①, 21②

17 유선과 등수두선으로 이루어지는 사각형을 유선망이라 하는데, 이러한 유선망의 특징을 3가지만 쓰시오.

득점 배점
3

① _____   ② _____   ③ _____

해답 ① 각 유량의 침투유량은 같다.
② 인접한 등수두선 간의 수두차는 모두 같다.
③ 유선과 등수두선은 서로 직교한다.
④ 유선망을 이루는 사각형은 이론상 정사각형이다.
⑤ 침투속도 및 동수구배는 유선망의 폭에 반비례한다.

□□□ 93④, 21②

18 다음 데이터를 네트워크 공정표로 작성하고, 각 작업의 여유시간을 구하시오.

득점 배점
10

작업명	작업 일수	선행 작업	비고
A	5	없음	네트워크 작성은 다음과 같이 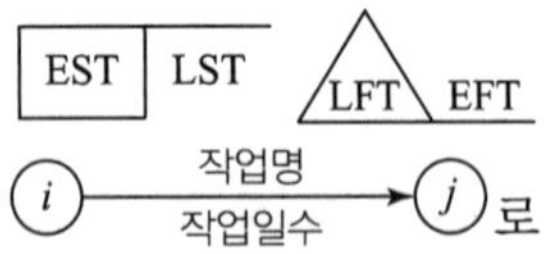
B	3	없음	EST │ LST △LFT\EFT
C	2	없음	
D	2	A, B	ⓘ ─작업명→ ⓙ로
E	5	A, B C	작업일수
F	4	A, C	표기하고, 주공정선은 굵은 선으로 표기하시오.

가. 네트워크 공정표를 작성하시오.

나. 각 작업별 여유시간을 계산하시오.

작업명	TF	FF	DF
A			
B			
C			
D			
E			
F			

해답 가. 네트워크 공정표

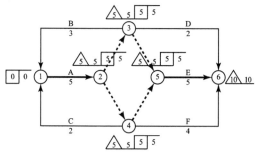

나. 각 작업별 여유시간

작업명	TF	FF	DF
A	5−0−5=0	5−0−5=0	0−0=0
B	5−0−3=2	5−0−3=2	2−2=0
C	5−0−2=3	5−0−2=3	3−3=0
D	10−5−2=3	10−5−2=3	3−3=0
E	10−5−5=0	10−5−5=0	0−0=0
F	10−5−4=1	10−5−4=1	1−1=0

□□□ 11①, 15④, 21②

19 댐의 기초암반에 보링공을 천공한 후, 시멘트풀, 점토 및 약액 등을 압력으로 주입하여 지반 개량 및 차수를 목적으로 시행하는 것을 그리우팅이라고 한다. 이러한 그라우팅의 종류를 3가지만 쓰시오.

득점	배점
	3

① _____ ② _____

③ _____ ④ _____

해답 ① 압밀 그라우팅(consolidation grouting)
② 커튼 그라우팅(curtain grouting)
③ 콘택트 그라우팅(contact grouting)
④ 림 그라우팅(rim grouting)
⑤ 블랭킷 그라우팅(blanket grouting)

□□□ 99①, 02④, 05①, 07②, 09④, 13①, 18②, 21②

20 주어진 도면 및 조건에 따라 다음 물량을 산출하시오. (단, 주어진 도면의 치수는 축척에 맞지 않을 수 있으며, 주어진 치수로만 물량을 산출할 것)

득점	배점
	18

【 조 건 】
- W1, W2, W3, W4, W5, W6, F1, F3, F4, K2 철근은 각각 200mm 간격으로 배근한다.
- F2, K1, H 철근은 각각 100mm 간격으로 배근한다.
- S1, S2, S3 철근은 지그재그로 배근한다.
- 옹벽의 돌출부(전단 Key)에는 거푸집을 사용하는 경우로 계산한다.
- 물량산출에서 할증률 및 마구리는 없는 것으로 하고 상세도에 표시되어 있지 않은 이음길이는 계산하지 않는다.

단 면 도 (N.S) (단 위 :mm)

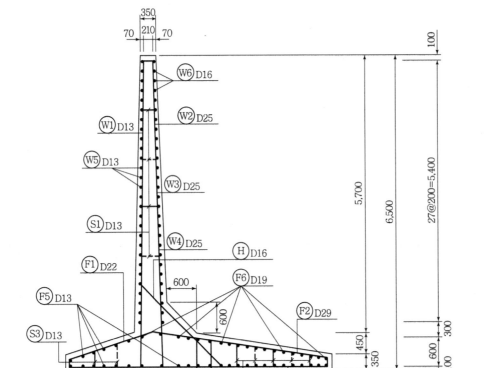

일 반 도

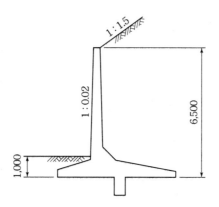

철 근 상 세 도

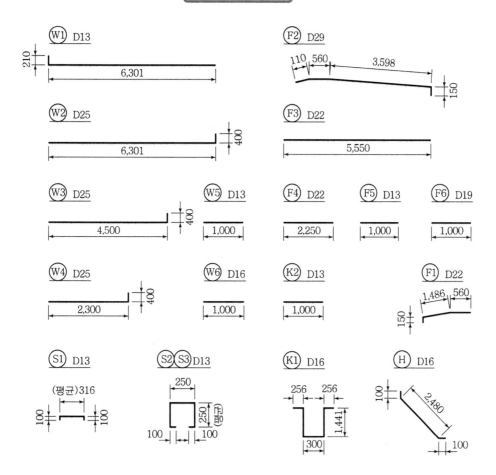

가. 길이 1m에 대한 콘크리트량을 구하시오. (단, 소수점 이하 넷째자리에서 반올림하시오.)

계산 과정)   답 : _____

나. 길이 1m에 대한 거푸집량을 구하시오. (단, 소수점 이하 넷째자리에서 반올림하시오.)

계산 과정)   답 : _____

다. 길이 1m에 대한 철근물량표를 완성하시오.

기호	직경	길이(mm)	수량	총길이(mm)	기호	직경	길이(mm)	수량	총길이(mm)
W1					K1				
F1					S2				

정답 가. 콘크리트량

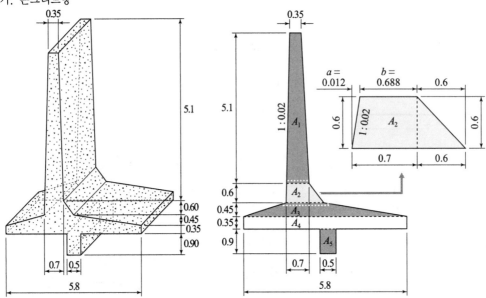

- $a = 0.02 \times 0.6 = 0.012\,\text{m}$
- $b = 0.70 - 0.02 \times 0.6 = 0.688\,\text{m}$
- $A_1 = \dfrac{0.35 + (0.7 - 0.6 \times 0.02)}{2} \times 5.1 = 2.6469\,\text{m}^2$
- $A_2 = \dfrac{(0.7 - 0.6 \times 0.02) + (0.7 + 0.6)}{2} \times 0.6 = 0.5964\,\text{m}^2$
- $A_3 = \dfrac{(0.7 + 0.6) + 5.8}{2} \times 0.45 = 1.5975\,\text{m}^2$
- $A_4 = 0.35 \times 5.8 = 2.03\,\text{m}^2$
- $A_5 = 0.9 \times 0.5 = 0.45\,\text{m}^2$

  $\therefore\ V = (\textstyle\sum A_i) \times 1 = (2.6469 + 0.5964 + 1.5975 + 2.03 + 0.45) \times 1 = 7.321\,\text{m}^3$

나.

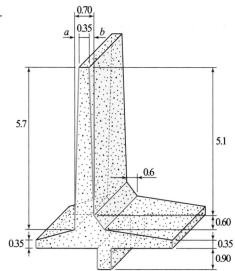

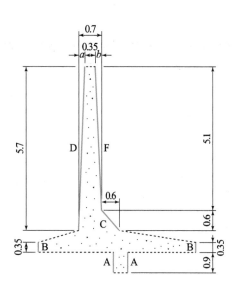

- $a = 0.02 \times 5.7 = 0.114 \mathrm{m}$
- $b = 0.7 - (0.114 + 0.35) = 0.236 \mathrm{m}$
- $A = 0.9 \times 2 = 1.8 \mathrm{m}$
- $B = 0.35 \times 2 = 0.70 \mathrm{m}$
- $C = \sqrt{0.6^2 + 0.6^2} = 0.8485 \mathrm{m}$
- $D = \sqrt{5.7^2 + 0.114^2} = 5.7011 \mathrm{m}$
- $F = \sqrt{5.1^2 + 0.236^2} = 5.1055 \mathrm{m}$

$\sum l = (1.8 + 0.70 + 0.8485 + 5.7011 + 5.1055) = 14.155 \mathrm{m}$

$\therefore$ 총 거푸집량 $= \sum L \times 1(\mathrm{m}) = 14.155 \times 1 = 14.155 \mathrm{m}^2$

다. 철근물량표

기호	직경	길이(mm)	수량	총길이(mm)	기호	직경	길이(mm)	수량	총길이(mm)
W1	D13	6,511	5	32,555	K1	D16	3,694	10	36,940
F1	D22	2,196	5	10,980	S2	D13	950	12.5	11,875

🎯 철근물량 산출근거

기호	직경	길이(mm)	수량	총길이(mm)	수량산출
W1	D13	$210 + 6,301 = 6,511$	5	32,555	$\dfrac{1}{0.200} = 5$본
F1	D22	$150 + 1,486 + 560 = 2,196$	5	10,980	$\dfrac{1}{0.200} = 5$본
K1	D16	$256 \times 2 + 300 + 1,441 \times 2 = 3,694$	10	36,940	$\dfrac{1}{0.100} = 10$본
S2	D13	$(100 + 250) \times 2 + 250 = 950$	12.5	11,875	$\dfrac{5}{0.200 \times 2} \times 1 = 12.5$본 또는 $400 : 5 = 1,000 : x$ $\therefore x = 12.5$

□□□ 05①, 06②, 09②, 14④, 18③, 21②

21 다음 지반조건으로 지반굴착을 할 경우, 이에 설치한 지반앵커(ground anchor)의 정착장 (L)을 구하시오. (단, 안전율은 1.5를 적용한다.)

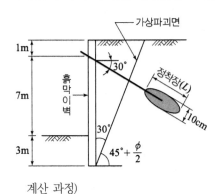

【 조 건 】
- 앵커반력 : 250kN
- 정착부의 주면마찰저항 : 0.20MPa
- 천공직경 : 10cm
- 설치각도 : 수평과 30°
- H-Pile 설치간격(앵커설치간격) : 2.0m

계산 과정)   답 : _____

정답 정착장 $L = \dfrac{T \cdot F_s}{\pi D \tau}$

- 앵커축력 $T = \dfrac{P \cdot a}{\cos \alpha} = \dfrac{250 \times 2.0}{\cos 30°} = 577.35\,\text{kN}$
- 천공직경 $D = 10\text{cm} = 0.1\text{m}$
- 주면마찰저항 $\tau = 0.2\text{MPa} = 0.2\text{N/mm}^2 = 200\text{kN/m}^2$

∴ $L = \dfrac{577.35 \times 1.5}{\pi \times 0.1 \times 200} = 13.78\,\text{m}$

🎯 정착장

정착장 $L = \dfrac{T \cdot F_8}{\pi D \tau}$

여기서,

T : 소요인장력 $T = \dfrac{P \cdot a}{\cos \alpha}$ P : 작용하중(m당)

F_8 : 안전율 D : 천공직경

τ : 정착부의 주면마찰저항 a : 앵커수평간격

α : 앵커타설 경사각

□□□ 05②, 08①, 12①, 21②

22 30회 이상의 콘크리트 압축강도시험 실적으로부터 결정한 압축강도의 표준편차가 2.4MPa 이고 호칭강도가 28MPa일 때 배합강도를 구하시오.

계산 과정)   답 : _____

해답 $f_{cn} = 28\text{MPa} \leq 35\text{MPa}$인 경우 배합강도 f_{cr}

- $f_{cr} = f_{cn} + 1.34s = 28 + 1.34 \times 2.4 = 31.22\,\text{MPa}$
- $f_{cr} = (f_{cn} - 3.5) + 2.33s = (28 - 3.5) + 2.33 \times 2.4 = 30.09\,\text{MPa}$

∴ $f_{cr} = 31.22\text{MPa}$(∵ 두 값 중 큰 값)

$f_{ck} > 35MPa$인 경우(두 값 중 큰 값을 배합강도로 정함)

- $f_{cr} = f_{ck} + 1.34s$
- $f_{cr} = 0.9f_{ck} + 2.33s$

 21②

23 토취장에서 원지반 토량 5,000m³를 굴착한 후 아래 그림과 같은 단면의 도로를 축조하기 위하여 함수비를 측정하였더니 8%였고 습윤단위중량 17.5kN/m³이였다. 이 흙으로 도로를 축조하고자 할 때 함수비는 12%이고, 건조단위중량 18.20kN/m³이었다. 다음 물음에 답하시오.

득점	배점
	4

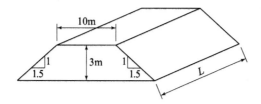

가. 축조된 도로의 길이를 구하시오.

계산 과정)　　　　　　　　　　　　　　　답 : _____

나. 도로 축조하는데 살수해야 할 물은 얼마인가?

계산 과정)　　　　　　　　　　　　　　　답 : _____

해답 가. $C = \dfrac{\text{본바닥 흙의 건조단위중량}}{\text{다짐후의 건조단위중량}}$

- 함수비 8%일 때의 건조단위중량

$\gamma_d = \dfrac{\gamma_t}{1+w} = \dfrac{17.5}{1+0.08} = 16.20 \text{kN/m}^3$

∴ $C = \dfrac{\text{본바닥 흙의 건조단위중량}}{\text{다짐후의 건조단위중량}} = \dfrac{16.20}{18.20} = 0.89$

- $A = \dfrac{10 + (1.5 \times 3 + 10 + 1.5 \times 3)}{2} \times 3 = 43.5 \text{m}^2$

- 완성토량 $= 5,000 \times C = 5,000 \times 0.89 = 4,450 \text{m}^3$

∴ 도로의 길이 $L = \dfrac{\text{완성토량}}{\text{도로의 단면적}}$

$= \dfrac{4,450}{43.5} = 102.30 \text{m}$

나. • 8%일 때의 물의 무게

$W_w = \dfrac{wW}{100+w} = \dfrac{8 \times 5,000 \times 17.5}{100+8} = 6,481.48 \text{kN}$

• 12%에 대한 살수량

$6,481.48 \times \dfrac{12-8}{8} = 3,240.74 \text{kN}$

∴ 살수량 $= \dfrac{W_w}{\gamma_w} = \dfrac{3,240.74(\text{kN})}{9.81(\text{kN/m}^3)} = 330.35 \text{m}^3 = 330,350.66 \text{L}$ (∵ $1\text{m}^3 = 1,000\text{L}$)

24 다음과 같은 연속기초의 극한지지력을 테르자기(Terzaghi)식을 이용하여 ①, ②의 경우에 대해 각각 구하시오. (단, 점착력 $c = 0.01$MPa, 물의 단위중량 $\gamma_w = 9.81$kN/m³, 내부마찰각 $\phi = 15°$, $N_c = 6.5$, $N_r = 1.2$, $N_q = 2.7$이며 전반전단파괴가 발생하며, 흙은 균질이다.)

득점	배점
	4

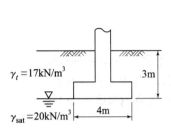

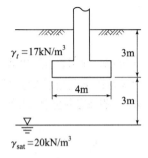

①의 경우   ②의 경우

가. ①의 경우에 대하여 극한지지력을 구하시오.

계산 과정)   답 : _____

나. ②의 경우에 대한 극한지지력을 구하시오.

계산 과정)   답 : _____

해답 **가.** $D_1 = 3$m $\leq D_f = 3$m인 경우

$q_u = \alpha c N_c + \beta \gamma_1 B N_r + \gamma_2 D_f N_q$

$c = 0.1$kg/cm² $= 0.01$N/mm² $= 0.01$MPa $= 10$kN/m²

$= 1.0 \times 10 \times 6.5 + 0.5 \times (20 - 9.81) \times 4 \times 1.2 + 17 \times 3 \times 2.7 = 227.16$kN/m²

나. $d < B$인 경우

$q_u = \alpha c N_c + \beta \gamma_1 B N_r + \gamma_2 D_f N_q$

• $\gamma_1 = \gamma_{sub} + \dfrac{d}{B}(\gamma_t - \gamma_{sub}) = (20 - 9.81) + \dfrac{3}{4}[17 - (20 - 9.81)] = 15.30$kN/m³

$\therefore q_u = 1.0 \times 10 \times 6.5 + 0.5 \times 15.30 \times 4 \times 1.2 + 17 \times 3 \times 2.7$

$= 239.42$kN/m²

국가기술자격 실기시험문제

2021년도 기사 제3회 필답형 실기시험(기사)

종 목	시험시간	형 별	성 명	수험번호
토목기사	3시간	B		

※ 수험자 인적사항 및 계산식을 포함한 답안 작성은 검은색 필기구만 사용해야 하며, 그 외 연필류, 빨간색, 청색 등 필기구로 작성한 답항은 0점 처리 됩니다.

□□□ 04①, 13④, 20①, 21③, 23②

득점	배점
	4

01 히빙의 정의와 방지대책을 2가지만 쓰시오.

가. 히빙의 정의를 간단하게 쓰시오.

ㅇ

나. 히빙의 방지대책을 2가지만 쓰시오.

① _____   ② _____

해답 가. 연약한 점토질지반을 굴착할 때 흙막이벽 전후의 흙의 중량 차이 때문에 굴착저면이 부풀어 오르는 현상

나. ① 흙막이공의 계획을 변경한다.
② 굴착저면에 하중을 가한다.
③ 흙막이벽의 관입깊이를 깊게 한다.
④ 표토를 제거하여 하중을 적게 한다.
⑤ 양질의 재료로 지반개량을 한다.

□□□ 01②, 03②, 07①, 10②, 11②, 15④, 21③

득점	배점
	3

02 아래 그림과 같은 무한사면에서 지하수위면과 지표면이 일치한 경우 사면의 안전율을 구하시오. (단, 지반의 $c=0$, $\phi=30°$, $\gamma_{sat}=18.0\text{kN/m}^3$, $\gamma_w=9.81\text{kN/m}^3$이다.)

계산 과정)

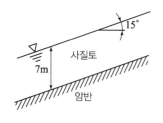

답 : _____

해답 $F_s = \dfrac{\gamma_{sub}}{\gamma_{sat}} \cdot \dfrac{\tan\phi}{\tan i} = \dfrac{18.0-9.81}{18.0} \times \dfrac{\tan 30°}{\tan 15°} = 0.98$

(점착력 $c=0$이고, 지하수위가 지표면과 일치할 때 반무한사면의 안전율)

03 3m×3m 크기의 정사각형 기초를 마찰각 $\phi = 30°$, 점착력 $c = 50kN/m^2$인 지반에 설치하였다. 흙의 단위중량 $\gamma = 17kN/m^3$이며, 기초의 근입깊이는 2m이다. 지하수위가 지표면에서 1m, 3m, 5m 깊이에 있을 때의 극한지지력을 각각 구하시오. (단, 지하수위 아래의 흙의 포화단위중량은 19kN/m^3, 물의 단위중량 $\gamma_w = 9.81kN/m^3$, Terzaghi 공식을 사용하고, $\phi = 30°$일 때, $N_c = 36$, $N_r = 19$, $N_q = 22$)

득점	배점
	6

가. 지하수위가 1m 깊이에 있는 경우

계산 과정)　　　　　　　　　　　　　　　답 : _____

나. 지하수위가 3m 깊이에 있는 경우

계산 과정)　　　　　　　　　　　　　　　답 : _____

다. 지하수위가 5m 깊이에 있는 경우

계산 과정)　　　　　　　　　　　　　　　답 : _____

해답 가. $D_1 \leq D_f$인 경우(1m < 2m)

$$q_u = \alpha c N_c + \beta \gamma_1 B N_r + \gamma_2 D_f N_q$$
$$= \alpha c N_c + \beta \gamma_{\text{sub}} B N_r + (D_1 \gamma_1 + D_2 \gamma_{\text{sub}}) N_q$$

- $\gamma_1 = \gamma_{\text{sub}} = 19 - 9.81 = 9.19 kN/m^3$
- $\gamma_2 D_f = D_1 \gamma_t + D_2 \gamma_{\text{sub}}$
$$= 1 \times 17 + 1 \times 9.19 = 26.19 kN/m^2$$

∴ $q_u = 1.3 \times 50 \times 36 + 0.4 \times 9.19 \times 3 \times 19 + 26.19 \times 22$
$$= 2,340 + 209.532 + 576.18 = 3,125.71 kN/m^2$$

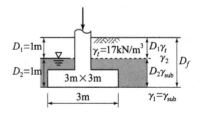

나. $d < B$인 경우(1m < 3m)

$$q_u = \alpha c N_c + \beta \left\{ \gamma_{\text{sub}} + \frac{d}{B}(\gamma_t - \gamma_{\text{sub}}) \right\} B N_r + \gamma_t D_f N_q$$

- $\gamma_{sub} = \gamma_t - \gamma_w = 19 - 9.81 = 9.19 kN/m^3$
- $\gamma_1 = \gamma_{\text{sub}} + \frac{d}{B}(\gamma_t - \gamma_{\text{sub}})$
$$= 9.19 + \frac{1}{3}(17 - 9.19) = 11.79 kN/m^3$$

∴ $q_u = 1.3 \times 50 \times 36 + 0.4 \times 11.79 \times 3 \times 19 + 17 \times 2 \times 22$
$$= 2,340 + 268.812 + 748 = 3,356.81 kN/m^2$$

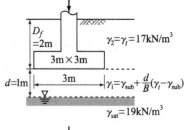

다. $d \geq B$인 경우(3m ≥ 3m)

$$q_u = \alpha c N_c + \beta B \gamma_1 N_r + \gamma_2 D_f N_q$$

- $\gamma_1 = \gamma_2 = \gamma_t = 17 kN/m^3$

∴ $q_u = 1.3 \times 50 \times 36 + 0.4 \times 3 \times 17 \times 19 + 17 \times 2 \times 22$
$$= 2,340 + 387.6 + 748 = 3,475.60 kN/m^2$$

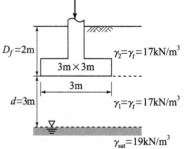

□□□ 16②, 21③

04 콘크리트 구조물에서 시공이음을 설치하고자 할 때 그 위치 또는 방향에 대해 아래의 각 물음에 답하시오.

<table>
<tr><td>득점</td><td>배점</td></tr>
<tr><td></td><td>3</td></tr>
</table>

가. 바닥틀과 일체로 된 기둥 또는 벽의 시공이음 위치로 적합한 곳 :

나. 바닥틀의 시공이음 위치로 적합한 곳 :

다. 아치에 시공이음을 설치하고자 할 때 적합한 방향 :

해답 가. 바닥틀과 경계 부근에 설치
　　 나. 슬래브 또는 보의 경간 중앙부 부근에 설치
　　 다. 아치축에 직각방향이 되도록 설치

□□□ 04②, 06②, 09④, 10①, 13①, 16②, 18③, 21③

05 농공단지 조성을 위하여 다음 그림과 같이 기준면으로부터 고저측량을 하였다. 이 용지를 수평으로 정지하고자 할 때 절토량과 성토량이 같게 하려고 하면 기준면으로부터 몇 m의 높이로 하면 되는가?

<table>
<tr><td>득점</td><td>배점</td></tr>
<tr><td></td><td>3</td></tr>
</table>

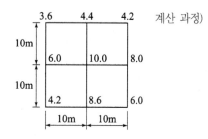

계산 과정)

답 : _____

해답 $H = \dfrac{V}{A \times n}$

- $V = \dfrac{a \cdot b}{4}(\sum h_1 + 2\sum h_2 + 4\sum h_4)$

- $\sum h_1 = 3.6 + 4.2 + 6.0 + 4.2 = 18\,\mathrm{m}$

- $\sum h_2 = 4.4 + 8.0 + 8.6 + 6.0 = 27\,\mathrm{m}$

- $\sum h_4 = 10\,\mathrm{m}$

　$\therefore V = \dfrac{10 \times 10}{4} \times (18 + 2 \times 27 + 4 \times 10) = 2,800\,\mathrm{m}^3$

　$\therefore H = \dfrac{2,800}{(10 \times 10) \times 4} = 7\,\mathrm{m}$

□□□ 88③, 93④, 21③

06 $0.7m^3$의 백호 2대를 사용하여 16,300m^3의 기초터파기를 다음 조건으로 했을 때, 터파기에 소요되는 일수를 구하시오. (단, 정수로 산출하시오.)

득점	배점
	3

━━━━━━━━━━━━━ 【조 건】 ━━━━━━━━━━━━━
- 백호 cycle time : 20sec
- 작업효율 : 0.75
- 1일 운전시간 : 8hr
- 버킷계수 : 0.9
- 토량환산계수(f) : 0.8

계산 과정)   답 :

해답 소요일수 $= \dfrac{\text{총작업량}}{\text{시간당 작업량} \times \text{소요대수} \times \text{일 운전시간}}$

· $Q = \dfrac{3,600 \cdot q \cdot K \cdot f \cdot E}{C_m}$

$= \dfrac{3,600 \times 0.7 \times 0.9 \times 0.8 \times 0.75}{20} = 68.04\,m^3/hr$

∴ 소요일수 $= \dfrac{16,300}{68.04 \times 2 \times 8} = 14.97$ ∴ 15일

□□□ 06③, 11①, 21③

07 콘크리트의 타설에 대한 설명이다. 다음 빈 칸 (   )을 채우시오.

득점	배점
	4

콘크리트를 2층 이상으로 나누어 타설할 경우 상층의 콘크리트 타설은(①)의 예방을 위해 원칙적으로 하층의 콘크리트가 굳기 시작하기 전에 해야 하며, 상층과 하층이 일체가 되도록 시공하여야 한다. 이러한 시공을 위하여 콘크리트 이어치기 허용시간 간격의 기준을 정하고 있다. 이 때 외기온도가 25℃를 초과하는 경우, 허용 이어치기 시간간격은(②)이고, 외기온도가 25℃ 이하인 경우, 허용 이어치기 시간간격은 (③)이다.

해답 ① 콜드 조인트(cold joint)   ② 2시간   ③ 2.5시간

□□□ 21③

08 PSC 박스거더 교량 가설공법으로 PSC 세그먼트를 이용한 장대 교량 가설공법 3가지를 쓰시오.

득점	배점
	3

①   ②   ③

해답 ① FCM(캔틸레버공법)   ② MSS(이동식 지보공법)   ③ ILM(연속압출공법)

□□□ 92①, 95⑤, 01①, 11④, 21③

09 어느 지역의 월평균기온이 아래 표와 같다. 동결지수를 구하시오.

월	월평균기온(℃)
11	+1
12	−6.3
1	−8.3
2	−6.4
3	−0.2

계산 과정)

득점	배점
	3

답 : _____

해답 동결지수 F = (영하온도(θ)×지속일수)의 총합
$$= 6.3×31+8.3×31+6.4×28+0.2×31 = 638℃·days$$

□□□ 04③, 06①, 10④, 14①, 17①, 21③

10 심빼기공(심빼기 발파공)의 종류 중 4가지만 쓰시오.

① _____ ② _____ ③ _____ ④ _____

득점	배점
	3

해답 ① V컷 ② 번컷 ③ 노컷 ④ 스윙컷 ⑤ 피라미드컷

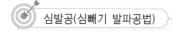 심발공(심빼기 발파공법)

① V컷(wedge cut) : 횡·종방향 쐐기모양으로 천공하는 방법
② 번컷(Burn cut) : 빈 구멍을 자유면으로 하여 평행폭파를 하는 것으로 버럭의 비산거리가
　짧고 좁은 도갱에서의 긴 구멍의 발파에 편리한 방법으로 약량이 절약되는 공법
③ 노컷(no cut) : 심빼기 부분에 수직한 평행공을 다수 천공하여 장약량을 집중시키고 순발
　뇌관으로 폭파시켜 폭파 Shock에 의하여 심빼기하는 방법
④ 스윙컷(swing cut) : 용수가 많을 경우에 유리한 공법
⑤ 피라미드 컷(pyramid cut) : 심빼기 구멍이 한 점에 마주치도록 배치하는 방법

□□□ 21③

11 토압은 일반적으로 구조물의 접촉면에 작용하는 흙의 압력으로 주동토압, 수동토압, 정지
토압으로 구분된다. 이 중 정지토압을 받는 구조물의 종류 3가지를 쓰시오.

① _____ ② _____ ③ _____

득점	배점
	3

해답 ① 지하 구조물 ② 교대 구조물 ③ 박스 암거

□□□ 19①, 21③

12 다음의 도로포장에 관련된 명칭을 각각 기입하시오.

득점	배점
	3

A. 콘크리트 포장 슬래브의 포설, 다짐, 표면 끝손질 등의 기능을 겸비하여 거푸집을 설치하지 않고 연속적으로 포설하는 장비는 무엇인가?

    ○

B. 입도조정공법이나 머캐덤공법 등으로 시공된 기층의 방수성을 높이고, 그 위에 포설하는 아스팔트 혼합물층과의 부착을 잘되게 하기위하여 기층위에 역청재료를 살포하는 것을 무엇이라 하는가?

    ○

C. 아스팔트 포장의 기층으로서 사용하는 시멘트 콘크리트 슬래브를 무엇이라 하는가?

    ○

해답 A. 슬립 폼 페이버(slip form paver)
    B. 프라임코트(Prime coat)
    C. 화이트베이스(white base)

□□□ 92④, 96③, 01②, 04①, 21③, 22③

13 다음의 그림에서 모래층에 설치한 earth anchor(=tie backs)의 극한저항은?
(단, 콘크리트 그라우팅은 일정한 압력하에서 시공되었으므로 정지토압계수 상태 K_o로 본다.) (단, $K_o = 1 - \sin\phi$ 이용한다.)

득점	배점
	3

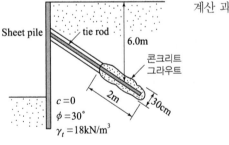

계산 과정)

답 : _____

해답 $P_u = \pi \, dl \, \overline{\sigma_v} K_o \tan\phi = \pi \, dl \, \overline{\sigma_v} (1 - \sin\phi) \tan\phi$
    $= \pi \times 0.30 \times 2 \times (18 \times 6)(1 - \sin30°) \tan30° = 58.77 \text{kN}$

☐☐ 01②, 21③, 23①

14 그림과 같은 옹벽에 작용하는 전주동토압은 얼마인가? (Rankine의 토압이론을 사용하시오.)

득점	배점
	3

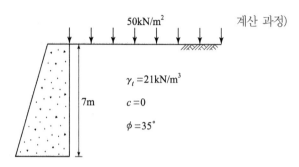

50kN/m² 계산 과정)

$\gamma_t = 21\text{kN/m}^3$

$c = 0$

$\phi = 35°$

7m

답 : _____

해답 전주동토압 $P_A = P_{a1} + P_{a2} = \dfrac{1}{2}\gamma H^2 K_A + qHK_A$

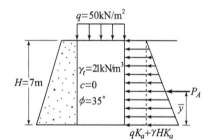

- $K_A = \tan^2\left(45° - \dfrac{\phi}{2}\right) = \tan^2\left(45° - \dfrac{35°}{2}\right) = 0.271$

- $P_{a1} = \dfrac{1}{2} \times 21 \times 7^2 \times 0.271 = 139.43\text{kN/m}$

- $P_{a2} = 50 \times 7 \times 0.271 = 94.85\text{kN/m}$

  $\therefore P_A = 139.43 + 94.85 = 234.28\text{kN/m}$

☐☐☐ 95③, 98③, 99⑤, 04③, 10①, 14④, 21③

15 횡방향 지반반력계수(K_h)를 구하는 현장시험을 3가지만 쓰시오.

득점	배점
	3

① _____ ② _____ ③ _____

해답 ① 프레셔미터시험(PMT) ② 딜라토미터시험(DMT) ③ 수평재하시험(LLT)

🎯 **횡방향 지반반력계수(K_h)**

① 프레셔미터시험(PMT : Pressure meter test) : 시추공에 원추형의 팽창성 측정장비를 삽입하고 가압하여 방사방향으로 지반에 압력을 가하고 연약점토부터 경암지반까지의 변형특성(K_h, E)을 파악하는 시험이다.

② 딜라토미터 시험(DMT : Dilatometer tset) : 납작한 판형 시험기구를 지중에 삽입하고 시험기 구속으로 압력을 가하여 강막(steel membrance)을 팽창시켜 지반의 공학적특성을 측정하는 시험을 말하며 지반의 전단강도와 변형 특성을 결정하는 인자인 수평지력 계수(K_h), 간극수압계수를 얻는 시험이다.

③ 수평재하시험(LLT : Lateral Load Test) : 수평재하시험의 결과로부터 K_h를 구하며, 횡방향 외력을 받는 말뚝의 거동을 추정하기 위한 가장 적절한 방법이다.

□□□ 03①, 10②, 13①, 18①, 21③

16 다음 데이터를 이용하여 Normal time 네트워크 공정표를 작성하고 공기를 3일 단축할 때 최소의 추가공사비를 산출하시오.

(단, ① Net Work 공정표 작성은 화살표 Net Work로 한다.

② 주공정선(Critical path)은 굵은 선 또는 이중선으로 한다.

③ 각 결합점에는 다음과 같이 표시한다.)

득점	배점
10

작업명 (activity)	정상비용		특급비용	
	공기(일)	공비(원)	공기(일)	공비(원)
A(0→1)	3	20,000	2	26,000
B(0→2)	7	40,000	5	50,000
C(1→2)	5	45,000	3	59,000
D(1→4)	8	50,000	7	60,000
E(2→3)	5	35,000	4	44,000
F(2→4)	4	15,000	3	20,000
G(3→5)	3	15,000	3	15,000
H(4→5)	7	60,000	7	60,000
계		280,000		334,000

가. Normal time 네트워크 공정표를 작성하시오.

나. 공기를 3일간 단축할 때 최소의 추가공사비를 구하시오.

계산 과정)　　　　　　　　　　　　　　　　　　답 : _____

해답 가.

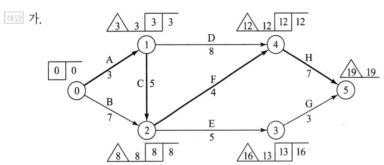

나. • 각 작업의 비용구배

$A = \dfrac{26,000 - 20,000}{3 - 2} = 6,000$원, $B = \dfrac{50,000 - 40,000}{7 - 5} = 5,000$원

$C = \dfrac{59,000 - 45,000}{5 - 3} = 7,000$원, $D = \dfrac{60,000 - 50,000}{8 - 7} = 10,000$원

$F = \dfrac{20,000 - 15,000}{4 - 3} = 5,000$원

• 공기 1일 단축(18일) : F작업에서 1일 단축

직접비 : +5,000원 증가, 총추가비용 : +5,000원
- 공기 1일 단축 (17일) : A작업에서 1일 단축
  직접비 : +6,000원 증가, 총추가비용 : +11,000원
- 공기 1일 단축 (16일) : (B+C+D)작업에서 각각 1일 단축
  직접비 : (5,000+7,000+10,000)22,000원, 총추가비용 : 33,000원
  ∴ 최소 추가비용 : 33,000원

최소추가비용

작업명	단축가능 일수	비용구배 $= \dfrac{\text{특급비용} - \text{표준비용}}{\text{표준공기} - \text{특급공기}}$	19	18(-1)	17(-2)	16(-3)
A	1	$\dfrac{26,000-20,000}{3-2}=6,000$			1	
B	2	$\dfrac{50,000-40,000}{7-5}=5,000$				1
C	2	$\dfrac{59,000-45,000}{5-3}=7,000$				1
D	1	$\dfrac{60,000-50,000}{8-7}=10,000$				1
E	1	$\dfrac{44,000-35,000}{5-4}=9,000$				
F	1	$\dfrac{20,000-15,000}{4-3}=5,000$		1		
G	-	-				
H	-	-				
추가비용				5,000	6,000	22,000
추가비용 합계				5,000	11,000	33,000

□□□ 04③, 17②, 21③

17 연약지반 처리 중 치환공법은 지반의 연약토를 제거하고 양질의 토사를 치환하여 비교적 단기간 내에 기초처리를 할 수 있는데 치환공법을 3가지만 쓰시오.

득점	배점
	3

① _____ ② _____ ③ _____

 ① 굴착치환공법   ② 폭파치환공법   ③ 강제치환공법(압출치환공법)

치환공법의 종류

① 굴착치환공법 : 굴착기계로 연약층을 굴착한 후 여기에 양질의 모래를 메우는 공법
② 폭파치환공법 : 연약층의 범위가 넓을 때 폭약으로 연약층을 일시에 폭파시켜 모래를 치환하는 공법
③ 강제치환공법 : 연약지반상에 모래를 성토하여 그 중량으로 연약지반을 압출시켜 모래로 치환하는 공법

□□□ 18①, 21③

18 지진 발생시 교량의 안전에 대하여 지진보호장치 3가지를 쓰시오.

득점 | 배점
3

① _____ ② _____ ③ _____

해답 ① 받침보호장치   ② 점성댐퍼   ③ 낙교방지 장치   ④ 내진보강 탄성 받침장치

◎ 교량의 보호장치

• 받침보호장치 : 수평력 분담을 통해 지진력을 분산하는 장치다.
• 점성댐퍼 : 유체의 점성을 이용해 지진발생시 교량에 전달되는 에너지를 감쇠하는 장치
• 낙교방지장치 : 교량 받침 또는 신축이음의 파괴로 발생하는 교량의 낙교를 방지하는 이중보호장치
• 내진보강탄성받침장치 : 지진에 저항하여 교량을 보호하는 장치, 지진하중을 효과적으로 전달하는 장치

□□□ 99③, 01①, 06④, 21①③

19 가설 흙막이의 지지, 옹벽의 전도 방지, 산사태 방지 등으로 사용되는 Earth Anchor의 주요 구성요소를 3가지 쓰시오.

득점 | 배점
3

① _____ ② _____ ③ _____

해답 ① 앵커두부   ② 인장부   ③ 앵커체

□□□ 00⑤, 08②, 10①, 15②, 21③

20 록볼트의 정착형식은 크게 3가지로 구분할 수 있는데, 이 3가지를 쓰시오.

득점 | 배점
3

① _____ ② _____ ③ _____

해답 ① 선단정착형   ② 전면접착형   ③ 혼합형

◎ 록 볼트의 정착형식

① 선단 정착형 : 쐐기형, 신축형, 접착형
② 전면 접착형 : 충전형, 주입형
③ 혼합형 : 확장형+시멘트 밀크형, 수지형+시멘트 밀크형
④ 마찰형 : swellex형, split set형

□□□ 98⑤, 14①, 20②, 21③

21 직경 30cm의 평판재하시험을 한 결과 침하량 25mm일 때 극한지지력이 300kN/m²이고, 침하량이 10mm이었다. 허용침하량이 25mm인 직경 1.2m의 실제 기초의 극한지지력과 침하량을 구하시오. (단, 점토지반과 사질토지반인 경우에 대하여 각각 구하시오.)

득점	배점
	4

가. 점토지반인 경우에 대해서 구하시오.

  ① 극한지지력 :

  ② 침하량 :

나. 사질토지반인 경우에 대해서 구하시오.

  ① 극한지지력 :

  ② 침하량 :

해답 가. ① 극한지지력 $q_u = 300\text{kPa}(\because$ 재하판에 무관)

  ② 침하량 $S_F = S_P \times \dfrac{B_F}{B_P} = 10 \times \dfrac{1.2}{0.30} = 40\text{mm}(\because$ 재하판 폭에 비례)

나. ① 극한지지력 $q_{u(F)} = q_{u(P)} \times \dfrac{B_F}{B_P}(\because$ 재하판 폭에 비례)

$$= 300 \times \dfrac{1.2}{0.30} = 1,200\text{kN/m}^2$$

  ② 침하량 $S_F = S_P\left(\dfrac{2B_F}{B_F + B_P}\right)^2 = 10 \times \left(\dfrac{2 \times 1.2}{1.2 + 0.3}\right)^2 = 25.6\text{mm}(\because$ 재하판에 무관)

재하판의 크기에 따른 지지력과 침하량

분류	점토지반	모래지반
지지력	• 재하판에 무관 $q_{u(F)} = q_{u(P)}$	• 재하판 폭에 비례 $q_F = q_u \times \dfrac{B_F}{B_P}$
침하량	• 재하판 폭에 비례 $S_F = S_P \times \dfrac{B_F}{B_P}$	• 재하판에 무관 $S_F = S_P\left(\dfrac{2B_F}{B_F + B_P}\right)^2$

여기서, $q_{u(F)}$: 놓일 기초의 극한지지력　　　$q_{u(P)}$: 시험평판의 극한지지력
　　　　B_F : 기초의 폭　　　　　　　　　B_P : 시험평판의 폭
　　　　S_P : 재하판의 침하량　　　　　　S_F : 기초의 침하량

□□□ 00③, 01②, 04①, 07①, 09②, 12④, 16②, 19①, 21③

22 주어진 도면 및 조건에 따라 다음 물량을 산출하시오. (단, 주어진 도면의 치수는 축척에 맞지 않을 수 있으며, 주어진 치수로만 물량을 산출할 것)

<table>
<tr><td>득점</td><td>배점</td></tr>
<tr><td></td><td>18</td></tr>
</table>

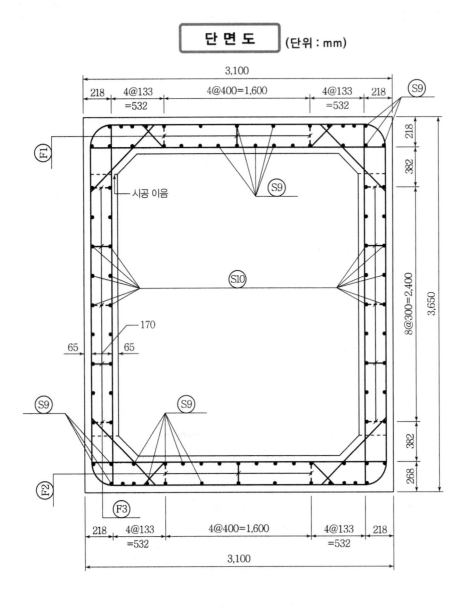

단 면 도 (단위 : mm)

일 반 도

주 철 근 조 립 도

철 근 상 세 도

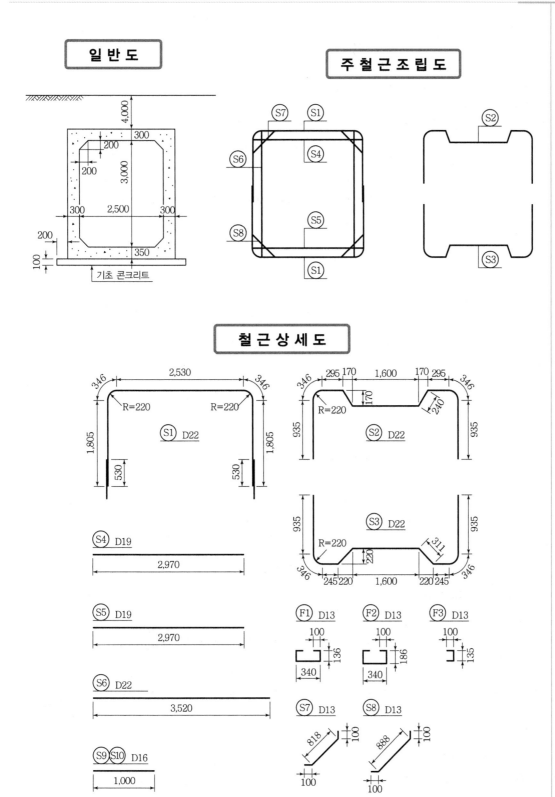

【조 건】

- S1 ~ S8 철근은 300mm 간격으로 배치되어 있다.
- F1, F2, F3 철근은 300mm 간격으로 지그재그로 배치되어 있다.
- 철근의 이음과 할증은 무시한다.
- 지형상태는 일반도와 같으며 터파기는 기초 콘크리트 양끝에서 100cm 여유폭을 두고 비탈기울기는 1 : 0.5로 한다.
- 거푸집량의 계산에서 마구리면은 무시한다.

가. 길이 1m에 대한 기초와 구체의 콘크리트량을 구하시오. (단, 소수 넷째자리에서 반올림하시오.)

① 기초 콘크리트량 :

② 구체 콘크리트량 :

나. 길이 1m에 대한 거푸집량을 구하시오. (단, 소수 넷째자리에서 반올림하시오.)

계산 과정)   답 : _____

다. 길이 1m에 대한 터파기량을 구하시오. (단, 소수 넷째자리에서 반올림하시오.)

계산 과정)   답 : _____

라. 길이 1m에 대한 철근량을 산출하기 위한 다음 철근물량표를 완성하시오.
   (단, 소수 셋째자리에서 반올림하시오.)

기호	직경	길이(mm)	수량	총길이(mm)	기호	직경	길이(mm)	수량	총길이(mm)
S1					S9				
S7					F1				

해답 가. ① $V_1 = 3.5 \times 0.1 \times 1 = 0.350 \, \text{m}^3$

② $\left\{ (3.1 \times 3.65) - (2.5 \times 3.0) + \frac{1}{2} \times 0.2 \times 0.2 \times 4 \right\} \times 1 = 3.895 \, \text{m}^3$

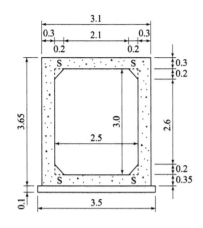
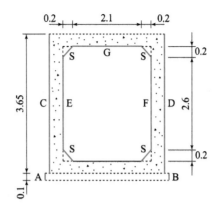

나. A면 = 0.1 m   B면 = 0.1 m   C면 = 3.65 m   D면 = 3.65 m

E면 = 2.60 m   F면 = 2.60 m   G면 = 2.10 m

$S = \sqrt{0.20^2 + 0.20^2} \times 4 = 1.1314\,\text{m}$

∴ 총거푸집길이 = $0.1 \times 2 + 3.65 \times 2 + 2.60 \times 2 + 2.10 + 1.1314 = 15.9314\,\text{m}$

∴ 총거푸집량 = 총거푸집길이×단위길이 = $15.9314 \times 1 = 15.931\,\text{m}^2$

다.

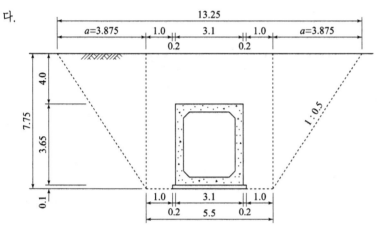

$a = 7.75 \times 0.5 = 3.875\,\text{m}$

$b = 1.0 + 0.2 + 3.1 + 0.2 + 1.0 = 5.5\,\text{m}$

∴ 터파기량 $= \left(\dfrac{13.25 + 5.50}{2} \times 7.75 \right) \times 1 = 72.656\,\text{m}^3$

라.

기호	직경	길이 (mm)	수량	총길이 (mm)	기호	직경	길이 (mm)	수량	총길이 (mm)
S1	D22	6,832	6.67	45,569	S9	D16	1,000	56	56,000
S7	D13	1,018	6.67	6,790	F1	D13	812	5	4,060

🎯 철근량 산출

기호	직경	길이(mm)	수량	총길이(mm)	수량산출
S1	D22	$(1,805 \times 2) + (346 \times 2)$ $+ 2,530 = 6,832$	6.67	45,569	$\dfrac{1}{0.300} \times 2 = 6.67$
S4	D19	2,970	3.33	9,890	$\dfrac{1}{0.300} \times 1 = 3.33$
S7	D13	$100 \times 2 + 818 = 1,018$	6.67	6,790	$\dfrac{1}{0.300} \times 2 = 6.67$
S9	D16	1,000	56	56,000	$(13 + 15) \times 2 = 56$ (∵ 길이 1m에 대한 철근량)
S10	D16	1,000	36	36,000	$(8+1) \times 2 \times 2 = 36$
F1	D13	812	5	4,060	$\dfrac{3}{0.300 \times 2} \times 1 = 5$ $600 : 3 = 1,000 : x \quad \therefore \ x = 5$
F3	D13	$100 \times 2 + 135 = 335$	16.67	5,584	$600 : 5 = 1,000 : x$ $\therefore \ x = 8.33$ 양측벽 : $8.33 \times 2 = 16.67$ 또는 $\dfrac{5}{0.300 \times 2} \times 1 \times 2 = 16.67$

□□□ 21③

23 다음 용어의 물음에 답하시오.

득점	배점
	6

가. 단면이 원호로 되어 있는 부채모양의 문짝으로서 호의 중심에 해당하는 곳을 회전축으로 하여 핀으로 지지하여 개폐할 수 있는 수문의 이름을 쓰시오.

○

나. 댐 콘크리트의 온도상승을 억제하고 균열을 방지할 목적으로 콘크리트를 치기 전에 외경 25mm 정도의 파이프를 수평으로 배치하고 그 속에 자연지하수나 인공냉각수를 통과시켜서 콘크리트의 온도를 낮추는 것을 무엇이라고 하는가?

○

다. 댐공사시 기초암반의 비교적 얇은 부분의 절리를 충전시켜 댐 기초의 변형성이나 강도를 개량하여 균일성을 주기 위하여 기초 전반에 걸쳐 격자형으로 그라우팅하는 방법으로 콘크리트댐 기초공사에 많이 이용되는 그라우팅 방법은?

○

해답 가. 테인터 게이트(tainter gate)
나. 파이프 쿨링(pipe cooling)
다. 압밀 그라우팅(consolidation grouting)

국가기술자격 실기시험문제

2022년도 기사 제1회 필답형 실기시험(기사)

종 목	시험시간	형 별	성 명	수험번호
토목기사	**3시간**	B		

※ 수험자 인적사항 및 계산식을 포함한 답안 작성은 검은색 필기구만 사용해야 하며, 그 외 연필류, 빨간색, 청색 등 필기구로 작성한 답항은 0점 처리 됩니다.

물량산출
1문항(18점)

□□□ 00①, 04④, 06①, 08④, 22①

01 주어진 반중력형 교대의 도면(단위 : mm) 및 조건에 따라 다음 물량을 산출하시오.
(단, 주어진 도면의 치수는 축척에 맞지 않을 수 있으며, 주어진 치수로만 물량을 산출할 것)

득점	배점
	18

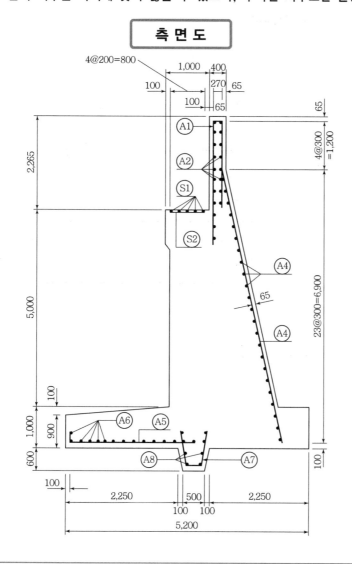

측 면 도

일반도

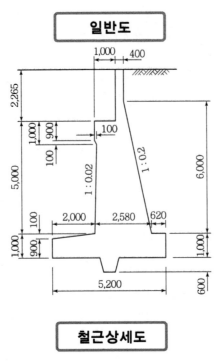

철근상세도

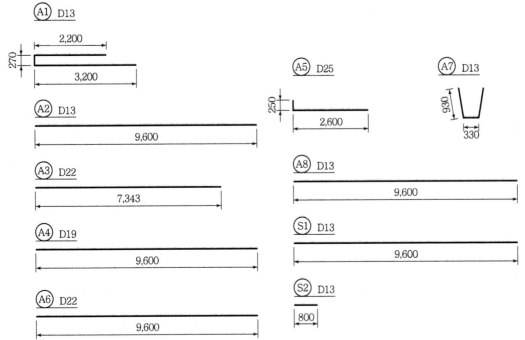

【조 건】
- A1, A3, A7, S2 철근은 피복두께가 좌·우로 각각 200mm이며, 300mm 간격으로 배근한다.
- A2, A4, A8 철근은 각 300mm 간격으로 배근한다.
- A6, S1 철근은 200mm 간격으로 배근한다.
- A5 철근은 피복두께가 좌·우로 200mm이며, 200mm 간격으로 배근한다.
- 돌출부(전단 Key) 부분의 거푸집은 사용하는 경우로 계산한다.
- 철근의 이음과 할증은 무시한다.

가. 폭이 10m인 교대의 콘크리트량을 구하시오. (단, 소수점 이하 4째자리에서 반올림하시오.)

계산 과정)   답 : _____

나. 폭이 10m인 교대의 전체 거푸집량을 구하시오. (단, 소수점 이하 4째자리에서 반올림하시오.)

계산 과정)   답 : _____

다. 폭이 10m인 교대의 철근물량을 구하시오.

기호	직경	길이(mm)	수량	총길이(mm)	기호	직경	길이(mm)	수량	총길이(mm)
A1					A7				
A5					S1				

해답 **가.** • $A = 0.4 \times 1.265 = 0.506 \text{m}^2$

• $B = \dfrac{0.4 + (0.4 + 1 \times 0.2)}{2} \times 1 = 0.5 \text{m}^2$

• $C = \dfrac{(1.4 + 1 \times 0.2) + (1.4 + 1.9 \times 0.2)}{2} \times 0.9$
$= 1.521 \text{m}^2$

• $D = \dfrac{(1.4 + 1.9 \times 0.2) + (0.9 + 0.4 + 2.0 \times 0.2)}{2} \times 0.1$
$= 0.174 \text{m}^2$

• $E = \dfrac{(0.9 + 0.4 + 2.0 \times 0.2) + 2.58}{2} \times 4$
$= 8.560 \text{m}^2$

• $F = \dfrac{(2.58 + 0.620) + 5.20}{2} \times 0.1$
$= 0.42 \text{m}^2$

• $G = 0.9 \times 5.2 = 4.68 \text{m}^2$

• $H = \dfrac{0.5 + 0.7}{2} \times 0.6 = 0.360 \text{m}^2$

$\sum$ 단면적 $= 0.506 + 0.5 + 1.521 + 0.174 + 8.560 + 0.42 + 4.68 + 0.360$
$= 16.721 \text{m}^2$

∴ 총콘크리트량 $= 16.721 \times 10 = 167.210 \text{m}^3$

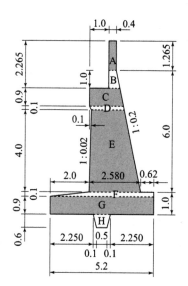

나. • A = 2.265m

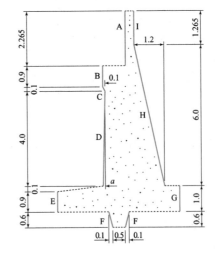

  • B = 0.900m
  • $C = \sqrt{0.1^2 + 0.1^2} = 0.1414m$
  • $D = \sqrt{(4 \times 0.02)^2 + 4^2} = 4.0008m$
  • E = 0.9000m
  • $F = \sqrt{0.1^2 + 0.6^2} \times 2 = 1.2166m$
  • G = 1,000m
  • $H = \sqrt{(6 \times 0.2)^2 + 6^2} = 6.1188m$
  • I = 1.265m
  ∴ 총거푸집길이 $\sum L = 17.8076m$
  ∴ 측면도의 거푸집량 = 17.8076 × 10
  　　　　　　　 = 178.076m²
  • 양 마구리면 단면적 = 16.721 × 2(양단)
  　　　　　　　 = 33.442m²
  ∴ 총거푸집량 = 178.076 + 33.442
  　　　　　　 = 211.518m²

다.

기호	직경	길이(mm)	수량	총길이(mm)	기호	직경	길이(mm)	수량	총길이(mm)
A1	D13	5,670	33	187,110	A7	D13	2,190	33	72,270
A5	D25	2,850	49	139,650	S1	D13	9,600	5	48,000

철근물량 산출근거

$$A1 = \frac{교대\ 폭 - (피복두께 \times 2)}{배근\ 간격} + 1 = \frac{10,000 - (200 \times 2)}{300} + 1 = 33본$$

$$A5 = \frac{교대\ 폭 - (피복두께 \times 2)}{배근\ 간격} + 1 = \frac{10,000 - (200 \times 2)}{200} + 1 = 49본$$

$$A7 = \frac{교대\ 폭 - (피복두께 \times 2)}{배근\ 간격} + 1 = \frac{10,000 - (200 \times 2)}{300} + 1 = 33본$$

S1 = 5본(수작업)

공정관리 · 1문항(10점)

□□□ 04②, 06①, 12②, 16②, 22①

02 다음과 같은 공정표(CPM Table)를 보고 아래 물음에 답하시오.

득점	배점
	10

NODE		공정명	정상기간	정상비용	특급기간	특급비용
1	2	A	3일	30만원	3일	30만원
1	3	B	4일	24만원	3일	30만원
1	4	C	4일	40만원	3일	60만원
2	3	DUMMY	0	0만원	0일	0만원
2	5	E	7일	35만원	5일	49만원
3	5	F	4일	32만원	4일	32만원
3	6	H	6일	48만원	5일	60만원
3	7	G	9일	45만원	6일	69만원
4	6	I	7일	56만원	6일	66만원
5	7	J	10일	40만원	7일	55만원
6	7	K	8일	64만원	8일	64만원
7	8	M	5일	60만원	3일	96만원

가. Net Work(화살선도)를 작도하고 표준일수에 대한 Critical Path를 표시하시오.

나. 정상공사시간 4일을 줄일 때 발생하는 추가비용의 최소치를 구하시오.

계산 과정) 답 : _____

 가.

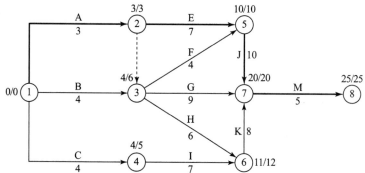

나. 비용경사

$$I = \frac{66-56}{7-6} = 10만원, \quad J = \frac{55-40}{10-7} = 5만원, \quad M = \frac{96-60}{5-3} = 18만원$$

단축단계	단축작업	단축일	비용경사 (만원/일)	단축비용(만원)	추가비용 누계(만원)
1	J	1	5	5	5
2	J+I	1	5+10	15	20
3	M	2	18	36	56

∴ 추가비용 56만원

□□□ 03④, 07②, 11①, 14①, 16④, 22①

03 다음과 같이 백호로 굴착을 하고 통로박스 시공 후, 되메우기를 한다. 이때 15ton 덤프트럭을 2대 사용하며 1일 작업시간을 6시간으로 하고, 덤프트럭의 $E = 0.9$, $C_m = 300$분일 경우 아래 물음에 답하시오. (단, 암거길이는 10m, $C = 0.8$, $L = 1.25$, $\gamma_t = 1.8\text{t/m}^3$)

득점	배점
	6

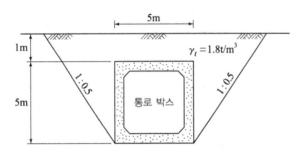

가. 사토량(捨土量)을 본바닥 토량으로 구하시오.

계산 과정)

답 : ＿＿＿＿＿＿＿＿＿

나. 덤프트럭 1대의 시간당 작업량을 구하시오.

계산 과정)

답 : ＿＿＿＿＿＿＿＿＿

다. 덤프트럭 2대를 사용할 경우 사토에 필요한 소요일수는 몇 일인가?

계산 과정)

답 : ＿＿＿＿＿＿＿＿＿

해답 가.

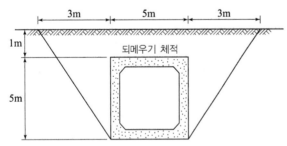

- 굴착토량 $= \dfrac{\text{윗변길이} + \text{밑변길이}}{2} \times \text{높이} \times \text{암거길이}$

$$= \dfrac{(3+5+3)+5}{2} \times 6 \times 10 = 480\,\text{m}^3$$

- 통로박스체적 $= 5 \times 5 \times 10 = 250\,\text{m}^3$

- 뒤메우기량 $= (480 - 250) \times \dfrac{1}{0.8} = 287.5\,\text{m}^3$

$\therefore$ 사토량 $= 480 - 287.5 = 192.5\,\text{m}^3$

나. 덤프트럭의 적재량 $Q = \dfrac{60 \cdot q \cdot f \cdot E}{C_m}$

　• $q_t = \dfrac{T}{\gamma_t} L = \dfrac{15}{1.8} \times 1.25 = 10.42\,\mathrm{m}^3$

　$\therefore\ Q = \dfrac{60 \times 10.42 \times \dfrac{1}{1.25} \times 0.9}{300} = 1.50\,\mathrm{m}^3/\mathrm{h}$

다. 소요일수 $= \dfrac{192.5}{1.50 \times 6 \times 2} = 10.69 = 11$일

□□□ 07②, 10②, 13④, 16①, 19②, 22①, 23②

04 아래 그림과 같이 8.0m의 연직옹벽에 연속적인 강우로 뒤채움 흙이 완전 포화되어 있다. 뒤채움 흙은 포화밀도 $\gamma_{sat} = 20\,\mathrm{kN/m}^3$, 내부마찰각 $\phi = 38°$인 사질토이며, 벽면마찰각 $\delta = 15°$이다. 이때 Coulomb의 주동토압계수는 0.27이고 파괴면이 수평면과 55°라고 가정할 경우 아래의 물음에 답하시오.

득점	배점
	8

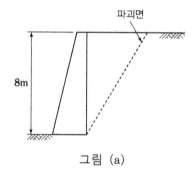

그림 (a)

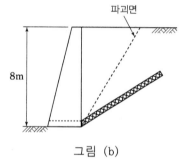

그림 (b)

가. 그림 (a)와 같이 옹벽면에 배수구가 없을 경우 옹벽에 작용하는 전 주동토압을 구하시오.

계산 과정)　　　　　　　　　　　　　　　　　　　답 : _____

나. 그림 (b)와 같이 파괴면 아래쪽에 배수구를 경사지게 설치했을 경우 옹벽에 작용하는 전 주동토압을 구하시오.

계산 과정)　　　　　　　　　　　　　　　　　　　답 : _____

해답 가. $P_A = \dfrac{1}{2}\gamma_{sub}H^2 C_a + \dfrac{1}{2}\gamma_w H^2$

　　$= \dfrac{1}{2} \times (20 - 9.81) \times 8^2 \times 0.27 + \dfrac{1}{2} \times 9.81 \times 8^2$

　　$= 88.04 + 313.92 = 401.96\,\mathrm{kN/m}$

나. $P_A = \dfrac{1}{2}\gamma_{sat}H^2 C_a$

　　$= \dfrac{1}{2} \times 20 \times 8^2 \times 0.27$

　　$= 172.80\,\mathrm{kN/m}$

□□□ 06②, 12①, 14②, 22①

05 가요성포장(Flexible Pavement)의 구조설계 시, AASHTO(1972) 설계법에 의한 소요포장 두께지수(SN)가 4.3으로 계산되었다. 포장은 표층, 기층 및 보조기층의 3개층으로 구성하고, 각 층 재료를 상대강도계수와 표층, 기층의 두께를 다음과 같이 배분할 경우의 보조기층 두께를 구하시오.

득점	배점
	3

포장층	재료	상대강도계수	두께(cm)
표층	높은 안정도의 아스팔트 콘크리트	0.176	5
기층	쇄 석	0.055	25
보조기층	모래 섞인 자갈	0.043	

계산 과정)

답 : _____

해답 포장 두께지수 $SN = a_1 D_1 + a_2 D_2 + a_3 D_3$

$\qquad\qquad 4.3 = 0.176 \times 5 + 0.055 \times 25 + 0.043 \times D_3$

∴ 보조기층 두께 $D_3 = 47.56\,cm$

참고 SOLVE 사용

72년 AASHTO 설계법

$SN = \alpha_1 D_1 + \alpha_2 D_2 + \alpha_3 D_3$
여기서, SN : 포장두께지수(Structural Number)
$\qquad \alpha_1, \alpha_2, \alpha_3$: 표층, 기층, 보조기층 각각의 상대강도계수
$\qquad D_1, D_2, D_3$: 표층, 기층, 보조기층 각각의 설계두께(cm)

□□□ 08①, 10④, 16④, 22①

06 함수비가 20%인 토취장의 습윤단위중량(γ_t)가 18.8kN/m³이었다. 이 흙으로 도로를 축조할 때 함수비는 15%이고 습윤단위중량은 19.8kN/m³이었다. 이 경우 흙의 토량 변화율(C)는 대략 얼마인가?

득점	배점
	3

계산 과정)

답 : _____

해답 토량 변화율 $C = \dfrac{\text{본바닥 흙의 건조밀도}}{\text{다짐 후의 건조밀도}}$

• 본바닥 흙의 건조단위중량 $\gamma_d = \dfrac{\gamma_t}{1+w} = \dfrac{18.8}{1+0.20} = 15.67\,kN/m^3$

• 다짐후의 건조단위중량 $\gamma_d = \dfrac{\gamma_t}{1+w} = \dfrac{19.8}{1+0.15} = 17.22\,kN/m^3$

∴ $C = \dfrac{15.67}{17.22} = 0.91$

□□□ 96②, 02①, 08④, 16④, 22①

07 그림과 같이 표고가 20m씩 차이나는 등고선으로 둘러싸인 지역의 흙을 굴착하여 택지 조성을 계획할 때 1.0m³ 용적의 굴삭기 2대를 동원하면 굴착에 소요되는 기간은 며칠인가? (단, 굴삭기 사이클 타임=20초, 효율=0.8, 디퍼 계수=0.8, L=1.2, 1일 작업시간=9시간, 등고선 면적 A_1=100m², A_2=75m², A_3=50m²이다.)

득점	배점
	3

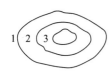

계산 과정)

답 : _____

해답 • 굴착 토량 $V = \dfrac{h}{3}(A_1 + 4A_2 + A_3) = \dfrac{20}{3}(100 + 4 \times 75 + 50) = 3{,}000\,\mathrm{m}^3$

• 굴삭기 1대 작업량

$$Q = \frac{3{,}600 \cdot q \cdot K \cdot f \cdot E}{C_m} = \frac{3{,}600 \times 1.0 \times 0.8 \times \dfrac{1}{1.2} \times 0.8}{20} = 96\,\mathrm{m}^3/\mathrm{hr}$$

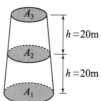

• 백 호 2대의 작업량 $= 96 \times 8시간 \times 2대 = 1{,}536\,\mathrm{m}^3/\mathrm{day}$

∴ 소요공기 $= \dfrac{총 굴착 토량}{백 호 2대의 작업량} = \dfrac{3{,}000}{1{,}536} = 1.95 = 2일$

□□□ 94④, 99④, 00⑤, 06④, 15①, 18③, 22①

08 다음 그림과 같이 연직하중과 모멘트를 받는 구형 기초의 극한하중과 안전율을 Terzaghi 공식을 이용하여 구하시오. (단, N_c = 37.2, N_q = 22.5, N_r = 19.7이다.)

득점	배점
	3

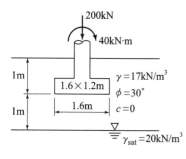

계산 과정)

[답] 극한하중 : _____, 안전율 : _____

해답 안전율 $F_s = \dfrac{Q_u}{Q_a}$

• 편심거리 $e = \dfrac{M}{Q} = \dfrac{40}{200} = 0.2\,\mathrm{m}$

• 유효폭 $B' = B - 2e = 1.6 - 2 \times 0.2 = 1.2\,\mathrm{m}$

• $d < B$ (1m < 1.2m)인 경우

$$\gamma_1 = \gamma_{\mathrm{sub}} + \frac{d}{B'}(\gamma_t - \gamma_{\mathrm{sub}}) = (20 - 9.81) + \frac{1}{1.2}\{17 - (20 - 9.81)\} = 15.87\,\mathrm{kN/m}^3$$

• $q_u = \alpha c N_c + \beta \gamma_1 B N_r + \gamma_2 D_f N_q = 0 + 0.4 \times 15.87 \times 1.2 \times 19.7 + 17 \times 1 \times 22.5 = 532.57\,\mathrm{kN/m}^2$

• 극한하중 $Q_u = q_u A = q_u \cdot B' \cdot L = 532.57 \times (1.2 \times 1.2) = 766.90\,\mathrm{kN}$

∴ $F_s = \dfrac{766.90}{200} = 3.83$

주의
$B = 1.6\,\mathrm{m}$
$L = 1.2\,\mathrm{m}$

□□□ 98③, 08①④, 10②, 12④, 13①, 14④, 16②, 17①, 22①, 23①

09 아래 그림과 같이 10m 두께의 비교적 단단한 포화점토층 밑에 모래층이 있다. 모래층은 피압상태(artesian pressure)에 있을 때, 점토층에서 바닥의 융기(heaving)현상이 없이 굴착할 수 있는 최대깊이 H를 구하시오.

득점	배점
	3

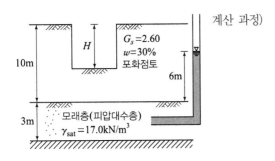

계산 과정)

답 : _____

해답 $H = \dfrac{H_1 \gamma_{\text{sat}} - \Delta h \gamma_w}{\gamma_{\text{sat}}}$

• $H_1 = 10\,\text{m}$

• $e = \dfrac{G_s w}{S} = \dfrac{2.60 \times 30}{100} = 0.78$

• $\gamma_{\text{sat}} = \dfrac{G_s + e}{1+e} \gamma_w = \dfrac{2.60 + 0.78}{1 + 0.78} \times 9.81 = 18.63\,\text{kN/m}^3$

• $\Delta h = 6\,\text{m}$

  $\therefore H = \dfrac{10 \times 18.61 - 6 \times 9.81}{18.61} = 6.84\,\text{m}$

🎯 최대굴착깊이(H)

$\overline{\sigma_A} = 0$일 때 절취할 수 있는 최대깊이 H

• 유효응력 $\overline{\sigma_A} = \sigma_A - U_A = (H_1 - H)\gamma_{\text{sat}} - \Delta h \cdot \gamma_w = 0$

  $\therefore H = \dfrac{H_1 \gamma_{\text{sat}} - \Delta h \gamma_w}{\gamma_{\text{sat}}}$

▶ **다답형 문제** 12문항(37점)

□□□ 12①, 22①

10 Concrete 배합에 사용되는 혼화재료는 혼화제와 혼화재로 구분된다. 혼화재의 종류를 3가지만 쓰시오.

득점	배점
	3

① _____ ② _____ ③ _____

해답 ① 플라이 애시 ② 팽창재
　　 ③ 고로 슬래그 미분말 ④ 실리카 퓸

□□□ 86③, 03①, 22①

11 우물통 기초의 침하 시 편위의 원인을 3가지 쓰시오.

① _____

② _____

③ _____

해답 ① 유수에 의해서 이동하는 경우
② 지층의 경사
③ 편토압
④ 우물통의 비대칭
⑤ 날끝에 호박돌, 전석 등의 장해물이 있는 경우

□□□ 93③, 94①, 96②, 98①, 99①③, 03①, 04①, 07②, 17①, 18③, 20①, 22①②, 23②

12 아스팔트 포장 중 실코트(seal coat)의 중요 목적 3가지만 쓰시오.

① _____   ② _____   ③ _____

해답 ① 표층의 노화방지   ② 포장 표면의 방수성   ③ 포장 표면의 미끄럼 방지
④ 포장 표면의 내구성 증대   ⑤ 포장면의 수밀성 증대

□□□ 05①, 08④, 12②, 22①

13 연약지반에 설치한 교대에 발생하기 쉬운 측방유동에 영향을 미치는 주요 요인을 3가지만 쓰시오.

① _____   ② _____   ③ _____

해답 ① 교대배면의 뒤채움 편재하중   ② 교대배면의 성토높이
③ 교대하부 연약층의 두께   ④ 교대하부 연약층의 전단강도

🎯 교대의 측방유동

① 연약지반에 설치하는 교대기초는 대부분 말뚝기초로 계획하는데 이 말뚝기초는 상부구조물의 하중과 토압뿐만 아니라 편재하중으로 인한 측방유동에 대하여도 안정하여야 한다.
② 교대의 측방유동 발생원인으로는 지지력 부족, 과도한 침하, 사면 불안정, 과도한 지반의 경사
③ 교대의 측방유동에 미치는 영향 : 교대배면의 성토고, 교대배면의 뒤채움 편재하중, 연약층의 전단강도, 교대하부 연약층의 두께, 교대치수, 기초형식, 기초강성 등의 영향을 받는다.

□□□ 96⑤, 99③, 03④, 05④, 13②, 22①

14 연약지반층에 설치한 말뚝(pile)에 발생하는 부마찰력(Negative friction)을 줄이는 방법 3가지를 쓰시오.

득점	배점
	3

① _____ ② _____ ③ _____

해답 ① 표면적이 작은 말뚝을 사용하는 방법   ② 말뚝직경보다 약간 큰 케이싱(casing)을 박는 방법
③ 말뚝 표면에 역청재료를 피복하는 방법   ④ 말뚝지름보다 크게 preboring을 하는 방법
⑤ 지하수위를 미리 저하시키는 방법

□□□ 96①, 98②, 99⑤, 18①, 22①

15 높은 교각이나 사이로, 수조 등의 공사에 사용하는 특수 거푸집으로 시공속도가 빠르고 이음이 없는 수밀성의 콘크리트 구조물을 만들 수 있는 대표적 특수 거푸집 공법 3가지를 쓰시오.

득점	배점
	4

① _____ ② _____ ③ _____

해답 ① Sliding form 공법   ② Slip form공법   ③ Travelling form 공법

□□□ 84①, 85②, 10①, 13④, 22①

16 수중 콘크리트(水中 concrete) 작업 시 주의사항을 3가지만 쓰시오.

득점	배점
	3

① _____ ② _____ ③ _____

해답 ① 물을 정지시킨 정수 중에서 타설하여야 한다.
② 콘크리트는 수중에 낙하시켜서는 안 된다.
③ 콘크리트가 경화될 때까지 물의 유동을 방지하여야 한다.
④ 수평을 유지하면서 소정의 높이에서 연속해서 쳐야 한다.
⑤ 레이턴스를 모두 제거하고 다시 타설하여야 한다.
⑥ 시멘트가 물에 씻겨서 흘러나오지 않도록 타설하여야 한다.

□□□ 18①, 22①

17 터널에 사용하고 있는 록볼트(rock bolt)의 인발시험 목적 2가지를 쓰시오.

득점	배점
	3

① _____ ② _____

해답 ① 지반과 록볼트의 정착력을 알기 위하여
② 볼트의 파단강도를 알기 위하여
③ 볼트와 충전재의 부착강도를 알기 위하여

□□□ 00②, 04②, 06④, 11④, 15④, 22①
18 해안, 준설, 매립 공사시 사용되는 준설선의 종류를 4가지만 쓰시오.

득점	배점
	3

① _____ ② _____ ③ _____ ④ _____

해답 ① 펌프준선설 ② 디퍼준설선 ③ 그래브준설선 ④ 버킷준설선

□□□ 91③, 97④, 98⑤, 06④, 12④, 15①, 22①, 23②
19 유토곡선(mass curve)을 작성하는 목적을 3가지만 쓰시오.

득점	배점
	3

① _____ ② _____ ③ _____

해답 ① 토량 배분 ② 토량의 평균운반거리 산출 ③ 토공기계 결정
④ 시공방법 결정 ⑤ 토취장 및 토사장 선정

□□□ 96③, 97①, 01③, 09④, 17④, 22①
20 가물막이(Coffer Dam) 공사에서 Sheet pile식 공법의 종류 3가지를 쓰시오.

득점	배점
	3

① _____ ② _____ ③ _____

해답 ① 간이식 ② Ring Beam식 ③ 한겹 sheet pile식
④ 두겹 sheet pile식 ⑤ Cell식

🎯 가물막이 공법

Sheet pile식 공법	① 간이식 ② Ring Beam식 ③ 한겹 sheet pile식 ④ 두겹 sheet pile식 ⑤ Cell식
중력식 공법	① 흙댐식 ② Box식 ③ Caisson식 ④ Cellar Block식 ⑤ Corrugate식

□□□ 00⑤, 22①
21 터널을 수치해석으로 설계할 때 3차원적 거동을 2차원으로 해석하기 위하여 사용하는 방법을 2가지만 쓰시오.

득점	배점
	3

① _____ ② _____

해답 ① 응력 분배법 ② 강성 변화법 ③ 점탄성 해석법

용어 정의 문제　　　　　　　　　　　　　1문항(4점)

□□□ 17①, 22①

22 댐 콘크리트에서 사용되는 용어의 정의를 간단히 쓰시오.

득점	배점
	4

　가. 관로식 냉각(pipe cooling)

　　○

　나. 선행 냉각(pre cooling)

　　○

해답 가. 댐 콘크리트를 친 후에 미리 묻어둔 파이프 내부에 냉각수를 순환시켜 댐 콘크리트를 냉각하는 방법
　　나. 댐 콘크리트에서 콘크리트를 타설하기 전에 콘크리트의 온도를 제어하기 위해 얼음이나 액체질소 등으로 콘크리트 원재료를 냉각하는 방법

단답형 문제　　　　　　　　　　　　　　1문항(2점)

□□□ 15④, 22①

23 교량의 상부구조와 하부구조의 접점에 위치하여 상부구조에서 전달되는 하중을 하부구조에 전달하고, 상하부 간의 상대변위 및 상부구조의 회전변형을 흡수하는 구조를 무엇이라 하는가?

득점	배점
	2

　　○

해답 교좌장치(교량받침, shoe)

국가기술자격 실기시험문제

2022년도 기사 제2회 필답형 실기시험(기사)

종 목	시험시간	형 별	성 명	수험번호
토목기사	**3시간**	**B**		

※ 수험자 인적사항 및 계산식을 포함한 답안 작성은 검은색 필기구만 사용해야 하며, 그 외 연필류, 빨간색, 청색 등 필기구로 작성한 답항은 0점 처리 됩니다.

물량산출   1문항(18점)

□□□ 01①, 02②, 04②, 06④, 09①, 10④, 13②, 15②, 20④, 22②

01 주어진 도면 및 조건에 따라 다음 물량을 산출하시오. (단, 주어진 도면의 치수는 축척에 맞지 않을 수 있으며, 주어진 치수로만 물량을 산출하며, 도면의 치수 단위는 mm이다.)

득점	배점
	18

단 면 도

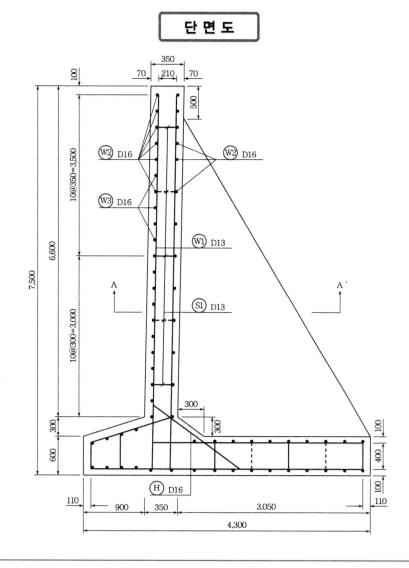

측면도

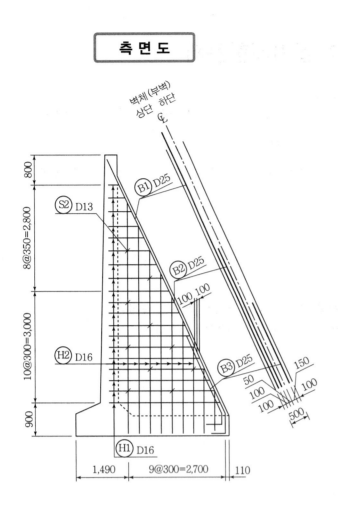

벽체(부벽)
상단 하단
℄

B1 D25
S2 D13
B2 D25
100 100
H2 D16
B3 D25
150
50
100
100
100
500
H1 D16

800
8@350=2,800
10@300=3,000
900

1,490   9@300=2,700   110

일반도

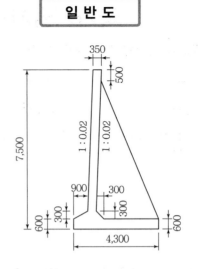

350
500
7,500
1 : 0.02 1 : 0.02
900   300
600 300 300 600
4,300

A-A′ 단면도

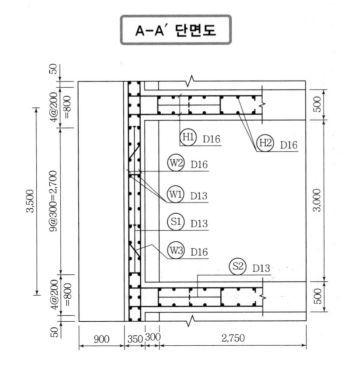

H1 D16   H2 D16
W2 D16
W1 D13
S1 D13
W3 D16
S2 D13

50
4@200=800
9@300=2,700
3,500
4@200=800
50

500
3,000
500

900   350 300   2,750

철근상세도

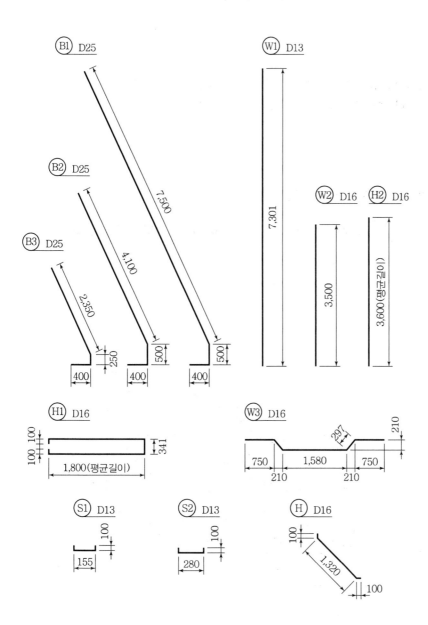

【 조 건 】

- S1 철근은 지그재그(Zigzag)로 배치되어 있다.
- H철근의 간격은 W1철근과 같다.
- 물량산출에서의 할증률 및 마구리는 없는 것으로 한다.
- 물량산출에서 전면벽의 경사를 반드시 고려하여야 한다. (일반도 참조)
- 철근길이 계산에서 이음길이는 계산하지 않는다.
- 저판의 철근량은 계산하지 않는다.

가. 부벽을 포함하는 옹벽길이 3.5m에 대한 콘크리트량을 구하시오.
　(단, 전면벽의 경사를 고려하여야 하며, 소수 넷째자리에서 반올림하시오.)

　계산 과정)

　　　　　　　　　　　　　　　　　　　　　　　　답 : _____

나. 부벽을 포함하는 옹벽길이 3.5m에 대한 전체 거푸집량을 구하시오.
　(단, 전면벽의 경사를 고려하여야 하며, 소수 넷째자리에서 반올림하시오.)

　계산 과정)

　　　　　　　　　　　　　　　　　　　　　　　　답 : _____

다. 부벽을 포함하는 옹벽길이 3.5m에 대한 철근물량표를 완성하시오.

기호	직경	길이(mm)	수량	총길이(mm)	기호	직경	길이(mm)	수량	총길이(mm)
W1					B1				
W3					S1				
H1									

해답 **가.**

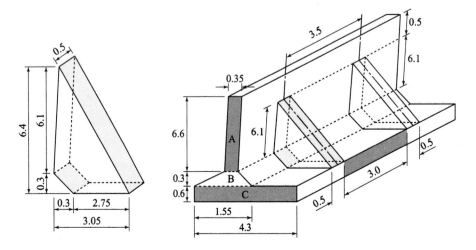

- 1개의 부벽에 대한 콘크리트량

$$\left(\frac{3.05+0.122}{2}\times 6.4 - \frac{0.122\times 6.1}{2} - \frac{0.3\times 0.3}{2}\right)\times 0.50 = 4.867\,\text{m}^3$$

$$(\therefore 6.1\times 0.02 = 0.122\,\text{m})$$

- 옹벽에 대한 콘크리트량
  - $A = 0.35\times 6.6 = 2.310\,\text{m}^2$
  - $B = \dfrac{0.35+1.55}{2}\times 0.3 = 0.285\,\text{m}^2$
  - $C = 4.3\times 0.6 = 2.58\,\text{m}^2$

    $\therefore (2.310+0.285+2.58)\times 3.5 = 18.113\,\text{m}^3$

    $\therefore$ 총콘크리트량 $= 4.867+18.113 = 22.980\,\text{m}^3$

나.

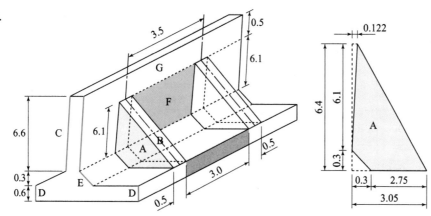

- 1개의 부벽에 대한 거푸집량

  - A면 $= \left\{ \left(\dfrac{0.122 + 3.05}{2} \right) \times 6.4 - \left(\dfrac{0.3 \times 0.3}{2} \right) - \left(\dfrac{6.1 \times 0.122}{2} \right) \right\} \times 2 = 19.467\,\mathrm{m}^2$

  - B면 $= \sqrt{6.4^2 + (3.05 - 0.122)^2} \times 0.5 = 3.519\,\mathrm{m}^2$

  - C면 $= \sqrt{6.6^2 + (6.6 \times 0.02)^2} \times 3.5 = 23.105\,\mathrm{m}^2$

  - D면 $= 0.6 \times 2 \times 3.5 = 4.2\,\mathrm{m}^2$

  - E면 $= \sqrt{0.3^2 + 0.3^2} \times 3 = 1.273\,\mathrm{m}^2$

  - F면 $= \sqrt{6.1^2 + 0.122^2} \times 3.0 = 18.304\,\mathrm{m}^2$

  - G면 $= \sqrt{0.5^2 + 0.01^2} \times 3.5 = 1.750\,\mathrm{m}^2$ ($\because 0.5 \times 0.02 = 0.01\,\mathrm{m}$)

  ∴ 총거푸집량

  $\sum A = 19.467 + 3.519 + 23.105 + 4.2 + 1.273 + 18.304 + 1.750 = 71.618\,\mathrm{m}^2$

다.

기호	직경	길이(mm)	수량	총길이(mm)	기호	직경	길이(mm)	수량	총길이(mm)
W1	D13	7,301	26	189,826	B1	D25	8,400	2	16,800
W3	D16	3,674	8	29,392	S1	D13	355	10	3,550
H1	D16	4,141	19	78,679					

🎯 철근수량계산

기호	직경	길이	수량	총길이	수량산출
H	D16	1,520	13	19,760	• H철근과 W철근의 간격이 같다. A-A'단면도 후면에서 계산
H1	D16	4,141	19	78,679	• 측면도 8@+10@ • 칸수 $+1 = (8+10)+1 = 19$
H2	D16	3,600	18	64,800	• 측면도에서 9@−1@ = 8@ • 철근간격수×2(복배근) $= \{((9-1)+1)\} \times 2 = 18$

기호	직경	길이	수량	총길이	수량산출
B1	D25	8,400	2	16,800	• 측면도 벽체(부벽)상단 좌우
B2	D25	5,000	2	10,000	• 측면도 벽체(부벽)상단 좌우
B3	D25	3,000	3	9,000	• 측면도 벽체(부벽)하단 좌우 • $2+1 = 3$

기호	직경	길이	수량	총길이	수량산출
S1	D13	355	10	3,550	• 단면도 실선 3, 점선 2 • A-A' 단면도(실선 2, 점선 2) ∴ $3 \times 2 + 2 \times 2 = 10$
S2	D13	480	10	4,800	• 전면벽에서부터 $4 + 3 + 2 + 1 = 10$

기호	직경	길이	수량	총길이	수량산출
W1	D13	7,301	26	189,826	• A-A' 단면에서 • 철근간격수×2(전후면) $= \{(9+1)+(2+1)\} \times 2$(전후면)$= 26$
W2	D16	3,500	26	91,000	• 철근간격수×2(전후면) $= \{((4+3+5)+1)\} \times 2$(전후면)$= 26$
W3	D16	3,674	8	29,392	• 단면도 벽체에서 후면에는 배근 없고, 전면 벽체 에만 배근되어 있는 철근 (단면도에서 수계산)

기호	직경	길이(mm)	수량	총길이(mm)	기호	직경	길이(mm)	수량	총길이(mm)
W1	D13	7,301	26	189,826	H	D16	1,520	13	19,760
W2	D16	3,500	26	91,000	H1	D16	4,141	19	78,679
W3	D16	3,674	8	29,392	H2	D16	3,600	18	64,800
B1	D25	8,400	2	16,800	S1	D13	355	10	3,550
B2	D25	5,000	2	10,000	S2	D13	480	10	4,800
B3	D25	3,000	3	9,000					

공정관리   1문항(10점)

□□□ 96②, 98②, 00④, 09②, 11①, 14①, 18②, 22②

02 다음과 같은 작업 List가 있다. 아래 물음에 답하시오.

득점 배점
10

작업명	선행작업	후속작업	표 준		특 급	
			일수	공비(만원)	일수	공비(만원)
A	–	B, C	6	210	5	240
B	A	D, E	4	450	2	630
C	A	F, G	4	160	3	200
D	B	G	3	300	2	370
E	B	H	2	600	2	600
F	C	I	7	240	5	340
G	C, D	I	5	100	3	120
H	E	I	4	130	2	170
I	F, G, H	–	2	250	1	350

가. Net Work(화살선도)를 작도하고, 표준일수에 대한 Critical Path를 나타내시오.

나. 작업 List의 빈칸을 채우시오.

작업명	공비증가율 (만원/일)	개 시		완 료		여유시간		
		EST	LST	EFT	LFT	TF	FF	DF
A								
B								
C								
D								
E								
F								
G								
H								
I								

다. 총공기에 대한 간접비가 2천만원인데 표준일수를 단축하는 경우 1일당 80만원씩 감소한다고 할 때 최적공비와 그때의 총공사비를 구하시오.

계산 과정)　　　　　[답] 최적공비 : ＿＿＿＿＿＿＿＿＿, 총공사비 : ＿＿＿＿＿＿＿＿＿

───────────────

해답 가.

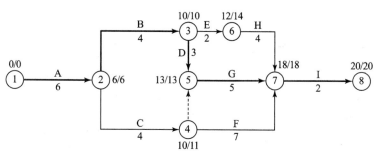

C.P : A→B→D→G→I

나.

작업명	비용구배= $\dfrac{특급비용-표준비용}{표준공기-특급공기}$	개시		완료		여유시간		
		EST	LST	EFT	LFT	TF	FF	DF
A	$\dfrac{240-210}{6-5}=30$만원/일	0	0	6	6	0	0	0
B	$\dfrac{630-450}{4-2}=90$만원/일	6	6	10	10	0	0	0
C	$\dfrac{200-160}{4-3}=40$만원/일	6	7	10	11	1	0	1
D	$\dfrac{370-300}{3-2}=70$만원/일	10	10	13	13	0	0	0
E	불가	10	12	12	14	2	0	2
F	$\dfrac{340-240}{7-5}=50$만원/일	10	11	17	18	1	1	0
G	$\dfrac{120-100}{5-3}=10$만원/일	13	13	18	18	0	0	0
H	$\dfrac{170-130}{4-2}=20$만원/일	12	14	16	18	2	2	0
I	$\dfrac{350-250}{2-1}=100$만원/일	18	18	20	20	0	0	0

다.

작업명	단축일수	비용구배	20	19	18	17	16
A	1	$\frac{240-210}{6-5}=30$만원/일			1		
B	2	$\frac{630-450}{4-2}=90$만원/일					
C	1	$\frac{200-160}{4-3}=40$만원/일				1	
D	1	$\frac{370-300}{3-2}=70$만원/일					
E	불가	—					
F	2	$\frac{340-240}{7-5}=50$만원/일					
G	2	$\frac{120-100}{5-3}=10$만원/일		1		1	
H	2	$\frac{170-130}{4-2}=20$만원/일					
I	1	$\frac{350-250}{2-1}=100$만원/일					1
직접비(만원)			2,440	2,450	2,480	2,530	2,630
간접비(만원)			2,000	1,920	1,840	1,760	1,680
총공사비(만원)			4,440	4,370	4,320	4,290	4,310

∴ 최적공기 : 17일, 총공사비 : 4,290만원

간략법

단축 작업명	단축일수	직접비	간접비	총공사비
20일		2,440	2,000	4,440만원
19일	G(1일)	2,450	1,920	4,370만원
18일	A(1일)	2,480	1,840	4,320만원
17일	C+G(1일)	2,530	1,760	4,290만원
16일	I(1일)	2,630	1,680	4,340만원

∴ 최적공기 : 17일, 총공사비 : 4,290만원

계산문제　　　　　　　　　13문항(45점)

□□□ 04④, 07④, 09④, 14④, 16④, 18③, 22②

03 지하수 침강 최소깊이 2m, 암거 매립간격 8m, 투수계수 10^{-5}cm/sec일 때 불투수층에 놓인 암거를 통한 단위 길이당 배수량을 구하시오. (단, 소수점 이하 넷째자리까지 구하시오.)

계산 과정)

답 : ____

해답 단위길이당 배수량 $Q=\dfrac{4\,kH_0{}^2}{D}$

• $H_o=200\,\mathrm{cm}$, $D=800\,\mathrm{cm}$

∴ $Q=\dfrac{4\times10^{-5}\times200^2}{800}=0.002\,\mathrm{cm^3/cm/sec}$　※ 주의 단위길이당 배수량의 단위 : $\mathrm{cm^3/cm/sec}$

□□□ 91③, 96⑤, 99③, 00②, 01②, 02②, 05④, 07④, 09①, 13②, 18①, 22②

04 자연함수비 10% 흙으로 성토하고자 한다. 시방서에는 다짐흙의 함수비를 16%로 관리하도록 규정하였을 때 매 층마다 1m²당 몇 l의 물을 살수해야 하는가?
(단, 1층의 두께는 30cm이고, 토량변화율 $C=0.9$, 원지반 흙의 단위중량 $\gamma_t=18kN/m^3$이다.)

득점	배점
	3

① _____ ② _____ ③ _____

해답 ■ 방법 1
• 1m²당 흙의 중량

$$W=Ah\gamma_t=1\times0.3\times18\times\frac{1}{0.9}$$
$$=6kN=6,000N$$

• 흙입자 무게 : $W_s=\dfrac{W}{1+w}=\dfrac{6,000}{1+0.10}$
$$=5,454.55N$$

• 함수비 10%일 때 물의 중량

$$W_w=\frac{wW}{100+w}=\frac{10\times6,000}{100+10}=545.45N$$

• 함수비 16%일 때 물의 중량
$$W_w=W_s w=5,454.55\times0.16=872.73N$$
$$\left(\because\ w=\frac{W_w}{W_s}\times100\right)$$

∴ 살수량 $=872.73-545.45=327.28N$
$$=32.73l$$

■ 방법 2
• 1층의 원지반 상태의 단위체적

$$V=1\times1\times0.30\times\frac{1}{0.90}=\frac{1}{3}m^3$$

• $\dfrac{1}{3}m^3$당 흙의 중량

$$W=\gamma_t V=18\times\frac{1}{3}=6kN=6,000N$$

• 10%에 대한 물 중량

$$W_w=\frac{W\cdot w}{1+w}=\frac{6,000\times10}{100+10}=545.45N$$

• 16%에 대한 살수량

$$545.45\times\frac{16-10}{10}=327.27N=32.73l$$

$$\therefore\ 1l=10N$$

□□□ 22②

05 다음 수문곡선이 나타내는 유출을 깊이로 나타내면 얼마인가?
(단, 유역면적은 20km²이다.)

득점	배점
	3

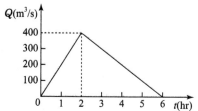

계산 과정)

답 : _____

해답 유출깊이 $h=\dfrac{유출량(V)}{유역면적(A)}$

• $V=\dfrac{1}{2}Q\cdot t=\dfrac{1}{2}\times400\times(6\times60\times60)=4,320,000m^3$

• $A=20\times1,000^2=20,000,000m^2$

$$\therefore\ h=\frac{V}{A}=\frac{4,320,000}{20,000,000}=0.216m=216mm$$

□□□ 09④, 14④, 22②, 23①

06 콘크리트의 배합강도를 구하기 위해 전체 시험횟수 17회의 콘크리트 압축강도 측정결과가 아래 표와 같고 품질기준강도(f_{cq})가 24MPa일 때 다음 물음에 답하시오.

득점	배점
	8

【압축강도 측정결과(단위 : MPa)】

26.8	22.1	26.5	26.2	26.4	22.8	23.1
25.7	27.8	27.7	22.3	22.7	26.1	27.1
22.2	22.9	26.6				

가. 위의 표를 보고 압축강도의 평균값을 구하시오.

계산 과정)   답 : _____

나. 압축강도 측정결과 및 아래의 표를 이용하여 배합강도를 구하기 위한 표준편차를 구하시오.

【시험횟수가 29회 이하일 때 표준편차의 보정계수】

시험횟수	표준편차의 보정계수	비고
15	1.16	이 표에 명시되지 않은 시험횟수에 대해서는 직선보간한다.
20	1.08	
25	1.03	
30 또는 그 이상	1.00	

계산 과정)   답 : _____

다. 배합강도를 구하시오.

계산 과정)   답 : _____

해답 가. 평균값 $\overline{x} = \dfrac{\sum X_i}{n} = \dfrac{425}{17} = 25\text{MPa}$

나. • 표준편제곱합 $S = \sum (X_i - \overline{x})^2$

$S = (26.8-25)^2 + (22.1-25)^2 + (26.5-25)^2 + (26.2-25)^2 + (26.4-25)^2$
$\quad + (22.8-25)^2 + (23.1-25)^2 + (25.7-25)^2 + (27.8-25)^2 + (27.7-25)^2$
$\quad + (22.3-25)^2 + (22.7-25)^2 + (26.1-25)^2 + (27.1-25)^2 + (22.2-25)^2$
$\quad + (22.9-25)^2 + (26.6-25)^2 = 74.38$

• 표준편차 $s = \sqrt{\dfrac{S}{n-1}} = \sqrt{\dfrac{74.38}{17-1}} = 2.16\,\text{MPa}$

• 17회의 보정계수 $= 1.16 - \dfrac{1.16-1.08}{20-15} \times (17-15) = 1.128$

∴ 수정 표준편차 $s = 2.16 \times 1.128 = 2.44\,\text{MPa}$

다. $f_{cq} = 24\,\text{MPa} \leq 35\text{MPa}$인 경우

• $f_{cr} = f_{cq} + 1.34s = 24 + 1.34 \times 2.44 = 27.27\,\text{MPa}$
• $f_{cr} = (f_{cq} - 3.5) + 2.33s = (24 - 3.5) + 2.33 \times 2.44 = 26.19\text{MPa}$

∴ 배합강도 $f_{cr} = 27.27\,\text{MPa}$(∵ 두 값 중 큰 값)

□□□ 01①, 10①, 11④, 13①, 17②, 18②, 22②

07 아래 그림과 같은 지층의 지표면에 40kN/m²의 압력이 작용할 때 이로 인한 점토층의 압밀 침하량을 구하시오. (단, 이 점토층은 정규압밀점토이다.)

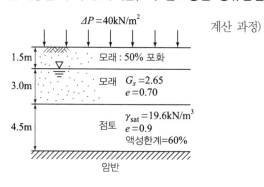

계산 과정)

답 : _____

해답 압밀침하량 $S = \dfrac{C_c H}{1+e_o} \log\left(\dfrac{P_o + \Delta P}{P_o}\right)$

• $C_c = 0.009(W_L - 10) = 0.009(60 - 10) = 0.45$

• 지하수위 이상의 모래의 단위중량 $\gamma_t = \dfrac{G_s + S \cdot e}{1+e}\gamma_w = \dfrac{2.65 + 0.5 \times 0.7}{1+0.7} \times 9.81 = 17.31 \, \text{kN/m}^3$

• 지하수위 이하 모래층 수중단위중량 $\gamma_{sub} = \dfrac{G_s - 1}{1+e}\gamma_w = \dfrac{2.65 - 1}{1+0.7} \times 9.81 = 9.52 \, \text{kN/m}^3$

• 점토의 수중단위중량 $\gamma_{sub} = \gamma_{sat} - \gamma_w = 19.6 - 9.81 = 9.79 \, \text{kN/m}^3$

• 초기 유효연직압력 $P_o = \gamma_t H_1 + \gamma' H_2 + \gamma' \dfrac{H_3}{2}$

$\qquad\qquad\qquad\qquad = 17.31 \times 1.5 + 9.52 \times 3 + 9.79 \times \dfrac{4.5}{2} = 76.55 \, \text{kN/m}^2$

$\therefore S = \dfrac{0.45 \times 4.5}{1+0.9} \log\left(\dfrac{76.55 + 40}{76.55}\right) = 0.1946 \, \text{m} = 19.46 \, \text{cm}$

□□□ 03②, 12②, 16②, 22②

08 15t 덤프 트럭으로 보통토사를 운반하고자 한다. 적재장비는 버킷용량 2.4m³인 백호를 사용하는 경우 덤프트럭 1대를 적재하는데 소요되는 소요시간을 구하시오. (단, 흙의 단위중량은 1.6t/m³, 토량변화율 $L = 1.2$, 버킷 계수 $K = 0.8$, 적재기계의 싸이클 시간 $C_{ms} = 30$ sec, 적재기계의 작업효율 $E_s = 0.75$)

계산 과정)

답 : _____

해답 적재시간 $C_{mt} = \dfrac{C_{ms} \cdot n}{60 \cdot E_s}$

• $q_t = \dfrac{T}{\gamma_t} \cdot L = \dfrac{15}{1.6} \times 1.2 = 11.25 \, \text{m}^3$

• $n = \dfrac{q_t}{q \cdot k} = \dfrac{11.25}{2.4 \times 0.8} = 5.86 \quad \therefore \, 6회$

$\therefore$ 적재시간 $C_{mt} = \dfrac{30 \times 6}{60 \times 0.75} = 4분$

□□□ 95⑤, 97②, 19③, 22②

09 $c = 20\text{kN/m}^2$, $\phi = 15°$, $\gamma_t = 17\text{kN/m}^3$인 지반에 $3.0 \times 3.0\text{m}$의 정사각형 기초가 근입깊이 2m에 놓여있고 지하수위 영향은 없다. 이 때 이 정사각형 기초의 극한 지지력과 총 허용하중을 구하시오. (단, Terzaghi의 지지력공식을 이용하고 안전율은 3이고, $N_c = 6.5$, $N_r = 1.1$, $N_q = 4.7$)

득점 / 배점 4

가. 극한 지지력을 구하시오.

계산 과정)   답 :

나. 기초지반이 받을 수 있는 총 허용하중을 구하시오.

계산 과정)   답 :

해답 가. $q_u = \alpha c N_c + \beta \gamma_1 B N_r + \gamma_2 D_f N_q$

• 정사각형의 형상계수 $\alpha = 1.3$, $\beta = 0.4$

$q_u = 1.3 \times 20 \times 6.5 + 0.4 \times 17 \times 3 \times 1.1 + 17 \times 2.0 \times 4.7$

$= 351.24 \text{kN/m}^2$

나. $q_a = \dfrac{q_u}{F_s} = \dfrac{351.24}{3} = 117.08 \text{kN/m}^2$

$\therefore Q_{all} = q_a \times A = 117.08 \times 3 \times 3 = 1{,}053.72 \text{kN}$

□□□ 94①, 97③, 03①, 05④, 11④, 14②, 22②

10 도로토공을 위한 횡단측량 결과는 다음 그림과 같은 결과를 얻었다. Simpson 제2법칙에 의한 횡단면적을 구하시오. (단, 단위 : m)

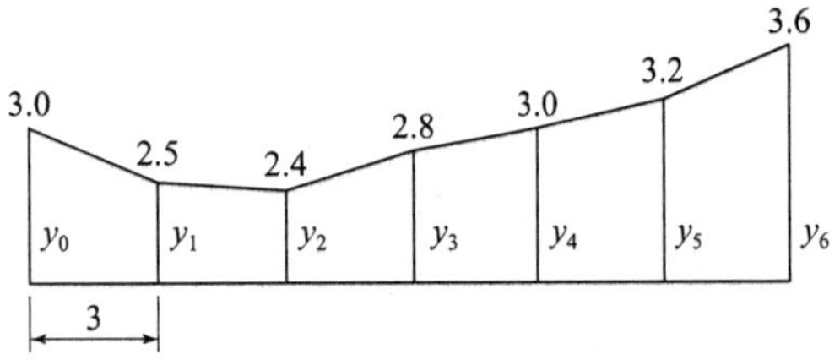

득점 / 배점 3

계산 과정)

답 :

해답 ■ 방법 1

$A = \dfrac{3d}{8}\{y_o + 2(y_3) + 3(y_1 + y_2 + y_4 + y_5) + y_6\}$

$= \dfrac{3 \times 3}{8}\{3.0 + 2 \times 2.8 + 3(2.5 + 2.4 + 3.0 + 3.2) + 3.6\}$

$= 51.19 \text{m}^2$

■ 방법 2

• $A_1 = \dfrac{3d}{8}(y_o + 3y_1 + 3y_2 + y_3)$

$= \dfrac{3 \times 3}{8}(3.0 + 3 \times 2.5 + 3 \times 2.4 + 2.8)$

$= 23.06 \text{m}^2$

• $A_2 = \dfrac{3d}{8}(y_3 + 3y_4 + 3y_5 + y_6)$

$= \dfrac{3 \times 3}{8}(2.8 + 3 \times 3.0 + 3 \times 3.2 + 3.6)$

$= 28.13 \text{m}^2$

$\therefore A = A_1 + A_2 = 23.06 + 28.13 = 51.19 \text{m}^2$

□□□ 12②, 14①, 15④, 18③, 21②, 22②

11 아래 그림과 같은 옹벽에서 인장균열이 발생한 후의 옹벽에 작용하는 전체 주동토압을 구하시오. (단, 인장균열 위의 토압은 무시하고 상재하중으로 고려하여 계산하시오.)

득점	배점
	3

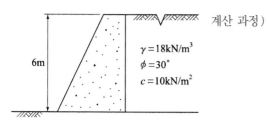

계산 과정)

$\gamma = 18 \text{kN/m}^3$
$\phi = 30°$
$c = 10 \text{kN/m}^2$

답 : _____

해답 $P_A = \dfrac{1}{2}\gamma(H-z_o)^2 K_A + \gamma z_o(H-z_o)K_A$

• 인장균열 깊이
$$z_o = \frac{2c}{\gamma_t}\tan\left(45° + \frac{\phi}{2}\right) = \frac{2\times 10}{18}\times\tan\left(45° + \frac{30°}{2}\right) = 1.925\,\text{m}$$

• $K_A = \tan^2\left(45° - \dfrac{\phi}{2}\right) = \tan^2\left(45° - \dfrac{30°}{2}\right) = \dfrac{1}{3}$

$$\therefore P_A = \frac{1}{2}\times 18\times(6-1.925)^2\times\frac{1}{3} + 18\times 1.925\times(6-1.925)\times\frac{1}{3}$$
$$= 49.82 + 47.07 = 96.89\,\text{kN/m}$$

또는

$$P_A = \frac{1}{2}\gamma_t H^2 K_A - 2cH\sqrt{K_A} + \frac{2c^2}{\gamma_t} + q_s K_A(H - Z_c)$$
$$= \frac{1}{2}\times 18\times 6^2\times\frac{1}{3} - 2\times 10\times 6\sqrt{\frac{1}{3}} + \frac{2\times 10^2}{18} + (18\times 1.925)\times\frac{1}{3}\times(6-1.925)$$
$$= 108 - 69.282 + 11.111 + 47.066 = 96.90\,\text{kN/m}$$

□□□ 99⑤, 01②, 03②, 22②

12 댐에서 유선망이 그림과 같이 주어졌을 때, 댐의 단위폭당 하루에 침투하는 유량은 몇 m³ 인가? (단, $H = 20\text{m}$, 투수계수 $K = 0.001\text{cm/min}$, 소수 셋째자리까지 구하시오.)

득점	배점
	3

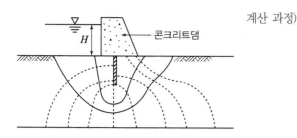

계산 과정)

콘크리트댐

답 :

해답 $Q = KH\dfrac{N_f}{N_d}$

$$= 0.001\times 10^{-2}\times 24\times 60\times 20\times\frac{3}{9} = 0.096\,\text{m}^3/\text{day}$$

□□□ 95⑤, 98①, 03②, 06①, 08①, 10④, 11②, 22②

13 함수비가 22%인 토취장의 단위중량이 $\gamma_t = 18.3\text{kN/m}^3$이었다. 이 흙으로 도로를 축조할 때 다짐을 하였더니 함수비는 12%이고 단위중량은 $\gamma_t = 19.5\text{kN/m}^3$이었다. 이 경우 흙의 토량 변화율($C$)는 대략 얼마인가?

계산 과정)

답 : _____

해답 토량변화율 $C = \dfrac{\text{본바닥 흙의 건조단위중량}}{\text{다짐 후의 건조단위중량}}$

- 본바닥 흙의 건조단위중량 $\gamma_d = \dfrac{\gamma_t}{1+w} = \dfrac{18.3}{1+0.22} = 15\,\text{kN/m}^3$

- 다짐 후의 건조단위중량 $\gamma_d = \dfrac{\gamma_t}{1+w} = \dfrac{19.5}{1+0.12} = 17.41\,\text{kN/m}^3$

$$\therefore\ C = \frac{15}{17.41} = 0.86$$

□□□ 03④, 05②, 07④, 11①, 13②, 16④, 18③, 22②

14 그림에서와 같이 강널말뚝(steel sheet pile)으로 지지된 모래지반의 굴착에서 지하수의 분출로 인하여 예상되는 파이핑(piping)에 대한 안전율이 2.0일 때 깊이 d를 계산하시오.

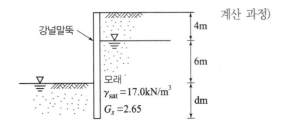

계산 과정)

답 : _____

해답 $F_s = \dfrac{(\Delta h + 2d)\gamma_{\text{sub}}}{\Delta h \cdot \gamma_w} = \dfrac{(6 + 2 \times d)(17.0 - 9.81)}{6 \times 9.81} = 2.0$

참고 SOLVE 사용 $\therefore\ d = 5.19\,\text{m}$

□□□ 05④, 22②

15 도로의 평판재하시험에서 지름이 30cm의 재하판을 사용하여 재하판에 1.25mm침하될 때 하중강도가 800kN/m²이 되었다. 이 때 지반반력계수 K_{75}를 구하시오.

계산 과정)

답 : _____

해답 지지력 계수

$$K_{30} = \frac{하중강도(q)}{침하량(y)} = \frac{800(kN/m^2)}{1.25 \times \frac{1}{1,000}(m)} = 640,000\,kN/m^3 = 640\,MN/m^3$$

$(\because 1\,MN = 10^3\,kN = 10^6\,N)$

$\therefore K_{75} = \frac{1}{2.2} \times K_{30} = \frac{1}{2.2} \times 640 = 290.91\,MN/m^3$

다답형 문제   6문항(18점)

□□□ 17④, 22②

16 도로교 신축이음장치의 종류를 3가지만 쓰시오.

득점	배점
	3

① _____ ② _____ ③ _____

해답 ① Monocell 조인트(맞댐포인트)   ② NB 조인트(고무조인트)
③ 강핑거 조인트(강재조인트)   ④ 레일 조인트(강재조인트)

 신축이음의 종류

신축이음을 구조적인 측면으로 분류하면, 신축이음 자체가 차량하중을 지지하지 않는 맞댐식과 신축이음 자체가 차량하중을 지지하는 지지식으로 분류할 수 있다. 현재 가장 일반적으로 적용되는 신축이음장치는 모노셀, NB, 강핑거, 레일 조인트 등이다.

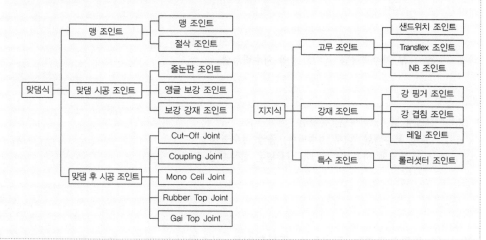

□□□ 85①, 16②, 18②, 22②

17 말뚝의 지지력을 산정하는 방법 3가지를 쓰시오.

득점	배점
	3

① _____ ② _____ ③ _____

해답 ① 재하시험에 의한 방법   ② 동역학적 공식에 의한 방법   ③ 정역학적 공식에 의한 방법

□□□ 91③, 97④, 98⑤, 06④, 12④, 15①, 22②

18 토적곡선(mass curve)을 작성하는 목적을 4가지만 쓰시오.

득점	배점
	3

① _____ ② _____ ③ _____ ④ _____

해답 ① 토량 배분　② 토량의 평균 운반거리 산출　③ 토공 기계 결정
　　④ 시공방법 결정　⑤ 토취장 및 토사장 선정

□□□ 93③, 94①, 96②, 98①, 99①③, 03①, 04①, 07②, 17①, 18③, 20①, 22②

19 아스팔트 포장 중 실코트(seal coat)의 중요 목적 3가지만 쓰시오.

득점	배점
	3

① _____ ② _____ ③ _____

해답 ① 표층의 노화방지　② 포장 표면의 방수성　③ 포장 표면의 미끄럼 방지
　　④ 포장 표면의 내구성 증대　⑤ 포장면의 수밀성 증대

□□□ 12④, 16④, 22②

20 록필댐(Rock fill Dam)의 종류를 3가지만 쓰시오.

득점	배점
	3

① _____ ② _____ ③ _____

해답 ① 표면 차수벽형댐　② 내부 차수벽형댐　③ 중앙 차수벽형댐

> 🎯 필댐(Fill Dam)의 분류
>
> ① 흙댐(earth fill) : 균일형 댐, 코어형댐, 존형댐
> ② 록필댐(rock fill) : 표면 차수벽형, 내부 차수벽형, 중앙 차수벽형
> ③ 토석댐(earth rock fill) : 댐체 하류부는 석괴, 상류면은 불투수성 흙으로 구성

□□□ 03④, 22②

21 옹벽(Retaining Wall)은 배면으로부터 작용하는 주동토압을 최소화시켜 활동, 전도 등의 안정성을 증대시키는 것이 설계·시공의 주안점이다. 주동토압을 최소화시키는 방법을 3가지만 기술하시오.

득점	배점
	3

① _____ ② _____ ③ _____

해답 ① 내부마찰각이 큰 재료를 사용　② 배수대책을 철저히 세움
　　③ 뒤채움재는 EPS 경량재료를 이용　④ 지하수위를 저하시키는 공법을 적용

용어 정의 문제 　　　　　　　　　　　　　　　　　　　　　　　　2문항(7점)

□□□ 19②, 22②

22 다음 발파에 대한 용어의 정의를 간단히 설명하시오.

득점	배점
	4

가. 최적심도(最適深度)

　○

나. 누두지수(漏斗指數)

　○

해답 　가. 분화구가 최대 체적을 가질 때의 장약 깊이
　　　나. 누두공의 형상을 나타내는 지수

$$n = \frac{R}{W}$$

　　　여기서, W : 최소저항선(장약깊이), R : 누두공 반지름

□□□ 17④, 22②

23 예민비를 간단히 설명하시오.

득점	배점
	3

　○

해답 　교란되지 않은 공시체의 일축압축강도와 다시 반죽한 공시체의 일축압축
　　　강도의 비

$$\text{또는 예민비} = \frac{\text{불교란 시료의 일축압축강도}}{\text{되이김한 시료의 일축압축강도}}$$

단답형 문제 　　　　　　　　　　　　　　　　　　　　　　　　　1문항(2점)

□□□ 03②, 07②, 22②

24 합성형교에서 강재거더와 바닥판 콘크리트 사이에서 각종 하중의 조합에 의해서 발생하는 전단력에 저항하기 위해서 설치하는 장치의 이름을 쓰시오.

득점	배점
	2

　○

해답 　전단연결재(shear connector)

국가기술자격 실기시험문제

2022년도 기사 제3회 필답형 실기시험(기사)

종 목	시험시간	형 별	성 명	수험번호
토목기사	**3시간**	B		

※ 수험자 인적사항 및 계산식을 포함한 답안 작성은 검은색 필기구만 사용해야 하며, 그 외 연필류, 빨간색, 청색 등 필기구로 작성한
  답항은 0점 처리 됩니다.

물량산출
1문항(18점)

□□□ 99⑤, 22③

01 주어진 도면 및 조건에 따라 다음 물량을 산출하시오.

득점	배점
	18

단 면 도

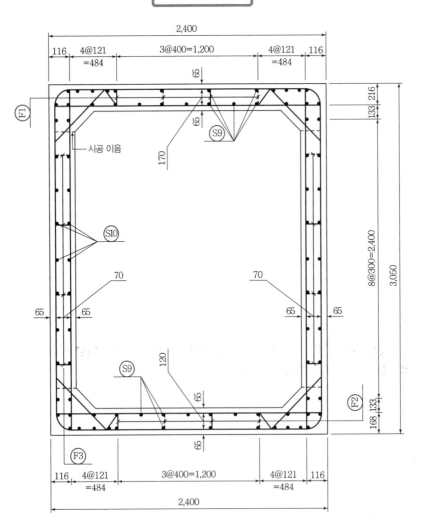

주철근조립도

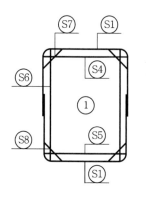

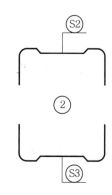

일 반 도

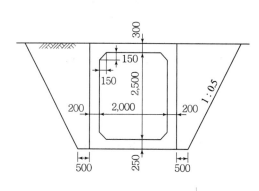

철근상세도

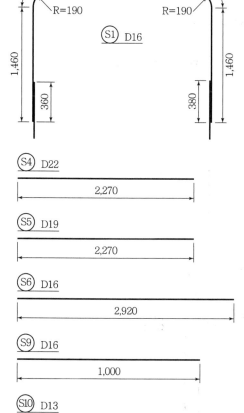

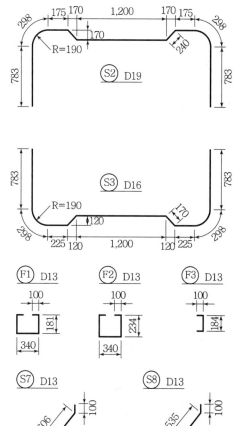

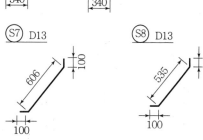

【조 건】
- S1, S2, S3, S4, S5, S6, S7, S8 철근은 각각 300mm 간격으로 배근한다.
- F1, F2, F3 철근간격은 600mm로 지그재그로 배근한다.
- 물량산출에서의 할증률 및 마구리는 없는 것으로 한다.
- 철근길이 계산에서 상세도에 표시되어 있지 않은 이음길이는 계산하지 않는다.

가. 길이 1m에 대한 콘크리트량을 구하시오. (단, 소수 4째자리에서 반올림하시오.)

계산 과정)

답 : _____

나. 길이 1m에 대한 거푸집량을 구하시오. (단, 소수 4째자리에서 반올림하시오.)

계산 과정)

답 : _____

다. 길이 1m에 터파기량을 구하시오. (단, 소수 4째자리에서 반올림하시오.)

계산 과정)

답 : _____

라. 길이 1m에 대한 철근량을 산출하기 위한 다음 철근물량표를 완성하시오.

기호	직경	길이(mm)	수량	총길이(mm)	기호	직경	길이(mm)	수량	총길이(mm)
S1					S8				
S2					S9				
S3					S10				
S4					F1				
S5					F2				
S6					F3				
S7									

해답 가.

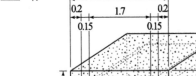
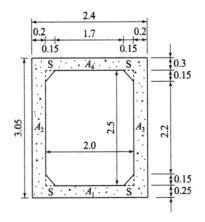

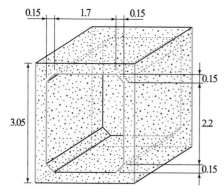
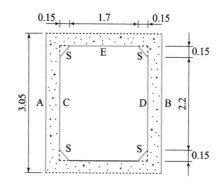

- $A_1 = 2 \times 0.25 = 0.500 \mathrm{m}^2$

- $A_2 = 3.05 \times 0.2 = 0.61 \mathrm{m}^2$

- $A_3 = 3.05 \times 0.2 = 0.61 \mathrm{m}^2$

- $A_4 = 2.0 \times 0.3 = 0.60 \mathrm{m}^2$

- $S = \sum S_i = 4 \times \left(\dfrac{1}{2} \times 0.15 \times 0.15 \right) = 0.045 \mathrm{m}^2$

  $(\because S_1 = S_2 = S_3 = S_4)$

- $\sum A = 0.50 + 0.61 + 0.61 + 0.60 + 0.045$

  $= 2.365 \mathrm{m}^2$

  $\therefore$ 총콘크리트량$= 2.365 \times 1 = 2.365 \mathrm{m}^3$

나. A면$=3.05 \mathrm{m}$ B면$=3.05 \mathrm{m}$

    C면$=2.2 \mathrm{m}$ D면$=2.2 \mathrm{m}$

    E면$=1.7 \mathrm{m}$

    $S = \sqrt{0.15^2 + 0.15^2} \times 4 = 0.8485 \mathrm{m}$

    $\therefore$ 총거푸집길이$= 3.05 \times 2 + 2.2 \times 2 + 1.70 + 0.8485$

                           $= 13.049 \mathrm{m}$

    $\therefore$ 총거푸집량$=$총거푸집길이$\times$단위길이$= 13.049 \times 1$

                           $= 13.049 \mathrm{m}^2$

다. 각 변 길이

    밑변 $a = 0.5 + 2.40 + 0.5 = 3.40 \mathrm{m}$

    길이 $x = 3.05 \times 0.5 = 1.525 \mathrm{m}$

    윗변 $b = 1.525 \times 2 + 0.5 \times 2 + 2.4 = 6.45 \mathrm{m}$

    $\therefore$ 터파기량$= \left(\dfrac{6.45 + 3.40}{2} \times 3.05 \right) \times 1 = 15.021 \mathrm{m}^3$

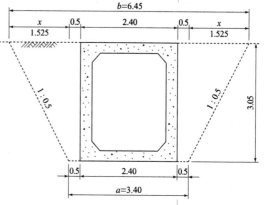

라.

기호	직경	길이(mm)	수량	총길이(mm)	기호	직경	길이(mm)	수량	총길이(mm)
S1	D16	5,406	6.67	36,058	S8	D13	735	6.67	4,902
S2	D19	4,192	3.33	13,959	S9	D16	1,000	50	50,000
S3	D16	4,152	3.33	13,826	S10	D13	1,000	36	36,000
S4	D22	2,270	3.33	7,559	F1	D13	902	6.67	6,016
S5	D19	2,270	3.33	7,559	F2	D13	1,008	6.67	6,723
S6	D16	2,920	6.67	19,476	F3	D13	384	13.33	5,119
S7	D13	806	6.67	5,376					

철근물량 산출근거

1. S1, S6, S7, S8 및 S2, S3, S4, S5 철근수량 계산

기호	직경	길이(mm)	수량	총길이(mm)	수량산출 근거
S1	D16	$(1,460+298)\times 2+1,890=5,406$	6.67	36,058	$\dfrac{\text{단위길이}}{\text{배근간격}}\times 2(\text{정판, 저판})$ $=\dfrac{1\text{m}}{0.3\text{m}}\times 2=6.67\text{본}$
S6	D16	2,920	6.67	19,476	
S7	D13	$100\times 2+606=806$	6.67	5,376	
S8	D13	$100\times 2+535=735$	6.67	4,902	
S2	D19	$(783+298+175+240)\times 2+$ $1,200=4,192$	3.33	13,959	$\dfrac{\text{단위길이}}{\text{배근간격}}$ $=\dfrac{1\text{m}}{0.3\text{m}}=3.33\text{본}$
S3	D16	$(783+298+225+170)\times 2+$ $1,200=4,152$	3.33	13,826	
S4	D22	2,270	3.33	7,559	
S5	D19	2,270	3.33	7,559	

2. S9, S10 철근수량 계산

기호	직경	길이(mm)	수량	총길이(mm)	수량산출 근거
S9	D16	1,000	50	50,000	·정판(상면 12, 하면 13) : 25본 ·저판(상면 13, 하면 12) : 25본 ∴ $25\times 2(\text{정판, 저판})=50\text{본}$
S10	D13	1,000	36	36,000	·측벽(내면 9, 외면 9)$\times 2=36\text{본}$

3. F1, F2, F3 철근수량 계산

기호	직경	길이(mm)	수량	총길이(mm)	수량산출 근거
F1	D13	$(100+181)\times 2+$ $340=902$	6.67	6,016	$\dfrac{\text{단면도의 F1 철근수}}{\text{S철근 배근간격}}\times \text{단위길이}$ $=\dfrac{4}{0.3\times 2}\times 1=6.67\text{본}$ 또는 $600:4=1,000:x$ ∴ $x=6.67\text{본}$ F1은 단면도 정판에 사용
F2	D13	$(100+234)\times 2+$ $340=1,008$	6.67	6,723	$\dfrac{\text{단면도의 F2 철근수}}{\text{S철근 배근간격}}\times \text{단위길이}$ $=\dfrac{4}{0.3\times 2}\times 1=6.67\text{본}$ 또는 $600:4=1,000:x$ ∴ $x=6.67\text{본}$ F2은 단면도 저판에 사용
F3	D13	$100\times 2+184$ $=384$	13.33	5,119	$\dfrac{\text{단면도의 F3 철근수}}{\text{S철근 배근간격}}\times \text{단위길이}$ $=\dfrac{4\times 2(\text{좌우})}{0.3\times 2}\times 1=13.33\text{본}$ 또는 $600:4=1,000:x$ ∴ $x=6.67\text{본}$ ∴ 좌우양면 $6.67\times 2=13.33\text{본}$

| 공정관리 | 1문항(10점) |

□□□ 93①, 22③

02 다음 데이터를 네트워크 공정표로 작성하고 요구작업에 대해서 여유시간을 계산하시오.

득점	배점
	10

작업명	작업일수	선행작업	비고
A	1	없음	단, 화살형 네트워크로 주공 정선은 굵은 선으로 표시하고, 각 결합점에서의 계산은 다음과 같다.
B	2	없음	
C	3	없음	
D	6	A, B, C	
E	4	B, C	
F	2	C	

가. 네트워크 공정표를 그리고 Critical Path를 표시하시오.

나. 작업(activitg)의 총여유를 구하시오.

작업명	TE		TL		TF
	EST	EFT	LST	LFT	
A					
B					
C					
D					
E					
F					

해답 가.

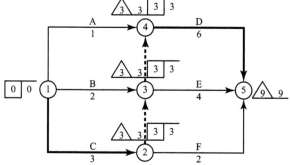

나.

작업명	TE		TL		TF
	EST	EFT	LST	LFT	
A	0	1	2	3	2
B	0	2	1	3	1
C	0	3	0	3	0
D	3	9	3	9	0
E	3	7	5	9	2
F	3	5	7	9	4

계산문제
11문항(40점)

□□□ 07①, 09②, 11④, 18②, 20③, 22③

03 다음과 같은 높이 7m인 토류벽이 있다. 토류벽 배면지반은 포화된 점성토지반 위에 사질 토지반을 형성하고 있다. 이때 토류벽에 가해지는 전 주동토압을 구하시오.
(단, 지하수위는 점성토지반 상부에 위치하며, 벽마찰각은 무시한다.)

득점 | 배점
3

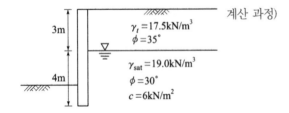

계산 과정)

$\gamma_t = 17.5\text{kN/m}^3$
$\phi = 35°$

$\gamma_{\text{sat}} = 19.0\text{kN/m}^3$
$\phi = 30°$
$c = 6\text{kN/m}^2$

답:

해답 주동토압 $P_A = \dfrac{1}{2}\gamma_1 H_1^2 K_{a1} + \gamma_1 H_1 H_2 K_{a2} + \dfrac{1}{2}\gamma_{\text{sub}} H_2^2 K_{a2} + \dfrac{1}{2} r_w H_2^2 - 2cH_2\sqrt{K_{a2}}$

- 사질토지반 $K_{a1} = \tan^2\left(45° - \dfrac{\phi}{2}\right) = \tan^2\left(45° - \dfrac{35°}{2}\right) = 0.271$

- 점성토지반 $K_{a2} = \tan^2\left(45° - \dfrac{\phi}{2}\right) = \tan^2\left(45° - \dfrac{30°}{2}\right) = 0.333$

- $\dfrac{1}{2}\gamma_1 H_1^2 K_{a1} = \dfrac{1}{2} \times 17.5 \times 3^2 \times 0.271 = 21.34\text{kN/m}$

- $\gamma_1 H_1 H_2 K_{a2} = 17.5 \times 3 \times 4 \times 0.333 = 69.93\text{kN/m}$

- $\dfrac{1}{2}\gamma_{\text{sub}} H_2^2 K_{a2} = \dfrac{1}{2} \times (19.0 - 9.81) \times 4^2 \times 0.333 = 24.48\text{kN/m}$

- $\dfrac{1}{2} r_w H_2^2 = \dfrac{1}{2} \times 9.81 \times 4^2 = 78.48\text{kN/m}$

- $2cH_2\sqrt{K_{a2}} = 2 \times 6 \times 4 \times \sqrt{0.333} = 27.70\text{kN/m}$

$\therefore P_A = 21.34 + 69.93 + 24.48 + 78.48 - 27.70 = 166.53\text{kN/m}$

□□□ 05①, 07④, 11①, 14②, 22③

04 그림과 같은 유토곡선(Mass Curve)에서 다음 물음에 답하시오.

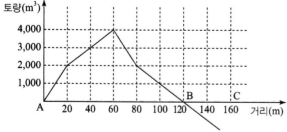

득점	배점
	4

가. AB 구간에서 절토량 및 평균운반거리를 구하시오.

계산 과정)

【답】 절토량 : _____ , 평균운반거리 : _____

나. AB 구간에서 불도저(Bull Dozer) 1대로 흙을 운반하는 데 필요한 소요일수를 구하시오.
(단, 1일 작업시간은 8시간, 불도저의 $q = 3.2m^3$, $L = 1.25$, $E = 0.6$, 전진속도 : 40m/분, 후진속도 : 46m/분, 기어변속시간 : 0.25분)

계산 과정)   답 : _____

해답 **가.** 절토량 : $4,000m^3$, 평균운반거리 : $80 - 20 = 60m$

나. $Q = \dfrac{60q \cdot f \cdot E}{C_m}$

• $C_m = \dfrac{l}{V_1} + \dfrac{l}{V_2} + t = \dfrac{60}{40} + \dfrac{60}{46} + 0.25 = 3.05$분

• $Q = \dfrac{60 \times 3.2 \times \dfrac{1}{1.25} \times 0.6}{3.05} = 30.22\,m^3/h$

∴ 소요일수 $D = \dfrac{4,000}{30.22 \times 8} = 16.55$ ∴ 17일

□□□ 00②, 02③, 07①, 22③

05 외경 70cm, 두께 7cm의 강성관을 개착식으로 매설하고자 한다. 매설깊이는 관의 상단에서 2m이며, 터파기 폭은 관의 상단에서 1.5m이다. 매설관에 작용하는 단위폭당의 하중은 몇 kN/m인가? (단, 하중계수는 2.2, 흙의 단위중량은 18kN/m³이고, Marston의 공식 사용)

득점	배점
	3

계산 과정)   답 : _____

해답 $W = C\gamma B^2 = 2.2 \times 18 \times 1.5^2 = 89.1\,kN/m$

□□□ 05④, 08②, 11④, 15④, 20①, 22③

득점 | 배점
6

06 다음 그림과 같은 유선망에서 단위폭(1m)당 1일 침투유량을 구하고, 점 A에서 간극수압을 계산하시오. (단, 수평방향 투수계수 $k_h = 5.0 \times 10^{-4}$cm/sec, 수직방향 투수계수 $k_v = 8.0 \times 10^{-5}$cm/sec)

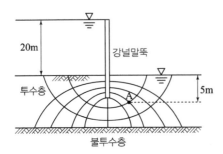

가. 단위폭(1m)당 1일 침투수량을 구하시오.

계산 과정)

답 : _____

나. A점의 간극수압을 구하시오.

계산 과정)

답 : _____

해답 가. $Q = kH \dfrac{N_f}{N_d}$

• $k = \sqrt{k_h \cdot k_v} = \sqrt{(5.0 \times 10^{-4}) \times (8.0 \times 10^{-5})}$

$\qquad = 2 \times 10^{-4}$cm/sec $= 2 \times 10^{-6}$m/sec

$\therefore Q = 2.0 \times 10^{-6} \times 20 \times \dfrac{3}{10} \times 1 = 1.2 \times 10^{-5}$ m³/sec

$\qquad = 1.2 \times 10^{-5} \times 60 \times 60 \times 24 = 1.04$ m³/day

나. • 전수두 $h_t = \dfrac{N_d'}{N_d} h = \dfrac{3}{10} \times 20 = 6$ m

• 위치수두 $h_e = -5$ m

• 압력수두 $h_p = h_t - h_e = 6 - (-5) = 11$ m

$\therefore$ 간극수압 $u_p = \gamma_w h_p = 9.81 \times 11 = 107.91$ kN/m²

□□□ 09④, 11④, 16②, 22③

득점 | 배점
3

07 어느 지역에 지표경사가 30°인 자연사면이 있다. 지표면에서 6m 깊이에 암반층이 있고, 지하수위면은 암반층 아래 존재할 때 이 사면의 활동파괴에 대한 안전율을 구하시오. (단, 사면 흙을 채취하여 토질시험을 실시한 결과 $c = 25$kN/m², $\phi = 35°$, $\gamma_t = 18$kN/m³이다.)

계산 과정)

답 : _____

해답 지하수위가 파괴면 아래에 있는 경우(사면 내 침투류가 없는 경우)

$F_s = \dfrac{c'}{\gamma_t Z \cos i \cdot \sin i} + \dfrac{\tan \phi}{\tan i} = \dfrac{25}{18 \times 6 \cos 30° \times \sin 30°} + \dfrac{\tan 35°}{\tan 30°} = 1.75$

□□□ 92④, 96③, 01②, 04①, 22③

08 다음의 그림에서 모래층에 설치한 earth anchor(=tie backs)의 극한저항은?
(단, 콘크리트 그라우팅은 일정한 압력하에서 시공되었으므로 정지토압계수 상태 K_o로 본다.)
(단, $K_o = 1 - \sin\phi$ 이용한다.)

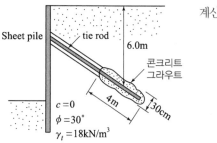

계산 과정)

답 : _____

해답 $P_u = \pi dl\,\overline{\sigma_v}\,K_o \tan\phi = \pi dl\,\overline{\sigma_v}(1-\sin\phi)\tan\phi$
$= \pi \times 0.30 \times 4 \times (18 \times 6)(1-\sin30°)\tan30° = 117.53\,\text{kN}$

□□□ 96①, 22③

09 직경 1m짜리 토관을 지하 1m 깊이에 100m 길이로 그림과 같이 매설하려고 한다. 이때 되묻고 남은 흙의 총량은 8ton 덤프트럭으로 최소한 몇 대 분인가?
(단, 흙의 단위중량은 $\gamma = 1.7\text{t/m}^3$(본바닥)로 일정하며 $C=0.8$, $L=1.2$임.)

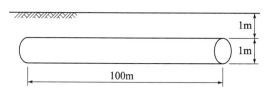

계산 과정)

답 : _____

해답 ・굴착토량 $= \left(1 \times 1.5 + \dfrac{\pi \times 1^2}{4} \times \dfrac{1}{2}\right) \times 100 = 189.27\,\text{m}^3$

・되메움토량 $= \left(1 \times 1.5 - \dfrac{\pi \times 1^2}{4} \times \dfrac{1}{2}\right) \times 100 \times \dfrac{1}{C}$

$\qquad = 110.73 \times \dfrac{1}{0.8} = 138.41\,\text{m}^3$

・남는 토량 $= 189.27 - 138.41 = 50.86\,\text{m}^3$(자연상태)

・트럭 적재량 $q_t = \dfrac{T}{\gamma_t} \cdot L = \dfrac{8}{1.7} \times 1.2 = 5.65$

∴ 트럭 소요대수 $M = \dfrac{50.86 \times L}{5.65} = \dfrac{50.86 \times 1.2}{5.65}$

$\qquad = 10.8 \quad ∴ 11$대

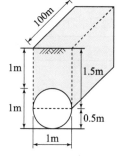

□□□ 94④, 99④, 00⑤, 06④, 15①④, 18③, 22③

10 그림과 같이 연직하중과 모멘트를 받는 구형기초의 극한하중과 안전율을 Terzaghi 공식을 이용하여 구하시오. (단, $N_c = 37.2$, $N_q = 22.5$, $N_r = 19.7$이다.)

득점 | 배점
3

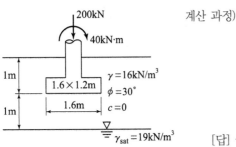

계산 과정)

[답] 극한하중 : ＿＿＿＿＿＿, 안전율 : ＿＿＿＿＿

해답 안전율 $F_s = \dfrac{Q_u}{Q_a}$

• 편심거리 $e = \dfrac{M}{Q} = \dfrac{40}{200} = 0.2\text{m}$

• 유효폭 $B' = B - 2e = 1.6 - 2 \times 0.2 = 1.2\text{m}$

• $d < B$ (1m < 1.2m)인 경우

$$\gamma_1 = \gamma_{sub} + \dfrac{d}{B}(\gamma_t - \gamma_{sub})$$

$$= (19 - 9.81) + \dfrac{1}{1.2}\{16 - (19 - 9.81)\} = 14.87\text{kN/m}^2$$

• $q_u = \alpha c N_c + \beta \gamma_1 B N_r + \gamma_2 D_f N_q$

$$= 0 + 0.4 \times 14.87 \times 1.2 \times 19.7 + 16 \times 1 \times 22.5$$

$$= 500.61\text{kN/m}^2$$

• 극한하중 $Q_u = q_u A = q_u \cdot B' \cdot L$

$$= 500.61 \times (1.2 \times 1.2) = 720.23\text{kN}$$

$$\therefore F_s = \dfrac{720.23}{200} = 3.60$$

□□□ 10④, 12②④, 14①, 20②, 22③

11 콘크리트의 호칭강도(f_{cn})가 28MPa이고, 18회의 압축강도시험으로부터 구한 표준편차는 3.6MPa이다. 아래 표를 참고하여 이 콘크리트의 배합강도를 구하시오.

득점 | 배점
3

【시험횟수가 29회 이하일 때 표준편차의 보정계수】

시험횟수	표준편차의 보정계수	비고
15	1.16	이 표에 명시되지 않은 시험횟수에 대해서는 직선보간한다.
20	1.08	
25	1.03	
30 또는 그 이상	1.00	

계산 과정)

답 : ＿＿＿＿＿

해답 • 시험횟수 18회일 때의 표준편차의 보정계수

$$\therefore \ 1.16 - \frac{1.16 - 1.08}{20 - 15} \times (18 - 15) = 1.112$$

• 표준편차 : $s = 3.6 \times 1.112 = 4\text{MPa}$

• $f_{cn} \leq 35\text{MPa}$인 경우의 배합강도

• $f_{cr} = f_{cn} + 1.34 s = 28 + 1.34 \times 4 = 33.36\text{MPa}$

• $f_{cr} = (f_{cn} - 3.5) + 2.33 s = (28 - 3.5) + 2.33 \times 4 = 33.82\text{MPa}$

$$\therefore \ 배합강도 \ f_{cr} = 33.82\text{MPa}(\because \ 두 \ 값 \ 중 \ 큰 \ 값)$$

 94③, 96①, 19②, 22③

12 다음 옹벽에서 전도 및 활동에 대한 안정을 검토하시오.

(단, 안전율은 모두 2.0 이상이어야 한다.)

득점	배점
	6

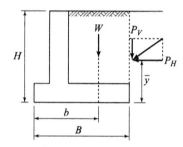

━━━━━━━━━━ 【조 건】 ━━━━━━━━━━

• $c = 0$

• $P_H = 200\text{kN/m}$

• $B = 4\text{m}$

• $H = 6\text{m}$

• μ(옹벽저판과 기초와의 마찰계수) $= 0.5$

• W(옹벽자중＋저판위의 흙의 무게) $= 240\text{kN/m}$

• $P_V = 100\text{kN/m}$

• $b = 2.5\text{m}$

• $\overline{y} = 2\text{m}$

가. 전도에 대한 안정검토 :

계산 과정)   답 : ＿＿＿＿＿

나. 활동에 대한 안정검토 :

계산 과정)   답 : ＿＿＿＿＿

해답 가. 전도에 대한 안정검토

$$F_S = \frac{W \cdot b + P_V \cdot B}{P_H \cdot \overline{y}}$$

$$= \frac{240 \times 2.5 + 100 \times 4}{200 \times 2} = 2.5 \ > \ 2.0 \quad \therefore \ 안정$$

나. 활동에 대한 안정검토

$$F_s = \frac{(W + P_V)\mu + c \cdot B}{P_H} = \frac{(240 + 100) \times 0.5 + 0 \times 4}{200} = 0.85 < 2.0 \quad \therefore \ 불안정$$

□□□ 94②, 96⑤, 97④, 98②, 99⑤, 00①, 04②, 06①, 10④, 11④, 12①, 14①, 17②, 22③

13 도로를 설계하기 위하여 5개 지점의 시료를 채취하여 각 지점에 있어서의 평균 CBR을 구하였다. 이때의 설계 CBR을 계산하시오.

• 각 지점의 평균 CBR : 6.8, 8.5, 4.8, 6.3, 7.2

• 설계 CBR 계산용 계수

개수(n)	2	3	4	5	6	7	8	9	10 이상
d_2	1.41	1.91	2.24	2.48	2.67	2.83	2.96	3.08	3.18

계산 과정)

답 : _____

해답 설계 CBR = 평균 CBR $- \dfrac{CBR_{max} - CBR_{min}}{d_2}$

• 평균 CBR $= \dfrac{\sum CBR값}{n} = \dfrac{6.8 + 8.5 + 4.8 + 6.3 + 7.2}{5} = 6.72$

∴ 설계 CBR $= 6.72 - \dfrac{8.5 - 4.8}{2.48} = 5.23 = 5$

(∵ 설계 CBR은 소수점 이하는 절삭한다.)

다답형 문제   7문항(22점)

□□□ 08④, 22③

14 트러스의 골조형태의 종류 3가지를 쓰시오.

예 : 와렌 트러스(Warren truss)

① _____

② _____

③ _____

해답 ① 프래트 트러스(pratt truss)
② 하우 트러스(howe truss)
③ K 트러스(K-truss)
④ 곡현 트러스(curved chord truss)

□□□ 08②, 11④, 22③

15 암반 분류방법 중 Barton의 Q-시스템(Q-System)에서 Q값을 구하는 아래 식의 각 항이 의미하는 것을 쓰시오.

득점	배점
	3

$$Q = \frac{RQD}{J_n} \cdot \frac{J_r}{J_a} \cdot \frac{J_w}{SRF}$$

가. $\dfrac{RQD}{J_n}$:   나. $\dfrac{J_r}{J_a}$:   다. $\dfrac{J_w}{SRF}$:

해답 가. 암괴의 크기   나. 암괴 사이의 전단강도   다. 작용응력 점수

 Q-system

Q분류법은 노르웨이의 지반공학연구소의 Barton, Lien & Lunde(1974)에 의해 개발되며, 6개의 변수를 3개의 그룹으로 나누어서 종합적인 암반의 암질 Q를 다음과 같이 계산할 수 있다.

$$Q = \frac{RQD}{J_n} \cdot \frac{J_r}{J_a} \cdot \frac{J_w}{SRF} = (암괴크기\ 점수) + (암괴전단강도\ 점수) + (작용응력\ 점수)$$

■ 6개의 평가요소
① RQD : 암질지수   ② J_n : 절리군의 수
③ J_r : 절리면의 거칠기 계수   ④ J_a : 절리면의 변질계수
⑤ J_w : 지하수 보정계수   ⑥ SRF : 응력저감계수

■ 3개의 그룹
① $\dfrac{RQD}{J_n}$(암괴크기 점수) : 암반의 전체적인 구조를 나타낸다.

② $\dfrac{J_r}{J_a}$(암괴전단강도 점수) : 면의 거칠기, 절리면 간 또는 충전물의 마찰특성을 나타낸다.

③ $\dfrac{J_w}{SRF}$(작용응력 점수, 주동응력, 활동성 응력) : 활동성 응력을 표현하는 복잡하고 경험적인 항이다.

□□□ 89②, 08④, 12①, 13④, 17④, 21②, 22③, 23②

16 여굴을 적게 하고 파단선을 매끈하게 하기 위한 조절발파(controlled blasting) 공법의 종류를 3가지만 쓰시오.

득점	배점
	3

① _____   ② _____

③ _____   ④ _____

해답 ① 라인 드릴링(line drilling) 공법
② 쿠션 블라스팅(cushion blasting) 공법
③ 스무스 블라스팅(smooth blasting) 공법
④ 프리 스플리팅(pre-splitting) 공법

□□□ 00②, 04②, 06④, 11④, 15④, 22③

17 해안, 준설, 매립 공사시 사용되는 준설선의 종류를 4가지만 쓰시오.

득점	배점
	4

① _____ ② _____ ③ _____ ④ _____

해답 ① 펌프준선설 ② 디퍼준설선 ③ 그래브준설선 ④ 버킷준설선

□□□ 92②, 94③, 00②, 03④, 04④, 07②, 10④, 11①, 14②, 17①, 18③, 19③, 21①, 22③

18 PS 콘크리트 교량 건설공법 중 동바리를 사용하지 않는 현장타설공법의 종류 3가지를 쓰시오.

득점	배점
	3

① _____ ② _____ ③ _____

해답 ① FCM(캔틸레버공법)
② MSS(이동식 지보공법)
③ ILM(연속압출공법)

□□□ 15①, 22③

19 포장 파손의 현상에 대한 아래 표의 설명에서 (   )에 적합한 용어를 쓰시오.

득점	배점
	3

> 일종의 좌굴현상으로 줄눈 또는 균열부에 이물질이 침투하여 슬래브(Slab)가 솟아오르는 현상을 (①)현상이라 하며 연속철근 콘크리트 포장(CRCP)에서 균열간격이 좁은 경우, 지지력 부족 및 피로하중에 의해 (②)이 발생한다. 또한 보조기층 또는 노상에 우수가 침투하여 반복하중에 의한 지지력 저하 및 단차원인이 되는 (③)현상이 발생한다.

① _____ ② _____ ③ _____

해답 ① 블로업(blow up) ② 스폴링(spalling) ③ 펌핑(pumping)

🎯 포장 파손의 현상

- 블로우업 blow up
  콘크리트 포장에서 기온의 상승 등에 따라 콘크리트 slab가 팽창할 때 줄눈의 부적정 등으로 더 이상 팽창력을 지탱할 수 없을 때 생기는 좌굴현상으로 인하여 슬래브가 솟아오르는 현상
- 펀치아웃 punch out
  펀치아웃은 포장체에서 작은 부분이 탈락하는 연속 철근 콘크리트 포장에서 가장 중대한 손상이며 교통하중이 반복되면 골재의 접합력이 소멸되고 철근 응력이 증가하여 파단이 발생한다.
- 펌핑 Pumping
  콘크리트 포장 slab의 보조기층이나 노상의 흙이 우수의 침입과 교통하중의 반복에 의해 이토화(泥土化)하여 줄눈 또는 균열을 통해 노면으로 뿜어나오는 현상

□□□ 02②, 05④, 12①, 15①, 19③, 22③

20 댐 건설을 위해 댐 지점의 하천수류를 전환시키는 댐의 유수전환방식을 3가지 쓰시오.

득점	배점
	3

① _____ ② _____ ③ _____

해답 ① 반하천 체절공 ② 가배수 터널공 ③ 가배수로 개거공

복합형 문제   1문항(5점)

□□□ 10④, 22③

21 콘크리트 구조물은 보통 pH 12~13 정도인 강알칼리성이나 대기 중의 약산성의 탄산가스 (CO_2) 등과 결합하여 pH가 8.5~10 정도로 낮아지는 산성화가 진행되어, 콘크리트 성능저하 및 철근부식에 대한 성능저하를 가져온다. 이런 현상에 대하여 아래의 물음에 답하시오.

득점	배점
	5

가. 이러한 현상을 무엇이라 하는가?

○

나. 이러한 현상에 대해 구조물 신축 시의 대책을 3가지만 쓰시오.

① _____ ② _____ ③ _____

해답 가. 중성화 현상(탄산화 현상)
　　나. ① 물-시멘트비를 낮게 한다.
　　　　② 분말도를 낮게 한다.
　　　　③ 혼화제(AE제, AE감수제)를 사용한다.
　　　　④ 충분한 다짐 및 양생을 실시한다.
　　　　⑤ 충분한 피복두께를 확보한다.

용어 정의 문제   1문항(3점)

□□□ 07④, 12①, 22③

22 과압밀비(Overconsolidation Ration, OCR)를 간단히 설명하시오.

득점	배점
	3

○

해답 흙이 현재 받고 있는 유효연직하중에 대한 선행압밀하중과의 비
　　즉, 과압밀비(OCR)= $\dfrac{선행압밀하중}{현재의 유효연직하중}$
　　• OCR < 1: 압밀이 진행 중인 점토
　　• OCR = 1: 정규압밀 점토
　　• OCR > 1: 과압밀 점토

단답형 문제   1문항(2점)

□□□ 22③

23 100년 빈도의 홍수를 지지하게 댐을 설계하였을 때 100년 안에 댐이 파괴될 확률을 구하시오.

득점	배점
	2

계산 과정)   답 : _____

해답 $\dfrac{1}{100} = 0.01 = 1\%$

따라서, 100년 안에 댐이 파괴될 확률은 1%이다.

국가기술자격 실기시험문제

2023년도 기사 제1회 필답형 실기시험(기사)

종 목	시험시간	형 별	성 명	수험번호
토목기사	3시간	B		

※ 수험자 인적사항 및 계산식을 포함한 답안 작성은 검은색 필기구만 사용해야 하며, 그 외 연필류, 빨간색, 청색 등 필기구로 작성한 답항은 0점 처리 됩니다.

물량산출
1문항(18점)

□□□ 02①, 03②, 05②, 07④, 23①

01 주어진 도면 및 조건에 따라 다음 물량을 산출하시오. (단, 주어진 도면의 치수는 규격에 맞지 않을 수 있으며, 주어진 치수로만 물량을 산출하시오.)

득점	배점
	18

단 면 도 (N S) (단위 : mm)

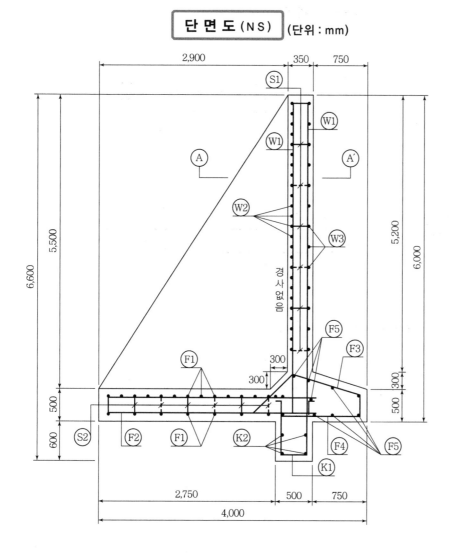

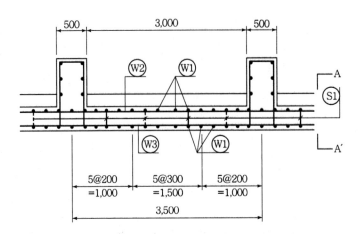

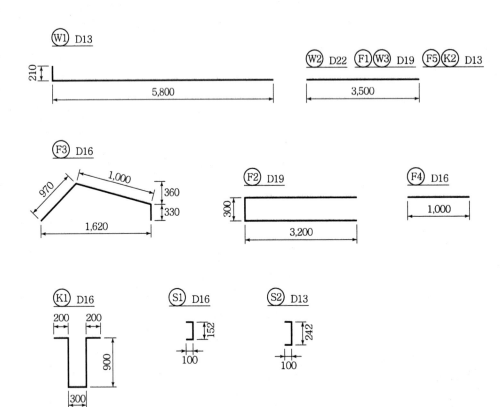

【조 건】

- K1, F2, F3, F4 철근간격은 W1철근과 같다.
- S1, S2 철근은 단면도와 같이 지그재그(Zigzag)로 계산한다.
- 물량산출에서의 할증률 및 마구리는 없는 것으로 한다.
- 철근길이 계산에서 이음길이는 계산하지 않는다.
- 거푸집량의 산정시 전단 Key에 거푸집을 사용하는 경우로 한다.

가. 옹벽길이 3.5m에 대한 전체 콘크리트량을 구하시오.
 (단, 소수점 이하 4째자리에서 반올림하시오.)

 계산 과정)   답 : _____

나. 옹벽길이 3.5m에 전체 거푸집량을 구하시오.
 (단, 소수점 이하 4째자리에서 반올림하시오.)

 계산 과정)   답 : _____

다. 옹벽길이 3.5m에 대한 철근량을 산출하기 위한 다음 철근물량표를 완성하시오.
 (단, 수량은 소수점 3째자리에서 반올림하시오.)

기호	직경	길이(mm)	수량	총길이(mm)	기호	직경	길이(mm)	수량	총길이(mm)
W1					F3				
F1					S1				

해답 가.

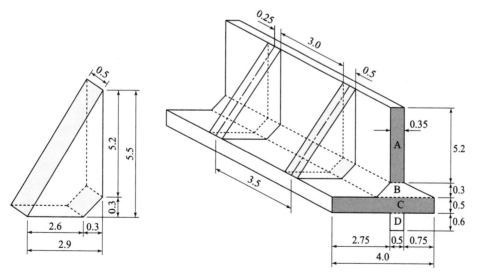

- 1개의 부벽에 대한 콘크리트량

단면적×부벽두께 $= \left(\dfrac{5.5 \times 2.9}{2} - \dfrac{0.3 \times 0.3}{2} \right) \times 0.5 = 3.965 \mathrm{m}^3$

- 벽체 A=단면적×옹벽길이

$= (0.35 \times 5.2) \times 3.5 = 6.37 \mathrm{m}^3$

- 헌치부분 $\mathrm{B} = \dfrac{0.35 + (0.75 + 0.35 + 0.3)}{2} \times 0.3 \times 3.5 = 0.9188 \mathrm{m}^3$

- 저판 $\mathrm{C} = (0.5 \times 4.0) \times 3.5 = 7.0 \mathrm{m}^3$

- 활동방지벽 $\mathrm{D} = (0.5 \times 0.6) \times 3.5 = 1.05 \mathrm{m}^3$

∴ 총콘크리트량 $= 3.965 + 6.37 + 0.9188 + 7.00 + 1.05 = 19.304 \mathrm{m}^3$

나.

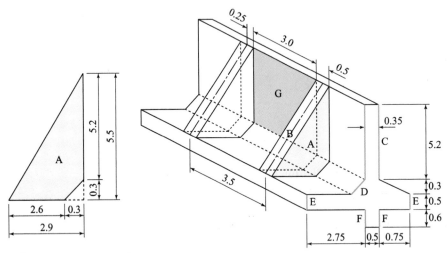

- A면 $= \left(\dfrac{5.5 \times 2.9}{2} - \dfrac{0.3 \times 0.3}{2} \right) \times 2 (양면) = 15.86 \mathrm{m}^2$

- B면 $= \sqrt{5.5^2 + 2.9^2} \times 0.5 = 3.1089 \mathrm{m}^2$

- C면 $= 5.2 \times 3.5 = 18.2 \mathrm{m}^2$

- D면 $= \sqrt{0.3^2 + 0.3^2} \times 3.0 = 1.2728 \mathrm{m}^2$

- E면 $= 0.5 \times 2 (양면) \times 3.5 = 3.5 \mathrm{m}^2$

- F면 $= 0.6 \times 2 (양면) \times 3.5 = 4.2 \mathrm{m}^2$

- G면 $= 3.0 \times 5.2 = 15.6 \mathrm{m}^2$

∴ 총거푸집량 $= 18.9689 + 18.2 + 1.2728 + 3.5 + 4.2 + 15.6 = 61.742 \mathrm{m}^2$

다.

기호	직경	길이 (mm)	수량	총길이 (mm)	기호	직경	길이 (mm)	수량	총길이 (mm)
W1	D13	6,010	30	180,300	F3	D16	2,300	15	34,500
F1	D19	3,500	23	80,500	S1	D13	352	12	4,224

철근물량 산출근거

1. W1, K1, F2, F3, F4 철근수량 계산

기호	직경	길이(mm)	수량	총길이(mm)	산출근거
W1	D13	$210 + 5,800 = 6,010$	30	180,300	• 단면도 A-A'에서 $= (5+5+5) \times 2$(복배근) $= 30$
K1	D16	$(200+900) \times 2 + 300 = 2,500$	15	37,500	• K1, F2, F3, F4철근 간격은 W1철근과 같다. • W1은 A-A'에서 2열 배근 $\therefore$ 15본
F2	D19	$300 + 3,200 \times 2 = 6,700$	15	100,500	
F3	D16	$970 + 1,000 + 330 = 2,300$	15	34,500	
F4	D16	1,000	15	15,000	

2. W2, W3, F1, F5, K2 철근수량 계산(단면도에서)

기호	직경	길이(mm)	수량	총길이(mm)	산출근거
W2	D22	3,500	25	87,500	
W3	D19	3,500	13	45,500	
F1	D19	3,500	23	80,500	• 단면도에서 개수를 센다.
F5	D13	3,500	8	28,000	
K2	D13	3,500	4	14,000	

3. S1 철근수량 계산

기호	직경	길이(mm)	수량	총길이(mm)	산출근거
S1	D13	$100 \times 2 + 152 = 352$	12	4,224	• 단면도(점선 3, 실선 3) • 단면도 A-A'(점선 2, 실선 2) $\therefore 3 \times 2 + 3 \times 2 = 12$본

4. 철근물량표

기호	직경	길이(mm)	수량	총길이(mm)	기호	직경	길이(mm)	수량	총길이(mm)
W1	D13	6,010	30	180,300	F3	D16	2,300	15	34,500
W2	D22	3,500	25	87,500	F5	D13	3,500	8	28,000
F1	D19	3,500	23	80,500	K1	D16	2,500	15	37,500
F2	D19	6,700	15	100,500	S1	D13	352	12	4,224

공정관리   1문항(10점)

□□□ 93②, 95④, 02④, 23①

02 아래 그림의 네트워크에서 공사시작 후 15일째에 진도관리를 행한 결과 각 작업별 잔여 공기가 표와 같이 판단되었다면 당초의 공기와 비교하여 전체 공기에는 어떠한 영향이 미치는가? (단, 괄호 안은 각 작업공기이다.)

득점	배점
	10

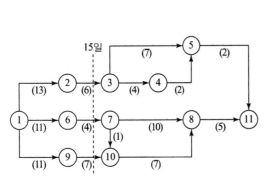

작업	잔여공기	작업	잔여공기
1-2	0	3-5	7
1-6	0	4-5	2
1-9	0	7-8	10
2-3	3	7-10	1
6-7	2	10-8	7
9-10	3	5-11	2
3-4	4	8-11	5

계산 과정)   답 : _____

해답

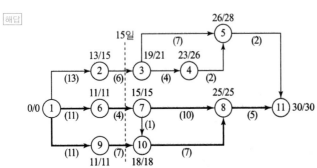

• C.P : ① → ⑥ → ⑦ → ⑧ → ⑪
        ① → ⑨ → ⑩ → ⑧ → ⑪

• 진도관리 15일을 기준으로 여유일과 잔여일 계산

작업	여유일	잔여공기	비고
① → ②	완료	—	완료
① → ⑥	완료	—	완료
① → ⑨	완료	—	완료
② → ③	21−15=6일	3일	정상
⑥ → ⑦	15−15=0일	2일	2일 초과
⑨ → ⑩	18−15=3일	3일	정상

∴ C.P는 ⑥ → ⑦에서 2일 지연되므로 전체공기에서 2일 지연

계산문제

11문항(41점)

□□□ 84①②③, 87③, 88②, 91③, 93②, 97②, 98⑤, 03④, 06①, 08②, 14①, 23①

03 어느 불도저의 1회 굴착 압토량이 3.8m³이며 토량변화율(L)은 1.20, 작업효율은 0.6, 평균 굴착 압토거리 60m, 전진속도 40m/분, 후진속도는 100m/분, 기어 변속 시간 및 가속 시간이 0.5분일 때 이 불도저 운전 1시간당의 작업량은 본바닥토량으로 얼마인가?

계산 과정)

답 : _____

해답 $Q = \dfrac{60 \cdot q \cdot f \cdot E}{C_m}$

· $C_m = \dfrac{l}{V_1} + \dfrac{l}{V_2} + t = \dfrac{60}{40} + \dfrac{60}{100} + 0.5 = 2.6$분

∴ $Q = \dfrac{60 \times 3.8 \times \dfrac{1}{1.20} \times 0.6}{2.6} = 43.85\,\text{m}^3/\text{h}$

득점	배점
	3

□□□ 89②, 98③, 07①, 11②, 17②, 20①, 23①

04 그림과 같은 방파제의 활동에 대한 안전율을 계산하시오.
(단, 파고(H)=3.0m, 케이슨 단위중량(w)=20kN/m³, 해수 단위중량(w')=10kN/m³, 마찰계수(f)=0.6, 파압공식(P)=1.5$w'H$(kN/m²))

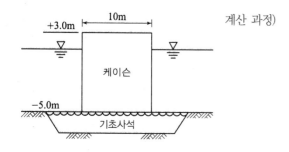

계산 과정)

답 : _____

득점	배점
	3

해답 안전율 $F_s = \dfrac{f \cdot W}{P_h}$

· 파압 $P = 1.5w'H = 1.5 \times 10 \times 3.0 = 45\,\text{kN/m}^2$

· 수평력 $P_h = $ 파압 × 케이슨 높이 $= 45 \times (5+3) = 360\,\text{kN/m}$

· 연직력 $W = $ 케이슨의 자중 − 케이슨의 부력
$= (3+5) \times 10 \times 20 - (3+5) \times 10 \times 10 = 800\,\text{kN/m}$

∴ 안전율 $F_s = \dfrac{f \cdot W}{P_h} = \dfrac{0.6 \times 800}{360} = 1.33$

□□□ 06④, 08④, 09④, 10①, 11②, 17①, 18②, 22②, 23①

05 콘크리트의 배합강도를 구하기 위한 시험횟수 16회의 콘크리트 압축강도 측정결과가 아래 표와 같고 품질기준강도가 28MPa일 때 아래 물음에 답하시오.

득점 | 배점
8

【압축강도 측정결과(단위 MPa)】

26.0	29.5	25.0	34.0	25.5	34.0	29.0
24.5	27.5	33.0	33.5	27.5	25.5	28.5
26.0	35.0					

가. 위 표를 보고 압축강도의 평균값을 구하시오.

계산 과정)   답 : _____

나. 압축강도 측정결과 및 아래의 표를 이용하여 배합강도를 구하기 위한 표준편차를 구하시오.

【시험횟수가 29회 이하일 때 표준편차의 보정계수】

시험횟수	표준편차의 보정계수	비고
15	1.16	이 표에 명시되지 않은
20	1.08	시험횟수에 대해서는
25	1.03	직선보간한다.
30 또는 그 이상	1.00	

계산 과정)   답 : _____

다. 배합강도를 구하시오.

계산 과정)   답 : _____

해답 가. 평균값 $\bar{x} = \dfrac{\sum X_i}{n} = \dfrac{464}{16} = 29\,\mathrm{MPa}$

나. 편차제곱합 $S = \sum (X_i - \bar{x})^2$

$S = (26-29)^2 + (29.5-29)^2 + (25.0-29)^2 + (34-29)^2 + (25.5-29)^2$
$\quad + (34-29)^2 + (29-29)^2 + (24.5-29)^2 + (27.5-29)^2 + (33-29)^2$
$\quad + (33.5-29) + (27.5-29)^2 + (25.5-29)^2 + (28.5-29)^2 + (26-29)^2$
$\quad + (35-29)^2 = 206$

• 표준편차 $s = \sqrt{\dfrac{S}{n-1}} = \sqrt{\dfrac{206}{16-1}} = 3.71\,\mathrm{MPa}$

• 16회의 보정계수 $= 1.16 - \dfrac{1.16-1.08}{20-15} \times (16-15) = 1.144$

∴ 수정 표준편차 $s = 3.71 \times 1.144 = 4.24\,\mathrm{MPa}$

다. $f_{cq} = 28\,\mathrm{MPa} \leq 35\,\mathrm{MPa}$인 경우의 배합강도

• $f_{cr} = f_{cq} + 1.34s = 28 + 1.34 \times 4.24 = 33.68\,\mathrm{MPa}$

• $f_{cr} = (f_{cq} - 3.5) + 2.33s = (28 - 3.5) + 2.33 \times 4.24 = 34.38\,\mathrm{MPa}$

∴ 배합강도 $f_{cr} = 34.38\,\mathrm{MPa}$ (∵ 두 값 중 큰 값)

□□□ 07②, 09①, 10④, 16②, 23①

06 그림과 같이 지하 5m 되는 곳에 피에조미터를 설치하고 연약지반에서 공사를 진행한다. 구조물 축조 직후에 수주가 지표면으로부터 8m였다. 8개월 후 수주가 3m가 되었다면 지하 5m 되는 곳의 압밀도를 구하시오.

득점	배점
	3

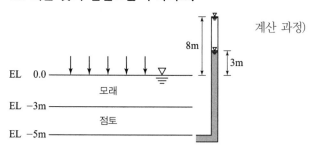

계산 과정)

답 : _____

해답 압밀도 $U = 1 - \dfrac{\text{과잉공극수압}}{\text{정압력}} = 1 - \dfrac{u}{P}$

• $u = \gamma_w h = 9.81 \times 3 = 29.43 \, \text{kN/m}^2$

• $P = \gamma_w H = 9.81 \times 8 = 78.48 \, \text{kN/m}^2$

∴ $U = 1 - \dfrac{29.43}{78.48} = 0.625 = 62.5\%$

□□□ 93③, 94②, 97④, 99①, 00②, 01③, 03③, 07④, 10①②, 12④, 14②, 21②, 23①

07 그림과 같이 N치가 다른 3층의 사질토층으로 이루어져 있는 지반에 길이 20m의 강관말뚝을 박았다. 말뚝직경이 40cm일 경우 극한지지력을 구하시오. (단, Meyerhof의 공식 이용)

득점	배점
	3

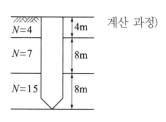

계산 과정)

답 : _____

해답 $Q_u = 40 \cdot N \cdot A_p + \dfrac{1}{5} \overline{N} \cdot A_f$

• $A_p = \dfrac{\pi d^2}{4} = \dfrac{\pi \times 0.40^2}{4} = 0.126 \, \text{m}^2$

• $\overline{N} = \dfrac{N_1 h_1 + N_2 h_2 + N_3 h_3}{h_1 + h_2 + h_3} = \dfrac{4 \times 4 + 7 \times 8 + 15 \times 8}{4 + 8 + 8} = 9.60$

• $A_f = \pi d l = \pi \times 0.40 \times 20 = 25.133 \, \text{m}^2$

∴ $Q_u = 40 \times 15 \times 0.126 + \dfrac{1}{5}(9.60 \times 25.133) = 123.86 \, \text{t}$

□□□ 85③, 20④, 23①

08 다져진 상태의 토량 45,000m³을 성토하는 데 흐트러진 상태의 토량 40,000m³이 있다. 이때 부족토량은 자연상태의 토량으로 얼마인가? (단, 흙은 사질토이고 토량의 변화율은 $L = 1.25$, $C = 0.90$이다.)

득점	배점
	3

계산 과정)   답 : _____

해답 • 다져진 상태의 토량을 자연상태의 토량으로 환산

$$45,000 \times \frac{1}{0.9} = 50,000 \, \text{m}^3$$

• 흐트러진 상태의 토량을 자연상태의 토량으로 환산

$$40,000 \times \frac{1}{1.25} = 32,000 \, \text{m}^3$$

$$\therefore \text{부족토량} = 50,000 - 32,000 = 18,000 \, \text{m}^3$$

□□□ 00②, 12④, 13①, 16②, 22①, 23①

09 아래 그림과 같이 10m 두께의 비교적 단단한 포화 점토층 밑에 모래층이 있다. 모래층은 피압상태(artesian pressure)에 있을 때, 점토층에서 바닥의 융기(heaving)현상이 없이 굴착할 수 있는 최대깊이 H를 구하시오.

득점	배점
	3

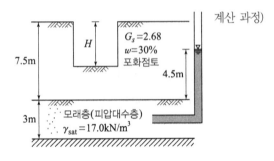

계산 과정)

답 : _____

해답 $H = \dfrac{H_1 \gamma_{\text{sat}} - \Delta h \gamma_w}{\gamma_{\text{sat}}}$

• $H_1 = 10 \, \text{m}$

• $e = \dfrac{G_s w}{S} = \dfrac{2.68 \times 30}{100} = 0.804$

• $\gamma_{\text{sat}} = \dfrac{G_s + e}{1 + e} \gamma_w = \dfrac{2.68 + 0.804}{1 + 0.804} \times 9.81 = 18.95 \, \text{kN/m}^3$

• $\Delta h = 4.5 \, \text{m}$

$$\therefore H = \frac{7.5 \times 18.95 - 4.5 \times 9.81}{18.95} = 5.17 \, \text{m}$$

□□□ 93②, 95③, 98①, 23①

10 그림과 같은 도로의 토공계획시에 A-B구간에 필요한 성토량을 토취장에서 15ton트럭으로 운반하여 시공할 때, 필요한 트럭의 총 연대수는 몇 대인가? (단, 자연상태인 흙의 단위 체적 중량 $\gamma_t = 1.9t/m^3$, $L = 1.3$, $C = 0.9$이다.)

득점 / 배점
3

측정별 단면적 $A_1 = 0$, $A_2 = 30m^2$
$A_3 = 40m^2$, $A_4 = 0$

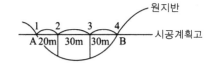

계산 과정) 답 : _____

해답 성토량의 체적 $V = \dfrac{1}{2}[(0+30) \times 20 + (30+40) \times 30 + (40+0) \times 30]$

$= 1,950.00\,m^3$ (완성상태)

∴ 성토량 $= 1,950 \times \dfrac{1.3}{0.9} = 2,816.67\,m^3$ (운반상태)

• 트럭의 적재량 $q_t = \dfrac{T}{\gamma_t}L = \dfrac{15}{1.9} \times 1.3 = 10.26\,m^3$

∴ 총연대수 $N = \dfrac{운반토량}{적재량} = \dfrac{2,816.67}{10.26} = 274.53$ ∴ 275대

□□□ 05①, 23①

11 다음 그림과 같은 sampler로 채취하는 시료의 교란여부를 평가하시오.

득점 / 배점
3

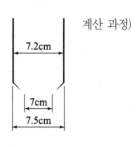

계산 과정)

답 : _____

해답 면적비 $A_r = \dfrac{D_w^2 - D_e^2}{D_e^2} \times 100$

$= \dfrac{7.5^2 - 7.0^2}{7.0^2} \times 100 = 14.80\% > 10\%$

∴ 교란 시료

12 다음과 같은 암거(Box Culvert)에 작용하는 정지토압 분포도를 그리시오.

(단, 암거 상판두께는 0.35m이고 측벽의 두께는 0.40m, 저판의 두께는 0.45m 이다. 지하수면 위쪽의 흙의 단위중량은 $\gamma_t=18.0\text{kN/m}^3$, 지하수면 아래 흙의 단위중량은 $\gamma_{sat}=20.0\text{kN/m}^3$이고, 콘크리트의 단위중량은 $\gamma_{con}=25.0\text{kN/m}^3$, 흙의 내부 마찰각은 30° 이다.)

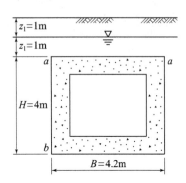

가. $a-a$면(정판상부)에 작용하는 연직응력을 구하시오.

계산 과정)   답 : _____

나. 박스 암거 깊이 2m, 6m에 대한 수평응력(정지토압)을 구하시오.

① 깊이 2m에 대한 수평응력을 구하시오.

계산 과정)   답 : _____

② 깊이 6m에 대한 수평응력을 구하시오.

계산 과정)   답 : _____

해답 정지토압계수 $K_o=1-\sin\phi'=1-\sin30°=0.5$

① $a-a$면(정판상부)에 작용하는 연직응력
  • 간극수압 : $u_{(a)}=\gamma_w z_2=9.81\times1.0=9.81\,\text{kN/m}^2$
  • 유효응력 : $\sigma'_{v(a)}=\sigma_{v(a)}-u=38.0-9.81=28.19\,\text{kN/m}^2$
  • 전응력 : $\sigma_{v(a)}=\gamma z_1+\gamma_{sat}z_2$
$$=18.0\times1.0+20.0\times1.0=38.0\,\text{kN/m}^2$$
    또는 $\sigma_{v(a)}=9.81+28.19=38.0\text{kN/m}^2$

② $a-b$ 좌측면 a점에 작용하는 수평응력(정지토압)
  • 유효응력 : $\sigma'_{ho(a)}=\sigma'_{v(a)}K_o=28.19\times0.5=14.10\,\text{kN/m}^2$
  • 간극수압 : $u_{(a)}=\gamma_w z_2=9.81\times1.0=9.81\,\text{kN/m}^2$
  • 전응력 : $\sigma_{ho(a)}=\sigma'_{ho(a)}+u_{(a)}=14.10+9.81=23.91\,\text{kN/m}^2$

③ $a-b$ 좌측면 b점에 작용하는 수평응력(정지토압)
  • 유효 연직응력
$$\sigma'_{v(b)} = \sigma'_{v(a)} + \gamma' H$$
$$= 28.19 + (20.00 - 9.81) \times 4$$
$$= 68.95 \, \text{kN/m}^2$$
  • 유효 수평응력(정지토압)
$$\sigma'_{ho(b)} = \sigma'_{v(b)} K_o = 68.95 \times 0.5 = 34.48 \, \text{kN/m}^2$$
  • 간극수압
$$u_{(b)} = \gamma_w (z_2 + H) = 9.81 \times (1.0 + 4.0) = 49.05 \, \text{kN/m}^2$$
  • 전응력(전 정지토압)
$$\sigma_{ho(b)} = \sigma'_{ho(b)} + u_{(b)} = 34.48 + 49.05 = 83.53 \, \text{kN/m}^2$$

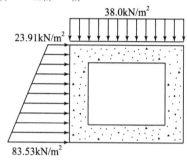

□□□ 01②, 21③, 23①

13 그림과 같은 옹벽에 작용하는 전주동 토압은 얼마인가? (Rankine의 토압 이론을 사용하시오.)

득점	배점
	3

계산 과정)

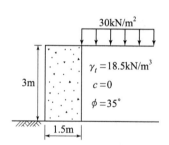

답 : _____

해답 전주동 토압

$$P_a = P_{a1} + P_{a2} = \frac{1}{2} \gamma H^2 \tan^2 \left(45° - \frac{\phi}{2} \right) + q H \tan^2 \left(45° - \frac{\phi}{2} \right)$$

  • $K_a = \tan^2 \left(45° - \dfrac{\phi}{2} \right) = \tan^2 \left(45° - \dfrac{35°}{2} \right) = 0.271$

  • $P_{a1} = \dfrac{1}{2} \times 18.5 \times 3^2 \times 0.271 = 22.56 \, \text{kN/m}$

  • $P_{a2} = 30 \times 3 \times 0.271 = 24.39 \, \text{kN/m}$

    ∴ $P_a = 22.56 + 24.39 = 46.95 \, \text{kN/m}$

다답형 문제 8문항(27점)

□□□ 92①, 98②, 99①, 00②, 02②, 13①, 23①

14 사질토지반에서 표준관입시험(S.P.T)의 결과로 측정된 N치로 추정되는 사항을 4가지만 쓰시오.

득점 배점
3

① _____ ② _____ ③ _____ ④ _____

해답 ① 상대밀도　② 내부마찰각　③ 지지력계수　④ 탄성계수

□□□ 92②, 94③, 00②, 03④, 04④, 07②, 10④, 11①, 14②, 17①, 18③, 19③, 21①, 22③, 23①

15 PS 콘크리트 교량 건설공법 중 동바리를 사용하지 않는 현장타설공법의 종류 3가지를 쓰시오.

득점 배점
3

① _____ ② _____ ③ _____

해답 ① FCM(캔틸레버공법)　　② MSS(이동식 지보공법)　　③ ILM(연속압출공법)
　　④ FSM(프리캐스트 세그먼트공법)

□□□ 14④, 23①

16 여굴을 적게 하고 파단선을 매끈하게 하기 위한 조절발파 공법(controlled blasting)에 대한 다음 물음에 답하시오.

득점 배점
5

가. 조절발파공법의 목적 2가지를 쓰시오.

① _____ ② _____ ③ _____

나. 조절발파 공법의 종류를 4가지만 쓰시오.

① _____ ② _____ ③ _____ ④ _____

해답 가. ① 여굴감소
　　② 발파예정선에 일치하는 발파면을 얻을 수 있다.
　　③ 발파면이 고르며 뜬돌 떼기 작업이 감소한다.
　　④ 암반의 손상이 적어 낙석의 위험성이 적고, 균열발생이 감소한다.
　　⑤ 암반표면이 강해져 균열발생이 적어 보강의 필요성이 감소한다.
　나. ① 라인 드릴링(line drilling) 공법
　　② 쿠션 블라스팅(cushion blasting) 공법
　　③ 스무스 블라스팅(smooth blasting) 공법
　　④ 프리스플리팅(pre-splitting) 공법

□□□ 01①, 07④, 09④, 16①, 23①

17 교량을 상판의 위치에 따라 분류할 때 그 종류를 4가지만 쓰시오.

득점 | 배점
| 3

① _____ ② _____ ③ _____ ④ _____

해답 ① 상로교(上路橋) ② 중로교(中路橋) ③ 하로교(下路橋) ④ 2층교(二層橋)

□□□ 13①, 23①

18 하천 제방의 누수방지에 대한 방법을 3가지만 쓰시오.

득점 | 배점
| 3

① _____ ② _____ ③ _____

해답 ① 제체 또는 기초지반에 불투수성의 차수벽을 두는 방법
② 침윤선이 충분히 낮아지도록 제방폭을 넓히는 방법
③ 제방 내외의 수위차를 경감하는 방법
④ 누수를 빨리 배제하여 제체의 연약화를 방지하는 방법

□□□ 14②, 23①

19 기초는 얕은기초(Direct Foundation)와 깊은기초(Deep Foundation)로 대별된다. 얕은기초의 구비조건을 3가지만 쓰시오.

득점 | 배점
| 3

① _____ ② _____ ③ _____

해답 ① 기초의 근입깊이를 가질 것 ② 안전하게 하중을 지지할 수 있을 것
③ 침하가 허용치를 넘지 않을 것 ④ 경제적인 시공이 가능할 것

□□□ 19①, 23①

20 연약지반 개량공법 중에서 점성토 지반의 개량공법 4가지를 쓰시오.

득점 | 배점
| 4

① _____ ② _____
③ _____ ④ _____

해답 ① 샌드드레인공법 ② 페이퍼드레인공법
③ 프리로딩공법 ④ 침투압공법
⑤ 생석회말뚝공법

□□□ 23①

21 옹벽이란 배면에 쌓인 흙으로 인한 토압에 저항하여 그 붕괴를 방지하는 구조물이다. 이때 옹벽을 분류할 때 구조형식에 의한 옹벽의 종류 3가지를 쓰시오.

득점	배점
	3

① _____ ② _____ ③ _____

해답 ① 중력식 옹벽 ② 반중력식 옹벽 ③ 캔틸레버식 옹벽 ④ 부벽식 옹벽

◎ 옹벽의 구조형식에 의한 분류

1. 중력식 옹벽(Gravity wall) : 가장 오래된 형태의 것으로 기초지반이 견고하고, 옹벽의 높이가 4m정도의 것
2. 반중력식 옹벽(Semi gravity wall) : 벽체 단면의 크기와 콘크리트 양을 줄이고, 벽체 내부에 생기는 인장력을 받게 하기 위하여 옹벽의 뒷면 부근에 소량의 철근을 사용한 것
3. 캔틸레버식 옹벽(Cantilever wall) : shvdl 4~6m인 경우에 이용되며, 철근 콘크리트 구조의 체적이 감소되어 콘크리트 재료를 절약할 수 있고, 밑판 뒷부분 위의 뒤채움 흙의 중량으로 안정도를 높인 것
4. 부벽식 옹벽 : 철근 콘크리트 옹벽으로 연직벽의 강도 부족한 경우에 연직벽과 직교하는 밑판 위에 일정한 간격으로 부벽을 연결한 것으로 뒷부벽식 옹벽과 앞부벽식 옹벽으로 분류

▌단답형 문제   2문항(4점)

□□□ 05①, 18③, 23①

22 아스팔트 포장의 단점인 소성변형(Rutting)에 대한 저항성이 우수한 포장공법으로 아스팔트 바인더(Asphalt Binder) 자체의 물성에 따른 혼합물 개념보다는 골재의 맞물림 효과를 최대로 하여 기존 밀입도 아스팔트 혼합물의 단점을 개선한 공법은?

득점	배점
	2

○

해답 SMA(stone mastic asphalt) 포장공법

□□□ 96③④, 98②, 03③, 19②, 23①

23 암거 매설공법을 고속도로 및 철도하부로 횡단하여 암거구조물을 설치할 경우 개착공법에 의하지 않고 양측에 발진기지를 설치하여 함체를 직접 견인시켜 구조물 안으로 들어오는 토사를 굴착하여 소정의 구조물을 설치함으로써 상부교통에 지장을 주지 않고 시공하는 공법은?

득점	배점
	2

○

해답 프론트잭킹공법(frout jacking method)

국가기술자격 실기시험문제

2023년도 기사 제2회 필답형 실기시험(기사)

종 목	시험시간	형 별	성 명	수험번호
토목기사	**3시간**	B		

※ 수험자 인적사항 및 계산식을 포함한 답안 작성은 검은색 필기구만 사용해야 하며, 그 외 연필류, 빨간색, 청색 등 필기구로 작성한 답항은 0점 처리 됩니다.

물량산출   1문항(18점)

□□□ 03①, 08①, 12②, 15①, 18①, 20③, 23②

01 주어진 도면 및 조건에 따라 다음 물량을 산출하시오.

득점	배점
	18

(단, 주어진 도면의 치수는 축척에 맞지 않을 수 있으며, 주어진 치수로만 물량을 산출할 것)

단 면 도 (단위 : mm)

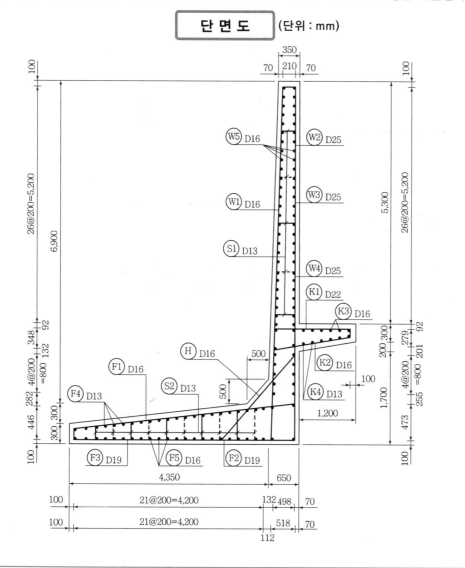

일 반 도

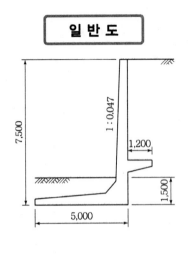

철 근 상 세 도

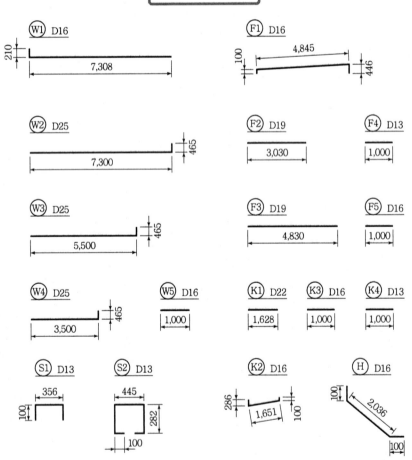

【조 건】
- W1, W4, H, K1, K2, K3, K4, F1, F2, F3 철근은 각각 200mm 간격으로 배근한다.
- W2, W3 철근은 각각 400mm 간격으로 배근한다.
- S1, S2 철근은 도면의 표시와 같이 지그재그로 배근한다.
- 물량산출에서 할증률은 무시하며 철근길이 계산에서 이음길이는 계산하지 않는다.

가. 길이 1m에 대한 콘크리트량을 구하시오. (단, 소수점 이하 4째자리에서 반올림)

계산 과정)　　　　　　　　　　　　　　　　　　답 : _____

나. 길이 1m에 대한 거푸집량을 구하시오.
　　(단, 양측 마구리면은 계산하지 않으며, 소수점 이하 4째자리에서 반올림)

계산 과정)　　　　　　　　　　　　　　　　　　답 : _____

다. 길이 1m에 대한 철근량 산출을 위한 철근물량표를 완성하시오.

기호	직경	길이(mm)	수량	총길이(mm)	기호	직경	길이(mm)	수량	총길이(mm)
W1					F4				
W5					S1				
H					S2				

해답 **가.**

- A면 $= \left(\dfrac{0.35 + 0.65}{2} \times 6.4 \right) \times 1 = 3.2\,\mathrm{m}^3$

- B면 $= \left(\dfrac{0.3 + 0.5}{2} \times 1.2 \right) \times 1 = 0.48\,\mathrm{m}^3$

- C면 $= \left(\dfrac{0.65 + (0.5 + 0.65)}{2} \times 0.5 \right) \times 1 = 0.45\,\mathrm{m}^3$

- D면 $= \{(0.5 + 0.65) \times 0.6\} \times 1 = 0.69\,\mathrm{m}^3$

- E면 $= \left(\dfrac{0.3 + 0.6}{2} \times 3.85 \right) \times 1 = 1.733\,\mathrm{m}^3$

  $\sum V = 3.2 + 0.48 + 0.45 + 0.69 + 1.733 = 6.553\,\mathrm{m}^3$

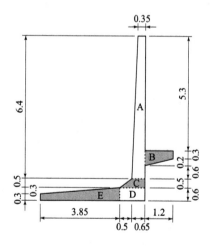

나.
- 저판 A면$= 0.3 \times 1 = 0.3\,\mathrm{m}^2$
- 저판 B면$= 1.7 \times 1 = 1.7\,\mathrm{m}^2$
- 헌치 C면$= \sqrt{0.5^2 + 0.5^2} \times 1 = 0.707\,\mathrm{m}^2$
- 선반 D면$= \sqrt{1.2^2 + 0.2^2} \times 1 = 1.217\,\mathrm{m}^2$
- 선반 E면$= 0.3 \times 1 = 0.3\,\mathrm{m}^2$
- 벽체 F면$= \sqrt{6.4^2 + 0.3008^2} \times 1 = 6.407\,\mathrm{m}^2$
  $(\because x = 0.047 \times 6.4 = 0.3008\,\mathrm{m})$
- 벽체 G면$= 5.3 \times 1 = 5.3\,\mathrm{m}^2$

$\therefore$ 면적$= 0.3 + 1.7 + 0.707 + 1.217 + 0.3 + 6.407 + 5.3$
$= 15.931\,\mathrm{m}^2$

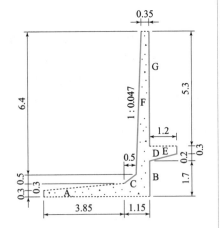

다.

기호	직경	길이(mm)	수량	총길이(mm)	기호	직경	길이(mm)	수량	총길이(mm)
W1	D16	7,518	5	37,590	F4	D13	1,000	24	24,000
W5	D16	1,000	68	68,000	S1	D13	556	12.5	6,950
H	D16	2,236	5	11,180	S2	D13	1,209	12.5	15,113

공정관리 1문항(10점)

□□□ 02②, 07④, 10④, 23②

02 다음 네트워크(Network)를 보고 아래 물음에 답하시오.
(단, ( ) 안의 숫자는 1일당 소요인원)

득점	배점
	10

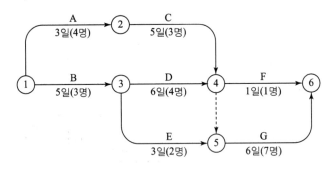

가. 최초개시 때의 산적표를 작성하시오.

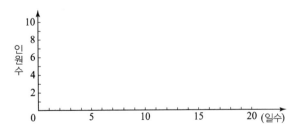

나. 최지개시 때의 산적표를 작성하시오.

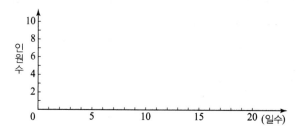

다. 인력평준화표를 작성하시오. (단, 제한인원은 7명으로 한다.)

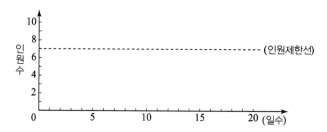

라. 1일 인원을 7명으로 제한한 경우, 수정네트워크를 작성하시오.

해답 최조시간과 최지시간 계산

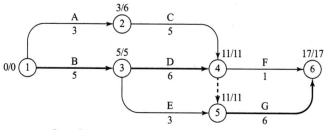

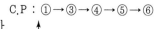

C.P : ① → ③ → ④ → ⑤ → ⑥

가.

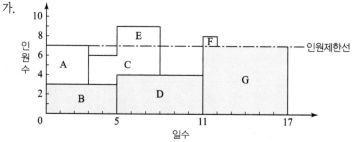

나.

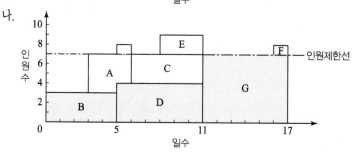

다.

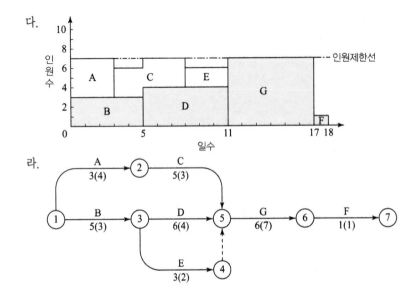

라.

계산문제   10문항(32점)

□□□ 98④, 05①, 10④, 11④, 18①, 23②

득점	배점
	4

03 2.5m×2.5m 크기의 정사각형 기초를 마찰각 $\phi = 20°$, 점착력 $c = 10\text{kN/m}^2$인 지반에 설치하였다. 흙의 단위중량 $\gamma = 18\text{kN/m}^3$이며, 기초의 근입깊이는 3m이다. 지하수위가 지표면에서 3.5m 깊이에 있을 때의 극한 지지력을 Terzaghi 공식으로 구하시오.(단, 지지력계수 $N_c = 17.6$, $N_q = 8.7$, $N_r = 6.1$이고, 흙의 포화단위중량은 20kN/m³이다.)

계산 과정)   답 : _____

해답 $q_u = \alpha c N_c + \beta B \gamma_1 N_r + \gamma_2 D_f N_q$

• $d = 0.5\text{m} < B = 2.5\text{m}$ 인 경우

   $\gamma_1 = \gamma_{\text{sub}} + \dfrac{d}{B}(\gamma_t - \gamma_{\text{sub}})$

• $\gamma_{\text{sub}} = \gamma_{\text{sat}} - \gamma_w = 20 - 9.81 = 10.19\,\text{kN/m}^3$

   $\gamma_1 = 10.19 + \dfrac{0.5}{2.5} \times (18 - 10.19) = 11.75\,\text{kN/m}^3$

   $\therefore\ q_u = 1.3 \times 10 \times 17.6 + 0.4 \times 2.5 \times 11.75 \times 6.1 + 18 \times 3 \times 8.7$

         $= 770.28\,\text{kN/m}^2$

    ($\because$ 정사각형 기초 : $\alpha = 1.3$, $\beta = 0.4$)

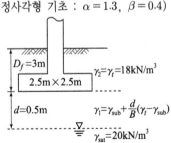

04 관암거의 직경이 20cm, 유속이 0.8m/sec, 암거길이가 300m일 때 원활한 배수를 위한 암거 낙차를 Giesler 공식을 이용하여 구하시오.

<table>
<tr><td>득점</td><td>배점</td></tr>
<tr><td></td><td>3</td></tr>
</table>

계산 과정)   답 : _____

[해답] 유속 $V = 20\sqrt{\dfrac{D \cdot h}{L}}$ 에서 $0.8 = 20\sqrt{\dfrac{0.20 \times h}{300}}$

∴ $h = 2.40\text{m}$ SOLVE 사용

05 아래 그림과 같이 6.0m의 연직옹벽에 연속적인 강우로 뒤채움 흙이 완전 포화되어 있다. 뒤채움 흙은 포화밀도 $\gamma_{sat} = 19.8\text{kN/m}^3$, 내부마찰각 $\phi = 38°$ 인 사질토이며, 벽면마찰각 $\delta = 15°$ 이다. 이때 Coulomb의 주동토압계수는 0.219 이고 파괴면이 수평면과 55° 라고 가정할 경우 아래의 물음에 답하시오. (단, 물의 단위중량 $\gamma_w = 9.81\text{kN/m}^3$)

<table>
<tr><td>득점</td><td>배점</td></tr>
<tr><td></td><td>4</td></tr>
</table>

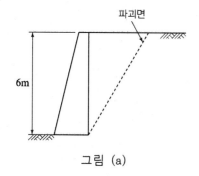

그림 (a)

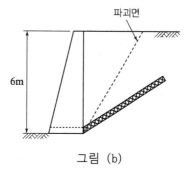

그림 (b)

가. 그림 (a)와 같이 옹벽면에 배수구가 없을 경우 옹벽에 작용하는 전 주동토압을 구하시오.

계산 과정)   답 : _____

나. 그림 (b)와 같이 파괴면 아래쪽에 배수구를 경사지게 설치했을 경우 옹벽에 작용하는 전 주동 토압을 구하시오.

계산 과정)   답 : _____

[해답] 가. $P_A = \dfrac{1}{2}\gamma_{sub}H^2 C_a + \dfrac{1}{2}\gamma_\omega H^2$

   $= \dfrac{1}{2} \times (19.8 - 9.81) \times 6^2 \times 0.219 + \dfrac{1}{2} \times 9.81 \times 6^2$

   $= 39.38 + 176.58 = 215.96\text{kN/m}$

나. $P_A = \dfrac{1}{2}\gamma_{sat}H^2 C_a$

   $= \dfrac{1}{2} \times 19.8 \times 6^2 \times 0.219$

   $= 78.05\text{kN/m}$

□□□ 98④, 01①, 05①, 07②, 19②, 23②

06 다음과 같은 모래 지반에 위치한 댐의 piping에 대한 안전율을 구하시오.
(단, safe weighted creep ratio는 6.0)

득점	배점
	3

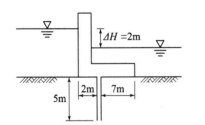

계산 과정)

답 : _____

해답 ■크리프비 $CR = \dfrac{L_w}{h_1 - h_2} = \dfrac{2D + \dfrac{L}{3}}{\Delta H}$

• $L_w = 2 \times 5 + \dfrac{2+7}{3} = 13$

• $\Delta H = 2\text{m}$

• 크리프비 $CR = \dfrac{13}{2} = 6.5$

∴ $F = \dfrac{6.5}{6.0} = 1.08$

□□□ 87③, 85③, 88③, 93④, 95③, 95④, 97②, 01①, 04①, 23②

07 다음 조건일 때 1.4m³의 백호 1대를 사용하여 10,000m³의 기초터파기를 했을 때 굴착에 소요되는 일수는 얼마인가?

득점	배점
	3

─────── 【조 건】 ───────

• 백호 Cycle time $C_m = 45\text{sec}$
• 딥퍼계수 $K = 0.8$
• 토량환산계수 $f = 0.85$
• 작업효율 $E = 0.75$
• 1일의 운전시간 6시간

계산 과정)   답 : _____

해답 작업량 $Q = \dfrac{3{,}600 q \cdot K \cdot f \cdot E}{C_m}$, 소요일수 $= \dfrac{\text{터파기량}}{\text{작업량} \times \text{작업일수}}$

$Q = \dfrac{3{,}600 \times 1.4 \times 0.8 \times 0.85 \times 0.75}{45} = 57.12\,\text{m}^3/\text{hr}$

∴ 소요일수 $= \dfrac{10{,}000}{57.12 \times 6} = 29.18$ ∴ 30일

□□□ 14②, 23②

08 콘크리트의 배합설계에서 품질기준강도 $f_{cq}=28$MPa이고, 30회 이상의 압축강도시험으로부터 구한 표준편차 $s=5$MPa이다. 시험을 통해 시멘트-물(C/W)비와 재령 28일 압축강도 f_{28}과의 관계식 $f_{28}=-14.7+20.7C/W$로 얻었을 때 콘크리트의 물-시멘트(W/C)비를 결정하시오.

계산 과정)   답 : _____

득점	배점
	3

해답 ▪ $f_{cq} \leq 35$MPa인 경우 배합강도
- $f_{cr}=f_{cq}+1.34s=28+1.34\times5=34.7$MPa
- $f_{cr}=(f_{cq}-3.5)+2.33s=(28-3.5)+2.33\times5=36.15$MPa
  ∴ 배합강도 $f_{cr}=36.15$MPa(∵ 두 값 중 큰 값)

▪ $f_{28}=-14.7+20.7C/W$ 에서

$$36.15=-14.7+20.7\frac{C}{W} \rightarrow \frac{C}{W}=\frac{36.15+14.7}{20.7}=\frac{50.85}{20.7}$$

$$\therefore \frac{W}{C}=\frac{20.7}{50.85}=0.4071=40.71\%$$

□□□ 07①, 09④, 10④, 12①, 16①, 23②

09 아래 그림과 같은 지반에서 지하수위가 지표면에 위치하다가 지표하부 2m까지 저하하였다. 점토지반의 압밀침하량을 산정하시오. (단, 정규압밀 점토임.)

계산 과정)

득점	배점
	3

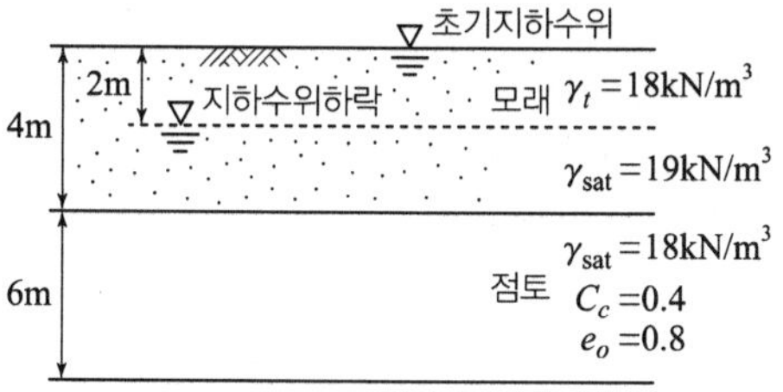

```
        ▽ 초기지하수위
┌─── 2m ─────────────
│   ▽ 지하수위하락  모래 γ_t=18kN/m³
4m  ─ ─ ─ ─ ─ ─ ─
│                  γ_sat=19kN/m³
├──────────────────
│              γ_sat=18kN/m³
6m      점토   C_c=0.4
│              e_o=0.8
└──────────────────
```

답 : _____

해답 침하량 $\triangle H=\dfrac{C_c H}{1+e_0}\log\dfrac{P_2}{P_1}$

- $P_1=\gamma_{sub}H_1+\gamma_{sub}\dfrac{H_3}{2}=(19-9.81)\times4+(18-9.81)\times\dfrac{6}{2}=61.33\,\text{kN/m}^2$

- $P_2=\gamma_t H_1+\gamma_{sub1}H_2+\gamma_{sub2}\dfrac{H_3}{2}$

  $=18\times2+(19-9.81)\times(4-2)+(18-9.81)\times\dfrac{6}{2}=78.95\,\text{kN/m}^2$

- $\therefore \triangle H=\dfrac{0.4\times6}{1+0.8}\times\log\dfrac{78.95}{61.33}=0.1462\,\text{m}=14.62\,\text{cm}$

□□□ 99①, 01①, 12②, 15②, 18①, 23②

10 다음 그림과 같은 사면에서 AC는 가상파괴면을 나타낸다. 쐐기 ABC의 활동에 대한 안전율은 얼마인가?

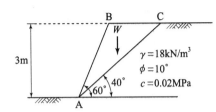

계산 과정)

답 : _____

해답 ■ **방법 1**

안전율 $F = \dfrac{c \cdot L + W\cos\theta \cdot \tan\phi}{W\sin\theta}$

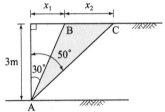

① $\overline{BC}$ 거리 계산

$x_1 = 3\tan 30° = 1.732\,\text{m}$

$x_1 + x_2 = 3\tan 50° = 3.575\,\text{m}$

$\therefore \overline{BC} = x_2 = 3.575 - 1.732 = 1.843\,\text{m}$

② $\overline{AC}$ 거리 계산

$\overline{AC} = L = \dfrac{3}{\cos 50°} = 4.667\,\text{m}$

$\left(\because \cos 50° = \dfrac{3}{\text{AC}} \right)$

③ 파괴토사면 $\triangle ABC$의 중량 W

$W = \dfrac{3 \times 1.843}{2} \times 18 = 49.76\,\text{kN/m}$

$\therefore F = \dfrac{20 \times 4.667 + 49.76\cos 40° \times \tan 10°}{49.76\sin 40°}$

$= 3.13$

■ **방법 2**

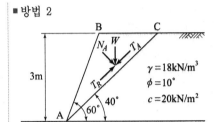

① $W = \dfrac{1}{2}\gamma H^2 \dfrac{\sin(\beta - \theta)}{\sin\beta \sin\theta}$

$= \dfrac{1}{2} \times 18 \times 3^2 \times \dfrac{\sin(60° - 40°)}{\sin 60° \sin 40°}$

$= 49.77\,\text{kN/m}$

② $\overline{AC}$ 면의 법선과 접선 성분(전단저항력)

$N_A = W\cos\theta = 49.77\cos 40° = 38.13\,\text{kN/m}$

$T_A = W\sin\theta = 49.77\sin 40° = 31.99\,\text{kN/m}$

$T_R = \overline{AC} \cdot c + N_A\tan\phi$

$= \dfrac{H}{\sin\theta} \cdot c + N_A\tan\phi$

$= \dfrac{3}{\sin 40°} \times 20 + 38.13\tan 10°$

$= 100.07\,\text{kN/m}$

③ 안전율 $F_s = \dfrac{T_R}{T_A} = \dfrac{100.07}{31.99} = 3.13$

참고 $0.02\,\text{N/mm}^2 = 0.02\,\text{MPa} = 20\,\text{kN/m}^2$

□□□ 94④, 98⑤, 00④, 02④, 23②

11 다음과 같은 지형에 시공기면을 10m로 하여 성토하고자 한다. 다음 물음에 답하시오. (단, 격자점의 숫자는 표고, 단위는 m이다.)

득점	배점
	4

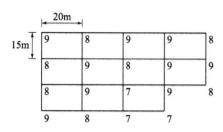

가. 성토량을 구하시오.

계산 과정)   답 : _____

나. 적재용량 4t의 덤프트럭으로 운반할 때, 연대수를 구하시오.

(단, $L = 1.25$, $C = 0.9$, 굴착 흙의 단위중량 1.8t/m³)

계산 과정)   답 : _____

해답 가. $V = \dfrac{a \cdot b}{4}(\sum h_1 + 2\sum h_2 + 3\sum h_3 + 4\sum h_4)$

$\sum h_1 = \sum(10 - h_1) = 1 + 2 + 2 + 3 + 1 = 9\text{m}$

$\sum h_2 = \sum(10 - h_2) = 2 + 1 + 1 + 1 + 3 + 2 + 2 + 2 = 14\text{m}$

$\sum h_3 = \sum(10 - h_3) = 1\text{m}$

$\sum h_4 = \sum(10 - h_4) = 1 + 2 + 1 + 1 + 3 = 8\text{m}$

$\therefore V = \dfrac{20 \times 15}{4}(9 + 2 \times 14 + 3 \times 1 + 4 \times 8) = 5,400\text{m}^3$

$h_1=1$	$h_2=2$	$h_2=1$	$h_2=1$	$h_1=2$
$h_2=2$	$h_4=1$	$h_4=2$	$h_4=1$	$h_2=1$
$h_2=2$	$h_4=1$	$h_4=3$	$h_3=1$	$h_1=2$
$h_1=1$	$h_2=2$	$h_2=3$		$h_1=3$

나. • 운반토량 = 성토토량 $\times \dfrac{L}{C} = 5,400 \times \dfrac{1.25}{0.9} = 7,500\text{m}^3$

• 트럭 적재량 $q_t = \dfrac{T}{\gamma_t} \times L = \dfrac{4}{1.8} \times 1.25 = 2.78\text{m}^3$

$\therefore$ 연대수 $N = \dfrac{\text{운반토량}}{\text{트럭 적재량}} = \dfrac{7,500}{2.78} = 2,697.84$대 $\therefore 2,698$대

□□□ 98⑤, 01②, 11①, 15②, 23②

12 다음과 같은 조건일 때 사다리꼴 복합 확대기초의 크기 B_1, B_2를 구하시오.
(단, 지반의 허용지지력 $q_a = 100\text{kN/m}^2$)

득점	배점
	4

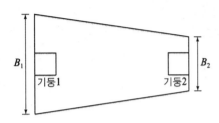

【조 건】
• 기둥 1 : 0.5m×0.5m, $Q_1 = 1,000\text{kN}$
• 기둥 2 : 0.5m×0.5m, $Q_2 = 800\text{kN}$

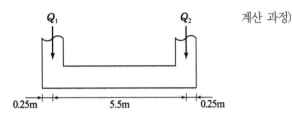

계산 과정)

[답] B_1 : _____, B_2 : _____

해답
•
$$\frac{Q_1 \cdot S}{Q_1 + Q_2} = \frac{L}{3} \cdot \frac{2B_1 + B_2}{B_1 + B_2} - a$$

$$\frac{1,000 \times 5.5}{1,000 + 800} = \frac{6}{3} \times \frac{2B_1 + B_2}{B_1 + B_2} - 0.25$$

$$\frac{2B_1 + B_2}{B_1 + B_2} = 1.653 \quad \cdots\cdots\cdots\cdots\cdots\cdots\cdots ①$$

•
$$\frac{B_1 + B_2}{2} \cdot L = \frac{Q_1 + Q_2}{q_a}$$

$$\frac{B_1 + B_2}{2} \times 6 = \frac{1,000 + 800}{100} = 18$$

$B_1 + B_2 = 6$, $B_2 = 6 - B_1$ $\quad \cdots\cdots\cdots\cdots\cdots\cdots ②$

①과 ②에서 $B_1 = 3.92\text{m}$, $B_2 = 2.08\text{m}$

정의와 계산문제 복합   1문항(4점)

□□□ 04①, 13④, 21③, 23②

13 히빙의 정의와 히빙에 대한 안전율을 검토하시오.

득점	배점
	5

가. 히빙의 정의를 간단하게 쓰시오.

　○

나. 그림과 같이 시공되어 있는 널말뚝에서 히빙에 대한 안전율을 검토하시오.

　(단, 안전율 $F = 1.2$이다.)

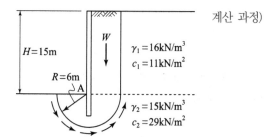

계산 과정)

답 : _____

해답 가. 연약한 점토질 지반을 굴착할 때 흙막이벽 전후의 흙의 중량 차이 때문에 굴착저면이 부풀어 오르는 현상

나. 안전율 $F_s = \dfrac{M_r}{M_d} = \dfrac{c_1 \cdot H \cdot R + c_2 \cdot \pi \cdot R^2}{\dfrac{R^2}{2}(\gamma_1 \cdot H + q)}$

• $M_d = \dfrac{6^2}{2}(16 \times 15 + 0) = 4{,}320\,\text{kN} \cdot \text{m}$

　(Heaving을 일으키려는 Moment)

• $M_r = 11 \times 15 \times 6 + 29 \times \pi \times 6^2 = 4{,}269.82\,\text{kN} \cdot \text{m}$

　(Heaving에 저항하는 Moment)

• $F_s = \dfrac{4{,}269.82}{4{,}320} = 0.99 < 1.2$

　∴ 히빙의 우려가 있다.

다답형문제 8문항(24점)

□□□ 14②, 23②

14 암반의 사면 파괴형태 4가지를 쓰시오.

득점 / 배점 3

① _____ ② _____

③ _____ ④ _____

해답 ① 평면파괴 ② 쐐기파괴
③ 전도파괴 ④ 원호파괴

□□□ 11②, 20①, 23②

15 도로의 배수에서 노면에 흐르는 물 및 근접하는 지대로부터 도로면에 흘러 들어오는 물을 집수하고, 배수하기 위하여 도로의 종단방향에 따라 설치한 배수구를 측구(側溝)라 한다. 측구의 형식을 3가지만 쓰시오.

득점 / 배점 3

① _____ ② _____ ③ _____

해답 ① L형 측구 ② U형 측구 ③ V형 측구 ④ 산마루형 측구

□□□ 11④, 20③, 23②

16 교량의 교대에 많이 사용되는 구조형식을 5가지만 쓰시오.

득점 / 배점 3

① _____ ② _____ ③ _____

④ _____ ⑤ _____

해답 ① 중력식 ② 반중력식 ③ 역T형식 ④ 뒷부벽식 ⑤ 라멘식

□□□ 23②

17 도로 평면선형은 자동차의 주행궤적에 알맞도록 직선, 원곡선, 완화곡선을 적절하게 구성해야 한다. 이 때 평면선형을 구성할 때 고려해야 할 요소 3가지를 쓰시오.

득점 / 배점 3

① _____ ② _____ ③ _____

해답 ① 평면 곡선반경 ② 평면 곡선길이 ③ 곡선부의 편구배
④ 곡선부의 확폭 ⑤ 완화구간

□□□ 89①, 01①, 04①, 05②, 08①, 23②

18 시멘트가 풍화되었을 때 나타나는 현상을 3가지만 쓰시오.

득점	배점
	3

① _____ ② _____ ③ _____

해답 ① 비중 저하
② 응결 지연
③ 강열감량 증가
④ 강도발현 저하

□□□ 12④, 22①, 23②

19 토적곡선(mass curve)을 작성하는 목적을 3가지만 쓰시오.

득점	배점
	3

① _____ ② _____ ③ _____

해답 ① 토량 배분 ② 토량의 평균운반거리 산출 ③ 토공기계 선정
④ 시공방법 결정 ⑤ 토취장 및 토사장 선정

□□□ 89②, 08④, 12①, 13④, 17④, 23②

20 조절발파(controlled blasting) 공법의 종류를 4가지만 쓰시오.

득점	배점
	3

① _____ ② _____
③ _____ ④ _____

해답 ① 라인 드릴링(line drilling) 공법
② 쿠션 블라스팅(cushion blasting) 공법
③ 스무스 블라스팅(smooth blasting) 공법
④ 프리 스플리팅(pre-splitting) 공법

□□□ 93③, 94①, 96②, 98①, 99①③, 03①, 04①, 07②, 17①, 18③, 20①, 22①②, 23②

21 아스팔트 포장 중 실코트(seal coat)의 중요한 목적 3가지만 쓰시오.

득점	배점
	3

① _____ ② _____ ③ _____

해답 ① 표층의 노화방지
② 포장 표면의 방수성
③ 포장 표면의 미끄럼 방지
④ 포장 표면의 내구성 증대
⑤ 포장면의 수밀성 증대

( )채우기 문제　　　　　　1문항(6점)

□□□ 17①, 23②

22 매스 콘크리트에 대해서 아래의 물음에 답하시오.　　｜득점｜배점 3｜

가. 매스 콘크리트에서 온도균열을 제어하기 위해 (　　)시멘트를 사용한다.

나. 매스 콘크리트 시공에서 콘크리트의 내부 온도를 제어하기 위해 (　①　)냉각 방법과 콘크리트의 온도를 제어하기 위해 (　②　)냉각방법을 사용한다.

해답　가. 중용열 시멘트
　　　나. ① 관로식(파이프 쿨링)　② 선행식(프리쿨링)

순서문제　　　　　　2문항(6점)

□□□ 92②, 97①, 23②, 23②

23 다음은 케이싱을 사용한 어스 드릴(Earth drill)공법의 시공방법을 나열한 것이다. 시공순서로 번호를 쓰시오.　｜득점｜배점 3｜

┌─────────────────────────────┐
① 슬라임(slime)처리　② 콘크리트 타설
③ 케이싱 설치　④ 철근망태 삽입
⑤ 벤토나이트 주입
└─────────────────────────────┘

○ 시공순서 :

해답　③ → ⑤ → ① → ④ → ②

□□□ 23②

24 콘크리트교량 가설공법 중 연속압출공법(I.L.M)의 시공방법을 나열한 것이다. 연속압축공법의 시공순서로 번호를 쓰시오.　｜득점｜배점 3｜

┌───────────────【조 건】───────────────┐
① 교대후방에서 제작장 설치　② Segment 제작
③ Segment 압출　④ Launching nose제작 설치
⑤ 교좌장치 시공　⑥ PS강선 인장
└─────────────────────────────────────┘

○시공순서 :

해답　① → ④ → ② → ③ → ⑥ → ⑤

국가기술자격 실기시험문제

2023년도 기사 제3회 필답형 실기시험(기사)

종 목	시험시간	형 별	성 명	수험번호
토목기사	3시간	B		

※ 수험자 인적사항 및 계산식을 포함한 답안 작성은 검은색 필기구만 사용해야 하며, 그 외 연필류, 빨간색, 청색 등 필기구로 작성한 답항은 0점 처리 됩니다.

물량산출   1문항(18점)

□□□ 01①, 02②, 04②, 06④, 09①, 10④, 13②, 15②, 20④, 22②, 23③

01 주어진 도면 및 조건에 따라 다음 물량을 산출하시오. (단, 주어진 도면의 치수는 축척에 맞지 않을 수 있으며, 주어진 치수로만 물량을 산출하며 도면의 단위는 mm이다.)

득점	배점
	18

단 면 도   (단위 : mm)

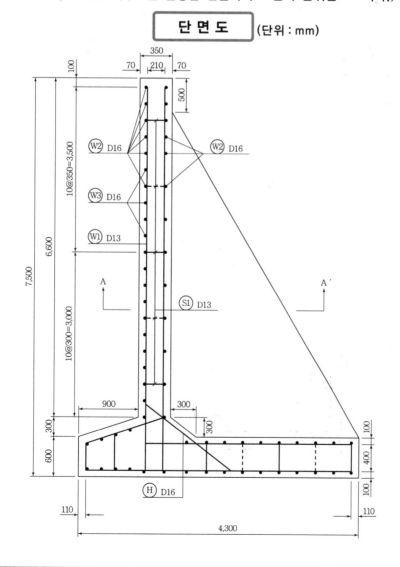

측 면 도

일 반 도

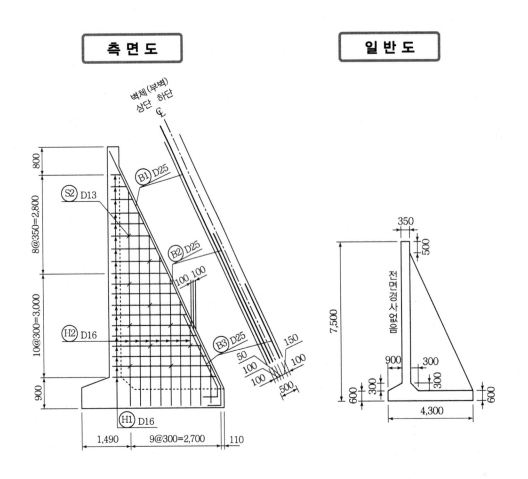

A - A´ 단 면 도

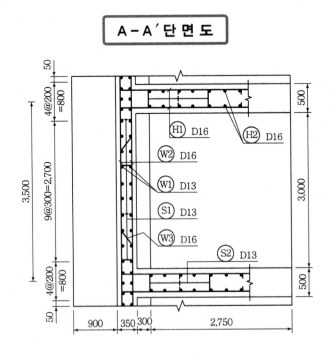

철 근 상 세 도

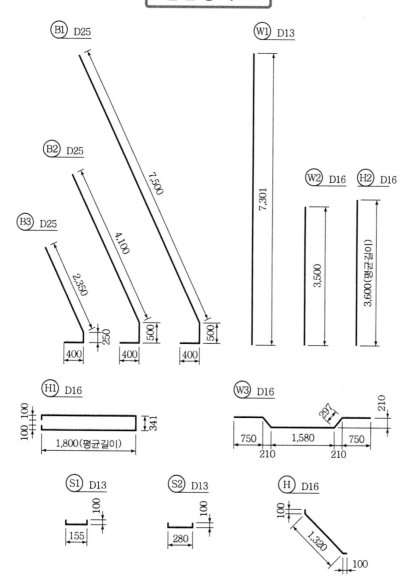

─────────── 【 조 건 】 ───────────

- S1 철근은 지그재그(Zigzag)로 배치되어 있다.
- H 철근의 간격은 W1 철근과 같다.
- 물량산출에서의 할증률 및 마구리는 없는 것으로 한다.
- 철근길이 계산에서 이음길이는 계산하지 않는다.
- 저판의 철근량은 계산하지 않는다.

가. 부벽을 포함하는 옹벽길이 3.5m에 대한 콘크리트량을 구하시오.

   (단, 소수점 이하 4째자리에서 반올림하시오.)

계산 과정)   답 : _____

나. 부벽을 포함하는 옹벽길이 3.5m에 대한 거푸집량을 구하시오.

(단, 소수점 이하 4째자리에서 반올림하시오.)

계산 과정)   답 : _____

다. 부벽을 포함하는 옹벽길이 3.5m에 대한 철근물량표를 완성하시오.

기호	직경	길이	수량	총길이	기호	직경	길이	수량	총길이
W1					H1				
W2					B1				
W3					S1				

해답 가.

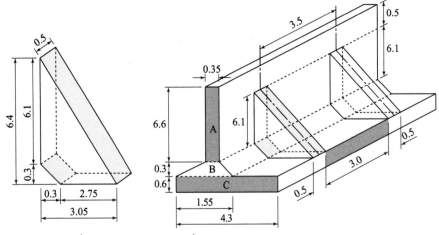

• 단면적 × 부벽두께 = $\left(\dfrac{6.4 \times 3.05}{2} - \dfrac{0.3 \times 0.3}{2}\right) \times 0.5 = 4.8575\,\mathrm{m}^3$

• 벽체 A = 단면적 × 옹벽길이 = $(0.35 \times 6.6) \times 3.5 = 8.085\,\mathrm{m}^3$

• 헌치부분 B = $\dfrac{0.35 + 1.55}{2} \times 0.3 \times 3.5 = 0.9975\,\mathrm{m}^3$

• 저판 C = $(0.6 \times 4.30) \times 3.5 = 9.03\,\mathrm{m}^3$

  ∴ 총콘크리트량 = $4.8575 + 8.085 + 0.9975 + 9.03 = 22.970\,\mathrm{m}^3$

나.

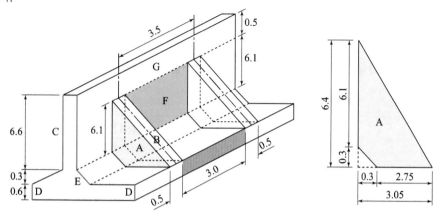

- A면 $= \left(\dfrac{6.4 \times 3.05}{2} - \dfrac{0.3 \times 0.3}{2} \right) \times 2(양면) = 19.43\text{m}^2$

- B면 $= \sqrt{6.4^2 + 3.05^2} \times 0.5 = 3.545\text{m}^2$ • C면 $= 6.6 \times 3.5 = 23.10\text{m}^2$

- D면 $= (0.6 \times 3.5) \times 2(양면) = 4.20\text{m}^2$ • E면 $= \sqrt{0.3^2 + 0.3^2} \times 3.0 = 1.273\text{m}^2$

- F면 $= 6.1 \times 3.0 = 18.30\text{m}^2$ • G면 $= 0.5 \times 3.5 = 1.75\text{m}^2$

∴ 총거푸집량 $= 19.43 + 3.545 + 23.10 + 4.20 + 1.273 + 18.30 + 1.75 = 71.598\text{m}^2$

다.

기호	직경	길이(mm)	수량	총길이(mm)	기호	직경	길이(mm)	수량	총길이(mm)
W1	D13	7,301	26	189,826	H1	D16	4,141	19	78,679
W2	D16	3,500	26	91,000	B1	D25	8,400	2	16,800
W3	D16	3,674	8	29,392	S1	D13	355	10	3,550

🎯 철근물량 산출근거

기호	직경	길이	수량	총길이	수량산출
W1	D13	7,301	26	189,826	• A–A'단면에서 • 철근 간격수×2(전후면) $= \{(9+1)+(2+1)\} \times 2(전 \cdot 후면)$ $= 26본$
W2	D16	3,500	26	91,000	• 철근 간격수×2(전후면) $= \{(4+3+5)+1\} \times 2(전 \cdot 후면)$ $= 26본$
W3	D16	3,674	8	29,392	• 단면도에서 수계산
H1	D16	4,141	19	78,679	• 측면도 8@+10@ • 칸수+1 $= (8+10)+1 = 19본$
B1	D25	8,400	2	16,800	• 측면도 벽체(부벽)상단 좌우
S1	D13	355	10	3,550	• 단면도 실선 3, 점선 2 • A–A'단면도(실선 2, 점선 2) ∴ $3 \times 2 + 2 \times 2 = 10본$

공정관리 1문항(10점)

□□□ 98③, 00③, 13④, 19①, 23③

02 다음의 작업리스트에서 Net Work(화살선도)를 작도하고, 공사기간을 6일 단축했을 때 추가로 소요되는 최소비용을 구하시오.

득점	배점
	10

작업명	작업일수	선행작업	단축가능일수(일)	비용경사(원/일)
A	5일	없음	1	60,000
B	7일	A	1	40,000
C	10일	A	1	70,000
D	9일	B	2	60,000
E	12일	C	2	50,000
F	6일	D	2	80,000
G	4일	E, F	2	100,000

가. Net Work(화살선도)를 작도하시오.

나. 공사기간을 6일 단축했을 때 추가로 소요되는 최소비용을 구하시오.

계산 과정) 답 : _____

해답 가.

나.

작업명	단축가능일수(일)	비용경사(원/일)	31	30	29	28	27	26	25
A	1	60,000	1						
B	1	40,000			1				
C	1	70,000							1
D	2	60,000						1	1
E	2	50,000			1		1		
F	2	80,000							
G	2	100,000				1	1		
추가비용(만원)				6	9	10	10	11	13
추가비용 합계(만원)				6	15	25	35	46	59

∴ 최소비용 : 59만원

계산문제 12문항(42점)

□□□ 01①, 06④, 09②, 14④, 19③, 23③
03 도로 포장을 설계하기 위해 다음과 같이 CBR을 구하였다. 포장설계를 위한 설계 CBR을 구하시오. (단, CBR계수에 상관되는 계수(d_2)는 2.83을 적용한다.)

득점	배점
	3

4.6 3.9 5.9 4.8 7.0 3.3 4.8

계산 과정)   답 : _____

해답 설계 CBR = 평균 CBR $- \dfrac{CBR_{max} - CBR_{min}}{d_2}$

· 평균 CBR $= \dfrac{\sum CBR값}{n} = \dfrac{4.6+3.9+5.9+4.8+7.0+3.3+4.8}{7} = 4.9$

∴ 설계 CBR $= 4.9 - \dfrac{7.0-3.3}{2.83} = 3.59$ ∴ 3

(∵ 설계 CBR은 소수점 이하는 절삭한다.)

□□□ 88②, 96②, 99④, 04②, 23③
04 댐 콘크리트 시료 5개의 압축강도를 측정하여 각각 19.5MPa, 20.5MPa, 21.5MPa, 21.0MPa 및 20.0MPa의 측정치를 얻었다. 이 콘크리트 시료의 변동계수를 구하여 이 댐의 품질관리는 어떠한지 판정하시오. (단, 계산 근거를 명시하고 소수점 둘째자리까지 구하시오.)

득점	배점
	3

가. 변동계수 :

나. 품질관리 판정 :

해답 가. 변동계수 $C_v = \dfrac{표준편차}{평균값} \times 100 = \dfrac{\sigma}{\overline{x}} \times 100$

· 평균값 $\overline{x} = \dfrac{19.5+20.5+21.5+21.0+20.0}{5} = 20.5 MPa$

· $S = \sum (X_i - \overline{x})^2$
  $= (19.5-20.5)^2 + (20.5-20.5)^2 + (21.5-20.5)^2 + (21.0-20.5)^2 + (20.0-20.5)^2$
  $= 2.50$

· 표준편차 $\sigma = \sqrt{\dfrac{S}{n-1}} = \sqrt{\dfrac{2.50}{5-1}} = 0.791$

∴ $C_v = \dfrac{0.791}{20.5} \times 100 = 3.86\%$

나. $C_v = 3.86\% \leq 10\%$ ∴ 매우 우수

□□□ 02①, 08①, 09③, 11②, 16②, 20③, 23③

05 다음과 같은 모양의 중력식 옹벽을 설치하려고 한다. 흙의 단위중량 $\gamma_t = 17.5 \text{kN/m}^3$, 내부 마찰각 $\phi = 31°$, 점착력 $c = 0$, 콘크리트의 단위중량 $\gamma_c = 24 \text{kN/m}^3$일 때 옹벽의 전도(over turning)에 대한 안전율을 Rankine의 식을 이용하여 계산하시오.
(단, 옹벽 전면에 작용하는 수동토압은 무시한다.)

득점 / 배점
3

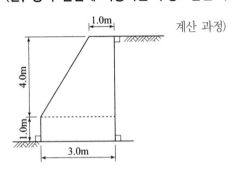

계산 과정)

답 : _____

해답 $F_s = \dfrac{M_r}{M_o} = \dfrac{W \cdot b + P_v \cdot B}{P_A \cdot y} = \dfrac{W \cdot b + 0}{P_A \cdot y}$ ($\because$ 수동토압 P_v는 무시)

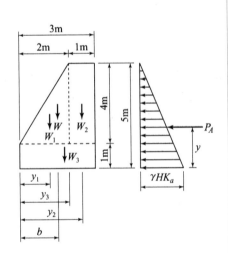

• $P_A = \dfrac{1}{2}\gamma_t H^2 \tan^2\left(45 - \dfrac{\phi}{2}\right)$

$\quad = \dfrac{1}{2} \times 17.5 \times 5^2 \tan^2\left(45 - \dfrac{31°}{2}\right) = 70.02 \text{kN/m}$

$\quad \therefore M_o = P_A \cdot y = (70.02 \times 1) \times \dfrac{5}{3} = 116.7 \text{kN} \cdot \text{m}$

• $M_r = W \times b = W_1 \cdot y_1 + W_2 \cdot y_2 + W_3 \cdot y_3$

$\quad W_1 = \left(\dfrac{1}{2} \times 2 \times 4\right) \times 24 = 96 \text{kN/m}$

$\quad W_2 = 1 \times 4 \times 24 = 96 \text{kN/m}$

$\quad W_3 = (3 \times 1) \times 24 = 72 \text{kN/m}$

$\quad \therefore M_r = \left[96 \times 2 \times \dfrac{2}{3} + 96 \times (2 + 0.5) + 72 \times 1.5\right] \times 1$

$\quad\quad = 476 \text{kN} \cdot \text{m}$

$\quad \therefore$ 안전율 $F_s = \dfrac{M_r}{M_o} = \dfrac{476}{116.7} = 4.08$

□□□ 00⑤, 04①, 05②, 11①, 15①, 20②, 23③

06 어느 암반지대에서 RQD의 평균값은 60%, 절리군의 수는 6, 절리 거칠기계수는 2, 절리면의 변질계수는 2, 지하수 보정계수 J_w는 1, 응력저감계수 SRF는 1일 경우 Q값을 계산하시오.

득점 / 배점
3

계산 과정)

답 : _____

해답 $Q = \dfrac{\text{RQD}}{J_n} \cdot \dfrac{J_r}{J_a} \cdot \dfrac{J_w}{\text{SRF}} = \dfrac{60}{6} \times \dfrac{2}{2} \times \dfrac{1}{1} = 10$

□□□ 12④, 16②, 23③

07 콘크리트 배합강도를 구하기 위한 시험횟수 15회의 콘크리트 압축강도 측정결과가 아래표와 같고 품질기준강도가 40MPa일 때 아래 물음에 답하시오.

득점	배점
	6

【압축강도 측정결과(MPa)】

36	40	42	36	44	43	36	38
44	42	44	46	42	40	42	

가. 배합설계에 적용할 표준편차를 구하시오. (단, 압축강도의 시험횟수가 15회일 때 표준편차의 보정계수는 1.16이다.)

계산 과정)   답 : _____

나. 배합강도를 구하시오

계산 과정)   답 : _____

해답 가. • 평균값$(\overline{x}) = \dfrac{\sum X_i}{n} = \dfrac{615}{15} = 41\text{MPa}$

• 편차의 제곱합 $S = \sum(X_i - \overline{x})^2$

$S = (36-41)^2 + (40-41)^2 + (42-41)^2 + (36-41)^2 + (44-41)^2 + (43-41)^2 + (36-41)^2$
$\quad + (38-41)^2 + (44-41)^2 + (42-41)^2 + (44-41)^2 + (46-41)^2 + (42-41)^2 + (40-41)^2$
$\quad + (42-41)^2$
$\quad = 146$

• 표준편차 $s = \sqrt{\dfrac{S}{n-1}} = \sqrt{\dfrac{146}{15-1}} = 3.23\text{MPa}$

∴ 수정 표준편차 $s = 3.23 \times 1.16 = 3.75\text{MPa}$

나. $f_{cn} = 40\text{MPa} > 35\text{MPa}$일 때

$f_{cr} = f_{cn} + 1.34\,s = 40 + 1.34 \times 3.75 = 45.03\text{MPa}$

$f_{cr} = 0.9 f_{cn} + 2.33\,s = 0.9 \times 40 + 2.33 \times 3.75 = 44.74\text{MPa}$

∴ $f_{cr} = 45.03\text{MPa}$ (두 값 중 큰 값)

□□□ 96①, 98③, 08④, 11②, 12④, 16②, 23③

08 직경 30cm 평판재하시험에서 작용압력이 300kPa일 때 침하량이 20mm라면, 직경 1.5m의 실제 기초에 300kPa의 압력이 작용할 때 사질토지반에서의 침하량의 크기는 얼마인가?

득점	배점
	3

계산 과정)   답 : _____

해답 침하량 $S_F = S_P \left(\dfrac{2B_F}{B_F + B_P} \right)^2 = 20 \times \left(\dfrac{2 \times 1.5}{1.5 + 0.3} \right)^2 = 55.56\text{mm}$(∵ 사질토지반)

□□□ 08④, 14①, 18①, 19①, 21①, 23③

09 측량성과가 아래와 같고 시공기준면을 10m로 할 경우 총 토공량을 구하시오. (단, 격자점의 숫자는 표고이며, m 단위이다.)

득점 배점
3

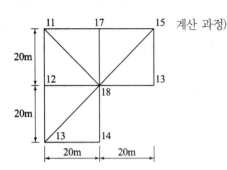

계산 과정)

답 : _____

해답 • 시공기준면과 각점 표고와의 차를 구하여 총토공량을 계산

$$V = \frac{a \cdot b}{6}(\sum h_1 + 2\sum h_2 + 6\sum h_6)$$

• $\sum h_1 = \sum(h_1 - 10) = 3 + 4 = 7\,\text{m}$
• $\sum h_2 = \sum(h_2 - 10) = 1 + 7 + 5 + 3 + 2 = 18\,\text{m}$
• $\sum h_6 = \sum(h_6 - 10) = 8\,\text{m}$

$$\therefore V = \frac{20 \times 20}{6} \times (7 + 2 \times 18 + 6 \times 8) = 6,066.67\,\text{m}^3$$

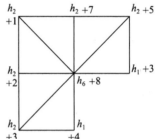

□□□ 04④, 13④, 23③

10 그림과 같은 널말뚝을 모래지반에 타입하고 지하수위 이하를 굴착할 때의 Boiling 여부를 검토하시오.

득점 배점
3

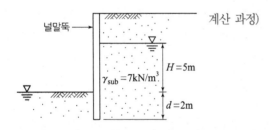

계산 과정)

답 : _____

해답 Boiling이 발생하는 조건

$$\frac{H}{H+2d} \geq \frac{G_s - 1}{1+e} = \frac{\gamma_{\text{sub}}}{\gamma_w}$$

$$\frac{5}{5 + 2 \times 2} = 0.56 < \frac{\gamma_{\text{sub}}}{\gamma_w} = \frac{7}{9.81} = 0.71$$

$\therefore$ Boiling의 우려가 없다.

□□□ 01①, 07④, 14④, 17④, 23③

11 그림과 같은 지반조건에서 유효증가하중이 200kN/m²일 때, 점토층의 1차 압밀침하량을 계산하시오. (단, 정규압밀점토로 가정하며, 압축지수는 경험식을 사용하며, LL은 액성한계임.)

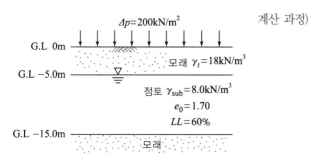

계산 과정)

답 : _____

해답 압밀 침하량 $S = \dfrac{C_c H}{1+e_0} \log \dfrac{P_2}{P_1} = \dfrac{C_c H}{1+e_0} \log \dfrac{P_1 + \Delta P}{P_1}$

• $P_1 = \gamma_t H_1 + \gamma_{sub} \dfrac{H_2}{2} = 18.0 \times 5 + 8.0 \times \dfrac{(15-5)}{2} = 130 \text{kN/m}^2$

• $C_c = 0.009(LL-10) = 0.009(60-10) = 0.45$

∴ $S = \dfrac{0.45 \times (15-5)}{1+1.70} \log \dfrac{130+200}{130} = 0.6743 \text{m} = 67.43 \text{cm}$

□□□ 88①②, 98⑤, 99⑤, 00④, 04②, 09①, 14①, 23③

12 다음 그림과 같은 말뚝의 하단을 통하는 활동면에 대한 히빙(heaving) 현상에 대한 안전율을 구하시오.

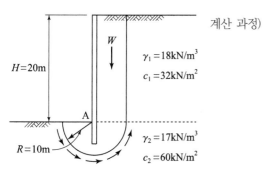

계산 과정)

답 : _____

해답 안전율 $F_s = \dfrac{M_r}{M_d} = \dfrac{c_1 \cdot H \cdot R + c_2 \cdot \pi \cdot R^2}{\dfrac{R^2}{2}(\gamma_1 \cdot H + q)}$

• $M_d = \dfrac{10^2}{2} \times (18 \times 20 + 0) = 18{,}000 \text{kN} \cdot \text{m}$ (Heaving을 일으키려는 모멘트)

• $M_r = 32 \times 20 \times 10 + 60 \times \pi \times 10^2 = 25{,}249.56 \text{kN} \cdot \text{m}$ (Heaving에 저항하는 Moment)

∴ $F_s = \dfrac{25{,}249.56}{18{,}000} = 1.40$

□□□ 88③, 89②, 94②, 97①, 01②, 03①, 04②④, 07①, 12①, 13①②, 23③

13 0.7m^3 용량의 백호와 15t 덤프트럭의 조합토공현장에서 현장의 조건이 아래와 같을 경우 다음 물음에 답하시오.

─────【 조 건 】─────
- 백호의 버킷계수(K) : 1.1
- 백호의 사이클타임 : 19초
- 자연상태 흙의 단위중량 : 1.7t/m^3
- 덤프의 운반거리 : 20km
- 덤프트럭의 작업효율 : 0.9
- 토량환산계수(f) : 0.8
- 백호의 작업효율(E) : 0.9
- 토량변화율(L) : 1.25
- 덤프트럭의 사이클타임 : 60분

가. 백호의 시간당 작업량을 구하시오.

계산 과정)   답 : _____

나. 덤프트럭의 시간당 작업량을 구하시오.

계산 과정)   답 : _____

다. 백호 1대당 덤프트럭의 소요대수는 몇 대인가?

계산 과정)   답 : _____

해답 가. 백호의 작업량

$$Q_B = \frac{3,600 \cdot q \cdot K \cdot f \cdot E}{C_m} = \frac{3,600 \times 0.7 \times 1.1 \times 0.8 \times 0.9}{19} = 105.04\,\text{m}^3/\text{hr}$$

나. $Q_t = \dfrac{60 \cdot q_t \cdot f \cdot E}{C_m} = \dfrac{60 \cdot q_t \cdot \dfrac{1}{L} \cdot E}{C_m}$

$q_t = \dfrac{T}{\gamma_t} \cdot L = \dfrac{15}{1.7} \times 1.25 = 11.03\,\text{m}^3$

$\therefore\ Q_t = \dfrac{60 \times 11.03 \times \dfrac{1}{1.25} \times 0.9}{60} = 7.94\,\text{m}^3/\text{hr}$

다. $N = \dfrac{Q_s}{Q_t} = \dfrac{105.04}{7.94} = 13.23 \quad \therefore\ 14$대

□□□ 87③, 03④, 09④, 12①, 14④, 23③

14 지름 30cm인 나무말뚝 36본이 기초슬래브를 지지하고 있다. 이 말뚝의 배치는 6열 각열 6본이다. 말뚝의 중심간격은 1.3m이고, 말뚝 1본의 허용지지력이 150kN일 때 converse-Labarre 공식을 사용하여 말뚝기초의 허용지지력을 구하시오.

득점	배점
	3

계산 과정)   답 : _____

해답 $Q_{ag} = E \cdot N \cdot R_a$

- $\phi = \tan^{-1}\left(\dfrac{d}{S}\right) = \tan^{-1}\left(\dfrac{30}{130}\right) = 13°$

- $E = 1 - \phi\left\{\dfrac{(n-1)m + (m-1)n}{90 \cdot m \cdot n}\right\} = 1 - 13°\left\{\dfrac{(6-1)\times 6 + (6-1)\times 6}{90 \times 6 \times 6}\right\} = 0.759$

  $\therefore Q_{ag} = 0.759 \times 36 \times 150 = 4,098.60kN$

다답형문제   10문항(30점)

□□□ 97①, 01③, 05①, 14①, 15②, 23③

15 마샬안정도시험(Marshall Stability Test)은 포장용 아스팔트 혼합물의 소성유동에 대한 저항성을 측정하여 설계아스팔트량 결정에 적용된다. 이 시험결과로부터 얻을 수 있는 3가지의 설계기준을 쓰시오.

득점	배점
	3

①　_____　②　_____　③　_____

해답 ① 안정도　② 흐름값　③ 공시체의 밀도　④ 공극률　⑤ 포화도

□□□ 05①, 06④, 14④, 23③

16 다음의 기초파일공법의 명칭을 각각 기입하시오.

득점	배점
	3

> A. 굴착 소요깊이까지 케이싱 관입 후 및 내부굴착 후, 케이싱 인발, 철근망 투입, 콘크리트 타설, 완성
> B. 표층 케이싱 설치, 굴착공 내에 압력수를 순환시킴, 드릴 파이프 내의 굴착토사 배출
> C. 얇은 철판의 내외관 동시 관입, 내관 인발, 외관 내부에 콘크리트 타설

【답】 A : _____, B : _____, C : _____

해답 A : 베노토(Benoto) 공법, B : RCD(역순환) 공법, C : 레이몬드(Raymond) 말뚝공법

□□□ 99⑤, 06②, 08④, 17④, 23③
17 암거의 배열방식을 3가지만 쓰시오.

득점	배점
	3

① _____ ② _____ ③ _____

해답 ① 자연식　② 빗식　③ 차단식　④ 집단식　⑤ 어골식

□□□ 93②, 99⑤, 03①, 08①, 11①, 16②, 20②, 23③
18 계획된 저수량 이상으로 댐에 유입하는 홍수량을 조절하여 자연하천으로 방류하는 중요한 구조물인 여수로(Spill Way)의 종류를 3가지만 쓰시오.

득점	배점
	3

① _____ ② _____ ③ _____

해답 ① 슈트식 여수로　② 측수로 여수로　③ 그롤리 홀 여수로
④ 사이펀 여수로　⑤ 댐마루 월류식 여수로

□□□ 21③, 23③
19 PSC 박스거더 교량 가설공법으로 PSC 세그먼트를 이용한 장대 교량 가설공법 3가지를 쓰시오.

득점	배점
	3

① _____ ② _____ ③ _____

해답 ① FCM(캔틸레버공법)　② MSS(이동식 지보공법)　③ ILM(연속압출공법)
④ FSM(프리캐스트 세그먼트공법)

□□□ 95③, 96①, 01③, 02②, 09④, 18②, 23③
20 보강토 옹벽의 구성은 크게 3요소로 이루어진다. 그 3가지는 무엇인지 쓰시오.

득점	배점
	3

① _____ ② _____ ③ _____

해답 ① 전면판(skin plate)　② 보강재(strip bar)　③ 뒤채움 흙(back fill)

□□□ 17①, 18②, 23③
21 터널굴착시 여굴(over break)이 발생하는 원인을 3가지만 쓰시오.

득점	배점
	3

① _____ ② _____ ③ _____

해답 ① 천공 및 발파의 잘못　② 착암기 사용 잘못　③ 전단력이 약한 토질 굴착시 발생

□□□ 17①, 19③, 23③
22 흙의 애터버그(Atterberg)한계의 종류 3가지를 쓰시오.

득점	배점
	3

① _____ ② _____ ③ _____

해답 ① 액성한계 ② 소성한계 ③ 수축한계

□□□ 91③, 97④, 98⑤, 06④, 12④, 15①, 23③
23 철도공사 등에서 유토곡선(mass curve)을 작성하는 이유를 3가지만 쓰시오.

득점	배점
	3

① _____ ② _____ ③ _____

해답 ① 토량 배분
② 토량의 평균 운반거리 산출
③ 토공 기계 결정
④ 시공방법 결정
⑤ 토취장 및 토사장 선정

□□□ 04②, 21②, 23③
24 우물통 케이슨 기초의 수직하중이 W, 주면마찰력이 F, 선단부지지력이 Q, 부력이 B일 때, 침하조건식을 작성하고, 적절한 침하촉진방법을 2가지만 쓰시오.

득점	배점
	3

가. 침하조건식 :

나. 침하촉진방법

① _____ ② _____

해답 가. $W > F + Q + B$
나. ① 재하중에 의한 침하공법 ② 분사식 침하공법
③ 물하중식 침하공법 ④ 발파에 의한 침하공법
⑤ 감압에 의한 침하공법

Speed Master

토목기사실기 12개년 과년도문제해설

———————————————— 定價 35,000원

저 자 김태선 · 이상도
       한웅규 · 홍성협
       김상욱 · 김지우

발행인 이 종 권

2015年 3月   9日 초 판 발 행
2015年 6月   3日 1차개정판발행
2016年 3月 17日 2차개정판발행
2017年 1月 29日 3차개정판발행
2018年 3月   6日 4차개정판발행
2019年 2月 20日 5차개정판발행
2020年 3月 23日 6차개정판발행
2021年 3月 25日 7차개정판발행
2022年 3月 16日 8차개정판발행
2023年 3月 15日 9차개정판발행
2024年 3月 20日 10차개정판발행

發行處 (주) 한솔아카데미

(우)06775 서울시 서초구 마방로10길 25 트윈타워 A동 2002호
TEL : (02)575-6144/5   FAX : (02)529-1130
〈1998. 2. 19 登錄 第16-1608號〉

※ 본 교재의 내용 중에서 오타, 오류 등은 발견되는 대로 한솔아
   카데미 인터넷 홈페이지를 통해 공지하여 드리며 보다 완벽한
   교재를 위해 끊임없이 최선의 노력을 다하겠습니다.
※ 파본은 구입하신 서점에서 교환해 드립니다.

www.inup.co.kr / www.bestbook.co.kr

ISBN 979-11-6654-508-5 13530

건축기사시리즈
①건축계획
이종석, 이병억 공저
536쪽 | 26,000원

건축기사시리즈
②건축시공
김형중, 한규대, 이명철, 홍태화 공저
678쪽 | 26,000원

건축기사시리즈
③건축구조
안광호, 홍태화, 고길용 공저
796쪽 | 27,000원

건축기사시리즈
④건축설비
오병칠, 권영철, 오호영 공저
564쪽 | 26,000원

건축기사시리즈
⑤건축법규
현정기, 조영호, 김광수, 한웅규 공저
622쪽 | 27,000원

건축기사 필기 10개년 핵심 과년도문제해설
안광호, 백종엽, 이병억 공저
1,000쪽 | 44,000원

건축기사 4주완성
남재호, 송우용 공저
1,412쪽 | 46,000원

건축산업기사 4주완성
남재호, 송우용 공저
1,136쪽 | 43,000원

7개년 기출문제 건축산업기사 필기
한솔아카데미 수험연구회
868쪽 | 37,000원

건축설비기사 4주완성
남재호 저
1,280쪽 | 44,000원

건축설비산업기사 4주완성
남재호 저
770쪽 | 38,000원

10개년 핵심 건축설비기사 과년도
남재호 저
1,148쪽 | 38,000원

건축기사 실기
한규대, 김형중, 안광호, 이병억 공저
1,672쪽 | 52,000원

건축기사 실기 (The Bible)
안광호, 백종엽, 이병억 공저
818쪽 | 37,000원

건축기사 실기 12개년 과년도
안광호, 백종엽, 이병억 공저
688쪽 | 30,000원

건축산업기사 실기
한규대, 김형중, 안광호, 이병억 공저
696쪽 | 33,000원

건축산업기사 실기 (The Bible)
안광호, 백종엽, 이병억 공저
300쪽 | 27,000원

실내건축기사 4주완성
남재호 저
1,320쪽 | 39,000원

실내건축산업기사 4주완성
남재호 저
1,020쪽 | 31,000원

시공실무 실내건축(산업)기사 실기
안동훈, 이병억 공저
422쪽 | 31,000원

Hansol Academy

**건축사 과년도출제문제
1교시 대지계획**

한솔아카데미 건축사수험연구회
346쪽 | 33,000원

**건축사 과년도출제문제
2교시 건축설계1**

한솔아카데미 건축사수험연구회
192쪽 | 33,000원

**건축사 과년도출제문제
3교시 건축설계2**

한솔아카데미 건축사수험연구회
436쪽 | 33,000원

**건축물에너지평가사
①건물 에너지 관계법규**

건축물에너지평가사 수험연구회
818쪽 | 30,000원

**건축물에너지평가사
②건축환경계획**

건축물에너지평가사 수험연구회
456쪽 | 26,000원

**건축물에너지평가사
③건축설비시스템**

건축물에너지평가사 수험연구회
682쪽 | 29,000원

**건축물에너지평가사
④건물 에너지효율설계 · 평가**

건축물에너지평가사 수험연구회
756쪽 | 30,000원

**건축물에너지평가사
2차실기(상)**

건축물에너지평가사 수험연구회
940쪽 | 45,000원

**건축물에너지평가사
2차실기(하)**

건축물에너지평가사 수험연구회
905쪽 | 50,000원

**토목기사시리즈
①응용역학**

염창열, 김창원, 안광호, 정용욱,
이지훈 공저
804쪽 | 25,000원

**토목기사시리즈
②측량학**

남수영, 정경동, 고길용 공저
452쪽 | 25,000원

**토목기사시리즈
③수리학 및 수문학**

심기오, 노재식, 한웅규 공저
450쪽 | 25,000원

**토목기사시리즈
④철근콘크리트 및 강구조**

정경동, 정용욱, 고길용, 김지우
공저
464쪽 | 25,000원

**토목기사시리즈
⑤토질 및 기초**

안진수, 박광진, 김창원, 홍성협
공저
640쪽 | 25,000원

**토목기사시리즈
⑥상하수도공학**

노재식, 이상도, 한웅규, 정용욱
공저
544쪽 | 25,000원

**10개년 핵심 토목기사
과년도문제해설**

김창원 외 5인 공저
1,076쪽 | 45,000원

**토목기사 4주완성
핵심 및 과년도문제해설**

이상도, 고길용, 안광호, 한웅규,
홍성협, 김지우 공저
1,054쪽 | 42,000원

**토목산업기사 4주완성
7개년 과년도문제해설**

이상도, 정경동, 고길용, 안광호,
한웅규, 홍성협 공저
752쪽 | 39,000원

토목기사 실기

김태선, 박광진, 홍성협, 김창원,
김상욱, 이상도 공저
1,496쪽 | 50,000원

**토목기사 실기
12개년 과년도문제해설**

김태선, 이상도, 한웅규, 홍성협,
김상욱, 김지우 공저
708쪽 | 35,000원

**콘크리트기사 · 산업기사
4주완성(필기)**

정용욱, 고길용, 전지현, 김지우
공저
976쪽 | 37,000원

**콘크리트기사
14개년 과년도(필기)**

정용욱, 고길용, 김지우 공저
644쪽 | 28,000원

**콘크리트기사 · 산업기사
3주완성(실기)**

정용욱, 김태형, 이승철 공저
748쪽 | 30,000원

**건설재료시험기사
4주완성 필독서(필기)**

박광진, 이상도, 김지우, 전지현
공저
742쪽 | 37,000원

**건설재료시험기사
14개년 과년도(필기)**

고길용, 정용욱, 홍성협, 전지현
공저
692쪽 | 30,000원

**건설재료시험기사
3주완성(실기)**

고길용, 홍성협, 전지현, 김지우
공저
728쪽 | 29,000원

**콘크리트기능사
3주완성(필기+실기)**

정용욱, 고길용, 전지현 공저
524쪽 | 24,000원

**지적기능사(필기+실기)
3주완성**

염창열, 정병노 공저
640쪽 | 29,000원

측량기능사 3주완성

염창열, 정병노 공저
562쪽 | 27,000원

**전산응용토목제도기능사
필기 3주완성**

김지우, 최진호, 전지현 공저
438쪽 | 26,000원

**건설안전기사 4주완성
필기**

지준석, 조태연 공저
1,388쪽 | 36,000원

**산업안전기사 4주완성
필기**

지준석, 조태연 공저
1,560쪽 | 36,000원

공조냉동기계기사 필기

조성안, 이승원, 강희중 공저
1,358쪽 | 39,000원

**공조냉동기계산업기사
필기**

조성안, 이승원, 강희중 공저
1,269쪽 | 34,000원

공조냉동기계기사 실기

강희중, 조성안, 한영동 공저
1,040쪽 | 36,000원

**조경기사 · 산업기사
필기**

이윤진 저
1,836쪽 | 49,000원

**조경기사 · 산업기사
실기**

이윤진 저
1,050쪽 | 45,000원

조경기능사 필기

이윤진 저
682쪽 | 29,000원

조경기능사 실기

이윤진 저
350쪽 | 28,000원

조경기능사 필기

한상엽 저
712쪽 | 27,000원

Hansol Academy

조경기능사 실기
한상엽 저
738쪽 | 29,000원

산림기사 · 산업기사 1권
이윤진 저
888쪽 | 27,000원

산림기사 · 산업기사 2권
이윤진 저
974쪽 | 27,000원

전기기사시리즈(전6권)
대산전기수험연구회
2,240쪽 | 113,000원

전기기사 5주완성
전기기사수험연구회
1,680쪽 | 42,000원

전기산업기사 5주완성
전기산업기사수험연구회
1,556쪽 | 42,000원

전기공사기사 5주완성
전기공사기사수험연구회
1,608쪽 | 41,000원

**전기공사산업기사
5주완성**
전기공사산업기사수험연구회
1,606쪽 | 41,000원

전기(산업)기사 실기
대산전기수험연구회
766쪽 | 42,000원

**전기기사 실기 15개년
과년도문제해설**
대산전기수험연구회
808쪽 | 37,000원

전기기사시리즈(전6권)
김대호 저
3,230쪽 | 119,000원

전기기사 실기 기본서
김대호 저
964쪽 | 36,000원

전기기사 실기 기출문제
김대호 저
1,352쪽 | 42,000원

**전기산업기사 실기
기본서**
김대호 저
920쪽 | 36,000원

**전기산업기사 실기
기출문제**
김대호 저
1,076 | 40,000원

**전기기사/전기산업기사
실기 마인드 맵**
김대호 저
232 | 기본서 별책부록

CBT 전기기사 블랙박스
이승원, 김승철, 윤종식 공저
1,168쪽 | 42,000원

**전기(산업)기사
실기 모의고사 100선**
김대호 저
296쪽 | 24,000원

전기기능사 필기
이승원, 김승철 공저
624쪽 | 25,000원

**소방설비기사
기계분야 필기**
김흥준, 윤중오 공저
1,212쪽 | 44,000원

**소방설비기사
전기분야 필기**

김흥준, 신면순 공저
1,151쪽 | 44,000원

공무원 건축계획

이병억 저
800쪽 | 37,000원

**7 · 9급 토목직
응용역학**

정경동 저
1,192쪽 | 42,000원

응용역학개론 기출문제

정경동 저
686쪽 | 40,000원

**측량학(9급 기술직/
서울시 · 지방직)**

정병노, 염창열, 정경동 공저
722쪽 | 27,000원

**응용역학(9급 기술직/
서울시 · 지방직)**

이국형 저
628쪽 | 23,000원

**스마트 9급 물리
(서울시 · 지방직)**

신용찬 저
422쪽 | 23,000원

**7급 공무원
스마트 물리학개론**

신용찬 저
996쪽 | 45,000원

1종 운전면허

도로교통공단 저
110쪽 | 13,000원

2종 운전면허

도로교통공단 저
110쪽 | 13,000원

1 · 2종 운전면허

도로교통공단 저
110쪽 | 13,000원

지게차 운전기능사

건설기계수험연구회 편
216쪽 | 15,000원

굴삭기 운전기능사

건설기계수험연구회 편
224쪽 | 15,000원

**지게차 운전기능사
3주완성**

건설기계수험연구회 편
338쪽 | 12,000원

**굴삭기 운전기능사
3주완성**

건설기계수험연구회 편
356쪽 | 12,000원

**초경량 비행장치
무인멀티콥터**

권희준, 김병구 공저
258쪽 | 22,000원

**시각디자인 산업기사
4주완성**

김영애, 서정술, 이원범 공저
1,102쪽 | 36,000원

**시각디자인
기사 · 산업기사 실기**

김영애, 이원범 공저
508쪽 | 35,000원

토목 BIM 설계활용서

김영휘, 박형순, 송윤상, 신현준,
안서현, 박진훈, 노기태 공저
388쪽 | 30,000원

BIM 구조편

(주)알피종합건축사사무소
(주)동양구조안전기술 공저
536쪽 | 32,000원

Hansol Academy

BIM 기본편

(주)알피종합건축사사무소
402쪽 | 32,000원

BIM 기본편 2탄

(주)알피종합건축사사무소
380쪽 | 28,000원

**BIM 건축계획설계
Revit 실무지침서**

BIMFACTORY
607쪽 | 35,000원

**전통가옥에서 BIM을
보며**

김요한, 함남혁, 유기찬 공저
548쪽 | 32,000원

BIM 주택설계편

(주)알피종합건축사사무소
박기백, 서창석, 함남혁, 유기찬
공저
514쪽 | 32,000원

BIM 활용편 2탄

(주)알피종합건축사사무소
380쪽 | 30,000원

BIM 건축전기설비설계

모델링스토어, 함남혁
572쪽 | 32,000원

BIM 토목편

송현혜, 김동욱, 임성순, 유자영,
심창수 공저
278쪽 | 25,000원

디지털모델링 방법론

이나래, 박기백, 함남혁, 유기찬
공저
380쪽 | 28,000원

**건축디자인을 위한
BIM 실무 지침서**

(주)알피종합건축사사무소
박기백, 오정우, 함남혁, 유기찬 공저
516쪽 | 30,000원

**BIM 전문가
건축 2급자격(필기+실기)**

모델링스토어
760쪽 | 35,000원

**BIM 전문가
토목 2급 실무활용서**

채재현, 김영휘, 박준오, 소광영,
김소희, 이기수, 조수연
614쪽 | 35,000원

BE Architect

유기찬, 김재준, 차성민, 신수진,
홍유찬 공저
282쪽 | 20,000원

**BE Architect
라이노&그래스호퍼**

유기찬, 김재준, 조준상, 오주연
공저
288쪽 | 22,000원

**BE Architect
AUTO CAD**

유기찬, 김재준 공저
400쪽 | 25,000원

건축관계법규(전3권)

최한석, 김수영 공저
3,544쪽 | 110,000원

건축법령집

최한석, 김수영 공저
1,490쪽 | 60,000원

건축법해설

김수영, 이종석, 김동화, 김용환,
조영호, 오호영 공저
918쪽 | 32,000원

건축설비관계법규

김수영, 이종석, 박호준, 조영호,
오호영 공저
790쪽 | 34,000원

건축계획

이순희, 오호영 공저
422쪽 | 23,000원

건축시공학

이찬식, 김선국, 김예상, 고성석,
손보식, 유정호, 김태완 공저
776쪽 | 30,000원

**현장실무를 위한
토목시공학**

남기천,김상환,유광호,강보순,
김종민,최준성 공저
1,212쪽 | 45,000원

알기쉬운 토목시공

남기천, 유광호, 류명찬, 윤영철,
최준성, 고준영, 김연덕 공저
818쪽 | 28,000원

Auto CAD 오토캐드

김수영, 정기범 공저
364쪽 | 25,000원

친환경 업무매뉴얼

정보현, 장동원 공저
352쪽 | 30,000원

**건축시공기술사
기출문제**

배용환, 서갑성 공저
1,146쪽 | 69,000원

**합격의 정석
건축시공기술사**

조민수 저
904쪽 | 67,000원

**건축전기설비기술사
(상권)**

서학범 저
784쪽 | 65,000원

**건축전기설비기술사
(하권)**

서학범 저
748쪽 | 65,000원

**마법기본서 PE
건축시공기술사**

백종엽 저
730쪽 | 62,000원

**스크린 PE
건축시공기술사**

백종엽 저
376쪽 | 32,000원

**용어설명1000 PE
건축시공기술사(상)**

백종엽 저
1,072쪽 | 70,000원

**용어설명1000 PE
건축시공기술사(하)**

백종엽 저
988쪽 | 70,000원

**합격의 정석
토목시공기술사**

김무섭, 조민수 공저
874쪽 | 60,000원

건설안전기술사

이태엽 저
600쪽 | 52,000원

소방기술사 上

윤정득, 박견용 공저
656쪽 | 55,000원

소방기술사 下

윤정득, 박견용 공저
730쪽 | 55,000원

**소방시설관리사 1차
(상,하)**

김흥준 저
1,630쪽 | 63,000원

건축에너지관계법해설

조영호 저
614쪽 | 27,000원

ENERGYPULS

이광호 저
236쪽 | 25,000원

수학의 마술(2권)

아서 벤저민 저, 이경희, 윤미선.
김은현, 성지현 옮김
206쪽 | 24,000원

**스트레스,
과학으로 풀다**

그리고리 L. 프리키온, 애너이브
코비치, 앨버트 S.용 저
176쪽 | 20,000원

숫자의 비밀

마리안 프라이베르거, 레이첼
토머스 지음, 이경희, 김영은.
윤미선, 김은현 옮김
376쪽 | 16,000원

지치지 않는 뇌 휴식법

이시카와 요시키 저
188쪽 | 12,800원

행복충전 50Lists

에드워드 호프만 저
272쪽 | 16,000원

**스마트 건설,
스마트 시티, 스마트 홈**

김선근 저
436쪽 | 19,500원

**e-Test 엑셀
ver.2016**

임창인, 조은경, 성대근, 강현권
공저
268쪽 | 17,000원

**e-Test 파워포인트
ver.2016**

임창인, 권영희, 성대근, 강현권
공저
206쪽 | 15,000원

**e-Test 한글
ver.2016**

임창인, 이권일, 성대근, 강현권
공저
198쪽 | 13,000원

**e-Test 엑셀
2010(영문판)**

Daegeun-Seong
188쪽 | 25,000원

**e-Test
한글+엑셀+파워포인트**

성대근, 유재휘, 강현권 공저
412쪽 | 28,000원

**재미있고 쉽게 배우는
포토샵 CC2020**

이영주 저
320쪽 | 23,000원

토목기사·산업기사 시리즈

안광호 외
3,204쪽 | 150,000원

토목기사 실기

김태선, 박광진, 홍성협, 김창원, 김상욱, 이상도
1,496쪽 | 50,000원

※ 구입처는 **전국대형서점**에서 구매하실 수 있습니다.

2024 SI 10차개정판 단위적용

토목기사실기 최종정리

Speed Master

토목기사실기
과년도 12개년 문제해설

❖ 토목기사실기 FINAL COURSE 교재

• KCS 콘크리트표준시방서 규정적용
• 계산문제 해법은 SOLVE기법 이용
• 별책부록 Pick Remember 158선

토목기사 구매자를 위한 학습관리 시스템

도서구매 후 네이버카페(자격증 플러스)에서 교재 질의
응답 및 실기문제 복원, 합격후기 등 학습매니저를 운영

카페 cafe.naver.com/totolicense

① [카페]를 통한 자유로운 학습내용 질의응답 운영
② [이벤트] 실기문제 복원 이벤트 진행

有備無患

❶ 계산기 (SOLVE기능, 건전지 확인) 지참은 필수입니다.

❷ Pick Remember 158선은 반드시 완벽히 알아야 할 문제

- 늘 곁에 소지하세요.
- 수없이 반복하다보면 익숙해집니다.
- 외우려 하지 말고 자연스럽게 학습하세요.
- 항상 실전처럼 학습하면 됩니다.

❸ 문제를 학습하는 방법

- ☑□□ 틀린 문제를 확인합니다.
- ☑☑□ 마킹된 문제를 확인합니다.
- ☑☑☑ 마킹된 문제를 최종 확인합니다.
- 반복학습만이 합격의 지름길입니다.
- 꼭 기억하고 싶은 문제는 반드시 표시해 둡니다.

❹ 학습하면서 확인하는 습성

- 문제의 핵심을 파악하는 습성을 기릅니다.
- 문제의 단위를 꼭 기재하는 습성을 기릅니다.
- 학습하면서 메모(오답노트)하는 습성을 기릅니다.
- 계산과정을 정확히 알고 있는지 항상 확인합니다.
- 시험이 끝나는 그 날까지도 무조건 올인하셔야 합니다.

[계산기 F_s 570] SOLVE 사용법

■ 공학용계산기 기종 허용군

연번	제조사	허용기종군	[예] FX-570 ES PLUS 계산기
1	카시오(CASIO)	FX-901~999	
2	카시오(CASIO)	FX-501~599	
3	카시오(CASIO)	FX-301~399	
4	카시오(CASIO)	FX-80~120	
5	샤프(SHARP)	EL-501~599	
6	샤프(SHARP)	EL-5100, EL-5230, EL-5250, EL-5500	
7	유니원(UNIONE)	UC-600E, UC-400M, UC-800X	
8	캐논(Canon)	F-715SG, F-788SG, F-792SGA	
9	모닝글로리(MORNING GLORY)	ECS-101	

1 $14.4B^3 + 62.1B^2 - 600 = 0$

먼저 $14.4 \times ALPHA\,X^3 + 62.1 \times ALPHA\,X^2 - 600$

☞ ALPHA ☞ SOLVE ☞

$14.4 \times ALPHA\,X^3 + 62.1 \times ALPHA\,X^2 - 600 = 0$

SHIFT ☞ SOLVE ☞ = ☞ 잠시 기다리면

$X = 2.47724$ ∴ $B = 2.48\text{m}$

2 $F_S = \dfrac{(6+2d)(1.7-1)}{6\times1} = 2$

먼저 $\dfrac{(6+2\,ALPHA\,X)(1.7-1)}{6\times1}$

☞ ALPHA ☞ SOLVE ☞

$\dfrac{(6+2\,ALPHA\,X)(1.7-1)}{6\times1} = 2$

SHIFT ☞ SOLVE ☞ = ☞ 잠시 기다리면

$X = 5.571$ ∴ $d = 5.57\,\text{m}$

3 $13.68B^3 + 39.6B^2 - 150 = 0$

먼저 $13.68 \times ALPHA\,X^3 + 39.6 \times ALPHA\,X^2 - 150$

☞ ALPHA ☞ SOLVE ☞

$13.68 \times ALPHA\,X^3 + 39.6 \times ALPHA\,X^2 - 150 = 0$

SHIFT ☞ SOLVE ☞ = ☞ 잠시 기다리면

$X = 1.5676$ ∴ $B = 1.57\,\text{m}$

4 $Q = \pi r^2 q_u + 2\pi r f_s l$

$20 = \pi \times 0.15^2 \times 28 + 2\pi \times 0.15 \times 2.5 l$

먼저 20 ☞ ALPHA ☞ SOLVE ☞

$20 = \pi \times 0.15^2 \times 28 + 2 \times \pi \times 0.15 \times 2.5 \times ALPHA\,X$

SHIFT ☞ SOLVE ☞ = ☞ 잠시 기다리면

$X = 7.648$ ∴ $l = 7.65\,\text{m}$

국제단위계 변환규정

■ 응력 또는 압력(단위면적당 하중)

- $1\text{kgf/cm}^2 = 9.8\text{N/cm}^2 = 10\text{N/cm}^2 = 0.1\text{N/mm}^2$
  $= 0.1\text{MPa} = 100\text{kPa} = 100\text{kN/m}^2$
- $1\text{kN/mm}^2 = 1\text{GPa} = 1000\text{N/mm}^2 = 1000\text{MPa}$
- $1\text{kgf/cm}^2 = 9.8\text{N/m}^2 = 10\text{N/m}^2 = 10\text{Pa(pascal)}$
- $1\text{tf/m}^2 = 9.8\text{kN/m}^2 = 10\text{kN/m}^2 = 10\text{kPa}$
- 탄성계수
  $E = 2.1 \times 10^5 \text{kg/cm}^2 \Rightarrow E = 2.1 \times 10^4 \text{MPa}$
  $E = 2.1 \times 10^4 \text{MPa} = 21 \times 10^3 \text{N/mm}^2$
  $E = 21 \times 10^3 \text{MPa} = 21\text{kN/mm}^2 = 21\text{GPa}$

■ 단위 부피당 하중(단위중량)

- $1\text{kgf/cm}^3 = 9.8\text{N/cm}^3 = 10\text{N/cm}^3$
- $1\text{kgf/m}^3 = 9.8\text{N/m}^3 = 10\text{N/m}^3$
- $1\text{tf/m}^3 = 9.8\text{kN/m}^2 = 10\text{kN/m}^3$
- $1\text{t/m}^3 = 1\text{g/cm}^3 = 9.8\text{kN/m}^3 = 10\text{kN/m}^3$
- 물의 단위중량 $\gamma_w = 9.8\text{kN/m}^3 = 9.81\text{kN/m}^3$
- 물의 밀도 $\rho_w = 1\text{g/cm}^3 = 1000\text{kg/m}^3$
- $1\text{N/cm}^2 = 10\text{kN/m}^2 = 0.010\text{N/mm}^2$

1 단계

12개년 출제경향 분석에 따른
Pick Remember 158선

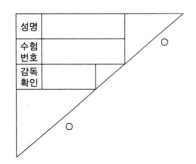

성명	
수험번호	
감독확인	

과년도 문제를 풀기 전 숙지 사항

연습도 실전처럼!!!

----

* 수험자 유의사항

1. 시험장 입실시 반드시 신분증(주민등록증, 운전면허증, 모바일 신분증, 여권, 한국산업인력공단 발행 자격증 등)을 지참하여야 한다.
2. 계산기는 『공학용 계산기 기종 허용군』 내에서 준비하여 사용한다.
3. 시험 중에는 핸드폰 및 스마트워치 등을 지참하거나 사용할 수 없다.
4. 시험문제 내용과 관련된 메모지 사용 등은 부정행위자로 처리된다.
   - 당해시험을 중지하거나 무효처리된다.
   - 3년간 국가 기술자격 검정에 응시자격이 정지된다.

** 채점사항

1. 수험자 인적사항 및 계산식을 포함한 답안 작성은 검은색 필기구만 사용해야 하며, 그 외 연필류, 빨간색, 청색 등 필기구로 작성한 답항은 0점 처리 됩니다.
2. 답안과 관련 없는 특수한 표시를 하거나 특정임을 암시하는 경우 답안지 전체를 0점 처리된다.
3. 계산문제는 반드시 『계산과정과 답란』에 기재하여야 한다.
   - 계산과정이 틀리거나 없는 경우 0점 처리된다.
   - 정답도 반드시 답란에 기재하여야 한다.
4. 답에 단위가 없으면 오답으로 처리된다.
   - 문제에서 단위가 주어진 경우는 제외
5. 계산문제의 소수점처리는 최종결과값에서 요구사항을 따르면 된다.
   - 소수점 처리에 따라 최종답에서 오차범위 내에서 상이할 수 있다.
6. 문제에서 요구하는 가지 수(항수)는 요구하는 대로, 3가지를 요구하면 3가지만, 4가지를 요구하면 4가지만 기재하면 된다.
7. 단답형은 여러 가지를 기재해도 한 가지로 보며, 오답과 정답이 함께 기재되어 있으면 오답으로 처리된다.
8. 답안 정정 시에는 두 줄(═)로 그어 표시하거나, 수정테이프(수정액은 제외)로 답안을 정정하여야 합니다.
9. 수험자 유의사항 미준수로 인해 발생되는 채점상의 불이익은 본인에게 책임이 있다.
10. 답안지 및 채점기준표는 절대로 공개하지 않는다.

01 Pick Remember

□□□ 10①, 11②, 14①④, 17④ 【8점】

01 주어진 반중력식 교대도면을 보고 다음 물량을 산출하시오. (단, 교대 전체길이는 10m이며, 도면의 치수단위는 mm이다.)

측 면 도

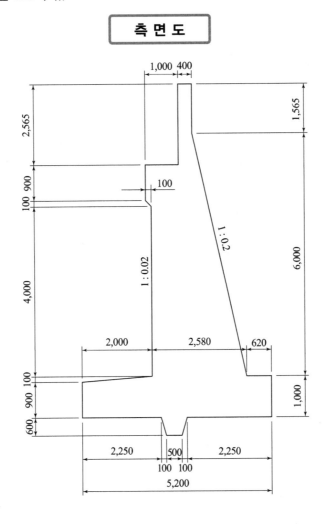

가. 교대의 전체 콘크리트량을 구하시오. (단, 소수점 이하 4째자리에서 반올림하시오.)

계산 과정)

답 : _____

나. 교대의 전체 거푸집량을 구하시오.

(단, 돌출부(전단 Key)에 거푸집을 사용하며, 소수점 이하 4째자리에서 반올림하시오.)

계산 과정)

답 : _____

해답 **가.**

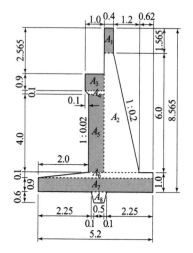

- $A_1 = 0.4 \times 1.565 = 0.626\,\mathrm{m}^2$
- $A_2 = \dfrac{0.4 + (0.4 + 6.0 \times 0.2)}{2} \times 6.0 = 6.0\,\mathrm{m}^2$
- $A_3 = 1.0 \times 0.9 = 0.9\,\mathrm{m}^2$
- $A_4 = \dfrac{1.0 + 0.9}{2} \times 0.1 = 0.095\,\mathrm{m}^2$
- $A_5 = \dfrac{0.9 + (0.9 + 4 \times 0.02)}{2} \times 4 = 3.76\,\mathrm{m}^2$
- $A_6 = \dfrac{(5.2 - 2.0) + 5.2}{2} \times 0.1 = 0.42\,\mathrm{m}^2$
- $A_7 = 5.2 \times 0.9 = 4.68\,\mathrm{m}^2$
- $A_8 = \dfrac{0.5 + (0.5 + 0.1 \times 2)}{2} \times 0.6 = 0.36\,\mathrm{m}^2$

$\sum A = 0.626 + 6.0 + 0.9 + 0.095 + 3.76$
$\qquad + 0.420 + 4.68 + 0.36$
$\quad = 16.841\,\mathrm{m}^2$

∴ 총콘크리트량 $= 16.841 \times 10 = 168.410\,\mathrm{m}^3$

나.

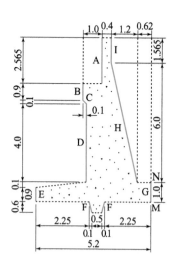

- $\mathrm{A} = 2.565\,\mathrm{m}$
- $\mathrm{B} = 0.9\,\mathrm{m}$
- $\mathrm{C} = \sqrt{0.1^2 + 0.1^2} = 0.1414\,\mathrm{m}$
- $\mathrm{D} = \sqrt{(4 \times 0.02)^2 + 4^2} = 4.0008\,\mathrm{m}$
- $\mathrm{E} = 0.9\,\mathrm{m}$
- $\mathrm{F} = \sqrt{0.1^2 + 0.6^2} \times 2 = 1.2166\,\mathrm{m}$
- $\mathrm{G} = 1.0\,\mathrm{m}$
- $\mathrm{H} = \sqrt{(6 \times 0.2)^2 + 6^2} = 6.1188\,\mathrm{m}$
- $\mathrm{I} = 1.565\,\mathrm{m}$
- 총거푸집길이

$\sum L = 2.565 + 0.9 + 0.1414 + 4.0008 + 0.9$
$\qquad + 1.2166 + 1.0 + 6.1188 + 1.565$
$\qquad = 18.4076\,\mathrm{m}$

- 측면도의 거푸집량 $= 18.4076 \times 10 = 184.076\,\mathrm{m}^2$
- 양 마구리면의 거푸집량 $= 16.841 \times 2(양단) = 33.682\,\mathrm{m}^2$

∴ 총거푸집량 $= 184.076 + 33.682 = 217.758\,\mathrm{m}^2$

□□□ 01①, 02②, 04②, 06②, 09①, 10④, 13②, 15②, 19③, 20④, 22② 【18점】

02 주어진 도면 및 조건에 따라 다음 물량을 산출하시오. (단, 주어진 도면의 치수는 축척에 맞지 않을 수 있으며, 주어진 치수로만 물량을 산출하며, 도면의 치수단위는 mm이다.)

단 면 도

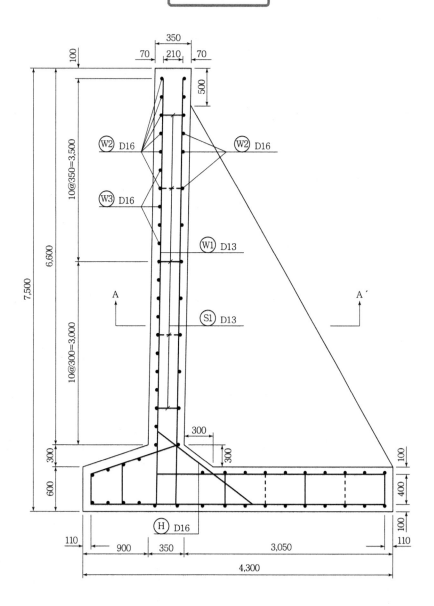

측 면 도

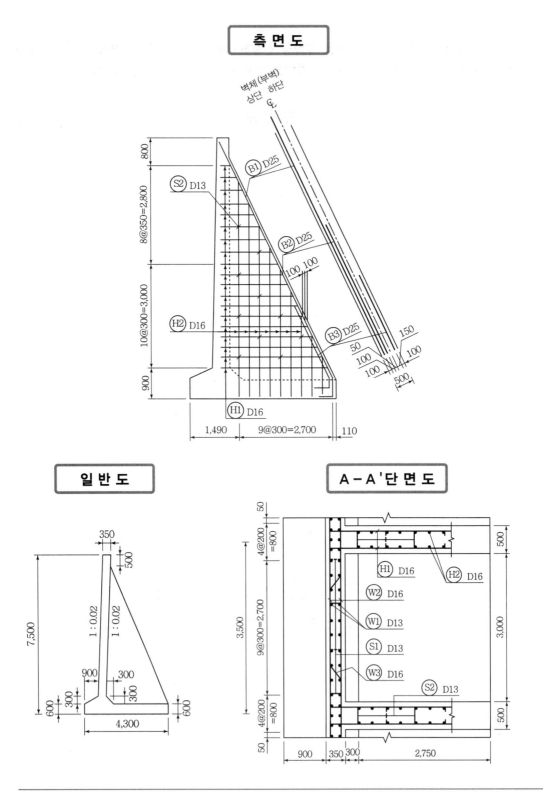

일 반 도

A – A' 단 면 도

철 근 상 세 도

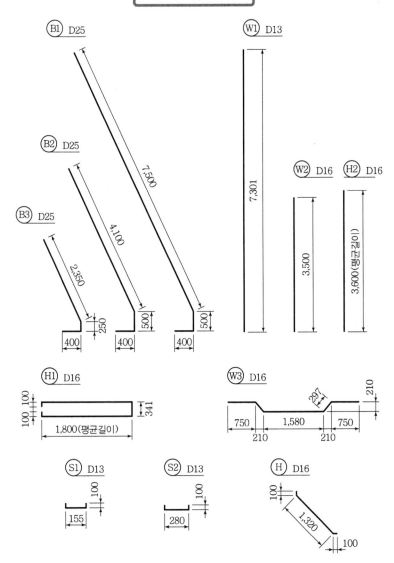

─────────────── 【 조 건 】 ───────────────

- S1 철근은 지그재그(Zigzag)로 배치되어 있다.
- H 철근의 간격은 W1 철근과 같다.
- 물량산출에서 할증률 및 마구리는 없는 것으로 한다.
- 물량산출에서 전면벽의 경사를 반드시 고려해야 한다. (일반도 참조)
- 철근길이 계산에서 이음길이는 계산하지 않는다.
- 저판의 철근량은 계산하지 않는다.

가. 부벽을 포함하는 옹벽길이 3.5m에 대한 콘크리트량을 구하시오.
(단, 전면벽의 경사를 고려하여야 하며, 소수점 이하 4째자리에서 반올림하시오.)

계산 과정)

답 : _____

나. 부벽을 포함하는 옹벽길이 3.5m에 대한 전체 거푸집량을 구하시오.
(단, 전면벽의 경사를 고려하여야 하며, 소수점 이하 4째자리에서 반올림하시오.)

계산 과정)

답 : _____

다. 부벽을 포함하는 옹벽 길이 3.5m에 대한 철근 물량표를 완성하시오.

기호	직경	길이(mm)	수량	총길이(mm)	기호	직경	길이(mm)	수량	총길이(mm)
W1					H1				
W3					B1				
H					S1				

해답 **가.**

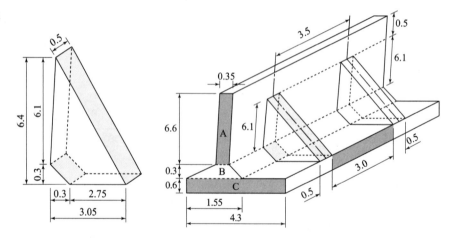

■1개의 부벽에 대한 콘크리트량

$$\left(\frac{3.05+0.122}{2}\times 6.4-\frac{0.122\times 6.1}{2}-\frac{0.3\times 0.3}{2}\right)\times 0.50=4.8667\,\mathrm{m}^3$$

$$(\because\ 6.1\times 0.02=0.122\mathrm{m})$$

■옹벽에 대한 콘크리트량

• $A=0.35\times 6.6=2.310\,\mathrm{m}^2$

• $B=\dfrac{0.35+1.55}{2}\times 0.30=0.285\,\mathrm{m}^2$

• $C=4.30\times 0.6=2.58\,\mathrm{m}^2$

$\therefore\ (2.310+0.285+2.58)\times 3.5=18.1125\,\mathrm{m}^3$

$\therefore\ 총콘크리트량=4.8667+18.1125=22.979\,\mathrm{m}^3$

나.

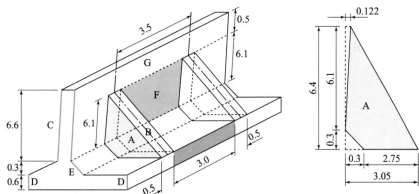

- **1개의 부벽에 대한 거푸집량**
  - A면 $= \left\{ \left(\dfrac{0.122 + 3.05}{2} \right) \times 6.4 - \left(\dfrac{0.3 \times 0.3}{2} \right) - \left(\dfrac{6.1 \times 0.122}{2} \right) \right\} \times 2 = 19.467\,\mathrm{m}^2$
  - B면 $= \sqrt{6.4^2 + (3.05 - 0.122)^2} \times 0.5 = 3.519\,\mathrm{m}^2$
  - C면 $= \sqrt{6.6^2 + (6.6 \times 0.02)^2} \times 3.5 = 23.105\,\mathrm{m}^2$
  - D면 $= 0.6 \times 2 \times 3.5 = 4.2\,\mathrm{m}^2$
  - E면 $= \sqrt{0.3^2 + 0.3^2} \times 3 = 1.273\,\mathrm{m}^2$
  - F면 $= \sqrt{6.1^2 + 0.122^2} \times 3.0 = 18.304\,\mathrm{m}^2$
  - G면 $= \sqrt{0.5^2 + 0.01^2} \times 3.5 = 1.750\,\mathrm{m}^2 (\because\ 0.5 \times 0.02 = 0.01\mathrm{m})$

  $\therefore$ 총거푸집량

  $\quad \sum A = 19.467 + 3.519 + 23.105 + 4.2 + 1.273 + 18.304 + 1.750 = 71.618\,\mathrm{m}^2$

다.

기호	직경	길이(mm)	수량	총길이(mm)	기호	직경	길이(mm)	수량	총길이(mm)
W1	D13	7,301	26	189,826	H1	D16	4,141	19	78,679
W3	D16	3,674	8	29,392	B1	D25	8,400	2	16,800
H	D16	1,520	13	19,760	S1	D13	355	10	3,550

철근물량 산출근거

기호	직경	길이	수량	총길이	수량산출
W1	D13	7,301	26	189,826	• A-A' 단면에서 • 철근간격수×2(전후면) $= (9+1) + (2+1) \times 2$(전후면) $= 26$본
W3	D16	3,674	8	29,392	• 단면도 벽체에서 후면에는 배근 없고 전면 벽체에만 배근되어 있는 철근 (단면도에서 수계산)
H	D16	1,520	13	19,760	• H 철근과 W1 철근의 간격이 같다. A-A'단면도 후면에서 계산
H1	D16	4,141	19	78,679	• 측면도 8@+10@ • 칸수+1 = $(8+10) + 1 = 19$본
B1	D25	8,400	2	16,800	• 측면도 벽체(부벽)상단 좌우
S1	D13	355	10	3,550	• 단면도 실선 3, 점선 2 • A-A' 단면도(실선 2, 점선 2) $\therefore\ 3 \times 2 + 2 \times 2 = 10$본

□□□ 01①, 02②, 04②, 06④, 09①, 10④, 13②, 15②, 20④, 22②, 23③ 【18점】

03 주어진 도면 및 조건에 따라 다음 물량을 산출하시오. (단, 주어진 도면의 치수는 축척에 맞지 않을 수 있으며, 주어진 치수로만 물량을 산출하며 도면의 단위는 mm이다.)

단 면 도

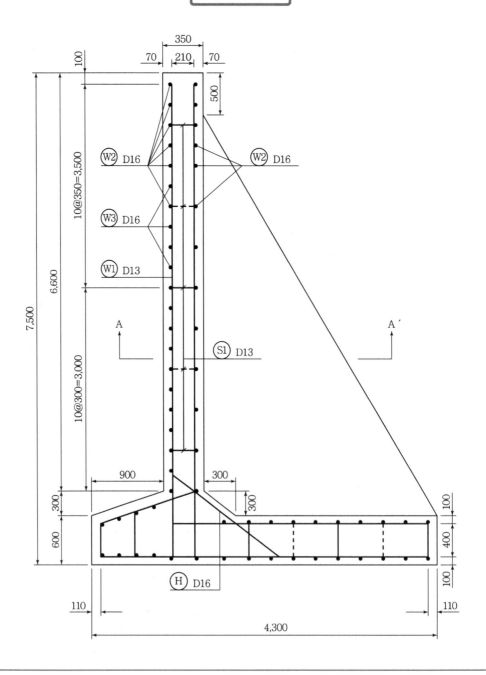

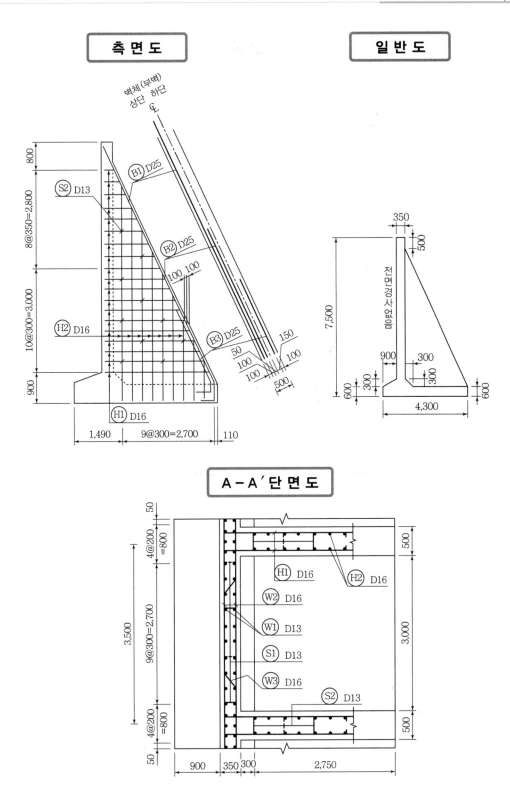

측면도

일반도

A-A′단면도

철 근 상 세 도

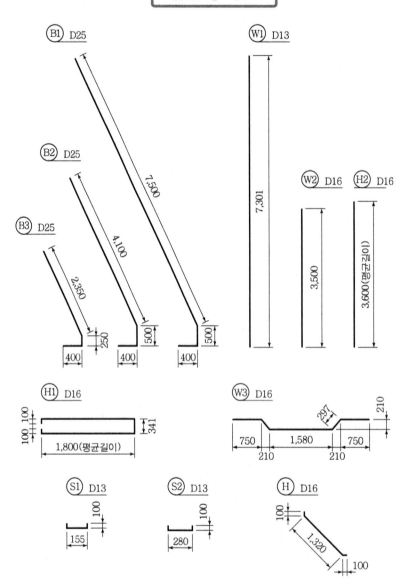

【 조 건 】
- S1 철근은 지그재그(Zigzag)로 배치되어 있다.
- H 철근의 간격은 W1 철근과 같다.
- 물량산출에서의 할증률 및 마구리는 없는 것으로 한다.
- 철근길이 계산에서 이음길이는 계산하지 않는다.
- 저판의 철근량은 계산하지 않는다.

가. 부벽을 포함하는 옹벽길이 3.5m에 대한 콘크리트량을 구하시오.
   (단, 소수점 이하 4째자리에서 반올림하시오.)

   계산 과정)

   답 : _____

나. 부벽을 포함하는 옹벽길이 3.5m에 대한 거푸집량을 구하시오.
   (단, 소수점 이하 4째자리에서 반올림하시오.)

   계산 과정)

   답 : _____

다. 부벽을 포함하는 옹벽길이 3.5m에 대한 철근물량표를 완성하시오.

기호	직경	길이	수량	총길이	기호	직경	길이	수량	총길이
W1					H1				
W2					B1				
W3					S1				

해답 가.

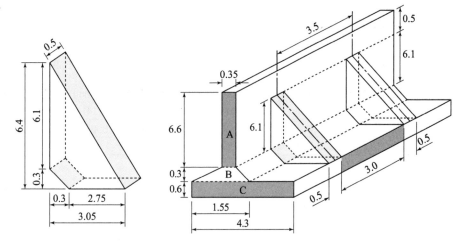

- 단면적×부벽두께 $= \left(\dfrac{6.4 \times 3.05}{2} - \dfrac{0.3 \times 0.3}{2} \right) \times 0.5 = 4.8575 \, \text{m}^3$

- 벽체 A=단면적×옹벽길이 $= (0.35 \times 6.6) \times 3.5 = 8.085 \, \text{m}^3$

- 헌치부분 B $= \dfrac{0.35 + 1.55}{2} \times 0.3 \times 3.5 = 0.9975 \, \text{m}^3$

- 저판 C $= (0.6 \times 4.30) \times 3.5 = 9.03 \, \text{m}^3$

   ∴ 총콘크리트량 $= 4.8575 + 8.085 + 0.9975 + 9.03 = 22.970 \, \text{m}^3$

나.

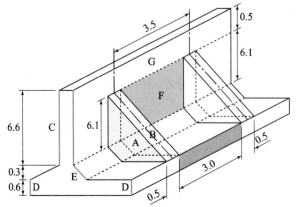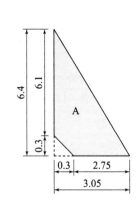

- A면 $= \left(\dfrac{6.4 \times 3.05}{2} - \dfrac{0.3 \times 0.3}{2} \right) \times 2$(양면) $= 19.43\text{m}^2$

- B면 $= \sqrt{6.4^2 + 3.05^2} \times 0.5 = 3.545\text{m}^2$

- C면 $= 6.6 \times 3.5 = 23.10\text{m}^2$

- D면 $= (0.6 \times 3.5) \times 2$(양면) $= 4.20\text{m}^2$

- E면 $= \sqrt{0.3^2 + 0.3^2} \times 3.0 = 1.273\text{m}^2$

- F면 $= 6.1 \times 3.0 = 18.30\text{m}^2$

- G면 $= 0.5 \times 3.5 = 1.75\text{m}^2$

∴ 총거푸집량 $= 19.43 + 3.545 + 23.10 + 4.20 + 1.273 + 18.30 + 1.75 = 71.598\text{m}^2$

다.

기호	직경	길이(mm)	수량	총길이(mm)	기호	직경	길이(mm)	수량	총길이(mm)
W1	D13	7,301	26	189,826	H1	D16	4,141	19	78,679
W2	D16	3,500	26	91,000	B1	D25	8,400	2	16,800
W3	D16	3,674	8	29,392	S1	D13	355	10	3,550

🎯 철근물량 산출근거

기호	직경	길이	수량	총길이	수량산출
W1	D13	7,301	26	189,826	• A–A'단면에서 • 철근 간격수 × 2(전후면) $= \{(9+1) + (2+1)\} \times 2$(전·후면) $= 26$본
W2	D16	3,500	26	91,000	• 철근 간격수 × 2(전후면) $= \{(4+3+5) + 1)\} \times 2$(전·후면) $= 26$본
W3	D16	3,674	8	29,392	• 단면도에서 수계산
H1	D16	4,141	19	78,679	• 측면도 8@ + 10@ • 칸수 + 1 $= (8+10) + 1 = 19$본
B1	D25	8,400	2	16,800	• 측면도 벽체(부벽)상단 좌우
S1	D13	355	10	3,550	• 단면도 실선 3, 점선 2 • A–A'단면도(실선 2, 점선 2) ∴ $3 \times 2 + 2 \times 2 = 10$본

□□□ 02①, 03②, 05②, 07④, 23① 【18점】

04 주어진 도면 및 조건에 따라 다음 물량을 산출하시오. (단, 주어진 도면의 치수는 규격에 맞지 않을 수 있으며, 주어진 치수로만 물량을 산출하시오.)

단 면 도 (N S) (단위 : mm)

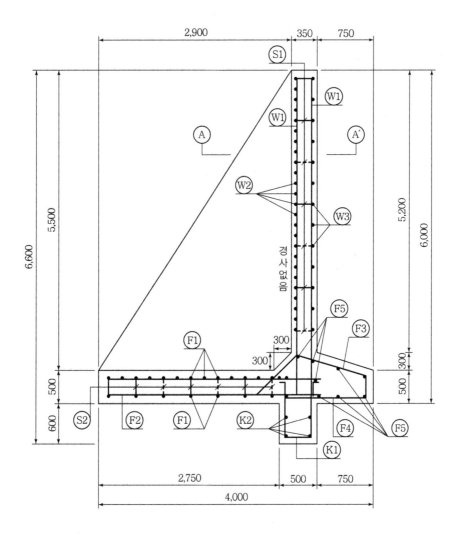

단 면 도 A – A '

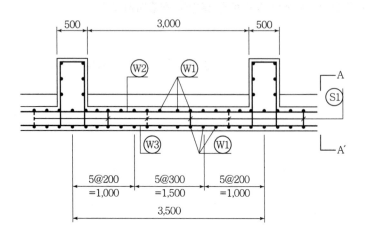

철 근 상 세 도

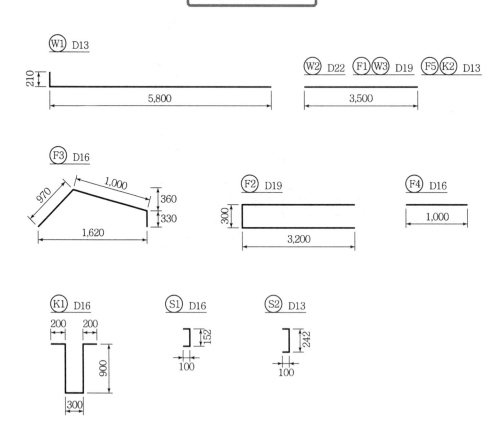

┌─────────── 【조 건】 ───────────┐
- K1, F2, F3, F4 철근간격은 W1철근과 같다.
- S1, S2 철근은 단면도와 같이 지그재그(Zigzag)로 계산한다.
- 물량산출에서의 할증률 및 마구리는 없는 것으로 한다.
- 철근길이 계산에서 이음길이는 계산하지 않는다.
- 거푸집량의 산정시 전단 Key에 거푸집을 사용하는 경우로 한다.
└──────────────────────────────┘

가. 옹벽길이 3.5m에 대한 전체 콘크리트량을 구하시오.
   (단, 소수점 이하 4째자리에서 반올림하시오.)

   계산 과정)   답 :

나. 옹벽길이 3.5m에 전체 거푸집량을 구하시오.
   (단, 소수점 이하 4째자리에서 반올림하시오.)

   계산 과정)   답 :

다. 옹벽길이 3.5m에 대한 철근량을 산출하기 위한 다음 철근물량표를 완성하시오.
   (단, 수량은 소수점 3째자리에서 반올림하시오.)

기호	직경	길이(mm)	수량	총길이(mm)	기호	직경	길이(mm)	수량	총길이(mm)
W1					F3				
F1					S1				

해답 가.

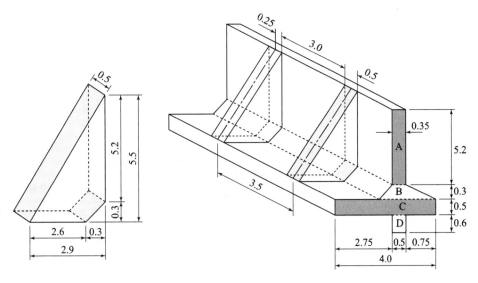

- 1개의 부벽에 대한 콘크리트량

$$단면적 \times 부벽두께 = \left(\frac{5.5 \times 2.9}{2} - \frac{0.3 \times 0.3}{2} \right) \times 0.5 = 3.965 \mathrm{m}^3$$

- 벽체 $\mathrm{A} = 단면적 \times 옹벽길이$

$$= (0.35 \times 5.2) \times 3.5 = 6.37 \mathrm{m}^3$$

- 헌치부분 $\mathrm{B} = \dfrac{0.35 + (0.75 + 0.35 + 0.3)}{2} \times 0.3 \times 3.5 = 0.9188 \mathrm{m}^3$

- 저판 $\mathrm{C} = (0.5 \times 4.0) \times 3.5 = 7.0 \mathrm{m}^3$

- 활동방지벽 $\mathrm{D} = (0.5 \times 0.6) \times 3.5 = 1.05 \mathrm{m}^3$

$$\therefore \ 총콘크리트량 = 3.965 + 6.37 + 0.9188 + 7.00 + 1.05 = 19.304 \mathrm{m}^3$$

나.

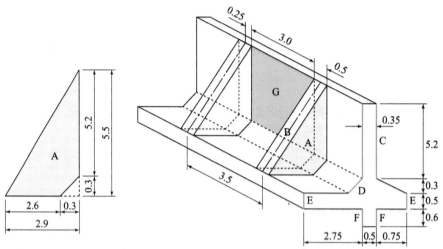

- A면 $= \left(\dfrac{5.5 \times 2.9}{2} - \dfrac{0.3 \times 0.3}{2} \right) \times 2(양면) = 15.86 \mathrm{m}^2$

- B면 $= \sqrt{5.5^2 + 2.9^2} \times 0.5 = 3.1089 \mathrm{m}^2$

- C면 $= 5.2 \times 3.5 = 18.2 \mathrm{m}^2$

- D면 $= \sqrt{0.3^2 + 0.3^2} \times 3.0 = 1.2728 \mathrm{m}^2$

- E면 $= 0.5 \times 2(양면) \times 3.5 = 3.5 \mathrm{m}^2$

- F면 $= 0.6 \times 2(양면) \times 3.5 = 4.2 \mathrm{m}^2$

- G면 $= 3.0 \times 5.2 = 15.6 \mathrm{m}^2$

$$\therefore \ 총거푸집량 = 18.9689 + 18.2 + 1.2728 + 3.5 + 4.2 + 15.6 = 61.742 \mathrm{m}^2$$

다.

기호	직경	길이 (mm)	수량	총길이 (mm)	기호	직경	길이 (mm)	수량	총길이 (mm)
W1	D13	6,010	30	180,300	F3	D16	2,300	15	34,500
F1	D19	3,500	23	80,500	S1	D13	352	12	4,224

철근물량 산출근거

1. W1, K1, F2, F3, F4 철근수량 계산

기호	직경	길이(mm)	수량	총길이(mm)	산출근거
W1	D13	$210+5,800=6,010$	30	180,300	• 단면도 A-A'에서 $=(5+5+5)\times2$(복배근) $=30$
K1	D16	$(200+900)\times2$ $+300=2,500$	15	37,500	• K1, F2, F3, F4철근 간격은 W1철근과 같다. • W1은 A-A'에서 2열 배근 $\therefore$ 15본
F2	D19	$300+3,200\times2$ $=6,700$	15	100,500	
F3	D16	$970+1,000+330$ $=2,300$	15	34,500	
F4	D16	1,000	15	15,000	

2. W2, W3, F1, F5, K2 철근수량 계산(단면도에서)

기호	직경	길이(mm)	수량	총길이(mm)	산출근거
W2	D22	3,500	25	87,500	• 단면도에서 개수를 센다.
W3	D19	3,500	13	45,500	
F1	D19	3,500	23	80,500	
F5	D13	3,500	8	28,000	
K2	D13	3,500	4	14,000	

3. S1 철근수량 계산

기호	직경	길이(mm)	수량	총길이(mm)	산출근거
S1	D13	$100\times2+152=352$	12	4,224	• 단면도(점선 3, 실선 3) • 단면도 A-A'(점선 2, 실선 2) $\therefore$ $3\times2+3\times2=12$본

4. 철근물량표

기호	직경	길이(mm)	수량	총길이(mm)	기호	직경	길이(mm)	수량	총길이(mm)
W1	D13	6,010	30	180,300	F3	D16	2,300	15	34,500
W2	D22	3,500	25	87,500	F5	D13	3,500	8	28,000
F1	D19	3,500	23	80,500	K1	D16	2,500	15	37,500
F2	D19	6,700	15	100,500	S1	D13	352	12	4,224

05 주어진 슬래브의 도면 및 조건에 따라 다음 물량을 산출하시오. (단위 : mm)

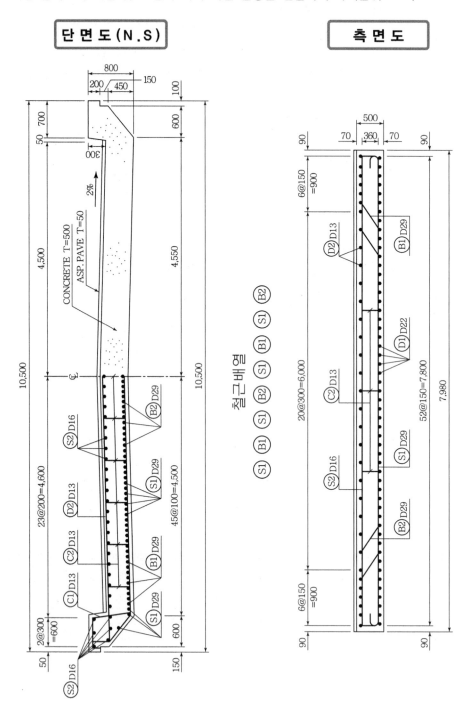

철근상세도

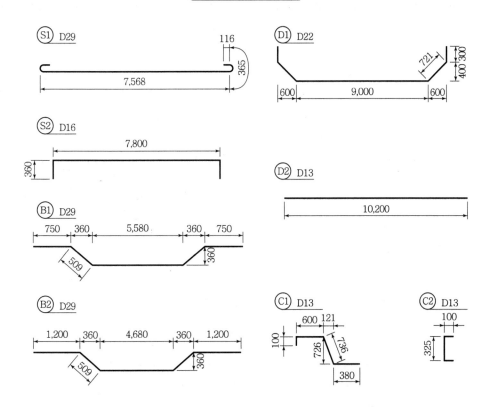

【 조 건 】

- B1과 B2 철근은 400mm 간격으로 200mm 간격의 S1 철근 사이에 교대로 배치되어 있다.
- D2와 C1 철근은 동일한 위치에 동일한 간격으로 배치된 것으로 측면도와 같이 중앙부에서는 300mm, 양쪽 단부에서는 150mm 간격으로 배근되어 있다.
- 물량산출에서의 할증률은 무시한다.
- 철근길이 계산에서 이음길이는 계산하지 않는다.
- 슬래브 기울기 2%는 시공시에만 고려할 사항으로 물량산출에서는 무시한다.

가. 한 경간(1 span)에 대한 콘크리트량을 구하시오. (단, 소수 4째자리에서 반올림하시오.)

계산 과정)

답 : _____

나. 한 경간(1 span)에 대한 아스팔트량을 구하시오. (단, 소수 4째자리에서 반올림하시오.)

계산 과정)

답 : _____

다. 한 경간(1 span)에 대한 거푸집량을 구하시오. (단, 소수 4째자리에서 반올림하시오.)

계산 과정)

답 : _____

라. 한 경간(1 span)에 대한 다음 철근물량표를 완성하시오.

기호	직경	길이(mm)	수량	총길이(mm)	기호	직경	길이(mm)	수량	총길이(mm)
B1					D1				
B2					S1				
C1					S2				

해답 가.

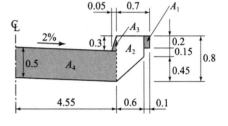

- $A_1 = 0.10 \times 0.2 = 0.02\,\mathrm{m}^2$
- $A_2 = \dfrac{0.35 + 0.8}{2} \times 0.6 = 0.345\mathrm{m}^2$
- $A_3 = \dfrac{0.05 \times 0.3}{2} = 0.0075\mathrm{m}^2$
- $A_4 = 4.55 \times 0.5 = 2.275\mathrm{m}^2$
- 총단면적 $= \sum A \times 2 (좌우)$
  $= (0.02 + 0.345 + 0.0075 + 2.275) \times 2$
  $= 2.6475 \times 2 = 5.295\,\mathrm{m}^2$
- ∴ 콘크리트량 $=$ 총단면적$\times$측면도 길이 $= 5.295 \times 7.980 = 42.254\mathrm{m}^3$

나. $A = 4.50 \times 0.05 = 0.225\mathrm{m}^2$

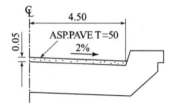

∴ 아스팔트량 $=$ 총단면적$\times$측면도 길이
$= 0.225 \times 2 (좌우) \times 7.980$
$= 3.591\mathrm{m}^3$

다.

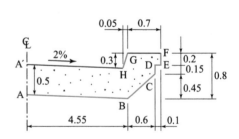

- $\overline{\mathrm{AB}} = 4.55\mathrm{m}$
- $\overline{\mathrm{BC}} = \sqrt{0.6^2 + 0.45^2} = 0.750\mathrm{m}$
- $\overline{\mathrm{CD}} = 0.15\mathrm{m}$
- $\overline{\mathrm{DE}} = 0.10\mathrm{m}$
- $\overline{\mathrm{EF}} = 0.20\mathrm{m}$
- $\overline{\mathrm{GH}} = \sqrt{0.30^2 + 0.05^2} = 0.304\mathrm{m}$
- 거푸집면 길이 $= 4.55 + 0.75 + 0.15$
  $+ 0.1 + 0.2 + 0.304$
  $= 6.054\mathrm{m}$
  ∴ 거푸집량 $= 6.054 \times 7.980 \times 2 = 96.622\,\mathrm{m}^2$
- span 마구리면 $= 5.295 \times 2 = 10.590\mathrm{m}^2$
  ∴ 총거푸집량 $= 96.622 + 10.590 = 107.212\mathrm{m}^2$

라. 한 경간에 대한 철근물량표

기호	직경	길이(mm)	수량	총길이(mm)	기호	직경	길이(mm)	수량	총길이(mm)
B1	D29	8,098	22	178,156	D1	D22	11,042	53	585,226
B2	D29	8,098	22	178,156	S1	S29	8,530	49	417,970
C1	D13	1,816	66	119,856	S2	S29	8,520	57	485,640

🎯 철근물량 산출근거

$$B1 = \left\{ \frac{4,500-(200+300)}{400}+1 \right\} \times 2 = 22본$$

$$B2 = \left\{ \frac{4,500-(400+100)}{400}+1 \right\} \times 2 = 22본$$

$$C1 = D2 \times 2 = (6@+20@+6@+1) = 32+1 = 33본$$

$$D1 = 52@+1 = 53본$$

$$S1 = \left\{ \frac{4,500-(100+200)}{200}+1 \right\} \times 2+1+2 \times 2 = 49본$$

$$S2 = \{(간격수+1)+끝단 철근\} \times 2-1$$
$$= \{(23+1)+5\} \times 2-1 = 57본$$

□□□ 10②, 11④, 17①, 18③, 20① 【8점】

06 아래 그림과 같은 2연암거의 일반도를 보고 다음 물량을 산출하시오.
(단, 도면 치수의 단위는 mm이다.)

일반도

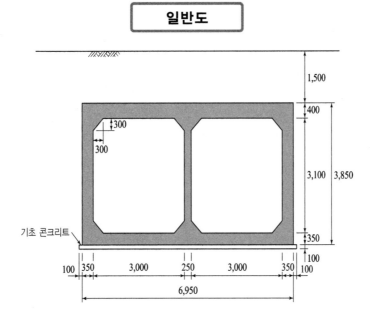

가. 암거길이 1m에 대한 콘크리트량을 산출하시오.
    (단, 기초 콘크리트량도 포함하며, 소수점 이하 4째자리에서 반올림하시오.)
  계산 과정)   답 : _____

나. 암거길이 1m에 대한 거푸집량을 산출하시오.
    (단, 양쪽 마구리면은 무시하며, 기초 거푸집량도 포함하며, 소수점 이하 4째자리에서 반
    올림하시오.)
  계산 과정)   답 : _____

다. 암거길이 1m에 대한 터파기량을 산출하시오.
    (단, 지형상태는 일반도와 같으며 터파기는 기초 콘크리트 양끝에서 0.6m 여유폭을 두고
    비탈기울기는 1 : 0.5로 하며, 소수점 이하 4째자리에서 반올림하시오.)
  계산 과정)   답 : _____

해답 가.

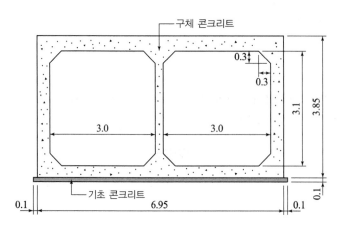

기초콘크리트량 $= (6.95 + 0.1 \times 2) \times 0.1 \times 1\,(m) = 0.715\,m^3$

암거 콘크리트량 $= [6.95 \times 3.85 - 3.100 \times 3.000 \times 2 + \dfrac{1}{2} \times 0.3 \times 0.3 \times 8] \times 1\,m$

$\qquad\qquad = 8.518\,m^3$

총 콘크리트량 $= 0.715 + 8.518 = 9.233\,m^3$

나.

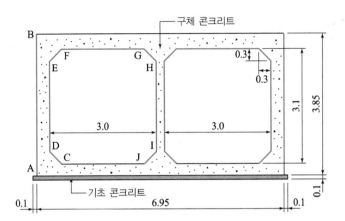

기초 거푸집량 $= 0.100 \times 2 \times 1 (\mathrm{m}) = 0.200 \mathrm{m}^2$

암거 거푸집량 $= 3.85 \times 2 + (3.100 - 0.300 \times 2) \times 4 + (3.000 - 0.300 \times 2) \times 2 + \sqrt{0.3^2 + 0.3^2} \times 8$
$\qquad = 25.894 \mathrm{m}$

∴ 총거푸집량 $= 0.200 + 25.894 = 26.094 \mathrm{m}^2$

다.

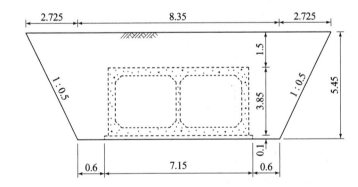

기초 터파기량 밑면 : $0.6 + 0.100 + 6.95 + 0.100 + 0.6 = 8.35 \mathrm{m}$

기초 터파기량 위면 : $8.35 + (1.5 + 3.85 + 0.1) \times 0.5 \times 2 = 13.8 \mathrm{m}$

암거 더파기량 : $\dfrac{(8.35 + 13.8)}{2} \times (1.5 + 3.85 + 0.1) \times 1 (\mathrm{m}) = 60.359 \mathrm{m}^3$

□□□ 11①, 13④, 16①, 19② 【8점】

07 주어진 역T형 교대 도면을 보고 다음 물량을 산출하시오. (단, 교대 전체길이는 10.3m 이며, 도면의 치수단위는 mm이며, 소수점 이하 4째자리에서 반올림하시오.)

측 면 도

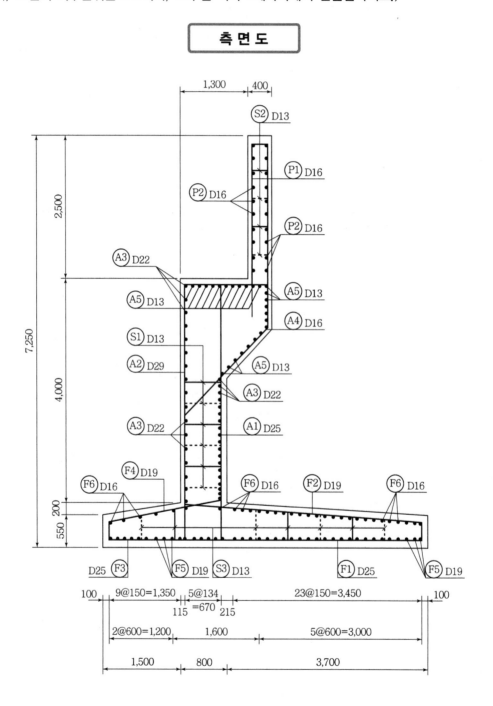

$$일 반 도$$

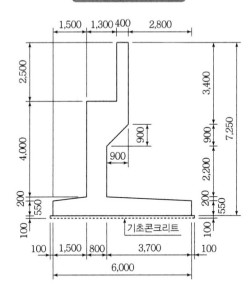

가. 교대의 전체 콘크리트량을 구하시오. (단, 기초 콘크리트량은 무시한다.)

계산 과정)

답 : _____

나. 교대의 전체 거푸집량을 구하시오. (단, 기초 콘크리트에 사용되는 거푸집량은 무시한다.)

계산 과정)

답 : _____

해답 가.

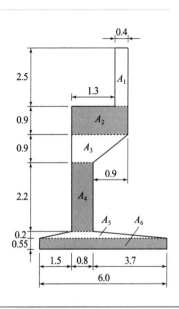

- $A_1 = 0.4 \times 2.5 = 1.0 \, \text{m}^2$
- $A_2 = (1.3 + 0.4) \times 0.9 = 1.53 \, \text{m}^2$
- $A_3 = \dfrac{(1.30 + 0.4) + 0.8}{2} \times 0.9 = 1.125 \, \text{m}^2$
- $A_4 = 2.2 \times 0.8 = 1.76 \, \text{m}^2$
- $A_5 = \dfrac{0.80 + 6.0}{2} \times 0.2 = 0.68 \, \text{m}^2$
- $A_6 = 6.0 \times 0.55 = 3.30 \, \text{m}^2$

  총단면적 $\sum A = 1.0 + 1.53 + 1.125 + 1.76 + 0.68 + 3.30$
  $= 9.395 \, \text{m}^2$

  $\therefore$ 총콘크리트량 $V = 9.395 \times 10.3 = 96.769 \, \text{m}^3$

나.

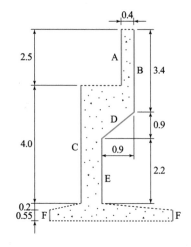

- A = 2.5m
- B = 3.4m
- C = 4.0m
- D = $\sqrt{0.9^2 + 0.9^2} = 1.2728\,\mathrm{m}$
- E = 2.2m
- F = $0.55 \times 2 = 1.10\mathrm{m}$

총거푸집길이 $\sum L = 2.5 + 3.4 + 4.0 + 1.2728 + 2.2 + 1.10$
$$= 14.4728\mathrm{m}$$

마구리면 $= 9.395 \times 2 = 18.79\mathrm{m}^2$

∴ 총거푸집량 $\sum A = 14.4728 \times 10.3 + 18.79$
$$= 167.860\mathrm{m}^2$$

□□□ 03①, 08①, 12②, 15①, 18①, 20③, 23② 【18점】

08 주어진 도면 및 조건에 따라 다음 물량을 산출하시오.
(단, 주어진 도면의 치수는 축척에 맞지 않을 수 있으며, 주어진 치수로만 물량을 산출할 것)

단 면 도 (단위 : mm)

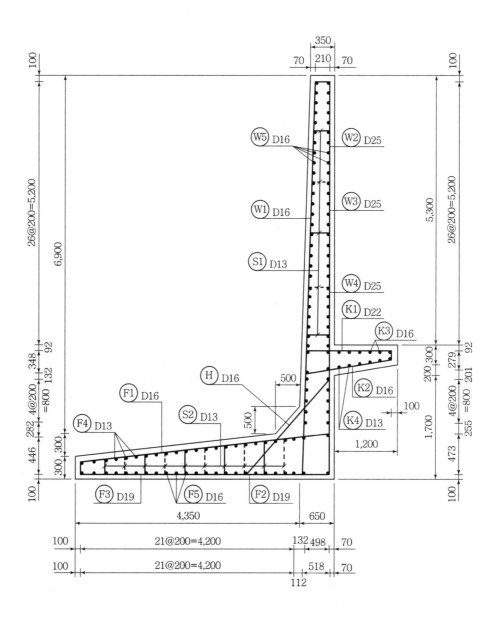

일 반 도

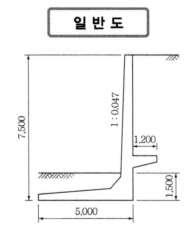

철 근 상 세 도

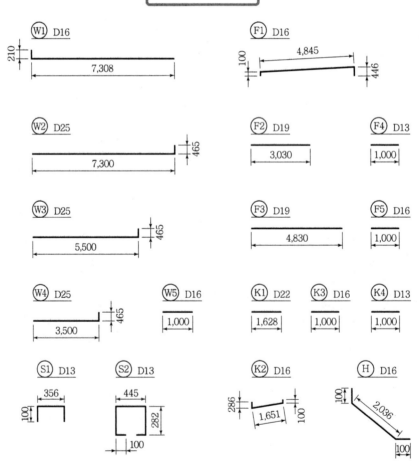

【조 건】

- W1, W4, H, K1, K2, K3, K4, F1, F2, F3 철근은 각각 200mm 간격으로 배근한다.
- W2, W3 철근은 각각 400mm 간격으로 배근한다.
- S1, S2 철근은 도면의 표시와 같이 지그재그로 배근한다.
- 물량산출에서 할증률은 무시하며 철근길이 계산에서 이음길이는 계산하지 않는다.

가. 길이 1m에 대한 콘크리트량을 구하시오. (단, 소수점 이하 4째자리에서 반올림)

계산 과정)   답 :

나. 길이 1m에 대한 거푸집량을 구하시오.
(단, 양측 마구리면은 계산하지 않으며, 소수점 이하 4째자리에서 반올림)

계산 과정)   답 :

다. 길이 1m에 대한 철근량 산출을 위한 철근물량표를 완성하시오.

기호	직경	길이(mm)	수량	총길이(mm)	기호	직경	길이(mm)	수량	총길이(mm)
W2					F4				
W5					S1				
H					S2				

해답 **가.**

- A면 $= \left(\dfrac{0.35+0.65}{2} \times 6.4\right) \times 1 = 3.2\,\mathrm{m}^3$

- B면 $= \left(\dfrac{0.3+0.5}{2} \times 1.2\right) \times 1 = 0.48\,\mathrm{m}^3$

- C면 $= \left(\dfrac{0.65+(0.5+0.65)}{2} \times 0.5\right) \times 1 = 0.45\,\mathrm{m}^3$

- D면 $= \{(0.5+0.65) \times 0.6\} \times 1 = 0.69\,\mathrm{m}^3$

- E면 $= \left(\dfrac{0.3+0.6}{2} \times 3.85\right) \times 1 = 1.733\,\mathrm{m}^3$

  $\sum V = 3.2 + 0.48 + 0.45 + 0.69 + 1.733 = 6.553\,\mathrm{m}^3$

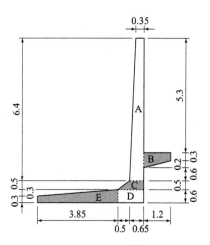

나.

- 저판 A면 $= 0.3 \times 1 = 0.3 \mathrm{m}^2$
- 저판 B면 $= 1.7 \times 1 = 1.7 \mathrm{m}^2$
- 헌치 C면 $= \sqrt{0.5^2 + 0.5^2} \times 1 = 0.707 \mathrm{m}^2$
- 선반 D면 $= \sqrt{1.2^2 + 0.2^2} \times 1 = 1.217 \mathrm{m}^2$
- 선반 E면 $= 0.3 \times 1 = 0.3 \mathrm{m}^2$
- 벽체 F면 $= \sqrt{6.4^2 + 0.3008^2} \times 1 = 6.407 \mathrm{m}^2$
  ($\because x = 0.047 \times 6.4 = 0.3008 \mathrm{m}$)
- 벽체 G면 $= 5.3 \times 1 = 5.3 \mathrm{m}^2$
- $\therefore$ 면적 $= 0.3 + 1.7 + 0.707 + 1.217 + 0.3 + 6.407 + 5.3$
  $= 15.931 \mathrm{m}^2$

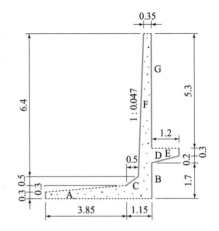

다.

기호	직경	길이(mm)	수량	총길이(mm)	기호	직경	길이(mm)	수량	총길이(mm)
W2	D25	7,765	2.5	19,413	F4	D13	1,000	24	24,000
W5	D16	1,000	68	68,000	S1	D13	556	12.5	6,950
H	D16	2,236	5	11,180	S2	D13	1,209	12.5	15,113

🎯 **철근물량 산출근거**

- $W2 = \dfrac{\text{총길이}}{\text{철근간격}} = \dfrac{1,000}{400} = 2.5$본
- $W5 = (\text{철근간격} + 1) \times 2(\text{벽체 전후면}) = (26 + 1 + 1 + 1 + 4 + 1) \times 2 = 68$본
- $H = \dfrac{\text{총길이}}{\text{철근간격}} = \dfrac{1,000}{200} = 5$본
- $F4 = \text{철근간격} + 1 = (21 + 1 + 1) + 1 = 24$본
- $S1 = \dfrac{\text{단면도의 S1개수}}{(\text{W1의 간격}) \times 2} = \dfrac{5}{200 \times 2} \times 1,000 = 12.5$본
- $S2 = \dfrac{\text{단면도의 S2개수}}{(\text{F1의 간격}) \times 2} \times \text{옹벽 길이} = \dfrac{10}{400 \times 2} \times 1,000 = 12.5$
  ($\because$ 한 칸 건너 지그재그로 배근)

09 주어진 도면 및 조건에 따라 다음 물량을 산출하시오. (단, 주어진 도면의 치수는 축척에 맞지 않을 수 있으며, 주어진 치수로만 물량을 산출할 것)

───── 【조 건】 ─────

• W1, W2, W3, W4, W5, W6, F1, F3, F4, K2 철근은 각각 200mm 간격으로 배근한다.

• F2, K1, H 철근은 각각 100mm 간격으로 배근한다.

• S1, S2, S3 철근은 지그재그로 배근한다.

• 옹벽의 돌출부(전단 Key)에는 거푸집을 사용하는 경우로 계산한다.

• 물량산출에서 할증률 및 마구리는 없는 것으로 하고 상세도에 표시되어 있지 않은 이음길이는 계산하지 않는다.

단 면 도 (N.S) (단 위 : mm)

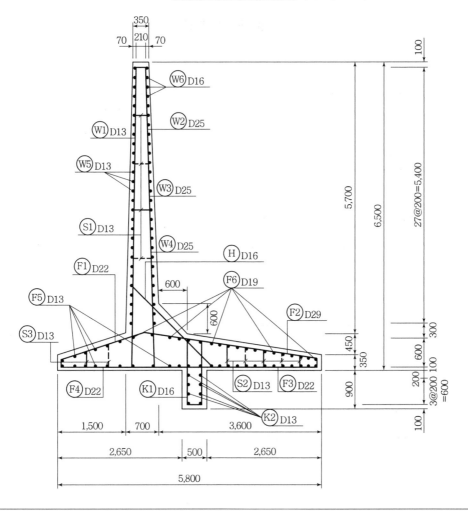

일 반 도

철 근 상 세 도

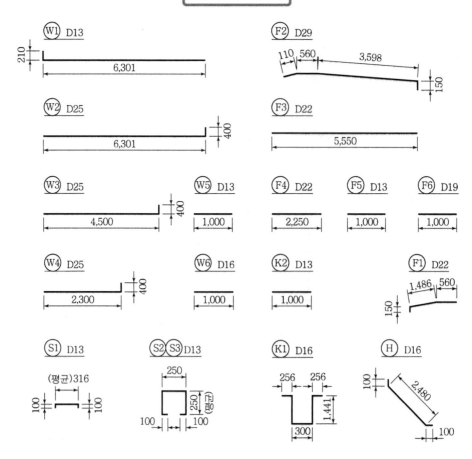

가. 길이 1m에 대한 콘크리트량을 구하시오. (단, 소수점 이하 4째자리에서 반올림 하시오.)

계산 과정)

답 : _____

나. 길이 1m에 대한 거푸집량을 구하시오. (단, 소수점 이하 4째자리에서 반올림 하시오.)

계산 과정)

답 : _____

다. 길이 1m에 대한 철근물량표를 완성하시오.

기호	직경	길이(mm)	수량	총길이(mm)	기호	직경	길이(mm)	수량	총길이(mm)
W1					K1				
F1					K2				
F5					S2				

해답 가. 콘크리트량

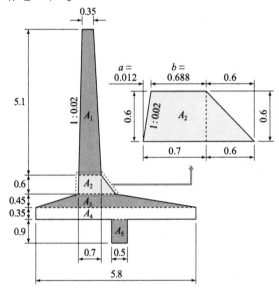

- $a = 0.02 \times 0.6 = 0.012\,\mathrm{m}$
- $b = 0.70 - 0.02 \times 0.6 = 0.688\,\mathrm{m}$
- $A_1 = \dfrac{0.35 + (0.7 - 0.6 \times 0.02)}{2} \times 5.1 = 2.6469\,\mathrm{m}^2$
- $A_2 = \dfrac{(0.7 - 0.6 \times 0.02) + (0.7 + 0.6)}{2} \times 0.6 = 0.5964\,\mathrm{m}^2$
- $A_3 = \dfrac{(0.7 + 0.6) + 5.8}{2} \times 0.45 = 1.5975\,\mathrm{m}^2$
- $A_4 = 0.35 \times 5.8 = 2.03\,\mathrm{m}^2$
- $A_5 = 0.9 \times 0.5 = 0.45\,\mathrm{m}^2$
- $\therefore\ V = \left(\sum A_i\right) \times 1 = (2.6469 + 0.5964 + 1.5975 + 2.03 + 0.45) \times 1 = 7.321\,\mathrm{m}^3$

나.

- $a = 0.02 \times 5.7 = 0.114\,\mathrm{m}$
- $b = 0.7 - (0.114 + 0.35) = 0.236\,\mathrm{m}$
- $A = 0.9 \times 2 = 1.8\,\mathrm{m}$
- $B = 0.35 \times 2 = 0.70\,\mathrm{m}$
- $C = \sqrt{0.6^2 + 0.6^2} = 0.8485\,\mathrm{m}$
- $D = \sqrt{5.7^2 + 0.114^2} = 5.7011\,\mathrm{m}$
- $F = \sqrt{5.1^2 + 0.236^2} = 5.1055\,\mathrm{m}$

$\sum L = 1.8 + 0.70 + 0.8485 + 5.7011 + 5.1055 = 14.155\,\mathrm{m}$

∴ 면적 $= \sum L \times 1(\mathrm{m}) = 14.155 \times 1 = 14.155\,\mathrm{m}^2$

다. 철근물량표

기호	직경	길이(mm)	수량	총길이(mm)	기호	직경	길이(mm)	수량	총길이(mm)
W1	D13	6,511	5	32,555	K1	D16	3,694	10	36,940
F1	D22	2,196	5	10,980	K2	D13	1,000	8	8,000
F5	D13	1,000	31	31,000	S2	D13	950	12.5	11,875

🎯 철근물량 산출근거

기호	직경	길이(mm)	수량	총길이(mm)	수량산출
W1	D13	$210 + 6,301 = 6,511$	5	32,555	$\dfrac{1}{0.200} = 5$본
F1	D22	$150 + 1,486 + 560 = 2,196$	5	10,980	$\dfrac{1}{0.200} = 5$본
F5	D13	1,000	31	31,000	31본(단면도에 수작업)
K1	D16	$256 \times 2 + 300 + 1,441 \times 2$ $= 3,694$	10	36,940	$\dfrac{1}{0.100} = 10$본
K2	D13	1,000	8	8,000	단면도에서 수작업(Key 부분)
S2	D13	$(100 + 250) \times 2 + 250 = 950$	12.5	11,875	$\dfrac{5}{0.200 \times 2} \times 1 = 12.5$본 또는 $400 : 5 = 1,000 : x$ ∴ $x = 12.5$

□□□ 10①, 11②, 14①④, 17②, 20② 【8점】

10 주어진 반중력식 교대 도면을 보고 다음 물량을 산출하시오.
(단, 교대 전체길이는 10m이며, 도면의 치수단위는 mm이다.)

일 반 도

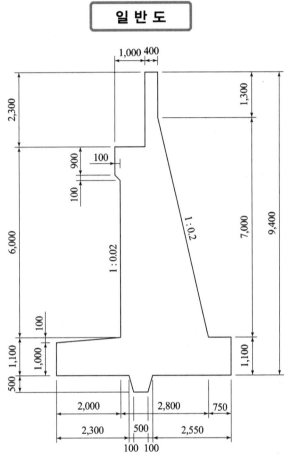

가. 교대의 전체 콘크리트량을 구하시오. (단, 소수 4째자리에서 반올림하시오.)

계산 과정)

답 : _____

나. 교대의 전체 거푸집량을 구하시오.
(단, 돌출부(전단 Key)에 거푸집을 사용하며, 소수 4째자리에서 반올림하시오.)

계산 과정)

답 : _____

해답 **가.**

- $A_1 = 0.4 \times 1.3 = 0.52 \, \text{m}^2$
- $A_2 = \dfrac{0.4 + (0.4 + 7 \times 0.2)}{2} \times 7 = 7.70 \, \text{m}^2$
- $A_3 = 1.0 \times 0.9 = 0.9 \, \text{m}^2$
- $A_4 = \dfrac{1.0 + 0.9}{2} \times 0.1 = 0.095 \, \text{m}^2$
- $A_5 = \dfrac{0.9 + (0.9 + 5 \times 0.02)}{2} \times 5 = 4.75 \, \text{m}^2$
- $A_6 = \dfrac{(5.55 - 2.0) + 5.55}{2} \times 0.1 = 0.455 \, \text{m}^2$
- $A_7 = 5.55 \times 1.0 = 5.550 \, \text{m}^2$
- $A_8 = \dfrac{0.5 + 0.7}{2} \times 0.5 = 0.30 \, \text{m}^2$

$$\sum A = 0.52 + 7.70 + 0.9 + 0.095 + 4.75$$
$$+ 0.455 + 5.55 + 0.30 = 20.270 \, \text{m}^2$$

∴ 총콘크리트량 $= 20.270 \times 10 = 202.700 \, \text{m}^3$

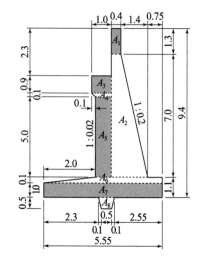

나.

- $A = 2.3 \, \text{m}$
- $B = 0.9 \, \text{m}$
- $C = \sqrt{0.1^2 + 0.1^2} = 0.1414 \, \text{m}$
- $D = \sqrt{(5 \times 0.02)^2 + 5^2} = 5.001 \, \text{m}$
- $E = 1.0 \, \text{m}$
- $F = \sqrt{0.1^2 + 0.5^2} \times 2 = 1.0198 \, \text{m}$
- $G = 1.1 \, \text{m}$
- $H = \sqrt{(7 \times 0.2)^2 + 7^2} = 7.1386 \, \text{m}$
- $I = 1.3 \, \text{m}$
- 총거푸집길이
$$\sum L = 2.3 + 0.9 + 0.1414 + 5.001 + 1.0 + 1.0198$$
$$+ 1.1 + 7.1386 + 1.3$$
$$= 19.9008 \, \text{m}$$
- 측면도의 거푸집량 $= 19.9008 \times 10 = 199.008 \, \text{m}^2$
- 양 마구리면의 거푸집량 $= 20.270 \times 2 \, (\text{양단})$
$$= 40.54 \, \text{m}^2$$

∴ 총거푸집량 $= 199.008 + 40.54 = 239.548 \, \text{m}^2$

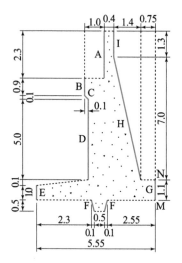

11 주어진 도면에 따라 다음 물량을 산출하시오. (단, 도면의 치수단위는 mm이다.)

단 면 도

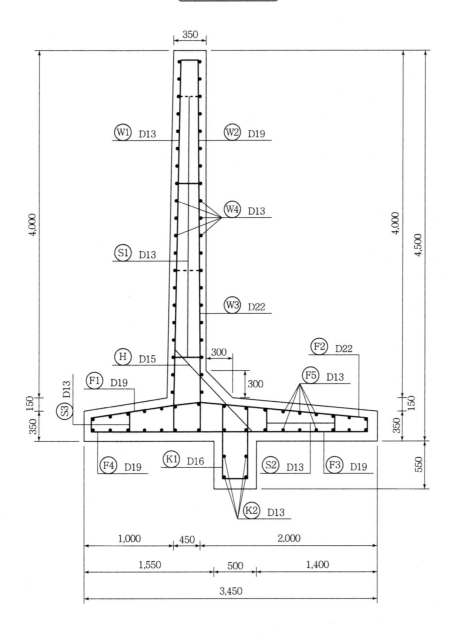

일 반 도

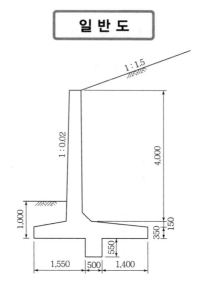

가. 옹벽길이 1m에 대한 콘크리트량을 구하시오. (단, 소수 넷째자리에서 반올림하시오.)

계산 과정)   답 :

나. 옹벽길이 1m에 대한 거푸집량을 구하시오.
   (단, 돌출부(전단 Key)에 거푸집을 사용하며, 마구리면의 거푸집을 무시하며, 소수 넷째자리
   에서 반올림하시오.)

계산 과정)   답 :

해답 가.

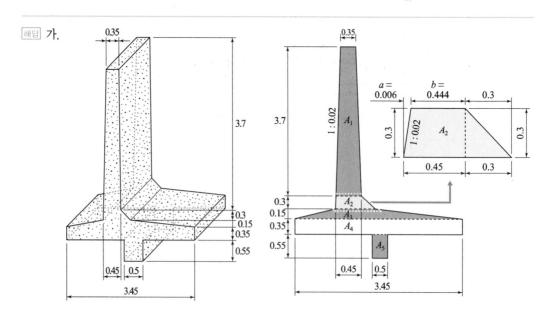

- $a = 0.02 \times 0.30 = 0.006 \mathrm{m}$
- $b = 0.45 - 0.02 \times 0.30 = 0.444 \mathrm{m}$
- $A_1 = \dfrac{0.35 + 0.444}{2} \times 3.7 = 1.469 \mathrm{m}^2$
- $A_2 = \dfrac{0.444 + (0.45 + 0.3)}{2} \times 0.3 = 0.179 \mathrm{m}^2$
- $A_3 = \dfrac{(0.45 + 0.3) + 3.45}{2} \times 0.15 = 0.315 \mathrm{m}^2$
- $A_4 = 0.35 \times 3.45 = 1.208 \mathrm{m}^2$
- $A_5 = 0.55 \times 0.5 = 0.275 \mathrm{m}^2$

  $\therefore$ 콘크리트량 $= (\sum A_i) \times 1 = (1.469 + 0.179 + 0.315 + 1.208 + 0.275) \times 1 = 3.446 \mathrm{m}^3$

나.

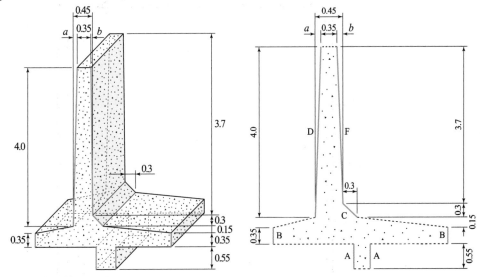

- $a = 0.02 \times 4.0 = 0.08 \mathrm{m}$
- $b = 0.45 - (0.08 + 0.35) = 0.02 \mathrm{m}$
- $A = 0.55 \times 2 = 1.1 \mathrm{m}$
- $B = 0.35 \times 2 = 0.70 \mathrm{m}$
- $C = \sqrt{0.3^2 + 0.3^2} = 0.4243 \mathrm{m}$
- $D = \sqrt{4.0^2 + 0.08^2} = 4.001 \mathrm{m}$
- $F = \sqrt{3.7^2 + 0.02^2} = 3.7001 \mathrm{m}$

  $\sum L = 1.1 + 0.70 + 0.4243 + 4.001 + 3.7001$

  $\qquad = 9.9254 \mathrm{m}$

  $\therefore$ 거푸집량 $= \sum L \times 1(\mathrm{m}) = 9.9254 \times 1 = 9.925 \mathrm{m}^2$

12 **주어진 도면 및 조건에 따라 다음 물량을 산출하시오. (단, 주어진 도면의 치수는 축척에 맞지 않을 수 있으며, 주어진 치수로만 물량을 산출할 것)**

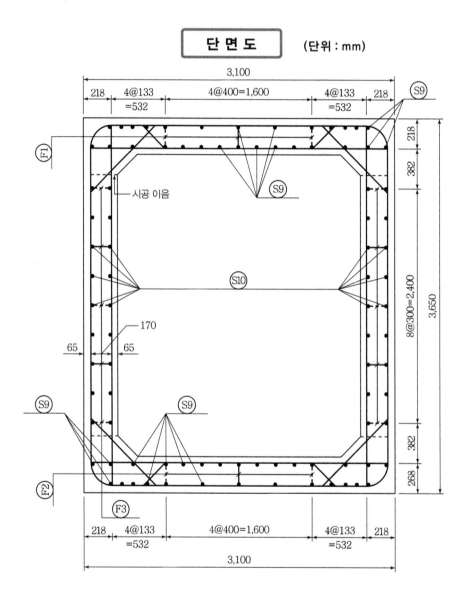

단 면 도 (단위 : mm)

일 반 도

주 철 근 조 립 도

철 근 상 세 도

기초 콘크리트

┌─────────────── 【조 건】 ───────────────┐
- S1~S8 철근은 300mm 간격으로 배치되어 있다.
- F1, F2, F3 철근은 300mm 간격으로 지그재그로 배치되어 있다.
- 철근의 이음과 할증은 무시한다.
- 지형상태는 일반도와 같으며 터파기는 기초 콘크리트 양끝에서 100cm 여유폭을 두고 비탈기울기는 1 : 0.5로 한다.
- 거푸집량의 계산에서 마구리면은 무시한다.
└──────────────────────────────────────┘

가. 길이 1m에 대한 기초와 구체의 콘크리트량을 구하시오. (단, 소수 넷째자리에서 반올림하시오.)

① 기초 콘크리트량 :

② 구체 콘크리트량 :

나. 길이 1m에 대한 거푸집량을 구하시오. (단, 소수 넷째자리에서 반올림하시오.)

계산 과정)   답 : _____

다. 길이 1m에 대한 터파기량을 구하시오. (단, 소수 넷째자리에서 반올림하시오.)

계산 과정)   답 : _____

라. 길이 1m에 대한 철근량을 산출하기 위한 다음 철근물량표를 완성하시오.
(단, 소수 셋째자리에서 반올림하시오.)

기호	직경	길이(mm)	수량	총길이 (mm)	기호	직경	길이(mm)	수량	총길이 (mm)
S1					S9				
S7					F1				

해답 **가.** ① $V_1 = 3.5 \times 0.1 \times 1 = 0.350\,\mathrm{m}^3$

② $\left\{ (3.1 \times 3.65) - (2.5 \times 3.0) + \frac{1}{2} \times 0.2 \times 0.2 \times 4 \right\} \times 1 = 3.895\,\mathrm{m}^3$

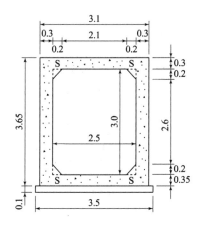
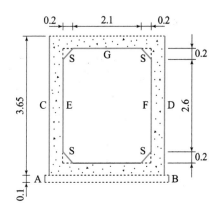

나. A면 = 0.1 m   B면 = 0.1 m   C면 = 3.65 m   D면 = 3.65 m

E면 = 2.60 m   F면 = 2.60 m   G면 = 2.10 m

$S = \sqrt{0.20^2 + 0.20^2} \times 4 = 1.1314\,\text{m}$

∴ 총거푸집길이 $= 0.1 \times 2 + 3.65 \times 2 + 2.60 \times 2 + 2.10 + 1.1314 = 15.9314\,\text{m}$

∴ 총거푸집량 = 총거푸집길이×단위길이 $= 15.9314 \times 1 = 15.931\,\text{m}^2$

다.

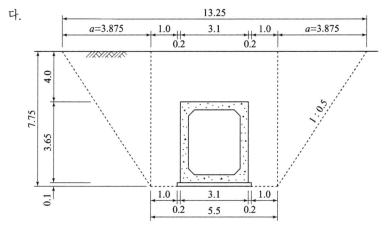

$a = 7.75 \times 0.5 = 3.875\,\text{m}$

$b = 1.0 + 0.2 + 3.1 + 0.2 + 1.0 = 5.5\,\text{m}$

∴ 터파기량 $= \left(\dfrac{13.25 + 5.50}{2} \times 7.75 \right) \times 1 = 72.656\,\text{m}^3$

라.

기호	직경	길이 (mm)	수량	총길이 (mm)	기호	직경	길이 (mm)	수량	총길이 (mm)
S1	D22	6,832	6.67	45,569	S9	D16	1,000	56	56,000
S7	D13	1,018	6.67	6,790	F1	D13	812	5	4,060

◎ 철근물량 산출근거

기호	직경	길이(mm)	수량	총길이(mm)	수량산출
S1	D22	$(1{,}805 \times 2) + (346 \times 2)$ $+\,2{,}530 = 6{,}832$	6.67	45,569	$\dfrac{1}{0.300} \times 2 = 6.67$본
S7	D13	$100 \times 2 + 818 = 1{,}018$	6.67	6,790	$\dfrac{1}{0.300} \times 2 = 6.67$본
S9	D16	1,000	56	56,000	$(13 + 15) \times 2 = 56$본 $(\because \text{길이 1m에 대한 철근량})$
F1	D13	812	5	4,060	$\dfrac{3}{0.300 \times 2} \times 1 = 5$본 $600 : 3 = 1{,}000 : x \quad \therefore\ x = 5$

□□□ 00①, 04④, 06①, 08④, 22① 【18점】

13 주어진 반중력형 교대의 도면(단위 : mm) 및 조건에 따라 다음 물량을 산출하시오.
(단, 주어진 도면의 치수는 축척에 맞지 않을 수 있으며, 주어진 치수로만 물량을 산출할 것)

측 면 도

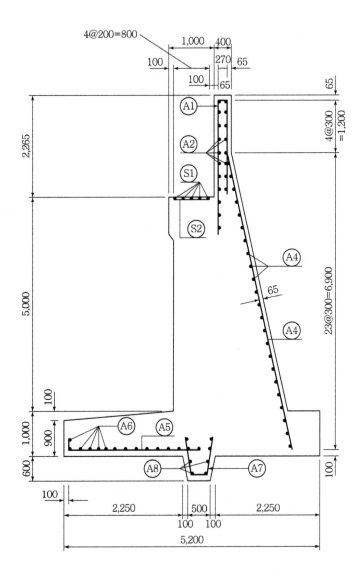

일반도

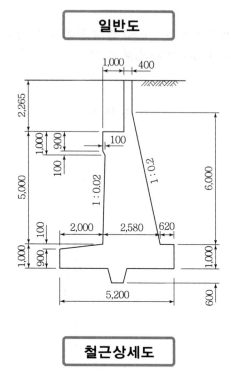

철근상세도

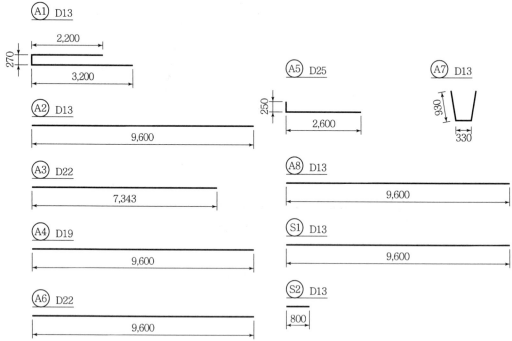

┌─────────────【 조 건 】─────────────┐
- A1, A3, A7, S2 철근은 피복두께가 좌·우로 각각 200mm이며, 300mm 간격으로 배근한다.
- A2, A4, A8 철근은 각 300mm 간격으로 배근한다.
- A6, S1 철근은 200mm 간격으로 배근한다.
- A5 철근은 피복두께가 좌·우로 200mm이며, 200mm 간격으로 배근한다.
- 돌출부(전단 Key) 부분의 거푸집은 사용하는 경우로 계산한다.
- 철근의 이음과 할증은 무시한다.
└─────────────────────────────────┘

가. 폭이 10m인 교대의 콘크리트량을 구하시오. (단, 소수점 이하 4째자리에서 반올림하시오.)

계산 과정)   답 :

나. 폭이 10m인 교대의 전체 거푸집량을 구하시오. (단, 소수점 이하 4째자리에서 반올림하시오.)

계산 과정)   답 :

다. 폭이 10m인 교대의 철근물량을 구하시오.

기호	직경	길이(mm)	수량	총길이(mm)	기호	직경	길이(mm)	수량	총길이(mm)
A1					A7				
A5					S1				

해답 **가.**
- $A = 0.4 \times 1.265 = 0.506 \text{m}^2$
- $B = \dfrac{0.4 + (0.4 + 1 \times 0.2)}{2} \times 1 = 0.5 \text{m}^2$
- $C = \dfrac{(1.4 + 1 \times 0.2) + (1.4 + 1.9 \times 0.2)}{2} \times 0.9$

  $= 1.521 \text{m}^2$
- $D = \dfrac{(1.4 + 1.9 \times 0.2) + (0.9 + 0.4 + 2.0 \times 0.2)}{2} \times 0.1$

  $= 0.174 \text{m}^2$
- $E = \dfrac{(0.9 + 0.4 + 2.0 \times 0.2) + 2.58}{2} \times 4$

  $= 8.560 \text{m}^2$
- $F = \dfrac{(2.58 + 0.620) + 5.20}{2} \times 0.1$

  $= 0.42 \text{m}^2$
- $G = 0.9 \times 5.2 = 4.68 \text{m}^2$
- $H = \dfrac{0.5 + 0.7}{2} \times 0.6 = 0.360 \text{m}^2$

$\sum$ 단면적 $= 0.506 + 0.5 + 1.521 + 0.174 + 8.560 + 0.42 + 4.68 + 0.360$

  $= 16.721 \text{m}^2$

$\therefore$ 총콘크리트량 $= 16.721 \times 10 = 167.210 \text{m}^3$

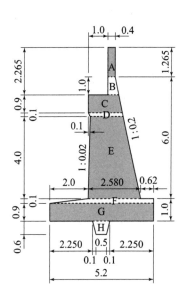

나. • $A = 2.265$m

　• $B = 0.900$m

　• $C = \sqrt{0.1^2 + 0.1^2} = 0.1414$m

　• $D = \sqrt{(4 \times 0.02)^2 + 4^2} = 4.0008$m

　• $E = 0.9000$m

　• $F = \sqrt{0.1^2 + 0.6^2} \times 2 = 1.2166$m

　• $G = 1,000$m

　• $H = \sqrt{(6 \times 0.2)^2 + 6^2} = 6.1188$m

　• $I = 1.265$m

∴ 총거푸집길이 $\sum L = 17.8076$m

∴ 측면도의 거푸집량 $= 17.8076 \times 10$

　　　　　　　　　$= 178.076$m^2

• 양 마구리면 단면적 $= 16.721 \times 2$(양단)

　　　　　　　　$= 33.442$m^2

∴ 총거푸집량 $= 178.076 + 33.442$

　　　　　　$= 211.518$m^2

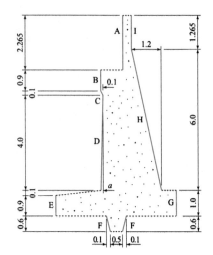

다.

기호	직경	길이(mm)	수량	총길이(mm)	기호	직경	길이(mm)	수량	총길이(mm)
A1	D13	5,670	33	187,110	A7	D13	2,190	33	72,270
A5	D25	2,850	49	139,650	S1	D13	9,600	5	48,000

철근물량 산출근거

$$A1 = \frac{교대 폭 - (피복두께 \times 2)}{배근 간격} + 1 = \frac{10,000 - (200 \times 2)}{300} + 1 = 33본$$

$$A5 = \frac{교대 폭 - (피복두께 \times 2)}{배근 간격} + 1 = \frac{10,000 - (200 \times 2)}{200} + 1 = 49본$$

$$A7 = \frac{교대 폭 - (피복두께 \times 2)}{배근 간격} + 1 = \frac{10,000 - (200 \times 2)}{300} + 1 = 33본$$

$S1 = 5본$(수작업)

□□□ 01①, 04④, 07①, 17④ 【8점】

01 다음과 같은 작업리스트가 있다. 아래 물음에 답하시오.

작업명	진행작업	후속작업	표준일수 (일)	단축가능 일수(일)	1일 단축의 소요비용(만원/일)
A	–	B, C	6	2	5
B	A	D	8	1	7
C	A	F	10	2	3
D	B	E	6	2	4
E	D	G	4	1	8
F	C	G	7	1	9
G	E, F	–	5	2	10

가. New Work(화살선도)를 작도하고, 표준일수에 대한 C.P를 찾으시오.

나. 공사기간을 4일 단축하고자 하는 경우 최소의 여분출비(Extra Cost)를 계산하시오.

계산 과정)   답 :

해답 가.

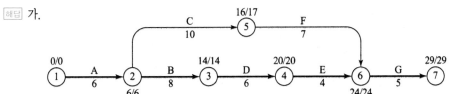

C.P : A → B → D → E → G

나.

단축단계	단축작업	단축일	비용경사(만원/일)	단축비용(만원)	추가비용 누계(만원)
1	D	1	4	4	4
2	A	2	5	10	14
3	C+D	1	3+4 = 7	7	21

∴ 여분출비 21만원

□□□ 00②, 11②, 14②, 17①, 20② 【10점】

02 다음 작업리스트에서 네트워크 공정표를 작성하고, 각 작업의 여유시간을 구하시오.

작업명	선행작업	작업일수	비고
A	없음	4	
B	A	6	① C.P는 굵은 선으로 표시하시오.
C	A	5	② 각 결합점에는 아래와 같이 표시하시오.
D	A	4	
E	B	3	
F	B, C, D	7	
G	D	8	③ 각 작업은 다음과 같다.
H	E	6	
I	E, F	5	
J	E, F, G	8	
K	H, I, J	6	

가. 공정표를 작성하시오.

나. 여유시간을 구하시오.

작업명	TF	FF	DF
A			
B			
C			
D			
E			
F			
G			
H			
I			
J			
K			

해답 가.

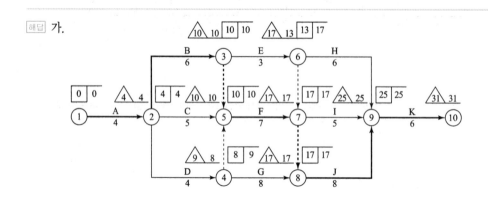

나.

작업명	TF	FF	DF
A	4－0－4＝0	4－0－4＝0	0－0＝0
B	10－4－6＝0	10－4－6＝0	0－0＝0
C	10－4－5＝1	10－4－5＝1	1－1＝0
D	9－4－4＝1	8－4－4＝0	1－0＝1
E	17－10－3＝4	13－10－3＝0	4－0＝4
F	17－10－7＝0	17－10－7＝0	0－0＝0
G	17－8－8＝1	17－8－8＝1	1－1＝0
H	25－13－6＝6	25－13－6＝6	6－6＝0
I	25－17－5＝3	25－17－5＝3	3－3＝0
J	25－17－8＝0	25－17－8＝0	0－0＝0
K	31－25－6＝0	31－25－6＝0	0－0＝0

□□□ 00①, 15④ 【3점】

03 그림과 같은 Network에서 Critical Path상의 표준공기를 구하시오. (단, 화살선상의 숫자는 공사 소요일수이다.)

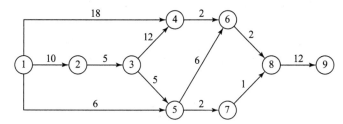

답 :

해답

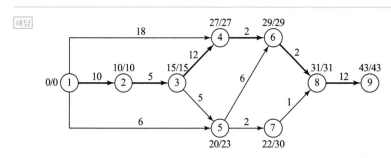

• C.P : ①→②→③→④→⑥→⑧→⑨
• 공기 : 43일

□□□ 05①, 09①, 12①, 14④, 15①, 16④, 17②④ 【10점】

04 다음의 작업리스트를 보고 아래 물음에 답하시오.

작업명	선행작업	후속작업	표준상태		특급상태	
			작업일수	비용	작업일수	비용
A	–	B, C	3	30만원	2	33만원
B	A	D	2	40만원	1	50만원
C	A	E	7	60만원	5	80만원
D	B	F	7	100만원	5	130만원
E	C	G, H	7	80만원	5	90만원
F	D	G, H	5	50만원	3	74만원
G	E, F	I	5	70만원	5	70만원
H	E, F	I	1	15만원	1	15만원
I	G, H	–	3	20만원	3	20만원

가. Network(화살선도)를 작도하고, 표준상태에 대한 C.P를 표시하시오.

나. 공기를 3일 단축했을 때 추가로 소요되는 비용을 구하시오.

계산 과정)   답 :

해답 가.

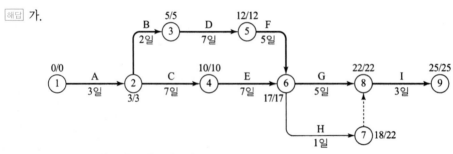

C.P : A→B→D→F→G→I
　　　A→C→E→G→I

나. 비용구배(만원/일)

$$A = \frac{33-30}{3-2} = 3만원, \qquad B = \frac{50-40}{2-1} = 10만원, \qquad C = \frac{80-60}{7-5} = 10만원$$

$$D = \frac{130-100}{7-5} = 15만원, \qquad E = \frac{90-80}{7-5} = 5만원, \qquad F = \frac{74-50}{5-3} = 12만원$$

단축단계	단축작업	단축일	비용경사(만원/일)	단축비용(만원)	추가비용 누계(만원)
1	A	1	3	3	3
2	B+E	1	10+5 = 15	15	18
3	E+F	1	5+12	17	35

∴ 추가 소요되는 비용 35만원

□□□ 04②, 06①, 12②, 16②, 22① 【10점】

05 다음과 같은 공정표(CPM Table)를 보고 아래 물음에 답하시오.

NODE		공정명	정상기간	정상비용	특급기간	특급비용
1	2	A	3일	30만원	3일	30만원
1	3	B	4일	24만원	3일	30만원
1	4	C	4일	40만원	3일	60만원
2	3	DUMMY	0	0만원	0일	0만원
2	5	E	7일	35만원	5일	49만원
3	5	F	4일	32만원	4일	32만원
3	6	H	6일	48만원	5일	60만원
3	7	G	9일	45만원	6일	69만원
4	6	I	7일	56만원	6일	66만원
5	7	J	10일	40만원	7일	55만원
6	7	K	8일	64만원	8일	64만원
7	8	M	5일	60만원	3일	96만원

가. Net Work(화살선도)를 작도하고 표준일수에 대한 Critical Path를 표시하시오.

나. 정상공사시간 4일을 줄일 때 발생하는 추가비용의 최소치를 구하시오.

계산 과정)

답 : ....

해답 가.

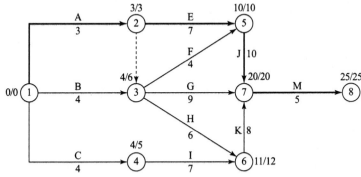

나. 비용경사

$$I = \frac{66-56}{7-6} = 10만원, \quad J = \frac{55-40}{10-7} = 5만원, \quad M = \frac{96-60}{5-3} = 18만원$$

단축단계	단축작업	단축일	비용경사 (만원/일)	단축비용 (만원)	추가비용 누계 (만원)
1	J	1	5	5	5
2	J+I	1	5+10	15	20
3	M	2	18	36	56

∴ 추가비용 56만원

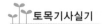
□□□ 00②, 11②, 14②, 17①, 20② 【10점】

06 다음 작업리스트에서 네트워크 공정표를 작성하고, 각 작업의 여유시간을 구하시오.

작업명	선행작업	작업일수	비고
A	없음	4	
B	A	6	
C	A	5	① C.P는 굵은 선으로 표시하시오.
D	A	4	② 각 결합점에는 아래와 같이 표시하시오.
E	B	3	
F	B, C, D	7	③ 각 작업은 다음과 같다.
G	D	8	
H	E	6	
I	E, F	5	
J	E, F, G	8	
K	H, I, J	6	

가. 공정표를 작성하시오.

나. 여유시간을 구하시오.

작업명	TF	FF	DF
A			
B			
C			
D			
E			
F			
G			
H			
I			
J			
K			

해답 가.

나.

작업명	TF	FF	DF
A	4−0−4=0	4−0−4=0	0−0=0
B	10−4−6=0	10−4−6=0	0−0=0
C	10−4−5=1	10−4−5=1	1−1=0
D	9−4−4=1	8−4−4=0	1−0=1
E	17−10−3=4	13−10−3=0	4−0=4
F	17−10−7=0	17−10−7=0	0−0=0
G	17−8−8=1	17−8−8=1	1−1=0
H	25−13−6=6	25−13−6=6	6−6=0
I	25−17−5=3	25−17−5=3	3−3=0
J	25−17−8=0	25−17−8=0	0−0=0
K	31−25−6=0	31−25−6=0	0−0=0

□□□ 12②, 15④, 17②, 19③ 【3점】

07 22회의 시험실적으로부터 구한 압축강도의 표준편차가 4.5MPa이었고, 콘크리트의 품질기준강도(f_{cq})가 40MPa일 때 배합강도는?

(단, 표준편차의 보정계수는 시험횟수가 20회인 경우 1.08이고, 25회인 경우 1.03이다.)

계산 과정)   답 : _____

해답 $f_{cq} = 40\text{MPa} > 35\text{MPa}$ 일 때

• 22회의 보정계수 $= 1.08 - \dfrac{1.08 - 1.03}{25 - 20} \times (22 - 20) = 1.06$ (∵ 직선보간)

• 수정 표준편차 $s = 4.5 \times 1.06 = 4.77\text{MPa}$

• $f_{cr} = f_{cq} + 1.34 s = 40 + 1.34 \times 4.77 = 46.39\text{MPa}$

• $f_{cr} = 0.9 f_{cq} + 2.33 s = 0.9 \times 40 + 2.33 \times 4.77 = 47.11\text{MPa}$

∴ 배합강도 $f_{cr} = 47.11\text{MPa}$ (∵ 두 값 중 큰 값)

□□□ 03①, 10②, 13①, 18①, 21③ 【10점】

08 다음 데이터를 이용하여 Normal time 네트워크 공정표를 작성하고 공기를 3일 단축할 때 최소의 추가공사비를 산출하시오.

(단, ① Net Work 공정표 작성은 화살표 Net Work로 한다.

② 주공정선(Critical path)은 굵은 선 또는 이중선으로 한다.

③ 각 결합점에는 다음과 같이 표시한다.)

작업명	정상비용		특급비용	
(activity)	공기(일)	공비(원)	공기(일)	공비(원)
A(0→1)	3	20,000	2	26,000
B(0→2)	7	40,000	5	50,000
C(1→2)	5	45,000	3	59,000
D(1→4)	8	50,000	7	60,000
E(2→3)	5	35,000	4	44,000
F(2→4)	4	15,000	3	20,000
G(3→5)	3	15,000	3	15,000
H(4→5)	7	60,000	7	60,000
계		280,000		334,000

가. Normal time 네트워크 공정표를 작성하시오.

나. 공기를 3일간 단축할 때 최소의 추가공사비를 구하시오.

계산 과정)   답 : ⋯⋯⋯⋯⋯⋯⋯⋯⋯⋯⋯⋯⋯

해답 가.

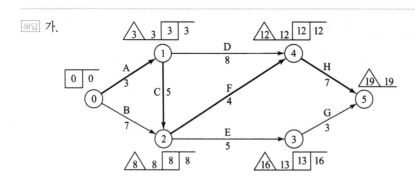

나. • 각 작업의 비용구배

$$A = \frac{26,000-20,000}{3-2} = 6,000원, \quad B = \frac{50,000-40,000}{7-5} = 5,000원$$

$$C = \frac{59,000-45,000}{5-3} = 7,000원, \quad D = \frac{60,000-50,000}{8-7} = 10,000원$$

$$F = \frac{20,000-15,000}{4-3} = 5,000원$$

• 공기 1일 단축(18일) : F작업에서 1일 단축

직접비 : +5,000원 증가, 총추가비용 : +5,000원

• 공기 1일 단축 (17일) : A작업에서 1일 단축

직접비 : +6,000원 증가, 총추가비용 : +11,000원

• 공기 1일 단축 (16일) : (B+C+D)작업에서 각각 1일 단축

직접비 : (5,000+7,000+10,000)22,000원, 총추가비용 : 33,000원

∴ 최소 추가비용 : 33,000원

□□□ 03②, 05④, 08①, 13②, 20① 【8점】

09 아래 작업 List를 가지고 화살선도를 그리고 표준일수에 대한 Critical Path를 구하고, 총 공사비(직접비+간접비)가 가장 적게 들기 위한 최적공기를 구하시오.
(단, 간접비는 1일당 60만원이 소요)

작업명	선행작업	후속작업	표준		특급	
			일수	직접비(만원)	일수	간접비(만원)
A	–	C, D	4	210	3	280
B	–	E, F	8	400	6	560
C	A	E, F	6	500	4	600
D	A	H	9	540	7	600
E	B, C	G	4	500	1	1,100
F	B, C	H	5	150	4	240
G	E	–	3	150	3	150
H	D, F	–	7	600	6	750

가. 표준일수에 대한 화살선도를 그리고, Critical Path를 구하시오.

나. 총공사비가 가장 적게 들기 위한 최적공기를 구하시오.

계산 과정)   답 : _____

해답 **가.**

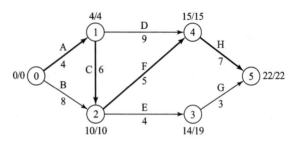

C.P : A → C → F → H

나.

작업명	단축 가능일수	비용구배 $= \dfrac{\text{특급비용-표준비용}}{\text{표준공기-특급공기}}$	22	21	20	19	18
A	1	$\dfrac{280-210}{4-3}=70만원/일$					
B	2	$\dfrac{560-400}{8-6}=80만원/일$					
C	2	$\dfrac{600-500}{6-4}=50만원/일$		1	1		
D	3	$\dfrac{600-540}{9-7}=30만원/일$				1	
E	3	$\dfrac{1,100-500}{4-1}=200만원/일$					
F	1	$\dfrac{240-150}{5-4}=90만원/일$				1	
G	—	—					
H	1	$\dfrac{750-600}{7-6}=150만원/일$					1
		직접비(만원)	3,050	3,050	3,100	3,150	3,270
		추가비용(만원)		50	50	120	150
		간접비(22일×60만원 = 1,320만원)	1,320	1,260	1,200	1,140	1,080
		총공사비(만원)	4,370	4,360	4,350	4,410	4,500

∴ 최적공기 : 20일

□□□ 13① 【3점】

10 공정관리법 중 막대공정표의 장점을 3가지만 쓰시오.

① _____ ② _____ ③ _____

해답 ① 각 공종별 공사의 착수 및 완료일이 명시되어 판단이 용이하다.
　　② 각 공종별 공사와 전체의 공정시기 등이 일목요연하다.
　　③ 공정표가 단순하여 경험이 적은 사람도 이해하기 쉽다.

□□□ 96②, 98②, 00④, 09②, 11①, 14①, 18②, 22② 【10점】

11 다음과 같은 작업 List가 있다. 아래 물음에 답하시오.

작업명	선행작업	후속작업	표 준		특 급	
			일수	공비(만원)	일수	공비(만원)
A	–	B, C	6	210	5	240
B	A	D, E	4	450	2	630
C	A	F, G	4	160	3	200
D	B	G	3	300	2	370
E	B	H	2	600	2	600
F	C	I	7	240	5	340
G	C, D	I	5	100	3	120
H	E	I	4	130	2	170
I	F, G, H	–	2	250	1	350

가. Net Work(화살선도)를 작도하고, 표준일수에 대한 Critical Path를 나타내시오.

나. 작업 List의 빈칸을 채우시오.

작업명	공비증가율 (만원/일)	개 시		완 료		여유시간		
		EST	LST	EFT	LFT	TF	FF	DF
A								
B								
C								
D								
E								
F								
G								
H								
I								

다. 총공기에 대한 간접비가 2천만원인데 표준일수를 단축하는 경우 1일당 80만원씩 감소한다고
할 때 최적공기와 그때의 총공사비를 구하시오.

계산 과정)　　　　　　　[답] 최적공비 : ＿＿＿＿＿＿＿＿,　총공사비 : ＿＿＿＿＿＿＿

해답 가.

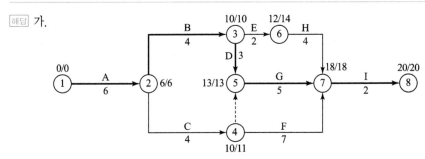

C.P : A→B→D→G→I

나.

작업명	비용구배$=\dfrac{특급비용-표준비용}{표준공기-특급공기}$	개시		완료		여유시간		
		EST	LST	EFT	LFT	TF	FF	DF
A	$\dfrac{240-210}{6-5}=30만원/일$	0	0	6	6	0	0	0
B	$\dfrac{630-450}{4-2}=90만원/일$	6	6	10	10	0	0	0
C	$\dfrac{200-160}{4-3}=40만원/일$	6	7	10	11	1	0	1
D	$\dfrac{370-300}{3-2}=70만원/일$	10	10	13	13	0	0	0
E	불가	10	12	12	14	2	0	2
F	$\dfrac{340-240}{7-5}=50만원/일$	10	11	17	18	1	1	0
G	$\dfrac{120-100}{5-3}=10만원/일$	13	13	18	18	0	0	0
H	$\dfrac{170-130}{4-2}=20만원/일$	12	14	16	18	2	2	0
I	$\dfrac{350-250}{2-1}=100만원/일$	18	18	20	20	0	0	0

다.

작업명	단축일수	비용구배	20	19	18	17	16
A	1	$\dfrac{240-210}{6-5}=30만원/일$			1		
B	2	$\dfrac{630-450}{4-2}=90만원/일$					
C	1	$\dfrac{200-160}{4-3}=40만원/일$				1	
D	1	$\dfrac{370-300}{3-2}=70만원/일$					
E	불가	—					
F	2	$\dfrac{340-240}{7-5}=50만원/일$					
G	2	$\dfrac{120-100}{5-3}=10만원/일$		1		1	
H	2	$\dfrac{170-130}{4-2}=20만원/일$					
I	1	$\dfrac{350-250}{2-1}=100만원/일$					1
직접비(만원)			2,440	2,450	2,480	2,530	2,630
간접비(만원)			2,000	1,920	1,840	1,760	1,680
총공사비(만원)			4,440	4,370	4,320	4,290	4,310

∴ 최적공기 : 17일, 총공사비 : 4,290만원

12 다음의 작업리스트를 이용하여 아래 물음에 답하시오.

(단, 표준일수에 대한 간접비가 60만원이고 1일 단축 시 5만원씩 감소하며, 표준일수에 대한 직접비는 60만원이다.)

작업명	선행작업	후속작업	표준일수	특급일수	1일 단축하는 데 필요한 직접비용 증가액(만원/일)
A	–	B, C	5	2	6
B	A	E	4	2	4
C	A	F	6	4	7
D	–	G	5	4	5
E	B	H	6	3	8
F	C	–	4	3	5
G	D	H	7	5	8
H	E, G	–	5	3	9

가. Network(화살선도)를 작도하고 표준일수에 대한 C.P를 구하시오.

나. 최적공기와 그때의 총공사비를 구하시오.

계산 과정)　　　　　　　　　[답] 최적공기 : _____, 총공사비 : _____

해답 가.

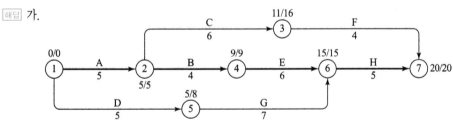

CP : A→B→E→H

나.

작업명	단축일수	비용경사	20	19	18	17	16
A	3	6만원				1	
B	2	4만원		1	1		
C	2	7만원					
D	1	5만원					
E	3	8만원					
F	1	5만원					
G	2	8만원					
H	2	9만원					1
직 접 비(만원)			60	64	68	74	83
간 접 비(만원)			60	55	50	45	40
총공사비(만원)			120	119	118	119	123

∴ 최적공기 : 18일, 총공사비 : 118만원

□□□ 98③, 00③, 13④, 19① 【10점】

13 다음의 작업리스트에서 Net Work(화살선도)를 작도하고, 공사기간을 6일 단축했을 때 추가로 소요되는 최소비용을 구하시오.

작업명	작업일수	선행작업	단축가능일수(일)	비용경사(원/일)
A	5일	없음	1	60,000
B	7일	A	1	40,000
C	10일	A	1	70,000
D	9일	B	2	60,000
E	12일	C	2	50,000
F	6일	D	2	80,000
G	4일	E, F	2	100,000

가. Net Work(화살선도)를 작도하시오.

나. 공사기간을 6일 단축했을 때 추가로 소요되는 최소비용을 구하시오.

계산 과정)   답 : ┄┄┄┄┄┄┄┄┄┄┄┄┄┄┄┄

해답 가.

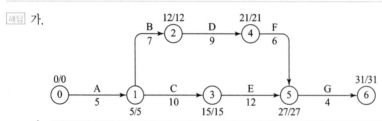

나.

작업명	단축가능 일수(일)	비용경사 (원/일)	31	30	29	28	27	26	25
A	1	60,000		1					
B	1	40,000			1				
C	1	70,000							1
D	2	60,000						1	1
E	2	50,000			1			1	
F	2	80,000							
G	2	100,000				1	1		
추가비용(만원)			6	9	10	10	11	13	
추가비용 합계(만원)			6	15	25	35	46	59	

∴ 최소비용 : 59만원

□□□ 04④, 19② 【8점】

14 다음과 같은 작업리스트가 있다. 아래 물음에 답하시오.

작업명	선행작업	후속작업	표준일수(일)	특급일수(일)	비용경사(만원/일)
A	–	B, C	4	3	5
B	A	D	8	7	3
C	A	F	10	9	7
D	B	E	10	8	6
E	D	G	5	3	8
F	C	G	13	11	10
G	E, F	–	6	4	10

가. New Work(화살선도)를 작도하시오.

나. 공사 완료기간을 27일로 지정했을 때, 추가 투입되는 직접비의 최소금액을 구하시오.

계산 과정)   답 : _____

───────────────────────────────────

해답 가.

나.

작업명	단축 가능일수	비용경사 (만원/일)	33일 (정상)	32일 (–1)	31일 (–2)	30일 (–3)	29일 (–4)	28일 (–5)	27일 (–6)
A	1	5		1					
B	1	3			1				
C	1	7			1				
D	2	6						1	1
E	2	8							
F	2	10						1	1
G	2	10				1	1		
추가비용(만원)			0	5	10	10	10	16	16
추가비용누계(만원)			0	5	15	25	35	51	67

∴ 직접비의 최소금액 : 67만원

15 다음 작업 List를 가지고 화살선도를 그리고, 표준일수에 대한 Critical Path를 구하고 총 공사비(직접비＋간접비)가 가장 적게 들기 위한 최적공기를 구하시오.
(단, 간접비는 1일당 20만원이 소요됨)

작업명	선행작업	후속작업	표준상태		특급상급	
			작업일수	비용(만원)	작업일수	비용(만원)
A	—	B, C	3	30	2	33
B	A	D	2	40	1	50
C	A	E	7	60	5	80
D	B	F	7	100	5	130
E	C	G, H	7	80	5	90
F	D	G, H	5	50	3	74
G	E, F	I	5	70	5	70
H	E, F	I	1	15	1	15
I	G, H	—	3	20	3	20
				465		562

가. 표준일수에 대한 화살선도를 그리고, Critical Path를 구하시오.

나. 총공사비가 가장 적게 들기 위한 최적공기를 구하시오.

계산 과정)   답 : _____

해답 가. 화살선도
　　　　C.P : A→B→D→F→G→I
　　　　　　A→C→E→G→I

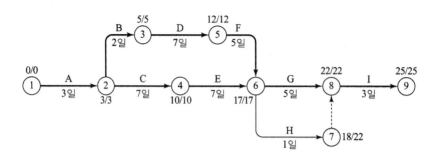

나.

작업명	단축 가능일수	비용구배= $\dfrac{특급비용 - 표준비용}{표준공기 - 특급공기}$	25	24	23	22	21
A	1	$\dfrac{33-30}{3-2}=3$만원/일		1			
B	1	$\dfrac{50-40}{2-1}=10$만원/일			1		
C	2	$\dfrac{80-60}{7-5}=10$만원/일					1
D	2	$\dfrac{130-100}{7-5}=15$만원/일					
E	2	$\dfrac{90-80}{7-5}=5$만원/일				1	1
F	2	$\dfrac{74-50}{5-3}=12$만원/일				1	1
G	–	–					
H	–	–					
I	–	–					
직접비(만원)			465	465	468	483	500
추가비용(만원)				3	15	17	22
간접비(25일×20만원 = 500만원)			500	480	460	440	420
총공사비(만원)			965	948	943	940	942

∴ 최적공기 : 22일

□□□ 21② 【10점】

16 다음 데이터를 네트워크 공정표로 작성하고, 각 작업의 여유시간을 구하시오.

작업명	작업 일수	선행 작업	비고
A	5	없음	네트워크 작성은 다음과 같이
B	3	없음	
C	2	없음	
D	2	A, B	
E	5	A, B C	
F	4	A, C	

비고 란:
네트워크 작성은 다음과 같이

EST | LST △LFT \ EFT

i —— 작업명 / 작업일수 →→ j 로

표기하고, 주공정선은 굵은 선으로
표기하시오.

가. 네트워크 공정표를 작성하시오.

나. 각 작업별 여유시간을 계산하시오.

작업명	TF	FF	DF
A			
B			
C			
D			
E			
F			

해답 **가. 네트워크 공정표**

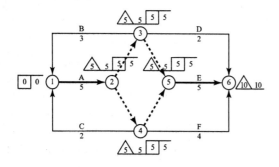

나. 각 작업별 여유시간

작업명	TF	FF	DF
A	5-0-5=0	5-0-5=0	0-0=0
B	5-0-3=2	5-0-3=2	2-2=0
C	5-0-2=3	5-0-2=3	3-3=0
D	10-5-2=3	10-5-2=3	3-3=0
E	10-5-5=0	10-5-5=0	0-0=0
F	10-5-4=1	10-5-4=1	1-1=0

17 다음 데이터를 네트워크 공정표로 작성하고 요구작업에 대해서 여유시간을 계산하시오.

작업명	작업일수	선행작업	비고
A	1	없음	단, 화살형 네트워크로 주공 정선은 굵은 선으로 표시하고, 각 결합점에서의 계산은 다음과 같다.
B	2	없음	
C	3	없음	
D	6	A, B, C	
E	4	B, C	
F	2	C	

가. 네트워크 공정표를 그리고 Critical Path를 표시하시오.

나. 작업(activitg)의 총여유를 구하시오.

작업명	TE		TL		TF
	EST	EFT	LST	LFT	
A					
B					
C					
D					
E					
F					

해답 가.

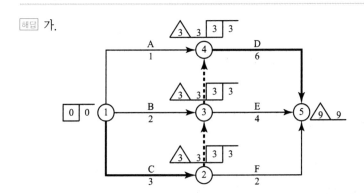

나.

작업명	TE		TL		TF
	EST	EFT	LST	LFT	
A	0	1	2	3	2
B	0	2	1	3	1
C	0	3	0	3	0
D	3	9	3	9	0
E	3	7	5	9	2
F	3	5	7	9	4

□□□ 96③, 99③, 00⑤, 11④, 15②, 20③ 【10점】

18 다음과 같은 공정표에서 임계공정선(CP)을 구하고, 정상공사기간과 공사비용, 정상공사기간을 4일 줄일 때 발생하는 추가비용의 최소치를 계산하시오.
(단, 기간의 단위는 '일'이며 비용의 단위는 '만원'이다.)

node	공정명	정상기간	정상비용	특급기간	특급비용
0-2	A	3	15	3	15
0-4	B	5	20	4	25
2-6	D	6	36	5	43
2-8	F	8	40	6	50
4-6	E	7	49	5	65
4-10	G	9	27	7	33
6-8	H	2	10	1	15
6-10	C	2	16	1	25
10-12	K	4	28	3	38
8-12	J	3	24	3	24

가. 네트워크 공정표를 작성하고 임계공정선(CP)를 구하시오.

계산 과정)   답 : _____

나. 정상공사기간과 공사비용을 구하시오.

계산 과정)   답 : _____

다. 정상공사기간을 4일 줄일 때 발생하는 추가비용의 최소치를 구하시오.

계산 과정)   답 : _____

해답 가.

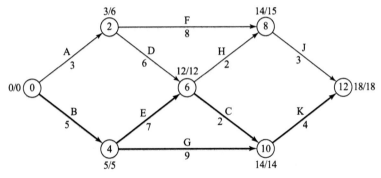

C.P : B→E→C→K, B→G→K

나. 정상공사기간 : 18일

공사비용 : 15＋20＋36＋40＋49＋27＋10＋16＋28＋24＝265만원

다.

작업명	단축가능 일수	비용경사(일/만원)＝ $\dfrac{특급비용-표준비용}{표준공기-특급공기}$	18	17	16	15	14
A	0	0					
B	1	$\dfrac{25-20}{5-4}=5$		1			
D	1	$\dfrac{43-36}{6-5}=7$					
F	2	$\dfrac{50-40}{8-6}=5$					
E	2	$\dfrac{65-49}{7-5}=8$				1	1
G	2	$\dfrac{33-27}{9-7}=3$				1	1
H	1	$\dfrac{15-10}{2-1}=5$					
C	1	$\dfrac{25-16}{2-1}=9$					
k	1	$\dfrac{38-28}{4-3}=10$			1		
J	0	0					
추가비용				5	10	11	11
단축시 추가비용 합계				5	15	26	37

∴ 추가비용의 최소값 : 37만원

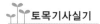
□□□ 08②, 20④, 21① 【10점】

19 다음과 같은 작업리스트가 있다. 아래 물음에 답하시오.

작업명	A	B	C	D	E	F	G	H	I	J	K	L
작업일수	3	3	4	5	4	6	6	7	8	4	2	2
선행작업	없음	A	A	A	B	C	C	D	E,F	G	H	I,J,K
후속작업	B,C,D	E	F,G	H	I	I	J	K	L	L	L	없음

가. Network(화살선도)를 작성하고 임계공정선(C.P)을 구하시오.

나. 아래 표의 빈칸을 채우시오.

작업명	작업일수	TE		TL		TF
		EST	EFT	LST	LFT	

해답 가.

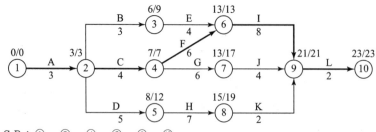

∴ C.P : ① → ② → ④ → ⑥ → ⑨ → ⑩

나.

작업명	작업일수	TE		TL		TF
		EST	EFT	LST	LFT	
A	3	0	3	0	3	0
B	3	3	6	6	9	3
C	4	3	7	3	7	0
D	5	3	8	7	12	4
E	4	6	10	9	13	3
F	6	7	13	7	13	0
G	6	7	13	11	17	4
H	7	8	15	12	19	4
I	8	13	21	13	21	0
J	4	13	17	17	21	4
K	2	15	17	19	21	4
L	2	21	23	21	23	0

□□□ 94①, 99⑤, 03②, 06④ 【3점】

20 거푸집제작공정에 따른 비용증가율을 그림과 같이 표현할 때 이 공정을 계획보다 3일 단축할 때 소요되는 추가직접비용은 얼마인가?

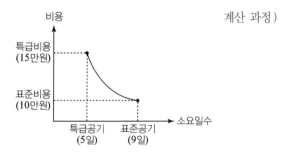

계산 과정)

답 : _____

해답 비용구배 $= \dfrac{특급비용-표준비용}{표준공기-특급공기}$

$= \dfrac{150,000-100,000}{9-5} = 12,500$ 원/일

∴ 추가직접비용 $= 12,500 \times 3 = 37,500$ 원

□□□ 02②, 07④, 10④, 23② 【8점】

21 **다음 네트워크(Network)를 보고 아래 물음에 답하시오.**
(단, ( ) 안의 숫자는 1일당 소요인원)

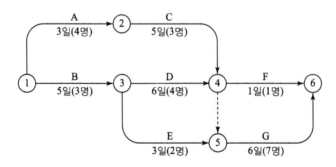

가. 최조개시 때의 산적표를 작성하시오.

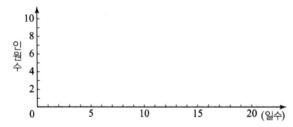

나. 최지개시 때의 산적표를 작성하시오.

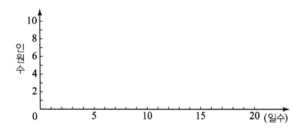

다. 인력평준화표를 작성하시오. (단, 제한인원은 7명으로 한다.)

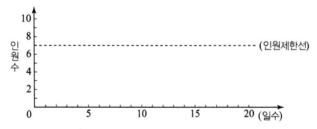

라. 1일 인원을 7명으로 제한한 경우, 수정네트워크를 작성하시오.

해답 최조시간과 최지시간 계산

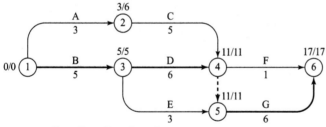

C.P : ① → ③ → ④ → ⑤ → ⑥

가.

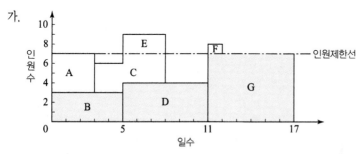

나.

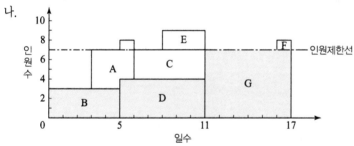

다.

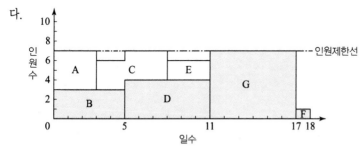

라.

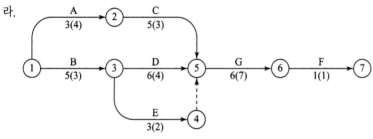

□□□ 88③, 00④, 02②, 05①, 09②, 12④, 17④ 【3점】

22 어떤 데이터의 히스토그램에서 하한규격치가 25.6MPa라 할 때, 평균치 27.6MPa, 표준편차 0.5MPa라면 공정능력지수는 얼마인가? (단, 이 규격은 편측규격이라 한다.)

계산 과정)   답 : _____

해답 $C_p = \dfrac{\overline{x} - SL}{3\sigma} = \dfrac{27.6 - 25.6}{3 \times 0.5} = 1.33$

□□□ 01①, 06②, 09②, 11①, 13① 【3점】

01 지반의 기초보강공법 중 그라우팅 공법에 사용되는 주입재(약액)는 크게 현탁액형의 비약액계와 약액계로 나눌 수 있다. 여기서 비약액계 주입재 종류를 3가지만 쓰시오.

① _____ ② _____ ③ _____

해답 ① 시멘트계 ② 점토계 ③ 아스팔트계

□□□ 92①, 98②, 99①, 00②, 02②, 13① 【3점】

02 사질토지반에서 표준관입시험(S.P.T)의 결과로 측정된 N치로 추정되는 사항을 4가지만 쓰시오.

① _____ ② _____ ③ _____ ④ _____

해답 ① 상대밀도 ② 내부마찰각 ③ 지지력계수 ④ 탄성계수

□□□ 98②, 03①, 13②, 20② 【3점】

03 연약지반상에 성토한 경우 성토구조물의 변화를 관측·측정할 수 있는 계측기를 5가지만 쓰시오.

① _____ ② _____ ③ _____
④ _____ ⑤ _____

해답 ① 지중경사계 ② 지표침하계 ③ 지하수위계 ④ 공극수압계 ⑤ 층별침하계

□□□ 95③, 96②, 97②, 98⑤, 08②, 11①, 13②, 16④ 【3점】

04 제방, 터널, 배수로, 사면 안정 및 보호 등에 사용되는 토목섬유의 종류를 4가지만 쓰시오.

① _____ ② _____ ③ _____ ④ _____

해답 ① 지오텍스타일(Geotextile) ② 지오그리드(Geogrid) ③ 지오콤포지트(Geocomposite)
④ 지오멤브레인(Geomembrane) ⑤ 지오매트(Geomat)

□□□ 89②, 13④, 18①, 20④ 【3점】

05 공기케이슨 공법과 비교하였을 때 오픈케이스 공법의 시공상 단점을 3가지만 쓰시오.

① _____ ② _____ ③ _____

해답 ① 선단의 연약토 제거 및 토질상태 파악이 어렵다.
② 큰 전석이나 장애물이 있는 경우 침하작업이 지연된다.
③ 굴착시 히빙이나 보일링 현상의 우려가 있다.
④ 경사가 있을 경우는 케이슨이 경사질 염려가 있다.
⑤ 저부 콘크리트가 수중시공이 되어 불충분하게 되기 쉽다.

□□□ 92②, 02②, 07②, 09④, 13①④, 17①, 20① 【3점】

06 부마찰력이란 하향의 마찰력에 의해 말뚝을 아래쪽으로 끌어내리는 힘을 말한다. 이 같은 부마찰력의 발생원인을 4가지만 쓰시오.

① _____ ② _____ ③ _____ ④ _____

해답 ① 말뚝의 타입지반이 압밀진행 중인 경우
② 상재하중이 말뚝과 지표에 작용하는 경우
③ 지하수위의 저하로 체적이 감소하는 경우
④ 점착력 있는 압축성 지반일 경우

□□□ 91②, 94④, 02④, 05②, 07②, 11②, 13④, 20③ 【3점】

07 Sand drain을 연약지반에 타설하는 방법을 3가지만 쓰시오.

① _____ ② _____ ③ _____

해답 ① 압축공기식 케이싱 방법   ② Water jet식 케이싱 방법
③ Rotary boring에 의한 방법   ④ Earth auger에 의한 방법

□□□ 97①, 01③, 05①, 14①, 15②, 23③ 【3점】

08 마샬안정도시험(Marshall Stability Test)은 포장용 아스팔트 혼합물의 소성유동에 대한 저항성을 측정하여 설계 아스팔트량 결정에 적용되는데, 이 시험 결과로부터 얻을 수 있는 3가지의 설계기준은?

① _____ ② _____ ③ _____

해답 ① 안정도   ② 흐름값   ③ 공시체의 밀도   ④ 공극률   ⑤ 포화도

□□□ 04②, 06④, 14②, 19② 【3점】

09 콘크리트포장은 콘크리트 균열을 조절하기 위해 설치하는 줄눈 및 철근의 유무에 따라 그 종류가 구분되는데 그 종류를 3가지만 기술하시오.

① _____ ② _____ ③ _____

해답 ① 무근 콘크리트포장(JCP)　　② 철근 콘크리트포장(JRCP)
　　③ 연속철근 콘크리트포장(CRCP)　　④ 프리스트레스 콘크리트포장(PCP)

□□□ 09①, 10②, 14②, 17② 【3점】

10 압출공법(ILM : Incremental Launching Method)에 적용되는 압출방법 3가지를 쓰시오.

① _____ ② _____ ③ _____

해답 ① Pulling 방법　② Pushing 방법　③ Lift & pushing 방법

□□□ 86①, 89②, 98①, 99⑤, 04②, 11④, 14② 【3점】

11 구조물 안전을 위한 기초의 형식을 선정하고자 할 때, 기초가 구비해야 할 조건을 아래의 예시와 같이 3가지만 쓰시오.

경제적인 시공이 가능할 것

① _____ ② _____ ③ _____

해답 ① 최소의 근입깊이를 가질 것　　② 안전하게 하중을 지지할 수 있을 것
　　③ 침하가 허용치를 넘지 않을 것　　④ 기초공의 시공이 가능할 것

□□□ 09①, 11②, 15④, 20② 【3점】

12 구조물 공사는 지하수가 배제된 상태에서 시공하거나 또는 원지반에 구조물 축조 후 주변을 성토하여 구조물을 완성하게 되면 지하수의 상승 등에 의해 양압력에 의한 피해가 발생한다. 이러한 구조물의 기초바닥에 작용하는 양압력(부력)에 저항하는 방법을 3가지 쓰시오.

① _____ ② _____ ③ _____

해답 ① 사하중에 의한 방법
　　② 부력 앵커시스템 방법
　　③ 영구배수처리방법

□□□ 00⑤, 08②, 10①, 15②, 21③ 【3점】

13 터널 보강재인 록볼트(Rock Bolt)를 정착방법에 따라 분류할 때 그 종류를 3가지만 쓰시오.

① _____ ② _____ ③ _____

해답 ① 선단정착형 ② 전면접착형 ③ 혼합형

□□□ 95⑤, 97④, 04①, 14④, 18① 【3점】

14 중력식 댐의 시공 후 관리상 댐 내부에 설치하는 검사랑의 시공목적을 3가지만 쓰시오.

① _____ ② _____ ③ _____

해답 ① 콘크리트 내부의 균열검사   ② 콘크리트 온도 측정   ③ 콘크리트 수축량 검사
④ 그라우팅공 이용   ⑤ 간극수압 측정   ⑥ 양압력 상태 검사

□□□ 04②, 09②, 13②, 18② 【3점】

15 PSC 교량에 사용되는 PS 강재의 정착방법 중에서 가장 보편적으로 쓰이는 정착방식들은 정착장치의 형식에 따라 3가지로 분류될 수 있다. 그 3가지를 쓰시오.

① _____ ② _____ ③ _____

해답 ① 쐐기식 ② 지압식 ③ 루프식

□□□ 91③, 97④, 98⑤, 06④, 12④, 15①, 22① 【3점】

16 토적곡선(mass curve)을 작성하는 목적을 4가지만 쓰시오.

① _____ ② _____ ③ _____ ④ _____

해답 ① 토량 배분   ② 토량의 평균 운반거리 산출   ③ 토공기계 결정
④ 시공방법 결정   ⑤ 토취장 및 토사장 선정

□□□ 07①, 11① 【3점】

17 암반 내 초기응력 측정방법을 3가지만 쓰시오.

① _____ ② _____ ③ _____

해답 ① 응력해방법 ② 응력회복법 ③ 응력방출(AE)법 ④ 수압파쇄법

□□□ 84②, 85②, 10④, 13④, 15②, 20② 【3점】

18 토취장 선정조건을 4가지만 쓰시오.

① _____ ② _____ ③ _____ ④ _____

해답 ① 토질이 양호할 것
② 토량이 충분할 것
③ 싣기가 편리한 지형일 것
④ 성토장소를 향해서 하향구배 $\frac{1}{50} \sim \frac{1}{100}$ 정도를 유지할 것
⑤ 운반도로가 양호하며 장해물이 적고 유지가 용이할 것
⑥ 용수, 붕괴의 우려가 없고 배수에 양호한 지형일 것
⑦ 기계의 사용이 용이할 것

□□□ 98③, 00③, 01①, 15②, 20③ 【6점】

19 NATM 공법을 이용한 터널시공시 보조공법에 대해 물음에 답하시오.

가. 터널의 막장 안정을 위한 공법을 3가지만 쓰시오.

① _____ ② _____ ③ _____

나. 지하수 처리를 위한 대책공법 3가지만 쓰시오.

① _____ ② _____ ③ _____

해답 가. ① 막장면 숏크리트(shotcrete) 공법
② 막장면 록볼트(rock bolt) 공법
③ 약액주입공법
④ 훠폴링(fore poling) 공법
⑤ 미니 파이프 루프(Mini Pipe Roof) 공법
나. ① 물빼기공 ② Well point 공법
③ 약액주입공법 ④ 압기공법

□□□ 00②, 04②, 06④, 11④, 15④, 22① 【3점】

20 해안, 준설, 매립 공사시 사용되는 준설선의 종류를 4가지만 쓰시오.

① _____ ② _____ ③ _____ ④ _____

해답 ① 펌프준선설 ② 디퍼준설선
③ 그래브준설선 ④ 버킷준설선

□□□ 89①, 92③, 96①, 15④, 20① 【3점】

21 흙의 동결을 방지하기 위한 동상대책을 3가지만 쓰시오.

① _____ ② _____ ③ _____

해답 ① 치환공법으로 동결되지 않는 흙으로 바꾸는 방법
② 지하수위 상층에 조립토층을 설치하는 방법
③ 배수구 설치로 지하수위를 저하시키는 방법
④ 흙 속에 단열재료를 매입하는 방법
⑤ 화학약액으로 처리하는 방법

□□□ 94②, 99①, 09①, 10②, 16① 【3점】

22 유기질토는 대개 지하수가 지면 위나 가까이에 있는 넓은 지역에서 발견된다. 지하수면이 높으면 수생식물이 썩어 유기질토가 형성된다. 이 유기질토의 특징을 3가지만 쓰시오.

① _____ ② _____ ③ _____

해답 ① 압축성이 크다.
② 자연함수비는 200~300%이다.
③ 2차 압밀에 의한 압밀침하량이 크다.

□□□ 05①, 08④, 12②, 16①, 22① 【3점】

23 연약지반에 설치한 교대에 발생하기 쉬운 측방유동에 영향을 미치는 주요 요인을 3가지만 쓰시오.

① _____ ② _____ ③ _____

해답 ① 교대배면의 뒤채움 편재하중　② 교대배면의 성토높이
③ 교대하부 연약층의 두께　　　④ 교대하부 연약층의 전단강도

□□□ 16②, 20①, 21① 【3점】

24 매스콘크리트에서는 구조물에 필요한 기능 및 품질을 손상시키지 않도록 온도균열을 제어하기 위한 적절한 조치를 강구해야 한다. 온도 균열을 억제하기 위한 방법을 3가지만 쓰시오.

① _____ ② _____ ③ _____

해답 ① 냉수나 얼음을 사용하는 방법
② 냉각한 골재를 사용하는 방법
③ 액체질소를 사용하는 방법

□□□ 93②, 99⑤, 03①, 08①, 11①, 16②, 20② 【3점】

25 계획된 저수량 이상으로 댐에 유입하는 홍수량을 조절하여 자연하천으로 방류하는 중요한 구조물인 여수로(Spill Way)의 종류를 3가지만 쓰시오.

① _____　② _____　③ _____

해답 ① 슈트식 여수로　② 측수로 여수로　③ 그롤리 홀 여수로
④ 사이펀 여수로　⑤ 댐마루 월류식 여수로

□□□ 92①, 94④, 00④, 11④, 15④, 16④ 【3점】

26 케이슨 기초의 침하공법을 아래의 표와 같이 4가지만 쓰시오.

재하중에 의한 공법

① _____　② _____　③ _____　④ _____

해답 ① 분기식 공법　② 물하중식 공법　③ 발파식 공법
④ 감압식 공법　⑤ 진동식 공법

□□□ 95③, 96②, 97②, 98⑤, 08②, 11①, 13②, 16④ 【3점】

27 제방, 터널, 배수로, 사면 안정 및 보호 등에 사용되는 토목섬유의 종류를 4가지만 쓰시오.

① _____　② _____　③ _____　④ _____

해답 ① 지오텍스타일(Geotextile)　② 지오그리드(Geogrid)
③ 지오콤포지트(Geocomposite)　④ 지오멤브레인(Geomembrane)
⑤ 지오매트(Geomat)

□□□ 96⑤, 99③, 00②, 01②, 03②, 05④, 10④, 17① 【3점】

28 RMR(Rock Mass Rating)에 의한 암반분류 시 적용되는 평가요소를 4가지만 쓰시오.

① _____　② _____　③ _____　④ _____

해답 ① 암석의 일축압축강도　② RQD(암질지수)
③ 불연속면 간격　④ 절리(불연속면)의 상태
⑤ 지하수 상태　⑥ 불연속면 방향

□□□ 85①③, 04③, 08①, 17②, 21③ 【3점】

29 연약지반 개량공법 중 치환공법의 종류 3가지를 쓰시오.

① ───────────── ② ───────────── ③ ─────────────

해답 ① 굴착치환공법　　② 폭파치환공법　　③ 강제치환공법(압출치환공법)

□□□ 94①, 09①, 12① 【3점】

30 아스팔트 포장은 일반적으로 표층, 기층 및 보조기층, 노상, 노체로 대별한다. 기층 및 보조기층의 안정처리공법을 4가지만 쓰시오.

① ────────── ② ────────── ③ ────────── ④ ──────────

해답 ① 입도조정공법　　　② 시멘트 안정처리공법
　　　③ 아스팔트 안정처리공법　④ 석회 안정처리공법

□□□ 95①, 00④, 05①, 07④, 13①, 17①, 18① 【3점】

31 concrete를 거푸집에 타설한 후부터 응결이 종결될 때까지에 발생하는 균열을 일반적으로 초기균열이라고 한다. 초기균열은 그 원인에 의하여 크게 나눌 수 있는데 3가지만 쓰시오.

① ───────────── ② ───────────── ③ ─────────────

해답 ① 침하수축균열(침하균열)
　　　② 플라스틱 수축균열(초기건조균열)
　　　③ 거푸집 변형에 의한 균열
　　　④ 진동 및 경미한 재하에 의한 균열

□□□ 87②, 91③, 93①, 02①, 03④, 08①, 11②, 14①, 18② 【3점】

32 연약지반상에 성토할 때 성토재료가 굵은 모래, 자갈, 암석과 같이 투수성이고, 기초지반 지지력이 크지 않은 경우 먼저 sand mat(부사)를 깔고 성토하는데 이때에 sand mat의 중요한 역할 3가지를 쓰시오.

① ───────────── ② ───────────── ③ ─────────────

해답 ① 연약층 압밀을 위한 상부배수층을 형성
　　　② 시공기계의 주행성을 확보
　　　③ 지하배수층이 되어 지하수위를 저하
　　　④ 지하수위 상승시 횡방향 배수로 성토지반의 연약화 방지

□□□ 03②, 06②, 08④, 14①, 17④, 18① 【3점】

33 방파제(防波堤, break water)란 외곽시설(外郭施設)로 항내정온을 유지하고 선박의 항행을 원활히 하기 위해 축조된 항만구조물이다. 방파제의 구조형식에 따른 종류를 3가지만 쓰시오.

① _____ ② _____ ③ _____

해답 ① 직립제　② 경사제　③ 혼성제

□□□ 03①, 04④, 06④, 11①, 14④, 18① 【3점】

34 현장타설말뚝은 일반적으로 지지말뚝으로 사용되기 때문에 콘크리트를 타설할 때 공저에 슬라임(Slime)이 퇴적되어 있으면 침하 원인이 되고 말뚝으로서 기능이 현저하게 저하한다. 이 같은 슬라임을 제거하기 위한 방법을 3가지만 쓰시오.

① _____ ② _____ ③ _____

해답 ① 샌드펌프 방법　② 에어리프트 방법
　　 ③ 석션펌프 방법　④ 수중펌프 방법

□□□ 09④, 12④ 【3점】

35 겨울철 0℃ 이하의 기온이 계속되면 흙 속의 물이 동결하여 얼음층(Ice Lens)이 발생한다. 이로 인해 지표면이 융기하는 현상을 동상(凍上)현상이라 한다. 도로에서 동상방지층 설계방법 3가지를 쓰시오.

① _____ ② _____ ③ _____

해답 ① 완전 방지법(complete protection method)
　　 ② 감소 노상 강도법(reduced subgrade strength method)
　　 ③ 노상 동결 관입허용법(limited subgrade frost penetration method)

□□□ 13①, 16②, 17②, 18② 【3점】

36 콘크리트의 경화나 강도발현을 촉진하기 위해 실시하는 양생을 촉진양생이라고 한다. 이러한 촉진양생법의 종류를 3가지만 쓰시오.

① _____ ② _____ ③ _____

해답 ① 증기양생　② 오토클레이브 양생　③ 전기양생
　　 ④ 온수양생　⑤ 적외선 양생　⑥ 고주파 양생

□□□ 94③, 98①, 04①, 07①, 09②, 18② 【3점】

37 숏크리트의 shotting 방법은 건식방법과 습식방법이 있다. 그 중 건식방법의 단점을 3가지만 쓰시오.

① _____ ② _____ ③ _____

해답 ① 분진발생이 많다.
② 반발(rebound)량이 많다.
③ 작업원의 숙련도에 품질이 좌우된다.

□□□ 93③, 94①, 96②, 98①, 99①③, 03①, 04①, 07②, 17①, 18③, 20①, 22①② 【3점】

38 아스팔트 포장 중 실코트(seal coat)의 중요한 목적 3가지만 쓰시오.

① _____ ② _____ ③ _____

해답 ① 표층의 노화방지　　② 포장 표면의 방수성
③ 포장 표면의 미끄럼 방지　　④ 포장 표면의 내구성 증대
⑤ 포장면의 수밀성 증대

□□□ 04④, 06②, 11② 【3점】

39 옹벽에 시공되는 배수공의 종류 4가지를 쓰시오.

① _____ ② _____ ③ _____ ④ _____

해답 ① 간이배수공　② 연속배면배수공　③ 경사배수공　④ 저면배수공

□□□ 04①, 05④, 08①, 15④, 19① 【3점】

40 도심지 굴착공사 중 계측관리시 아래 그림에서 빈칸에 해당하는 계측기기를 쓰시오.

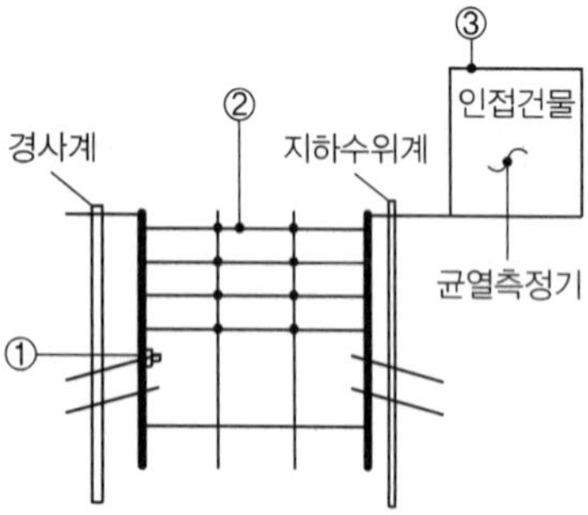

① _____

② _____

③ _____

해답 ① 하중계　　② 변형률계　　③ 건물경사계

□□□ 10①, 12④, 19①, 21① 【3점】

41 옹벽이라 함은 흙의 붕괴를 방지하기 위하여 흙을 지지할 목적으로 절취, 성토비탈면에 축조하는 구조물이다. 이때의 옹벽의 안정성 검토항목 중 3가지만 쓰시오.

① _____ ② _____ ③ _____

해답 ① 전도에 대한 안정 　② 활동에 대한 안정 　③ 지반지지력에 대한 안정

□□□ 93③, 97③, 12①, 16②, 19① 【3점】

42 교량의 내진설계는 지진에 의해 교량이 입는 피해정도를 최소화 시킬 수 있는 내진성을 확보하기 위해 실시한다. 이러한 내진설계시 사용하는 내진해석방법을 3가지만 쓰시오.

① _____ ② _____ ③ _____

해답 ① 등가정적 해석법(equivalent load analysis)
　　② 스펙트럼 해석법(spectrum analysis)
　　③ 시간이력 해석법(time history analysis)

□□□ 85①, 16②, 18②, 19③, 22② 【3점】

43 말뚝의 지지력을 산정하는 방법 3가지를 쓰시오.

① _____ ② _____ ③ _____

해답 ① 동역학적 공식에 의한 방법 　② 정역학적 공식에 의한 방법
　　③ 정재하시험에 의한 방법

□□□ 89②, 08④, 12①, 13④, 17④, 21②, 22③, 23② 【3점】

44 여굴을 적게 하고 파단선을 매끈하게 하기 위한 조절발파(controlled blasting) 공법의 종류를 3가지만 쓰시오.

① _____ 　② _____
③ _____ 　④ _____

해답 ① 라인 드릴링(line drilling) 공법
　　② 쿠션 블라스팅(cushion blasting) 공법
　　③ 스무스 블라스팅(smooth blasting) 공법
　　④ 프리 스플리팅(pre-splitting) 공법

□□□ 02②, 05④, 12①, 15①, 19③, 22③ 【3점】

45 댐 건설을 위해 댐 지점의 하천수류를 전환시키는 댐의 유수전환방식을 3가지 쓰시오.

① _____ ② _____ ③ _____

해답 ① 반하천 체절공 ② 가배수 터널공 ③ 가배수로 개거공

□□□ 85③, 92③, 93③, 95④, 00⑤, 06①②, 07①, 09④, 12②, 15④, 19③, 20④ 【3점】

46 토목시공에서 사용하고 있는 토목섬유의 주요 기능을 4가지만 쓰시오.

① _____ ② _____ ③ _____ ④ _____

해답 ① 배수기능 ② 여과기능 ③ 분리기능 ④ 보강기능

□□□ 04④, 06②, 10①, 14④, 20① 【4점】

47 장대교량에 사용되는 사장교는 주부재인 케이블의 교축방향 배치방식에 따라 크게 4가지로 분류되는데 이를 쓰시오.

① _____ ② _____ ③ _____ ④ _____

해답 ① 부채형(fan type) ② 하프형(harp type)
③ 스타형(star type) ④ 방사형(radiating type)

□□□ 87②, 16①, 20② 【3점】

48 Rock bolt의 역할을 3가지만 쓰시오.

① _____ ② _____ ③ _____

해답 ① 봉합효과 ② 보형성효과 ③ 내압효과
④ 아치형성효과 ⑤ 지반보강효과

□□□ 99⑤, 06②, 08④, 17④, 20② 【3점】

49 암거의 배열방식을 3가지만 쓰시오.

① _____ ② _____ ③ _____

해답 ① 자연식 ② 빗식 ③ 차단식 ④ 집단식 ⑤ 어골식

□□□ 98④, 01②, 03②, 06②, 13④, 20② 【3점】

50 동상현상이 발생하면 지면이 융기하게 되고 겨울철 토목공사에 많은 문제가 발생할 수 있다. 이러한 동상이 발생하기 쉬운 3가지 중요한 조건을 쓰시오.

① _____ ② _____ ③ _____

해답 ① 동상을 받기 쉬운 흙이 존재할 것   ② 0℃ 이하의 온도가 오래 지속될 것
　　　③ 물의 공급이 충분할 것

□□□ 04①, 13④, 20①, 21③ 【4점】

51 히빙의 정의와 방지대책을 2가지만 쓰시오.

가. 히빙의 정의를 간단하게 쓰시오.

　○

나. 히빙의 방지대책을 2가지만 쓰시오.

① _____ ② _____

해답 가. 연약한 점토질지반을 굴착할 때 흙막이벽 전후의 흙의 중량 차이 때문에 굴착저면이 부풀어 오르는 현상
　　　나. ① 흙막이공의 계획을 변경한다.
　　　　　② 굴착저면에 하중을 가한다.
　　　　　③ 흙막이벽의 관입깊이를 깊게 한다.
　　　　　④ 표토를 제거하여 하중을 적게 한다.
　　　　　⑤ 양질의 재료로 지반개량을 한다.

□□□ 92②, 94③, 00②, 03④, 04④, 07②, 10④, 11①, 14②, 17①, 18③, 19③, 21①, 22③ 【3점】

52 PS 콘크리트 교량건설공법 중 동바리를 사용하지 않는 현장타설공법의 종류 3가지를 쓰시오.

① _____ ② _____ ③ _____

해답 ① FCM(캔틸레버 공법)   ② MSS(이동식 지보 공법)   ③ ILM(연속압출공법)

□□□ 04③, 06①, 10④, 14①, 17①, 21③ 【3점】

53 심빼기공(심빼기 발파공)의 종류 중 4가지만 쓰시오.

① _____ ② _____ ③ _____ ④ _____

해답 ① V컷   ② 번컷   ③ 노컷   ④ 스윙컷   ⑤ 피라미드컷

□□□ 11①, 15④, 21② 【3점】

54 댐의 기초암반에 보링공을 천공한 후, 시멘트풀, 점토 및 약액 등을 압력으로 주입하여 지반 개량 및 차수를 목적으로 시행하는 것을 그라우팅이라고 한다. 이러한 그라우팅의 종류를 4가지만 쓰시오.

① _____ ② _____ ③ _____ ④ _____

해답 ① 콘솔리데이션 그라우팅(consolidation grouting)
② 커튼 그라우팅(curtain grouting)
③ 림 그라우팅(rim grouting)
④ 콘택트 그라우팅(contact grouting)
⑤ 블랭킷 그라우팅(blanket grouting)

□□□ 10②, 13①, 14①, 16④, 17④, 21② 【3점】

55 도로 노상의 지지력을 평가할 수 있는 현장시험 평가방법을 3가지만 쓰시오.

① _____ ② _____ ③ _____

해답 ① CBR(CBR시험)　　　　　② K값(평판재하시험 ; PBT)
③ Cone값(콘관입시험 ; CPT)　④ N치(표준관입시험 ; SPT)

□□□ 03①, 07①, 17②, 21① 【3점】

56 강상자형교(steel box girder bridge)는 얇은 강판을 상자형 단면으로 결합하여 외력에 저항하는 구조이다. 이러한 강상자형교를 box 단면의 구성형태에 따라 3가지로 분류하시오.

① _____ ② _____ ③ _____

해답 ① 단실박스(single-cell box)　　② 다실박스(multi-cell box)
③ 다중박스(multiple single-cell box)

□□□ 08④, 12②, 16①, 22① 【3점】

57 연약지반에 설치한 교대에 발생하기 쉬운 측방유동에 영향을 미치는 주요 요인을 3가지만 쓰시오.

① _____ ② _____ ③ _____

해답 ① 교대배면의 뒤채움 편재하중　② 교대배면의 성토높이
③ 교대하부 연약층의 두께　　　④ 교대하부 연약층의 전단강도

□□□ 01①, 07④, 09④, 21① 【3점】

58 교량은 상판의 위치, 구조형식, 사용재료 및 용도 등 여러 가지 관점에서 분류할 수 있다. 상판의 위치에 의하여 분류한 교량의 형식 3가지를 쓰시오.

① _____ ② _____ ③ _____

해답 ① 상로교　② 중로교　③ 하로교　④ 2층교

□□□ 95③, 98③, 99⑤, 04③, 10①, 14④, 21③ 【3점】

59 횡방향 지반반력계수(K_h)를 구하는 현장시험을 3가지만 쓰시오.

① _____ ② _____ ③ _____

해답 ① 프레셔미터시험(PMT)　② 딜라토미터시험(DMT)　③ 수평재하시험(LLT)

□□□ 96①, 98②, 99⑤, 18①, 22① 【3점】

60 높은 교각이나 사이로, 수조 등의 공사에 사용하는 특수 거푸집으로 시공속도가 빠르고 이음이 없는 수밀성의 콘크리트 구조물을 만들 수 있는 대표적 특수 거푸집 공법 3가지를 쓰시오.

① _____ ② _____ ③ _____

해답 ① Sliding form 공법　② Slip form공법　③ Travelling form 공법

□□□ 96③, 97①, 01③, 09④, 17④, 22① 【3점】

61 가물막이(Coffer Dam) 공사에서 Sheet pile식 공법의 종류 4가지를 쓰시오.

① _____ ② _____ ③ _____

해답 ① 간이식　② Ring Beam식
　　③ 한겹 sheet pile식　④ 두겹 sheet pile식　⑤ Cell식

□□□ 17④, 22② 【3점】

62 도로교 신축이음장치의 종류를 3가지만 쓰시오.

① _____ ② _____ ③ _____

해답 ① Monocell 조인트(맞댐조인트)　② NB 조인트(고무조인트)
　　③ 강핑거 조인트(강재조인트)　④ 레일 조인트(강재조인트)

□□□ 06④, 16④ 【3점】

63 점성토지반에서 표준관입시험 결과 N치로 판정·추정할 수 있는 사항 4가지를 쓰시오.

① _____ ② _____ ③ _____ ④ _____

해답 ① 컨시스턴시 ② 일축압축강도 ③ 점착력 ④ 기초지반 허용지지력

□□□ 18①, 20② 【6점】

64 흙의 다짐에 관한 다음 물음에 답하시오.

가. 흙 다짐의 정의를 간단히 설명하시오.

○

나. 흙 다짐의 기대되는 효과 3가지를 쓰시오.

① _____ ② _____ ③ _____

해답 가. 입자간의 거리를 단축시켜 간극 내부의 공기를 제거하는 것
 나. ① 흙의 전단강도 증가
  ② 침하량 감소
  ③ 투수성 저하
  ④ 지반의 지지력 증가

□□□ 88③, 92③, 12④, 20① 【5점】

65 벤토나이트 안정액을 사용하여 벽면을 보호하면서 지반을 굴착하고 공내에 철근 콘크리트 벽을 구축하여 토압과 수압에 모두 견딜 수 있는 흙막이 벽의 명칭을 쓰고, 이 흙막이 벽의 장점을 3가지만 쓰시오.

가. 이 흙막이벽의 명칭을 쓰시오.

 ○

나. 이 흙막이벽의 장점 3가지를 쓰시오.

① _____ ② _____ ③ _____

해답 가. 지하연속벽(Slurry wall)
 나. ① 암반을 포함한 대부분의 지반에서 시공 가능하다.
  ② 벽체의 강성이 높고, 지수성이 좋다.
  ③ 영구구조물로 이용된다.
  ④ 소음 진동이 적어 도심지 공사에 적합하다.
  ⑤ 토지경계선까지 시공이 가능하다.
  ⑥ 최대 100m 이상 깊이 까지 시공 가능하다.

04 Pick Remember

□□□ 99①, 00④, 04②, 07②④, 09②, 13①, 20② 【3점】

01 관암거의 직경이 20cm, 유속이 0.8m/sec, 암거길이가 300m일 때 원활한 배수를 위한 암거 낙차를 Giesler 공식을 이용하여 구하시오.

계산 과정)　　　　　　　　　　　　　　　　　　　　　답 :

해답 유속 $V = 20\sqrt{\dfrac{D \cdot h}{L}}$ 에서 $0.8 = 20\sqrt{\dfrac{0.20 \times h}{300}}$

　　$\therefore h = 2.40\,\mathrm{m}$

참고 SOLVE 사용

□□□ 93②, 94③, 99②, 04①, 06①, 08②, 10①, 13②, 18①, 20② 【3점】

02 단위시멘트량이 310kg/m³, 단위수량이 160kg/m³, 단위 잔골재량이 690kg/m³, 단위 굵은 골재량이 1,360kg/m³인 콘크리트의 시방배합을 아래 표의 현장 골재상태에 맞게 현장배합으로 환산하여 이때의 단위수량을 구하시오.

─── 【현장 골재상태】 ───
- 잔골재가 5mm체에 남는 양 : 3.5%
- 굵은골재가 5mm체를 통과하는 양 : 4.5%
- 잔골재의 표면수 : 4.6%
- 굵은골재의 표면수 : 0.7%

계산 과정)　　　　　　　　　　　　　　　　　　　　　답 :

해답 ■ 입도에 의한 조정
- 잔골재량 $X = \dfrac{100S - b(S+G)}{100 - (a+b)}$

　　$= \dfrac{100 \times 690 - 4.5(690 + 1,360)}{100 - (3.5 + 4.5)} = 649.73\,\mathrm{kg/m^3}$

- 굵은골재량 $Y = \dfrac{100G - a(S+G)}{100 - (a+b)} = \dfrac{100 \times 1,360 - 3.5(690 + 1,360)}{100 - (3.5 + 4.5)} = 1,400.27\,\mathrm{kg/m^3}$

■ 표면수에 의한 조정
- 모래의 표면수량 $= 649.73 \times \dfrac{4.6}{100} = 29.89\mathrm{kg/m^3}$

- 굵은골재의 표면수량 $= 1400.27 \times \dfrac{0.7}{100} = 9.80\mathrm{kg/m^3}$

　　$\therefore$ 단위수량 $= 160 - (29.89 + 9.80) = 120.31\mathrm{kg/m^3}$

□□□ 92②, 03①, 12④, 13④, 19③ 【4점】

03 폭이 10cm, 두께 0.3cm인 Paper drain(Card Board)을 이용하여 점토지반에 0.60m간격으로 정사각형 배치로 설치하였다면, Sand drain이론의 등가환산원(등가원)의 직경(d_w)과 영향원의 직경(d_e)를 각각 구하시오.

가. 등가환산원의 직경(d_w)

계산 과정)   답 :

나. 영향원의 직경(d_e)

계산 과정)   답 :

해답 가. $d_w = \alpha \dfrac{2(A+B)}{\pi} = 0.75 \times \dfrac{2(10+0.3)}{\pi} = 4.92 \text{cm}$

나. $d_e = 1.13 d = 1.13 \times 0.60 = 0.678 \text{m} = 67.8 \text{cm}$

□□□ 88③, 89②, 93②, 96④, 98①, 99①②, 03②, 07④, 09②, 11④, 13①, 14② 【3점】

04 80kg의 래머를 사용하여 보조기층의 다짐작업을 할 경우 시간당 작업량을 구하시오.
(조건 : 1회의 유효찍기 다짐면적(A) = 0.033m², 1시간당의 찍기 다짐횟수 = 3,600회, 1층의 끝손질 두께 = 0.3m, 토량환산계수(f) = 0.7, 작업효율 = 0.5, 되풀이찍기 다짐횟수 = 6)

계산 과정)   답 :

해답 $Q = \dfrac{A \cdot N \cdot H \cdot f \cdot E}{P}$

$= \dfrac{0.033 \times 3,600 \times 0.3 \times 0.7 \times 0.5}{6} = 2.08 \, \text{m}^3/\text{hr}$

□□□ 01②, 02①, 05②, 16②, 21① 【3점】

05 어느 현장의 콘크리트 일축압축강도의 하한규격치는 18MPa이고 상한 규격치는 24MPa로 정해져 있다. 측정결과 평균치($\overline{x}$)는 19.5MPa이고, 표준편차의 추정치(δ)는 0.8MPa이라 할 때, 공정능력지수와 규격치에 대한 여유치를 구하시오.

계산 과정)   답 : 공정능력지수(C_p) :   , 여유치 :

해답 • 공정능력 지수

$C_p = \dfrac{SU - SL}{6\delta} = \dfrac{24 - 18}{6 \times 0.8} = 1.25$

• 여유치

$\dfrac{SU - SL}{\delta} = \dfrac{24 - 18}{0.8} = 7.5 \geq 6$

∴ 여유치 = $(7.5 - 6) \times 0.8 = 1.2 \text{MPa}$

□□□ 87③, 94①, 96④, 99①, 00⑤, 02①, 03④, 04①, 09④, 12①, 14② 【6점】

06 직경 300mm RC 말뚝을 평균 비배수 일축압축강도가 $20kN/m^2$인 포화점토지반에 1m 간격으로 가로방향 3개, 세로방향 4개씩 15m 깊이까지 타입하였다. 아래의 물음에 답하시오.
(단, 점토지반의 지지력계수 $N_c' = 9$이며, 점착계수 $\alpha = 1.25$이다. 또한 말뚝 자체의 중량은 무시하고 안전율은 3으로 하며, 무리 말뚝의 효율은 Converse-Labbarre식에 의한다.)

가. 말뚝 한 개의 극한지지력을 구하시오.

계산 과정)   답 :

나. 무리말뚝의 효율을 구하시오.

계산 과정)   답 :

다. 무리말뚝의 허용지지력을 구하시오.

계산 과정)   답 :

해답 가. 극한지지력 $Q_u = Q_P + Q_s$

• $Q_P = N_c' \cdot c_u \cdot A_P = 9 \times \left(\frac{1}{2} \times 20\right) \times \frac{\pi \times 0.3^2}{4} = 6.36kN \left(\because 점착력 \; c_u = \frac{q_u}{2}\right)$

• $Q_s = \pi \cdot D \cdot L \cdot \alpha \cdot c_u = \pi \times 0.3 \times 15 \times 1.25 \times \frac{1}{2} \times 20 = 176.71kN$

∴ $Q_u = 6.36 + 176.71 = 183.07kN$

나. $E = 1 - \tan^{-1}\left(\frac{D}{S}\right)\left\{\frac{(n-1)m + (m-1)n}{90 \cdot m \cdot n}\right\}$

$= 1 - \tan^{-1}\left(\frac{0.3}{1}\right)\left\{\frac{(4-1) \times 3 + (3-1) \times 4}{90 \times 3 \times 4}\right\} = 0.737$

다. $Q_{ag} = ENR_a = 0.737 \times 3 \times 4 \times \frac{183.07}{3} = 539.69kN \left(\because R_a = \frac{Q_u}{3}\right)$

□□□ 03②, 06①②, 10④, 12②, 17②, 22② 【3점】

07 15ton 덤프트럭에 버킷용량이 $1.0m^3$의 백호 1대로 토사를 적재하는 경우, 트럭 1대에 적재하는 데 필요한 시간은 얼마인가? (단, 굴착시 효율=1.0, 버킷계수는=0.9, 자연상태의 $\gamma_t = 1.9t/m^3$, $L = 1.2$, 적재장비 사이클 타임 20초)

계산 과정)   답 :

해답 적재시간 $C_{mt} = \frac{C_{ms} \cdot n}{60 \cdot E_s}$

$q_t = \frac{T}{\gamma_t} \cdot L = \frac{15}{1.9} \times 1.2 = 9.47m^3$

$n = \frac{q_t}{q \cdot k} = \frac{9.47}{1.0 \times 0.9} = 10.52 = 11회$

∴ 적재시간 $C_{mt} = \frac{20 \times 11}{60 \times 1.0} = 3.67분$

□□□ 84①, 15④ 【8점】

08 어떤 콘크리트 공사현장에서 압축강도 시험결과 및 관리한계 계수표는 아래와 같다. 이 시험결과를 이용하여 빈칸을 채우고, 다음 물음에 답하시오.

【압축강도시험의 결과】

조번호	측정값(MPa)			계 $\sum x$	각조의 평균치 $(\overline{X})$	범위 R
	x_1	x_2	x_3			
1	2.1	1.6	2.4			
2	2.5	1.6	2.8			
3	2.1	2.6	1.8			
4	2.5	1.6	2.7			
5	2.6	1.8	2.5			

【관리한계 계수표】

n	A_2	D_3	D_4
2	1.880	–	3.267
3	1.023	–	2.575
4	0.729	–	2.282
5	0.577	–	2.115
6	0.483	–	2.004
7	0.419	0.076	1.924

가. 전체평균($\overline{X}$)과 범위(R)의 평균값을 구하시오.

계산 과정)

[답] 전체평균($\overline{X}$) : _____, 범위(R)의 평균값 : _____

나. $\overline{X}$ 관리도의 상한관리한계(UCL)와 하한관리한계(LCL)를 구하시오.

계산 과정)

[답] 상부관리한계(UCL) : _____, 하부관리한계(LCL) : _____

다. R관리도의 상한관리한계(UCL)와 하한관리한계(LCL)를 구하시오.

계산 과정)

[답] 상부관리한계(UCL) : _____, 하부관리한계(LCL) : _____

해답 가.

조번호	측정값(MPa)			계 $\sum x$	각조의 평균치 ($\overline{X}$)	범위 R
	x_1	x_2	x_3			
1	2.1	1.6	2.4	$2.1+1.6+2.4=6.10$	2.033	$2.4-1.6=0.8$
2	2.5	1.6	2.8	$2.5+1.6+2.8=6.90$	2.300	$2.8-1.6=1.2$
3	2.1	2.6	1.8	$2.1+2.6+1.8=6.50$	2.167	$2.6-1.8=0.8$
4	2.5	1.6	2.7	$2.5+1.6+2.7=6.80$	2.267	$2.7-1.6=1.1$
5	2.6	1.8	2.5	$2.6+1.8+2.5=6.90$	2.300	$2.6-1.8=0.8$
계					11.067	4.7

$$\overline{X} = \frac{\sum \overline{x}}{n} = \frac{11.067}{5} = 2.213 \text{MPa}$$

$$\overline{R} = \frac{\sum R}{n} = \frac{4.7}{5} = 0.940 \text{MPa}$$

나. • 상한관리한계(UCL) $= \overline{X} + A_2 \cdot \overline{R} = 2.213 + 1.023 \times 0.940 = 3.175 \text{MPa}$

　　• 하한관리한계(LCL) $= \overline{X} - A_2 \cdot \overline{R} = 2.213 - 1.023 \times 0.940 = 1.251 \text{MPa}$

다. • 상한관리한계(UCL) $= D_4 \cdot \overline{R} = 2.575 \times 0.940 = 2.421 \text{MPa}$

　　• 하한관리한계(LCL) $= D_3 \cdot \overline{R} = 0$

□□□ 10②, 15①, 17②, 20③ 【4점】

09 아래 그림과 같이 지표면에 100kN의 집중하중이 작용할 때 다음 물음에 답하시오.
(단, 소수점 이하 넷째자리에서 반올림하시오.)

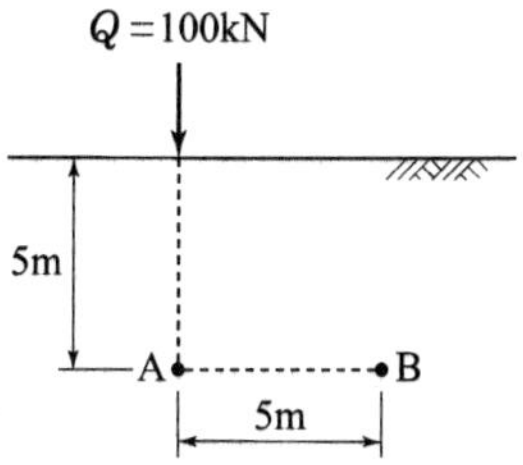

가. A점에서의 연직응력의 증가량을 구하시오.

　　계산 과정)　　　　　　　　　답 : _____

나. B점에서의 연직응력의 증가량을 구하시오.

　　계산 과정)　　　　　　　　　답 : _____

해답 가. $\Delta \sigma_A = \dfrac{3Q}{2\pi Z^2} = \dfrac{3 \times 100}{2\pi \times 5^2} = 1.910 \text{kN/m}^2$

나. $\Delta \sigma_B = \dfrac{3Q}{2\pi} \cdot \dfrac{Z^3}{R^5}$

　　• $R = \sqrt{x^2 + z^2} = \sqrt{5^2 + 5^2} = 7.071$

　　　$\Delta \sigma_B = \dfrac{3 \times 100}{2\pi} \times \dfrac{5^3}{7.071^5} = 0.338 \text{kN/m}^2$

□□□ 88③, 89②, 94②, 97①, 01②, 03①, 04②④, 07①, 09①, 12①, 13①②, 16①, 18③ 【6점】

10 버킷 용량 3.0m³의 쇼벨과 15ton 덤프트럭을 사용하여 토공사를 하고 있다. 아래 조건에 따라 다음 물음에 답하시오.

• 흙의 단위중량 : 1.8t/m³	• 토량변화율(L) : 1.2
• 쇼벨의 버킷계수 : 1.1	• 사이클타임 : 30초
• 쇼벨의 작업효율 : 0.5	• 덤프트럭의 사이클타임 : 30분
• 덤프트럭의 작업효율 : 0.8	• 덤프트럭의 사이클타임 중 상차시간 : 2분
• 덤프트럭 1대를 적재하는 데 필요한 셔블의 사이클 횟수 : 3	

가. 쇼벨의 시간당 작업량은 얼마인가?

계산 과정) 　　　　　　　　　　　　　　　　답 : ＿＿＿＿＿

나. 덤프트럭의 시간당 작업량은 얼마인가?

계산 과정) 　　　　　　　　　　　　　　　　답 : ＿＿＿＿＿

다. 쇼벨 1대당 덤프트럭의 소요대수는 얼마인가?

계산 과정) 　　　　　　　　　　　　　　　　답 : ＿＿＿＿＿

해답 **가.** $Q_S = \dfrac{3,600 \cdot q \cdot K \cdot f \cdot E}{C_m} = \dfrac{3,600 \times 3.0 \times 1.1 \times \dfrac{1}{1.2} \times 0.5}{30} = 165\,\text{m}^3/\text{hr}$

나. $Q_t = \dfrac{60 \cdot q_t \cdot f \cdot E}{C_m} = \dfrac{60 \cdot q_t \cdot \dfrac{1}{L} \cdot E}{C_m}$

$\cdot q_t = \dfrac{T}{\gamma_t} \cdot L = \dfrac{15}{1.8} \times 1.2 = 10\,\text{m}^3$

$\therefore Q_s = \dfrac{60 \times 10 \times \dfrac{1}{1.2} \times 0.8}{30} = 13.33\,\text{m}^3/\text{hr}$

다. $N = \dfrac{Q_S}{Q_t} = \dfrac{165}{13.33} = 12.38$ 대 $\therefore 13$ 대

□□□ 94②, 00②, 05①, 08②, 09②, 14②, 16①, 20① 【3점】

11 Sand Drain 공법으로 연약지반을 개량할 때 U_v(연직방향 압밀도)＝0.9, U_h(수평방향 압밀도)＝0.4인 경우 전체 압밀도(U)는 얼마인가?

○

해답 $U = \{1 - (1-U_h)(1-U_v)\} \times 100$
$\quad\quad = \{1 - (1-0.4)(1-0.9)\} \times 100 = 94\%$

□□□ 07②④, 09②, 10①④, 16① 【3점】

12 어떤 토공현장에서 흙시료를 채취하여 실내 다짐시험하여 최대건조단위중량 19.4kN/m³, 최적함수비 10.3%를 얻었다. 이 현장에서 다짐을 실시하여 상대다짐도 95% 이상을 얻으려고 한다. 다짐을 실시한 후 들밀도시험을 실시하였더니 $V=1,630\text{cm}^3$, $W=29.34\text{N}$이었다. 흙의 비중이 2.62, 현장 흙의 함수비가 9.8%일 때 합격 여부를 판정하시오.

계산 과정)　　　　　　　　　　　　　　　　　　　　　　답 : _____

[해답] 다짐도 $R=\dfrac{\gamma_d}{\gamma_{dmax}}\times 100$, 합격($R\geq 95\%$), 불합격($R<95\%$)

- $\gamma_t=\dfrac{W}{V}=\dfrac{29.34\times 10^{-3}}{1,630\times 100^{-3}}=18\,\text{kN/m}^3$

- $\gamma_d=\dfrac{\gamma_t}{1+w}=\dfrac{18}{1+0.098}=16.39\,\text{kN/m}^3$

∴ $R=\dfrac{16.39}{19.4}\times 100=84.48\%<95\%$　∴ 불합격

□□□ 98③, 08①④, 10②, 12④, 13①, 16②, 17①, 22①, 23① 【3점】

13 아래 그림과 같이 10m 두께의 비교적 단단한 포화점토층 밑에 모래층이 있다. 모래층은 피압상태(artesian pressure)에 있을 때, 점토층에서 바닥의 융기(heaving)현상이 없이 굴착할 수 있는 최대깊이 H를 구하시오.

계산 과정)

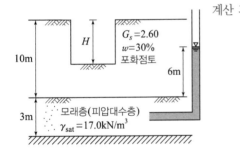

답 : _____

[해답] $H=\dfrac{H_1\gamma_{\text{sat}}-\Delta h\gamma_w}{\gamma_{\text{sat}}}$

- $H_1=10\,\text{m}$

- $e=\dfrac{G_s w}{S}=\dfrac{2.60\times 30}{100}=0.78$

- $\gamma_{\text{sat}}=\dfrac{G_s+e}{1+e}\gamma_w=\dfrac{2.60+0.78}{1+0.78}\times 9.81=18.63\,\text{kN/m}^3$

- $\Delta h=6\,\text{m}$

∴ $H=\dfrac{10\times 18.63-6\times 9.81}{18.63}=6.84\,\text{m}$

□□□ 07②, 10②, 13④, 16①, 22①, 23② 【4점】

14 아래 그림과 같이 6.0m의 연직옹벽에 연속적인 강우로 뒤채움 흙이 완전 포화되어 있다. 뒤채움 흙은 포화밀도 $\gamma_{sat} = 19.8\text{kN/m}^3$, 내부마찰각 $\phi = 38°$ 인 사질토이며, 벽면마찰각 $\delta = 15°$ 이다. 이때 Coulomb의 주동토압계수는 0.219이고 파괴면이 수평면과 55°라고 가정할 경우 아래의 물음에 답하시오. (단, 물의 단위중량 $\gamma_w = 9.81\text{kN/m}^3$)

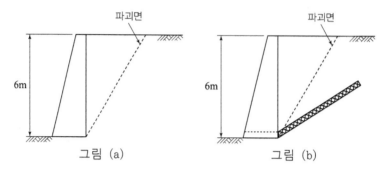

그림 (a)　　　　　　그림 (b)

가. 그림 (a)와 같이 옹벽면에 배수구가 없을 경우 옹벽에 작용하는 전 주동토압을 구하시오.

계산 과정)　　　　　　　　　　　　　　　　　　　답 : _____

나. 그림 (b)와 같이 파괴면 아래쪽에 배수구를 경사지게 설치했을 경우 옹벽에 작용하는 전 주동토압을 구하시오.

계산 과정)　　　　　　　　　　　　　　　　　　　답 : _____

해답 가. $P_A = \dfrac{1}{2}\gamma_{sub}H^2 C_a + \dfrac{1}{2}\gamma_w H^2$

$\qquad = \dfrac{1}{2} \times (19.8 - 9.81) \times 6^2 \times 0.219 + \dfrac{1}{2} \times 9.81 \times 6^2$

$\qquad = 39.38 + 176.58 = 215.96\,\text{kN/m}$

나. $P_A = \dfrac{1}{2}\gamma_{sat}H^2 C_a$

$\qquad = \dfrac{1}{2} \times 19.8 \times 6^2 \times 0.219 = 78.05\,\text{kN/m}$

□□□ 01①, 03②, 13②, 16① 【3점】

15 표준관입시험의 N치가 35이고, 현장에서 채취한 모래는 입자가 둥글고 입도시험결과가 다음과 같다. Dunham의 식을 이용하여 이 모래의 내부마찰각을 추정하시오.

> 입도시험 결과값 : $D_{10} = 0.08\text{mm}$, $D_{30} = 0.12\text{mm}$, $D_{60} = 0.14\text{mm}$

계산 과정)　　　　　　　　　　　　　　　　　　　답 : _____

해답 ■ 모래의 입도판정

- 균등계수 : $C_u \geq 6$, 곡률계수 : $1 \leq C_g \leq 3$ 일 때 양입도

- C_u, C_g 조건 중 어느 한 가지라도 만족하지 못하면 입도분포가 불량(빈입도)이다.

■ 모래의 입도판정

- 균등계수 $C_u = \dfrac{D_{60}}{D_{10}} = \dfrac{0.14}{0.08} = 1.75 \leq 6$: 빈입도

- 곡률계수 $C_g = \dfrac{D_{30}^2}{D_{10} \times D_{60}} = \dfrac{0.12^2}{0.08 \times 0.14} = 1.29$: $1 \leq C_g \leq 3$ 일 때 양입도

∴ 모래의 입자는 둥글고 입도분포가 불량($\because\ C_u = 1.75,\ C_g = 1.29$)

■ 입자가 둥글고 입도분포가 균등(불량)한 모래

- 내부마찰각 $\phi = \sqrt{12N} + 15 = \sqrt{12 \times 35} + 15 = 35.49°$

◎ 모래의 내부마찰각과 N의 관계(Dunham 공식)

• 입자가 둥글고 입도분포가 균등(불량)한 모래	$\phi = \sqrt{12N} + 15$
• 입자가 둥글고 입도분포가 양호한 모래 • 입자가 모나고 입도분포가 균등(불량)한 모래	$\phi = \sqrt{12N} + 20$
• 입자가 모나고 입도분포가 양호한 모래	$\phi = \sqrt{12N} + 25$

□□□ 92④, 94②, 96①④, 98②, 00⑤, 04④, 05④, 07④, 10②, 13④, 18① 【4점】

16 어느 작업의 정상소요일수는 15일이며, 가장 빨리 끝낼 경우 12일이 소요되고 아무리 늦어도 20일 이내에는 끝낼 수 있다. 이 작업이 기대되는 소요일수를 구하고, 이때의 분산을 구하시오.

가. 기대 소요일수를 구하시오.

계산 과정)   답 : _____

나. 분산을 구하시오.

계산 과정)   답 : _____

해답 가. $t_e = \dfrac{t_0 + 4t_m + t_p}{6} = \dfrac{12 + 4 \times 15 + 20}{6} = 15.33$ 일

나. $\sigma^2 = \left(\dfrac{b - a}{6}\right)^2 = \left(\dfrac{20 - 12}{6}\right)^2 = 1.78$

□□□ 01①, 10①, 11④, 13①, 17②, 22② 【3점】

17 아래 그림과 같은 지층의 지표면에 40kN/m²의 압력이 작용할 때, 이로 인한 점토층의 압밀 침하량을 구하시오. (단, 이 점토층은 정규압밀점토이다.)

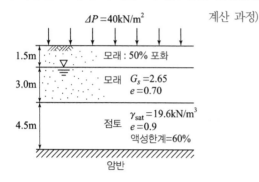

계산 과정)

답 : _____

해답 압밀침하량 $S = \dfrac{C_c H}{1 + e_o} \log \left(\dfrac{P_o + \Delta P}{P_o} \right)$

• $C_c = 0.009(W_L - 10) = 0.009(60 - 10) = 0.45$

• 지하수위 이상의 모래의 단위중량 $\gamma_t = \dfrac{G_s + S \cdot e}{1 + e} \gamma_w = \dfrac{2.65 + 0.5 \times 0.7}{1 + 0.7} \times 9.81 = 17.31 \,\text{kN/m}^3$

• 지하수위 이하 모래층 수중단위중량 $\gamma_{\text{sub}} = \dfrac{G_s - 1}{1 + e} \gamma_w = \dfrac{2.65 - 1}{1 + 0.7} \times 9.81 = 9.52 \,\text{kN/m}^3$

• 점토의 수중단위중량 $\gamma_{\text{sub}} = \gamma_{\text{sat}} - \gamma_w = 19.6 - 9.81 = 9.79 \,\text{kN/m}^3$

• 초기 유효연직압력 $P_o = \gamma_t H_1 + \gamma' H_2 + \gamma' \dfrac{H_3}{2}$

$$= 17.31 \times 1.5 + 9.52 \times 3 + 9.79 \times \dfrac{4.5}{2} = 76.55 \,\text{kN/m}^2$$

$$\therefore S = \dfrac{0.45 \times 4.5}{1 + 0.9} \log \left(\dfrac{76.55 + 40}{76.55} \right) = 0.1946 \,\text{m} = 19.46 \,\text{cm}$$

□□□ 00⑤, 04①, 05②, 11①, 15①, 17②, 20②, 23③ 【3점】

18 어느 암반지대에서 RQD의 평균값은 60, 절리군의 수는 6, 절리 거칠기계수는 2, 절리면의 변질계수는 2, 지하수 보정계수 J_w는 1, 응력저감계수 SRF는 1일 경우 Q값을 계산하시오.

계산 과정)

답 : _____

해답 $Q = \dfrac{\text{RQD}}{J_n} \cdot \dfrac{J_r}{J_a} \cdot \dfrac{J_w}{\text{SRF}}$

$$= \dfrac{60}{6} \times \dfrac{2}{2} \times \dfrac{1}{1} = 10$$

□□□ 91③, 97④, 99②, 01④, 08①, 17②, 20② 【6점】

19 그림과 같은 등고선을 가진 지형으로 굴착하여 아래 그림과 같은 도로 성토를 하려고 한다. 다음 물음에 답하시오. (단, $L=1.20$, $C=0.90$, 토량은 각주 공식을 사용하며, 등고선의 높이는 20m 간격이며 A_1의 면적은 1,400m², A_2의 면적은 950m², A_3의 면적은 600m², A_4의 면적은 250m², A_5의 면적은 100m², power shovel의 C_m은 20초, 디퍼계수는 0.95, 작업효율은 0.80, 1일 운전시간은 6시간, 유류 소모량은 4l/hr를 적용한다.)

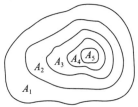 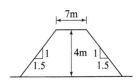

가. 도로 몇 m를 만들 수 있는가?

계산 과정)　　　　　　　　　　　　　　　　　　답 : _____

나. 위의 그림과 같은 조건에서 1m³ Power Shovel 5대가 굴착할 때 작업일수는 몇 일인가?

계산 과정)　　　　　　　　　　　　　　　　　　답 : _____

다. power shovel의 총유류소모량은 얼마나 되겠는가?

계산 과정)　　　　　　　　　　　　　　　　　　답 : _____

해답 **가.** 토량계산

- $Q_1 = \dfrac{h}{3}(A_1 + 4A_2 + A_3) = \dfrac{20}{3}(1,400 + 4 \times 950 + 600) = 38,666.67\,\text{m}^3$

- $Q_2 = \dfrac{h}{3}(A_3 + 4A_4 + A_5) = \dfrac{20}{3}(600 + 4 \times 250 + 100) = 11,333.33\,\text{m}^3$

  $\therefore Q = Q_1 + Q_2 = 38,666.67 + 11,333.33 = 50,000\,\text{m}^3$

- 도로의 단면적 $A = \dfrac{7+19}{2} \times 4 = 52\,\text{m}^2$

- 도로의 길이 $= \dfrac{\text{원지반 토량} \times C}{\text{도로 단면적}} = \dfrac{50,000 \times 0.90}{52} = 865.38\,\text{m}$

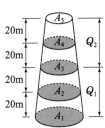

나. · $Q = \dfrac{3,600\,qKfE}{C_m} = \dfrac{3,600 \times 1 \times 0.95 \times \dfrac{1}{1.20} \times 0.80}{20} = 114\,\text{m}^3/\text{h}$

$\left(\because \text{자연상태} : f = \dfrac{1}{L} = \dfrac{1}{1.20} \right)$

- 1일 작업일량 $= 114(\text{m}^3/\text{hr}) \times 6(\text{hr/d}) \times 5(\text{대}) = 3,420\,\text{m}^3/\text{d}$

  $\therefore$ 작업일수 $= \dfrac{50,000}{3,420} = 14.62$　　$\therefore$ 15일

다. 총 유류소모량 $= 4 \times 6 \times 14.62 \times 5 = 1,754.4\,l$

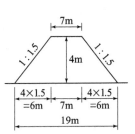

□□□ 00②, 10②, 13②, 16①, 17④ 【10점】

20 다음 표와 같은 설계조건 및 재료, 참고표를 이용하여 콘크리트를 배합설계 하여 아래 배합 표를 완성 하시오.

─────────── 【설계조건 및 재료】 ───────────

- 물-시멘트비는 50%로 한다.
- 굵은골재는 최대치수 40mm의 부순돌을 사용한다.
- 양질의 공기연행제(AE제)를 사용하며 그 사용량은 시멘트 질량의 0.03%로 한다.
- 목표로 하는 슬럼프는 100mm, 공기량은 5%로 한다.
- 사용하는 시멘트는 보통포틀랜드시멘트로서 밀도는 3.15g/cm^3이다.
- 잔골재의 표건밀도는 2.6g/cm^3이고, 조립률은 2.85이다.
- 굵은골재의 표건밀도는 2.7g/cm^3이다.

【배합설계 참고표】

굵은골재 최대치수 (mm)	단위 굵은골재 용적 (%)	공기연행제를 사용하지 않은 콘크리트			공기 연행 콘크리트				
		갇힌 공기 (%)	잔골재율 S/a (%)	단위수량 W (kg)	공기량 (%)	양질의 공기연행제를 사용한 경우		양질의 공기연행 감수제를 사용한 경우	
						잔골재율 S/a (%)	단위수량 W (kg/m³)	잔골재율 S/a (%)	단위수량 W (kg/m³)
15	58	2.5	53	202	7.0	47	180	48	170
20	62	2.0	49	197	6.0	44	175	45	165
25	67	1.5	45	187	5.0	42	170	43	160
40	72	1.2	40	177	4.5	39	165	40	155

주 1) 이 표의 값은 보통의 입도를 가진 잔골재(조립률 2.8 정도)와 부순돌을 사용한 물-시멘트 비 55% 정도, 슬럼프 80mm 정도의 콘크리트에 대한 것이다.

　2) 사용재료 또는 콘크리트의 품질이 주 1)의 조건과 다를 경우에는 위의 표의 값을 아래 표에 따라 보정한다.

구 분	S/a의 보정(%)	W의 보정(kg)
잔골재의 조립률이 0.1만큼 클(작을) 때마다	0.5 만큼 크게(작게) 한다.	보정하지 않는다.
슬럼프값이 10mm 만큼 클(작을) 때마다	보정하지 않는다.	1.2%만큼 크게(작게) 한다.
공기량이 1% 만큼 클(작을) 때마다	0.75만큼 작게(크게) 한다.	3%만큼 작게(크게) 한다.
물-시멘트비가 0.05클(작을) 때마다	1 만큼 크게(작게) 한다.	보정하지 않는다.
S/a가 1% 클(작을)때마다	보정하지 않는다.	1.5kg만큼 크게(작게)한다.

비고 : 단위 굵은 골재용적에 의하는 경우에는 모래의 조립률이 0.1만큼 커질(작아질)때마다 단위굵은 골재용적을 1만큼 작게(크게) 한다.

【답】배합표

굵은골재 최대치수 (mm)	슬럼프 (mm)	공기량 (%)	W/B (%)	잔골재율 S/a(%)	단위량(kg/m³)				혼화제 단위량 (g/m³)
					물 (W)	시멘트 (C)	잔골재 (S)	굵은골재 (G)	
40	100	5	50						

해답

보정항목	배합 참고표	설계조건	잔골재율(S/a) 보정	단위수량(W)의 보정
굵은골재의 치수 40mm일 때			$S/a=39\%$	$W=165\text{kg}$
모래의 조립률	2.80	2.85(↑)	$\dfrac{2.85-2.80}{0.10}\times(+0.5)$ $=0.25\%(↑)$	보정하지 않는다.
슬럼프값	80mm	100mm(↑)	보정하지 않는다.	$\dfrac{100-80}{10}\times1.2=2.4\%(↑)$
공기량	4.5	5(↑)	$\dfrac{5-4.5}{1}\times(-0.75)$ $=0.375\%(↓)$	$\dfrac{5-4.5}{1}\times(-3)$ $=-1.5\%(↓)$
W/C	55%	50%(↓)	$\dfrac{0.55-0.50}{0.05}\times(-1)$ $=-1.0\%(↓)$	보정하지 않는다.
S/a	39%	37.88%(↓)	보정하지 않는다.	$\dfrac{39-37.88}{1}\times(-1.5)$ $=-1.68\text{kg}(↓)$
보정값			$S/a=39+0.25-0.375$ $-1.0=37.88\%$	$165\left(1+\dfrac{2.4}{100}-\dfrac{1.5}{100}\right)-1.68$ $=164.81\,\text{kg}$

• 단위수량 $W=164.81\text{kg}$
• 단위시멘트량 C : $\dfrac{W}{C}=0.50,\ C=\dfrac{164.81}{0.5}=329.62\,\text{kg}$ ∴ $C=329.62\,\text{kg}$
• 공기연행(AE)제 : $329.62\times\dfrac{0.03}{100}=0.0989\,\text{kg}=98.89\text{g/m}^3$
• 단위골재량의 절대체적

$$V_a=1-\left(\frac{\text{단위수량}}{1,000}+\frac{\text{단위 시멘트}}{\text{시멘트밀도}\times1,000}+\frac{\text{공기량}}{100}\right)$$
$$=1-\left(\frac{164.81}{1,000}+\frac{329.62}{3.15\times1,000}+\frac{5}{100}\right)=0.681\,\text{m}^3$$

• 단위 잔골재량

$S=V_a\times S/a\times\text{잔골재밀도}\times1,000$
$\quad=0.681\times0.3788\times2.6\times1,000=670.70\,\text{kg/m}^3$

- 단위 굵은골재량

$$G = V_g \times (1 - S/a) \times 굵은골재 \ 밀도 \times 1,000$$
$$= 0.681 \times (1 - 0.3788) \times 2.7 \times 1,000 = 1,142.20 \, \text{kg/m}^3$$

∴ 배합표

굵은골재 최대치수 (mm)	슬럼프 (mm)	W/C (%)	잔골재율 S/a(%)	단위량(kg/m³)				혼화제 단위량 (g/m³)
				물 (W)	시멘트 (C)	잔골재 (S)	굵은골재 (G)	
40	100	50	37.88	164.81	329.62	670.70	1,142.20	98.89

□□□ 95④, 97④, 99②, 00③, 06①, 10④, 13①, 18② 【3점】

21 다음과 같이 배치된 말뚝 A, 말뚝 B에 작용하는 하중을 계산하시오.
(단, 말뚝의 부마찰력, 군항의 효과, 기초와 흙 사이에 작용하는 토압은 무시한다.)

계산 과정)

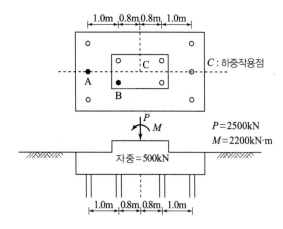

$P = 2500 \text{kN}$
$M = 2200 \text{kN·m}$

[답] 말뚝 A : _____

말뚝 B : _____

해답 ■ 방법 1

$$P_m = \frac{Q}{n} \pm \frac{M_y \cdot x}{\sum x^2} \pm \frac{M_x \cdot y}{\sum y^2}$$

- $Q = 2,500 + 500 = 3,000 \text{kN}$

$$\therefore \ P_A = \frac{3,000}{10} - \frac{2,200 \times (-1.8)}{1.8^2 \times 6 + 0.8^2 \times 4} + 0$$
$$= 300 + 180 = 480 \text{kN}$$

$$\therefore \ P_B = \frac{3,000}{10} - \frac{2,200 \times (-0.8)}{1.8^2 \times 6 + 0.8^2 \times 4} + 0$$
$$= 300 + 80 = 380 \text{kN}$$

■ 방법 2

$$P_m = \frac{Q}{n} + \frac{M_y \cdot x}{\sum x^2} + \frac{M_x \cdot y}{\sum y^2}$$

- $Q = 2,500 + 500 = 3,000 \text{kN}, \ n = 10$
- $x^2 = 1.8^2 \times 6 = 19.44 \, \text{m}^2$
- $x^2 = 0.8^2 \times 4 = 2.56 \, \text{m}^2$

$$\therefore \ P_A = \frac{3,000}{10} + \frac{2,200 \times 1.8}{19.44 + 2.56} + 0$$
$$= 300 + 180 = 480 \text{kN}$$

$$\therefore \ P_B = \frac{3,000}{10} + \frac{2,200 \times 0.8}{19.44 + 2.56} + 0$$
$$= 300 + 80 = 380 \text{kN}$$

□□□ 06④, 08④, 09④, 10①, 11②, 17①, 18②, 22② 【6점】

22 콘크리트의 배합강도를 구하기 위한 시험횟수 16회의 콘크리트 압축강도 측정결과가 아래 표와 같고 품질기준강도가 28MPa일 때 아래 물음에 답하시오.

【압축강도 측정결과(단위 MPa)】

26.0	29.5	25.0	34.0	25.5	34.0	29.0
24.5	27.5	33.0	33.5	27.5	25.5	28.5
26.0	35.0					

가. 위 표를 보고 압축강도의 평균값을 구하시오.

계산 과정)   답 : _____

나. 압축강도 측정결과 및 아래의 표를 이용하여 배합강도를 구하기 위한 표준편차를 구하시오.

【시험횟수가 29회 이하일 때 표준편차의 보정계수】

시험횟수	표준편차의 보정계수	비고
15	1.16	
20	1.08	이 표에 명시되지 않은 시험횟수
25	1.03	에 대해서는 직선보간한다.
30 또는 그 이상	1.00	

계산 과정)   답 : _____

다. 배합강도를 구하시오.

계산 과정)   답 : _____

해답 가. 평균값 $\overline{x} = \dfrac{\sum X_i}{n} = \dfrac{464}{16} = 29\,\text{MPa}$

나. 편차제곱합 $S = \sum (X_i - \overline{x})^2$

$S = (26-29)^2 + (29.5-29)^2 + (25.0-29)^2 + (34-29)^2 + (25.5-29)^2$
$\quad + (34-29)^2 + (29-29)^2 + (24.5-29)^2 + (27.5-29)^2 + (33-29)^2$
$\quad + (33.5-29) + (27.5-29)^2 + (25.5-29)^2 + (28.5-29)^2 + (26-29)^2$
$\quad + (35-29)^2 = 206$

- 표준편차 $s = \sqrt{\dfrac{S}{n-1}} = \sqrt{\dfrac{206}{16-1}} = 3.71\,\text{MPa}$

- 16회의 보정계수 $= 1.16 - \dfrac{1.16-1.08}{20-15} \times (16-15) = 1.144$

∴ 수정 표준편차 $s = 3.71 \times 1.144 = 4.24\,\text{MPa}$

다. $f_{cq} = 28\,\text{MPa} \leq 35\,\text{MPa}$인 경우

- $f_{cr} = f_{cq} + 1.34s = 28 + 1.34 \times 4.24 = 33.68\,\text{MPa}$

- $f_{cr} = (f_{cq} - 3.5) + 2.33s = (28-3.5) + 2.33 \times 4.24 = 34.38\,\text{MPa}$

∴ 배합강도 $f_{cr} = 34.38\,\text{MPa}$(∵ 두 값 중 큰 값)

□□□ 98④, 05①, 10④, 11④, 18①, 21① 【3점】

23 3m×3m 크기의 정사각형 기초를 마찰각 $\phi=20°$, 점착력 $c=12\text{kN/m}^2$인 지반에 설치하였다. 흙의 단위중량 $\gamma=18\text{kN/m}^3$이며, 기초의 근입깊이는 5m이다. 지하수위가 지표면에서 7m 깊이에 있을 때의 극한지지력을 Terzaghi 공식으로 구하시오. (단, 지지력계수 $N_c=17.7$, $N_q=7.4$, $N_r=5$이고, 흙의 포화단위중량은 20kN/m^3이다.)

계산 과정)　　　　　　　　　　　　　　　　답 : ＿＿＿＿＿

해답 $q_u = \alpha c N_c + \beta B \gamma_1 N_r + \gamma_2 D_f N_q$

$d=(7-5)\text{m} < B=3\text{m}$인 경우

• $\gamma_1 = \gamma_{sub} + \dfrac{d}{B}(\gamma_t - \gamma_{sub})$

$\gamma_{sub} = \gamma_{sat} - \gamma_w = 20 - 9.81 = 10.19\text{kN/m}^3$

$\gamma_1 = 10.19 + \dfrac{2}{3} \times (18 - 10.19) = 15.4\text{kN/m}^3$

$\therefore q_u = 1.3 \times 12 \times 17.7 + 0.4 \times 3 \times 15.4 \times 5 + 18 \times 5 \times 7.4$
$= 1,034.52\text{kN/m}^2$

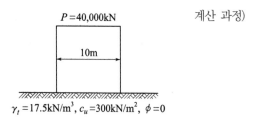

□□□ 98②, 03①, 05②, 11②, 14①, 18② 【3점】

24 다음과 같이 점토지반에 직경이 10m, 자중이 40,000kN인 물탱크가 설치되어 있다. 극한지지력에 대한 안전율(F_s)이 3일 때 최대로 채울 수 있는 물의 높이는 얼마인가? (단, $N_c=5.14$)

$P=40,000\text{kN}$

10m

계산 과정)　　　　　　　　　　답 : ＿＿＿＿

$\gamma_t=17.5\text{kN/m}^3$, $c_u=300\text{kN/m}^2$, $\phi=0$

해답 허용하중 $Q_a = Q + \left(\dfrac{\pi D^2}{4} h\right)\gamma_w$ (물탱크의 허용하중＝물탱크중량＋물의 중량)

• 극한지지력 $q_u = \alpha c N_c + \beta \gamma_1 B N_\gamma + \gamma_2 D_f N_q$ ($\phi=0$이면 $N_r=0$, $D_f=0$)
$= 1.3 \times 300 \times 5.14 + 0 + 0 = 2,004.6\text{kN/m}^2$

• 허용지지력 $q_a = \dfrac{q_u}{F_s} = \dfrac{2,004.6}{3} = 668.2\text{kN/m}^2$

• $668.2 \times \dfrac{\pi \times 10^2}{4} = 40,000 + \left(\dfrac{\pi \times 10^2}{4} h\right) \times 9.81$

$\therefore$ 물의 높이 $h = 16.20\text{m}$

참고 SOLVE 사용

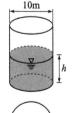

□□□ 93③, 99②, 01②, 02④, 04④, 05②, 11②, 15④, 18③ 【3점】

25 연약점토층의 두께가 10m인 현장 지반에서 시료를 채취하여 압밀시험을 실시하였다. 이 때 압밀 시험한 결과 하중강도가 $2.4\text{kg/cm}^2(240\text{kN/m}^2)$에서 $3.6\text{kg/cm}^2(360\text{kN/m}^2)$으로 증가할 때, 간극비는 1.8에서 1.2로 감소하였다. 이 지반 위에 단위중량 $2.0\text{t/m}^3(20\text{kN/m}^3)$인 성토재를 5m 성토할 때 최종침하량을 구하시오. (단, 원지반의 간극비(e_o)는 2.2이다.)

계산 과정) 　　　　　　　　　　　　　　　　답 : _____

해답 $S=m_v\Delta PH=\dfrac{a_v}{1+e_o}\cdot \Delta P\cdot H$

- $a_v=\dfrac{e_1-e_2}{P_2-P_1}=\dfrac{1.8-1.2}{360-240}=5\times 10^{-3}\text{m}^2/\text{kN}$

- $\Delta P=20\times 5=100\text{kN/m}^2$

- $H=10\text{m}$

- $m_v=\dfrac{a_v}{1+e_o}=\dfrac{5\times 10^{-3}}{1+2.2}=1.56\times 10^{-3}\text{m}^2/\text{kN}$

　$\therefore \ S=1.56\times 10^{-3}\times 100\times 10=1.56\text{m}$

□□□ 12②, 14①, 15④, 18③, 21②, 22② 【3점】

26 아래 그림과 같은 옹벽에서 인장균열이 발생한 후의 옹벽에 작용하는 전체 주동토압을 구하시오. (단, 인장균열 위의 토압은 무시하고 상재하중으로 고려하여 계산하시오.)

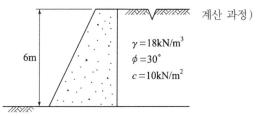

계산 과정)

답 : _____

해답 $P_A=\dfrac{1}{2}\gamma(H-z_o)^2 K_A+\gamma z_o(H-z_o)K_A$

- 인장균열 깊이

　$z_o=\dfrac{2c}{\gamma_t}\tan\left(45°+\dfrac{\phi}{2}\right)=\dfrac{2\times 10}{18}\times \tan\left(45°+\dfrac{30°}{2}\right)=1.925\,\text{m}$

- $K_A=\tan^2\left(45°-\dfrac{\phi}{2}\right)=\tan^2\left(45°-\dfrac{30°}{2}\right)=\dfrac{1}{3}$

　$\therefore \ P_A=\dfrac{1}{2}\times 18\times(6-1.925)^2\times \dfrac{1}{3}+18\times 1.925\times(6-1.925)\times \dfrac{1}{3}$

　　$=49.82+47.07=96.89\text{kN/m}$

□□□ 96②, 07①, 11②, 14②, 19② 【4점】

27 뒤채움 지표면에 재하중이 없는 높이 6m의 옹벽에 작용하는 지진력에 의한 전체 주동토압이 Mononobe-Okabe 이론에 의해 $P_{AC}=160$kN/m, 정적인 상태의 전체주동토압이 $P_A=100$kN/m일 때, 지진력에 의한 전체 주동토압의 작용위치를 구하시오.

계산 과정)　　　　　　　　　　　　　　　　　　답 : ＿＿＿＿＿＿＿＿＿＿

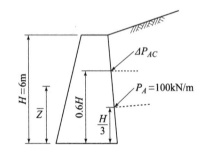

해답 합력위치 $\overline{Z} = \dfrac{(0.6H)(\triangle P_{AC}) + \dfrac{H}{3}(P_A)}{P_{AC}}$

- 지진토압 $P_{AC}=160$kN/m
- 전 토압 $P_A=100$kN/m
- 토압증가량 $\triangle P_{AC}=160-100=60$kN/m

$$\therefore \ \overline{Z} = \frac{(0.6 \times 6) \times 60 + \dfrac{6}{3} \times 100}{160} = 2.6\,\text{m}$$

□□□ 89①, 94④, 05①, 09②, 12④, 17①, 20① 【3점】

28 아래 그림과 같이 연약토층 위에 있는 사면의 복합활동 파괴면에 대한 안전율을 구하시오.

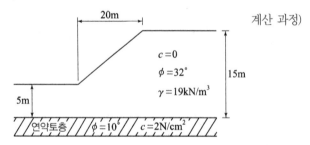

계산 과정)

답 : ＿＿＿＿＿＿＿＿＿＿

해답 안전율 $F_s = \dfrac{c \cdot L + W\tan\phi + P_p}{P_a}$

- $P_a = \dfrac{\gamma H^2}{2}\tan^2\left(45° - \dfrac{\phi}{2}\right) = \dfrac{19 \times 15^2}{2}\tan^2\left(45° - \dfrac{32°}{2}\right) = 656.77\,\text{kN/m}$

- $P_p = \dfrac{\gamma H^2}{2}\tan^2\left(45° + \dfrac{\phi}{2}\right) = \dfrac{19 \times 5^2}{2}\tan^2\left(45° + \dfrac{32°}{2}\right) = 772.96\,\text{kN/m}$

- $c = 2\text{N/cm}^2 = 20\text{kN/m}^2$

- $c \cdot L = 20 \times 20 = 400\,\text{kN/m}$

- $W\tan\phi = \dfrac{15+5}{2} \times 20 \times 19\tan10° = 670.04\,\text{kN/m}$

$$\therefore \ F_s = \frac{400 + 670.04 + 772.96}{656.77} = 2.81$$

□□□ 89②, 98③, 07①, 11②, 17②, 20① 【3점】

29 그림과 같은 방파제의 활동에 대한 안전율을 계산하시오.

(단, 파고(H)=3.0m, 케이슨 단위중량(w)=20kN/m³, 해수 단위중량(w')=10kN/m³, 마찰계수(f)=0.6, 파압공식(P)=1.5$w'H$(kN/m²))

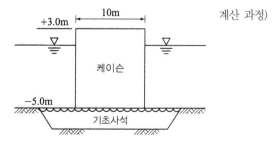

계산 과정)

답 : _____

해답 안전율 $F_s = \dfrac{f \cdot W}{P_h}$

- 파압 $P = 1.5w'H = 1.5 \times 10 \times 3.0 = 45 \, \text{kN/m}^2$
- 수평력 P_h = 파압×케이슨 높이 = $45 \times (5+3) = 360 \, \text{kN/m}$
- 연직력 W = 케이슨의 자중−케이슨의 부력
  $= (3+5) \times 10 \times 20 - (3+5) \times 10 \times 10 = 800 \, \text{kN/m}$

$\therefore$ 안전율 $F_s = \dfrac{f \cdot W}{P_h} = \dfrac{0.6 \times 800}{360} = 1.33$

□□□ 01②, 03②, 07①, 10②, 11②, 14①, 18③ 【3점】

30 한 사질토 사면의 경사가 23°로 측정되었다. 지표면으로부터 5m깊이에 암반층이 존재하며 사면흙을 채취하여 토질시험을 한 결과 $c=0$, $\phi=35°$, $\gamma_{sat}=19.0 \, \text{kN/m}^3$였다. 갑자기 폭우가 쏟아져 지하수위가 지표면과 일치한 상태에서 침투가 발생한다면 이 때 사면의 안전율은 얼마인가?

계산 과정)

답 : _____

해답

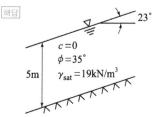

지하수위가 지표면과 일치할 때 : $F_s = \dfrac{\gamma_{sub}}{\gamma_{sat}} \cdot \dfrac{\tan\phi}{\tan i}$

- $\gamma_{sub} = \gamma_{sat} - \gamma_w = 19.0 - 9.81 = 9.19 \, \text{kN/m}^3$

$\therefore F_s = \dfrac{9.19}{19.0} \times \dfrac{\tan 35°}{\tan 23°} = 0.80$

□□□ 02①, 08①, 09③, 11②, 16②, 20③ 【3점】

31 다음과 같은 모양의 중력식 옹벽을 설치하려고 한다. 흙의 단위중량 $\gamma_t = 17.5\text{kN/m}^3$, 내부 마찰각 $\phi = 31°$, 점착력 $c = 0$, 콘크리트의 단위중량 $\gamma_c = 24\text{kN/m}^3$일 때 옹벽의 전도(over turning)에 대한 안전율을 Rankine의 식을 이용하여 계산하시오.
(단, 옹벽 전면에 작용하는 수동토압은 무시한다.)

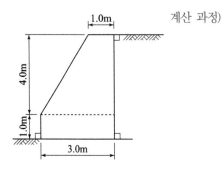

계산 과정)

답 : _____

해답 $F_s = \dfrac{M_r}{M_o} = \dfrac{W \cdot b + P_v \cdot B}{P_A \cdot y} = \dfrac{W \cdot b + 0}{P_A \cdot y}$ (∵ 수동토압 P_v는 무시)

• $P_A = \dfrac{1}{2}\gamma_t H^2 \tan^2\left(45 - \dfrac{\phi}{2}\right)$

$\quad = \dfrac{1}{2} \times 17.5 \times 5^2 \tan^2\left(45 - \dfrac{31°}{2}\right) = 70.02\text{kN/m}$

$\quad \therefore M_o = P_A \cdot y = (70.02 \times 1) \times \dfrac{5}{3} = 116.7\text{kN} \cdot \text{m}$

• $M_r = W \times b = W_1 \cdot y_1 + W_2 \cdot y_2 + W_3 \cdot y_3$

$\quad W_1 = \left(\dfrac{1}{2} \times 2 \times 4\right) \times 24 = 96\text{kN/m}$

$\quad W_2 = 1 \times 4 \times 24 = 96\text{kN/m}$

$\quad W_3 = (3 \times 1) \times 24 = 72\text{kN/m}$

$\quad \therefore M_r = \left[96 \times 2 \times \dfrac{2}{3} + 96 \times (2 + 0.5) + 72 \times 1.5\right] \times 1$

$\qquad = 476\text{kN} \cdot \text{m}$

∴ 안전율 $F_s = \dfrac{M_r}{M_o} = \dfrac{476}{116.7} = 4.08$

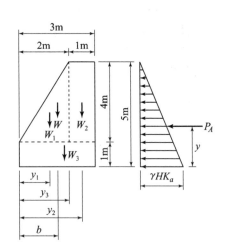

□□□ 07①, 09②, 11④, 18②, 20③, 22③ 【3점】

32 다음과 같은 높이 7m인 토류벽이 있다. 토류벽 배면지반은 포화된 점성토지반 위에 사질토 지반을 형성하고 있다. 이때 토류벽에 가해지는 전 주동토압을 구하시오.
(단, 지하수위는 점성토지반 상부에 위치하며, 벽마찰각은 무시한다.)

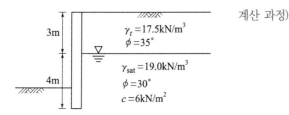

계산 과정)

답 : _____

해답 주동토압 $P_A = \frac{1}{2}\gamma_t H_1^2 K_{a1} + \gamma_t H_1 H_2 K_{a2} + \frac{1}{2}\gamma_{sub} H_2^2 K_{a2} + \frac{1}{2}\gamma_w H_2^2 - 2cH_2\sqrt{K_{a2}}$

- 사질토지반 $K_{a1} = \tan^2\left(45° - \frac{\phi}{2}\right) = \tan^2\left(45° - \frac{35°}{2}\right) = 0.271$

- 점성토지반 $K_{a2} = \tan^2\left(45° - \frac{\phi}{2}\right) = \tan^2\left(45° - \frac{30°}{2}\right) = \frac{1}{3}$

- $\frac{1}{2}\gamma_t H_1^2 K_{a1} = \frac{1}{2} \times 17.5 \times 3^2 \times 0.271 = 21.34\,\text{kN/m}$

- $\gamma_t H_1 H_2 K_{a2} = 17.5 \times 3 \times 4 \times \frac{1}{3} = 70\,\text{kN/m}$

- $\frac{1}{2}\gamma_{sub} H_2^2 K_{a2} = \frac{1}{2} \times (19.0 - 9.81) \times 4^2 \times \frac{1}{3} = 24.51\,\text{kN/m}$

- $\frac{1}{2}\gamma_w H_2^2 = \frac{1}{2} \times 9.81 \times 4^2 = 78.48\,\text{kN/m}$

- $2cH_2\sqrt{K_{a2}} = 2 \times 6 \times 4 \times \sqrt{\frac{1}{3}} = 27.71\,\text{kN/m}$

  $\therefore P_A = 21.34 + 70 + 24.51 + 78.48 - 27.71 = 166.62\,\text{kN/m}$

□□□ 84①②③, 87③, 88②, 91③, 93②, 97②, 98⑤, 03④, 12④, 15④, 20③ 【3점】

33 불도저를 이용한 작업에서 운반거리가 60m, 전진 속도 2.4km/hr, 후진 속도는 3.0km/hr, 기어 변속 시간 18초, 굴착압토량이 3.0m³, 토량 변화율(L)은 1.25, 작업 효율은 0.8일 때 1시간당 작업량을 자연상태로 구하시오.

계산 과정)

답 : _____

해답 $Q = \dfrac{60 \cdot q \cdot f \cdot E}{C_m} = \dfrac{60 \cdot q \cdot \frac{1}{L} \cdot E}{C_m}$

- $C_m = \dfrac{l}{V_1} + \dfrac{l}{V_2} + t = \left(\dfrac{60}{2,400} + \dfrac{60}{3,000}\right) \times 60 + \dfrac{18}{60} = 3분 \;(\because 2.4\text{km/hr} = 2,400\text{m/hr})$

  $\therefore Q = \dfrac{60 \times 3.0 \times \dfrac{1}{1.25} \times 0.8}{3.0} = 38.4\,\text{m}^3/\text{h}$

34 다음 히빙(heaving)현상에 대한 물음에 답하시오.

가. 그림과 같은 말뚝 하단의 활동면에 대한 히빙현상에 대한 안전을 검토하시오.

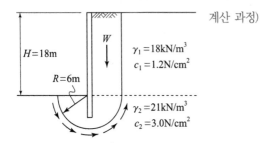

계산 과정)

답 : _____

나. 히빙(heaving)이 발생할 우려가 있는 지반의 방지대책을 3가지만 쓰시오.

① _____ ② _____ ③ _____

해답 가. 안전율 $F_s = \dfrac{M_r}{M_d} = \dfrac{C_1 \cdot H \cdot R + C_2 \cdot \pi \cdot R^2}{\dfrac{R^2}{2}(\gamma_1 \cdot H + q)}$

- $c_1 = 1.2\text{N/cm}^2 = 12\text{kN/m}^2$
- $c_2 = 3.0\text{N/cm}^2 = 30\text{kN/m}^2$
- $M_d = \dfrac{6^2}{2}(18 \times 18 + 0) = 5{,}832\text{kN} \cdot \text{m}$ (Heaving을 일으키려는 Moment)
- $M_r = 12 \times 18 \times 6 + 30 \times \pi \times 6^2 = 4{,}688.92\text{kN} \cdot \text{m}$ (Heaving에 저항하는 Moment)

  $\therefore F_s = \dfrac{4{,}688.92}{5{,}832} = 0.804 < 1.2$ (히빙의 우려가 있다.)

나. ① 흙막이공의 계획을 변경한다.　　② 굴착저면에 하중을 가한다.
　　③ 흙막이벽의 관입 깊이를 깊게 한다.　④ 표토를 제거하여 하중을 적게 한다.

---

35 도로 곡선부의 평면선형을 설계함에 있어서 곡선반경이 710m, 설계속도가 120km/hr일 때의 최소편구배를 계산하시오.
(단, 타이어와 노면의 횡방향 미끄럼마찰계수는 0.10임.)

계산 과정)

답 : _____

해답 $R = \dfrac{V^2}{127(f+i)}$ 에서 $710 = \dfrac{120^2}{127(0.10+i)}$

$\therefore i = 0.06 \quad \therefore 6\%$

참고 SOLVE 사용

□□□ 89②, 92②, 93③, 94③, 95①, 02①, 04②, 06③, 08②, 19① 【3점】

36 풍화 파쇄작용을 받는 상태의 사암을 천공할 목적으로 굴착기로 표준암을 천공하니 55cm /min의 천공속도를 얻었다. 이 파쇄대의 사암을 같은 경으로 천공장 3.0m, 천공본수 15본을 1대의 착암기로 암반을 천공하는 데 소요되는 총천공시간을 구하시오.
(단, $\alpha = 0.65$, 저항력계수 $C_1 = 1.35$, 작업조건계수 $C_2 = 0.6$으로 함.)

계산 과정) 답 : _____

해답 총천공시간 $t = \dfrac{\text{천공장 } L}{\text{천공속도 } V_T}$

• $V_T = \alpha(C_1 \times C_2) \times V = 0.65 \times (1.35 \times 0.60) \times 55 = 28.96 \, \text{cm/min}$

∴ 총천공시간 $t = \dfrac{300 \times 15}{28.96} = 155.39분 = 2.59시간$

□□□ 93③, 94①②, 97④, 99①, 00②, 01③, 03③, 10①②, 12④, 13①, 14②, 19③, 21② 【3점】

37 Meyerhof 공식을 이용하여 지름 30cm, 길이 14m인 콘크리트 말뚝을 표준관입치가 다른 3종의 지층으로 되어 있는 기초지반에 박을 경우 말뚝의 허용지지력을 구하시오.
(단, 안전율은 3을 적용한다.)

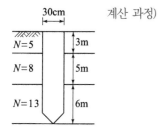

계산 과정)

답 : _____

해답 극한지지력 $Q_u = 40NA_p + \dfrac{1}{5}\overline{N}A_s$

• $N = 13$

• $A_p = \dfrac{\pi d^2}{4} = \dfrac{\pi \times 0.30^2}{4} = 0.071 \, \text{m}^2$

• $\overline{N} = \dfrac{N_1 h_1 + N_2 h_2 + N_3 h_3}{h_1 + h_2 + h_3} = \dfrac{5 \times 3 + 8 \times 5 + 13 \times 6}{3 + 5 + 6} = 9.5$

• $A_s = \pi d l = \pi \times 0.30 \times (3 + 5 + 6) = 13.20 \, \text{m}^2$

∴ $Q_u = 40 \times 13 \times 0.071 + \dfrac{1}{5} \times 9.5 \times 13.20 = 62.0 \, \text{t}$

∴ 허용지지력 $Q_a = \dfrac{Q_u}{F_s} = \dfrac{62.0}{3} = 20.67 \, \text{t}$

□□□ 94①, 97①, 04①, 12①, 17①, 20③ 【3점】

38 하천토공을 위한 횡단측량 결과 다음 그림과 같은 결과를 얻었다. Simpson 제1법칙에 의한 횡단면적을 구하시오. (단, 그림의 수치단위는 m이다.)

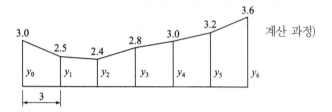

계산 과정)

답 : _____

해답 $A = \dfrac{d}{3}(y_o + y_6 + 4\sum y 홀수 + 2\sum y 나머지 짝수)$ (∵ 홀수 : y_1, y_3, y_5, 짝수 : y_2, y_4)

$\quad = \dfrac{3}{3}\{3.0 + 3.6 + 4 \times (2.5 + 2.8 + 3.2) + 2 \times (2.4 + 3.0)\} = 51.40\,\text{m}^2$

□□□ 92④, 94②, 98②, 99②, 00③, 01④, 21② 【3점】

39 다음과 같은 지형에서 시공기준면의 표고를 30m로 할 때, 총토공량은 얼마인가? (단, 격자점의 숫자는 표고를 나타내며 단위는 m이다.)

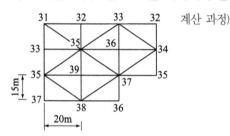

계산 과정)

답 : _____

해답 • 시공기준면과 각 점 표고와의 차를 구하여 총토공량을 계산

$$V = \dfrac{a \cdot b}{6}(\sum h_1 + 2\sum h_2 + 3\sum h_3 + \cdots + 8\sum h_8)$$

• $\sum h_1 = \sum(h_1 - 30) = (32 - 30) + (35 - 30) + (36 - 30) + (37 - 30) = 20\,\text{m}$

• $\sum h_2 = \sum(h_2 - 30) = (31 - 30) + (32 - 30) + (33 - 30) = 6\,\text{m}$

• $\sum h_4 = \sum(h_4 - 30) = (33 - 30) + (34 - 30) + (38 - 30) + (35 - 30)$
$\qquad\qquad + (36 - 30) + (39 - 30) = 35\,\text{m}$

• $\sum h_6 = (37 - 30) = 7\,\text{m}$

• $\sum h_8 = (35 - 30) = 5\,\text{m}$

$\therefore\ V = \dfrac{15 \times 20}{6}(20 + 2 \times 6 + 4 \times 35 + 6 \times 7 + 8 \times 5) = 12,700\,\text{m}^3$

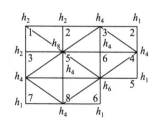

□□□ 98④, 05①, 10④, 13④, 16④, 21③ 【6점】

40 3m×3m 크기의 정사각형 기초를 마찰각 $\phi=30°$, 점착력 $c=50\text{kN/m}^2$인 지반에 설치하였다. 흙의 단위중량 $\gamma=17\text{kN/m}^3$이며, 기초의 근입깊이는 2m이다. 지하수위가 지표면에서 1m, 3m, 5m 깊이에 있을 때의 극한지지력을 각각 구하시오.
(단, 지하수위 아래의 흙의 포화단위중량은 19kN/m³, 물의 단위중량 $\gamma_w=9.81\text{kN/m}^3$, Terzaghi 공식을 사용하고, $\phi=30°$ 일 때, $N_c=36$, $N_r=19$, $N_q=22$)

가. 지하수위가 1m 깊이에 있는 경우

계산 과정)   답 : _____

나. 지하수위가 3m 깊이에 있는 경우

계산 과정)   답 : _____

다. 지하수위가 5m 깊이에 있는 경우

계산 과정)   답 : _____

해답 **가.** $D_1 \leq D_f$인 경우(1m < 2m)

$$q_u = \alpha c N_c + \beta \gamma_1 B N_r + \gamma_2 D_f N_q$$
$$= \alpha c N_c + \beta \gamma_{\text{sub}} B N_r + (D_1 \gamma_1 + D_2 \gamma_{\text{sub}}) N_q$$

- $\gamma_1 = \gamma_{\text{sub}} = 19 - 9.81 = 9.19 \text{kN/m}^3$
- $\gamma_2 D_f = D_1 \gamma_t + D_2 \gamma_{\text{sub}}$
  $= 1 \times 17 + 1 \times 9.19 = 26.19 \text{kN/m}^2$

$\therefore q_u = 1.3 \times 50 \times 36 + 0.4 \times 9.19 \times 3 \times 19 + 26.19 \times 22$
$= 2,340 + 209.532 + 576.18 = 3,125.71 \text{kN/m}^2$

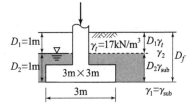

나. $d < B$인 경우(1m < 3m)

$$q_u = \alpha c N_c + \beta \left\{ \gamma_{\text{sub}} + \frac{d}{B}(\gamma_t - \gamma_{\text{sub}}) \right\} B N_r + \gamma_t D_f N_q$$

- $\gamma_{sub} = \gamma_t - \gamma_w = 19 - 9.81 = 9.19 \text{kN/m}^3$
- $\gamma_1 = \gamma_{\text{sub}} + \dfrac{d}{B}(\gamma_t - \gamma_{\text{sub}})$

  $= 9.19 + \dfrac{1}{3}(17 - 9.19) = 11.79 \text{kN/m}^3$

$\therefore q_u = 1.3 \times 50 \times 36 + 0.4 \times 11.79 \times 3 \times 19 + 17 \times 2 \times 22$
$= 2,340 + 268.812 + 748 = 3,356.81 \text{kN/m}^2$

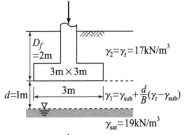

다. $d \geq B$인 경우(3m ≥ 3m)

$$q_u = \alpha c N_c + \beta B \gamma_1 N_r + \gamma_2 D_f N_q$$

- $\gamma_1 = \gamma_2 = \gamma_t = 17 \text{kN/m}^3$

$\therefore q_u = 1.3 \times 50 \times 36 + 0.4 \times 3 \times 17 \times 19 + 17 \times 2 \times 22$
$= 2,340 + 387.6 + 748 = 3,475.60 \text{kN/m}^2$

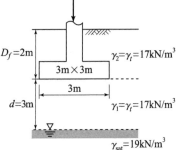

□□□ 00①, 01②, 03④, 04②, 06④, 09②, 11①, 12④, 20④ 【4점】

41 굵은골재 최대치수 20mm, 단위수량 140kg, 물-시멘트비 50%, 슬럼프 80mm, 잔골재율 42%, 잔골재 표건밀도 2.60g/cm³, 굵은골재 표건밀도 2.65g/cm³, 시멘트 밀도 3.16g/cm³, 공기량 4.5%일 때 콘크리트 1m³에 소요되는 잔골재량, 굵은골재량을 구하시오.

계산 과정) [답] 잔골재량 : _____ , 굵은 골재량 : _____

해답 ■ $V_a = 1 - \left(\dfrac{\text{단위수량}}{1,000} + \dfrac{\text{단위시멘트량}}{\text{시멘트의 밀도} \times 1,000} + \dfrac{\text{공기량}}{100} \right)$

 ・ $\dfrac{W}{C} = 50\%$에서 ∴ 단위시멘트량 $C = \dfrac{140}{0.50} = 280\text{kg}$

 ・ 단위골재의 절대부피

  $V_a = 1 - \left(\dfrac{140}{1,000} + \dfrac{280}{3.16 \times 1,000} + \dfrac{4.5}{100} \right) = 0.7264\,\text{m}^3$

 ・ 단위 잔골재량 = 단위 잔골재량의 절대부피 × 잔골재 밀도 × 1,000

  $= 0.7264 \times 0.42 \times 2.60 \times 1,000 = 793.23\,\text{kg/m}^3$

 ・ 단위 굵은골재량 = 단위골재의 절대부피 × $\left(1 - \dfrac{S}{a} \right)$ × 굵은골재 밀도 × 1,000

  $= 0.7264 \times (1 - 0.42) \times 2.65 \times 1,000 = 1,116.48\,\text{kg/m}^3$

□□□ 04②, 06②, 09④, 10①, 13①, 16②, 21③ 【3점】

42 농공단지 조성을 위하여 다음 그림과 같이 기준면으로부터 고저측량을 하였다. 이 용지를 수평으로 정지하고자 할 때 절토량과 성토량이 같게 하려고 하면 기준면으로부터 몇 m의 높이로 하면 되는가?

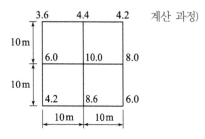

계산 과정)

답 : _____

해답 $H = \dfrac{V}{A \times n}$

 ・ $V = \dfrac{a \cdot b}{4}(\sum h_1 + 2\sum h_2 + 4\sum h_4)$

 ・ $\sum h_1 = 3.6 + 4.2 + 6.0 + 4.2 = 18\,\text{m}$

 ・ $\sum h_2 = 4.4 + 8.0 + 8.6 + 6.0 = 27\,\text{m}$

 ・ $\sum h_4 = 10\,\text{m}$

  ∴ $V = \dfrac{10 \times 10}{4} \times (18 + 2 \times 27 + 4 \times 10) = 2,800\,\text{m}^3$

  ∴ $H = \dfrac{2,800}{(10 \times 10) \times 4} = 7\,\text{m}$

□□□ 04④, 07④, 09④, 14④, 16④, 18③, 22② 【3점】

43 지하수 침강 최소깊이 2m, 암거 매립간격 8m, 투수계수 10^{-5}cm/sec일 때 불투수층에 놓인 암거를 통한 단위 길이당 배수량을 구하시오. (단, 소수점 이하 셋째자리까지 구하시오.)

계산 과정)　　　　　　　　　　　　　　　　　　　답 : _____

해답 단위길이당 배수량 $Q = \dfrac{4\,kH_0{}^2}{D}$

　　• $H_o = 200\,cm$, $D = 800\,cm$

　　∴ $Q = \dfrac{4 \times 10^{-5} \times 200^2}{800} = 0.002\,cm^3/cm/sec$

　　※ 주의 단위길이당 배수량의 단위 : $cm^3/cm/sec$

□□□ 05①, 07④, 11①, 14②, 22③ 【4점】

44 그림과 같은 유토곡선(Mass Curve)에서 다음 물음에 답하시오.

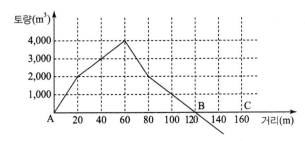

가. AB 구간에서 절토량 및 평균운반거리를 구하시오.

　　계산 과정)

　　【답】 절토량 : _____ ,　평균운반거리 : _____

나. AB 구간에서 불도저(Bull Dozer) 1대로 흙을 운반하는 데 필요한 소요일수를 구하시오.
　　(단, 1일 작업시간은 8시간, 불도저의 $q = 3.2m^3$, $L = 1.25$, $E = 0.6$, 전진속도 : 40m/분,
　　후진속도 : 46m/분, 기어변속시간 : 0.25분)

　　계산 과정)　　　　　　　　　　　　　　　　　답 : _____

해답 가. 절토량 : 4,000m³, 평균운반거리 : $80 - 20 = 60m$

　　나. $Q = \dfrac{60q \cdot f \cdot E}{C_m}$

　　　• $C_m = \dfrac{l}{V_1} + \dfrac{l}{V_2} + t = \dfrac{60}{40} + \dfrac{60}{46} + 0.25 = 3.05$분

　　　• $Q = \dfrac{60 \times 3.2 \times \dfrac{1}{1.25} \times 0.6}{3.05} = 30.22\,m^3/h$

　　　∴ 소요일수 $D = \dfrac{4,000}{30.22 \times 8} = 16.55$　∴ 17일

□□□ 91③, 96⑤, 99③, 00②, 01②, 02②, 05④, 07④, 09①, 13②, 18①, 22② 【3점】

45 자연함수비 10% 흙으로 성토하고자 한다. 시방서에는 다짐흙의 함수비를 16%로 관리하도록 규정하였을 때 매 층마다 $1m^2$당 몇 l의 물을 살수해야 하는가?
(단, 1층의 두께는 30cm이고, 토량변화율 $C = 0.9$, 원지반 흙의 단위중량 $\gamma_t = 18kN/m^3$ 이다.)

① _____ ② _____ ③ _____

해답 ■ 방법 1
- $1m^2$당 흙의 중량
$$W = Ah\gamma_t = 1 \times 0.3 \times 18 \times \frac{1}{0.9}$$
$$= 6kN = 6,000N$$

- 흙입자 중량 : $W_s = \dfrac{W}{1+w} = \dfrac{6,000}{1+0.10}$
$$= 5,454.55N$$

- 함수비 10%일 때 물의 중량
$$W_w = \frac{wW}{100+w} = \frac{10 \times 6,000}{100+10} = 545.45N$$

- 함수비 16%일 때 물의 중량
$$W_w = W_s w = 5,454.55 \times 0.16 = 872.73N$$
$$\left(\because w = \frac{W_w}{W_s} \times 100 \right)$$
$$\therefore 살수량 = 872.73 - 545.45 = 327.28N$$
$$= 32.73l$$

■ 방법 2
- 1층의 원지반 상태의 단위체적
$$V = 1 \times 1 \times 0.30 \times \frac{1}{0.90} = \frac{1}{3}m^3$$

- $\dfrac{1}{3}m^3$당 흙의 중량
$$W = \gamma_t V = 18 \times \frac{1}{3} = 6kN = 6,000N$$

- 10%에 대한 물 중량
$$W_s = \frac{W \cdot w}{1+w} = \frac{6,000 \times 10}{100+10} = 545.45N$$

- 16%에 대한 살수량
$$545.45 \times \frac{16-10}{10} = 327.27N = 32.73l$$
$$\therefore 1l = 10N$$

□□□ 05④, 08②, 11④, 15④, 20①, 22③ 【6점】

46 다음 그림과 같은 유선망에서 단위폭(1m)당 1일 침투유량을 구하고, 점 A에서 간극수압을 계산하시오. (단, 수평방향 투수계수 $k_h = 5.0 \times 10^{-4}cm/sec$, 수직방향 투수계수 $k_v = 8.0 \times 10^{-5}cm/sec$)

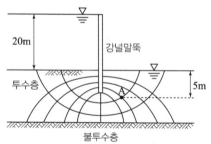

가. 단위폭(1m)당 1일 침투수량을 구하시오.

계산 과정)   답 : _____

나. A점의 간극수압을 구하시오.

계산 과정)   답 : _____

해답 가. $Q = kH\dfrac{N_f}{N_d}$

$\quad\bullet\ k = \sqrt{k_h \cdot k_v} = \sqrt{(5.0 \times 10^{-4}) \times (8.0 \times 10^{-5})}$

$\qquad = 2 \times 10^{-4}\,\text{cm/sec} = 2 \times 10^{-6}\,\text{m/sec}$

$\quad\therefore\ Q = 2.0 \times 10^{-6} \times 20 \times \dfrac{3}{10} \times 1 = 12 \times 10^{-6}\,\text{m}^3/\text{sec}$

$\qquad = 12 \times 10^{-6} \times 60 \times 60 \times 24 = 1.04\,\text{m}^3/\text{day}$

나. $\bullet$ 전수두 $h_t = \dfrac{N_d{}'}{N_d} h = \dfrac{3}{10} \times 20 = 6\,\text{m}$

$\quad\bullet$ 위치수두 $h_e = -5\,\text{m}$

$\quad\bullet$ 압력수두 $h_p = h_t - h_e = 6 - (-5) = 11\,\text{m}$

$\quad\therefore$ 공극수압 $u_p = \gamma_w h_p = 9.81 \times 11 = 107.91\,\text{kN/m}^2$

□□□ 94②, 96⑤, 97④, 98②, 99⑤, 00①, 04②, 06①, 10④, 11④, 12①, 14①, 17②, 22③ 【3점】

47 도로를 설계하기 위하여 5개 지점의 시료를 채취하여 각 지점에 있어서의 평균 CBR을 구하였다. 이때의 설계 CBR을 계산하시오.

• 각 지점의 평균 CBR : 6.8, 8.5, 4.8, 6.3, 7.2

• 설계 CBR 계산용 계수

개수(n)	2	3	4	5	6	7	8	9	10 이상
d_2	1.41	1.91	2.24	2.48	2.67	2.83	2.96	3.08	3.18

계산 과정)   답 : _____

해답 설계 CBR = 평균 CBR $- \dfrac{\text{CBR}_{\max} - \text{CBR}_{\min}}{d_2}$

$\quad\bullet$ 평균 CBR $= \dfrac{\sum \text{CBR값}}{n} = \dfrac{6.8 + 8.5 + 4.8 + 6.3 + 7.2}{5} = 6.72$

$\quad\therefore$ 설계 CBR $= 6.72 - \dfrac{8.5 - 4.8}{2.48} = 5.23 \quad \therefore\ 5$

$\qquad$ ($\because$ 설계 CBR은 소수점 이하는 절삭한다.)

□□□ 99④④, 99④, 00⑤, 06④, 15①④, 18③, 22③ 【3점】

48 그림과 같이 연직하중과 모멘트를 받는 구형기초의 극한하중과 안전율을 Terzaghi 공식을 이용하여 구하시오. (단, $N_c = 37.2$, $N_q = 22.5$, $N_r = 19.7$이다.)

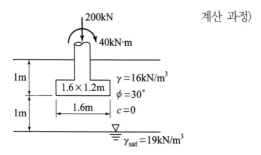

계산 과정)

【답】 극한하중 : _____, 안전율 : _____

해답 안전율 $F_s = \dfrac{Q_u}{Q_a}$

• 편심거리 $e = \dfrac{M}{Q} = \dfrac{40}{200} = 0.2\text{m}$

• 유효폭 $B' = B - 2e = 1.6 - 2 \times 0.2 = 1.2\text{m}$

• $d < B$ (1m < 1.6m)인 경우

$\gamma_1 = \gamma_{\text{sub}} + \dfrac{d}{B}(\gamma_t - \gamma_{\text{sub}})$

$= (19 - 9.81) + \dfrac{1}{1.2}\{16 - (19 - 9.81)\} = 14.87\text{kN/m}^2$

• $q_u = \alpha c N_c + \beta \gamma_1 B N_r + \gamma_2 D_f N_q$

$= 0 + 0.4 \times 14.87 \times 1.2 \times 19.7 + 16 \times 1 \times 22.5 = 500.61\text{kN/m}^2$

• 극한하중 $Q_u = q_u A = q_u \cdot B' \cdot L = 500.61 \times (1.2 \times 1.2) = 720.88\text{kN}$

$\therefore F_s = \dfrac{720.88}{200} = 3.60$

□□□ 00④, 04④, 13④, 20① 【4점】

49 지반조사 시추현장에서 다음과 같은 크기의 암석시료를 코어채취기로부터 채취하였다. 회수율과 암질지수(RQD)의 값을 구하시오. (단, 굴착된 암석의 코어배럴 진행길이는 2.0m이다.)

코어 번호	1	2	3	4	5	6	7	8	9
코어 크기(cm)	10.5	16.5	6.0	8.5	3.9	18.0	20.5	3.0	5.5
개 수	1	2	1	1	1	1	2	1	2

가. 회수율을 구하시오.

계산 과정)   답 : _____

나. 암질지수(RQD)를 구하시오.

계산 과정) 　　　　　　　　　　　　　　　　　　　　　답 : ＿＿＿＿＿＿＿＿

해답 가. 회수율 $= \dfrac{\text{회수된 코어의 길이}}{\text{굴착된 암석의 이론적 길이}} \times 100$

$= \dfrac{10.5 + 16.5 \times 2 + 6.0 + 8.5 + 3.9 + 18.0 + 20.5 \times 2 + 3.0 + 5.5 \times 2}{200} \times 100$

$= 67.45\%$

나. RQD $= \dfrac{\sum 10\text{cm 길이 이상 회수된 코어길이}}{\text{굴착된 암석의 이론적 길이}} \times 100$

$= \dfrac{10.5 + 16.5 \times 2 + 18 + 20.5 \times 2}{200} \times 100 = 51.25\%$

□□□ 98⑤, 14①, 20②, 21③ 【8점】

50 직경 30cm의 평판재하시험을 한 결과 침하량 25mm일 때 극한지지력이 300kPa이고, 침하량이 10mm이었다. 허용침하량이 25mm인 직경 1.2m의 실제 기초의 극한지지력과 침하량을 구하시오. (단, 점토지반과 사질토지반인 경우에 대하여 각각 구하시오.)

가. 점토지반인 경우에 대해서 구하시오.

① 극한지지력 :

② 침하량 :

나. 사질토지반인 경우에 대해서 구하시오.

① 극한지지력 :

② 침하량 :

해답 가. ① 극한지지력 $q_u = 300\text{kPa}(\because$ 재하판에 무관$)$

② 침하량 $S_F = S_P \times \dfrac{B_F}{B_P} = 10 \times \dfrac{1.2}{0.30} = 40\text{mm}(\because$ 재하판 폭에 비례$)$

나. ① 극한지지력 $q_{u(F)} = q_{u(P)} \times \dfrac{B_F}{B_P}(\because$ 재하판 폭에 비례$)$

$= 300 \times \dfrac{1.2}{0.30} = 1,200\text{kN/m}^2(\because \ 300\text{kPa} = 300\text{kN/m}^2)$

② 침하량 $S_F = S_P \left(\dfrac{2B_F}{B_F + B_P} \right)^2$

$= 10 \times \left(\dfrac{2 \times 1.2}{1.2 + 0.3} \right)^2 = 25.6\text{mm}(\because$ 재하판에 무관$)$

□□□ 96①, 98④, 99③, 10④, 13①, 16④ 【3점】

51 두 번의 평판재하시험 결과가 다음과 같을 때 허용침하량이 25mm인 정사각형 기초가 1,500kN의 하중을 지지하기 위한 실제 기초의 크기를 구하시오.

원형평판직경 B(m)	0.3	0.6
작용하중 Q(kN)	100	250
침하량(mm)	25	25

계산 과정)   답 : _____

해답 $Q = Am + Pn$

- $100 = \left(\dfrac{\pi \times 0.3^2}{4}\right)m + (0.3\pi)n$ .... (1)

- $250 = \left(\dfrac{\pi \times 0.6^2}{4}\right)m + (0.6\pi)n$ .... (2)

(1)×2−(2)

- $200 = \left(\dfrac{2\pi \times 0.3^2}{4}\right)m + (0.6\pi)n$ .... (1)′

  $-50 = -0.18\left(\dfrac{\pi}{4}\right)m$: $m = 353.678,\ n = 79.577$

- $1,500 = D^2 \times 353.678 + 4D \times 79.577$ (∵ 정사각형 기초)   ∴ $D = 1.66$m

참고 SOLVE 사용

□□□ 92④, 96③, 01②, 04①, 21③, 22③ 【3점】

52 다음의 그림에서 모래층에 설치한 earth anchor(=tie backs)의 극한저항은?
(단, 콘크리트 그라우팅은 일정한 압력하에서 시공되었으므로 정지토압계수 상태 K_o로 본다.)
(단, $K_o = 1 - \sin\phi$ 이용한다.)

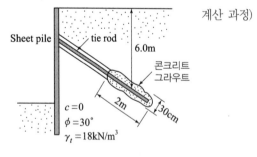

계산 과정)

답 : _____

해답 $P_u = \pi d l\, \overline{\sigma_v}\, K_o \tan\phi = \pi d l\, \overline{\sigma_v}(1 - \sin\phi)\tan\phi$

$= \pi \times 0.30 \times 2 \times (18 \times 6)(1 - \sin 30°)\tan 30° = 58.77$kN

□□□ 94①, 97①, 03①, 05④, 11④, 14②, 20④, 22② 【3점】

53 도로토공을 위한 횡단측량 결과 다음 그림과 같은 결과를 얻었다. Simpson 제2법칙에 의한 횡단면적은? (단위 : m)

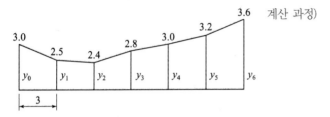

계산 과정)

답 : _____

해답 ■ 방법 1

• $A = \dfrac{3d}{8}\{y_o + 2(y_3) + 3(y_1 + y_2 + y_4 + y_5) + y_6\}$

$= \dfrac{3 \times 3}{8}\{3.0 + 2 \times 2.8 + 3(2.5 + 2.4 + 3.0 + 3.2) + 3.6\} = 51.19\,\mathrm{m}^2$

■ 방법 2

• $A_1 = \dfrac{3d}{8}(y_o + 3y_1 + 3y_2 + y_3)$

$= \dfrac{3 \times 3}{8}(3.0 + 3 \times 2.5 + 3 \times 2.4 + 2.8) = 23.06\,\mathrm{m}^2$

• $A_2 = \dfrac{3d}{8}(y_3 + 3y_4 + 3y_5 + y_6)$

$= \dfrac{3 \times 3}{8}(2.8 + 3 \times 3.0 + 3 \times 3.2 + 3.6) = 28.13\,\mathrm{m}^2$

∴ $A = A_1 + A_2 = 23.06 + 28.13 = 51.19\,\mathrm{m}^2$

□□□ 05①, 06②, 09②, 14④, 18③, 21② 【3점】

54 다음 지반조건으로 지반굴착을 할 경우 이에 설치한 지반앵커(Ground Anchor)의 정착장 (L)을 구하시오. (안전율은 1.5 적용)

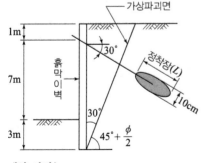

【조 건】
• 앵커반력 : 250kN
• 정착부의 주면마찰저항 : 0.2MPa
• 천공직경 : 10cm
• 설치각도 : 수평과 30°
• H-Pile 설치간격(앵커설치간격) : 2.0m

계산 과정)

앵거설치간격 : 2.0m

답 : _____

해답 정착장 $L=\dfrac{T \cdot F_s}{\pi D \tau}$

- 앵커축력 $T=\dfrac{P \cdot a}{\cos\alpha}=\dfrac{250\times 2}{\cos 30°}=577.35\text{kN}$
- 주면마찰저항 $\tau=0.2\text{MPa}=0.2\text{N/mm}^2=200\text{kN/m}^2$
- 천공직경 $D=10\text{cm}=0.1\text{m}$ $\quad\therefore\ L=\dfrac{577.35\times 1.5}{\pi\times 0.1\times 200}=13.78\text{m}$

□□□ 94③, 96①, 19②, 22③ 【6점】

55 다음 옹벽에서 전도 및 활동에 대한 안정을 검토하시오.
(단, 안전율은 모두 2.0 이상이어야 한다.)

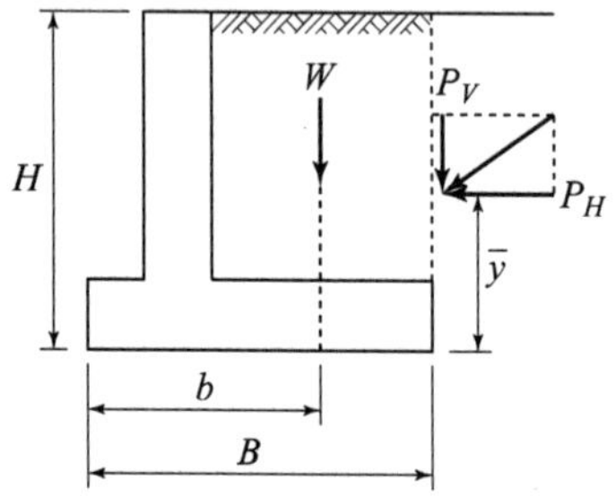

【조 건】

- $c=0$
- $P_H=200\text{kN/m}$
- $\text{B}=4\text{m}$
- $h=6\text{m}$
- μ(옹벽저판과 기초와의 마찰계수)$=0.5$
- W(옹벽자중+ 저판위의 흙의 무게)$=240\text{kN/m}$
- $P_V=100\text{kN/m}$
- $b=2.5\text{m}$
- $\bar{y}=2\text{m}$

가. 전도에 대한 안정검토 :

계산 과정) 답 : ______

나. 활동에 대한 안정검토 :

계산 과정) 답 : ______

해답 가. 전도에 대한 안정검토

$$F_S=\frac{W\cdot b+P_V\cdot B}{P_H\cdot h}=\frac{240\times 2.5+100\times 4}{200\times 2.0}=2.5>2.0 \quad \therefore \text{ 안정}$$

나. 활동에 대한 안정검토

$$F_S=\frac{(W+P_V)\mu+c\cdot B}{P_H}=\frac{(240+100)\times 0.5+0\times 4}{200}=0.85<2.0 \quad \therefore \text{ 불안정}$$

□□□ 93②, 97①, 03③, 05②, 11④, 14① 【3점】

56 그림과 같은 과압밀 점토지반 위에 넓은 지역에 걸쳐 $\gamma_t = 19.5\text{kN/m}^3$ 흙을 3.0m 높이로 성토계획을 세우고 있다. 이 점토지반의 중앙단면에서의 압밀침하량 계산에 압축지수(C_c) 대신에 팽창지수(C_e)만을 사용할 수 있는 OCR의 한계값을 구하시오.

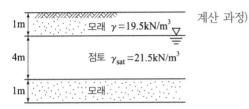

계산 과정)

답 : _____

[해답] $\text{OCR} \geq \dfrac{P_o + \triangle P}{P_o}$

- $P_o = \gamma_1 H_1 + \gamma_{\text{sub}} \dfrac{H}{2} = 19.5 \times 1 + (21.5 - 9.81) \times \dfrac{4}{2} = 42.88\text{kN/m}^2$

- $\triangle P = \gamma_t H = 19.5 \times 3 = 58.5\text{kN/m}^2$

$\therefore \text{OCR} \geq \dfrac{P_o + \triangle P}{P_o} = \dfrac{42.88 + 58.5}{42.9} = 2.36$

□□□ 15①, 20④ 【3점】

57 균질한 모래층 위에 설치한 폭(B) 1m, 길이(L) 2m 크기의 직사각형 강성기초에 150kN/m²의 등분포하중이 작용할 경우 기초의 탄성침하량을 구하시오.
(단, 흙의 푸아송비(μ) = 0.4, 지반의 탄성계수(E_s) = 15,000 kN/m², 폭과 길이(L/B)에 따라 변하는 계수(α_r) = 1.2)

계산 과정)

답 : _____

[해답] $S = q \cdot B \dfrac{1 - \mu^2}{E} \cdot \alpha_r$

$= 150 \times 1 \times \dfrac{1 - 0.4^2}{15,000} \times 1.2 = 0.0101\text{m} = 1.01\text{cm}$

□□□ 98⑤, 01②, 11①, 15②, 23② 【4점】

58 다음과 같은 조건일 때 사다리꼴 복합확대기초의 크기 B_1, B_2를 구하시오.
(단, 지반의 허용지지력 $q_a = 100\text{kN/m}^2$)

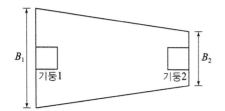

【조 건】
• 기둥 1 : 0.5m×0.5m, $Q_1 = 1,000\text{kN}$
• 기둥 2 : 0.5m×0.5m, $Q_2 = 800\text{kN}$

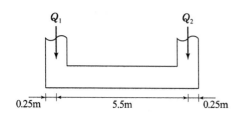

계산 과정)

답 : _____

해답 ■ $\dfrac{Q_1 \cdot S}{Q_1 + Q_2} = \dfrac{L}{3} \cdot \dfrac{2B_1 + B_2}{B_1 + B_2} - a$

• $\dfrac{1,000 \times 5.5}{1,000 + 800} = \dfrac{6}{3} \times \dfrac{2B_1 + B_2}{B_1 + B_2} - 0.25$

$\dfrac{2B_1 + B_2}{B_1 + B_2} = 1.653$ .... (1)

■ $\dfrac{B_1 + B_2}{2} \cdot L = \dfrac{Q_1 + Q_2}{q_a}$

• $\dfrac{B_1 + B_2}{2} \times 6 = \dfrac{1,000 + 800}{100} = 18$

$B_1 + B_2 = 6$, $B_2 = 6 - B_1$ .... (2)

(1)과 (2)에서 $B_1 = 3.92\text{m}$, $B_2 = 2.08\text{m}$

별책부록

토목기사실기 12개년 문제해설

─────────────────────────────── 별책부록

저 자 김태선 · 이상도
　　　 한웅규 · 홍성협
　　　 김상욱 · 김지우

발행인 이 종 권

www.**inup**.co.kr
토목기사실기 과년도

2015年　3月　9日　초 판 발 행
2015年　6月　3日　1차개정판발행
2016年　3月　17日　2차개정판발행
2017年　1月　29日　3차개정판발행
2018年　3月　6日　4차개정판발행
2019年　2月　20日　5차개정판발행
2020年　3月　23日　6차개정판발행
2021年　3月　25日　7차개정판발행
2022年　3月　16日　8차개정판발행
2023年　3月　15日　9차개정판발행
2024年　3月　20日　10차개정판발행

發行處　(주) 한솔아카데미

(우)06775 서울시 서초구 마방로10길 25 트윈타워 A동 2002호
TEL : (02)575-6144/5　FAX : (02)529-1130
〈1998. 2. 19 登錄 第16-1608號〉

ISBN 979-11-6654-508-5 13530

2024 SI 10차개정판 단위적용
토목기사실기 최종정리

Speed Master

토목기사실기
과년도 12개년 문제해설

❖ 토목기사실기 FINAL COURSE 교재

- KCS 콘크리트표준시방서 규정적용
- 계산문제 해법은 SOLVE기법 이용
- 별책부록 Pick Remember 158선

토목기사 구매자를 위한 학습관리 시스템

도서구매 후 네이버카페(자격증 플러스)에서 교재 질의
응답 및 실기문제 복원, 합격후기 등 학습매니저를 운영

카페 cafe.naver.com/totolicense

① [카페]를 통한 자유로운 학습내용 질의응답 운영
② [이벤트] 실기문제 복원 이벤트 진행

정가 35,000원

13530

9 791166 545085
ISBN 979-11-6654-508-5

별책부록